개정판

NMR

Nuclear Magnetic Resonance

핵자기공명 분광학

기초부터 최신 2D NMR Spectroscopy까지

이석근 지음

자유아카데미

개정판을 출간하며

이 책이 첫 출간되었던 2002년에서 벌써 15년이라는 시간이 흘렀으며, 이에 맞춰 NMR이라는 학문도 다양한 영역으로 발전하면서 기기의 하드웨어와 소프트웨어 또한 많은 변화가 있었다. 하드웨어는 이미 1000 MHz 기기의 상용화가 이루어졌고, 어렵기만 하던 기기의 operation도 사용자 친화적으로 발전하면서 NMR의 지식이 전혀 없어도 컴퓨터 화면의 icon 조작만으로도 간단한 1D 스펙트럼들을 얻을 수 있게 되었다. 다른 의견도 있겠지만 이러한 경향은 NMR의 사용이 물질을 연구하는 자연과학의 모든 분야에서 필수불가결한 요소가 되었다는 것을 의미하는 증거일 것이다. 객관적인 증거로는 그동안 NMR을 연구하는 3명의 노벨상 수상자들(Wuthrich, Lauterbur, Karplus)이 더 나왔다는 것이다. NMR은 물리학에서 근본이 이루어져 이론과 실제가 일치하며, 물질을 연구하는 사람들에게는 절대적으로 필요한 최상으로 발전한 학문이다. 이러한 발전은 여전히 진행형이며 특히 유기화학을 공부하는 사람들에게는 자신의 연구에 있어 새로운 영역 개발을 위해 반드시 공부하여야 하는 과목이라고 할 수 있다. 그러나 급속도로 발전해 가는 NMR의 수많은 실험 방법들을 이해하고 따라간다는 것은 매우 힘든 일이다. 특히 전문 분야 저널에 나오는 실험 방법들은 난해한 약어와 복잡한 수식으로 기술되어 있어, 초보자들은 자신들의 문제 해결을 위해서 어디에서부터 시작해야 할지 갈피를 잡을 수 없게 만드는 상황이다.

2002년에 발행된 초판에서는 이러한 광범위한 NMR 분야를 모두 다루지는 못했지만, 학부 정도의 학생들이 알아야 할 기본적인 개념과 대학원에서 화학과 관련된 학문을 전공하거나 화학물질의 구조에 관련된 연구들을 하는 사람들이라면 알아야 할 기본적인 이론 및 이들을 이용한 용액 NMR 실험을 다루었다. 그리고 이들을 설명하는 데 있어 되도록 수학적인 방법을 피하고 그림을 이용하여 서술하였다. 이번 개정판에서는 초판이 출간되었던 시기에는 일반적으로 사용되지 않아서 설명이 미진하였던 부분들과 새로운 실험들에 대하여 설명하였으며, 부록에서는 더 많은 연습문제와 해답을 수록하였다. 비록 이 책의 어떤 부분이 자신들에게는 필요 이상의 지식이라고 생각하는 연구자들도 있겠지만 자신들의 연구를 한 단계 높일 수 있는 가능성에 NMR이 보유하고 있는 능력과 한계를 이해하기 위해서는 반드시 필요한 지식이라고 할 수 있다.

끝으로, 좋은 책을 위해 최선을 다했지만 부족한 부분이 있을 수 있다. 이 점은 양해를 바라며, 출간 후에라도 수정사항이 있을 경우에는 자유아카데미 홈페이지(www.freeaca.com) 자료실에 제공할 예정이다.

2016년 9월

저자 이 석 근

머리말

우리말로 핵자기 공명이라고 부르는 NMR(Nuclear Magnetic Resonance) 현상은 IR(Infrared)이나 UV(Ultraviolet) 분광학과 같은, 또 다른 하나의 흡광 분광학이다. 다시 말해 적당한 조건하에서 라디오파(radio frequency: ~10^6 Hz)를 시료에 조사하면 시료가 이 라디오파를 흡수하여 일어나는 현상이다. 이때 흡수되는 주파수와 흡수되는 양을 기록하면 NMR 스펙트럼이 된다. 여기서 적당한 조건이란 시료를 자기장 속에 놓아두는 것을 말한다. 결국 NMR 분광학을 위해서는 자석과 라디오파(rf)가 있어야 한다.

이 실험은 스탠포드(Stanford) 대학의 Bloch 교수와 하버드(Harvard) 대학의 Purcell 교수가 각각 가장 처음으로 성공하였으며 이들은 이 업적으로 1952년 노벨 물리학상을 공동 수상하게 되었다. 이처럼 NMR은 처음에 물리학에서 시작되었으며 초창기의 NMR 연구는 물리와 물리화학 분야에서 기본 현상과 핵(nucleus)의 정확한 자기 모멘트를 구하는 연구들이었다. 이후 화학 이동과 커플링 상수라는 두 가지 현상의 발견으로 NMR은 화학자들에게는 없어서는 안 되는 가장 중요한 분석기기 중의 하나로 자리 잡게 되었다.

초창기의 기기는 지금은 사라져버린 미국의 베리안(Varian)이라는 회사에서 1953년에 만들어 사용하기 시작한 60 MHz 양성자 NMR 기기였다. 그러나 60년이 지난 지금은 발전을 거듭하여 1000 MHz의 NMR 기기까지 개발되어 사용되고 있으며, 조만간 1200 MHz(1.2 GHz) NMR 기기가 개발될 것으로 알려져 있다. 여러 회사에서 다양한 용도의 NMR 기기들을 제작하여 판매하고 있는데, 다른 용도로 쓰이는 대표적인 NMR 기기로는 병원에서 종래의 진단방법으로 쓰던 X-Ray 사진 대신 NMR 영상을 사용하는 MRI(Magnetic Resonance Imaging) 기기를 예로 들 수 있다.

이처럼 NMR은 과학의 모든 분야에서 사용되고 있는데, 지난 60년 동안의 발전으로 오늘에 이른 것 같지만, 실제로는 1970년대 말에서부터 매우 빠른 속도로 발전하기 시작하였다. 그 이전 NMR의 연구는 거의 답보 상태에 있었다고 해도 과언이 아니다. 비록 1964년 최초의 220 MHz 초전도 자석이 만들어졌지만 양성자(^{1}H) 측정만이 가능하였고, 1970년대 초반에 펄스 FT-NMR의 상품화로 NMR의 원천적 단점인 감도의 문제가 해결될 수 있었다고 하지만 이것은 100 MHz 정도의 전자석에서 양성자(^{1}H)나 플루오린(^{19}F) NMR에 국한되었다고 말할 수 있다(많은 양의 시료 사용으로 ^{13}C이나 ^{31}P 핵의 사용이 부분적으로 가능하였음).

컴퓨터의 발달과 함께 출현한 펄스 FT-NMR의 발달과 이론적으로 SPI(Selective Population Inversion) 또는 SPT(Selective Population Transfer)라고 하는 실험들의 출현을 통해 NMR은 서서히 발전의 속도를 가속하기 시작하였다. 또한 이와 때를 같이한 초전도 자석의 발달은 화학이나 생화학 분야에서 분자 구조의 연구에 대한 수요와 함께 고자장(high field)의 NMR 기기를 출현시켰다. 결국 컴퓨터의 제어로 작동되는 고자장 초전도 NMR 기기는 오늘날 웬만한 시설을 갖춘 학교나 연구소에는 반드시 있어야 하는 기본적인 기기가 되었다. 더욱이 1971년 Jeener에 의해서 제창된 2차원 NMR의 이론이 1976년에 Ernst 교수(스위스 ETH)에 의해서 실험이 가능하게 되자 1980년 초부터 2D NMR은 일상적인 실험으로 자리 잡게 되었다. 또한 쌍극자 커플링 때문에 생기는 고체 상태에서의 피크의 넓어짐 현상 등을 극복할 수 있는 MAS(Magic Angle Spinning) 등의 고체 NMR 방법들은 NMR의 연구가 재료 등 수많은 분야로 그 응용 범위를 넓혀갈 수 있게 하였다. 이와 같은 연구들로 인하여 많은 사람들은 지난 80년대에 과학에 하나의 새로운 장이 펼쳐졌다면 그것은 바로 NMR이라는 말까지 나오게 되었다. 결국 1991년 Ernst 교수는 2D-NMR의 업적으로 노벨 화학상을 받게 되었다. 이와 같은 중요성과 광범위한 NMR의 연구 분야 때문에 구미 각국에서는 80년대 중반부터 대학원 과정에 2학기 정도의 NMR 강좌가 따로 개설되기 시작하였다.

이 책에서 다루어진 내용들을 각 부분으로 정리하면 아래와 같다.

1장에서는 핵이 자장에 놓여 있을 때 일어나는 NMR의 원리가 되는 물리적인 성질을 간단하게 설명하였다.

2장에서는 기기 장치들과 이들의 중요 부분의 역할과 시료 처리 그리고 실험상 주의할 점들에 관하여 설명하였다.

3장에서는 핵스핀이 자장과 상호작용하여 나타나는 화학 이동, 핵스핀이 자기들끼리 상호작용하여 나타나는 스핀-스핀 커플링 그리고 이들을 분자 구조의 해석에 어떻게 이용하는지를 보여주었으며 양성자와 탄소 이외에 자주 사용되는 몇 가지 다른 핵들에 대하여 설명하였다. 또한 최근에 정량분석 분야에서 NMR이 왜 그리고 어떻게 사용되는지와 화학 이동 보조물질과 입체구조 결정에 대하여 설명하였다.

4장에서는 NMR을 전공하지 않는 사람들이라도 NMR 스펙트럼을 사용한다면 기본적으로 알아두어야 하는 블록 방정식, 펄스, FID, 펄스 NMR의 파라미터 등을 실제의 스펙트럼을 예로 들면서 설명하였다.

5장에서는 디커플링 실험을 제외한 첫 번째 double resonance 실험들로서 분자 구조분석에 매우 유용한 INEPT, DEPT 실험 등 polarization transfer 실험들에 관해서 회전 좌표계를 이용한 벡터 모델로 자세한 이론 설명과 실제 스펙트럼들을 보여주었다.

6장에서는 2D NMR 실험의 기본이론과 COSY 실험을 포함한 여러 가지 2D 실험의 기본이 되며 자주 사용되는 실험 방법들의 이론과 실제 스펙트럼 그리고 그들 실험의 한계가 무엇인지를 설명하였다. 특히 COSY 실험의 부분에서는 여러 가지 2D 실험에서 공통으로 사용되는 phase-sensitive 실험과 위상 순환 등 여러 가지 데이터 처리에 관해서도 설명하였으며 또한 indirect detection(inverse) 실험, 모든 2D 실험에 사용되는 gradient 실험, TROSY 실험, gradient를 사용하여 NMR chromatography라고도 불리는 DOESY 실험, 2D 실험은 아니지만 2D 실험의 대신으로 잘 사용되고 있는 selective excitation 실험에 관해서도 설명하였다.

7장에서는 아주 중요하고 자주 사용하는, 3장에서 잠시 설명이 있었던 NOE에 관해서 자세한 이론과 실험 방법을 설명하였다. NOE 실험에서는 1D(NOE difference spectrum) 그리고 2D(NOESY와 ROESY) 실험과 함께 6장에서 보여준 selective excitation 실험들의 응용도 보여주었다.

이 책에서는 최대한 수학적인 설명을 배제하고, 필수적인 것 몇 가지를 제외하고는 모두 회전 좌표계를 이용한 벡터 모델로 예를 들어 설명하려고 노력하였다. 때때로 설명의 어떤 부분은 너무 독단적인 것으로 생각될 수도 있겠지만 이것들은 저자가 학생들에게 강의를 하면서 쉽게 이해시켰던 경험으로 얻은 것들이며, 스펙트럼을 이용하여 설명한 모든 예시들은 실험들의 기본 개념을 분자의 구조 해석과 화학의 문제들에 어떻게 응용할 수 있는지를 보여주려고 한 것이다. 또한 이 책을 쓰면서 가장 어려웠고 고민하였던 것들 중의 하나는 용어의 사용이었다. 그러므로 상식적으로 뜻이 통할 수 있을 때는 우리말을 사용하였지만 그렇지 못할 경우는 영어의 발음을 그대로 또는 영어를 사용하였음을 밝혀둔다. 예를 들면 spin echo는 우리말로 스핀의 산울림이라는 어색함보다는 스핀 에코로 그대로 사용하는 것이 자연스러울 것으로 저자는 생각하였다.

화학 이동과 커플링 상수에 근거한 1D 스펙트럼의 해석 능력은 모든 스펙트럼 해석에 있어 근본이므로 1D 스펙트럼에 관해서 공부한 3장에는 분자식과 함께 1D 양성자(^1H)와 탄소(^{13}C) 스펙트럼들을 가진 연습문제들이 주어졌다. 이들 중에는 주어진 양성자와 탄소의 1D 스펙트럼만으로는 물질들의 정확한 구조를 예측하기 어려운 것들도 포함되어 있다. 이러한 복잡한 구조의 경우에는 새로운 실험 방법들을 공부하고 나면 5~7장에 이들의 완전한 구조를 알 수 있는 여러 종류의 스펙트럼들이 차례로 주어졌으므로 책의 후미에서는 그들의 구조를 더 쉽게 알 수 있게 될 것이다. 책의 부록-2에 해답이 주어졌지만, 이 책을 공부하는 사람들은 먼저 주어진 양성자와 탄소 스펙트럼만으로 가능한 구조를 그려보고(비록 어떤 물질의 구조는 극히 일부분의 구조가 될 수도 있겠지만) 그런 다음, 2D 실험 등 다른 실험의 스펙트럼들을 사용하여 완전한 구조를 얻은 후 주어진 해답을 참조하면 스펙트럼의 해석 능력과 새로운 실험 방법의 이해와 응용 능력도 기를 수 있을 것이다. 또한 부록-1에 첨가한 10개의 새로운 문제(해답은 부록-2에 주어졌음)는 자신의 스펙트럼 해석 능력을 테스트해 볼 수 있을 것이다.

이 책의 목적은 NMR 스펙트럼을 사용하는 사람이라면 실험의 오류를 방지하기 위하여 최소한 기본적으로 알아야 할 것이라고 생각되는 기본적인 개념과 이론들을 공부하는 것이며, 또한 이들을 실험에 응용하여 스펙트럼들을 해석하는 방법을 전달하기 위한 것이다. 처음 NMR을 공부하는 학생들은 기본을 배우기를, 그리고 비전문가로 NMR을 많이 이용하는 연구자들은 간과했던 사실들과 최신의 실험 방법들이 새로운 연구에 많이 도움이 되기를 바라면서……

2016년 9월

저자 이 석 근

차례

제 1 장

NMR의 원리

분자들은 너무나 작아서 이들을 직접 관찰하고 연구하는 것은 불가능하다. 그러므로 이들을 관찰하기 위하여 과학자들은 오래전부터 여러 가지 간접적인 방법들을 사용해 왔으며 지금도 계속 새로운 방법들을 고안해 내고 있다. 간접적인 방법들을 예로 들면, 분자 내에서 결합(bonding)을 이루고 있는 원자들 간의 진동과 회전(vibration-rotation)을 이용할 때는 적외선(infrared) 분광법이고, 이들 분자들 내에 있는 전자(electron)들의 전이(transition)를 이용할 때는 자외선(ultraviolet) 분광법이라고 한다. NMR은 이들 분자들을 관찰하는 여러 가지 간접적인 방법들 중 하나에 해당한다고 생각하면 되고 이때 관찰에 이용되는 것은 분자를 이루고 있는 원자핵들의 자기적인 성질(magnetism)이다. 바로 이 핵들의 자기적 성질이 NMR 실험을 가능하게 하는 근본이므로 가장 기본적인 NMR 현상을 이해하기 위해서는 제일 먼저 핵들의 자기적 성질과 이들 핵이 자기장 속에서 어떻게 운동하는지를 공부하도록 한다.

1.1 원자핵의 자기적 성질

먼저 NMR의 현상을 나타내는 근원적 존재인 핵의 자기적 성질에 관해서 살펴보자. 이미 기초물리학에서 배운 것과 같이 모든 핵(nucleus)은 전하(charge)를 가지고 있다. 전하를 가지고 있는 핵은 각 운동량, P(angular momentum)를 가지며 이것은 전하를 가진 핵이 핵의 중심을 통과하는 축의 주위를 회전하는 것으로 설명할 수 있다(그림 1-1). 전하를 가진 핵이 회전한다고 하는 것은 폐쇄 회로에서 전류(current)가 흐르고 있는 것과 같다고 생각할 수 있다. 즉 폐쇄 회로에서의 전류(i)는 자기장(magnetic field)을 형성하게 된다(그림 1-1). 그러므로 전하를 가진 핵의 회전은 자장, 즉 방향성을 가지는 자기 쌍극자(magnetic dipole)를 형성한다. 이때 생성된 자기 쌍극자의 크기를 핵자기 모멘트, μ(nuclear magnetic moment)라고 한다.

이러한 관계의 설명을 위해 핵스핀, I(nuclear spin)와 핵자기 모멘트, μ(nuclear magnetic moment)는 각각 식 1-1과 1-2로 표시된다.

$$P = I\hbar = \frac{Ih}{2\pi} \qquad \text{(식 1-1)}$$

$$\mu = \gamma P \qquad \text{(식 1-2)}$$

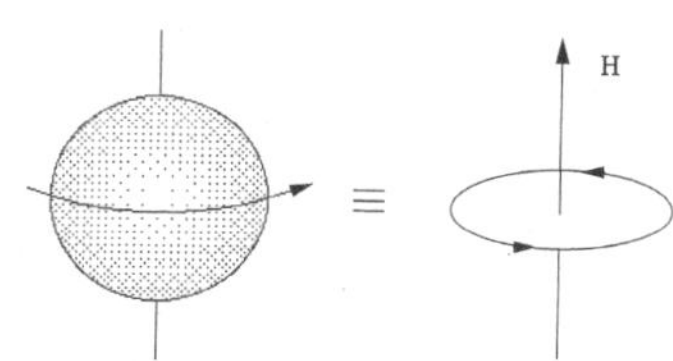

그림 1-1 전하를 띤 핵의 회전과 형성되는 자장과의 관계.

핵스핀(줄여서 스핀이라고도 함) 또는 핵스핀 양자수(nuclear spin quantum number) I는 정수(integer)이거나 반정수(half-integer)의 값을 가진다. 핵스핀 I=0라는 것은 식 1-1과 1-2에서 곧 핵자기 모멘트가 없다는 것을 나타낸다. 이와 같은 핵은 원자 번호(atomic number)와 원자량(atomic mass)이 짝수인 것들이다. 예를 들면 ^{12}C, ^{16}O, ^{32}S 등과 같은 핵들이 이들 종류에 속한다. 즉 이러한 종류의 핵들은 NMR 현상을 나타내지 못한다. 반대로 NMR 현상을 나타낼 수 있는 핵들은 핵의 원자량이 홀수일 때 반정수의 핵스핀을 가지는 것과, 원자량이 짝수이고 원자 번호가 홀수일 때 정수의 핵스핀 값을 가지는 것들이다.

I = 1/2 : ^{1}H, ^{13}C, ^{15}N, ^{19}F, ^{31}P ⋯
I = 1 : ^{2}H(D), ^{14}N ⋯

이외에 핵스핀의 값이 1보다 큰 것들도 있는데 이러한 핵들로는 ^{11}B, ^{17}O, ^{27}Al 등을 예로 들 수 있으며 이것들 역시 NMR 현상을 나타낼 수 있다. 따라서 NMR 현상을 나타내는 모든 핵들은 $I \neq 0$의 조건을 만족시키면 되는 것이다. 식 1-2에서 γ는 자기 회전비(gyromagnetic ratio)라고 하며 이것은 핵이 가지는 고유의 값이다. 즉 실험적으로 구해야 하는 값이다. 뒤에서 다시 언급이 되겠지만 γ의 값이 크면 결국 핵자기 모멘트가 커지며 이것들이 각 핵들의 NMR 현상의 주파수를 결정하게 된다.

지금까지 우리는 핵이 전하를 띠고 회전하는 작은 조각으로 간단하게 가정하여 설명하였다. 비록 이 설명이 정성적이기는 하지만 식 1-1과 식 1-2를 잘 설명해 준다.

1.2 자기장 속에서 핵의 성질

이미 서론에서 언급한 것과 같이 NMR은 흡광(absorption) 분석의 일종이다. 즉 여러 에너지 상태에 놓여 있는 핵들이 각각의 에너지 준위(energy state)의 차이에 해당되는 에너지를 흡수할 때 전이(transition)가 일어나게 된다. NMR 현상을 일으키기 위해서는 에너지 준위들의 에너지 차이를 나게 만들어야 한다. 여러 분광학에서와 마찬가지로 NMR을 정확히 설명하기 위해서는 양자 역학(quantum mechanics)의 도입이 필요하다. 여기에 간단한 양자 역학을 도입하면 스핀 양자수가 I인 핵은 2I+1개의 불연속적인 양자 상태(m)를 가진다. 이들은 외부의 자기장이 없으면 에너지 상태가 같지만 일단 자기장 속에 놓이면 에너지 상태가 달라진다. 이와 같은 상황을 양성자(^{1}H, I=1/2)의 경우로 예를 들면 2개의 에너지 상태가 존재하게 된다(그림 1-2).

즉 외부의 자기장이 같은 에너지 상태(degeneracy)를 분리시키게 되며 이것이 우리가 원하는 것이다. 이와 같은 에너지 상태의 분리 현상을 지만 효과(Zeeman effect)라고 한다. 이때 낮은 에너지 상태를 +1/2 또는 α, 높은 에너지 상태를 −1/2 또는 β라고 하며 두 에너지 상태의 에너지 차, $\triangle E$는 사용된 외부의 자기장의 크기에 비례하게 된다(식 1-3).

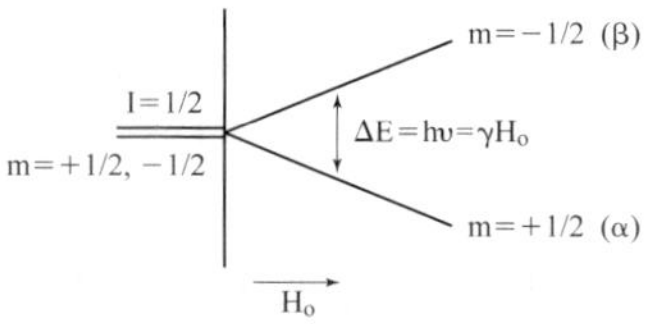

I=1/2
m=+1/2, −1/2
m=−1/2 (β)
$\Delta E = h\upsilon = \gamma H_o$
m=+1/2 (α)
H_o

그림 1-2 자장(H_o) 속에서 양성자(^{1}H)의 2개의 에너지 준위.

$$\triangle E \propto H_o \qquad (식\ 1\text{-}3)$$

즉 외부 자기장의 세기가 크면 클수록 두 에너지의 차이, $\triangle E$는 점점 커지게 되며 이로 인한 NMR 실험상의 장점은 여러 가지가 수반된다. 첫째로 감도(sensitivity)의 문제를 생각해 보기로 하자. 물이 높은 곳에서 낮은 곳으로 흐르는 것과 같이 NMR의 현상을 나타낼 수 있는 핵이 자기장 속에 놓일 때 높은 에너지 상태보다는 낮은 에너지의 상태에 더 많은 핵들이 분포되게 된다. 이때 분포되는 결과는 정량적으로 볼츠만 방정식 (Boltzmann equation) 으로 예측할 수 있다. 이해를 쉽게 하도록 I = 1/2, 즉 앞에서 예로 든 두 에너지 상태가 존재하는 상황을 고려하자. 높은 에너지 상태에 존재하는 핵의 수를 n_+, 낮은 에너지 상태에 존재하는 핵의 수를 n_-라고 한다면 상대적인 분포는 식 1-4로 표시된다. 여기서 R (1.987 cal.) 은 기체 상수이며 T는 절대 온도이다.

$$\frac{n_+}{n_-} = \exp\left(-\frac{\triangle E}{RT}\right) \simeq 1 - \frac{\triangle E}{RT} \qquad \text{(식 1-4)}$$

식 1-4의 정량적인 고찰은 그만 두고 먼저 정성적으로 살펴보면 n_-, 즉 낮은 에너지 상태에 분포되는 핵의 수는 △E가 크면 클수록 많아지게 된다는 것을 쉽게 알 수 있다. 모든 분광학의 기본 이론과 같이 NMR 현상도 낮은 에너지 상태에 존재하는 핵들이 에너지를 흡수하여 높은 에너지 상태로 전이 (transition) 하는 것이므로 낮은 에너지 상태에 있는 핵의 수가 많으면 많을수록 NMR의 감도 (sensitivity) 는 좋아지는 것이다.

흔히 NMR은 다른 분광학과 비교해서 감도가 매우 낮은 단점을 가지고 있다. 실제로 NMR 실험을 위한 시료의 양을 살펴보도록 하자. 우리가 흔히 볼 수 있는 NMR 중 가장 작은 60 MHz 양성자 (^{1}H) NMR의 경우 수십 mg의 시료가 필요하게 된다. 이 정도의 양은 다른 분광학, 즉 IR이나 UV를 위해서 사용되는 양의 수십 배나 수백 배 또는 수천 배의 양이라고 할 수 있다. 그러면 왜 이렇게 많은 양의 시료가 필요한가를 식 1-4를 사용해서 설명해 보기로 하자.

양성자 (^{1}H) NMR일 경우 60 MHz NMR이란 자장의 세기는 14,092 가우스 (gauss) 에 해당한다. 이때 △E = 0.005 calories/mole이 되며 상온에서 RT = 592 calories/mole의 값을 가지게 된다. 이 값을 대입하면 $\triangle E/RT = 1\times10^{-5}$이 되며, 이것은 식 1-4로부터 핵 200,001개를 가진 시료가 60 MHz NMR 자장 속에 놓인다면 $n_- = 100{,}001$, $n_+ = 100{,}000$ 씩을 각각 가지게 된다는 결론을 얻을 수 있다. 즉 낮은 에너지 상태에 있게 되는 핵은 단지 1개가 더 존재하게 된다. 이렇게 계산된 다른 에너지 상태에 있는 핵의 존재비를 UV 분광학에서 사용되는 전자 에너지 준위 (electronic energy level) 그리고 IR에서 사용되는 진동 에너지 준위 (vibrational energy level) 와 비교해 보자. 전자 에너지 준위는 높은 에너지 준위와 낮은 에너지 준위의 차이가 상온에서 매우 크기 때문에 모든 분자들이 낮은 에너지 상태에서 존재한다. 그리고 진동 에너지 준위에서는 단지 수 퍼센트 (%) 에 해당되는 분자만이 높은 에너지 상태에 존재하게 된다. 바로 이러한 차이가 NMR 분광학이 다른 분광학에 비교하여 감도가 낮은 이유가 되는 것이다. 서론에서 언급한 바와 같이 현재 사용되고 있는 NMR은 1000 MHz까지 있다고 하였는데 이와 같이 큰 자장의 NMR이 바로 두 에너지의 차이인 △E를 커지게 함으로서 낮은 에너지 상태에 존재하는 핵의 수를 증가시키는 것이다 (3장에서 공부하겠지만 더 유용한 고자장 NMR 사용의 장점은 감도의 증가보다도 스펙트럼의 복잡함을 줄여주는 것이다). 실제로 이와 같이 큰 자장 NMR에서 보통의 유기 화합물의 양성자 (^{1}H) NMR을 얻기 위해서는 시료의 양이 수 μg이라도 충분한 양이라고 할 수 있다 (분자량에 따라서 다를 수 있음). 이와 같이 스펙트럼의 감도를 증가시키기 위해서 외부의 자장을 크게 하는 것 이외에 식 1-4를 보면 우리는 또 다른 방법을 찾을 수 있다. 즉 상수 R은 변화시킬 수 없지만 온도 T는 변화시킬 수 있다. 즉 온도를 내리면 낮은 에너지 상태의 핵의 수를 증가시킬 수 있게 된다. 이 방법은 이론상으로는 가능하지만 뒤에서 공부할 이완 시간의 지연 등 몇 가지 단점을 가지는 현상들로 인하여 실용적으로는 많이 사용되고 있지 않다.

1.3 공명 현상

자기 모멘트를 가지는 핵이 자기장 속에 놓일 때 그림 1−2에서와 같이 에너지의 차이 △E를 가지는 각기 다른 준위로 분포된다는 것을 보았다. 이제 이렇게 분포된 핵들이 어떻게 에너지를 흡수하는가를 살펴보기로 하자. 다른 분광학에서와 마찬가지로 두 에너지 준위 사이의 전이는 두 에너지 준위 사이의 에너지 차이인 △E를 공급해 주어야 한다(식 1−5).

$$\triangle E = h\nu \qquad \text{(식 1−5)}$$

여기서 진동수, ν를 자장의 세기가 H_o인 자기장의 관계로 바꾸면 식 1−6으로 주어진다.

$$\nu = \frac{\gamma H_o}{2\pi} \qquad \text{(식 1−6)}$$

식 1−6이 NMR의 자장과 라디오파 진동수와의 관계를 나타내는 기본 식이다. 즉 양성자(^1H) NMR일 경우 14,092 가우스의 자장 속에 시료를 놓으면 낮은 에너지 상태에 있는 핵들을 높은 에너지 상태로 전이시킬 때 필요한 진동수가 60 MHz (60 megacycles/sec)가 되는 것이다. 이 진동수가 바로 라디오파(rf)의 영역에 속하는 것이며 NMR 기기의 명칭을 붙일 때 자장의 세기로 말하지 않고 바로 이 진동수의 이름을 붙이게 된다(일반적으로 NMR 기기는 양성자(^1H)의 진동수로 부르게 된다. 즉 300 MHz NMR이라고 하는 것은 양성자의 진동수를 나타낸 것이며 이 기기에서 탄소는 75 MHz가 된다). 결국 자장의 세기가 커지면 △E는 커지고 식 1−6의 관계에 의해서 라디오파의 진동수가 점점 커지게 된다. 보통 많이 사용되는 300 MHz NMR의 경우 자장의 세기는 식 1−6에 의해 7.05 테슬라(Tesla)가 된다(1 테슬라는 10,000 가우스(Gauss)).

그러면 라디오파를 시료에 어떻게 주입시키며 어떻게 전이가 일어나는가를 살펴보자. 이것은 고전 역학으로 잘 설명되므로 우리도 이것을 사용해 보자. 자전(spinning)하고 있는 핵은 자기장의 세기 H_o인 외부의 힘을 받으면 핵의 자전에 의해서 생긴 자기 쌍극자(magnetic dipole)가 외부의 자장과 일치하지 못하고 외부자장 축의 주위를 세차 운동(precession)하게 된다. 이것을 그림 1−3으로 표시하였다.

우리는 이것을 이해하기 위하여 이 현상을 흔히 지구의 자장에 의한 자이로스코프(gyroscope)에 비유한다.

이 세차 운동을 수식으로 표시하기 위하여 식 1−6을 다시 정리하면 식 1−7로 표기할 수 있으며 식 1−7은 다시 식 1−8로 변형될 수 있다.

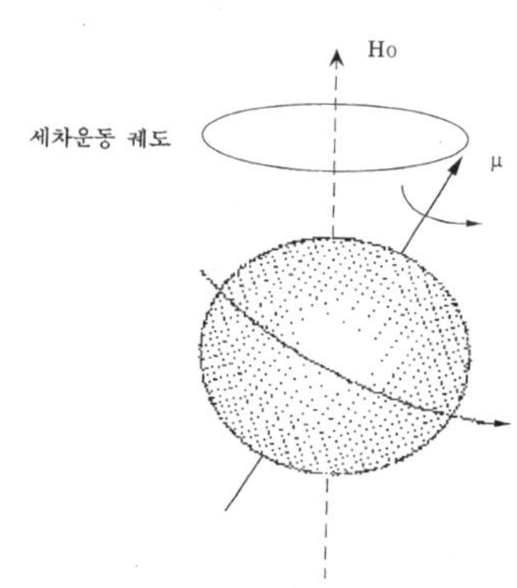

그림 1−3 자기장에서 자전하고 있는 핵의 세차 운동.

$$2\pi\nu = \gamma H_o \qquad \text{(식 1−7)}$$

$$\omega_o = \gamma H_o \qquad \text{(식 1−8)}$$

세차 운동의 각 속도(angular velocity)는 라모어 진동수(Larmor frequeney, ω_o)라고 하며 이것은 식 1−8에서 보듯이 핵 고유의 값인 자기 회전 비율(γ)과 외부의 자장(H_o)에 의해서 결정된다. 바로 식 1−8을 공명조건이라고 하며 이 라모어 진동수와 똑같은 진동수를 외부로부터 주입했을 때 핵은 에너지를 흡수하여 높은 에너지 상태로 전이가 일어나게 되며 이것을 공명 (resonance) 이라고 한다. 이 현상은 물론 양자 역학의 법칙을 만족시킨다. 양성자 (^1H) 의 경우를 예로 들면 +1/2 상태에서 −1/2 상태로의 전이는 결국 양자 역학에서 선택 규칙 (selection rule) 인 $\triangle m = \pm 1$을 만족시키고 있다. 양자 역학에서는 낮은 에너지 상태에서 높은 에너지 상태로의 전이뿐만 아니라 반대로 높은 에너지 상태에서 낮은 에너지 상태로의 전이도 그 확률은 같다고 잘 알려져 있다. 즉 NMR 현상은 위의 두 상황이 다 일어나고 있지만 앞에서의 언급과 같이 낮은 에너지 상태에 있는 핵의 수가 조금 (미량이지만) 더 많기 때문에 모든 것이 상쇄되고 남은 핵의 전이가 피크 (peak) 로 나타나게 된다. 만약 이때의 피크를 +라고 정한다면 NMR의 현상 그 자체가 항시 낮은 에너지 상태의 핵 수가 많기 때문에 일어나는 현상으로 우리는 + 피크만을 생각할 수 있을 것이다. 그러나 높은 에너지 상태에서 낮은 에너지 상태로의 전이가 증명될 수 있는 실험들은, 즉 피크가 음으로 나타나는 실험들은 5장 polarization transfer라는 실험들에서 실제로 볼 수 있다.

NMR의 공명 현상에서 다른 분광학과 다른 특이한 현상 중 하나는 한 종류의 핵이 전이가 일어날 확률은 그 핵이 존재하는 어떠한 환경에서도 같다는 것이다. 다른 의미로 핵이 양성자 (^1H) 라면 이 양성자가 어떠한 분자에 있는 양성자라고 해도 NMR의 전이의 확률은 같다는 것이다. 이 현상의 차이점을 적외선 분광법 (IR) 의 현상과 비교해 보자.

IR에서 탄소와 산소의 이중 결합 (C=O) 과 탄소와 탄소의 이중 결합 (C=C) 은 같은 이중 결합이지만 흡수 피크의 세기 (intensity) 는 크게 다르다. 탄소와 탄소의 이중 결합 (C=C) 만을 비교하더라도 그 주위의 환경에 따라서, 즉 어떠한 분자 내의 이중 결합이냐에 따라서 그 흡수 피크의 세기가 달라진다. 이것은 피크의 적분이 정량 분석을 하기 위하여 사용될 수 없다는 것을 말해준다. 이와는 반대로 NMR 피크들의 세기는 정확히 그 피크에 해당되는 핵의 상대적인 수를 나타내게 된다. 즉 정량 분석에 사용될 수 있다는 것이 또 다른 장점이 된다.

이제 라모어 진동수 (Larmor frequency, ω_o) 에 해당되는 라디오파를 어떻게 주입시키는지를 살펴보자. 그림 1−4에 안정하고 강한 자장 속에 놓인 양성자 (^1H) 가 세차 운동을 하고 있으며 라디오파 발생기에서 주입되는 약한 자장인 H_1은 코일 (transmitter coil) 을 통해서 리시버 코일 (receiver coil) 과 반드시 직각인 방향에서 주입되어야 한다 (비록 그림 1−4에는 나타나 있지 않지만 이때 신호를 받을 수 있는 리시버 코일은 H_o와 H_1의 각각에 대해서 직각인 방향에 놓여야 한다. 즉 H_o인 외부 자장이 z축에 있다면 그리고 x축에서 H_1이 주어진다면 리시버 코일은 y축에 놓여진다).

비록 그림 1−4에 나타나 있지 않지만 라디오파를 발생시키는 코일 (또는 oscillator coil이라고도 함) 에서 생성되는 작은 자장 H_1은 두 가지의 종류가 생성된다. 하나는 그림 1−4에 나타나 있고 다른 하나는 똑같은 진동수를 가지고 있지만 양성자 (^1H) 의 세차 운동 방향과 반대방향으로 돌고 있는 성분이다. 이 성분은 방향 [NMR의 용어로는 위상 (phase) 이라고 함] 이 다르기 때문에 고려의 대상이 되지를 못한다.

그림 1−4에서 양성자의 세차 운동인 각 속도와 라디오파 발생기에서 생성되는 H_1의 각속도 (ω_o) 가 같을 때 세차 운동을 하고 있던 양성자는 에너지를 흡수하게 되며 진행하고 있던 세차 운동의 축을 벗어나게 된다. 이때 이 성분의 신호를 리시버 (receiver) 가 받게 된다. 이와 같은 현상을 일어나게 하도록 두 가지의 방법이 있을 수 있다. 하나는 H_1을 서서히 변화 (frequency sweep이라고 함) 시키는 것과 다른 하나는 H_o를 서서히 변화 (field sweep이라고 함) 시키는 것이다. 실제로 이 두 방법 중 어느 것을 택하느냐 하는 것은 기기 제작 회사마다 다르며 이 방식의 NMR을 보통 NMR 또는 CW (Continuous Wave) NMR이라고 한다[이 단어에 대한 다른 NMR은 펄스 (pulse) NMR이다]. 이와 같은 이론을 근거로 1950년 초 처음으로 물과 paraffin을 이용하여 양성자 NMR 현상을 관측한 후 핵의 공명 주파수 (resonance frequency) 는 핵들의 주위 환경에 영향을 받는다는 것을 알게 되었다. 즉 화학 이동이 다른

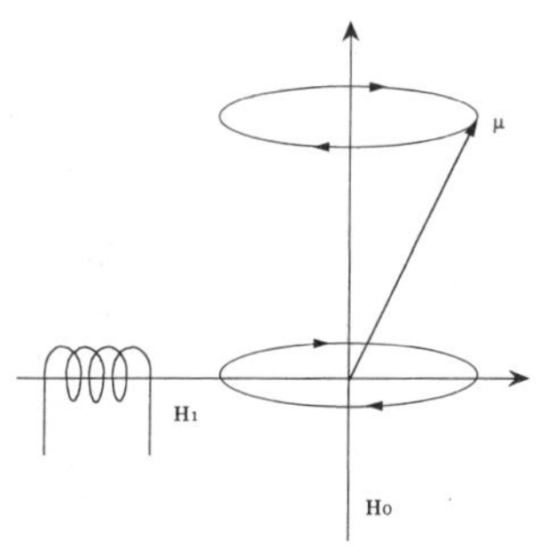

그림 1−4 라디오파 (rf) 발생기에서 생성된 H_1과 H_o와의 관계.

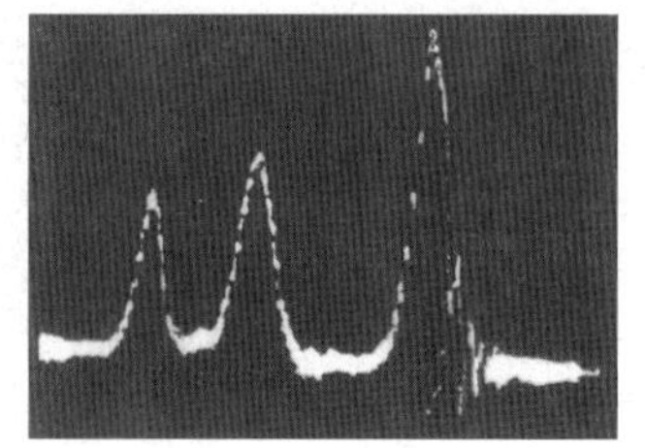

그림 1-5 처음 발표된 30 MHz에서 얻은 ethanol의 양성자 스펙트럼.

것을 보여주는 ethanol의 NMR 스펙트럼(그림 1-5)이 처음 얻어졌고 이것이 물질의 구조가 NMR 스펙트럼과 어떻게 연관이 되는지를 분명하게 보여주었다. 이 스펙트럼이 오늘날 우리가 사용하는 NMR 발전의 모체가 된 것이다.

지금까지 양성자 NMR만을 이야기했는데 식 1-6을 사용하여 다른 종류의 핵들도 살펴보기로 하자. 식 1-5와 1-6을 볼츠만 방정식 1-4에 대입하면 식 1-9가 얻어진다.

$$\frac{n_+}{n_-} = \exp\left(-\frac{\gamma\hbar H_o}{RT}\right) \simeq 1 - \frac{\gamma\hbar H_o}{RT} \qquad \text{(식 1-9)}$$

여기서 ħ는 프랑크 상수 h(Plank's constant)를 2π로 나눈 것이다. 식 1-9는 낮은 에너지 상태에 존재하는 핵의 수를 결정하는 변수가 이미 알고 있는 자장의 세기 H_o 이외에 자기 회전 비율, γ가 직접 참여함을 보여준다. 즉 γ가 크면 클수록 식 1-9의 값이 작아지게 되며 이것은 결국 n_- 상태에 즉 낮은 에너지 준위에 있는 핵의 수가 증가하는 것이므로 NMR의 감도는 좋아지는 것이다. 표 1-1에 흔히 NMR로 관찰되는 핵들의 여러 가지 성질을 수록하였다.

표 1-1에서 양성자가 자기 회전 비율이 가장 큰 것을 볼 수 있다. ^{12}C와 ^{16}O은 비록 NMR 현상을 나타내지 못하지만 자연 존재비의 비교를 위하여 같이 기록하였다. 실제로 탄소는 자연에 미량 존재하는 ^{13}C만이 NMR의 현상을 나타내므로 감도가 매우 낮지만 NMR에서 가장 많이 사용하는 핵들 중 하나이다. ^{13}C의 상대적인 감도를 양성자와 비교할 때 약 1/100을 나타낸다. 자기 회전 비율이 감도를 나타낸다고 했는데 양성자(^1H)와 ^{13}C의 자기 회전 비율을 비교해 보면 약 1/4이다. 결국 양성자(^1H)의 공명 주파수에 대하여 ^{13}C의 자기 공명을 위한 라디오파의 진동수는 1/4에 해당(^1H이 60 MHz이면 같은 자장 속에서 ^{13}C은 15 MHz가 됨을 의미함)할 뿐만 아니라 감도도 1/4라고 생각할 수 있지만 궁극적으로 피크를 나타내는 감도는 해당하는 핵이 자연에 존재하는 비(ratio)도 고려하여야 한다. 즉 표 1-1에 나타난 것과 같이 탄소는 대부분이 ^{12}C, 즉 NMR 현상을 나타낼 수 없는 핵이고 1.1%의 핵만이 NMR 현상을 나타내는 ^{13}C으로 존재하므로 결국 양성자 감도의 약 1/100이 되는 것이다.

표 1-1에서 또 다른 특이한 것은 ^{15}N과 ^{29}Si 그리고 ^{17}O의 자기 회전 비율이 음의 부호를 가지고 있다는 것이다. 물론 이와 같은 것을 여러 가지 NMR의 현상과 연관하여 설명하는 것

표 1-1 NMR에서 많이 사용되는 핵들의 자기적 성질

핵	공명 진동수 MHz(14092G)	자연 존재비 (%)	상대적 감도	자기 모멘트 (μ)	스핀 양자수 (I)	자기 회전 비율(γ) (108 rad $T^{-1}S^{-1}$)
^1H	60.000	99.9844	1.000	2.7927	1/2	2.675
^2H	9.210	0.0156	0.009	0.85738	1	0.411
^{12}C		98.892			0	
^{13}C	15.086	1.108	0.016	0.70220	1/2	0.673
^{14}N	4.335	99.635	0.001	0.40358	1	0.193
^{15}N	6.081	0.365	0.001	−0.28304	1/2	−0.271
^{16}O		99.76			0	
^{17}O	8.134	0.037	0.029	−1.8930	5/2	−0.363
^{19}F	56.447	100	0.834	2.6273	1/2	2.517
^{31}P	24.290	100	0.066	1.1305	1/2	1.083
^{29}Si	11.922	4.7	0.079	−0.5549	1/2	−0.531

은 이 책의 범위를 벗어나는 것이지만 어떤 핵은 이와 같이 음의 자기 회전 비율을 가진다는 것과 이 핵들의 피크를 얻을 때 다른 핵들과는 좀 다르게 다룬다는 것을 알아두면 차후 NMR을 더 공부하는 데 도움이 되리라 생각한다(3.7절 참조).

표 1-1에 나타난 핵들에서 양성자와 불소를 제외하고는 감도의 문제 때문에 대부분 펄스(pulse) NMR로만 측정이 가능하다.

1.4 이완

이제까지 우리는 핵이 에너지를 흡수하여 높은 에너지 상태로 전이(transition)하는 것을 공부하였다. 그러면 에너지를 흡수한 핵들이 전이한 후 어떻게 되는가를 생각해 보기로 하자. 높은 에너지 상태보다 많은 여분의 낮은 에너지 상태의 핵들이 에너지를 흡수하여 높은 에너지 상태로 전이하였다면 더 이상의 에너지의 흡수는 일어나지 않을 것이며, 이 과정이 완료된 것을 포화(saturation)라고 한다(초창기에 이론의 정립에도 불구하고 NMR 현상을 얻는 것에 실패한 이유를 사용한 시료의 스핀 이완의 성질을 이해하지 못하였기 때문이라는 말들이 전해지고 있다). 즉 이 상태에서는 NMR 피크(net absorption)를 얻을 수 없으며 NMR의 피크를 얻기 위해서는 어떻게 하든 우리는 처음과 같이 낮은 에너지 상태에 핵의 수가 많은 상황을 얻어야 한다. 그러나 다행히도 에너지를 흡수한 핵들이 에너지를 잃어버리고 처음의 상태로 되돌아오는 현상이 일어나는데 이러한 현상을 이완(relaxation)이라고 한다. 그러면 곧 다음과 같은 질문을 던질 수 있다. 잃어버린 에너지는 어디로 가는가? 에너지를 잃어버릴 때 어떠한 메커니즘으로 일어나는가? 그리고 이들이 일어나는 시간은? 이 모든 것들을 이해하는 것이 NMR의 연구에 매우 바람직한 일이지만 마지막 의문인 일어나는 시간에 대한 이해는 NMR을 사용하는 사람들이 매일 당면하는 과제이다.

이 이완 과정은 비복사선 과정(radiationless process)으로 일어나며 이때의 속도는 NMR 피크의 넓이(line width)에 영향을 준다. 또 이때의 속도는 이완 과정의 메커니즘(mechanism)에 따라 스핀-격자 이완, T_1(spin-lattice: longitudinal relaxation)과 스핀-스핀 이완, T_2(spin-spin: transverse relaxation)의 시간으로 분류된다. 모든 핵들은 특정 범주 내에서 고유의 이완 시간을 가지지만 핵 주위의 환경 그리고 시료의 물리적인 상태에 따라 서로 달라지게 된다. 양성자의 경우에는 수십 밀리 초(ms)의 시간에서부터 수 초(s)의 이완 시간이 있을 수 있으며, 탄소의 경우는 수십 초의 시간까지도 가질 수 있다. 이들 시간은 다른 optical spectroscopy와 비교하면 매우 긴 시간이며 바로 이 긴 lifetime이 화학에서 분석기기의 도구로 NMR이 가장 유용하게 사용되게 된 이유이기도 하다. 즉 NMR 피크들의 넓이는 다른 vibration, rotational, electronic transition의 피크들보다 좁고(Heisenberg Uncertainty principle의 결과) 또한 첫 번째 전이 후에 스핀들의 운동을 자유롭게 조정할 수 있는 충분한 시간이 있기 때문에 스펙트럼에서 얻을 수 있는 여러 종류의 정보를 재단할 수 있기 때문이다(이것의 결과가 아래에서 공부할 multi-pulse NMR 실험들이다).

뒤에 더 언급되겠지만 탄소 NMR의 연구에서 이완 시간은 여러 가지 많은 정보를 제공한다. 특히 이완 시간은 이미 언급한 바와 같이 핵 주위 환경뿐만 아니라 시료의 물리적인 상태에 따라 변할 수 있으므로 때때로 실험에 따라 임의로 증가시켜야 할 때도 있고 감소시키는 경우도 있다. 이러한 실험들을 정확히 이해하고 실험하기 위해서는 그 근본이 되는 이론들을 이해하여야 한다. 그러나 이완 시간과 시료 구조와의 관계는 화학 이동이나 커플링 상수가 시료의 구조와 가지는 관계와 같이 잘 정립되어 있지 않다. 더욱이 이러한 이완의 데이터를 정확하게 해석하기 위해서는 많은 경우 실험의 결과에 영향을 주는 여러 가지 관계없는 요인들을 사용하여야 하는 어려움이 있다. 그러므로 특정한 시스템의 해석을 위하여 사용될 실험적인 데이터들이 없으며 이완의 데이터는 통상적(routine)으로는 사용되지 않는다. 그러므로 우리는 여기에서 간단한 이완의 메커니즘만을 정성적으로 다루어 보기로 하자(이완 시간, T_1과 T_2의 측정은 4.5절에서 그리고 이론들은 7장에서 NOE를 설명하면서 더 공부하기로 한다).

핵의 스핀 이완은 자발적으로 일어나는 과정이 아니다. 이 과정은 스핀의 전이에 필요한 적당히 변동하는 자기장(fluctuating field)이 있어야 일어나게 된다. 이러한 것을 일으키는 4가지의 주요 메커니즘은 dipole-dipole, chemical shift anisotropy, spin rotation, quadrupolar relaxation mechanism이다.

핵은 시료를 구성하는 원자들의 집합체인 큰 분자 집단의 일부분이다. 이 커다란 집단은 고체든 액체든 또는 기체든 간에 이들을 격자라고 한다. 특히 후자의 두 경우 격자를 구성하는 여러 핵은 심한 진동과 회전 운동을 하며 각 핵 주위에 복잡한 자기장을 만든다. 이렇게 생긴 여러 자기장 중에 일부는 측정하려고 하는 핵의 세차 운동의 주파수와 위상(phase)에 일치하는 것이 있을 것이다. 결국 이들은 같은 성분의 주파수와 위상을 가지는 핵과 상호작용(resonance)을 할 것이고 높은 에너지 상태에 있는 핵을 낮은 에너지 상태로 바꿀 수 있을 것이다. 이러한 복잡한 현상들을 상관 시간(correlation time: τ_c)이라는, 즉 어떤 분자가 특정 위치에 머무르는 시간과 연관하여 T_1을 설명할 수 있다. 작은 분자(분자량(M.W.) <200)들의 경우 이들이 1~300 MHz 정도의 자장 속에서는 최소 5×10^{-10}에서 2×10^{-7} sec. 정도까지의 T_1 값을 가질 수 있으며 이들이 점도가 높은 용매 속에 있지 않으면 항상 이들 최소의 값보다는 큰 T_1 값을 가지는 것으로 알려져 있다. 그러나 고분자(M.W.=10,000~25,000)의 경우는 작은 분자들과는 다르며 또한 T_2는 경우에 따라서는 T_1의 분자 운동에 따른 변화와는 다르게 영향을 받게 된다. 이러한 현상들 또한 상관 시간, τ_c와 연관되어 설명될 수 있다(이들 또한 7장에서 자세히 보기로 한다). 그러므로 분자의 운동은 이완 과정의 핵심이다.

핵스핀 1/2을 가지는 핵들에서 가장 중요한 이완 메커니즘은 스핀들 사이에서 일어나는 dipole-dipole(DD)의 상호작용이다. 이 메커니즘은 NOE(Nuclear Overhauser Effect: 7장)를 일으키는 중요한 요인이며 일반적으로 N과 S의 두 극을 가지고 있는 자석을 예로 하여 설명되고는 한다. 즉 두 개의 자석이 가까이 있을 때 그들이 가지고 있는 자석의 성질이 서로 반응하듯 용매 속에서 운동하고 있는 분자 내 두 개의 가까이 있는 핵들은 서로 영향을 미치게 되고 이것이 이완을 일으키게 된다. 이것이 양성자와 탄소의 주요 이완 과정이다. 이 메커니즘은 짝을 이루지 않은 전자(lone pair)와 핵의 상호작용으로부터도 일어나는 이완 과정이며 매우 효과적이고 때로는 paramagnetic relaxation 메커니즘이라고 한다. 용매가 포함하고 있는 상자성(paramagnetic)인 산소나 고의로 첨가한 relaxation agent인 $Cr(acac)_3$와 같은 물질들이 이 메커니즘으로 이완 시간을 줄이게 되며 이들을 이용하여 데이터를 빠르게 얻을 수 있게 하는 하나의 방법이 되고 있다.

일반적으로 넓은 범위의 화학 이동값을 보여주는 ^{19}F, ^{31}P, 여러 종류의 metal 등과 같은 원소에서 나타나는 이완의 메커니즘은 chemical shift anisotropy(CSA)이며 이것은 화학 결합에서 비대칭(anisotropic)으로 분포되어 있는 전자들에 기인하는 것이다. 즉 이들 비대칭의 전자들로 이루어진 결합이 외부의 자장에 놓일 때 핵들이 느끼는 외부의 자장은 이들 결합의 위치에 따라서 달라지며 이 현상이 이완을 촉진시키게 된다. 그러나 이들 anisotropic 현상이 매우 크지 않으면 용액 속에서는 분자가 매우 빠르게 운동(tumbling)하기 때문에 CSA를 평균화시켜서 동등한 위치의 핵들은 isotropic chemical shift라고 하는 하나의 화학 이동만을 보여주게 된다. 또 다른 CSA relaxation의 특징은 외부 자장의 제곱에 비례한다는 것이다. 즉 CSA relaxation이 중요하게 일어나는 핵과 스칼라 커플링을 하고 있는 핵의 경우 저

자장 (low-field) 의 실험에서는 sharp하게 잘 나타나던 피크가 고자장 (high-field) 의 실험에서는 broad한 피크들로 나타나게 되고 심지어는 사라질 수도 있다는 것이다.

작고 그리고 대칭을 이루고 있는 분자나 메틸 그룹에서 일어나는 이완의 메커니즘은 spin rotation이며 이것의 효율은 운동의 속도 (tumbling rate) 가 증가할수록 좋아진다. 즉 매우 빠르게 돌고 (rotate) 있는 분자는 전자나 핵의 전하 (charge) 가 만들어 놓은 분자의 자기 모멘트와 결합하여 변동하는 자기장 (fluctuating field) 을 만들게 되며 이들이 이완을 일으키게 된다.

스핀 양자수가 1/2보다 큰 핵에서 (예를 들면 ^{14}N, I=1) 나타나는 이완 메커니즘이 quadrupolar 과정이다. 이 현상은 quadrupolar 핵들이 비대칭적인 전하 분포를 가짐으로써 생성되는 또 다른 자기장들의 효과 때문에 일어나는 현상이다.

여러 가지 실험상에 나타나는 T_1과 T_2의 영향은 차후에 더 살펴보기로 하고 여기에서는 가장 쉽게 설명할 수 있는 피크의 넓이에 관해서 알아보기로 하자. NMR 피크의 넓이는 이완 시간에 반비례하게 되는데 이것은 불확정성 원리 (uncertainty principle) 로 설명할 수 있다 (식 1−10).

$$\triangle E \cdot \triangle t \simeq h \qquad (식\ 1-10)$$

즉 높은 에너지 상태에 머무르는 평균 시간은 T_1보다 길 수 없기 때문에 에너지 차이 $\triangle E$는 h/T_1만큼 분포되어야 하고 여기에서 생긴 NMR 피크의 넓이는 ($\nu_{1/2}$) 적어도 $1/T_1$의 함수가 되게 된다. 즉 T_1이 짧으면 피크의 넓이는 넓어지고 T_1이 길면 좁아지게 된다. 그러나 실제의 NMR 피크는 T_1에 의해서 예측되는 넓이보다 더 넓어지게 되는데 이것은 T_2에 의해서 기인되는 것이다. T_2도 또한 불확정성 원리에 따를 수 있으며 식 1−11로 주어진다.

$$\nu_{1/2} \cdot T_2 \simeq 1 \qquad (식\ 1-11)$$

이때 $\nu_{1/2}$은 피크의 중간 위치의 넓이를 말한다.

T_1은 세로 이완 (longitudinal relaxation) 시간, T_2는 가로 이완 (transverse relaxation) 시간이라고도 하며 이들의 의미는 거시적 자기화로 잘 설명될 수 있으며 이들의 의미는 다음 절에서 살펴보기로 하자.

1.5 거시적 자기화

먼저 거시적 자기화(macroscopic magnetization)가 무엇인가에 대해서 살펴보자. 이제까지 우리는 핵 하나에 대하여 많은 설명을 해 왔다. 그림 1−1과 1−3 등은 하나의 핵에 대한 설명의 예로 들 수 있다. 그러나 우리는 하나의 핵만은 결코 실제 시료에서 다룰 수 없다. 아무리 적은 양의 시료라고 하더라도 그것은 어떤 범위의 아보가드로 수 (Avogadro's number, 6×10^{23}) 만큼의 핵을 포함하게 될 것이다. 이 많은 수의 핵들을 각각 다룬다는 것은 매우 복잡하며 이들을 한데 묶어서 취급할 수 있다면 매우 편리할 것이다. 실제로 각 핵들은 각각의 자기 모멘트를 가지고 외부의 자장 H_o에 대해서 세차 운동을 할 것이며 이들을 벡터로 취급하면 그림 1−6과 같이 표현할 수 있을 것이다.

볼츠만 방정식 (식 1−4) 에 따라 높은 에너지 상태와 낮은 에너지 상태에 분포된 벡터들의 합은 결국 낮은 에너지 상태의 벡터 몇 개만이 남아 있게 될 것이며 이들의 합을 벡터 M으로

그림 1–6 핵 각각의 자기 모멘트로부터 거시적 자기화 M의 형성.

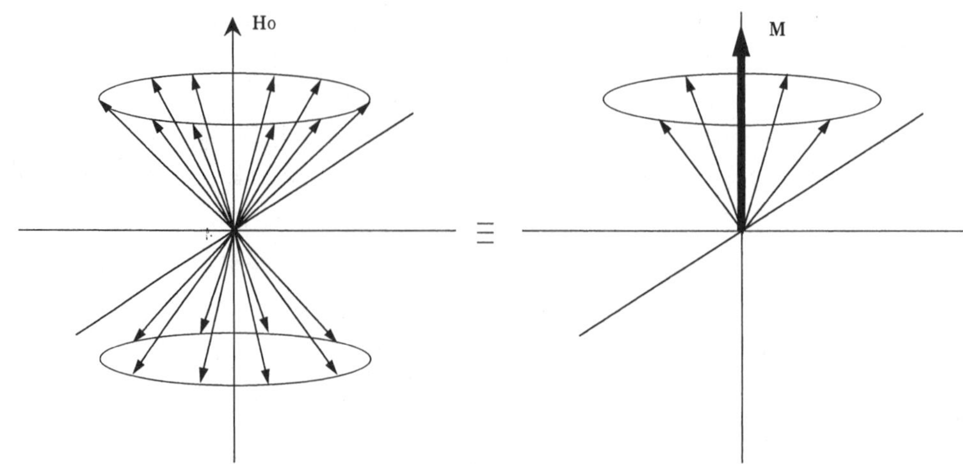

표시할 수 있을 것이다. 이때의 벡터 M을 거시적 자기화 벡터라고 하며 NMR의 여러 현상을 설명하는 데 매우 편리하다. 앞 절에서 언급된 세로 이완(T_1)과 가로 이완(T_2)을 이것으로 설명하여 보자. 그림 1–7에 거시적 자기화 벡터 M과 라디오파(rf) H_1의 상호작용을 보여주고 있다. 처음 거시적 벡터 M은 z축에 존재하게 되며 x축과 y축에는 벡터의 양을 가지지 않는다. 그러나 이 벡터 M에 라디오파 H_1을 주게 되면 공명의 현상이 일어나면서 벡터 M은 z축을 벗어나게 되고 새로운 벡터인 M_{xy}가 xy의 평면에 만들어지게 된다. 이때 물론 M(M_z)은 줄어들게 된다.

그러나 H_1이 존재하지 않게 되면 M_z는 서서히 원래의 크기로 돌아가게 되며(relaxation) M_{xy}는 서서히 사라지게 된다. 이때 M_z가 원래의 상태로 돌아갈 때 걸리는 시간이 T_1이고 M_{xy}가 없어지는 데 걸리는 시간이 T_2이다. 이들 각각에 이름 붙여진 세로(longitudinal) 이완과 가로(transverse) 이완은 위의 설명으로 쉽게 연관지을 수 있다.

결국 NMR 실험은 Mxy의 성분을 가지고 있지 않은 거시적 자기화 벡터 M을 그 원래의 위치인 z축에서 벗어나게 하여 xy 평면상에 자기의 성분을 생성시킴으로써 y축에 놓여 있는 리시버 코일(receiver coil)에 전기적 시그널(signal)을 일으키게 하는 것이다. 이때 이 시그널을 일으키는 xy 평면상의 자기 성분은 두 가지 방법으로 만들 수 있다. 하나는 CW(Continuous Wave), 즉 약한 라디오파(rf field, H_1)를 서서히 변형시켜 라모어 진동수 ω_o를 만드는 것이고, 다른 하나는 매우 강한 라디오파(rf pulse라고 함)를 매우 짧은 시간 동안(μs = microsecond) 주는 방법이다. 이들의 첫 번째 방법을 사용하는 것을 CW-NMR 실험이라고 하고, 두 번째 방법을 사용하는 것을 펄스(pulse)-NMR 실험이라고 한다. 이제는 거의 모든 실험실에서 CW-NMR은 사용되고 있지 않으며 펄스-NMR만을 사용하고 있다.

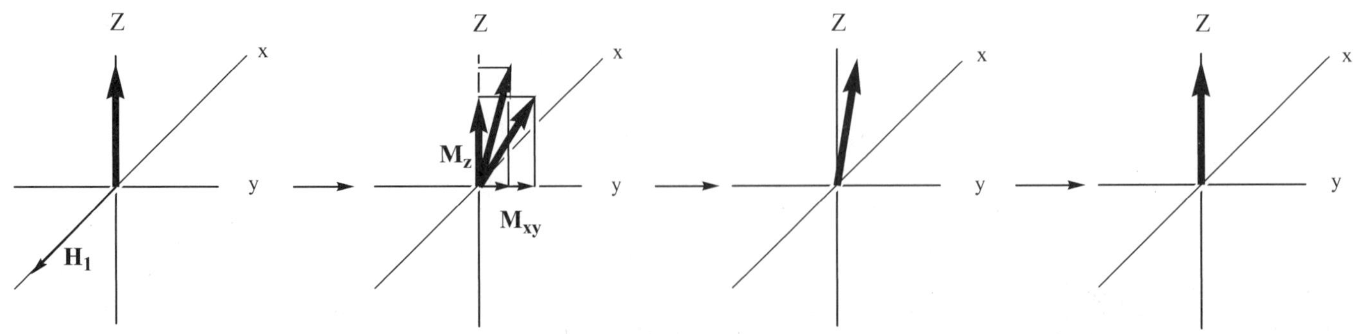

그림 1–7 라디오파(rf)에 의한 거시적 자기화 M의 변화.

참고문헌

1. J. A. Pople, W. G. Schneider, and H. J. Bernstein, High-resolution Nuclear Magnetic Resonance, Mcgraw-Hill, New York, 1959.
2. H. Friebolin, Basic One- and Two-Dimensional NMR spectroscopy, VCH Publisher, New York, 1991.
3. E. D. Becker, High Resolution NMR, Theory and Chemical Applications, Academic Press, New York, 1980.
4. H. Gunther, NMR Spectroscopy, Basic principles, concepts, and applications in chemistry, John Wiley & Sons, New York, 1992.
5. R. K. Harris, Nuclear Magnetic Resonance Spectroscopy, Longman Scientific & Technical, Essex, 1986.

제2장

기기 장치와 시료 처리

우리는 1장에서 조그마한 자기적 성질을 가지고 있는 원자의 핵들이 거대한 자기장 속에 놓여 있을 때 가질 수 있는 물리적인 현상들에 대하여 살펴보았다. 여기에서는 NMR 현상을 관찰할 수 있도록 시료에 이러한 물리적 현상을 일으키게 하고 이들 현상들을 실제로 스펙트럼으로 만들어 낼 수 있도록 하는 장치들이 어떻게 되어 있는지 알아보도록 한다. NMR 기기 장치는 일반적으로 각 실험실들이 보유한 기기들 중 가장 비싼 기기일 것이다. 이러한 기기로부터 좋은 연구 결과들을 얻어 내기 위해서는 올바른 방법으로 유지되고 사용되어야 할 것이다. 이런 목적을 위해서 적어도 각 부분의 기능들이 어떤 것들이며 이들의 성능이 어떻게 측정될 수 있는지를 공부해야 할 것이다. 그리고 마지막으로 이들과 연관하여 좋은 결과를 얻기 위해서는 시료들이 어떻게 처리되어서 다루어지는지를 살펴보도록 한다.

2.1 기기 장치

그림 2-1은 CW-NMR 분광기의 기본구조에 대한 개략도를 나타낸 그림이다. NMR 분광기는 자기장을 발생시키는 자석, 라디오파를 내보낼 수 있는 라디오파 발생기인 트랜스미터(transmitter)와 코일, 라디오파를 흡수하는 리시버(receiver), 자기장을 변화시키는 sweep 코일 및 기록계 등으로 구성되어 있다.

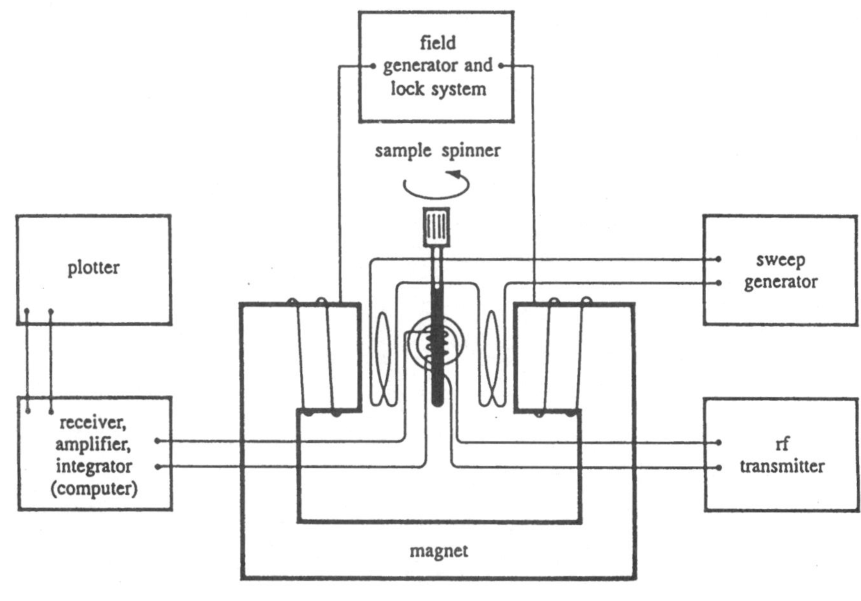

그림 2-1 CW-NMR 분광기의 개략적인 기본구조.

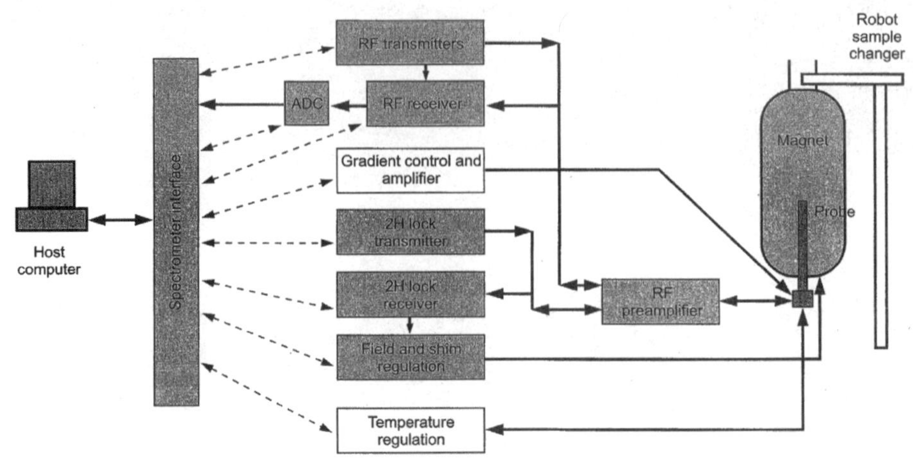

그림 2-2 최신 펄스 FT-NMR 분광기의 개략적인 구조 그림.

이와 같이 비교적 단순한 구조를 가졌던 기기 장치는 electronics와 컴퓨터의 발전과 함께 거의 수를 셀 수 없을 만큼 정교한 실험을 할 수 있는 복잡한 기기 장치로 변화 · 발전하였다. 그림 2-2는 최신의 펄스 FT-NMR 분광기의 개략적인 구조를 나타낸 그림이다.

최신 펄스 FT-NMR은 예전의 기기 장치와 비교하면 매우 복잡해 보이지만 각각의 부분이 성능이 좋아진 것들로 새롭게 교체되어 있다고 생각하면 될 것이다. 즉 영구자석이나 전자석 대신 초전도체를 사용한 강한 자석과 이들의 안전성을 유지하기 위한 장치와 약한 라디오파(rf field, H_1)를 서서히 변형시켜 라모어 진동수 ω_o를 만드는 것 대신 강한 펄스를 사용하기 위한 장치, 그리고 생성된 electrical analogue NMR 피크를 기록계에 직접 연결하는 것 대신 ADC(Analogue-to-Digital Converter)를 사용하기 위한 컴퓨터 장치 등으로 교체되었다고 할 수 있다. 특히 이들 이외에도 연구의 목적에 따라 robotic sample changer나 HPLC와 mass spectrometer와 같은 분석 장치들도 연결하여 사용할 수 있는 부분들이 첨가되었다고 생각하면 될 것이다. 이들 모든 부분들은 기기 회사들의 고유 프로그램으로 UNIX 시스템을 사용하여 작동되었으나 최근에는 거의 PC로 대치되고 있다. 이들 각 부분들에 관하여 기본적으로 알아두어야 할 점들을, 본인들은 스펙트럼의 해석만 필요하고 spectroscopist가 아니라고 생각하는 사람들의 관점에서 아래에 설명하였다.

먼저 나무를 보기 전에 숲을 본다는 의미로 그림 2-3에 이 NMR 기기 장치들을 가장 간단하게 이해할 수 있는 예를 나타내었다. 이 그림에서 보인 천장에 매달려 있는 막대자석을 코일(coil) 속으로 집어넣게 되면 전류나 전압을 측정할 수 있는 장치인 갈바노미터(galvanometer)의 바늘이 움직이게 되는데 NMR 기기는 이와 같은 장치로 생각할 수 있다. 이 그림의 비유가 너무 조잡하고 독단적으로 설명되어 있다고 생각할 수 있으나 정성적으로 NMR의 현상을 잘 비유할 수 있으므로 예를 들어 설명한 것이다.

먼저 1장에서 배운 것처럼 NMR에서 측정하려고 하는 핵은 작은 자석이라고 생각할 수 있으므로 이들 조그만 자석들이 만들어낸 거시적 자기화를 그림 2-3에서의 막대자석이라고 생각하면 되고, 막대자석은 지구의 중력으로 땅으로 향하고 있으므로 NMR의 자장은 지구의 중력이라고 생각할 수 있다. 또한 NMR의 리시버(receiver)는 그림 2-3의 코일이고, NMR의 전이(transition)를 일으키는 데 필요한 라디오파(또는 펄스)는 이 막대자석을 코일 속으로 집어넣기 위한 힘인 쇠망치라고 생각할 수 있으며, 마지막으로 갈바노미터는 NMR의 기록계라고 생각할 수 있다. 이들 하드웨어의 설명뿐만 아니라 1장에서 배운 핵의 이완은 그림 2-3에서 쇠망치로 막대자석을 쳐서 코일 속으로 넣은 후에 막대자석이 원래의 위치로 돌아오는 것으로 비유될 수 있다. 그리고 쇠망치로 막대자석을 칠 때의 힘에 따라서 막대자석이 코일 속

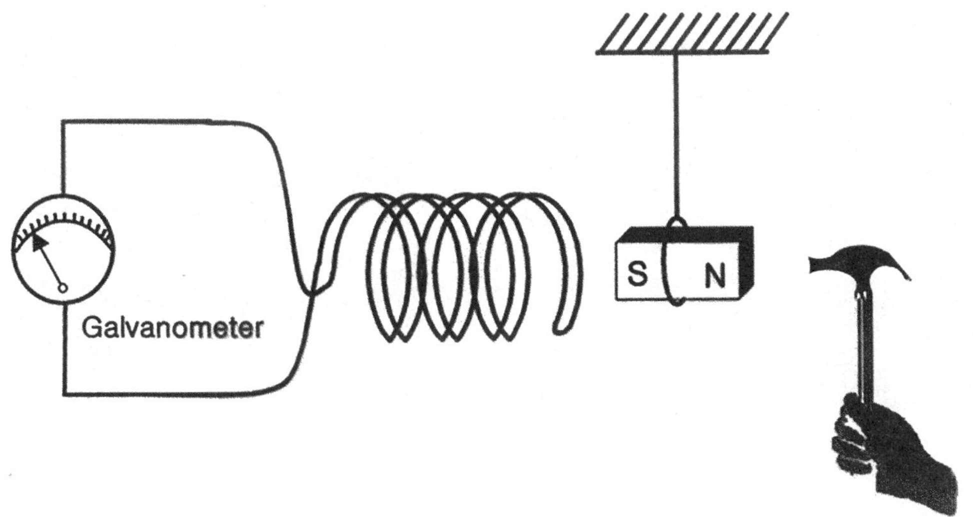

그림 2-3 NMR 분광기의 원리를 거시적인 비유로 표시한 그림.

으로 들어가는 위치가 달라질 것이며 이것은 4장에서 펄스 NMR을 공부하면서 배울 펄스 넓이(pulse width)에 비유될 수도 있다. 또한 한번 쇠망치로 쳐서 코일 속으로 집어넣은 막대자석은 제자리로 돌아올 때 그 운동 모습이 시계추의 반복 운동 모습을 하면서 제자리로 돌아올 것이며 이때 갈바노미터의 바늘의 움직임은 CW-NMR에서는 링잉(ringing: 3장 참조)으로 그리고 펄스-NMR에서는 FID(Free Induction Decay: 4장 참조)의 모습으로 비유할 수가 있다. 다만 CW-NMR은 이 갈바노미터의 바늘 대신 기록계(recorder)의 펜이 스펙트럼을 그리는 것이고, 펄스-NMR에서는 시간에 따라 갈바노미터에서 변화하는 만큼의 전압(voltage)들을 컴퓨터에 저장한 다음 수학 공식(Fourier transform)을 사용하여 스펙트럼으로 변형시키는 것이다. 이러한 비유를 3장과 4장을 공부할 때 다시 생각해 보면 NMR의 개념을 이해를 하는데 도움이 될 것이다.

자석(Magnet)

NMR 분광기의 감도(sensitivity)와 분해능(resolution)은 자석의 세기와 균일성(homogeneity)에 의존한다. 이미 볼츠만의 방정식(식 1-4)에서 배운 바와 같이 자기장의 세기는 감도를 증가시키고, 분해능을 증가시키기 위해서는 자기장이 균일성을 유지해야 한다. 이러한 조건 때문에 NMR에서 자장의 세기와 균일성은 절대적인 중요성을 갖는데 NMR 개발 초기의 자석은 영구자석을 사용하였으며 자석의 세기는 약 1.4(14092 가우스) 테슬라(Tesla)였다(그림 2-4). 이 자석으로 양성자는 60 MHz의 주파수에서 공명 현상을 나타나게 되었다. 영구자석의 자장은 온도에 매우 민감하지만 잘 고안된 온도 조절 장치와 차폐 장치로 비교적 안정한 자장의 균일성(약 1 Hz/h)을 유지할 수 있고 90 MHz까지 제작되었으며 분자량이 작은 분자들의 양성자 NMR을 위해서 잘 사용될 수 있다. 또한 조작이 간단하며 가격이 가장 싸다.

또 다른 종류의 자석은 60 MHz보다 크게 만들 수 있었으므로 양성자뿐만 아니라 감도의 증가로 다른 핵종의 측정을 가능하게 한 전자석(electromagnet)이다. 이들 자석은 대부분 80~100 MHz(1.88~2.35 Tesla)로 사용된다. 전자석은 자기장을 일으키기 위해서 높은 전류를 흘려주어야 하기 때문에 많은 열이 발생한다. 이 열을 제거하기 위해서 온도 조절 장치(물을 사용함)가 반드시 필요하다.

세 번째로는 가격은 비싸지만 자장이 매우 안정하며 고자장을 만들 수 있는 초전도 자석이 있다. 이들 초전도 자석은 1964년 처음으로 220 MHz가 만들어져 사용되기 시작하였으며 서론에서 언급된 바와 같이 현재 1000 MHz(23.4 Tesla)의 양성자 NMR까지도 얻을 수 있는

그림 2-4 초창기의 60 MHz NMR 기기의 모습과 최근에 Bruker와 Oxford 회사에서 만든 900 MHz NMR magnet들의 모습.

Bruker 900 MHz 자석

Oxford 900 MHz 자석

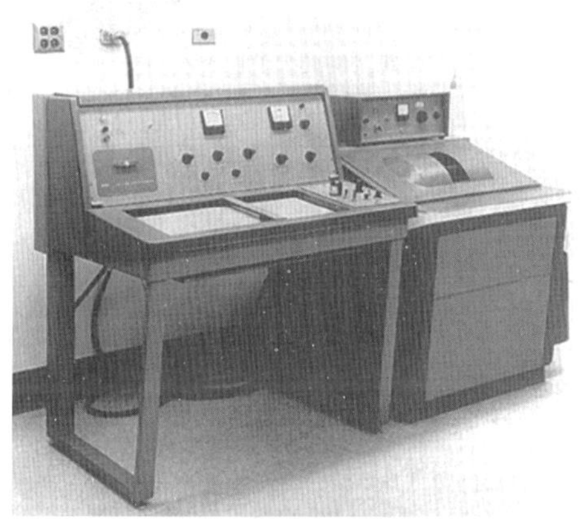

자석이 사용되고 있다(그림 2-4). 이것은 니오비움(niobium)이나 지르코늄(zirconium) 같은 합금이 4 K 정도의 온도(액체 헬륨 온도)에서 전기 저항이 없는 성질(초전도성)을 이용한 자석이다. 이 특수합금으로 솔레노이드(solenoid) 코일을 만들어 듀어(dewar) 속에 있는 액체 헬륨에 담가 놓고 그 주위를 진공으로 단열하고 그 바깥에 액체 질소를 넣어 더 완전히 단열시킨 후 충전(charge)하면 고단위 자장을 얻을 수 있다.

그림 2-4에서 볼 수 있는 것 같이 고자장의 자석들(750 MHz 이상의 자석)은 크기도 엄청나므로 이들 기기의 설치를 위해서는 대부분 기존의 건물들은 부적당하고 이들 기기만을 위한 새로운 장소가 필요하게 된다. 그림 2-5가 초전도 자석의 구조를 보여주고 있다. 이 자장은 온도를 절대 영도(액체 헬륨 온도) 정도로 유지시켜 주는 한 영원히 존재하게 된다. 단 800 MHz 이상의 자석을 만들기 위해서는 솔레노이드 코일들이 액체 헬륨 온도인 4 K에서는 충분한 충진(charge)이 될 수 없으므로 그림 2-5의 자석 구조와는 다른 형태를 가지게 된다. 즉 4 K보다 더 낮은 2 K 정도의 온도를 유지해야 하므로 헬륨을 기화시키는(Joule-Thomson Effect) 장치가 부착되어 있다.

Shimming

NMR 피크의 감도와 분해능을 최적화하기 위해서는 리시버 코일의 위치에 놓여 있는 시료의 모든 부분에 같은 자장의 힘이 미치는 자장의 균일성(homogeneity)과 안정성(stability)이 매우 중요하다. CW-NMR에서 사용되던 영구자석이나 전자석에서는 자장의 균일성을 조정하기 위해서 시료를 자석에 넣은 후 시료 속에 있는 기준 물질의 피크(TMS: 시료처리 참조)를 사용하여 링잉(ringing)이 잘 나타나게 하는 것이 유일한 방법이었다. 그러나 자장의 크기뿐

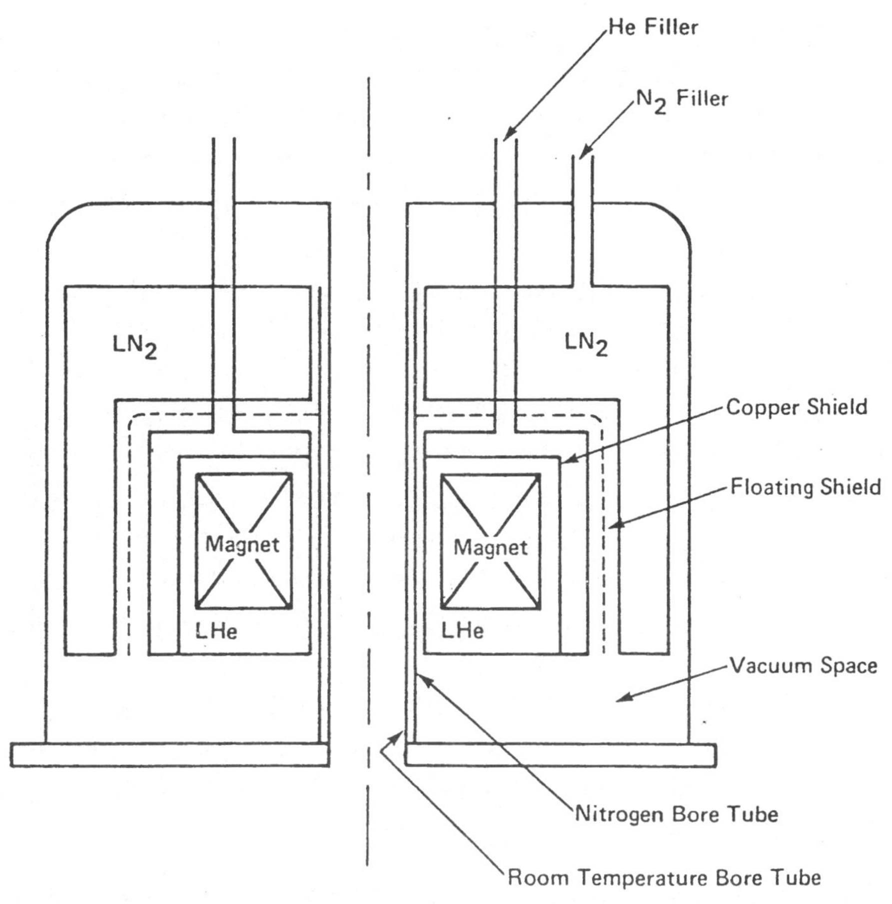

그림 2-5 초전도 자석의 구조.

만 아니라 자장의 균일성과 안정성도 영구자석이나 전자석에 비하여 훨씬 양호한 초전도 자석에서는 자장의 균일성을 조정하기 위해서 shim 코일이라는 전기 코일들이 자석의 여러 방향으로 설치되어 있다(Z, Z^2, Z^3, Z^4, X, Y, XY, YZ, XZ, X^2-Y^2 등 자장의 크기에 따라 수십 개까지의 종류들이 설치되어 있음). 이들 코일에 전기를 보낼 때 생성되는 작은 자장을 이용하여 시료의 모든 부분에 같은 자장의 힘이 미치도록 자석의 균일성을 조정하게 되는 이 과정을 *shimming*이라고 한다.

대부분의 펄스 FT-NMR에서는 소프트웨어를 사용하여 자동으로 shimming을 할 수 있으며 더욱이 최근에는 프로브 속에서 제어하는 방법으로 자장의 균일성을 파괴하는(좀 괴상한 소리 같지만 이 방법은 앞으로 여러 가지 실험에서 사용되어 아주 많은 장점을 보여준다는 것을 알 수 있다.) pulsed field gradient coil을 이용한 gradient shimming이라는 방법도 사용되고 있다. 그러나 이러한 방법들이 항시 좋은 결과들만 만들어 내는 것은 아니고 때로는 아주 엉뚱한 방향으로 결과를 유도할 때도 있다. 이유는 최고의 자동 shimming을 위해서는 시료마다 다를 수 있는 시료의 특성(quality)과 용매의 깊이(depth) 그리고 시료 전체의 온도 평형(thermal equilibrium)등이 아주 중요한 요인들이기 때문이다.

일반적으로 위의 자동 shimming 이외에 FID의 모습(shape)도 이용되지만 가장 많이 사용되는 방법은 잠금 레벨(lock level)을 사용하는 것으로, 즉, 펄스-NMR에서는 컴퓨터 화면에 나타나 있는 시료의 용매에 있는 중수소의 피크를 크게 하는 것이다. 펄스-NMR에서 시료를 넣었을 때 처음 나타나는 중수소의 피크는 dispersion 피크(2.3절 참조)를 보여주게 되는데 이 피크는 자장의 안정성을 유지하기 위해서 사용된다. 이것은 자석 주위에 또 다른 코일들로 중수소의 피크를 이용하는 측정 장치를 사용하여 작은 직류전류를 흘려주면서 미세한 자장의 변화를 보정해 주는 자동제어(feed-back) 장치가 있기 때문이다. 이렇게 자장의 변화를 보정하여 주는 자동제어 장치를 가동시키는 것을 기기를 잠금(lock)시켰다고 말하며, 이때 dispersion 피크는 absorption 상태로 바뀌면서 기기 운영자에게는 컴퓨터 화면에서 잠금 상태를 알려주는 좌와 우로 이동하는 잡음과 같은 선으로 나타나게 된다. 펄스-NMR의 shimming은 기기의 잠금 상태에서 이 선의 높이를 최고로 높게 만드는 것이다. 기기 잠금 상태의 역할과 성능은 용매에 있는 중수소의 피크 넓이에 관계가 있으므로 아래 시료처리(2.3절)에서 다시 다루기로 한다.

결국 자장의 균일성이라는 것은 NMR 피크의 모습으로 나타나고, 자장의 불균일성 때문에 나타나는 NMR 피크의 결점(distortion)은 특정한 shim 코일과 직접 연관되는 것이다. 이들 결점을 보정하는 lock level의 높이를 최고로 만드는 것은 단순한 작업 같지만 실제로는 shim 코일들이 상호적으로 연관되어 있다는 사실이 이 작업을 매우 어렵게 만든다. 즉, 하나의 shim 코일을 조정하면 반드시 서로 상호작용으로 연결되어 있는 다른 shim 코일을 조정하여야만 한다는 것이다. 그러므로 shimming 과정을 상호적으로(interactively) 하지 않고 순차적으로 각각의 shim 코일을 사용하여 lock level을 최고로 높게 만들어도 때로는 얻어지는 NMR 피크에서는 결점이 그대로 남아 있을 수가 있다. 그러나 다행인 것은 모든 shim 코일들이 서로 상호작용하는 것은 아니고 작은 그룹들로 나누어져 있어서 shimming 과정에서 순차적으로 대응할 수 있다는 것이다.

비록 이러한 shimming 과정은 잘 알려져 있지만 대부분의 shim 코일들의 조정값은 이미 엔지니어들이 조정하여 컴퓨터에 저장되어 있으며, 대부분의 사용자들은 일부분의 shim 코일 값들만 조정하여 사용하게 된다. 이들 shim 코일들을 상호적으로 조정하는 방법을 Z와 Z^2 shim 코일을 예로 들어 보도록 하자.

1) 먼저 Z shim을 사용하여 lock level을 최대로 조정하고 그 위치의 값을 기록한다.
2) 다음 Z^2 shim을 움직여 lock level을 조정하고(낮아질 수도 있고 높아질 수도 있다) 그 방향을 기록한다.
3) 다시 Z shim을 사용하여 lock level을 최대로 조정한다.
4) 다음 3)에서 얻어진 lock level을 1)에서 얻어진 것과 비교한다. 만약 3)에서 얻어진 level이 더 높다면 2)로 돌아가서 같은 방향으로 Z^2 shim을 조정한 후 3)의 과정을 수행한다. 이 과정을 더 이상 lock level을 높일 수 없을 때까지 반복한다. 반대로 처음 3)에서 얻어진 level이 더 낮다면 2)로 돌아가서 반대 방향으로 Z^2 shim을 조정하고 3)의 과정을 수행하는 것을 lock level을 더 이상 높일 수 없을 때까지 반복한다.
5) 마지막으로 lock phase 조정 장치를 이용하여 lock level을 최대로 조정한다.

만약 다른 차 상위 shim 코일(Z^3, Z^4 등등)의 조정이 필요하여 수행한다면 항시 차 하위의 shim 코일(Z, Z^2)의 조정이 필요하며, 그 과정은 위와 동일한 과정으로 수행하면 된다. 이 과정은 시료를 spinning을 하거나 하지 않는 두 상태 모두에서 수행할 수 있으며 이들 shim 코일들은 같은 결과를 줄 수 있게 설계되어 있다. 이들 shim 코일의 조정으로 얻어지는 자장 균일성의 최상의 결과는 결국 NMR 피크가 최상의 모습으로 나타나게 되고 이들 피크들이 최상의 모습으로부터 벗어나는 특정 모습은 특정 shim 코일과 연관성을 보여주게 된다. 이와 같은 연관성의 관계를 그림 2-6에 나타내었다.

그림 2-6에서 쉽게 볼 수 있는 현상은 모든 Z-shim 코일이 피크의 넓이에 영향을 주고 있으며 특히 짝수 차에 해당하는 코일들(Z^2, Z^4)은 피크를 비대칭의 모습으로 그리고 홀수 차에 해당하는 코일들(Z, Z^3, Z^5)은 대칭으로 피크의 넓이에 영향을 주고 있다는 것이다. 그러므로 shimming 후에 얻어지는 피크들의 모습을 보고 어떠한 shim 코일을 더 조정해야 하는지를 쉽게 알아 낼 수 있으며 이것은 최신 NMR 장비들이 갖추고 있는 "real time display", 즉

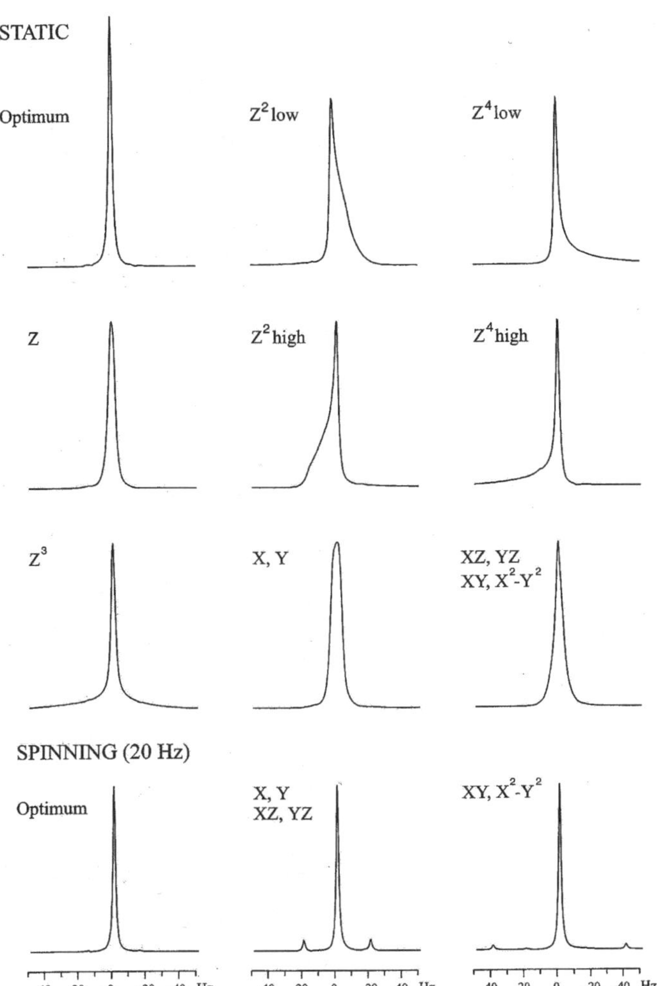

그림 2-6 특정 shim 코일의 잘못된 조정과 NMR 피크의 모습과의 관계.

한 번 스캔으로 바로 스펙트럼으로 볼 수 있는 성능과 함께 피크의 교정을 하나의 shim 코일로 쉽고 빠르게 수행할 수 있다.

자석에 대한 마지막 언급으로 이들 여러 종류의 자석들 중 거의 모든 설명을 초전도 자석에 집중한 것은 이제는 거의 모든 실험실에서 이 장치를 사용하고 있기 때문이다. 비록 초전도 자석은 보전하기 위한 액체 헬륨이나 액체 질소 등의 비용으로 유지비가 매우 비싸지만 전자석에 필요한 전기와 물의 비용을 고려해 보면 오히려 유지비가 저렴한 편이며 더욱이 이들의 성능을 고려해 볼 때 충분한 가치를 가지고 있다고 할 수 있다. 그리고 초전도 자석의 발전으로 영원히 사라질 것 같던 영구자석은 최근에 소형으로 만들어져 table-top 형태의 NMR로 학부 실험실이나 QC 등으로 다양하게 사용되기 시작하면서 그 가치가 다시 주목 받고 있다.

프로브(Probe)

그림 2-1에서 라디오파(rf)의 트랜스미터(transmitter) 코일과 리시버(receiver) 코일이 있는 곳에 시료가 놓여 있는 것을 볼 수 있다. 이곳을 프로브(probe)라고 하며 고자장 펄스 FT-NMR에서는 그림 2-7에서 볼 수 있듯이 이 부분을 완전히 따로 분리할 수 있으며 여러 종류의 프로브를 목적에 따라 사용할 수 있다.

가장 이상적인 프로브는 여러 종류의 다른 주파수를 내는 코일과 이들을 동시에 측정할 수 있는 여러 개의 다른 리시버 코일을 모두 함께 가지고 있는 것이라고 할 수 있다. 시료에 여러 종류의 다른 주파수를 동시에 줄 수 있다는 것은 또 다른 말로는 하나의 핵을 측정할 때 커

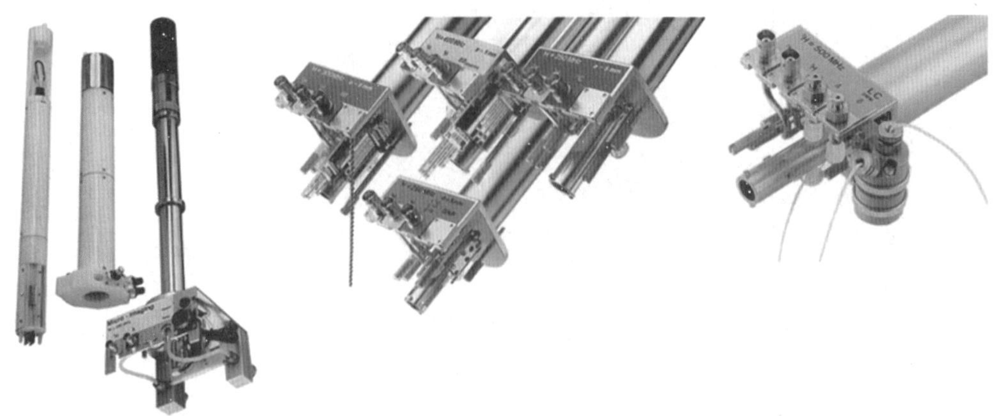

그림 2-7 여러 종류의 프로브들의 모습.

플링하는 다른 모든 핵들을 디커플링시킬 수 있다는 것을 의미하는 것이다. 그러나 조그만 공간에 이 모든 것을 넣어 프로브를 제작하는 것은 불가능하므로 기기 회사마다 조금씩은 다르지만 대부분 두 개의 주파수가 고정된 것부터[가장 많이 사용되는 양성자(^{1}H)와 탄소(^{13}C)를 예로 들 수 있다] 또는 하나의 주파수는(대부분 양성자) 고정되어 있고 다른 핵들은 저항을 이용하여 여러 개의 핵들의 주파수를 조절하여 사용할 수 있는 프로브들이 제작되고 있다. 즉 이들 프로브들은 두 개의 코일(초창기의 프로브들은 Helmholtz 코일이라고 하는 주파수를 주는 코일과 받을 수 있는 코일이 분리되어 있었지만, 현재는 하나의 코일이 주파수를 줄 수도 받을 수도 있다)을 가지고 있으며 이들은 각각 다른 주파수를 낼 수 있는 트랜스미터와 연결되어 있다. 이들 각각의 코일은 또한 다른 주파수를 받아들일 수 있는 리시버와 연결될 수 있어 하나의 핵은 측정하고 다른 핵은 디커플링을 할 수 있는, 즉 double resonance 실험을 할 수 있는 성능들을 가지고 있다(실제로 모든 펄스 NMR의 프로브 속에는 중수소의 주파수를 줄 수 있는 또 다른 하나의 코일이 있으며 이것은 자장의 안정성을 유지하기 위한 측정 장치 역할의 일부분을 담당하게 된다. 용매를 설명한 곳을 참조). 실제로 프로브는 그들의 사용 목적에 따라서 특수하게 설계되므로 실험의 목적에 따라서 선택되어 사용되며 스펙트럼을 얻을 때 그들의 성능은 매우 다를 수 있다.

그림 2-8은 같은 시료[10% D_2O와 90% H_2O에 녹아 있는 2 mM 설탕(sucrose)]를 다른 실험 목적으로 설계된 두 개의 다른 프로브에서 물의 피크를 포화(saturation) 시킨 후 얻은 양성자 스펙트럼이다. 그림 2-8(a)는 broad band 프로브라고 불리는 것을 사용하였고 2-8(b)는 inverse broad band 프로브라고 불리는 것을 사용하여 얻은 스펙트럼이다. 이들 두 프로브는 시료가 놓이는 위치에 자리 잡은 트랜스미터 코일들의 위치가 다르게 설계되어 있을 뿐이다. 즉 inverse broad band 프로브에서는 양성자의 주파수를 주고받을 수 있는 코일이 시료가 놓이는 위치에 가깝게 놓여 있고 이들 바깥쪽에 여러 가지 다른 핵들의 주파수를 주고받을 수 있는 코일이 자리 잡고 있으며 broad band 프로브는 이들의 순서가 반대로 설계되어 있다. 그러므로 inverse broad band 프로브는 양성자에 감도가 높게 설계된 것이며 broad band 프로브는 양성자가 아닌 다른 핵들에 감도가 높게 설계된 프로브이다. 그림 2-8의 스펙트럼 (a)와 (b)의 비교는 inverse 프로브가 감도가 높은 것을 보여줄 뿐만 아니라 물(H_2O) 피크의 넓이도 상대적으로 좁게 나타나는 것을 보여주고 있다. 즉 inverse broad band 프로브는 물을 용매로 사용하며 용매 주변에서 화학 이동(chemical shift)이 나타나는 물질들을 연구할 때 반드시 필요한 프로브이며, 반면에 broad band 프로브는 양성자가 아닌 다른 핵들을 관찰하는데 필요한 프로브이다. 이와 같이 실험 목적에 따라 프로브의 선택도 달라진다. 최근에는 특수목적을 위하여 3채널(channel) 또는 4채널, 즉 3개 또는 4개의 핵들의 주파수를 동시에 다룰 수 있는 프로브들의 제작도 가능하게 되었으며 특히 anti-Helmholtz 코일이라는 것을 이

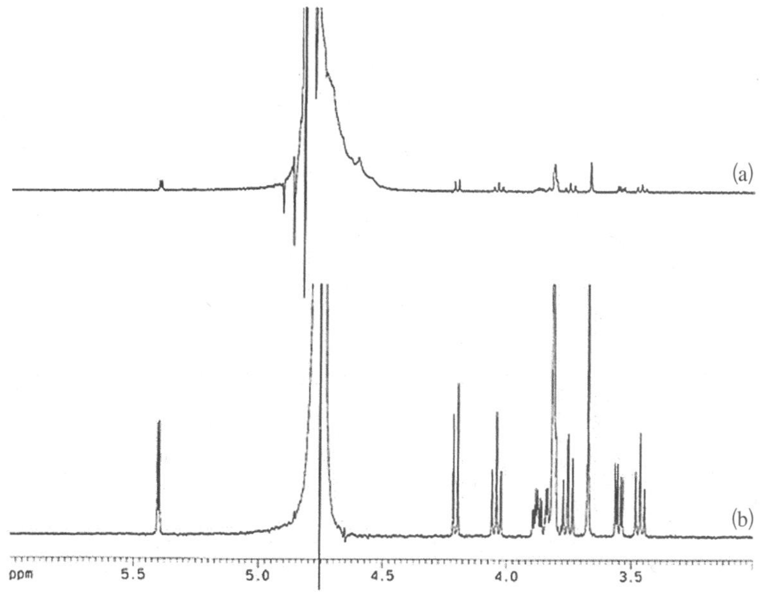

그림 2-8 10% D_2O와 90% H_2O에 녹아 있는 2 mM sucrose의 양성자 NMR 스펙트럼들. (a) broad band 프로브를 사용. (b) inverse broad band 프로브를 사용. 두 스펙트럼은 모두 같은 조건을 사용하였으며 H_2O의 피크를 포화시켰음.

용하여 pulsed field gradient(PFG)를 시료에 조사시켜서 확산(diffusion) 실험이나 NMR 현미경 실험 또는 2D NMR 실험에서 측정 시간을 엄청나게 단축할 수 있는 gradient enhanced spectroscopy(GES) 실험들(6.5절)이 가능한 프로브도 제작되고 있다.

위의 모든 종류의 프로브들이 최근에는 더욱 발전하여 크라이오 프로브(cryo-probe)로 만들어져 사용되고 있으며 이들은 기존의 프로브들보다 피크와 잡음의 비(signal-to-noise ratio: S/N ratio)를 4~5배 정도 높일 수 있게 되었다. 이 프로브들의 성능은 헬륨이나 질소 가스(gas)를 이용하여 시료의 온도와는 관계없이 코일 부분의 온도만을 낮추게 함으로써 전기적(electrical) 잡음을 축소하게 되어 S/N의 비를 높일 수 있게 되었다.

이러한 프로브들의 size는 3, 5, 10, 15, 20 mm 등 시료를 담아 사용하는 튜브를 받아들일 수 있는 size로 명명하며 일반적으로 5 mm 프로브가 가장 많이 사용되고 있지만 때로는 미량의 시료를 위한 소위 nano-probe라고 하는 약 40 μl 정도의 volume을 가지고 있는 프로브도 있고 HPLC와 연결되는 capillary 프로브로 있다.

Tuning과 matching

결론적으로 앞에서 설명한 다양한 종류의 프로브들이 만들어지게 된 것은 NMR 피크를 효율적으로 잡아내기 위함이다. 일단 시료가 담긴 튜브가 NMR의 프로브에 놓이면 주어진 모든 장치를 사용하여 시료의 피크가 가장 좋은 감도와 분해능을 가질 수 있도록 조정하여야 하는 것들 중 하나가 프로브를 조정하는 것이며 이것을 프로브의 *tuning*과 *matching*이라고 한다. 이미 앞에서 조정해야 하는 것들 중 하나인 *shimming*을 설명하였지만 일반적으로 이들보다 먼저 수행해야 하는 것이 프로브의 tuning과 matching이다. 이 과정은 프로브의 코일이 시료에 rf 펄스의 전달과 NMR 시그널의 수신을 효과적으로 할 수 있도록 코일 회로(circuit)의 전기적 특성을 조정하는 것으로 프로브 속에 있는 가변 콘덴서(variable capacitor)를 이용하게 된다. 피크의 감도와 연관이 되는 tuning은 말의 의미 그대로 관찰하려고 하는 핵의 rf 주파수에 코일을 맞추는 것이고(우리가 radio를 들을 때 방송국의 주파수를 맞추는 것과 같은 의미),

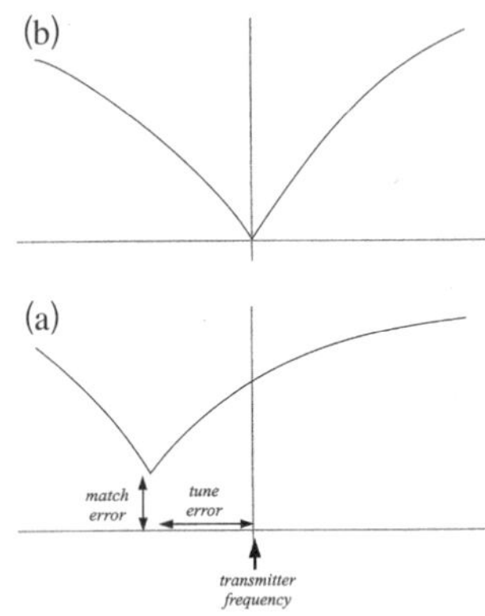

그림 2-9 프로브의 tuning과 matching 그래프.

matching은 rf의 에너지가 트랜스미터에서 시료로 그리고 시료에서 다시 리시버로 최대로 전달되도록 코일/시료의 임피던스(impedance)와 트랜스미터/리시버의 임피던스를 동등하게 만드는 것이다. 이 과정은 먼저 프로브에 rf 펄스를 주입하여 나타난 반응을 관찰하고 최적의 조건을 찾기 위해서 콘덴서를 조정하게 된다[수년 전만 하더라도 많은 프로브들에서 이 조정은 프로브의 하단 부분에 연결되어 있는 막대를 사용하였지만 지금은 프로브의 하단에 기어(gear)를 장착하여 이들을 컴퓨터 프로그램으로 조정할 수 있게 제작되고 있다].

펄스를 주입한 후의 반응을 관찰하는 방법은 여러 가지가 있지만 가장 유용하고 최신의 대부분 기기에 설치되어 있는 방법으로는 대상 주파수의 좁은 범위(수 MHz)를 앞뒤로 sweep하는 것이다. 이때 프로브의 반응은 내부의 표준 임피던스(50 Ω)를 기준으로 하여 그림 2-9(a)와 같은 tune과 match의 오류를 동시에 보여주는 그래프가 화면에 나타나고 이를 이용하여 최적의 조건을 가지도록 콘덴서를 조정할 수 있다[그림 2-9(b)]. 이때 tune과 match 조정은 상호간 독점적이 아니므로 최적의 상태에 도달하기 위해서는 반복적으로 즉 tune, match, tune, match 등으로 조정되어야 한다.

하나 이상의 핵의 주파수를 조정할 때는 낮은 주파수를 먼저 하고 높은 주파수를 나중에 한다. 예로 탄소와 양성자의 주파수를 조정할 때 탄소를 먼저하고 양성자를 나중에 수행해야 한다. 프로브의 tune과 match는 시료와 프로브의 온도에 따라 변화하므로 온도의 변화가 있을 때는 다시 조정해야 한다.

위의 작업은 모든 시료의 전기적 특성이 다르고 특히 용매의 유전율(dielectric constant)이 다르기 때문에 시료마다 수행해야만 하고 이미 사용되고 있는 정확한 펄스를 사용하기 위해서 반드시 거쳐야 하는 과정이다.

마지막으로 최적으로 조정된 프로브를 고의적으로 그 위치에서 조금 벗어나게 하는 detune을 하는 경우가 있을 수 있으며 이것은 프로브에서 생기는 radiation damping이라는 현상 때문이다. 즉 용매(특히 H_2O)의 큰 NMR 시그널 때문에 코일에 생겨나는 비교적 큰 전류(current)는 그들 자신이 프로브에 제 2의 rf 자장을 만들게 되면서 잘 조정된 프로브를 간섭하게 되는 것이다. 이 현상은 용매 피크의 이완을 정상보다 빠르게 만들면서 결국 피크를 매우 broad하게 나타나게 한다. 이때 프로브의 최적 위치를 조금 벗어나게(detune) 하면, NMR 피크는 자장의 균일성을 보여주는 sharp한 피크의 모습을 보여주게 된다.

2.2 기기의 성능

기기의 각 부분이 여러 가지 NMR 실험 각각의 결과에 다른 영향을 주기 때문에 NMR 기기의 성능을 측정하기 위해서는 기기의 각 부분을 테스트하는 여러 가지 방법들이 있다. 그러나 이 방법들 중 많은 것들은 이 책의 범위를 벗어나기 때문에 여기에서는 많은 실험에서 공통적으로 고려되어야 하는 감도(sensitivity)와 분리(resolution)의 성능만을 다루기로 한다. 특히 FT-NMR 기기의 감도는 ASTM(American Society for Testing and Materials)에서 규정(E 386-90)을 정해 놓고 있으므로 이 규정에 따라 각각의 기기의 감도를 측정할 수 있다. 기기의 감도는 결국 시료의 피크와 잡음의 비(signal-to-noise ratio)로 나타내며, 식 2-1로 주어진다.

$$S = \frac{2.5 \times A}{N} \qquad \text{(식 2-1)}$$

여기에서 A는 피크의 높이이며 N은 잡음(noise)의 높이이다. 이때 사용되는 양성자의 표준물질은 에틸벤젠(ethylbenzene)이다. 초창기에는 NMR 기기들의 감도가 좋지 않았기 때문에 deuterochloroform($CDCl_3$) 용매에 녹아 있는 1% 에틸벤젠을 사용했지만 지금은 0.1%의 에틸벤젠 용액을 사용하여 기기의 감도를 측정한다. 그림 2-10은 500 MHz NMR에서 기기의 감도를 측정한 것이며 이때의 측정값은 약 200이었다. 이때 피크의 높이는 메틸렌(CH_2) 피크의 4중선의 큰 피크를 사용한다. 탄소의 경우는 deuterobenzene(C_6D_6) 용매에 녹아 있는 60%의 dioxane을 표준물질로 사용하고 이때 양성자 디커플링(3장 참조)을 하지 않은 스펙트럼을 사용하게 된다. 때로는 탄소의 감도 측정을 위해서 deuterochloroform 용액 속에 10% 에틸벤젠을 사용하게 되는데 이때는 양성자를 디커플링을 하게 된다. 이때 사용되는 피크는 aromatic 탄소들 중에서 가장 큰 피크를 사용하게 된다.

결국 어떠한 표준물질을 사용하던지 같은 물질을 사용하여 얻은 피크와 잡음(S/N)의 비 값이 큰 것을 주는 기기가 감도가 더 좋은 기기이다.

기기의 감도에 가장 영향을 많이 주는 것은 프로브이다. 즉 프로브가 어떤 종류인가에 따라서 그 기기의 감도가 엄청난 차이를 나타내게 된다는 것은 앞에서 잠시 언급되었던 inverse 프로브와 broad band 프로브에서 이미 보았다. 시료가 놓이는 부위의 여러 종류의 크기들 중 5 mm 프로브와 10 mm 프로브를 감도를 비교한다면 10 mm 프로브가 훨씬 좋은 감도를 가지는 것으로 나타나지만 이것은 감도의 문제가 아니라 시료의 양이 10 mm 프로브에서 사용되는 시료용기(tube)에 더 많이 들어 있기 때문에 나타난 현상에 불과하다. 실제로는 대부분 10 mm 프로브의 감도는 5 mm 프로브보다 낮다고 알려져 있다. 즉 프로브 속의 시료가 놓이는 부위의 직경이 작을수록 감도는 일반적으로 더 좋게 된다.

분리(resolution)의 성능은 기기가 피크의 넓이를 얼마나 작게 만들어 낼 수 있느냐에 달려있다. 피크의 넓이는 보통 피크의 중간 높이의 값을 말하는 것이며 대부분 최신의 고자장 초전도 NMR들은 양성자의 경우 0.1 Hz보다도 작은 분리성능들을 가지고 있다. 이것의 성능을 조사하기 위해서 오래전부터 AA′BB′ 형태의 24개의 피크를 보이는 ortho-dichlorobenzene(ODCB)이 사용되어 왔다(3장과 4장 참조).

보통 분리 성능을 나타내는 피크 넓이를 측정하기 위해서는 ODCB의 어떠한 피크도 사용할 수 있지만 고자장 NMR에서는 radiation damping이라는 현상이 피크를 넓게 나타나도록 만들므로 가장 바깥쪽에서 나타나는 작은 피크를 사용하게 된다. 분리 성능에서 고려해야 할 또 다른 한 가지는 피크가 로렌찌안(Lorentzian)의 모습을 가지고 있느냐 하는 것이다. 즉 피크 중간 높이의 넓이가 좋은 성능을 보일지라도 피크 아래 부분이 로렌찌안 형태를 가지지 못

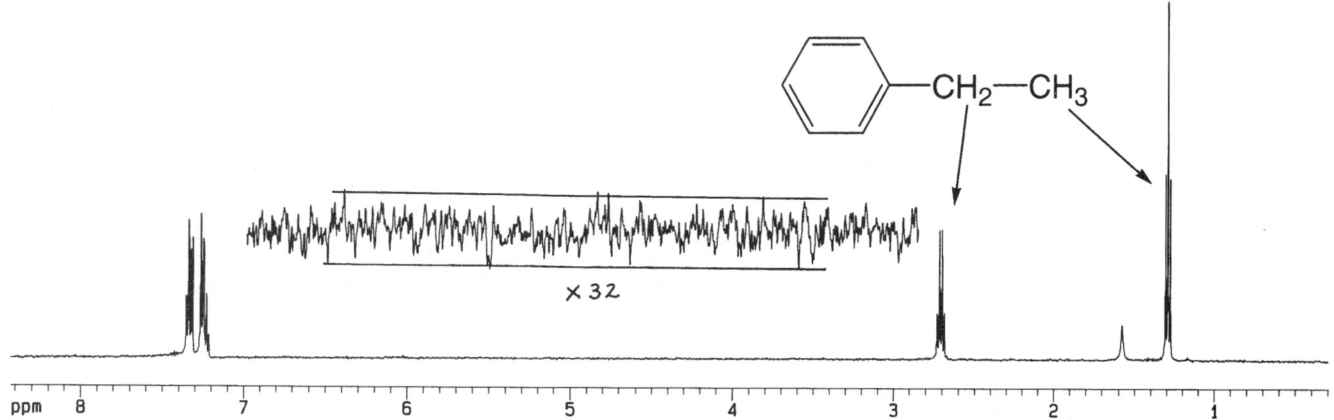

그림 2-10 기기의 양성자 감도 성능을 위한 에틸벤젠의 스펙트럼. 피크의 높이는 에틸벤젠의 메틸렌 양성자의 4중선의 피크를 이용하였으며 이 스펙트럼에서 피크와 잡음의 비는 200이다.

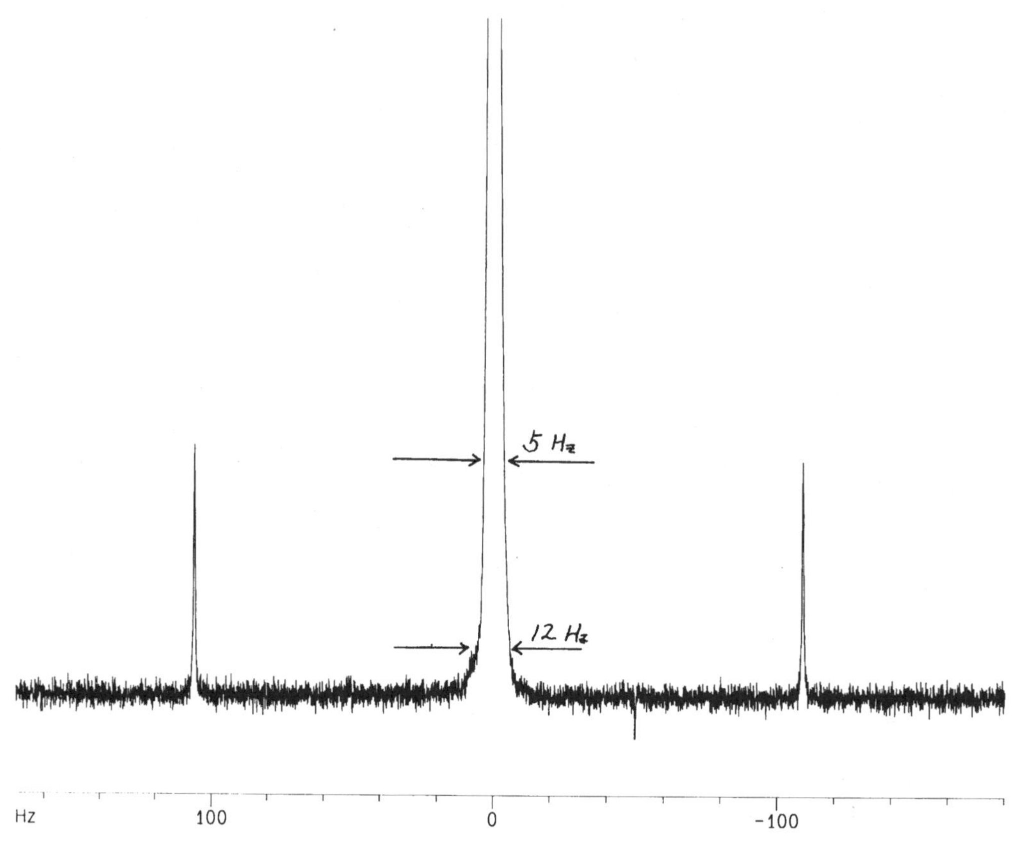

그림 2-11 Line shape test를 보여주는 클로로포름($CHCl_3$)의 양성자 NMR 스펙트럼. 이 스펙트럼은 spinning을 하지 않으면서 얻은 스펙트럼임에도 불구하고 이론값에 가까운 기기의 성능을 보여주고 있음.

할 때 기기가 좋은 성능을 가졌다고 말할 수 없다. 이것의 기준을 조사하기 위해서 아세톤에 녹아 있는 클로로포름($CHCl_3$)을 사용하게 된다. 이 조사를 때때로 line shape test라고 하며 클로로포름 양성자 피크 크기의 0.55%와 0.11% 지점의 넓이를 측정하게 된다. 이때 피크의 0.55% 지점을 지정하게 된 것은 이 위치가 클로로포름의 ^{13}C 위성(satellite) 피크 높이와 같은 지점이어서 사용하기 편리하다는 것에 근거한 것이다(3장 참조). 이렇게 하여 측정된 넓이 값은 로렌찌안 피크 크기의 0.55% 지점은 피크 중간 넓이의 13.5배, 그리고 0.11% 지점은 30배라는 이론적인 계산값과 비교하여 기기의 분리 성능을 조사하게 된다. 즉 클로로포름에 있는 양성자 피크의 중간지점 넓이 값을 0.3 Hz 얻었다고 가정한다면 이 피크가 로렌찌안 피크의 모습을 가지기 위해서 0.55% 지점의 넓이는 0.3 Hz의 13.5배인 4 Hz, 그리고 0.11% 지점의 넓이는 0.3 Hz의 30배인 9 Hz를 가져야만 한다는 것이다. 최근의 고자장 초전도 NMR 기기들은 이러한 값보다는 다소 큰 값들을 보여주지만 대체적으로 이론값에 가까운 성능들을 보여주고 있다(그림 2-11).

2.3 시료 처리

오래전 60 MHz 양성자 NMR을 위해서 필요한 시료의 양은 분자량에 따라 다르지만 저분자량(small molecule)의 물질일 경우 대략 5~50 mg 정도가 필요하였다. 이제는 여러 종류의 NMR을 사용할 수 있으므로 기기의 종류에 따라 대략적인 시료의 양이 얼마나 필요한가를 알아보도록 하자. 즉 시료의 양은 여러 가지 요인에 의해 다를 수가 있으며 반드시 고려해야 할 여러 사항이 있다. 첫째 얼마나 큰 NMR을 사용하느냐와 어떤 종류의 프로브를 사용하느냐에 따라 시료의 양은 많이 달라질 수 있다. 물론 부수적으로 얻으려고 하는 핵의 종류와 실험의 종류는 반드시 고려해야 할 사항이다. 표 2-1에 시료의 분자량이 약 300 정도인 물질을 일반적인 5 mm 프로브를 사용하여 양성자와 탄소의 스펙트럼을 얻으려고 할 때 대략적으로 필요한 양을 보여주고 있다. 물론 표 2-1에 제시된 양보다 훨씬 적은 양의 시료도 기기장치의 변형과 많은 시간의 기기 사용으로 스펙트럼을 얻을 수 있다.

이 시료들은 대부분 약 0.5 ml의 용매에 녹여 직경 5 mm 유리관에, 또는 더 많은 용매에 녹여 10 mm 유리관에 넣은 후 사용한다. NMR 튜브(tube)라고 하는 유리관에는 여러 종류가 있다(그림 2-12). NMR의 시료 양에 따라 캐필러리/모세관(capillary)을 사용하여 용매의 양을 줄일 수도 있고, 용해도(solubility)가 좋지 않은 시료를 위해서 용매의 양을 더 많이 사용할 수 있는 10~25 mm의 튜브도 있다. 이 시료를 담은 튜브들은 spinner라고 하는 회전 장치에 끼워져서 프로브에 놓인 후 회전을 하게 되는데 이때 10~25 mm의 직경이 넓은 튜브들에 담겨 있는 용액들은 소용돌이(vortex)를 만들기 쉬우므로(이들 현상은 shimming을 어렵게 만든다) 이들이 생기지 않도록 용매를 많이 넣어서 사용하거나 vortex 방지 장치를 사용해야 한다. NMR 튜브는 그 자체가 균일해야 하기 때문에 매우 얇게 만들어져 있으며 잘 깨진다. 또한 매우 비싸기 때문에(US $ 5.00~15.00) 조심스럽게 다루어야 한다. 아무리 좋은 상품이라 하더라도 때때로 불량품이 나올 수 있으므로 특히 처음 구입했을 때 튜브가 똑바른지를 검사해야 한다. 구별 방법은 평면에 NMR 튜브를 굴려 보면 쉽게 구별할 수 있다. 튜브가 똑바르지 않은 것을 사용했을 때 생길 수 있는 일이란 우리의 상상을 초월할 정도로 경제적인 손실을 입을 수 있다. 특히 고자장 NMR을 이용할 때 기계에 막대한 손상을 끼칠 수 있다. NMR 피크를 얻는 부분, 즉 시료 튜브가 프로브 속에서 자리 잡는 곳은 튜브의 넓이에 따라 정확한 크기로 만들어져 있으며 매우 정교하게 코일들이 자리 잡고 있다. 특히 고자장 NMR에서는 시료 튜브가 놓이는 프로브가 자석의 깊숙한 곳에 자리 잡고 있기 때문에 공기를 이용하여 서서히 튜브를 내릴 때 튜브가 똑바르지 못하면 심지어 깨질 수도 있다.

NMR에 사용되는 용매는 가능한 한 시료와의 상호작용이 적은 것을 선택해야 한다. 예

표 2-1 NMR의 종류에 따라서 필요한 대략적인 시료(M.W. = ~300)의 양(mg).

MHz	^{1}H	^{13}C
90	20	lots!
250	5	30
400	2	10
600	1	5

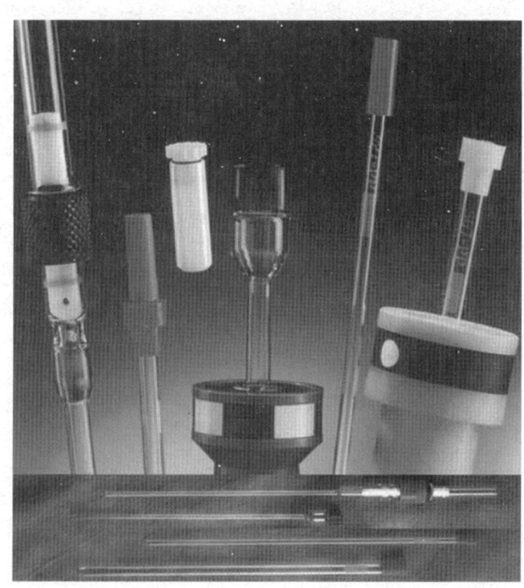

그림 2-12 여러 종류의 NMR 튜브들의 모습(하얀색의 작은 용기는 세라믹으로 만들어진 고체용이며 rotor라고 함). 튜브가 끼워져 있는 것이 spinner이며 여기에 하얀색과 검은색은 회전 속도를 측정하기 위해서 반드시 필요하다.

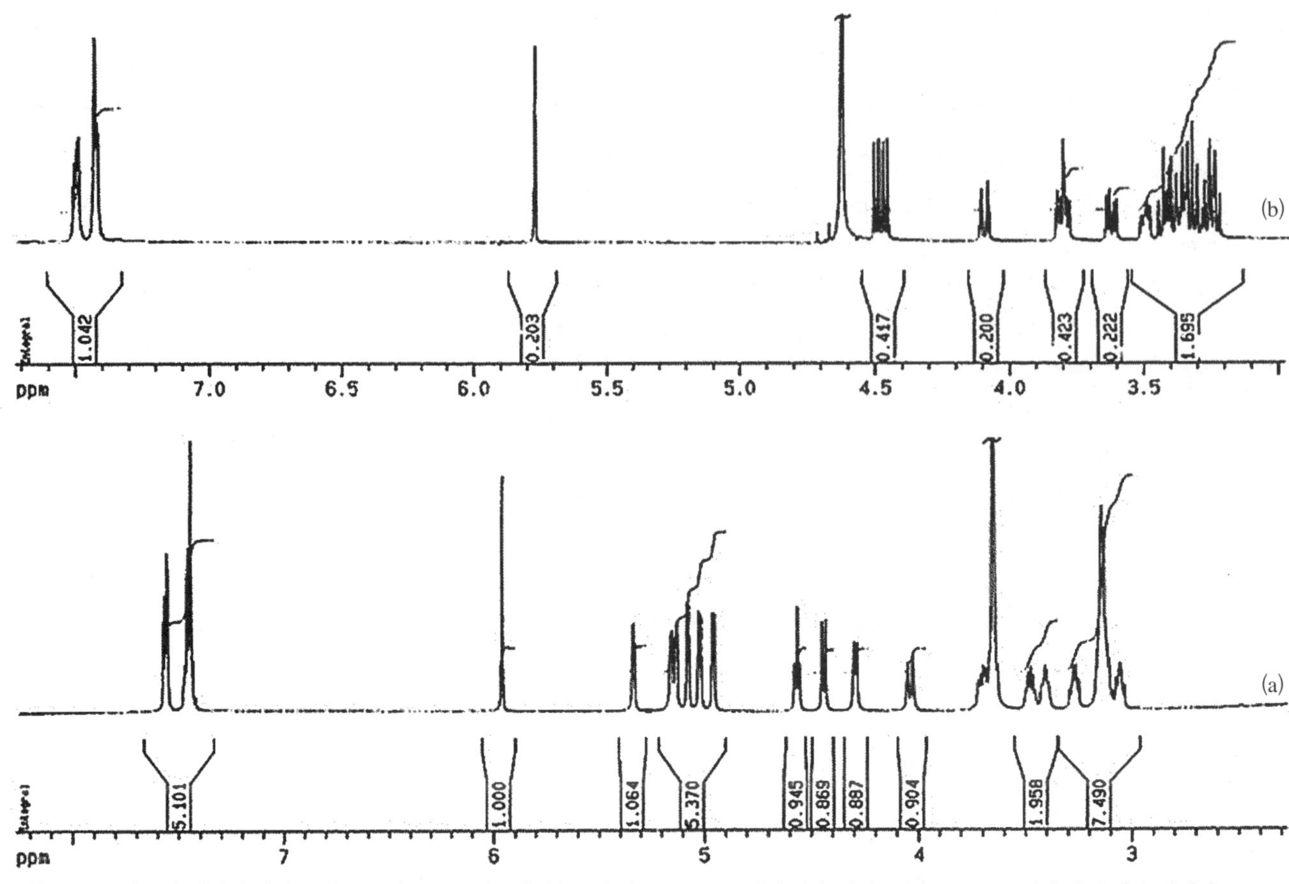

그림 2-13 시료에 대한 용매의 효과를 보여주는 스펙트럼. (a)는 용매를 DMSO를 사용했을 때이고 (b)는 D_2O를 사용하여 얻은 것이다.

를 들어 용매와 시료가 강한 수소 결합(hydrogen bonding)을 한다거나 또는 양성자를 교환(hydrogen exchange)시킬 수 있는 용매는 가능하면 사용하지 않는 것이 좋다. 만약 시료의 양성자가 용매의 양성자와 매우 빠른 교환이 일어난다면 양성자 NMR 스펙트럼에서 이 두 종류의 양성자는 각기 다른 피크를 나타내지 못하며 두 주파수의 중간 위치에 하나의 피크로 나타나게 된다. 이 피크는 교환 속도에 따라 때로는 매우 폭이 넓게(broad) 나타날 수 있으며 때로는 완전히 사라지는 경우도 있어 NMR 스펙트럼에서 피크의 해석을 어렵게 할 때도 있다. 이와 같은 경우를 그림 2-13이 잘 보여주고 있다. 그림 2-13(a)는 시료의 용매가 DMSO-d_6(dimethylsulfoxide)이고 2-13(b)는 D_2O를 사용하였다. 이 두 스펙트럼은 용매가 달라짐으로서 화학 이동값이 달라졌을 뿐만 아니라 스펙트럼의 모습이 완전히 달라진 것을 볼 수 있다. 특히 (b) 스펙트럼에서는 (a) 스펙트럼의 5 ppm 부근에서 나타난 여러 피크들이 사라진 것을 볼 수 있다. 이 피크들이 다른 피크들과 겹쳐져 나온 것이 아니라는 것은 aromatic의 양성자의 적분값을 용매의 피크를 제외한 다른 피크들의 적분값과 비교하면 바로 알 수 있다. 이것은 (b) 스펙트럼의 경우 시료의 OH기의 양성자가 D_2O와 교환이 일어나면서 OD로 치환되어서 나타나지 않은 것이며 D_2O는 HOD로 바뀌면서 피크로 나타난 것이다.

위의 사항들을 고려할 때 CW-NMR에서는 사염화탄소(CCl_4)가 시료를 용해시키는 능력에 문제점이 없다면 가장 좋은 용매 중에 하나라고 말할 수 있다. 표 2-2에 NMR 스펙트럼을 얻을 때 가장 자주 쓰이는 중수소로 치환된 용매들을 나열하였다. 특히 고자장의 펄스 NMR에서는 자장의 안정도를 유지하기 위하여 자동 제어(feed back) 장치를 사용하게 되는데, 이때 사용되는 것이 중수소의 주파수를 사용하므로 중수소가 포함되어 있는 용매가 고자장의 NMR에서는 반드시 필요하다고 이미 알고 있다. 이제 중수소를 포함한 용매에 시료를 녹여 스펙트럼을 얻기 위하여 기기에 시료를 넣은 후 우리가 제일 먼저 하는 작업인 기기의 잠

표 2-2 자주 사용되는 NMR 용매

용매	구조식	끓는점(℃)	δ 값	
			^{1}H	^{13}C
Chloroform-d	$CDCl_3$	62	7.24	77.0
Methanol-d_4	CD_3OD	65	4.78, 3.30	49.0
Acetone-d_6	CD_3COCD_3	57	2.2	206.0, 29.8
Deuterium oxide	D_2O	101.4	4.63(DSS)	
p-Dioxane-d_8	$C_4D_8O_2$	101	3.53	66.5
Dimethyl sulfoxide-d_6	CD_3SOCD_3	189	2.49	39.5
Pyridine-d_5	C_5D_5N	116	8.71, 7.55, 7.1	149.9, 135.5, 123.5
Benzene-d_6	C_6D_6	80	7.15	128.0
Acetic acid-d_4	CD_3COOD	118	11.53, 2.03	178.4, 20.0
Carbon tetrachloride	CCl_4	76.8		95.8
Carbon disulfide	CS_2	46.3		192.6

금(locking)이 사용된 용매와 그리고 프로브 속의 중수소 주파수를 낼 수 있는 코일과 어떻게 작용하여 자장의 자동 제어 장치를 작동시키는지를 살펴보도록 하자.

이 책을 공부하면서 여러 가지 이유들을 배우게 되겠지만 펄스 NMR 스펙트럼을 얻을 때는 하나의 FID만을 얻는 것이 아니고 여러 개의 FID들을 더하여 스펙트럼을 얻게 된다. 즉 이런 데이터를 얻기 위해서는 얼마간의 시간이 필요하게 되며 이 기간 동안 아무리 안정한 자석이라도 자장의 세기는 조금씩 변하게 될 것이다. 자장이 변하면 시료의 공명 주파수(즉 화학 이동)도 틀려지게 되므로 시간 t에서 측정된 주파수 ν는 시간 $t+\triangle t$에서는 $\nu+\triangle\nu$로 변하게 될 것이다. 이것은 결국 시료의 스펙트럼에서 피크를 넓게 만드는 결과를 만들게 된다. 바로 이러한 이유로 펄스 NMR에서는 자장의 미세한 변화를 안정시킬 수 있는 장치가 필요하게 되며 이것이 자장의 자동 제어(feed back) 장치이다.

이 장치의 작동(locking을 시키는 것)은 중수소의 피크를 이용하게 되므로 중수소를 가진 물질을 사용하여 중수소의 NMR 피크를 얻을 수 있는 장치가 필요한 것이다. 필요한 중수소는 용매에 있고 중수소의 스펙트럼을 얻을 수 있는 하드웨어로 트랜스미터와 코일(프로브 속에 있음)은 따로 장치되어 있다. 결국 시료의 NMR 스펙트럼을 얻기 위해서 기기를 잠금(lock)하는 것은 우리가 항상 기기에서 중수소 NMR 실험을 따로 하고 있다는 것이나 다름이 없다. 즉 기기가 잠금 상태에 있다는 것은 기기의 한 부분이 중수소 피크를 항시 추적(monitor)하고 있다는 것을 의미한다. 중수소 피크를 추적하는 이유는 그림 2-14를 보면 이해할 수 있다. 그림 2-14는 중수소의 NMR 피크 중 dispersion 피크를 보여주는 것이다(NMR 피크는 absorption과 dispersion 두 종류를 얻을 수 있으며 4장에서 공부하게 된다). 그림 2-14에서 스펙트럼 (a)와 (b)의 넓이가 다른 것과 같이 중수소 피크의 넓이는 용매의 종류에 따라 다르다. 그러나 중수소 피크들의 넓이에는 상관없이 정확한 공명 주파수에서 피크의 크기(intensity)는 0을 가지게 된다. 만약 기기를 중수소 피크가 0이 되는 정확한 주파수에 고정시켜 놓게 되면(locking을 시키는 것) 자장이 조금 변하면서 공명 주파수가 달라진 중수소는 음 또는 양의 피크 크기를 가지게 될 것이다. 이 음이나 양의 피크를 감지한 자동 제어 장치는 자석 주위에 설치된 코일들에 직류전류를 흘려주면서 자석이 원래의 자장 크기로

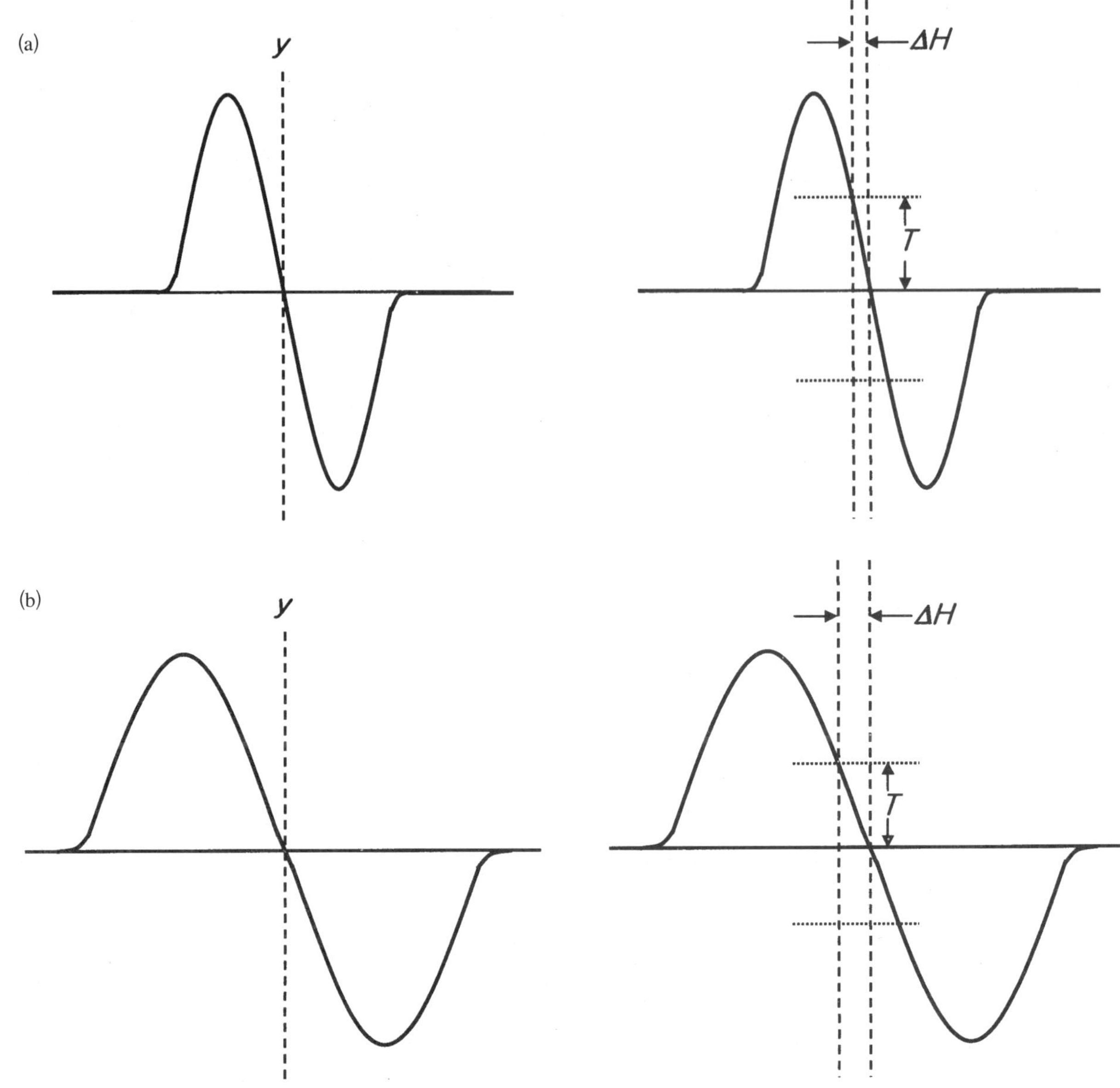

그림 2-14 기기의 잠금 상태에 사용되는 중수소의 dispersion 피크의 (a) 좁은 모습과 (b) 넓은 모습.

되돌아가도록 보정하여 주게 된다. 즉 이러한 과정을 통해서 기기는 주어진 용매에 있는 중수소의 공명 주파수를 정확하게 유지하게 되며 결국 자장을 안정하게 유지할 수 있게 되는 것이다(때로는 ^{19}F 핵을 사용할 수도 있다). 이때 중수소 피크의 넓이 또한 중요한 역할을 하게 된다. 그림 2-14에 표시된 △H는 중수소 피크의 넓이가 자장의 안정성을 유지하는 데 미치는 영향을 보여주고 있다.

모든 기기의 측정 장치에는 일정한 전압 분계점(voltage threshold)이라는 것이 있으며 이 지점을 넘어서야 기기의 측정 장치가 작동하게 된다. 이 지점을 그림 2-14에서 T로 표시하였다. 이 그림에서 볼 수 있듯이 중수소 피크의 넓이가 좁을 때가 넓을 때보다 피크의 공명 주파수를 조금 벗어나게 되면, 즉 자장이 조금만 변하더라도(이것을 △H로 표시하였음) 기기의 측정 장치가 작동하게 되는 분계점인 중수소 피크의 크기 T에 도달하게 될 것이라는 것을 알 수 있다. 그러므로 용매를 사용할 때는 가능하면 중수소 피크의 넓이가 좁은 것을 사용해야 한다.

비록 NMR 용매들 중에서 중수소(deuterium)로 치환된 클로로포름($CDCl_3$)이 비교적 싼 용매이며 가장 많이 쓰이는 용매 중 하나이지만, 이 중수소는 아세톤이나 벤젠 그리고

dimethylsulfoxide에 있는 중수소보다 피크의 넓이가 매우 넓기 때문에(염소의 동위원소 영향 때문임) 스펙트럼을 얻으려고 하는 목적에 따라서는 부적당한 용매일 수도 있다.

고자장 펄스 NMR에서 용매로 쓰이는 화합물들은 대부분 99.5~99.9%까지의 고순도로 중수소가 치환되어 있다. 그러나 고자장 기기를 사용하여 양성자 스펙트럼을 얻을 때는 중수소로 치환되지 않은 미량의 양성자들과 녹아 있는 물 그리고 불순물들의 피크들이 나타나는 것을 쉽게 볼 수 있다(그림 2-15). 더욱이 이들은 용매로 사용되는 것이기 때문에 매우 낮은 농

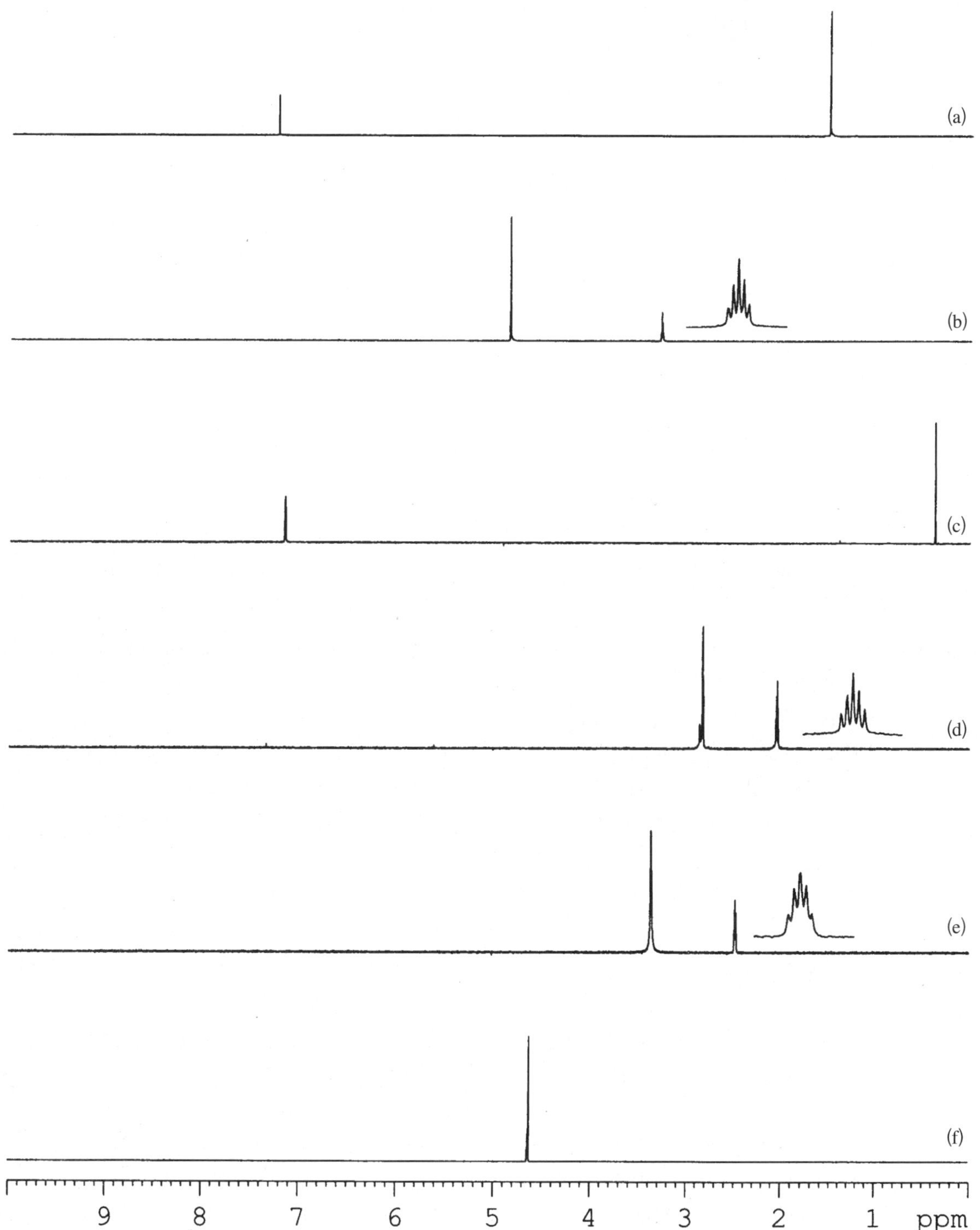

그림 2-15 자주 사용하는 중수소로 치환된 용매들의 양성자 스펙트럼들(300 MHz). (a) $CDCl_3$ (b) CD_3OD (c) C_6D_6 (d) acetone-d_6 (e) dimethylsulfoxide-d_6 (f) D_2O.

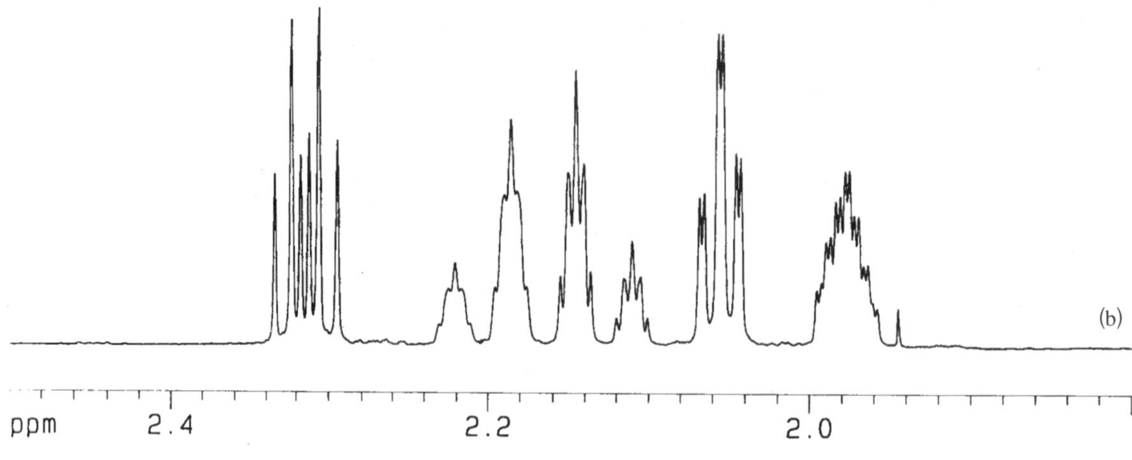

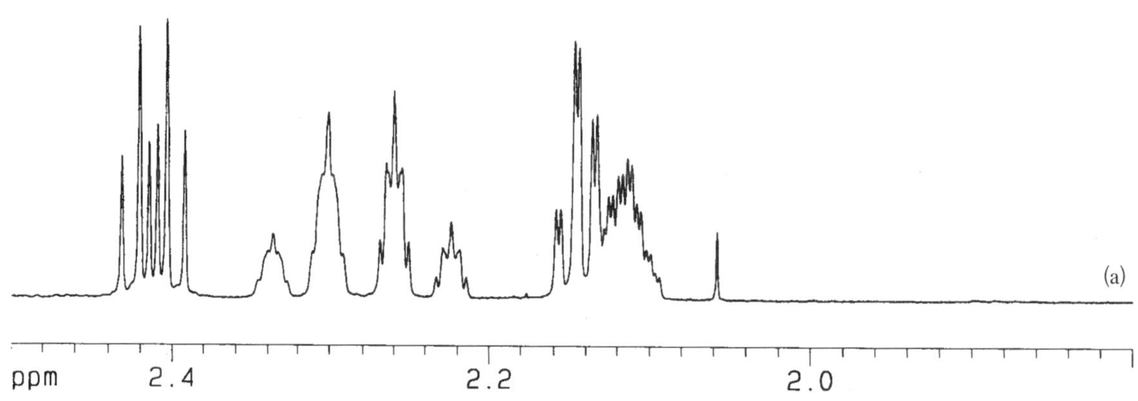

그림 2-16 양성자(^{1}H) NMR 스펙트럼에서 용매들이 화학 이동과 스펙트럼의 모습에 미치는 영향. (a) 클로로포름($CDCl_3$)을 사용. (b) 벤젠(C_6D_6)을 사용하여 얻은 스펙트럼.

도의 시료를 사용할 때는 용매들의 피크가 매우 크게 나타난다. 그러나 기준 물질들을 사용하지 않을 경우에는 이 용매들의 피크를 TMS(tetramethylsilane)의 상대적 기준으로 편리하게 사용하게 된다. 또한 용매들은 그들이 가지는 극성(polarity)이 서로 다르기 때문에 시료를 녹이는 성질이 다를 뿐만 아니라 시료들과의 상호작용도 다르다. 때로는 이러한 이유로 시료들의 화학 이동(chemical shift: 3장 참조)이 사용되는 용매에 따라서 다르게 나타날 수도 있다. 그러므로 화학 이동값을 나타낼 때는 용매를 반드시 표기하게 된다. 이러한 용매들의 성질 때문에 때로는 시료를 여러 가지 다른 용매를 사용하여 NMR 스펙트럼을 얻으면 스펙트럼의 해석에 많은 도움을 얻을 수 있다(그림 2-13 참조). 특히 이러한 화학 이동값을 변화시키는 용매는 방향족(aromatic) 화합물의 용매로서 대표적인 것으로 벤젠(benzene)을 예로 들 수 있다. 그림 2-16은 같은 시료를 중수소로 치환된 클로로포름과 벤젠을 사용하여 얻은 양성자 스펙트럼의 일부분을 비교하기 위하여 같은 화학 이동 영역을 그린 것이다. 그림에서 볼 수 있듯이 벤젠 용매에서 얻은 스펙트럼(b)은 클로로포름에서 얻은 것(a)보다 각 피크들의 화학 이동이 up-field로 이동되어 나타난 것을 명확히 볼 수 있으며, 더욱이 클로로포름 용매에서 겹쳐있던 피크들이 해석하기에 매우 쉽게 잘 분리되어 나타난 것을 볼 수 있다. 이것은 방향족 용매의 구조에서 나타나는 자기적 비등방성(magnetic anisotropic effect)이라는 현상 때문에 나타나는 것으로 3장 화학 이동에서 공부하기로 한다.

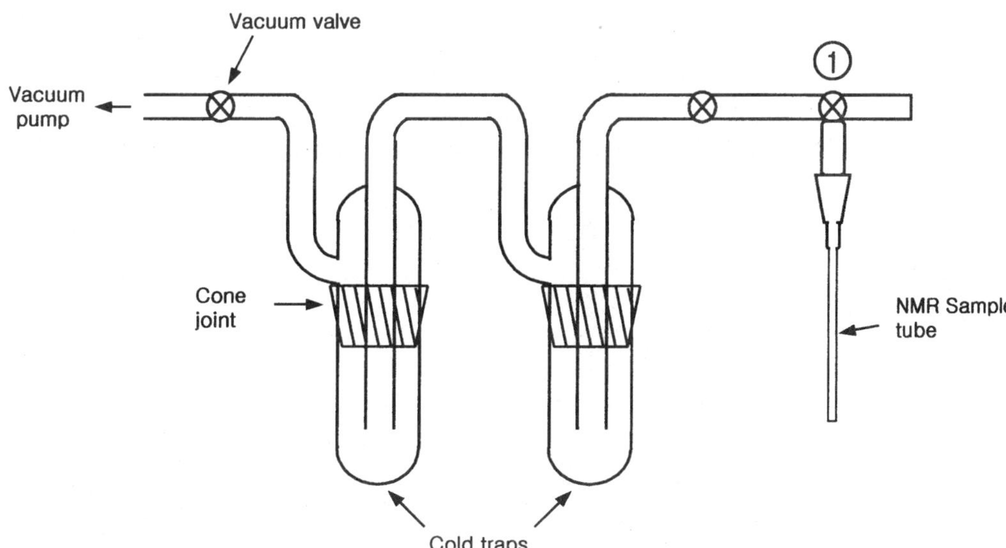

그림 2–17 NMR 시료 용액으로부터 산소를 제거할 때 사용되는 진공 장치.

표 2–2에서 화학 이동값인 δ 또는 ppm(3장 참조)은 내부 기준 물질(internal reference)인 TMS(tetramethylsilane)를 기준(δ = 0 ppm)으로 사용할 때 인용되는 값이다.

내부 기준이란 시료와 기준 물질인 TMS를 용매에 함께 녹여서 사용할 때를 말하며, 외부 기준(external reference)이란 기준 물질과 시료가 같은 조건에 있지 않을 때를 말한다. 예를 들면 ^{31}P NMR의 기준 물질은 85%의 인산(H_3PO_4)을 사용하며, 어떤 유기인의 화합물이 유기용매에 녹을 때 기준 물질은 NMR 튜브가 아닌 가느다란 모세관에 넣어서 시료가 담겨있는 NMR 튜브의 안에 세운(coaxially) 다음 측정하게 되는데 이때를 외부 기준이라고 한다. 이 방법으로 구한 화학 이동은 내부 기준으로 구한 값과 몇 ppm 정도의 차이가 나기 때문에 보정이 필요하다. TMS는 유기용매에만 녹기 때문에 시료의 용매가 물일 경우 TMS는 외부 기준 물질로 쓰일 수 있다. 그러나 물이 용매일 경우에는 TMS 대신 Sodium 2,2-dimethyl-2-silapentane-5-sulfonate(DSS)를 내부 기준 물질로 사용하거나 또는 중수소로 완전히 치환되지 않은 미량의 HOD(4.7 ppm)를 이용하게 된다. TMS는 4개의 메틸기(CH_3)에 있는 양성자 12개가 화학적(chemically)으로 그리고 자기적(magnetically)으로 동등한 성질을 가지고 있기 때문에 매우 예리한(sharp) 단일(singlet) 피크로 나타난다(3장 참조). 그러므로 TMS는 용매 속에 1%보다 적게 사용하여도 기준 물질로 충분하며 특히 고자장 NMR에서는 용매의 피크를 기준으로 사용할 수 있으므로 필요하지 않게 된다.

$$CH_3-\underset{\displaystyle CH_3}{\overset{\displaystyle CH_3}{\underset{|}{\overset{|}{Si}}}}-CH_3$$

TMS(tetramethylsilane)

$(CH_3)_3\,Si\,CH_2\,CH_2\,CH_2\,SO_3\,Na$

DSS

DSS는 메틸기에서 기인하는 피크 이외에 메틸렌기(CH_2)에 기인하는 피크도 나오며 TMS에 비해서 0.1～0.3 ppm 정도 화학 이동의 차이가 있다.

좋은 NMR 스펙트럼을 얻기 위해서는 특히 시료를 용매에 처리할 때 상자성 물질(paramagnetic material)의 유입에 주의해야 한다. 상자성 물질이 시료에 존재하면 앞에서 언급된 것과 같이 시료의 T_1이나 T_2를 매우 짧게 하므로 NMR 피크를 매우 넓게(broad) 만들며 이것은 NMR 피크의 해석을 매우 어렵게 만든다. 또 NMR 피크에 영향을 주는 다른 대표적인 원인으로는 완전히 용해되지 않은 미립자들이 용매 속에 존재할 때이다. 이때도 피크를 넓게 만드는 현상이 일어난다. 특히 NMR 튜브를 씻을 때는 크롬산 등으로 절대로 씻어서는 안 된다. 아무리 잘 씻어낸다 하더라도 때때로 크롬 이온이 NMR 튜브의 벽에 남아 있을 수 있으며 이런 경우 시료의 NMR 피크는 매우 넓게 나타난다. 이러한 상자성 물질이 유입될 수 있는 또 다른 원인으로는 스파튤라(spatula)를 예로 들 수 있다. 고체 시료를 다룰 때 흔히 사용되는 스파튤라도 아주 좋은 고분해능의 NMR 스펙트럼을 얻기 위해서는 사용하지 않는 것이 좋다. 양성자 NMR 피크의 넓이는 심지어 용매에 녹아 있는 산소(O_2)에 의해서도 영향을 받는다. 즉 산소 분자는 상자성을 가지고 있기 때문에 NMR의 자장 속에 놓이면 스스로 자기장을 형성하며 이 자기장들이 시료의 T_1과 T_2를 짧게 만들고 이로 인하여 피크를 넓게 나타나게 만든다. 양성자 NMR을 이용한 NOE(7장 참조)와 같은 특수 실험들을 할 때 때로는 그림 2-17과 같은 진공장치를 이용하여 결빙-펌프-해동(freeze-pump-thaw) 방법으로 산소를 완전히 제거하기도 하고 때로는 간단한 방법으로 capillary 등을 이용하여 질소(N_2)나 아르곤(argon: Ar)을 용액 속에 1~2분 정도 서서히 주입(bubbling)시켜서 제거하기도 한다. 다른 한편으로는 산소의 이러한 상자성 성질은 탄소-13 NMR에서는 탄소의 긴 T_1을 짧게 만들므로 유용하게 쓰일 때도 있다.

시료를 용매에 녹인 후 NMR 튜브에 주입할 때 녹지 않는 물질들을 제거하기 위해서 여과(filter)의 과정을 거치는데 여러 종류의 장치를 사용할 수 있겠지만 저자의 경험으로는 disposable pipette을 사용하는 것이 매우 편리하였으며 이때 사용되는 여과의 재료로 유리섬유(glass wool)보다는 솜(cotton)이 더 바람직하였다. 솜의 경우 NMR 튜브로 유입되기 어렵지만 깨지기 쉬운 유리섬유는 용액 속에 쉽게 유입될 수 있다. 이렇게 유입된 유리섬유는 용액 속에서 움직이기 때문에 특히 고자장 NMR을 이용할 때 자장의 shimming을 하기가 어렵게 되고 따라서 고분해(high resolution) 스펙트럼을 얻는 것이 어렵게 된다.

그림 2-15에서 본 바와 같이 고자장 펄스-NMR은 중수소 용매에서 미량으로 남아 있는 양성자를 쉽게 검출할 수 있을 정도로 매우 감도가 좋으므로 기준 물질들을 사용하게 될 때는 아주 미량을 주입하여야 한다. 특히 CW-NMR 용으로 사용되는 양만큼을 사용하게 되면 펄스-NMR에서는 여러 가지 문제를 일으킬 수 있으며(특히 2D-NMR실험에서) 특별히 사용해야 할 이유가 없을 때는 가급적 사용하지 않는 것이 좋다. 또한 고분해능의 스펙트럼을 얻기 위해서는 가능한 한 시료의 농도를 묽게 사용해야 한다.

마지막으로 저온과 고온에서의 실험이 필요할 때에는 용매의 선택에 유의해야 한다. 저온 실험에서는 사용하는 온도에서 용매가 얼지 말아야 하며, 고온 실험에서는 사용하는 온도보다 끓는점(B.P.)이 적어도 10 °C 이상의 온도 차이가 있는 용매를 선택해야 한다. 일반적으로 거의 모든 NMR은 온도 조절 장치가 있어서 프로브의 온도 조절이 가능하다. 이들 온도를 측정하는 sensor로 비록 thermocouple이 NMR 튜브와 근접 거리에 놓여 있지만 측정되는 온도가 시료의 온도라고는 할 수 없다. 시료의 정확한 온도 측정을 위해서는 일반적으로 methanol과 ethylene glycol이 사용된다.[9]

피크를 sharp하게 나타내기 위해서 미량의 HCl과 같이 사용하는 neat MeOH는 저온(약 175-310 K) 측정용으로 사용되고 있고 아래 식 2-2를 이용하여 온도(T)를 측정할 수 있으며 이 2차 관계식은 다시 1차식의 관계를 가지는 3개의 온도 범위를 가지는 식 2-3, 2-4, 2-5로 단순화할 수 있다. 여기에서 Δδ는 OH와 CH_3의 화학 이동의 차이 값이다.

$$T(K) = 403 - 29.53\Delta\delta - 23.87(\Delta\delta)^2 \qquad \text{(식 2-2)}$$

$$175\text{-}220\ K:\ T(K) = 537.4 - 143.1\Delta\delta \qquad \text{(식 2-3)}$$

$$220\text{-}270\ K:\ T(K) = 498.4 - 125.3\Delta\delta \qquad \text{(식 2-4)}$$

$$270\text{-}310\ K:\ T(K) = 468.1 - 108.9\Delta\delta \qquad \text{(식 2-5)}$$

고온(약 300~400 K) 측정용으로 사용되는 ethylene glycol의 OH와 CH_2의 화학 이동 차이 값(Δδ)이 사용되는 식은 1차식의 관계를 가지고 있다(식 2-6).

$$T(K) = 466.0 - 101.6\Delta\delta \qquad \text{(식 2-6)}$$

위의 모든 식에서 피크들의 화학 이동 차이 값(Δδ)은 온도가 증가하면 줄어들게 되는데 이것은 온도가 증가하면 분자들 사이의 hydrogen bonding이 줄어들게 되고 이것으로 인하여 OH의 화학 이동이 up-field로 이동하기 때문이다.

참고문헌

1. M. L. Martin, G. J. Martin, and J.-J. Delpuech, Practical NMR Spectroscopy, Heyden Son, London, 1980.
2. A. Abragam, The Principles of Nuclear Magnetism, Clarendon Press, Oxford, 1961.
3. The commercial brochures and instruction manuals of Bruker company.
4. J. A. Pople, W. G. Schneider, and H. J. Bernstein, High-resolution Nuclear Magnetic Resonance, Mcgraw-Hill, New York, 1959.
5. H. Friebolin, Basic One- and Two-Dimensional NMR spectroscopy, VCH Publisher, New York, 1991.
6. E. D. Becker, High Resolution NMR, Theory and Chemical Applications, Academic Press, New York, 1980.
7. H. Gunther, NMR Spectroscopy, Basic principles, concepts, and applications in chemistry, John Wiley & Sons, New York, 1992.
8. R. K. Harris, Nuclear Magnetic Resonance Spectroscopy, Longman Scientific & Technical, Essex, 1986.
9. a) A. L. Van Geet, Anal. Chem., 42, 679(1970). b) D. S. Raidford, C. L. Fisk and E. D. Becker, Anal. Chem., **51**, 2050(1979).

제3장

NMR 스펙트럼

이제까지 1장과 2장에서는 NMR의 기본 이론과 실험 방법들에 관하여 살펴보았다. 이 장에서는 이러한 과정으로 나타나는 NMR 스펙트럼이 우리에게 실제로 어떠한 정보를 줄 수 있는지를 살펴보기로 하자. 그림 3-1은 cyclosporin A($C_{62}H_{111}N_{11}O_{12}$)라고 하는 cyclic peptide를

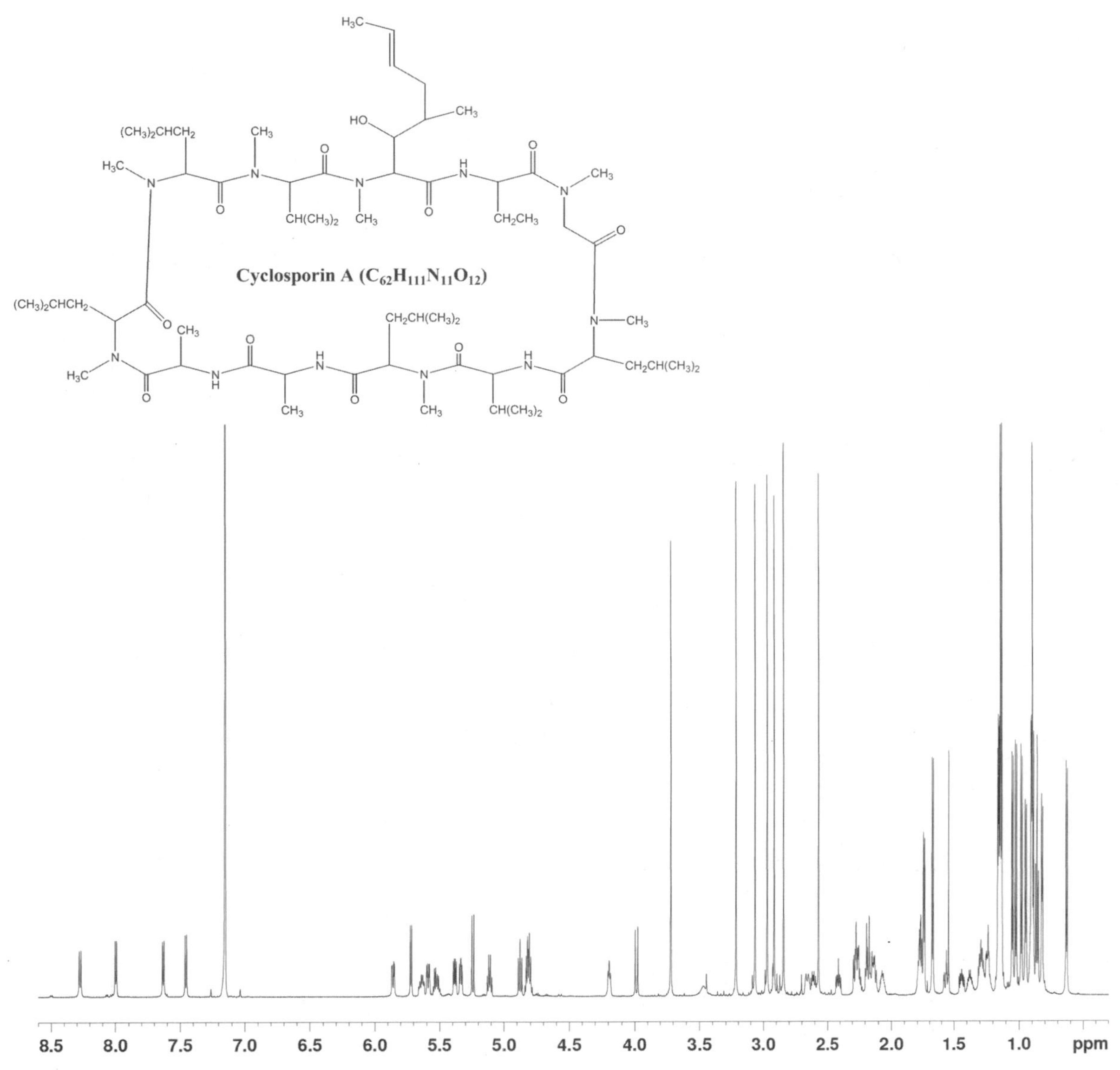

그림 3-1 Cyclosporin A(in C_6D_6)의 700 MHz ^{1}H NMR 스펙트럼.

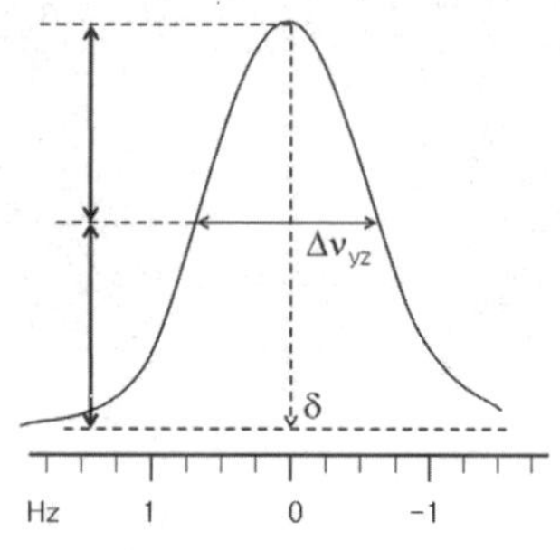

그림 3-1-1 그림 3-1의 ~3.7 ppm에 나타난 NMR의 흡수 피크의 확대.

700 MHz NMR에서 얻은 양성자(^{1}H) 스펙트럼이다.

아주 복잡하게 보이는 이 ^{1}H 스펙트럼은 이 화합물이 가지고 있는 111개의 양성자들을 그림으로 보여주고 있는 것이다. 이와 같은 스펙트럼 단 하나로 시료의 구조를 밝힐 수는 없지만 이 스펙트럼과 함께 여러 가지 다른 실험들을 거쳐서 얻어지는 스펙트럼들을 이용하여 결국에는 시료의 구조를 밝혀낼 수 있게 된다. 그러면 이 스펙트럼이 주는 어떠한 정보들이 이 시료의 구조를 밝힐 수 있게 하는지를 차례로 공부하도록 하자.

그림 3-1-1에는 이 peptide에서 나타난 3.7 ppm 부근의 단일 피크 하나를 넓게 그려 놓았다.

그림 3-1-1에 표시한 대로 피크의 정상을 나타내는 X축의 위치를 화학 이동(chemical shift, δ, ppm)이라고 하며 이것은 분자 구조의 정성적인 규명에 많은 정보를 제공하게 된다[이 그림에는 나타나 있지 않지만 이때 사용되는 다른 하나의 현상인 스핀-스핀 커플링(spin-spin coupling)인 그림 3-1에서 볼 수 있는 피크의 갈라짐 현상은 3.2절에서 공부하기로 한다]. 그리고 피크 높이의 중간지점 넓이를 $\nu_{1/2}$로 표시한다. 이 넓이는 이미 이론에서 언급된 바와 같이 T_1과 T_2에 의해서 좌우되며 화학 교환(chemical exchange)이나 분자 운동(molecular motion) 연구에 많이 이용된다. 또한 피크의 전체 면적은 상대적인 스핀의 수에 의존하기 때문에 정확한 피크의 면적 적분은 스펙트럼을 해석하는 것과 물질의 정량 분석에 많은 도움이 된다. 특히 고자장 펄스 NMR에서(4장) 이완 시간(T_1) 등을 고려하여 얻은 스펙트럼의 피크 면적은 1%보다 적은 오차를 줄 수 있으므로 정량 분석에 아주 잘 사용할 수 있다. 마지막으로 이 책의 범위를 벗어나지만 시료 속의 스핀의 분포를 나타내는 피크의 형상(shape)은 의학에서 사용되는 영상(magnetic resonance imaging, MRI)에 이용된다. 그림 3-1-1은 펄스 NMR로 얻은 대칭을 가지는 로렌찌안(Lorentzian) 스펙트럼이고 그림 3-2는 CW-NMR에서 얻은 스펙트럼이다. CW-NMR에서 얻은 스펙트럼이 펄스 NMR에서 얻은 스펙트럼과 다른 점은 링잉(ringing)이라고 하는 독특한 모습의 모양을 가진다는 것이며 이 모습은 CW-NMR 스펙트럼에는 항상 나타난다는 것이다.

이 현상은 이미 설명한 그림 1-7을 이용하여 이해할 수 있다. H_1(라디오파)을 변화시키거나 또는 H_1을 고정시키고 자기장(H_o)을 서서히 변화시키면 라모어 진동수 ω를 만들 수 있으며 공명이 일어난다. 이때 만들어진 xy 평면상의 벡터 M_{xy}는 H_1 또는 ω_o의 변화로 이미 공명의 조건을 벗어난 상황에서도 얼마의 시간 동안 xy 평면상에 남아 있게 된다. 이 벡터 M_{xy}와 H_1이 서로 상호작용하면서 생겨나는 현상(beat pattern)이 링잉으로 나타나게 된다. 벡터 M_{xy}는 스핀-스핀 이완 시간 T_2에 따라 소멸(decay)되므로 이 링잉의 소멸이 천천히 일어난다는 것은 그만큼 자기장이 균일(homogeneous)하다는 것을 의미한다. 따라서 자기장이 균일하면 결국 분해능(resolution)이 증가하게 된다. 이제는 사용하지 않지만 오래전 CW-NMR을 사용할 때 눈금이 그려진 종이 위에 기준물질의 화학 이동을 조절하는 것과 동시에 이 링잉이 잘 일어나게 기계를 튜닝(tuning)하는 것은 바로 이러한 사실 때문이었다.

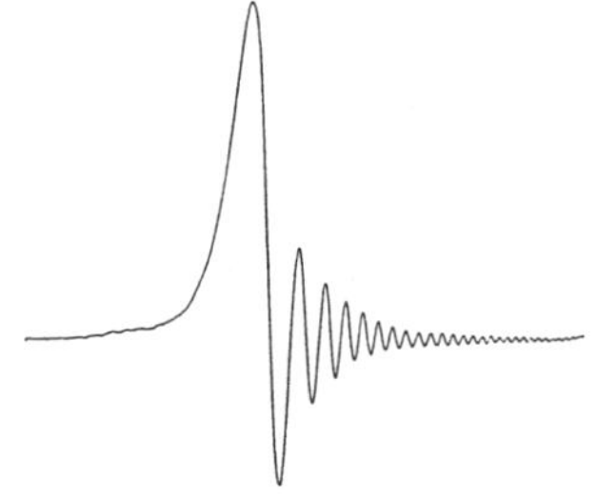

그림 3-2 CW-NMR에서 보이는 링잉 모습. 스펙트럼은 왼쪽부터 오른쪽으로 그린 것임.

3.1 화학 이동[1-6]

이제 NMR 스펙트럼 이용의 초석이라 할 수 있는 화학 이동이 어디에서 오는 것이며 어떠한 정보를 줄 수 있는지를 알아보도록 하자. 자기 모멘트를 가지는 핵은 자장 속에 놓일 때 고유의 세차 운동을 하게 되는데 분자 속의 모든 동종의 핵들이 똑같은 외부 자장(H_o)을 받는다면 똑같은 주파수에서 전이가 일어날 것이다. 이것은 우리가 바라는 바가 아니다. 만약 한 분자 속에 또는 다른 분자 속에 존재하는 양성자 NMR을 얻을 때 모든 양성자가 같은 주파수에서 전이가 일어난다고 생각해 보자. 이것은 모든 양성자들이 같은 화학 이동값을 가지고 나타나게 되므로 아무런 의미가 없을 것이다. 다행히도 이것은 사실이 아니며 양성자 주위의 환경이 조금이라도 다르다면 그 각각의 양성자는 다른 주파수에서 전이가 일어나게 된다. 즉 외부의 자장(H_o)이 핵 주위의 환경 때문에 각각의 핵에 미치는 영향이 모두 다르다는 것이다. 이것은 분자 내의 모든 결합들은 전자로 구성되어 있으며 전자(electron) 자체도 자기 성질을 가지고 있는 입자(magnetic particle)이므로 이들의 운동도 외부의 자장(H_o)에 의해서 영향을 받게 되기 때문이다. 이때 전자들의 운동에 의해서 생성되는 제2의 자장(induced magnetic line of force)은 외부 자장(H_o)에 대항하는 방향으로 생기게 되며(그림 3−3) 핵에 미치는 외부 자장의 힘은 결국 이들 제 2의 자장을 뺀 양이 될 것이다(식 3−1).

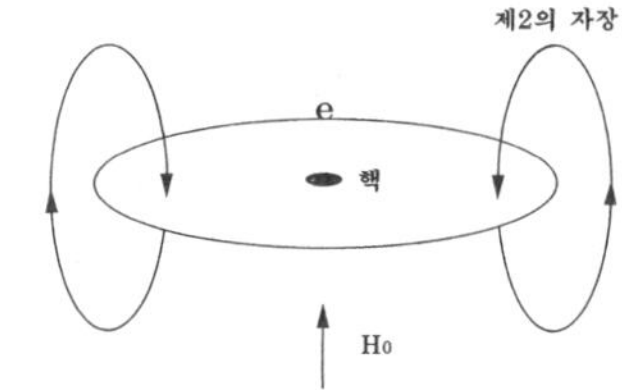

그림 3−3 핵 주위의 전자들 때문에 생겨나는 제2의 자장.

$$H(\text{핵}) = H_o - \sigma H_o = H_o(1 - \sigma) \qquad (\text{식 } 3-1)$$

이와 같이 전자들에 의해서 일어나는 현상을 차폐(screening or shielding)라고 하며 σ는 차폐 계수(shielding factor)라고 한다. 이 양은 매우 적으며(양성자의 경우 약 10^{-5} 그리고 다른 핵의 경우는 ~ 10^{-3}) 외부 자장에 대한 분자의 방향에 따라 크기가 달라지게 된다. 이 차폐 계수의 방향성은 실제로 고체 NMR에서 많이 사용되고 있다. 그러나 지금 우리가 공부하려고 하는 용액 속에서는 분자들이 빠르게 운동하고 있으므로 이 방향성(anisotropic)이 평균값으로 나타나게 된다. 실제로 이 값은 실험적으로 측정할 수 없으므로 기준물질에 대한 상대적인 값으로 사용되고 있으며 이것을 화학 이동(chemical shift)이라고 한다.

양성자 NMR인 경우 이미 언급한 대로 TMS가 기준물질로 사용되며 이 피크를 제일 오른쪽 0 헤르츠(Hz, cycles per second)에 고정을 시키게 된다. 이때 자장의 세기는 오른쪽으로 갈수록 세게 되며 화학 이동은 Hz로 나타낼 수 있는데 이때는 반드시 사용된 주파수(applied frequency)를 표시해야 한다. 이와 같은 불편을 해소하기 위하여 주파수와 관계가 없고 단위가 없는 δ(ppm)를 사용하는데 이것은 Hz로 나타난 값을 사용된 주파수로 나눈 다음 10^6을 곱한 값이다. 예를 들면 어떤 피크가 TMS로부터 60 Hz 떨어진 곳에 나타나면 이것은 60 MHz NMR에서는 δ 1.00 또는 1.00 ppm이 된다(식 3−2).

$$\delta(\text{ppm}) = \frac{60}{60 \times 10^6} \times 10^6 = 1.00 \qquad (\text{식 } 3-2)$$

즉 ppm(part per million)은 사용된 주파수와는 무관하다. 어떤 피크가 60 MHz NMR에서 60 Hz의 화학 이동을 가지면 이 피크는 100 MHz NMR에서는 반드시 100 Hz의 화학 이동값을 가지게 된다. 즉 식 3−3에 의해 화학 이동값은 같은 값인 1을 가지게 된다.

$$\delta(\text{ppm}) = \frac{100}{100 \times 10^6} \times 10^6 = 1.00 \qquad (\text{식 } 3-3)$$

여기에서 중요한 사실은 Hz로 나타내는 화학 이동값은 외부 자장 세기의 증가에 따라 그 값이 증가한다는 사실이다. 즉 강한 자장을 사용하면 할수록 화학 이동을 넓게 분포시킬 수가 있게 되는 것이다. 이것은 뒤에 다시 언급되겠지만 스펙트럼의 복잡성을 제거하게 되므로 스펙트럼 해석을 매우 쉽게 할 수 있으며 이것이 앞에서 언급된 큰 자장을 사용할 때 얻어지는 감도 문제 이외에 또 다른 장점이 되는 것이다. 그림 3−1−2가 이 현상을 잘 보여주고 있다.

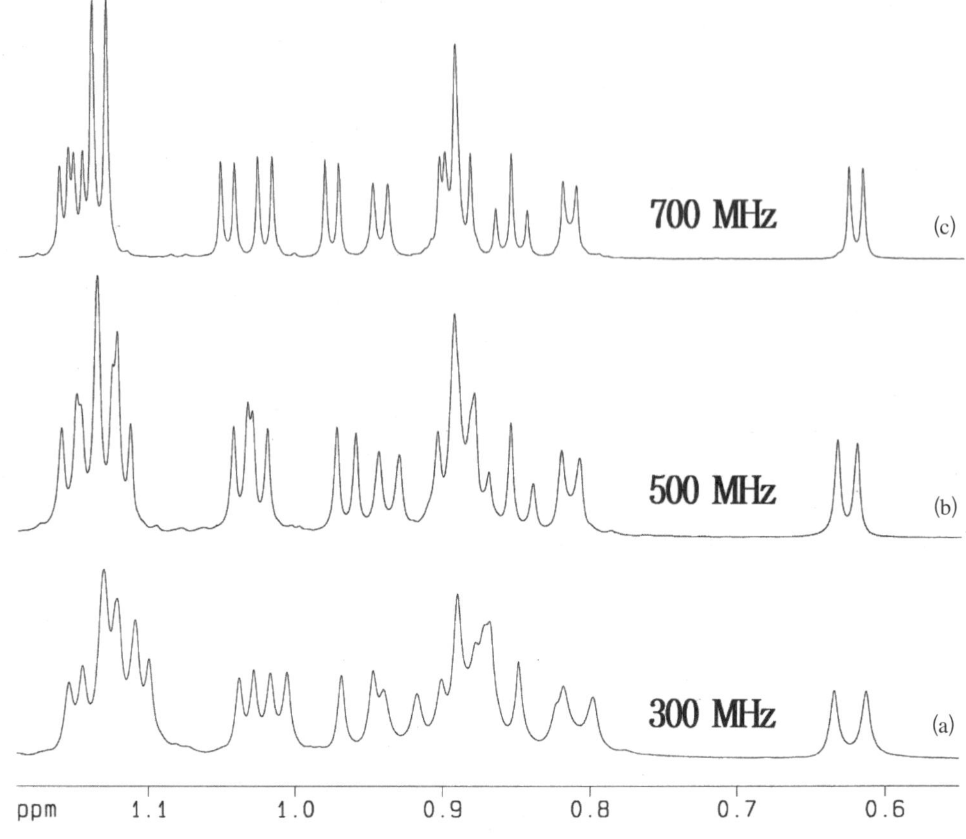

그림 3-1-2 자장의 크기가 스펙트럼의 단순화에 미치는 영향. a) 300 MHz, b) 500 MHz, c) 700 MH에서 얻은 cyclosporin A의 ^{1}H 스펙트럼의 일부분.

즉 700 MHz(그림 3-1)에서 얻은 일부분의 스펙트럼을 300과 500 MHz에서 얻은 스펙트럼들과 비교하여 놓은 이곳에서 0.8~0.85 ppm 영역의 피크들을 보도록 하자. 300 MHz에서는 겹쳐서 나오던 피크들이 500 MHz에서는 조금 분리되어 있고 700 MHz에서는 완전하게 분리되어 3중선과 2중선의 피크들로 나타나므로 스펙트럼을 쉽게 해석할 수 있게 한 것을 볼 수 있다.

화학 이동은 기준물질(TMS)로부터 왼쪽에 나타나는 것을 양으로 표시하고 우측에 나타나면 음으로 표시한다. 양성자 NMR 스펙트럼의 경우 대부분의 화합물들은 양의 화학 이동값을 가지지만 유기금속(organometallic)에 있는 양성자들은 음의 값을 나타낼 때도 있다. 화학 이동값이 양의 값을 가진다는 것은 기준물질보다 차폐가 덜 일어난다는 것을 의미하며(deshielding 되었다고 함, 때로는 down-field라는 용어도 사용함), 반대로 음의 값을 가진다는 것은 차폐가 기준물질보다 많이 일어난다는 것을 의미한다(shielding 되었다고 함, 때로는 up-field라는 용어도 사용함). 여러 책이나 문헌에서 위에서 언급한 상대적인 의미의 shielding과 deshielding은 같은 양의 값을 나타내는 화학 이동에서도 차폐 효과의 정도를 나타내는 것으로 자주 사용되므로 혼동하지 말아야 한다.

그림 3-4는 기준물질인 TMS와 클로로포름($CHCl_3$)의 혼합 용액을 60 MHz CW-NMR에서 얻은 양성자(^{1}H) NMR 스펙트럼이다.

화학 이동, δ=0 ppm에서 나타난 TMS 피크는 앞에서 언급(2.3절 시료처리 참조)한 바와 같이 12개의 양성자가 단일 피크(singlet peak)로 나타났으며 클로로포름 분자 속에는 단 한 개만의 양성자가 존재하므로 피크가 하나만 나오게 된다.

그림 3-5는 메틸아세테이트(methylacetate)의 양성자 NMR 스펙트럼이다.

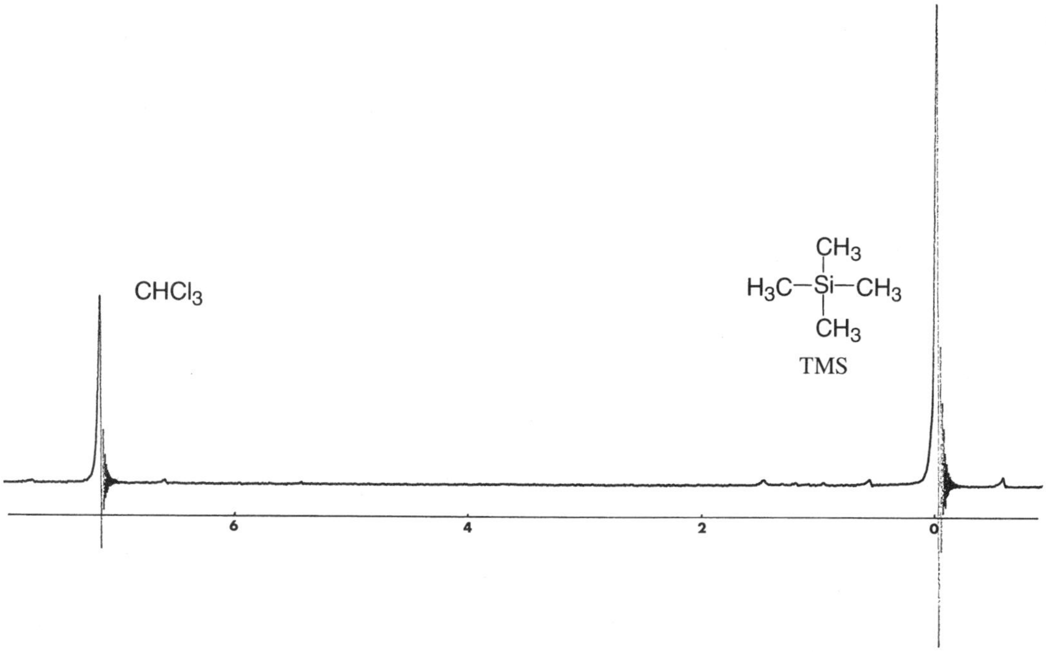

그림 3-4 TMS와 클로로포름 혼합 용액의 60 MHz ¹H NMR 스펙트럼.

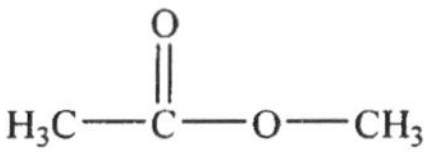

이 분자에는 화학적으로 그리고 자기적으로 다른(3.2절 스핀의 상호작용 참조), 즉 주위 환경이 다른 메틸 그룹(methyl group) 두 개가 존재하며 쉽게 두 개의 다른 화학 이동을 가지는 피크를 기대할 수 있다. 3.6 ppm에서 나타나는 피크는 산소에 직접 연결되어 있는 메틸 그룹의 양성자이며 2.0 ppm에서는 카보닐(C=O)의 탄소에 붙어 있는 메틸 그룹의 양성자 피크이다. 주위 환경(environment)이 다르면 차폐 효과가 달라지므로 이에 의한 화학 이동의 차이가 나타나리라는 것은 예측할 수 있는 일이다. 그러면 이때 나타나는 화학 이동값도 예측할 수 있는가 라는 질문을 우리는 할 수 있으며 그 대답은 정성적으로는 가능하다고 말할 수 있다. 그러나 어떤 특정한 분자 내의 양성자 화학 이동을 정확히 계산하기란 거의 불가능하다. 그러므로 대부분의 화학 이동값의 예측은 이미 어떤 분자 내에서 존재하는 양성자에 대한 값들의 자료를 이용하는 것이 대부분이고 실제로 매우 실용적이다. 표 3-1에는 양성자에 대한 화학 이동 자료를 그리고 표 3-2에는 탄소에 대한 화학 이동 자료를 수록하였다. 물론 때로는 어떤 특수한 화합물에서는 이 자료의 범위를 벗어날 수도 있지만 이 자료는 정성적인 목적으로 잘 사용될 수 있다. 실제로 같은 화합물의 양성자 NMR 스펙트럼이라도 화학 이동의 값은 물질의 농도, 용매, 그리고 그때의 온도에 따라서도 변하므로 절대적인 값이라는 것은 있을 수 없다. 표 3-1과 3-2에 나타난 화학 이동의 값은 때로는 매우 넓은 영역에 걸쳐 분포되어 있지만 어렵지 않은 몇 가지 이론에 근거한 정성적인 설명으로 잘 이해가 될 수 있다. 또 다른 특이한 사항은 양성자는 약 12 ppm에 걸쳐 모든 화학 이동이 겹쳐 있지만 탄소의 경우는 약 200 ppm이 넘는 넓은 영역에 걸쳐 분포되어 있으므로 양성자보다 탄소의 화학 이동이 분자의 구조를 규명하는 데 더 유용할 것으로 생각할 수 있으며 실제로 많이 이용되고 있다.

NMR의 화학 이동에 관한 정성적인 설명으로 첫 번째로 사용되는 것은 전기음성도(electronegativity)이다. 그림 3-5에 나타난 메틸아세테이트의 스펙트럼을 설명해 보자.

그림 3-5의 3.6 ppm에서 나타난 메틸 그룹의 양성자들은 산소에 연결되어 있는 탄소에 있으며 2.0 ppm에서 나타난 메틸 그룹의 양성자들은 탄소에 연결되어 있는 탄소에 있다. 화학 이동이 down-field에서 나타난 것의 의미는 상대적으로 차폐가 덜 되었다는 것(deshielding)을 의미하며 결국 차폐의 정도는 전자의 밀도와 관련지을 수 있다. 산소의 전기음성도는 탄소

그림 3–5 메틸아세테이트의 80 MHz ^{1}H NMR 스펙트럼.

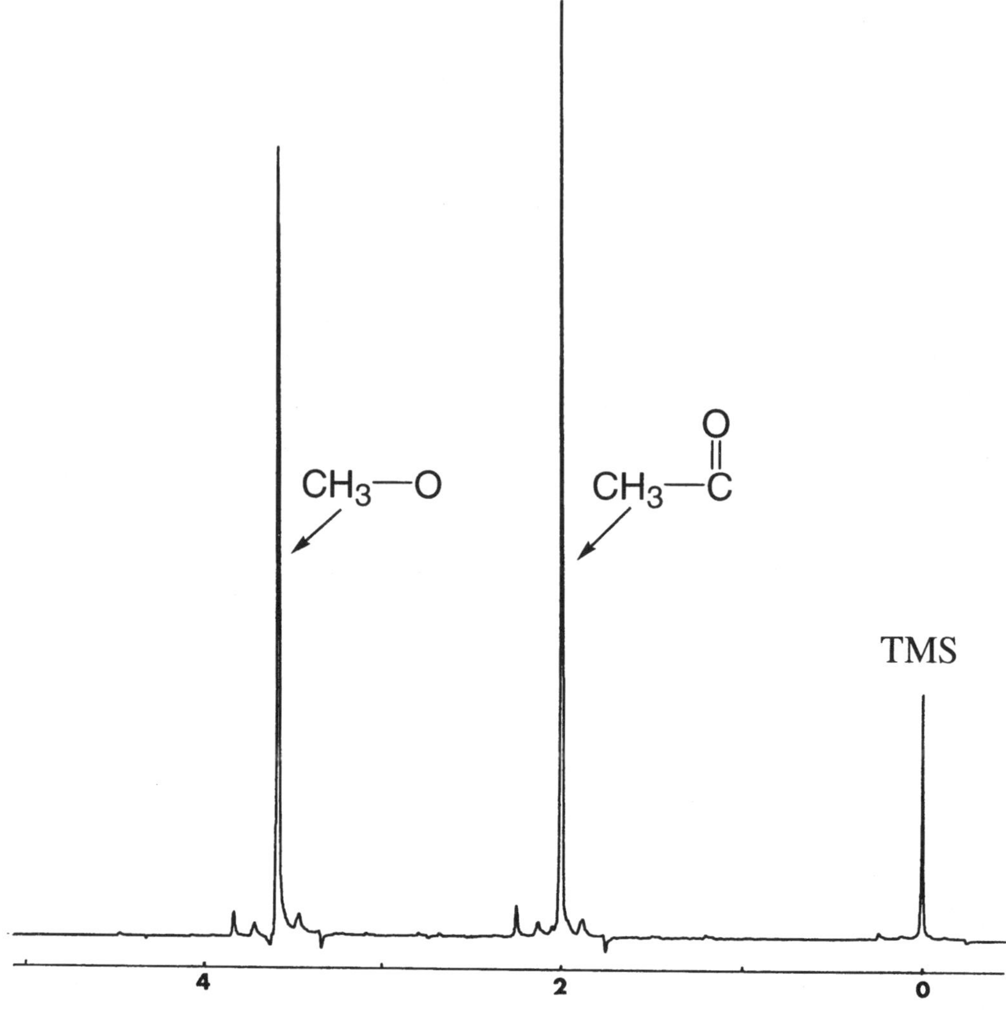

의 전기음성도보다 크므로 산소는 탄소에 비교하여 자기 쪽으로 전자를 끌어오는 힘이 더 크다. 그러므로 산소에 연결되어 있는 메틸기 주변의 전자 밀도는 탄소에 연결되어 있는 메틸기 주변의 전자 밀도보다 적을 것이다. 결국 산소에 연결되어 있는 메틸기의 양성자는 더 많은 외부 자장을 받게 될 것이다. 반대 의미로 설명한다면 탄소에 연결되어 있는 메틸기는 산소에 연결되어 있는 메틸기보다 더 많은 전자 밀도를 가질 것이며 상대적으로 더 차폐(shielding)될 것이다. 즉 탄소에 연결되어 있는 메틸기의 양성자는 더 up-field(TMS에 가까운 쪽)에서 화학 이동이 나타난다(의도적으로 단어의 의미에 중점을 두고 설명한 것은 위의 설명들이 매우 자주 사용되기 때문이다). 전기음성도에 근거한 설명들은 옆에 열거한 methane의 유도체 물질들의 양성자 NMR 화학 이동값이 전기음성도의 크기에 따라서 down-field로 이동하는 경향에서 명확하게 찾아볼 수 있다.

	δ
CH_3—H	0.23
CH_3—I	2.16
CH_3—Br	2.69
CH_3—Cl	3.06
CH_3—F	4.26
CH_2Cl_2	5.30
$CHCl_3$	7.24

이와 같이 전기음성도의 설명은 화학 이동 차이의 원인을 정성적으로 잘 설명하고 있다. 그러나 때로는 전자의 차폐 효과(diamagnetic shielding)의 설명으로 화학 이동의 설명이 부적당할 때가 있다. 예를 들면 에탄(ethane), 에틸렌(ethylene), 아세틸렌(acetylene)은 전기음성도의 설명을 적용해 본다면 각각의 화학 이동은 차례로 증가할 것이다. 그러나 실제의 화학 이동은 δ, 0.96, 4.60, 2.35 ppm이다. 아세틸렌의 화학 이동은 분명히 전기음성도의 설명만으로는 납득이 가지 않는 부분이며 또 다른 설명이 있어야 한다는 것을 알 수 있다. 또 다른 예들은 알데하이드(aldehyde)의 양성자(δ, 9.97 ppm)와 벤젠(benzene)에 있는 양성자

표 3-1 양성자의 화학 이동 분포도.

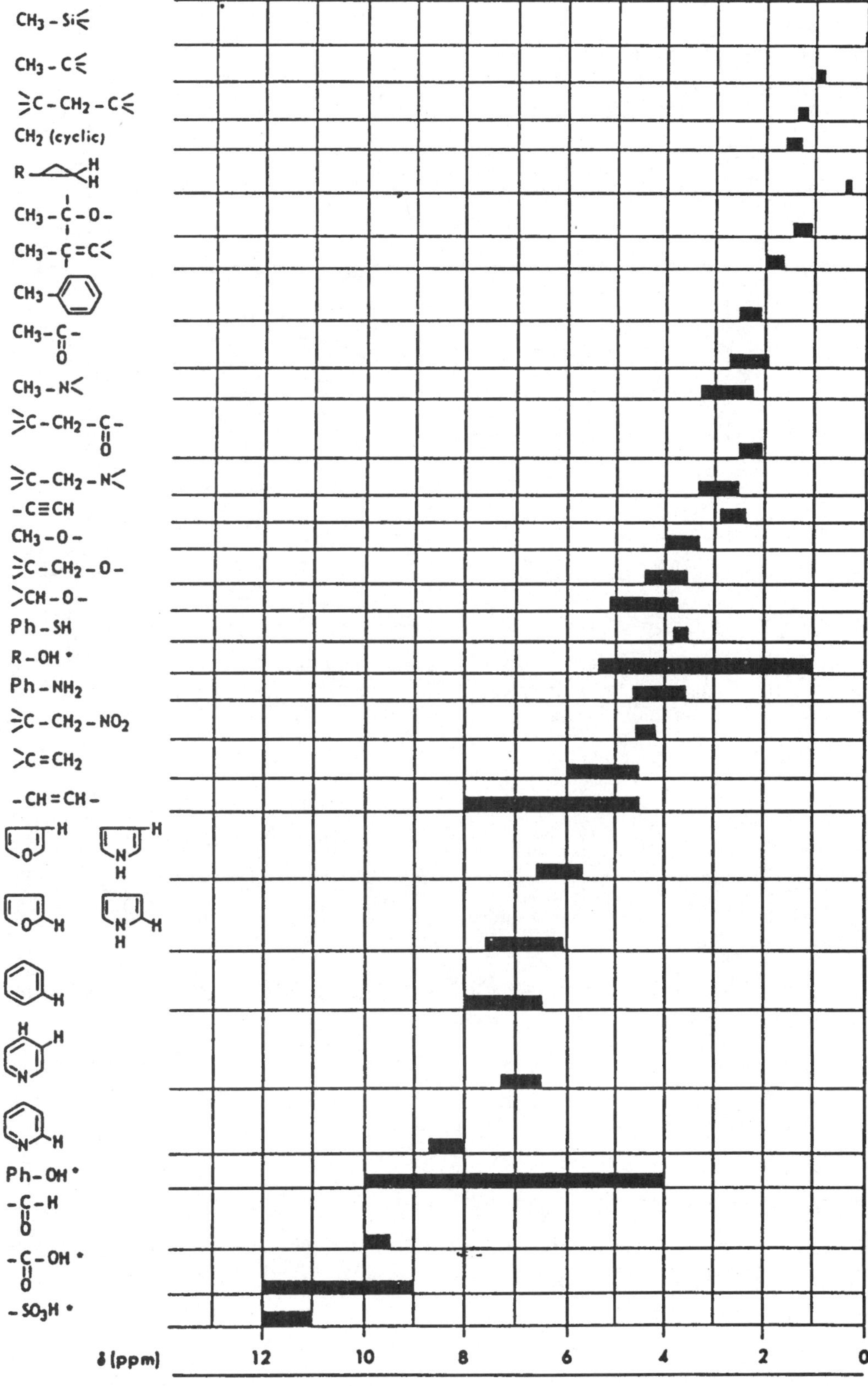

표 3-2 탄소의 화학 이동 분포도.

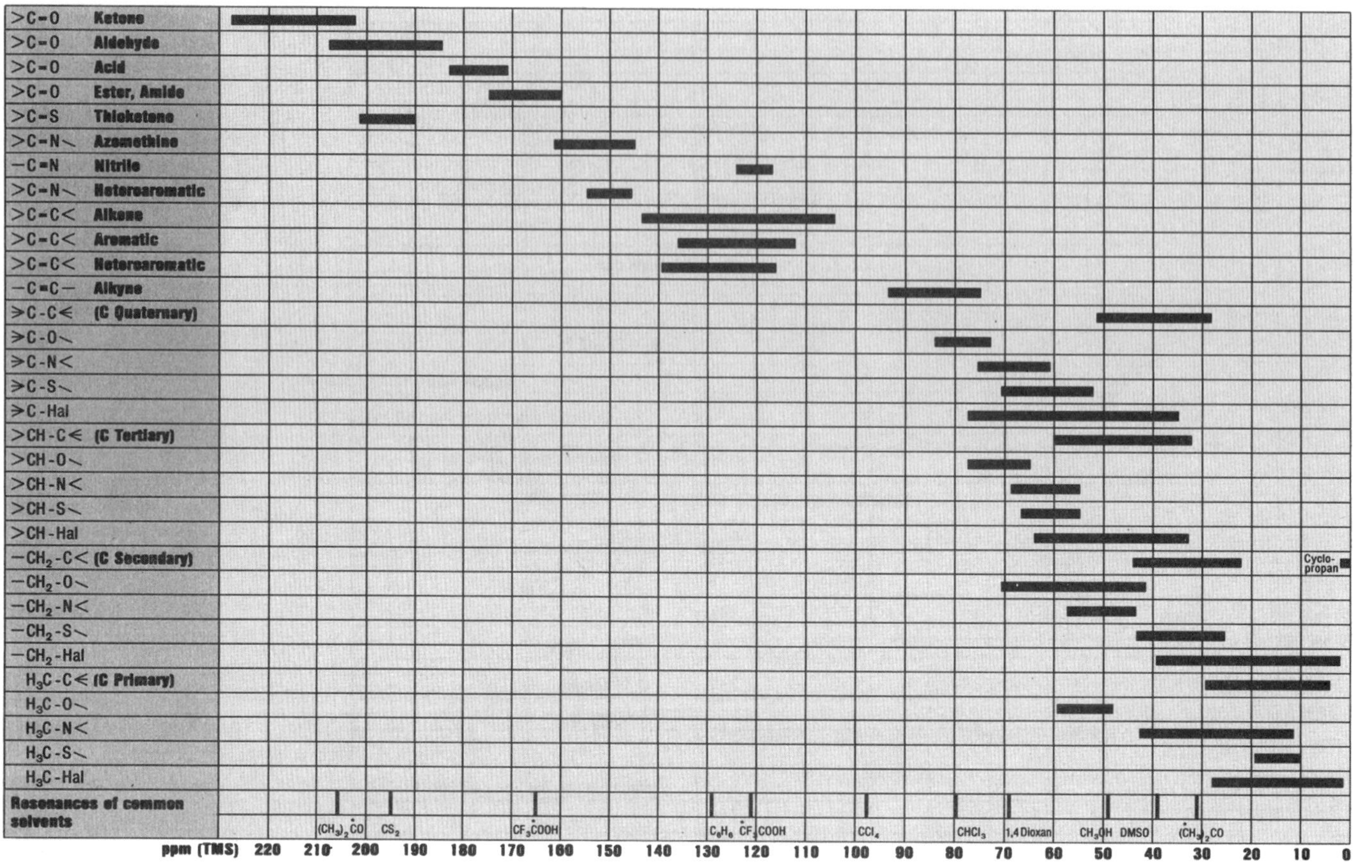

>C=O	Ketone
>C=O	Aldehyde
>C=O	Acid
>C=O	Ester, Amide
>C=S	Thioketone
>C=N⟍	Azomethine
−C≡N	Nitrile
>C=N⟍	Heteroaromatic
>C=C<	Alkene
>C=C<	Aromatic
>C=C<	Heteroaromatic
−C≡C−	Alkyne
⋟C-C⋞	(C Quaternary)
⋟C-O⟍	
⋟C-N<	
⋟C-S⟍	
⋟C-Hal	
>CH-C⋞	(C Tertiary)
>CH-O⟍	
>CH-N<	
>CH-S⟍	
>CH-Hal	
$-CH_2$-C<	(C Secondary)
$-CH_2$-O⟍	
$-CH_2$-N<	
$-CH_2$-S⟍	
$-CH_2$-Hal	
H_3C-C⋞	(C Primary)
H_3C-O⟍	
H_3C-N<	
H_3C-S⟍	
H_3C-Hal	
Resonances of common solvents	$(CH_3)_2CO$, CS_2, CF_3COOH, C_6H_6, CF_3COOH, CCl_4, $CHCl_3$, 1,4 Dioxan, CH_3OH, DMSO, $(CH_3)_2CO$

Cyclopropan

ppm (TMS) 220 210 200 190 180 170 160 150 140 130 120 110 100 90 80 70 60 50 40 30 20 10 0

(δ, 7.27 ppm)는 전기음성도로 예측할 때 그들이 가질 수 있는 화학 이동보다는 훨씬 큰 즉 deshielding된 값을 가진다는 사실들이다. 이들 두 가지 예의 화학 이동을 설명하는 데 있어서 전기음성도 이외에 또 다른 메커니즘이 필요하다는 사실은 분명하다. 이러한 현상을 설명하기 위하여 자기적 비등방성(magnetic anisotropy)과 고리 전류(ring current)라는 또 다른 이론이 필요하게 된다.

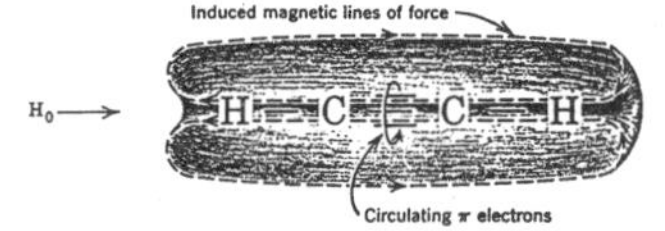

그림 3-6 아세틸렌의 자기적 비등방성.

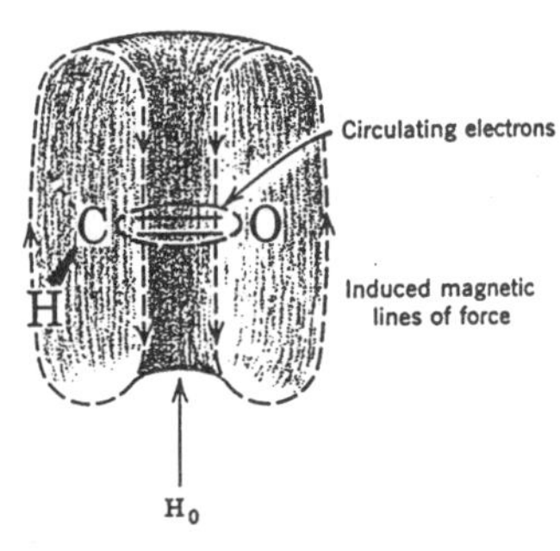

그림 3-7 알데하이드의 자기적 비등방성.

먼저 아세틸렌에 관해서 설명해 보자. 아세틸렌의 분자는 선형(linear)이며 3중 결합(triple bond)은 분자의 축에 대해 대칭(symmetry)이다.

그림 3-6에서와 같이 분자의 축이 외부 자장과 나란히 있을 때 3중 결합에서 움직이는 전자들은 외부 자장과 직각을 이루게 된다. 이 움직이는 전자들에 의해서 생성되는 자장의 방향은 외부 자장에 대항하는 방향이 된다. 이때 이 반대 자장의 축 위의 위치에 아세틸렌의 양성자가 위치하는 분자의 구조를 이루며 양성자는 원래의 외부 자장의 힘보다 적은 양(shielding 되었다고 함)을 받게 된다. 결국 전기음성도로 예측되는 위치보다는 훨씬 더 차폐(shielding, up-field)가 되게 화학 이동이 나타난다. 이와 같이 차폐(shielding과 deshielding)의 양은 외부 자장에 대한 분자의 방향(orientation)에 따라 정해진다는 것을 자기적 비등방성(magnetic anisotropy)이라고 한다. 방향성 비교로 좋은 예가 알데하이드의 양성자의 경우이다. 위의 아세틸렌의 경우에는 양성자가 차폐(shielding)의 영향을 받았지만 알데하이드의 양성자는 역차폐(deshielding)의 영향을 받게 된다. 그림 3-7은 알데하이드의 카보닐기(C=O)의 전자들이 외부의 자장에 대해 가장 큰 역자장을 만드는 방향의 그림이다. 이때 양성자의 위치는 전자들이 만드는 역자장의 방향이 바뀌어 외부 자장과 같은 방향으로 놓이게 되는 위치에 있게 되므

로 전기음성도로 예측되는 화학 이동값보다 훨씬 큰 값의 화학 이동값, 즉 deshielding된 위치에서 나타나게 된다.

고리 전류(ring current)라는 개념은 벤젠의 양성자들이 다른 2중 결합에 연결되어 있는 양성자의 화학 이동값으로부터 예측되는 것보다 훨씬 큰 값의 화학 이동값을 가지는 이유를 설명할(deshielding이라고 함) 수 있다.

그림 3−8이 벤젠고리의 π 전자들 때문에 생기는 자기적 비등방성을 잘 보여주고 있다. 이러한 여러 가지의 화학 이동 원인의 메커니즘들은 실제로 분자들의 구조를 설명하는 데 많이 이용된다. 한 가지 예로 [18]annulene의 양성자 NMR을 보기로 하자. [18]annulene의 양성자 NMR은 아주 강하게 차폐된 양성자(δ, −1.8 ppm)와 아주 강하게 역차폐된 양성자(δ, 8.9 ppm)로 표시되는 두 종류의 화학 이동값을 보여준다.

이 두 종류의 화학 이동값을 설명하기 위해서 고리 전류의 개념을 도입하면 고리의 안쪽에 있는 양성자는 차폐된 것이고 고리의 밖에 있는 양성자는 역차폐 효과 때문이라고 설명할 수 있다. 이 사실은 [18]annulene의 분자는 평면을 이루고 있으며 방향성(aromaticity)이 있다는 것을 설명하게 된다.

우리는 이제까지 화학 이동에 영향을 미치는 여러 가지 요인들을 살펴보았다. 비록 양성자의 화학 이동에 중점을 두고 설명하였지만 이들은 다른 모든 핵들에도 물론 사용될 수 있다.

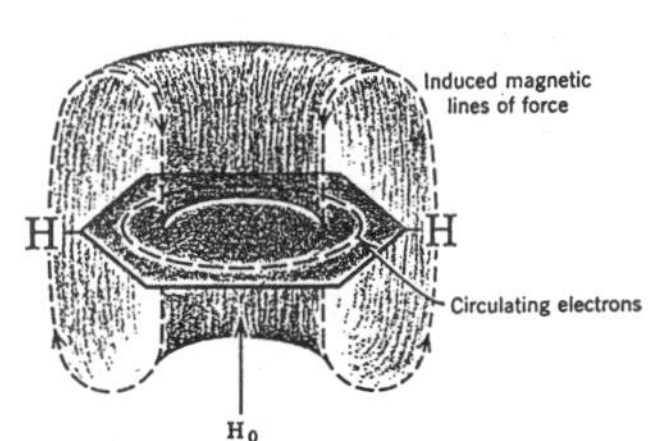

그림 3−8 벤젠에서의 고리 전류의 모습.

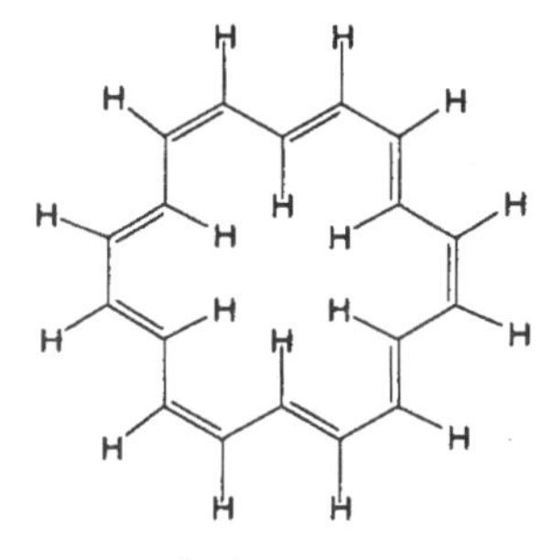

[18]annulene

3.2 스핀의 커플링[1–6]

이제까지 살펴본 NMR의 이론과 화학 이동의 이론으로부터 우리는 모든 NMR 스펙트럼이 주위의 환경이 다른 핵들의 수와 성질에 따라 면적과 넓이가 다른 단일 피크를 나타내리라 생각할 수 있을 것이다. 그러나 NMR 스펙트럼들은 단일 피크는 물론 다중도(multiplet)라 불리는 여러 피크의 복합체로도 나타난다. 에틸아세테이트(ethylacetate)의 양성자 NMR(그림 3−9)을 메틸아세테이트(그림 3−5)의 NMR 스펙트럼과 비교하여 보자.

그림 3−5의 메틸아세테이트 스펙트럼에서 나타난 2 ppm 부근의 피크는 에틸아세테이트에서도 나타나 있으며 이것은 카보닐 탄소(C=O)에 연결되어 있는 메틸기에 기인한 것이다. 그러나 메틸아세테이트에서 산소에 연결되어 있던 메틸기의 피크는 에틸아세테이트에서는 에틸기에 기인하는 두 개의 단일 피크 대신 두 개의 다중도를 가지는 피크들로 대치되어 있다. 즉 3중선(triplet)과 4중선(quartet)이 특유의 세기 분포를 가지고 나타나 있다. 이와 같은 미세구조의 다중선을 나타내는 현상을 스핀−스핀 커플링(coupling)이라고 한다. 이 미세구조 피크들 사이의 간격은 헤르츠(Hz)라는 단위로 나타내며 J로 표시하여 커플링의 세기를 나타낸다. 즉, 화학 이동이 다른 핵들은 서로 아주 멀리 거리를 두지 않고[에틸기에서는 메틸기(CH_3)의 양성자들과 메틸렌(CH_2)기의 양성자들이 3개의 결합(bond)으로 연결되어 있음] 있으면 이들은 서로 영향을 주고받으면서 다중도를 나타내게 되며 이렇게 상호작용하는 두 핵 사이의 커플링들에는 결합의 수에 따라 고유의 이름들이 있다. 즉, 메틸렌(CH_2)기에서와 같이 두 개의 결합으로 떨어져있는 양성자 결합(bonding) 사이에서 일어나는 커플링은 제미널(geminal), 세 개의 결합 사이에서 일어나는 커플링은 비시널(vicinal) 그리고 그 이상의 결합 사이에서 일어나는 커플링은 장거리(long range) 커플링으로 각각 명명한다. 장거리 커플링의 경우는 일반적으로 4−bond나 5−bond 떨어져 있는 핵들 사이에서 일어나며 특히 이들 사이의 결합들이 평면을 이루고 있을 때 잘 나타나며 특수한 이름으로 명명하기도 한다(단일 결합으로 연결되어 있을 때는 W 모양과 zig-zag 모양이라고 표시하고 이중 결합이 사이에 있을 때 allylic과 homoallylic 커플링이라고 한다). 그러므로 그림 3−9에 나타난 에틸기의 커플링

$$H_3C-\overset{\overset{\large O}{\|}}{C}-O-CH_2-CH_3$$

ethylacetate

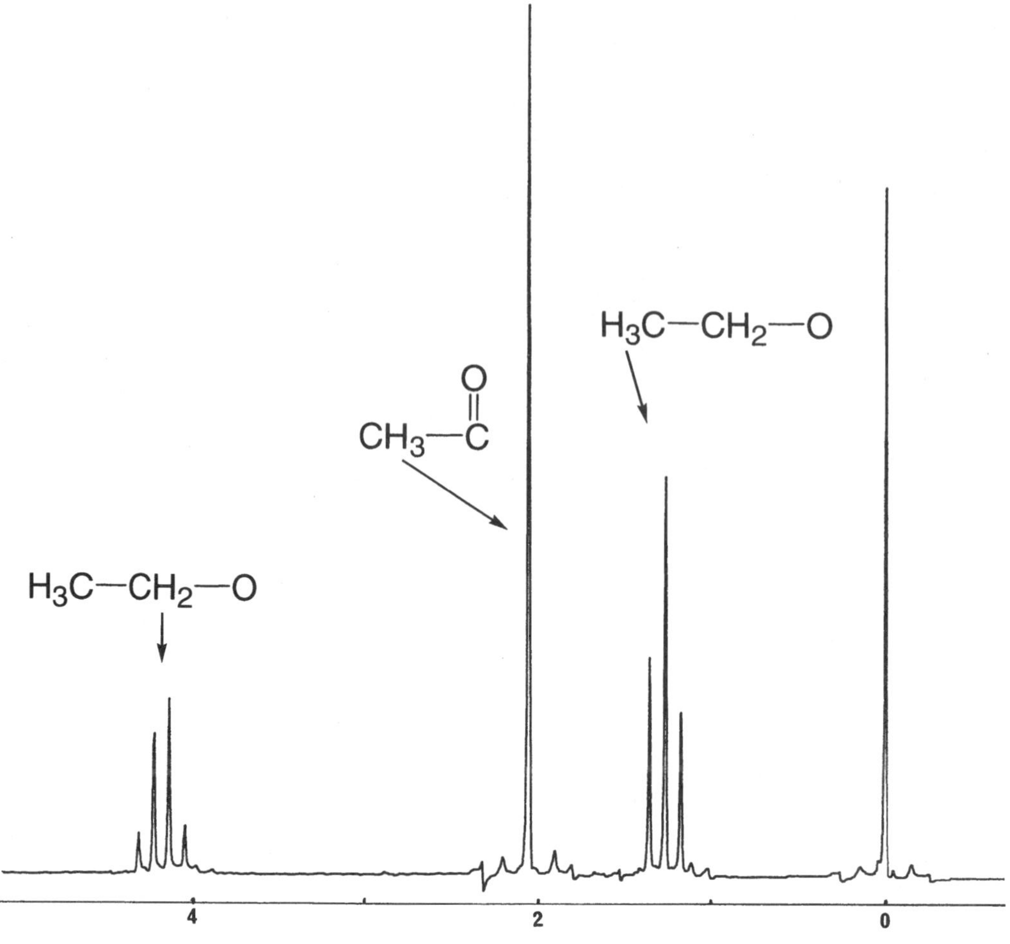

그림 3-9 에틸아세테이트의 80 MHz ^1H NMR 스펙트럼.

은 비시널 커플링이라고 한다. 이때 커플링의 크기(J)는 약 7 Hz이다(여러 종류의 커플링의 크기는 표 3-3 참조. 이 표에서 음의 부호를 가진 커플링 상수도 있지만 이것은 양자 역학에서 다루어질 수 있는 것이며 스펙트럼에서 나타나는 커플링의 크기는 부호가 없는 절댓값으로 생각하면 된다). 이 커플링은 간접적으로 연결되어 있는 양성자 간의 자기적 상호작용에 의하여 일어나며 상호작용(coupling)은 공간을 통하여 일어나는 것이 아니고 결합 전자(bonding electron)에 의하여 일어난다. 그러면 에틸아세테이트의 에틸기에 대하여 생각해 보기로 하자.

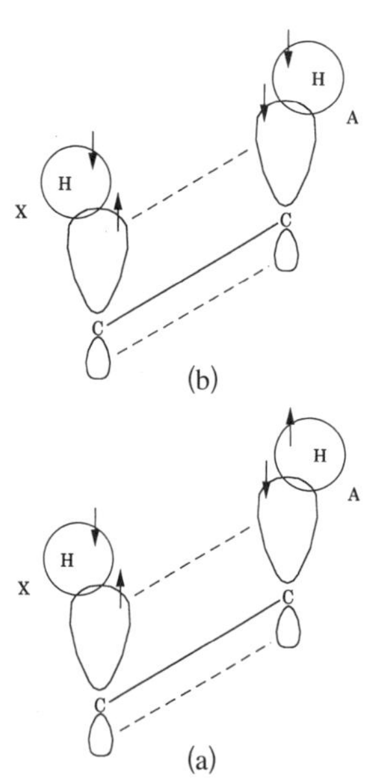

그림 3-10 전자에 의한 스핀-스핀 커플링의 원인.

그림 3-10에 두 탄소에 연결되어 있는 양성자 하나씩에 대한 스핀의 배열을 표시하였다. 먼저 핵스핀 X가 외부의 자장에 대해 역방향 상태로 놓여 있다면 핵 X에 가까이 있는 전자는 평행한 방향으로 놓여질 것이며 이 전자와 같은 오비탈(orbital)에 있는 결합을 이루는 전자는 파울리(Pauli) 법칙에 의해 핵 X와 같은 방향으로 자리 잡을 것이다. 그리고 이 두 번째의 전자는 핵 A의 방향을 결정짓게 된다[그림 3-10(a)]. 결국 핵 X의 외부 자장에 대한 방향의 정보가 전자를 통해서 핵 A에 전달되는 것이다. 이때 그림 3-10(a)에서 보이는 두 핵의 스핀 방향이 서로 반대일 때가 가장 낮은 에너지 상태이다. 이것은 핵 A와 X의 스핀 방향이 평행한 상태가 일어나지 않는다는 것은 아니다. 즉 그림 3-10의 (a)와 (b)의 상태의 에너지 차이는 매우 적으며 두 상태가 거의 같은 확률을 가지고 일어난다. 그러므로 핵 X의 피크는 핵 A의 두 스핀 방향에 의한 에너지의 차이만큼의 간격(J)을 가진 두 피크로 나타나게 된다.

이제까지 A와 X핵이 스핀 1개씩을 가지는 것으로 설명하였다. 위의 에틸기에서는 A의 세 개의 스핀이 메틸렌기(X)에 영향을 미치게 되며 두 개의 스핀(X)은 메틸기에 영향을 미치게 된다. 세 개의 스핀 A가 외부 자장에 대해 가질 수 있는 방향의 조합은 네 가지가 있을 수 있다.

즉, 외부의 자장에 대해서 세 개의 스핀이 모두 평행한 경우와 세 개의 스핀이 모두 반대 방향인 경우 그리고 두 개의 스핀이 평행하고 하나의 스핀이 반대 방향인 것과 하나의 스핀이 평행하고 두 개의 스핀이 반대 방향인 경우이다. 마지막 두 경우에서는 각각 세 가지의 조합이 가능하다(그림 3–11). 즉 각각의 상대적인 확률은 1:3:3:1의 비율을 가지게 되며 이것이 메틸렌기의 양성자에 영향을 미치게 되며 전이 확률의 비와 같은 세기(intensity)를 가지는 피크들을 나타나게 한다. 반대로 메틸렌기의 2개의 양성자는 그림 3–11에서와 같이 3개의 가능한 조합을 1:2:1의 확률로 가질 수 있으며 메틸기를 3중선으로 나타나게 한다. 이때 3중선이나 4중선 사이의 간격, 즉 커플링의 세기는 같게 나타난다. 화학 이동을 Hz로 나타낼 때는 그 값은 이미 언급한 대로 외부의 자장의 세기에 따라 증가하게 된다. 그러나 한 분자 내의 스핀–스핀 커플링은 외부 자장의 세기에 무관하다. 즉 이제까지 살펴본 에틸아세테이트에서 에틸기의 커플링은 60 MHz NMR에서든 600 MHz NMR에서든 그 커플링의 값은 항상 같다는 것이다. 이와 같은 이유로 커플링 상수(coupling constant) J는 분자의 구조를 밝히는 데 매우 유용하게 사용될 수 있다. 즉 위의 메틸기와 메틸렌기가 서로 7 Hz의 커플링 상수를 가진다는 것은 두 종류의 다른 양성자가 3-bond로 떨어져 있는 에틸기로 구성되어 있다는 증명이 된다.

스핀 커플링은 핵들이 결합하고 있을 때 일어나는 현상이므로 여러 개의 결합이 커플링하는

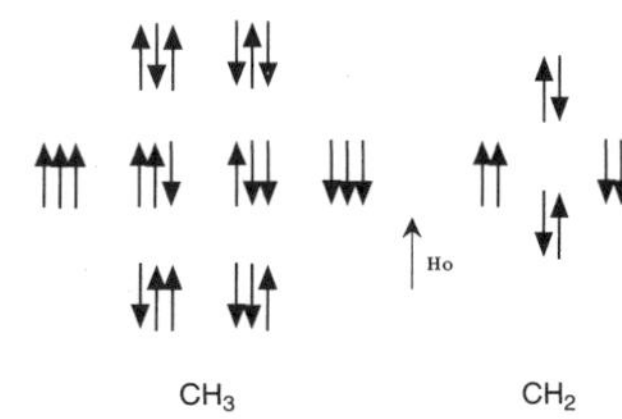

그림 3–11 CH_3와 CH_2 기에서 각 스핀들이 가질 수 있는 방향의 조합.

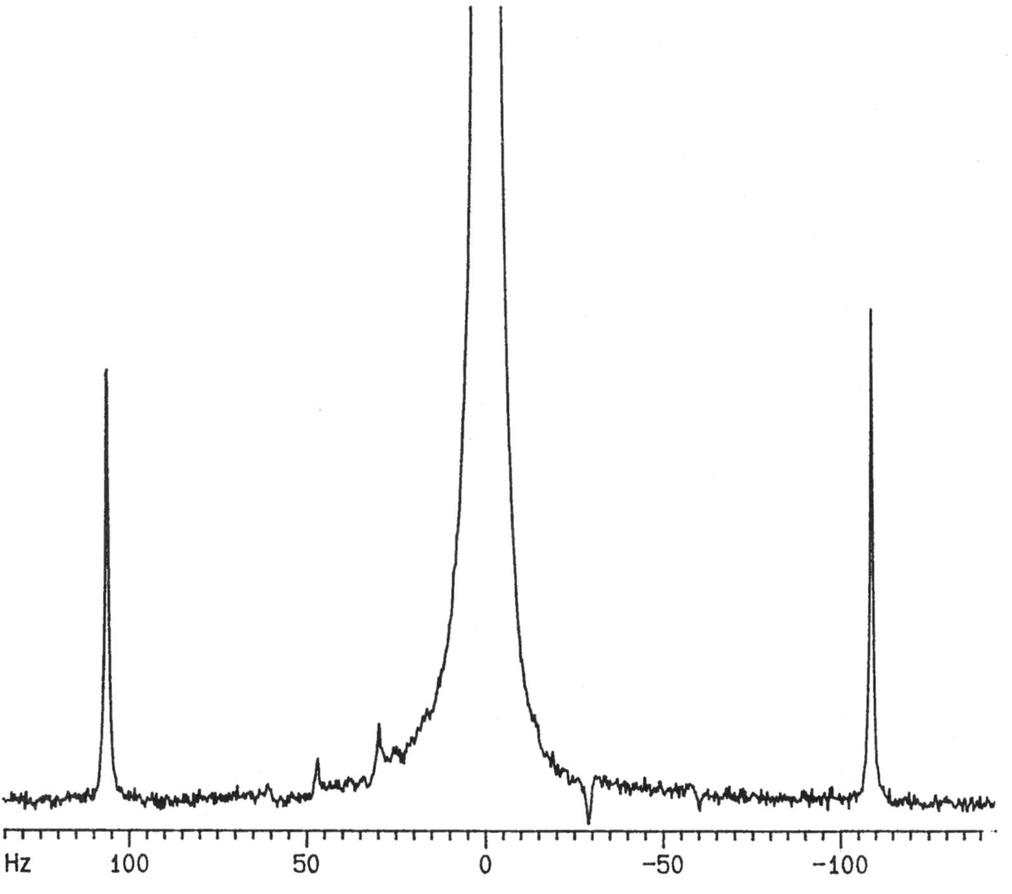

그림 3–12 500 MHz에서 $CHCl_3$의 ^1H 스펙트럼(시료를 회전시키지 않았음). 215 Hz로 벌어진 작은 두 개의 피크가 ^{13}C–H의 피크이며 이들을 ^{13}C 위성 피크라고 한다.

핵들 사이에 존재하면 그 크기는 점점 작아지며 양성자의 경우에 있어서 특별한 경우(장거리 커플링)를 제외하고는 3결합(3-bond) 이상에서는 관찰되지 않는다. 또한 동 핵종뿐만 아니라 다른 핵들 간에도 서로 커플링이 일어난다. 클로로포름의 양성자 NMR 스펙트럼을 예로 들면 탄소는 스핀 양자 수 1/2을 가지므로 양성자와 커플링할 수 있으며 클로로포름의 양성자는 2중선(doublet)의 피크를 보여야 한다. 그림 3-4에 클로로포름의 피크는 단일 선으로 보이며 2중선은 찾아볼 수 없다. 이것을 설명하기 위하여 다시 표 1-1을 보면 탄소는 NMR 현상을 나타낼 수 있는 ^{13}C이 자연 속에 1.1%만이 존재하며 나머지 약 99%는 ^{12}C, 즉 NMR 현상을 나타낼 수 없는 핵으로 존재한다. 그러므로 그림 3-4에 나타난 클로로포름의 양성자 피크는 $^{12}C-H$, 즉 양성자가 탄소-12에 결합되어 있는 것이므로 단일 피크로 나타난 것이다. 그리고 나머지 1.1%의 $^{13}C-H$에 해당하는 2중선은 매우 작아 볼 수 없는 것이다.

그림 3-12는 클로로포름을 500 MHz NMR에서 얻은 스펙트럼이다. 가운데 커다란 피크는 그림 3-4에서와 같이 $^{12}C-H$ 때문에 나타난 피크이고 양쪽에 나타난 피크가 $^{13}C-H$에 해당하는 피크이다. 이때의 커플링 상수 $J = 215$ Hz에 달한다. 이 2중선의 피크를 ^{13}C 위성(satellite) 피크라고 한다.

이 작은 ^{13}C 위성 피크는 탄소 NMR을 위해서 매우 중요한 것이며 5장(polarization transfer 실험)에서 다시 설명하기로 한다. 이제까지 우리는 NMR에서 매우 중요한 한 가지 현상인 커플링을 정성적인 설명으로 다루어 보았으며 이러한 현상으로부터 간단한 법칙을 유도해 낼 수 있다. 이것은 때로는 N+1 법칙이라고도 하며 엄밀히 말하자면 1차 스펙트럼의 해석(first-order analysis)에만 적용되는 방법이다. 이 법칙을 파스칼의 삼각형(Pascal's triangle)으로 표시하면 다중도(multiplet)를 가지고 나타나는 피크들의 상대적 세기와 다중도를 쉽게 예측할 수 있다(그림 3-13a).

즉 양성자 피크는 화학 결합으로 이루어진 주위의 양성자에 의해서 분리(splitting)가 일어

그림 3-13a 파스칼의 삼각형: 1차 스펙트럼의 상대적인 세기와 다중도(I = 1/2인 핵의 경우).

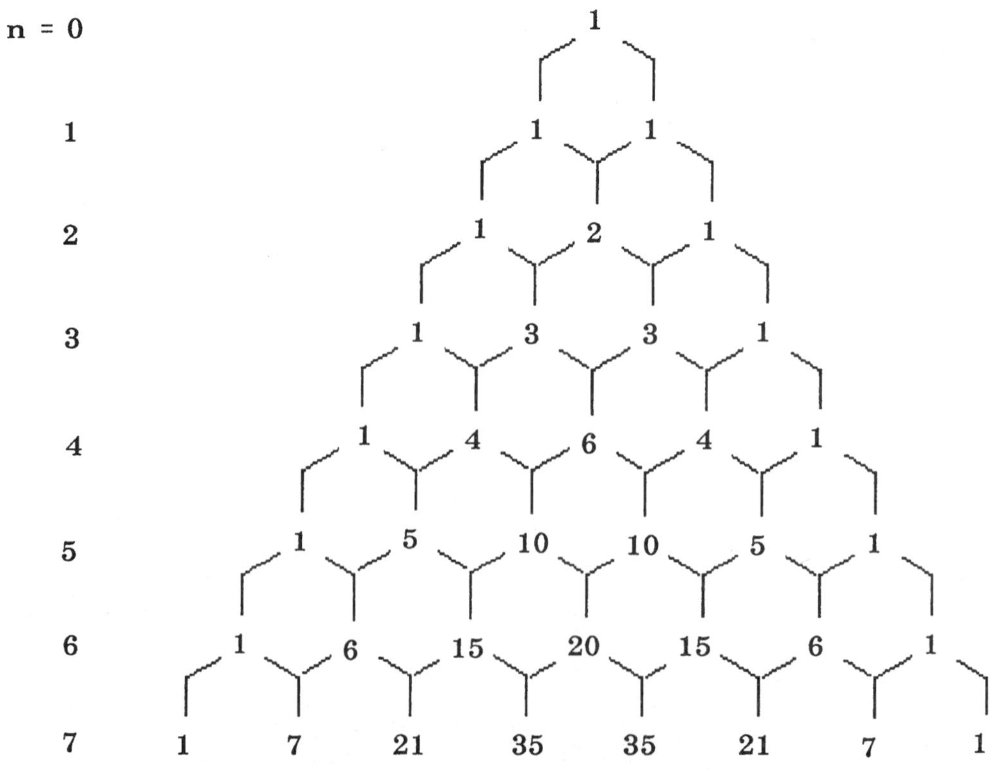

n = 0   1
1   1 1
2   1 2 1
3   1 3 3 1
4   1 4 6 4 1
5   1 5 10 10 5 1
6   1 6 15 20 15 6 1
7   1 7 21 35 35 21 7 1

나며 이때의 다중도는 주위의 양성자 수에 의해서 결정된다. 한 개의 양성자가 주위에 있으면 2중선(doublet:d)으로, 2개의 양성자가 있으면 3중선(triplet:t)으로, 3개의 양성자가 있으면 4중선(quartet:q)으로, 4개의 양성자가 있으면 5중선(pentet:p)으로, 5개의 양성자가 있으면 6중선(sextet:s)으로, 6개의 양성자가 있으면 7중선(septet:sp) 등으로, 즉 주위의 양성자 수 n에 의해서 n+1로 분리되며 이때 피크의 상대적인 세기는 각각 1:1, 1:2:1, 1:3:3:1 등으로 그림 3-13a에 따라서 나타나게 된다. 그림 3-13b에 이들의 관계를 가지고 일반적으로 나타날 수 있는 여러 가지 스핀 시스템과 연관시켜서 실제로 나타나는 피크들의 모양과 표시방법을 나타내었다.

스핀 양자수가 1/2인 경우를 다룬 n+1 법칙은 스핀 양자수가 > 1/2 핵이 존재하는 경우 2NI+1과 같은 더 보편적인 식으로 바꾸어서 사용할 수 있다. 여기에서 I는 스핀 양자수다. 그림 3-14는 NMR 용매로 많이 쓰이는 아세톤-d_6의 양성자 NMR 스펙트럼이다. 비록 100%

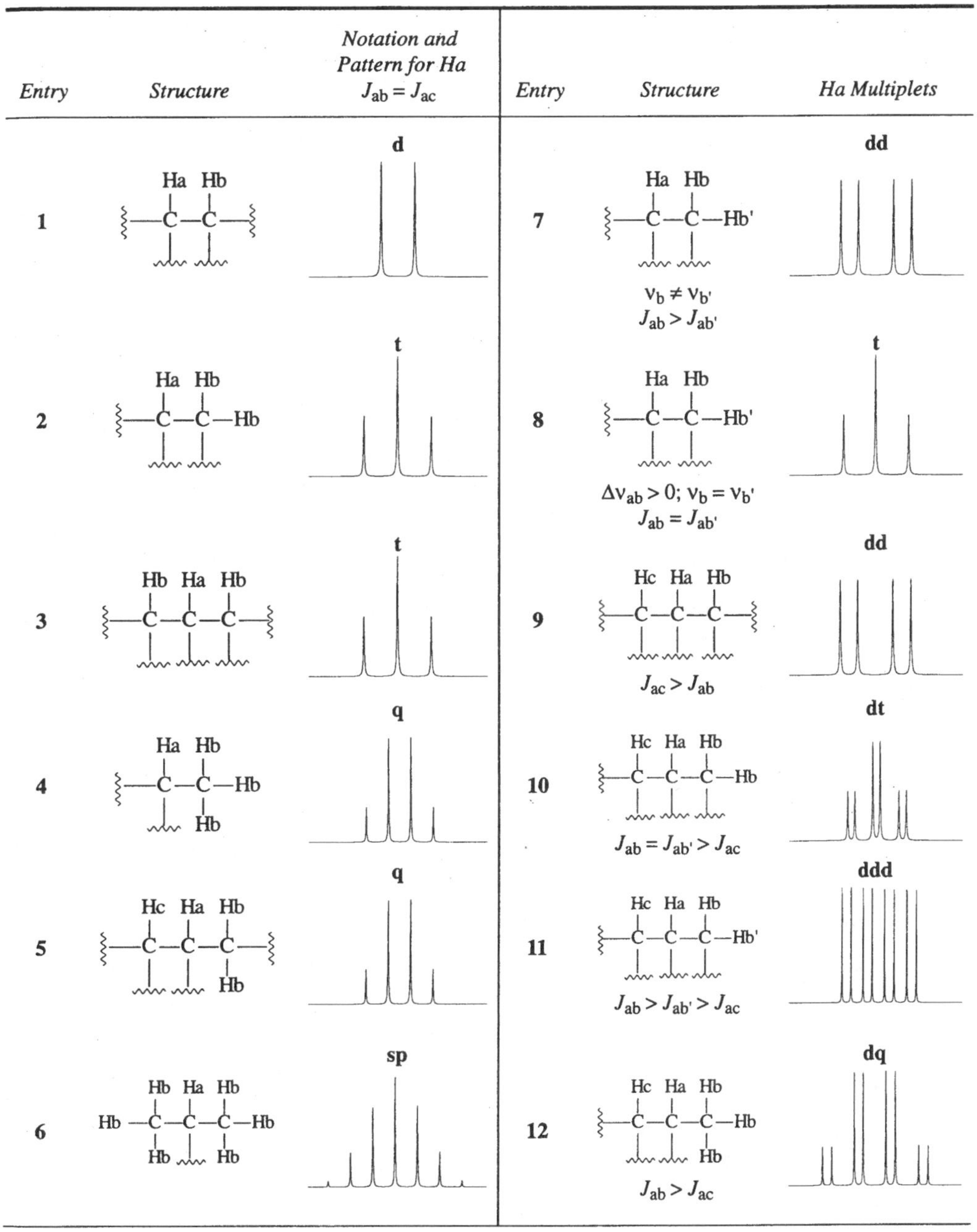

Entry	*Structure*	*Notation and Pattern for Ha* $J_{ab} = J_{ac}$	*Entry*	*Structure*	*Ha Multiplets*
1	Ha Hb; —C—C—	d	7	Ha Hb; —C—C—Hb'; $\nu_b \neq \nu_{b'}$; $J_{ab} > J_{ab'}$	dd
2	Ha Hb; —C—C—Hb	t	8	Ha Hb; —C—C—Hb'; $\Delta\nu_{ab} > 0$; $\nu_b = \nu_{b'}$; $J_{ab} = J_{ab'}$	t
3	Hb Ha Hb; —C—C—C—	t	9	Hc Ha Hb; —C—C—C—; $J_{ac} > J_{ab}$	dd
4	Ha Hb; —C—C—Hb; Hb	q	10	Hc Ha Hb; —C—C—C—Hb; $J_{ab} = J_{ab'} > J_{ac}$	dt
5	Hc Ha Hb; —C—C—C—; Hb	q	11	Hc Ha Hb; —C—C—C—Hb'; $J_{ab} > J_{ab'} > J_{ac}$	ddd
6	Hb Ha Hb; Hb —C—C—C—Hb; Hb Hb	sp	12	Hc Ha Hb; —C—C—C—Hb; Hb; $J_{ab} > J_{ac}$	dq

그림 3-13b 일반적으로 나타날 수 있는 여러 스핀 시스템과 이때 나타나는 1차 스펙트럼의 모습들과 이들의 표시방법.

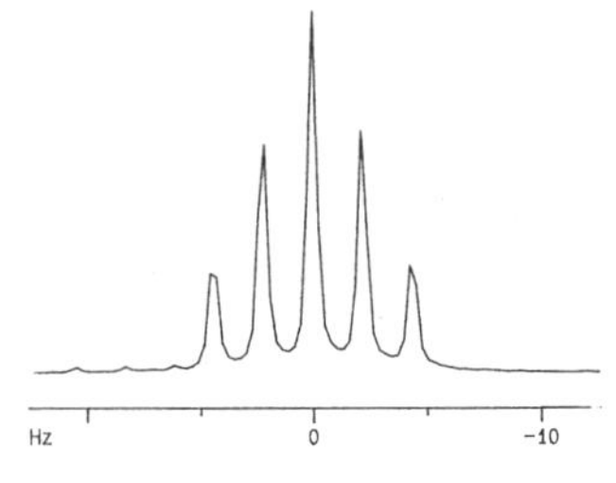

그림 3−14 CD_2H-C(O)-CD_2H의 양성자 NMR.

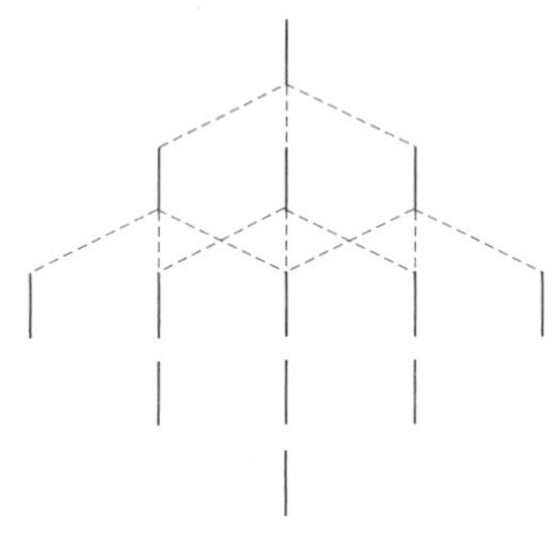
그림 3−15 2개의 중수소에 의한 양성자의 분열(splitting).

에 가까운 중수소(deuterium)가 아세톤 분자에 있는 양성자 대신 존재한다고 하지만 항상 극미량의 분자들은 양성자를 포함하게 되며 메틸기는 $-CD_2H$, 즉 두 개의 중수소와 하나의 양성자를 갖게 된다. 그러므로 이 미량의 분자들은 5중선(pentet)의 다중도를 가지고 양성자 NMR 스펙트럼에 나타나게 된다.

즉 스핀 양자수 1을 가지는 두 개의 중수소가 양성자와 커플링하여[$2NI+1=(2\times2\times1)+1=5$] 5중선을 나타내는 것이다. 비록 이 경우는 N+1 법칙을 따르지 않지만, 그림 3−15와 같은 그림으로 상대적인 세기가 1:2:3:2:1로 나타날 것이라고 쉽게 예측할 수 있다.

즉 스핀 양자수가 1인 중수소는 3개의 에너지 준위를 가지며 이것은 두 개의 결합으로 연결되어 있는 양성자를 피크의 세기가 같은 3중선으로 분리시킨다. 이들 각각은 다른 중수소가 또 3중선으로 분리시킨 결과 9개의 선으로 나타나야 하나 커플링의 크기가 같기 때문에 서로 겹치면서 5개의 선이 1:2:3:2:1의 세기로 나타나게 되는 것이다. 이때의 커플링 상수(J)는 2.1 Hz이다. 즉 양성자와 중수소의 제미널(geminal) 커플링 상수는 2.1 Hz이다. 핵들 사이의 커플링 상수 값은 두 핵의 자기 회전비(γ)의 곱에 비례하므로 양성자와 중수소의 커플링 값은 양성자 사이의 제미널 커플링 상수 값이 12~15 Hz를 가지므로 식 3−4에 의해 쉽게 예상될 수 있다.

$$\frac{J_{HX}}{J_{DX}}=\frac{\gamma_H}{\gamma_D}=6.51 \qquad \text{(식 3−4)}$$

중수소는 커플링 상수의 변화뿐만 아니라 양성자들의 화학 이동값에도 변화를 주게 된다. 즉 $-CH_3$의 양성자들의 화학 이동값보다 $-CHD_2$의 양성자의 화학 이동값이 up-field로 이동하게 되는데 이들을 *isotope effect*라고 한다. 이들 isotope effect는 중수소가 연결되어 있는 탄소에도 나타나며 이들의 양은 중수소의 수에 비례하고 up-field effect뿐만 아니라 down-field의 isotope effect도 나타날 수 있다. 그림 3−14−1은 아세톤의 메틸 그룹에 중수소가 치환되었을 때 나타나는 양성자와 탄소의 isotope effect를 보여주고 있다. 즉 두 개의 중수소가 치환된 메틸 그룹에 있는 양성자는 메틸 그룹의 양성자들보다 −0.036 ppm up-field에서 5중선으로 나타나 있다. 이때 나타난 isotope effect는 두 개의 중수소가 만들어 낸 것이기 때문에 −0.018 ppm을 isotope effect라고 한다. 그리고 탄소의 경우는 두 개의 중수소가 치환된 아세톤이 매우 적은 양이므로 나타나지 않고 세 개의 중수소가 치환된 메틸 그룹의 탄소가 메틸 그룹의 탄소보다 −0.75 ppm up-field에서 7중선으로 나타나 있는 것을 볼 수 있다. 그러므로 탄소의 중수소 isotope effect는 −0.25 ppm이 된다. 이 스펙트럼에서 중수소가 치환된 아세톤은 메틸 그룹의 피크와는 다르게 카보닐 그룹의 탄소를 0.33 ppm down-field에서 나타나게 하고 있다. 즉 2-bond isotope effect는 0.11 ppm이 되며 이것은 hyperconjugation이라는 현상으로 설명한다. 이와 같은 중수소의 isotope effect는 양성자와 탄소뿐만 아니라 여러 가지 다른 원소에서도 나타나는 것이 잘 알려져 있으며 여러 가지 메커니즘 연구에 자주 사용되는 것을 볼 수 있다.

이들 isotope effect가 중수소의 수에 비례한다는 것은 DMSO−d_6의 양성자 스펙트럼인 그림 3−14−2에서 쉽게 확인할 수 있다. 이 용매에서 미량으로 있는 $-CHD_2$는 5중선으로 2.49 ppm에서 나타나 있고 이 스펙트럼의 세기를 키운 곳에서는 C−13 위성 피크들과 함께 중수소가 하나만 치환되어 있는 $-CH_2D$에 있는 양성자는 예상대로 $-CHD_2$에 있는 양성자보다 down-field인 2.508 ppm에서 3중선으로 나타난 것을 볼 수 있다.

지금까지 본 N+1의 법칙은 스펙트럼의 해석에 매우 유용하지만 그러나 모든 조건에서 적용될 수 있는 것은 아니다. N+1의 법칙을 이용하려면 반드시 다음의 두 조건을 충족시켜야

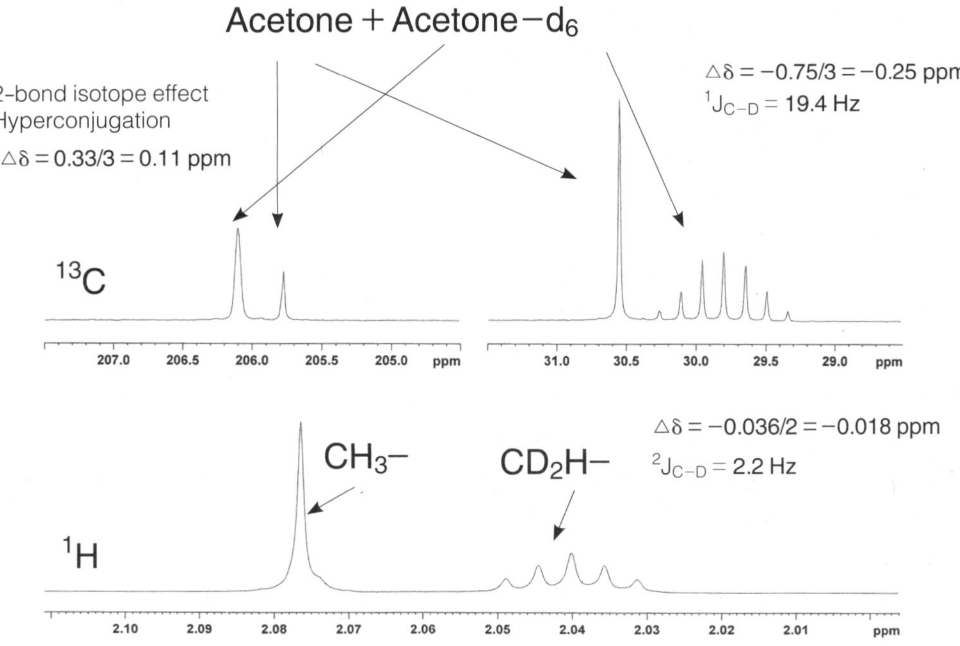

그림 3-14-1 중수소(D)가 치환된 아세톤에서 양성자와 탄소의 isotope effects.

만 한다.

1) 서로 커플링을 하는 두 핵의 화학 이동 차이($\nu_A - \nu_X$)는 두 핵 사이의 커플링 상수(J)보다 훨씬 커야만 한다. 이러한 조건을 만족시켜 n + 1 법칙을 적용시킬 수 있는 스펙트럼을 통상 1차 스펙트럼이라고 한다. 이때 화학 이동 차이는 반드시 Hz로 나타낸 값이며 이 값은 외부 자장의 세기가 커지면 커질수록 증가하므로 작은 NMR, 즉 60 MHz에서 얻은 스펙트럼이 1차 스펙트럼으로 나타나지 않더라도 고자장의 더 큰 NMR에서는 1차 스펙트럼의 모양으로 점점 가까워질 것이다.
2) 커플링을 일으키는 핵들은 각각 화학적으로 그리고 자기적으로도 동등해야만 한다.

두 단어는 앞에서 이미 사용된 바 있지만 여기에서 정확히 그 의미를 살펴보기로 하자. 화학적 동등(chemically equivalent)이란 핵들의 화학 이동이 같을 때를 말하며 이들은 대개 대

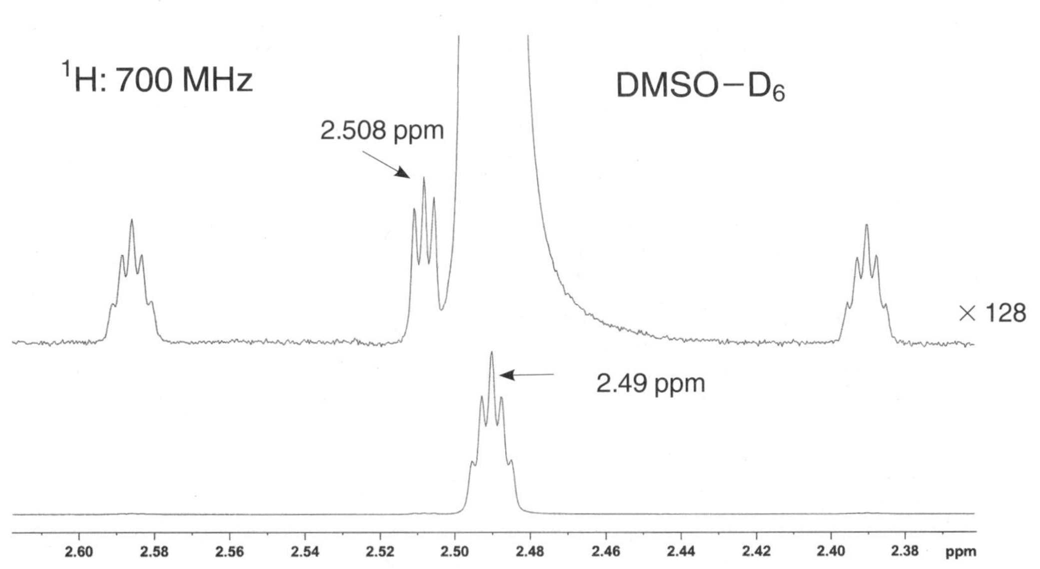

그림 3-14-2 DMSO-d_6에 있는 $-CHD_2$와 $-CH_2D$의 isotope effect.

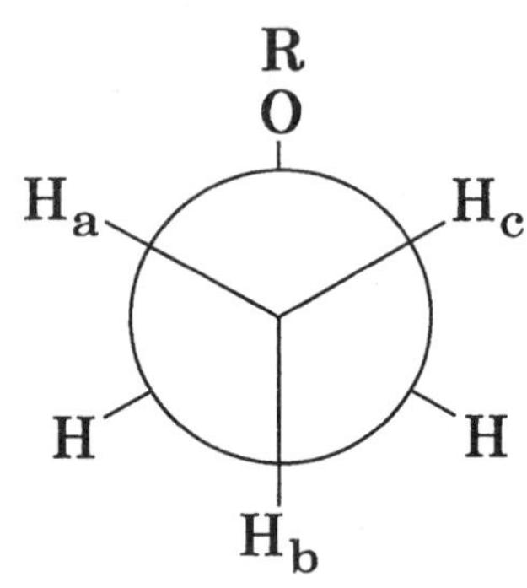

그림 3-16 에틸아세테이트의 뉴만 투영.

칭성(symmetry) 때문에 오는 것이다.

앞에서 예를 든 에틸아세테이트의 경우 에틸기에서 메틸의 3개 양성자는 화학적으로 동등하다. 또한 메틸렌의 두 양성자도 서로 화학적으로 동등하다. 즉 각각의 화학 이동이 같다. 1차 스펙트럼의 법칙을 적용하기 위한 다른 한 조건인 자기적 동등이란 주위의 핵을 분리(splitting)시키는 핵들이(예를 들어 에틸기에서 메틸의 3개 양성자) 화학 이동이 같으면서 주위의 핵을 똑같은 크기로 커플링시킬 때를 말한다. 즉 에틸기에서 메틸의 3개 양성자는 화학 이동이 같으며 옆의 메틸렌의 두 양성자 각각을 같은 양만큼 커플링시키므로 자기적으로 동등한 것이다. 그러면 에틸기에서 각각의 양성자들이 어떻게 같을 수 있는가를 살펴보자. 에틸기의 뉴만 투영(Newman projection)이 그림 3-16에 있다.

에틸기가 그림 3-16과 같이 하나의 형태(conformation)를 가진다면 양성자 H_b는 양성자 H_a와 H_c와 동등할 수 없다. 그러나 에틸기에서 탄소와 탄소의 단일 결합은 실제로 매우 빠르게 회전하고 있으며 메틸의 3개 양성자는 분별될 수 없다. 즉 화학 이동은 3개의 양성자의 평균값으로 나타나며 메틸렌에 대한 커플링도 평균값이 된다. 즉 화학적으로, 자기적으로 동등하며 에틸기에는 N + 1의 법칙을 적용할 수 있다. 이와 같은 스핀의 동등성을 따지기 위하여 간단한 명명법이 있으며 이것은 매우 유용하게 사용된다. 이미 앞에서 아무런 의미 없이 에틸아세테이트의 에틸기에 A와 X라는 알파벳을 사용한 것은 이와 같은 의미를 이미 붙여서 사용한 것이다. A는 TMS에 가장 가까운 화학 이동의 스핀을 명명하게 되며, A와 화학 이동의 차이가 충분하여 서로의 커플링을 1차 스펙트럼으로 해석할 수 있을 정도의 화학 이동을 가진 다른 핵은 X로 표시하게 된다. 이때 화학적, 자기적으로 동등한 핵의 수는 A_3X_2(에틸기의 표시방법)와 같은 방법으로 표시한다. 어떤 핵이 화학적으로는 동등하지만 자기적으로는 동등하지 않을 때는 AA′라는 방식으로 표시한다. 고분해능(high resolution) NMR에서 기계의 분해능을 측정하기 위해서 많이 사용하는 ODCB(*o*-dichlorobenzene)에서 4개의 양성자는 AA′BB′로 표시되며 전형적인 1차 스펙트럼의 단순함을 벗어나는 복잡한 시스템이다(그림 3-17).

이미 언급한 대로 Hz로 나타내는 화학 이동은 외부 자장의 세기에 따라 증가하므로 작은 NMR에서와 큰 NMR(자장의 세기)에서 얻은 스펙트럼의 모양은 당연히 다를 것이다. 즉 큰 NMR에서 얻은 스펙트럼은 작은 NMR에서 얻은 스펙트럼보다 더 1차 스펙트럼에 가까워질 것이다. 이 현상을 컴퓨터의 도움으로 표시한 결과가 그림 3-18에 나타나 있다.

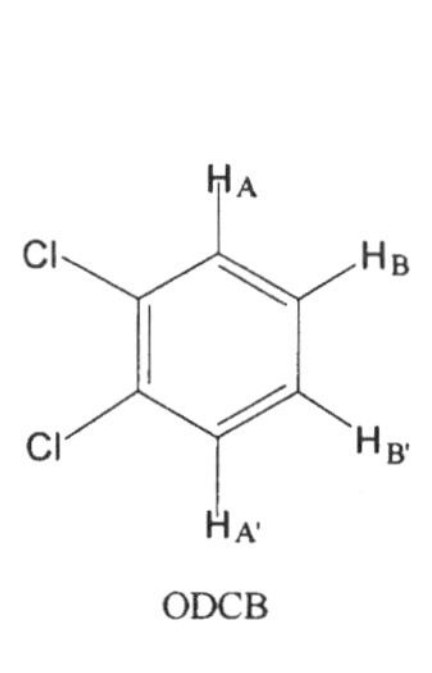

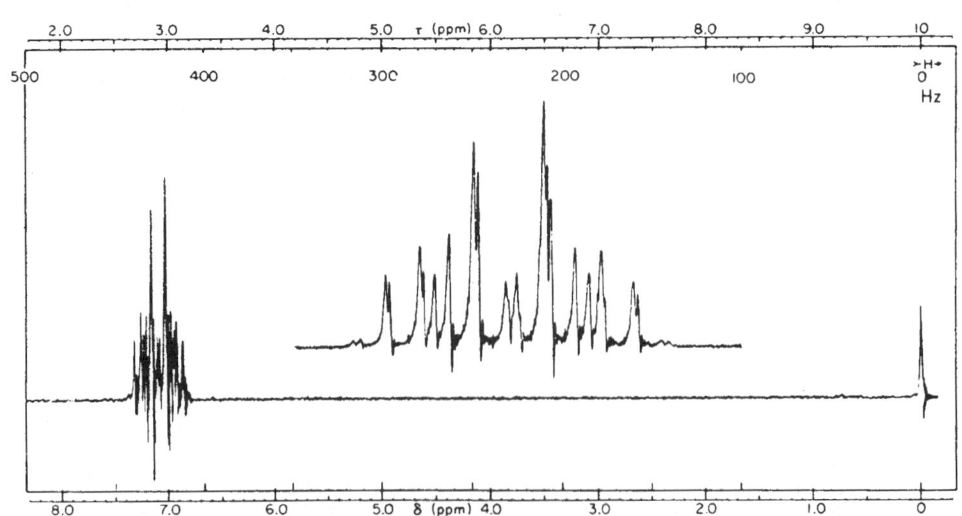

그림 3-17 60 MHz NMR에서 ODCB의 ^{1}H 스펙트럼.

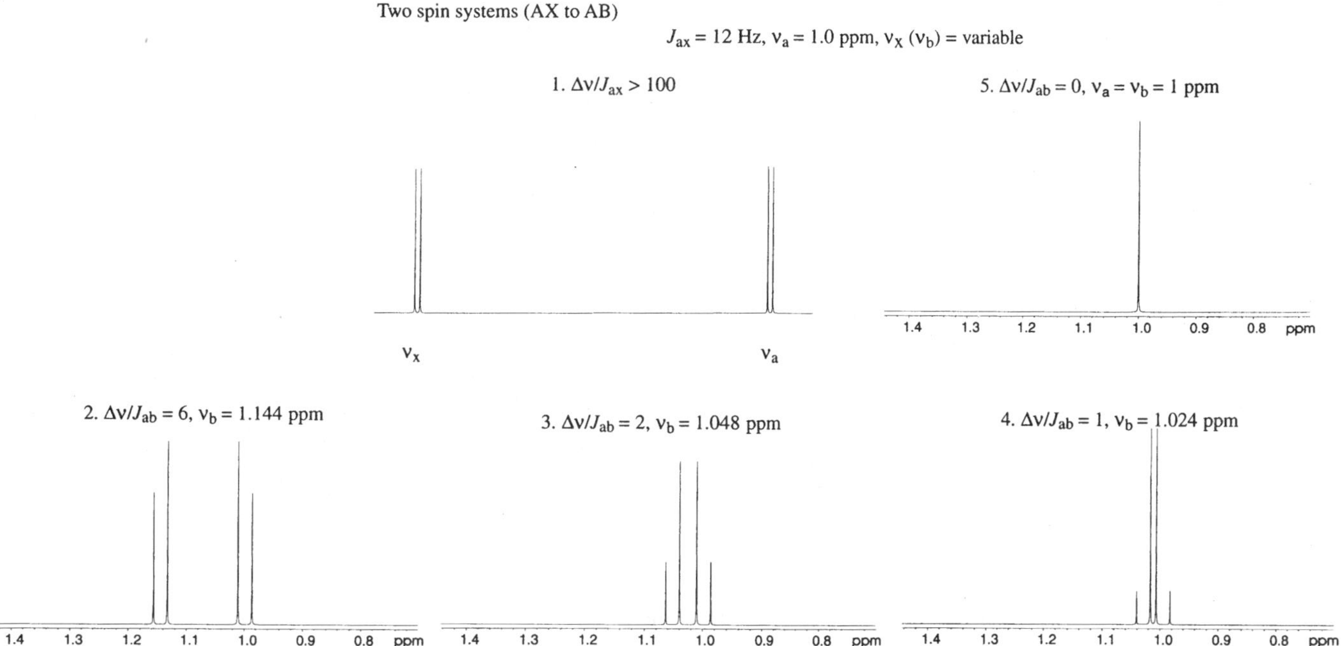

그림 3-18 컴퓨터로 얻은 커플링하는 두 스핀의 화학 이동 차이와 커플링 상수에 따르는 피크들의 모습.

두 스핀 사이의 화학 이동 차이가 커플링 상수보다 매우 커서 1차 스펙트럼을 나타내는 두 스핀의 스펙트럼은 화학 이동 차이가 점점 작아지면서 서로 커플링하는 2중선의 바깥쪽 피크 세기는 점점 줄어들기 시작한다. 이와 같이 1차 스펙트럼의 성격을 벗어나서 커플링하는 스핀들의 다중선에서 바깥쪽 피크 크기가 작아지고 안쪽 피크가 커지는 현상을 *roof effect*라고 한다. 비록 피크 세기가 1차 스펙트럼의 법칙을 따르지는 않지만 스펙트럼의 해석은 1차 스펙트럼의 법칙을 응용할 수 있다. 이러한 중간의 성질을 나타내는 부류의 스핀 시스템은 AMX나 ABX 또는 ABC 등으로 표시되는 비닐(vinyl)기에서 볼 수 있다.

H_X, H_B, C=C, Y, H_A H_C, H_B, C=C, Y, H_A

이들 중 AMX 스핀 시스템은 세 개의 커플링 상수를 쉽게 볼 수 있으며 거의 일차 스펙트럼에 가깝고 각 양성자들은 2중선의 짝들로 나타나게 된다. 반면 ABX 스핀 시스템은 비록 일차 스펙트럼의 모양에 가깝지는 않지만 그들의 커플링 모양을 볼 수 있으며 이들이 ABX 스핀 시스템이 되느냐 ABC로 되느냐 하는 것은 양성자들의 화학 이동을 결정짓는 치환체 Y에 의해 결정된다. 치환체 Y가 벤젠일 때의 경우를 실제의 예로 들어보도록 하자.

그림 3-19는 스타이렌(styrene)의 양성자 NMR 스펙트럼이다. 양성자 A와 B는 화학적으로 동등하지 않으며 양성자 A가 B보다 down-field에서 화학 이동이 나타난다(앞에서 언급한 스핀의 명명법을 따른다면 B의 화학 이동값이 TMS에 가장 가깝기 때문에 A와 B의 스핀의 표기가 뒤바뀌었다. 이것은 위의 비닐기의 설명과 일관성을 보이기 위해서 사용한 것이다). 그리고 양성자 X는 가장 down-field에서 나타나게 된다. 이 현상은 고리 전류로 설명할 수 있다. 즉 양성자 X는 고리 전류가 생기는 벤젠 고리에 가장 가까우며 다음이 양성자 A이고 제일 먼 거리로 떨어져 있는 양성자 B가 가장 high field에서 화학 이동이 나타나게 된다.

H_X, H_B, C=C, Ph, H_A

styrene

이러한 스핀 시스템의 해석을 위해서도 1차 스펙트럼의 해석 방법을 반복적으로 사용할 수

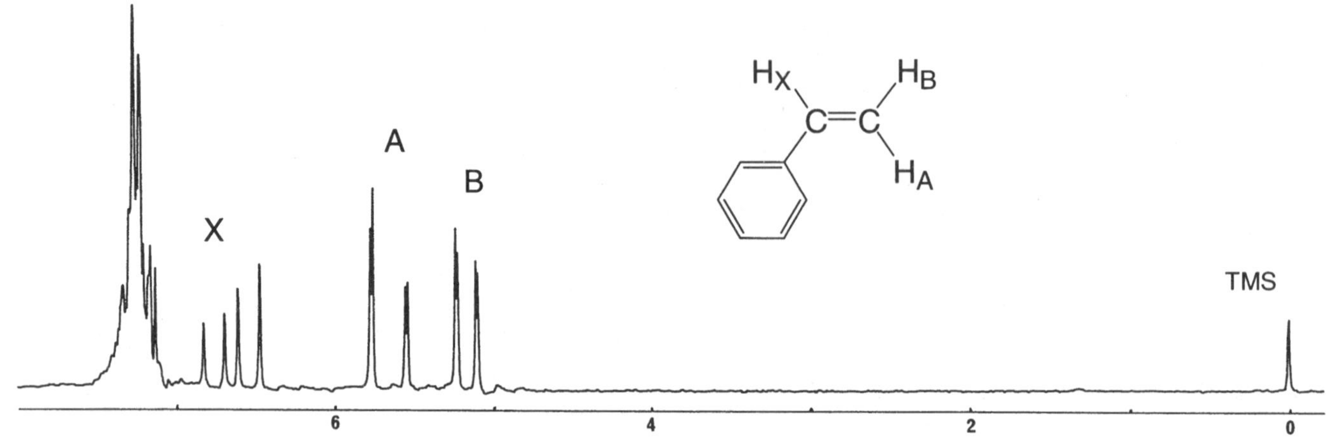

그림 3-19 80 MHz에서 스타이렌의 양성자 NMR 스펙트럼.

있다. 그림 3-20에 이 결과를 기록하였다.

어떠한 커플링 상수를 먼저 사용하더라도 결과는 같지만 대부분 제일 큰 커플링 상수를 제일 먼저 이용하는 것이 매우 편리하다. 스핀 X는 제일 큰 트랜스(*trans*) 위치의 양성자 A에 의한 커플링 상수로 분리(splitting)된 후 이들 각각의 피크는 다시 시스(*cis*) 위치의 양성자 B에 의해서 분리되어 2중선의 짝을 보이게 될 것이다. 양성자 A는 X에 의해서 다음 제미널 B에 의해서 그리고 양성자 B는 X에 의해서 그리고 제미널 A에 의해서 각각 분리되게 되며 2중선의 짝들을 나타낼 것으로 예측할 수 있다. 실제의 스펙트럼은 비록 피크의 세기는 틀리지만 커플링의 모양은 비슷하며 다만 J_{AX}와 J_{BX}의 차이가 매우 크지 않으므로 양성자 X의 실제 커플링 모양은 그림 3-21과 같이 나타나고 있다.

그림 3-20 1차 스펙트럼의 해석 방법을 연속적으로 이용한 ABX 스펙트럼의 예상도.

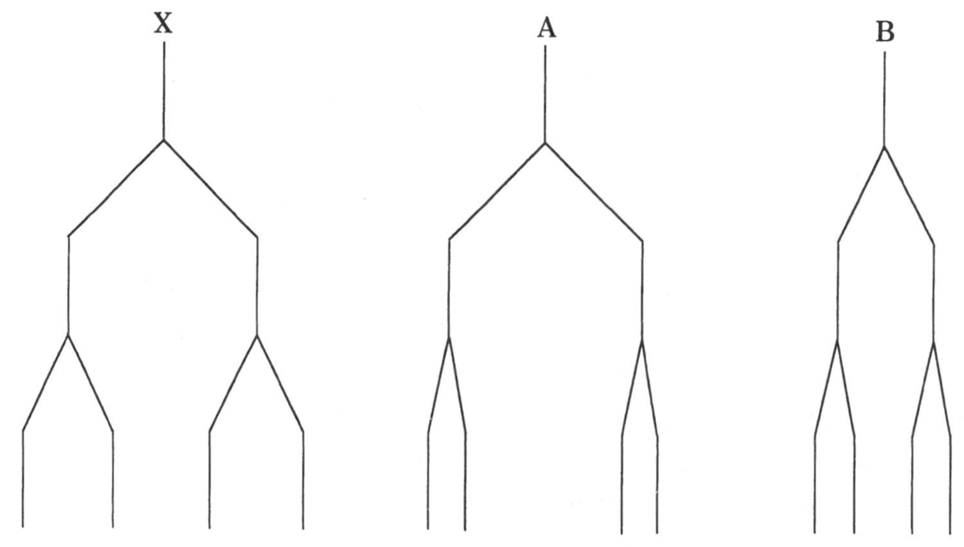

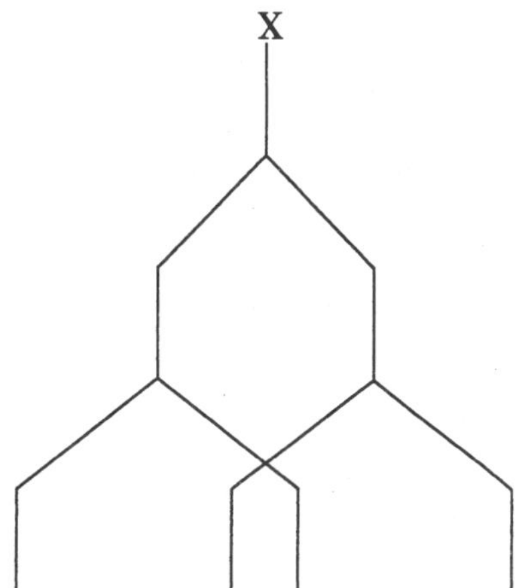

그림 3-21 스타이렌에서 X 스핀의 실제 커플링 모습.

3.3 커플링 상수와 그 이용[1-6]

정확한 커플링 상수(coupling constant)의 계산은 이론적으로 불가능하며 어떠한 분자에서 커플링 상수의 예측은 모두 경험적으로 얻어진 결과에 바탕을 둔다.

스펙트럼이 1차 분리에 가까운 모양을 가지고 나타나 있다면 이들로부터 커플링 상수를 얻어내는 것은 매우 쉬운 일이다. 이미 커플링의 모양을 예상하기 위하여 사용된 스타이렌의 경우를 예로 들면 스펙트럼(그림 3-19)으로부터 쉽게 3개의 커플링 상수를 얻어 낼 수 있다. 스핀 B는 스핀 X와 11 Hz(*cis* 커플링)의 상수를 가지고 분리된 후 각각은 다시 작은 제미널 커플링 상수인 0.9 Hz로 다시 분리되어 2중선의 짝을 이루고 있다. 스핀 A는 스핀 X와 17.6 Hz(*trans* 커플링)의 상수를 가지고 분리된 후 다시 제미널 커플링을 거쳐 2중선의 짝을 이루고 있다. 그러면 17.6, 11 그리고 0.9 Hz의 숫자가 우리에게 주는 의미는 무엇인가를 살펴보자. 이것은 두 가지의 다른 측면에서 설명될 수 있다. 먼저 우리가 가지고 있는 시료의 구조를 모른다고 가정하자. 이 미지 시료의 NMR 스펙트럼을 얻었을 때 위의 스타이렌 스펙트럼 같이 AMX나 ABX의 모양을 보인다면, 즉 세 커플링 상수를 얻을 수 있다면(치환체에 따라서 커플링 상수는 조금씩 다를 수 있지만 그 범위를 크게 벗어나지는 않는다) 반드시 미지의 시료는 비닐(vinyl)기를 가지고 있다고 말할 수 있다. 물론 이것은 필요충분조건은 아니다. 즉 미지 시료가 위의 AMX나 ABX의 모양을 가지지 않았다고 비닐기가 없다고 말할 수는 없다. 왜냐하면 이들 스핀 시스템은 분자 자체가 ABC 모양을 가질 수도 있고 또는 분자가 아주 이상한 구조를 가짐으로 해서(예를 들면 자기적 비등방성이나 고리 전류 등의 영향) AMX나 ABX 스펙트럼을 가질 것으로 예상되는 것이 ABC 형태로 바뀔 수도 있기 때문이다. 또 다른 측면은 시료의 구조를 예상하고 있다고 하자. 이때 물론 표준물질이 있다면 쉽게 두 스펙트럼을 비교 분석할 수 있다(그러나 표준물질이 있다면 구태여 NMR을 이용할 필요는 없다. 다른 분석 기기들, 예를 들어 IR 등을 이용하여도 쉽게 분석할 수 있다). 그러나 우리는 미지 물질의 구조를 확인하여야 할 때가 많다. 즉 이러한 경우 NMR의 화학 이동과 커플링은 구조의 확인에 매우 유용한 정보를 제공하게 된다. 스타이렌의 경우에서 시스(*cis*) 커플링 상수(11 Hz)는 트랜스(*trans*) 커플링 상수(17.6 Hz)보다 작게 나타나는데 이 상수의 크기가 화학 구조의 정보를 얻을 수 있는 또 다른 하나의 방법이다. 예를 들어 우리가 어떤 화합물의 시스(*cis*)와 트랜스(*trans*)인 이성체(isomer)를 가지고 있다고 하자. 이 두 화합물을 구분하기 위하여 이중결합에 있는 두 양성자의 커플링 상수를 얻으면 쉽게 이성체를 구분할 수 있다. 이와 같이 커플링 상수는 비록 어떤 범위의 값을 가지기는 하지만 물질의 어떤 특유한 구조에 따라 고유한 값을 가지며 이들이 화학 구조의 결정에 많은 도움을 주게 된다. 표 3-3과 표 3-4는 각각 양성자와 양성자, 그리고 양성자와 다른 핵들 사이의 대표적인 커플링 상수를 나열하였다.

이러한 커플링 상수는 분자의 여러 가지 물리적인 상수들과 연관되는 것으로 알려져 있는데 특히 혼성화(hybridization), 두 평면 사이의 각(dihedral angle) 그리고 치환체의 전기음성도 등이 많은 영향을 미친다. 혼성화에 의한 변화는 표 3-4에 $^{13}C-H$의 커플링 상수가 SP, SP^2, SP^3에 따라 변화하는 것으로 잘 설명되고 있고, 치환체에 의한 J의 변화는 같은 혼성화(SP^3)를 이루는 분자들인 CH_4, CH_3Cl, CH_2Cl_2, $CHCl_3$가 각각 125, 150, 178, 215 Hz로 증가하는 탄소와 양성자 간의 커플링으로 설명되어 있다. 특히 두 평면 사이의 각에 따른 비시널(vicinal) 커플링 상수의 변화는 이론과 실제가 매우 잘 연관되기 때문에 분자의 형상(conformation)를 밝히는 데 아주 중요하게 사용되고 있다.

그림 3-22는 비시널 커플링 상수의 크기가 두 양성자 간 두 평면 사이 각과 어떠한 관계를 나타내는가를 보여주고 있다.

즉 비시널 커플링을 하고 있는 두 양성자는 그들이 만들 수 있는 두 평면 사이의 각도에 따라 커플링의 상수가 달라지게 된다. 두 평면의 각도가 0°나 180°일 때 8~10 Hz 정도를 나타내며 가장 작은 커플링 상수는 두 평면의 각이 80~90°를 이룰 때이다. 이 관계를 카플러스(Karplus: 2013 노벨 화학상)가 식 3-5로 나타냈으며 여기에서 상수 A B C는 대표적인 값으로 각각 4.22, −0.5, 4.5 Hz의 값을 가진다.

$$^{3}J = A + B\cos\Phi + C\cos 2\Phi \qquad \text{(식 3-5)}$$

위의 식 3-5의 관계는 만약 우리가 비시널 커플링의 상수를 스펙트럼으로부터 얻으면 이것은 두 양성자 간 평면 사이의 각을 얻게 되며 종국적으로 분자의 형태를 구할 수 있게 된다. 이 식은 비록 비슷한 형태를 가진 분자들의 서로의 형태를 비교하는 것으로 사용될 수도 있지

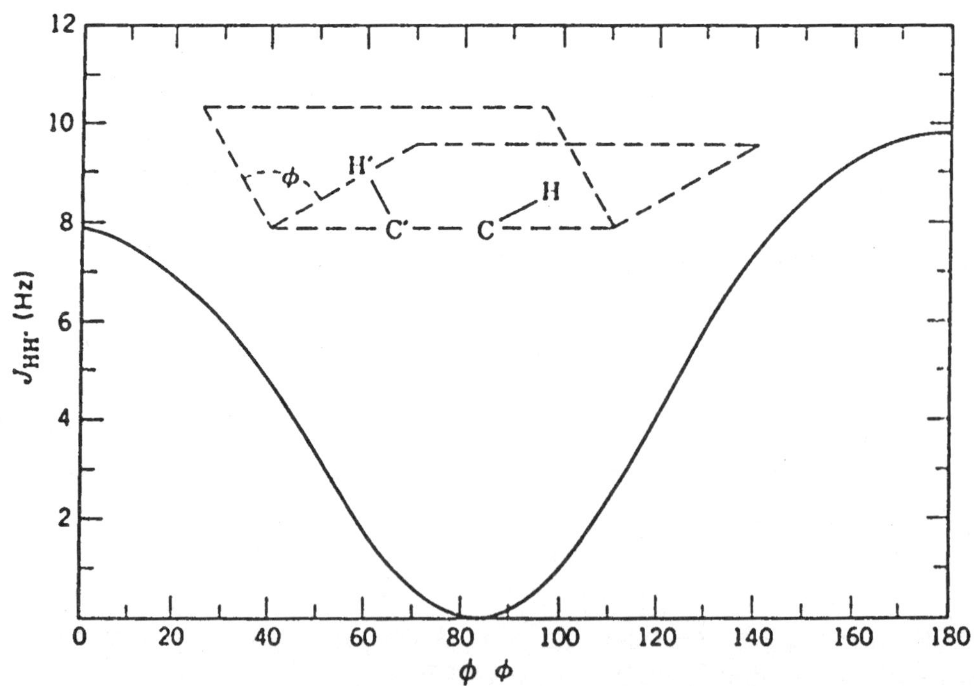

그림 3-22 비시널 커플링 상수와 두 평면 사이 각과의 관계.

표 3-3 양성자와 양성자 간 커플링 상수.

Type	J_{HH} (Hz)
H—H	280
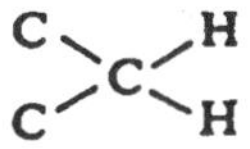 C_2C(H)H (geminal, CH_2)	−12 to −15
H—C—C—H (free rotation)	7
H—C—C(—)—C—H	~0[b]
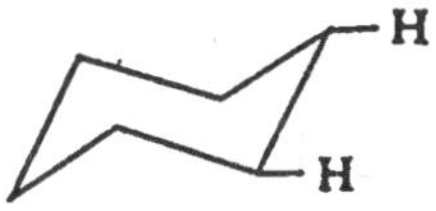 cyclohexane H, H	ax–ax 8–10 ax–eq 2–3 eq–eq 2–3
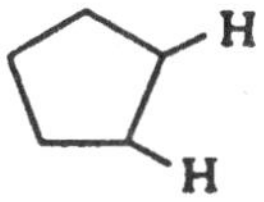 cyclopentane H, H (*cis* or *trans*)	4–5
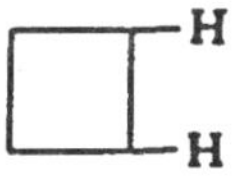 cyclobutane H, H (*cis* or *trans*)	8
cyclopropane H, H (*cis*)	8–10
cyclopropane H, H (*trans*)	4–6
H—C—O—H	5
H—C(—)—C(=O)—H	+3
H—C(=C)—C(=O)—H	8

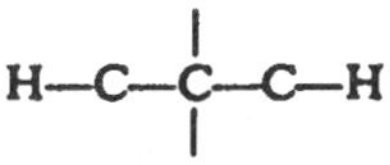

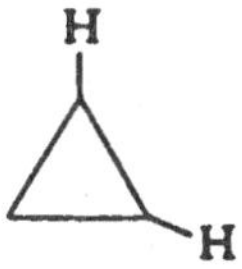

표 3-3 (계속)

Type	J_{HH} (Hz)
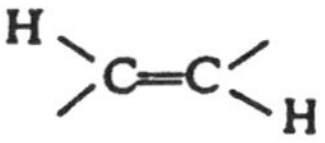 H(C=C)H (trans)	12 to 19
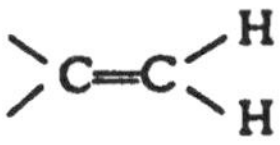 C=C(H)H (geminal)	−3 to +2
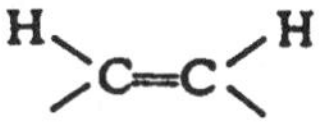 H(C=C)H (cis)	7 to 11
H—C—C=C—C—H	1–2
C=C(H)—C—H	7
H—C=C—C—H	−1.5
H—C=C—C—H	−2
C=C(H)—C(H)=C	10
H—C=C—C=C—H	±1
—N=C(H)H	7–17
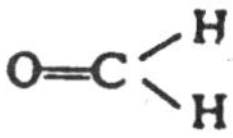 O=C(H)H	42
H—C—C≡C—H	−2

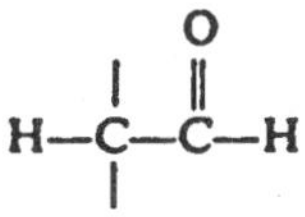

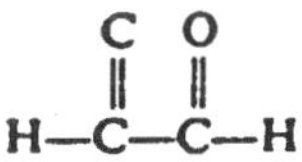

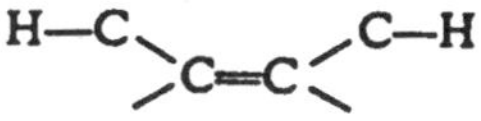

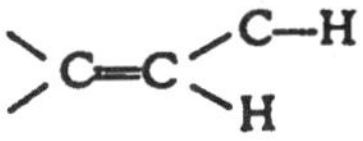

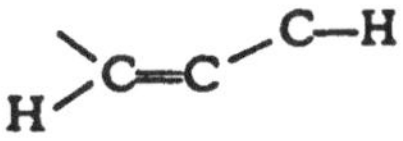

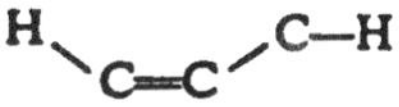

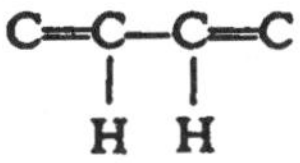

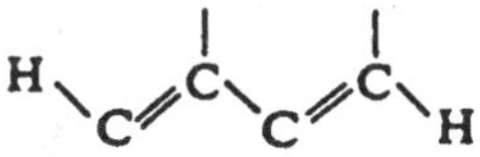

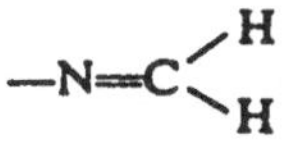

표 3-3 (계속)

Type		J_{HH} (Hz)
H—C—C≡C—C—H		2
H(C=C)H (ring)	5 mem.	6
	6 mem.	10
	7 mem.	12
X=C(C—H)(C—H)	(X = C, O)	0 to ±2
Benzene (H, H)	J(*ortho*)	8
	J(*meta*)	2
	J(*para*)	~0.5
Pyridine	$J_{(2-3)}$	5
	$J_{(3-4)}$	8
	$J_{(2-4)}$	0–3
	$J_{(3-5)}$	1.5
	$J_{(2-5)}$	1
	$J_{(2-6)}$	~0
Furan	$J_{(2-3)}$	2
	$J_{(3-4)}$	4
	$J_{(2-4)}$	1
	$J_{(2-5)}$	±1.5
Thiophene	$J_{(2-3)}$	5
	$J_{(3-4)}$	4
	$J_{(2-4)}$	1
	$J_{(2-5)}$	3

표 3-4 양성자와 다른 핵들간의 커플링 상수.

Type	|J| (Hz)
^{13}C—H (sp^3)	125
(sp^2)	160
(sp)	240
^{13}C—C—H	−5 to +5
^{13}C—C—C—H	0 to 5
$^{15}NH_3$	61
>^{15}N—CH_3	1–3
C=^{14}N—CH_3	3
Ph_2C=^{15}NH	51
Pyridinium N$^{\oplus}$—H	91
^{17}O—H	80
H(H)C(F)	45
H—C—C—F	5–20
H—C—C—C—F	1–5
Fluorobenzene H (*ortho*)	8
(*meta*)	4–7
(*para*)	2
(H)C=C(F)	45
(H)C=C(F)	18
>C=C(F)(H)	80
H—P(=O)(O)(O)	500–700
H—P<	200
H—C—P=O	10
H—C—C—P=O	<5

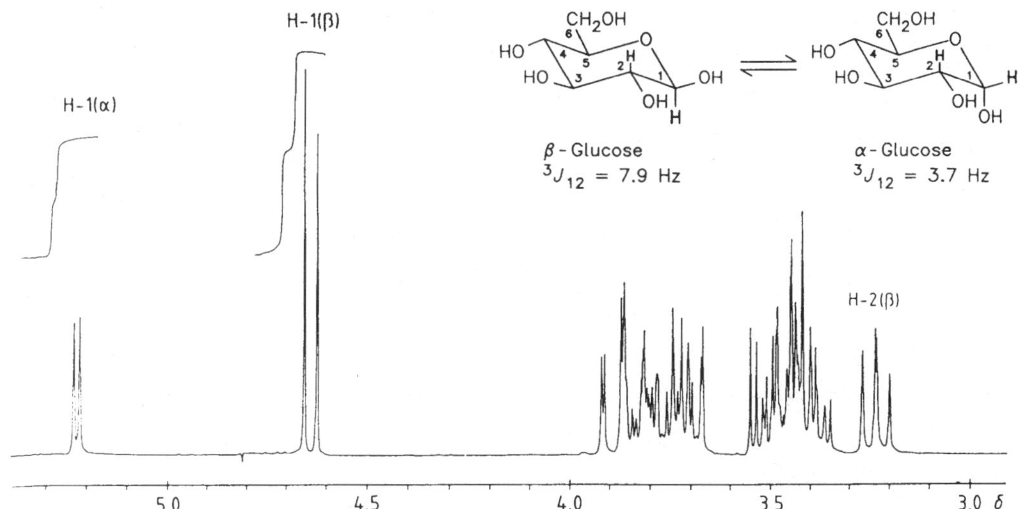

그림 3-23 글루코스의 ¹H NMR 스펙트럼.

만 특히 사이클로헥산(cyclohexane)이나 탄수화물(carbohydrate) 등, 화합물들의 형태를 연구하는 데 매우 유용하게 사용된다.

그림 3-23은 많은 정보 없이 다만 커플링 상수의 지식으로 두 이성체(엄밀히 말하자면 anomer)의 비를 구할 수 있는 카플러스 관계를 이용한 대표적인 예라고 할 수 있다. α와 β 글루코스(glucose)의 혼합물(그림 3-23)은 화학 이동 3.2~3.9 ppm까지 매우 복잡한 스펙트럼을 보여주고 있다. 그러나 탄소 1에 연결되어 있는 양성자들은 두 개의 산소와 연결되어 있으므로 다른 양성자들보다 훨씬 down-field에서 화학 이동이 나타나리라 생각할 수 있으며 실제로 이들은 δ 4.64와 5.23 ppm에서 각각 2중선으로 나타난다. 이 두 피크들의 커플링 상수들은 각기 7.9와 3.7 Hz로 나타난다. α와 β의 형태를 살펴보면 β-form에서 1번 탄소에 붙어 있는 양성자는 탄소 2에 붙어 있는 양성자와 각각 axial 형태로 약 180°의 평면 사이 각(dihedral angle)을 만들 수 있다. 즉 카플러스 관계에서(그림 3-21) 8~10 Hz 정도의 커플링 상수를 가질 수 있을 것으로 쉽게 예상할 수 있다. 이것으로부터 δ, 4.64 ppm에 나타난 피크는 β-form의 1번 탄소에 있는 양성자에 의한 것으로 추측할 수 있으며 두 2중선 피크의 적분값은 이들 anomer의 비를 알려주게 된다(α:β = 40:60).

3.4 피크의 면적과 그 이용[1–6]

앞 장에서 NMR 피크에서 얻을 수 있는 정보로 우리는 화학 이동과 스핀의 커플링 상수를 보았다. 또 다른 하나의 유용한 정보는 피크의 전체 면적이다. 피크의 전체 면적은 상대적인 스핀의 수에 의존하기 때문에 정확한 피크의 면적(integration)은 스펙트럼을 해석하는 데 많은 도움이 된다. 모든 NMR 기기는 피크의 면적을 측정할 수 있는 적분 장치를 가지고 있다. 특히 고자장 펄스 NMR에서(4장) 이완 시간(T_1) 등을 고려하여 얻은 스펙트럼 피크의 면적은 스펙트럼의 피크와 잡음의 비(signal-to-noise ratio)가 좋을 때는 1%보다 작은 오차를 줄 수 있으므로 정량 분석에 아주 잘 사용할 수 있다. 이와 같은 목적을 달성하기 위해서는 다음의 몇 가지에 주의를 기울여야 한다. 첫 번째로는 피크와 잡음의 비가 좋은 스펙트럼을 얻어야 한다. 즉 CW-NMR을 사용한다면 가능한 많은 시료를 이용하여야 할 것이며(이제는 사용하는 사람들이 없겠지만 이해를 비교하기 위하여 언급하였다) FT-NMR을 이용한다면 가능한 많은 FID를 얻은 후 스펙트럼을 얻어야 할 것이다(4장 참조). 두 번째로는 기기의 detector의 위상(phase)을 정확히 조정하여 얻어지는 스펙트럼이 dispersion의 모습을 가지지 않는 정확한 absorption 스펙트럼을 가지도록 하여야 한다. 이 두 번째 사항은 FT-NMR에서는 FID를 Fourier Transformation(FT)한 후 위상을 자유스럽게 조정할 수 있으므로 CW-NMR을 사용할 때만 고려하는 사항이다. 세 번째로 그림 3-24a(CW-NMR)와 그림 3-24b(FT-NMR)에 나타낸 것과 마찬가지로 적분 장치의 amplifier balance와 위상을 정확히 조정하여야 한다. 네 번째로 반드시 고려하여야 할 사항은 포화(saturation)이다. 포화는 물질의 T_1과 T_2 값과 연관되며 이 값들은 같은 분자 내에 있는 핵들 간에도 다른 값을 가지므로 만약 포화가 일어난다면 피크의 적분값은 커다란 오차를 동반하게 된다. 이러한 포화의 문제는 CW-NMR에서는 scanning 속도(10 Hz/sec)와 라디오파(rf)의 세기(0.1~0.2 mG)를 조절하면 쉽게 극복할 수 있지만 FT-NMR에서는 여러 가지의 다른 파라미터들을 고려하여야 하는데 이것들은 4장에서 다시 공부하기로 한다.

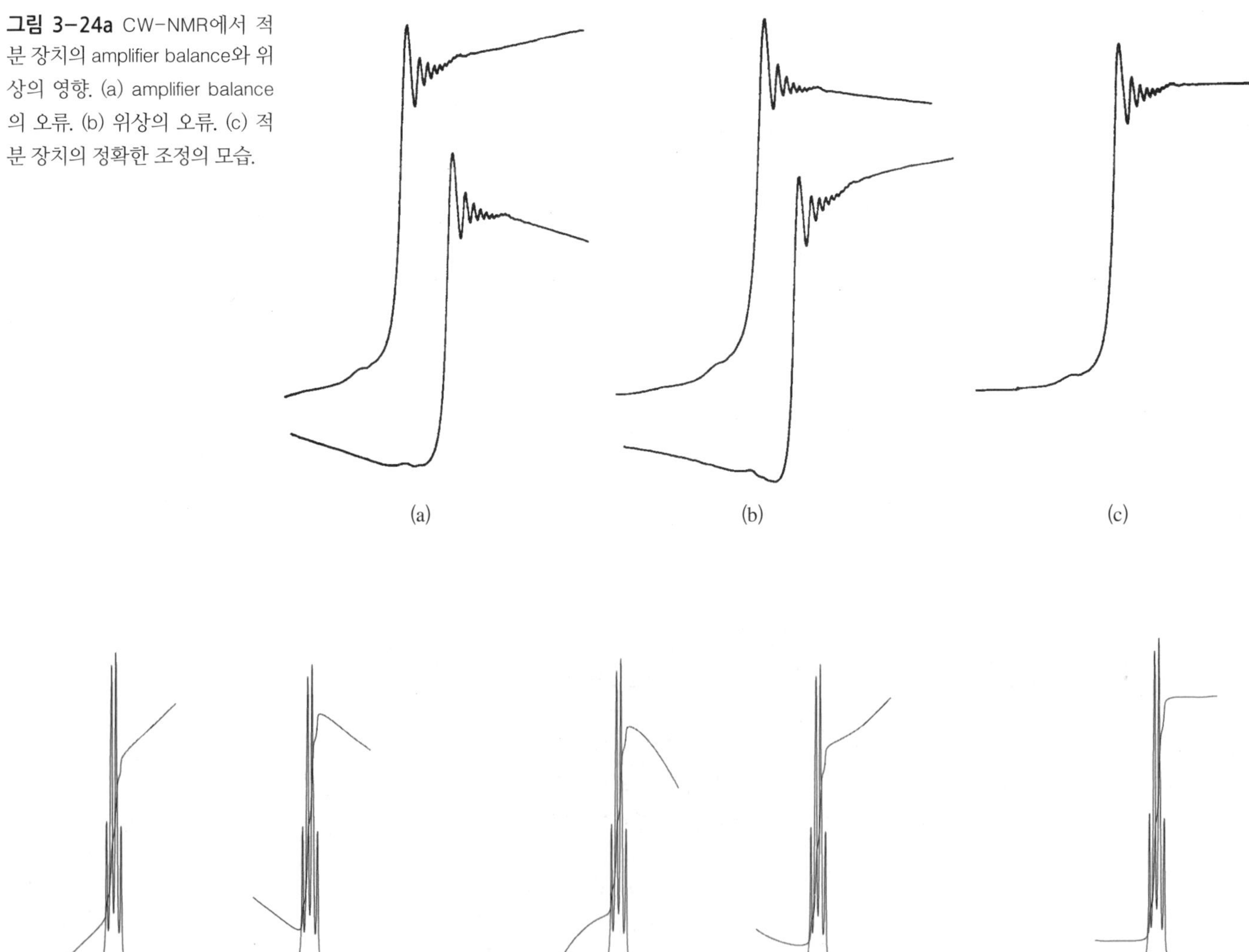

그림 3-24a CW-NMR에서 적분 장치의 amplifier balance와 위상의 영향. (a) amplifier balance의 오류. (b) 위상의 오류. (c) 적분 장치의 정확한 조정의 모습.

그림 3-24b FT-NMR에서 적분 장치의 amplifier balance와 위상의 영향. (a) amplifier balance의 오류. (b) 위상의 오류. (c) 적분 장치의 정확한 조정의 모습.

NMR 스펙트럼에서 정확한 상대적인 피크 면적을 구하는 것은 분자의 구조를 밝히는 것뿐만 아니라 알려진 화합물들의 혼합물 정량 분석에 매우 유용하게 사용될 수 있다. NMR의 정량 분석 방법이 다른 기기의 정량 분석 방법에 비해서 유리한 가장 중요한 이유는 NMR에서는 다른 기기분석에서 반드시 고려되어야 하는 흡수 계수(absorption coefficient)나 흡광 계수(extinction coefficient)와 같은 파라미터들이 필요하지 않다는 것이다. 즉 관찰하는 핵의 피크 세기는 그것이 어떠한 화합물의 분자 속에 있다 하더라도 항시 같은 세기를 나타낸다는 것이다. 예를 들면 양성자 NMR 스펙트럼을 이용하여 어떠한 혼합물에서 벤젠을 정량 분석한다고 할 때 표준물질의 피크는 나프탈렌에 있는 양성자도 될 수 있고 아세톤에 있는 양성자도 될 수 있으며 어떠한 다른 물질도 그것이 양성자만 가지고 있다면 그것은 표준물질이 될 수 있는 것이다[물론 정량을 하려고 하는 물질의 피크와 겹치지 말아야 한다. 이러한 사실에 근거하여 시약회사들은 이미 q(quantitative)-NMR의 표준물질이라는 여러 종류의 물질들을 생산 판매하고 있으며 q-NMR이라는 용어는 이미 NMR 영역에서 보편화되었다]. 이러한 사실은 NMR 분석 방법이 다른 기기로 정량 분석을 하기 위해서는 분석하려고 하는 물질과 같은 순수한 표준물질이 반드시 필요하다는 사실과 비교할 때 엄청난 장점을 가진다는 것을 쉽게 알 수 있다. 더욱 최근 폭발적으로 발전하고 있는 조합 화학(combinatory chemistry)으로 유기 화학자들은 하루에도 수백 수천 개의 새로운 화합물들을 만들고 있으며 이들 화합물들의 순수 표준물질들이 없는 상황에서 이들을 정량 분석하기 위한 방법이란 오로지 NMR 분석 방법 이외에 어떠한 다른 방법이 있을 수 없다. 또한 NMR 피크의 넓이가 화학 이동 차이들과 비교할 때 매우 좁다는 사실은 또 하나의 장점이며 초전도 고자장 NMR들의 지속적인 발전은 혼합물들의 복잡한 양성자 NMR 스펙트럼을 점점 더 단순화시켜 가고 있으며 NMR의 정량 분석 방법은 더욱 더 다른 분석 방법들을 대치해 가고 있다. 더욱이 최근에는 기기의 안정된 하드웨어와 컴퓨터의 발전으로 ERETIC(Electronic REference To access In vivo Concentration)이라는, 즉 기계적으로 가상의 피크까지 만들어 정량 분석에 사용하고 있다.[8a] 이러한 경향은 더욱 확대되어 chemical shift reagents(3.8절 참조)를 사용하여 심지어 기존의 약의 거울상 이성질체(enantiomer) 순도 분석의 공인방법인 HPLC 방법(European Pharmacopoeia Commission) 등도 대치하게 되었으며[8b] 최근 기존의 여러 가지 표준 분석 방법들을 NMR 표준 분석 방법으로 대치하려는 시도들이 세계 표준 연구소들 사이에서 시도되고 있다.

NMR의 정량 분석 방법은 양성자에만 이용될 수 있는 것이 아니고 다른 핵들에도 적용될 수 있는 장점을 가지고 있다.[9] 더욱이 화학 이동의 범위가 넓은 핵들에 적용할 때는 피크들의 겹침이 완화됨으로써 더욱 더 이 방법이 유용하게 사용될 수 있다.

3.5 디커플링[1-6]

이제까지 우리는 NMR 스펙트럼을 얻기 위해서 한 개의 라디오파(rf)를 발생시키는 실험 방법만 다루어 왔다. NMR 실험은 동시에 두 개의 다른 주파수(frequency)의 라디오파를 시료에 조사(irradiation)시킬 수 있다. 이 실험 방법을 2중 공명(double resonance)이라고 한다. 이 새로운 두 번째의 주파수를 서로 커플링하고 있는 두 핵 중에 한쪽의 핵에 조사시키면 상대방의 핵은 마치 아무런 커플링 상대가 없는 것과 같은 현상이 일어난다. 이 실험을 스핀 디커플링(spin-decoupling) 또는 디커플링(decoupling)이라고 한다. 이러한 스핀 디커플링 실험은 매우 복잡한 분자 구조의 스펙트럼을 연구하는 데 매우 유용한 방법이다.

지금까지 공부한 지식으로 에틸아세테이트(ethylacetate)와 같이 간단한 분자의 양성자 스펙트럼(그림 3-9)을 얻으면 양성자들의 커플링 상수를 쉽게 찾아낼 수 있으며 이 커플링 상

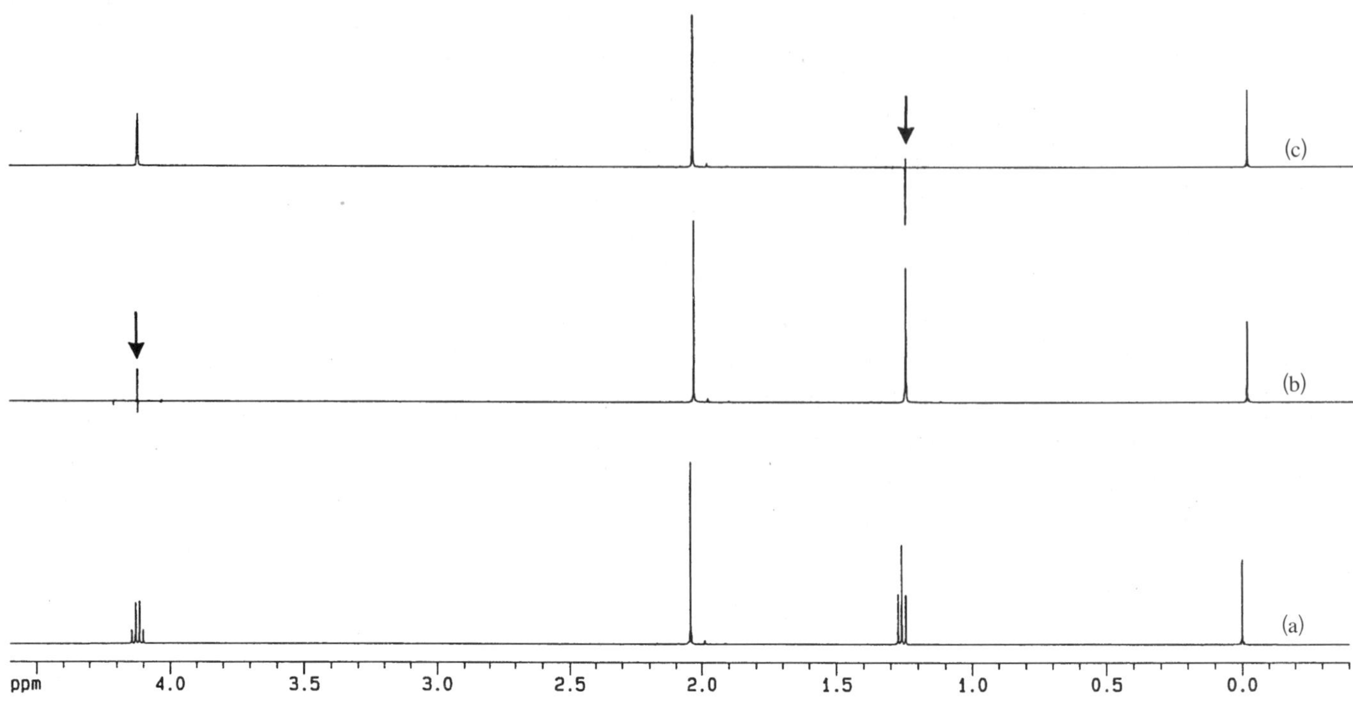

그림 3-25 에틸아세테이트의 스핀 디커플링 실험 스펙트럼. (a) 정상적인 스펙트럼. (b) 제2주파수를 CH_2에 조사(irradiation). (c) 제2주파수를 CH_3에 조사하여 얻은 스펙트럼.

수로부터 서로 커플링하는 상대를 찾아낼 수 있고 그들 사이의 결합 수 그리고 두 핵의 형상(conformation)을 밝혀낼 수 있다. 그러나 복잡한 분자에서는 화학 이동이 틀린 많은 핵들의 복잡한 커플링 때문에 서로의 상대를 찾아내기란 쉬운 일이 아니며 때로는 불가능하다. 이러한 문제를 해결할 수 있는 것이 디커플링 실험 방법이다. 그림 3-25는 에틸아세테이트의 디커플링 실험 스펙트럼이다.

그림 3-25(a)는 정상적인 스펙트럼이고 (b)는 두 번째의 주파수를 메틸렌에 조사시키면서 얻은 스펙트럼이고 (c)는 두 번째의 주파수를 메틸에 조사시키면서 얻은 스펙트럼이다. 즉 디커플링 실험에서는 두 번째의 주파수가 스핀이 가질 수 있는 두 에너지 α와 β 상태의 스핀들을 서로 매우 빠르게 교환시킴으로써 커플링하고 있는 상대의 핵은 두 스핀이 가질 수 있는 상태를 느끼지 못하고 다만 그들의 평균 상태만을 느끼게 되는 것이다. 이 결과 상대의 핵은 다중도의 피크가 없어지게 되는 것이다. 이와 같이 같은 핵끼리의 커플링을 제거하는 디커플링을 호모디커플링(homodecoupling)이라고 한다.

호모디커플링과는 다른 또 하나의 디커플링은 헤테로디커플링(heterodecoupling)이라는 실험이다. 대표적인 실험은 ^{13}C 스펙트럼의 실험에서 볼 수 있다. 유기화합물에 존재하는 각각의 ^{13}C 핵은 한 개의 결합으로 이루어져 있는 양성자와 커플링할 뿐만 아니라 두 개 이상의 결합으로 떨어져 있는 양성자들과도 커플링을 한다. 즉 양성자를 디커플링하지 않고 얻은 ^{13}C 스펙트럼은 매우 복잡한 다중도를 가진 스펙트럼으로 나타난다. 특히 ^{13}C의 수가 조금 많은 분자의 스펙트럼은 매우 큰 한 개의 결합 커플링($^1J_{CH}=100\sim300$ Hz) 때문에 거의 해석할 수 없게 많은 피크들을 가지고 나타난다. 그러므로 ^{13}C 스펙트럼은 대부분 양성자를 디커플링한 스펙트럼으로 얻어진다. 그림 3-26은 에틸아세테이트의 ^{13}C 스펙트럼이다(카보닐 피크는 제외시켰음).

그림 3-26(a)는 완전히 디커플링한 스펙트럼이고, (b)는 ^{13}C과 양성자(^1H)가 완전히 커플링된 스펙트럼이며, 그리고 (c)는 오프레조난스(off-resonance) 스펙트럼이다. 그림 (a)에

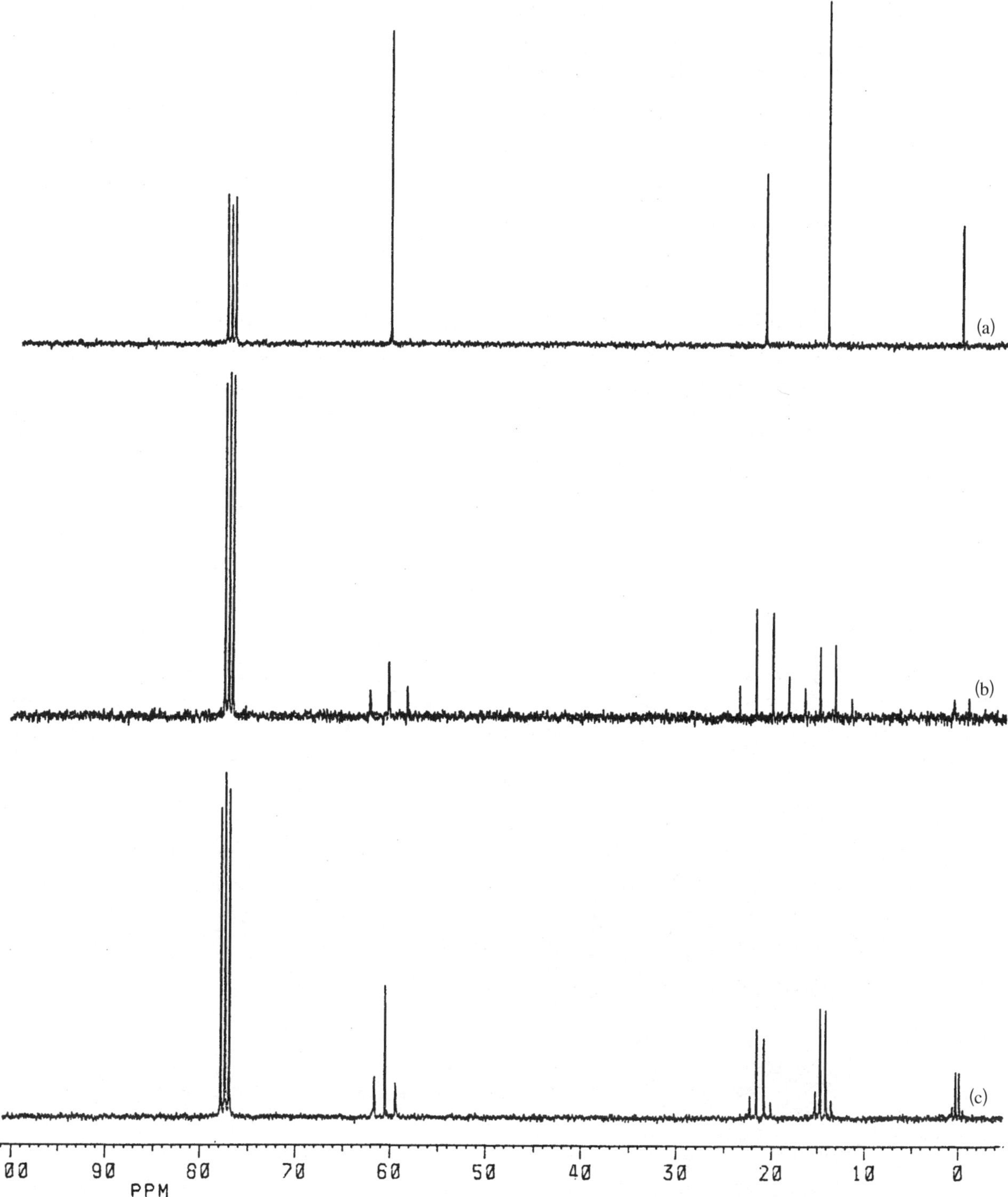

그림 3-26 에틸아세테이트의 ^{13}C 스펙트럼(기준물질은 TMS이며 카보닐 피크는 제외시켰음). (a) 디커플링 스펙트럼. (b) 커플링된 스펙트럼. (c) 오프레조난스 스펙트럼.

서는 각각의 탄소가 하나의 피크로 나타났으므로 시료가 가지고 있는 탄소의 수를 알 수 있고 (b)에서는 각 탄소가 그들이 가지고 있는 양성자들에 의해서 커플링되어 다중도를 가지고 나타났으므로 각 탄소들이 가지고 있는 양성자의 수를 알 수 있다. 그림 (c)의 오프레조난스 실험이란 ^{13}C NMR 스펙트럼을 해석하는 데 많은 도움을 주게 된다. 이 실험은 디커플링의 힘(power)을 완전히 디커플링시킬 때보다 적게 주고 디커플러(decoupler)의 offset을 양성자 NMR 주파수 범위의 중간이 아닌 한쪽 끝 부분에 고정시킴으로써(예를 들어 양성자의 제일 up-field에서 나타나는 피크가 기준물질인 TMS라면 offset을 −2 ppm에 위치시키면 된다) ^{13}C과 양성자의 커플링 상수가 줄어들게 만드는 방법이다. 그림 (b)와 (c)를 비교하면 (c)에서 커플링의 폭이 줄어든 것을 볼 수 있다. 즉 복잡하게 양성자와 커플링된 탄소의 스펙트럼에서 각각의 ^{13}C이 몇 개의 양성자를 가진 것인지를 구분할 수 있는 방법이다. 이 방법은 때로는 APT(attached proton test)라고도 하며 오래전에 사용되었고 최근에는 훨씬 더 유용한 다른 방법들(5장)이 있으므로 더 이상 사용되지 않는다. 완전히 디커플링된 스펙트럼(a)과 완전히 커플링된 스펙트럼(b)을 비교할 때 디커플링된 스펙트럼에서 각 ^{13}C의 피크는 커플링된 피크들의 크기가 합쳐진 것으로 나타날 것으로 생각될 것이다. 그러나 실제는 이들 커플링된 각각의 피크들의 합보다 더 큰 단일 피크가 디커플링된 스펙트럼에서 나타나게 될 때도 있다. 이 현상을 핵 오버하우저 효과(Nuclear Overhauser Effect)[10]라고 하며 보통 NOE라고 한다. 즉 커플링하는 두 핵(커플링을 하지 않는 경우도 NOE가 있음) 중 한 핵에 제2의 주파수를 조사시키면 커플링이 사라지는 것 이외에 피크의 세기가 달라진다는 것이다. 이때의 NOE에 의해서 변한 피크의 세기는 식 3−6으로 주어진다.

$$\text{NOE} = 1 + \frac{1}{2}\left(\frac{\gamma_X}{\gamma_A}\right) \qquad \text{(식 3−6)}$$

식 3−6에서 γ는 핵의 자기 회전비(magnetogyric ratio)이며 이 식을 위의 ^{13}C 스펙트럼에 적용해 보자. 분모에 있는 핵의 자기 회전비가 관찰되는 핵(γ_A)이 되며 조사되는 핵의 자기 회전비 값이 분자에 있게 된다. 표 1−1에 있는 ^{13}C과 ^{1}H의 자기 회전비 값을 이용하면 $1/2(\gamma_H/\gamma_C) = 1.988$, 즉 NOE는 약 3으로 나타난다. 기대되던 피크가 1이라면 실제로 관찰되는 피크는 3이라는 세기를 가지게 된다. 양성자의 경우는 $\gamma_X = \gamma_A$이므로 실제로 측정되는 피크는 예상되는 피크보다 50%의 피크의 세기가 증가하여 나타나게 된다고 할 수 있다. 실제로 식 3−6에 의해서 계산되는 NOE의 양은 이론적인 것이고 실제의 NOE 값은 분자들의 성질에 따라 대체적으로 이론값보다 작은 값으로 나타나게 된다. NOE의 값은 특히 핵의 거리에 매우 민감하므로 양성자의 경우 이 현상을 이용한 실험들이 화합물의 구조를 밝히는 데 많이 사용된다. 이 NOE 현상은 물질의 구조 분석에 매우 중요한 부분을 차지하므로 별도로 뒤에 이론과 실험을 다시 자세히 설명하기로 한다(7장 참조).

3.6 스펙트럼의 해석

이제까지 우리는 NMR 스펙트럼에서 가장 기본적인 화학 이동과 커플링을 아주 간단한 분자를 이용하여 공부하였다. 이들을 이용하여 실제로 기기로부터 스펙트럼을 얻었을 때 어떠한 정보를 얻을 수 있는지를 알아보도록 하자. 제일 먼저 가장 쉬운 NMR의 정보는 양성자(^{1}H) NMR 스펙트럼으로부터 얻을 수 있다. 그림 3−27은 glycidyl methacrylate(**1**) 양성자의 300.13 MHz NMR 스펙트럼이다.

먼저 이 물질을 구조를 모른다고 가정하면 우리가 제일 먼저 얻을 수 있는 정보는 화학 이동으로부터 얻을 수 있다. 즉 표 3−1의 화학 이동 정보를 이용하면, δ, 5~6 ppm 부근에 양성자 NMR 피크가 있다는 것은 곧 양성자들이 이중 결합을 이루고 있는 탄소(1)에 결합하고 있다는 것을 알 수 있다. 다음 δ, 4.43 ppm과 3.95 ppm 그리고 3.2 ppm 부근의 양성자들은 전기 음성도가 큰 산소(O)나 질소(N) 등에 연결되어 있는 탄소에 있는 양성자라고 예측할 수 있다. 그리고 2.8 ppm과 2.62 ppm의 피크들은 표 3-1의 화학 이동값만으로는 carbonyl이나 벤젠고리의 자기적 비등방성(magnetic anisotropic)을 가지고 있다고 틀린 예측도 할 수 있으며 마지막으로 δ, 1.9 ppm에 있는 단일 피크는 메틸 피크로 이중 결합을 가진 탄소에 결합되어 있는 것으로 생각할 수 있다.

다음으로 얻을 수 있는 정보는 δ, 1.9 ppm의 메틸 피크가 3개의 양성자를 가지고 있기 때문에 스펙트럼 아래에 나타나 있는 적분값으로 볼 때 이 분자에는 총 10개의 양성자가 있다는 것을 예측할 수 있다. 이들 이외에 커플링 상수를(스펙트럼에 각 피크들의 Hz 값을 보여 주고 있지 않지만 기기의 컴퓨터에서 쉽게 얻을 수 있음) 보면 δ, 4.43 ppm(J=12.3, 3.0 Hz)의 피크와 δ, 3.95 ppm(J=12.3, 6.2 Hz)의 피크는 공통으로 12.3 Hz의 커플링 상수를 가지고 있으며 그리고 δ, 2.8 ppm(J=4.8, 4.2 Hz)의 피크와 δ, 2.62 ppm(J=4.8, 2.6 Hz)의 피크들은 공통으로 4.8 Hz의 상수를 가지고 있으므로 이들이 서로 커플링을 한다는 것을 알 수 있다. 이들 피크들이 가지고 있는 4개의 다른 커플링 상수는 3.2 ppm의 피크에서 볼 수 있다.

커플링 상수의 크기로 보아 4.43과 3.95 ppm의 피크들은 제미널 커플링을 한다고 생각할 수 있으며 그리고 이들이 제미널 커플링을 한다는 것으로부터 이들 주변에 chiral center가 있다는 것을 예상할 수 있다. 즉 3.2 ppm의 양성자가 chiral center(5)에 있는 것으로 생각할 수 있다.

그림 3-27에 확대되어 그려져 있는 메틸 피크를 보면 이것은 1과 1.5 Hz의 커플링을 가진 dd의 pattern이다. 이들 커플링 상수는 6.1 ppm(메틸과 *trans* 위치)과 5.55 ppm(메틸과 *cis* 위치)의 피크에서 각각 가지고 있으므로 이들 두 피크가 메틸기와 allylic의 형태를 구성하고 있

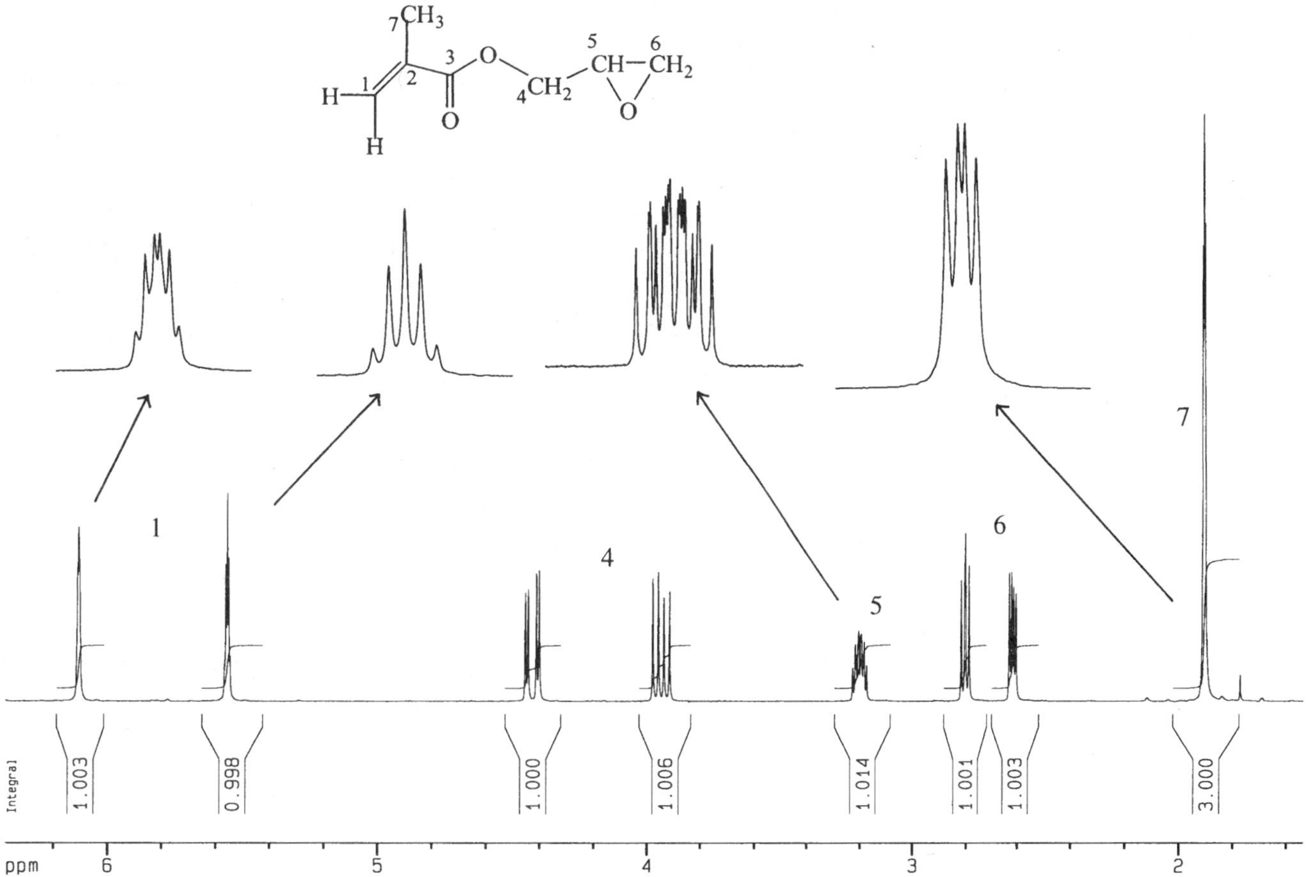

그림 3-27 Glycidyl methacrylate(**1**)의 양성자(^{1}H) NMR 스펙트럼(300.13 MHz).

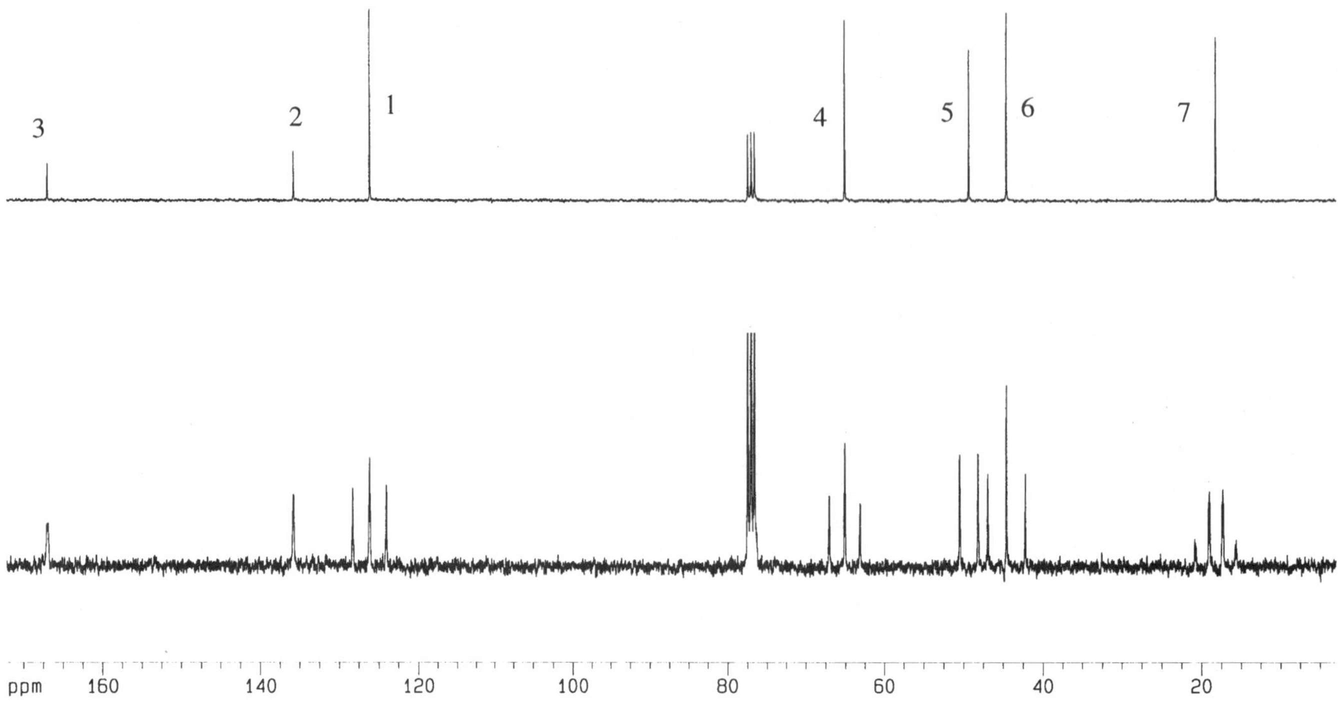

그림 3-28 Glycidyl methacrylate(**1**)의 탄소(^{13}C) NMR 스펙트럼(75 MHz). 아래 스펙트럼은 양성자를 디커플링하지 않은 것임.

다고 예상할 수 있으며(표 3-3에서 allylic 커플링 상수는 절댓값으로 *cis*가 *trans*보다 큰 것을 볼 수 있다) 커플링 상수의 크기로 양성자들의 위치도 구분할 수 있다(이 양성자들의 위치는 7장 NOE 실험에서 다시 증명된다). 이것들 이외에는 양성자 NMR의 피크들에서 더 이상의 정보를 얻을 수 없다. 그러면 이 분자의 정보를 더 알기 위해서 탄소 NMR 스펙트럼을 살펴보도록 하자.

그림 3-28이 양성자를 디커플링한 것과 하지 않은 두 개의 탄소(^{13}C) NMR 스펙트럼이다. 디커플링한 탄소 NMR 스펙트럼에서는 7개의 피크가 나와 있기 때문에 이 분자에(대칭성이 없다면) 7개의 탄소가 있다는 것은 명백한 사실이 되었다. 양성자의 화학 이동 정보와 똑같이 탄소의 화학 이동 정보(표 3-2)를 이용하면 δ, 166.9 ppm에 있는 피크는 벤젠 group의 탄소나 에스터(ester)의 카보닐(carbonyl) 피크로 예상할 수 있다. 그러나 하나의 피크만 있으니 에스터의 카보닐(3) 피크로 쉽게 예측할 수 있다. 그리고 δ, 135.7 ppm과 126.1 ppm의 피크는 이중 결합의 두 탄소(1과 2)로 쉽게 구분할 수 있다. 135.7 ppm의 피크는 다른 피크들과 비교하여 상대적 크기가 매우 작은 것으로 보아 양성자를 가지고 있지 않다는 것을 예측할 수 있다(NOE 효과). 이 예측은 그림 3-28에 같이 보여준 양성자를 디커플링하지 않은 스펙트럼에서 135.7 ppm 피크는 단일 피크(singlet)이고 126.1 ppm 피크는 3중선인 것으로 확인할 수 있다. 또한 각각의 탄소가 가지고 있는 양성자의 수를 디커플링하지 않은 스펙트럼으로부터 알 수 있게 되었다(결국 이 정보는 앞의 양성자 스펙트럼에서 적분값으로 예측된 총 양성자 수와 일치하는 것을 알 수 있다). 양성자 NMR 스펙트럼에서 질소나 산소가 있을 가능성을 제시하였으나 δ, 65 ppm에서의 탄소 피크는 산소에 연결된 탄소(4)라는 것을 쉽게 예측할 수 있다.

이제까지 얻어진 이들 모든 정보를 종합하더라도 glycidyl methacrylate(**1**)의 구조를 완전히 알아내기에는 아직 정보가 모자라지만 작용기(functional group)들의 정보를 주는 다른 어떤 분석 방법보다도 더 많은 정보를 주고 있다. 비록 1차원(1D) 스펙트럼이 이와 같이 완전하지 못한 정보지만 화학자들은 대부분 새로운 물질의 정보를 알기 위해서는 질량분석기(mass spectrometer)를 이용하여 분자의 질량을 구하게 되며 이 질량값과 유기화학의 지식을 통하여 대부분 이와 같은 간단한 분자들은 이들의 1차원(1D) 양성자와 탄소 NMR 스펙트럼만으로도 그들의 구조를 알아 낼 수 있다.

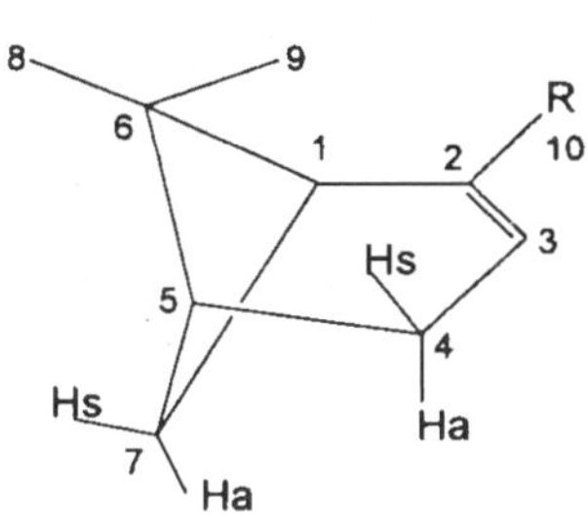

R=CH_3 : **2**

R=CH_2OH : **3**

위에서 나타나 있는 glycidyl methacrylate(**1**)의 양성자 스펙트럼의 경우는 각각의 피크들이 멀리 떨어져서 나타나고 커플링 pattern이 비교적 단순하게 나타나 있다. 그러므로 이들 상수를 쉽게 측정할 수 있으며 결국 분자 구조를 알아내기 위한 각각의 커플링 상대를 찾아내는 것은 쉬운 일이다. 그러나 커플링 pattern이 약간만 복잡하게 나타나게 되어도 이 작업은 매우 어렵게 되며 우리는 곧 앞에서 공부한 스핀 디커플링과 같은 방법을 사용해야 한다.

그림 3-29는 monoterpenes의 물질인 α-pinene(**2**)과 myrtenol(**3**)을 벤젠을 용매로 하여 얻은 양성자 스펙트럼들이다. 이들 작은 화합물들의 스펙트럼을 이용하여 스핀 디커플링 실험이 어떻게 유용하게 사용될 수 있는지를 살펴보도록 하자. 먼저 두 시료는 R 위치에 있는 group이 틀린 것 이외에는 구조가 같으므로 각 피크들의 화학 이동값이 조금 다를 것이지만 커플링 pattern들은 비슷할 것이라고 예상할 수 있다. 이 예상은 그림 3-29에 잘 나타나 있다.

먼저 여기에서 화학 이동값만으로는 8-CH_3와 9-CH_3를 구분할 수 없지만 두 메틸기 8과 9의 피크들이 단일 피크로 나타나 있는 것을 알 수 있고(이 종류의 화합물들에서 메틸기 9가 항시 up-field에 나타난다고 알려져 있다.[11] 이것은 구조적으로 9-메틸이 8-메틸보다 더 shielded 되었다는 것으로 설명하지만 매우 정성적인 설명이며 정확한 구분은 NOE 등의 방

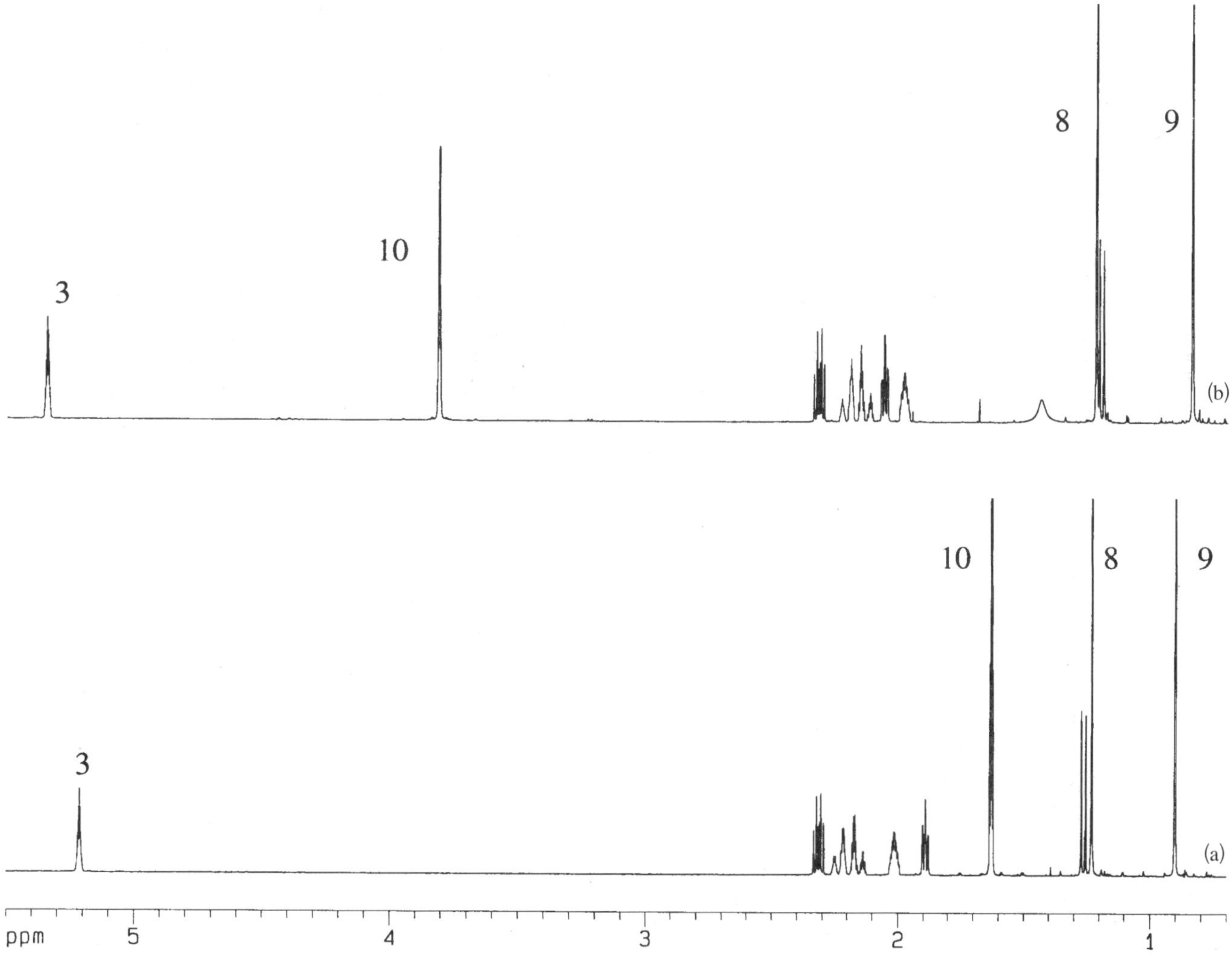

그림 3-29 (a) α-pinene(**2**)과 (b) myrtenol(**3**)의 양성자 NMR 스펙트럼(500.23 MHz).

법을 사용할 수 있으며 7장에서 다시 설명하기로 한다) 다중선으로 나타난 5.2~5.3 ppm 부근의 피크는 이중 결합에 있는 양성자 3이라고 쉽게 알 수 있다. 이 두 스펙트럼에서 완전하게 다른 것은 myrtenol(**3**)에서 나타난 3.81 ppm의 10−CH_2와 1.45 ppm에서 넓게 나타난 OH의 피크 그리고 α-pinene(**2**)에서 1.63 ppm의 10−CH_3 피크이다. 즉 myrtenol의 10−CH_2 피크와 α-pinene의 10−CH_3 피크는 상호 보완적으로 두 물질의 구분을 설명하는 피크들이므로 쉽게 규명할 수 있다. 그러므로 나머지 1.8~2.4 ppm 부근에서 나타난 피크들이 1, 4, 5의 양성자들과 7의 두 양성자 중(다른 양성자 피크는 2중선으로 두 메틸기 중 down−field에 있는 메

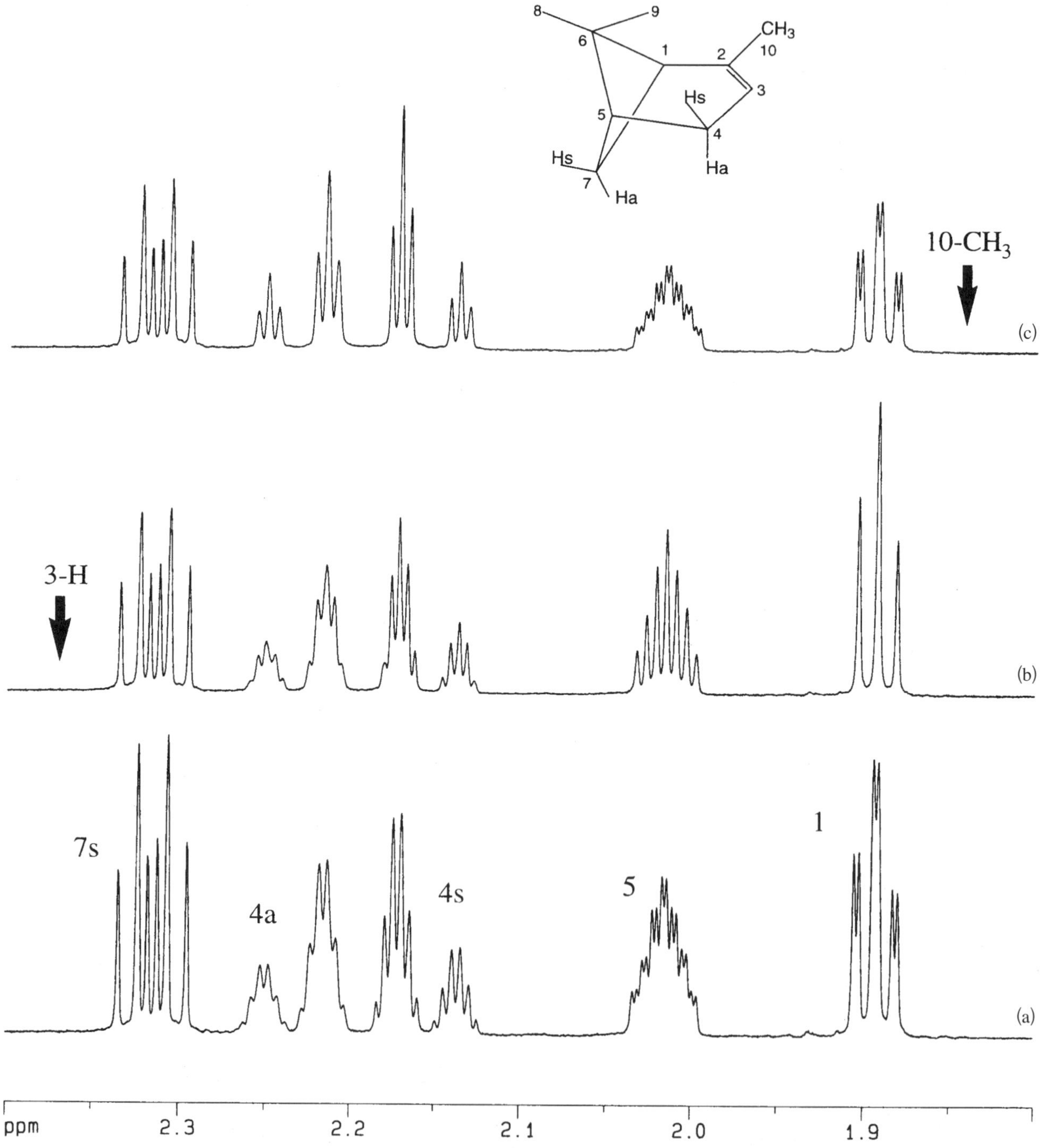

그림 3−30 α-pinene(**2**)의 스핀 디커플링 실험. (a) α-pinene [그림 3−29(a)]의 일부분 스펙트럼. (b) 3−H를 조사시켰을 때 얻어진 디커플링 스펙트럼. (c) 10−CH_3를 조사시켰을 때 얻어진 디커플링 스펙트럼.

틸기 옆에 나타나 있다.) 하나에 해당하는 것들이 분명하다. 이들은 비록 화학 이동값이 틀리기는 하지만 그들의 커플링 pattern은 아주 비슷한 것을 볼 수 있다. 그러나 α-pinene(**2**)의 이들 영역을 확대하여 그린 그림 3-30(a)에서 볼 수 있듯이 커플링이 매우 복잡하므로 정확한 커플링 상수를 측정하여 이들의 커플링 상대를 찾아내는 것은 쉬운 일이 아니며 특히 양성자의 피크들이 서로 복잡하게 겹쳐 나올 때 이것은 불가능하게 된다. 그러나 다행히 여기에서는 피크들이 서로 겹쳐 나오지는 않으므로 디커플링의 실험과 커플링 상수와 dihedral angle의 관계를 이용하면 피크들의 구분을 할 수 있다. 먼저 양성자 10-CH_3를 조사(irradiation)를 시켜서 얻은 디커플링 스펙트럼인 그림 3-30(c)를 (a)와 비교하여 보면 2.12~2.27 ppm 부근에서 나타난 피크들만 디커플링이 일어난 것을 볼 수 있다(물론 이 스펙트럼에 그려져 있지 않은 양성자 3피크도 디커플링이 일어남). 이것은 두 개의 양성자 4-Ha와 4-Hs가 10-CH_3와 homoallylic 커플링(J = 2.2Hz)을 하고 있다는 것이다. 다음 양성자 3을 조사시켜서 얻은 스펙트럼 b에서는 2.31 ppm에서 나온 2중 3중선(dt)만 원래의 모습을 가지고 다른 피크들은 모두 디커플링이 일어난 것을 볼 수 있다. 그러므로 2.31 ppm의 dt의 splitting을 가진 피크는 먼저 양성자 7-Ha나 7-Hs 중에 하나라고 예측할 수 있으며 분자의 모델을 만들어 커플링 상수와 dihedral angle의 관계를 응용하면 이 피크는 7-Hs라고 예측할 수 있다. 즉 양성자 7-Ha는 분자 모델을 살펴보면 양성자 1과 5 모두에 약 90°의 dihedral angle을 가지지만 양성자 7-Hs는 약 0°의 dihedral angle을 가지게 되는 것을 알 수 있다. 그러므로 7-Ha는 7-Hs와 제미널

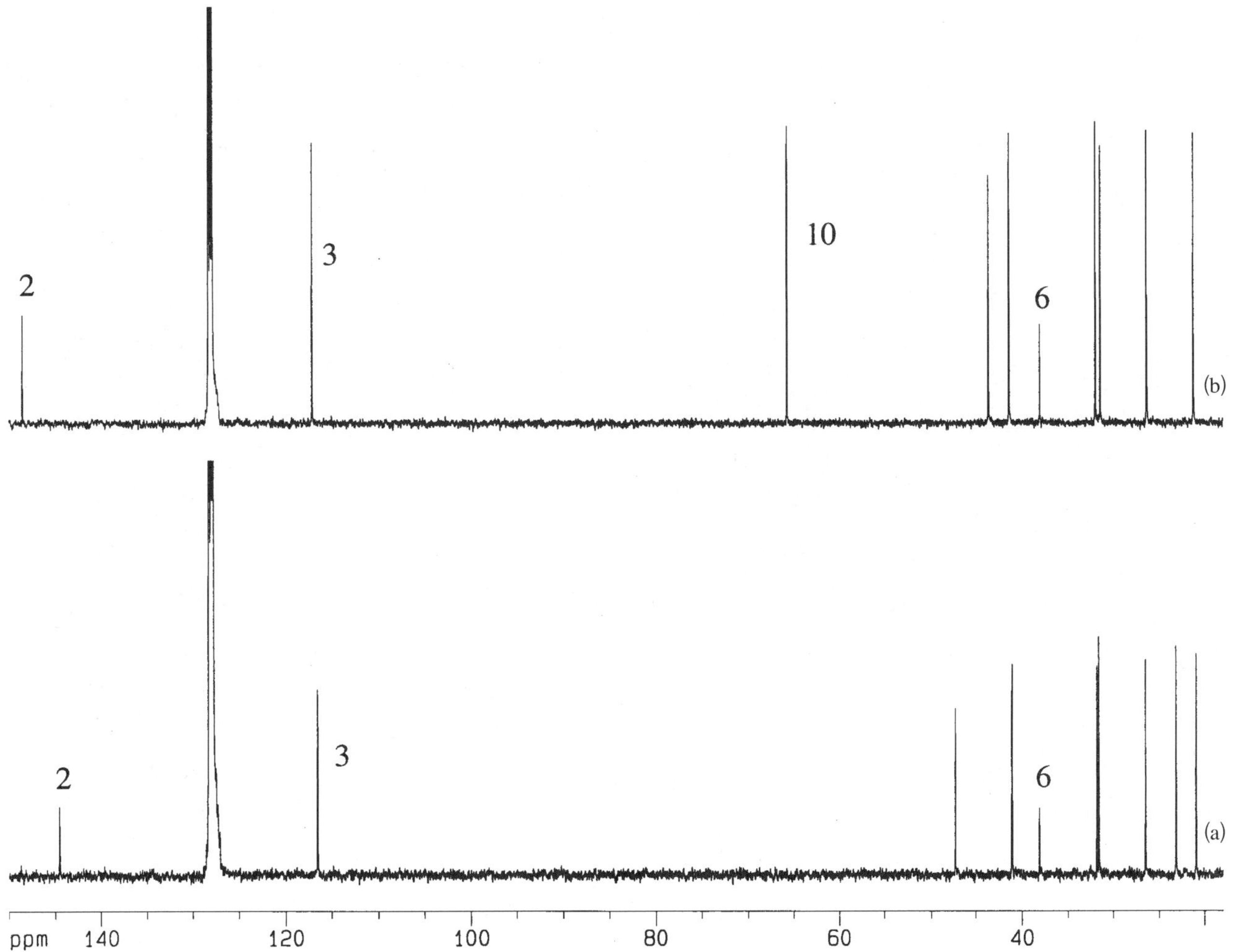

그림 3-31 (a) α-pinene(**2**)과, (b) myrtenol(**3**)의 ^{13}C NMR 스펙트럼(125.7 MHz).

커플링(J = 8.4 Hz)을 하여 2중선으로 나타나게 되고 반면 7-Hs는 7-Ha와 제미널 커플링이 일어난 후 다시 커플링 상수가 같은 1과 5의 두 양성자와 비시널 커플링(J = 5.6 Hz)을 하여 dt의 모습을 가지게 된다. 나머지 양성자 1과 5는 양성자 3과 각각 allylic 커플링(J = 1.4 Hz)과 W 모양의 long range 커플링(J = 1.3 Hz)을 하고 있기 때문에 디커플링이 일어난 것이며 양성자 5가 양성자 4-Ha와 4-Hs의 비시널 커플링 때문에 양성자 1보다 더 복잡한 커플링 형태를 가질 것이란 예측으로 두 양성자를 구분할 수 있다. 이들의 예는 분자가 rigid하여 dihedral angle과 커플링 상수의 관계를 디커플링 방법과 함께 이용함으로써 문제를 쉽게 해결할 수 있었던 것에 불과하며 그렇지 못할 경우는 다른 방법들을 사용하게 된다.

일반적으로 흔히들 복잡한 양성자 스펙트럼을 해석하기 위해서 ^{13}C 스펙트럼을 사용하게 되는데 특히 양성자의 피크들이 서로 복잡하게 겹쳐 나올 때 이 목적을 위하여 우리는 보통 2D-NMR 실험에서 타 핵종 간의 화학 이동 관계(heteronuclear chemical shift correlation: HETCOR)라는 실험을 통하여 양성자의 피크를 구분해 내게 된다(6장 참조). 그러면 ^{13}C 스펙트럼이 위의 양성자 스펙트럼을 해석하는 데 어떠한 도움을 줄 수 있는가를 살펴보도록 하자.

그림 3-31은 두 화합물 α-pinene(**2**)과 myrtenol(**3**)의 ^{13}C 스펙트럼들이다. 여기에서 얻을 수 있는 정보란 두 화합물 모두 2중 결합을 가지고 있다는(115 ppm과 145 ppm 부근에서 나온 두 개의 피크로 예측) 것과 myrtenol 스펙트럼에서 나타난 65.6 ppm의 피크로 산소를 가지고 있다는 것 그리고 이들 이외의 탄소들은 지방족(aliphatic)에 해당한다는 것이다. 그러나 이 화합물의 양성자 스펙트럼에서 우리가 찾으려고 하는 양성자들이 모두 4개의 지방족 탄소에 연결되어 있기 때문에 먼저 정확히 탄소가 구분이 되지 않으면(탄소의 정확한 구분은 2D INADEQUATE라는 실험으로 할 수 있지만 많은 시료 양과 오랜 시간을 필요하게 되므로 분자량이 큰 화합물들의 실험은 대부분 불가능하다. 6장에서 자세히 다룸) 2D-NMR HETCOR 실험을 한다고 하더라도 양성자들의 정확한 구분은 불가능하게 된다. 다만 또 다른 ^{13}C의 실험으로(이것은 DEPT라고 하는 실험으로 5장 참조) 이 화합물의 CH와 CH_2의 탄소는 구분할 수 있으며 이들 정보는 양성자들이 CH에 속하는지 아니면 CH_2에 속하는지 구분할

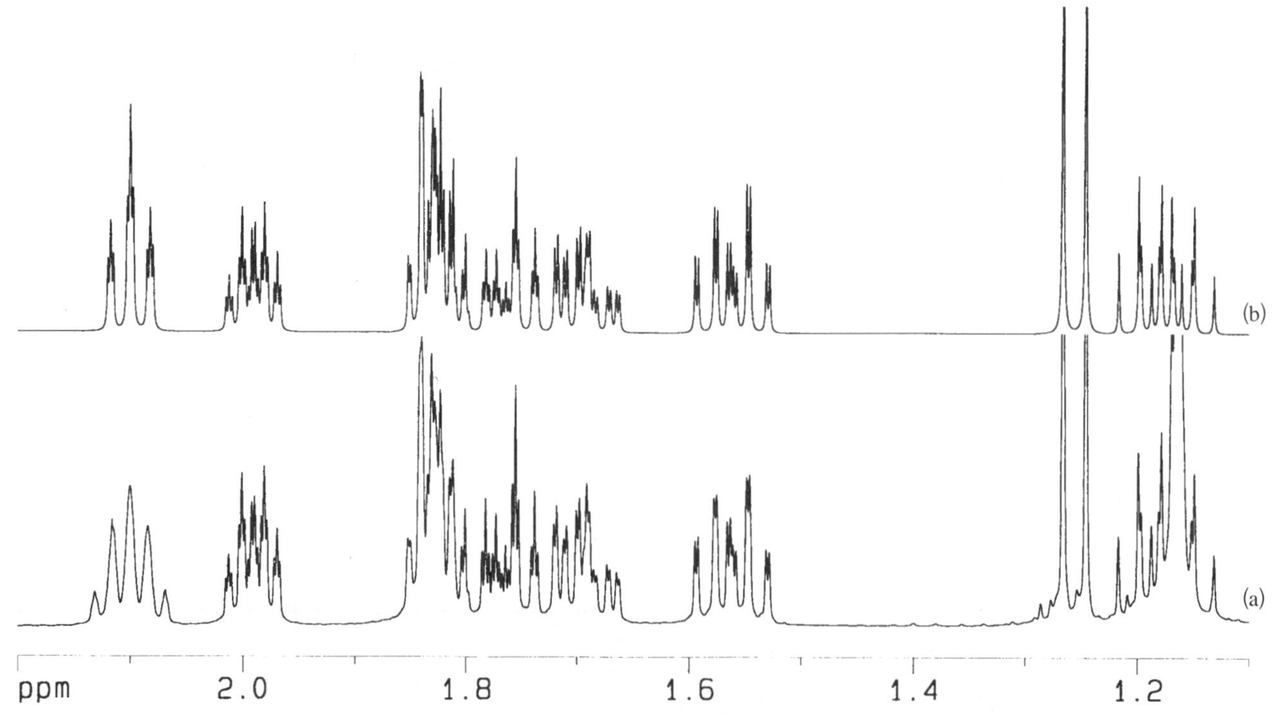

그림 3-32 *trans*-Myrtanol(**4**)의 양성자 NMR 스펙트럼[(a)]과 컴퓨터로 계산된 스펙트럼[(b)].

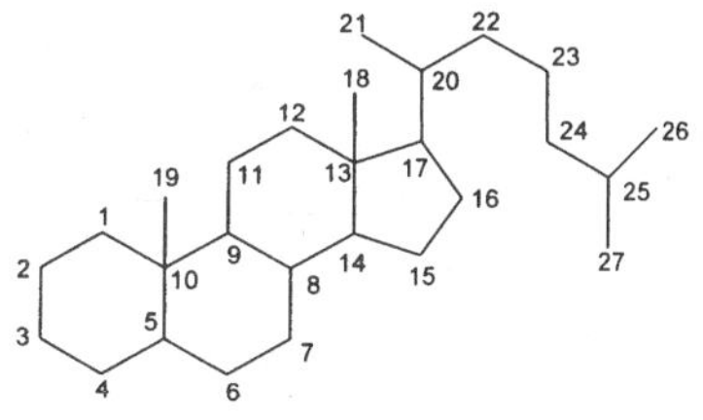

수 있게 해준다. 물론 양성자 스펙트럼이 매우 복잡한 경우에는 양성자의 스핀 디커플링 실험을 할 수 없으며 ^{13}C의 2D 실험들이 양성자 스펙트럼의 해석에 많은 도움을 주지만 위의 경우에서는 오히려 스핀 디커플링 실험과 커플링 상수에 대한 기본적인 상식이 스펙트럼을 해석하는 데 더 도움이 될 수 있다.

마지막으로 이러한 여러 가지 실험 방법을 사용하여 커플링 상수들을 알 수 있음에도 불구하고 아직 4−Ha와 4−Hs의 양성자들의 구분은 정확히 할 수 없다는 것을 알 수 있다. 즉 분자 모델에서 dihedral angle을 적용할 수 있는 양성자 3과의 커플링 상수가 거의 같으므로 4−Ha(J = 3.0 Hz)와 4−Hs(J = 2.8 Hz)의 구분을 불가능하게 하는 것이다. 그러나 이들의 정확한 구분은 7장에서 자세히 배울 NOE 실험으로 가능하게 된다. 이렇게 뒤에서 배울 내용들을 미리 이곳에서 간단하게나마 언급하는 이유는 바로 이러한 NMR의 실험들의 상호 보완적인 관계를 보여주기 위해서였다.

그러나 분자의 구조가 위의 예보다 조금만 더 복잡해지면서 양성자의 NMR 스펙트럼이 복잡해지면, 이미 언급한 대로 간단한 분자들의 구조라도 그들을 알아내기 위해서는 여러 가지 NMR의 방법을 동원해야만 한다. 이들 여러 가지 방법들은 뒷장에서 차례로 다루어지지만 먼저 한 가지 예로 위에서 보여준 myrtenol(**3**)에서 2중 결합이 없어지고 다만 양성자 두 개를 더 가지고 있는 조그마한 분자가 500 MHz NMR에서조차도 얼마나 복잡한 스펙트럼을 보이는지를 보도록 하자. 그림 3−32는 클로로포름을 용매로 사용한 *trans*-myrtanol(**4**)의 양성자 NMR 스펙트럼(a)과 여러 가지 NMR의 실험 방법들을 이용하여 해석한 정보들로 컴퓨터를 통하여 계산한 스펙트럼(b)이다.[12] 실험 스펙트럼에서 보듯 이 스펙트럼은 양성자의 NMR이 매우 복잡하여 분자의 구조를 알고 있음에도 불구하고 해석이 거의 불가능함을 알 수 있다.

즉, 이와 같이 복잡한 스펙트럼은 여러 가지 NMR의 실험 방법을 동원하여 해석하였다 하더라도 그들의 정확성은 컴퓨터를 이용하여 확인하여야 한다. 그림 3−32(a)의 실험 스펙트럼에서는 δ, 0.8 ppm에서 나오는 9−CH_3와 δ, 3.3 pm에서 나타나는 10−CH_2, 그리고 OH 피크는 포함하지 않았다. 컴퓨터로 계산한 스펙트럼 (b)에서는 양성자 2(δ, 2.1 ppm)가 10−CH_2와 커플링하는 것과 8−CH_3(δ, 1.17 ppm)는 계산에 포함시키지 않았다. 이들을 제외한 계산된 스펙트럼이 실제 스펙트럼과 정확히 일치하므로 *trans*−myrtanol(**4**)의 NMR 해석은 정확하다는 것을 알 수 있다. 이 *trans*-myrtanol은 탄소 10개와 양성자 18개 산소 1개를 포함한 아주 작은 분자임에도 불구하고 이 스펙트럼의 복잡성 때문에 최근까지도 그 스펙트럼이 완전히 해석되지 않았던 아주 좋은 예이다.

분자가 조금 더 큰 예를 하나 더 보도록 하자. 그림 3−33은 모든 steroid의 기본 골격을 나타내는 cholestane(**5**)과 coprostane(**6**)의 양성자 (^{1}H) NMR 스펙트럼들이다.

이 시료들은 탄소 27개와 양성자 48개를 가진 분자량 372의 이성질체 물질들이다. 양성자 스펙트럼은 다만 5개의 메틸(CH_3) 그룹이 있다는 것과 이 중 2개는 양성자가 없는 quaternary 탄소에 결합되어 있고, 3개는 양성자를 하나 가진 methine 탄소에 결합되어 있다는 정보만 가능할 뿐 이전의 glycidyl methacrylate(**1**)의 설명에서 보여주고 있는 커플링 상수나 각각의 양성자의 적분값들을 적용하기가 매우 어려운 상태의 스펙트럼들이다. 단 전체 양성자의 화학이동이 약 δ, 2.0~0.6 ppm이라는 사실은 이 물질들이 2중 결합 등을 가지지 않은 aliphatic 물질이라는 것을 쉽게 알 수 있다.

그림 3−34에 보여주고 있는 탄소 스펙트럼들 또한 탄소가 27개라는 것 그리고 이중 결합 등이 없는 물질이라는 단순한 정보 이외에는 더 이상의 어떤 것도 알아낼 수 없다. 이 탄소 스펙트럼들에서 δ, 55 ppm 부근에 각각 2개와 3개의 피크가 있는 것은 일반적으로 많이 사용되는 탄소의 화학 이동에 관한 정보로만 볼 때 산소나 질소 등의 전기음성도가 큰 원소가 존재하는 것으로 추측될 수도 있다. 그러나 양성자 NMR 스펙트럼에서는 탄소 스펙트럼의 이

5α: **5**
5β: **6**

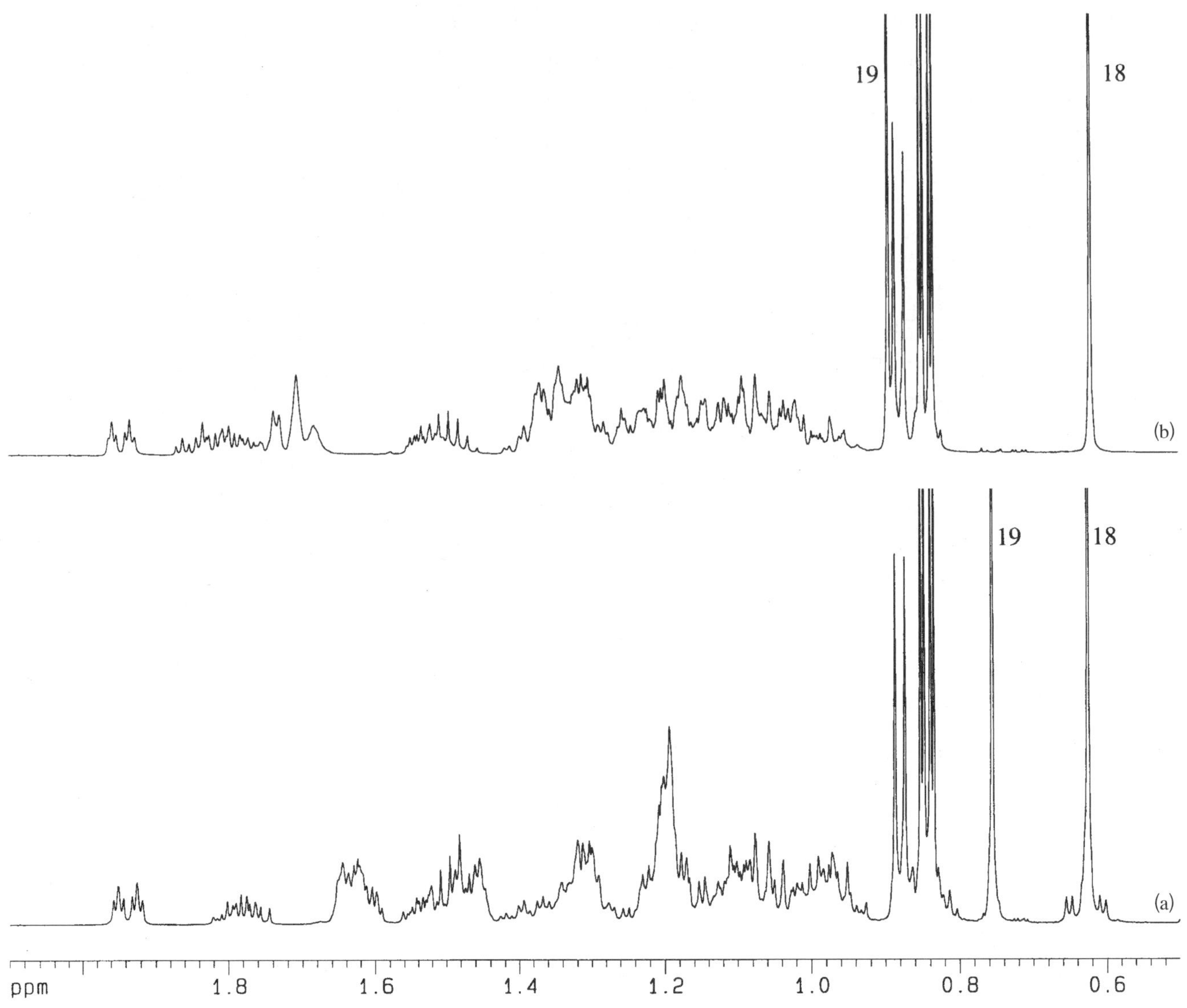

그림 3-33 (a) Cholestane(**5**)과 (b) coprostane(**6**)의 양성자 NMR 스펙트럼(500.23 MHz).

러한 정보와 일치하려면 최소한 δ, 3~4 ppm 정도에서 양성자의 피크가 있어야만 한다는(물론 양성자를 가지고 있지 않은 탄소를 생각할 수도 있음) 사실과 탄소의 NMR 스펙트럼에서는 양성자가 결합하여 있지 않은 quaternary 탄소는 약 δ, 60 ppm까지도 화학 이동을 보여 줄 수 있다는 정보로[실제로 이 스펙트럼의 부근의 피크들은 ring들이 연결되어 있는 14, 17, 9(cholestane)에 위치한 CH 탄소의 피크들이다] 이 물질은 산소나 질소 등 전기음성도가 큰 원소들을 가지고 있지 않다는 것을 먼저 예측할 수도 있을 것이다. 즉 이와 같이 NMR 스펙트럼의 서로 다른 정보는 상호 보완적으로 사용될 수 있다.

^{13}C 스펙트럼은 화학 이동값이 비교적 넓게 분포되어 있고 유기화합물의 분석에는 매우 중요한 역할을 하므로 오래전부터 많은 연구자들이 이들 피크들을 구분(assignment)하기 위해서 매우 정성적이기는 하지만 화학 이동값을 예측할 수 있는 여러 가지 계산 방법들을 만들어 놓았고 실제로 많이 사용되어 왔다. 이러한 방법들은 여러 가지 화합물들의 실제의 화학 이동값을 얻은 후 이들에 치환체나 구조의 영향을 측정하여 얻어진 경험적인 자료들에 근거한 방법으로 비슷한 화합물들의 화학 이동값을 예측할 수 있도록 한 방법들이다.[13-15] 특히 최근에는 이 방법들이 컴퓨터를 이용하여 쉽게 사용할 수 있도록 프로그램들로 만들어져서 아주 간

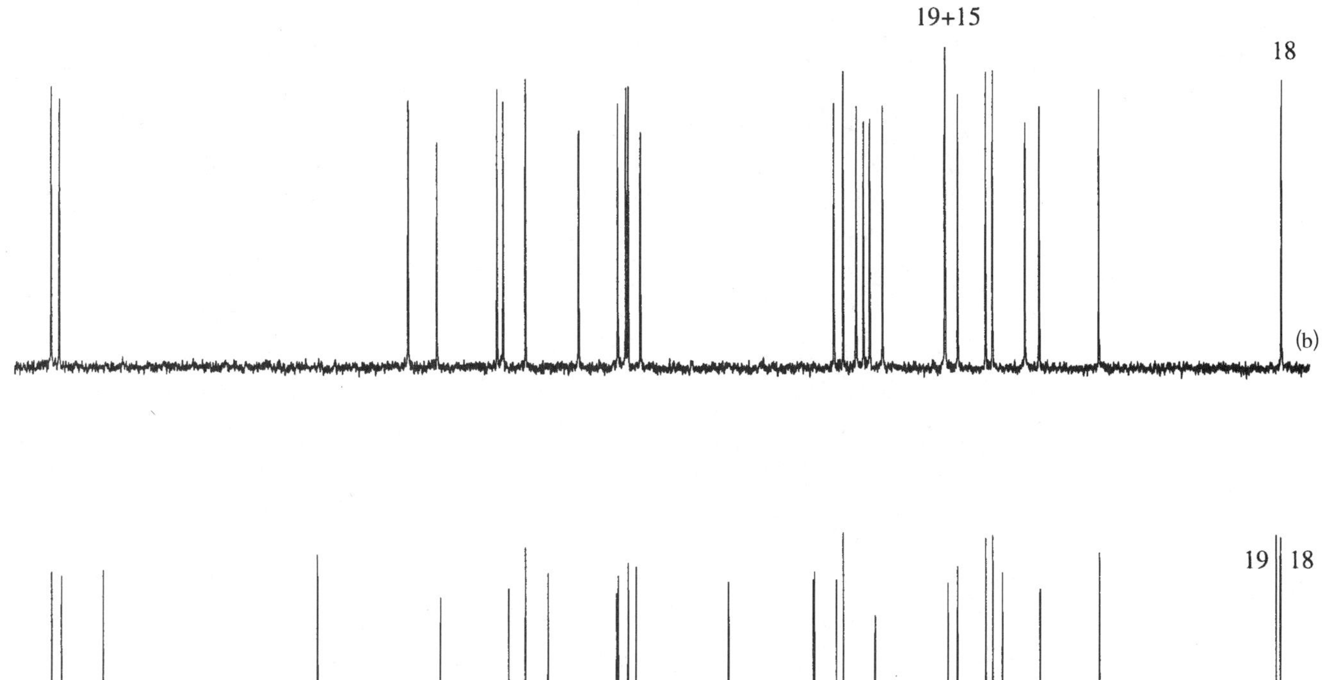

그림 3−34 (a) Cholestane(**5**)과 (b) coprostane(**6**)의 ^{13}C NMR 스펙트럼(125.7 MHz).

편하게 사용할 수 있다. 그러나 이들 방법은 정성적인 방법으로는 사용될 수 있지만 탄소의 화학 이동값을 정확히 예측하는 정량적인 방법으로는 사용될 수 없다.

이렇게 탄소의 피크의 예측을 위하여 경험적으로 사용되는 것들 중에서 하나의 예를 그림 3−34의 cholestane(**5**)과 coprostane(**6**)의 ^{13}C 스펙트럼에 적용하여 보고 이들이 왜 정량적으로 사용될 수 없는지를 보도록 하자. 먼저 (a) 스펙트럼에서 나타난 12 ppm 부근의 두 개의 메틸 피크가(이들이 메틸 피크라는 것은 5장 DEPT 실험으로 알 수 있음) (b) 스펙트럼에서는 하나만 나타나 있고 다른 하나의 피크는 down−field로 이동(약 12 ppm)하였다. 이 현상을 γ-*gauche* effect(*gauche* vicinal orientation)[16]라고 하며 그림 3−35에 그려져 있는 형태(conformation)로 설명된다. 즉 cholestane(5α)에 있는 19−CH_3는 탄소 2나 4에 대하여 *gauche* 형태를 이루는 위치에 놓여 있고 coprostane(5β)에 있는 19−CH_3는 탄소 2나 4에 대하여 *anti* 형태를 이루는 위치에 놓여 있다. 일반적으로 *gauche* 형태에 놓여 있는 탄소들이 *anti* 형태에 놓여 있는 탄소들보다 up-field로 이동하는 것으로 알려져 있다(이 현상은 그림 3−33의 양성자 스펙트럼에서도 볼 수 있다). 이 영향은 하나의 탄소에 대하여 약 4~6 ppm으로 알려져 있으며 cholestane의 경우에는 2개의 탄소의 영향으로 약 12 ppm의 up-field 이동을 보여주고 있다. 이 현상은 비슷한 분자 구조를 가지는 steroid 화합물들의 이성질체를 구분하는 데 실제로 유용하게 사용될 수 있지만 그러나 분자의 구조에 따라서 *gauche* effect의 크기도 다를 것이므로 같은 영역에서 여러 피크가 나타날 때는 탄소의 화학 이동을 정확히 구분하기 위해서 사용될 수 없다. 즉 그림 3−34(b)에서와 같이 19−CH_3가 탄소 15와 비슷한 화학

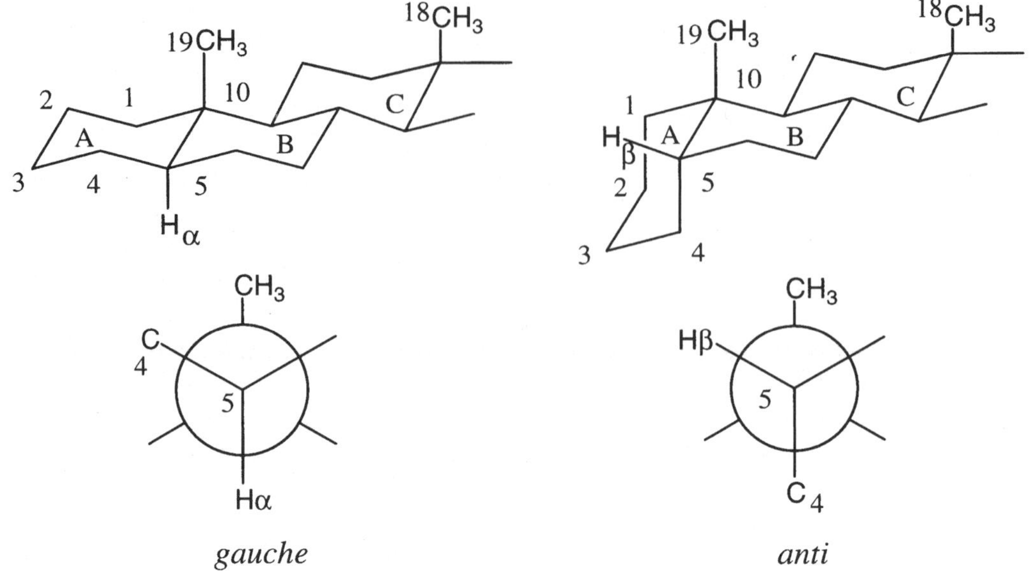

그림 3-35 Cholestane(5)과 coprostane(6)에서 γ-gauche effect를 설명해 주는 conformation.

이동값을 가지고 있을 경우 *gauche* effect의 예측만으로는 피크를 구분할 수 없다(이 경우 탄소 15는 CH_2이므로 물론 DEPT 실험을 하면 구분할 수 있다).

NMR 스펙트럼의 해석을 어렵게 만드는 요인들은 NMR 스펙트럼의 복잡성 이외에 또 다른 여러 가지의 문제들이 있으며 그들 중 가장 자주 나타나는 현상이 평형(equilibrium) 상태이다. 이 현상은 NMR 스펙트럼의 피크를 넓게 만들게 되며 실험에서 여러 가지 문제점들을 만들게 된다. 이때 나타나는 피크들의 모습은 평형 상태의 속도 그리고 각 상태의 분포에 따라서 매우 다르게 나타나게 된다. 이들 현상들 중 가장 간단하고 대표적인 것이 OH나 NH 등의 양성자들이 분자들 간에 또는 용매의 양성자와 교환이 일어나면서(2장 시료처리에서도 언급되었음) 피크의 커플링이 없어지고 넓어지는 현상이다. 그림 3-36이 이 현상의 설명을 잘 보여주고 있다. 즉 에틸알콜을 용매에 녹인 후 NMR 스펙트럼을 얻으면 우리는 일반적으로 (a)와 같은 스펙트럼을 얻게 된다. 메틸기(CH_3)의 양성자들은 메틸렌기(CH_2)의 두 개의 양성자와 커플링하여 3중선으로 나타났지만 메틸렌기의 양성자들은 메틸기의 3개의 양성자와 또

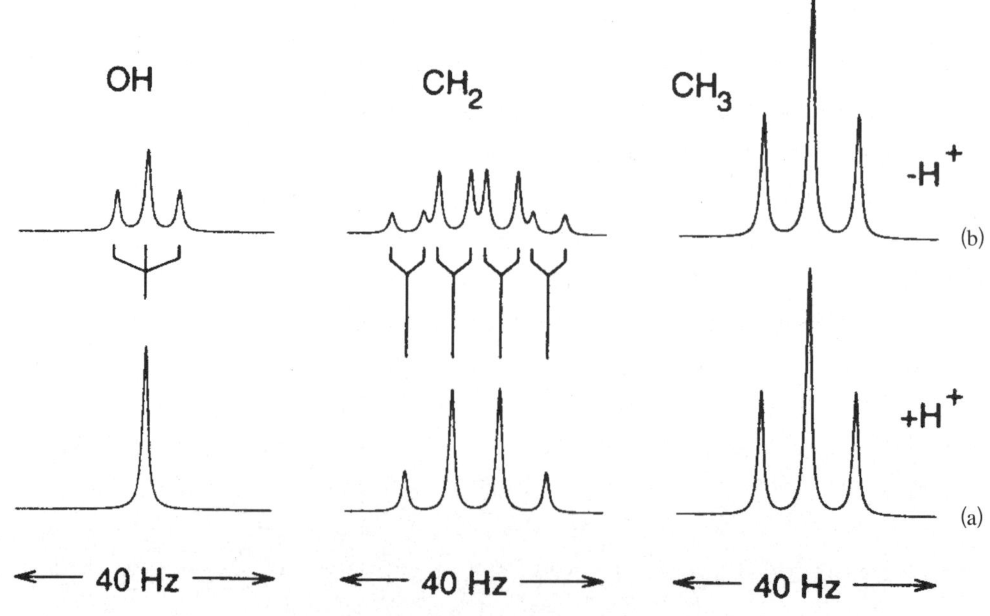

그림 3-36 에틸알콜에서 산(acid)에 의해서 분자들 간에 양성자의 교환으로 일어나는 평형 상태 스펙트럼 (a)와 산이 없을 때의 스펙트럼 (b).

다른 3-bond로 떨어져 있는 OH의 양성자와도 커플링하여 2중 4중선(dq)으로 그리고 OH의 피크는 메틸렌기의 두 개의 양성자와 커플링하여 3중선으로 나타날 것으로 예상할 수 있지만 실제는 4중선과 단일 피크로 각각 나타났다. 이것은 분자들의 OH의 양성자가 서로 교환이 일어나는 평형 현상 때문이다. 이때 분자 간의 양성자의 교환은 미량의 산(acid)이나 염기(base)가 일으키게 되는데 실제로 시료와 용매에서 이런 불순물을 완전히 제거하면 분자들 간에 OH의 양성자의 교환이 일어나지 않게 되며 사라졌던 커플링들을 다시 볼 수 있는 (b) 스펙트럼이 얻어진다.

이들 양성자의 교환으로 나타나는 단순 스펙트럼과는 다르게 평형 현상 중 분자의 재배열(rearrangement)로 일어나는 NMR 스펙트럼은 더욱 더 스펙트럼의 해석을 어렵게 만든다. 그림 3−37은 *cis*-decalin의 ^{13}C 스펙트럼을 온도의 변화에 따라서 얻은 것이다.[17] 이 화합물은 용액 속에서 두 개의 cyclohexane ring이 동시에 inversion이 일어나는 형태의 변화가 있는 것으로 알려져 있다(분자의 구조는 스펙트럼의 옆에 함께 그려 놓았음). 이 평형 상태의 속도는 온도가 변하면 따라서 변하게 될 것이며 이때 평형 속도의 변화가 스펙트럼의 모습을 변형시켜놓은 것을 그림 3−37이 잘 보여주고 있다. 즉 낮은 온도(−29 ℃)에서는 평형의 속도가 느리게 되어 화학 이동값이 같은 2개의 탄소들 (1,5), (2,6), (3,7), (4,8), (9,10) 각각이 5개의 피크로 나타났으나 높은 온도(46 ℃)에서는 평형의 속도가 빨라지면서 빠른 화학 이동의 교환 (1 $\rightleftharpoons$ 4, 5 $\rightleftharpoons$ 8, 2 $\rightleftharpoons$ 3, 6 $\rightleftharpoons$ 7)으로 (1,5)와 (4,8) 그리고 (2,6)과 (3,7)의 피크들이 각각 합쳐진 2개의 피크와 평형의 영향을 받지 않는 (9,10)의 피크를 보여주었다. 그러나 이들 두 온도의 중간에서는 피크들의 넓이가 넓어지면서 스펙트럼의 분해능을 나쁘게 만들고 있다. 이러한 상황은 결국은 평형의 속도와도 관계가 되므로 어떤 화합물들은 정확히 상온에서 이러한 현상을 나타내는 경우를 볼 수 있게 된다. 이런 이유 때문에 NMR 실험에서는 때때로 온도를 올리거나 또는 내려서 실험을 해야만 하는 경우가 생기게 되는 것이다.

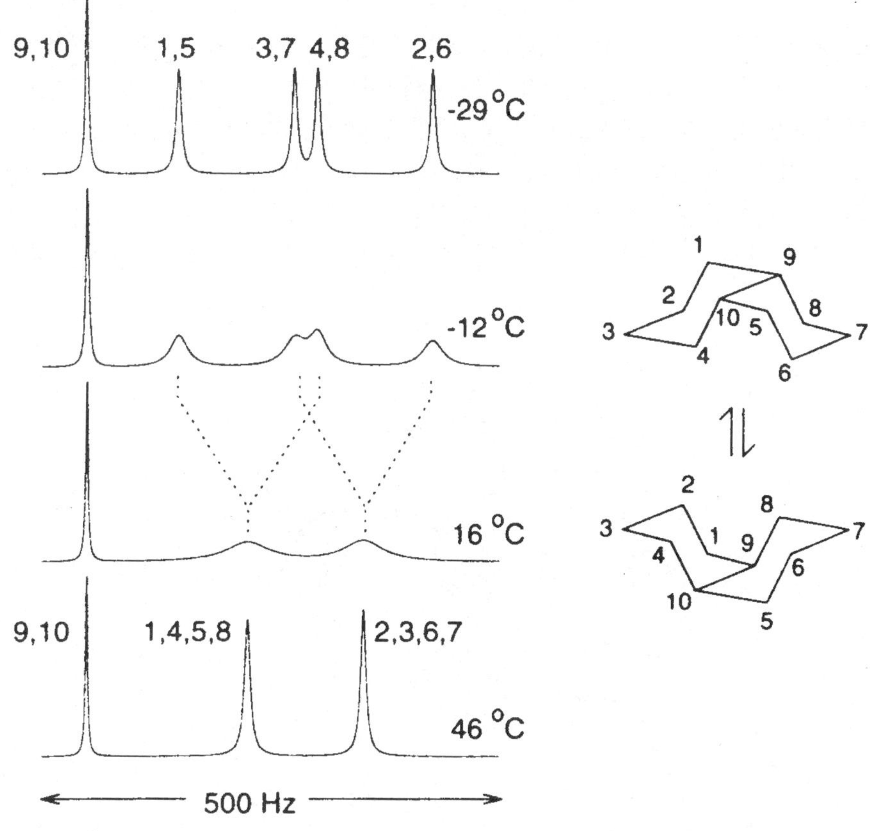

그림 3−37 *cis*−Decalin의 분자 재배열에서 온도의 변화에 따라서 변하는 ^{13}C 피크들의 모습.

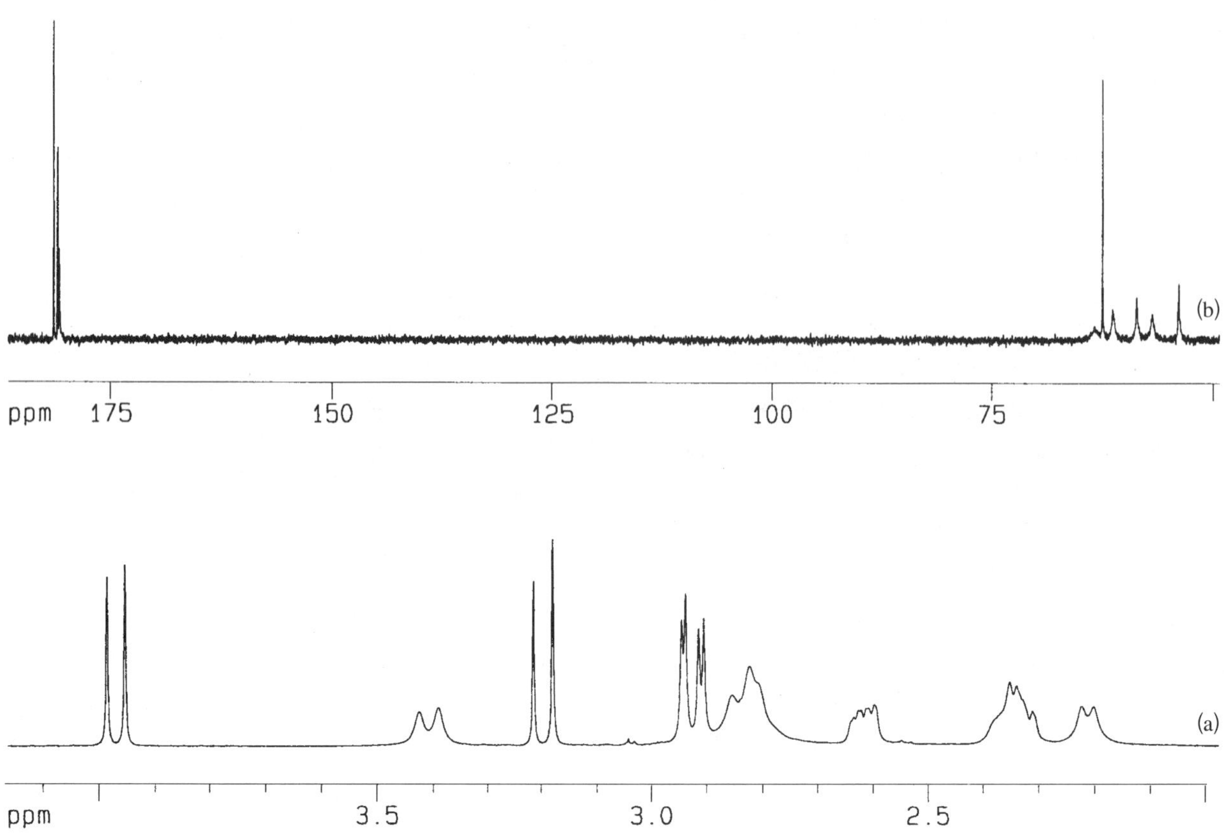

그림 3–38 TTHA와 La의 착화합물의 양성자(^1H) 스펙트럼[(a)]과 탄소(^{13}C) 스펙트럼[(b)].

그림 3–38은 TTHA(triethylenetetraaminehexaacetic acid)의 lanthanum 착화합물(coordination compound)의 양성자와 탄소 NMR 스펙트럼들이다(3.7절 헤테로핵들의 NMR 참조).[18] 이 착화합물의 결정 구조는 그림 3–39에서와 같이 10의 결합수를 가지는 것으로 알려져 있다.[19] TTHA 리간드(ligand)에서 4개의 질소와 6개의 carboxyl기의 산소가 모두 lanthanum에 연결되어 있으며 lanthanum 핵에서 두 탄소 6의 결합의 중간을 연결하는 축으로 C_2의 대칭성을 가지는 것을 알 수 있다. 우리는 이 구조로부터 제일 먼저 1, 2, 5에 있는 3개의 AB 형태(dd)의 양성자들의 피크를 예상할 수 있다. 그림 3–38(a)에 실제로 나타

그림 3–39 TTHA–La 착화합물의 결정 구조.

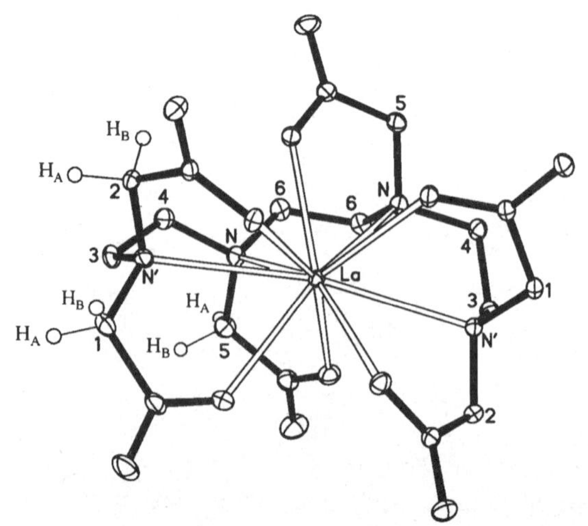

난 양성자 스펙트럼 피크의 형태와 커플링 상수를 보면 두 개의 AB 형태(3.99와 2.96 ppm, J = 15.9 Hz 그리고 3.23과 2.95 ppm, J = 16.9 Hz)는 찾을 수 있지만 나머지 하나의 AB 형태(3.44 ppm, J = 16.5 Hz 그리고 상대는 2.8 ppm 부근에서 다른 피크와 겹쳐 있음)는 피크가 매우 넓게 나타난 것을 알 수 있다. 또한 ^{13}C 스펙트럼에서는 구조에서 예상할 수 있는 대로 180 ppm 부근의 3개의 carbonyl과 60~70 ppm 부근의 6개의 탄소 피크가 보이고 있지만 이들 중 63.6 ppm에서의 탄소 피크는 거의 noise 속에 묻힐 정도로 피크가 넓어진 것을 볼 수 있다. 이러한 사실은 분명히 이 착화합물은 용액 속에서 어떠한 비슷한 구조를 가지는 여러 가지의 혼합물이거나 또는 어떠한 평형 상태를 유지하는 것으로 먼저 예상할 수 있다. 실제로 이 착화합물은 용액 속에서 거울상 이성질성(enantiomeric)을 가지는 5-carboxyl 그룹들이 서로 그들의 위치를 바꾸는 평형 상태로 존재한다고 알려져 있다(이러한 사실을 증명할 수 있는 2D-NOESY 실험은 7장에서 다루어짐).

이제까지의 몇 가지 예로 본 바와 같이 우리가 비록 여러 가지 방법을 동원한다고 하더라도 복잡한 커플링 형태와 여러 양성자들이 겹쳐서 나타나는 양성자 스펙트럼과 이들의 탄소(^{13}C)의 일차원(1D) NMR 스펙트럼만으로는 어떠한 물질의 구조를 완전히 알아낸다는 것은 매우 어렵다는 사실을 보았다. 그러나 우리는 이 책을 공부하면서 이러한 문제들은 여러 가지 NMR 실험 방법들을 사용하여 해결할 수 있다는 것을 알게 될 것이다.

비록 1D의 양성자 스펙트럼과 탄소(^{13}C)의 스펙트럼만으로는 분자의 구조를 알기 위하여 여러 가지 한계와 문제점을 가지고 있다고 하지만 그럼에도 불구하고 실제로 간단한 유기화합물들의 경우는 질량분석기(mass spectrometer)에서 얻을 수 있는 질량의 정보와 함께 구조를 예측하기 위하여 이들 1D 스펙트럼들이 제일 먼저 그리고 많이 사용되고 있다. 이 책을 공부하다 보면 1D 스펙트럼보다 더 많은 정보를 줄 수 있는 여러 가지 NMR 실험 방법들을 보게 되겠지만 궁극적으로 이들의 해석 또한 가장 근본적인 1D NMR 스펙트럼에서 출발하게 된다는 것을 알게 될 것이다.

3.7 헤테로핵들의 NMR 스펙트럼[20–21]

여기에서 헤테로핵(heteronuclei)들이란 양성자나 탄소를 제외한 다른 종류의 핵들을 일컬어 하는 말이다. 우리는 1장 NMR의 원리에서 보았듯이 어떠한 핵이든 그것이 자기적 성질만 가지고 있으면 NMR 현상을 나타낼 수 있다는 것을 보았다. 실제로 가장 많이 사용되고 있는 핵들은 양성자와 탄소지만 기기의 성능이 좋아지면서 이들 이외에 다른 여러 핵들도 NMR 연구에 많이 사용되고 있다. 이들 중 특히 자연의 존재(natural abundance)가 충분하여 많이 사용되는 것으로 ^{19}F, ^{31}P 등이 있으며 비록 자연의 존재와 자기 회전 비율(γ)이 낮아 감도가 매우 낮은 ^{15}N도 생체유기물질의 연구의 중요성 때문에 근래에 많이 사용되고 있다. 이외에도 ^{2}H(D) 또는 ^{11}B, ^{17}O, ^{29}Si, ^{27}Al 등을 포함한 많은 금속의 원소들도 용이하게 NMR의 연구에 사용되고 있다. 특히 얼마 전까지만 하더라도 감도가 매우 낮아 직접적인 관측이 매우 어려워 연구에 많이 사용되지 않던 원소들까지도 간접적 측정(indirect detection 또는 inverse detection) 방법이라고 불리는 새로운 NMR 방법들을 이용하여 측정이 가능하게 됨으로써 여러 종류의 헤테로핵들이 다양한 분야에서 사용되고 있다[이 inverse detection 실험 방법은 이차원(2D) NMR의 방법이다. 6장 참조]. 여기에서 이와 같은 다른 핵들이 어떻게 연구에 사용되는지 몇 가지 예를 들어 살펴보기로 하자.

중수소(^{2}H)라고 불리는 deuterium(D)은 스핀 양자수가 1이며 자연에 0.015%만이 존재한다. 양성자와 비교하여 중수소의 감도는 불과 1.4×10^{-6}에 불과하다. 그러나 이러한 핵도 최근의 고자장의 기기에서는 쉽게 측정이 가능하다. 그림 3-40은 술 속의 에틸알콜(ethanol)의 양성자 NMR과 중수소 NMR 스펙트럼들이다. 양성자 NMR이 500 MHz이므로 중수소의 경우는 76 MHz NMR 스펙트럼이다. 스펙트럼에서 볼 수 있듯이 중수소 NMR 스펙트럼은 양성자와 같은 화학 이동의 값을 가지며 양성자 NMR은 스펙트럼을 얻기 위해 3분 정도의 시간이 걸렸지만 중수소 NMR은 3시간 정도의 시간이 걸린 스펙트럼이다. 양성자 NMR과 비교할 때 중수소 NMR에서는 중수소 핵의 빠른 이완 때문에 피크가 넓게(broad) 나타나 있으며 커플링 상수들을 구할 수 없다. 그러나 methyl group과 methylene group은 쉽게 구분할 수 있으며 이들의 적분값도 쉽게 구할 수 있다. 이 두 group의 적분값의 비교는 최근 이들 술들이 어디에서 만들어졌는지를 구분할 수 있는 방법이 되었다. 즉 SNIF-NMR(Site-specific Natural Isotope Fractionation)[22]이란 방법으로, 이 방법은 술을 만드는 원료인 곡식이 탄소동화작용을 할 때 생성시키는 물질에서 중수소가 위치에 따라 분포되는 양은 지구의 지역에 따라 각기 고유한 값을 가진다는 사실에 근거한 것이다.

그림 3-41은 propagyl alcohol을 $LiAlH_4$로 환원시킨 후 D_2O로 가수분해(hydrolysis)시켜 얻은 화합물 allyl alcohol(식 3-7)의 양성자(^1H)와 중수소(D) NMR 스펙트럼들의 일부분이다($-CH_2OH$와 $-OD$는 각각 다른 영역에서 나타나므로 스펙트럼에 포함시키지 않았음).[23]

$$R-C\equiv C-CH_2OH \xrightarrow[D_2O]{LiAlH_4} \underset{D}{\overset{R}{>}}C=C\underset{CH_2OH}{\overset{H}{<}} + \underset{R}{\overset{D}{>}}C=C\underset{CH_2OH}{\overset{H}{<}} \qquad (식\ 3-7)$$

이 반응은 매우 잘 알려져 있는 유기반응이며 생성된 allyl alcohol에서 중수소의 위치는 3의 위치에 *cis*와 *trans*로 치환된다고 알려져 있다. 즉 치환된 *cis*와 *trans* 위치의 중수소의 비는 양성자 NMR에서 2의 위치(5.95 ppm)의 양성자의 적분값과 각각의 위치에 잔존하는 양성자의 적분값과 비교하여 간접적으로 측정하여 보고되었다. 그러나 중수소의 NMR 스펙트럼 측정이 가능하기 때문에 우리는 간접적인 방법이 아닌 직접적인 방법을 사용할 수 있다. 그림 3-41에서 양성자 스펙트럼(a)과 비교하기 위하여 같은 범위로 그려 놓은 중수소 스펙트럼(b)을 보면 양성자 스펙트럼에서는 볼 수 없는 새로운 사실을 발견하게 된다. 즉 양성자 스펙트럼에서는 allyl alcohol의 2의 위치에는 중수소가 없다고 가정하였지만 실제로 중수소 스펙트럼에서는 이 화학 반응에서 중수소가 2의 위치에도 있는 또 다른 물질을 생성시킨다는 것을 볼 수 있다. 이와 같이 간접적인 방법들에 의하여 사실로 받아들인 것들을 직접적인 핵들의 관찰로 수정할 수 있게 되었다.

그림 3-42는 4개의 다른 인 화합물(orthophosphate, pyrophosphate, tripolyphosphate, trimetaphosphate)의 혼합용액을 인산(85% H_3PO_4)을 외부 기준물질로 하여 얻은 121 MHz의 ^{31}P NMR 스펙트럼이다.[9]

기존의 인 화합물의 분석방법은 ASTM(American Society for Testing and Materials)의 방법인 복잡한 습식 방법의 과정을 거친 후 광도 분석법(photometric method)을 사용하지만 각각의 인 화합물들의 유무를 분석할 수는 없다. 그러나 그림 3-42에서 보듯 이들 각각의 인들은 고유의 화학 이동값을 가진다. 즉 기준물질인 인산을 기준으로 하여 orthophosphate는 약 δ, 5.3 ppm에서 단일 피크로 나타났으며 pyrophosphate는 두 개의 인을 가지고 있지만 이들은 화학적으로 그리고 자기적으로 동등하므로 같은 화학 이동값을 가지고 δ, −4.5 ppm에서 단일 피크로 나온다. 그리고 tripolyphosphate는 두 종류의 다른 인이 존재하므로 각각 δ, −4.1 ppm과 −18.4 ppm에서 서로 커플링(J=18 Hz)하여 각각 2중선과 3중선으로 나타났으며 trimetaphosphate는 3개의 인을 가지고 있지만 cyclic 형태로 모두 동등하므로 δ, −20.4 ppm

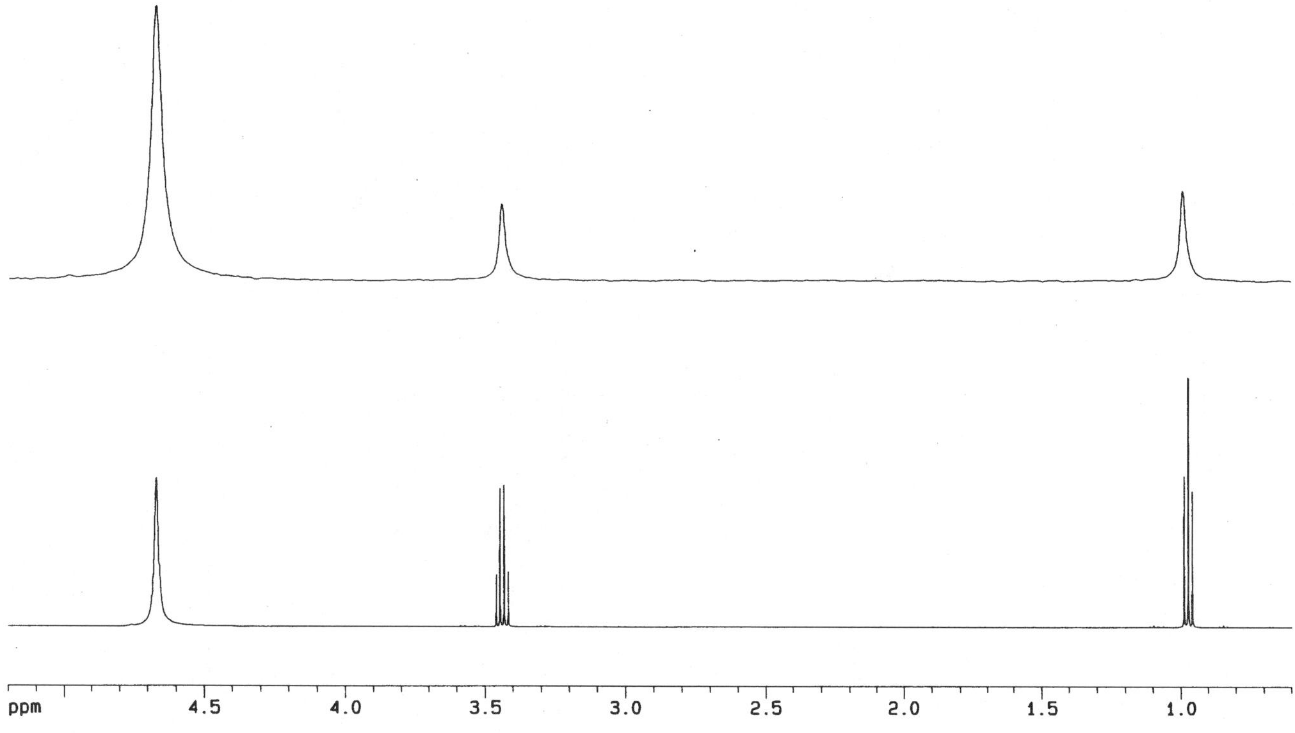

그림 3-40 술 속에 있는 에틸알콜의 양성자(^{1}H)와 중수소(^{2}H) NMR 스펙트럼.

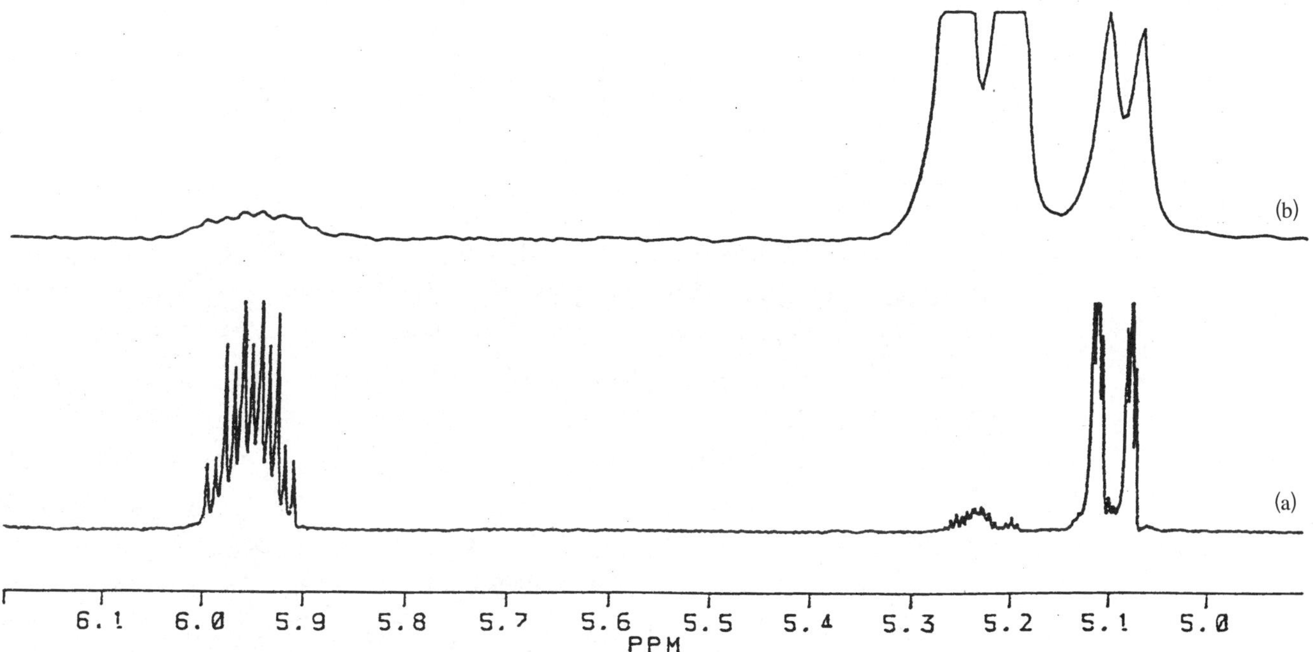

그림 3-41 중수소(^{2}H)로 치환된 allyl alcohol의 (a) 양성자와 (b) 중수소 NMR 스펙트럼.

에서 단일 피크로 나타났다. 더욱 이들의 적분값은 아주 쉽게 각각의 인 화합물의 정량분석을 할 수 있게 한다.

스핀 양자수 1/2을 가지고 자연에 100% 존재하며 감도가 매우 좋은 ^{31}P NMR은 최근 NMR의 발달과 함께 아주 중요하며 독특한 생화학 연구 분야로 범위를 넓혀가고 있다. 즉 생물체의 대사과정을 연구하는 *in-vivo* NMR이 대표적인 한 예이다. 그림 3-43은 개구리

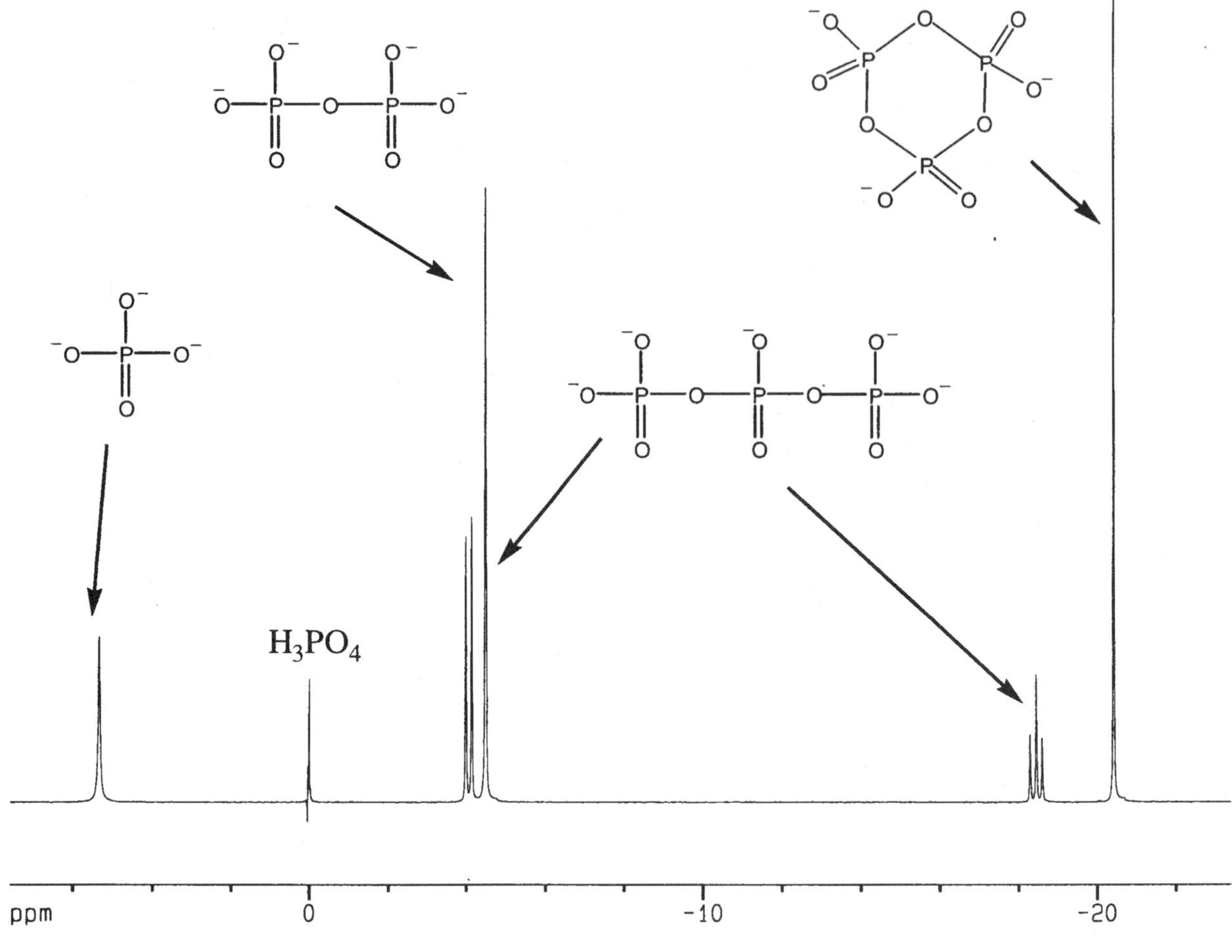

그림 3-42 4개의 다른 인(P) 물질 혼합용액의 ^{31}P NMR 스펙트럼(121 MHz).

근육의 ^{31}P NMR(73.8 MHz) 스펙트럼이다.[24] 비록 이 스펙트럼은 그림 3-42와 같이 분해능(resolution)이 좋지는 못하지만 생체의 대사 과정에서 생기는 여러 물질 중에 하나인 ATP(adenosinetriphosphate)의 자기적으로 동등하지 않은 세 개의 ^{31}P을 잘 보여주고 있다. 여기에 나타난 무기인(inorganic phosphate)의 화학 이동은 생체 내의 수소 이온 농도(pH)에 매우 민감하다고 알려져 있으며 생체 내의 대사과정을 연구하는 데 실제로 응용되고 있다. 실제로 이와 같은 스펙트럼을 얻기 위해서는 보통의 NMR 장치와는 좀 다른 것(wide bore 자석이나 프로브 그리고 surface coil 등을 사용함)을 사용하지만 그 기본 원리는 보통의 NMR 실험방법과 하나도 다른 것이 없다. 양성자 NMR은 감도가 매우 좋음에도 불구하고 생체 내의 너무나 많은 물(H_2O)과 여러 종류의 물질 때문에 여러 가지 어려운 문제점을 극복해야 하며 ^{13}C NMR의 이용은 감도의 문제 때문에 이러한 연구에 사용이 불가능하다. 즉 ^{31}P NMR은 양성자와 탄소가 지닌 이러한 단점들을 가지고 있지 않으므로 *in-vivo* NMR 연구에 매우 중요하게 사용되고 있다. 예를 들면 쥐에 인공적으로 심장마비를 일으키게 하여 이때 일어나는 생체물질들의 변화를 관측하는 실험들도 이들 실험의 한 종류이다.

adenosinetriphosphate(ATP)

자연에 0.37% 존재하며 양성자에 비교하여 겨우 3.8×10^{-6} 만큼의 감도만을 가지지만 생리물질의 연구에 매우 중요한 부분을 차지하는 ^{15}N 핵은 이제까지 공부한 핵들과는 다르게 NMR 연구를 하는 데 또 다른 나쁜 조건을 소유한 핵 중의 하나이다.[25] 핵스핀의 양자수가 1/2이기에 피크의 넓이가 좁은 반면 T_1이 매우 길기 때문에 피크와 잡음의 비를 증가시키기 위해서 많은 시간이 필요하다는 단점이 있다. 또한 자기 회전비 γ가 음의 값을 가지므

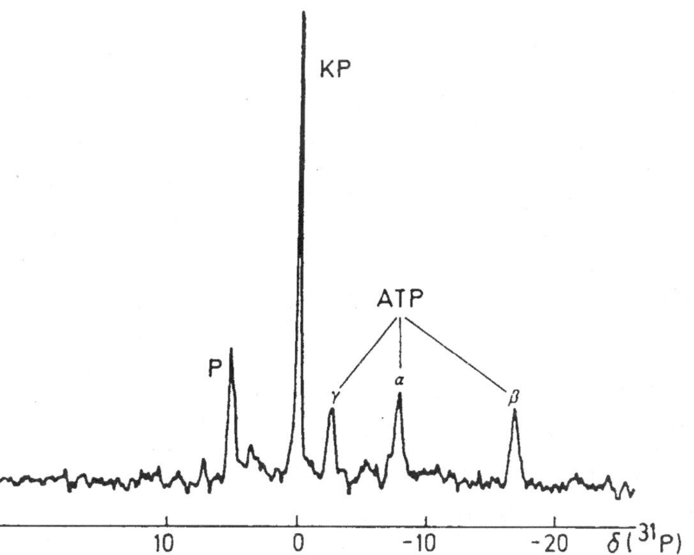

그림 3-43 개구리 근육의 ^{31}P NMR(73.8 MHz) 스펙트럼. ATP의 3개의 인 피크 이외의 다른 두 피크는 각각 inorganic phosphate(P)와 creatin phosphate(KP)이다.

로 대부분의 감도가 나쁜 핵들의 감도를 증가시키기 위해서 사용되는 양성자를 디커플링하여 얻을 수 있는 NOE의 현상은 오히려 피크의 세기를 감소시킨다는 것이다. 먼저 어떤 물질이 질소를 포함하고 있을 때 양성자 스펙트럼에서 ^{13}C의 위성(satellite) 피크로 ^{13}C의 존재를 간접적으로 알 수 있듯이(그림 3-12) ^{15}N의 위성 피크로 ^{15}N의 존재를 확인할 수 있다. 그림 3-44는 formamide의 500.23 MHz 양성자 NMR 스펙트럼이다. 이 스펙트럼에서 7.96 ppm에서 나타난 카보닐(C=O)에 결합되어 있는 양성자(dd) 피크는 양쪽에 185.5 Hz의 커플링 상수를 가지는 ^{13}C의 위성 피크가 질소와 결합하고 있는 두 양성자와 각각 비시널 커플링(13.4와 1.7 Hz)을 하여 dd의 모습으로 함께 나타난 것을 보여주고 있다. 그리고 7.45 ppm과 7.16 ppm에 나타난 거대한 두 피크는 질소에서 99.63%를 차지하는 ^{14}N에 결합되어 있는 양

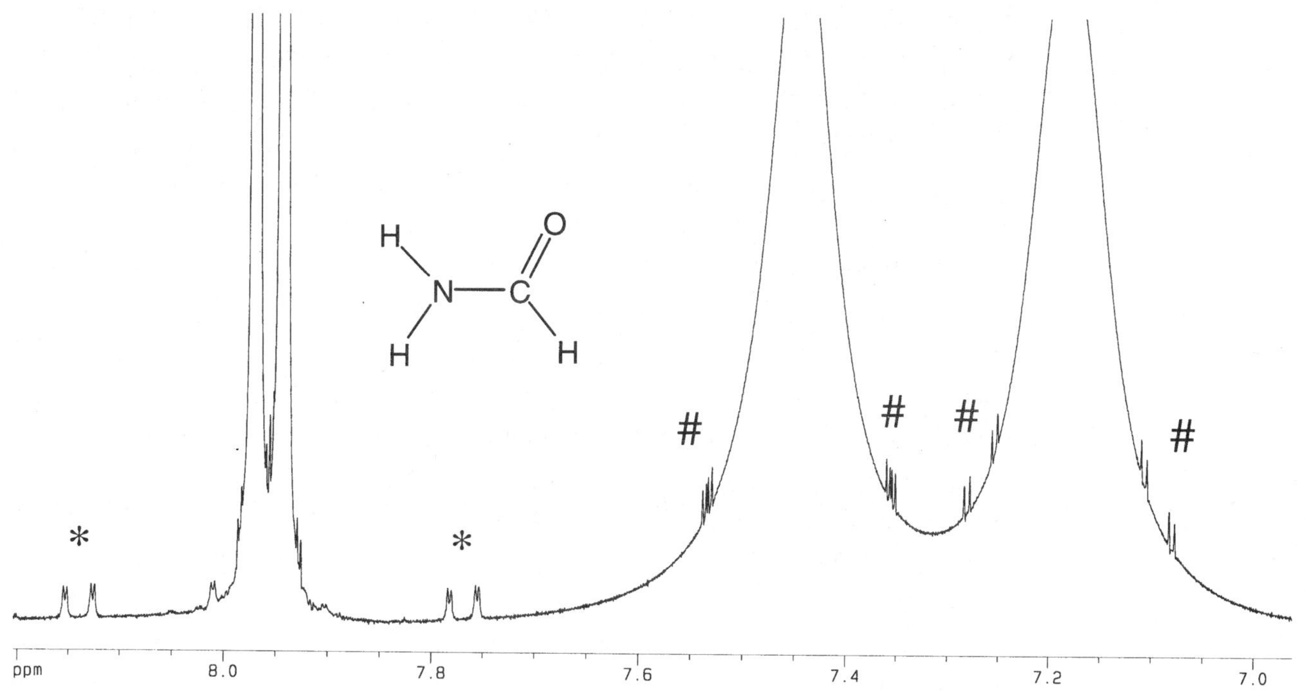

그림 3-44 Formamide의 500.23 MHz 양성자(^{1}H) NMR 스펙트럼(* 표시는 ^{13}C 위성 피크이고 # 표시는 ^{15}N 위성 피크).

성자들의 피크이다. ^{14}N의 핵스핀 양자수는 1이므로 여기에 결합되어 있는 양성자들의 피크들은 각각 ^{14}N 핵이 가질 수 있는 상태인 1, 0, −1에 해당하는 1:1:1의 3중선을 나타낼 것으로 예상되지만 ^{14}N 핵은 사중극자 이완(quadrupole relaxation)을 하므로 매우 빠른 이완이 일어나며 결합되어 있는 양성자들의 피크는 분리가 일어나지 않으며 매우 넓은 피크로 나타나게 된다. 그러므로 이들의 커플링을 측정하려면 사중극자 이완을 일어나지 않게 하면 되며 하나의 방법은 온도를 올려서 측정하는 방법이다. 또한 이들 ^{14}N 핵에 결합되어 있는 양성자들은 수소 결합을 통해서 일어나는 양성자 교환으로 피크의 넓이를 증가시키게 되는데 이러한 양성자 교환을 억제할 수 있는 것은 용매로 dimethylsulphoxide를 사용하는 방법이 있다.

그림 3−44에서 ^{14}N 핵에 결합되어 있는 양성자들의 거대한 피크의 양쪽 언저리에 각각 조그마한 4중선들이 나타난 것을 볼 수 있는데 이들이 바로 0.37% 존재하는 ^{15}N에 결합되어 있는 양성자들의 피크이다. 즉 각각의 양성자는 ^{15}N과 커플링하여($^1J_{N-H}$) 89와 86.9 Hz로 분리(splitting)된 후 다시 카보닐(C=O)에 결합되어 있는 양성자의 비시널 커플링에 의해 각각 1.7과 13.4 Hz로 다시 분리되었으며 마지막으로 두 양성자 간의 제미널 커플링인 2.7 Hz로 분리되어 각각 ddd의 pattern을 가지고 나타나 있다.

이제 formamide의 ^{15}N NMR 스펙트럼을 보도록 하자. ^{15}N의 자기 회전비 γ는 양성자의 γ 값에 약 9.8배 적으므로 500.23 MHz 기기에서 ^{15}N의 주파수는 50.68 MHz가 된다. 그림 3−45는 nitromethane을 외부 기준물질(최근에는 대부분 ^{15}N의 화학 이동은 liquid NH_3를 외부 기준물질로 사용하여 보고한다. 표 3−7 참조)로 사용하여 얻은 DMSO 용매에 있는 90% formamide(−267 ppm)의 ^{15}N 스펙트럼들이다. 스펙트럼 (a)는 양성자를 디커플링하지 않은 스펙트럼이므로 ^{15}N 핵은 세 개의 양성자와 커플링하여 ddd(1−bond 커플링 상수인 $^1J_{N-H} = 89$와 86.9 Hz는 이미 양성자 스펙트럼인 3−44에서 관찰되었고 그리고 다른 하나는 2-bond 커플링 상수인 $^2J_{N-H} = 14.2$ Hz이다)의 모습을 보여주고 있다. 스펙트럼 (b)는 양성자를 디커플링하였지만 NOE가 생성되지 않게 하였기 때문에(디커플러의 시간을 이용하는 방법으로 인버스−게이티드 스펙트럼이라고 한다. 7장 참조) ^{15}N의 고유의 단일 피크를 보이고 있다. 그러나 일부의 NOE가 생성되도록 양성자를 디커플링시킨 스펙트럼 (c)에서는 생성된 NOE의 음의 성분이 고유의 양의 피크와 상쇄되어 ^{15}N 피크가 오히려 줄어들면서 조그만 음의 피크로 나타난 것을 볼 수 있으며 스펙트럼 (d)에서는 모든 NOE가 생성되게 함으로써 ^{15}N의 피크가 음으로 나타난 것을 볼 수 있다. 이와 같이 음의 자기 회전비를 가진 핵들은 스펙트럼을 얻기 위한 조건이 매우 까다로우며 따라서 때로는 어떠한 조건에서는 스펙트럼을 전혀 얻을 수 없을 때도 있다. 이러한 어려움과 감도를 극복하는 방법으로는 polarization transfer 실험이라는 것이 있는데 이 실험을 하는 데 가장 중요한 파라미터가 커플링 상수이며, 그림 3−44의 스펙트럼과 같은 곳에서 얻을 수 있다(스펙트럼을 얻으려고 하는 핵과 NOE를 일으키는 핵 간의 커플링 상수를 의미한다). 스펙트럼 3−45(e)는 이런 실험 방법 중 INEPT라는 방법으로 얻은 ^{15}N 스펙트럼이며 이러한 방법은 5장에서 공부하기로 한다.

그림 3−46은 EDTA(Ethylene Diamine Tetraacetic Acid)와 DTPA(Diethylene Triamine Pentaacetic Acid) 그리고 이들 각각의 yttrium(^{89}Y)의 착화합물의 ^{15}N 스펙트럼들이다.[26] 리간드(ligand)들의 용해도를 증가시키기 위해서 potassium 염을 만들어 얻은 ^{15}N 스펙트럼과 yttrium의 착화합물 스펙트럼은 먼저 스펙트럼에서 나타난 down-field로의 화학 이동으로 착화합물의 형성을 확인할 수 있다. 뿐만 아니라 착화합물 스펙트럼에서 나타난 ^{15}N과 $^{89}Y(I = 1/2)$ 핵 간의 커플링에 의한 분리는 이들 두 핵 간의 결합의 성격을 확인할 수 있는 파라미터가 된다. 즉 두 핵 간의 커플링 현상은 최소한 이 두 핵은 서로 공유결합의 성격을 가지고 있다는 것을 증명하는 것이다. 이와 같이 자연의 존재비가 적어서 감도가 낮은 핵들은 실험하기에 비록 오랜 시간이 걸리기는 하지만 이들에게서 얻는 정보가 그 어떤 다른 방법으로

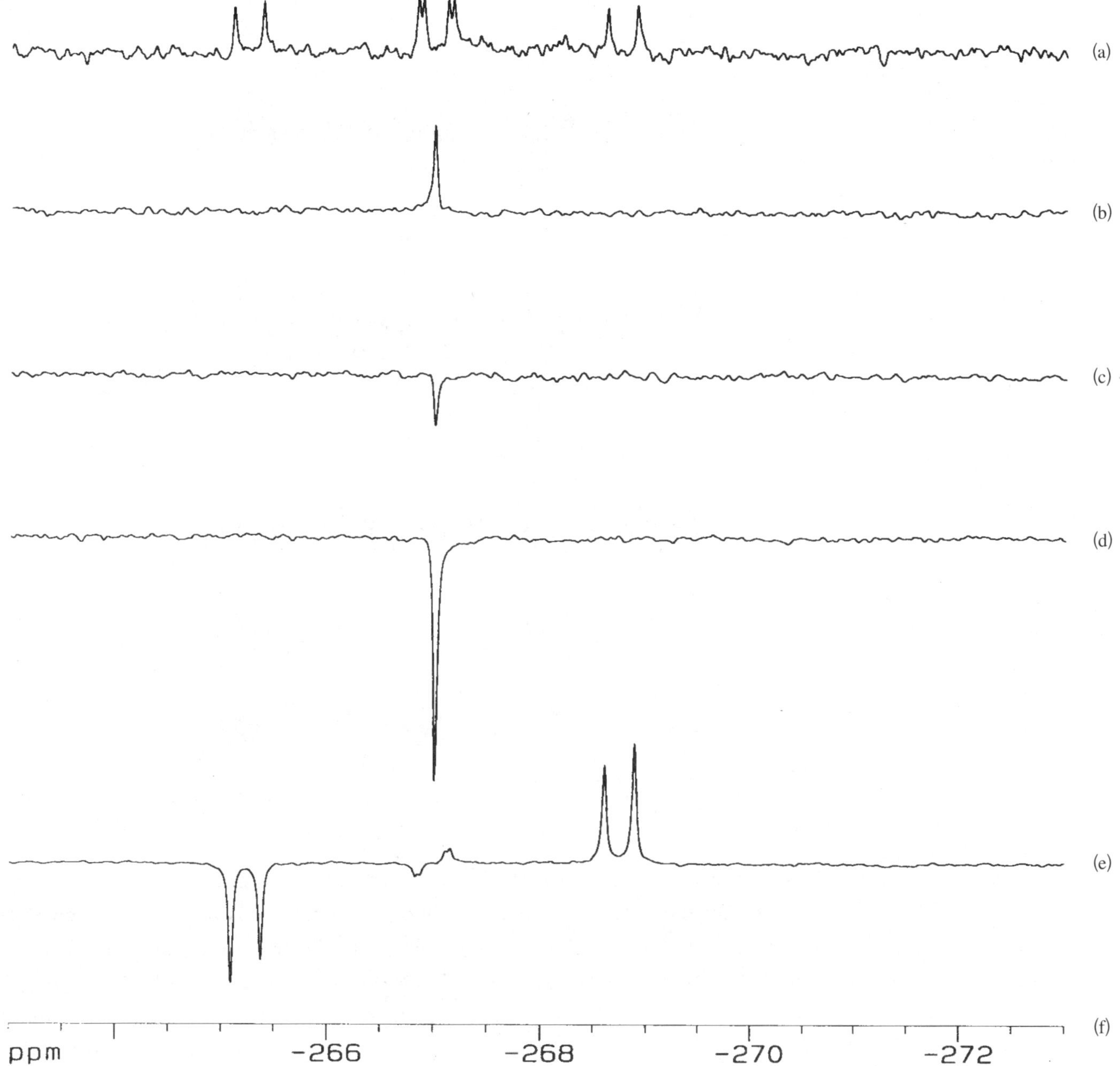

그림 3-45 50.68 MHz에서 얻은 90% formamide 용액의 ^{15}N NMR 스펙트럼들(기준: nitromethane). (a) 양성자와 커플링된 스펙트럼(32 scan). (b) 디커플링하였지만 NOE가 없게 얻은 인버스-게이티드 스펙트럼(1 scan). (c) NOE가 조금만 나타나게 한 스펙트럼(1 scan). (d) 최대의 NOE가 나타나게 한 스펙트럼(1 scan). (e) INEPT 스펙트럼(4 scan).

도 얻을 수 없기 때문에 사용되고 있는 것이다.

EDTA^{-4} DTPA^{-5} TTHA^{-6}

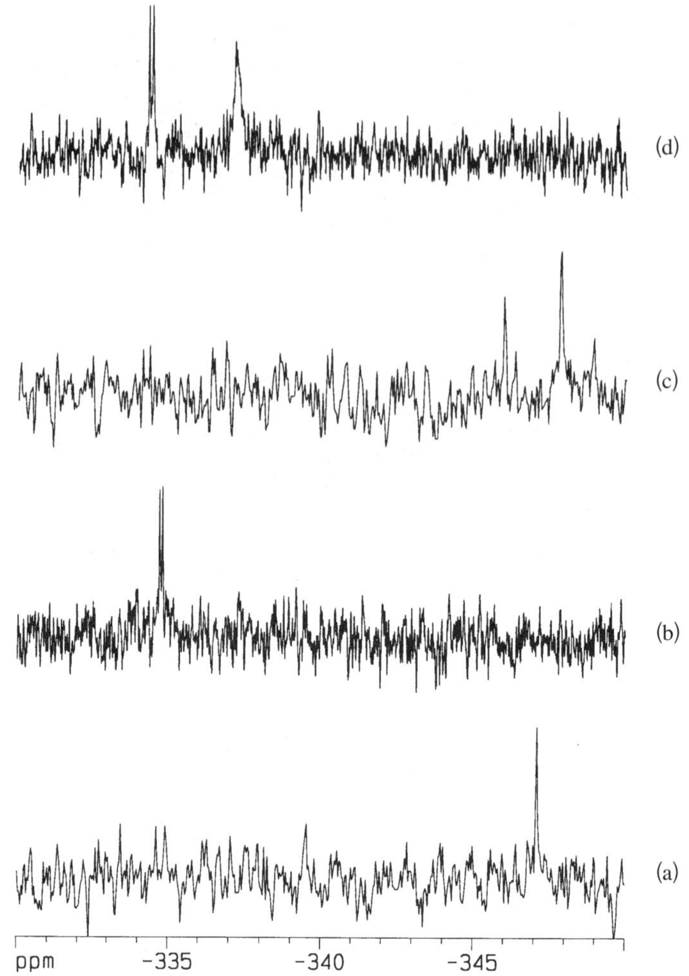

그림 3-46 0.1 M 용액의 (a) K-EDTA, (b) Y-EDTA, (c) K-DTPA, (d) Y-DTPA의 화합물들을 50.68 MHz에서 얻은 ^{15}N의 스펙트럼들(기준: nitromethane).

다음은 lanthanide 화합물 NMR의 한 예를 보도록 하자. 그림 3-47은 EDTA, DTPA, TTHA(triethylenetetraaminehexaacetic acid)의 lanthanum 착화합물들을 70.66 MHz lanthanum(^{139}La) NMR로 얻은 스펙트럼들이다.[25] Lanthanum-139는 핵스핀의 양자수가 7/2이며 사중극자 이완을 하므로 피크는 수천 Hz의 피크 넓이를 가진다.[21] 스펙트럼 (a)는 lanthanum 핵의 기준물질로 쓰이는 $La(H_2O)_6^{3+}$의 스펙트럼으로 lanthanum 주위의 6개의 물 분자가 대칭을 이루고 있으므로 다른 화합물보다는 긴 T_2를 가지게 되며 따라서 비교적 좁은 피크 넓이를 가지고 있다($\nu_{1/2} = 90$ Hz). 스펙트럼 (b), (c), (d)는 약 8000 Hz 정도씩의 피크 넓이를 가지는 것들로서 아무런 쓸모가 없어 보이지만 이들 핵들은 다른 한편으로 화학 이동의 범위가 매우 넓으므로 세 착화합물들의 화학 이동의 차이는 육안으로도 뚜렷하게 구별할 수 있다. 즉 이들 화학 이동의 수십 ppm 씩의 차이가 실제로 이들 착화합물의 산소와 질소의 결합의 수를 예측하는 데 사용되고 있다.

양성자 다음으로 감도가 높고 약 400 ppm에 걸쳐 나타나는 넓은 화학 이동(표 3-1)에 기인한 스펙트럼의 단순화 때문에 예전에 아주 중요하게 사용되던 ^{19}F NMR 스펙트럼은 양성자와의 큰 커플링 때문에 일반적으로 양성자를 디커플링한 스펙트럼을 얻게 된다. 그림 3-48은 282.4 MHz에서 얻은 벤젠 ring에 치환되어 있는 플로린들을 양성자들과 커플링한 때와 디커플링한 때의 스펙트럼들을 보여주고 있다(기준: $CFCl_3$).

이들의 치환된 위치는 양성자들과의 커플링 pattern으로 하나의 플로린이 치환되어 있을 때는 비교적 수월하지만 그 이상의 치환이 있을 때는 구분이 어렵게 된다. 더욱이 양성자 스펙

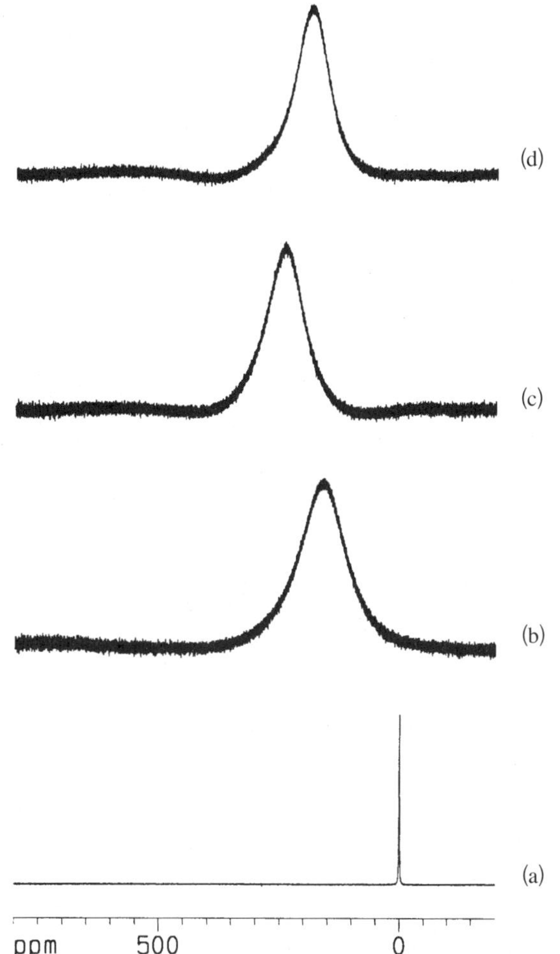

그림 3-47 70.66 MHz에서 얻은 ^{139}La NMR 스펙트럼들. (a) $La(H_2O)_6^{3+}$. (b) La-EDTA. (c) La-DTPA. (d) La-TTHA.

트럼에서는 양성자들 간의 커플링 상수와 양성자와 플로린 사이의 커플링 상수가 매우 비슷하여 구분이 거의 불가능할 뿐만 아니라 때로는 플로린의 존재 유무도 불가능할 수가 있다(2D J-resolved 실험으로 커플링 상수 구분이 가능하다. 6.3절 참조). 그러나 양성자를 디커플링한 탄소 스펙트럼에서는 매우 큰 탄소와의 커플링 상수 때문에 존재 유무와 위치를 비교적 쉽게 알아 낼 수 있다.

지구의 표면에 가장 풍부한 원소 중 하나인 silicon(Si)은 우리가 일상생활에서 가장 흔히 접촉하는 원소이다. 이 원소는 우리가 사용하는 NMR tube와 NMR spectrometer의 컴퓨터에도 존재한다. 자연에 있는 이 원소의 대부분은 ^{28}Si이고 스펙트럼을 얻을 수 있는 $^{29}Si(I = 1/2)$은 4.7% 존재하지만 우리가 일반적으로 자주 사용하는 ^{13}C이 1.1%라는 것으로 ^{29}Si 스펙트럼은 빠르게 얻을 수 있다는 것을 알 수 있다. 화학 이동은 기준으로 TMS를 사용하며 약 600 ppm의 영역에서 나타난다(표 3-9). 그러나 앞에서 본 ^{15}N과 같이 ^{29}Si은 negative gyromagnetic ratio($-\gamma$)를 가지고 있기 때문에 양성자를 디커플링할 때 negative NOE를 만들게 되므로 이 스펙트럼을 얻을 때 단순 디커플링 방법보다는 양성자의 polarization transfer를 이용하는 INEPT 실험 방법이 더 유용하다.

그림 3-49는 phenylsilane, $PhSiH_3$의 INEPT 스펙트럼들과 양성자 스펙트럼을 보여주고 있다. 스펙트럼 (a)는 양성자를 디커플링한 refocused INEPT(때로는 Ernst 실험이라고 함) 스펙트럼이고 (b)는 양성자와 silicon-29이 커플링하고 있는 것을 보여주는 INEPT 스펙트럼, (c)는 양성자 스펙트럼이다. 표 3-9의 이용으로 예상할 수 있는 −60 ppm에서 나타난 silicon

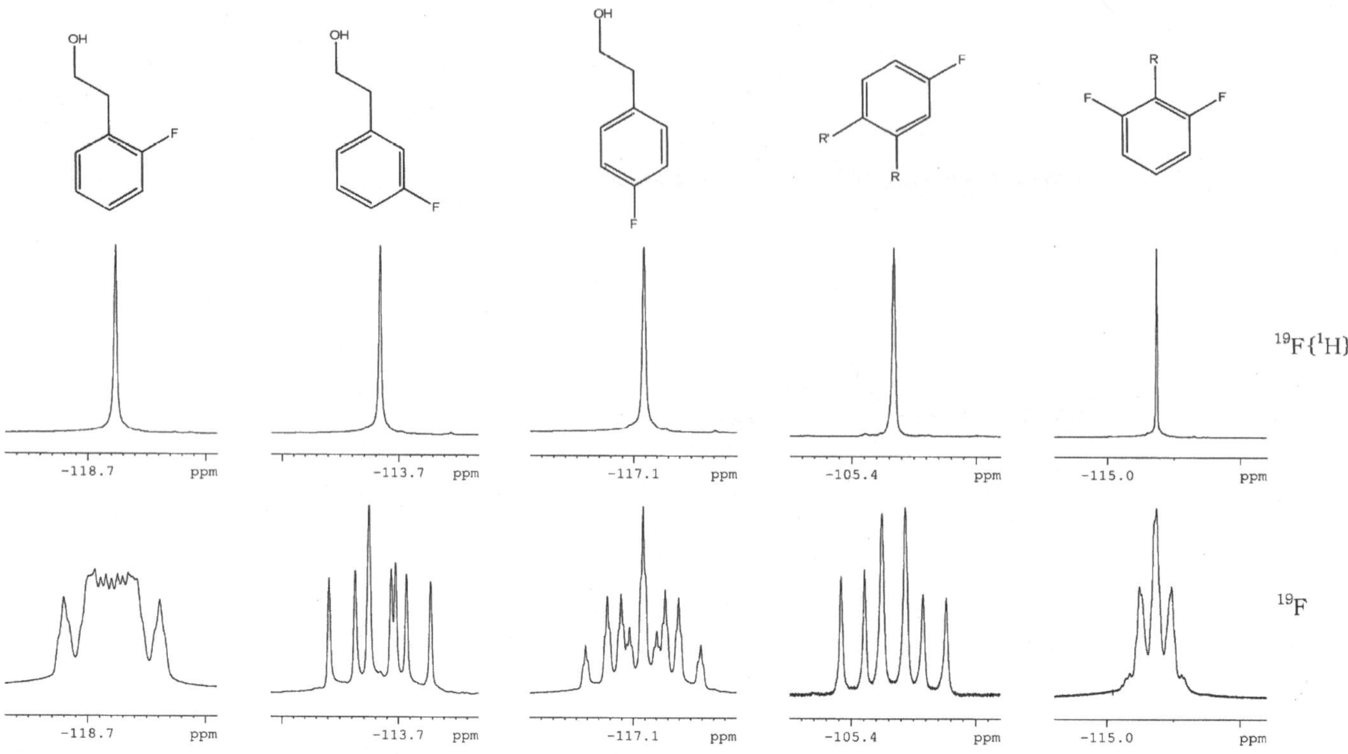

그림 3-48 282.4 MHz에서 얻은 벤젠 ring에 치환된 플로린들의 ^{19}F 스펙트럼들.

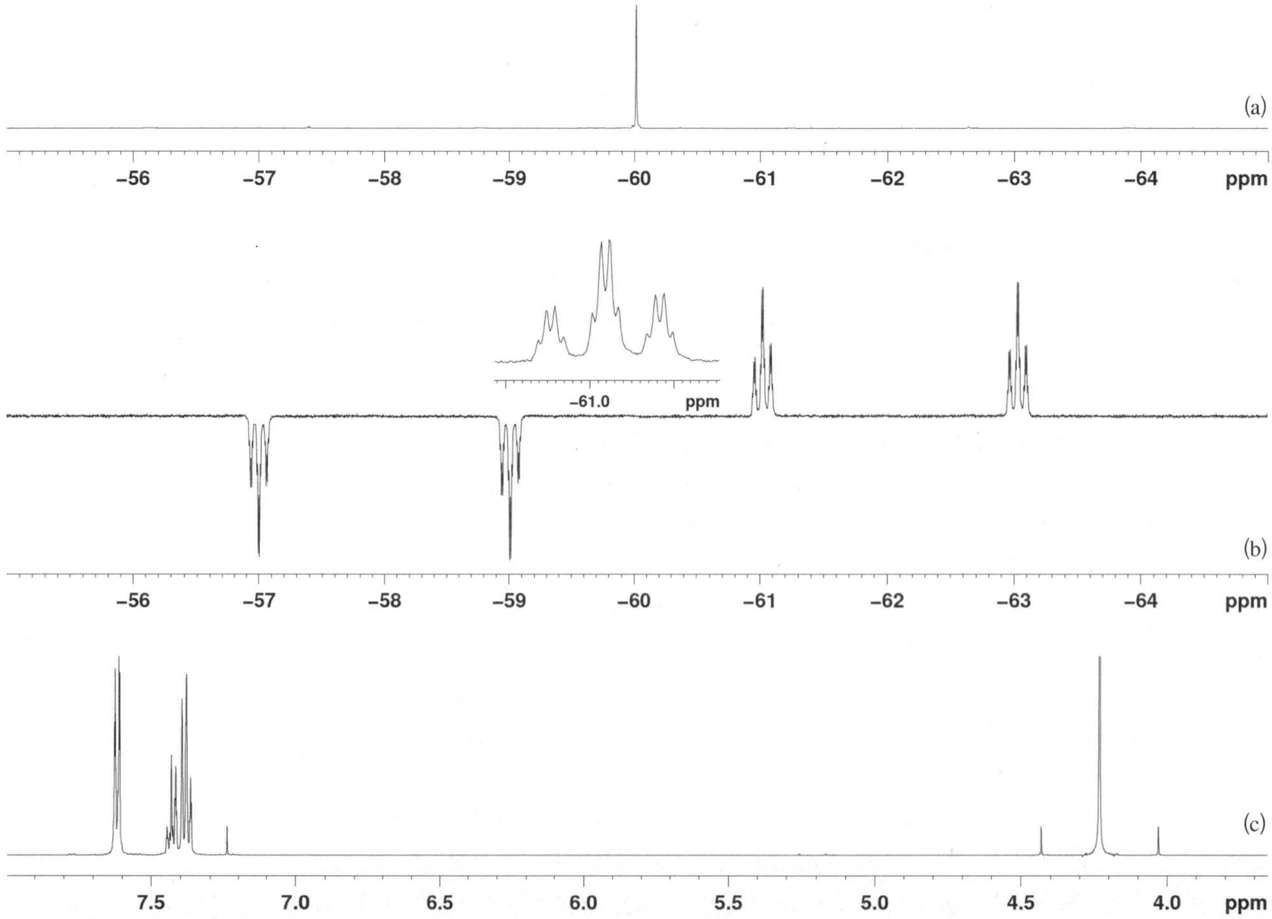

그림 3-49 Phenylsilane, $PhSiH_3$의 ^{29}Si(99.36 MHz)과 ^1H(500.13 MHz) 스펙트럼. (a) refocused INEPT. (b) INEPT. (c) 양성자 스펙트럼.

은 INEPT 스펙트럼에서 양성자와 ^{1}J=200 Hz의 커플링 상수를 보여주고 있고 이 상수는 양성자 스펙트럼에서 나타난 ^{29}Si satellite 피크로도 확인할 수 있다. 200 Hz로 splitting된 각각의 피크는 다시 phenyl의 2개의 *ortho* 양성자들과 ^{3}J=6 Hz로 triplet으로 분리된 후 phenyl의 나머지 양성자들과 약 1 Hz 정도로 다시 splitting된 것을 볼 수 있다.

마지막으로 자연 존재비가 0.038%로 매우 적은 ^{17}O의 경우를 보면 NMR 스펙트럼을 얻기 위해서는 얼마나 많은 변수가 있는지를 알 수 있다. 즉 앞에서 본 ^{15}N의 경우는 자연 존재비가 0.37%임에도 불구하고 많은 양의 시료와 시간이 필요한 것을 고려할 때 ^{15}N에 비해 약 1/10의 자연 존재비를 가지고 있는 ^{17}O의 경우는 스펙트럼을 얻는 것은 불가능할 것이라고 생각할 수 있다. 그러나 ^{17}O 핵은 ^{15}N과는 다르게 T_1 시간이 매우 짧기 때문에 주어진 시간에 많은 scan을 할 수 있으므로 가능한 실험이다.

그림 3-50은 glycidyl metacrylate(**1**)를 94.9 MHz에서 얻은 ^{17}O 스펙트럼이다(기준: H_2O). 비록 많은 시료와 시간(이 경우 50% 용액으로 약 1.5시간)을 요구하는 실험이지만 때로는 이러한 실험으로 얻을 수 있는 정보는 실로 엄청나다고 할 수 있다. 시료 **1**의 경우 앞에서 보여준 양성자와 탄소의 스펙트럼과 이 ^{17}O 스펙트럼을 같이 사용하면 **1**의 구조에 있는 산소들의 정보를 아주 쉽게 알 수 있게 된다. 즉 342 ppm의 에스터(ester)의 카보닐 산소와 139 ppm의 에스터에 있는 알코올 산소 그리고 −23 ppm의 epoxide 산소를 쉽게 찾을 수 있다(569 ppm의 피크는 용매로 사용한 acetone의 카보닐 산소다). 이 실험은 약 1000 ppm의 넓은 영역(표 3-6)에서 나타나는 화학 이동과 짧은 T_1으로 이미 유기화합물의 연구에 많이 사용되고 있다.[27]

우리는 이제까지 몇 개의 헤테로핵들의 NMR에 대한 특성과 이들의 이용에 대해서 살펴보았지만 이 외에도 현재 수많은 다른 핵들이 실제로 여러 가지의 연구의 목적으로 사용되고 있다. 표 3-5부터 3-11까지 현재 가장 많이 사용하는 핵들의 화학 이동의 경향과 여러 가지 작용기(functional group)의 영향에 따른 화학 이동값들을 나열하여 놓았다. 물론 이것들은 경험적으로 측정된 값들을 나열한 것이기 때문에 어떤 특정한 화학물의 화학 이동값은 이 범주에서 많이 벗어날 수도 있을 것이다.

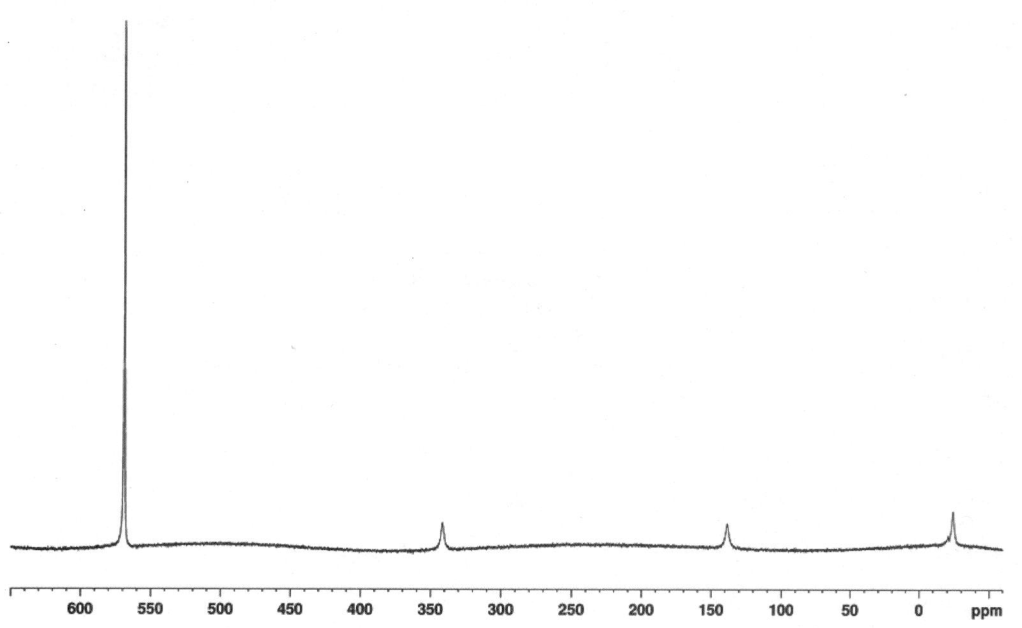

그림 3-50 아세톤 용매에 있는 glycidyl metacrylate(**1**)의 94.9 MHz ^{17}O NMR 스펙트럼.

표 3–5 보론(^{11}B)의 화학 이동 분포도(외부 기준, BF_3OEt_2).

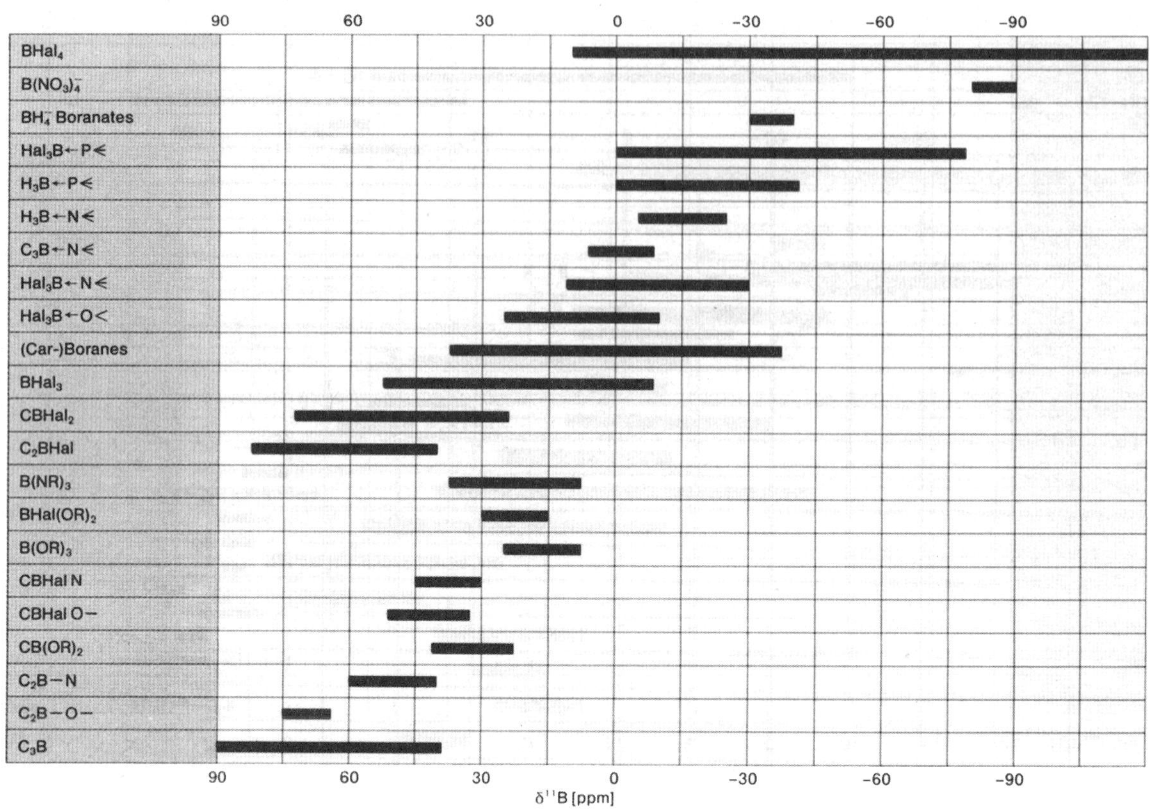

표 3–6 산소(^{17}O)의 화학 이동 분포도(외부 기준, H_2O).

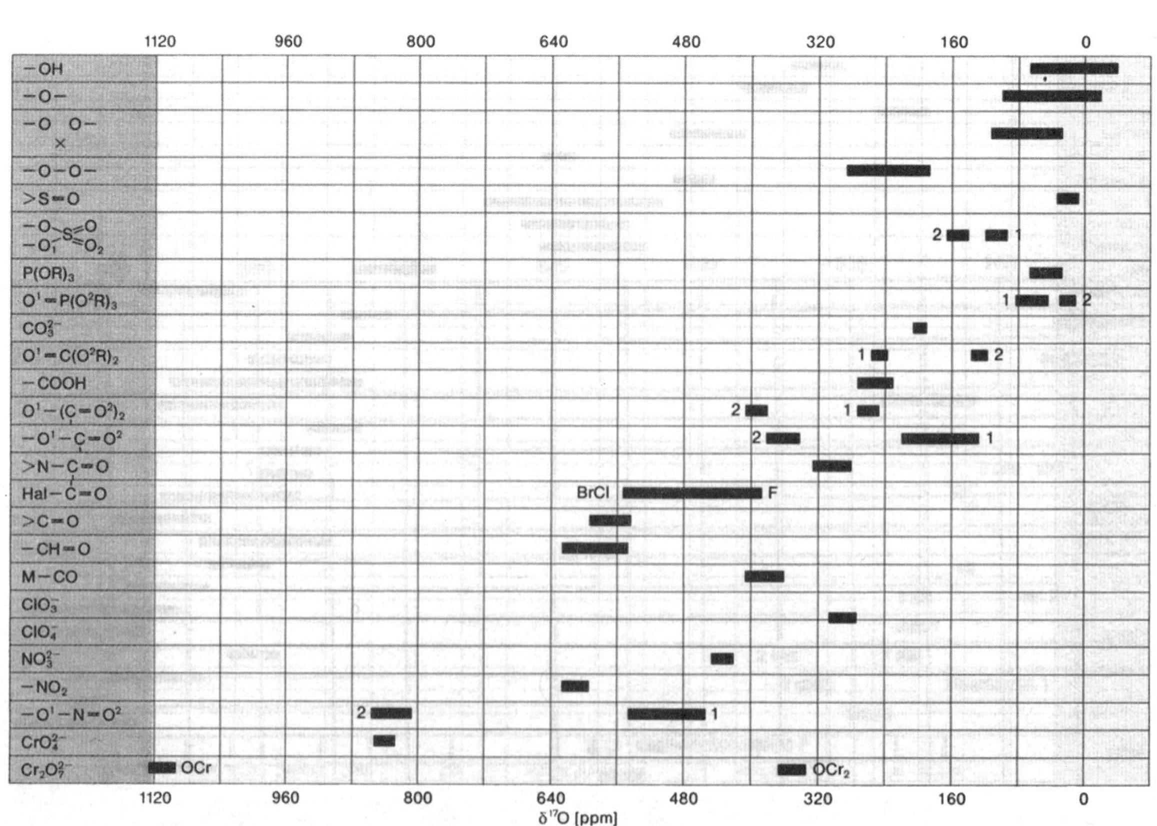

표 3-7 질소(^{15}N)의 화학 이동 분포도(외부 기준, liquid NH_3).

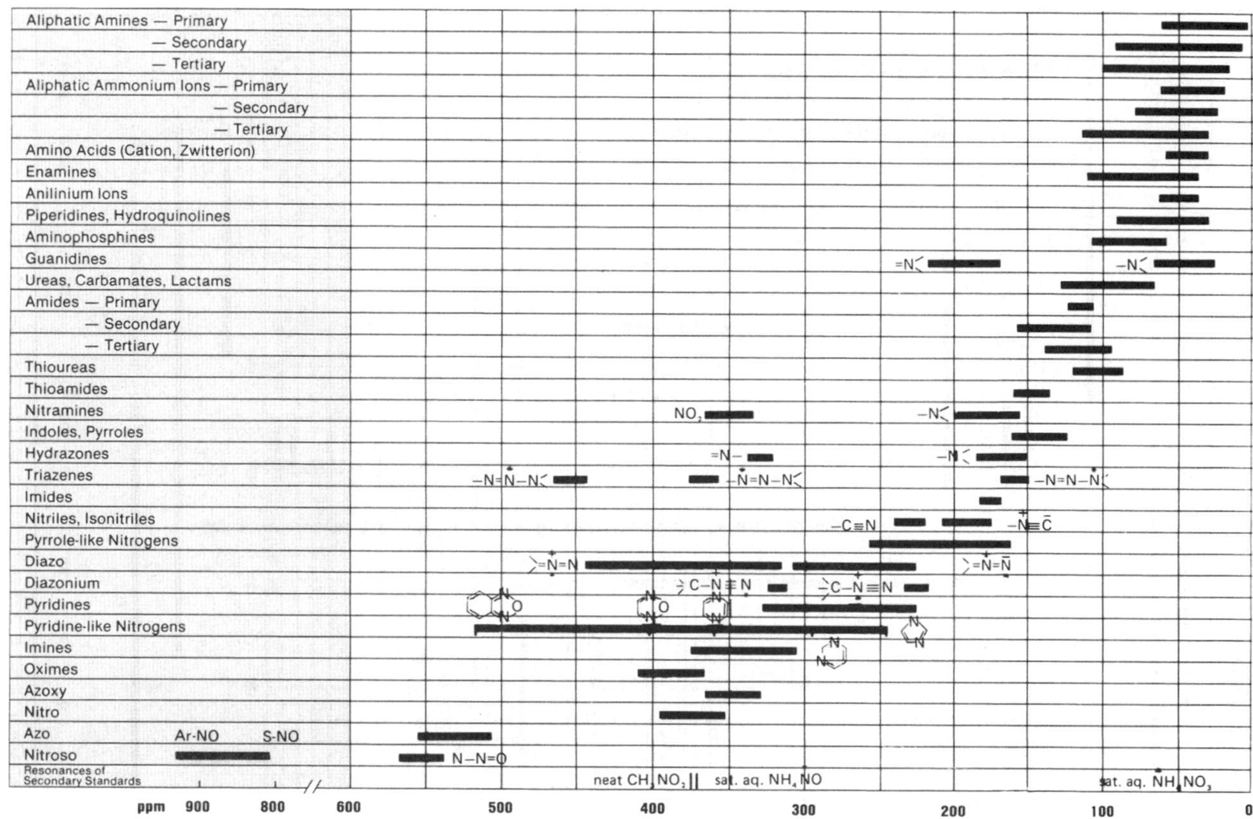

표 3-8 알루미늄(^{27}Al)의 화학 이동 분포도(내부 기준, $Al(H_2O)_6^{+3}$).

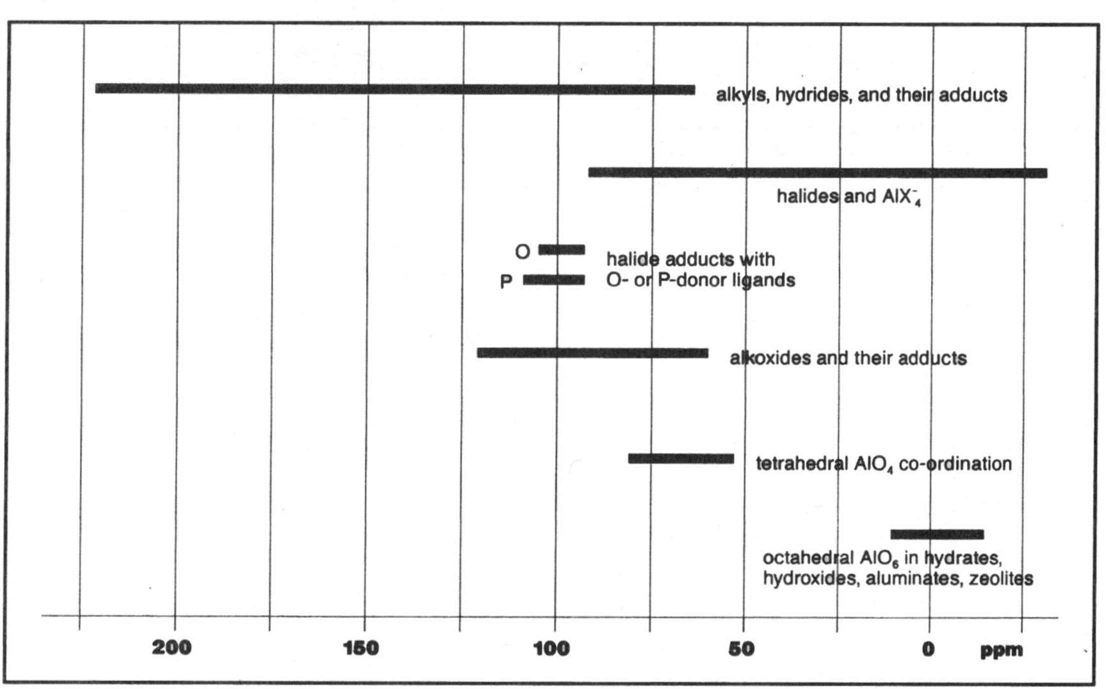

표 3–9 실리콘(^{29}Si)의 화학 이동 분포도(내부 기준, TMS).

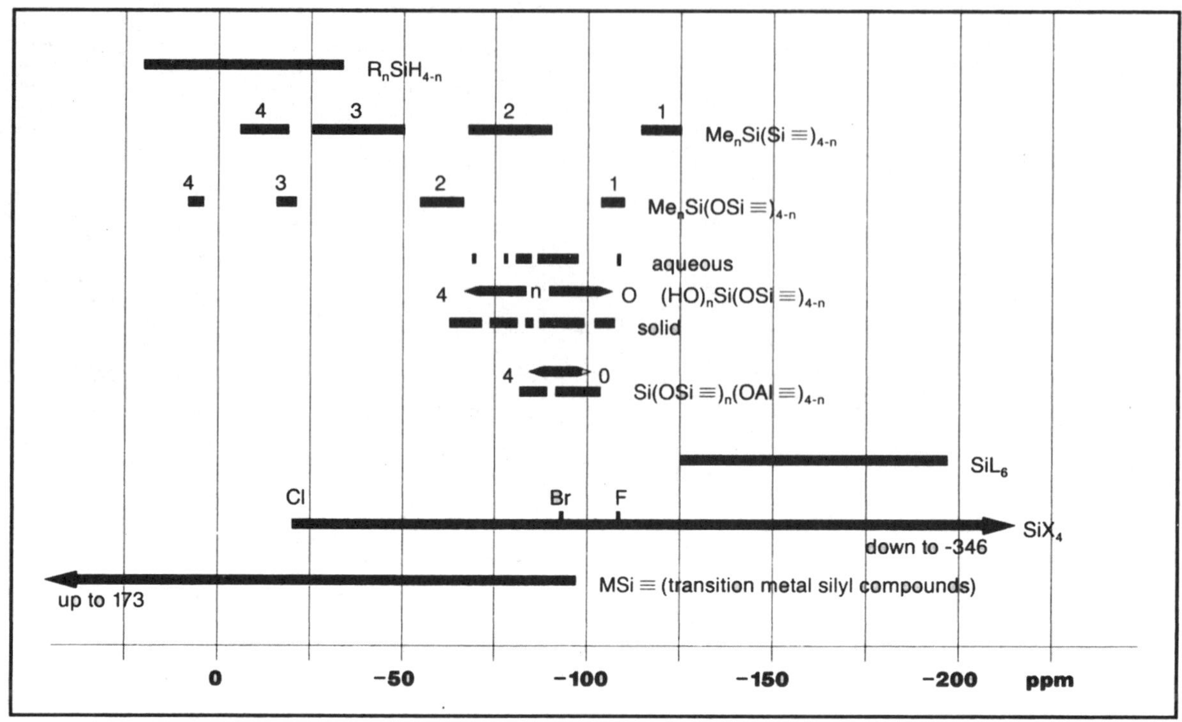

표 3–10 플로린(^{19}F)의 화학 이동 분포도(외부 기준, $CFCl_3$).

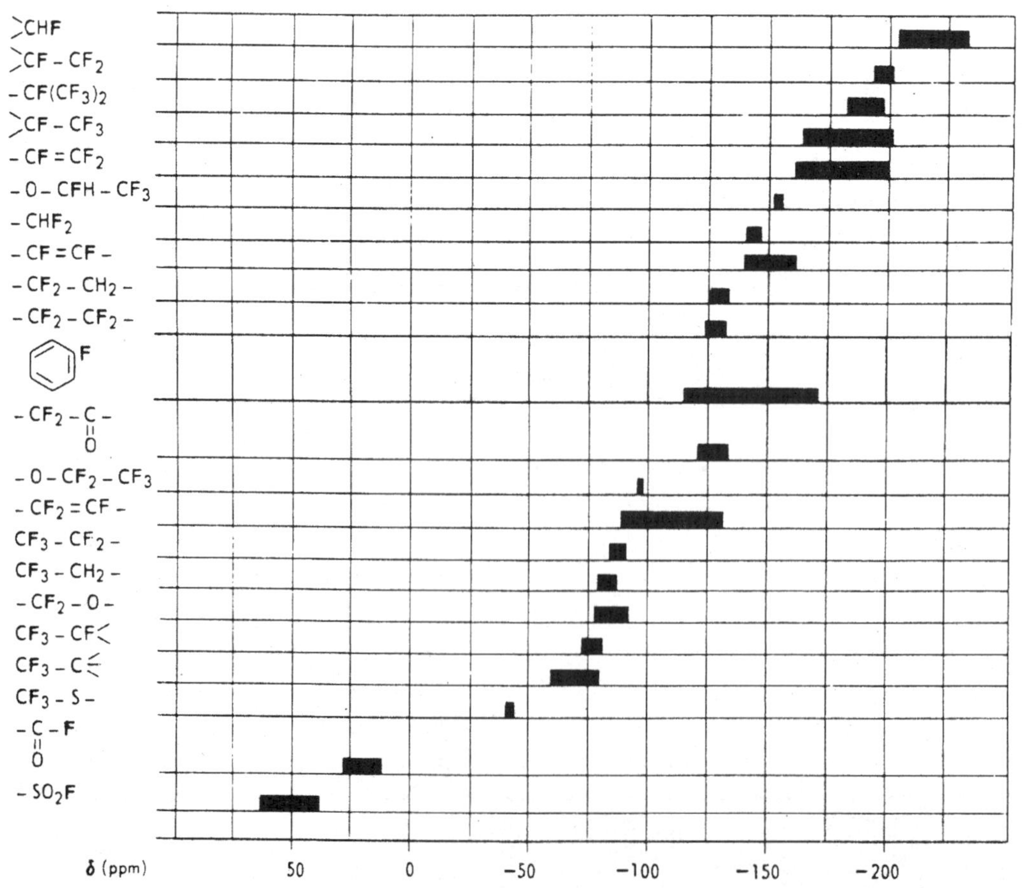

표 3-11 인(^{31}P)의 대표적인 화학 이동값(외부 기준, 85% H_3PO_4).

(a) Phosphorus (III) compounds			
	δ/ppm		δ/ppm
PMe_3	−62	$PMeF_2$	245
PEt_3	−20	$PMeH_2$	−163.5
PPr^n_3	−33	$PMeCl_2$	192
PPr^i_3	19.4	$PMeBr_2$	184
PBu^n_3	−32.5	PMe_2F	186
PBu^i_3	−45.3	PMe_2H	−99
PBu^s_3	7.9	PMe_2Cl	96.5
PBu^t_3	63	PMe_2Br	90.5

(b) Phosphorus (V) compounds			
	δ/ppm		δ/ppm
Me_3PO	36.2	Me_3PS	59.1
Et_3PO	48.3	Et_3PS	54.5
$[Me_4P]^+$	24.4	$[Et_4P]^+$	40.1
$[PO_4]^{3-}$	6.0	$[PS_4]^{3-}$	87
PF_5	−80.3	$[PF_6]^-$	−145
PCl_5	−80	$[PCl_4]^+$	86
$MePF_4$	−29.9	$[PCl_6]^-$	−295
Me_3PF_2	−158	Me_2PF_3	8.0

3.8 화학 이동 보조물질과 입체구조 결정[28]

오래전부터 유기 물질과 lanthanide의 착화합물(complex)은 화학 이동이 복잡하게 겹쳐서 나오는 물질을 넓게 펼쳐서 나타나게 하는 보조물질로 사용되어 왔다. 이들의 대표적인 것들이 Eu^{+3}나 Dy^{+3}의 diketonates 화합물들이다. 그림 3-51에 이들의 구조가 나와 있는데 이들이 보여주는 현상을 lanthanide induced shifts(LIS)라고 한다. 이 현상을 설명하는 메커니즘은 여러 가지가 있지만 일반적으로 LIS의 크기는 착화합물과 대상물질이 만드는 자기적 성질뿐만 아니라 착화합물의 Lewis acidity 그리고 대상물질의 Lewis basicity가 크게 작용하는 것으로 알려져 있다. 그러므로 이들 shift reagent를 사용하는 대상물질들은 amino, hydroxy, phosphoryl, carbonyl, sulfoxide 등의 그룹을 가지고 있는 물질들과 잘 사용되고 있다.

그림 3-51-1은 hydroxy 그룹을 가지고 있는 octanol의 스펙트럼의 겹침을 europium complex, $Eu(dpm)_3$를 사용하여 해소시킨 것을 보여주고 있다. 비록 피크의 넓어짐(broadening) 현상이 있지만 겹침이 많이 해소된 것을 볼 수 있다.

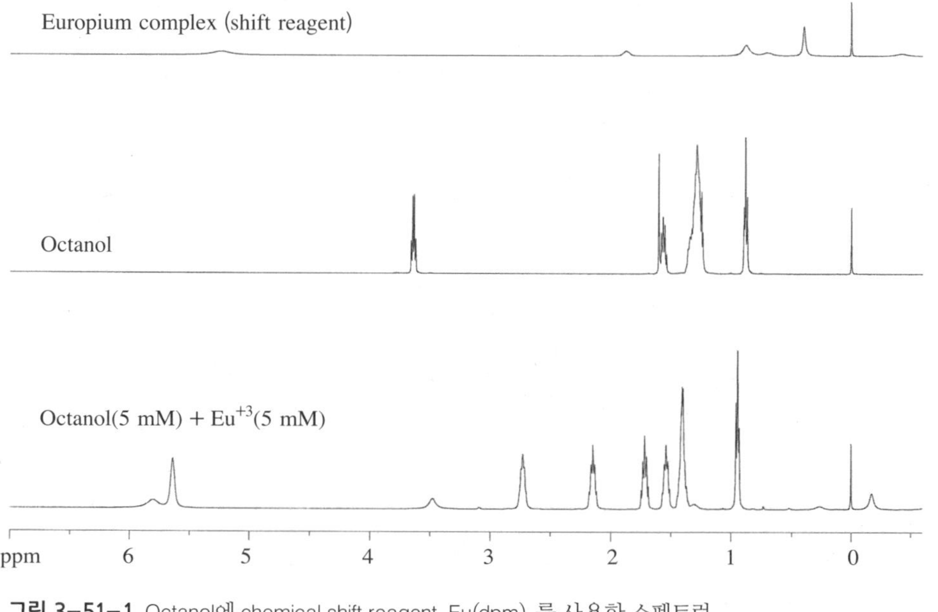

그림 3-51-1 Octanol에 chemical shift reagent, $Eu(dpm)_3$를 사용한 스펙트럼.

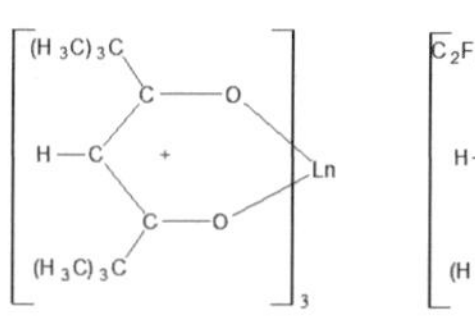

tris-β-diketonates (DiPivaloylMethanates) $(Ln(dpm)_3 : Eu^{+3}, Dy^{+3}$

1,1,1,2,2,3,3-heptaFluoro-7,7-dimethyl-4,6-OctaneDionates $(Ln(fod)_3$

그림 3-51 대표적인 chemical shift reagents.

DOTA^{-4}

(+)-(18-crown-6)-2, 3, 11, 12-tetracarboxylic acid

Phenylalanine

이들 화학 이동 보조물질의 사용은 최근 더욱 확대되어 사용되고 있으며 이들 중 대표적인 ligand들은 TTHA와 DTPA(그림 3-46의 관련 화합물 참조) 그리고 DOTA(tetraazacyclododecane tetraacetic acid) 등이며 lanthanide들은 dysprosium(Dy), gadolinium(Gd) 등이 자주 사용되는 것을 볼 수 있다.

DTPA와 Gd의 complex는 병원에서 사용되는 MRI의 image enhancement 용으로 사용되고 있으며 TTHA와 Dy complex는 임상화학(clinical chemistry)에서 sodium의 분석에 사용되고 있다. 그림 3-52는 external reference를 사용하여 sodium 분석에 사용된 예를 보여주고 있다. 이 스펙트럼은 external(coaxial tube)로 있는 sodium이 Dy(TTHA)와 결합하여 약 3 ppm의 down-field에서 나타난 것을 볼 수 있다. 즉 이 피크와 농도를 알고 있는 sodium 피크들의 상대적인 비를 이용하여 새로운 용액의 sodium의 농도를 측정할 수 있다.

이들 ion의 성질을 가진 lanthanide 착화합물과는 다르게 때로는 중성의 유기화합물도 chemical shift reagent로 사용되는 것을 볼 수 있다. β-cyclodextrin의 유도체가 거울상 이성질체(enantiomer)인 두 isomer의 화학 이동을 분리함으로써 순도 분석에 이미 사용되었고[8b] tetraethylamine chloride, $Et_4N^+Cl^-$가 DMDSO에 녹아 있을 때 $^{35}Cl^-$의 화학 이동이 약 60 ppm down-field에서 나타나는 것은 external reference로 물속의 Cl^-의 농도 측정을 가능하게 하였다.[9] 또한 (+)-(18-crown-6)-2,3,11,12-tetracarboxylic acid는 amino acid의 거울상 이성질체의 chiral center의 양성자들의 화학 이동을 분리시키는 것으로 알려져 기존의 크로마토그래피 분석법을 대신할 수 있는 가능성을 보여주고 있다. 그림 3-53은 racemic 혼합물인 phenylalanine이 위의 carboxylic acid와 함께 용액 속에 있을 때 chiral center에 연결되어 있는 탄소의 AB 양성자들의 분리(3.0~3.2 ppm 영역)와 함께 chiral center의 R과 S의 양성자들을 완전히 분리시켜(3.95~4.05 ppm 영역) 나타나는 것을 볼 수 있다.

거울상 이성질체인 두 isomer를 chiral resolving 물질의 일종인 cyclodextrin이나 crown ether 유도체로 분리하는 연구들은 활발히 진행되고 있지만 분리된 피크들의 정확한 입체 구조를 확인하기 위해서는 결국 authentic 시료가 필요하게 된다. 이들이 존재하지 않을 때 정확한 입체 구조를 알기 위해서 diastereomer를 만들게 되는데 대상물질이 acid나 amine일 경우에는 salt를 만들어서, 그리고 alcohol일 경우에는 ester로 만들어서 확인하게 된다.

그림 3-54는 R과 S의 혼합물(racmic mixture)인 α-phenylethylamine을 (S)-*o*-acetylmandelic acid를 사용하여 diastereomer를 만든 후 ratio를 측정하는 스펙트럼이다. 즉

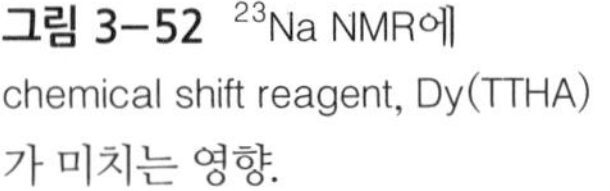

그림 3-52 ^{23}Na NMR에 chemical shift reagent, Dy(TTHA)가 미치는 영향.

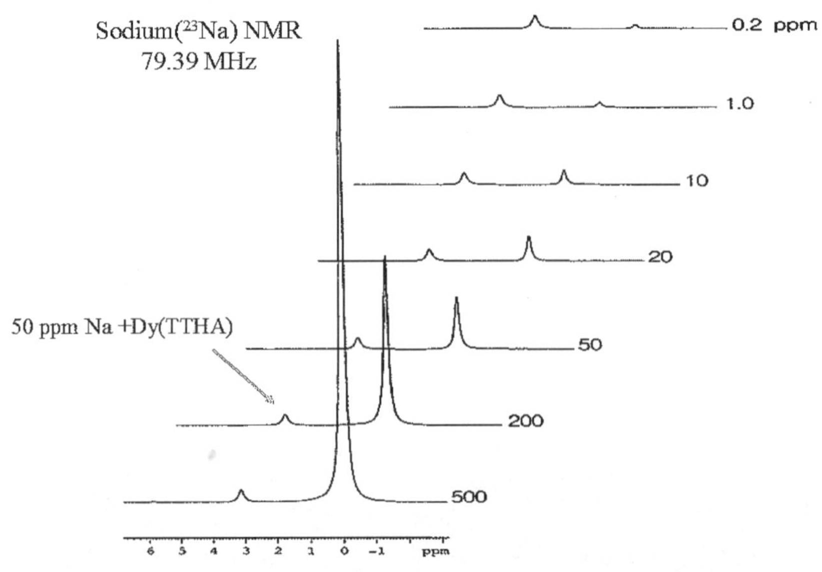

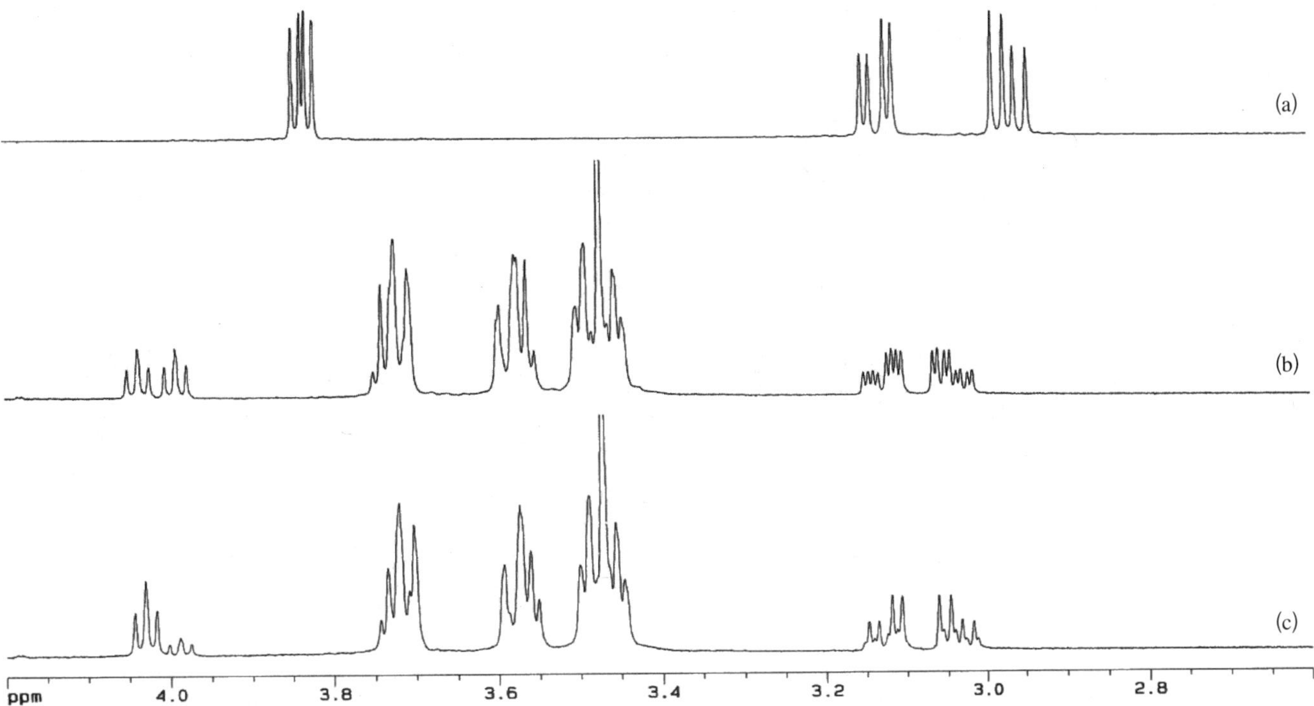

그림 3-53 (a) phenylalanine. (b) phenylalanine with acid. (c) authentic two isomer[D(5):L(1)] with acid.

racemic mixture인 amine과 (S)-α-phenylethylamine의 50:50 혼합물에 mandelic acid를 혼합하면 R-S와 S-S의 diastereomer salt들이 만들어지게 된다. 이들 두 diastereomer에 있는 메틸 그룹의 양성자들이 각각 2중선으로 나타나 있고 S isomer의 피크가 큰 피크이다. 두 피크의 전체 면적의 반에 해당하는 피크가 첨가한 S isomer의 피크이므로 racemic mixture의 S isomer의 피크의 면적은 약 222 mm이므로 R:S=57:43라는 값을 얻을 수 있게 된다. 이와 같은 논리로 racemic mixture인 acid를 분석할 때는 amine을 사용하여 diastereomer salt를 만

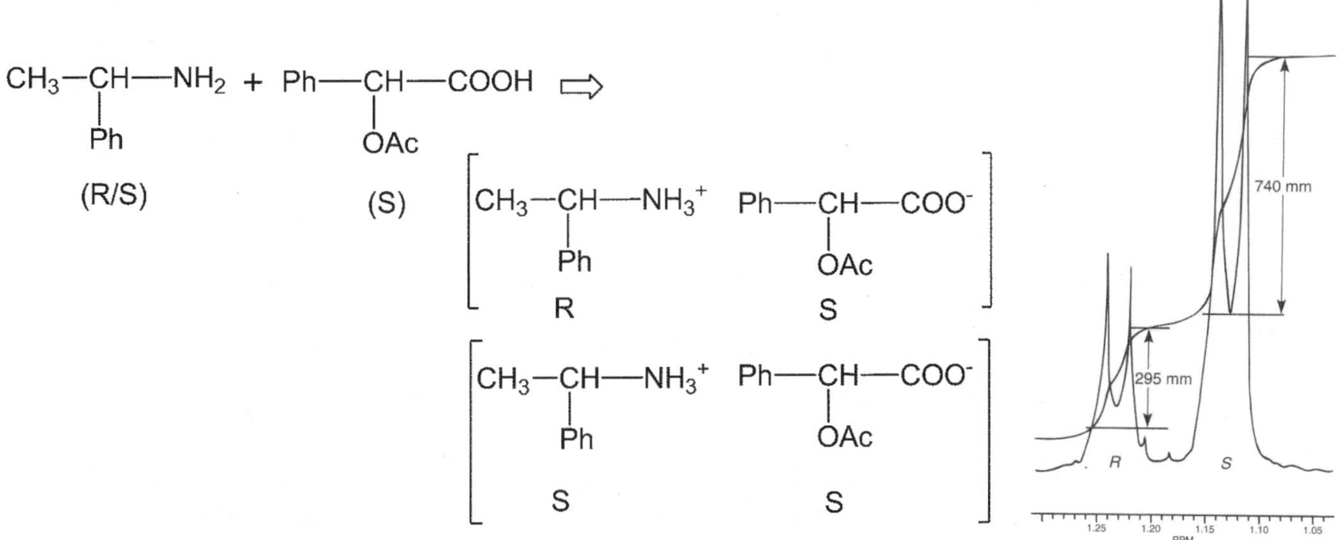

그림 3-54 Amine racimic mixture(50)와 (S)-α-phenylethylamine(50)의 혼합물에 mandelic acid의 첨가로 만들어진 diastereomer와 그들의 ^{1}H NMR 스펙트럼.

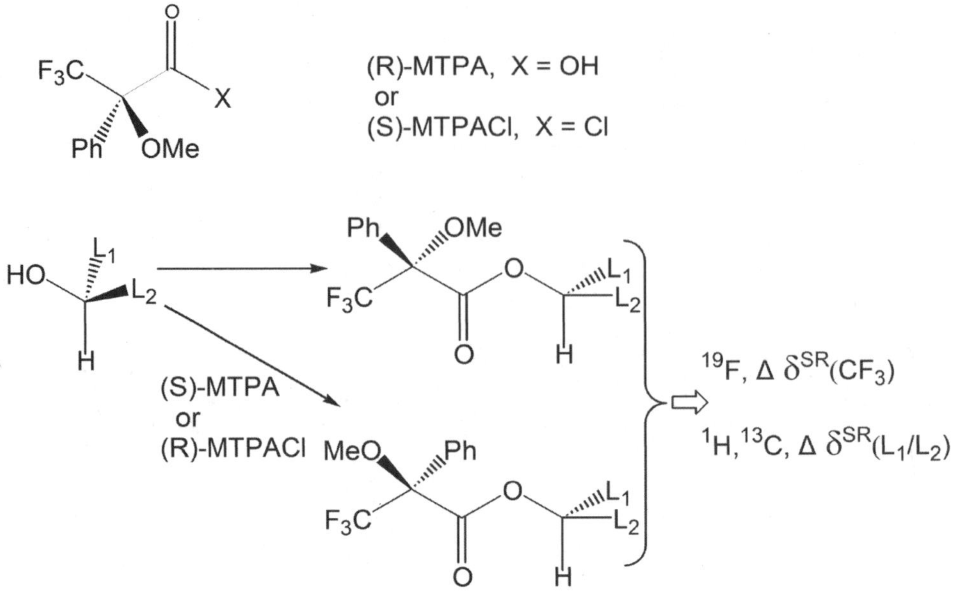

그림 3-55 MTPA와 MTPA-Cl과 Mosher ester.

들어 분석할 수 있다.

위에서와 같이 salt를 만들 수 없는 물질의 입체구조를 NMR로 결정하기 위해서는 순수한 거울상 이성질체와 공유결합의 물질을 만들어 사용하게 되는데 많은 경우 2차 알코올(secondary alcohol)에서 볼 수 있다. 이 경우 처음에는 순수한 거울상 이성질체인 (S)-2-methoxyphenylacetic acid를 사용하여 diastereomer인 ester를 만들어 사용하게 되었는데 이 방법은 더욱 많은 실험 결과들과 함께 지금은 Mosher 방법으로 알려져 이차 알코올의 입체구조를 결정하는 일반적인 방법으로 사용되고 있다.[29] 이 방법은(그림 3-55) 먼저 알코올을 순수한 (R)-과 (S)-methoxytrifluoromethylphenylacetic acid(MTPA) 또는 chloride(MTPA-Cl)로 각각의 ester를 만들고 이들의 ^{19}F, ^{1}H, ^{13}C 스펙트럼을 얻어 그들의 화학 이동값을 비교하게 된다(비록 carboxylic acid와 acid chloride는 chiral center에 치환체들의 3차원적 배열은 같지만 Cahn-Ingold-Prelog의 법칙으로는 R/S의 반대의 입체구조를 가진다는 것을 주의해야 함).

각각 얻어진(MTPA의 경우) 스펙트럼으로부터 S ester의 chiral center에 연결되어 있는 그룹의 화학 이동에서 R ester의 chiral center에 연결되어 있는 그룹의 화학 이동을 뺀($\delta(S)-\delta(R)=\Delta\delta^{SR}$) 값($\Delta\delta^{SR}$)이 양(+)인지 음(-)인지에 따라서 대상물질의 입체구조를 결정하게 된다. 이때 사용된 가정은 많은 실험 결과의 결론으로부터 얻어진 것이며 그림 3-56에 보여주고 있는 ester의 가장 안정한 conformation을 이용하는 것이다. 즉 ester에서 $-CF_3$ 그룹과 C_α 그리고 carbonyl과 C(1)이 모두 같은 평면에 있을 때가 이 ester의 가장 안정한 conformation이라는 것이다.

위의 (R)-MTPA와 (S)-MTPACl ester 구조에서는 L_2 그룹이 L_1의 그룹보다 phenyl 그룹의 anisotropic effect(ring current) 때문에 shielding되어 나타나게 될 것이며 반대로 (S)-MTPA와 (R)-MTPACl ester에서는 L_1 그룹이 L_2 그룹보다 shielding 되어 나타나게 될 것이다. 그러므로 (R)-MTPA ester에서 shielding 되어 나타나는 양성자나 탄소의 $\Delta\delta^{SR}$ 값은 양(+)을 가지게 될 것이며[그림 3-56(c)에서 L_2] 반대로 shielding 되지 않은 양성자나 탄소는 음(-)의 $\Delta\delta^{SR}$ 값을 가지게 될 것이다[그림 3-56(c)에서 L_1]. 만약 알코올이 반대의 입체구조를 가진다면 shielding의 결과가 반대로 나타나게 될 것이고 L_2와 L_1의 $\Delta\delta^{SR}$의 값들도 반대의 부호를

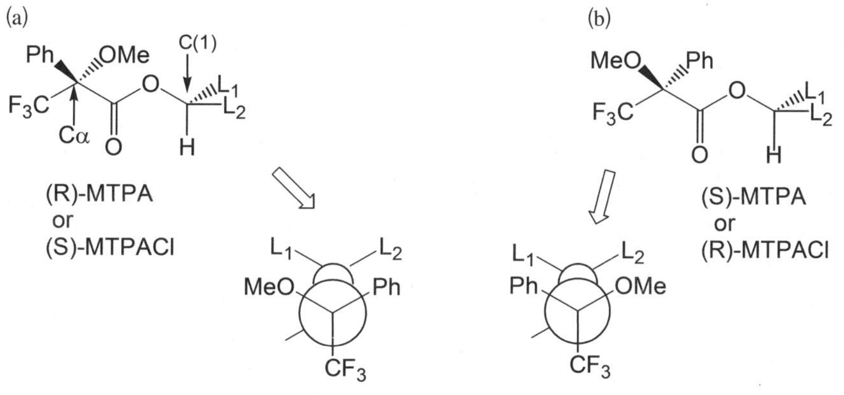

그림 3-56 입체구조 결정을 위한 Mosher ester의 가장 안정한 conformation과 모델.

가지게 될 것이다[그림 3-56(d)]. 그러므로 MTPA ester에 있는 그룹 L_2와 L_1의 $\Delta\delta^{SR}$ 값이 얻어지면 그림 3-56(c)와 3-56(d)를 이용하여 알코올의 정확한 입체구조를 결정할 수 있다.

일반적으로 이 방법은 더 확실한 결론을 얻기 위해서 chiral center에 직접 붙어 있는 그룹들뿐만 아니라 주위의 다른 그룹의 $\Delta\delta^{SR}$ 값들도 사용하게 된다. 또한 이 방법은 β-chiral 1차(primary) 알코올과 α-chiral 3차(tertiary) 알코올에서도 사용될 수 있으며 amine이나 carboxylic acid 등도 Mosher amide를 만들어 같은 방법으로 입체구조를 결정할 수 있다. Mosher는 처음 스펙트럼의 단순화 때문에 ^{19}F 스펙트럼을 이용하였지만 요즈음은 많은 연구자들이 대부분 ^{1}H 스펙트럼을 사용하고 있다. 그러나 high-field NMR에도 불구하고 아직도 ^{1}H 스펙트럼은 피크들의 겹침이 문제가 되고 있고 ^{13}C 스펙트럼은 감도의 문제에도 불구하고 치환체들이 양성자를 가지고 있지 않을 때 유용하게 사용되고 있다.

참고문헌

1. A. Abragam, The Principles of Nuclear Magnetism, Clarendon Press, Oxford, 1961.
2. J. A. Pople, W. G. Schneider, and H. J. Bernstein, High-resolution Nuclear Magnetic Resonance, Mcgraw-Hill, New York, 1959.
3. H. Friebolin, Basic One- and Two-Dimensional NMR spectroscopy, VCH Publisher, New York, 1991.
4. E. D. Becker, High Resolution NMR, Theory and Chemical Applications, Academic Press, New York, 1980.
5. H. Gunther, NMR Spectroscopy, Basic principles, concepts, and applications in chemistry, John Wiley & Sons, New York, 1992.
6. R. K. Harris, Nuclear Magnetic Resonance Spectroscopy, Longman Scientific & Technical, Essex, 1986.
7. M. Karplus, *J. Chem. Phys.*, **30**, 11 (1959). M. Karplus, J. Am. Chem. Soc., **85**, 2870

(1963).
8. a) V. Silvestre, et. al., Anal. Chem., **73**, 1862(2001). b) M. Thunhorst and U. Holzgrabe, *Magn. Reson. Chem.*, **36**, 211 (1998).
9. a) T. H. Ahn, H. C. Kang, and S.−G. Lee, *Bull. Korean Chem. Soc.*, **13**, 577 (1992). b) Quantitative analysis of chloride by heteronuclear electronic reference NMR method." S.− G. Lee, *J. Korean Magn. Reson. Soc.*, **11**, 115 (2007) and references therein.
10. A. W. Overhauser, *Phys. Rev.*, **89**, 689 (1953).
11. A. Y. B. H. Ahmed, B. Y. Meklati, H. Waton, and Q. T. Pham, *Magn. Reson. Chem.*, **30**, 807 (1992).
12. K.−Y. Kim and S.−G. Lee, *Magn. Reson. Chem.*, **35**, 451 (1997).
13. G. C. Levy, R. L. Lichter, and G. L. Nelson, Carbon-13 Nuclear Magnetic Resonance Spectroscopy, John Wiley & Sons, New York, 1980.
14. H.−O. Kalinowski, S. Berger, and G. Braun, Carbon-13 NMR Spectroscopy, John Wiley & Sons, New York, 1984.
15. F. W. Wehrli, A. P. Marchand, and S. Wehrli, Interpretation of Carbon-13 NMR Spectra, John Wiley & Sons, New York, 1988.
16. D. K. Dalling and D. M. Grant, *J. Am. Chem. Soc.*, **94**, 5318 (1972).
17. D. K. Dalling, D. M. Grant, L. F. Johnson, *J. Am. Chem. Soc.*, **93**, 3678 (1971).
18. S.−G. Lee, *Magn. Reson. Chem.*, **38**, 820 (2000).
19. C. H. Kim and S.−G. Lee, *Bull. Korean Chem. Soc.*, **20**, 417 (1999).
20. P. Laszlo, NMR of Newly Accessible Nuclei, Chemical and Biochemical Applications, Vol 1 & 2, Academic Press, New York, 1983.
21. P. S. Pregosin, Transition Metal Nuclear Magnetic Resonance, Elsevier, Amsterdam, 1991.
22. G. J. Martin and M. L. Martin, *Tetrahedron Lett.*, **22**, 3525 (1981).
23. S. Yoo and S.−G. Lee, *Bull. Korean Chem. Soc.*, **11**, 169 (1990).
24. D. G. Gadian, Nuclear Magnetic Resonance and its Applications to Living Systems, Clarendon Press, Oxford, 1982.
25. W. V. Philipsborn and R. Muller, *Angew. Chem. Int. Ed. Engl.*, **25**, 383 (1986).
26. S.−G. Lee, *Bull. Korean Chem. Soc.*, **18**, 1231 (1997).
27. D. W. Boykin ed., ^{17}O NMR Spectroscopy in Organic Chemistry, CRC Press, Inc, Boston, 1991.
28. a) C. C. Hinckley, *J. Am. Chem. Soc.*, **91**, 5160(1969). b) J. K. M. Sanders and D. H. Williams, *Nature* **240**, 385(1972).
29. J. M. Seco, E. Quinoa, and R. Riguera, *Chemcal Reviews*, **104**, 17(2004) and references therein.

연습문제

아래에 분자식과 함께 주어진 1D 양성자(^{1}H)와 탄소(^{13}C) 스펙트럼들은 구조 해석 연습의 목적으로 만들어진 것이다. 이들 중에는 주어진 양성자와 탄소의 1D 스펙트럼만으로는 물질들의 정확한 구조를 예측하기 어려운 것들도 포함되어 있다. 이러한 복잡한 구조의 경우는 새로운 실험 방법들을 공부한 후에 이들에 해당하는 여러 종류의 스펙트럼들이 차례로 주어졌으므로 책의 뒷부분에서는 그들의 구조를 더욱 쉽게 알 수 있게 될 것이다. 그러나 이 책을 공부하는 사람들은 먼저 주어진 양성자와 탄소 스펙트럼만으로 가능한 구조를 그려보고(비록 어떤 물질의 구조는 극히 일부분의 구조가 될 수도 있겠지만) 그런 다음 주어진 다른 실험의 결과를 이용하여 더 완전한 구조를 알아보는 방법을 사용하면 스펙트럼의 해석 능력과 새로운 실험 방법의 이해와 응용 능력도 기를 수 있을 것이다.

문제 3-1 그림 3-57은 C_3H_6O의 분자식을 가진 물질의 양성자(500.13 MHz) NMR 스펙트럼이다(OH 피크는 그리지 않았음). 이 물질의 구조를 구하고 각 양성자들의 커플링 상수를 구하시오.

문제 3-2 그림 3-58은 $C_4H_{10}O$의 분자식을 가진 물질의 양성자(300.13 MHz)와 탄소(75 MHz) NMR 스펙트럼이다. 이 물질의 구조를 구하시오.

문제 3-3 그림 3-59는 $C_4H_{10}O$의 분자식을 가진 물질의 양성자(300.13 MHz)와 탄소(75 MHz) NMR 스펙트럼이다. 이 물질의 구조를 구하시오.

문제 3-4 그림 3-60은 $C_{10}H_{12}O$의 분자식을 가진 물질의 양성자(300.13 MHz)와 탄소(75 MHz) 스펙트럼이다. 이 물질의 구조를 그리시오.

문제 3-5 그림 3-61은 $C_{10}H_{22}O$의 분자식을 가진 물질의 양성자(500.13 MHz)와 탄소(125 MHz) 스펙트럼이다. 이 물질의 구조를 그리시오.

문제 3-6 그림 3-62는 $C_{10}H_{18}O_2$의 분자식을 가진 물질의 양성자(500.13 MHz)와 탄소(125 MHz) 스펙트럼이다. 이 물질의 구조를 그리시오.

문제 3-7 그림 3-63은(양성자 스펙트럼을 확대한 것 포함)은 $C_{13}H_{18}O_3$의 분자식을 가진 물질의 양성자(500.13 MHz)와 탄소(125 MHz) 스펙트럼이다. 이 물질의 구조를 그리시오.

문제 3-8 그림 3-64는(양성자 스펙트럼을 확대한 것 포함)은 $C_{13}H_{22}O_3$의 분자식을 가진 물질의 양성자(500.13 MHz)와 탄소(125 MHz) 스펙트럼이다. 이 물질의 구조를 그리시오.

문제 3-9 그림 3-65는 $C_{21}H_{17}OCl$의 분자식을 가진 물질의 양성자(500.13 MHz)와 탄소(125 MHz) 스펙트럼이다. 이 물질의 구조를 그리시오.

문제 3-10 그림 3-66은 $C_{26}H_{24}O$의 분자식을 가진 물질의 양성자(500.13 MHz)와 탄소(125 MHz) 스펙트럼이다. 이 물질의 구조를 그리시오.

문제 3-11 그림 3-67은 $C_{27}H_{32}O_9$의 분자식을 가진 물질의 양성자(500.13 MHz)와 탄소(125 MHz) 스펙트럼이다. 탄소 스펙트럼에서 170~171, 61~62, 13ppm 부근에는 각각 4개씩의 피크가 겹쳐있다. 이 물질의 구조를 그리시오.

문제 3-12 그림 3-68은 $C_{28}H_{28}O_2$의 분자식을 가진 물질의 양성자(500.13 MHz)와 탄소(125 MHz) 스펙트럼이다. 이 물질의 구조를 그리시오.

문제 3-13 그림 3-69는 $C_{17}H_{20}O_4S$의 분자식을 가진 물질의 양성자(500.13 MHz)와 탄소(125 MHz) 스펙트럼이다. 탄소 스펙트럼에서 59.2 ppm의 피크는 2개의 피크이며 양성자 스펙트럼의 3.2~3.4 ppm에서 두 개의 메틸 피크와 같이 나타난 넓은 피크는 불순물의 피크들이다. 이 물질의 구조를 그리시오.

문제 3-14 그림 3-70은 C, H, N, O를 포함한 분자량 457을 가진 물질의 양성자(500.13 MHz)와 탄소(125 MHz) 스펙트럼이다. 탄소 스펙트럼에서 76.8 ppm의 부근의 피크는 4개의 피크이며 70.4 ppm에는 2개의 피크다. 이 물질의 구조를 그리시오.

문제 3-15 그림 3-71은 $C_{29}H_{32}O_{14}$의 분자식을 가진 물질의 양성자(500.13 MHz)와 탄소(125 MHz) 스펙트럼이다. 이 물질의 구조를 그리시오.

문제 3-16 그림 3-72는 $C_{29}H_{32}O_{14}$의 분자식을 가진 물질의 양성자(500.13 MHz)와 탄소(125 MHz) 스펙트럼이다. 이 물질은 문제 3-15의 것의 이성질체(isomer)이다. 이 물질의 구조를 그리시오.

문제 3-17 그림 3-73은 C, H, O를 포함한 분자량 472를 가진 물질의 양성자(500.13 MHz)와 탄소(125 MHz) 스펙트럼이다. 탄소 스펙트럼에서 따로 그려진 3개의 피크의 정확한 화학 이동값은 213.3, 170.5, 109.2 ppm이다. 이 물질의 구조를 그리시오.

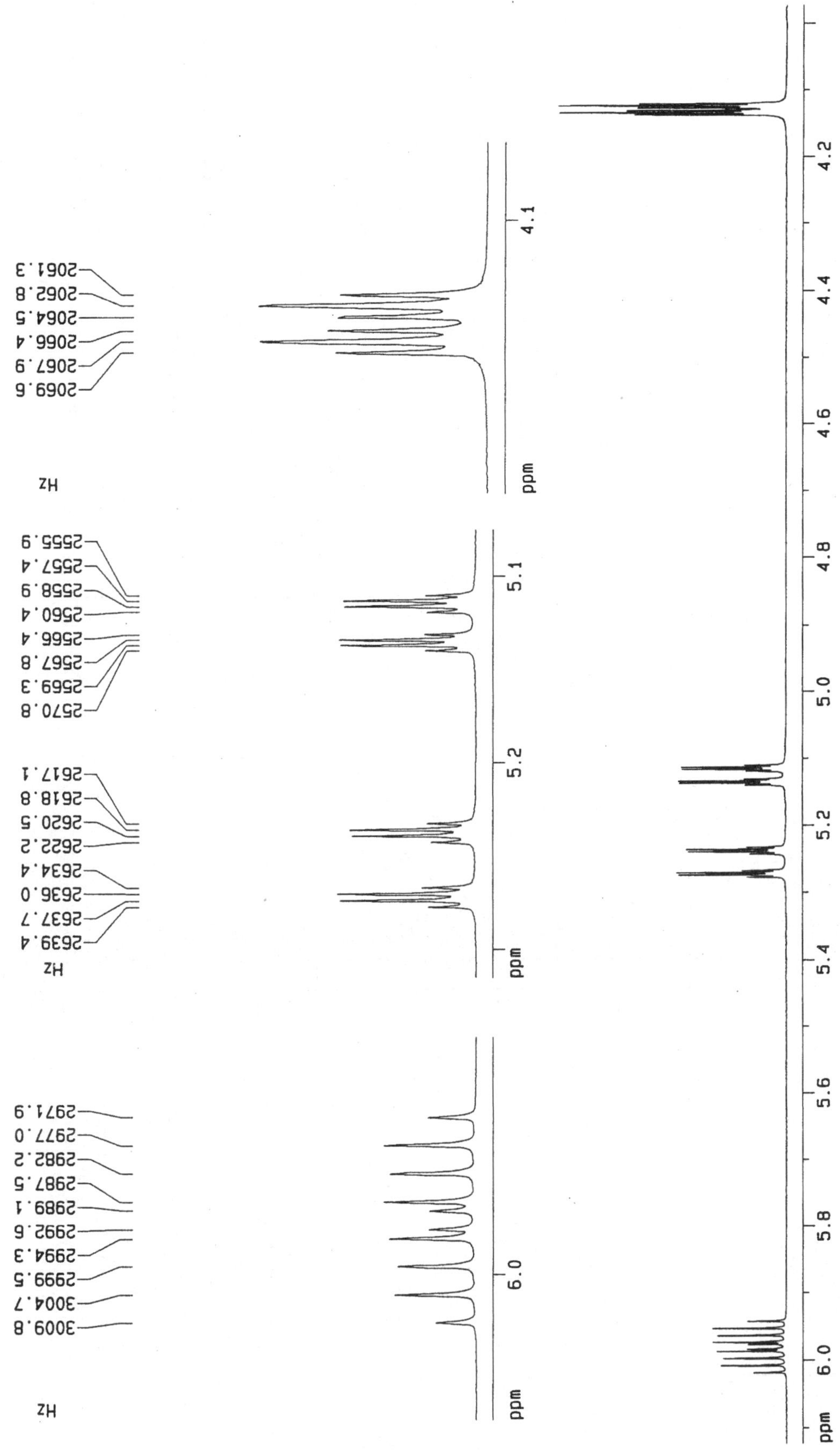
2061.3
2062.8
2064.5
2066.4
2067.9
2069.6
Hz
4.1
ppm
2555.9
2557.4
2558.9
2560.4
2566.4
2567.8
2569.3
2570.8
5.1
2617.1
2618.8
2620.5
2622.2
2634.4
2636.0
2637.7
2639.4
Hz
5.2
ppm
2971.9
2977.0
2982.2
2987.5
2989.1
2992.6
2994.3
2999.5
3004.7
3009.8
Hz
6.0
ppm
4.2
4.4
4.6
4.8
5.0
5.2
5.4
5.6
5.8
6.0
ppm

그림 3-57 문제 3-1

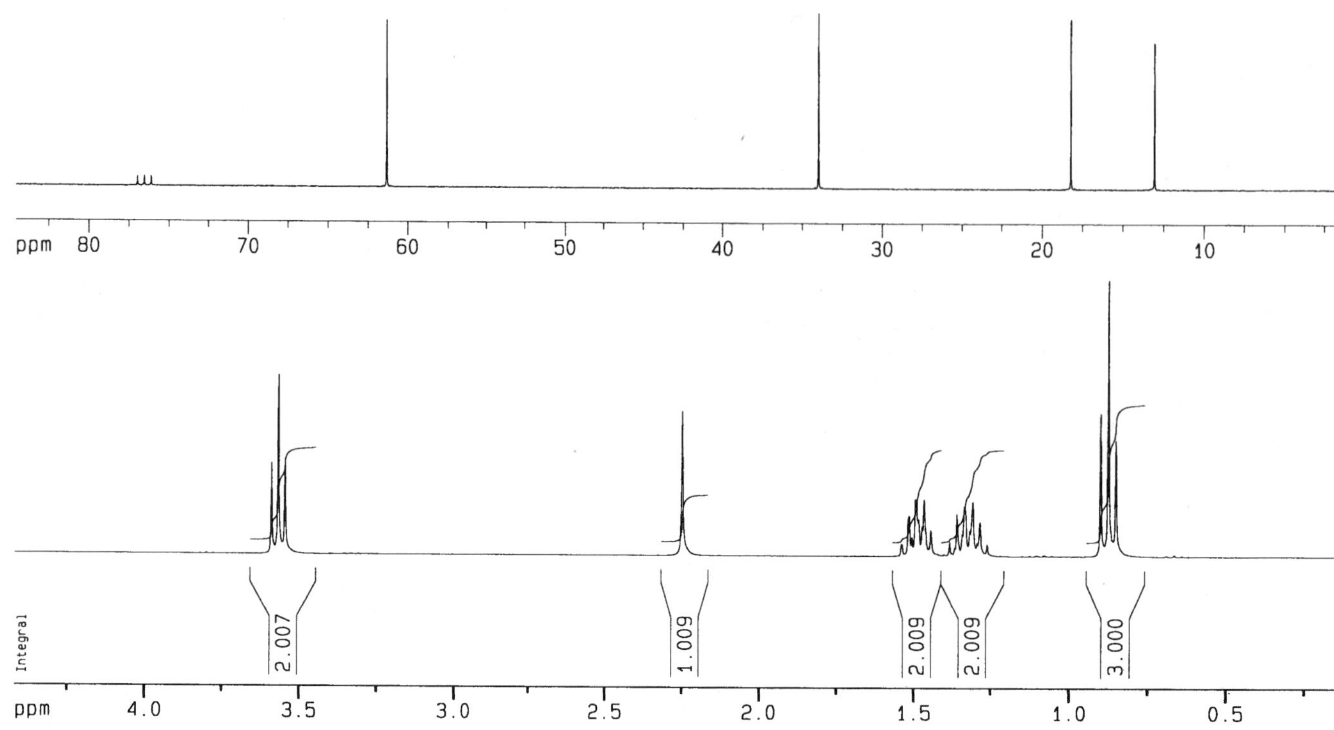

그림 3-58 문제 3-2

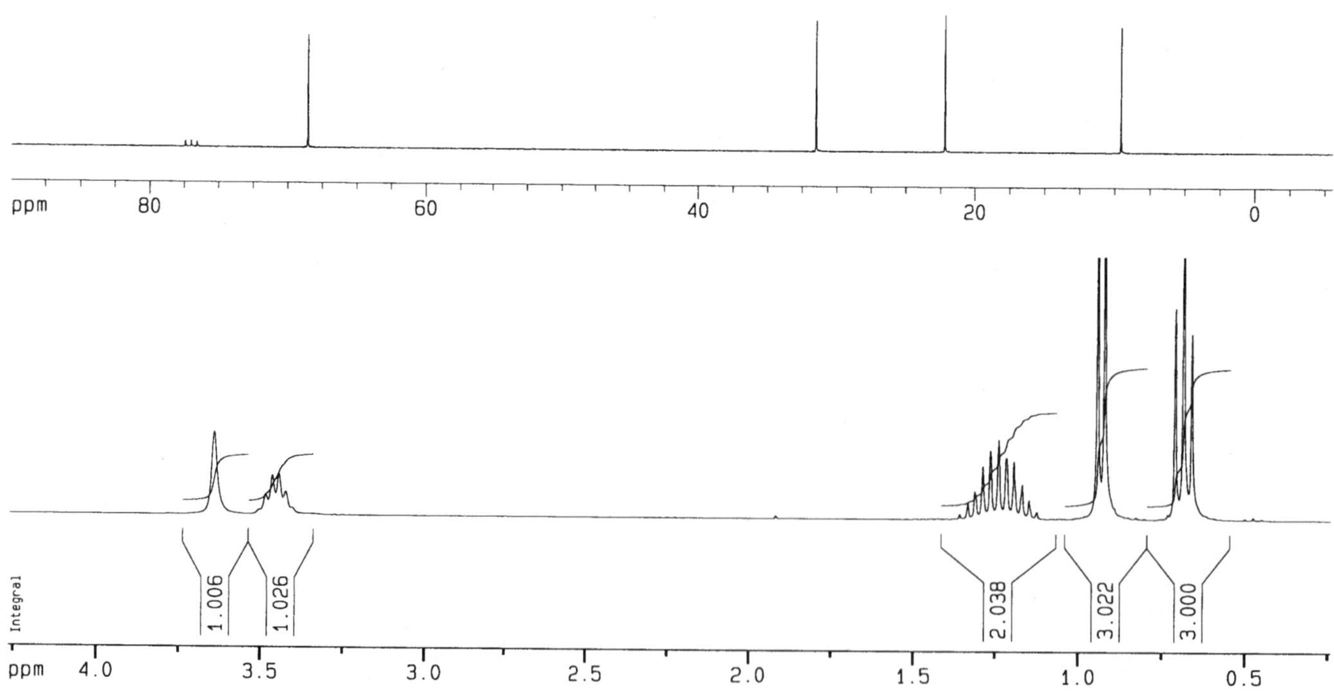

그림 3-59 문제 3-3

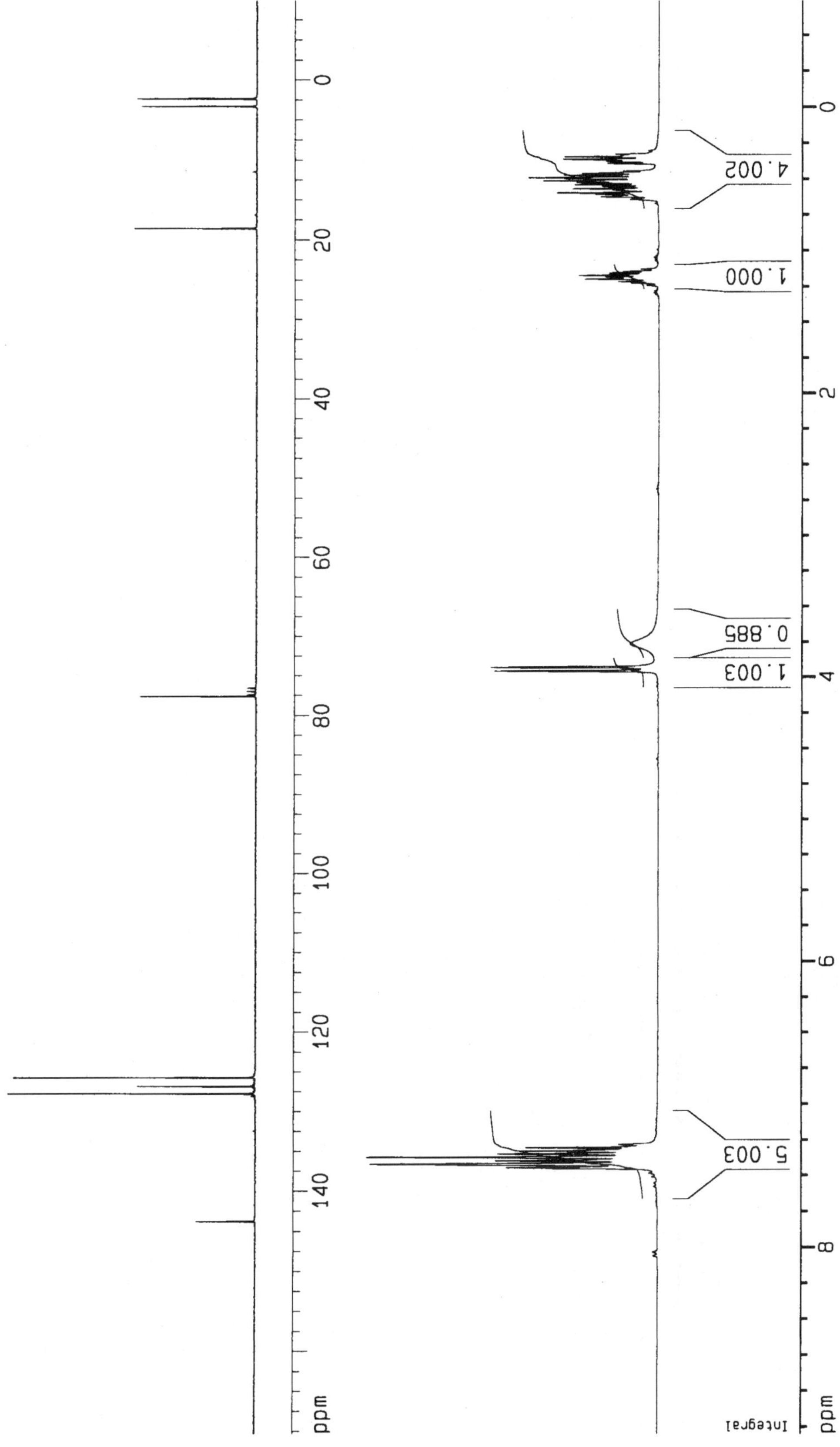
0
20
40
60
80
100
120
140
ppm
4.002
1.000
0.885
1.003
5.003
Integral
0
2
4
6
8
ppm

그림 3-60 문제 3-4

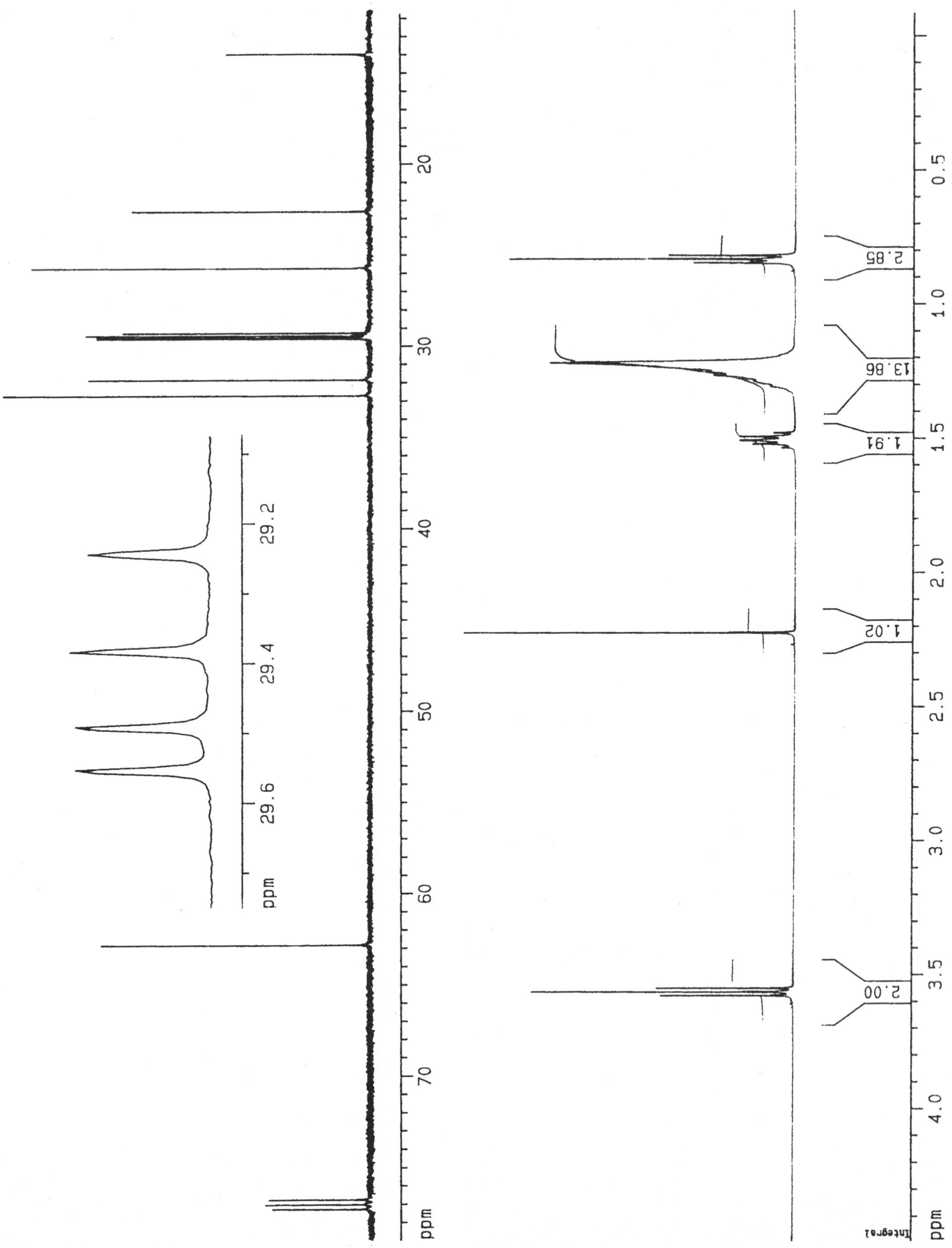
20
30
40
50
60
70
ppm
29.2
29.4
29.6
ppm
0.5
1.0
1.5
2.0
2.5
3.0
3.5
4.0
ppm
2.85
13.86
1.91
1.02
2.00
Integral

그림 3-61 문제 3-5

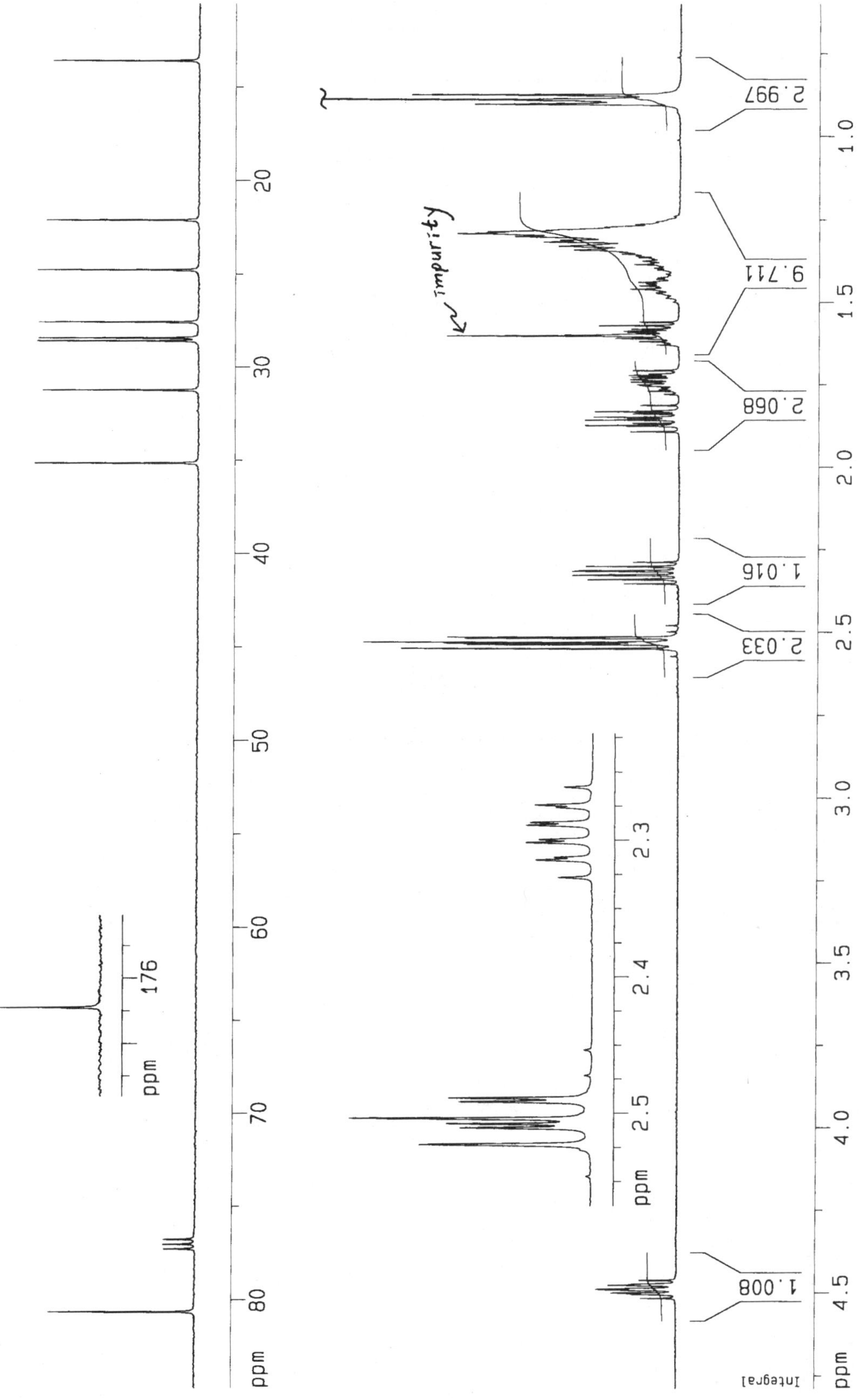

그림 3-62 문제 3-6

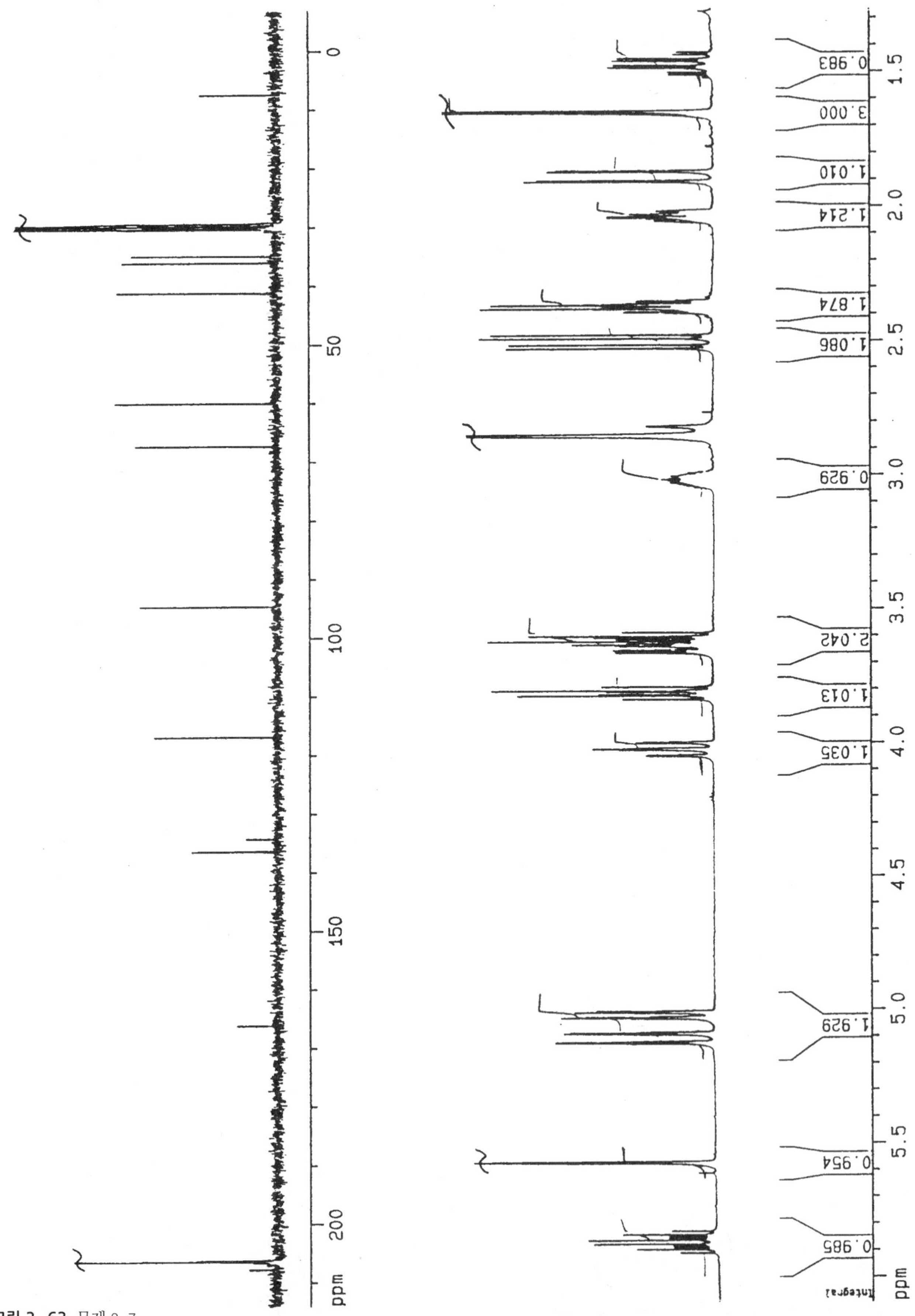
0
50
100
150
200
ppm
1.5
2.0
2.5
3.0
3.5
4.0
4.5
5.0
5.5
ppm
Integral
0.983
3.000
1.010
1.214
1.874
1.086
0.929
2.042
1.013
1.035
1.929
0.954
0.985

그림 3-63 문제 3-7

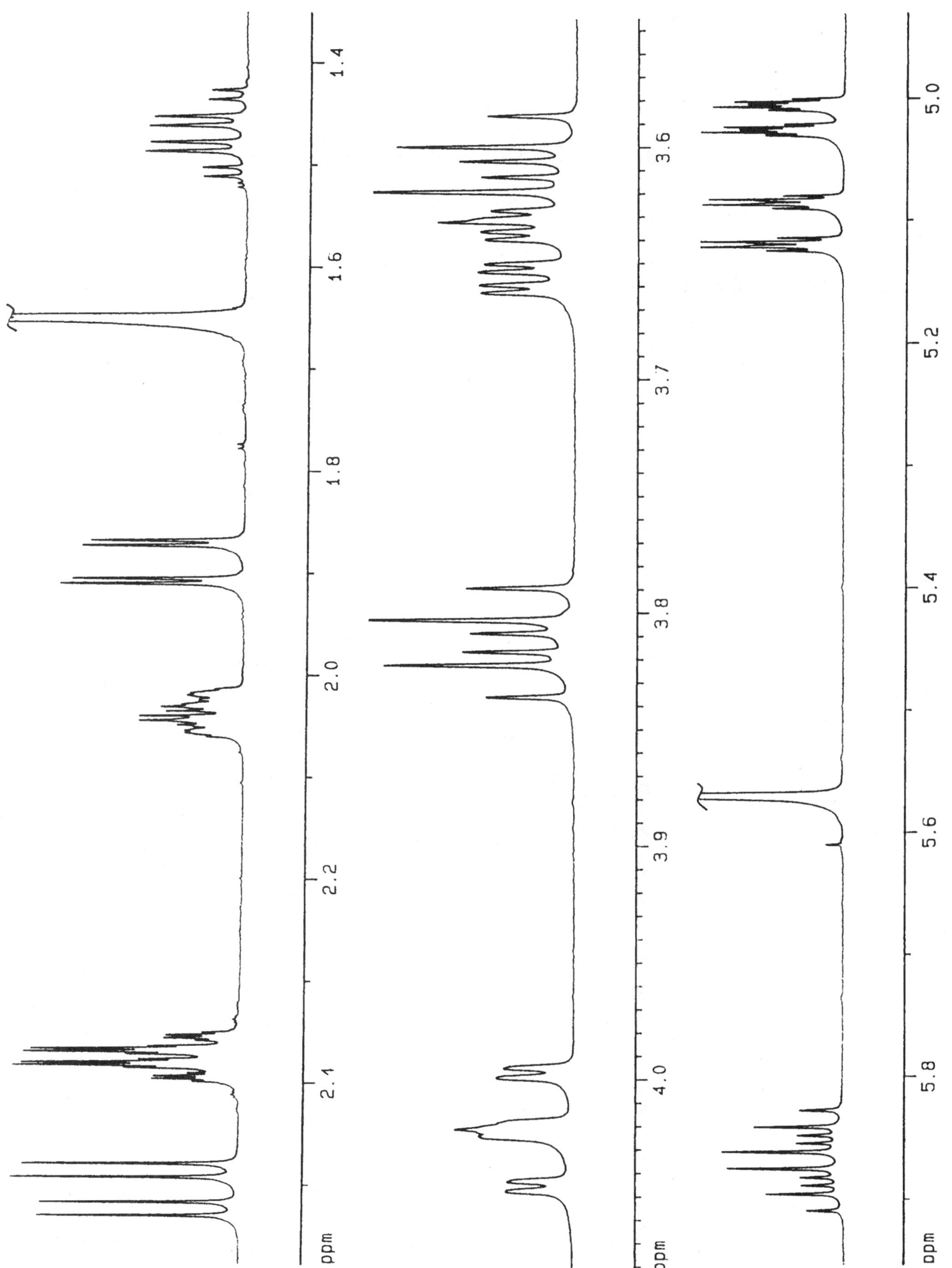

그림 3-63-1 문제 3-7

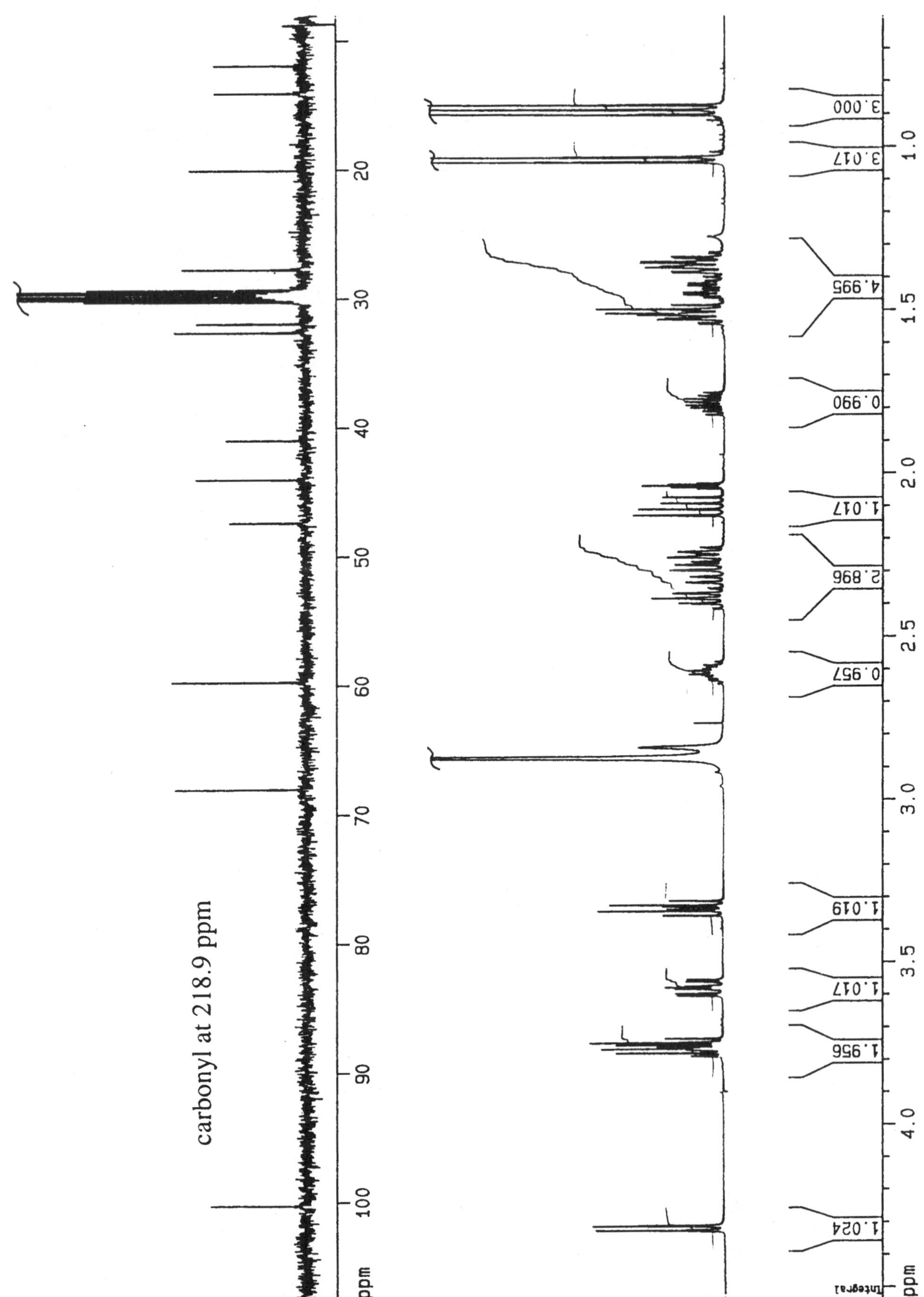
carbonyl at 218.9 ppm
ppm
3.000
3.017
4.995
0.990
1.017
2.896
0.957
1.019
1.017
1.956
1.024
Integral

그림 3-64 문제 3-8

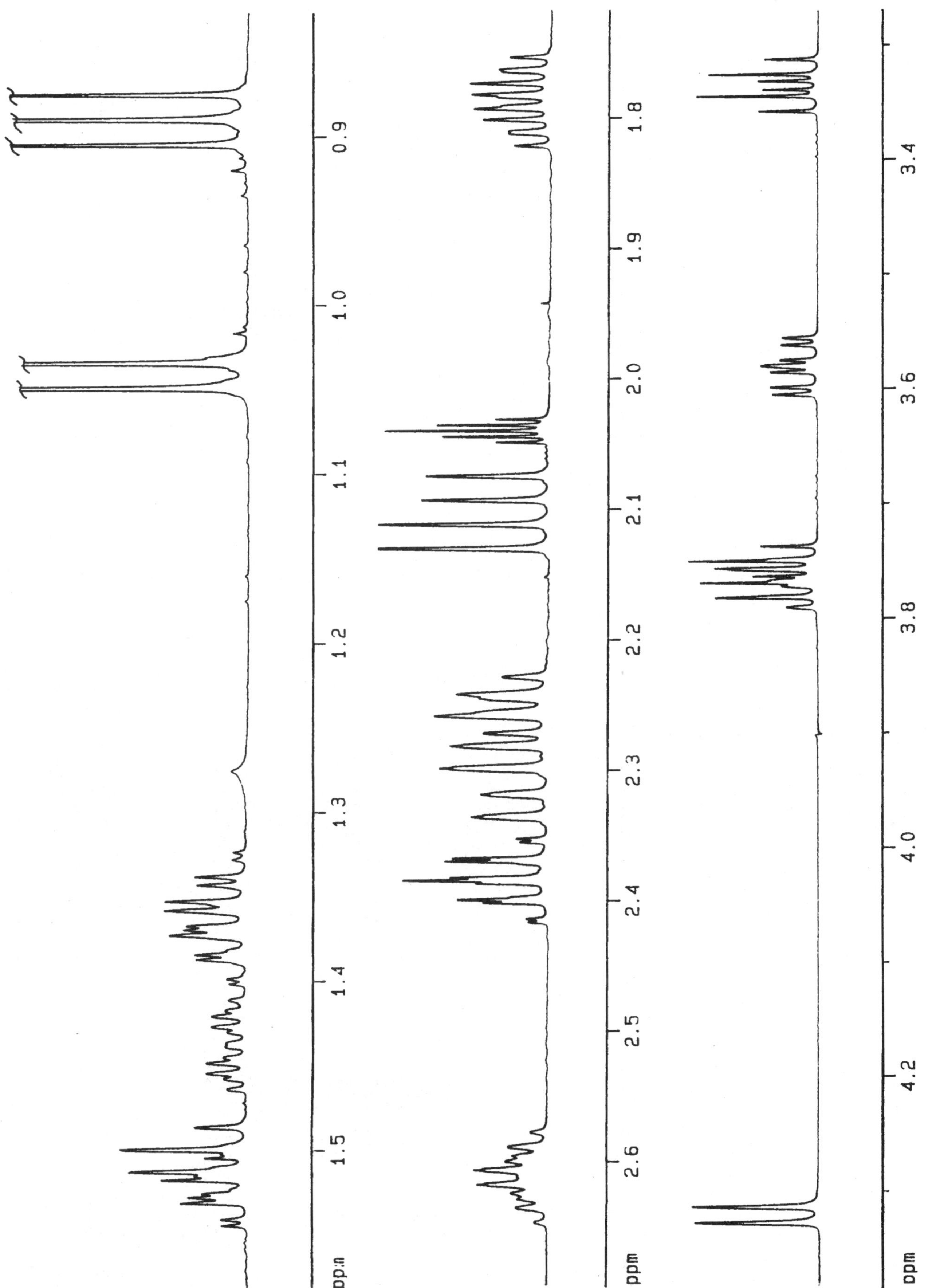
ppm
0.9
1.0
1.1
1.2
1.3
1.4
1.5
ppm
1.8
1.9
2.0
2.1
2.2
2.3
2.4
2.5
2.6
ppm
3.4
3.6
3.8
4.0
4.2

그림 3-64-1 문제 3-8

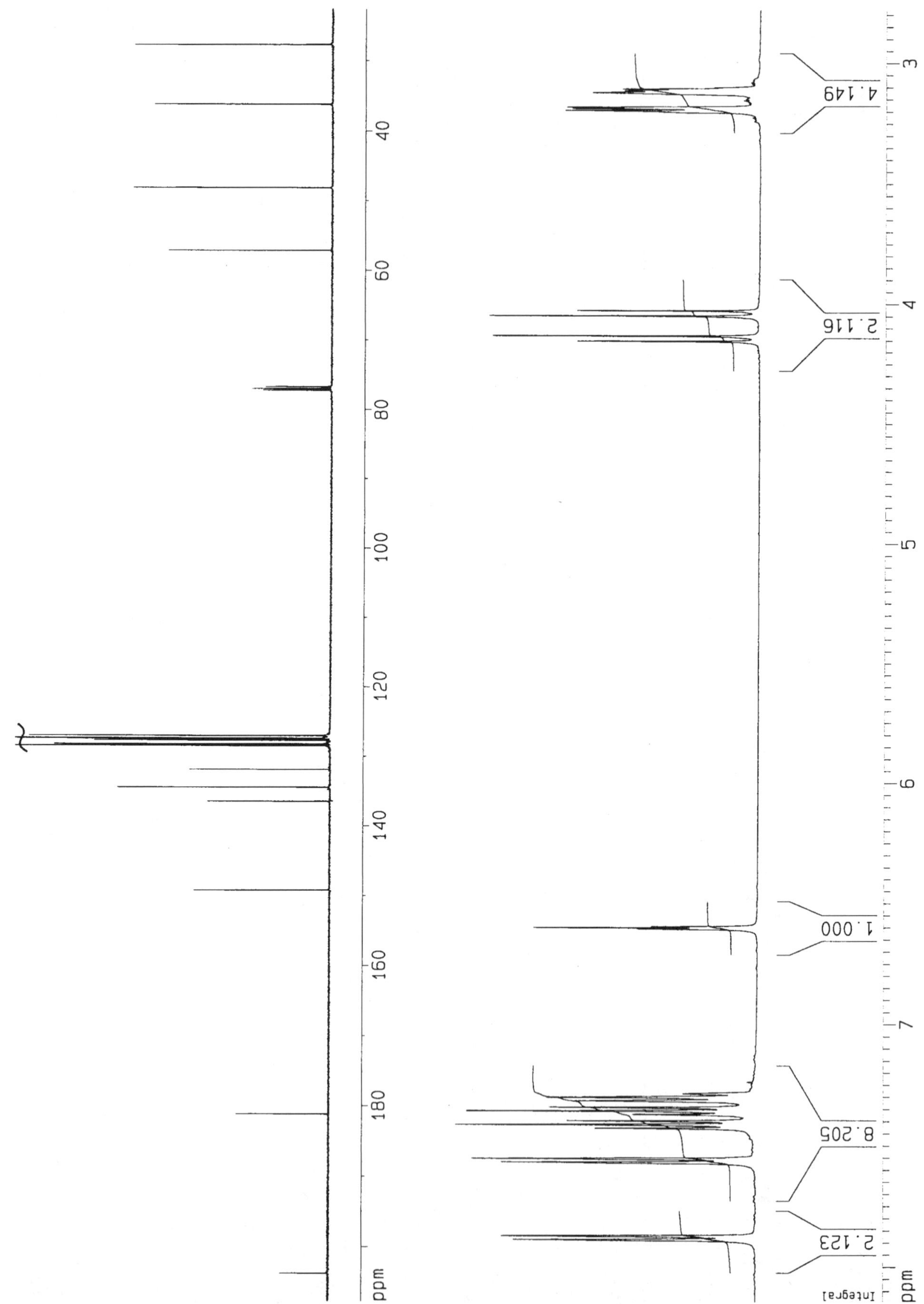
ppm
40
60
80
100
120
140
160
180
Integral
4.149
2.116
1.000
8.205
2.123
3
4
5
6
7

그림 3-65 문제 3-9

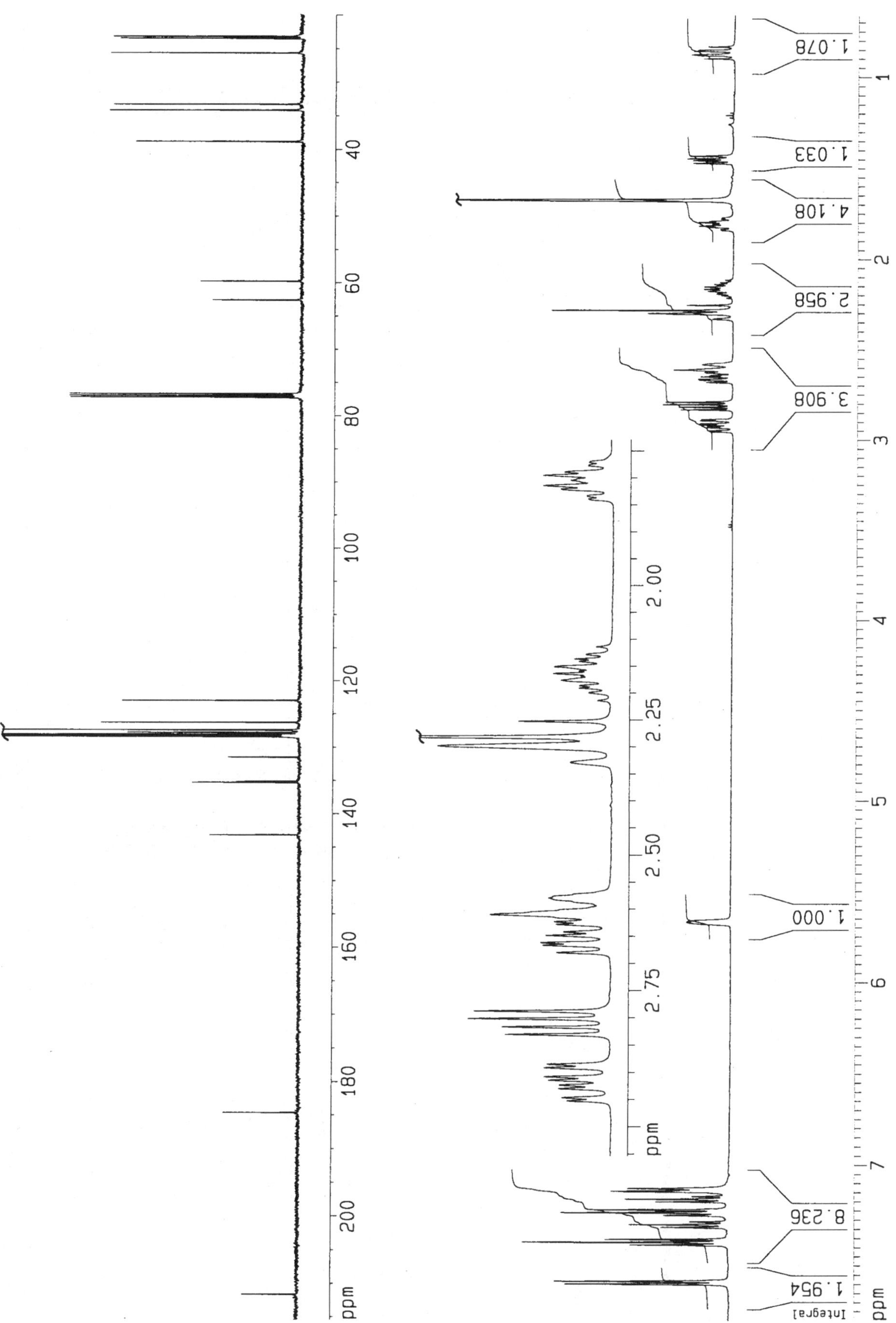

그림 3-66 문제 3-10

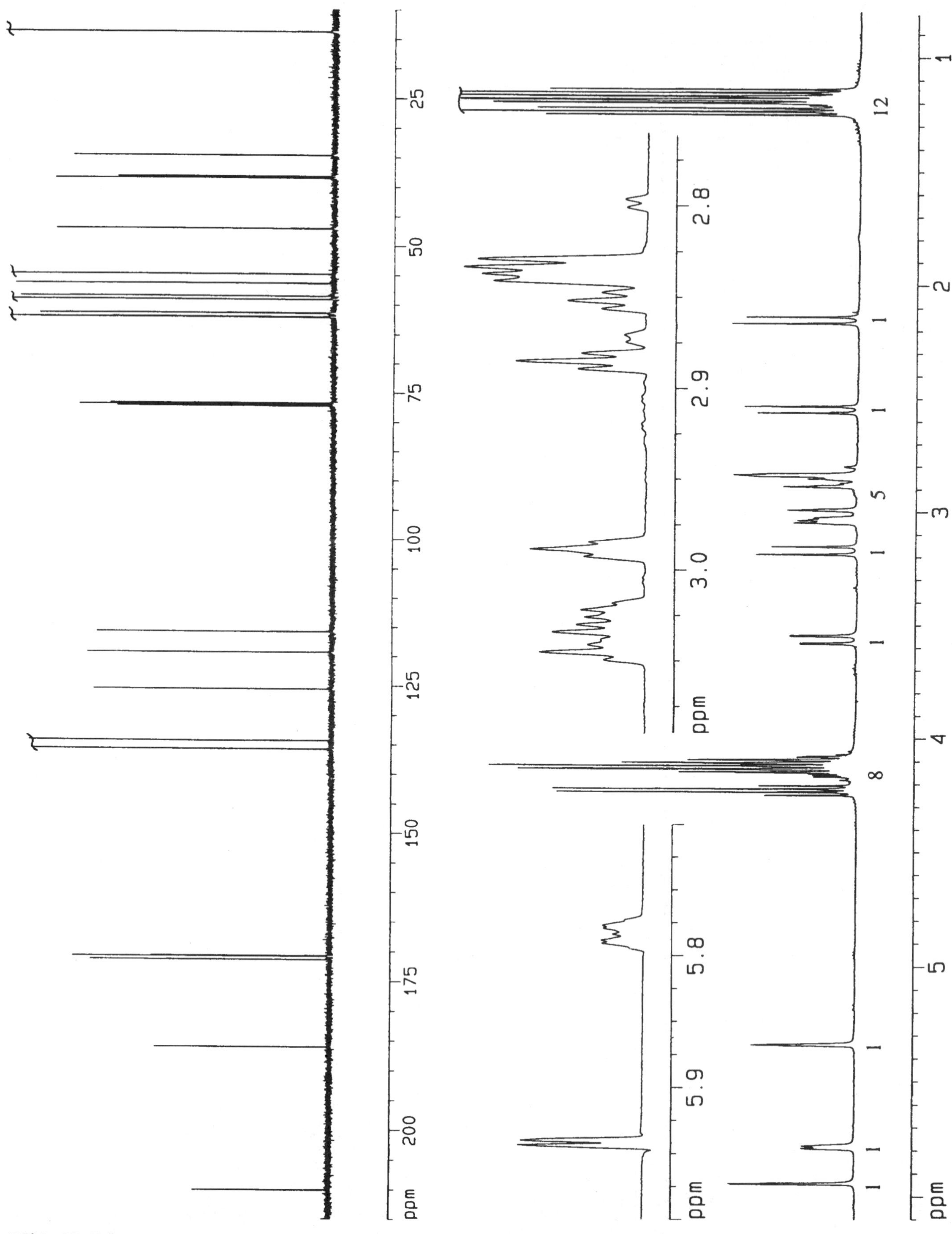
ppm
25
50
75
100
125
150
175
200
12
8
5
1
2.8
2.9
3.0
5.8
5.9
ppm
1
2
3
4
5
ppm

그림 3-67 문제 3-11

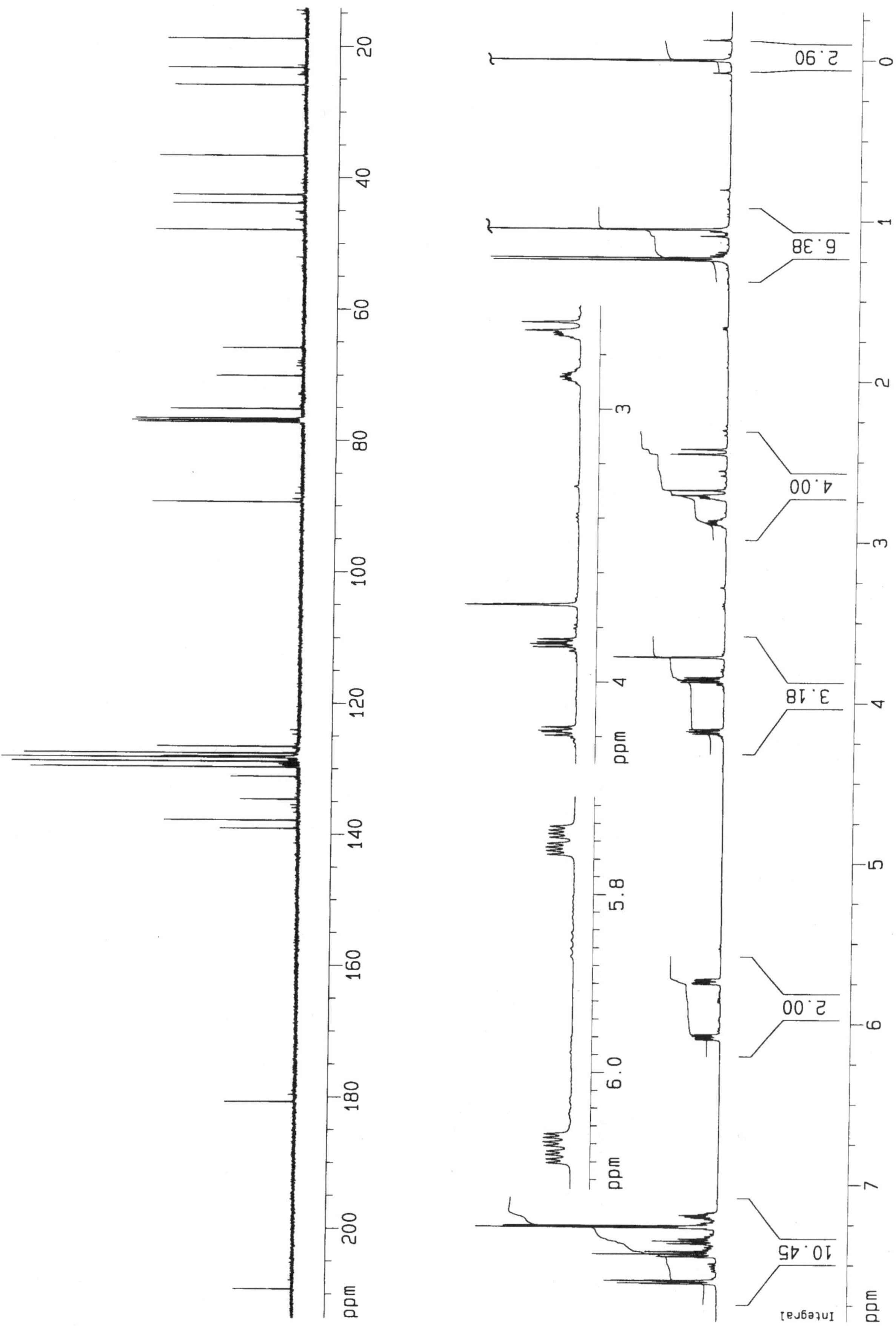

그림 3-68 문제 3-12

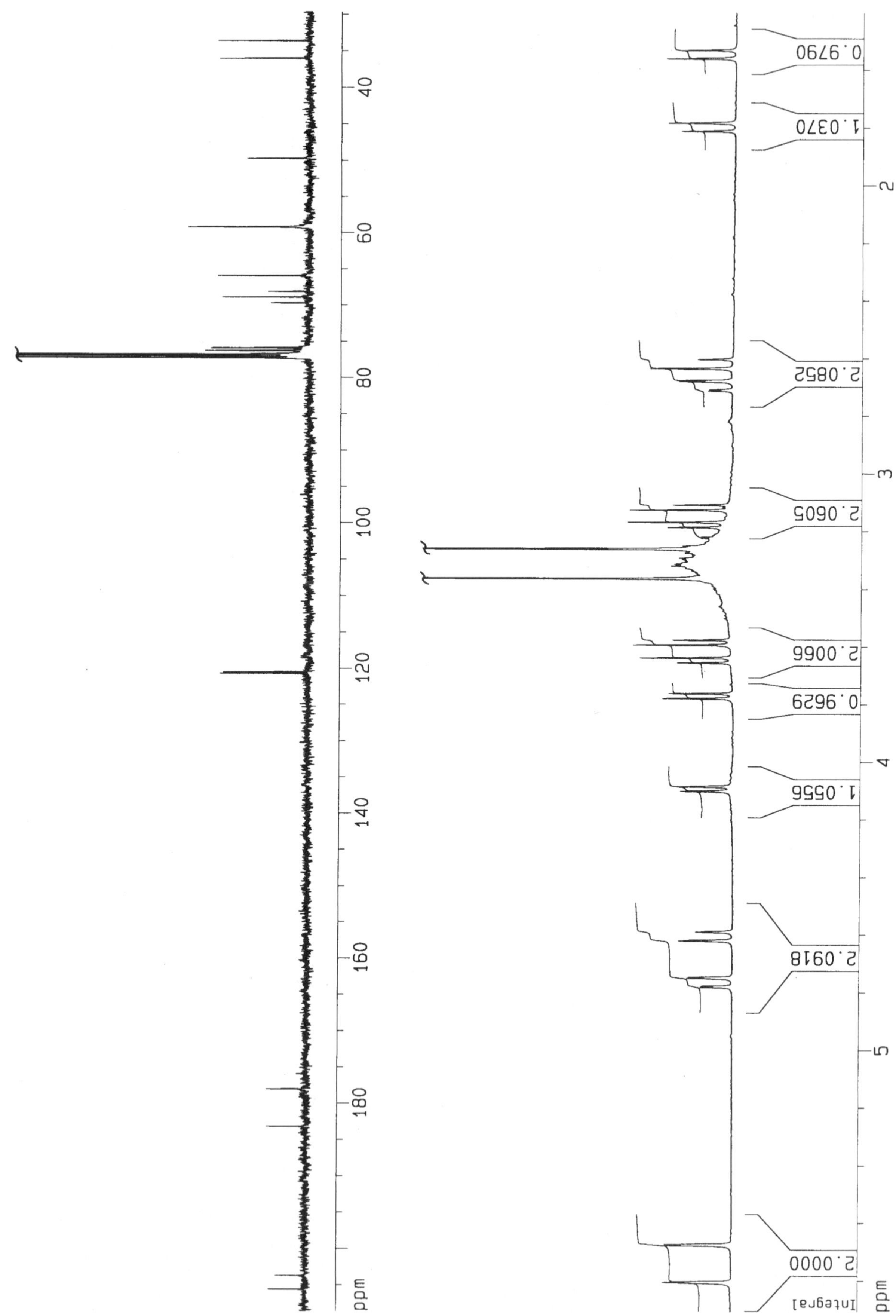
40
60
80
100
120
140
160
180
ppm
0.9790
1.0370
2.0852
2.0605
2.0066
0.9629
1.0556
2.0918
2.0000
Integral
2
3
4
5
ppm

그림 3-69 문제 3-13

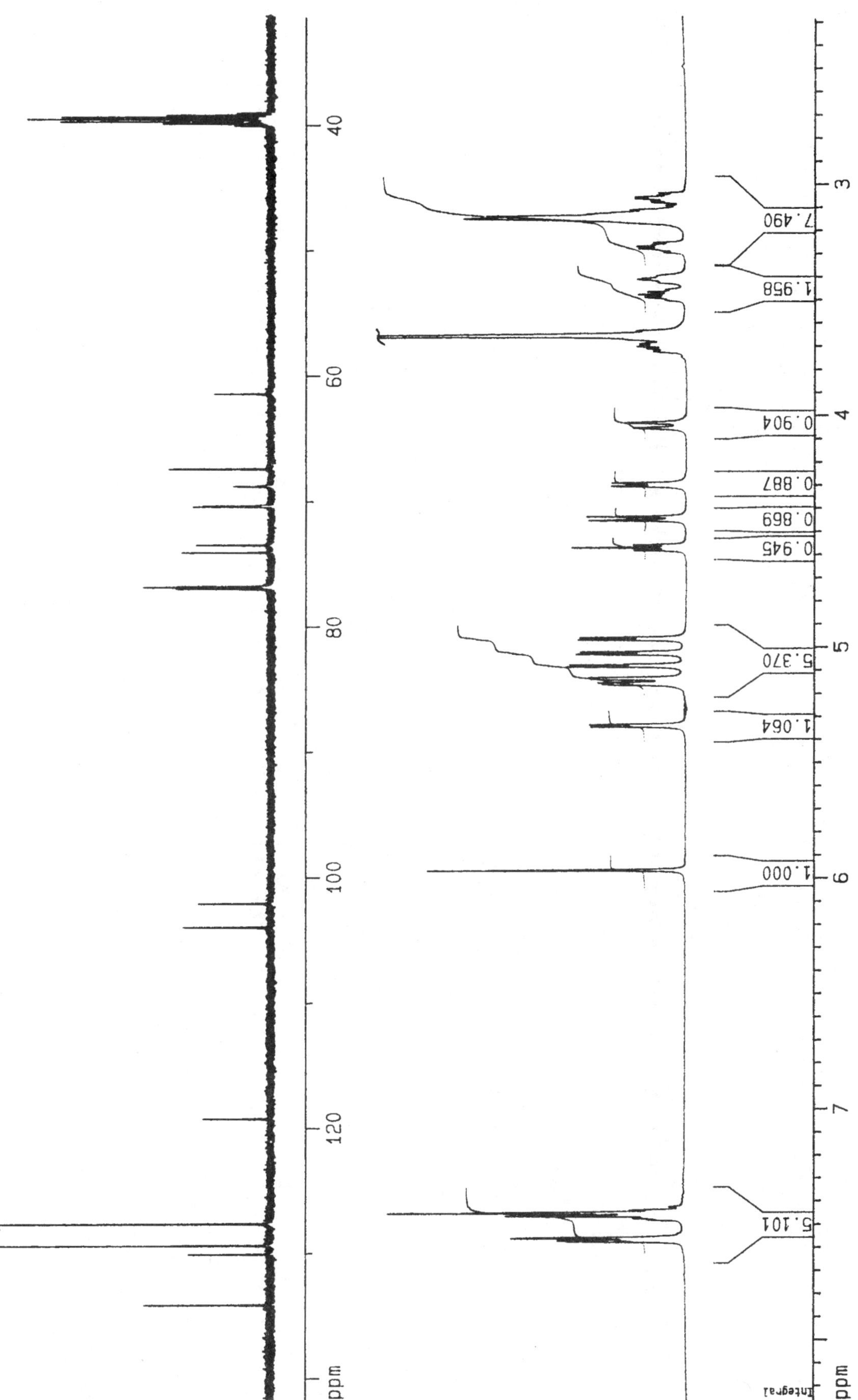
40
60
80
100
120
ppm
7.490
1.958
0.904
0.887
0.869
0.945
5.370
1.064
1.000
5.101
Integral
3
4
5
6
7
ppm

그림 3–70 문제 3–14

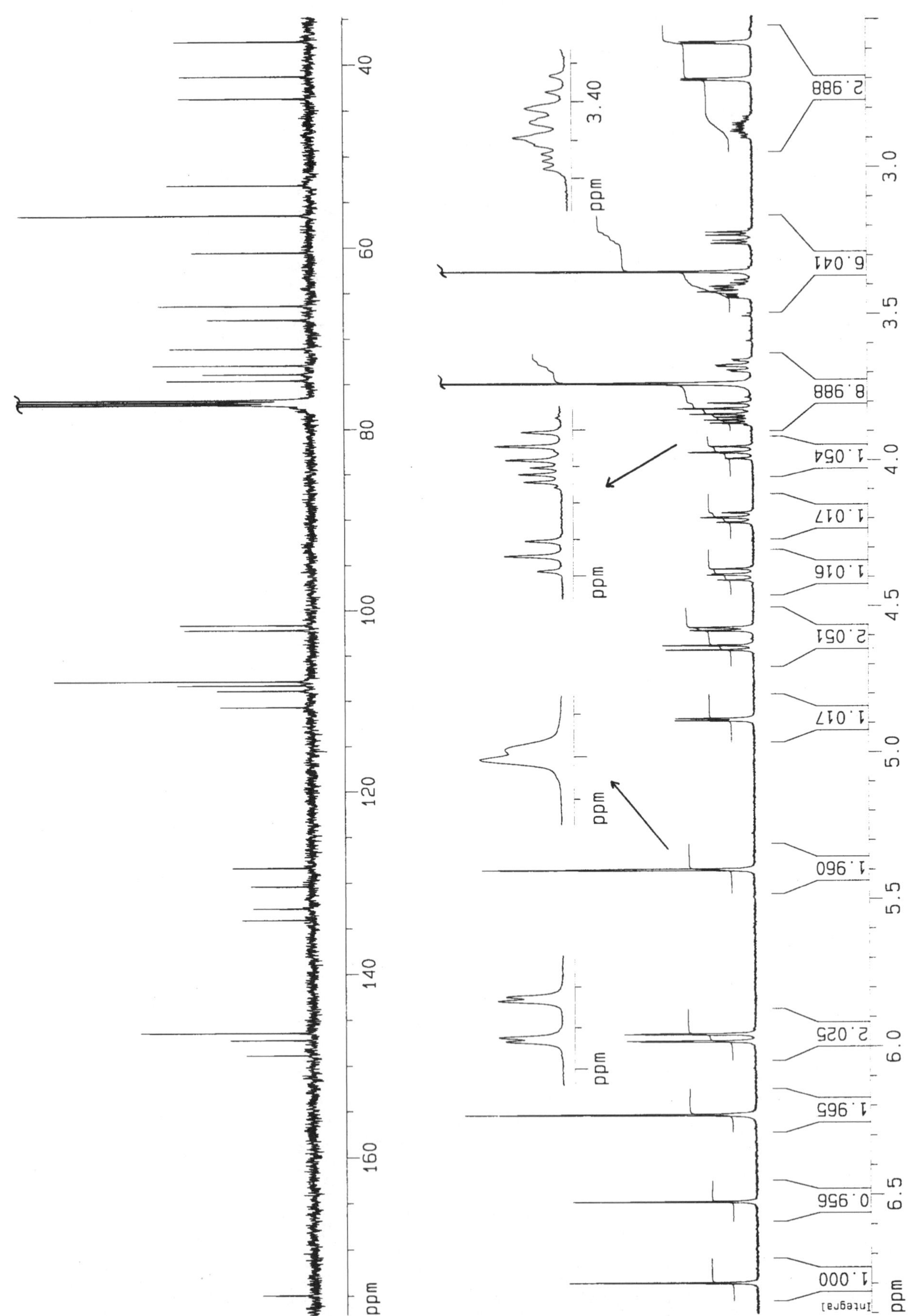
40
60
80
100
120
140
160
ppm
3.40
ppm
ppm
ppm
ppm
2.988
6.041
8.988
1.054
1.017
1.016
2.051
1.017
1.960
2.025
1.965
0.956
1.000
Integral
3.0
3.5
4.0
4.5
5.0
5.5
6.0
6.5
ppm

그림 3-71 문제 3-15

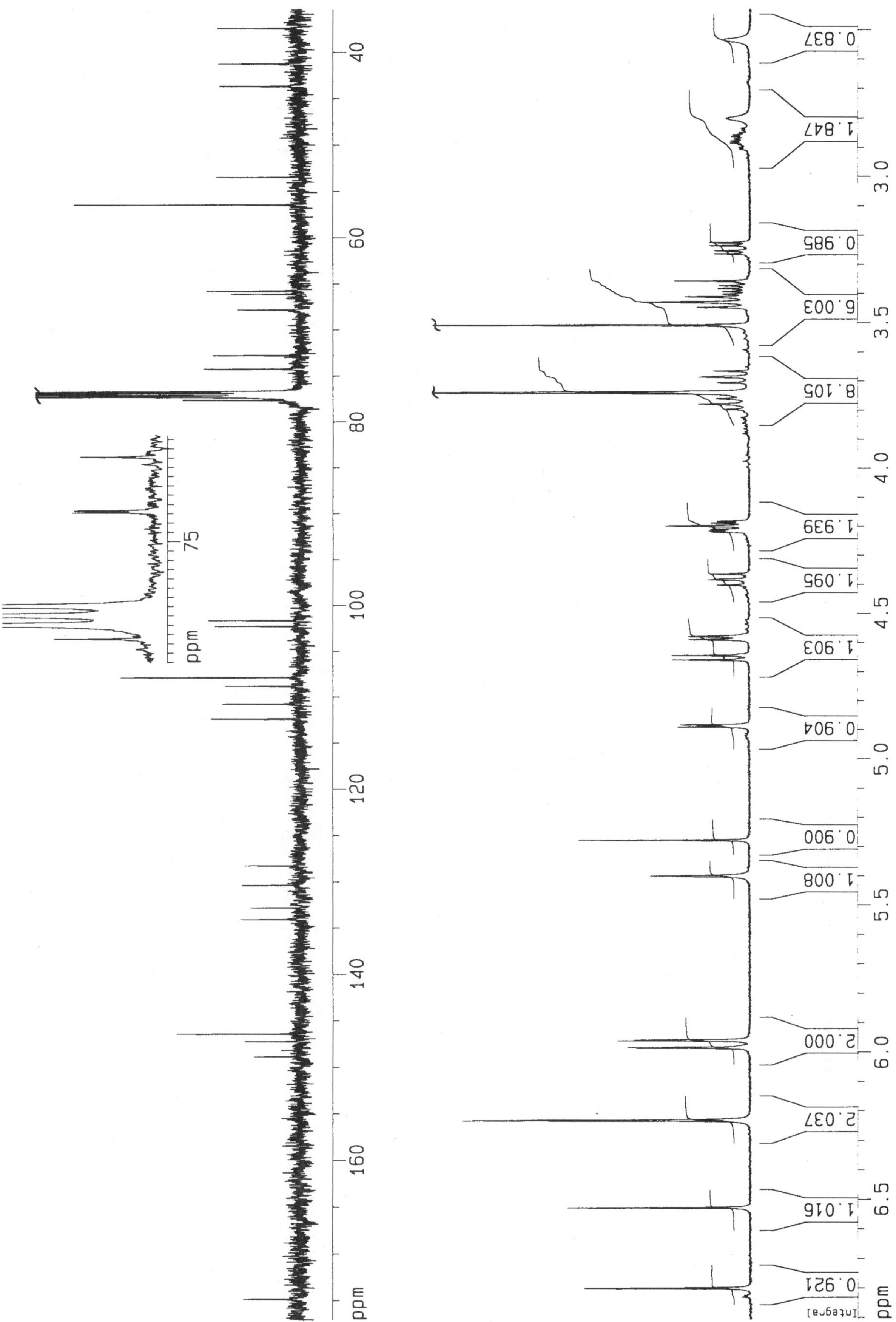

그림 3-72 문제 3-16

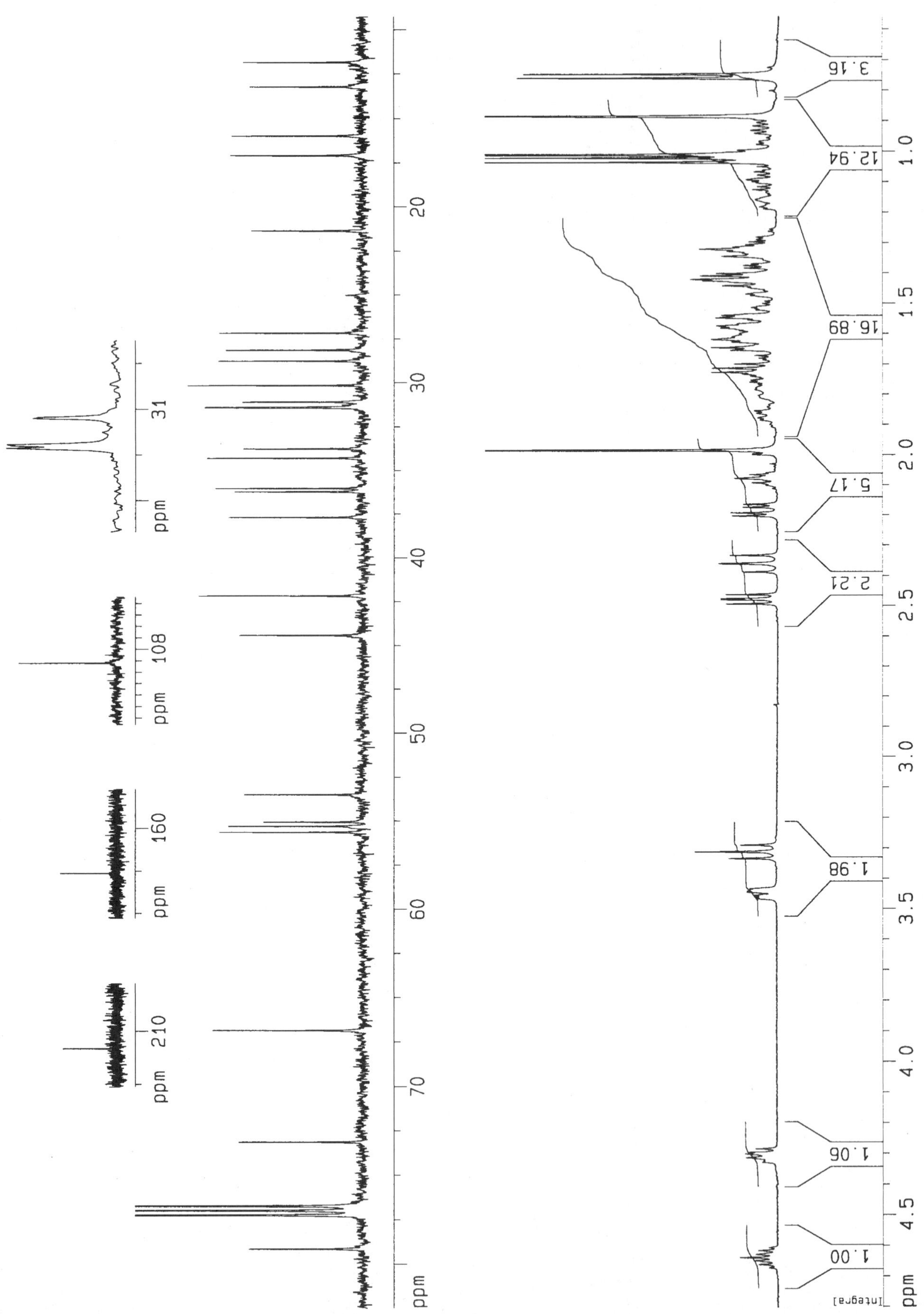

210
ppm
160
ppm
108
ppm
31
ppm
20
30
40
50
60
70
ppm
3.16
12.94
16.89
5.17
2.21
1.98
1.06
1.00
Integral
1.0
1.5
2.0
2.5
3.0
3.5
4.0
4.5
ppm

그림 3-73 문제 3-17

제4장

펄스 NMR

Purcell과 Bloch이 NMR 실험을 가능하게 한 이후 NMR은 두 가지의 다른 실험 방법이 가능하게 되었다. 즉 CW-NMR과 펄스(pulse)-NMR이다. CW-NMR을 이용하던 과학자들은 컴퓨터의 발전과 더불어 놀랍게 발전한 펄스-NMR의 기본적인 원리마저도 미처 이해하지 못하고 사용하는 경우가 종종 생기고 있다. 펄스-NMR에서는 CW-NMR에서 고려하지 않아도 되는 간단한 원리를 고려하지 않음으로써 실험상으로 커다란 오차를 만들어 낼 수 있다. 이러한 이유로 간단한 원리나 이론을 모르고 펄스-NMR을 사용하는 것은 때로는 CW-NMR을 사용하는 것보다도 못한 결과를 얻게 되는 위험한 일이다. 그러나 펄스 NMR은 ^{13}C과 같이 자연에 존재하는 양이 적고 자기 회전비(magnetogyric ratio: γ)가 낮음으로써 생겨나는 원소들에 대한 저감도의 문제점을 극복하게 하였을 뿐만 아니라 불가능하였던 많은 실험들을 가능하게 만듦으로써 이제는 사용할 수밖에 없는 기기가 되었다. 결국 컴퓨터의 이용과 대형 자기장을 이용하여 CW-NMR에서는 어렵고 불가능했던 ^{13}C-NMR 스펙트럼까지도 일반적인 실험과정으로 바꾸어 놓았으며 거의 모든 원자핵의 NMR을 쉽게 측정 가능하게 하였지만, 펄스-NMR 실험을 할 때는 반드시 고려해야 할 일들이 있다. 우리는 여기에서 먼저 펄스(pulse)가 무엇인지 그리고 CW-NMR 현상을 잘 설명하는 블록 방정식(Bloch equation)의 해(solution)가 펄스-NMR에서 어떻게 적용되는지 등을 살펴보면서 이들 펄스 NMR의 기본 원리와 개념 그리고 이들의 파라미터와 실험의 한계들은 무엇이 있는지를 알아보도록 한다.

4.1 펄스

앞에서 언급된 CW-NMR에서 핵의 공명 현상을 일으키기 위해서는 frequency sweep이나 field sweep이라고 하는(1.3절) 방법을 사용하였다. 즉 라디오파 발생기에서 주파수를 서서히 변화시키는 frequency sweep법과 주파수를 고정하고 자장의 세기를 서서히 변화시켜서 각각의 세차 운동 주기가 다른 핵들을 차례로 공명을 일으키게 하는 field sweep법이 CW-NMR의 원리이다. 즉 어느 방법을 사용하더라도 CW-NMR에서는 핵 하나씩을 공명을 일으키게 하기 위해서 각각의 핵에 해당하는 주파수가 다른 하나씩의 라디오파를 시료에 주입하는 것이나 다름이 없다. 그렇다면 시료에 있는 모든 핵의 공명에 해당하는 여러 개의 주파수를 한 번에 동시에 주입할 수 있다면 이 방법은 훨씬 더 유용한 방법이 될 수 있을 것이다. 실제로 이 방법이 가능하며 이것을 펄스-NMR이라고 한다.

펄스-NMR에서는 시료에 있는 주파수가 틀린, 즉 화학 이동이 틀린 여러 종류의 핵들(이때

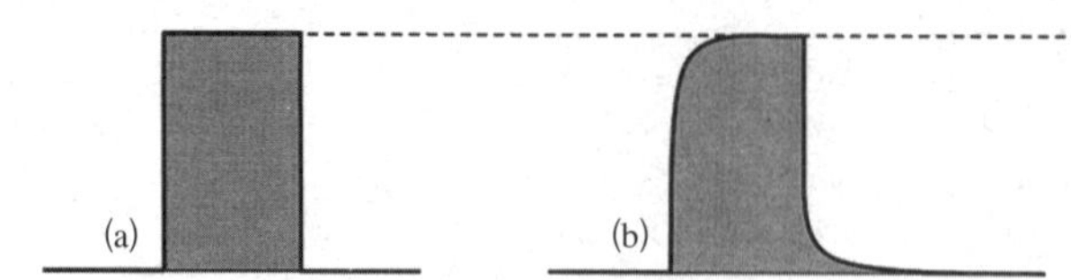

그림 4-1 펄스의 표시 방법 (a)와 펄스의 실제 모습 (b).

여러 종류의 핵이란 예를 들면 화학 이동이 틀린 ^{1}H 핵들을 의미함)을 주파수가 틀린 여러 가지의 라디오파로 구성되어 있는 펄스를 사용하여 동시에 공명을 시키는 것이다. 그러면 펄스란 무엇으로 되어 있으며 어떻게 얻을 수 있는가를 보자.

주파수 ν_1을 낼 수 있는 라디오파 발생기를 매우 짧은 시간 t_p 동안 켜면 이때 얻어지는 주파수는 ν_1뿐만 아니라 ν_1과 비슷한 주파수와 진폭(amplitude)을 가진 여러 종류의 라디오파가 발생하게 되며 이것을 펄스라고 한다. 이때 생성되는 라디오파들의 분포는 시간 t_p에 의해서 결정되며 대략 $\nu_1 - 1/t_p$에서부터 $\nu_1 + 1/t_p$까지의 분포를 가지고 나타나게 된다. 즉 펄스 생성의 시간이 짧으면 짧을수록 라디오파의 분포 범위는 넓어지게 된다. 이때 라디오파들의 진폭은 ν_1에서부터 멀어지면 멀어질수록 감소하게 된다.

공명 주파수가 틀린 모든 핵들을(이때 공명 주파수가 틀린 것은, 즉 탄소와 양성자(^{1}H)를 의미하는 것이 아니고 화학 이동이 틀린 양성자를 의미한다.) 전이시킬 때 가능한 한 같은 조건으로 있게 하기 위해서는 진폭이 고른, 즉 라디오파의 분포가 넓은 펄스를 이용하여야 한다. 이러한 펄스를 “rf pulse” 또는 “hard pulse”라고 하며 이것은 양성자의 경우는 수십 와트(watts)에서 다른 핵들의 경우 수백 와트까지의 고전력(high power)이 필요하게 되며 이때의 t_p는 보통 수 μs 정도의 시간을 사용하게 된다.

펄스는 결국 여러 종류의 주파수가 다른 라디오파의 복합체이며 표시하는 방법은 그림 4-1(a)와 같다. 그러나 실제의 모습은 그림 4-1(b)와 같다고 할 수 있다[실제의 모습은 (a)와 매우 비슷할 수 있지만 설명을 하기 위하여 확대하여 그린 것임]. 즉 기기의 성능이 얼마나 좋은지를 판단하는 것은 펄스의 모습이 얼마나 그림 4-1(a)에 가까운 것인가로 알 수 있다. 실제로 이 펄스의 모습은 기기에서 직접 볼 수는 없지만 간접적인 방법으로 알 수 있다. 즉 펄스가 얼마나 off-resonance effect를 가지는지(4.4.1절의 펄스 넓이 참조) 또는 펄스를 주고 난 후 리시버를 작동시킬 때까지 기다리는 시간(DE)으로도 알 수 있다(이 기다리는 시간의 목적은 펄스가 완전히 없어지지 않은 경우에는 리시버에 펄스 시그널이 유입될 것이며 얻어지는 첫 번째 data point의 크기는 영향을 받을 수 있기 때문에 안전을 위해서 주어지는 시간이며 보통 수 μs의 시간이다). 펄스 후 리시버를 작동시킬 때까지 기다리는 시간이 길다면 그림 4-1(b)에서 펄스 꼬리가 길게 나타난다는 것을 의미하므로 기기 성능이 좋지 않다는 것을 알 수 있다(이 시간은 각각의 기기마다 그들 고유 성능이 다름으로 펄스 후의 delay 시간으로 고유의 시간이 있으며 이 조건이 맞지 않으면 기기가 작동되지 않게 되어 있다).

4.2 블록 방정식과 회전 좌표계

우리는 이미 짧게나마 정성적으로 1.5절에서 거시적 자기화를 공부하면서 NMR 실험은 결국 M_z의 벡터성분을 M_{xy} 성분으로 만드는 것이라고 언급하였다. 이때 z축에 있는 벡터 성분을 M_{xy} 성분으로 만들기 위해서 벡터에 어떠한 힘이 가해져야 하는데 바로 이 힘이 라디오파에서 나오게 된다고 생각하면 된다. 라디오파를 사용할 때 두 가지 방법이 있는데 이것이 CW-NMR과 pulse-NMR의 방법이다. 어떠한 방법을 사용하던지 이때 시간에 따른 거시적 벡터 M의 행동은 수학적으로 잘 설명될 수 있으며 이 벡터를 설명하기 위해서 사용되는 식이 바로 블록 방정식(Bloch Equation)이다.

이 방정식은 고전 역학(classical mechanics)으로부터 유도할 수 있으며 식 4-1로부터 시작된다.

$$\frac{dM}{dt} = \gamma M \times H_o = \gamma \begin{vmatrix} M_x & H_x & \mathbf{i} \\ M_y & H_y & \mathbf{j} \\ M_z & H_z & \mathbf{k} \end{vmatrix} \qquad \text{(식 4-1)}$$

거시적 자기화 벡터 M의 시간에 따른 변화는 핵의 자기 회전비(γ)에 벡터 M과 외부 자장 세기 H_o 벡터의 곱(cross product)으로 표시된다. 식 4-1에서 단위 벡터 **i**, **j**, **k**로 변형된 행렬식을 전개하여 x, y, z축의 성분으로 분해하면 식 4-2로 나타낼 수 있다.

$$\begin{aligned} \frac{dM_x}{dt} &= \gamma(M_yH_z - M_zH_y) \\ \frac{dM_y}{dt} &= \gamma(-M_yH_z + M_zH_x) \\ \frac{dM_z}{dt} &= \gamma(M_xH_y - M_yH_x) \end{aligned} \qquad \text{(식 4-2)}$$

식 4-2에 각각 $H_z=H_o$(외부 자장), 그리고 H_x와 H_y는 회전하고 있는 라디오파(회전하고 있는 H_1 자장은 코일에 전기를 흘려줄 때 생성되는 xy의 평면에 생성되는·두 개의 반대 방향의 각속도 ω로 회전하고 있는 자장의 합이다)의 성분 $H_x = H_1 \cos\omega t$와 $H_y = -H_1 \sin\omega t$를 각각 대입하고 그리고 M_x와 M_y 성분 벡터의 이완 시간 T_2와 M_z 성분의 이완 시간 T_1을 고려하면 블록 방정식이라고 하는 식 4-3을 얻을 수 있다.

$$\begin{aligned} \frac{dM_x}{dt} &= \gamma(M_yH_o + M_zH_1 \sin\omega t) - M_x/T_2 \\ \frac{dM_y}{dt} &= \gamma(M_zH_1 \cos\omega t - M_xH_o) - M_y/T_2 \\ \frac{dM_z}{dt} &= -\gamma(M_xH_1 \sin\omega t + M_yH_1 \cos\omega t) - (M_z - M_o)/T_1 \end{aligned} \qquad \text{(식 4-3)}$$

결국 NMR은 실험적으로는 M_x와 M_y의 벡터의 양을 추적하는 것이 목적이기 때문에 위 식의 해답을 얻어야 하는데 이때 이 식을 풀기 위해서 수학적인 책략이 필요하게 된다. 이때 도입되는 새로운 개념이 회전 좌표계(rotating frame of reference)라는 것이다. 즉 고정되어 있는 x, y, z축(laboratory frame)이 우리가 흔히 사용하는 좌표계이며 회전 좌표계란 x축과 y축이 고정되어 있는 것이 아니고 자장 H_o의 축인, 즉 z축의 주위를 돌고 있다고 생각하는 것이다. 이때의 x와 y축이 움직이는 방향과 속도는 라디오파에서 나오는 H_1의 방향 그리고 속도와 같다고 가정하는 것이다. 회전 좌표계의 개념은 지구 위에 서 있는 우리 자신을 생각해 보면 쉽게 이해될 수 있다. 우리가 하늘을 향해 돌을 하나 던졌다고 생각해 보자. 던져진 돌이 지구로 떨어지는 모습은 지구에 서 있는 우리에게는 간단한 직선으로 보일 것이다. 그러나 만약 지구 밖에서 이 돌이 떨어지는 모습을 본다면 돌이 떨어지면서 그리는 자국은 더 이상 간단한 직선이 아니며 어떤 포물선(parabolic path)과 같이 보여질 것이다. H_1(사람에 해당함)을 회전 좌표축(지구에 해당함)에 놓음으로써 블록방정식의 해(solution)를 쉽게 얻게 되는 것이

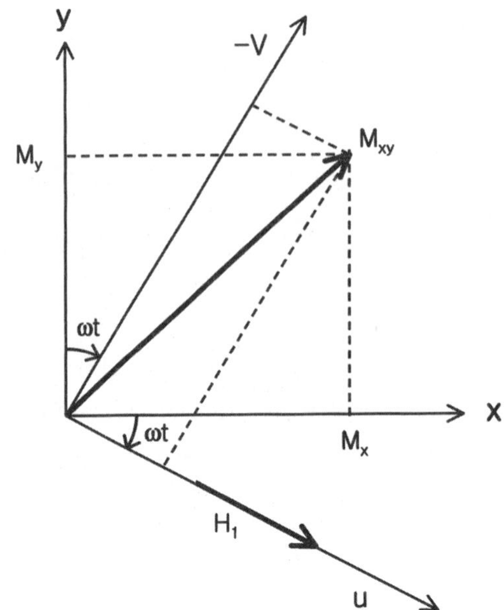

그림 4-2 Laboratory frame에 새로 도입된 회전 좌표계인 u와 v 그리고 H_1 field의 관계.

며 이 목적으로 사용되는 것이 새로운 축인 회전 좌표계의 개념이다.

즉 새로 도입되는 축을 u와 v축이라고 하면 이들 축이 움직이는 방향은 H_1이 가지고 있는 방향 및 속도와 같고 ωt 만큼 돌고 있는 x축과 y축을 대신하게 되며 H_1은 u축에 고정되어 있다고 볼 수 있다(그림 4-2).

이제 우리는 x와 y축(laboratory frame)의 벡터 M_x와 M_y를 u와 v축에서 시간에 따라 변하는 값을 구하여야 한다. 그림 4-2로부터 M_x와 M_y는 u와 v와 식 4-4의 관계를 가짐을 알 수 있다.

$$M_x = u\cos\omega t - v\sin\omega t$$
$$M_y = -u\sin\omega t - v\cos\omega t \qquad \text{(식 4-4)}$$

식 4-4의 각각을 식 4-3에 대입한 것과 식 4-4의 각각을 시간에 대하여 미분한 것들은 식 4-3의 dM_x/dt와 dM_y/dt로 같으므로 이들을 등식으로 놓고 dM_x/dt로 만들어진 등식에 cosωt를, 그리고 dM_y/dt로 만들어진 등식에 sinωt를 곱하여 준 후 빼셈을 하여 정리하면 식 4-5의 du/dt를 얻게 되며 반대로 sinωt와 cosωt를 각각 곱하여 준 후 덧셈을 하여 정리하면 식 4-5의 dv/dt를 얻게 된다. 그리고 식 4-4의 각각을 식 4-3의 dM_z/dt에 대입하면 식 4-5의 dM_z/dt를 얻게 된다.

$$du/dt = -u/T_2 + (\omega-\omega_o)v$$
$$dv/dt = -v/T_2 - (\omega-\omega_o)u - \gamma H_1 M_z \qquad \text{(식 4-5)}$$
$$dM_z/dt = -(M_z - M_z^o)/T_1 + \gamma H_1 v$$

식 4-5를 CW-NMR의 조건인 steady-state 조건으로 풀면 NMR의 현상을 잘 설명할 수 있다. 여기에서 steady-state 조건이란 약한 rf를 사용하며 기기를 천천히 조작하여(slow passage 조건) 시스템을 항시 같은 조건으로 유지하는 것을 말한다. 즉 변화가 없는 시스템을 미분하면 그 값은 0이 되므로 식 4-5에서 du/dt, dv/dt, 그리고 dM_z/dt는 각각 0을 가지게 되며 이들을 정리하면 새로운 축 u와 −v에 대한 식 4−6으로 주어지는 해(solution)를 얻을 수 있다.

$$-v = \frac{\gamma H_1 T_2 M_z^o}{1+T_2^2(\omega-\omega_o)^2+(\gamma H_1)^2 T_1 T_2}$$
$$u = \frac{-\gamma H_1 T_2^2 M_z^o(\omega-\omega_o)}{1+(\gamma H_1)^2 T_1 T_2+(\omega-\omega_o)^2 T_2^2} \quad \text{(식 4−6)}$$

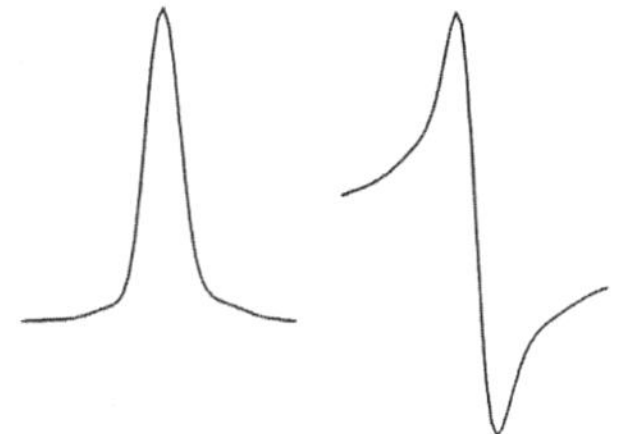

그림 4−3 블록 방정식의 해로부터 얻어지는 NMR 피크의 두 종류인 absorption과 dispersion 피크.

즉 식 4−6을 보면 −v축에 얻어지는 피크가 로렌찌안 모양의 absorption 피크이고 u축에 얻어지는 피크는 $\omega = \omega_o$일 때 피크가 0이 되는 dispersion 피크가 되는 것을 쉽게 알 수 있다(그림 4−3). 또한 CW−NMR에서 두 피크 모두 H_1이 증가하게 되면 피크의 크기도 따라서 커지다가 결국은 분모의 $(\gamma H_1)^2$ 항으로 알 수 있듯이 피크가 없어지게 된다. 바로 이것이 포화(saturation)의 현상이다. 결국 NMR 피크는 이 두 개의 피크 성질 모두를 함유하게 되지만 우리가 사용하게 되는 NMR에서는 위상(phase)을 조절하여 absorption 피크만을 얻어 사용하게 된다[dispersion 피크는 electron paramagnetic resonance(epr)에서 사용한다].

4.3 FID와 푸리에 변환

4.2절에서 회전 좌표계의 개념을 도입하여 푼 블록방정식의 해는 CW-NMR 현상을 잘 설명할 뿐만 아니라 펄스 NMR에서도 잘 적용할 수 있다(이후의 x와 y의 좌표계는 모두 회전 좌표계로 생각한다). 펄스 NMR에서는 CW-NMR에서와는 다르게 강한 H_1 펄스를 도입함으로써 모든 z축의 벡터 성분을 가진 핵들을 동시에 M_{xy}의 벡터로 만드는 것이다. 이렇게 만들어진 M_{xy}의 벡터들은 펄스가 없는 상태에서 그들이 가지는 고유의 성질인 가로 이완 시간 T_2에 따라서 점점 줄어들 것이다. 이 현상을 xy 평면 위에 그려보면 그림 4−4와 같을 것이다.

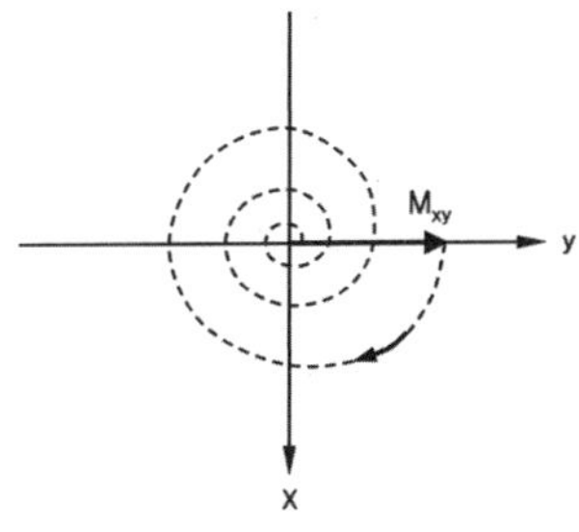

그림 4−4 펄스로 만들어진 M_{xy} 벡터가 xy 평면상에서 시간에 따라 변화하는 모습.

이때 M_{xy} 벡터는 리시버 코일에 전기적 시그널(signal)을 일으키게 되며 이 양은 시간이 길어짐에 따라 점점 줄어들게 될 것이다. 즉 시간에 따른 이 전기적 시그널의 변화를 FID(Free Induction Decay)라고 한다[전기적 시그널은 전압(voltage)을 의미한다]. 그림 4−5는 TMS의 FID이다. TMS에는 한 종류의 양성자(^{1}H)만이 즉 한 종류의 주파수(frequency)를 가지는 양성자만이 존재하기 때문에 한 선의 FID 를 보인 것이다. 시간에 따른 FID의 정점들 사이의 시간 간격은 $1/\Delta\nu$가 되며 이때의 $\Delta\nu$는 기준주파수와 공명주파수의 차이를 나타낸다. 그러므로 우리가 얻으려 하는 핵의 공명주파수를 FID로부터 얻을 수 있다.

그러나 우리의 실제 시료는 TMS와 같이 단일 성질을 나타내는 핵(양성자)으로만 존재하는 것이 아니며 그들은 각각 다른 화학 이동(공명 주파수)을 가지며 커플링도 하기 때문에 여러

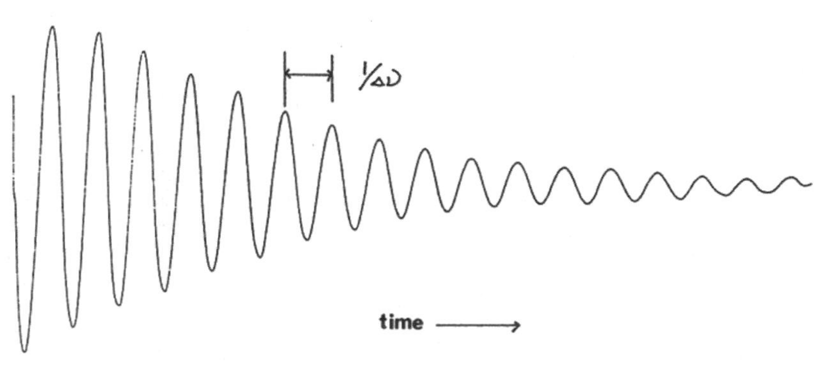

그림 4−5 TMS의 FID.

그림 4-6 300 MHz NMR에서 에틸아세테이트의 양성자 FID의 모습의 일부분.

가지의 FID가 합쳐져서 매우 복잡한 FID를 나타내게 된다. 이 현상은 그림 4-6인 300 MHz NMR에서 얻은 에틸아세테이트(ethylacetate)의 FID에서 볼 수 있다.

에틸아세테이트는 단지 세 가지의 다른 화학 이동을 가지는 양성자만을 가진 화합물임에도 불구하고 그림 4-6에서 보는 바와 같이 이러한 복잡한 FID에서 각각의 양성자의 주파수를 찾아내기란 불가능한 일이다. 그러나 다행히도 시간에 따라 변하는 시그널은 주파수(frequency)의 성질을 가지고 있다는 것이 잘 알려져 있으며 이들을 주파수의 스펙트럼으로 바꿀 수 있는 방법이 있다. 이 방법은 프랑스의 수학자가 만들어 놓은 푸리에 변환(Fourier Transformation, FT)이라는 것이며 이 식 4-7을 사용하여 time domain 스펙트럼인 FID를 주파수(frequency domain) 스펙트럼으로 바꿀 수 있게 된다.

$$F(W) = \int_{-\infty}^{+\infty} f(t)e^{-iwt}\,dt \qquad \text{(식 4-7)}$$

즉 식 4-7에서 함수 f(t)가 펄스 이후에 얻어지는 FID라면 F(W)는 주파수 스펙트럼이 되는 것이다. 그림 4-6의 FID를 FT를 한 것이 우리가 원하는 스펙트럼인 그림 4-7을 만들어 내게 된다. 펄스 NMR에서는 수 분(several minutes) 동안의 시간이 소요되는 CW-NMR과는 다르게 단 몇 초 동안에 FID를 얻게 되며 식 4-7을 이용하여 주파수의 스펙트럼을 얻게 되는 것이다. 이러한 이유로 펄스 NMR 대신 때로는 펄스 FT-NMR이라는 이름을 사용하게 된다.

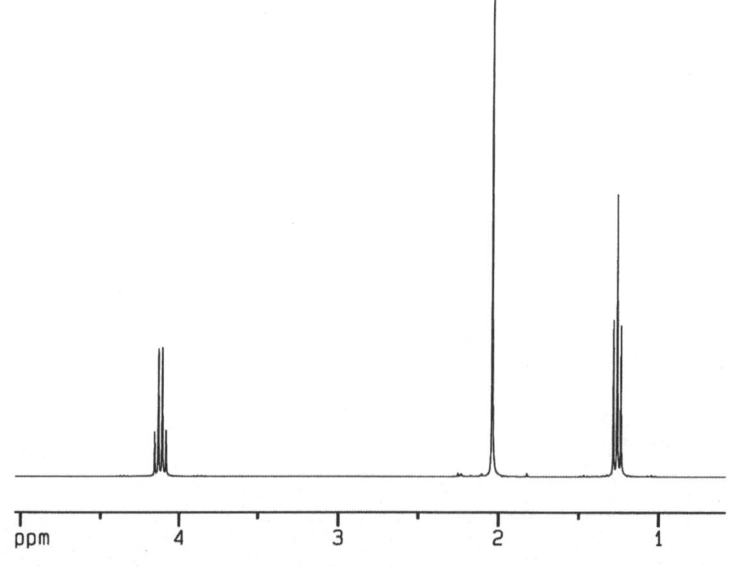

그림 4-7 그림 4-6의 FID(에틸아세테이트)를 푸리에 변환하여 얻은 양성자 NMR 스펙트럼.

4.4 펄스 NMR의 파라미터

현재 사용되고 있는 펄스-NMR이라고 하면 모두 컴퓨터로 작동이 되고 있다. 컴퓨터를 사용한다는 것은 FT 방법으로 데이터의 처리 속도 등이 매우 빠르게 되었다는 것을 의미하며, 가장 큰 장점은 2차원 NMR 실험을 할 수 있다는 것이다(최근 3차원, 4차원 NMR 실험들도 발표되고 있음). 그러나 중요한 것은 이 컴퓨터가 처리하는 디지털 시그널(digital signal)의 해석에 어떠한 제한이 있는가를 이해해야 한다는 것이다. 즉 CW-NMR과는 다르게 컴퓨터의 사용이 어떤 경우 주파수(frequency)와 피크의 세기(intensity)를 잘못 측정할 수도 있고, 심한 경우 어떤 피크는 전혀 검출할 수 없을 때도 있다. 이러한 실험 결과를 자신이 직접 기기를 작동해서 얻은 것이 아니라고 무책임하게 사용할 수는 없는 것이다. 이러한 실험상의 오차들을 최소한으로 줄일 수 있는 몇 가지 기본적인 파라미터(parameter)들의 개념을 알아보기로 하자.

제일 먼저 기기를 작동하려고 할 때 알아야 할 가장 기본적인 몇 가지 파라미터들의 예를 들자면 펄스 넓이(pulse width, PW), 이완 지연(Relaxation Delay, RD), 스펙트럼 넓이(spectrum width, SW), 트랜스미터 주파수 offset(O1), 디지털 분해(Digital Resolution, DR) 그리고 획득 시간(Acquisition Time, AT)이라고 할 수 있다. 이미 공부한 CW NMR에 대한 지식을 가진 사람이면 이해할 수 있도록 기본 개념과 원리를 최소한의 수식과 고전적인 그림으로 설명하면서 공부하도록 한다.

4.4.1. 펄스 넓이(PW)와 이완 지연(RD)

회전 좌표계(rotating frame)의 개념을 도입하여 푼 블록방정식의 해(solution)는 CW-NMR 현상을 잘 설명할 뿐만 아니라 펄스 NMR에서도 잘 적용이 된다. 펄스-NMR에서는 CW-NMR에서와는 달리 γH_1이 $1/T_1$, $1/T_2$ 그리고 $(\omega - \omega_o)$와 비교해서 매우 크므로 식 4−5에서 $du/dt \simeq 0$ 그리고 $dv/dt \simeq -\gamma H_1 M_z$가 되게 된다. 즉 회전 좌표계로 도입된 새로운 축 u(이후 모두 x로 표기)에 생성되는 벡터의 크기는 제로(zero)가 되며 v(이후부터는 모두 y로 표기) 축에만 벡터가 있게 된다. 이것을 그림 4−8로 설명한다면 +x 방향으로 주어진 펄스는 거시적 벡터 M을 z 축에서부터 yz 평면을 따라 α 라디안(radian) 움직이게 하며 이때 숙임 각(flip

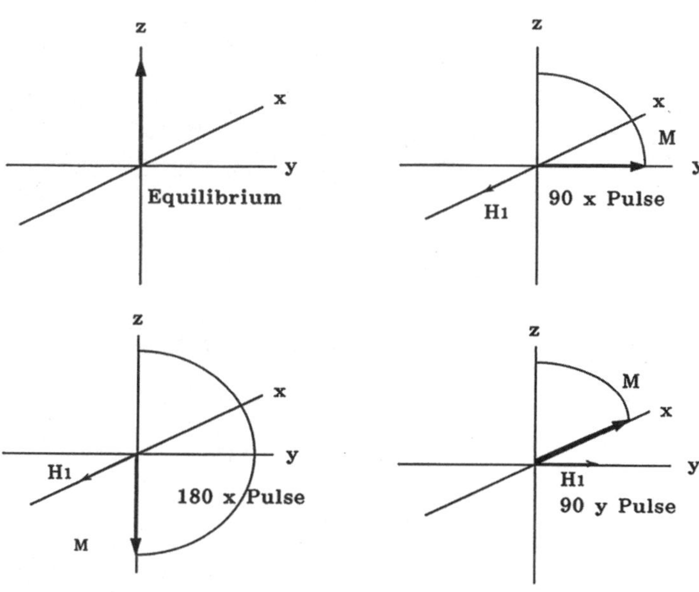

그림 4−8 펄스의 넓이와 방향에 따른 벡터 M의 운동 모양.

angle) α는 다음 식 4-8로 주어진다.

$$\alpha = \gamma H_1 t_p \quad \text{(식 4-8)}$$

여기에서 γ는 각 핵의 자기 회전비, H_1은 라디오파 펄스 그리고 t_p는 펄스의 지속 시간(duration)이다. 펄스의 지속시간이 충분하여(μs 정도의 시간) 벡터 M이 xy 평면에 놓일 때를 $(\pi/2)_x$ 또는 90°_x 펄스라고 하며, −z 방향으로 놓일 때를 $(\pi)_x$ 또는 180°_x 펄스라고 한다. xy 평면상에 리시버 코일(receiver coil)이 놓여 있을 때 펄스에 의해서 생성된 y축 벡터 M의 크기는 피크의 세기라고 생각할 수 있으며, 이때 생성된 벡터는 이완(relaxation) 현상에 의해서 점점 작아져 결국 처음의 상태로 돌아가게 된다. 이때의 시그널을 t_2(acquisition time)라는 시간 동안 취하면 이것이 시간의 함수인 FID가 되며, 종국적으로 FT라는 수학공식에 의해서 컴퓨터가 주파수(frequency) 함수의 시그널로 바꾸어서 스펙트럼을 만들어내게 된다.

우리는 여기에서 다시 1.5절의 거시적 자기화(macroscopic magnetization)로 돌아가서 거시적 자기화를 만드는 각각의 스핀인 조그마한 magnetic moment를 생각해 본다면 90°_x 펄스는 결국 z축에 벡터를, 즉 magnetization을 제거하는 것이므로 두 스핀 상태(양성자의 경우 α와 β 상태)에 있는 핵들의 수(population)를 동일하게 만드는 것과 같은 역할을 한다고 생각할 수 있다. 그러나 결국 이들 각자의 스핀의 magnetization으로 이루어진 무리는 주어진 펄스로 xy 평면에 magnetization을 만들게 된다. 이때의 스핀들을 phase coherence를 가지고 있다고 말한다. 이와 같은 다른 스핀 상태에 있는 스핀들의 수가 동일하게 만들어진 상태는 앞으로 우리가 이 책에서 많이 다룰 피크의 포화(saturation of resonance)와는 다르다. 포화도 핵들의 수를 동일하게 만든 것이지만 이때는 xy 평면에 있는 각각 스핀들의 방향(위상)이 변칙적으로 있어서 xy 평면에 magnetization이 없게 되고 피크를 얻을 수 없는 상태를 말하는 것이다. 다른 말로 포화 조건은 스핀들이 phase coherence를 가지고 있지 않은 것이다. 180° 펄스는 외부의 자장에 대해 거시적 벡터를 반대 방향으로 만드는 것이므로 두 스핀 상태에 있는 스핀의 수를 바꾸어 β 상태의 스핀이 α 상태의 스핀보다 많게 만들어 놓는 것이다. 결국은 xy 평면상에 있는 magnetization이 detector 코일에 signal을 만들게 되므로 90°와 270° 펄스가 가장 큰 피크를 만들게 되고 180°와 360° 펄스는 아무런 피크도 만들 수 없다. 그림 4-8

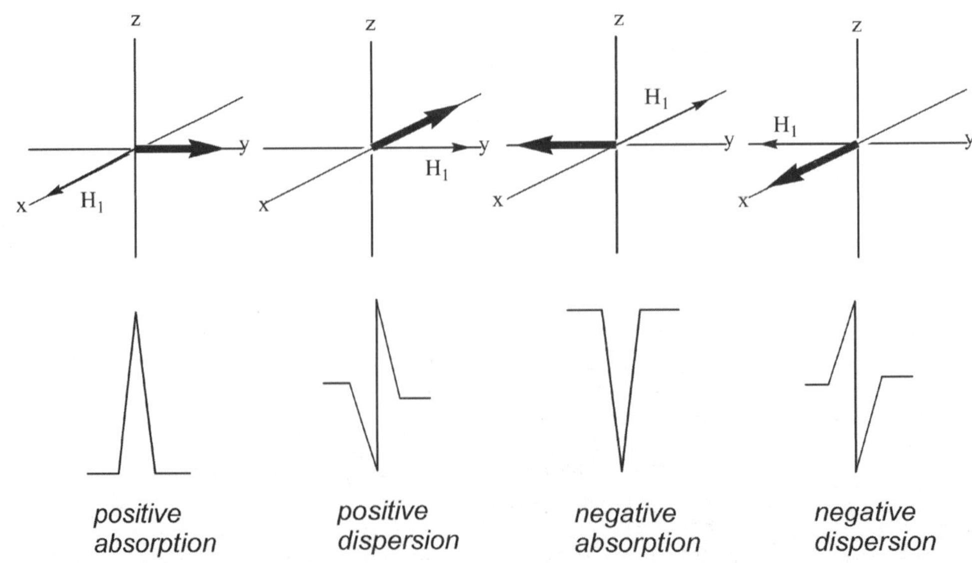

그림 4-8-1 펄스의 위상에 따라서 만들어지는 피크들의 위상의 모습(여기에서는 임의적으로 +y 축이 positive absorption으로 지정되었음).

에서 보여준 x와 y 펄스뿐만 아니라 −x와 −y 펄스도 적용이 가능하며 이들 각각이 만드는 피크들의 위상은 90°씩 차이가 나게 된다. 그리고 이들 피크들을 검출(detection)하는 기기의 장치는 리시버에 기준 위상을 사용하여 하나의 위상만을 + absorption 피크로 표시하게 되고 이것과 +90° 다른 위상의 피크는 dispersion 피크 그리고 180° 다른 위상의 피크를 negative absorption 피크라고 한다(그림 4−8−1). 이러한 다른 종류의 펄스를 연속적으로 적용하며 위상 순환(phase cycle)이라고 하는 방법으로 데이터를 얻는 과정으로 원하는 피크들을 얻고 원하지 않는 피크들은 제거하는 방법이 NMR 실험에서 가장 중요한 개념이라는 것은 이 책을 공부하면서 알게 될 것이다.

그러면 이러한 펄스의 넓이는 어떻게 구하는지 알아보자. 펄스의 지속 시간인 t_p는 컴퓨터로 제어되기 때문에 재현성에 관해서는 염려할 필요가 없다. 그림 4−8과 연관된 위의 설명을 고려하여 y축에 리시버 코일이 놓여 있을 때 π/2 펄스가 피크의 세기를 가장 크게 만들며, π 펄스는 시그널을 보이지 않게 할 것이며, 3π/2 펄스는 π/2 펄스와 같은 크기의 세기를 음의 방향으로, 그리고 다시 2π 펄스는 시그널을 나타나지 않게 할 것이다. 이와 같이 관찰되는 시그널의 세기들에 의한 펄스 넓이의 측정 방법을 그림 4−9(500 MHz NMR, 5 mm probe에서 4 dB attenuator를 사용하였음)에서 볼 수 있다.

그림 4−9를 보면 피크의 크기는 펄스의 시간이 길어지면서 점점 커지기 시작하다가 다시 줄어들기 시작하여 π 펄스 부근(31과 33 μs)에서는 아주 작은 피크를 보이면서 피크의 방향이 음으로 변하기 시작한다. 즉 이 부근의 펄스 시간이 180°(π) 펄스가 되는 것이다. 그리고 다시 음의 방향으로 커지기 시작한 피크는 결국 63 μs에서 작은 dispersion 피크를 보인다. 이곳이 360°(2π) 펄스의 시간이 된다. π/2 펄스는 피크의 세기가 가장 클 때로 정할 수 있지만 대부분 2π 펄스 넓이를 나타내는 시간을 기준으로 정한다. 그림 4−9에서는 약 63 μs에서 2π 펄스의 모양을 나타내므로 15.7(63/4) μs가 π/2 펄스로 되는 것이다. 그림 4−9는 양성자를 예로 들었고 다른 모든 핵들도 위와 같은 방법으로 펄스 넓이를 구할 수 있다. 이와 같이 얻어지는 펄스 넓이는 보통의 1차원 실험(1D-routine experiment)들을 하기 전에 반드시 구해져야 한다.

그러면 이러한 펄스 넓이를 모를 때 생겨날 수 있는 실험들의 오차란 무엇인가를 알아보자. 감도(sensitivity)가 낮은 핵(예를 들어 ^{13}C, ^{15}N, ^{17}O 등)이나 감도가 높지만 농도가 매우 낮아서 signal-to-noise의 비를 높이려고 할 때 우리는 똑같은 기기의 조건으로 얻은 많은 FID를 더하여 FT를 한 스펙트럼을 얻게 된다(많은 FID를 더한다는 것의 다른 용어는 스캔을 여러 번 한다고도 한다. 대부분 기기들은 이것을 number of scan = NS로 표시하며 기기를 작동하기 전에 임의의 값을 넣을 수 있다). 똑같은 조건의 FID를 더한다는 것은 도식적으로는 그림 4−10과 같이 표시할 수 있다.

FID를 많이 더하기 위해서 다음 두 가지 방법으로 실험을 수행할 수 있다. 하나는 펄스 넓이를 π/2로 하고 스핀 이완 시간(relaxation time, T_1)을 충분히 고려해서 획득 시간(acquisition time, AT) 끝과 다음 펄스 사이에 충분한 ($5T_1$) 이완 지연(relaxation delay, RD)

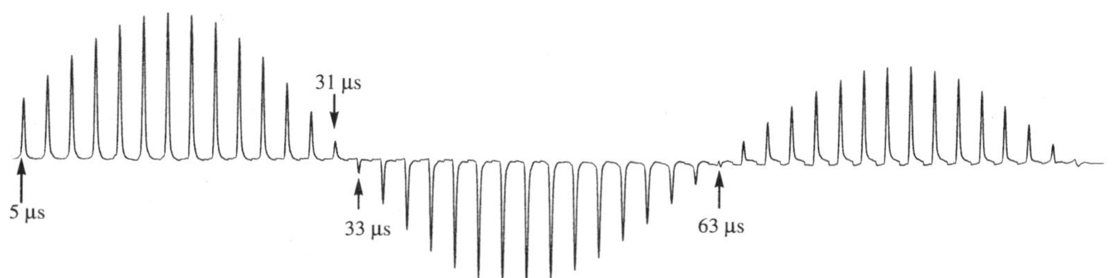

그림 4−9 펄스 넓이의 측정. 첫 펄스 시간을 5 s로 시작하여 2 s씩 증가시켰다. 63 s에서 360°(2π) 펄스의 모양을 나타내고 있음. 즉 15.7 s이 90°(π/2) 펄스이다.

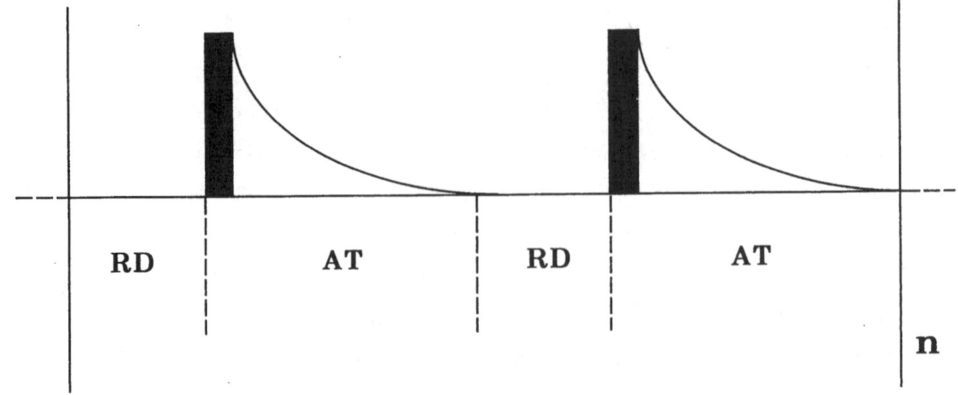

그림 4-10 여러 개의 FID를 더하여 signal-to-noise 비를 증가시키는 펄스 순서의 표시 방법.

을 주는 방법이고, 다른 한 방법은 RD를 없애는 반면 짧은 펄스를 주는 방법이다. 후자는 짧은 펄스 때문에 얻어진 signal-to-noise 비에 대한 손해를 같은 시간 내에 더 많은 FID를 얻어서 극복하는 방법이다. 그림 4-11은 여러 번의 스캔(scan)을 사용하여 스펙트럼을 얻을 때 펄스 넓이가 피크 세기의 적분(integration)에 미치는 영향이 얼마나 큰지를 보여주는 스펙트럼들이다.

그림 4-11은 에틸벤젠(ethylbenzene)의 ^{1}H 스펙트럼이다. (a)는 90° 펄스가 주어졌고 (b)는 10° 펄스를 사용하였다. 두 스펙트럼 모두 RD는 주어지지 않았으며 32번 스캔을 하였고 이때 획득시간(AT)은 2.3 sec이였다. 물론 정량을 하기 위하여 NMR 피크를 적분할 때 여러 가지의 요인이 오차를 일으킬 수 있지만 조금만 주의를 기울이면 1% 이내의 결과를 얻기란 그리 어렵지 않다. 그림 4-11의 (b)는 ethylbenzene의 aromatic, methylene, 그리고 methyl의 양성자 수가 integration과 거의 맞아 들어가지만, (a)의 경우 적분에 의한 aromatic 양성자 수는 약 3개의 면적 비로 나타나고 있다. 이것은 지방족(aliphatic)의 양성자에 비교하여 T_1이 긴 방향족(aromatic)의 양성자의 벡터가 2.3 sec의 시간 동안 10° 펄스를 사용했을 때는 대부분 이완이 일어나고, 90° 펄스를 주었을 때는 이완이 완전히 일어나지 않았기 때문에 일어나는 현상이다. 결국 이와 같은 오류는 미지 시료의 구조를 엉뚱한 결론으로 유도할 수 있으며 이들 적분값을 정량분석에 이용할 때는 엄청난 오차를 수반하게 되는 것이다.

즉 큰 펄스 넓이(PW)를 사용했을 때는 반드시 T_1을 고려해야만 한다는 것이다. 그러나 대부분의 방법에서는 T_1 값에 대한 정보가 없으므로 짧은 PW(≤10°)를 사용하는 것이 안전

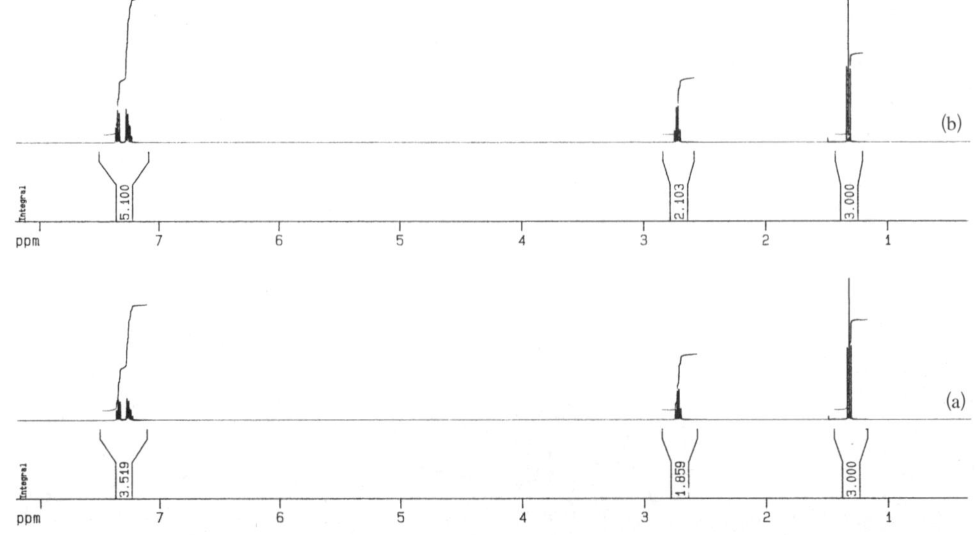

그림 4-11 펄스의 넓이가 피크 세기의 적분에 미치는 영향. (a) 90° 펄스를 사용. (b) 10° 펄스 사용. 두 스펙트럼 모두 이완 시간은 주어지지 않았으며 획득 시간은 2.3초로 32개의 FID를 더한 것임.

한 방법이라 하겠다(위의 설명은 양성자의 경우이고 다른 핵들을 다룰 때는 반드시 그 핵의 T_1 값을 고려해야 한다). 그림 4-9에서와 같이 얻어진 펄스 넓이는 대부분 1D 실험에서 사용하기 위해서는 충분하지만 T_1을 얻어야 하는 relaxation study를 위한 전도 회복(inversion recovery) 또는 T_2를 얻기 위한 스핀 에코(spin echo)같은 실험들을 위해서는, 그리고 많은 2D NMR 실험들을 위해서는 훨씬 더 정확한 펄스 넓이(PW)를 구해야만 한다. 이것을 구하기 위해서는 그림 4-9에서 얻은 개략적인 180°나 360° 펄스 부분을 더욱 세분하여 다시 실험하여야 한다. 이와 같이 하여 정확한 펄스 넓이를 얻었다고 하더라도 펄스 넓이(PW)는 시료를 녹인 용매의 dielectric property에 따라서도 상당히 차이가 나므로, 정확한 펄스 넓이를 요하는 2D NMR과 같은 실험은 사용하려는 시료로 펄스 넓이를 얻는 것이 가장 좋은 방법이다. 비록 아주 정확한 펄스 넓이를 얻었다고 하더라도 그 오차를 5% 내외로 줄이기란 상당히 어려운 일이다(H_1의 inhomogeneity와 resonance offset effect 때문임). 이와 같은 오차를 줄이기 위해서 2D NMR에서는 위상 순환(phase cycling)과 같은 방법을 사용하지만 주로 많이 사용되는 또 다른 한 방법은 몇 개의 펄스를 연속으로 사용하는 composite pulse를 사용하는 방법이다. 이것은 펄스와 펄스 사이에 시간을 주지 않고 몇 개의 펄스를 group으로 사용함으로써 각 펄스가 가지는 오차를 줄이는 방법이다. 예로 그림 4-12를 보면서 설명해 보자.

어떠한 실험에서 제일 중요한 조건이 z magnetization을 완전히 transverse magnetization (xy 평면의 위치)으로 바꾸는 일이라면, 조그마한 펄스 넓이의 오차가 있더라도 벡터는 xy 평면상에 놓일 수 없게 되어 결국 z magnetization을 가지게 되며 여러 가지 실험의 오차를 동반하게 된다.

가장 기본적으로 사용되는 90° composite pulse sequence는 90°(x) 90°(y) 펄스이다. 그림 4-12에서 처음 90°(x) 펄스를 줄 때 처음 펄스가 정확한 펄스였다면 그 다음으로 준 90°(y) 펄스는 벡터의 위치 변화에 아무런 영향을 주지 않게 된다. 그러나 5° 정도 오차를 가진 처음 90°(x) 펄스는 z 벡터를 완전히 xy 평면에 놓일 수 있게 하지는 않지만 다음 90°(y) 펄스는 이 오차를 많이 줄여주게 된다. 같은 방법으로 10°, 15°, 20°, 25°의 편차를 가지는 90°(x) 펄스들도 다음 90°(y) 펄스에 의해 오차가 많이 보정됨을 볼 수 있다. 그러나 그림 4-12에서 보는 것처럼 이 pulse sequence는 위상의 오차(phase error)를 동반하게 된다. 이것을 보정하기 위한 다른 composite pulse는 45°(−y) 90°(x) 90°(y) 45°(x)라는 sequence로 그림 4-13에 잘 보여주고 있다. Population inversion pulse(5.1절)로 많이 쓰이는 180° composite pulse sequence는 90°(x) 180°(y) 90°(x)가 가장 간단하고 효율적으로 쓰이고 있으며 그림 4-14에 보여주고 있다.

많은 실험에서 spin inversion을 위해서 쓰이는 180° 펄스는 가장 이상적으로는 z magnetization을 정확히 −z축에 가져다 놓아야 한다. 그러나 펄스 넓이의 오차와 resonance offset의 영향 때문에 많은 경우 정확히 vector를 −z축에 이동시킬 수가 없으며 이것을 그림 4-15에서 보여주고 있다.

바로 이 오차를 composite pulse는 최소화 해주는 것이고 벡터의 진행과정을 그림 4-14에서 잘 보여주고 있다. 이와 같은 composite pulse sequence들은 여러 가지 새로운 실험들에 사용되고 있으며, 특히 solvent suppression이나 또는 탄소 NMR을 얻을 때 양성자를 디커플링(decoupling) 하기 위하여 사용되던 기존의 broad-band noise decoupling 방법을 대치하는 WALTZ(Wonderful ALternating phase Technique for Zero residual splittings) decoupling과 같은 새로운 디커플링 실험에 사용되고 있다. 이와 같은 composite pulse를 사용하여 디커플링 하는 것을 보통 CPD(Composite Pulse Decoupling)라고 하며 현재 여러 가지 방법들이 사용되고 있다.

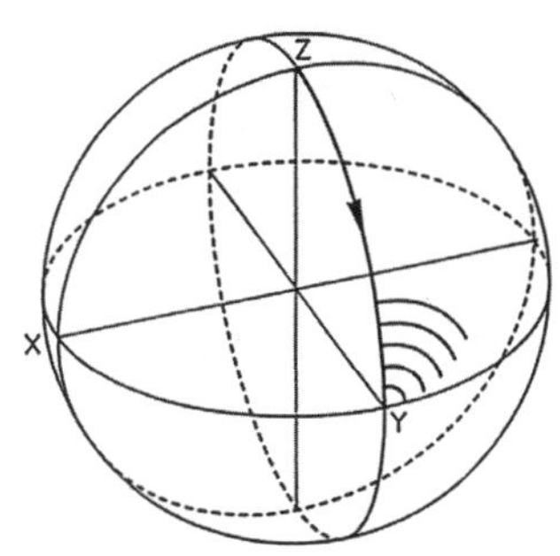

그림 4-12 90° composite 펄스인 90°(x) 90°(y)는 정확하지 못한 펄스 넓이에서 오는 오차를 줄여주지만 위상의 오차를 동반하게 된다.

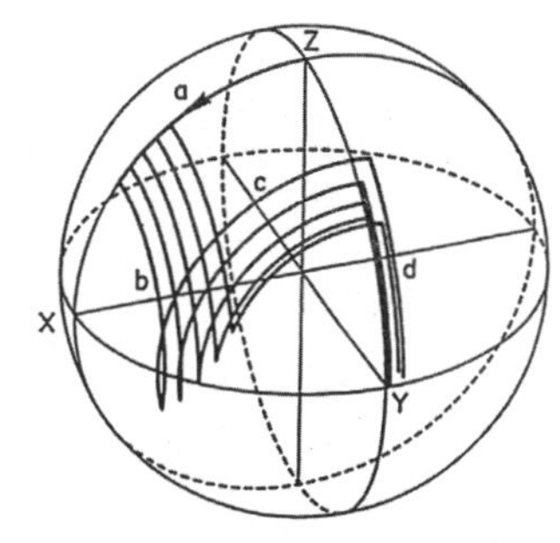

그림 4-13 90° composite pulse인 45°(−y) 90°(x) 90°(y) 45°(x)는 펄스 넓이의 오차와 위상의 오차도 극복할 수 있다.

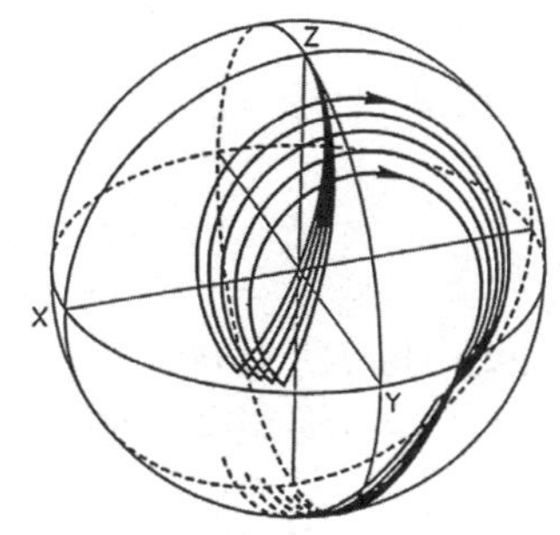

그림 4-14 180° composite pulse인 90°(x) 180°(y) 90°(x)가 보여 주는 펄스 넓이와 resonance offset effect의 보정.

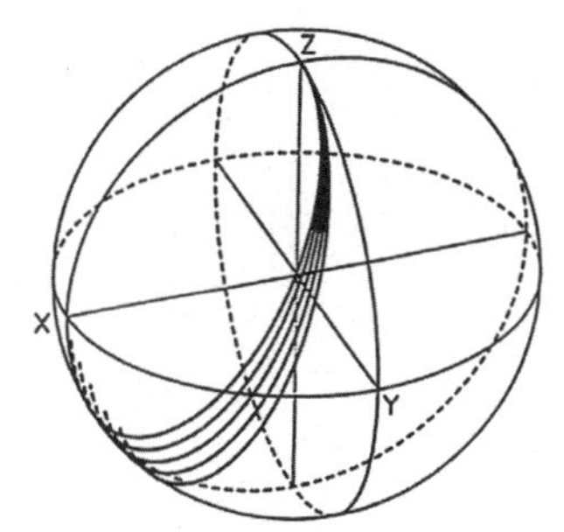

그림 4-15 단일 180°(x) 펄스가 보여 주는 resonance offset effect.

4.4.2. 스펙트럼 넓이와 트랜스미터 주파수 Offset(O1)

스펙트럼 넓이(Spectrum width, SW)의 개념은 다음 절에서 획득 시간(acquisition time, AT) 등과 함께 연관되어 설명되겠지만 frequency offset(O1)과 연관되어서 설명하면 간단히 이해할 수 있는 다른 한 면이 있기 때문에 따로 설명해 보도록 하자. 창밖의 풍경을 보기 위해서 커튼이 쳐진 창문 앞에 선 우리 자신을 생각해 보자. 창밖에 보이는 풍경의 범위와 위치는 두 가지에 의해서 좌우될 수 있다. 즉 커튼을 얼마나 여느냐에 따라서 풍경의 범위가 정해질 것이고, 자신이 좌우 어느 쪽으로 옮겨 서느냐에 따라서 풍경의 다른 위치를 볼 수 있을 것이다. 이때 커튼을 여는 정도가 SW라고 한다면 자신이 좌우로 움직여서 서는 위치를 frequency offset(O1)의 위치로 생각할 수 있다(3장에서 ^{13}C의 디커플링 스펙트럼을 공부할 때 디커플러의 offset을 잠시 언급한 바 있다. 즉 ^{13}C 스펙트럼을 얻을 때 양성자를 디커플링 하게 되는데 이때는 탄소의 O1이 있으며 또한 양성자의 O1도 사용하게 된다. 이들 두 O1의 의미를 구분하기 위하여 디커플링 하는 핵의 offset은 O2로 표시한다. 이 개념은 2D 스펙트럼에서는 F1 축의 offset이 된다). 그러면 이것이 스펙트럼을 실제로 얻는데 어떤 실수를 저지를 수 있는지는 그림 4-16에 보여주었다.

그림 4-16의 (a)는 정상적인 ethylbenzene의 스펙트럼이고 (b)는 methyl group의 피크가 원래의 주파수(frequency)가 아닌 곳에 나타나 있는 것이다. 이런 현상을 1970년대 single-channel detection을 사용했을 때는 folding이라고 했으며 요사이 NMR, 즉 quadrature detection(4.4.4절 참조)을 사용하는 곳에서는 aliasing(c)이라고 부르며 O1을 축으로 하여 반대 방향에서 나타나는 것을 볼 수 있다. 그러나 quadrature detection에서도 single-channel detection에서와 같은 folding이 일어나는 것을 볼 수 있는데 이것은 데이터를 획득할 때 sequential sampling이라는 방법을 사용할 경우다. 즉 quadrature detection에서는 두 축인 x와 y축에서 FID를 sampling(아래 quadrature detection 참조)하게 되며 이때 두 축의 데이터를 회득(digitization)하는 방법에는 simultaneous와 sequential 방법이 있는데 전자의 방법은 x와 y에서 동시에 sampling하는 것이고 sequential 방법은 x와 y축의 데이터를 동시에 하지 않고 번갈아 가면서 sampling하는 방법이다(자세한 설명 아래 digitization 참조).

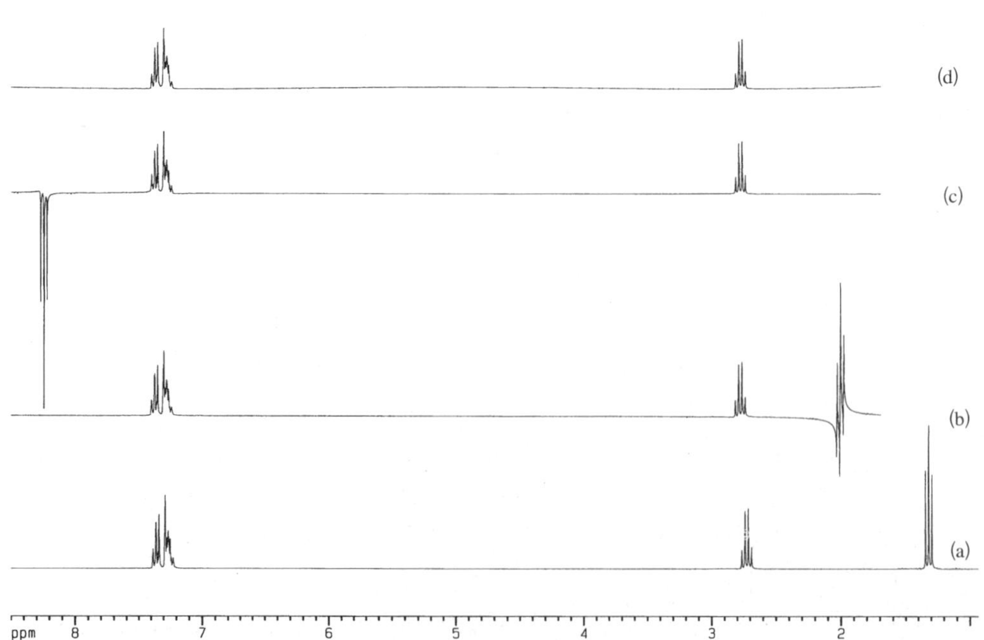

그림 4-16 정상 스펙트럼과(a) Nyquist 조건을 만족시키지 못했을 때 생기는 folding(b)이나 aliasing(c) 그리고 디지털 filter를 사용하였을 때의 스펙트럼의 모습(d).

위의 aliasing이나 folding 피크들이 나타나는 것은 또 다르게는 어떠한 주파수를 정확히 규정하기 위해서는 반드시 한 cycle의 주기에 적어도 2개 이상의 데이터를 획득하여야 한다는 Nyquist condition을 만족시키지 못했다고도 말한다.

Nyquist condition을 만족시키지 못한 경우의 설명을 그림 4-17이 잘 보여주고 있다. 즉 그림 4-17에서 주어진 데이터 측정의 개수 7개가 (a)에서는 파(wave)의 한 주기마다 2개 이상 데이터를 획득하기에 충분하지만 (b)에서 점선으로 나타난 주파수에는 충분하지 못하다(세 번째 주기에서 단지 하나의 데이터만 측정되고 있다). 이러한 경우 그림 (b)에서 그려진 것 같이 점선으로 나타난 주파수는 다른 주파수를 가지는 파(wave)로 묘사될 수 있으며 이것이 스펙트럼에서 folding되어 나타나게 되는 피크가 되는 것이다. 이렇게 잘못되어 folding이나 aliasing으로 나타난 피크들은 그림 4-16 (b)와 (c)에서 보듯이 위상(phase)이 나머지 다른 피크들과 같지 않기 때문에 여러 개의 피크가 존재하는 스펙트럼에서는 이 현상을 쉽게 알아볼 수 있다. 그러나 NMR에서 위상이라는 것은 어떤 절대적인 것이 아니기 때문에 피크가 하나만 있는 경우에는 엉뚱한 주파수로 측정될 수도 있다. 더욱이 최신 개발되어 사용되는 digital filter 방법을 사용하여 데이터를 획득하는 NMR에서는 이러한 SW의 범위를 벗어나는 피크들은 그림 4-16 (d)에서와 같이 스펙트럼에 전혀 나타나지도 않게 되어 있으므로 더욱 조심하여야 한다. 이런 것을 방지하는 방법으로는 먼저 SW를 넓게 잡고 frequency offset(O1)을 움직여 가면서 실험을 시작하는 것이 가장 안전한 방법이다.

그러나 위의 그림 4-16에서와 같이 1D 실험에서는 때로는 문제를 일으킬 수 있는 이와 같은 folding이나 aliasing의 현상을 역으로 이용하는 실험도 있다. 현재 사용되고 있는 digital filter를 사용하는 모든 NMR 기기에서는 1D 실험의 결과를 보여주는 그림 4-16의 (d)의 모습과 같이 스펙트럼의 SW 범위 밖에 있는 모든 피크들은 제거되게 되어 있지만 2-dimensional(2D) 실험에서는 이런 현상을 볼 수 없게 된다. 즉 2D 실험(6장 참조)에서의 다른 축인 F1 축은 기기적으로, 즉 하드웨어적으로 이루어지는 축이 아니므로 digital filter를 사용할 수 없으며 이 축의 SW 범위 밖의 모든 피크들은 aliasing이나 folding이 되어 SW 안쪽으로 나타나게 된다. 아래에서 공부할 스펙트럼의 digital resolution은 1D 스펙트럼과 2D의 F2 축 스펙트럼에서는 FID를 획득할 때 주어지는 data point의 수와 SW에 따라서 달라지지만 2D 스펙트럼의 F1축의 digital resolution은 얻어진 1D 스펙트럼의 수와 SW가 결정하게

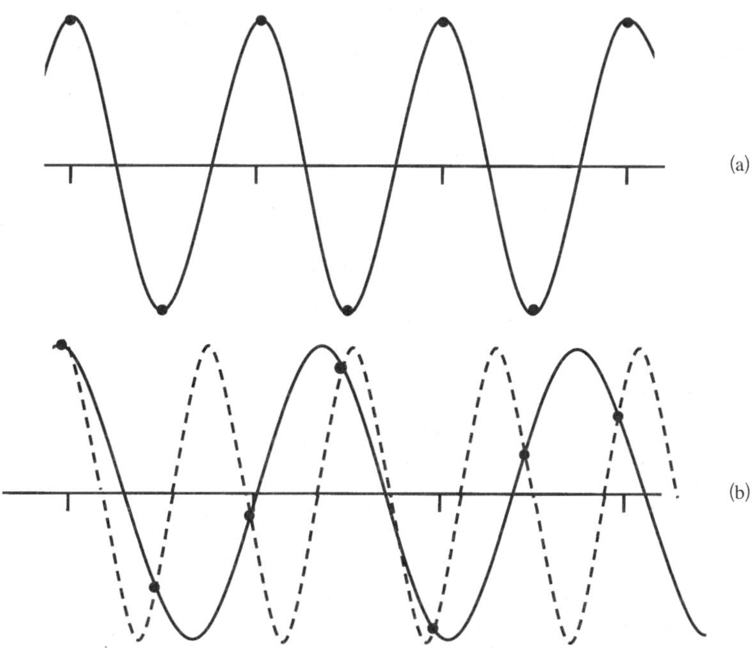

그림 4-17 Nyquist 조건을 만족시켰을 때(a)와 만족시키지 못했을 때(b). 충분한 데이터의 측정이 이루어지지 않을 때의 주파수[(b)의 점선]는 다른 주파수[(b)의 굵은선]로 설명될 수 있으며 이것이 folding으로 나타나는 것임.

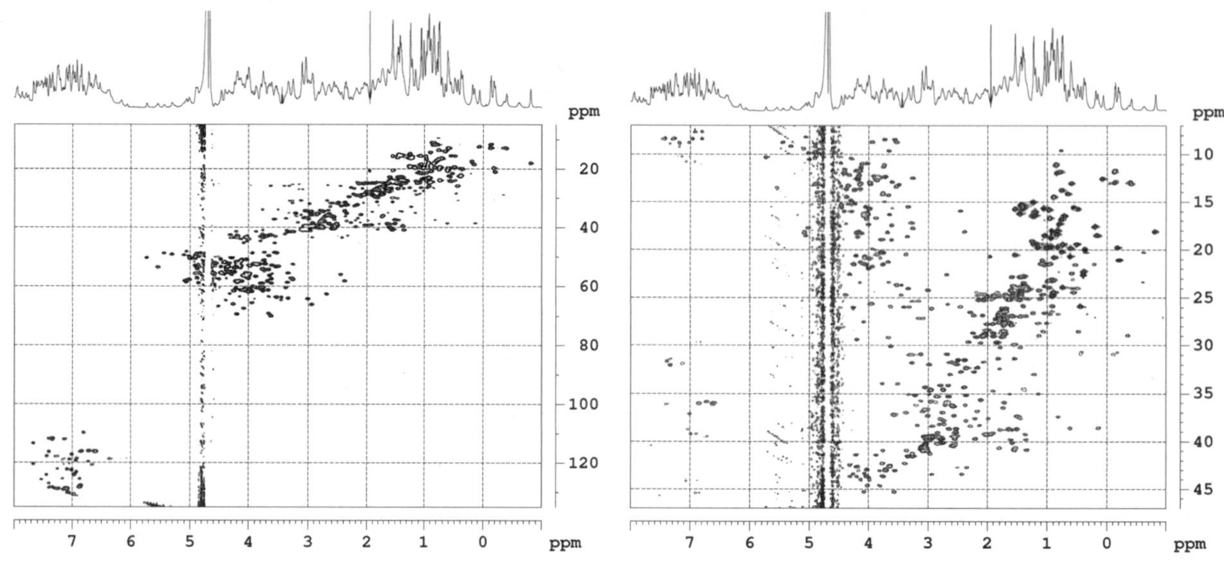

그림 4-16-1 90% H_2O와 10% D_2O 용매에 있는 2 mM lysozyme의 $^1H-^{13}C$ HSQC(좌측)와 folding을 사용하여 얻은 HSQC 스펙트럼의 F1 축의 digital resolution의 증가.

된다. 그러므로 F1 축의 digital resolution을 증가시키기 위해서는 두 가지의 방법이 있다. 즉 많은 시간이 필요하게 될 1D 스펙트럼의 수를 증가시킬 수도 있고 1D 스펙트럼의 수를 줄이고 SW의 범위를 좁게 할 수도 있을 것이다. 즉 같은 실험 시간에 얻어진 같은 수의 1D 스펙트럼을 얻더라도 SW를 줄이면 F1 축의 digital resolution을 증가시킬 수 있다. 이와 같은 방법은 특히 amino acid로 이루어져 있는 protein이 가지고 있는 독특한 화학 이동의 분포(우측의 아래 영역과 좌측의 위 영역의 공간이 비어있는 구조)를 이용할 수 있는 $^1H-^{13}C$ HSQC의 실험에서 잘 사용될 수 있음을 그림 4-16-1에서 볼 수 있다(6.4절 INADEQUATE에서도 사용됨).

4.4.3. 디지털 분해(Digital Resolution, DR)와 획득 시간(Acquisition Time, AT)

보통 NMR 실험들을 위해서 아주 복잡한 기계적인 detection과 digitization 그리고 데이터(data) 보관 등의 이론은 필요하지도 않으며 대부분 사람들은 알려고 하지도 않는다. 그렇지만 실험의 오류를 방지하기 위하여 최소한으로 알아야 할 점들이 있으며 이러한 것들을 예를 들어 알아보도록 하자.

먼저 양성자 NMR을 위해서 300 MHz로 10 ppm의 스펙트럼을 얻었다고 하자. 이 스펙트럼은 30~50 cm의 종이 위에 그려질 것이며 만약 30 cm로 그려졌다고 하면 이때 스펙트럼은 3 cm가 1 ppm이며 Hz로는 300 Hz가 되므로 cm당 100 Hz라는 스케일을 가질 것이다. 보통의 실험을 위해서라면 이때 스펙트럼을 나타내는 각 data point(DP) 사이의 간격은 적어도 0.5 Hz 정도는 될 것이며, 즉 스펙트럼의 각 cm당 data point는 200개가 찍혀 있게 되어 있다. 이러한 스펙트럼을 컴퓨터가 이 점들을 따라 그림을 그리기 때문에 대부분 사람들이 NMR 스펙트럼은 연속되는 선(line)으로 생각하는 것은 당연한 일이다. 그러면 FT NMR에서 얻은 스펙트럼이 연속되는 선으로 되어 있지 않으면 무엇으로 구성되어 있는가를 보도록 하자. 먼저 우리는 어떠한 과정을 거쳐서 스펙트럼이 얻어지는 지를 알아보아야만 이 사실을 이해하기 쉬울 것이다.

FT NMR에서의 첫 과정은 FID를 정해진 시간마다 취하여 얻어지는 electrical signal을

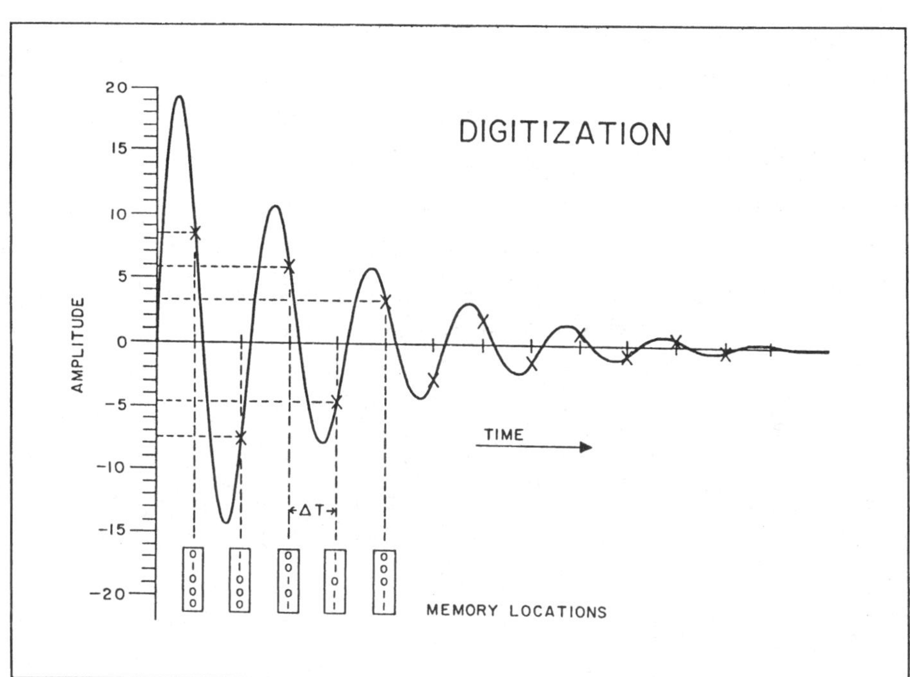

그림 4-18 FID의 digitization.

analogue-digital converter(ADC, digitizer라고도 부름)를 거쳐 numerical form으로 바꾼 다음 이것을 주파수 스펙트럼(frequency domain spectrum)으로 바꾸는 것이다. 즉 ADC는 FID의 크기에 따라 입력되는 voltage를 크기에 따라서 수학의 2진법으로 표시하여 컴퓨터의 기억장치에 보관하는 것이다. 이것을 digitization이라고 하며 그림 4-18에 표시하였다.

이 digitization 과정은 스펙트럼의 모든 주파수의 영역에서 이루어져야 한다. 그러나 이러한 일은 이루어지지 않고 기기에서는 실제로는 변형된 작업이 진행된다. 즉 위에서 언급한 300 MHz에서 얻은 스펙트럼은 $300 \times 10^6 = 300,000,000$ Hz의 라모어 진동수(Larmor frequency: ω_o)를 가지고 있지만 우리가 원하는 것은 핵(nucleus)들의 절대적인 진동수가 아니고 상대적인 값, 즉 상대적인 화학 이동값을 얻으려고 하는 것이기에 300 MHz가 아니라 양성자의 경우 3000 Hz 정도이고 탄소의 경우에도 15 KHz 정도의 범위를 digitization하면 되는 것이다. 이것을 수행하는 기기적인 방법은 얻어진 NMR 시그널의 주파수에서 기준(reference) 주파수를 빼고 난 후 digitization을 하는 것이다(그림 4-18-1). 결국 남겨지는 주파수의 영역은 얻으려고 하는 핵의 화학 이동 영역이 되고 우리의 귀로도 들을 수 있는 <20 KHz인 audio-frequency 범위가 된다.

이 digitization에는 두 가지의 다른 방법을 사용할 수 있다. 최신의 모든 NMR들은 quadrature detection(아래 quadrature detection 참조)을 사용하고 있기 때문에 위의 그림 4-18-1은 하나의 채널에서 이루어지는 과정을 보여주고 있고 실제로는 이와 같은 일이 두 개의 채널에서 이루어지고 있는 것이다. 즉 그림 4-18-2에서와 같이 프로브와 preamplifier로부터 리시버로 들어오는 rf는 두 개로 나누어져서 reference frequency는 같지만 위상이 90° 다른 phase-sensitive detector를 거쳐서 audio-frequency를 만들게 된다. 바로 이 위상이 90° 다른 두 개의 audio signal을 digitization하는 방법으로 simultaneous와 sequential이라는 두 가지의 다른 방법을 사용할 수 있다. Simultaneous 방법이란 두 채널의 데이터를 그림 4-18-3(a)에서와 같이 동시에 얻어서 각각 저장하는 방법이다. 이렇게 얻어진 두 개의 데이터는 cosine과 sine의 성분이며 결국 FT의 real과 imaginary로 사용되게 된다. 이것은 결국 transmitter frequency를 스펙트럼의 중간에 위치시키면 필요한 digitization 영역은 결국 single channel detection의 반에 해당하는 ±SW/2가 되며 AT도 동시에 두 개씩의 데이터를

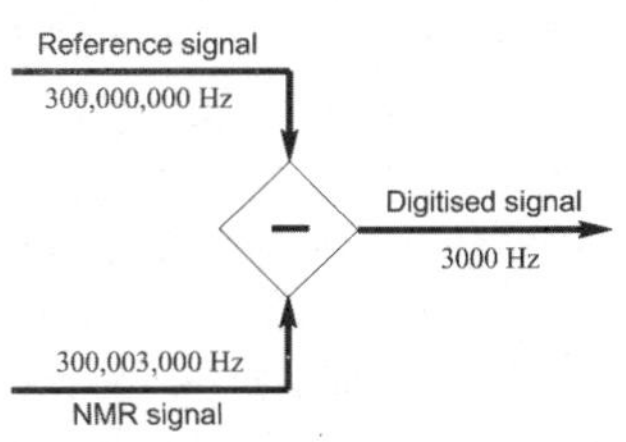

그림 4-18-1 NMR 시그널을 얻는 과정.

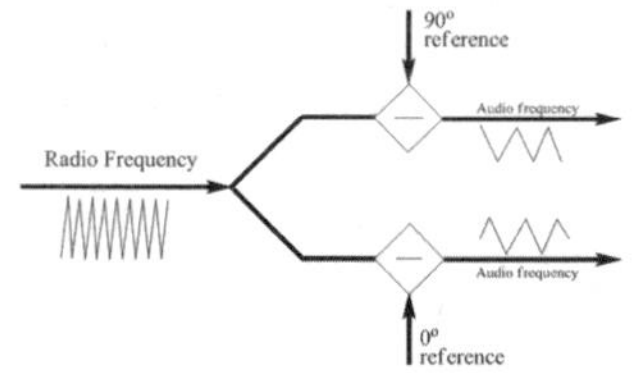

그림 4-18-2 NMR receiver로 들어오는 rf가 두 개로 나누어진 후 위상이 90° 다른 reference를 사용한 quadrature detection으로 cosine과 sine의 성분을 만드는 그림.

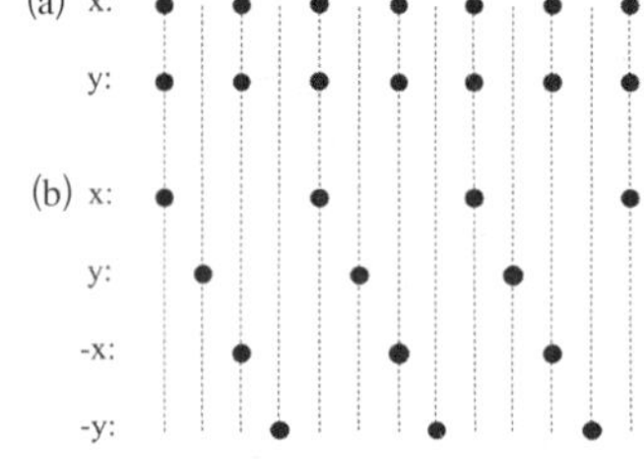

그림 4-18-3 Quadrature detection에서 사용되는 두 가지의 digitization 방법. (a) 두 채널(x 와 y magnetization을 표시함)에서 동시에 digitization하는 simultaneous 방법. (b) 두 채널에서 (a)의 속도의 두 배와 reference의 위상을 90° 증가시키면서 번갈아 가면서 digitization하는 sequential 방법.

얻었기 때문에 반으로 줄게 된다.

두 번째 sequential 방법은 quadrature detection 방법이지만 transmitter를 스펙트럼의 한쪽 끝에 위치시켜서 얻는 single channel detection 방법과 흡사하게 하여 +와 − 주파수 문제를 제거하려는 방법이다. 그래서 이 방법은 때로는 pseudo−quadrature detection이라고도 한다. 비록 이 방법은 transmitter frequency를 스펙트럼의 중간에 위치시키지만 빠른 digitization의 속도(2SW 또는 simultaneous의 두 배 속도)와 reference의 위상을 90°씩 증가시키면서 얻은 데이터는 transmitter frequency를 스펙트럼의 한쪽 끝에 위치시킨 것 같은 효과를 만들게 된다. 즉 90° 위상 증가로 얻은 벡터는 rotating frame에서 그들이 실제 가지고 있는 주파수 보다 1/4 빠르게 움직이고 있는 것이 되고 이들을 2SW 속도로 digitization하게 되면 주파수는 2SW/4, 즉 SW/2 증가하게 된다. 실제로 transmitter의 위치는 스펙트럼의 중간에 있기 때문에 실제의 주파수 범위는 +SW/2에서 −SW/2가 되지만 의도적으로 만들어진 SW/2 주파수 증가는 스펙트럼을 +SW에서 0의 영역으로 만들게 된다. 실험적으로는 90°의 위상 증가는 0°와 90°의 phase-sensitive detector를 180°와 270°로 번갈아 사용하게 되고[그림 4−18−3 (b)] 얻어진 데이터는 한 곳에 저장하여 사용(FT)하게 된다.

위의 두 방법은 전체 digitization 데이터 point, 획득시간(AT), 스펙트럼 넓이(SW)가 동등하며 따라서 얻어진 스펙트럼 모습도 같다. 다만 Niquist 조건을 만족시키지 못하였을 때 나타나는 피크들이 다르게 된다. 즉 simultaneous 방법에서는 aliasing 피크가 나타나지만 sequential 방법에서는 single chanel detection에서와 같이 folding 피크가 나타나게 된다(그림 4−16). 그러나 실험적으로는 첫 데이터 point의 대칭 적인 sampling의 결과로 나타나는 좋은 baseline 때문에 simultaneous 방법이 더 우수하다고 알려져 있다.

이 방법들은 특히 2D 스펙트럼에서 F1 축의 quadrature detection 방법에서도 사용하게 되는데 simultaneous 방법은 States 방법이라고 하고 sequential 방법은 TPPI(Time Proportional Phase Incrementation) 방법이라고 한다.

이제까지 본 것과 같이 digitization의 과정은 결국 얻어지는 스펙트럼에 영향을 줄 수 있게 되므로 또 다른 어떤 것들이 스펙트럼을 변화시킬 수 있는지 알아보도록 하자. Digitization 과정에 영향을 미치는 것에는 첫째로 FID의 크기를 voltage로 나타내는 데 사용되는 ADC의 비트(bits)와 ADC의 속도 그리고 이들을 저장하는 컴퓨터의 메모리 장치의 크기이다. 즉 세 가지 성능에서 ADC의 비트는 스펙트럼에서 얼마나 크고 작은 피크들을 얻을 수 있는지를 그리고 ADC의 속도는 얼마나 넓게 스펙트럼을 얻을 수 있는지를 그리고 마지막으로 컴퓨터의 메모리 용량은 signal-to-noise 비를 결정하는 스캔을 얼마나 많이 할 수 있는지를 결정하게 된다. 오래전 컴퓨터 메모리 용량이 크지 않을 때는 컴퓨터의 메모리가 문제가 되었지만 최근 컴퓨터들은 NMR 기기를 작동시키기에 아무런 장애를 주지 않으므로 문제가 되지 않는다. ADC의 속도는 용액 NMR에서는 문제가 되지 않으며 FID가 빠르게 이완(decay)하는 고체 상태 NMR에서는 매우 중요한 문제가 된다. 즉 ADC의 속도가 빠르게 되면 같은 시간에 더 많은 digitization을 할 수 있게 되고 스펙트럼의 넓은 영역을 다룰 수 있게 된다. 마지막으로 크고 작은 피크들의 측정의 범위를 결정하는 ADC의 비트에 관해서 알아보도록 하자. 우리가 만약 12비트 ADC를 사용한다고 하자(보통 NMR의 ADC는 12~16비트를 사용하고 있음). 이때 1비트는 음과 양의 부호를 표시하기 위하여 사용되고 나머지 2^{11}개의 숫자(2048개)를 사용하여 NMR의 피크 중 가장 큰 피크를 표시하게 된다. 여기에서 가장 작은 피크를 숫자로 표시할 수 있는 것은 1이다. 이 숫자 약 2000 : 1을 *dynamic range*라고 하며 12비트의 digitizer를 사용할 때 기기가 나타내는 최고의 성능이다. 우리는 스펙트럼을 얻으려고 기기를 조작할 때 보통 리시버의 gain을 이용하여 FID의 크기를 컴퓨터의 화면에 조정하게 되는데 이것의 의미는 스펙트럼에서 가장 큰 피크를 digitizer에 정확히 맞추려고 하는 것이다. 만약 gain을 너무 크게 사용하여 FID의 크기가 너무 커지면서 digitizer의 범위를 벗어나게 되면 얻어지는 스펙트럼은 심한 찌그러짐 현상을 동반하게 된다(그림 4-19). 위의 2000 : 1이라는 dynamic range는 가장 큰 피크를 digitizer에 정확히 조정하였다면 기기가 측정할 수 있는 가장 큰 피크와 작은 피크의 비를 나타내는 것이다. 이것은 많은 스캔을 하여 아무리 좋은 signal-to-noise 비를 가진 스펙트럼을 얻는다고 하더라도 dynamic range보다 적은 피크는 기기가 측정할 수 없다는 것이다. 이러한 한계는 물을 용매로 사용하는 생체물질들을 사용할 때 자주 볼 수 있는데 이때 HDO의 양성자에 기인하는 거대한 피크는 그림 2-8에서 보여준 것 같이 포화(이 방법을 water suppression 실험이라고 함)를 시켜 그 크기를 작게 함으로써 dynamic range 문제를 해결할 수 있다.

앞에서 한 FID를 적절히 묘사하기 위해서는 최소한의 조건이 있다는 것을 보았으며 이것이 Nyquist condition이라는 개념이다. 그러면 이 최소한의 조건을 만족시킨 이후 어떤 FID를 묘사하기 위해서는 항상 같은 수의 data point만 넣어서 스펙트럼을 얻느냐는 질문이 나올 것이다. 그렇지는 않다. 필요에 따라(그림 4-18 참조) data point를 많이 넣을 수도 적게 넣을 수도 있다. 즉 우리가 종국적으로 얻은 주파수 스펙트럼은 연속되는 선이 아니라 데이터의 점으로 구성되어져 있는 것을 컴퓨터가 선으로 그린 것이다. ADC가 한 data point를 측정하기 위해서 소비하는 시간을 dwell time(DW)이라고 하며 총 data point에 사용되는 시간은 결국 FID를 측정하기 위한 시간인 획득 시간(acquisition time, AT)이 되는 것이다. 그러므로 AT를 길게 원하면 data point를 많이 넣으면 될 것이고 짧게 원하면 적게 넣으면 될 것이다.

그러면 AT의 길고 짧음은 우리가 얻는 스펙트럼에 어떤 영향을 주는가를 살펴보자. 그림 4-18에 한 주파수를 가지는 어떤 FID를 그려 놓았다. 만약 다른 주파수를 가지는 FID가 있다면, 그리고 그 주파수의 차이가 매우 작다면 두 FID의 첫 부분은 겹칠 것이며 시간이 갈수록 이 두 FID는 조금씩 벌어지기 시작할 것이다. 즉 시간이 길면 길수록 두 FID를 구별하기가 쉬워지는 것이다. 결국 획득 시간이 길면 주파수 스펙트럼에서 분해(resolution) 능력이 좋아지는 것이다. 다른 방법으로는 이 분해능을 증가시키기 위해서는 data point를 많이 넣으면 되는 것이다. 이때 data point 사이 간격이 주파수 스펙트럼에서는 Hz로 나타나게 되고 이것을 digital resolution(DR)이라고 하며 이것은 AT와 다음의 관계를 가지게 된다(식 4-9).

$$\mathrm{DR} = \frac{1}{\mathrm{AT}} \qquad \text{(식 4-9)}$$

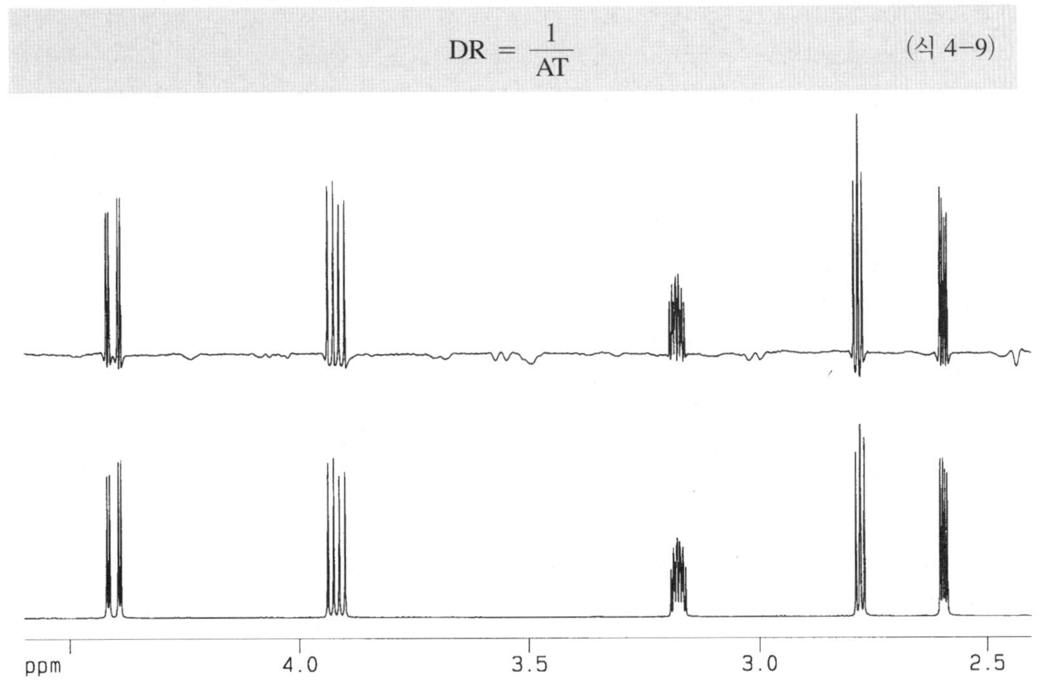

그림 4-19 리시버(receiver)의 gain이 맞을 때(아래)와 맞지 않을 때(위) 얻은 스펙트럼들의 모습. 위의 스펙트럼은 gain이 너무 커서 baseline에 심한 찌그러짐 현상이 나타난 것 을 볼 수 있음.

그러면 DR과 관계는 있는 data point는 AT와 SW와 어떠한 관계를 가지게 될 것이다. 이들의 관계는 다음의 식으로 표시할 수 있다(식 4-10).

$$DP = 2 \times AT \times SW \quad \text{(식 4-10)}$$

이 식 4-10이 바로 NMR 현상을 다루는 digital computer가 가지는 한계(limitation)이다. 이때 상수 2는 우리가 넣어준 data point의 반은 반드시 imaginary part의 FID에 사용됨으로써 유도되는 상수이다. 즉 우리가 넣어준 data point는 반만이 spectrum의 real part를 위해서 사용된다. 모든 기기가 편리를 위해서 real spectrum만을 컴퓨터의 스크린에 보이고 있고 우리는 이것 때문에 때때로 실수를 저지르게 된다.

위에서 설명한 대로라면 우리는 주어진 스펙트럼 넓이(SW) 사이에 자신이 원하는 대로 data point를 넣으면 원하는 획득 시간(AT)을 얻게 될 것이며 결국 원하는 분해능(DR)을 얻게 될 것이다. 그러나 식 4-10이 보여주듯이 하나의 실험을 위해서는 어떤 하나를 희생하여야 하는 것이다. 즉 DR을 좋게 하기 위해서 AT를 증가시키려면 SW를 줄여야 한다. 이와는 다르게 SW를 증가시키면 AT를 줄여야 하고 식 4-10에 의해서 스펙트럼의 분해능(resolution)은 매우 나쁘게 될 수밖에 없다. 이와 같은 추상적인 설명이 실제 우리가 얻는 스펙트럼에 어떻게 나타나는지를 살펴보자.

대부분 ^{1}H 스펙트럼은 0.5 Hz 정도의 data point 분해능을 가지면 충분하겠지만 때때로 분자량이 크지 않은 유기화합물의 ^{1}H 스펙트럼의 피크의 넓이($\nu_{1/2}$)는 약 0.1 Hz 정도일 때가 많다. 이와 같은 피크들을 분리하려고 할 때 DR은 0.1 Hz보다 훨씬 작아야만 분리가 가능하게 된다. 즉 식 4-9에 따르면 적어도 AT는 10 sec보다는 길어야 된다는 것이다. 그림 4-20은 300 MHz NMR에서 얻은 AA′BB′의 스핀 시스템을 가지고 있는 *o*-dichlorobenzene(ODCB)의 ^{1}H 스펙트럼의 일부분이다.

그림 4-20의 SW는 110 Hz이었고 넣어준 data point는 다음과 같다. 즉 (a) DP = 16K(AT = 74.5 sec), (b) DP = 4K(AT = 18.6 sec), (c) DP = 2K(AT = 9.3 sec), (d) DP = 1K(AT = 4.7 sec)이었다. 그리고 그림 4-20은 약 40 Hz의 크기로만 그렸다.

스펙트럼 (a)의 2271 Hz에서 나오는 스펙트럼의 선 넓이(half width)는 0.08 Hz를 나타내고 있다. Data point의 수가 적어지면서 즉 AT가 적어지면서 선들은 차츰 넓어지기 시작하여 (d)에서는 모든 doublet line들이 singlet line으로 변해 버리고 말았다. 그림 (d)에서의 DR은 0.214 Hz이므로 0.214 Hz보다 적은 분리(splitting)를 가지는 피크들은 이 스펙트럼을 얻은 조건에서는 분리될 수 없는 것이다.

DR과 연관되는 또 다른 부류의 실수로는 커플링 상수(coupling constant)를 비교할 때 볼 수 있다. 보통 실험들을 위해서 operator들이 찍어준 스펙트럼들은 보통 0.3~0.5 Hz의 DR을 가지는 것이 보통이다. 즉 기기가 줄 수 있는 최고의 DR이 0.3~0.5 Hz인데 만약 커플링 상수를 7.1, 7.3 또는 7.5 Hz 등 하면서 데이터를 나열해 놓는 것은 아무런 의미가 없는 것이다.

화학 이동을 말할 때도 똑같이 설명되어질 수 있다. 컴퓨터가 소수점 이하 서너 자리 숫자까지 적어 놓았다고 그것을 그대로 인용한다는 것은 아무런 의미가 없는 것이다. 한 예로 ^{13}C NMR을 인용해 보자. 양성자(^{1}H)의 300 MHz NMR은 탄소(^{13}C)에서는 75 MHz가 된다. ^{13}C chemical shift는 약 250 ppm 가량을 측정해야 하므로 SW는 18,750 Hz가 된다. 여기에 data point가 16K로 주어졌을 때 주파수 스펙트럼에서 data point 사이의 간격은 2.29 Hz이며 ppm으로는 0.03 ppm이 되는 것이다. 즉 이때 화학 이동의 값을 소수점 이하 둘째 자리까지 쓰는 것은 아무런 의미가 없는 것이다. 이와 같이 FT NMR의 피크는 data point로 구성되

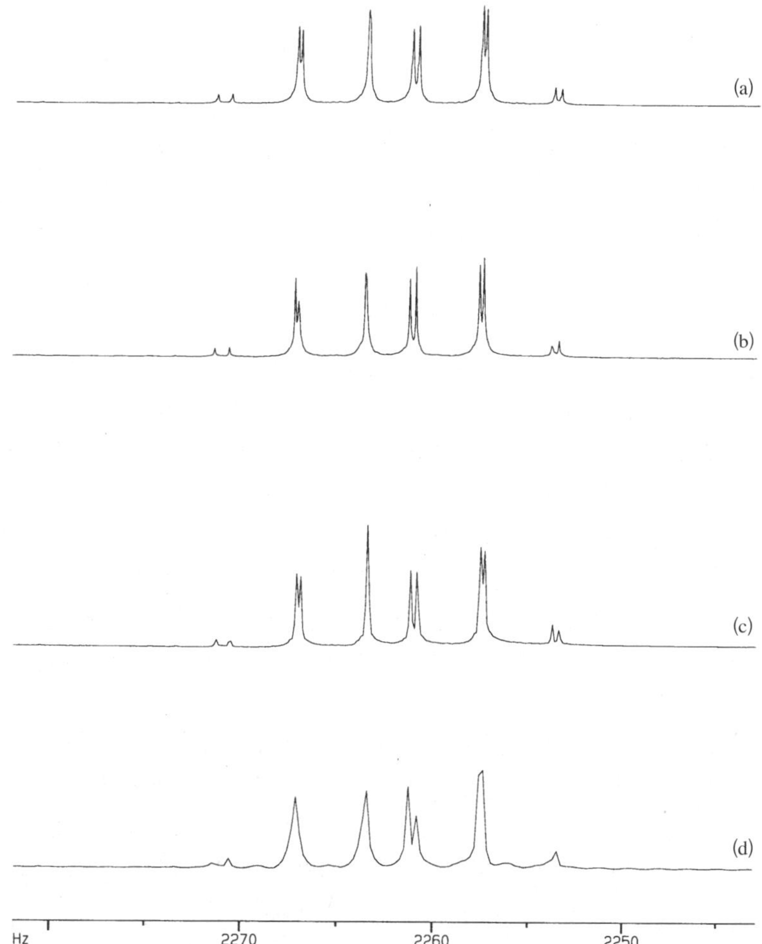

그림 4-20 Data point의 수에 따른 ODCB 양성자 스펙트럼의 변화(300 MHz). (a) 16K, (b) 4K, (c) 2K, (d) 1K로 data point 수가 적어지면서 분해능이 나빠지는 것을 볼 수 있음.

어 있다는 것을 항시 염두에 둠으로써 많은 착오를 줄일 수 있을 것이다.

4.4.4 Quadrature Detection과 위상 순환(Phase Cycle)과 수정

우리는 위에서 NMR 시그널을 detection하는 과정은 주어지는 펄스와 주파수가 같은 reference의 주파수를 빼고 남은 audio 주파수를 digitization한 후 FT한다는 것을 보았다. 이 데이터를 single phase(channel) detection을 사용하여 얻었다면 FT는 얻어진 주파수가 기준 주파수보다 낮은 것인지 높은 것인지를 구분하지 못하기 때문에 문제가 된다. 즉 벡터가 rotating frame에서 $+\nu$ Hz로 움직이고 있다면 이것은 FT한 후 $+\nu$와 $-\nu$ Hz에서 나타나는 피크를 만들게 된다. 이러한 문제를 해결하기 위해서 single phase detection에서는 모든 주파수가 rotating frame에서 기준 주파수보다 크거나 작게 나타내기 위해서 SW의 한쪽 끝에 기준 주파수를 위치하게 한다. 즉 초창기의 FT-NMR들은 frequency offset(O1)의 위치를 얻으려고 하는 스펙트럼의 한쪽 끝에 놓아서 스펙트럼을 얻었다. 이 방법은 real FT 방법으로 image 피크를 제거할 수 있지만 여러 가지 단점을 가지고 있다. Single phase detection이 가지고 있는 단점과 image 피크도 구분해 낼 수 있는 방법이 quadrature detection이다. 이것은 한마디로 말하여 기기 감도를 높여 좋은 스펙트럼을 얻기 위한 기기적인 방법이다.

Quadrature(two channel) detection은 single detection과는 다르게 O1을 스펙트럼의 한 가운데 위치시키는 방법이다. 이렇게 함으로써 signal-to-noise 비를 증가시킬 수 있을 뿐만 아니라 데이터를 얻기 위한 ADC의 스피드도 반으로 줄일 수 있으며 또한 펄스가 커버하여야 하는 범위가 반으로 줄어들므로 스펙트럼의 resonance offset 효과(off-resonance effect)도 줄

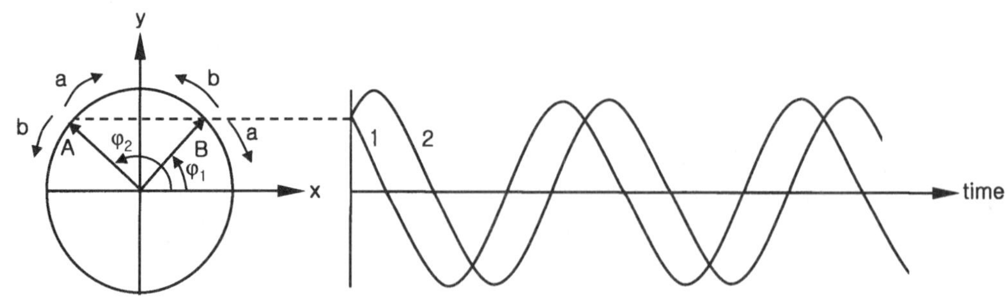

그림 4-21 회전 좌표계에서 y 축에서 얻은 두 벡터의 시간에 따른 waveforms.

일 수 있게 되었다. 더욱이 single phase detection에서는 얻어지는 스펙트럼이 O1의 위치에서 좌측(+)과 우측(−)의 위치가 구분되지 않았던 단점을 보완하게 되었다.

먼저 single phase detection과 quadrature detection의 차이를 쉽게 말하자면 앞에서 공부한 회전 좌표계에서 y축에서만 FID를 얻는 것이 single phase detection이고 y축과 x축 두 곳에서 동시에 FID를 얻는 것은 quadrature detection이다. 그러면 single phase detection의 문제는 어떠한 단점을 가지고 있는지 그림 4-21로 알아보도록 하자. 앞에서 공부한 대로 FT-NMR의 원리는 z축의 벡터 성분을 xy 평면으로 이동시킨 후 이 벡터 성분들이 원래의 위치로 돌아갈 때 만들어지는 FID를 얻는 것이기 때문에 그림 4-21의 xy 평면 위에 있는 움직이는 벡터는 실제의 FID와 같은 효과를 만들어 낼 수 있다. 즉 두 개 주파수가 틀린 핵의 벡터들을 y축에서 관찰하면 그리고 이들이 이완하지 않는다면 xy 평면 위에서 그들이 움직이는 방향에 따라서 두 개의 waveform 1과 2를 만들어 낼 수 있다. 1은 벡터 A가 b의 방향으로 그리고 벡터 B가 a의 방향으로 움직일 때 만들어지는 waveform이며 2는 두 벡터가 각각 반대 방향으로 움직일 때 만들어지는 것이다. 즉 y축에서만 이들 벡터를 관찰할 때는 두 벡터의 구분을 할 수가 없는 것이다. 이것이 single phase detection의 문제이다.

그러나 y축에서의 관찰로는 구분이 불가능하던 A 벡터의 a의 방향과 B 벡터의 b의 방향 움직임을 동시에 x축에서도 관찰한다면 그림 4-22에서 볼 수 있듯이 두 벡터는 x축에서 관찰될 때 다른 waveform들을 만들게 되어 구분이 가능하게 된다. 이것이 quadrature detection

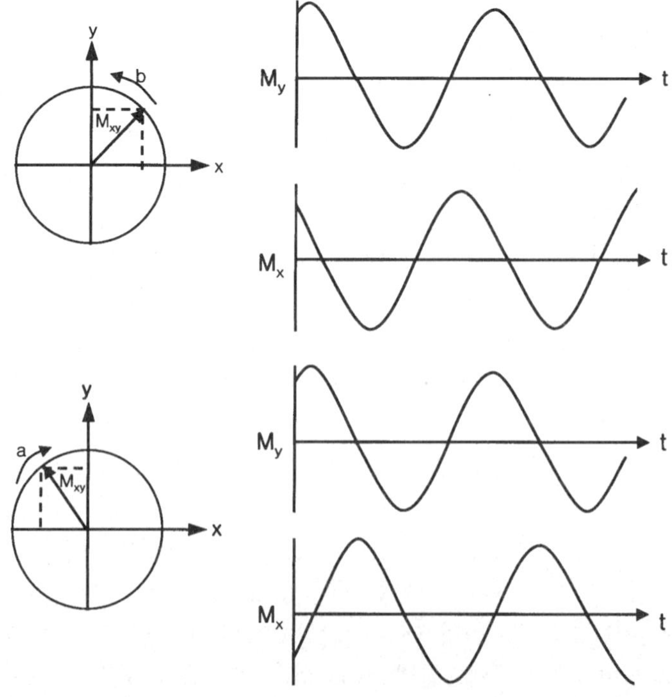

그림 4-22 그림 4-21의 벡터 A와 B의 y 축과 x축에서 얻은 시간에 따른 waveforms.

의 원리이다. 이와 같은 원리가 실제로 기기에서는 위상이 90° 틀린 두 개의 phase sensitive detector(PSD)를 이용하여 FID를 획득하게 된다. 이 장치를 우리는 단순하게 생각하여 한 detector는 벡터의 cosine 성분을 그리고 다른 detector는 sine 성분을 측정하여 각각을 독립적으로 digitize한 후 사용한다고 생각할 수도 있다. 결국 quadrature detection으로 얻은 데이터의 FT는 real 부분과 imaginary 부분을 동시에 사용하는 complex-FT 스펙트럼이라고 생각할 수 있다. 이와 같은 이론은 수학적으로 매우 잘 정립되어 있지만 우리는 여기서는 수학적인 해설은 피하고 회전 좌표계를 이용하여 실제로 스펙트럼이 얻어지는 과정을 보도록 한다.

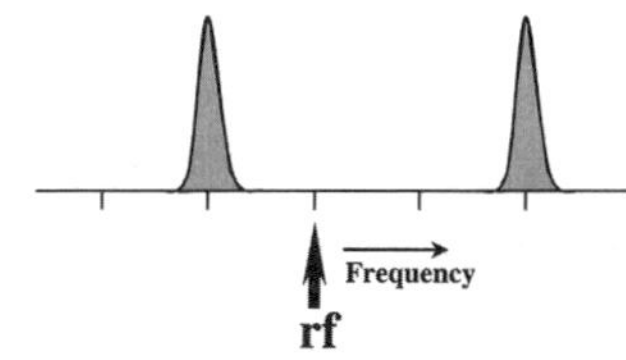

그림 4-23 Quadrature detection으로 주파수가 틀린 두 피크의 스펙트럼을 얻을 때 rf의 위치.

그림 4-23에서 보여준 것과 같이 주파수가 3 Hz가 틀린 두 개의 양성자 NMR 피크를 생각해 보도록 하자. 여기에 rf 펄스의 위치는 각 피크에서 1과 2 Hz 떨어진 중간에 위치하고 있다고 가정하였다. 이들을 만약 300 MHz NMR 기기에서 측정한다면 각각의 피크의 주파수는 300,000,000과 300,000,003 Hz 그리고 기준 주파수는 300,000,001 Hz가 되는 것이다. 그러나 PSD를 통과한 FID는 위의 digitization에서 설명한 대로(그림 4-18-1) 기준 주파수와 라모어(Larmor) 주파수 차이의 절댓값으로(이 경우는 1과 2 Hz) 나타나므로 이곳에서 나타나는 스펙트럼은 3 Hz 차이가 나지 않고 1 Hz 차이가 나는 스펙트럼을 얻게 된다. 실제의 스펙트럼은 3 Hz의 차이가 나야 하므로 우리가 실제로 얻는 스펙트럼은 분명히 또 다른 과정을 거쳐서 얻어지는 것이 분명하게 되었다. 먼저 주파수가 틀린 이 두 피크가 위상이 틀린 두 PSD에서 어떻게 얻어지는지 알아보도록 하자.

그림 4-24는 회전 좌표계의 z축에 있는 두 벡터에 펄스를 가한 후 xy 평면에서 움직이는 벡터들의 시그널이 프로브와 preamplifier를 거친 후 리시버로 들어와서 둘로 나누어진 후 위상이 0°(real: y)와 90°(imaginary: x)로 다른 PSD를 거친 후 획득한 FID들을 보여주고 있다. 기준 주파수는 회전 좌표계와 같은 속도이므로 움직이지 않게 되며 두 벡터는 각각 시계 방향과 같게 또는 반대 방향으로 움직이면서 시간에 따라서 멀어졌다 가까워졌다 하는 것을 반복하게 된다. 즉 낮은 주파수(L)를 가진 벡터는 1 Hz의 속도로 움직이면서 1 Hz의 cosine(real)과 −sine(imaginary)의 FID들을 만들고 있고 높은 주파수(H)를 가진 벡터는 2 Hz 속도로 움직이면서 2 Hz의 cosine(real)과 sine(imaginary)의 FID(점으로 표시한 것들)들을 각각 만들고 있다. 이렇게 얻어진 FID들은 FT 과정을 거치면 우리가 얻으려고 하는 실제의 스펙트럼을 만들어 내게 된다.

그림 4-24에서 보여준 FID들은 소멸하지 않고 항시 일정한 크기를 유지하는 것으로 표시되어 있지만 실제의 FID들은 가로 이완 시간(T_2)의 함수로 시간에 따라서 소멸하게 된다. 이러한 FID들을 FT한 후 얻어지는 스펙트럼 모습은 FID들의 위상에 따라 달라지게 된다. 이러한 관계를 그림 4-25에서 볼 수 있다. 이제 그림 4-25를 사용하면 PSD를 이용하여 얻은 그림 4-24에 보여준 4개의 FID들의 FT 스펙트럼을 쉽게 얻을 수 있다. 즉 각각의 FID는 real

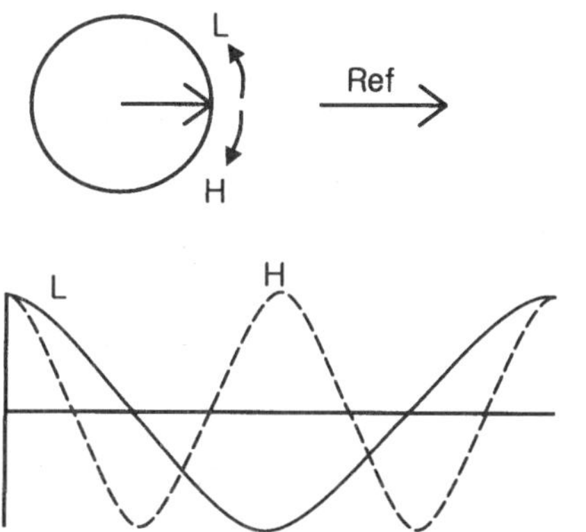

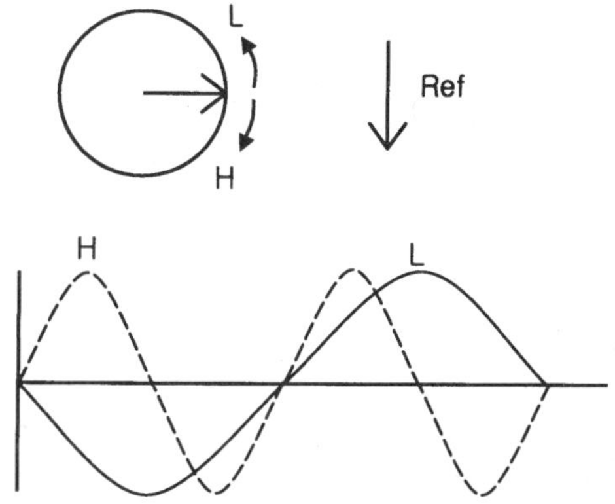

그림 4-24 회전 좌표계에서 PSD(phase sensitive detector)가 만들어 내는 FID의 종류들.

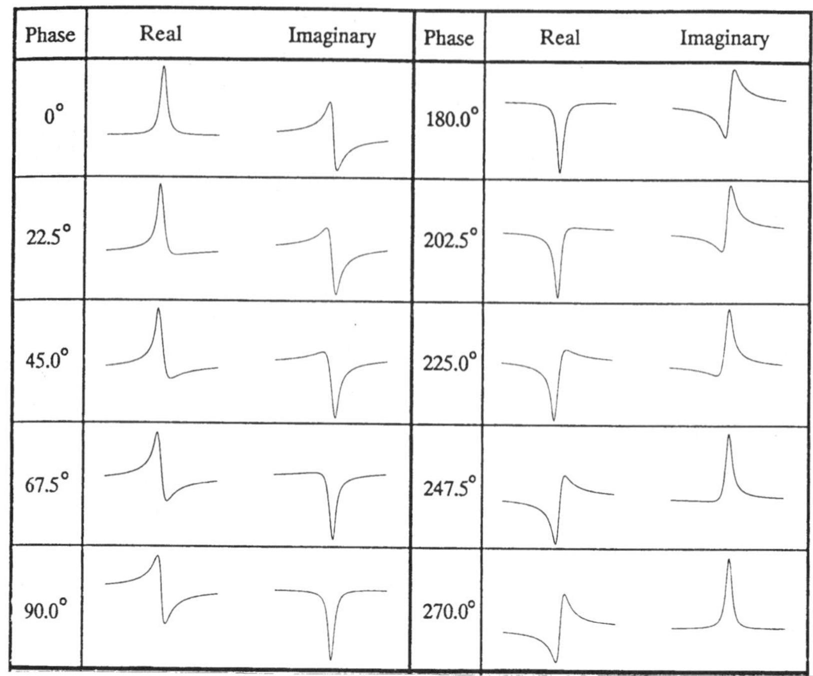

그림 4-25 FID들의 위상과 이들을 FT 하였을 때 스펙트럼들의 모습.

과 imaginary의 스펙트럼을 하나씩 만들어내기 때문에 우리는 그림 4-24에서 얻어진 FID들로부터 최종적으로 피크를 8개 얻게 된다.

이들 피크들은 앞에서 언급한 대로 1 Hz 차이를 가진 스펙트럼들로 나타난 것을 그림 4-26에서 볼 수 있다. 먼저 real FID로 얻은 1과 2 Hz 두 개의 cosine FID들은 위상이 0°에 해당하므로 이들을 FT하면 real 스펙트럼은 두 개의 absorption 피크(RR)를 만들며 그리고 imaginary 스펙트럼은 두 개의 dispersion 피크(IR)를 만들게 된다(그림 4-25에서 0°에 해당하는 피크들). 다음으로 imaginary FID들의 위상은 각각의 real FID의 상을 90° 와 270° 만큼씩 변형시킨 것으로 그림 4-25로부터 real 스펙트럼은 모습이 틀린 두 개의 dispersion 피크를(RI) 얻게 되며 imaginary 스펙트럼은 부호가 틀린 두 개의 absorption 피크(II)를 가지게 된다.

NMR 스펙트럼은 위에서 설명한 PSD에서 얻어진 4개의 스펙트럼인 absorption 스펙트럼들과 dispersion 스펙트럼들을 각기 더하고 빼는 과정을 거쳐서 얻어지게 된다. 즉 그림 4-26에서 보여준 것과 같이 우리가 실제 사용하는 real 스펙트럼은 RR 스펙트럼과 II 스펙트럼을 더하여서 기준 주파수의 좌측에 놓게 되고 RR 스펙트럼에서 II 스펙트럼을 뺀 스펙트럼을 기준 주파수의 우측에 그려 놓게 되므로(컴퓨터 프로그램으로) 두 피크가 3 Hz가 되는 최종 스펙트럼을 얻게 된다. 실제로 사용은 하지 않지만 NMR 기기의 컴퓨터에서 볼 수 있는 imaginary 스펙트럼도 기준 주파수의 좌측과 우측의 위치를 바꾸기는 하지만 RI와 IR 스펙트럼을 이용하여 같은 과정을 거쳐서 얻게 된다(RI − IR은 기준 주파수의 좌측에 그리고 RI + IR은 기준 주파수의 우측에 나타나게 함). 이렇게 하여 얻어진 imaginary 스펙트럼은 그림 4-26에서 보듯 처음 PSD로 위상을 90° 변형하여서 얻은 FID에서 예측된 결과와 일치하는 각각의 absorption 피크의 상(phase)에 대한 90° 변형된 dispersion 피크를 보여주고 있다.

그러면 이러한 quadrature detection 방법으로 얻어진 스펙트럼은 기존의 다른 방법들의 단점들을 모두 극복한 완전한 것인가? 이 질문에 대한 답은 감도 등 여러 문제점들을 해결하였다고 말할 수 있다. 그러나 이 방법은 quadrature image 수반이라는 새로운 단점을 만들게 된다.

그림 4-27은 3.6절에서 보여준 *trans*-myrtanol(**4**)의 ^{1}H 스펙트럼이다. 이 스펙트럼의 모

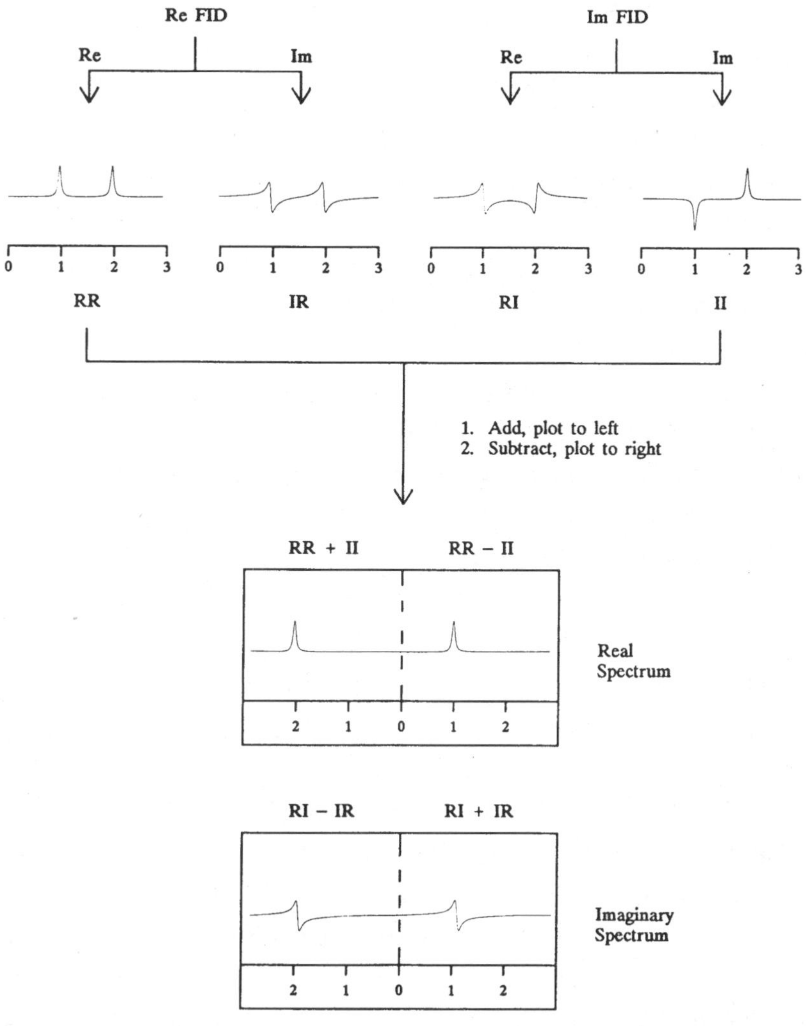

그림 4-26 Real(Re)과 imaginary (Im) FID로부터 얻은 스펙트럼들과 이들로부터 얻어진 최종의 스펙트럼들.

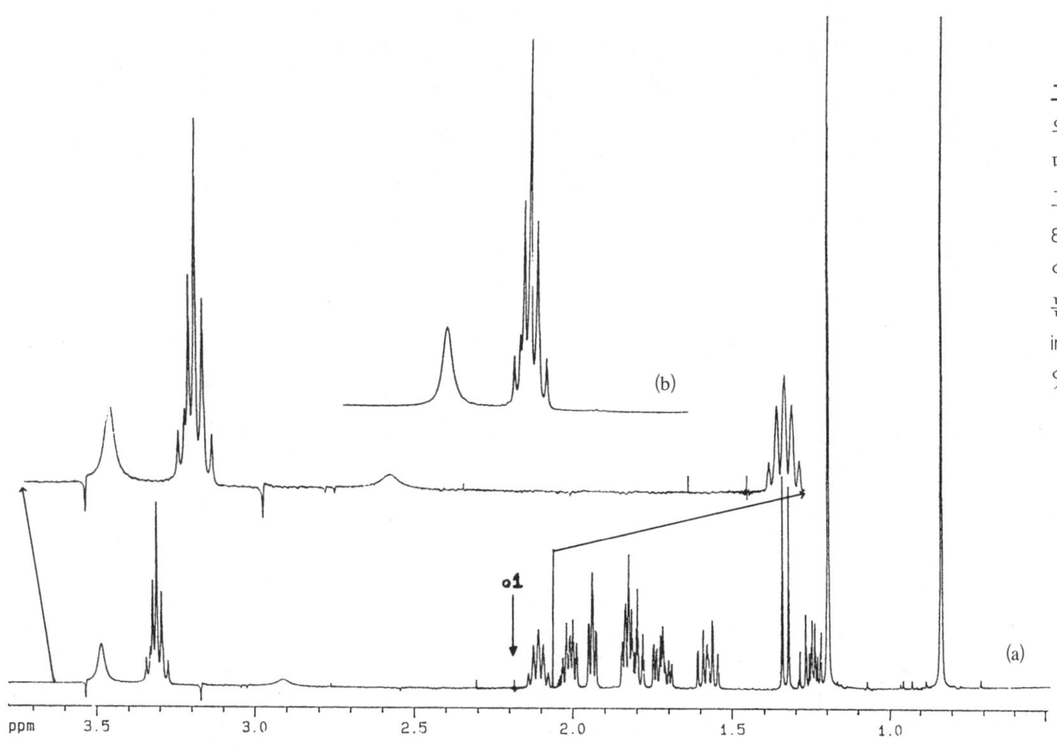

그림 4-27 *trans*-Myrtanol(**4**)의 ^{1}H 스펙트럼. 용매는 아세톤이며 스펙트럼 (a)는 1 스캔한 것이고 일부분을 그린 스펙트럼 (b)는 8 스캔으로 위상 순환을 적용하여 얻은 것이다. 스펙트럼 (b)에서는 (a)에 나타나 있는 quadrature image 피크가 사라진 것을 볼 수 있다.

습이 이전 스펙트럼과 약간 다른 것은 여기에서는 용매가 아세톤이며 1 스캔의 FID를 이용하는 실험이기에 signal-to-noise 비를 증가시키기 위해서 시료 농도를 진하게 하였기 때문이다. 즉 NMR의 화학 이동값은 시료의 농도와 용매에 따라서도 조금씩 달라진다는 사실을 잘 보여주고 있다. 전체를 그린 스펙트럼과 이것의 일부분을 확대한 것을 보면 음의 성분을 나타내는 상당히 큰 두 피크가 3.18과 3.53 ppm에 나타나 있는 것을 볼 수 있다. 이들을 자세히 살펴보면 이들이 0.83과 1.2 ppm에 나타나 있는 커다란 두 개의 메틸기의 피크들이 스펙트럼의 O1(transmitter frequency offset)의 위치에 대칭으로 해서 정확히 같은 거리의 반대 방향에 나타나있다는 것을 알 수 있다. 이들 피크가 바로 quadrature image 피크인 것이다.

위의 스펙트럼에서는 quadrature image가 음으로 나타나 있지만 기기의 어떤 채널이 불균형의 정도가 크느냐에 따라서 양의 성분을 가지고 나타날 수도 있다. 이 현상을 이해하기 위해서 우리는 다시 quadrature detection을 설명하는 그림 4-26으로 되돌아가기로 한다. 이 그림에서 다시 보듯이 우리는 real 스펙트럼을 얻기 위해서 기기의 두 개의 다른 채널(channel)을 통해서 얻은 스펙트럼을 덧셈과 뺄셈이라는 과정의 수순을 밟게 된다. 즉 한 가지의 예로 RR 스펙트럼과 II 스펙트럼을 더할 때 RR 스펙트럼의 1 Hz에 나타난 양의 피크와 II 스펙트럼의 1 Hz에 나타난 음의 피크가 상쇄되게 되어있다. 만약 기기의 두 채널 성능이 정확히 같다면 이 1 Hz의 자리에는 아무런 흔적도 남기지 않을 것이다. 그러나 현실적으로 두 채널의 성능을 정확히 같게 하는 것은 불가능한 일이며 따라서 image 피크는 스펙트럼에 항시 나타나게 되어 있다. 이 image 피크 크기는 엔지니어가 기기를 설치할 때 기기의 두 채널을 매우 잘 조정하여 놓았다면 대략 상대 피크의 약 1% 정도의 크기를 가지게 된다[여기에서 기기의 조정이라는 것은 우리가 가정에서 오디오의 두 개의 스피커 소리가 같게 나오게 앰프(amplifier)의 balance를 조정하는 것으로 생각하면 된다].

정량분석 실험에서 적분값을 얻으려고 하는 피크의 0.5%씩에 해당하는 ^{13}C의 위성 피크들이 문제를 일으킨다는 것을 고려하면 이 quadrature image 피크들이 시료의 작은 피크들과 겹칠 때 상당한 오차를 일으킬 수 있다는 것을 쉽게 짐작할 수 있다. 이러한 문제를 제거하는 한 가지 방법은 이 image 피크는 O1의 위치에 따라서 그들의 위치가 변하므로 O1의 위치를 바꾸어서 스펙트럼을 얻는 것이다. 그러면 이들 image 피크들을 완전히 제거하는 방법은 없는가? 바로 이 문제를 해결하는 방법이 위상 순환(phase cycle)이라고 하는 교묘한 방법이다.

이제 이 위상 순환의 작동 원리를 알아보도록 하자. 이것의 개념을 이해하기 위해서 먼저 quadrature detection의 기본 개념으로 다시 돌아가자. 위의 설명에서 quadrature image의 출현은 두 채널의 불균일성 때문에 일어나는 것을 보았다. 그러므로 단순히 생각하여 두 채널을 서로 바꾸어 가면서 동일한 수의 FID들을 얻는다면 이들의 불균형을 쉽게 고칠 수 있을 것이다. 그러나 두 채널은 위상이 틀리며(즉 0°와 90°의 위상) 마지막에 데이터를 컴퓨터에 저장할 때 반드시 같은 위상을 가지는 것만이 받아들일 수가 있으므로 단순히 두 채널을 바꾸는 방법은 목적을 이룰 수 없게 된다. 그러므로 다른 방법을 사용하여야만 한다. 즉 FID를 받아들이는 리시버 등의 채널을 그대로 두고 데이터(data)의 위상만 90° 바꾸는 방법을 사용하는 것을 생각해 보도록 하자. 데이터의 위상을 90° 변형시킨다는 것은 결국은 한 개의 채널에서 real과 imaginary의 데이터를 받아들인 것과 같으며 이들을 처음의 데이터에 더할 수 있다면 채널을 바꾸는 효과와 같은 것이 되는 것이다. 우리는 이미 앞 절에서 공부하였으므로 펄스 위상에 따른 벡터들의 운동 방향에 관한 것을 알고 있다. 즉 벡터들의 운동이 FID를 만들어내므로 펄스의 위상이 FID들의 위상을 변화시키는 것은 당연한 것이다. 이들 펄스 위상을 90° 변화시킴으로써 얻어지는 FID 데이터들의 위상 변화를 그림 4-28에서 볼 수 있다. 첫 번째 $90°_x$ 펄스로 얻은 벡터가 만든 x축 성분의 FID(90° 위상의 채널)는 두 번째 $90°_y$ 펄스로 얻은 벡터가 만든 y축 성분의 FID(0° 위상의 채널)와 같은 FID를 만들어내고 있다. 즉 이 둘을 합친다면 두

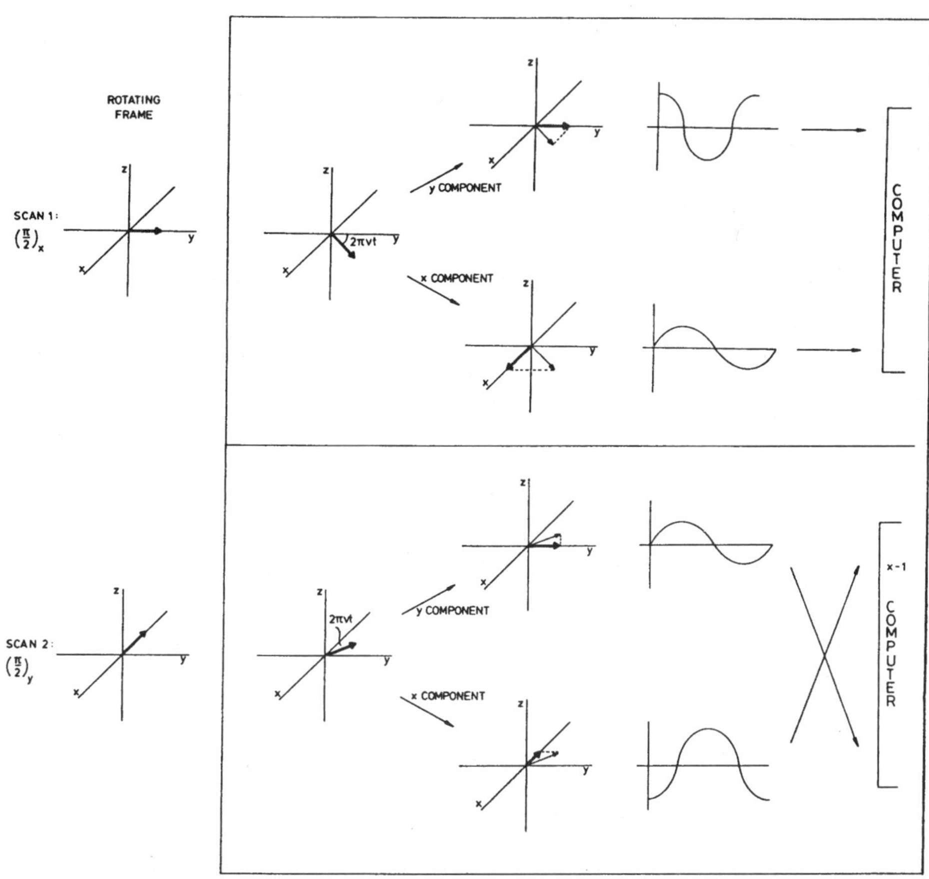

그림 4-28 펄스의 위상 순환으로 두 채널의 불균형을 상쇄시키는 과정의 기본 개념.

개의 채널을 번갈아 사용하면서 FID를 얻은 것이나 같은 효과를 가지게 된다. 그리고 첫 번째 펄스가 만든 y축 성분의 FID와 두 번째 펄스가 만든 x축 성분의 FID는 한쪽 성분에 − 의 부호를 곱하여 주면 같은 FID가 되며 이들을 더하면 결국 완전히 두 개의 채널을 교환하여서 데이터를 얻은 것이나 다름이 없게 된다. 이들 과정 중 마지막 단계인 첫 번째 스캔 데이터(scan data)와 두 번째 스캔 데이터를 분류하고 합한 후에 컴퓨터에 저장하는 것은 기기의 소프트웨어로 쉽게 다루어지게 된다. 더욱이 같은 개념으로 이들 각각의 펄스의 위상을 180° 변화시키면 전기적인 잡음 피크뿐만 아니라 외부의 여러 가지 방해에서 생겨날 수 있는 피크들 제거에도 매우 효과적이라고 잘 알려져 있다. 그러므로 quadrature detection을 사용하는 현대 모든 펄스 NMR들은 4개의 위상이 다른 펄스, 즉 x, y, −x, −y 그리고 이들 각각에 대해서 고정된 리시버의 위상인 x, y, −x, −y의(실제로는 기준 주파수의 위상을 변화시키는 것이지만 관습적으로 리시버의 위상으로 표시함) 상태로 데이터를 연속적으로 획득하는 방법을 사용하고 있다. 이들을 CYCLOPS(CYCLically Ordered Phase Sequence)라고 한다.

그림 4-27의 스펙트럼 (b)는 위상 순환을 적용하여 얻은 결과이며 그림에서 볼 수 있듯이 (a)의 스펙트럼에 있는 quadrature image가 완전히 사라진 것을 알 수 있다. 이와 같이 스펙트럼의 질을 향상시키기 위한 위상 순환 방법은 때로는 전체의 벡터 성분 중 어떤 특별한 성분을 가려내기 위해서도 사용되고 있다. 그러므로 위상 순환의 방법은 위에서 공부한 CYCLOPS의 방법 이외에도 2D NMR의 데이터를 얻는 여러 가지 방법들[P-type, N-type, TPPI(Time Proportional Phase Increment), States 등]에 따라서 변형된 많은 방법들이 현재 사용되고 있다.

기기 회사마다 다른 형태의 프로그램을 사용하기 때문에 새로 발표된 위상 순환 방법을 자

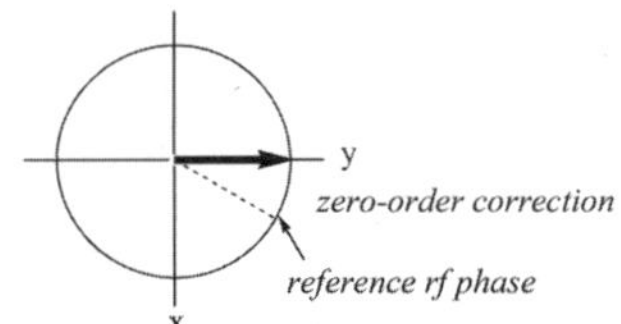

그림 4-29a 기준 주파수의 위상의 차이로 나타나는 0차 위상의 오류.

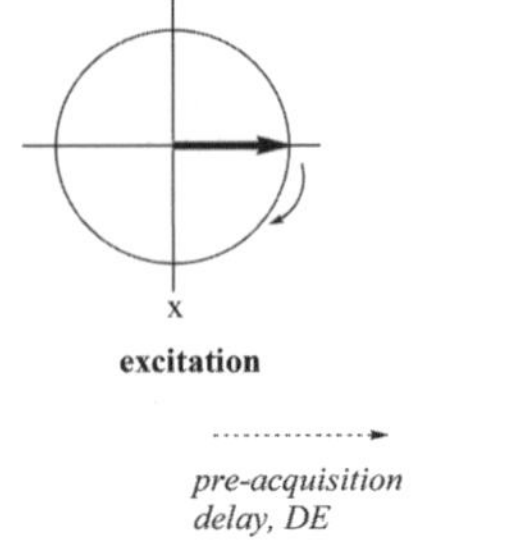

y
frequency-
dependent
phase errors
x
digitization

그림 4-29b 리시버의 일정 시간(DE) 지연으로 생기는 주파수의 영향에 따른 1차 위상의 오류.

신의 기기에 적용하려고 할 때는 세심한 주의가 필요하다. 이것은 방법이 어려워서가 아니라 전체 프로그램을 자신의 기기의 프로그램으로 변형시킬 때 조그마한 실수도 실험에서는 예상할 수 없는 이상한 결과를 초래할 수 있기 때문이다. 이런 이유로 새로운 위상 순환 방법을 적용할 때는 알고 있는 시료로 결과 예측이 가능한 실험을 먼저 수행해 보는 것이 가장 안전한 방법이다.

Quadrature detection을 설명하기 위한 이제까지의 NMR 피크의 위상 모습들은 매우 이상적인 상태, 즉 FID를 얻은 후 FT 과정을 거치면 위상의 찌그러짐이 없는 것으로 가정하였다. 그러나 실제로는 FT를 한 후 우리가 얻는 NMR 스펙트럼은 항시 위상의 찌그러짐 상태로 얻어져 수정이 필요하게 된다. 이들 작업을 위상 수정이라고 하며 0차(zero-order)와 1차(first-order)의 수정을 거쳐서 정확한 위상의 NMR 스펙트럼을 얻게 된다. 그러면 이러한 잘못된 위상은 왜 나타나는지를 알아보도록 하자.

위의 FID의 digitization 과정에서 핵들의 상대적인 주파수만을 얻기 위해서 우리는 이미 기준(reference) 주파수를 사용한다는 것을 알고 있다. 이 주파수의 위상에 해당하는 리시버의 위상은 그림 4-29a에서와 같이 펄스에 의해서 만들어진 벡터들의 처음 위상과 같을 수는 없다. 그러므로 이때 생기는 위상의 오류는 주파수와는 상관이 없이 스펙트럼에 나타나는 모든 피크에 같은 양의 영향을 미치게 된다.

이들 위상 수정은 주파수와는 관계없는 위상 수정이라 0차 위상 수정이라고 한다. 이 수정 후 또 다른 수정을 하게 되는데 이것을 1차 수정이라고 하며 이것은 각 피크들의 주파수가 다르기 때문에 나타나는 현상이다. 이 현상의 설명은 그림 4-29b가 보여주고 있다. 그림이 보여 주는 것과 같이 우리는 FID를 얻을 때 펄스 이후에 바로 리시버를 작동시키는 것이 아니고 수 μs 해당하는 일정 시간(DE)이 지난 후에 시작하게 된다. 이것은 이미 펄스를 설명할 때 보여 준 펄스의 완전하지 못함 때문이며 이 시간 동안에 이미 벡터들은 그들의 주파수에 따라서 xy 평면을 움직이게 되고 리시버가 FID를 취득하기 시작하는 때는 이미 각기 다른 위치에 다다르게 되어 위상들은 다르게 되므로 얻어지는 스펙트럼은 주파수에 따라서, 즉 화학 이동에 따라서 각기 다른 양 만큼의 위상 오류가 나타나게 된다. 그러므로 화학 이동이 크면 클수록 많은 양의 위상 수정이 필요하게 된다.

어떠한 펄스-NMR에서도 FT 이후에 나타나는 위의 두 위상 오류 수정 과정은 모든 기기에서 동일하다. 먼저 0차 수정은 피크 하나를 선정하여(일반적으로 가장 큰 피크) 완전한 absorption 모습으로 조정한 후 이 피크와 가장 멀리 떨어져 있는 피크(주파수 영향이 가장 큰 차이)를 선정하여 같은 방법으로 1차 수정을 한다.

4.4.5 Window Functions

우리는 이제까지 펄스 NMR 원리들을 배우면서 여러 가지 파라미터들이 데이터에 어떤 영향을 주는지를 공부하였다. 이렇게 얻어진 FID는 FT 과정을 거쳐서 최종 스펙트럼을 만들게 된다. 즉 얻어진 FID 데이터는 이것을 얻기 전 어떠한 파라미터들을 사용하였느냐에 따라서 결정되는 것이다. 그러나 우리가 부모로부터 물려받은 얼굴에 화장을 하여 조금씩 그 모습을 바꿀 수 있는 것과 같이, 얻어진 FID 데이터들도 수식으로 화장을 하여서 사용목적에 따라서 그 모습을 약간씩 변형시킬 수가 있다. 이때 사용되는 수식들을 window function이라고 한다. 이 작업은 얻어진 FID를 FT를 하기 전에 특정한 수식을 적용하여 스펙트럼의 signal-to-noise 비를 증가시키거나 또는 분해능(resolution)을 좋게 하는 두 가지로 수행할 수 있다.

NMR 신호인 FID 크기는 시간에 따라 줄어들면서 결국 0이 된다. 그러나 잡음(noise) 크기는 항시 일정한 크기를 유지하게 된다. 그러므로 FID의 끝 부분은 대부분 잡음에 해당하는 것으로 볼 수 있다. 이러한 이유로 특히 시간이 많이 걸리는 2D 실험 등에서는 시간절약과 데이

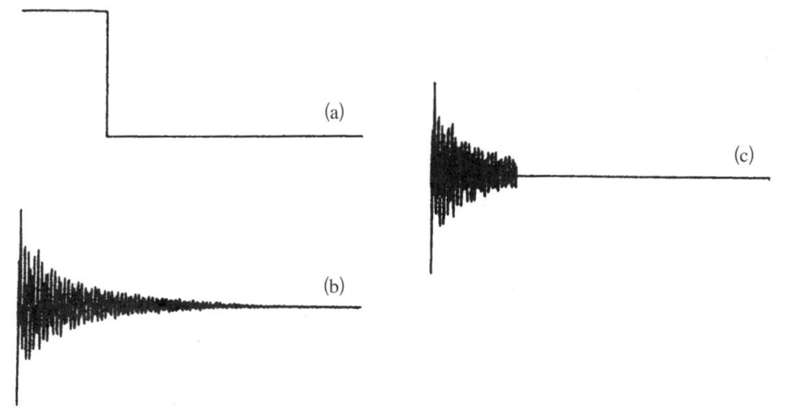

그림 4-30 FID의 truncation된 모습 (c). 이 FID는 전체 FID (b)와 step function (a)의 곱으로 생각할 수 있다.

터 크기를 줄이기 위해서 FID의 획득 시간(AT)을 짧게 사용한다. 즉 FID의 전체를 얻지 못하고 FID의 중간을 잘라 버린 것이나 다름없게 된다. 이런 경우를 FID가 *truncation* 되었다고 하며 이 모습은 전체 FID에 step function을 곱한 것과 같이 생각할 수 있다(그림 4-30). 그러므로 truncation 된 FID를 FT한 스펙트럼은 각각의 함수를 FT한 스펙트럼들을 혼합한 스펙트럼이라고 할 수 있다. 이것을 *convolution*이라고 한다. 그림 4-31 (a)에서 보여준 step function을 FT한 스펙트럼은 baseline에 많은 잡음 피크(wiggles)를 가지고 있다. 그러므로 truncation 된 FID의 스펙트럼은 (c)에서 보여준 것 같이 잡음 피크들을 가지고 나타나게 된다. 이러한 피크 주위의 잡음 피크를 제거하는 일을 *apodization*이라고 한다. 이와 같은 일들은 함수들을 사용하여 할 수 있으며 이때 사용되는 수식들을 window function이라고 한다. 그림 4-31 (b)에서 이와 같은 과정을 거쳐서 만들어낸 스펙트럼 하나를 보여주고 있다. 이 경우는 피크 주위에 잡음 피크를 제거하는 함수가 피크의 넓이도 증가시킨 결과를 보여주었다.

우리가 FID 끝 부분을 truncation 시키지 않고 스펙트럼에 영향을 적게 미치게 하면서 FID 크기를 줄일 수만 있다면 얻어지는 최종의 스펙트럼은 상대적으로 signal-to-noise 비가 좋아질 것이다. 이 목적은 얻어진 FID에 exponential function(식 4-11)을 곱셈하는 것으로써 달성할 수 있다. 이 함수는 a의 값에 따라서 여러 가지의 모습으로 변형시킬 수 있으며 그림

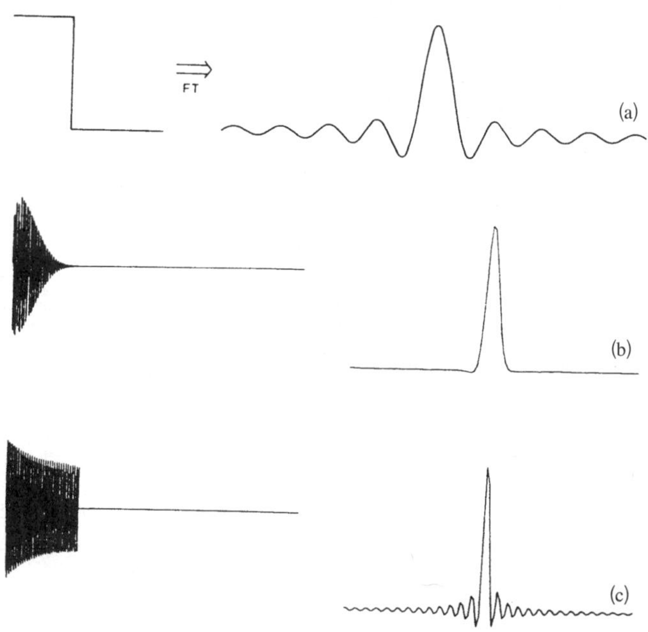

그림 4-31 Step function 스펙트럼의 모습 (a)와 convolution된 스펙트럼의 모습 (c) 그리고 window function을 사용하여 스펙트럼 (c)를 apodization시킨 스펙트럼의 모습 (b).

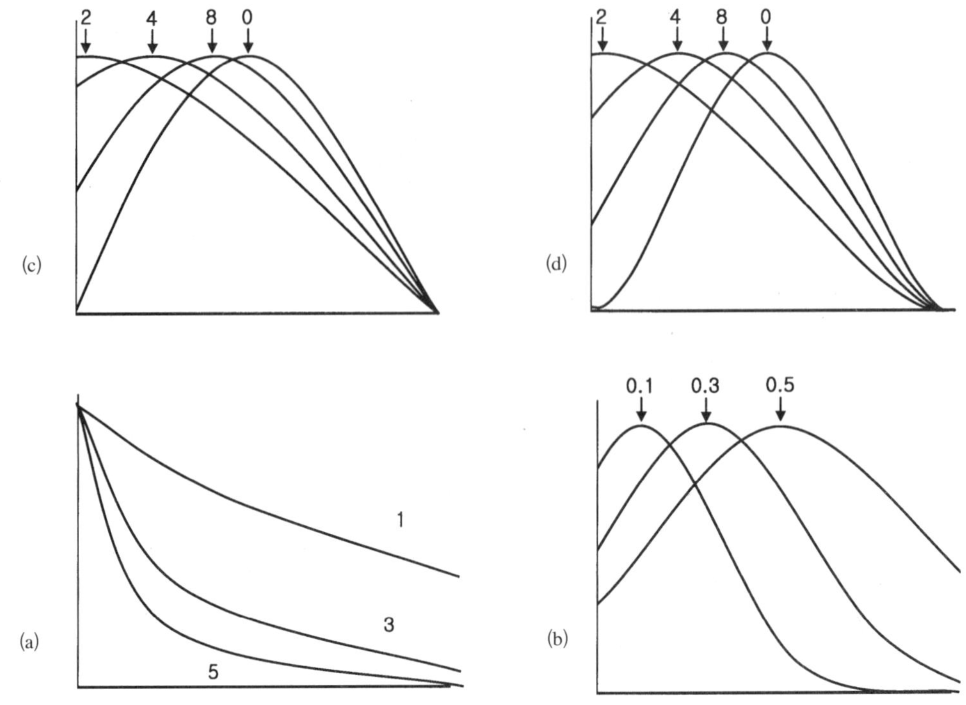

그림 4-32 여러 종류의 window function의 모습들. (a) Exponential functions(a=1, 3, 5 Hz), (b) Lorentz-Gauss functions(a= -5 Hz, b=0.1, 0.3, 0.5), (c) Sine-bell functions(shifted 0, π/2, π/4, π/8), (d) Sine-bell squared functions(shifted 0, π/2, π/4, π/8).

4-32 (a)에서 이들의 모습을 보여주고 있다.

$$F = \exp(-t/a) \qquad \text{(식 4-11)}$$

Window function 식 4-11을 적용하는(여기에서 a는 + 값) 것은 결국은 식 4-12의 관계식에서 볼 수 있듯이 T_2의 시간보다 작은 값인 T_2^*로 되는 것이다. 결국 로렌찌안(Lorentzian) 피크의 중간 높이의 넓이는 T_2에 의해 결정되므로 exponential function이 적용된 스펙트럼들은 상대적으로 피크가 넓어짐으로써 분해능을 잃어버리게 된다.

$$1/T_2^* = 1/T_2 + 1/a \qquad \text{(식 4-12)}$$

이 결과는 그림 4-33에서 볼 수 있다. 이 그림에서 (b) 스펙트럼은 FID에 어떠한 수정도 없이 FT를 하여 얻은 스펙트럼이고 (a) 스펙트럼은 exponential function(a = 1)을 적용한 후 얻은 것이다. (a) 스펙트럼은 (b)와 비교하여 signal-to-noise 비는 좋아졌지만 분해능을 잃어버렸다. 즉 이때의 a = 1의 값은 최적의 조건이 되지 못한 것이다.

Exponential function을 사용하여 분해능도 최소한으로 희생하면서 잡음도 감소시키는 최적의 조건은 a = T_2일 때로 알려져 있다. 이 값은 식 4-11에서 시간의 상수를 FID의 이완 시간과 같게 하며, 즉 스펙트럼에서는 식 4-12에 따라서 피크 넓이를 두 배가 되게 하는 값이다. 실제로 이 값은 쉽게 찾을 수 있다. 먼저 window function을 적용하지 않은 스펙트럼으로부터 피크의 중간 위치의 넓이($\nu_{1/2}$)를 얻으면 로렌찌안 피크와 이완 시간 T_2의 관계를 보여주는 식 4-13에 따라서 T_2 값을 구할 수 있다. 이 T_2의 값이 최적의 a 값이 되는 것이다.

$$\nu_{1/2} = 1/\pi T_2 \qquad \text{(식 4-13)}$$

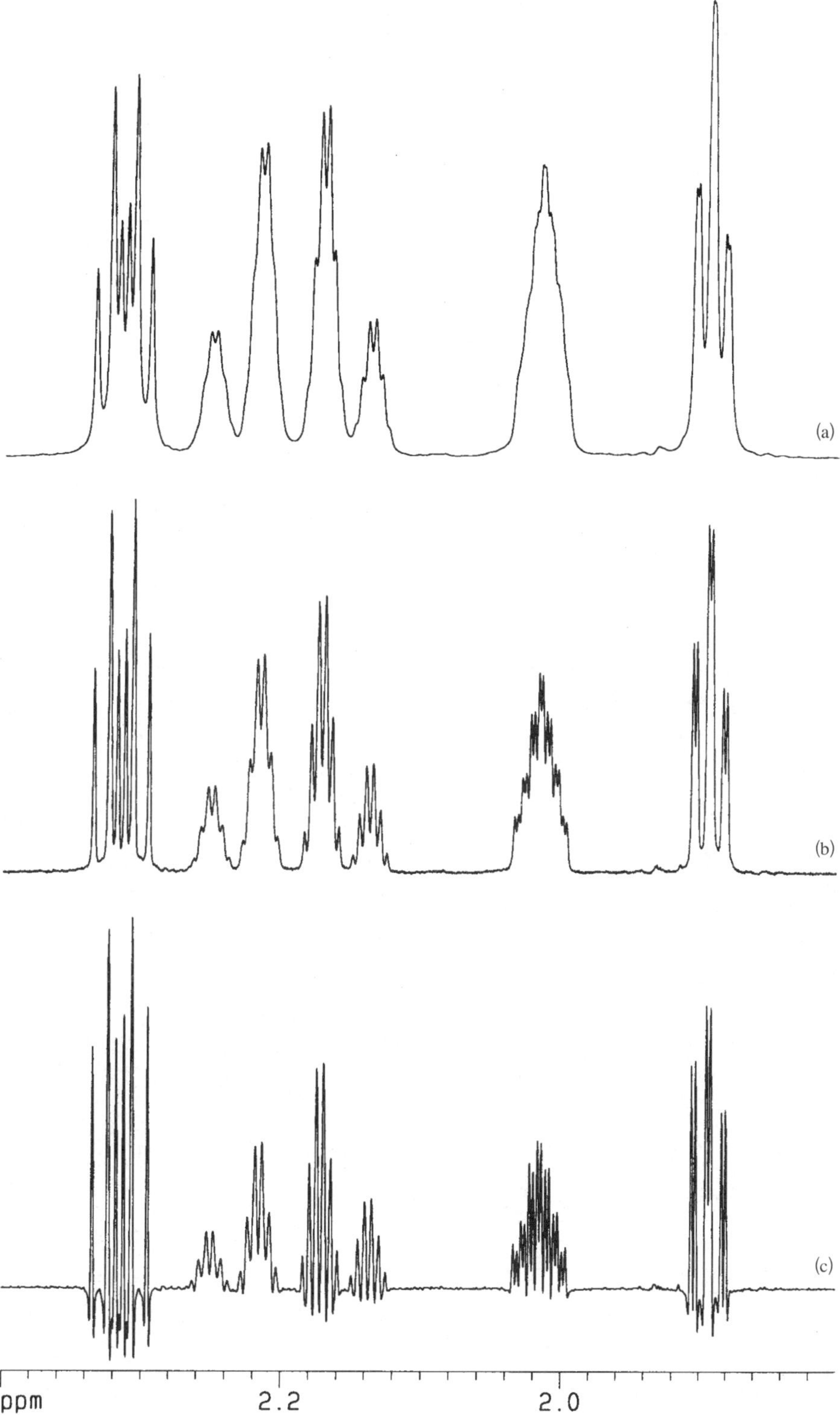

그림 4-33 Window function들을 사용한 후 얻어진 스펙트럼들의 모습. (a) a=1을 사용하여 exponential multiplication을 한 후 얻은 스펙트럼. (b)아무런 window function도 사용하지 않은 스펙트럼. (c) a=−1.2, b=0.1을 사용하여 Lorentz-Gauss transformation을 한 후 얻은 스펙트럼.

양성자 NMR 스펙트럼에서는 감도가 매우 좋고 또한 그림 4-33에서 보듯이 중요한 정보를 주는 커플링을 제거할 수도 있으므로 이 exponential function은 대체적으로 사용되지 않는다. 그러나 그림 4-34에서 보여준 ^{13}C NMR과 같은 감도는 나쁘지만 화학 이동의 영역이 넓음으로 피크들의 넓이가 좀 넓어지더라도 피크들의 겹침이 심하지 않으며 또한 T_1이 길어서 FID의 truncation 때문에 생기는 wiggles를 보여주는 핵들의 스펙트럼에서는 매우 유용하게 사용된다.

그림 4-34 ^{13}C NMR 스펙트럼에서 exponential function의 적용. 2.5 Hz의 값을 적용한 스펙트럼 (b)에서는 원래의 스펙트럼 (a)에서의 피크의 넓이보다는 넓어졌지만 잡음이 줄어들고 FID의 truncation 때문에 생긴 wiggles들이 없어진 것을 볼 수 있다.

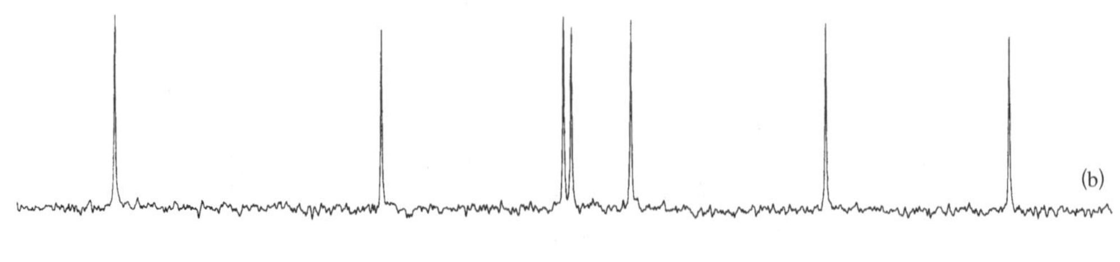

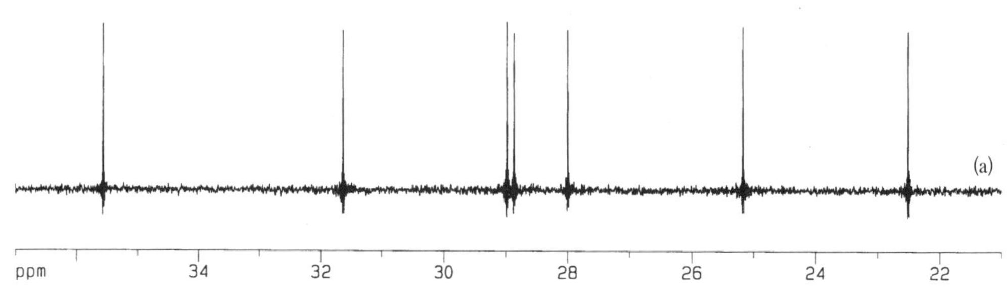

앞에서 사용된 exponential function은 식 4-11에서 a의 값을 양으로 사용함으로써 FID의 이완을 강제적으로 빠르게 일어난 것 같이 만들어서 NMR 피크를 넓게 만들었다. 그렇다면 이것의 반대 현상도 일으킬 수 있지 않겠는가? 즉 식 4-11에서 a의 값을 음으로 사용함으로서 FID의 이완을 늦게 일어나는 것 같이 만들면 얻어지는 NMR 피크 넓이는 좁아지면서 분해능이 좋아지지 않겠는가? 이것은 사실 가능한 일이며 다만 FID의 끝 부분이 커지면서 잡음이 증가하는 문제를 일으킨다. 분해능을 키우면서 잡음도 최소한으로 만들 수 있는 여러 가지 함수들 중 가장 많이 사용되는 것이 두 함수의 곱인 식 4-14로 주어진 Lorentz-Gauss function이다. 그림 4-32 (b)에 a=−5 Hz일 때 b 값의 변화에 따른 이 함수 모습을 보여 주었다.

$$F = \exp(-t/a)\ \exp(-t^2/b) \qquad \text{(식 4-14)}$$

식 4-14에서 첫 번째 항은 exponential 항이므로 a의 값은 $-T_2$로 사용하면 최적의 분해능을 보일 것이다. 두 번째 항이 로렌찌안 피크를 가우시안(Gaussian) 피크 모습으로 바꾸는 함수이다. b 값은 양으로 사용하며 이것은 스펙트럼의 잡음을 증가시키면서 피크의 넓이도 줄이는 파라미터이다. 그러나 이 파라미터 b가 하는 중요한 역할은 가우시안 피크의 모습이다. 가우시안 피크의 밑바닥 넓이는 로렌찌안의 것에 비하여 매우 좁으므로 이 파라미터 b의 결정이 매우 중요하다(피크의 밑바닥에서부터 전체 피크 높이의 1%인 지점의 피크 넓이를 비교하면 로렌찌안 피크가 가우시안 피크에 비하여 5배 넓은 것으로 이론적으로 알려져 있다). 최적의 b 값은 여러 가지 값을 시도하여 얻으려고 하는 결과가 스펙트럼에 나타났는지를 반복하면서 얻어진다. 이 작업은 때때로 피크의 밑바닥에 이상한 피크들(artefacts)을 만들어내며 때로는 작은 피크들은 잡음 속으로 사라지게 만들어 피크의 적분을 불가능하게 만들지만 피크들을 매우 좁게 만들어서 분해능을 증가시킴으로써 특히 양성자 NMR에서 매우 유용하게 사용되고 있다. 그림 4-33에서 스펙트럼 (c)는 a=−1.2 그리고 b=0.1의 값을 사용하여 얻은 스펙트럼이며 위에서 설명한 피크를 좁게 만드는 현상들을 포함하여 모든 다른 현상들을 포함하고 있는 것을 볼 수 있다.

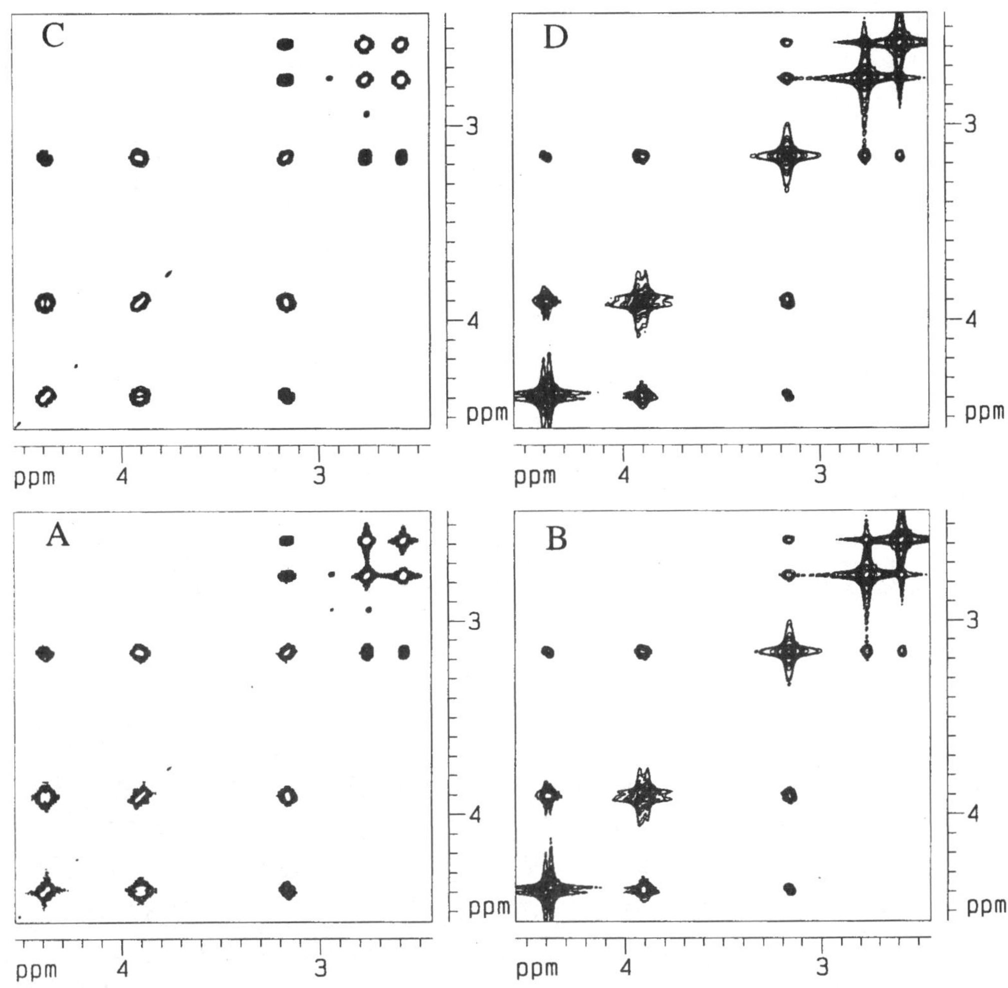

그림 4-35 2D 스펙트럼에서 window function들이 피크의 모양에 미치는 영향. (A) sine-bell, (B) $\pi/2$ shifted sine-bell, (C) sine-bell squared, (D) $\pi/2$ shifted sine-bell squared.

FID 획득 시간(AT)의 변화 없이 또 다른 분해능 증가의 방법으로는 zero-filling이라는 것이 있다. 이 방법은 얻어진 FID에 data point(DP)를 많이 더하여 주는 것이며 정확한 피크의 크기 측정이나 Lorentz-Gauss transformation에서 많이 사용한다.

위에서 언급된 것들 이외에 sine-bell[그림 4-32 (c)]이나 squared sine-bell[그림 4-32 (d)] 함수 등 여러 가지의 window function들이 있으며 실제로 이들은 2D 데이터들을 다룰 때 많이 사용된다. 그림 4-35는 COSY 실험의 magnitude 스펙트럼이며(6장 참조) 이들 각각의 함수들이 $\pi/2$ 만큼 shifted되었을 때[그림 4-32 (c)와 (d)에서 cosine 형태의 모습을 보여주고 있음] 스펙트럼에 어떤 영향을 주는지를 잘 보여주고 있다. 특히 그림 4-35의 B와 D에서 보여 준 것과 같이 이들 shifted된 함수들은 signal-to-noise 비를 증가시키지만 또한 대각선상에 놓여있는 diagonal 피크들의 밑부분의 넓이를 증가시킴으로써 스펙트럼 해석을 어렵게 만들 수 있음을 보여주고 있다. 즉 2D 데이터를 다룰 때는 스펙트럼의 종류와 얻으려고 하는 정보에 따라서 정확한 window function을 사용하여야만 한다.

4.5 이완 시간(T_1,T_2)의 측정과 스핀 에코

앞의 1.4절에서 언급된 물질의 세로 이완 시간 T_1과 가로 이완 시간 T_2를 측정하는 방법으로는 펄스 NMR이 매우 유용하다. T_1 측정을 위해서 대표적으로 사용되는 펄스 순서(pulse

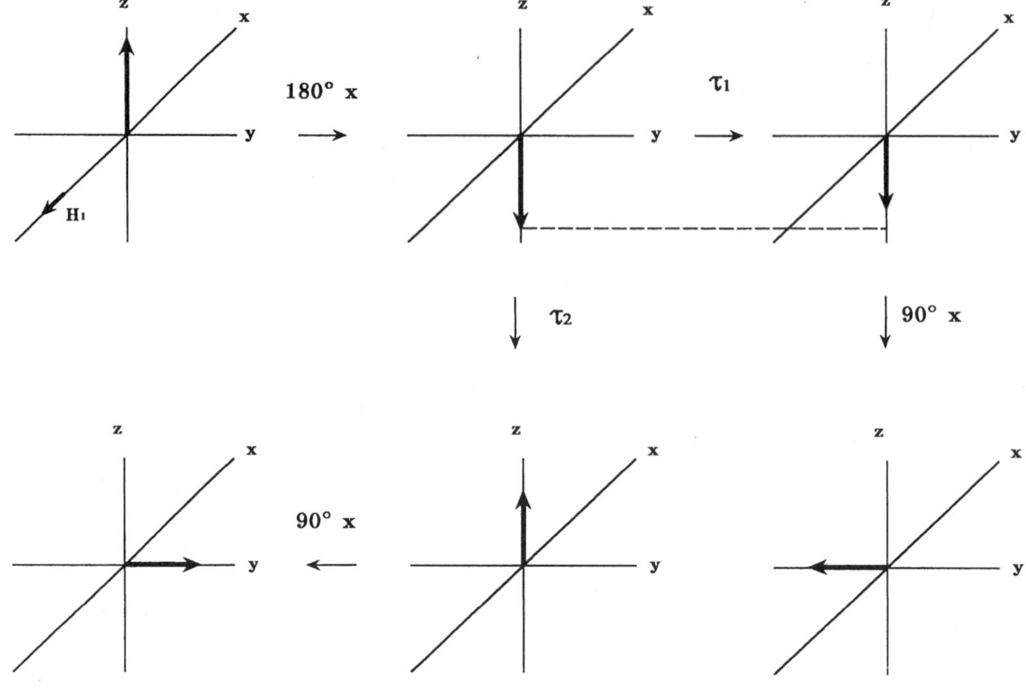

그림 4–36 180° – τ – 90° (inversion recovery) 펄스 순서에 의한 거시적 벡터 M의 변화.

sequence)는 전도 회복(inversion recovery)법이라고 하는 방법으로 180° – τ – 90°로 표시한다. 여기서 τ는 시료에 180° 펄스가 주어진 후 기다리는 시간으로 정의된다. 그림 4–36에 보여 준 것과 같이 처음 180° 펄스는 거시적 벡터 M을 –z축으로 뒤집어 놓게 되며 τ로 표시된 시간동안 거시적 벡터 M은 T_1에 따라서 –z축 방향의 벡터가 서서히 줄어들게 되어 결국은 제로(0)인 점을 거쳐 +z축 방향으로 커지면서 원래 크기의 벡터 M으로 돌아가게 될 것이다.

그림 4–36에서 시간 τ_1 이후 90° 펄스는 벡터 M을 –y축에 놓이게 한다. 이때 얻어진 FID는 FT 과정을 거치면 음(negative)의 피크를 나타내게 된다. 시간 τ_2는 –z축의 벡터가 +z축에 생길 때까지의 시간으로 나타내었다. 이러한 시간 τ_2 이후 $90°_x$ 펄스는 벡터 M을 +y축에

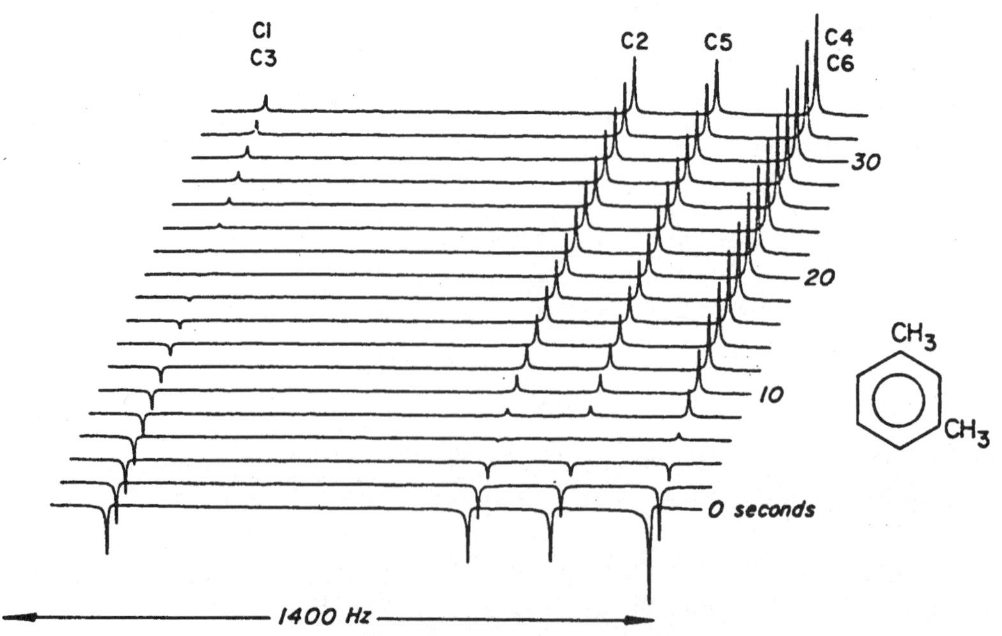

그림 4–37 *m*-Xylene의 inversion-recovery 실험 스펙트럼.

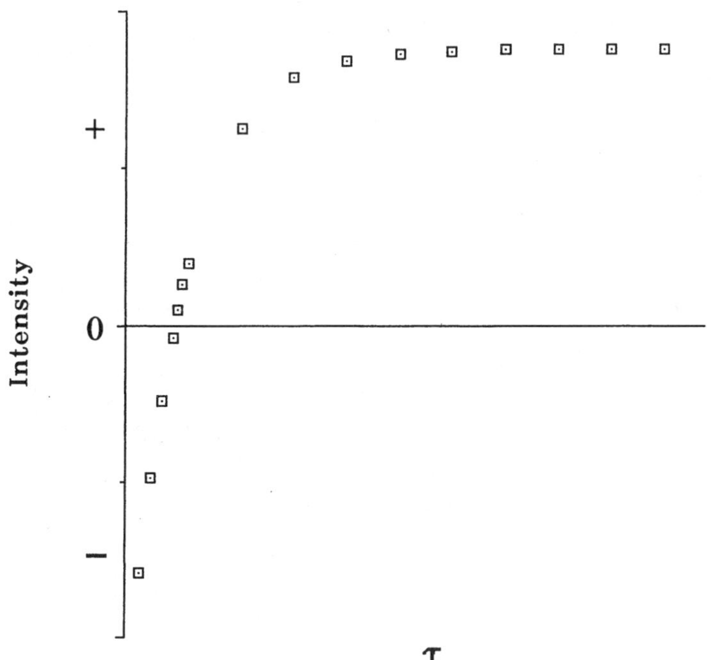

그림 4-38 inversion recovery 실험 스펙트럼(그림 4-37)에서 얻은 시간에 대한 피크들의 세기의 기록.

놓이게 하며 얻어진 FID는 결국 양(positive)의 피크를 나타내게 한다. 이와 같이 시간 τ의 길고 짧음에 따라 얻어지는 피크의 세기(intensity)와 위상(phase)은 다른 모습으로 나타난다.

그림 4-37은 *m*-xylene의 ^{13}C 핵의 T_1을 측정하기 위하여 전도 회복 실험으로 얻은 스펙트럼들이다. 그림 4-37에서 2번 탄소를 살펴보기로 하자.

이 탄소 피크는 180° 펄스 후 기다리는 시간 없이 주어진 90° 펄스로 음의 위상을 가지고 나타난 후 시간 τ가 길어질수록 음의 피크는 점점 그 크기가 줄어들면서 피크의 세기가 제로(0)인 점을 거치면서 양의 위상을 가진 피크로 커지기 시작한다. 이 피크들의 꼭짓점의 세기(intensity)를 측정하여 시간에 대해 기록하면 그림 4-38과 같은 곡선을 얻을 수 있다.

이 곡선으로부터 T_1의 시간을 구할 수 있다. 정량적으로 T_1을 구하기 위하여 4.2절에서 공부한 블록 방정식(Bloch equation)으로 되돌아가자. T_1은 시간에 따른 M_z 벡터의 변환이기 때문에 우리는 식 4-3에서 dM_z/dt를 고려하면 된다. 그림 4-36에서 볼 수 있듯이 180° 펄스 이후 처음에는 M_x와 M_y 벡터는 0이다. 그러므로 블록방정식 dM_z/dt는 식 4-15로 간소화 할 수 있다.

$$\frac{dM_z}{dt} = -(M_z - M_o)/T_1 \qquad (식\ 4-15)$$

즉 식 4-15로부터 M_z를 구하기 위해서 $t=0$일 때 $M_z=-M_o$의 조건을 적용하여 적분(integration)을 하면 식 4-16을 얻게 된다.

$$M_z = M_o\ (1-2e^{-t/T_1}) \qquad (식\ 4-16)$$

즉 τ가 t로 바뀌어 표시된 식 4-16의 그래프가 그림 4-38이 되는 것이다. 이 지수 함수(exponential function)를 로그 함수(logarithm)로 바꾸어 쓰면 식 4-17을 얻을 수 있다.

$$\ln(I_\infty - I_\tau) = \ln 2I_\infty - \tau/T_1 \qquad \text{(식 4-17)}$$

여기에서 I_τ (M_z)는 시간 τ 이후 90°(x) 펄스로 얻은 피크의 세기이고 I_∞(M_o)는 시간을 무한대로(대략 $5T_1$) 주어졌을 때의 피크는 원래의 M_o로 되돌아가는 것으로 가정한 것이다. 그러므로 식 4-17은 Y = −mX + b의 일차 함수와 비교해 볼 때 곧 $1/T_1$은 식 4-17의 기울기라는 것을 쉽게 알 수 있다.

실험의 목적에 따라서 위에서 보여준 것과 같이 정확한 계산이 필요할 때도 있고 또는 많은 실험에서 정성적인 T_1을 알아야 할 때도 있는데 이때를 위해서 사용되는 null method라는 방법이 있으며 매우 짧은 시간에 정성적인 T_1을 구할 수 있는 유용한 방법이다. 이 방법을 위한 식은 식 4-17로부터 유도할 수 있다. 먼저 그림 4-37에서 2번 탄소를 살펴보자. 2번 탄소는 τ를 6초 주어졌을 때 거의 제로(0)의 세기를 갖게 되는데 $I_\tau = 0$를 식 4-17에 대입하여 정리하면 식 4-18을 얻을 수 있다. 즉 2번 탄소의 T_1은 식 4-18로부터 8.7초가 됨을 쉽게 알 수 있다.

$$\tau = T_1 \ln 2 = 0.69\ T_1 \qquad \text{(식 4-18)}$$

T_1의 시간과는 달리 T_2의 시간 측정을 위해서는 자장의 불균형(inhomogeneity) 등 여러 가지 다른 요인들을 생각해야 한다. 제일 먼저 T_2의 현상을 설명하기 위하여 시료에 π/2 펄스를 준 시스템을 생각하여 보자. 거시적 벡터 M은 xy 평면상에 놓이게 될 것이며 그리고 이 시스템에서 T_1이 없다면 이 벡터는 영원히 xy 평면상에 놓여 있을 수 있을까? 물론 아니다. 이들 거시적 벡터 M은 시료 속에 존재하는 여러 핵들의 집합체이므로 그들 각각은 위치에 따라서 조금씩 주파수가 틀릴 것이며 서로 간섭하게 되어 거시적 벡터 M은 이완하게 된다. 결국 이 시스템에서 T_1이 존재하지 않더라도 T_2는 일어나게 되는 것이다. 즉 순수하게 스핀들 간의 상호작용 때문에 일어나는 이완 시간을 T_2라고 한다. 자장의 불균형 등 다른 요인들 또한 xy 평면상의 벡터들을 이완시킬 수 있기 때문에 우리가 1장에서 공부한(식 1-11) 스펙트럼의 피크의 넓이로부터 구할 수 있는 이완 시간은 결국은 순수한 것이 아니며 대부분 T_2^*로 표기한다. 스핀들의 상호작용 이외 모든 요인들을 특히 자장의 불균형 등을 제거할 수 있다면 얻어진 T_2의 값은 T_1과 같을 것이다. 실제로 용액의 시료를 다룰 때가 때때로 이런 경우이다.

처음으로 자장의 불균형 문제를 극복하고 T_2를 측정할 수 있게 한 것이 Hahn의 스핀 에코(spin-echo)방법이다. 스핀 에코의 기본 펄스 순서(pulse sequence)는 90°− τ −180°로 표시되며 시간이 2τ 지난 후 에코의 FID가 얻어지게 된다. 그림 4-39는 이 실험을 회전 좌표계를

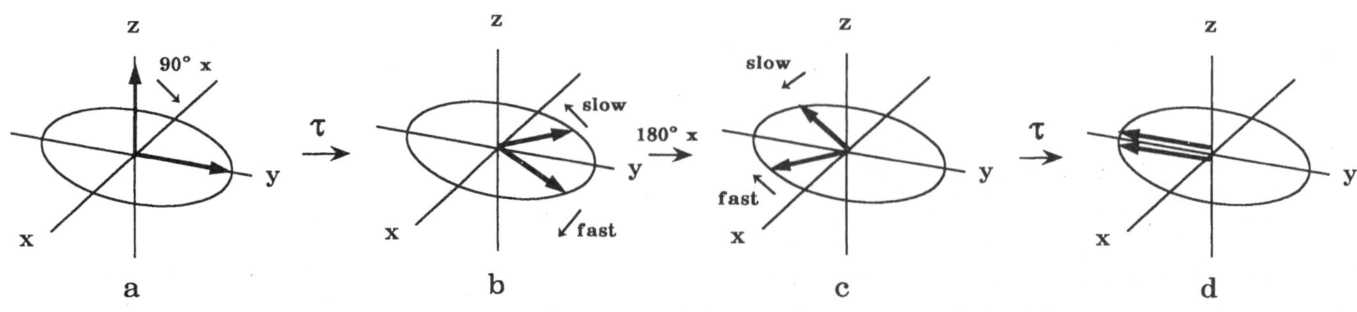

그림 4-39 Hahn의 스핀 에코 설명을 위한 벡터의 그림.

사용해서 잘 설명하고 있다.

벡터들의 합인 총 벡터 M은 처음 $90°_X$ 펄스에 의해서 y축에 놓이게 되며(a) 외부의 자장 H_o는 시료의 모든 부분에 결코 균일할 수 없으므로 y축을 회전 좌표계로 생각할 때 y축보다 빠른 주파수를 가지는 벡터들은 시계 방향으로 그리고 y축보다 느린 주파수를 가지는 벡터들은 시계 반대 방향으로 움직이는 것 같이 생각되어질 수 있다. 시간 τ 이후 벡터들은 y축의 주위에 일정한 각도를 가지고 자리 잡게 될 것이다(b). 이 상태에서 $180°_X$ 펄스는 모든 벡터를 x축을 대칭으로 하여 180° 위치인 −y축의 성분을 가지게 할 것이며(c), 이들 각각의 벡터들이 세차 운동하고 있던 방향은 변하지 않게 된다. 이후 처음의 펄스 후 기다리는 시간과 같은 시간인 τ 동안 기다리면 모든 벡터들은 −y축에 재집합하게 될 것이다(d). 즉 2τ 시간 이후 모든 벡터들이 재생되게 되므로 이 실험을 스핀 에코 실험이라고 한다. T_1의 측정 실험에서와 마찬가지로 τ를 변형시켜가면서 여러 가지 실험을 하면 τ에 대한 피크들의 세기를 얻게 되고 이들 피크들은 가로 이완(T_2)이 일어나게 되므로 τ가 길어질수록 피크의 세기는 작게 나타나게 될 것이다. T_2 측정은 T_1의 측정과 마찬가지의 개념으로 τ에 따라서 변하는 이들 피크들의 크기(intensity) 감소로부터 얻어질 수 있다. 그러면 이들 스핀 에코가 일어나기 위한 조건은 무엇인지를 살펴보도록 하자. 한 마디로 시료 속의 모든 조건은 180° 펄스를 주기 전이나 후가 똑같아야 한다는 것이다. 그러나 용액 속에 있는 분자는 움직이고 있으며 이 분자의 확산(diffusion) 현상이 정확한 T_2의 측정을 방해하는 요인이 된다. 즉 이 조건을 충족시키기 위한 조건은 충분히 적은 τ를 사용하여야 한다는 것이다. 그러므로 실제로 Hahn의 스핀 에코 실험으로 얻어진 에코의 크기(피크의 크기)의 감소는 τ에 대한 단순한 exponential 함수가 아니고 분자의 확산 상수(diffusion coefficient), D와 magnetic field gradient, G의 함수로 나타날 수 있다는 것이 실험으로 증명이 되었다(식 4−19).

$$I\ (\text{echo at } 2\tau) \propto \exp[-(2\tau/T_2) - 2/3\gamma^2G^2D\tau^3] \qquad (\text{식 } 4\text{−}19)$$

식 4−19에서 τ^3의 항이 말해주듯이 분자의 확산이 τ가 클수록 에코 피크 크기에 영향을 많이 미치는 것을 알 수 있다. 이 Hahn의 방법을 변형하여 분자의 확산 영향을 줄이며 실험하는 시간을 많이 줄일 수 있는 방법이 Carr−Purcell 방법이며 펄스 순서는 90°, τ, 180°, 2τ, 180°, 2τ, 180°, 2τ, ...로 처음 90° 펄스를 사용한 후 연속적으로 180° 펄스를 사용하게 된다. 즉 이 방법은 180° 펄스(90° 펄스 후)는 τ, 3τ, 5τ, 7τ...에 주어지고 에코는 2τ, 4τ, 6τ, 8τ...에서 각각의 180° 펄스에 따라서 −y와 +y 축에 번갈아 가면서 만들어지게 된다. 에코 피크들의 크기는 2τ 동안에 일어나는 확산에 따라서 줄어들게 되지만 이 시간 τ를 확산 속도보다도 짧게 한다면(τ < 1 ms) 확산 영향은 미미할 것이다. 그러므로 에코 피크의 감소는 −τ−180°−τ− 순서의 길이에 따르게 된다. Carr-Purcell 방법은 모든 펄스가 앞의 스핀 에코 펄스와 같이 x 펄스로 주어지게 되며 Hahn의 방법에 비하여 여러 가지 장점을 가지고 있지만 또 다른 단점을 가지고 있다. 우리는 앞에서 이미 보았지만 정확한 90°나 180° 펄스 length는 있을 수가 없다. 그러므로 각 펄스의 길이는 어느 정도 오차를 가지게 되는데 Carr-Purcell 방법에서는 180°(x) 펄스를 연속적으로 사용하게 되므로 이러한 펄스의 오차가 중복적으로 나타나게 된다. 즉 180° 펄스가 5%의 오차를 가지고 있다면 5번째 준 180° 펄스는 결국은 25%의 오차를 가지는 펄스나 다름이 없게 된다. 이러한 단점을 보완하기 위해서 고안된 새로운 방법이 있으며 이것은 이들을 만들어 낸 사람들의 이름을 따라서 Carr-Purcell-Meiboom-Gill(CPMG) 방법이라고 한다.

CPMG 방법은 Carr-Purcell 방법에서 두 번째부터 주어지는 180°(x) 펄스들의 위상을 90°

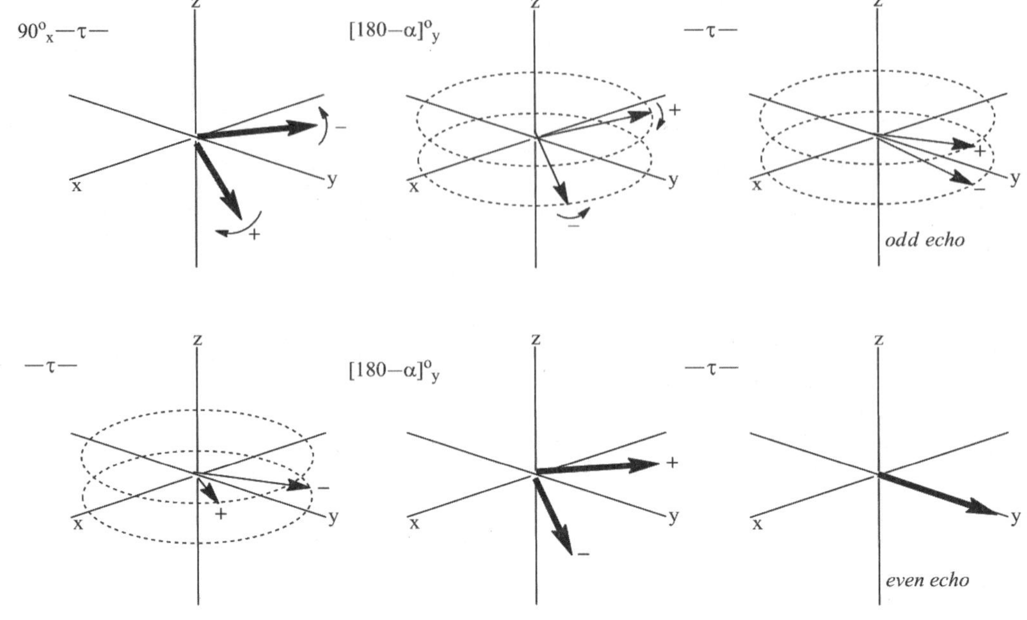

그림 4-40 정확하지 않은 180° 펄스 length로 CPMG 펄스 순서를 적용하였을 때 벡터들의 모습. 180° 펄스 length가 α 각도 짧을 때 두 벡터는 xy 평면의 위와 아래에 놓이게 되고 홀수 에코에서는 피크들의 크기가 줄어들게 되고 뒤따라서 주어지는 펄스로 만들어지는 짝수 에코에서는 이들 오차가 상쇄된다.

변형시킨 180°(y) 펄스를 주는 방법으로 에코 피크는 항시 +y축에 나타나게 한다. 이 방법은 그림 4-40에서 볼 수 있는 것 같이 180° 펄스 길이의 오차가 계속 누적되는 것이 아니고 작은 오차(α)가 있다고 하더라도 홀수의 에코에서는 항시 같은 오차를 보여주고 짝수의 에코에서는 이들이 상쇄된다.

그러므로 이론적으로 정확한 T_2 값은 연속적으로 2τ를 증가시키면서 얻은 데이터에서 짝수 에코로 얻은 피크들을 이용하면 정확한 값을 얻을 수 있을 것이다. 그러나 실제로 이러한 방법으로 T_2를 구하지는 않는다. 여러 가지 변수들 중에서도 스핀 에코로도 refocus 되지 않는 homonuclear coupling은 이들의 사용에 문제를 일으키게 된다. 결과적으로 T_2 측정은 T_1보다는 자주 응용되지 않으며 실제로 정확한 T_2 값보다는 피크 넓이로부터 얻을 수 있는 T_2^* 값이 더 실용적으로 사용되고 있다. T_2^* 값은 실제로 transverse magnetization이 사라지는 시간이므로 multipulse 실험에 중요한 정보를 제공할 수 있기 때문이다.

그러나 이 펄스 방법은 물리적인 상수인 T_2의 값을 측정하기 위해서 사용될 뿐만 아니라 실제로는 스펙트럼을 측정하기 위해서 아주 유용하게 사용되고 있다. T_2 스펙트럼 editing이라고도 하는 이 방법은 결국 서로 다른 물질들이 가지고 있는 transverse relaxation의 큰 차이를 이용하는 것이다. 즉 큰 분자들은 작은 분자들보다 빠른 T_2 값을 가지고 있으므로 스펙트럼에서 피크들이 broad하게 나타나고 작은 분자들의 피크는 sharp하게 나타난다. 이들의 차이가 크다면 CPMG의 에코 방법은 빠른 T_2를 가지고 있는 큰 분자들의 피크를 선택적으로 제거할 수 있게 된다. 이 CPMG의 응용을 그림 4-41이 잘 보여주고 있다.

이 방법은 biofluid의 연구에서 흔히들 나타나는 lipid나 protein과 같은 거대 분자들의 피크들을 제거하는 데도 사용되고 H_2O 피크를 제거하는 용도로 사용되기도 한다. H_2O 피크의 제거는 water suppression이라는 다른 방법들이 있지만 때로는 paramagnetic relaxation agents(물과 hydration sphere를 만든다)나 물과 chemical exchange를 일으킬 수 있는 물질들을 사용하여 시료와의 T_2 차이를 증가시키는 방법과 함께 CPMG 방법이 사용된다. 이 방법을 WATR(water attenuation by transverse relaxation)이라고 하며 그림 4-42가 chemical exchange 방법으로 NH_2OH의 사용의 예를 90% H_2O와 10% D_2O 용매에 있는 peptide(arginine vasopressin) 스펙트럼에서 보여주고 있다.[15]

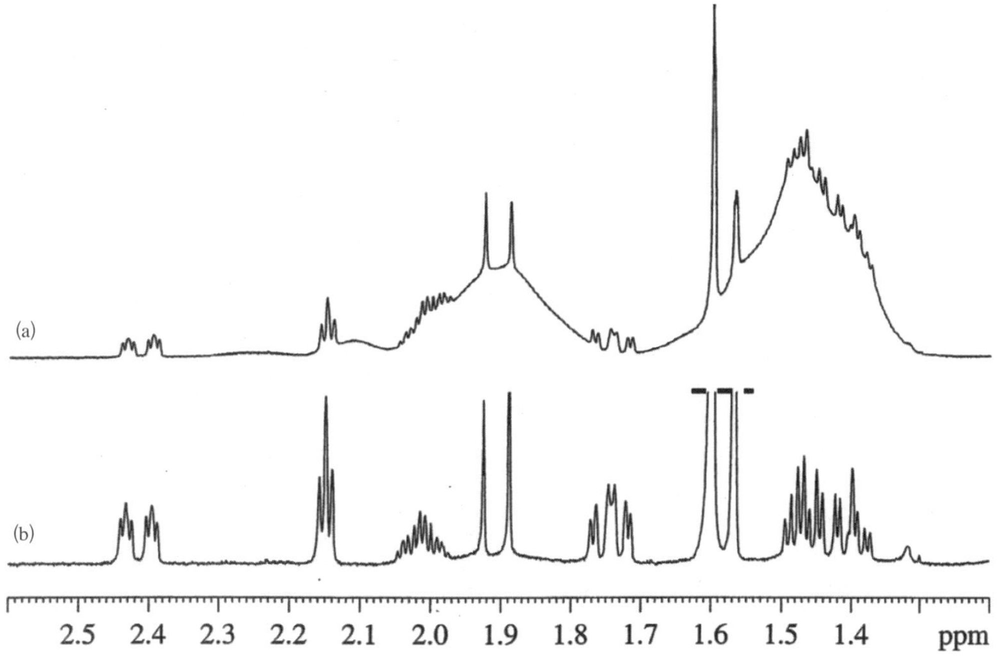

그림 4-41 camphor와 polystyrene의 혼합물 스펙트럼 (a)에 CPMG 에코 방법으로 broad한 polystyrene 피크들 제거한 스펙트럼 (b). τ는 1.5 ms이고 echo는 150 번(total delay: 450 ms).

그림 4-43은 이 CPMG 펄스 방법이 스펙트럼을 얻는 데 유용하게 쓰이는 또 다른 한 예를 보여주고 있다. 사용된 시료는 최근 많은 연구들이 진행되고 있는 조합 화학(combinatory chemistry)에서 사용되고 있는 고체 합성 방법으로 얻어진 것으로 수지(resin)에 유기화합물을 결합시킨 물질이다. 그림 4-40 (a)는 단순히 펄스를 주어서 얻은 스펙트럼이며, (b)는 CPMG 펄스 방법을 사용하여 얻은 스펙트럼이다[이 스펙트럼들은 수지가 용매에 녹지 않기 때문에 보통의 방법으로 얻은 스펙트럼이 아니고 4 mm 시료 용기(rotor) 속에서 용매에 부풀려져(swelling) 있는 시료를 5000 Hz/sec로 회전을 시키는 고분해능 MAS(magic angle spinning) 실험이라는 방법으로 얻은 스펙트럼들이다]. 그림 (a)에서는 수지(resin)에 해당하는 넓은 피크들이 겹쳐서 나왔지만 (b)에서는 수지의 넓은 피크들이 사라져 버렸으므로 스펙

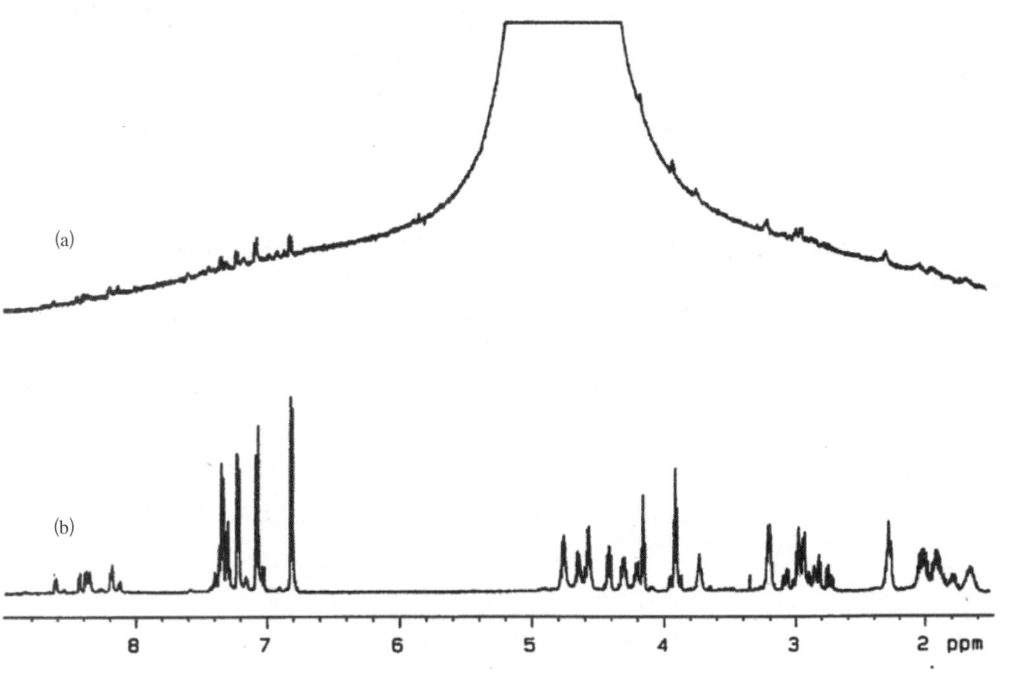

그림 4-42 Solvent suppression의 WATR 방법. (a) 90% H_2O와 10% D_2O 용매에 있는 peptide (arginine vasopressin)와 0.2 M NH_2OH의 양성자 스펙트럼. (b) 같은 sample을 CPMG 방법(total delay 450 ms)으로 얻은 양성자 스펙트럼.

그림 4-43 CPMG 펄스 방법과 단순 펄스 방법으로 얻어진 스펙트럼의 비교. (a) 단순 펄스 방법, (b) CPMG 펄스 방법으로 얻은 스펙트럼에서는 T_2가 짧은 넓은 피크들이 제거됨.

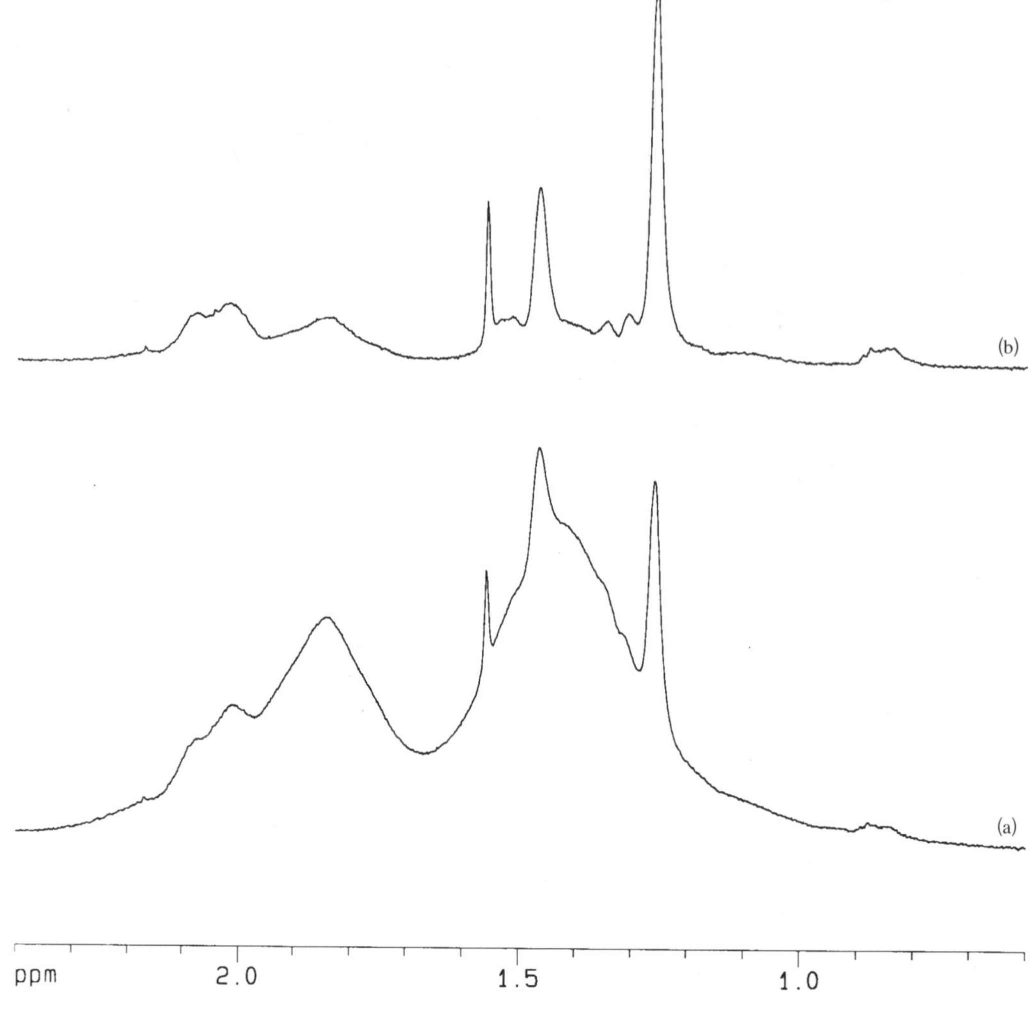

트럼의 해석을 쉽게 할 수 있게 되었다. 즉 그림 (a)에서 수지에 해당하는 피크들은 피크 넓이로부터 알 수 있듯이 짧은 T_2 값을 가진다. 이들의 피크에 해당하는 FID들은 CPMG 펄스 방법에서 처음 주어지는 90°(x) 펄스에 의해 만들어진 후 다음에 연속적으로 주어지는 180°(y) 펄스 사이에 주어지는 대략 1~2 ms 시간 동안에 거의 이완이 일어나면서 피크로 나타나지 않게 된 것이다.

4.6 solvent suppression

이미 2.3절의 시료처리에서 언급한 것과 같이 NMR 스펙트럼에서 가장 중요하게 사용하는 양성자 스펙트럼을 얻기 위해서 사용되는 대부분 용매들은 다행히도 deuterium으로 치환되어 있다. 그러므로 어느 정도의 시료만 있다면 용매 피크들의 큰 방해가 없는 깨끗한 스펙트럼들을 얻을 수 있게 된다. 그러나 불행하게도 때로는 아주 중요한 시료를 매우 미량만 가지고 있다면 문제는 달라진다. 또한 대부분의 biochemical이나 medicinal에서 사용되는 시료들은 D_2O나 CD_3OD를 용매로 사용하게 되는데 이때 또한 상당한 크기의 HOD 피크가 나타나게 되어 효율적인 리시버 gain을 사용할 수 없으므로 여러 가지 문제를 일으키게 된다. 특히 protein과 같은 거대 biomolecule을 시료로 사용할 때는 이들이 가지고 있는 쉽게 치환이 일어나는 양성자(labile proton)들을 관찰하기 위해서는 H_2O를 용매로 사용하여야 하며 기기 locking을 위해 D_2O 10%와 같이 사용하게 된다. 이때 시료는 mM 농도가 되고 H_2O는 110 M 농도가 되는 $10^4 \sim 10^5$ 농도 차이는 실험에 여러 가지 심각한 문제를 일으키게 되므로 용매 피크의 제거(suppression) 없이는 실험이 불가능하게 된다.

이러한 거대한 용매 피크의 제거의 주요 목적은 NMR 피크들이 리시버와 ADC의 dynamic range 영역에서 벗어나는 것을 피하기 위한 것을 포함하여 baseline distortion, 2D 스펙트럼에서 t_1−noise, radiation damping, 그리고 이러한 큰 피크들 때문에 생겨나는 이상한 가짜 피크(phantom)들을 제거하기 위한 것이다. 특히 물을 용매로 사용할 때 나타나는 거대한 피크는 detection coil에 강한 rf current를 만들게 되는데 이것을 radiation damping이라고 하며 이들은 그들 자신의 rf 자장(field)을 만들어 물의 T_2를 증가시키게 되고 물 피크는 더욱 broad하게 나타나게 되며 시료 피크를 더욱 방해하게 된다(앞의 WATR 방법에서는 의도적으로 물 피크를 broad하게 하지만 때로는 피크의 suppression을 효율적으로 하기 위한 전제 조건은 가능한 피크 넓이가 좁아야 하기 때문에 이를 위해서 ultrasonic을 이용하여 용매 속에 있을 수 있는 microscopic air bubble을 제거하기도 하고 양성자 coil을 detuning하여 사용하기도 한다).

NMR 피크들이 detector에 도달하기 전에 가능하면 용매 피크 크기가 작게 하게 하려는 단순할 것 같은 이 분야의 연구가 엄청나게 이루어졌다는 것은 이 실험이 생각만큼 단순하지 않다는 것을 의미하며 일반적으로 다음 세 가지 분야로 분류할 수 있다.

- 물의 피크를 포화시키는 방법(saturation).
- 물의 피크를 zero net excitation으로 만드는 방법.
- gradient로 물 피크를 제거하는 방법.

위 세 가지 중 어느 방법을 사용하든지 용매 가까이에서 나타나는 시료 피크의 크기를 줄이는 영향을 피할 수는 없다. 그러나 물을 용매로 사용할 때는 온도에 민감한 HOD의 화학 이동을 이용하여 시료 피크에 주는 영향을 해소시킬 수도 있다(HOD의 화학 이동은 500 MHz에서 5 Hz/K로 이동하는 것으로 알려져 있다).

4.6.1 Presaturation

이 방법이 용매 피크를 제거하는 데 사용하는 가장 기본적이면서 자주 사용되는 방법이다. 이것은 펄스로 피크들을 excitation시켜서 FID를 획득하기 전에 약한 rf를 용매 피크에 계속하여 조사(irradiation)하여 용매 피크들을 포화시켜서 FID를 획득하는 동안 용매 피크들이 나타나지 않게 연출하는 것이다. 이때 용매 피크와 가까이에서 나타나는 피크들은 rf power가 조금이라도 과잉으로 넘쳐서 용매의 영역을 벗어나게 되면 그들의 피크가 줄어들게 되는 영향을 받게 된다. 이때 rf power를 줄이게 되면 용매 피크가 완전한 포화가 일어나게 할 수 없게 되고 작은 power로 오랜 시간 동안의 조사는 포화를 증가시킬 수 있지만 실험 시간을 연장하게 된다. 그러므로 이 실험은 rf power와 조사 시간(일반적으로 1~3초)의 절충이 필요하게 되며 최적의 실험조건을 얻는 방법은 시행착오(trial and error)적 접근 방법이다. 이들 방법에는 단순 presaturation라고 하는 방법과 NOSEY−presat이라는 방법들이 흔히들 사용되고 있다. 2D NOESY 펄스 순서에서 $\tau_m = 0$로 하여 사용하는 NOESY−presat. 방법은 90° 펄스만을 사용하는 단점이 있으며 최근에는 펄스 각도를 자유롭게 할 수 있는 FLIPSY라는 방법도 사용되고 있다. 이들 presaturation 방법들의 주요 단점은 exchangeable 양성자들도 saturation transfer의 과정으로 포화가 일어나며 이들 피크들이 스펙트럼에서 사라진다는 것이다. 이들 펄스 순서 그림(그림4−44)과 이들 방법을 사용하여 얻은 90% H_2O와 10% D_2O의 용매에 있

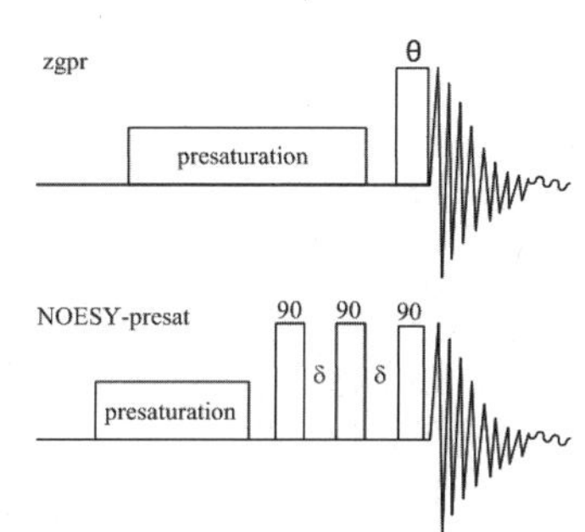

그림 4−44 Water suppression의 기본 방법인 presaturation과 NOESY−presat의 펄스 순서.

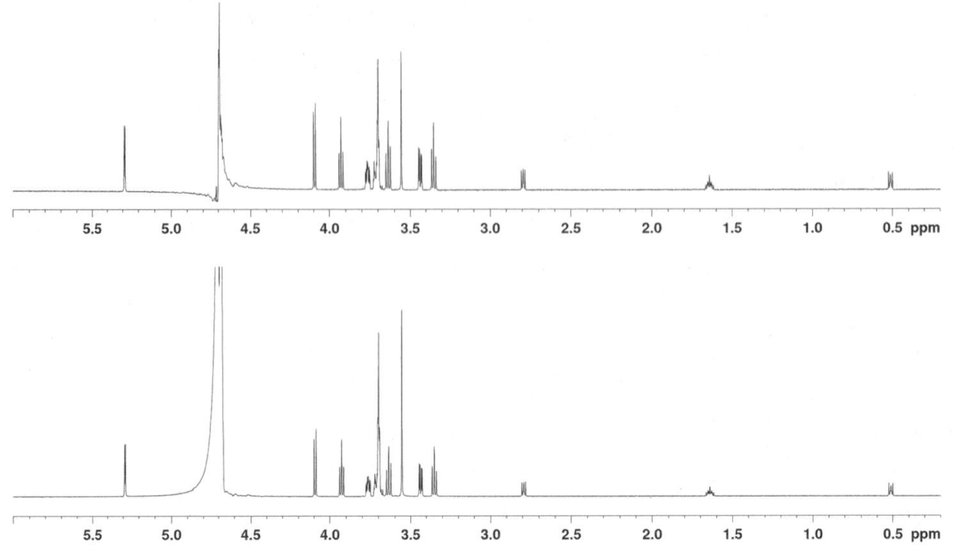

그림 4-45 Presaturation(아래)과 NOESY-presat(위) 방법으로 얻은 90% H_2O와 10% D_2O의 용매에 있는 2 mM sucrose와 0.5 mM DSS의 스펙트럼.

는 2 mM sucrose의 스펙트럼을 그림 4-45에 보여주고 있다.

4.6.2 Zero net excitation

이 방법은 용매(H_2O) 피크는 펄스들의 영향을 받기는 하지만 FID를 획득할 때 xy 평면에 놓여 있는 시료의 벡터들과는 다르게 +z축에 놓여 있게 하여 스펙트럼에 나타나지 않게 하는 것이다. 가장 간단한 방법으로는 jump-return, $90°_x-\tau-90°_{-x}$이라고 하는 방법이며 이 zero net excitation 방법을 쉽게 이해할 수 있는 본보기이며 여러 가지 다른 방법의 모체가 되는 것이다. 이 펄스 순서에서 rf의 위치는 용매 피크에 놓여 있으며 처음의 90° 펄스는 용매 피크를 포함한 모든 피크들을 xy 평면으로 이동시키게 되고 이어지는 τ 시간 동안(~100 us) 모든 벡터들은 rotating frame에 놓여 있는 H_2O 피크보다 빠르게 또는 느리게 움직이면서 시계 방향과 같거나 또는 반대 방향으로 퍼져 나가게 될 것이다. 이 상태에서 두 번째 주어지는 $90°_{-x}$ 펄스는 xy 평면을 xz 평면으로 만들게 되고 rotating frame에서 zero frequency를 가지고 있는 H_2O 벡터는 정확하게 +z축에 되돌아가게 되고 xy 평면에 있던 ±x 벡터들은 sine 피크 모양의 모습을 만들게 된다. 이들 현상을 그림 4-46에 rotating frame에 있는 H_2O의 벡터(좌측)와 rotating frame보다는 빠르게 움직이고 있는 양성자 벡터(우측) 하나를 예로 벡터들의 운동 모습을 보여주고 있다. 먼저 물 피크는 $90°_x$ 펄스로 y축에 놓이게 되고 τ delay 동안에 제자리에 머물게 되고 $90°_{-x}$ 펄스로 z축으로 돌아가게 된다. 그러나 물 피크보다 빠르게 움직이고 있는 양성자 피크는 $1/4\tau$라는 시간 동안에 x축에 놓이게 되고 $90°_{-x}$ 펄스에 아무런 영향을 받지

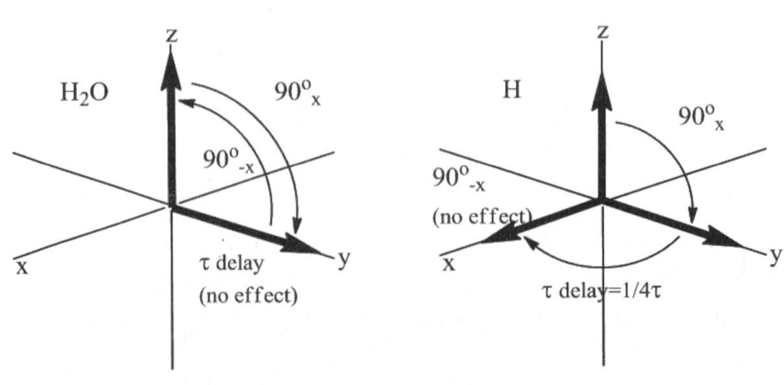

그림 4-46 $90°_x-\tau-90°_{-x}$ 펄스(jump and return)가 on-resonance 물 피크와 $1/4\tau$ 동안에 off-resonance 양성자 피크에 미치는 영향.

않고 제자리에 머물게 된다. 즉 이 위치에 있는 벡터가 가장 큰 + 피크를 만들게 된다. 그리고 이 벡터와 반대 방향으로 움직이고 있던 벡터들은 − 피크들을 만들게 되고 전체 피크 모습들은 물 피크(null position)의 위치를 대칭으로 sine 피크 모습의 profile을 보여주게 된다[그림 4−46−1 (a)].

단순한 이 펄스 방법은 물 피크 위치인 transmitter offset의 위치에 좁은 null position을 만들게 되어 상당한 양의 물 피크를 남겨 놓게 된다. 이 null position의 확대와 기기의 불안정에 덜 민감한 방법들은 90° 펄스보다 각도가 작은 펄스들을 사용하는 binominal 방법을 사용하는 것이다. Binominal 방법에는 $1-\bar{1}$, $1-\bar{2}-1$, $1-\bar{3}-3-\bar{1}$ 등이 있으며 여기에서 숫자는 상대적인 펄스의 넓이를 −는 delay τ 그리고 숫자 위의 bar는 펄스의 반대 위상을 표시한다. 즉 $1-\bar{1}$는 $45°_x-\tau-45°_{-x}$를 의미한다. 이들 중 $1-\bar{3}-3-\bar{1}$ ($1\equiv11.25°$)의 방법이 정확하지 않은 펄스나 기기의 불안정 등에 가장 덜 민감하여 좋은 결과를 주는 것으로 알려져 있다. 이 경우에는 transmitter offset에서 $\pm1/2\tau$ 지점에서 가장 큰 피크가 나타나게 되고 다음의 null position은 $\pm n/\tau$ (n=1, 2, 3, ...)에서 나타나게 된다. 이들 binominal 방법으로 얻은 excitation profile들을 그림 4−46−1 (b), (c)에 보여주고 있다. 이들 profile에서 볼 수 있는 것 같이 solvent 피크를 제거하는 null position을 대칭으로 피크들의 위상은 반대로 나타나며 위치에 따라서 피크들의 크기도 다르게 나타나게 되므로 이들 방법으로 얻은 스펙트럼은 정량분석용으로 사용할 수 없다.

일반적으로 실험에서는 이 null position에서 양쪽의 피크들의 위상이 같게 나타나게 하는 방법을 사용하게 되는데 이들은 composite 펄스를 사용하거나 또는 binominal 방법을 응용한 펄스와 pulsed field gradients(PFGs)를 같이 사용하여 PFG spin−echo를 이용하는 WATERGATE(water suppression by gradient−tailored excitation)라는 방법이 있다. 즉 gradient(G_1)−pulse−gradient(G_1)의 순서는 PFG spin−echo(6.6절)를 한 번 만들게 되는 방법이다. 이때 사용되는 펄스는 binominal 방법을 응용한 펄스로 W3라고 하는 $3-9-19-\overline{19}-\bar{9}-\bar{3}$라는 펄스 또는 W5라고 하는 펄스 방법을 사용하기도 한다.[16] W3 방법에서는 각 숫자에 90/13=6.92°를 곱한 펄스들을 사용하게 되어 있지만 실제로는 3(20.77°), 9(62.31°), 19(131.54°)를 사용하게 되며 이 펄스는 solvent 피크를 zero net excitation 시키게 되고 모든 다른 피크들은 180° inversion 시켜서 null position의 양쪽이 같은 위상의 스펙트럼을 만들게 되고 피크들의 크기도 넓은 영역에서 고르게 나타나게 된다(그림 4−46−2). 그림 4−47에

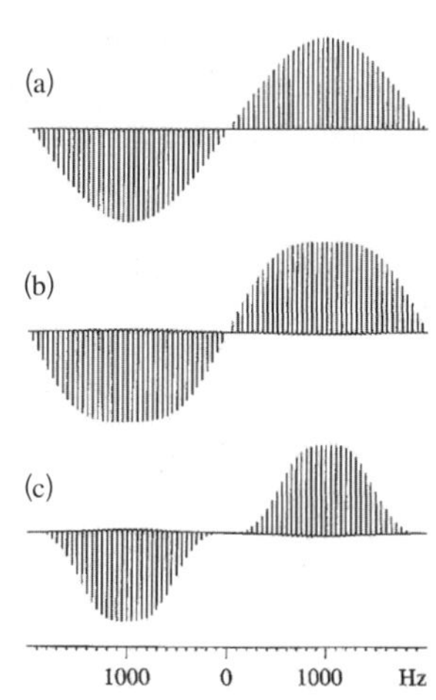

그림 4−46−1 Simulated excitation profiles. (a) jump-returen, τ=250 μs. (b) $1-\bar{1}$. (c) $1-\bar{3}-3-\bar{1}$, τ=500 μs

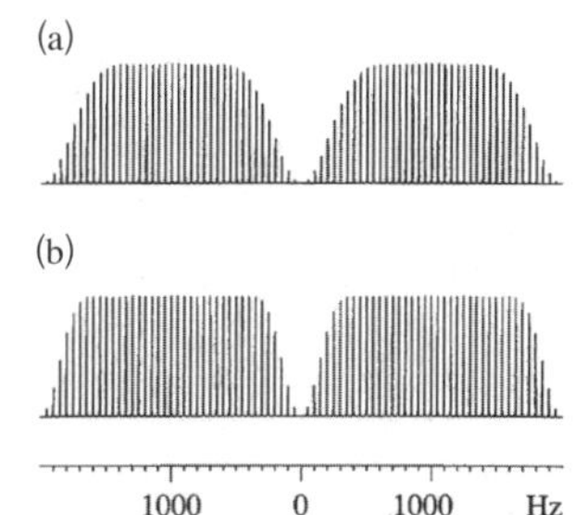

그림 4−46−2 Simulated excitation profiles. (a) WATERGATE W3. (b) W5, τ=500 μs.

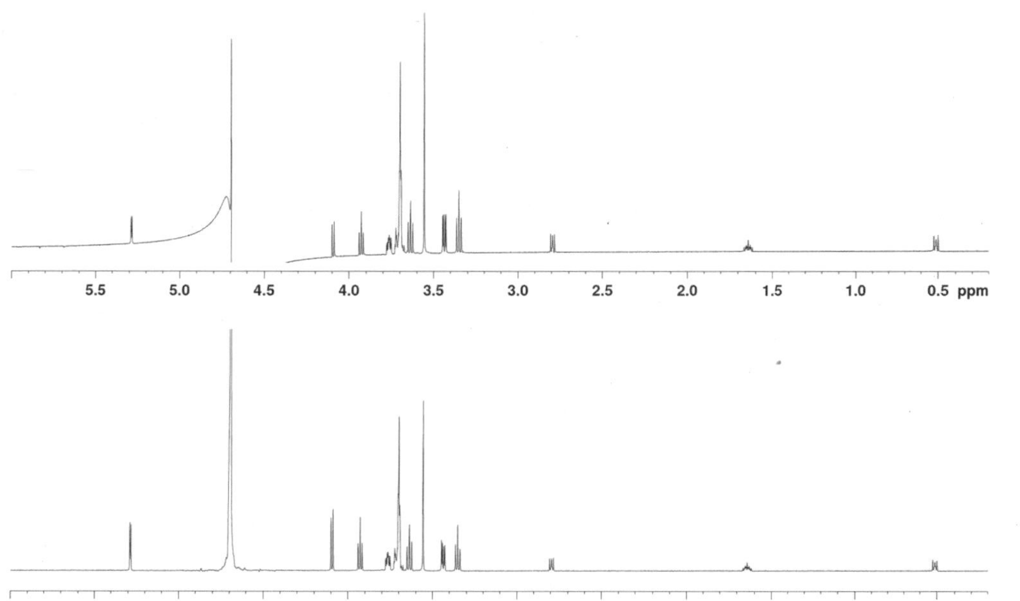

그림 4−47 WATERGATE W3와 composite(아래) 펄스 방법으로 얻은 90% H_2O와 10% D_2O의 용매에 있는 2 mM sucrose와 0.5 mM DSS의 스펙트럼들.

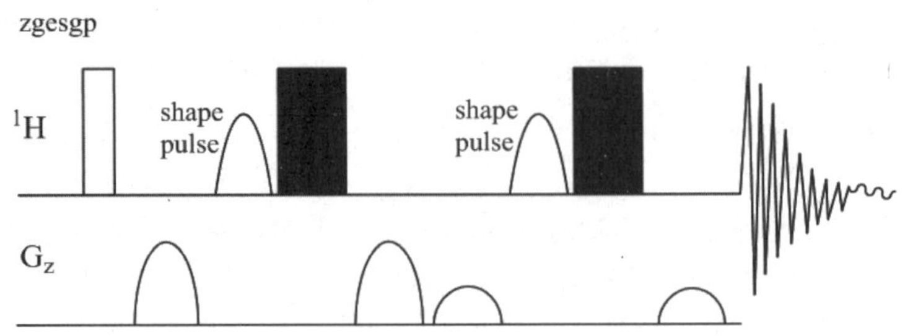

그림 4-48 용매 피크 suppression에 사용하는 gradient를 포함하는 excitation sculpting 방법.

3-9-19-19⁻-9⁻-3⁻의 펄스를 사용한 WATERGATE 방법과 composite 펄스 방법으로 물 피크를 suppression한 스펙트럼들을 보여주고 있다.

비록 이제까지 사용된 방법들로 얻어진 모든 스펙트럼들에 상당량의 물 피크들이 남아 있지만 분명한 사실은 이들 방법들이 작동했다는 사실이다(이들 방법들이 작동하지 않았다면 이 조건의 시료에서는 sucrose의 피크들은 잡음과 같은 피크의 크기로 나타나게 되고 스펙트럼에는 물의 피크만 나타나게 된다). 다만 이들 실험 조건을 최적으로 하여 물 피크를 최대한으로 줄이기 위해서는 앞에서 언급한 대로 많은 시행착오적 실험이 필요할 뿐이다.

4.6.3 Pulsed field gradients

지금까지 알려진 가장 좋은 solvent suppression 방법은 gradient를 사용하여 FID를 얻기 전에 이들 solvent magnetization을 완전하게 제거하는 것이다. 우리는 gradient에 대하여 6장(6.5.2절)에서 자세하게 공부하게 될 것이다. 여기에서는 water suppression에 대한 것을 다루면서 gradient를 언급하지 않는 것은 있을 수 없기 때문에 뒤에서 공부하여야 할 새로운 소재를 먼저 언급 할 수밖에 없게 되었고 간단한 소개만 하도록 한다. 즉 일반적으로 가장 많이 사용되는 펄스 순서와 이 펄스 방법을 사용하여 얻은 스펙트럼을 위의 presaturation 방법으로 얻은 스펙트럼과 비교하여 gradient 방법의 장점을 보여주기 위한 것이라고 이해하면 될 것이다. 아래 6장에서 gradient를 공부하면 gradient가 어떻게 용매 피크를 제거할 수 있게 되는지 쉽게 이해하게 될 것이다. 위에서 본 한 번의 PFG spin-echo를 사용하는 WATERGATE 방법에 PFG spin-echo가 한 번 더 있게 하는 방법을 excitation sculpting이라고 한다. 이

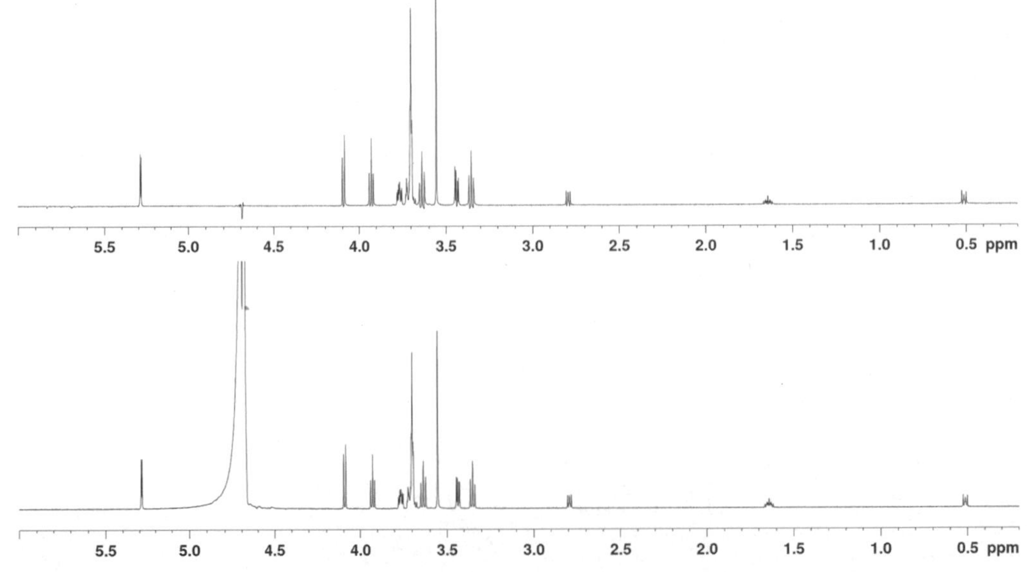

그림 4-49 Presaturation(아래)과 excitation sculpting(위) 방법으로 얻은 90% H_2O와 10% D_2O의 용매에 있는 2 mM sucrose와 0.5 mM DSS의 스펙트럼.

excitation sculpting 방법인 Bruker 펄스 zgesgp의 펄스 순서를 그림 4-48에 보여주었다. 여기에서 사용된 shape 펄스(6.6절 참조)들은 앞에서 공부한 용매(H_2O)에 zero net excitation의 용도로 사용되는 것으로 binominal hard 펄스일수도 있고 soft와 hard 펄스의 복합체일수도 있다. 이 방법으로 얻어진 스펙트럼의 효과를 비교하기 위하여 위에서 얻어진 presaturation 방법으로 얻어진 스펙트럼과 함께 그림 4-49에 보여주었다. 이 방법으로 얻어진 스펙트럼은 같이 보여준 presaturation 스펙트럼과 함께 위의 어떠한 방법으로 얻어진 스펙트럼보다도 물 피크의 suppression이 완전하게 일어난 것을 볼 수 있다.

참고문헌

1. E. M. Purcell, H. C. Torrey, and R. V. Pound, *Phys. Rev.*, **69**, 37 (1946).
2. F. Bloch, W. W. Hansen, and M. Packard, *Phys. Rev.*, **69**, 127 (1946).
3. F. Bloch, *Phys. Rev.*, **70**, 460 (1946).
4. E. L. Hahn, *Phys. Rev.*, **80**, 580 (1950).
5. T. C. Farrar and E. D. Becker, Pulse and Fourier Transform NMR, Introduction to Theory and Methods, Academic Press, New York, 1971.
6. A. E. Derome, Modern NMR Techniques for Chemistry Research, Pergamon Press, Oxford,1987.
7. R. Freeman, A Handbook of Nuclear Magnetic Resonance, Longman Scientific & Technical, Essex, 1988.
8. C. P. Slichter, Principles of Magnetic Resonance, Springer-Verlag, Berlin, 1990.
9. A. G. Marshall and F. R. Verdun, Fourier Transforms in NMR, Optical, and Mass Spectrometry, Elsevier, Amsterdam, 1990.
10. R. R. Ernst, G. Bodenhausen, and A. Wokaun, Principles of Nuclear Magnetic Resonance in One and Two Dimensions, Clarendon Press, Oxford, 1987.
11. H. Friebolin, Basic One- and Two-Dimensional NMR spectroscopy, VCH Publisher, New York, 1991.
12. E. D. Becker, High Resolution NMR, Theory and Chemical Applications, Academic Press, New York, 1980.
13. H. Gunther, NMR Spectroscopy, Basic principles, concepts, and applications in chemistry, John Wiley & Sons, New York, 1992.
14. R. K. Harris, Nuclear Magnetic Resonance Spectroscopy, Longman Scientific & Technical, Essex, 1986.
15. C. K. Larive and D. L. Rabenstein, *Magn. Reso. Chem.*, **29**, 409(1991).
16. M. Liu, X. Mao, C. Ye, J. K. Nicholson and J. C. Lindon, J. Magn. Reson., **132**, 125(1998).

제5장

Polarization Transfer 실험

특히 유기물질을 연구하는 사람들은 TLC(Thin Layer Chromatography)에서 분리된 미량의 물질들을 spatula로 긁어내어 NMR에서 모든 실험을 할 수만 있다면 그 이상 바랄 것이 없을 것으로 생각할 것이다. 그러나 필요한 것은 항상 부족하기 마련인 것이 자연의 섭리인가 보다. TLC의 spot에서 얻은 물질의 양으로는 NMR이 단점으로 갖고 있는 감도(sensitivity)의 문제를 극복할 수 없다.

많은 분광학자들이 그러하듯이 NMR을 연구하는 사람들의 최종목표는 결국 이와 같은 감도 문제를 극복하는 일일 것이다. 비록 1970년 초 FT NMR의 출현과 현재 사용되고 있는 고자장의 초전도 NMR이 양성자를 포함한 비교적 high magnetic moment를 가지는 몇몇 개 핵들의 감도 문제를 해결하였다고는 하지만 NMR은 다른 모든 기존의 다른 분광학(spectroscopy)과 비교해 볼 때 감도 문제는 영원히 해결할 수 없는 일이라고도 생각된다.

결국 "시료가 조금만 더 있었으면 ..."하는 아쉬운 말이 함축된 시료의 양이란 전공분야에 따라 다르겠지만 화학의 경우 크로마토그래프(chromatograph) 방법과 같은 보통 정제 방법들을 이용하여 얻을 수 있는 대략 수백 μg에서 1 mg 사이의 양이 아닐까 생각한다. 그렇다면 이만큼의 양의 시료로 어떤 NMR 실험들을 할 수 있는가? 만약 이 물질들의 분자량이 1000～2000 정도 된다면 현재 범용으로 사용되고 있는 500～600 MHz NMR을 사용하여 우선 양성자를 이용한 NOE나 2D 실험 정도까지는 쉽게 할 수 있으리라 생각된다. 그러나 다른 핵들을 이용해 보려고 할 때는 많은 어려움에 처하게 될 것이다. ^{1}H을 디커플링한 ^{13}C 스펙트럼을 얻으려면 적어도 주말 시간을 이용하여야 할 것이며, ^{31}P을 제외한 낮은 주파수를 가지는 다른 핵들은 거의 불가능하다고 하여야 할 것이다(단 최근 ^{1}H을 이용한 inverse라는 실험으로 종래 피크 세기의 수십 배에서 수백 배까지 증가시킬 수 있는 새로운 방법이 있다. 6장 참조).

이와 같은 감도 문제를 해결하기 위하여 오래전부터 물리화학적 현상을 이용하여 감도를 증가시키는 실험 방법, 즉 INDOR(Internuclear Double Resonance)나 NOE 방법들이 개발되었으며 다른 한편으로는 초전도 자석을 이용한 자석의 크기(size)에 대한 연구가 진행되었고 지금도 활발히 진행되고 있다. 물론 heteronuclear NOE 실험도 양성자의 감도를 이용하여 γ가 적은 핵들의 감도를 증가시킬 수 있는 좋은 방법이지만 음의 γ를 가진 핵들을 실험하기에는 여러 가지 문제점이 있다. 그 이후 1970년 초부터 음의 γ에도 문제가 되지 않는 새로운 방법으로 감도가 큰(대부분 ^{1}H) 핵들을 이용하여 감도가 적은 핵들의 피크 세기를 증가시키는 새로운 방법들이 발표되기 시작하였다. 이러한 실험들은 두 핵 간 스칼라 커플링을 이용하여 감도가 큰 핵들의 성질을 감도가 낮은 다른 핵으로 이전시킨다는 의미로 transfer라는 말을 붙여서 사용하게 되었으며, 이러한 실험의 가장 기본이 되는 것으로 SPT(Selective Population Transfer, 또는 Selective Population Inversion이라고 함)라는 방법이 발표되었다.

이 장에서도 SPT 실험 언급과 함께 일반적으로 쓰이고 있는 INEPT(Insensitive Nuclei Enhanced by Polarization Transfer)와 DEPT(Distortionless Enhanced by Polarization Transfer) 실험 그리고 물리적인 방법이 아니고 화학적인 방법으로 감도를 증가시키는 CIDNP(Chemically Induced Dynamic Nuclear Polarization) 실험에 관해서 살펴보기로 한다.

5.1 SPT[1]

SPT (Selective Population Transfer) 실험은 모든 polarization transfer 실험의 기본이 될 뿐만 아니라 INEPT와 DEPT를 간단한 벡터 모델로 설명하는 데 많은 도움을 줄 수 있다. 먼저 실험을 어떻게 하는가를 살펴보자. 실험방법을 살펴보는 이유는 종래의 CW NMR에서는 흔히 사용하지 않는 디커플러(decoupler)라는 용어를 사용하기 때문이다. 보통 우리가 사용하고 있는 NMR 프로브(probe)에는 transmitter coil과 decoupler coil이 자리 잡고 있다. 이때 decoupler coil은 양성자(^{1}H)를 디커플링(decoupling)할 수 있는 장치이다(목적에 따라 다른 핵을 디커플링할 수 있는 프로브를 만들 수도 있음). 이때 양성자를 디커플링할 수 있다는 의미는 decoupler coil이 ^{1}H의 주파수(frequency)를 만들어 낼 수 있다는 이야기와 같은 의미이며, 실제로 이 decoupler coil을 이용해서 양성자 스펙트럼을 얻을 수도 있다. 그러나 일반적으로 우리가 얻는 양성자 스펙트럼은 transmitter를 통해 양성자 주파수를 만들어 스펙트럼을 얻는다. 그러나 우리가 많이 이용하는 커플링 pattern을 알기 위하여 쓰는 homodecoupling 방법은 디커플링 power를 이 decoupler coil을 통해서 시료에 주어지는 것이다(3.5절). 그리고 양성자를 디커플링 한 ^{13}C 스펙트럼을 얻을 때에는 transmitter는 ^{13}C의 주파수를 내고 디커플러는 양성자의 주파수를 주어서 디커플링을 하는 것이다. 뒤의 INEPT와 DEPT의 펄스 순서에서 보이겠지만 2D NMR을 포함한 최신 NMR 기법들은 시료에 다른 주파수를 동시에 주입하여야 할 경우가 있다. 이때 한 transmitter에서 동시에 두 개의 다른 주파수를 만들어 내는 것은 불가능하다[최근 새로운 ^{1}H 디커플러 즉 ^{1}H의 transmitter의 개발로 거의 같은 시간에(수 마이크로초의 차이로) 다른 주파수 3개를 만들어 낼 수도 있음]. 그러므로 이와 같은 실험을 위해서는 다른 주파수를 내는 몇 개의 다른 power source와 프로브 속에 이 주파수들을 전달하는 coil들이 존재해야 하는 것이다. 즉 이 각기 다른 여러 개의 coil들을 통해서 시료가 들어 있는 프로브 속으로 동시에 몇 개의 다른 주파수들이 주어지게 된다.

SPT 실험은 AX라는 spin system을 고려할 때(이때 A는 sensitive한 핵이고 X가 insensitive한 핵이라면) A 핵의 주파수에 180° 펄스를 주고 바로 뒤를 이어 X 핵의 펄스로 FID를 구하는 것이다. 이 실험을 Pachler와 Wessels가 발표한대로 클로로포름(chloroform)을 이용하여 설명해 보자. 300 MHz NMR에서 얻은 클로로포름의 양성자 NMR 스펙트럼인 그림 5−1을 보도록 하자.

3.2절에서 이미 설명한 것과 같이 이 그림에서 가운데에 거대한 피크는 양성자 NMR에서 보통 우리가 사용하는 것이며, 양쪽으로 215 Hz의 커플링 상수(coupling constant)를 가지고 나타난 두 개의 피크는 carbon-13 위성(satellite) 피크이다. 이 각각의 carbon-13 위성은 chloroform 속의 탄소가 대부분(99%) carbon-12를 가졌기 때문에 가운데 피크의 세기를 99라고 할 때 단지 0.5의 크기(intensity)를 가질 뿐이다. 결국 CW-NMR에서는 찾기 어렵고 관심도 없는 이 조그만 피크를 우리는 SPT 실험을 하기 위해서 이용하게 되는 것이다. 즉 AX

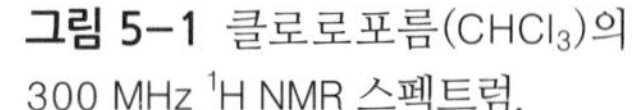

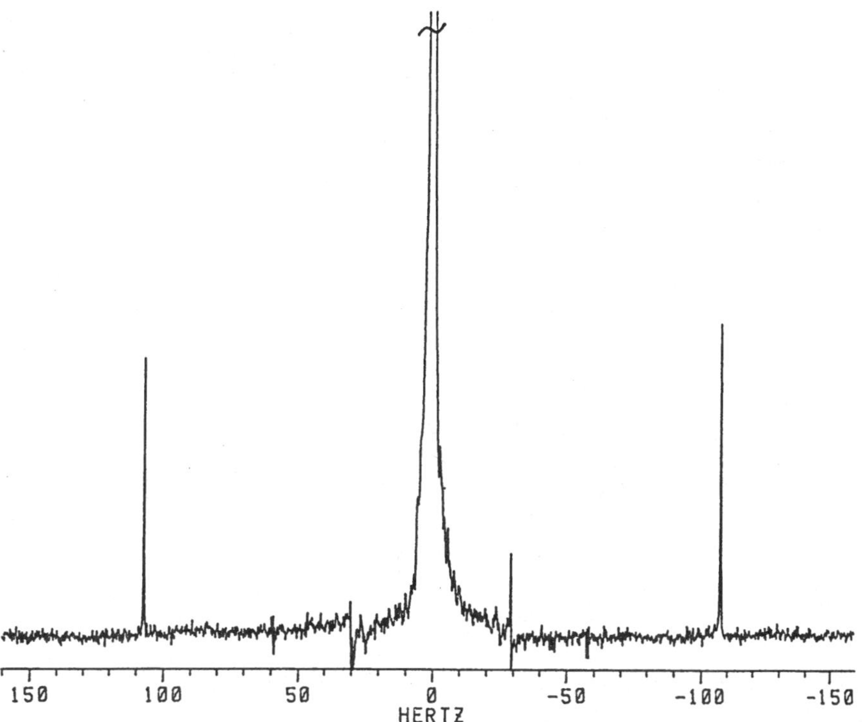

그림 5-1 클로로포름($CHCl_3$)의 300 MHz ^1H NMR 스펙트럼.

spin system에서 A는 ^1H이 되고 X는 carbon-13이 되는 것이다. SPT 실험은 A에 180° 펄스를 주게 되어 있으므로 이 실험은 up-field와 down-field에서 나타나는 두 개의 양성자 주파수(그림 5-1)를 사용할 수 있고 결국 두 개의 다른 실험을 할 수 있다. 이 결과를 그림 5-2에 보여주고 있다.

그림 5-2 (a)는 ^1H과 커플링하고 있는 것과 디커플링한 carbon-13 스펙트럼을 보여주고 있으며 커플링된 스펙트럼에서 X_1과 X_2 사이의 Hz는, 즉 양성자와 ^{13}C 피크의 커플링 상수는 그림 5-1에서 ^1H이 splitting된 것과 같은 215 Hz가 되는 것이다. 그림 5-2 (b)는 그림 5-1

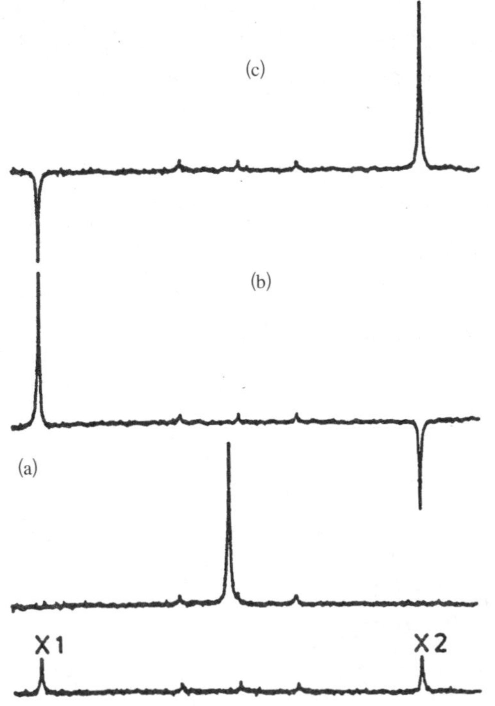

그림 5-2 (a) 클로로포름($CHCl_3$)의 커플링과 디커플링된 ^{13}C 스펙트럼 (b), (c) 같은 조건으로 얻은 ^{13}C의 SPI 실험 스펙트럼.

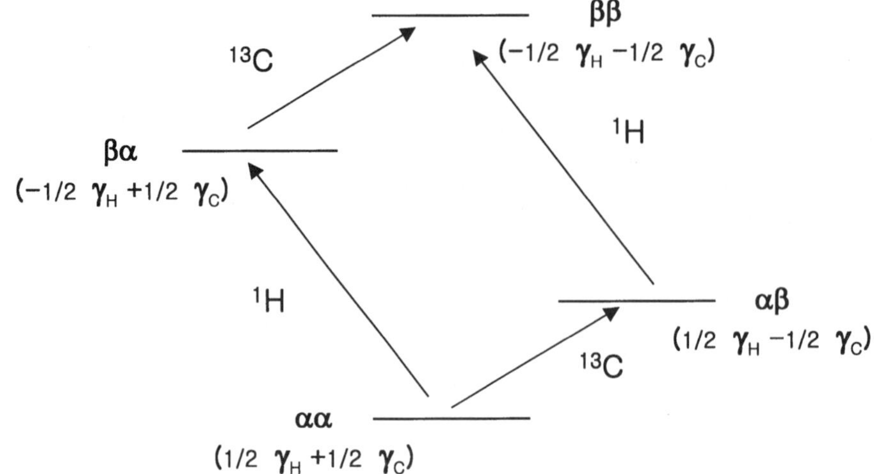

그림 5-3 AX(CH) 스핀 시스템의 에너지 준위.

에서 down-field에 있는 양성자 주파수에 디커플러를 이용하여 180° 펄스를 주고 바로 뒤를 이어 transmitter를 통해 carbon-13의 주파수를 주고 난 후 얻은 실험 결과이다. 그림 5-2 (c)는 그림 5-1의 up-field의 양성자 피크를 이용하여 같은 실험을 한 것이다. 이 결과는 그림 5-2 (a)의 커플링된 스펙트럼에서 X_1과 X_2의 각 피크의 세기를 1이라고 할 때 5와 −3 그리고 −3과 5로 각각 피크의 세기를 증가시켰다.

이와 같은 현상이 어떻게 일어나는지는 그림 5-3과 같이 간단하고 개략적인 에너지 준위 그림으로 설명될 수 있다.

그림 5-3의 에너지 준위와 그림 5-1을 비교하면 그림 5-1의 ^{13}C satellite인 ^{1}H의 피크들은 αα → βα와 αβ → ββ의 전이(transition)로 생긴 것이다. 그리고 그림 5-2 (a)에서 X_1과 X_2의 피크는 αα → αβ와 βα → ββ 전이에 해당하게 되는 것이다. NMR에서 피크 세기는 각 에너지 준위에서 분자 수의 분포 차이이고 이 차이는 Boltzmann 법칙(1장, 식 1-9)을 살펴보면 전이가 일어나는 핵의 자기 회전비(gyromagnetic ratio, γ)에 의해서 지배된다는 것을 알 수 있다. 그러므로 분자 수의 분포 차이를 상대적으로 나타내기 위해서는 간단히 비교 γ 값을 이용할 수도 있다(그림 5-3). 간략하게 설명하기 위해서 각각의 에너지 준위에 (1/2) γ_H + (1/2) γ_C라는 값을 더해주고 정리하여 양성자와 탄소의 비교 γ값을 대입하면(4 : 1) 그림 5-4 (a)를 얻을 수 있다.

결국 carbon-13 피크 세기는 양성자를 4라고 할 때 1이라는 값을 가지게 되는 것이 그림 5-4 (a)의 각각의 에너지 준위에 있는 상대적인 분자 수의 차이로 쉽게 알 수 있다. 여기 에너지 준위의 αβ → ββ에 해당하는 양성자 피크에 180° 펄스를 준다는 의미는 두 에너지 준위에 존재하는 분자들을 서로 바꾸어 놓는 것과 같다. 즉 그림 5-4 (b)가 그 결과가 되는 것이다. 이때 두 에너지 준위에 존재하는 분자들을 바꾸어 놓는다는 의미에서 inversion이라는 단

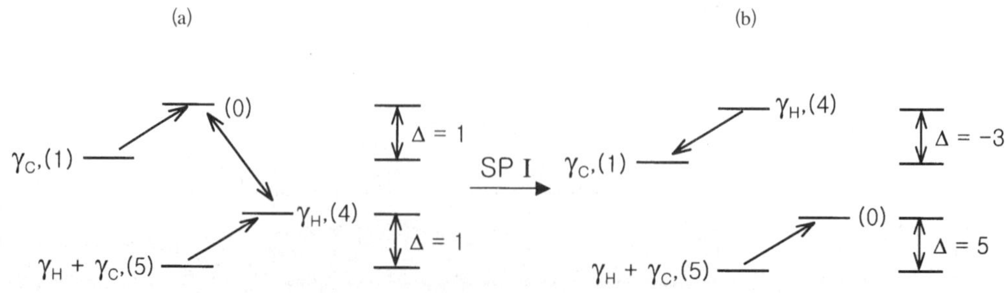

그림 5-4 (a) 에너지 준위(그림 5-3)에서 분자들의 상대적 분포 차이. (b) αβ와 ββ의 준위를 뒤집은 후(SPI) 분자들의 상대적인 분포 차이.

어도 사용하게 된 것이다. 이러한 상태에서 carbon-13 피크 세기는 원래 에너지 준위에 있는 상대적인 분자 수의 차이인 1:1과 비교해서 −3과 5라는 변화를 가져오게 됨을 쉽게 볼 수 있다. 이와 같은 단순한 에너지 준위를 이용한 설명으로 CH_2 group carbon-13의 1:2:1의 삼중선 피크는 −7:2:9로 그리고 CH_3 group의 1:3:3:1의 carbon-13 피크들이 −11:−9:15:13으로 증가하게 되는 것을 예측할 수 있다. 이와 같이 SPT 실험은 감도가 좋지 않은 핵(insensitive nucleus)의 피크 세기를 증가시킬 뿐만 아니라 각각의 양성자에 대한 carbon-13 피크를 밝혀내는 데도 유용하게 사용할 수 있다. 그러나 이 실험의 한계(limitation)는 각 carbon-13의 피크를 밝혀내기 위해서 수많은 실험을 반복해야 할 뿐만 아니라 아주 간단한 화합물이 아니고 양성자 수가 조금만 많아진다고 하면 커플링 현상으로 서로 겹쳐서 나타나는 피크들 사이에서 각각의 피크의 ^{13}C satellite를 찾아내는 것은 거의 불가능한 일이 될 것이다.

5.2 INEPT[2]

5.2.1 INEPT(Insensitive Nuclei Enhanced by Polarization Transfer)

위에서 설명한 SPT 방법은 각각의 carbon-13 피크를 확인하기 위하여 각각의 탄소가 가지고 있는 여러 가지 양성자들의 ^{13}C satellite을 찾아서 번갈아 실험하여야 하며 때로는 불가능하기도 한 어려움을 가지고 있다. 이 실험은 더욱이 시료의 분자가 조금 커지면서 양성자의 스펙트럼이 복잡해지면 각 양성자 피크의 ^{13}C satellite를 찾는 거의 불가능하다는 것을 알 수 있다. 이 단점을 극복할 수 있는 실험, 즉 각각의 양성자의 ^{13}C satellite의 주파수에 관계없이 모든 위성 피크를 한 번에 각각의 carbon-13 핵에 polarization transfer 시킬 수 있는 방법이 Morris와 Freeman에 의해서 1979년 발표되었다. 이것은 INEPT라는 이름이 붙여졌으며 펄스 주파수 및 각각의 펄스 다음 rotating frame에서 일어나는 벡터의 운동 모양을 그림 5−5에 보여주고 있다(설명의 단순화를 위해서 CH의 스핀 시스템을 사용하였다).

그림 5−5에서 A(감도가 높은 핵) 핵을 양성자로 하였고 X(감도가 낮은 핵) 핵을 탄소로 하였지만 A는 ^{31}P나 ^{19}F도 될 수 있으며 X는 ^{15}N, ^{29}Si, ^{119}Sn 등 감도가 낮은 어떠한 핵도 될 수 있다.

이 회전 좌표계의 그림에서 보여주고 있는 양성자의 벡터는 바로 앞에서 보여 준 ^{13}C satellite 피크다. 이 벡터에 주어진 90°(x) 펄스는 이것을 xy 평면에 놓이게 하고(a), 곧 스칼라 커플링을 하는 상대방 X(^{13}C) 핵의 영향을 받게 된다. 1/4J라는 시간 이후 X 핵의 커플링으로 생긴 A(^{1}H) 핵의 두 벡터는 y축에서 xy 평면 위를 서로 반대 방향으로 움직이면서 90° 각도를 가지게 된다(b). 이 상태에서 A 핵에 주어진 180°(x) 펄스로 두 벡터는 −y축에 90° 각도를 가지면서 원래의 방향성을 가지고 있게 되지만 동시에 주어진 X 핵의 180°(x) 펄스가 두 벡터의 방향성을 바꾸어 놓게 된다(c). 다시 기다린 시간 1/4J 후 이들 두 벡터는 x축과 −x축에 있게 된다(d). 마지막으로 A 핵에 주어지는 90°(y) 펄스는 x축에 있는 벡터를 z축으로 −x축에 있는 벡터를 −z축으로 이동시키게 된다(e). 이때 +z축과 −z축으로 분산된 벡터는 우리가 위에서 본 SPT 실험에서 양성자의 한쪽 carbon satellite를 inversion 시킨 것과 대등하게 되는 것이다.

그러나 이 실험에서 나타나는 피크들의 상대적인 크기는 앞에서 나타나던 비대칭의 −3과 +5(원래의 탄소가 가지고 있는 벡터의 크기와 SPI 실험으로 만들어진 벡터들의 합)의 피크 크기와는 다르게 나타나게 된다. 즉 그림 5−5−1에서 보여주는 것과 같이 펄스 순서의 마지막 양성자 펄스를 −y를 주게 되면 y 펄스를 주어서 만들어진 양성자들 벡터들과 반대의 벡터들

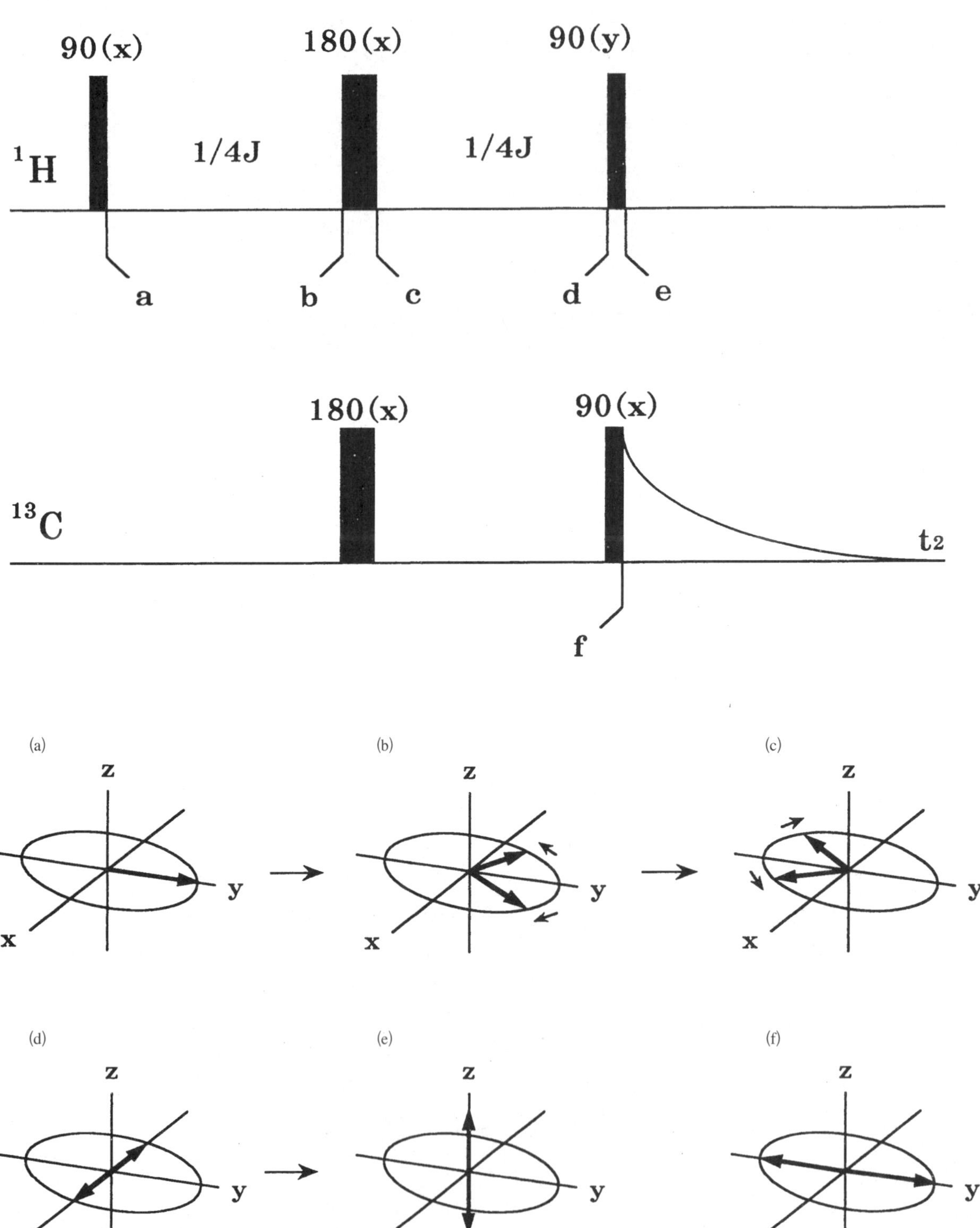

그림 5-5 INEPT 실험의 펄스 순서와 벡터들의 운동 모양.

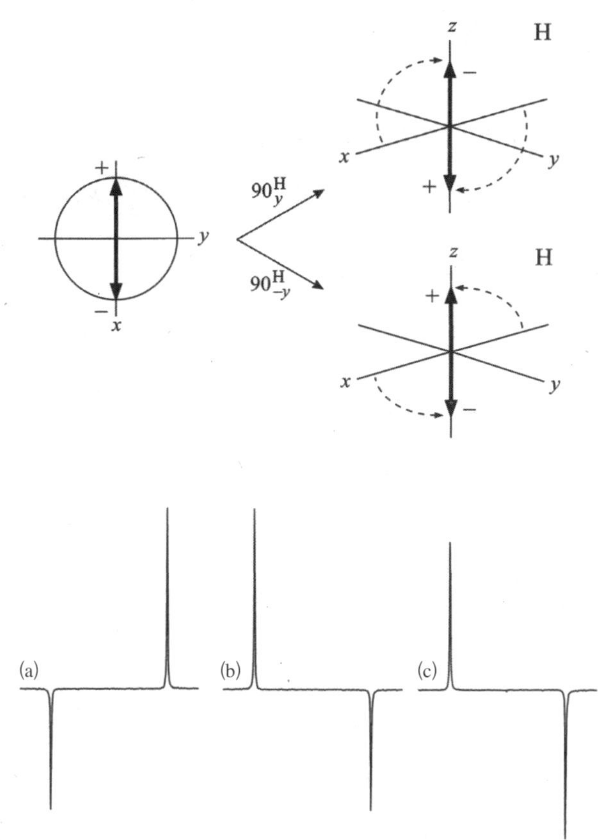

그림 5-5-1 INEPT 펄스 순서의 마지막 양성자 펄스 위상에 따른 양성자 벡터들의 모습과 이때 얻어지는 탄소 피크들 위상의 모습 그리고 이 실험의 위상 순환으로 얻어지는 최종 스펙트럼의 결과 (c).

즉 −z가 +z로(+z는 −z로) 바뀌게 되는 것을 볼 수 있고 이에 따라서 나타나는 탄소의 2중선도 그들 위상이 반대로 나타나게 된다(a, b). 그러나 원래의 탄소 벡터는 이들 양성자들 펄스에는 영향을 받지 않으며 탄소의 위상은 변하지 않게 된다. 결국 이들 마지막 양성자 펄스의 위상 변경으로 얻은 두 실험의 데이터를 리시버의 위상을 180° 바꾸어서 얻게 되면(결국 두 실험 데이터를 뺄셈하는 것과 같음) 원래의 탄소 벡터로터 얻어진 피크들은 사라지고 양성자의 polarization transfer에 기인하는 탄소 피크들만을(c) 얻게 된다.

위에서 보여주고 있는 INEPT 펄스 주파수에서는 두 번의 각기 다른 종류의 펄스가 동시에 주어지고 있다. 이때 A(sensitive nucleus를 양성자라고 할 때) 펄스는 디커플러 채널에서 나오는 디커플러 펄스가 되며 X 펄스는 transmitter 채널에서 나오는 펄스가 된다. 그러므로 X 핵의 펄스 넓이는 우리가 이미 배운 보통의 방법(4.4절)으로 구하면 된다. 그러나 양성자 펄스는 디커플러 펄스가 되므로 우리가 양성자 NMR을 측정할 때 쓰는 transmitter 펄스와는 다른 것이므로 다른 방법을 사용하여 이 펄스의 넓이(영어의 용어인 pulse width를 그대로 사용한 것으로 혼동할 수 있지만 결국 해당하는 펄스를 만들어 내는 시간을 구하는 것으로 이해하면 됨)를 구해야만 한다. 이것을 구하는 펄스 순서(pulse sequence)는 그림 5-6과 같으며 여기에 보여주는 것 같이 carbon-13 채널이 FID를 얻는 곳이기 때문에 이 피크가 얻어질 수 있도록 충분한 농도를 가진 시료를 사용하여야 한다.

그림 5-7은 아세톤-d_6에 녹아있는 80% benzene을 이용하여 양성자의 디커플러 펄스 넓이를 측정한 스펙트럼들이다. 벤젠의 탄소는 직접 결합하여 있는 하나의 양성자와 160 Hz의 커플링 상수를 가지므로 탄소의 90° 펄스 후 1/2J의 시간은 약 3.12 ms가 된다. 다음으로 주어지는 양성자의 디커플러 펄스 넓이가 이 탄소 스펙트럼의 모습을 바꾸게 된다. 즉 160 Hz로 벌어진(이들 각각은 2와 3-bond 떨어져 있는 다른 양성자의 작은 커플링으로 다시 여러 개로 splitting되어 있음) 두 피크는 디커플러 채널의 양성자 펄스가 90°보다 적으면 +와 −의 피크

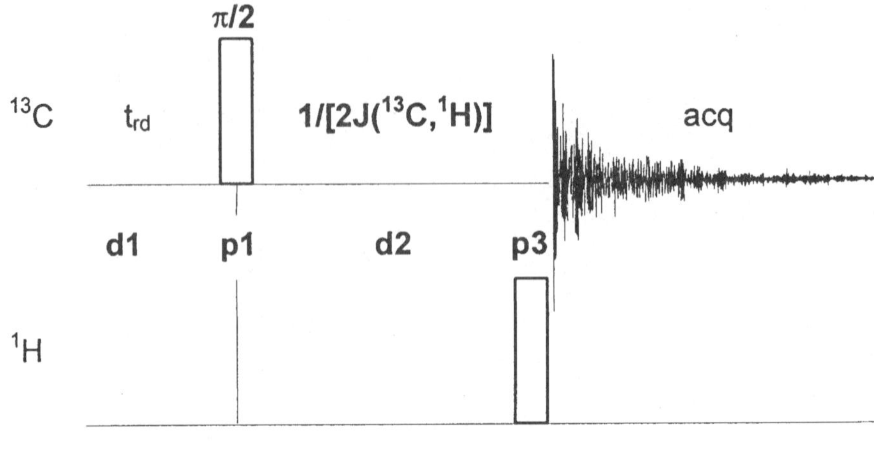

그림 5-6 양성자의 디커플러 펄스 넓이를 측정하기 위한 펄스 순서.

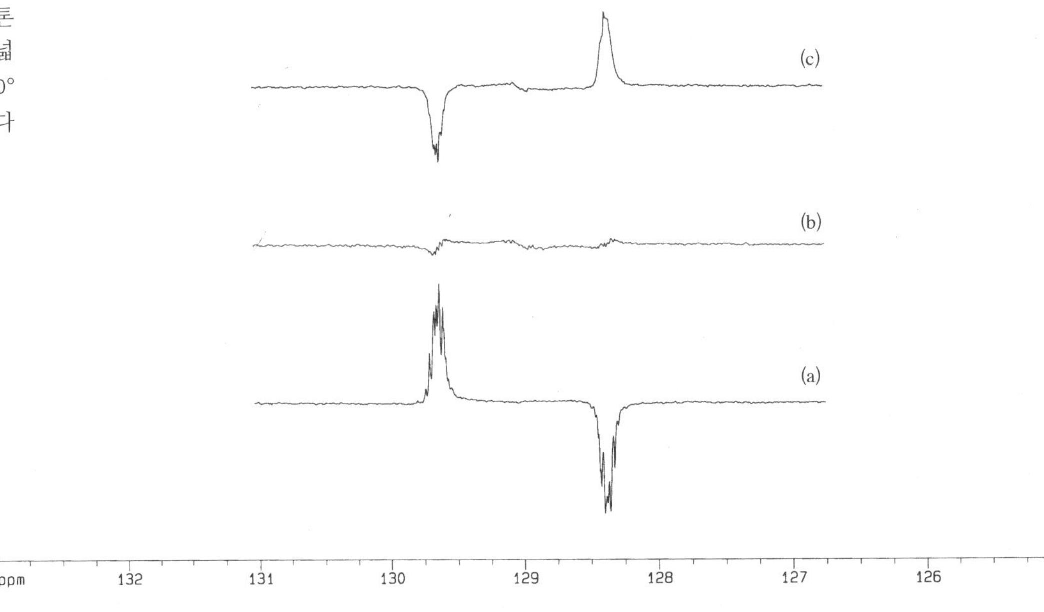

그림 5-7 80% benzene(아세톤 용매) 용액으로 디커플러 펄스 넓이를 측정한 스펙트럼들 (a) 90°보다 작을 때, (b) 90°, (c) 90°보다 클 때.

의 모습 (a)를 보이다가 정확히 90°의 펄스가 될 때 두 피크 모두 0의 피크 크기를 (b)처럼 가지게 된다. 그런 다음 펄스의 넓이가 90°보다 커지게 되면 다시 피크가 나타나기 시작하지만 피크 위상(phase)은 90°보다 적을 때의 반대 위상인 −와 +의 피크의 모습 (c)를 보이게 된다.

이와 같은 방법으로 정확한 펄스들의 넓이들을 구한 후 다음으로 기기를 쓰는 사람이 정하여야 하는 것은 delay time이라고 하는 파라미터의 값이다. 이 실험에서 delay time은 그림 5-5의 펄스 순서에서 주어진 것과 같이 1/4J라는 시간이다. 이때 delay time(evolution period라고도 함)을 구하기 위해서는 두 핵의 커플링 상수인 J(AX)를 알아야 한다. 예를 들어 한 개의 결합으로 이루어진 sp^3 탄소와 양성자 사이에서 일어나는 커플링 상수 ^{1}J값이 대략 120 Hz이므로 delay time(1/4J)은 2.08 ms이 된다. 만약 한 분자 속에 여러 개의 다른 종류의 결합들을 가진 탄소가 있어서 다른 J값을 가지는 탄소들이 있다면(sp^2와 sp 결합의 각각의 탄소와 양성자의 ^{1}J값은 약 160과 240 Hz이다) 그리고 그 값들이 그렇게 많이 차이가 나지 않으면 평균값 정도를 취하여 실험을 하면 되고 이때 결과는 J값들의 차이 때문에 최고(maximum)의 피크 세기 증가를 얻지 못하는 것뿐이다. 그러나 J값 차이가 많이 나면 각각의 J값에 대한 다른 실험을 하여야 한다. 예를 들어 ^{15}N NMR 실험에서 NH나 NH_2($^{1}J_{NH}$ ≃

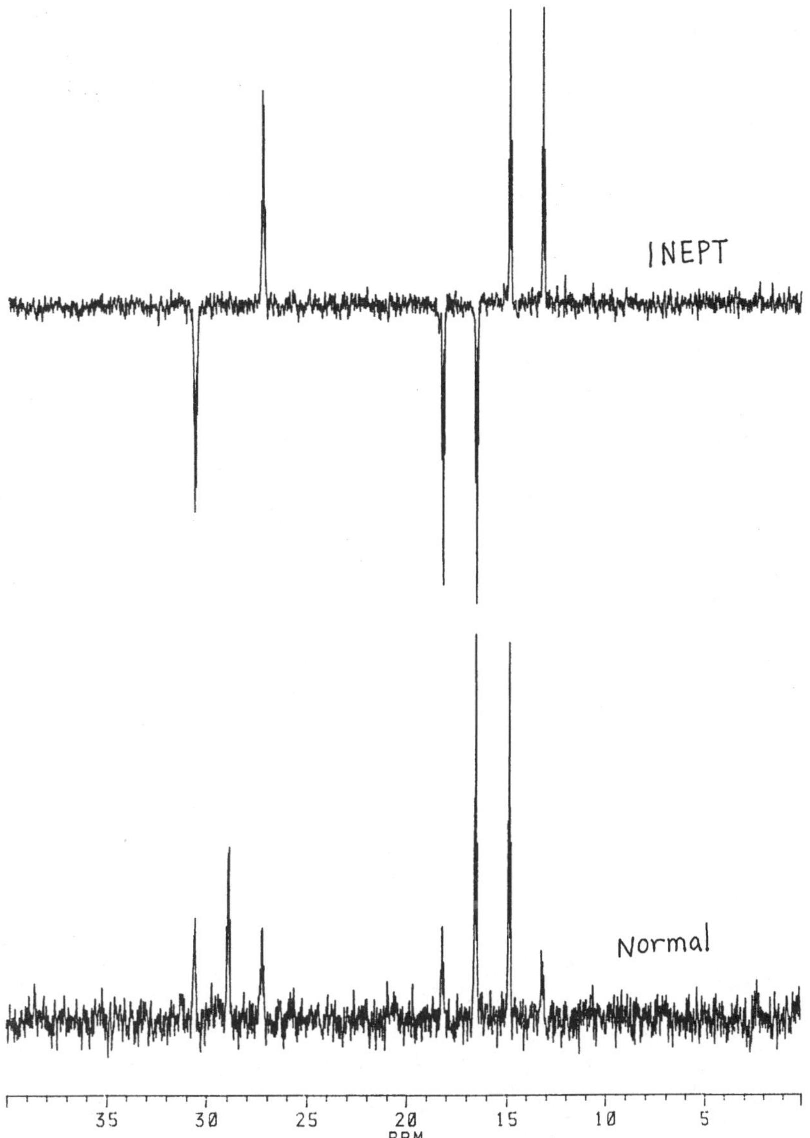

그림 5-8 에틸벤젠의 커플링된 ^{13}C 스펙트럼과 INEPT 스펙트럼(aromatic 영역은 제외시켰음).

50～90 Hz)와 같이 proton을 가지고 있는 것과 tertiary, =N−과 같이 proton이 없는 것(α proton을 이용해야 함, $^2J_{NH} \simeq 1$～10 Hz)을 같이 가지고 있는 분자에서는 커플링 상수 값이 너무 차이가 나므로 두 번의 다른 실험을 해야 한다.

그림 5-8은 10%의 ethylbenzene으로 양성자를 이용한 carbon-13 INEPT 실험을 보여 준다(75 MHz). 이 스펙트럼에는 aliphatic 부분만을 그렸으며 polarization을 사용하지 않은 스펙트럼과 signal-to-noise 비(ratio)를 비교해 볼 때 적어도 3배 이상 세기가 증가했음을 쉽게 볼 수 있다.

INEPT 스펙트럼의 상대적 세기 pattern은 SPT 실험 결과와는 다르게 2중선(doublet)은 −1, 1로 나타나며 3중선(triplet)은 −1, 0, 1 그리고 4중선(quartet)은 −1, −1, 1, 1로 나타난다. 홀수의 다중선(odd multiplet)을 가지는 pattern에서 중간 피크는 항상 zero 세기를 나타낸다(그림 5-8의 CH_2 피크 참조).

그림 5-8에서 두 스펙트럼의 스캔 수는 같지만 이때 소비된 시간은 INEPT 실험의 스펙트럼이 보통 carbon-13 스펙트럼을 얻을 때 걸린 시간의 1/3에 불과하다. 이것이 세기를 증가시키는 것 이외의 또 다른 INEPT 실험의 장점이기도 하다. 즉 같은 시간 내에서 더 많은 스캔을

표 5-1 양성자를 이용하여 NOE와 INEPT 실험을 할 때 여러 핵(X)에서 나타날 수 있는 피크의 세기 변화

X	^{11}B	^{13}C	^{15}N	^{29}Si	^{57}Fe	^{103}Rh	^{109}Ag	^{119}Sn	^{183}W
η_{NOE}	2.56	2.99	−3.94	−1.52	16.48	−16.89	−9.75	−0.41	13.02
η_{INEPT}	3.12	3.98	9.87	5.03	30.95	31.77	21.50	2.81	24.04

할 수 있다는 것이다. 보통의 carbon-13 스펙트럼을 얻기 위해서는 우리는 탄소의 T_1을 고려해야 하지만 INEPT 실험에서는 감도가 높은 핵, 즉 양성자의 T_1을 고려하면 되므로 펄스와 펄스 사이의 반복 시간(repetition time)이 더 빨라질 수 있는 것이다. 그러므로 이 실험은 탄소 이외에 특히 T_1이 매우 긴 X nucleus들의 감도를 증가시키는 매우 좋은 방법이다. 그리고 NOE와는 다르게 피크의 세기가 두 핵의 자기 회전비(gyromagnetic ratio) (γ_A/γ_X)의 절댓값에 관계되므로 자기 회전비가 음(negative)인 핵에 특히 유용하다. 표 5-1에 양성자를 이용하였을 때 NOE 실험(7장 참조)과 INEPT 실험 각각에서 얻어진 피크들의 크기 변화를 여러 핵(X)에 대하여 비교하였다. 특히 음의 γ 값을 가지는 핵 ^{15}N을 예로 들면 −3.94의 음의 피크 크기를 보이는 NOE 효과 실험은 INEPT 실험에서는 9.87의 양의 피크를 나타내므로 원래 고유의 피크와 상쇄되어 없어지는 염려를 하지 않아도 된다(그림 3-45).

그러면 이렇게 얻어지는 INEPT 스펙트럼들을 어떻게 이용할 수 있는지를 알아보도록 하자. 그림 5-9는 glycidyl methacrylate(**1**)의 INEPT 스펙트럼이다(75 MHz, delay time은 1.78 ms, 즉 이 물질에는 sp^3와 sp^2 결합이 있으므로 두 결합의 커플링 상수의 중간값 140 Hz를 사용하였음). 이 물질은 이미 3장(그림 3-27과 3-28)에서 언급된 것이며 여기에 디커플링한 carbon-13 스펙트럼을 INEPT 스펙트럼과 함께 보여주었다.

제일 먼저 이 두 스펙트럼의 비교로부터 얻을 수 있는 정보는 각각의 탄소들이 몇 개의 양성자를 가지고 있는지를 알 수 있다. 먼저 166.9 ppm과 135.7 ppm 피크들이 다른 피크들 크기에 비하여 상대적으로 작으며 거의 잡음(noise) 속으로 없어진 것으로 이들 탄소는 양성자를 가지고 있지 않은 것을 알 수 있다. 양성자를 가지고 있지 않음으로써 polarization 현상이 나타나지 않은 이 현상은 디커플링한 스펙트럼에서 나타난 $CDCl_3$의 피크가 INEPT 스펙트럼에서는 없어진 것으로도 알 수 있다. 그리고 18.2 ppm 탄소는 3개의 양성자를 가진 메틸기라는 것을 세기 pattern으로 쉽게 알 수 있다. 나머지 4개의 탄소는 모두 2중선을 가지고 있는 것 같지만 2중선, 즉 하나의 양성자만을 가진 탄소는 49.3 ppm 탄소뿐이며 나머지 3개의 탄소는 각각 2개씩의 양성자를 가지고 −1, 0, 1의 pattern으로 나타난 것을 피크들의 간격으로부터도(커플링 상수를 고려할 때) 쉽게 알 수 있다(각 탄소에 결합하여 있는 양성자의 수만을 알기 위해서는 뒤에서 공부할 DEPT 실험이 더 유용하다). 즉 이 실험으로부터 단순히 디커플링하여 얻은 carbon-13 스펙트럼에서는 얻을 수 없었던 것을 얻게 된다.

INEPT 실험으로부터 얻을 수 있는 또 다른 정보는 분자의 형상(conformation)을 규명할 때 도움을 주는 탄소와 양성자 사이의 3-bond(H−C−C−C) 커플링 상수($^3J_{C-H}$)이다. 그림 5-9에서 확대되어 있는 피크들을 보면 1-bond 커플링으로 벌어진 피크들은 각각 다시 미세한 구조로 splitting된 것을 볼 수 있다. 메틸기의 경우 4중선 피크들이 각각 다시 3-bond 떨어져 있는 두 개의 양성자(화학적으로 그리고 자기적으로 동등하지 않은)와 6과 10 Hz로 커플링하여 dd(double-doublet)의 pattern들을 보이고 있으며 126.1 ppm 탄소 피크들은 각각 3-bond 떨어져 있는 세 개의 양성자와 6 Hz로 커플링하여 4중선의 pattern으로 나타나 있다(이들 결과는 그림 3-28의 양성자를 디커플링하지 않은 스펙트럼에서도 얻을 수 있지만 차이는 실험을 하는 데 걸리는 시간이 다를 뿐이다).

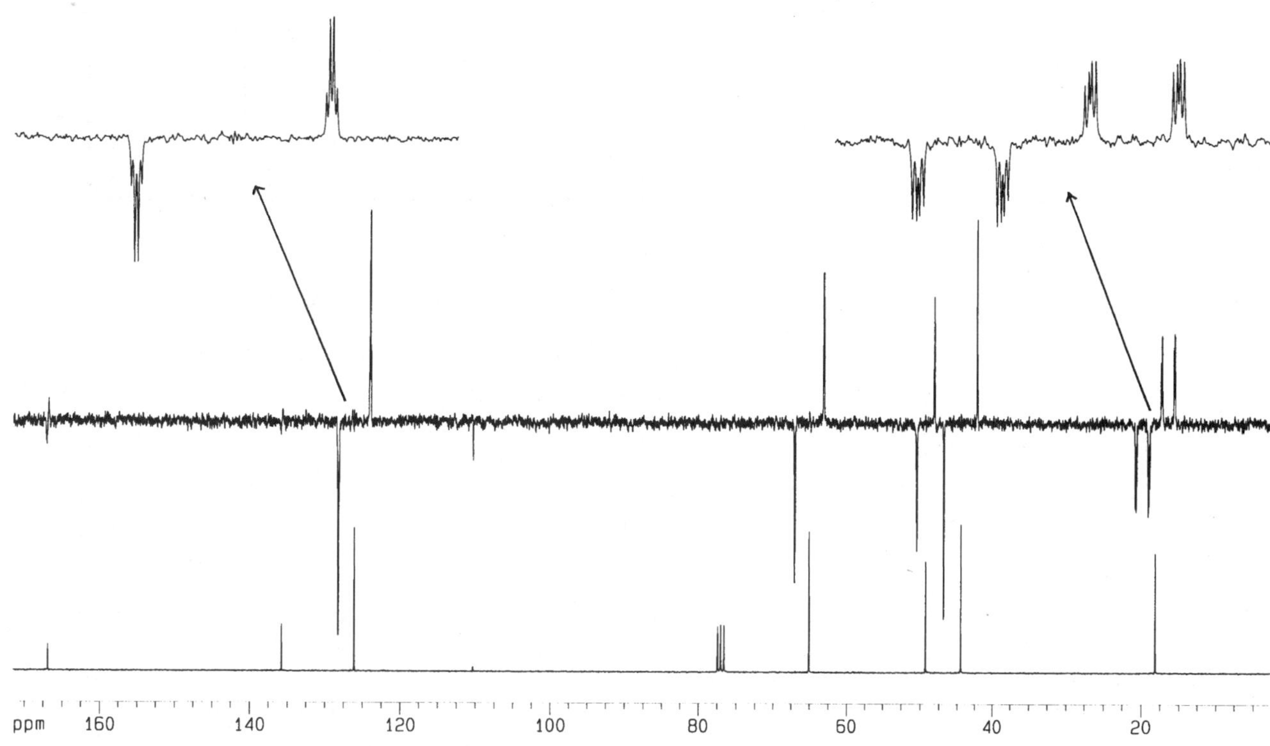

그림 5-9 Glycidyl methacrylate (**1**)의 INEPT 스펙트럼(delay time은 1.78 ms)과 디커플링한 ^{13}C 스펙트럼(75 MHz).

5.2.2 Refocused INEPT

이제까지 보여주고 있는 예로는 INEPT 실험은 매우 유용한 것임에 틀림이 없다. 그러나 탄소의 수가 조금만 많아져도 INEPT 스펙트럼은 크고 작은 여러 가지 C−H 커플링 때문에 매우 복잡하게 되어서 해석을 어렵게 만든다. 3장에서 구조가 보여주고 있는 탄소 10개를 가진 *trans*-myrtanol(**4**)의 INEPT의 스펙트럼을 보도록 하자. 그림 5-10은 125 MHz에서 얻은 *trans*-myrtanol의 INEPT 스펙트럼이며 양성자를 디커플링한 ^{13}C 스펙트럼을 같이 보여주었다. 단지 10개의 탄소를 가지고 있는 스펙트럼임에도 불구하고 해석이 쉽지 않음을 알 수 있다. 결국 이 실험은 분자가 조금만 복잡하여도 사용할 수 없는 한계를 가지고 있다. 이러한 것을 극복하기 위하여 refocused INEPT(때로는 Ernst 실험이라고 함)라는 방법을 사용할 수 있는데 이것은 INEPT 실험을 변형한 것이다.

그림 5-5의 INEPT 펄스 순서로 만들어진 ^{13}C의 벡터(f)는 y축과 −y축에 놓여 있으므로 이것들이 스펙트럼에서 반대 위상을 가지고 나타나게 되는데 여기서 바로 양성자를 디커플링하면 두 벡터는 상쇄되어 없어지게 된다. 그러므로 이때 감도가 낮은 핵인 ^{13}C의 90°(x) 펄스를 90°(y) 펄스로 대치시키고 또 다른 delay time(△)을 포함시킨 스핀 에코 순서를 삽입시킨 후 양성자를 디커플링시키면 polarization transfer가 일어난 단일 피크들을 얻을 수 있게 된다. 그림 5-11이 펄스 순서와 이때 벡터들의 운동 모양을 보여주고 있다.

그림 5-11에서 보여주고 있는 벡터들의 운동 모양은 편리상 CH 경우에 탄소를 보여주고 있는 것이며 이 그림에서는 주어지는 delay time이 1/4J 시간일 때 탄소의 두 벡터가 y축에 에코(echo)를 이루므로 최대 피크 크기를 나타내는 것이 명백하다. 그러나 이 시간 1/4J에 대한 CH_2에서 생겨나는 세 개의 벡터를 생각해 보도록 하자. 중간에 큰 벡터는 회전 좌표계에 놓여 있다고 생각하면 양쪽의 두 벡터는 2J 만큼의 속도로 움직이면서 결국 에코를 만들지 못

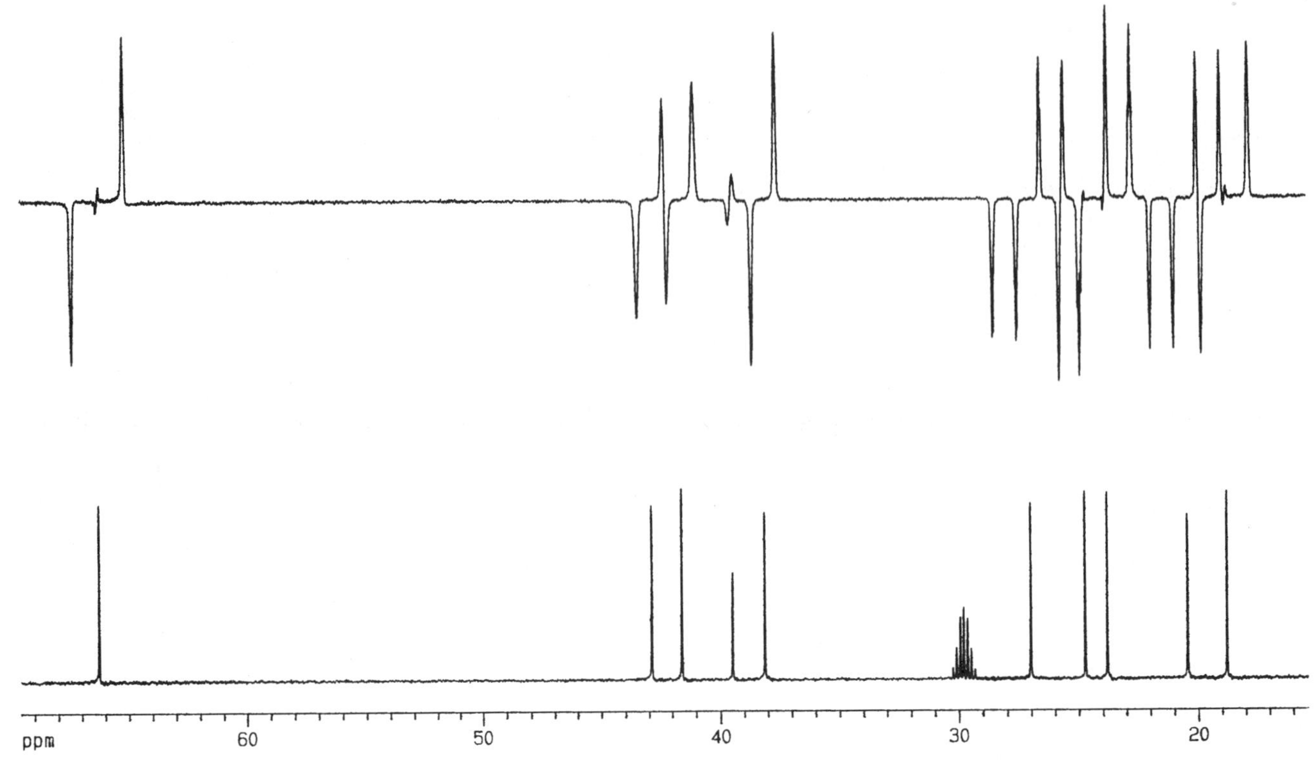

그림 5-10 *trans*-Myrtanol(**4**)의 INEPT 스펙트럼(delay time은 2.08 ms)과 디커플링한 ^{13}C 스펙트럼(125 MHz).

하고 x와 −x축에 놓이게 되며 피크가 나타나지 않게 된다. 결국 delay time이 ^{13}C 핵이 몇 개의 양성자를 가지고 있느냐에 따라서 이 피크들의 크기(intensity)를 좌우하게 된다. 이 관계가 그림 5-12에 나타나 있다. 즉 CH_3, CH_2, CH의 피크 크기는 delay time(△)이 1/6J 시간 부근에서는 모두 양으로 나타나며 1/4J 시간 부근에서는 CH 피크만 나타나고 1/3J 시간 부근에서는 CH_2는 음으로 CH_3와 CH는 양으로 나타나게 된다.

그림 5-13에 *trans*-myrtanol(**4**)의 refocused INEPT 스펙트럼을 ^{13}C 디커플링 스펙트럼과 함께 보여주었다. 우선 refocused INEPT 실험이 polarization transfer가 일어났다는 것은 디커플링 ^{13}C 스펙트럼 (a)에서 보이는 아세톤-d_6의 용매 피크가 보이지 않는 것으로부터 알 수 있다. 또한 스펙트럼 (a)에서 나타난 39.5 ppm의 피크는 스펙트럼 (b)와 (c)에서는 보이지 않으므로 양성자를 가지고 있지 않은 quaternary 탄소임이 분명하다. 스펙트럼 (b)는 delay time을 1/4J(J = 120 Hz)로 주어진 스펙트럼이며 (c)는 1/3J로 하여 얻은 스펙트럼이다. (b) 스펙트럼에서는 3개의 피크만 나타났는데 이들이 모두 CH의 피크이며 (c) 스펙트럼에서 음으로 나타난 4개의 피크는 CH_2, 그리고 양의 피크 5개 중 3개는 이미 CH로 밝혀졌으니 나머지 20.5와 27 ppm의 두 피크가 CH_3 피크들이 된다. 이와 같이 refocused INEPT 실험은 피크 감도도 증가시키면서 양성자를 디커플링시킴으로써 탄소 피크들의 해석을 용이하게 한다.

모든 실험 방법이 그러하듯 이 방법 또한 단점을 가지고 있는데 이것은 피크들의 크기 변화가 delay time에 연관되는 커플링 상수에 매우 민감하다는 것이다. 즉 한 분자에 여러 종류의 커플링 상수들이 공존한다면 이들의 중간 값으로 실험을 하여야 하는데 이들의 차이가 너무 크게 되면 위에서 보여주고 있는 delay time에 대한 피크들의 예측이 불가능하게 된다. 그림 5-14는 이러한 단점을 잘 보여주고 있는 glycidyl methacrylate(**1**)의 refocused INEPT 스펙트럼이다. 이 스펙트럼은 화합물에 sp^3와 sp^2 결합이 공존하고 있으므로 J 값을 140 Hz로 사용하였다. 스펙트럼 (c)에서는 예측과 같은 결과를 보여주고 있지만 스펙트럼 (b)에서는 없어

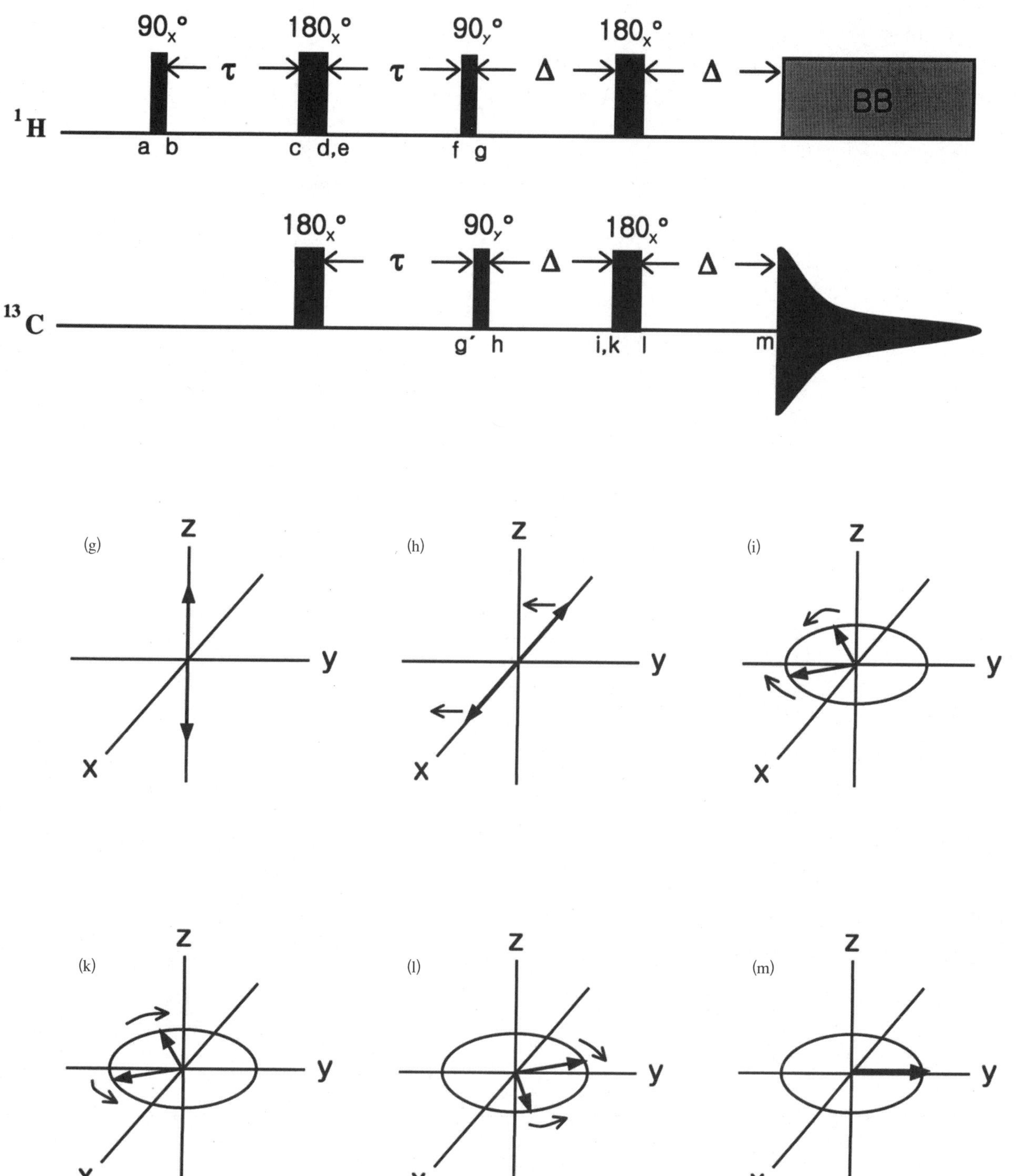

그림 5-11 Refocused INEPT 실험의 펄스 순서와 CH의 탄소 벡터들의 운동 모양.

져야 할 음의 CH_2 피크들이 커다랗게 나타나 있는 것을 볼 수 있다. 실제로 INEPT 스펙트럼인 그림 5-9에서 각 피크들의 양성자와 탄소의 커플링 상수를 구하여 보면 메틸기는 128 Hz를 가지는데 비하여 epoxide의 두 탄소 CH와 CH_2는 각각 180과 177 Hz로 커다란 차이의 커플링 상수를 가진 것을 알 수 있다. 그러므로 44.5 ppm 피크는 커다란 커플링 상수의 차이로 예상되는 결과라 할 수 있지만 126.1 ppm의 sp^2 탄소는 159 Hz 커플링 상수를 가짐에도 불

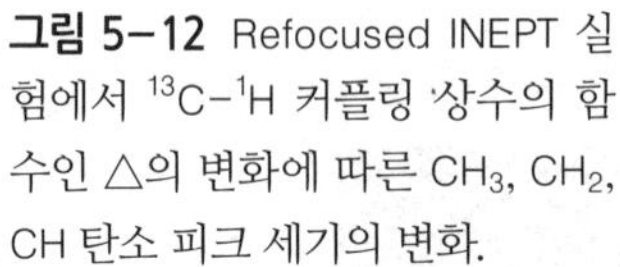

그림 5-12 Refocused INEPT 실험에서 ^{13}C-^{1}H 커플링 상수의 함수인 △의 변화에 따른 CH_3, CH_2, CH 탄소 피크 세기의 변화.

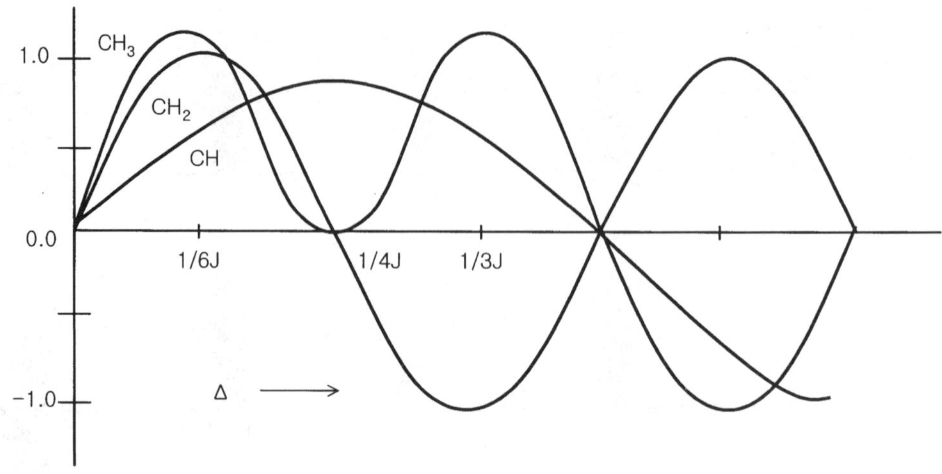

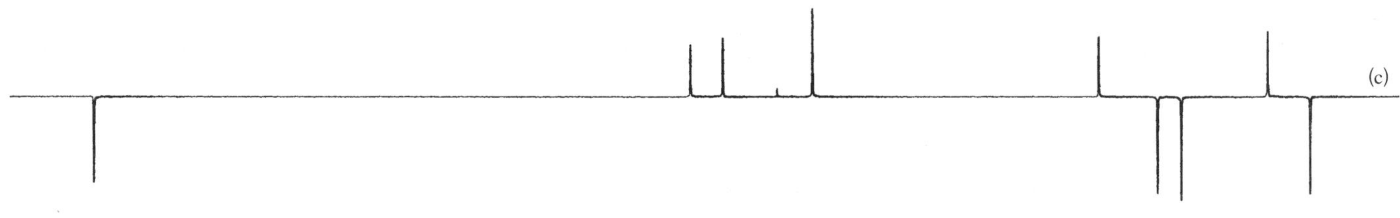

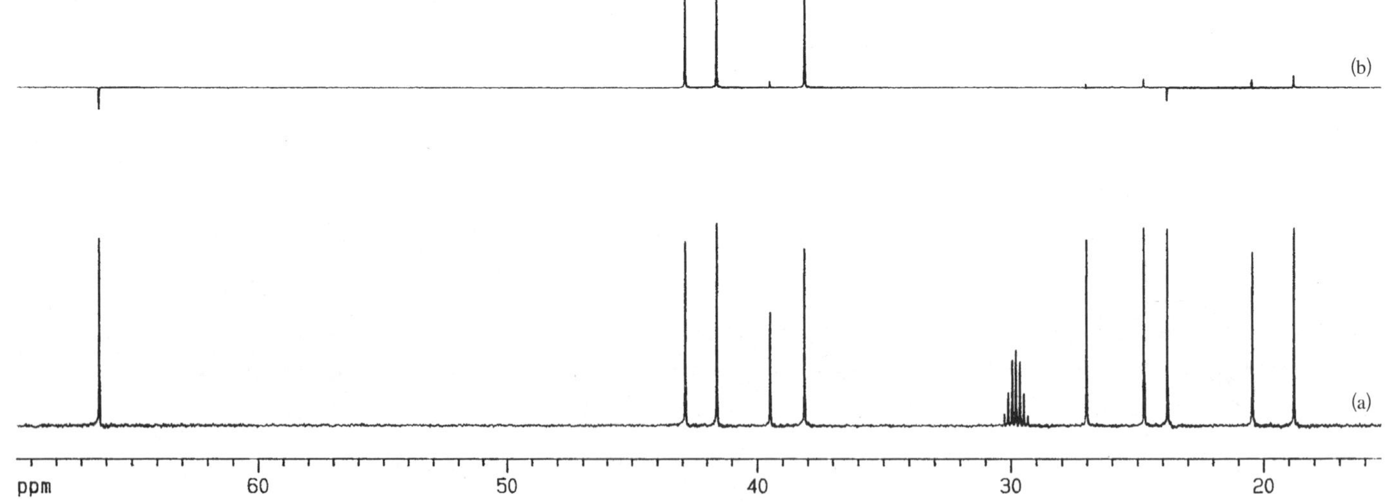

그림 5-13 *trans*-Myrtanol(**4**)의 refocused INEPT 스펙트럼들[(b): delay time 1/4J, (c): delay time 1/3J]과 디커플링한 ^{13}C 스펙트럼 (a).

구하고 없어져야 할 커다란 음의 피크를 보이는 것은 이 실험 방법이 얼마나 커플링 상수에 민감한지를 잘 보여주는 한 예가 되는 것이다. 이러한 단점을 극복하는 방법이 DEPT 실험이며 이것을 다음 절에서 공부하기로 한다.

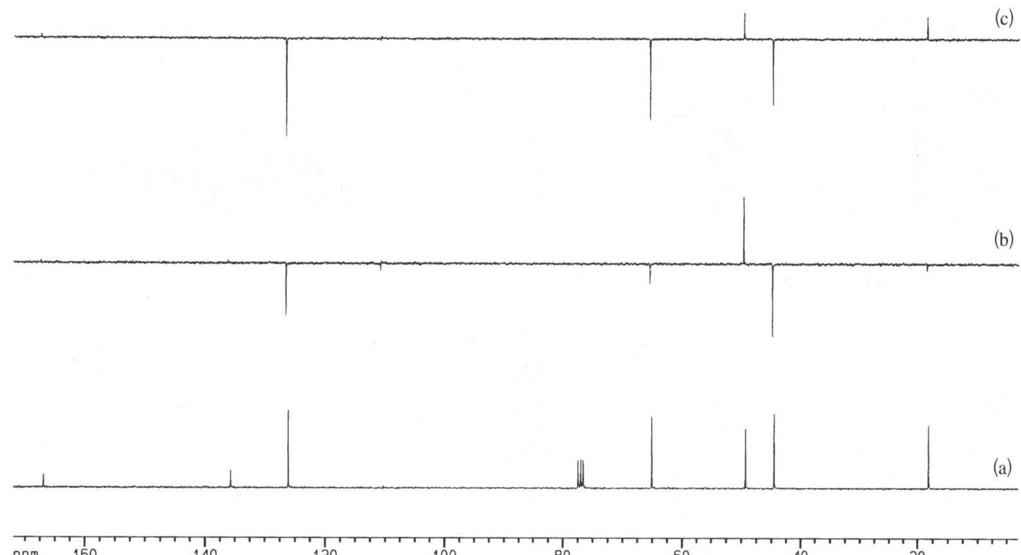

그림 5-14 Glycidyl methacrylate (**1**)의 refocused INEPT 스펙트럼들(b): delay time 1/4J, (c): delay time 1/3J)과 디커플링 한 ^{13}C 스펙트럼 (a).

5.3 DEPT[3]

DEPT(distortionless enhanced by polarization transfer) 실험 방법 이름의 첫 번째 영어 단어의 D(distortionless)가 의미하는 것은 polarization transfer를 시킨 후 얻어지는 감도가 낮은 핵들의 위상은 처음 detection할 때는 그전의 위상과 모두 같다는 것이다. 다시 말해서 polarization transfer를 시키는 과정은 비슷한 방법이지만 피크들을 디커플링시키기 위해서 refocused INEPT에서 △와 같은 시간이 필요 없게 되므로 얻어지는 피크는 원래의 위상을 유지한다는 의미이다. 즉 스펙트럼을 양성자의 수에 따라서 분별하는 editing을 할 때 refocused INEPT에서는 J 값에 의존하는 △를 사용하게 되지만 DEPT 방법에서는 J에 전혀 영향을 받지 않는 양성자 펄스 넓이(PW)를 사용하게 된다. 그러므로 DEPT 실험은 polarization transfer 과정에 J 값이 사용되기는 하지만 한 분자에 여러 종류의 커플링 상수가 존재하더라도 위에서 공부한 INEPT 실험 결과와 같이 피크의 위상이 J에 매우 민감하지는 않다. 이것이 DEPT 실험의 최대 장점이며 대부분 polarization 실험이 필요할 때는 이 방법을 사용하게 된다. 이 실험 방법을 정확히 이해하기 위해서는 양자역학(quantum mechanics)을 이용한 multiple quantum coherence라는 현상을 이해하여야 하지만 실험에 사용하기 위해서는 그림 5-15에 인용된 펄스 순서와 각각의 펄스가 주어진 다음에 벡터들의 운동 모양을 이해하는 것으로도 충분할 수 있다.

DEPT 실험 과정도 CH의 벡터 모델로 설명하여 보도록 하자. 첫째 polarization transfer 과정에서 양성자에 주어진 90°(x) 펄스 후 1/2J 시간 동안 벡터들은 x와 −x축에 놓이게 되며 (b) 다음에 주어지는 180°(x) 펄스는 이들 벡터를 x와 −x 축 주위에서 움직이게 함으로써 자장의 불균형(field inhomogeneities)에서 오는 영향을 제거하게 된다(c). 이와 동시에 주어진 탄소의 90°(x) 펄스는 탄소의 벡터를 y축에 놓이게 함으로써 z축에 어떠한 벡터 성분도 남아 있지 않게 된다. 즉 탄소와 양성자의 벡터는 더 이상 커플링을 하지 않게 된다. 두 핵이 더 이상 커플링을 하지 않는다는 것은 회전 좌표계에서 이들 벡터들이 움직이지 않는다는 것과 같으므로 다시 주어진 1/2J 시간동안 이들 벡터는 원래의 자리에 머무르게 된다(d와 g). 그런 다음 주어지는 양성자의 펄스 넓이(PW)는 우리가 얻으려고 하는 종류의 탄소에 따라서 정하여 질 수 있다. 그림 5-15에서는 90°(y) 펄스가 주어졌으며 이때 양성자의 벡터들은 z와 −z축

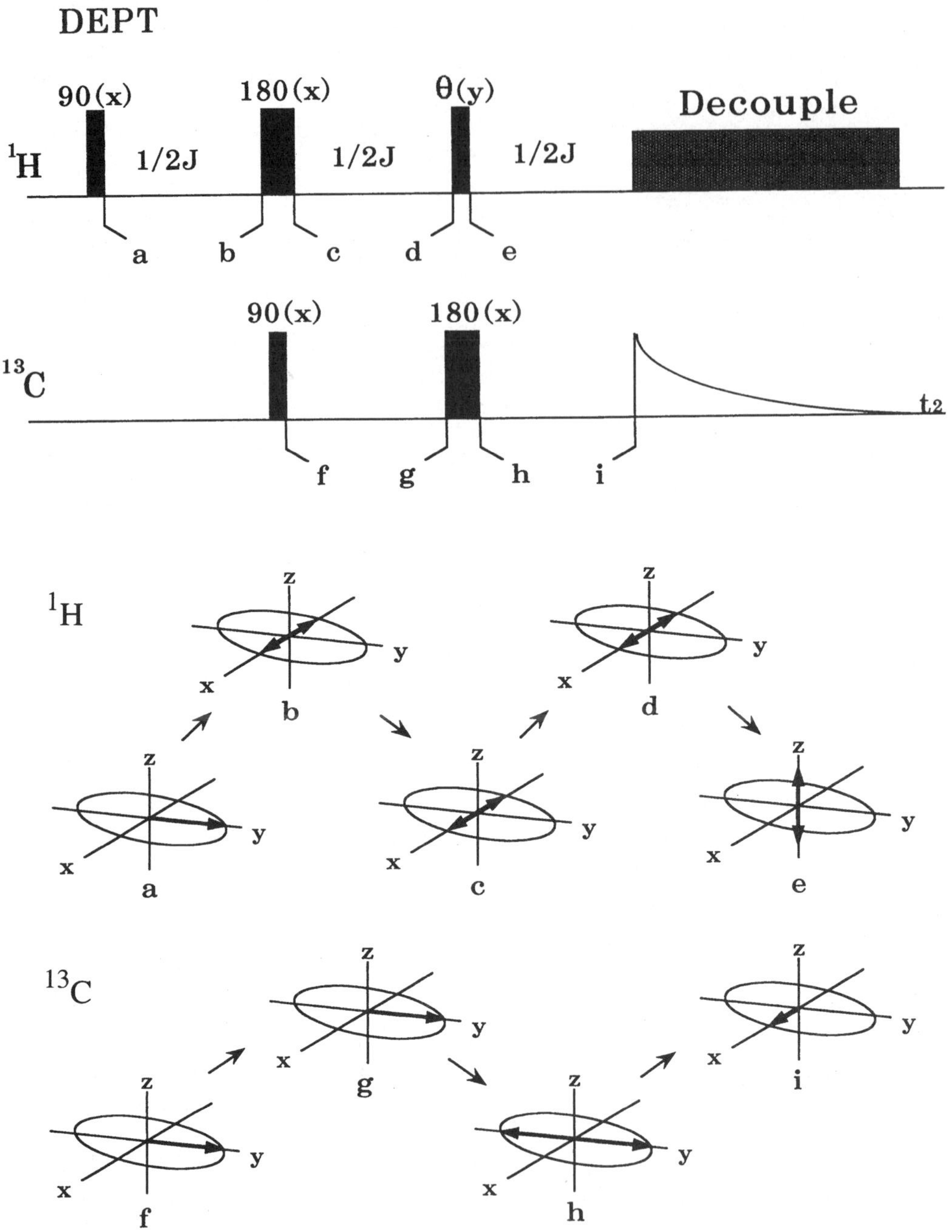

그림 5-15 DEPT 실험의 펄스 순서와 벡터들의 운동 모양.

으로 이동하게 되어 탄소에 polarization transfer를 일으키게 한다(e). 이와 동시에 주어진 탄소의 180°(x) 펄스는 탄소의 자장의 불균형의 영향을 제거하게 되고 이들 탄소 벡터들은 다시 생겨난 z축의 양성자 벡터들과 커플링하기 시작하여 다시 xy 평면 위를 움직이기 시작하면서 결국 1/2J 시간 이후 x축에 모이게 된다(i). 그런 다음 얻어지는 FID는 양성자를 디커플링하여 단일 피크 또는 디커플링하지 않고 2중선으로 얻을 수도 있다. 마지막 양성자 펄스가 polarization이 일어나는 정도를 조절하게 되는데 90°로 줄 때 polarization이 최고 많이 일어나게 된다. 즉 이 polarization의 정도는 양성자를 가지고 있는 탄소들의 피크의 크기와 위상을 조정하게 되며 이 관계가 그림 5-16에 나타나 있다.

그림 5-16은 다른 모든 파라미터들을 고정한 상태에서 디커플러에서 주는 마지막 양성자의 펄스 넓이를 변경함으로써 변화하는 CH, CH_2, CH_3의 carbon-13 피크 세기의 모양을 보여주고 있다. 디커플러 펄스 넓이가 45° 부근에서는 피크 세기의 차이는 있지만 모든 피크가

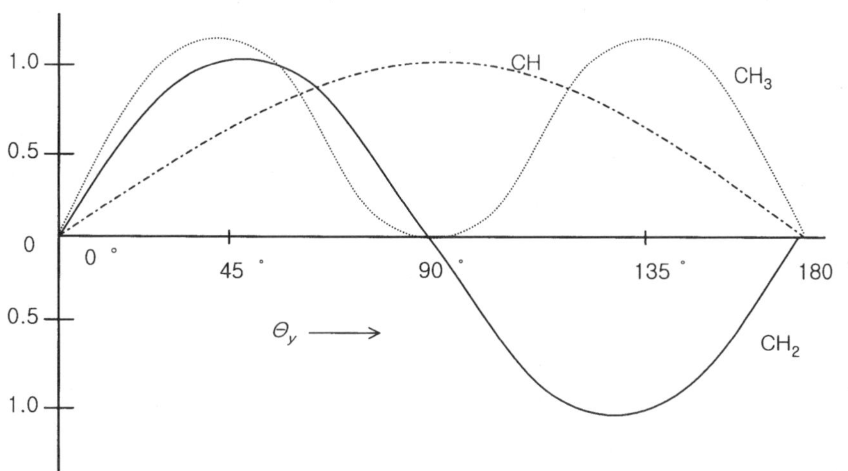

그림 5-16 DEPT 펄스 순서(그림 5-15)에서 양성자의 3번째 펄스 넓이 θ_y의 변화에 따른 CH_3, CH_2, CH 탄소 피크 세기의 변화.

양(positive)으로 나타나며 90°에서는 CH 피크만이 나타난다. 더욱이 135° 부근에서는 CH_2는 음(negative)으로 CH_3는 양으로 나타난다. 그러므로 이 세 가지 실험의 스펙트럼과 양성자를 디커플링한 carbon-13 스펙트럼을 이용하면 각 탄소에 결합되어 있는 양성자의 수를 쉽게 구분해 낼 수 있다. 즉 CH_3, CH_2, CH, 그리고 quaternary carbon을 쉽게 구분해 낼 수가 있다. 이 방법은 1982년 Doddrell 등에 의해서 발표되었으며 이 실험도 위의 INEPT와 같이 펄스 순서에서 carbon-13의 T_1을 고려하지 않아도 되므로 펄스와 펄스 사이의 반복 시간(repetition time)을 짧게 할 수 있어서 같은 시간 동안에 보통 carbon-13 스펙트럼을 얻을 때보다도 훨씬 더 많은 스캔을 할 수 있다. 결국 이 장점이 오래전부터 APT(Attached Proton Test)를 위해서 쓰이던 off-resonance 디커플링이나 SEFT(Spin Echo Fourier Transform) 등의 방법을 쓸모없게 만든 것이다.

그림 5-17은 DEPT 방법을 사용하여 얻은 glycidyl methacrylate(**1**)의 ^{13}C 스펙트럼들이다(refocussed INEPT를 사용하였을 때 없어져야 할 탄소의 피크들이 나타남으로써 탄소의 해석이 모호했던 것을 참조).

이 스펙트럼은 그림 5-14의 INEPT 스펙트럼에서의 조건이었던 J = 140 Hz를 사용하였다. 양성자 디커플링된 ^{13}C에서 나타나 있는 135.7과 166.9 ppm 피크 두 개는 DEPT 45° 스펙트럼에서 나타나지 않기 때문에 양성자를 가지고 있지 않은 quaternary 탄소라는 것을 쉽게 알 수 있으며 DEPT 90° 스펙트럼으로부터 하나의 CH(49.3 ppm)가 존재함을 알 수 있다. 그리고 DEPT 135° 실험에서 음의 피크 세 개는 CH_2 피크들이며 이미 확인된 CH 피크를 제외한 양의 피크 한 개는 CH_3(18.2 ppm) 피크에 해당한다. 이 실험에서도(DEPT 90°) CH_2인 44.5 ppm 피크는 상대적인 크기가 refocused INEPT 실험에서보다는 많이 작지만 상당한 크기를 가지고 나타나고 있다. 위에서 말한 바와 같이 비록 이 방법이 INEPT보다 J(AX)에 덜 민감하다고는 하지만 그 범위는 대략 ±20%를 벗어날 수 없기 때문에 양성자와 커플링 상수가 177인 CH_2 피크가 나타나고 있는 것이다. 그러나 모든 탄소가 단일 결합으로 이루어져 있는 *trans*-myrtanol(**4**)의 경우는 커플링 상수 차이가 크지 않을 것이므로 그림 5-16의 결과를 잘 적용할 수 있을 것이다.

그림 5-18은 *trans*-myrtanol(**4**)의 DEPT 실험을 보여 준다. 이 실험은 그림 5-13의 refocused INEPT와 같은 조건(J = 120 Hz)으로 얻었으며 결과가 잘 일치하며 없어져야 할 피크들이 더 작게 나타난 것을 볼 수 있다.

sp^3, sp^2, sp 결합의 탄소와 양성자와의 J는 대략 120~250 Hz까지 광범위한 값을 가진다. 즉 J 값을 이 중간값으로 취하면 120 Hz 부근과 250 Hz 부근의 J 값을 가지는 탄소들은 ±

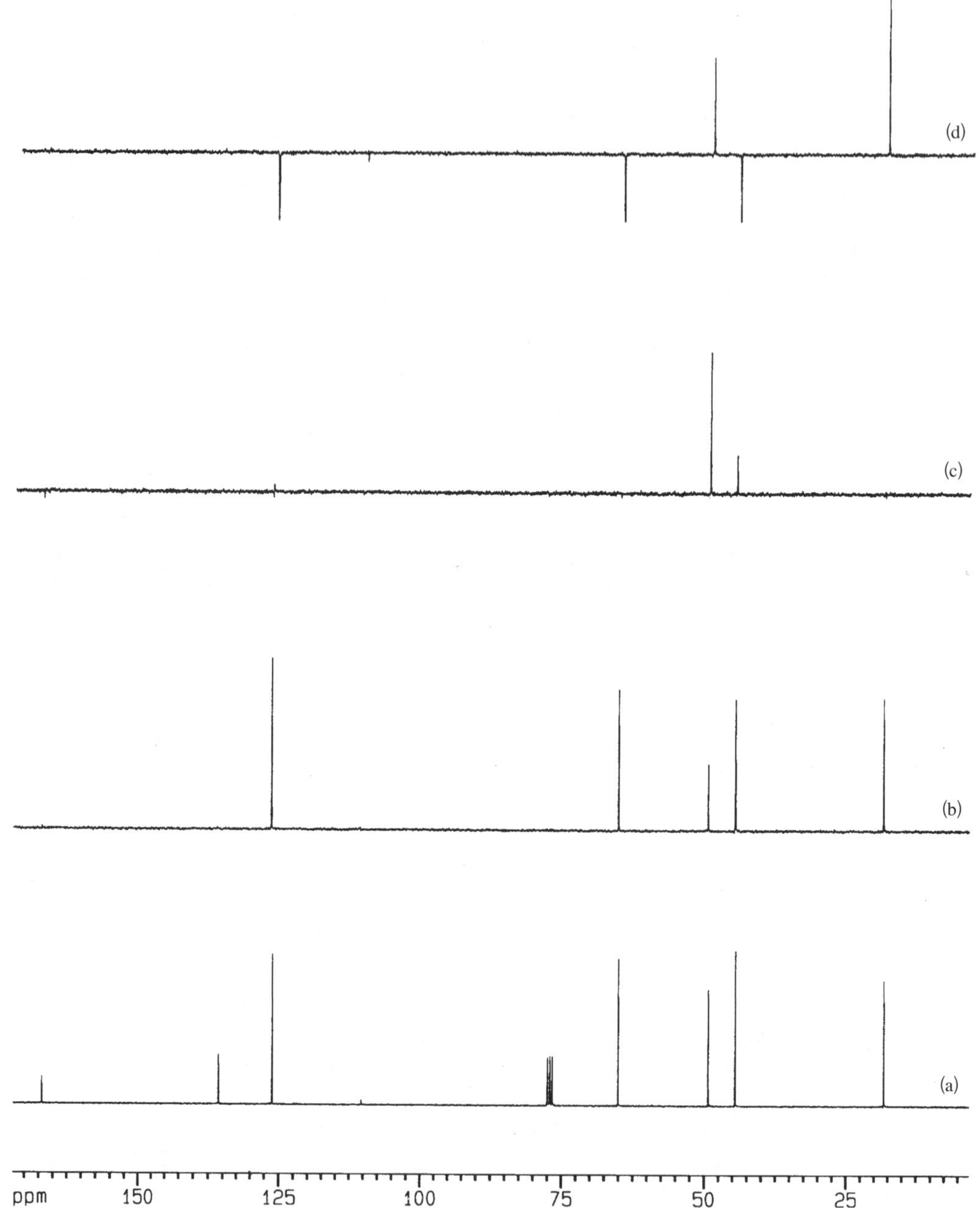

그림 5-17 Glycidyl methacrylate (**1**)의 ^{13}C과 DEPT 스펙트럼들 (a) 디커플링된 ^{13}C 스펙트럼, (b) DEPT 45, (c) DEPT 90, (d) DEPT 135.

20%의 범위를 크게 벗어나므로 그림 5-16에 잘 적용이 될 수 없다. 그러므로 DEPT 실험을 하는 최선의 방법은 몇몇의 예외를 제외하고는 sp^3와 sp^2를 가지는 탄소들은 대략 120~160 Hz 정도의 J 값을 가지므로 J 값을 이들 중간 값인 140 Hz 정도를 취하여(이때 delay time은 3.57 ms이 된다) 실험하는 것이다. 이렇게 하여 얻은 실험에서 만약 어떤 탄소들의 피크 세기가 DEPT의 법칙을 벗어날 때 우리는 곧 sp 탄소나 또는 양성자와의 J값이 매우 큰 탄소(epoxide 또는 substituted cyclopropene 등의 탄소)가 있다는 것으로 생각하면 된다.

그림 5-19는 J 값을 140 Hz로 하여 얻은 α-pinene(**2**)의 DEPT 실험 스펙트럼들이다. 이 화합물에는 단일 결합과 2중 결합이 공존하고 있지만 그림에서 볼 수 있듯이 그림 5-16의 법칙을 잘 따르고 있다. 3장에서 이 화합물의 양성자 스펙트럼을 해석하기 위해서 여러 가지 방법을 응용하였을 때 탄소 스펙트럼은 도움이 되지 못하였던 것을 보았다. 그러나 DEPT 실

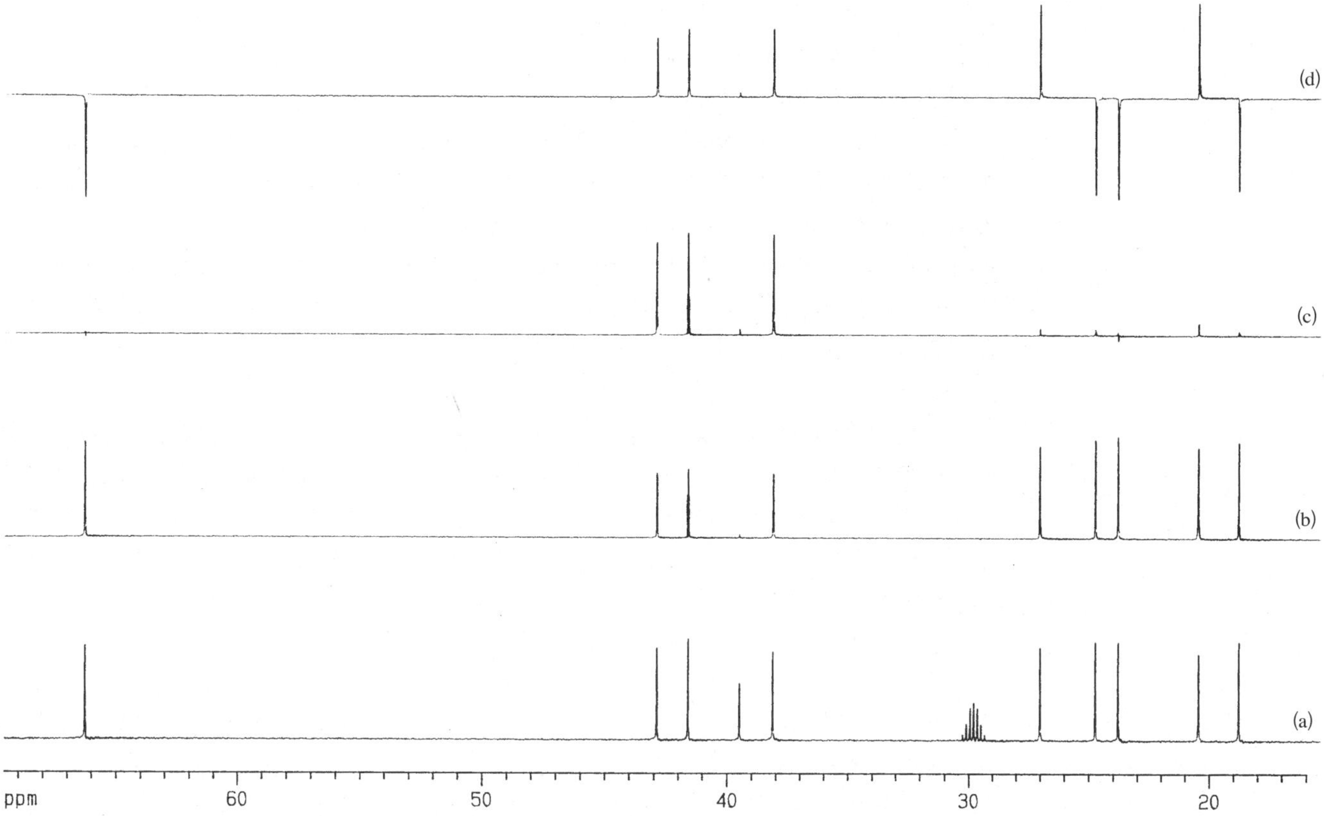

그림 5-18 *trans*-Myrtanol(**4**)의 ^{13}C과 DEPT 스펙트럼들 (a) 디커플링된 ^{13}C 스펙트럼 (b) DEPT 45 c) DEPT 90 (d) DEPT 135.

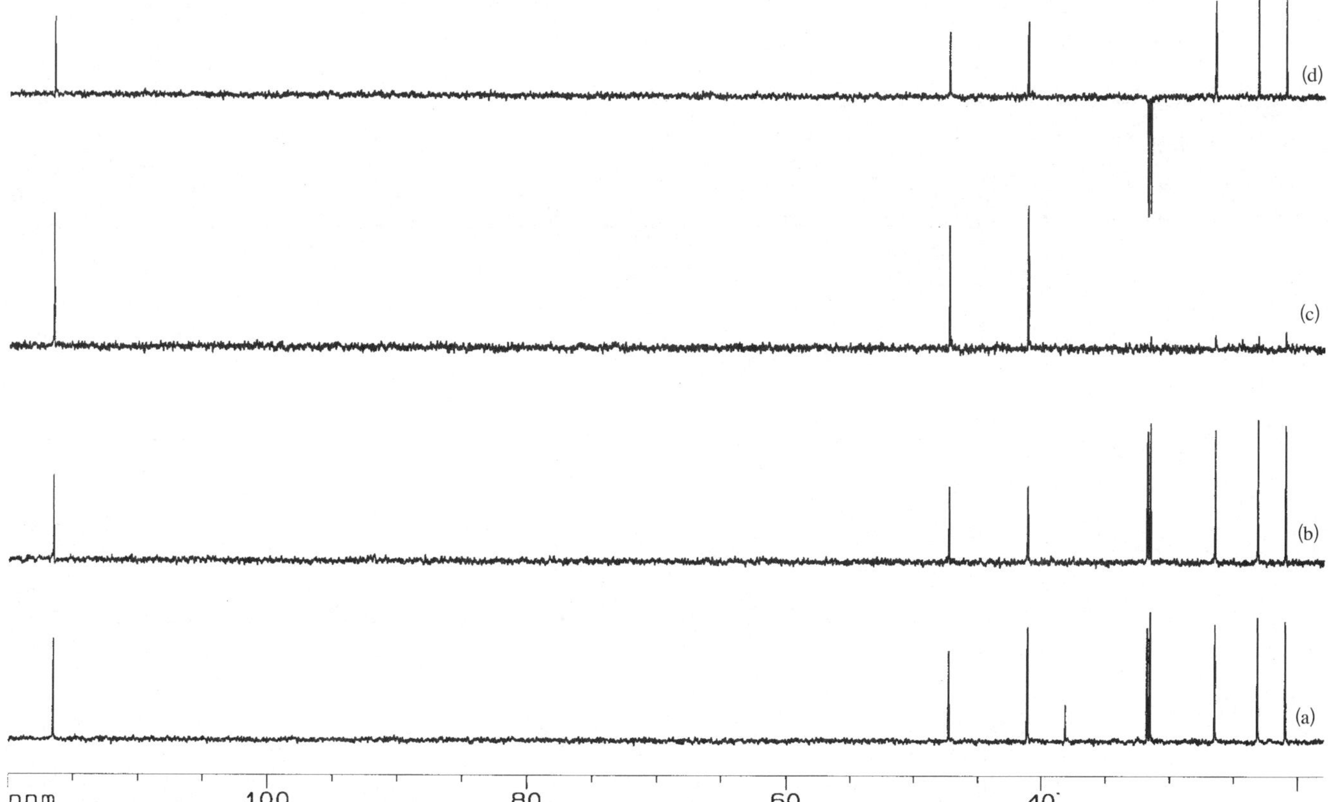

그림 5-19 α-pinene(**2**)의 ^{13}C과 DEPT 스펙트럼들. (a) 디커플링된 ^{13}C 스펙트럼, (b) DEPT 45, (c) DEPT 90, (d) DEPT 135.

험은 쉽게 이들 8개의 지방족 탄소들을 하나의 C, 두 개의 CH, 두 개의 CH_2 그리고 세 개의 CH_3로 구분하였고 이들은 뒤에 나오는 2D 실험에서 매우 쉽게 양성자를 해석하는 데 사용되는 것을 보게 될 것이다(그림 6-31).

그림 5-20은 cholestane(**5**)(그림 3-33, 34 참조)의 양성자 디커플링된 carbon-13과 DEPT 스펙트럼들이다. 양성자 디커플링된 ^{13}C 스펙트럼 (a)에서 나타나 있던 2개(42.58과 36.18 ppm)의 피크들이 DEPT 45 (b) 스펙트럼에서는 없어진 것을 볼 수 있으며, 이것들이 quaternary 탄소에 해당되는 피크들이다. 그리고 DEPT 90 (c) 스펙트럼에서 7개의 CH 그리고 DEPT 135 (d) 스펙트럼에서 13개의 CH_2와 5개의 CH_3가 있는 것을 쉽게 확인할 수 있다. 즉 단순 디커플링 ^{13}C 스펙트럼에서 얻은 27개의 탄소를 아주 쉽고 빠르게 그들이 가지고 있는 양성자의 수와 함께 구분할 수 있게 된다.

그림 5-21은 cholestane(**5**)의 이성질체(isomer)인 coprostane(**6**)의 DEPT 실험 스펙트럼들을 보여주고 있다. 이 그림의 결과는 똑같은 해석으로 coprostane(**6**)이 cholestane(**5**)과 정확하게 같은 수의 CH, CH_2, CH_3를 가지고 있다는 것을 잘 증명하고 있다. 이와 같은 DEPT 실험의 장점 때문에 이 방법은 유기화합물의 구조를 밝히는 데 있어서 가장 먼저 시도되어야 하는 중요한 방법이 되었다.

어떠한 미지의 유기물질이 있다면 우리는 제일 먼저 이 물질의 분자량을 알기 위해서 질량분석기(mass spectrometer)를 이용할 것이며 여기서 얻은 정확한 질량으로부터 여러 가지 가능한 조합(combination)의 분자식을 얻게 될 것이다. 다음으로 DEPT 실험을 하게 되면 정확한 탄소와 양성자 수를 알 수 있으므로(물론 chemically 그리고 magnetically 동등한 탄소의 수를 고려한 후) 여러 가지 가능한 분자식의 수를 많이 줄여주게 되는 것이다.

이 방법은 또한 이 실험을 포함한 polarization 실험 그리고 2-D NMR에서 사용되는 여러 가지 디커플러 펄스 넓이를 측정하는 방법(그림 5-6과 5-7)의 대용으로도 쓸 수 있는 편리한 펄스 순서이다. 그림 5-15의 펄스 순서를 돌이켜 보면 디커플러 펄스 순서에서 제일 마지막

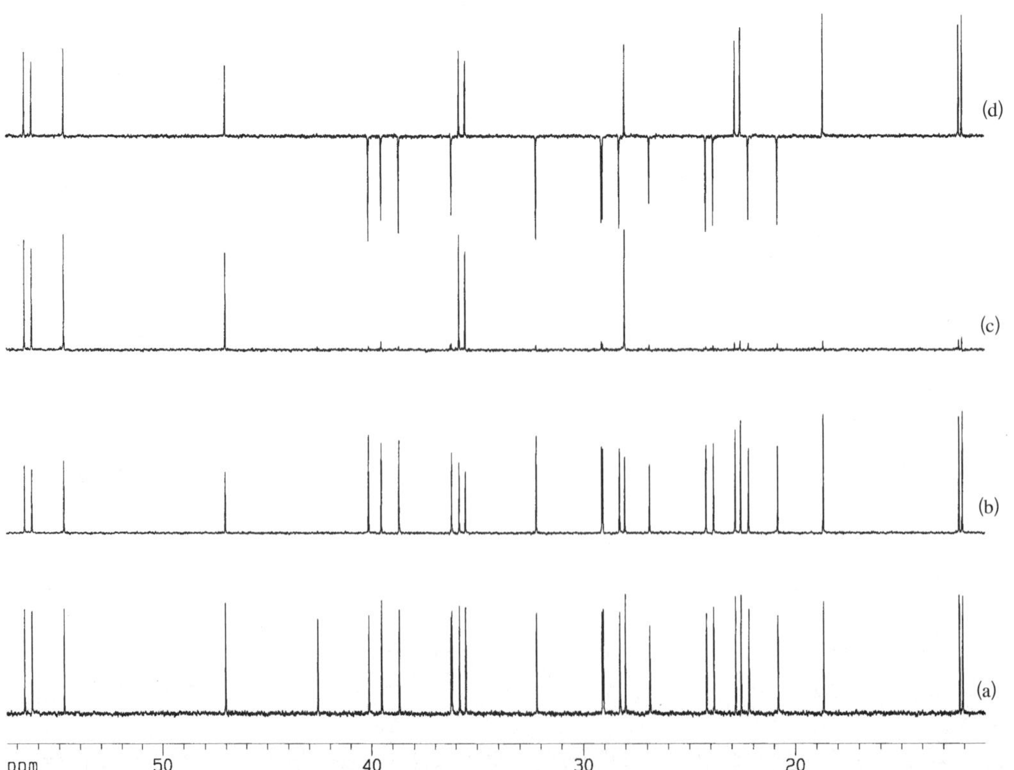

그림 5-20 Cholestane(**5**)의 ^{13}C과 DEPT 스펙트럼들. (a) 디커플링된 ^{13}C 스펙트럼, (b) DEPT 45, (c) DEPT 90, (d) DEPT 135.

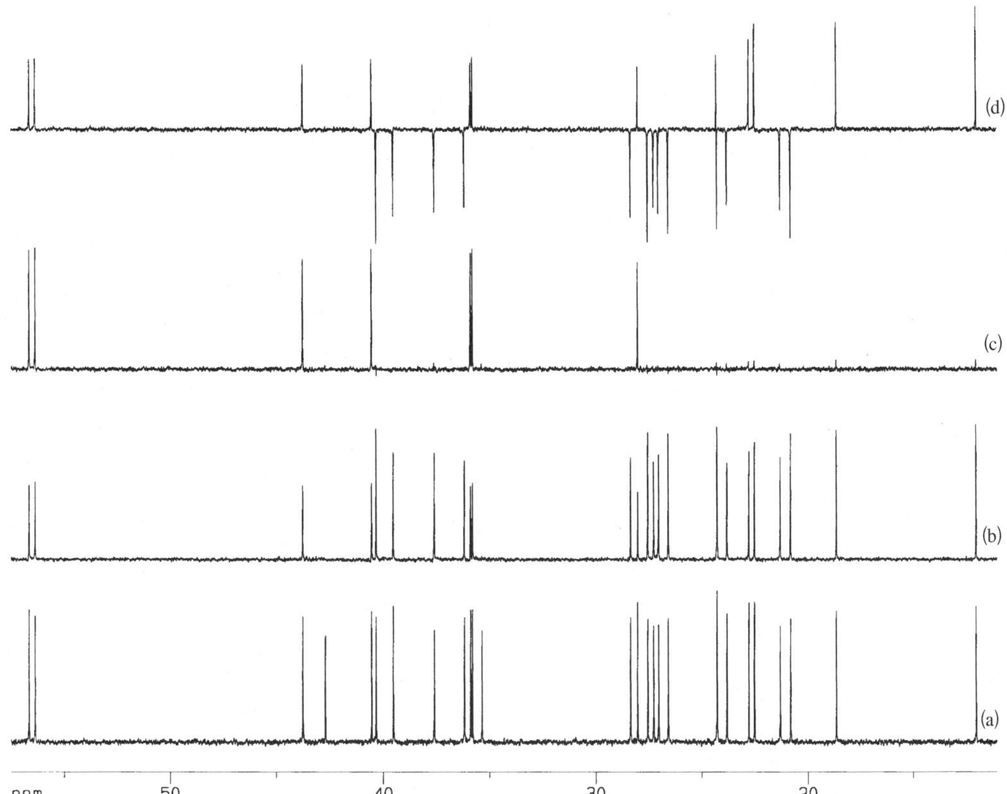

그림 5-21 Coprostane(**6**)의 ^{13}C과 DEPT 스펙트럼들. (a) 디커플링된 ^{13}C 스펙트럼, (b) DEPT 45, (c) DEPT 90, (d) DEPT 135.

펄스가 90°일 때(이것이 DEPT 90°임) CH_2와 CH_3 탄소 피크의 세기가 CH의 것에 비교해서 거의 제로가 되어야 한다. 즉 우리가 아는 물질을 NMR 프로브에 넣고(ethylbenzene이 좋은 예가 될 수 있음) CH_2와 CH_3 피크 세기가 거의 제로가 될 때까지 펄스 넓이를 조절해 나가면 이때에 해당되는 펄스 넓이(90°를 만드는 시간으로 주어짐)가 디커플러의 90° 펄스가 되는 것이다.

5.4 CIDNP[4–6]

CIDNP(Chemically Induced Dynamic Nuclear Polarization)는 이 장의 서론에서 언급한 것과 같이 물리적으로가 아닌 화학적인 방법으로 피크의 크기를 증가시키는 실험이다. 이 실험은 Lawler와 Ward[4] 그리고 Fisher와 Bargon[5]에 의해서 1967년 우연하게 발견된 이후 자유 라디칼(free radical)과 카빈(carbene) 그리고 유기 금속 화학 등의 연구에 매우 유용한 도구가 되어 왔다.

최근 펄스 NMR spectrometer의 눈부신 발달과 더불어 CIDNP 자체가 안고 있는 결점들을 하나하나 극복해 나가며 메커니즘 연구의 한 중요한 범위가 되어가고 있는 CIDNP의 이론과 응용에 관해서 공부하기로 한다.

5.4.1 CIDNP의 이론

CIDNP의 첫째로 명백한 현상은 어떠한 반응에서는 생겨난 물질의 NMR 피크가 비정상적으로 커진다는 것이며 emission 피크도 얻어진다는 것이다. 이 피크들의 크기는 시간에 따라 변하고 종국에는 핵의 스핀 이완(nuclear spin relaxation)의 영향으로 정상적인 작은 피크로 되돌아간다. Polarization의 조건들에 따라 다중도(multiplet)를 나타내는 NMR peak들은 enhanced absorption(A) 또는 emission(E)을 보일 때가 있고(이때를 net effect라고 한다), 다른 한편으로는 같은 multiplet 속에서 A와 E가 동시에 나타날 때가 있다(이 현상을 multiplet effect라고 한다). 이 multiplet 현상은 다시 자기장이 커지는 방향으로 위상 모양에 따라서 AE와 EA로 분리가 된다(그림 5-22). 실제로는 net effect와 multiplet effect가 동시에 한 스펙트럼에서 관찰될 수도 있다. Multiplet effect는 핵과 전자의 상호작용(hyperfine interaction)에 의한 것이고, net effect는 여기서 스핀 궤도 상호작용(spin orbit interaction) 즉, g-factor가 가미된 현상이다. 그러므로 순수한 net effect는 두 라디칼 쌍 사이의 g-factor 차이가 클 때 일어나는 현상이고, multiplet effect는 대칭의 라디칼 쌍에서 관찰되는 현상이다.

이와 같은 현상을 설명하기 위하여 Lawler는 electron-nuclear cross relaxation(Overhauser effect) 메커니즘을 제창하였으나 CIDNP의 large enhancement와 multiplet effect를 설명하지는 못했다. 그 후 Kaptein과 Oosterhoff 그리고 Closs는 라디칼 쌍 모델(radical pair model)에 근거한 새로운 이론을 제창하였고 이것은 CIDNP 현상을 훨씬 더 잘 설명해 주는 이론으로 증명되었다. 여기서는 복잡한 수학적 설명은 피하고 고전적인 벡터 모델을 사용하여 radical pair model을 살펴보기로 한다.

5.4.2 Radical Pair Model

라디칼 쌍 이론의 결론은 전자의 스핀 상태가 핵의 스핀 상태에 종속된다는 것이다. 즉 singlet 혹은 triplet의 전자 스핀 상태는 라디칼의 전자와 상호작용하는 자기 성질을 가진 핵의 스핀 상태에 의해서 정해진다는 것이다. 이것을 우리는 그림 5-23에서 쉽게 볼 수 있다. 이 그림은 자기장 속에서 상호작용하는 두 라디칼 쌍의 전자 스핀이 가질 수 있는 방향을 대략적으로 묘사한 것이다. T_{+1}, T_{-1} 그리고 T_0는 triplet의 3가지 준위를 그리고 S는 singlet를 각기 묘사한다. 라디칼 쌍 이론의 첫 번째 가정은 singlet 라디칼 쌍은 cage 속에서 쉽게 재결합을 하여 재결합 화합물(geminate product)을 만들고, triplet 라디칼 쌍은 서로 반발하여 cage 속을 벗어나 자유 상태로 되어 다른 분자와 반응하여 scavenged 화합물을 만든다는 것이다.

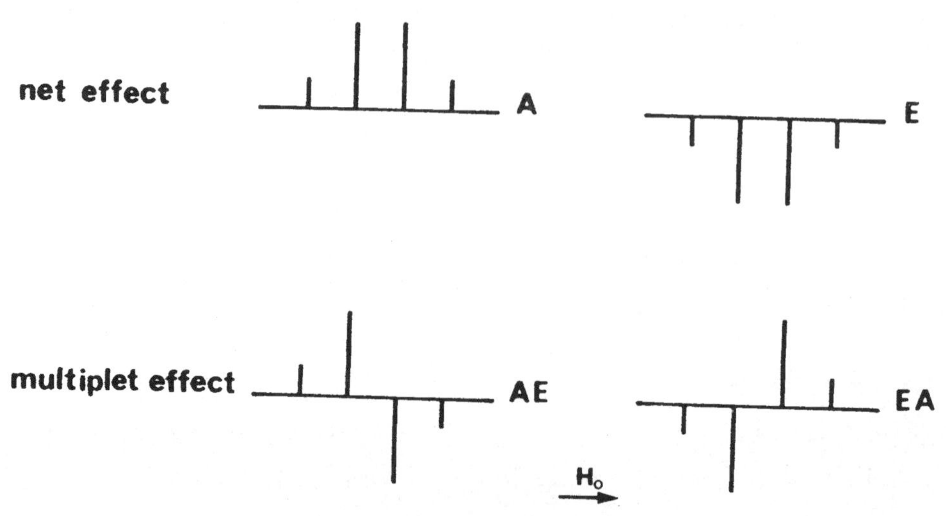

그림 5-22 CIDNP의 net(A와 E)과 multiplet(AE와 EA) effect를 양성자의 4중선을 예로 보인 그림.

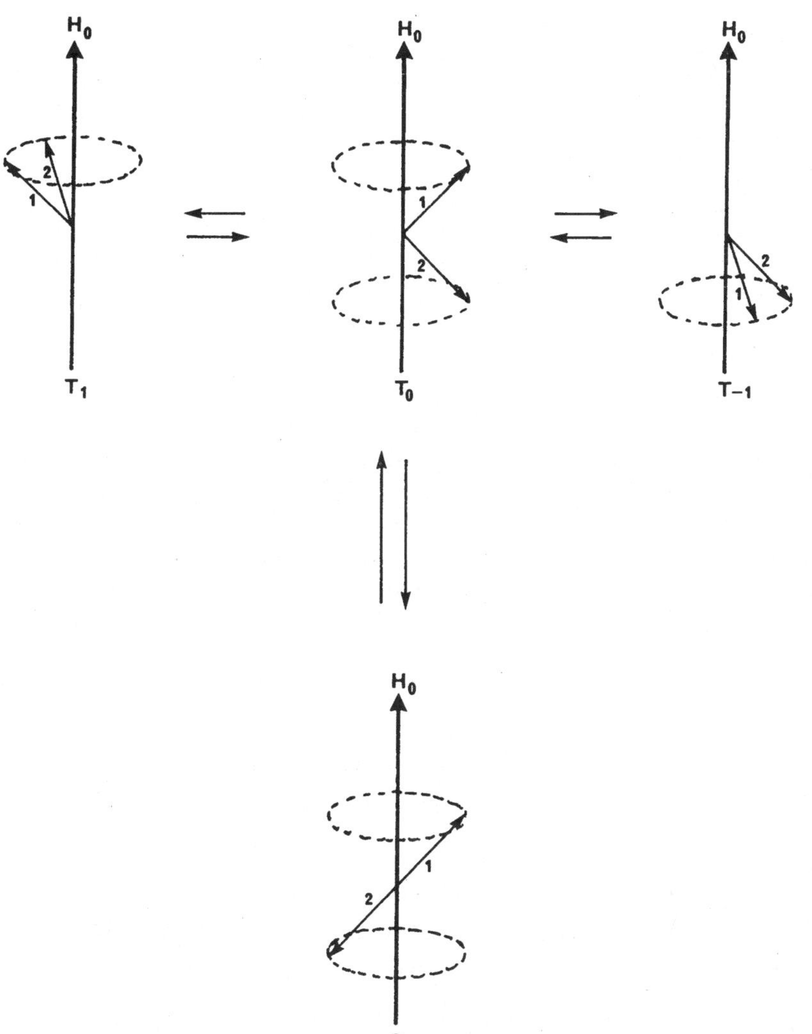

그림 5-23 자장 속에서 존재하는 두 개의 전자 스핀이 가질 수 있는 4개의 벡터 모델의 상태.

만약 라디칼 쌍이 반자성 분자(diamagnetic molecule)로부터 열 균형분해(thermal bond homolysis)에 의해 생성되었다면 이들은 처음 singlet 상태에 있어야 하고 반면 처음부터 triplet 상태의 분자(예를 들자면 triplet excited state 또는 어떤 종류의 carbene)는 triplet 라디칼 쌍을 생성하리라 기대된다. 그리고 이들의 라디칼 쌍이 강한 자기장에 노출되고 전자 간 상호작용(exchange interaction)이 거의 미치지 않는 거리 상태로 떨어진다면, 이들 전자 스핀 vector는 전자 orbital motion과 가까이에 있는 핵스핀에 의해서 생성된 local field에 의해서 재형성된 진동수의 외부 자장 방향 주위를 세차 운동하게 될 것이다. 그러므로 각각의 전자 스핀의 세차 운동 주파수 ω_1과 ω_2는 각각의 electron Zeeman interaction(g-factor에 비례함)과 핵의 초미세 갈라짐(nuclear hyperfine interaction: given by the hyperfine coupling constant (a)에 의해서 결정된다(식 5-1).

$$\omega_1 = \beta\hbar^{-1}(g_1H_0 + \sum a_1m_1)$$

$$\omega_2 = \beta\hbar^{-1}(g_2H_0 + \sum a_2m_2) \qquad (식\ 5-1)$$

$$\omega_1 - \omega_2 = \beta\hbar^{-1}(g_1 - g_2)H_0 + (\sum a_1m_1 - \sum a_2m_2) \qquad (식\ 5-2)$$

두 주파수의 차이를 나타내는 식 5-2에서 보는 바와 같이 두 라디칼의 g-factor 차이와 가

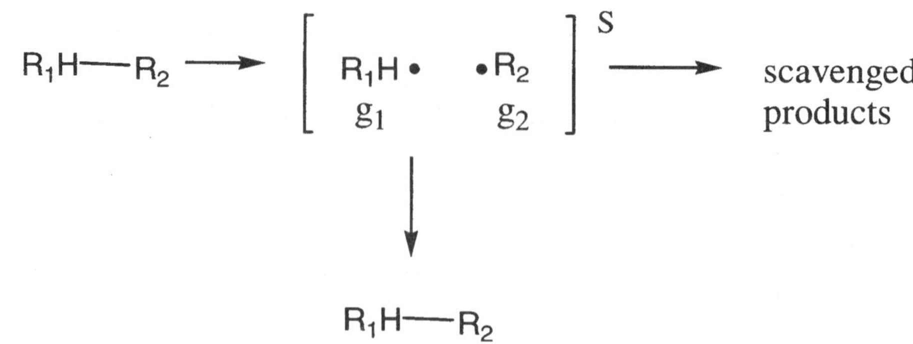

그림 5-24 CIDNP 설명을 위한 라디칼 쌍의 모델.

까이에 있는 자기 핵(magnetic nuclei)의 초미세 갈라짐 상수(a) 그리고 그들의 스핀 양자수(m)가 CIDNP 현상의 원인인 S와 T_0 상태 간의 혼합(mixing)을 유도하는 것은 명백하다. 결과적으로 singlet 상태로 만들어진 어떤 라디칼 쌍은 triplet 상태에 놓여질 수 있게 될 것이며 가정에서 말한 바와 같이 cage 상태를 벗어나 scavenged 화합물을 만들게 될 것이다. 이와 같은 $S-T_o$ 혼합의 기초적인 개념을 실제로 관찰할 수 있는 CIDNP 스펙트럼으로 연관하여 이해하려고 할 때 다음과 같은 간략한 모형으로 잘 설명될 수 있다(그림 5-24).

그림 5-24에서는 singlet 상태의 한 쌍의 라디칼에 있는 한 라디칼은 전자와 상호작용(coupling)을 하는 하나의 양성자를 가지고 있고 그리고 다른 한 라디칼은 전자와 상호작용을 하는 양성자를 가지고 있지 않은 것을 보여주고 있다. 만약 이 두 라디칼들이 다른 $g(g_1<g_2)$ 값을 가진다면 비록 hyperfine field가 없다고 하더라도 시간이 갈수록 이 라디칼 쌍들은 triplet 성격을 가질 수 있게 될 것이다. 그리고 낮은 세차 운동 진동수의 라디칼($R_1H\cdot$)이 +1/2 스핀(낮은 핵 준위)의 양성자(이때의 a = −)와 상호작용(coupling)을 한다면 식 5-2의 두 번째 항은(nuclear spin contribution term) 음수(negative)가 되며 낮은 세차 진동수는 더욱 낮아지게 된다. 결국 두 라디칼의 진동수의 차이는 더욱 벌어지게 될 것이고 triplet 상태로의 교차(crossing)는 더욱 빠르게 이루어질 것이다. 이때 낮은 스핀 상태에 있는 양성자를 가진 라디칼 쌍은 triplet 성격을 가지게 되며 cage를 벗어나 오로지 scavenged 화합물만 생성하게 되며, 이 화합물 속에 있는 양성자는 과다의 낮은 스핀 상태를 가지게 된다. 이것이 NMR에서는 enhanced absorption으로 나타나게 되는 것이다.

이번에는 반대로 g-factor가 적은 라디칼이 높은 스핀 상태($m=-1/2$)와 상호작용을 한다면 식 5-2의 두 번째 항은 양수(positive)가 되며 triplet 상태로의 교차는 늦어지게 된다. singlet 라디칼 쌍은 cage 속에서 매우 빠르게 재결합하므로 이때 생성된 geminate 화합물은 −1/2 핵 상태가 많이 존재하게 될 것이며, 이것이 NMR에서 negative peak를 유발시키는 요인이 된다. 이와 같은 이유를 triplet 상태인 라디칼 쌍에 적용하면 정확히 singlet 상태의 라디칼 쌍과 반대의 결과를 얻게 된다.

순수한 multiplet effect는 라디칼 쌍이 같은 g 값을 가질 때 얻을 수 있다. 이때는 $\Delta g=0$ 이므로 hyperfine field만이 $S-T_0$ 계간 전이(intersystem crossing)를 일으킬 수 있다. 만일 두 라디칼이 받는 hyperfine field가 같다면 혼합은 일어나지 않을 것이고 CIDNP 현상은 얻을 수 없을 것이다. 그러나 실제로는 여러 가지 스핀 상태가 복합된 핵스핀들은 두 라디칼의 전자들에게 약간 다른 field를 제공하게 되며 이것이 multiplet effect를 유발하게 한다. 이와 같이 CIDNP의 해석 논법은 라디칼 중간체를 가지는 반응의 간단한 식별뿐만 아니라 이때 포함되는 라디칼들의 g 값, 스핀 다중도(spin multiplicity) 그리고 hyperfine coupling 상수의 부호 등에 관한 지식을 제공하게 된다.

5.4.3 Kaptein의 법칙[6]

위에서 언급한 라디칼 쌍 모형으로부터 우리는 라디칼 중간체를 거쳐서 형성되는 화합물에서의 polarization은 두 라디칼 짝 사이에 g값들이 같거나 말거나 핵스핀이 짝지어지지 않은 전자(unpaired electron)와 hyperfine 작용만 하면 얻을 수 있는 현상이라는 것을 보았다. 또한 이때 얻어진 polarization의 상대적인 부호(sign)는 두 라디칼 쌍의 다중도와 그 화합물이 cage 반응인지 scavenging 반응인지에 따라 결정된다. 이와 같은 이론에 근거하여 물리학자인 Kaptein은 다음과 같은 식을 만들었다(식 5-3과 5-4).

Net effect

$\Gamma_n = \mu\varepsilon\Delta g a_i$ (식 5-3)

$\Gamma_n =$ + = net absorption

$\Gamma_n =$ − = net emission

Multiplet effect

$\Gamma_m = \mu\varepsilon a_i a_j J_{ij}\sigma_{ij}$ (식 5-4)

$\Gamma_m =$ + = EA multiplet

$\Gamma_m =$ − = AE multiplet

Definition of factors:

μ = + for a radical pair formed by a triplet precursor.

μ = − for a radical pair formed by a singlet precursor.

ε = + for products of recombination or disproportionation within cage.

ε = − for products from radicals that escape the cage.

Δ_g = the sign of (gi − g), where gi is the g factor for the radical fragment containing nucleus of interest, i, and g is the factor for the other radical fragment(g is larger for radicals of type C—X, X=oxygen, halogen, or carbonyl, than for radicals containing only C and H).

a = the sign of the hyperfine coupling constant (a for C—H is negative ; for C—C—H is positive).

J_{ij} = the sign of the nuclear spin coupling constant between nuclei i and j (The sign is generally available from NMR data).

σ_{ij} = + if nuclei i and j are originally in the same radical fragment.

σ_{ij} = − if nuclei i and j are originally in different radical fragments.

위의 두 식으로부터 우리는 polarization의 방향(net effect)과 multiplet effect의 모양(AE나 EA)을 예상할 수 있다. 그리고 이 예상은 핵과 이것에 상호작용하는 모든 인자들의 부호(positive 또는 negative)를 사용하여 얻을 수 있다. 비록 라디칼 쌍 이론에 근거한 Kaptein 법칙이 현재까지 가장 완전한 이론으로 사용되고 있으나 이것에도 최근 결점이 있는 것으로 알려졌다. 즉 Δg 값이 hyperfine coupling 상수에 비해 훨씬 크거나 또는 한 핵의 hyperfine coupling 상수 값이 다른 상대방의 값에 비해 훨씬 클 때 이 법칙의 응용은 때때로 잘못된 결론을 얻을 수 있다는 것으로 알려져 있다.

5.4.4 CIDNP 실험의 응용[7]

CIDNP 현상의 이해와 응용에 있어서 가장 어려운 점은 여러 분야, 즉 유기 자유 라디칼 화학, 액체 상태에서의 동적 반응(dynamic reaction), 그리고 핵자기 공명 분광학(NMR)의 동시 이용이라는 점이다. 그러나 다행히도 이론의 완전한 이해 없이도 이 현상을 정성적인 메커니즘 연구에 응용할 수 있는 것은 다행한 일이라 아니할 수 없다.

그림 5−25는 I_2가 녹아있는 사염화탄소 용액 속에 있는 acetyltrichloroacetyl peroxide를 50 °C에서 열분해시킬 때 얻어진 스펙트럼이다. 그리고 그림 5−26은 이 과산화물의 분해 메커니즘에 Kaptein 법칙(net effect)을 결부시킨 것을 보여주고 있다. 즉 두 라디칼 쌍의 cage 재결합 화합물인 1,1,1-trichloroethane의 메틸기의 양성자(proton)는 위의 그림 5−26의 메커니즘을 따른다면 E 스펙트럼을 가져야 하고 cage 속을 벗어나 요오드와 반응하여 scavenged 화합물이 된 methyliodide의 메틸기의 양성자는 A의 스펙트럼을 보여야 한다. 이 예상은 그림 5−25와 잘 일치하고 있다.

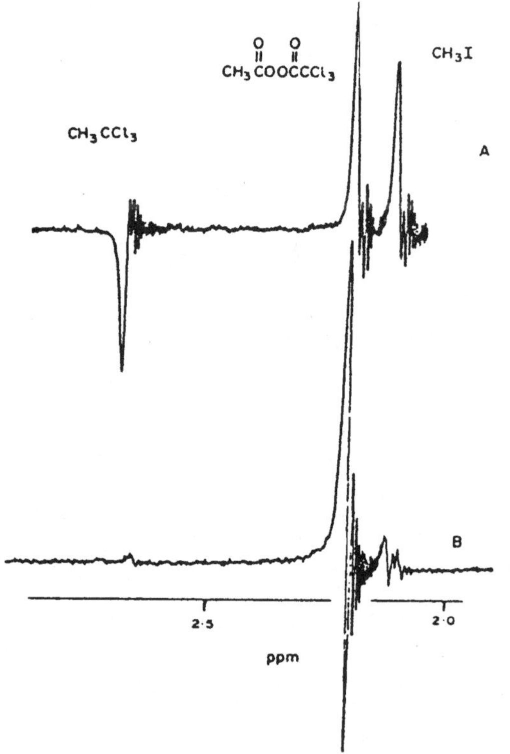

그림 5−25 A: 사염화탄소 속에 있는 $CH_3CO_2O_2CCl_3$와 I_2의 용액을 50 °C로 열을 가한 5분 후 60 MHz NMR에서 얻은 양성자 스펙트럼. B: 스펙트럼 A를 얻은 후 곧바로 시료를 0 °C로 만든 후 얻은 스펙트럼.

그림 5−26 그림 5−25의 CIDNP 현상을 설명하는 반응 메커니즘.

$CH_3CO_2O_2CCl_3$

↓

$CH_3—CCl_3$ ← $CH_3\bullet \quad \bullet CCl_3$ $\xrightarrow{I_2}$ CH_3I

$\varepsilon = +$ $\quad\quad$ $\mu = -$, $a = -$, $\Delta g = -$ $\quad\quad$ $\varepsilon = -$

Net effect = − + − − = − = E $\quad\quad$ Net effect = − − − − = − = A

그림 5−27은 dipropionylperoxide를 I_2로 포화시킨 *ortho*-dichlorobenzene 속에서 120 °C로 열분해시킬 때 얻어지는 여러 화합물 중 scavenging 화합물인 ethyl iodide의 스펙트럼만 발췌한 것이다. 이 화합물의 예상되는 CIDNP 현상을 식 5−4에 적용시키면 $\Gamma_n = - - - + + + = - - =$ AE로 나타나며 그림 5−27에서 보듯이 Kaptein 법칙(multiplet effect)은 실험 결과와 잘 일치하고 있다(메틸기 피크는 3중선의 가운데 피크가 INEPT 실험에서처럼 나타나지 않은 것을 볼 수 있다).

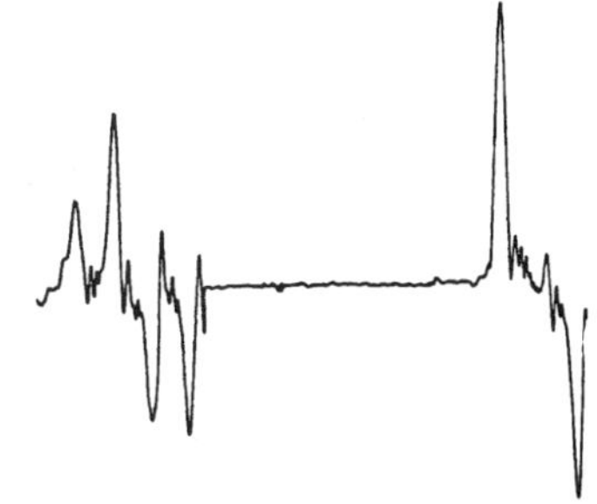

그림 5−27 I_2를 포함하고 있는 *o*-dichlorobenzene 속에 있는 propionyl peroxide를 120 °C로 열분해시킬 때 얻어지는 ethyliodide의 CIDNP 스펙트럼.

이제까지 본 바와 같이 우리가 어떤 반응에서 CIDNP의 NMR 피크를 얻었다면 그 반응은 라디칼 반응이라고 할 수 있다. 그러나 실제로는 CIDNP 현상은 반응에서 생성되는 화합물의 여러 가지 영향에 의존하므로 생성되는 모든 화합물의 CIDNP를 얻는 것은 매우 어려운 일이다. 그러므로 CIDNP 피크를 얻지 못하였다고 하여 때로는 라디칼 반응이 아니라는 위험한 결론을 유도할 수도 있다. 다른 한편으로는 어떤 반응이 CIDNP 피크를 보였다고 이 반응을 무조건 라디칼 반응이라고 단정할 수는 없다. 그 이유는 어떤 반응이 만약 여러 갈래의 다른 메커니즘(즉 ionic 또는 concerted route)을 가지고 반응이 일어나고 그리고 그들 중 라디칼의 반응으로는 다만 소량의 화합물이 만들어진다고 해도 CIDNP 현상을 얻을 수 있기 때문이다.

또한 모든 화합물이 비록 라디칼 중간체를 거쳐 생성이 된다고 해도 만약 각기 다른 화합물들에 존재하는 핵이 다른 T_1(spin lattice relaxation time)의 값을 가진다면 그들의 피크는 정량에 사용될 수 없다. 그림 5−28은 라디칼 중간체로부터 생성된 T_1 값이 다른 물질의 피크 크기의 비가 시간에 따라 변하고 있음을 잘 보여주고 있다. 그림 5−28은 식 5−5에 있는 peroxide를 열분해시키면서 60 MHz NMR에서 steady-state 상태로 얻은 1H CIDNP 스펙트럼이다.[8] 이 peroxide가 분해될 때 생성된 ester(δ 4.45)와 olefin(δ 4.9) methylene의 양성자들의 T_1 값을 비교한다면 (다른 화합물들은 생략) 큰 분자인 ester가 빠른 T_1 값을 가질 것이라고 생각된다. 즉 ester의 methylene의 양성자에 생성된 CIDNP 현상이 olefin의 methylene peak 보다 빠르게 이완(relaxation) 할 것이다. 즉 두 화합물의 T_1 값을 고려하지 않은 이와 같은 실험은 반응이 일어나는 중에 언제 그리고 몇 번 스캔하여 스펙트럼을 얻었느냐에 따라서 두 피크의 크기가 달라질 것이다.

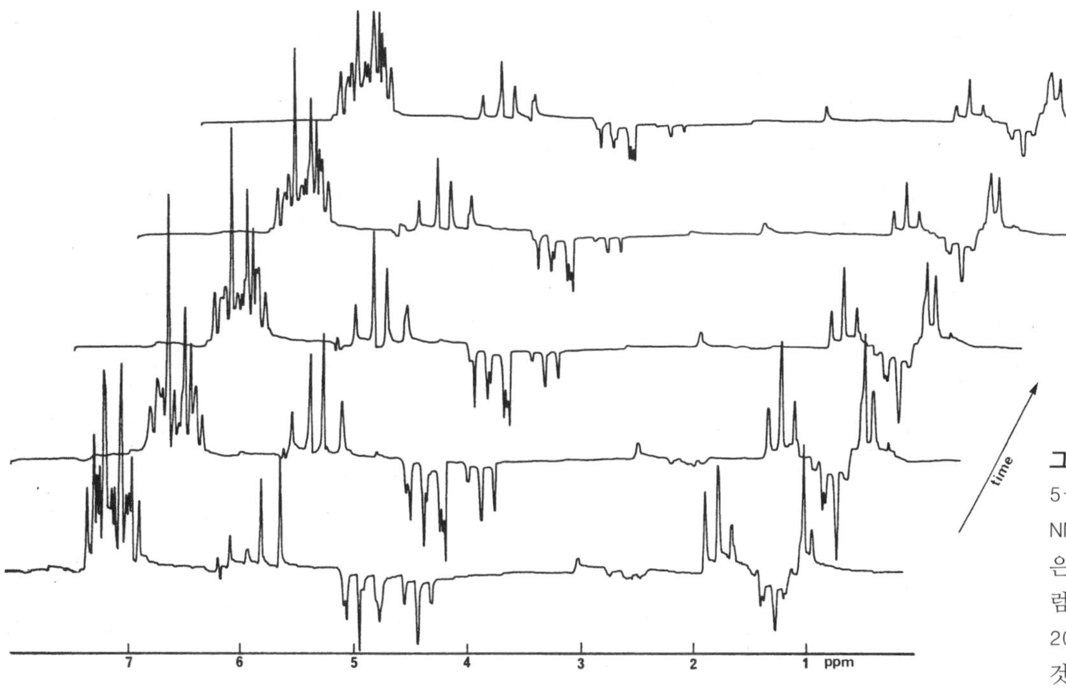

그림 5−28 Diacylperoxide(식 5−5)를 열분해시키면서 60 MHz NMR에서 steady-state 상태로 얻은 ^{1}H CIDNP 스펙트럼. 각 스펙트럼은 3.28 s의 repetition time과 20° 펄스로 10 scan을 하여 얻은 것임.

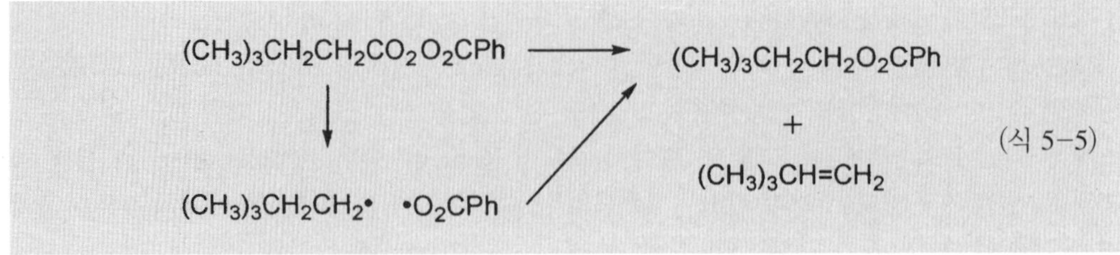

$$(CH_3)_3CH_2CH_2CO_2O_2CPh \rightarrow (CH_3)_3CH_2CH_2O_2CPh + (CH_3)_3CH{=}CH_2$$
$$(CH_3)_3CH_2CH_2\cdot \quad \cdot O_2CPh$$

(식 5-5)

이와 같이 T_1 값을 무시한 steady-state의 스펙트럼인 그림 5-28에서는 T_1이 짧은 ester의 peak는 종국에는 거의 없어진 것을 볼 수 있다. 결국 steady-state의 방법으로는 때때로 라디칼 중간체로부터 생성되는 어떤 화합물의 CIDNP를 얻을 수 없다는 결론이며 만약 얻는다 하더라도 정량 방법에 사용할 수 없다는 것이다. 이와 같은 문제를 해결할 수 있도록 근래에 펄스 NMR을 사용한 두 개의 펄스 순서가 개발되었다. 그림 5-29에는 이 두 펄스 순서를 보여주고 있다. Saturation recovery(P_{sat}-τ-P_{obs})와 Progressive saturation$(90°-\tau)_n$ 방법은 어떤 화합물이 모두 라디칼 중간체로부터 생성되었는지의 여부와 T_1으로부터 야기되는 피크 크기의 문제를 해결할 수 있게 되었다. 또한 어떤 화합물이 모두 라디칼의 중간체로부터 생성된다면 이것을 이용하여 그 외의 다른 화합물들이 얼마만큼의 라디칼 메커니즘을 거쳐서 생성이 되었는지를 분별할 수 있다. Short τ condition이라고도 불리는 saturation recovery 방법은 종래에는 NMR에서 하드웨어의 변형을 요구했으나 최근의 펄스 NMR에서는 micro program을 아주 쉽게 사용할 수 있게 되었다. Progressive saturation sequence에서는 presaturation을 위해서 train pulse를 사용하는 micro program을 사용하여야 한다. 비록

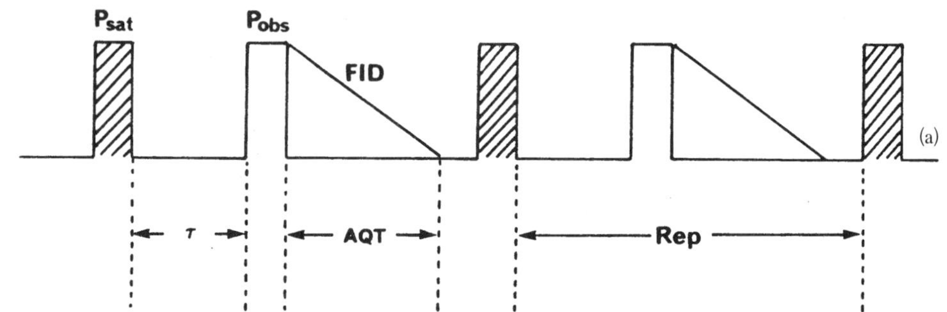

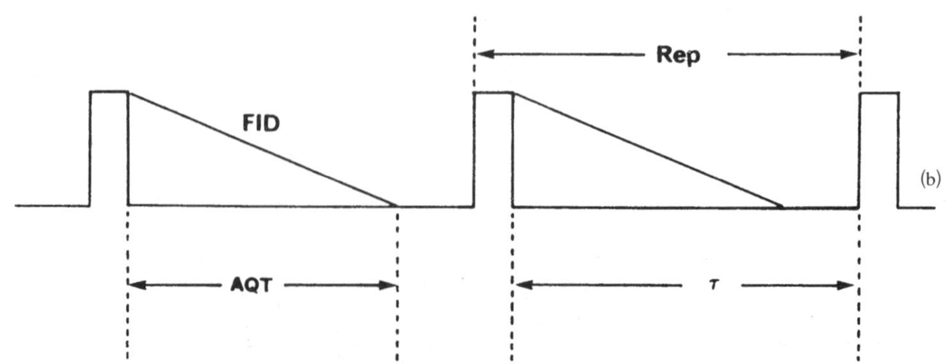

그림 5-29 정량 CIDNP 실험을 위한 두 개의 다른 펄스 순서. (a) saturation recovery sequence, (b) progressive saturation sequence.

steady-state의 방법이 정성의 방법에 중요한 역할을 차지하고 있지만 특별한 펄스 순서를 이용하는 정량의 CIDNP 방법의 출현으로 더욱 정교하고, 또한 어려웠던 문제들을 해결할 수 있게 되었다.

앞에서 몇 가지 예를 들어 설명한 바와 같이 라디칼의 중간체를 가지는 반응들의 메커니즘을 연구하는 데 있어서 CIDNP 응용은 필수 불가결한 일이라 하겠다. 위에서는 몇 가지 양성자의 경우만을 설명하였지만 ^{13}C을 포함한 ^{15}N, ^{31}P, ^{19}F 등 여러 가지 핵들의 CIDNP 실험이 가능하다. 그림 5-30은 식 5-5에 나타나 있는 반응을 progressive saturation 방법을 사용하여 ^{13}C CIDNP 실험을 하여 얻은 스펙트럼이다. 반응이 끝난 후 양성자를 디커플링한 ^{13}C 스펙트럼 (a)는 6700번 스캔하여 얻은 것이고 CIDNP 스펙트럼 (b)는 1번 스캔하여 얻은 것임에도 불구하고 두 스펙트럼의 signal-to-noise가 비슷한 것은 CIDNP 실험이 얼마나 크게 피크를 증가시키는지를 잘 보여주고 있다. 이러한 실험들은 최근 눈부시게 발달하는 NMR과 함께 점점 더 보편화될 것으로 믿어진다. 위에서 잠시 언급한 바와 같이 아직도 이론에는 더 고려하여야 할 점들이 있는 것으로 알려져 있다. 예를 들어 라디칼 cage 반응에 있어서

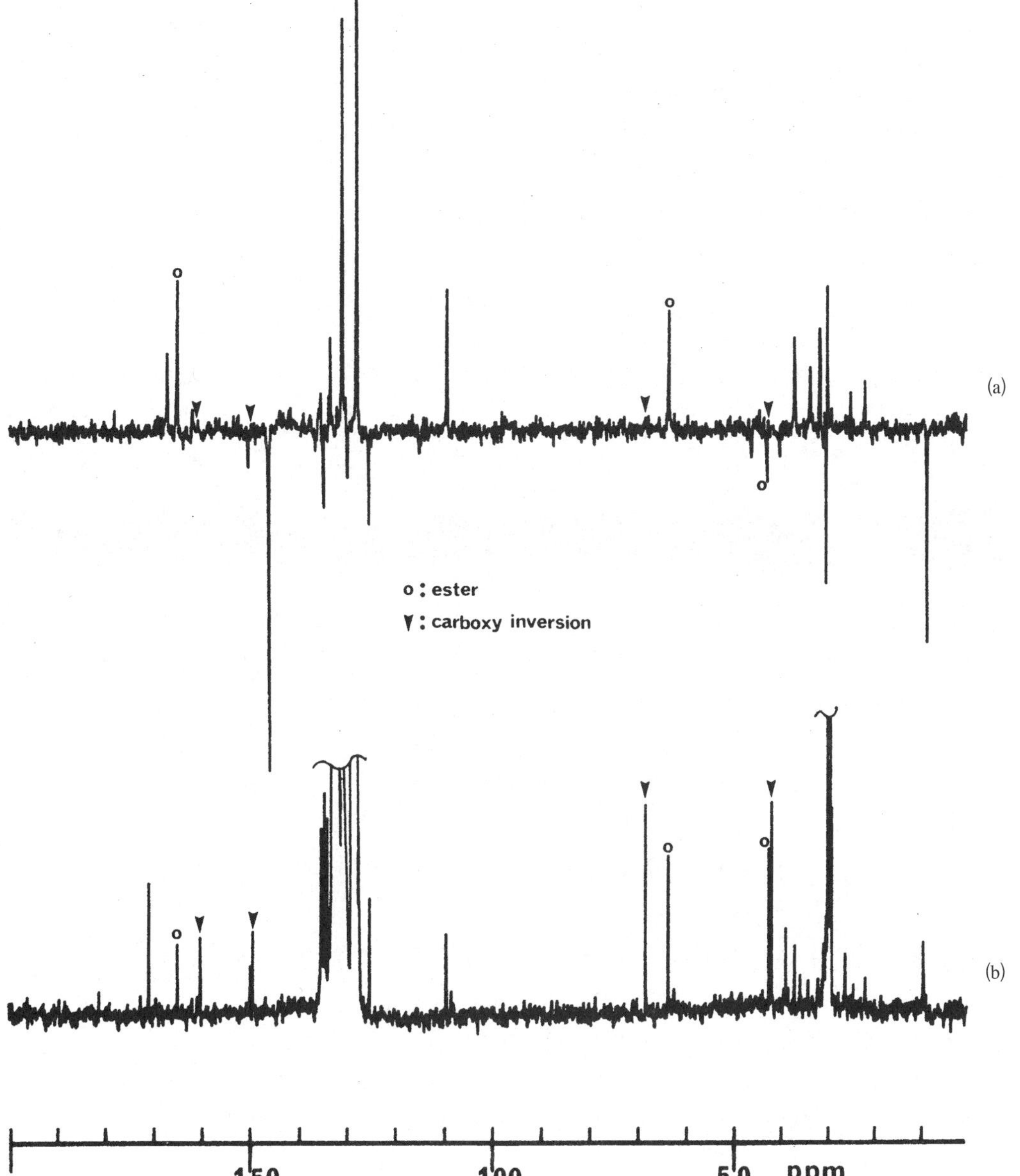

그림 5-30 Diacylperoxide(식 5-5)를 열분해시키면서 62.9 MHz에서 progressive saturation 방법으로 얻은 ^{13}C CIDNP 스펙트럼[(a), 1 scan]과 반응이 끝이 난 후 얻은 ^{13}C 스펙트럼[(b), 6700 scans].

stereochemistry에 결정적인 역할을 하는 S−T_0 mixing에 있어서 두 라디칼 쌍의 거리는 아직도 숙제로 남아 있다.

비록 정량의 CIDNP가 몇 개의 난이점을 해결했지만 어떤 반응이 매우 느리거나 또는 cage effect가 매우 클 때 그리고 생성된 화합물들의 T_1이 매우 짧으면 CIDNP를 얻기란 매우 어려운 일이다. 그러므로 어떤 반응에서 CIDNP를 관찰하지 못했다고 그 반응이 라디칼의 중간체를 가지지 않는다는 부정의 결론을 내릴 수는 없다. 이와 같은 문제들은 최근 laser를 이용한 time-resolved CIDNP가 발표됨으로서 차츰 해결의 실마리를 풀고 있지만 보통의 NMR 프로브로는 이와 같은 실험은 불가능하며 아직까지는 실험상 여러 가지 문제점을 가지고 있다. 그러나 이러한 난점들도 최근 NMR 발달의 추세로 보면 멀지 않은 시기에 해결될 수 있을 것으로 보인다.

참고문헌

1. K. G. R. Pachler and P. L. Wessels, *J. Magn. Reson.*, **12**, 337 (1973).
2. G. A. Morris and R. Freeman, *J. Am.* Chem. Soc., **101**, 760 (1979).
3. D. M. Doddrell, D. T. Pegg, and M. R. Bendall, *J. Magn. Reson.*, **48**(2), 323 (1982).
4. H. R. Ward and R. G. Lawler, *J. Am. Chem. Soc.*, **89**, 5518 (1967).
5. J. Bargon, H. Fischer, and U. Johnson, *Z. Naturforsch.*, **22a**, 1551 (1967).
6. R. Kaptein, *Chem. Comm.*, **732** (1971).
7. H. R. Ward, *Accounts Chem. Res.*, **5**, 18 (1972).
8. S.−G. Lee, *J. Chem. Soc.*, *Perkin Trans.* **2**, 1361 (1993).
9. G. L. Closs, R. J. Miller, and O. D. Redwine, *J. Am. Chem. Soc.*, **107**, 4543 (1985).

연습문제

아래에 주어진 스펙트럼들은 3장에서 문제로 주어진 화합물들의 DEPT 스펙트럼들이다. 문제 3−5부터 스펙트럼이 주어졌으며 모든 스펙트럼은 디커플링된 ^{13}C, DEPT45, DEPT90, 그리고 DEPT135 순서로 그려졌다. 3장에서 구한 구조에 피크들을 지정(assign)하시오.

문제 5−1 그림 5−31은 문제 3−5 화합물의 DEPT 실험 스펙트럼들이다.

문제 5−2 그림 5−32는 문제 3−6 화합물의 DEPT 실험 스펙트럼들이다.

문제 5−3 그림 5−33은 문제 3−7 화합물의 DEPT 실험 스펙트럼들이다.

문제 5−4 그림 5−34는 문제 3−8 화합물의 DEPT 실험 스펙트럼들이다.

문제 5−5 그림 5−35는 문제 3−9 화합물의 DEPT 실험 스펙트럼들이다.

문제 5-6 그림 5-36은 문제 3-10 화합물의 DEPT 실험 스펙트럼들이다.

문제 5-7 그림 5-37은 문제 3-11 화합물의 DEPT 실험 스펙트럼들이다.

문제 5-8 그림 5-38은 문제 3-12 화합물의 DEPT 실험 스펙트럼들이다.

문제 5-9 문제 3-13 화합물의 DEPT 실험은 2개의 CH_3(59.2와 59.3 ppm), 6개의 CH_2(33.6, 36, 65.9, 68.9, 75.9, 76.3 ppm), 2개의 CH(120.5와 120.7 ppm), 그리고 7개의 C를 가지고 있다는 결과를 보여주었다.

문제 5-10 그림 5-39는 문제 3-14 화합물의 DEPT 실험 스펙트럼들이다.

문제 5-11 그림 5-40은 문제 3-15 화합물의 DEPT 실험 스펙트럼들이다.

문제 5-12 그림 5-41은 문제 3-16 화합물의 DEPT 실험 스펙트럼들이다.

문제 5-13 그림 5-42는 문제 3-17 화합물의 DEPT 실험 스펙트럼들이다.

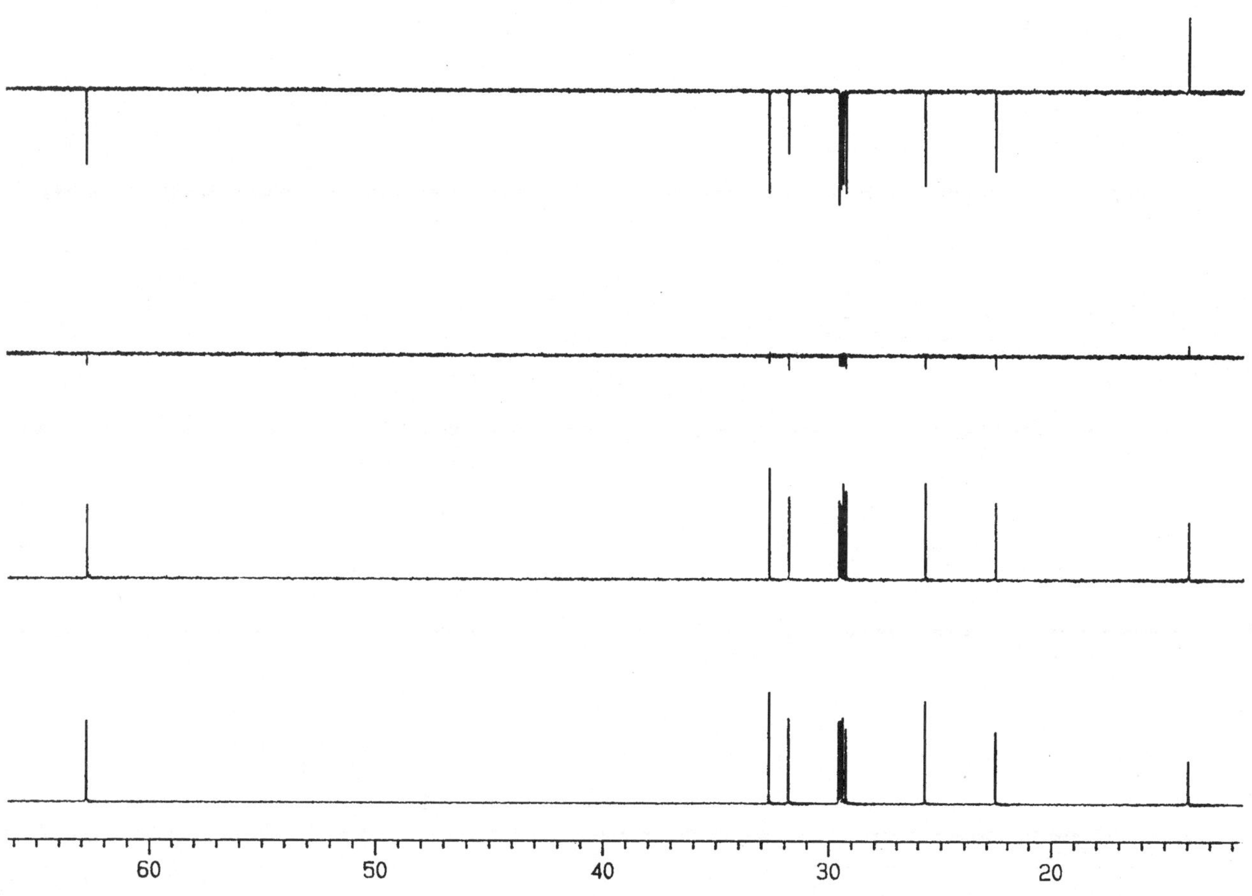

그림 5-31 문제 5-1

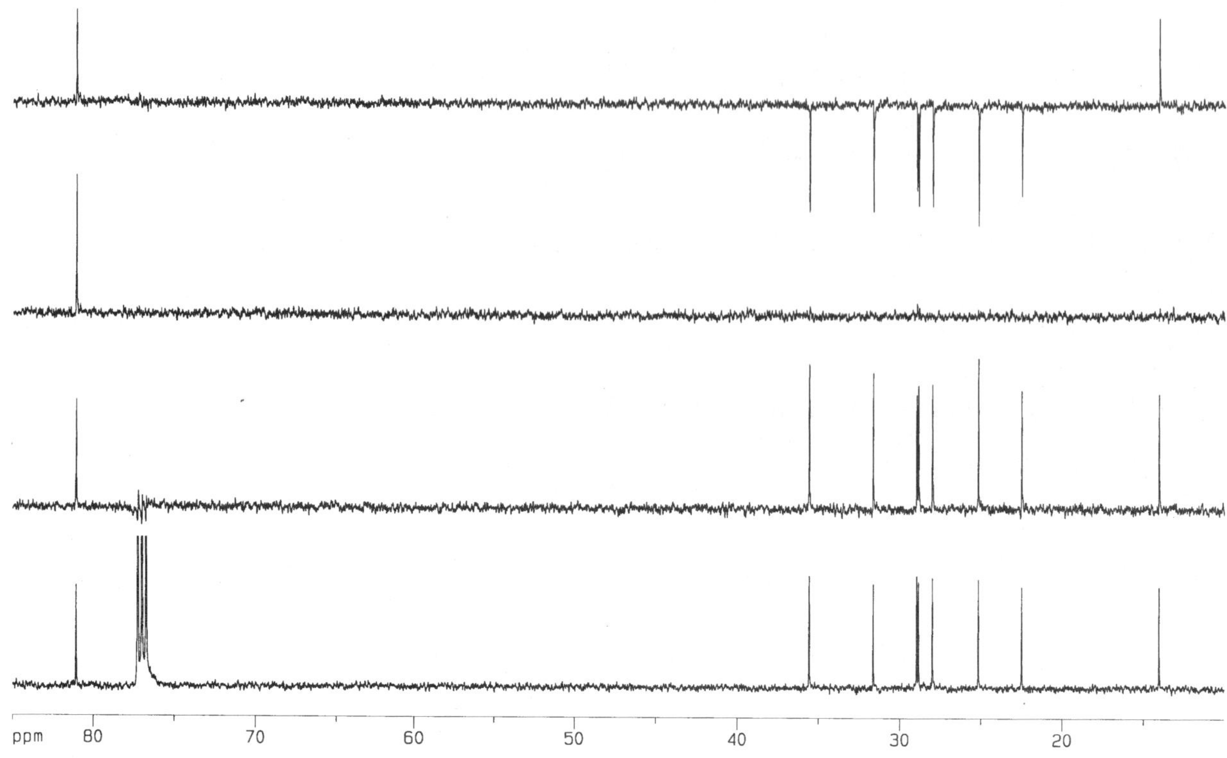

그림 5-32 문제 5-2

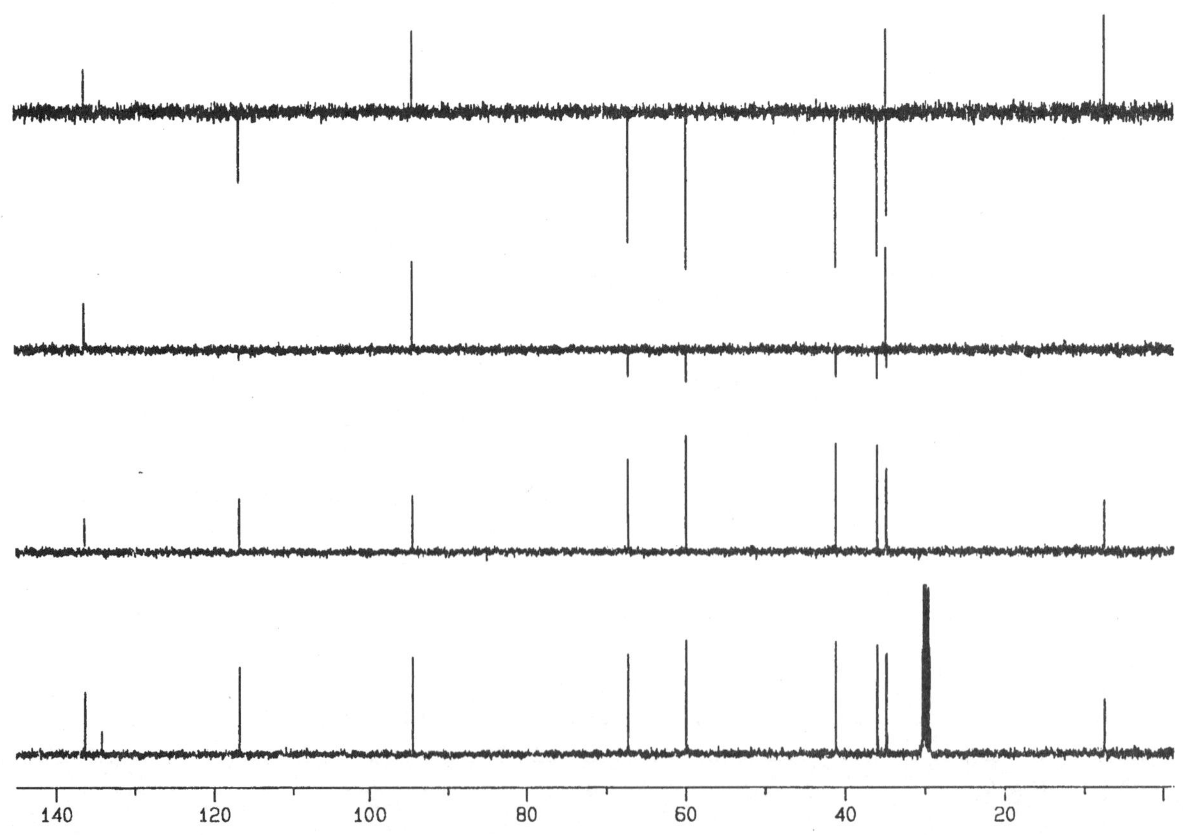

그림 5-33 문제 5-3

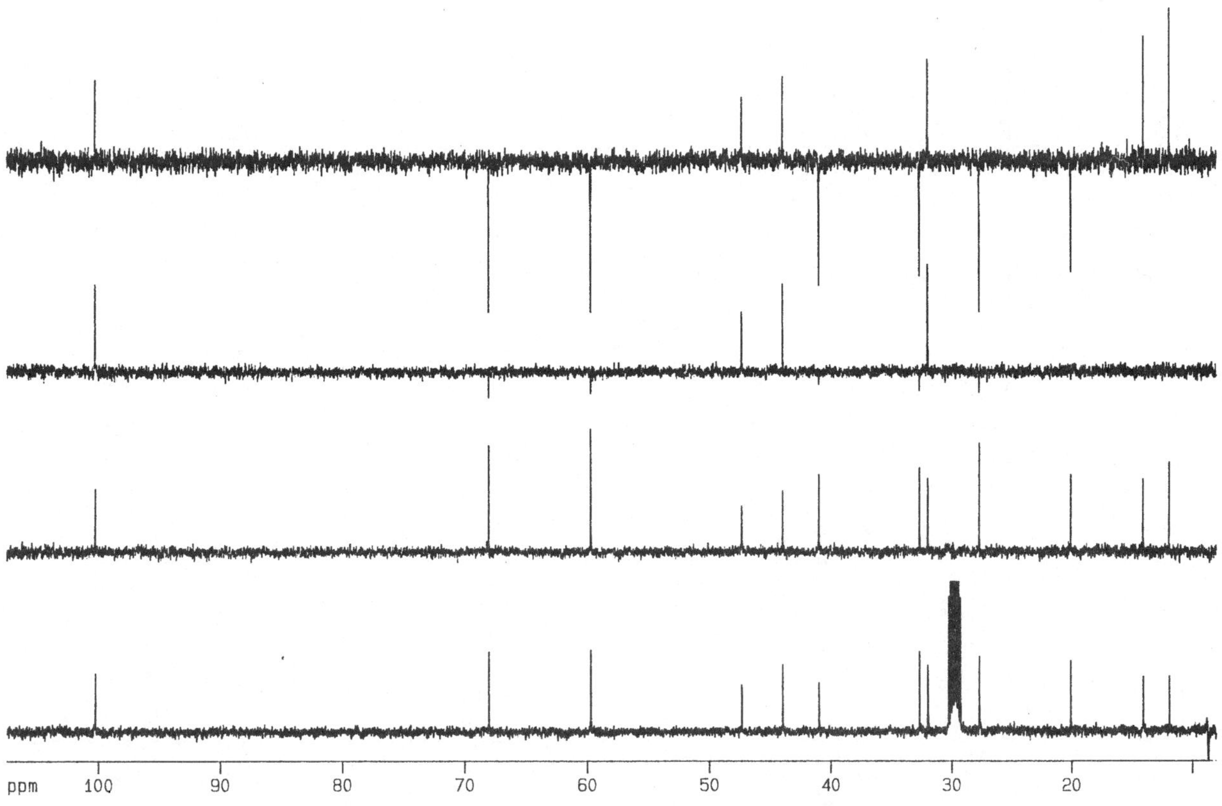

그림 5-34 문제 5-4

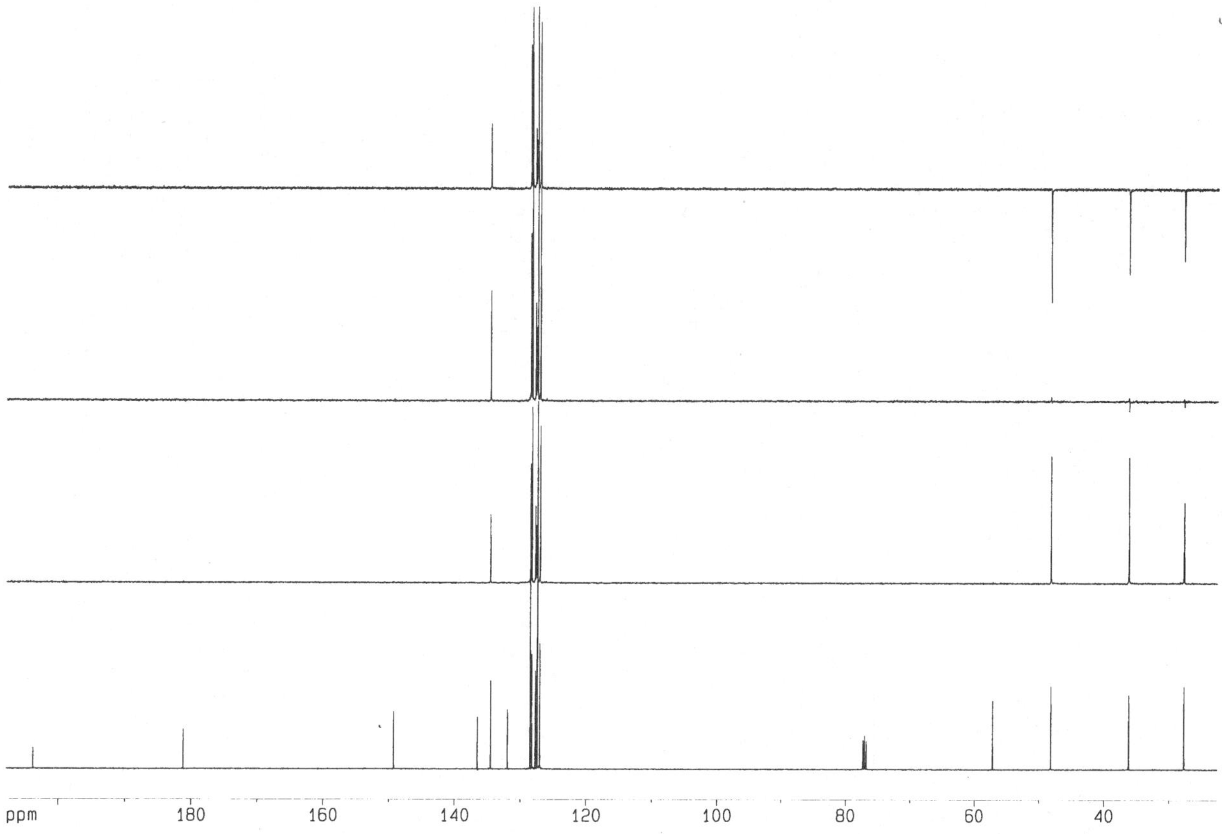

그림 5-35 문제 5-5

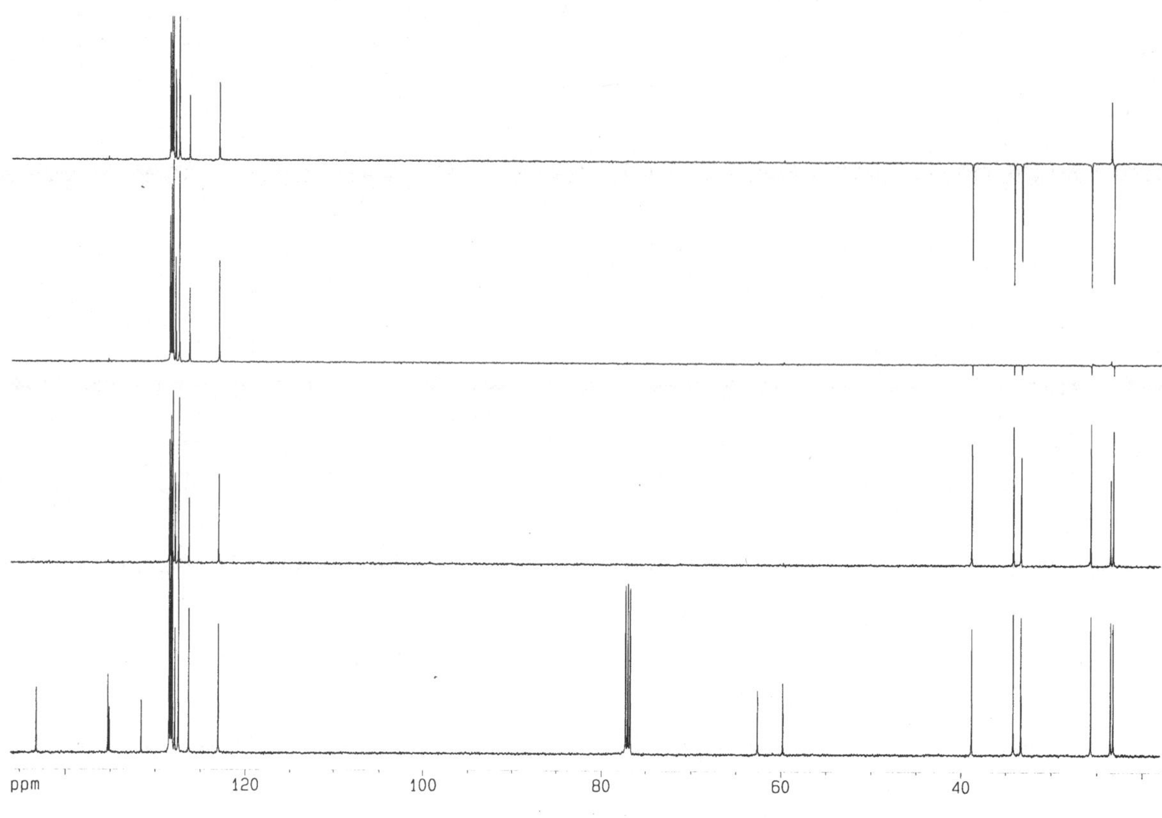

그림 5-36 문제 5-6

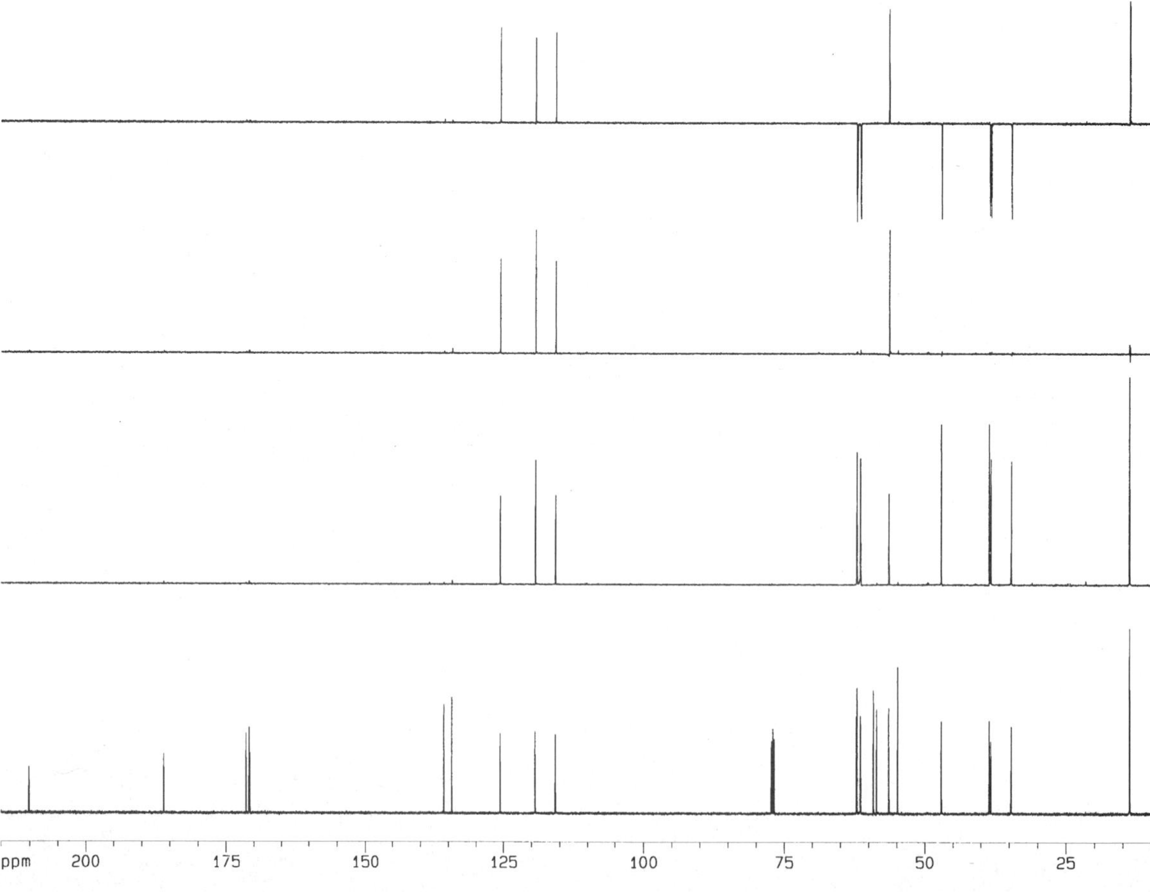

그림 5-37 문제 5-7

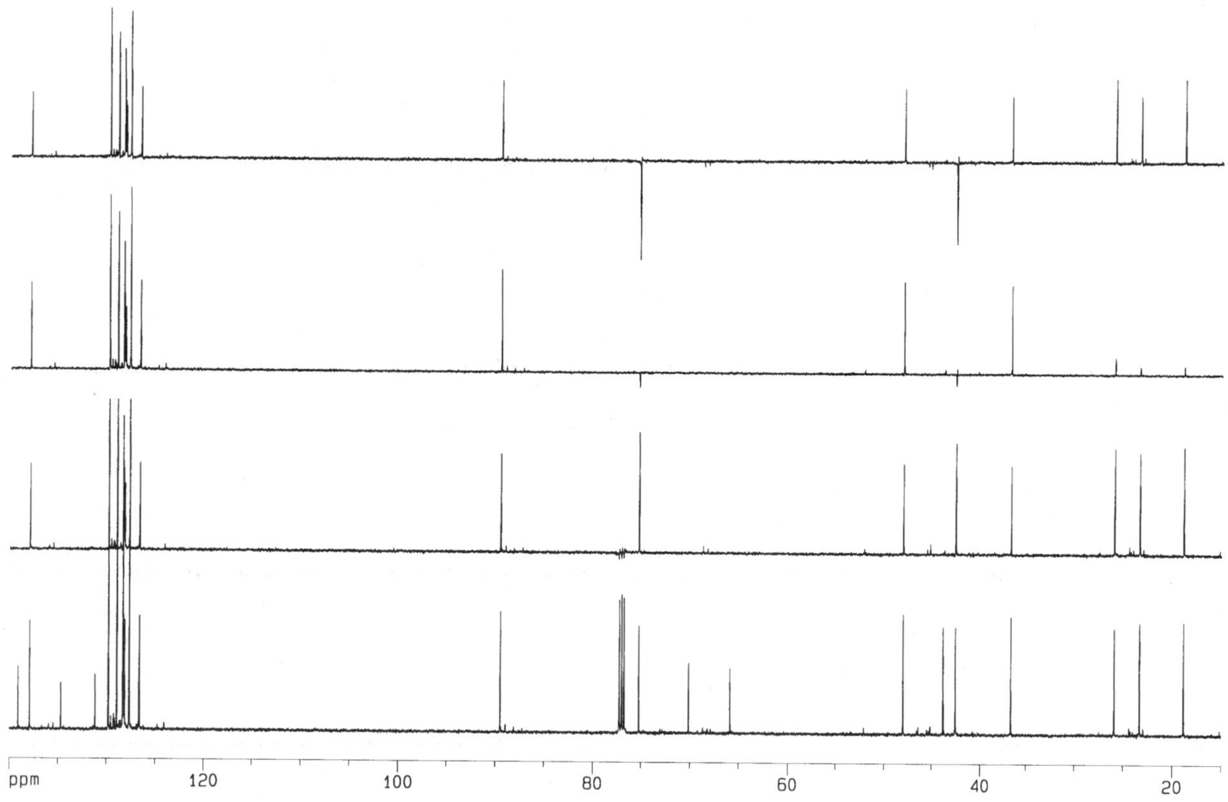

그림 5-38 문제 5-8

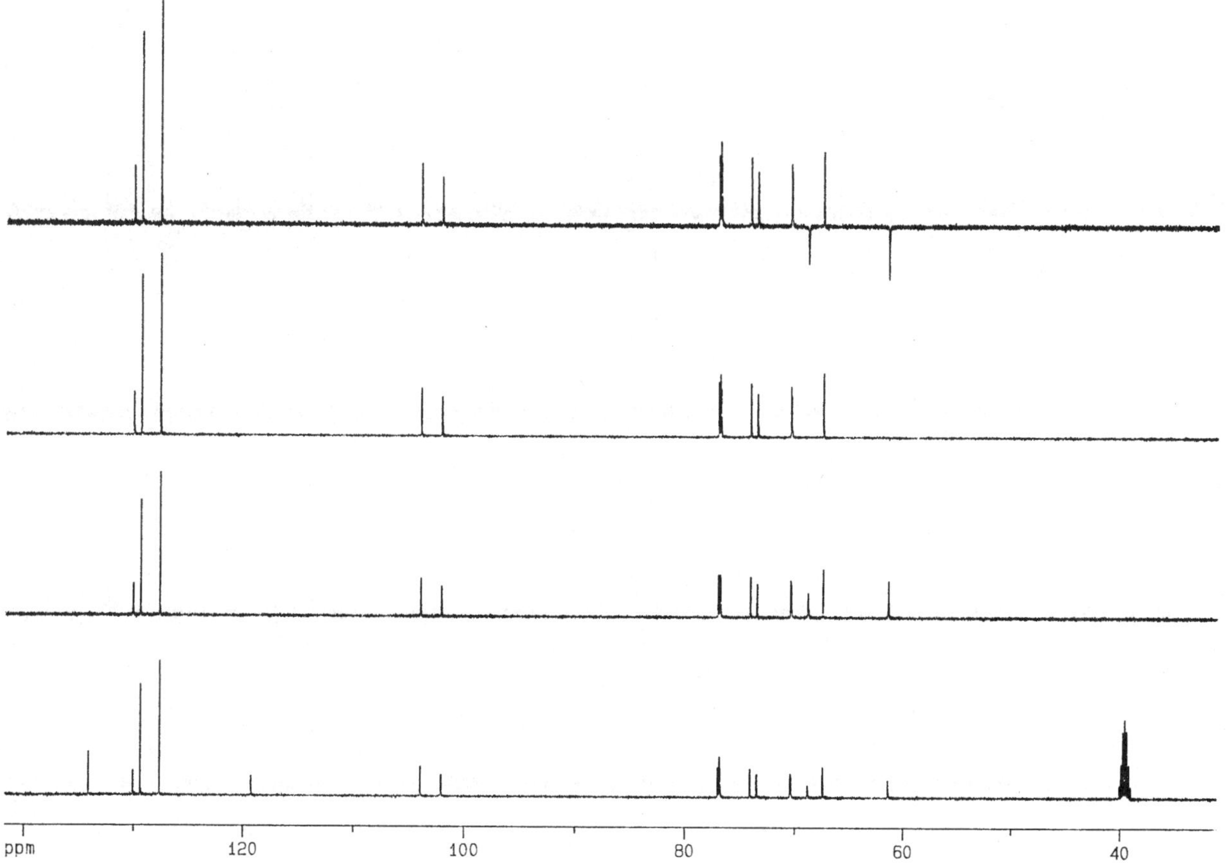

그림 5-39 문제 5-10

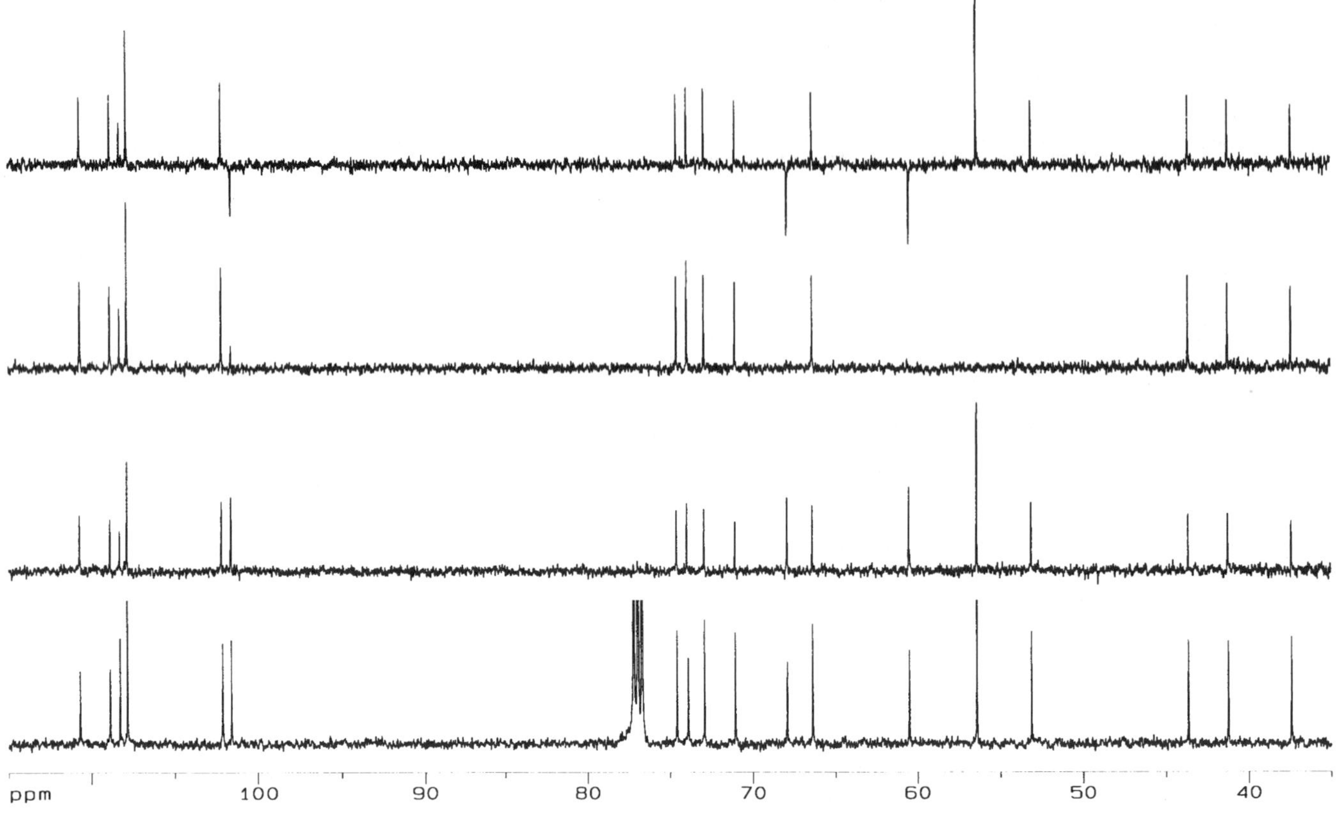

그림 5-40 문제 5-11

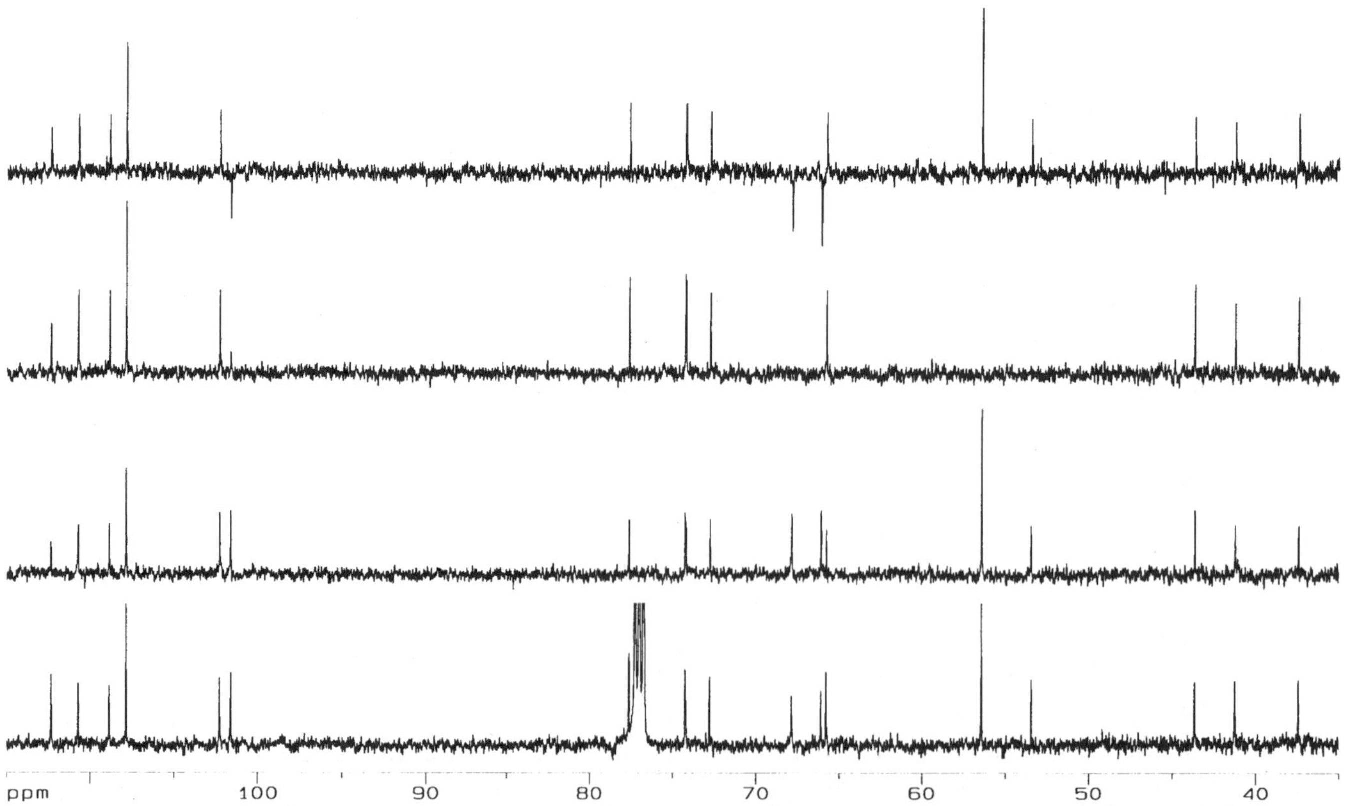

그림 5-41 문제 5-12

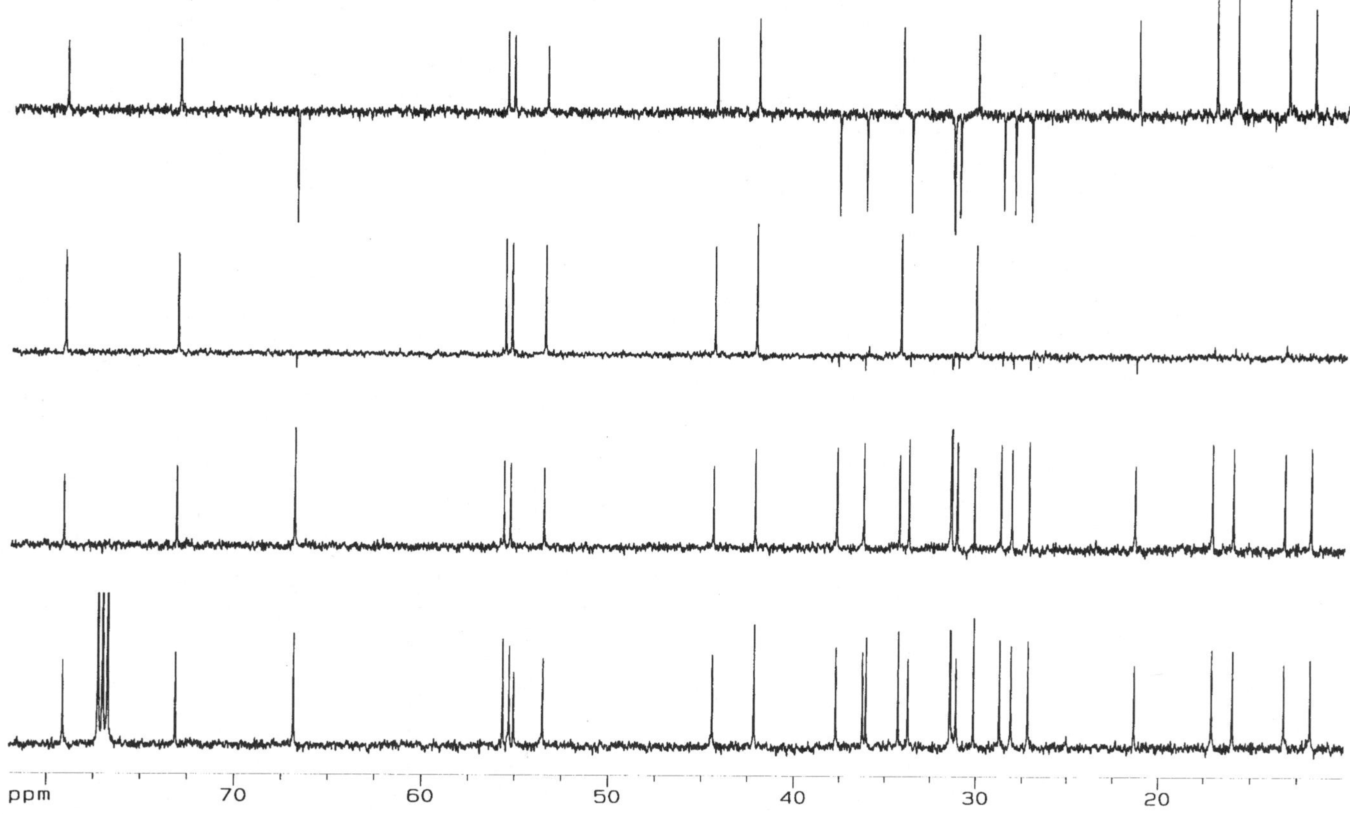

그림 5-42 문제 5-13

제6장

이차원 NMR 실험

우리들은 흔히 지난 50년간 NMR 분야의 많은 발전에도 불구하고 유독 지난 십 수년간 화학 분야에서 획기적인 것은 NMR의 발전이라고 하는 많은 사람들의 주장을 들을 수 있다. 아마도 이것은 2D-NMR이라고 하는 새로운 실험의 개념 때문일 것이다. 실제로 2D-NMR의 개념은 1971년 유고슬라비아에서 열린 Ampere International Summer School이라는 conference에서 Jeener라는 사람에 의해서 제창되었다. 그러나 불행히도 이 사람은 이 개념을 어떠한 논문으로도 발표하지 못하였으며 1975년도에 Ernst가 실험적으로 이 개념을 증명하였다.[1]

그 이후 물리 화학자들의 손에 의해서 새로운 기법의 실험 방법들이 눈부신 발전을 거듭하여 1980년대 초 이 분야의 발전을 제일 감사해야 할 유기화학과 생화학자들에게 전수되어 많이 사용되기 시작하였다. 이와 같이 빠른 발전으로 현재까지 수많은 펄스 순서(pulse sequence)들이 발표되었으며 그 각각은 유기화학에서의 named organic reaction과 같이 특유의 이름들을 가지고 있다.

이 많은 실험 방법들을 이용하여 어떠한 실험을 하려면 제일 먼저 그 실험을 할 수 있는 적당한 기계가 있어야 하는 것은 물론이지만 또한 바른 파라미터들 그리고 얻은 스펙트럼의 정확한 해석이 뒤따라야 한다. 그러나 무엇보다도 그 실험 목적을 위한 정확한 펄스 순서, 즉 정확한 실험 방법을 선택하였느냐 하는 것 또한 아주 중요한 일이 될 것이다.

이 펄스 순서들의 이해를 위해서는 3가지의 접근 방법이 있다. 가장 기본적인 방법으로는 우리가 이 책의 앞에서 공부한 회전 좌표계(rotating frame of reference) 방법을 이용한 벡터 모델이 있고, 물리 화학자가 아닌 사람들도 정성적이나 정량적으로 상당히 이해할 수 있는 product operator formalism 그리고 마지막으로 양자 역학(quantum mechanics)을 이용한 density matrix 방법이 있다.[2-6]

이 책에서는 이러한 이론들의 설명이 아닌 실제 분자의 구조 분석 연구 등 실용적으로 사용하려고 하는 사람들을 위해서 가장 자주 쓰이며 기본이 되는 실험들에 대해서 회전 좌표계를 이용한 벡터 모델을 사용하여 개념을 이해하고 실제의 스펙트럼과 함께 그 이용 방법들을 공부하도록 한다.

6.1 기본개념과 분류

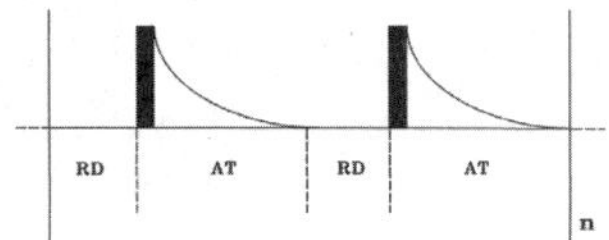

그림 6-1 기본적인 1차원 NMR의 펄스 순서.

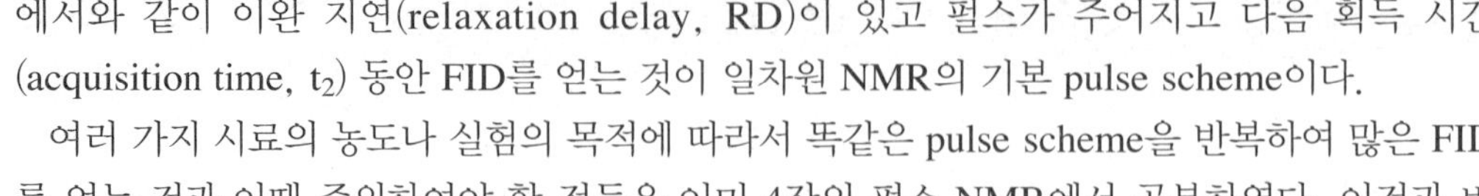

먼저 우리가 알고 있는 기본적인 일차원(1D) NMR의 펄스 순서를 보도록 하자. 그림 6-1에서와 같이 이완 지연(relaxation delay, RD)이 있고 펄스가 주어지고 다음 획득 시간(acquisition time, t_2) 동안 FID를 얻는 것이 일차원 NMR의 기본 pulse scheme이다.

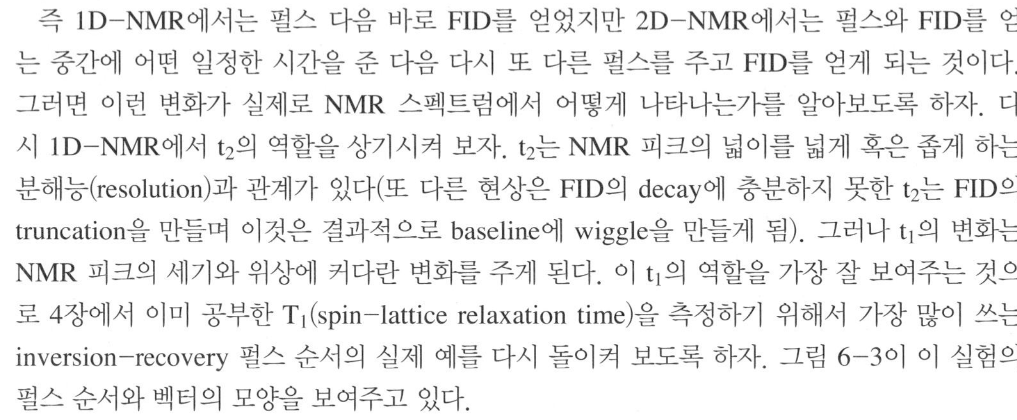

여러 가지 시료의 농도나 실험의 목적에 따라서 똑같은 pulse scheme을 반복하여 많은 FID를 얻는 것과 이때 주의하여야 할 점들은 이미 4장의 펄스 NMR에서 공부하였다. 이것과 비교해서 2D-NMR의 펄스 순서는 획득 시간, t_2 이외에 전개 시간(evolution time, t_1)이라고 하는 파라미터가 하나 더 있게 되는 것이다(그림 6-2).

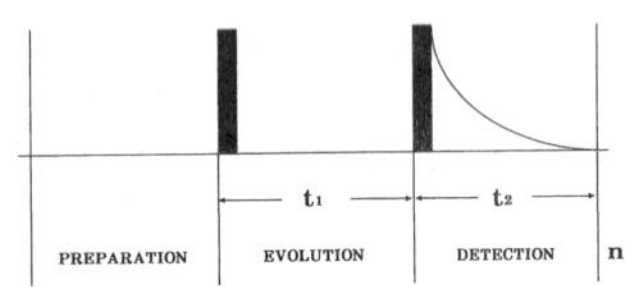

그림 6-2 기본적인 2차원 NMR의 펄스 순서.

즉 1D-NMR에서는 펄스 다음 바로 FID를 얻었지만 2D-NMR에서는 펄스와 FID를 얻는 중간에 어떤 일정한 시간을 준 다음 다시 또 다른 펄스를 주고 FID를 얻게 되는 것이다. 그러면 이런 변화가 실제로 NMR 스펙트럼에서 어떻게 나타나는가를 알아보도록 하자. 다시 1D-NMR에서 t_2의 역할을 상기시켜 보자. t_2는 NMR 피크의 넓이를 넓게 혹은 좁게 하는 분해능(resolution)과 관계가 있다(또 다른 현상은 FID의 decay에 충분하지 못한 t_2는 FID의 truncation을 만들며 이것은 결과적으로 baseline에 wiggle을 만들게 됨). 그러나 t_1의 변화는 NMR 피크의 세기와 위상에 커다란 변화를 주게 된다. 이 t_1의 역할을 가장 잘 보여주는 것으로 4장에서 이미 공부한 T_1(spin-lattice relaxation time)을 측정하기 위해서 가장 많이 쓰는 inversion-recovery 펄스 순서의 실제 예를 다시 돌이켜 보도록 하자. 그림 6-3이 이 실험의 펄스 순서와 벡터의 모양을 보여주고 있다.

짧은 t_1(이 펄스 순서에서는 τ라고 대부분 표시함)을 주었을 때와 긴 t_1을 주었을 때 피크의 상(phase)은 완전히 반대를 나타내고 있다. 그리고 만약 이 중간의 t_1 시간들이 주어진다면 나

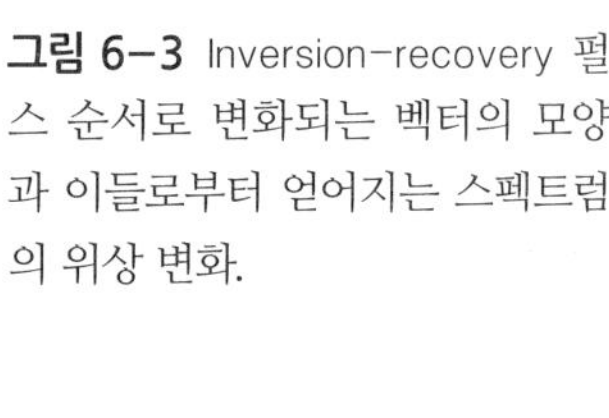

그림 6-3 Inversion-recovery 펄스 순서로 변화되는 벡터의 모양과 이들로부터 얻어지는 스펙트럼의 위상 변화.

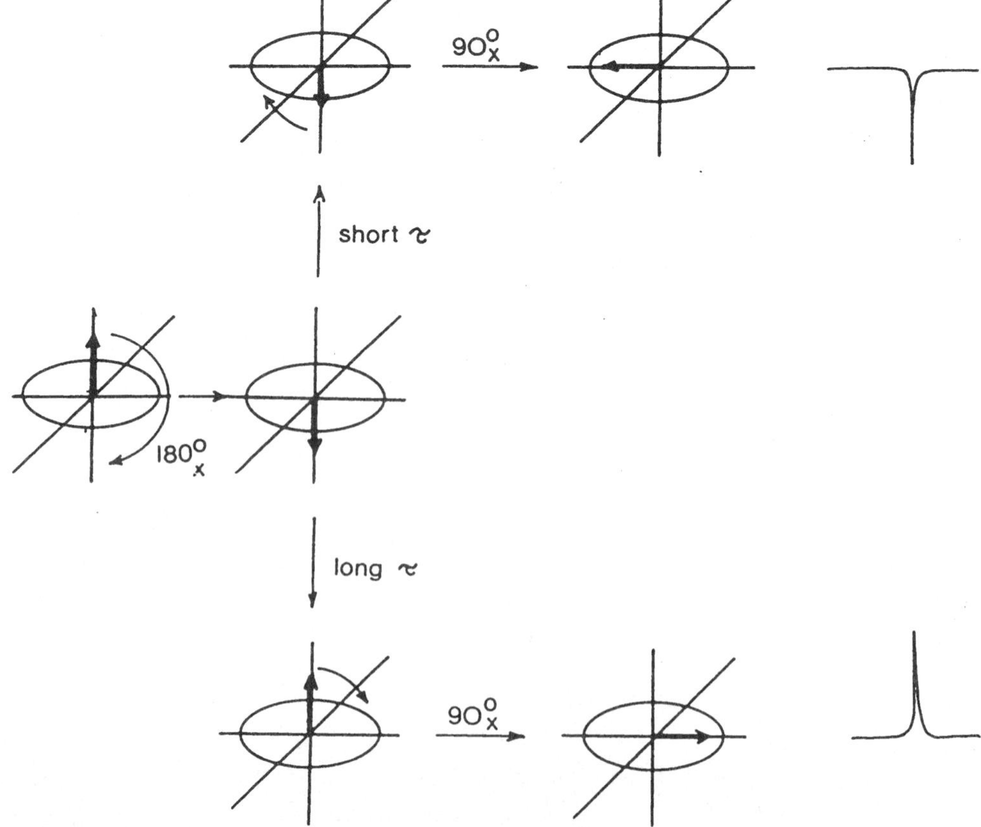

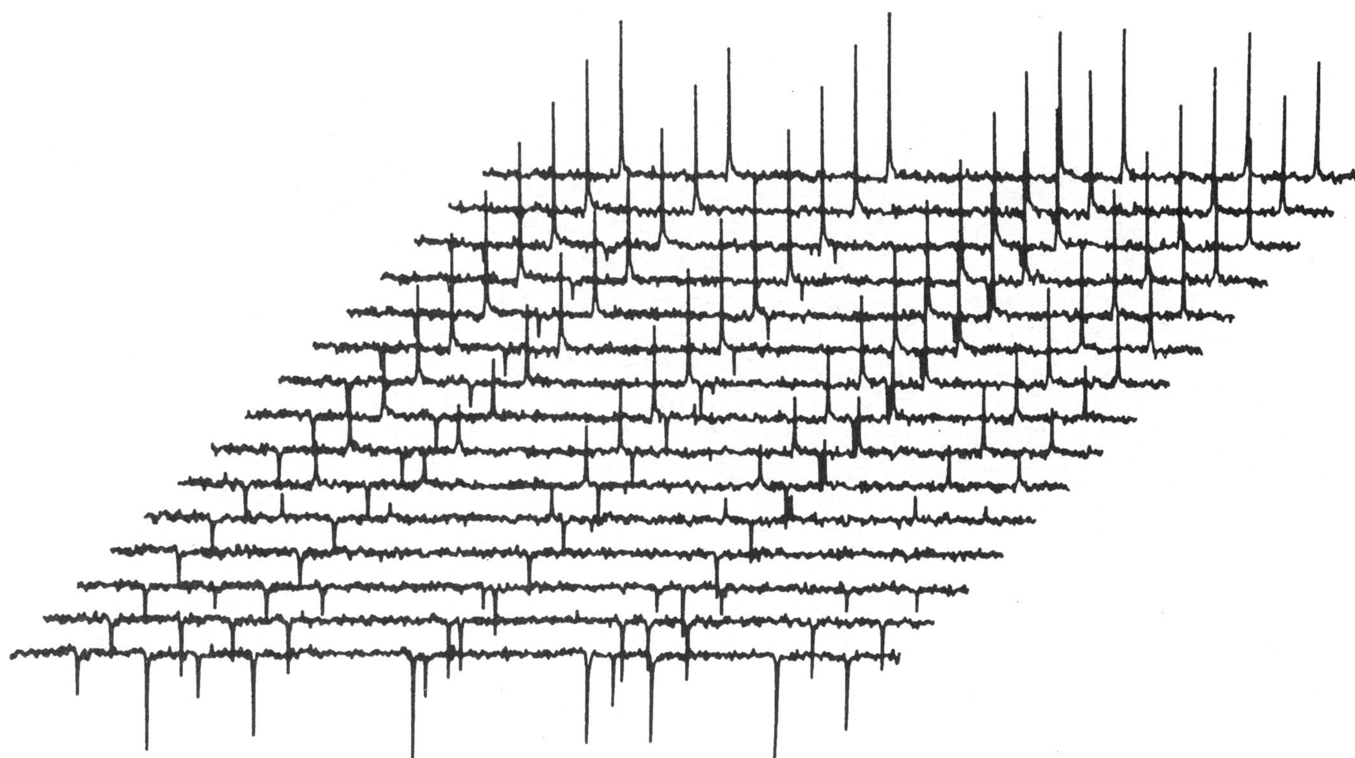

그림 6-4 그림 6-3의 방법으로 얻은 스펙트럼들의 stack plot.

타나는 피크들은 intensity의 차이들을 보일 것이다. 이 현상을 그림 6-4에서 볼 수 있다. 아주 짧은 t_1에서 모든 피크가 음으로 나타나고 있다가 t_1이 길어짐에 따라 점점 음의 intensity가 작아지며 결국은 어느 시간부터는 양의 방향으로 커지기 시작한다.

그림 6-4의 stack plot에서 제일 마지막 한 slice의 스펙트럼을 생각할 때 x축은 1D-NMR에서 FT를 한 후 나타내는 화학 이동(chemical shift)이 된다. 이것을 간단히 수식으로 표시한다면 식 6-1로 나타낼 수 있다.

$$S(t_2) \longrightarrow S(F2) \qquad \text{(식 6-1)}$$

여기에서 F2는 각각의 피크 주파수(frequency)를 나타낸다. 그렇다면 그림 6-4는 두 개의 시간이 주어졌고 그리고 F2에 대해서만 FT를 적용했으므로 식 6-2와 같이 표시될 수 있다.

$$S(t_1,\ t_2) \longrightarrow S(t_1,\ F2) \qquad \text{(식 6-2)}$$

그림 6-4의 목적은 T_1을 측정하기 위한 것이기 때문에 F2축에 대한 FT 만으로 충분히 목적을 달성할 수 있다. 그러면 이제 이 그림을 우리가 y축에 서서 피크들의 정점을 보도록 하자. 각각의 t_1의 변화에 따라 크기가 변하는 피크들의 정점을 연결해 보면 어떤 파(wave)를 나타냄을 알 수 있다. 즉, 이것들은 1D-NMR에서 얻는 FID의 모습과 비슷한 것임을 알 수 있다. 1D-NMR에서 FID는 t_2에 대한 파(wave)를 FT를 수행해서 화학 이동을 보았으므로 그렇다면 그림 6-4와 같이 또 다른 시간 t_1에 대하여 종속관계가 있는 파(wave)도 FT를 한다면 어떠한 함수관계를 가지지 않겠느냐 하는 것이 2D-NMR의 기본원리가 되는 것이다. 그리고 y축에 대해서 한 번 더 FT를 수행한다면 우리는 식 6-3과 같이 표시되는 어떤 함수관계를 얻게

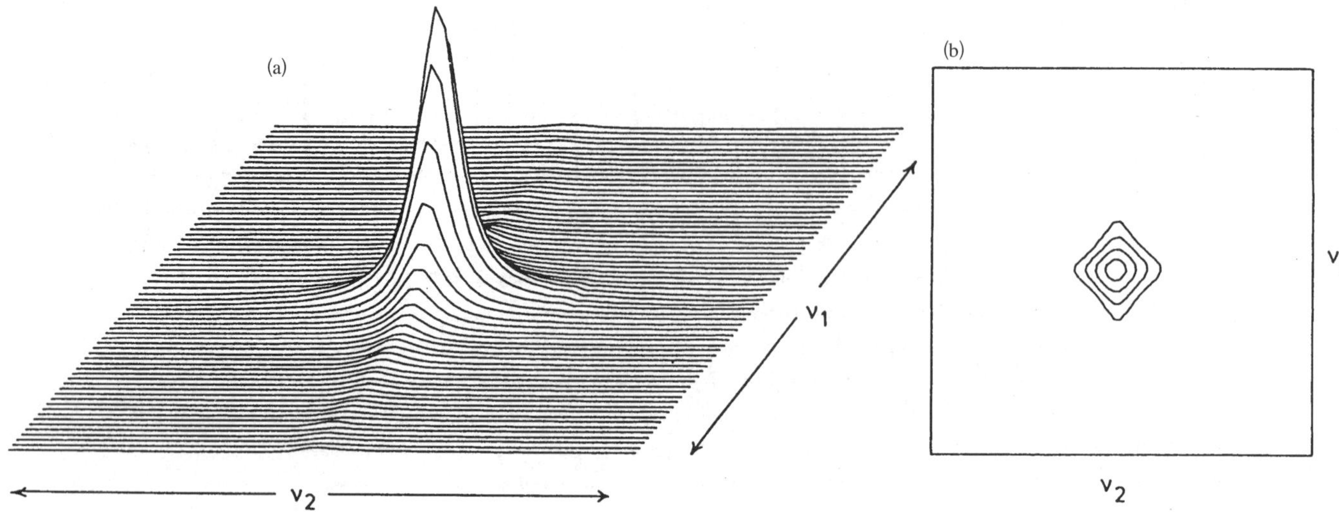

그림 6-5 2D 스펙트럼의 plot 방법. (a) stack plot, (b) contour plot.

될 것이다.

$$S(t_1, t_2) \longrightarrow S(F1, F2) \qquad \text{(식 6-3)}$$

식 6-3에서 시간이 두 개가 되므로 2D(2-dimension)라고 이름을 붙이게 되었다. 그렇다면 t_3라고 하는 또 다른 시간을 펄스 순서에 넣게 되면 3D가 되며, t_4가 있으면 4D NMR이 되는 것이다. 아직 일상적인 실험을 위한 실용단계는 아니지만 최근 4D NMR까지 논문이 발표된 바 있다.

최신의 NMR 실험 방법에는 이와 같이 t_1과 t_2(detection) 사이에 여러 개의 변화시킬 수 있는 다른 시간을 넣을 수도 있지만 mixing이라고 하는 고정의 시간도 넣을 수 있다. 그리고 목적에 따라서, t_1 중간에 여러 개의 다른 펄스들도 주어질 수 있다. 이러한 많은 변수들이 엄청나게 많은 펄스 순서를 만들어 냈고 지금도 계속 다른 새로운 실험 방법들을 위한 펄스 순서가 만들어지고 있다.

비록 이와 같이 많은 펄스 순서가 있지만 2D NMR은 대부분 사용 목적에 따라 다음의 세 가지로 분류될 수 있다.

1) 화학 이동 상호관계 실험(Chemical Shift Correlation Spectroscopy)
2) J-분별실험(J-Resolved Spectroscopy)
3) Multiple Quantum Spectroscopy

이 실험들의 결과는 1D 스펙트럼과는 다르게 3차원(3-dimension)의 그림으로 그려질 수 있다. 그림 6-5에 이들 실험들의 스펙트럼을 그리는 방법인 stack plot과 contour plot을 보여주고 있다.

이들 두 방법 중 어떤 특수한 목적을 위해서 사용되는 것을 제외하고는 2D-NMR 스펙트럼은 대부분 contour plot으로 그려지며 실제로 스펙트럼 해석을 위해서도 매우 편리하다.

이 많은 실험들 중 우리는 가장 기본이 되는 2D 실험의 펄스 순서들의 구성과 사용방법 그리고 실험을 할 때 주의할 점들이 무엇인가를 실제로 얻어진 스펙트럼들을 통해서 살펴보기로 한다.

6.2 화학 이동 상호관계 실험

두 개의 축, 즉 X(t_2)축과 Y(t_1)축에 (대부분 X축을 F2축 그리고 Y축을 F1축이라고도 함) 화학 이동(chemical shift) 값을 나타나게 하는 이 실험은 두 축에 같은 핵의 화학 이동을 나타내었는지 또는 서로 다른 핵들의 화학 이동을 나타나게 하였는지에 따라서 동 핵종의 상호관계(homonuclear correlation)와 타 핵종의 상호관계(heteronuclear correlation)로 분류한다.

6.2.1 동 핵종의 화학 이동 상호관계

6.2.1.1 COSY 실험[1]

동 핵종의 상호관계 실험 방법으로 가장 많이 사용되며 기본이 되는 COSY(COrrelation SpectroscopY)라는 실험을 살펴보기로 하자. 이 실험의 펄스 순서는 그림 6-6에서 볼 수 있다. 스핀들이 평형상태로 돌아오기 위해서 걸리는 시간인 delay, 즉 preparation이라고도 부르는 시간 후 90° 펄스가 주어지고 그리고 변화하는 시간 t_1이 있고 이어서 두 번째 90° 펄스가 주어진 후 t_2 시간 동안 FID를 얻게 된다. 이때 두 번째 펄스는 45° 펄스도 많이 쓰인다. 이 때문에 두 번째 펄스가 90°일 때는 COSY−90 그리고 45°일 때는 COSY−45라고 한다.

앞에서 공부한 회전 좌표계(rotating frame of reference)를 이용하여 COSY 펄스 순서로 일어나는 벡터들의 운동 모양을 살펴보도록 하자. 설명을 단순화하기 위하여 시료는 하나의 양성자만을 가진 화합물이라 가정하고 이들은 세로 이완(longitudinal relaxation)이 일어나지 않는다고 생각하자. 처음 90°(x) 펄스로 xy 평면의 y축에 놓인 벡터는 자신의 화학 이동값(ν

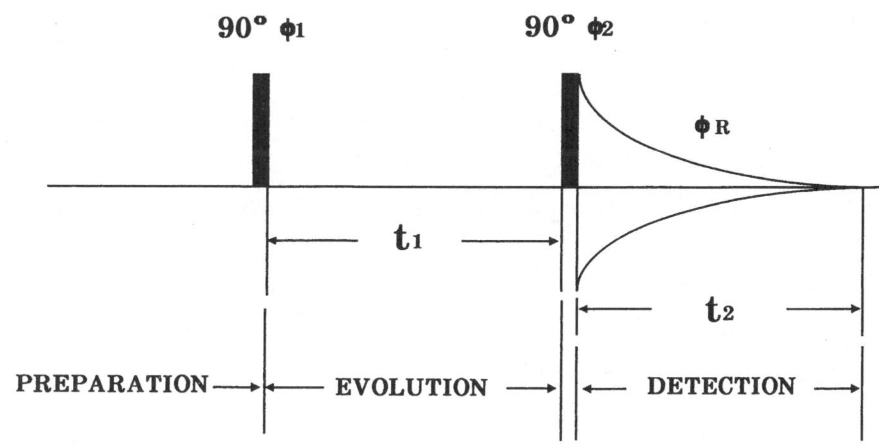

그림 6-6 COSY 실험의 기본 펄스 순서.

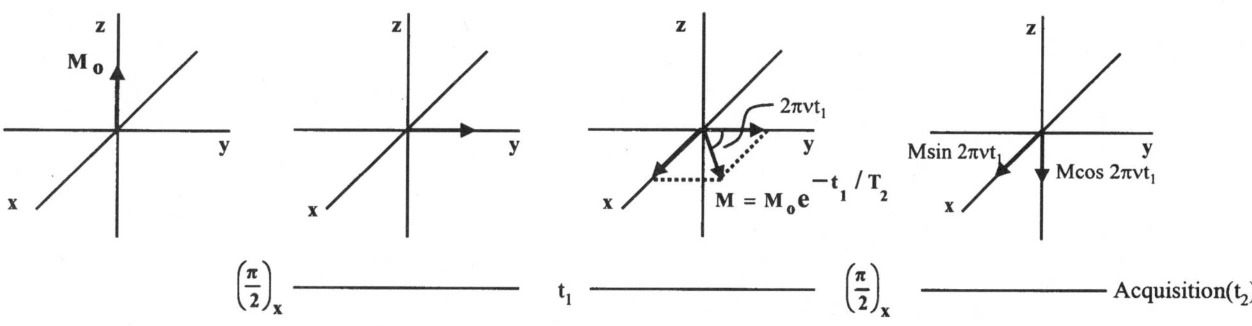

그림 6-7 두 펄스 사이의 시간 t_1의 변화에 따라서 움직이는 벡터의 그림.

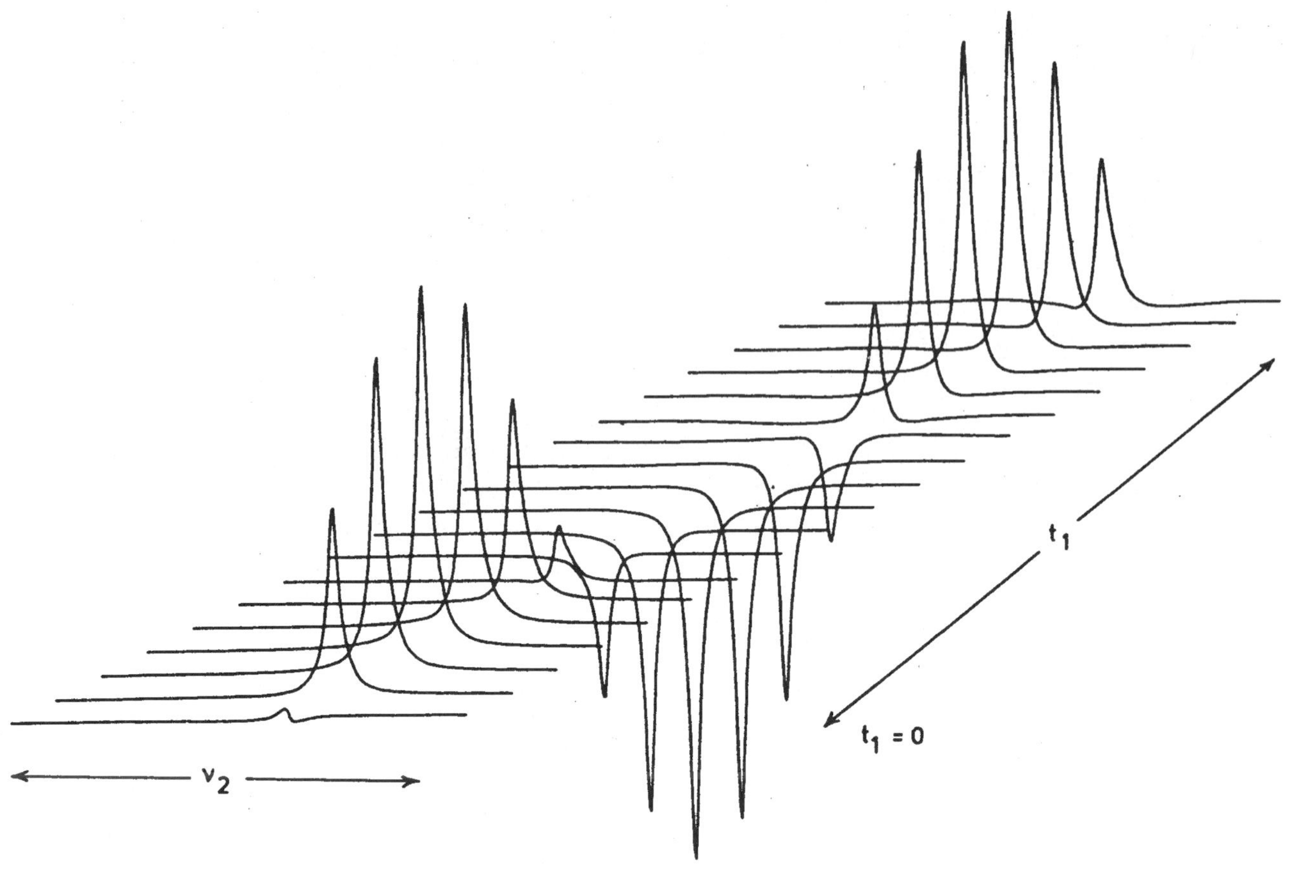

그림 6-8 그림 6-7에서 t_1을 변형시키면서 얻어지는 각각의 피크의 모습.

Hz)을 가지고 주어진 시간 t_1 동안 xy 평면 위를 회전할 것이다. 그런 다음 주어진 90°(x) 펄스는 이 벡터를 회전 좌표계의 어떤 곳에 옮겨 놓게 될 것이다. 이 벡터의 위치를 생각하는 가장 좋은 방법은 벡터의 크기를 x와 y축에 투영하는 것이다. 그림 6-7이 이것을 잘 보여주고 있다.

ν Hz를 가지고 움직이는 벡터는 t_1의 시간 동안 y축으로부터 $2\pi\nu t_1$ 만큼의 각도로 위치를 움직였을 것이다. 이때의 벡터의 크기가 M이라 한다면 간단한 삼각함수로 y축의 벡터의 크기는 $M\ \cos 2\pi\nu t_1$이 될 것이고 x축의 벡터의 크기는 $M\ \sin 2\pi\nu t_1$으로 될 것이라는 것을 쉽게 예측할 수 있다. 여기에 주어지는 두 번째의 90°(x) 펄스는 y축의 벡터를 −z축으로 옮기고 x축의 벡터는 제자리에 남겨놓게 된다. 즉, xy 평면에 있는 벡터의 크기가 NMR의 피크의 크기이므로 $M\ \sin 2\pi\nu t_1$이 피크의 크기가 된다. 이것은 COSY 실험의 펄스 순서도 피크 크기를 서론에서 보았던 T_1을 측정하기 위한 inversion recovery 실험의 펄스 순서와 같이 기다리는 시간 t_1으로 조절할 수 있다는 것을 보여주는 것이다. 이 펄스 순서로 t_1을 변화시키면서 피크를 측정하면 결국 그림 6-8과 같은 여러 가지 크기와 다른 위상들을 가진 피크들을 얻게 될 것이다.

이 피크들의 크기는, 세로 이완(T_2)이 일어나지 않을 때는 아무리 긴 t_1의 시간을 주더라도 이 모습들을 유지할 것이나 실제로는 T_2가 일어나므로 점점 작아지면서 결국은 사라지게 된다. 이들 각각의 t_1에 대하여 얻어진 피크들의 정점의 크기를 그림으로 그린다면 우리가 1D-NMR에서 얻은 FID의 모습과 같은 그림 6-9를 얻게 되리라고 쉽게 예상할 수 있다. 이것을 FID와 구분하기 위한 방법으로 보통 interferogram이라고 한다.

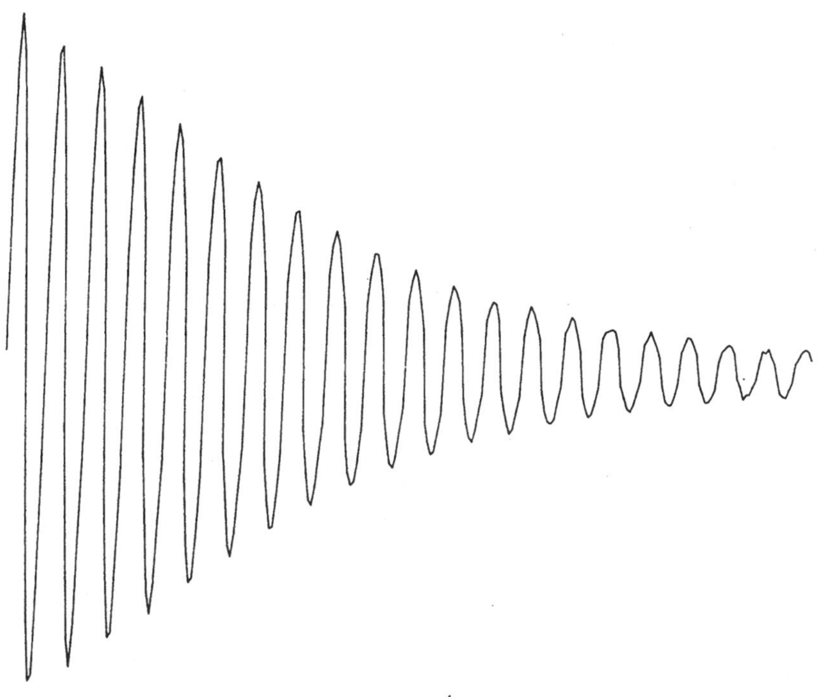

그림 6-9 그림 6-8에서 얻어진 각각의 피크들의 정점의 크기를 측정하여 그린 interferogram.

결국 t_1이라는 시간 하나를 더 사용함으로써 시간의 함수 $S(t_1, t_2)$를 얻게 되며 이 함수를 2D-FT를 하면 주파수의 함수인 $S(\nu_1, \nu_2)$의 스펙트럼을 얻게 된다(그림 6-5). 여기에서 사용된 모델은 하나의 양성자이기 때문에 t_1과 t_2 시간 동안 어떤 다른 영향을 받지 않고 같은 주파수로 움직이므로 스펙트럼 두 축의 화학 이동은 같은 값을 가지며 이 피크는 정사각형의 스펙트럼 diagonal 위치에 놓이게 되며 diagonal peak라고 한다. 이것은 1D-NMR에서 화학 이동으로 얻을 수 있는 정보와 같으므로 아무런 의미가 없다. 이 실험이 의미를 가지는 것은 상호작용하는 여러 개의 다른 주파수를 가지는 핵들이 있는 시스템에서 하나의 주파수가 t_1 시간 동안 만들어 내는 주파수는(이때를 이 주파수로 labelled 되었다고 함) 두 번째의 펄스의 영향으로 t_2의 시간 동안에 다른 주파수로 변한다는 사실이다. 즉 t_2의 시간 동안에 만들어진 주파수는 화학 이동과 커플링의 합으로 나타나게 된다. 이 피크는 결국 두 축에 다른 화학 이동값을 나타내게 되며 diagonal축이 아닌 곳에 나타나게 되는데 이것을 off-diagonal 또는 cross 피크라고 한다. 이런 현상이 어떻게 일어나는지는 뒤에서 다시 보기로 하고 우선 이 현상이 얼마나 유용한지를 실제 스펙트럼을 보면서 알아보도록 한다. 그림 6-10은 이미 3장에서 1D 스펙트럼(그림 3-27)으로 공부하였던 glycidyl methacrylate(**1**)의 COSY-90 스펙트럼이다(일반적으로 COSY 데이터를 2D-FT를 할 때 F2와 F1축 모두 이동되지 않은 sine-bell window function을 사용한다). 2D contour plot 위에 1D 스펙트럼도 같이 보여주고 있다.

2D plot의 사각형 좌측 하단의 모서리에서 우측 상단의 모서리로 사선을 그으면 이때 사선 위에 놓이는 피크들이 diagonal peak며 이것들은 1D NMR 스펙트럼에서 피크들의 화학 이동에 해당되는 것이다. 즉 그림 6-10의 1D peak들을 2D plot의 X(F2)축에 대해 직각으로 그려보면 이들은 diagonal peak들과 만나게 된다. 이것들 이외의 피크들을 off-diagonal peak 또는 cross 피크라고 한다. COSY 실험의 목적은 바로 이 cross 피크들을 얻기 위한 것이다. 이 cross 피크들이 양성자들 사이에 커플링이 있다는 것을 증명하는 것이다.

그림 6-10에서 6.1과 5.55 ppm 피크는 glycidyl methacrylate(**1**)에 있는 olefin의 methylene(1) 양성자들이다. 이들은 서로 약 1~2 Hz 정도의 커플링 상수를 가지며 1D

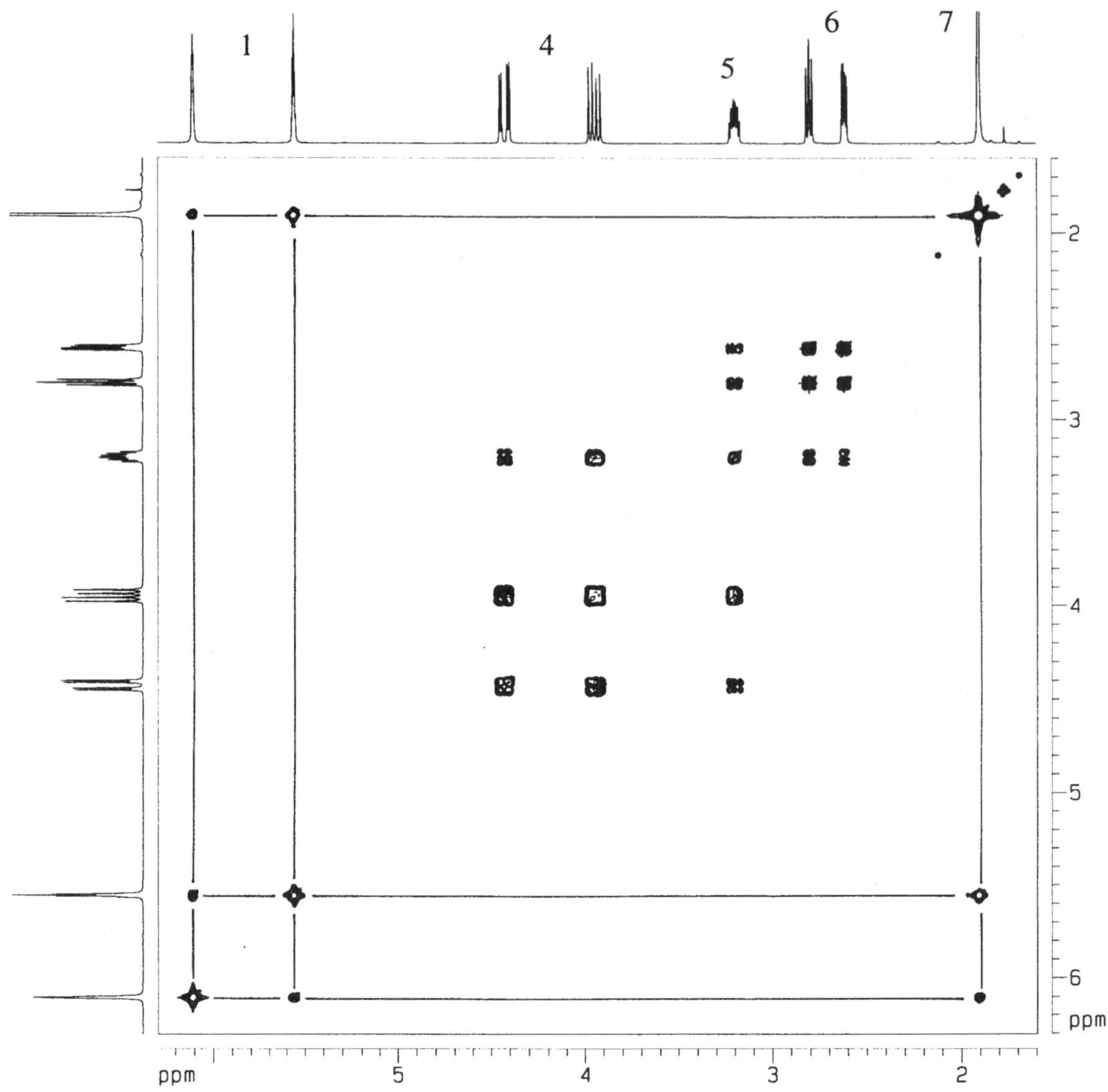

그림 6-10 Glycidyl methacrylate(**1**)의 COSY-90 스펙트럼(500.13 MHz).

1

NMR 스펙트럼에서는 splitting pattern으로 볼 수 있고 2D COSY 스펙트럼에서는 diagonal peak 를 포함하여 만든 사각형의 양쪽 모서리에 cross 피크로 보이는 것이다. 그리고 이 각각의 diagonal peak에서 X(F2)축에 평행한 선으로 따라가다 보면 각각 또 다른 cross 피크들을 만나게 되고 이들을 기준으로 다시 Y(F1)축에 평행한 선으로 따라가다 보면 다시 1.9 ppm에서 나타난 methyl group의 diagonal peak와 만나게 된다. 이 cross 피크들은 사각형의 다른 꼭짓점에서도 나타나 있으며 olefin의 양성자들이 methyl group의 양성자들과 커플링하고 있다는 것을 보여주는 것이다(이들을 그림 6-10에서 직선으로 연결시켜 놓았다). 우리는 3장에서 보았듯이 이미 이와 같은 allylic proton coupling은 *cis*와 *trans*에 따라 약간의 차이가 있지만 약 1~2 Hz 정도를 가지고 있다는 것을 알고 있다.

그리고 3.2 ppm에서의 다중도(multiplet)로 나타난 피크는 glycidyl methacrylate(**1**)의 ethylene oxide group의 CH(5) 피크이다. 이 methine(CH) 양성자는 ester group의 산소와 연결되어 있는 methylene(4)의 2개의 양성자(4.43과 3.95 ppm)와 ethylene oxide group에 있는 methylene(6)의 2개의 양성자(2.8과 2.62 ppm) 등 모두 4개의 다른 화학 이동값을 가지

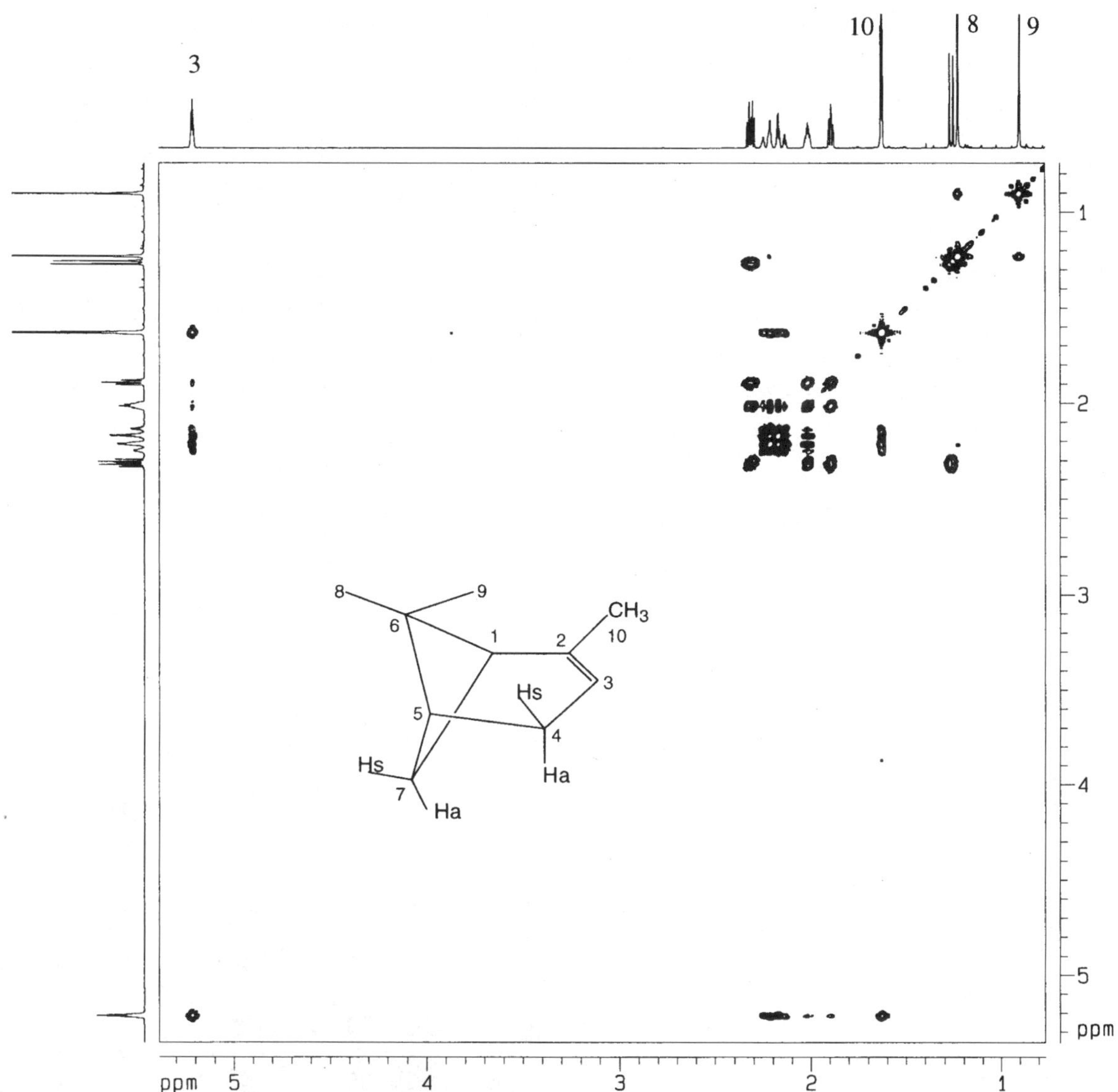

그림 6-11 α-pinene(**2**)의 COSY 스펙트럼(그림 3-30 디커플링 실험 참조).

고 나타나는 양성자들과 커플링을 하고 있다. 즉 3.2 ppm의 diagonal peak에서 좌우 상하로 따라가면 각각 4개의 피크를 만날 수 있으며 이들을 이용하여 찾아낸 diagonal peak가 이 methine 양성자와 커플링하는 것들이다. 즉 COSY 실험은 1D-NMR에서 양성자들의 커플링 pattern을 알기 위해서 자세하게 커플링 상수를 측정하여야 했던 번거로움을 제거하여 줄 수 있다. 또한 이것은 복잡한 분자에서는 coupling pattern이 매우 복잡하여 1D 스펙트럼에서 해석이 불가능한 것들도 쉽게 커플링하는 상대를 찾을 수 있게 하는 실험이다. 이 스펙트럼에서 나타난 cross 피크들은 어떤 것은 크고 어떤 것은 작게 나타나 있는데 이것은 일반적으로 커플링 상수의 크기에 비례한다고 생각할 수 있다.

그림 6-11은 3장에서 커플링 pattern이 매우 복잡하여 그들의 커플링 상대들을 찾아내기 위해서 디커플링 방법과 분자 모델을 이용한 dihedral angle의 관계까지 동원하였던 α-pinene(**2**)의 COSY 스펙트럼이다(그림 3-30 참조).

먼저 5.2 ppm에서 나타난 가장 명백한 sp^2의 양성자 3을 보면 이것은 양성자 4, 5, 1, 그리고 10과 커플링하고 있는 것을 쉽게 알 수 있으며 양성자 7-Hs는 양성자 1과 5와 커플링하지만 이들 양성자들과 7-Ha는 커플링하지 않는 것도 쉽게 볼 수 있다. 또한 디커플링 실험에도 불구하고 양성자 1과 5의 구분이 불분명하였던 사실이 여기에서는 양성자 4가 양성자 5와는 cross 피크를 가지고 있고, 1과는 cross 피크를 보여주지 않고 있는 것으로 그들의 구분을 명확하게 할 수 있다. 이 스펙트럼에서 양성자 3이 양성자 4, 10과 가지고 있는 cross 피크가 1, 5와 가지고 있는 것보다 큰 것은 그들 사이의 커플링 상수의 크기를 잘 나타내 주고 있는 것이다.

그림 6-12는 3장에서(그림 3-32) 스펙트럼이 매우 복잡하여 1D 방법만으로는 해석이 불가능 하였던 *trans*-myrtanol(**4**)을 500 MHz에서 얻은 COSY-90 스펙트럼이다. 같이 보여주고 있는 1D 양성자 스펙트럼에서는 매우 많은 splitting으로 서로의 커플링의 관계를 알 수 없지만 COSY-90의 diagonal 피크로 나타난 이들의 어떠한 피크를 사용하더라도 넓게 퍼져 나와 있는 cross 피크를 사용하여 아주 쉽게 커플링하는 상대를 찾을 수 있다. 그러나 스펙트럼을 해석하기 시작할 때 가장 중요한 것은 피크들 중 가장 명백한 피크를 먼저 찾는 것이다. 즉 그림 6-12에서는 가장 down field(3.4 ppm)에 나타나 있는 피크가 화학 이동의 값으로는 10-H_2로 예상할 수 있는 유일한 피크이다(여기의 두 개의 양성자는 연결되어 있는 탄소(2)

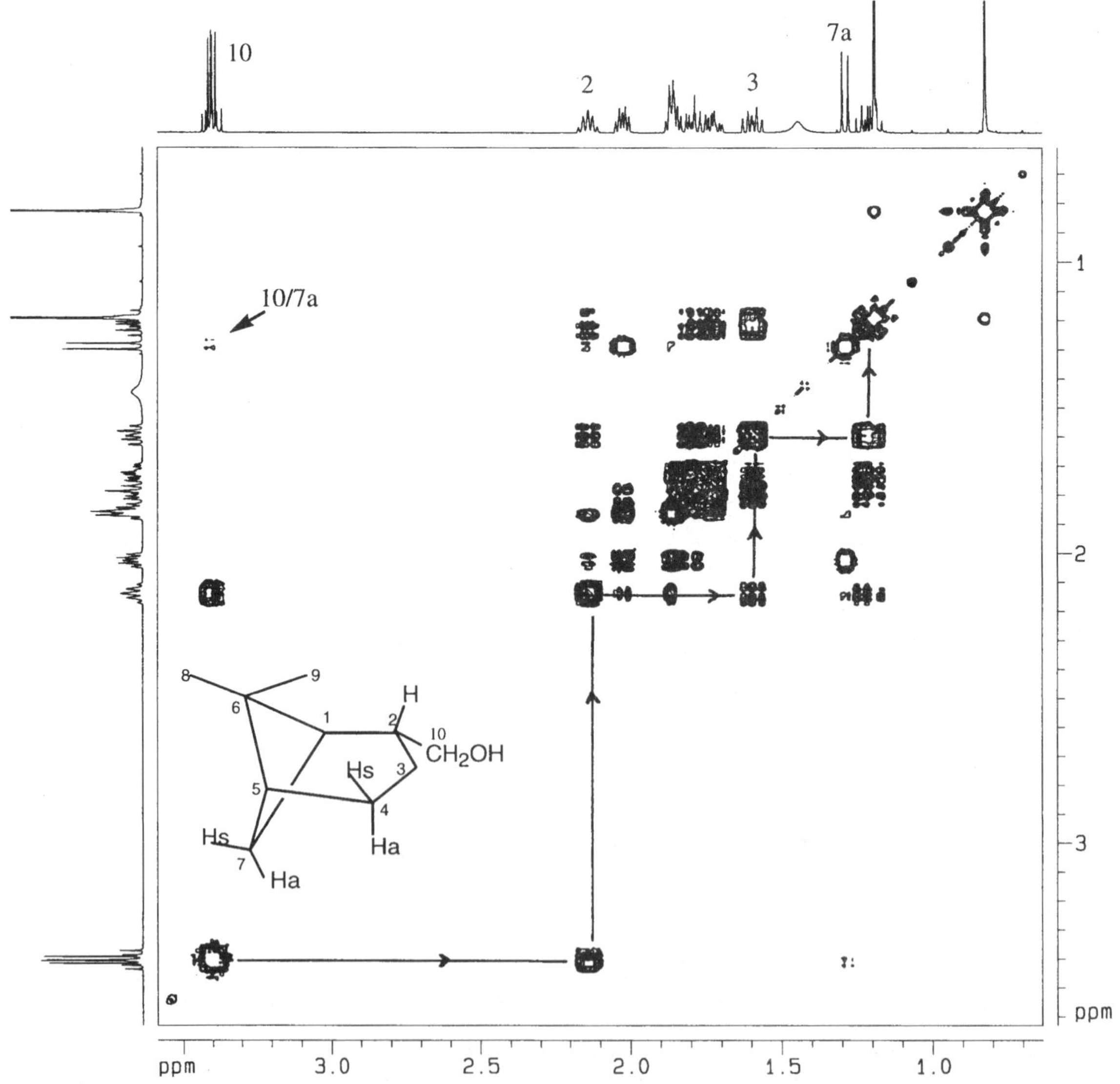

그림 6-12 *trans*-Myrtanol(**4**)의 COSY-90 스펙트럼.

가 chiral center이기 때문에 서로 화학 이동값이 조금 다르며 자기들끼리의 geminal 커플링과 2−H의 양성자와 vicinal 커플링을 하여 각각 1st order에서 벗어난 dd dd pattern들을 가지고 있다). 이 양성자의 diagonal 피크를 시작으로 cross 피크를 찾은 다음 그림 6−12에 화살표로 경로를 표시한 것과 같이 다시 diagonal 피크를 찾으면 이것이 양성자 2이며 이것으로부터 다시 cross 피크를 찾아 이들에 해당하는 diagonal 피크를 찾으면 이들이 양성자 2와 커플링하는 양성자들이다. 이와 같은 작업을 반복함으로써 1D 스펙트럼에서 불가능하던 커플링의 상대를 찾아서 분자의 구조를 확인해 나갈 수 있다. 이 스펙트럼에서 1D 스펙트럼에서 볼 수 없는 또 다른 하나의 장점은 아주 작은 커플링도 볼 수 있다는 것이다. 10-H_2는 양성자 2와 커플링하는 cross 피크 이외에 1.3 ppm에 2중선으로 나타난 양성자 7-Ha와 작기는 하지만 cross 피크를 보여주고 있다. 1D 스펙트럼에서는 7-Ha가 단지 7-Hs와만 커플링하여 2중선으로 나타나 있지만 COSY 실험에서는 1D의 피크 넓이보다 적은 커플링(W 모양이나 zig-zag의 배열 때문에 생겨나는 long-range 4-bond나 5-bond 커플링 상수가 이들이며 보통 0.1∼0.5 Hz 정도의 크기를 가진다)을 더 보여 주는 것이다.

Coherence and Coherence Transfer

이제까지 본 양성자 사이에서 커플링으로 생겨나는 cross 피크들이 어떻게 얻어지는지를 좀 더 알아보도록 하자. Cross 피크들이 나타나는 이 현상을 이해하기 위해서는 무엇보다도 먼저 coherence라는 개념을 이해하여야 한다. 이 개념의 이해를 위해서 포화된 시스템(또는 자장에 방금 넣은 시료로 생각할 수도 있음)과 90° 펄스를 준 두 개의 각기 다른 시스템에서 일어나는 전이(transition)의 차이점을 생각해 보도록 하자. 먼저 두 시스템은 모두 z축에 어떠한 벡터 성분(magnetization)도 가지고 있지 않다는 것은 동일하다. 즉 두 시스템에는 α와 β 준위에 존재하는 스핀의 수는 같다. 그러나 두 시스템의 틀린 점은 포화된 시스템에는 어떠한 magnetization도 존재하지 않지만 90° 펄스를 받은 시스템은 xy 평면에 magnetization이 회전(precession)하고 있다는 것이다. 우리는 이들 상태의 표현을 포화된 시스템에서는 핵들이 일정하지 않은(random) 위상(phase)으로 움직이고 있다고 하고, 90° 펄스를 받은 시스템은 α와 β 준위에 위상의 coherence가 만들어졌다고 말한다. 이와 같은 하나의 준위 사이의 전이에서 만들어지는 관계를 magnetic quantum number, M의 변화가 1($\Delta M = 1$, $1/2 \rightarrow -1/2$)이므로 single quantum coherence라 하고 coherence order, p가 1이라고 말한다. 이들은 NMR의 피크로 얻을 수 있으며 이외의 모든 coherence를 multiple quantum coherence라고 한다. 일단 이러한 위상의 coherence가 두 에너지 준위 사이에 존재하게 되면 또 다른 펄스로 이러한 관계를 다른 곳으로 이전시킬 수도 있다. 이 개념을 완전히 설명하기 위해서는 양자 역학이 필수적으로 사용되어야 하지만 여기에서는 이들을 사용하지 않고 커플링하고 있는 AX 스핀 시스템의 에너지 준위의 그림을 사용하여 정성적인 설명으로만 다루어 보도록 한다. 그림 6−13에 이들 두 AX 스핀이 가지는 전이를 A_1, A_2, X_1, X_2로 각각 표시하였으며 먼저 90° 펄스로 A_1의 전이에서 single quantum coherence가 만들어졌다고 가정하자. 다음 180° 펄스가 X_1 전이에 주어졌다면 αβ 준위의 위상 정보를 ββ 준위로 이전시키게 되며 αβ 준위는 αα 준위의 위상에 관한 정보를 가지고 있었으므로 결국 ββ 준위는 αα 준위의 위상의 정보를 가지게 된다. 즉 이들을 다른 표현으로 ββ 준위는 αα 준위와 coherence를 가졌다고 말하며 이들은 quantum number가 2이므로 double quantum coherence($p = 2$)라고 한다.

Quantum number가 0(zero-, $p = 0$), 3(triple-, $p = 3$) 등인 coherence도 만들어질 수 있으나 이들은 NMR의 피크로 얻을 수는 없다. 위에서 언급된 X_1 전이에 가해진 180° 펄스는 A_1 전이에 있는 모든 coherence를 double quantum coherence로 전해주게 된다. 이 X_1 전이에 다른 펄스 예를 들면 90° 펄스가 주어진다면 αβ 준위의 위상정보를 모두 ββ 준위로 옮겨놓지

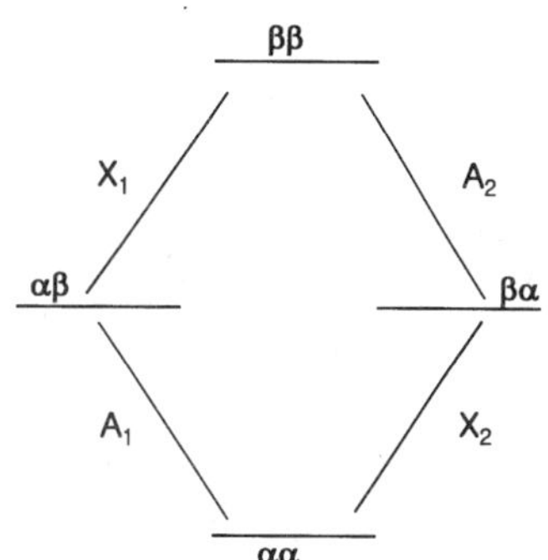

그림 6−13 AX 스핀 시스템의 에너지 준위.

는 못할 것이다. 그러므로 어떤 single quantum coherence는 원래의 A_1 전이에 남아 있을 수도 있고 어떤 것은 double quantum coherence로 전해질 수도 있고 또 다른 부분은 X_1 전이에 새로운 single quantum coherence를 만들게 될 수도 있을 것이다. 이 마지막으로 언급된 새로운 single quantum coherence를 우리는 magnetization transfer 또는 더 자주 coherence transfer라고 하며 이것이 COSY 실험에서 cross 피크로 나타나게 된다(아래 Artefacts와 이들의 제거 그리고 2D NMR 피크의 모습 참조).

물론 실제의 실험에서는 위의 예에서와 같이 selective 펄스, 구체적으로 말하면, A_1이나 X_1만 전이가 일어나는 펄스를 주지 않고 non-selective 펄스가 주어지므로 실제로는 모든 전이 사이에서 위의 예와 같은 현상이 일어난다. 그리고 어떠한 coherence가 얼마나 일어나는가는 주어진 t_1 시간과 두 핵 간의 커플링 상수(J) 그리고 두 번째로 주어지는 펄스의 길이에 따라 달라지게 된다. 이때 생겨난 여러 가지의 coherence들 중 single quantum coherence만 NMR의 피크로 얻을 수 있고 zero나 double quantum 등의 것들은 이 상태로는 NMR 피크를 얻을 수 없지만 제 3의 펄스를 주고 리시버의 위상을 바꾸어 주면(phase cycling) 여러 종류의 coherence NMR 피크들을 각각 얻을 수 있게 된다.

또한 coherence order, p는 부호를 가지고 있는데, 즉 single quantum coherence는 $p=+1$ 또는 -1 그리고 double quantum coherence는 $p=+2$ 또는 -2를 가지게 된다. 양과 음의 부호는 rotating frame에서 반대 방향으로 같은 속도로 움직이고 있는 가상의 벡터를 나타낸다. 이들은 single quantum coherence의 경우 single phase detection으로 얻어진 데이터에서 reference 주파수의 양쪽에 나타나는 피크들에 해당하므로 실제의 물리적 표명을 가지고 있다. 그리고 quadrature detection을 사용하여 데이터를 얻을 때는 이들 중 하나는 제거하고 다른 하나만 스펙트럼으로 사용하게 된다.

2D 실험에서 분해능

이제까지 COSY 스펙트럼이 어떻게 사용되는지와 정성적이지만 cross 피크가 어떻게 나타나는지를 보았고 이제부터는 이 실험을 어떻게 하며 어떠한 결함들이 있으며 이 결함들을 어떻게 제거할 수 있는지 등을 알아보도록 하자.

이미 우리가 1D 스펙트럼의 경험으로 알고 있듯이 data point의 수는 스펙트럼의 분해능(resolution)을 나타낸다(4장). 예를 들어 우리가 10 ppm의 스펙트럼을 500 MHz NMR에서 digital resolution이 0.2 Hz가 되게 하려면 acquisition time이 5초가 되어야 하며 data point는 50,000(25,000은 quadrature detection의 imaginary 스펙트럼에 사용됨)이 필요하게 된다. 보통의 유기화합물들은 피크의 넓이가 산소를 제거하지 않은 용매 속에서 보통 0.5~1.5 Hz 정도 되므로 각 피크에는 약 서너 개 정도의 data point가 있게 될 것이다. 이와 같은 조건은 피크의 면적을 이용한 정량분석을 하기 위해서는 충분한 조건이 될 수 없지만 피크의 다중도(multiplicity)를 알아볼 수 있는 일반적인 실험으로는 항시 사용되는 보통의 조건이다. 그러나 이러한 1D 실험의 조건을 2D 실험에 적용하는 것은 불가능하다. 위의 1D 스펙트럼의 SW와 DR 조건을 2D의 두 축(F2와 F1)에 모두 적용한다고 생각해 보자. 우리는 F2축에 있는 50,000 data point(t_2)의 각각에 대하여 F1축에 50,000 data point(t_1)가 필요하게 된다. 즉 $50,000 \times 50,000 = 25$억 개의 data point가 필요하게 된다. 데이터 저장의 문제는 접어두고 이 data를 얻는 데 걸리는 시간만 먼저 생각해 보도록 하자. 한 번의 스캔을 하는 데 걸리는 시간은 acquisition time(t_2) 5초와 변화하는 t_1시간(t_1의 평균 시간은 t_2 시간의 1/2) 동안에 7.5초가 걸리고 각각의 t_1에서 4 스캔(각 t_1에서 위상순환을 시키는 데 필요한 최소한의 스캔)을 한다면 각각의 t_1 동안에 FID를 얻는 데 $4 \times 7.5 = 30$초가 소요된다. 그리고 F1축에 25,000 data point(25,000 t_1 increments)를 얻는다면(각 t_1 시간에는 2개의 데이터가 얻어진다) relaxation delay를 고려하지 않는다고 하더라도 실험 시간은 30초×25,000 즉, 8.6 일이 소요되어야만 한다. 더욱이 유기화학이나 천연물 화학에서 미량 얻어지는 물질의 양을 그리고 거대 분자들의 분자량을 고려하여 많은 스캔을 하여 signal-to-noise 비를 증가시키려 한다면, 1D 스펙트럼의 조건이 2D 스펙트럼에 적용될 수 없다는 것은 명백하게 알 수 있다.

그러므로 2D 실험을 하기 위해서 파라미터를 고려할 때 가장 중요한 것은 acquisition time과 양축(F2와 F1)에 digital resolution을 정하는 일이다. 먼저 COSY 실험에서 각 cross 피크의 분해(resolution)를 얻으려는 것이 아니고 관심 있는 피크들 사이의 관계(correlation)를 얻으려는 magnitude-COSY 실험(아래 2D NMR 피크의 모습 참조)을 보도록 하자. 이 실험에서 1D NMR과 비교하여 아주 좋지 않은 5 Hz 정도의 digital resolution으로 스펙트럼을 얻는다고 하더라도 이와 같은 목적으로 사용되는 homodecoupling 실험보다는 훨씬 더 좋은 결과를 보여주게 된다. 실제로 COSY 실험에서는 피크들 사이에서 일어나는 cross 피크들을 얻지 못하는 경우는 자주 있는 일은 아니다. 이 실험을 할 때 항시 고려되어야 하는 것은 감도의 문제와 어떤 특정의 커플링 때문에 생기는 cross 피크를 얻을 수 있는지 하는 문제이다.

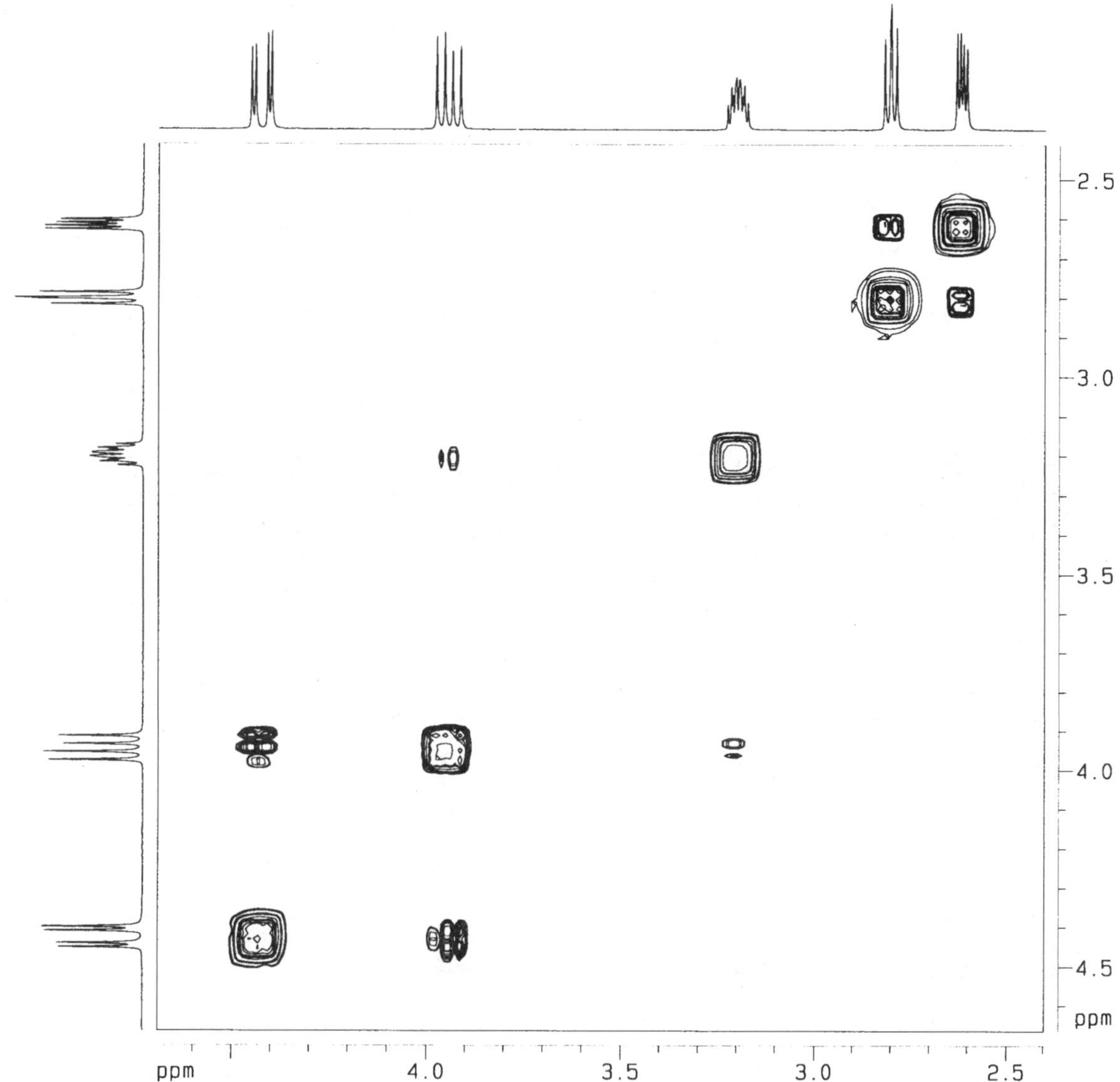

그림 6-14 Glycidyl methacrylate (1)의 COSY-90 스펙트럼. 그림 6-10a와 다르게 F1축의 data point(t_1 increment)는 64로 주어졌다.

그림 6-14는 그림 6-10과 같은 glycidyl methacrylate(**1**)의 COSY-90 스펙트럼이지만 그림 6-10 실험은 1K×512 data points로 얻은 것이고 그리고 그림 6-14 실험은 1K × 64 data points로 얻은 것이다. 그런 다음 두 스펙트럼 모두 512×512 data points로 2D-FT하여 얻은 스펙트럼들의 일부분을 그린 것이다. 이 의미는 두 스펙트럼의 데이터를 얻을 때 F2축에 1K의 data points가 주어졌고 F1축에 512개와 64개의 data points가 각각 주어졌다는 말이다. F1축의 data point의 의미는 그림 6-8에서 보여준 것과 같이 각각의 1D 스펙트럼을 512개와 64개(t_1을 512와 64개로 다른 값을 각각 사용하였다)를 얻었다는 것과 같은 의미가 되는 것이다. 그런 다음 그림 6-14는 2D-FT를 하기 전 zero-filling이라는 과정을 거쳐 F1축의 data point가 512가 되게 하였다는 것이다.

이때 얻은 결과는 그림 6-10의 일부분을 나타낸 그림 6-10a와 비교해서 현격한 차이를 나타내고 있다. 커플링을 나타내는 cross 피크들 자체만으로도 그림 6-14에서는 그림 6-10a에 있던 것들이 심지어 없어지기까지 한 것을 볼 수 있다. 이 현상은 1D 스펙트럼에서 충분한 data point를 주지 않고 즉 기기의 digital resolution이 충분하지 않을 때 얻으려 하는 피크들의 분해를 얻지 못하는 것과 같은 결과다(그림 4-20 참조). 즉 500.13 MHz로 얻은 그

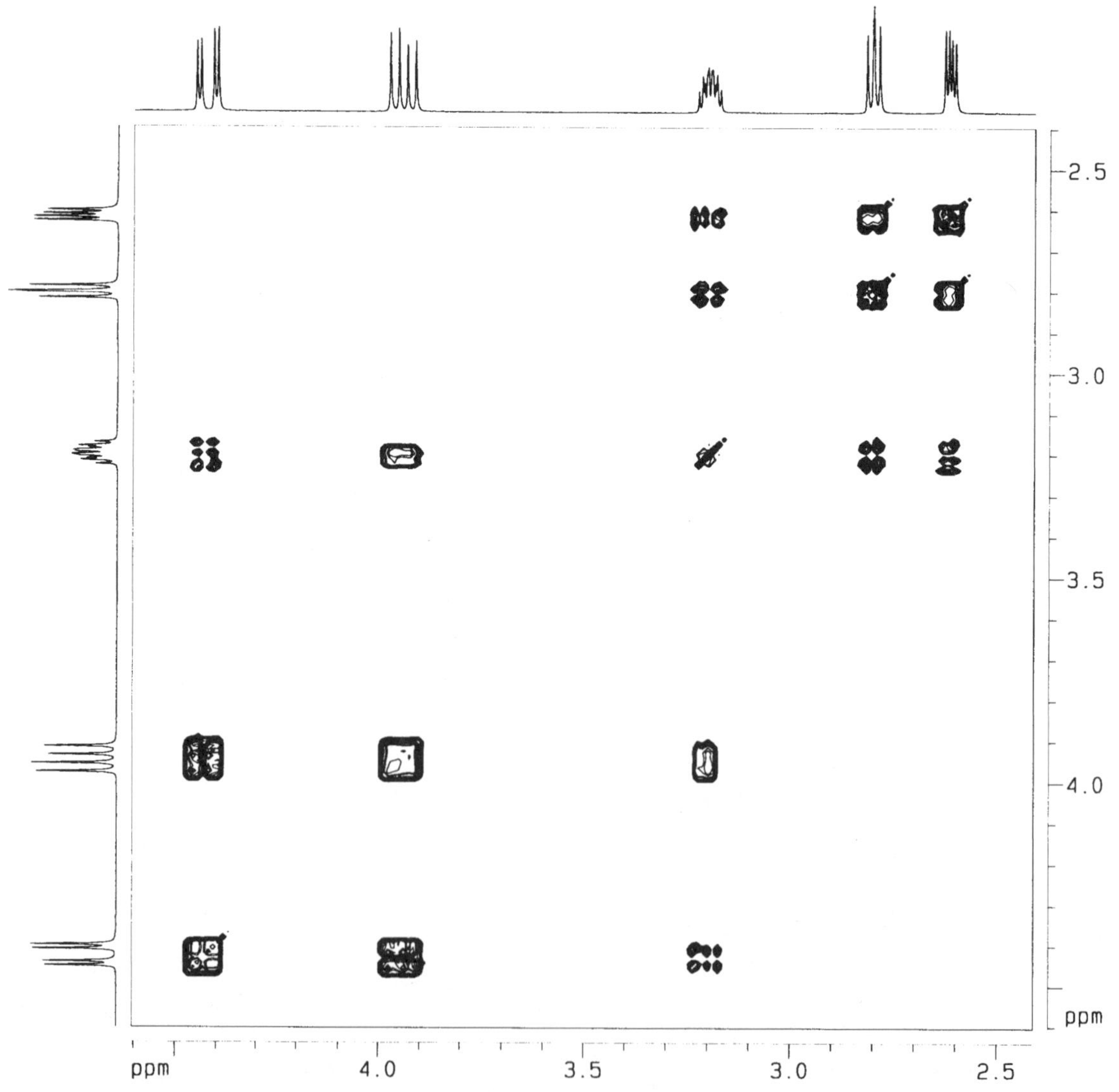

그림 6-10a 그림 6-10의 일부분 스펙트럼(δ4.6-2.4). F1축의 data point(t_1 increment)는 512로 주어졌다.

림 6-10의 SW는 6.3 ppm이므로 F2는 3.1 Hz 그리고 F1은 6.2 Hz의 digital resolution으로 얻은 스펙트럼이며(주어진 data point의 반은 imaginary 스펙트럼에 사용되었으므로 실제로 스펙트럼에서의 digital resolution은 6.2 Hz와 12.4 Hz이다) 이 스펙트럼에서는 1 Hz의 allylic 커플링(3.6절 참조)도 cross 피크를 보이고 있다. 그러나 그림 6-14에서는 F1축에 사용된 digital resolution(t_1이 64개로 얻은 스펙트럼이므로 FID의 digital resolution은 49.2 Hz이고 실제 스펙트럼은 98.4 Hz가 된다)은 이 화합물의 geminal 커플링과 3.95 ppm의 피크가 가지고 있는 6.2 Hz의 vicinal 커플링까지만 cross 피크를 보여주고 있고, 이것보다 적은 4.2 Hz(2.8 ppm) 이하의 커플링들은 cross 피크들을 보여주지 못하고 있다. 즉 그림 6-14에서는 F1축에 주어진 digital resolution이 적은 커플링 상수의 cross 피크를 보여주기 위해서는 충분하지 않다는 것이다. 이와 같이 1D NMR 실험에서 정확하지 못한 파라미터들의 사용으로 만들어진 잘못된 결론들이 2D NMR 실험에서도 똑같이 일어나며 때로는 주어진 시료의 정확한 physical constant를 알지 못하고는 엉뚱한 실험결과를 얻을 수도 있다.

위에서 보여준 예로 우리는 magnitude-COSY 실험에서 cross 피크를 얻을 수도 그렇지 않을 수도 있다는 것을 보았다. 그러면 이제 가장 일반적으로 이 실험을 어떻게, 즉 어느 정도의 digital resolution으로 얻어야 하는지 알아보도록 하자. 물론 digital resolution의 정도는 실험의 종류에 따라서 다르고 또한 얻은 스펙트럼으로부터 어떤 종류의 데이터를 찾아내려고 하느냐에 따라서 다를 것이다. 이 실험의 파라미터에서 변화시킬 수 없는 첫 번째 것은 시료의 T_1 값에 가장 좌우되는 1개의 FID를 얻는 데 걸리는 전체 시간인 repetition time이며 이 시간은 보통 $1.3T_1$이면 된다. Acquisition time t_2는 T_2^*의 값이면 충분하며 액체 상태에서 T_1은 T_2^* 보다 훨씬 큰 값이므로 결국 실험을 하는 데 걸리는 전체 시간은 몇 개의 t_1(F1축의 digital resolution, 즉 increment의 수)을 취하느냐에 달려있다. 또한 t_1의 수에 의해서 cross 피크가 영향을 받는 것은 명확하므로 이것을 어떻게 정할 것인지를 알아야 한다. 먼저 cross 피크들의 크기는 당연히 시료의 피크들의 크기에 영향을 받으므로 1D 스펙트럼에서와 같이 충분한 signal-to-noise 비를 얻어야 한다. 주어진 시간 내에서 실험을 할 때 이것은 두 가지 다른 방법이 있다. 첫째는 적은 t_1의 수를 정하고 각 t_1에 많은 수의 FID를 얻는 것과 다른 방법은 많은 t_1의 수를 정하고 각 t_1에 적은 수의 FID를 얻는 것이다. 두 실험 모두 총 얻어지는 FID의 수가 같으므로 실험에 걸리는 시간은 같지만 실험의 결과는 다르다. 구체적으로 말하면, t_1의 수가 많은 실험에서는 증가된 t_1의 개수 때문에 t_1의 시간이 점점 길어지게 되며 결국 T_2 때문에 벡터의 크기가 줄어들고 t_2 시간에 얻어지는 피크는 작아지게 되므로 signal-to-noise 비가 상대적으로 줄어들게 된다. 그러므로 주어진 시간 내에 실험을 할 때는 관심 있는 cross 피크의 resolution을 고려한 후 가능한 한 적은 수의 t_1(increment)에 많은 수의 FID를 얻는 것과 t_2의 resolution을 증가시키는 것이 더 바람직한 실험 방법이다. 결국 다른 모든 분광학에서 일어나는 현상과 마찬가지로 이 실험에서도 감도(sensitivity)와 분해능(resolution)의 범위에서 어느 쪽을 어느 만큼 선택할 것인지를 먼저 정해야 하는 것이다. 우리는 digitization 후 양축에 모두 zero filling을 적용할 수 있지만 NMR 피크의 분해능과 line width는 결국은 t_2의 시간이 좌우한다는 것을 우선으로 생각하고(phase-sensitive 실험에서 특히) 파라미터를 선택해야 할 것이다.

경험에 의한 일반적인 방법으로 cross 피크의 high resolution을 얻지 않고 커플링의 관계만을 얻기 위한 magnitude-COSY 실험에서는 J~2J Hz/pt(AQ of 1/J~1/2J)의 digital resolution을 사용하면 J Hz 이상의 모든 커플링의 관계를 얻을 수 있다고 알려져 있다. 즉 최저로 3 Hz 정도까지의 커플링되는 cross 피크를 얻으려 한다면 3~6 Hz/pt(AQ of 300~150 ms)의 digital resolution을 사용하면 된다는 것이다. 이때 F1축은 반 정도의 resolution을 사용하고 zero filling을 한번 적용하여 양축의 digital resolution을 같게 한다.

그러나 cross 피크의 high resolution을 이용하여 정확한 커플링 상수를 얻으려고 하는 phase-sensitive 실험에서는 magnitude 실험에서 보다는 더 좋은 digital resolution이 필요하게 된다. 이때는 적어도 J/2 Hz/pt(AQ of 2/J s) 보다는 더 좋아야 한다는 것이며 특히 phase-sensitive 실험에서 cross 피크의 resolution은 t_2의 resolution에 더 좌우되므로 이것은 F1축의 2배나 4배의 resolution이 되게 된다.

여기에서 magnitude 실험에서 가능한 한 적은 수의 t_1을 대략 알아보도록 하자. 그림 6-10에서 F2와 F1축의 digital resolution(DR)은 6.2와 12.4 Hz(SW = 6.3 ppm, t_1 increment = 512)로 하였을 때 1 Hz의 커플링의 cross 피크도 얻어지는 결과를 이미 보았다. 위의 경험에 의한 일반적인 방법을 이곳에 대입해 보면 그림 6-10은 약 3 Hz 정도까지의 커플링들을 보여줄 수 있는 파라미터들을 사용하여 얻은 스펙트럼이다. 그러나 실제 실험은 1 Hz 정도의 커플링도 보여주고 있으므로 위에서 보여준 가이드라인은 분명히 안전한 방법이라고 할 수 있다. 그러므로 이 실험 시간을 더 할애하여 F2와 F1축의 DR을 3과 6 Hz 정도로 한다면 아주 적은 long-range 커플링도 얻을 수 있다는 것을 알 수 있다. 그러므로 대략 10 Hz 정도의 F1축의 DR은 특별한 경우를 제외하고 아주 적은 커플링들도 얻을 수 있다. 일반적으로 magnitude-COSY 실험은 phase-sensitive 실험과 비교하여 line shape 등에서 오는 단점 때문에 high resolution 작업으로 사용하기 어렵지만, 데이터의 처리 등 여러 가지 점에서 아주 간단하므로 많은 실험실들이 routine 실험용으로 사용하고 있다. 이들은 특히 양성자의 화학 이동 범위에서 aromatic region을 제외하고 약 6 ppm 영역의 F2와 F1축에 1K × 256 data matrix 정도의 resolution을 사용하여 phase cycle과 1초 정도의 relaxation delay로 데이터를 얻을 때 걸리는 시간이 20분 정도이므로 아주 빠르고 유용하게 사용되고 있다. 더욱이 이 실험이 pulse field gradient의 응용으로 phase cycle 없이 1 스캔의 실험으로도 가능해져 5분 정도 시간이면 충분한 실험으로 되었다.

Artefacts와 이들의 제거

이제부터는 이 실험을 할 때 어떠한 결함들이 나타나는지 알아보도록 하자. 위에서 처음 COSY 실험을 설명할 때 그림 6-7을 이용하면서 세로 이완(T_1)이 일어나지 않는다고 가정하였다. 그러나 실제로 핵의 세로 이완은 일어나며 이들이 스펙트럼에 어떻게 나타나는지를 보자. 그림 6-15에 핵의 세로 이완이 일어날 때를 벡터로 표시하였다.

즉 처음 90°(x) 펄스가 주어진 후의 t_1 동안 벡터 M_o는 xy 평면의 위를 움직일 뿐만 아니라 세로 이완의 현상 때문에 z축에도 $M_o(1-e^{-t_1/T_1})$ 만큼의 벡터를 만들게 된다. 여기에 주어지는 두 번째 90°(x) 펄스는 z축에 있는 벡터를 y축으로 움직이게 하며 이것이 NMR의 피크를 만들게 된다. 이 피크를 *axial* **피크**라고 하며 이 피크는 t_1의 시간 동안 움직이지 않으므로

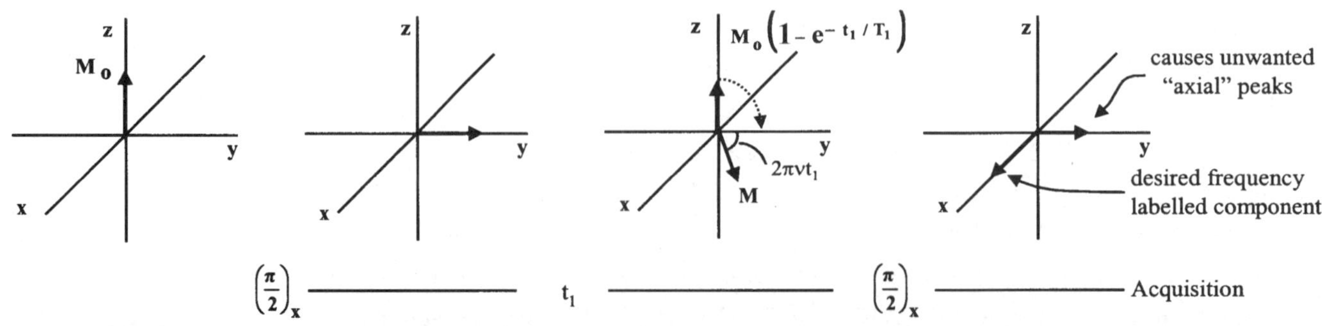

그림 6-15 두 펄스 사이의 t_1 시간 동안에 일어나는 세로 이완(T_1)의 벡터를 90°(x) 펄스가 만드는 axial 피크의 벡터 모습.

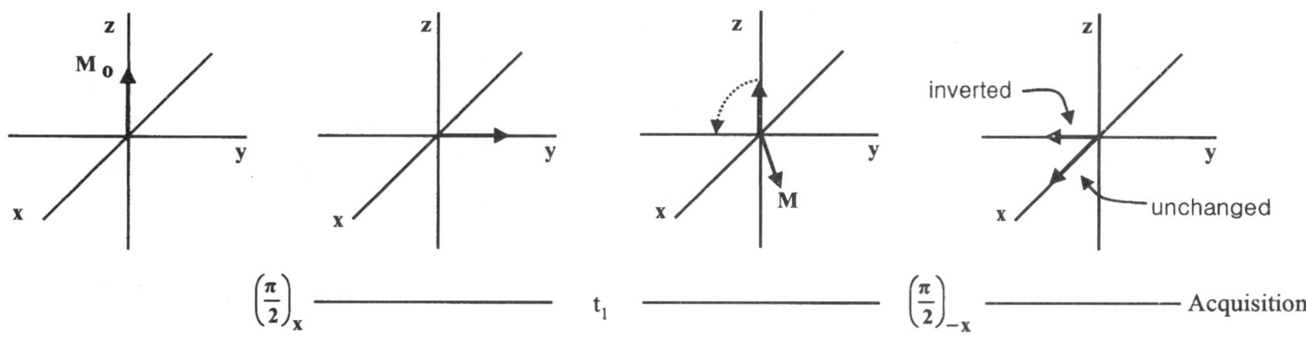

그림 6-15-1 두 펄스 사이의 t_1 시간 동안에 일어나는 세로 이완(T_1)의 벡터를 90°(−x) 펄스가 만드는 axial 피크의 벡터 모습.

2D 스펙트럼의 F1축에서 항시 0의 주파수를 가지고 나타나며 F1축을 quadrature detection으로 스펙트럼을 얻었다면 이 피크는 F1축의 중간에 나타나게 된다(이것은 데이터를 얻는 방법 즉 simultaneous sampling일 때 나타나는 현상이고, sequential sampling인 경우에는 F1축의 down field 끝에 나타나게 된다. 4.4.3절 참조). 그러나 이것은 두 번째 주어지는 펄스의 위상을 180° 변형시킴으로써 아주 쉽게 제거할 수 있다(그림 6-15-1). 두 번째 주어지는 90°(−x) 펄스는 z축에 있는 벡터를 −y축에 옮겨 놓게 되며 이 데이터를 그림 6-15에서 얻어진 것과 더하면 얻어지는 피크(x축의 벡터)는 두 배로 증가하게 되고 결국 axial 피크는 사라지게 된다. 그러므로 우리가 이미 공부한 1D 스펙트럼에서 사용되던 4번의 위상순환인 CYCLOPS는 2D 스펙트럼에도 사용되며 2D 스펙트럼에서는 axial 피크를 제거하기위한 4번의 위상순환이 더 필요하게 되어 각각의 t_1(increment)에서 얻어지는 데이터들은 최소한 8번의 위상 순환을 사용해야 한다. 여기에서 더욱이 F1축에 quadrature detection을 사용하여 phase-sensitive한 스펙트럼을 얻으려면 결국 16번의 위상 순환을 사용하여야만 한다. 이러한 사실이 우리가 고 자장 NMR에서 단 한 번 스캔이면 감도가 충분할 만큼 많은 시료를 가졌다 하더라도 때로는 2D 실험에서 각 t_1에 최소한 16번의 스캔을 하여야 하는 이유이며 이것이 대부분 데이터를 얻는 데 걸리는 최소한의 시간을 결정하게 된다. 그러나 최신 기기들은 quadrature image 피크들은 아주 적으며 일반적인 실험을 위해서 많이 사용하는 magnitude 스펙트럼을 얻을 때나 시료의 양이 충분하여 많은 스캔이 필요하지 않을 때는 기기가 정상적으로 잘 조절되어 있다면 CYCLOPS의 위상 순환 부분은 생략할 수 있으므로 4번의 스캔을 최소한의 스캔으로 할 수 있다.

2D NMR 피크의 모습

위에서 말한 phase-sensitive와 magnitude 스펙트럼이란 F1축에 quadrature detection 방법으로 데이터를 얻을 때 이들을 처리하는 방법에 따라서 다른 모습으로 얻어지는 스펙트럼이다. 지금까지 보여준 스펙트럼들은 F2와 F1 두 축 모두 reference frequency를 스펙트럼의 중간에 위치시켜서 quadrature detection으로 얻은 magnitude 스펙트럼들이다. 2D 스펙트럼을 얻을 때도 F2축은 1D 스펙트럼을 얻을 때와 같이 스펙트럼의 기준 주파수가 스펙트럼의 중간에 위치하도록 하여 simultaneous나 sequential digitization 방법을 사용하여 quadrature detection을 하게 된다. 같은 이유로 F1축에서도 t_1 동안에 reference frequency에 대해서 +와 − 주파수를 구분하기 위해서는 quadrature detection 방법이 필요하며 두 가지의 방법이 사용되고 있다. F1축은 F2축과는 다르게 인위적으로 만들어진 것이며 피크의 위상을 비교해 줄 수 있는 reference frequency가 없다. 이것을 해결하는 첫 번째 방법은 펄스의 위상을 사용하는 것으로 t_1 동안에 움직이는 벡터의 위상은 그것을 만드는 펄스의 위상에 따라 달

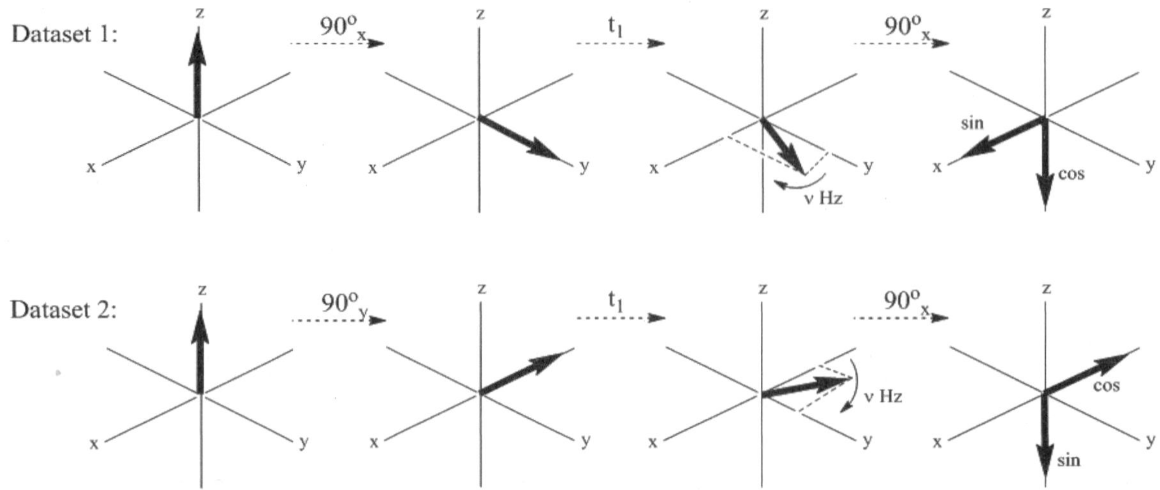

그림 6-16 2D 스펙트럼에서 F1축의 quadrature detection을 하기 위한 States 방법. 즉 각각의 t_1에서 90°x와 90°y 펄스로 만들어진 magnetization을 얻는다.

라진다는 것을 이용한다. 그림 6-16에서와 같이, 각각의 t_1에서 90°x(sine modulation)와 90°y(cosine modulation) 펄스로 만든 데이터를 얻어서 각각 저장하면 이들은 1D 스펙트럼에서 simultaneous digitization으로 얻은 quadrature detection data와 동등한 것이며 F1축에서 주파수를 구분할 수 있게 된다. 이 방법을 문헌에서 일반적으로 States 방법이라고 한다.

두 번째 TPPI 방법이라고 하는 quadrature 방법은 앞에서 이미 설명한(4.4.3절) 1D의 sequential digitization 방법과 유사하다. 즉, reference의 위상 변화 대신 각각의 t_1 전에 주어지는 펄스의 위상을 90° 증가시키면서 digitization의 속도를 States 방법의 두 배로 하여 하나의 데이터만을 얻는다. 결국 t_1 increment가 States 방법의 1/2이 되므로 두 배의 t_1 increment를 얻게 되고 두 방법 모두 AT와 DR이 같아지게 되고 얻어지는 스펙트럼도 aliased된 피크와 axial 피크의 위치만 다르게 된다(axial 피크는 앞에서 언급한 대로 결국 위상 순환으로 나타나지 않는다). 이들 두 방법은 최신 기기들에서 모두 사용할 수 있으며 이 방법들의 장점은 얻어지는 피크들이 t_1에 대하여 amplitude modulation이라는 것이다. 따라서 phase-sensitive 스펙트럼을 얻을 수 있다는 것이다.

이와 같이 두 가지 방법으로 F1축에 quadrature detection을 사용하여 frequency를 구분하여 얻은 데이터를 처리하여 스펙트럼으로 사용하는 방법에는 phase-sensitive 스펙트럼과 magnitude 스펙트럼(absolute-value mode)이라는 것을 만드는 두 가지가 있다. 두 방법 모두 F1축에 quadrature detection을 사용하기 때문에 magnitude 스펙트럼이나 phase-sensitive 스펙트럼은 t_1 동안에 생긴 데이터를 얻는 데는 근본적으로 차이가 없이 90° 위상이 틀린 두 개의 데이터들을 얻게 되지만 t_2 동안에 다른 위상 순환을 이용하여 이들을 저장하여 처리하는 방법이 다르기 때문에 스펙트럼은 다른 모습을 가지게 된다.

Phase-sensitive 방법이 사용되기 전에 2D 데이터는 각각의 t_1 시간 동안에 위상의 변조(phase-modulated) 상태, 즉 변화하는 sine과 cosine 파들을 위상 순환의 과정으로 더하거나 빼는 방법으로 얻어서 사용하였다. 그러므로 각 t_1 동안에 만들어져 t_2 동안 얻어진 각각의 FID는 sine과 cosine의 피크가 같이 존재하게 되어 위상의 정보를 사용할 수 없었으며 이 방법으로 magnitude 스펙트럼을 얻는다. 이 magnitude 방법에서도 t_1 동안에 생긴 두 개의 데이터를 처리하는 데 두 가지의 다른 방법이 있다. 이들 중 하나의 방법은 두 개의 데이터를 뺄셈하여 저장하고(echo detection 또는 N-type 피크 선택이라고 한다) 다른 하나의 방법은 두 개의 데이터를 덧셈하여 저장하여(anti-echo detection 또는 P-type 피크 선택이라고 한다. 표

표 6-1 Echo(N-type)와 anti-echo selection(P-type: receiver(x))을 위한 위상 순환 방법.

scan	phase 1	phase 2	Receiver
1	x	x	x
2	x	y	−x(x)
3	x	−x	x
4	x	−y	−x(x)

6−1에 receiver가 모두 x인 위상을 사용) 결국 t_1 시간 동안에는 quadrature detection을 하지 않고 single-phase detection 한 것 같이 데이터를 처리할 수 있다. 이 두 가지의 방법은 위상 순환(표 6−1)을 이용해서 선택적으로 얻어서 사용할 수 있다.

위의 위상 순환을 사용하여 얻은 glycidyl methacrylate(**1**)의 N-type과 P-type COSY 스펙트럼을 그림 6−17에 보여주고 있다. 이들 두 스펙트럼은 모습은 다르지만 주는 정보는 같다. 즉 N-type selection에서와는 다르게 P-type 스펙트럼에서는 모든 피크들이 F1축의 중간 위치에서 반대 방향에 나타나게 되어 diagonal축이 사각형의 좌측 상단의 모서리에서 우축 하단의 모서리를 연결하는 선이 된다. 그러나 일반적으로 N-type(echo) 피크는 두 시간 t_1과 t_2 동안에 반대 방향으로 움직이는 벡터를 선택한다는 의미에서 t_2 동안에 echo(coherence transfer echo)의 현상이 나타나기 때문에 이 선택이 더 좋은 방법으로 알려져 있지만 기기 회사에 따라서 서로 다른 방법들을 사용하고 있다.

그림 6−17에서 나타난 피크들의 모습은 이미 설명한 대로, 즉 magnitude 스펙트럼은 cosine과 sine, 즉 real(R) 부분과 imaginary(I) 부분에 해당하는 absorption 피크와 dispersion 피크가 서로 복합되어 나타나게 되어 어느 한쪽만의 피크의 모습으로 나타나게 할 수가 없으므로 여러 가지 조정을 거친 후 얻어진 것이다. 이들 피크들이 조정 과정을 거치기 전에 얻어진 하나의 피크를 확대해 보면 피크는 상(phase)이 찌그러져 나타나게 된다(그림 6−17−1). 이와 같이 Lorentzian의 넓은 dispersion 피크 때문에 생겨나는 상이 찌그러진 모습의 피크는 스펙트럼을 그리거나 해석하는 데도 많은 불편함이 있다. 그러므로 대부분 $M=(R^2+I^2)^{1/2}$로 음의 성분을 가지는 피크는 없어지게 하는 방법을 사용하게 되며 이러한 과정을 거친 것을 magnitude 스펙트럼이라고 한다. 그러므로 이 스펙트럼은 음의 성분을 가지고 있는 피크는 사라졌지만 피크의 밑부분이 매우 넓어지게 된다(그림 6−17−2). 마지막으로 이 피크들의

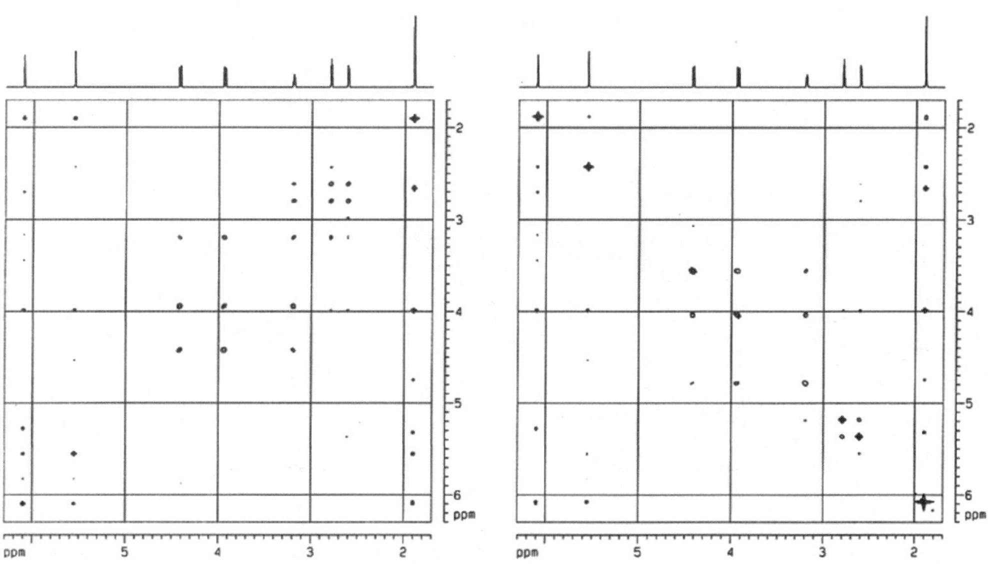

그림 6−17 Glycidyl methacrylate(**1**)의 N-type(좌측)과 P-type(우측) COSY 스펙트럼.

그림 6–17–1 2D 실험에서 echo (N-type) selection으로 얻은 피크의 모습.

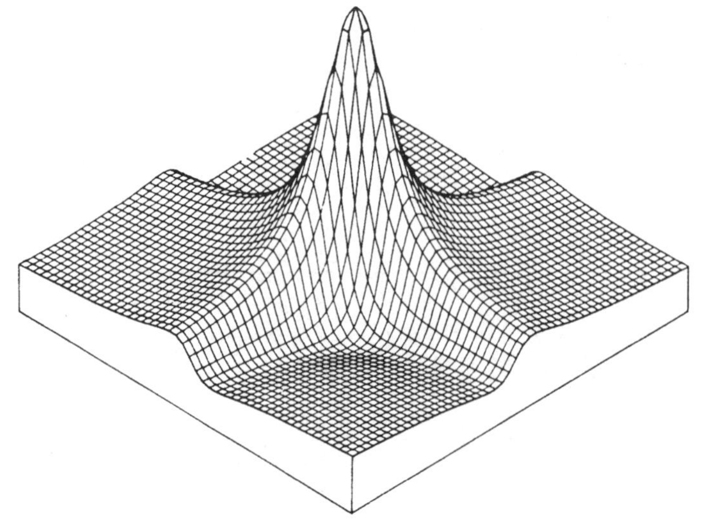

밑부분의 분해능(resolution)을 증가시키기 위해서 이 종류의 실험에 가장 자주 그리고 적합한 *sine-bell* window function(4.4절 참조)을 사용하여 얻은 것이 그림. 6–17 스펙트럼들이다. 특히 이와 같은 COSY 실험에서 *sine-bell* window function의 사용은 상대적으로 diagonal 피크보다는 cross 피크의 크기를 증가시킬 수 있는 좋은 방법이다. 왜냐하면 cross 피크는 sine 함수의 변조(modulation)로 생겨나고 diagonal 피크는 cosine 함수의 변조로 생겨나기 때문에 cross 피크는 처음에는 zero 상태에서 출발하여 획득 시간(AT) 동안에 증가하지만 diagonal 피크는 처음에 최고의 피크 크기로 나타나기 때문에 sine-bell 함수의 사용은 상대적으로 diagonal 피크의 크기를 더 줄이게 된다. 그러나 이 function이 피크들의 크기를 줄이는 성질은 특히 피크의 넓이가 넓은 피크(broad peak)에는 더욱 뚜렷하게 나타나므로 broad한 peak들의 cross 피크들은 사라질 수도 있고 또한 이들의 크기를 단순히 작은 커플링 상수값으로 해석하는 오류를 범할 수 있으므로 주의가 필요하다. 그러므로 1D 스펙트럼에서 broad한 피크들이 있는 시료에서는 이러한 오류를 방지하기 위해서 스펙트럼에 dispersive한 모습이 조금 도입이 되더라도 이 function의 최고 지점이 FID의 앞부분에 놓이게 shifted sine-bell function을 사용하는 것이 안전할 수 있다. 이러한 스펙트럼의 모습에 급격한 변화를 일으키는 window function이 필요하지 않은 안전한 방법은 아래에 나오는 phase-sensitive 실험을 하는 것이다. 그럼에도 불구하고 피크들의 phase 조정이 필요하지 않은 이 magnitude 실험은 gradient의 적용과 함께 small molecule(일반적으로 분자량이 1,000 이하인 것을 말한다)들의

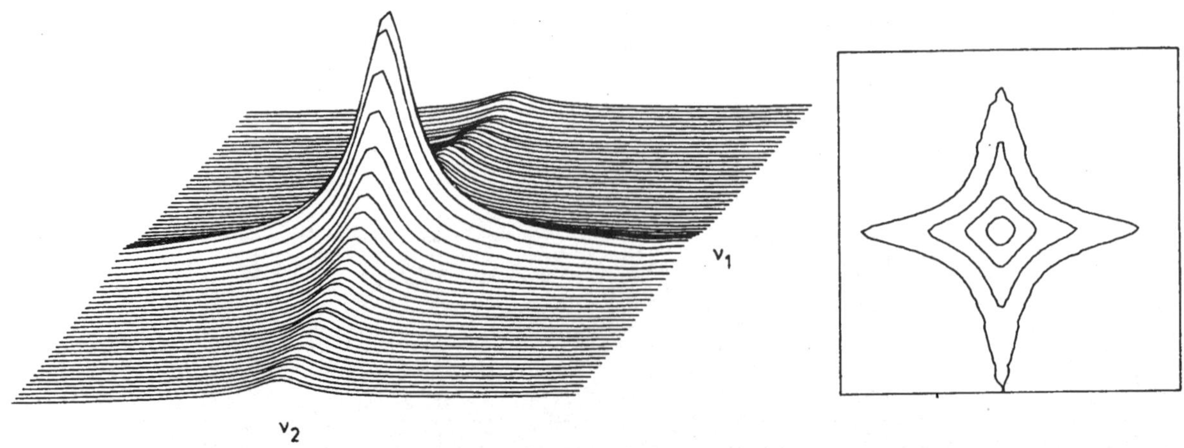

그림 6–17–2 그림 6–17–1의 피크를 magnitude 방법($M = (R^2 + I^2)^{1/2}$)에 적용하여서 얻은 피크의 모습.

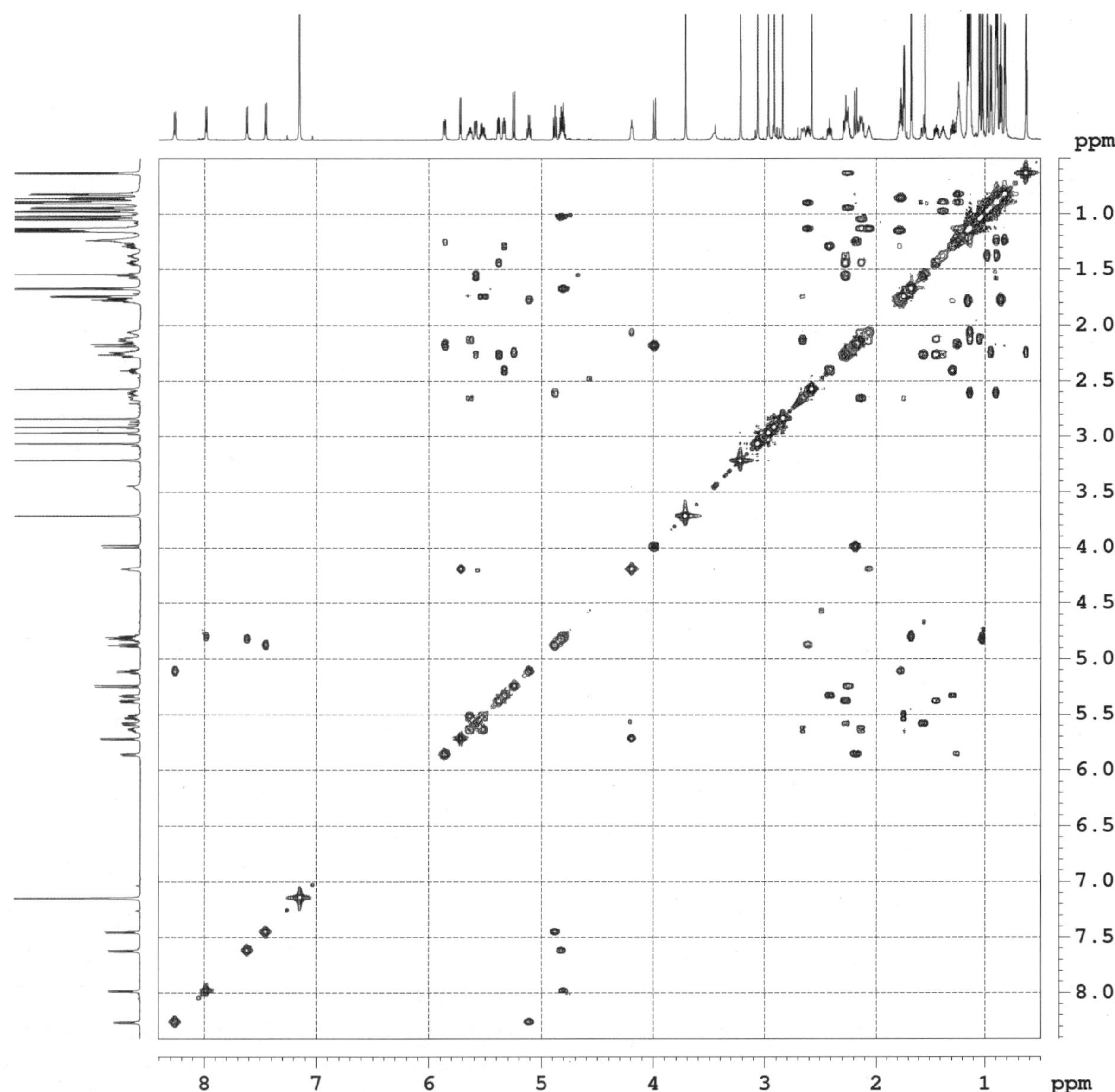

그림 6-17-3 Cyclosporin A의 25 mmole(in C_6D_6) gradient magnitude-COSY 스펙트럼 (2K×256, NS = 2, 15 분 소요).

routine한 실험으로 아주 적합한 방법이 되었다. 그림 6-17-3이 small molecule이라고 하는 분자들 중 가장 큰 분자들에 속하는 cyclosporin A(그림 3-1)의 magnitude-COSY 스펙트럼을 보여주고 있다. 복잡한 커플링과 피크들의 겹침으로 1D 스펙트럼에서는 찾기 어려웠던 커플링의 상대들이 잘 분리되어 나오는 cross 피크들로 나타나는 것은, 다른 실험보다 상대적으로 빠르고 쉽게 얻을 수 있는 것과 함께 이 실험 방법이 아주 유용한 방법이라는 것을 잘 보여주고 있다.

Phase-sensitive COSY

위의 magnitude 실험(phase-modulated)과는 다르게 phase-sensitive 실험에서는 t_1과 t_2 동안의 데이터들을 State(simultaneous sampling)나 TPPI(sequential sampling)라고 부르는 데이터를 얻는 방법으로 얻은 데이터의 모든 위상의 정보를 저장하여 결국 t_1 시간의 함수인 amplitude-modulated(그림 6-8 참조) 방법을 사용하게 된다. 이 방법으로 얻어진 FID의 F2 축에 대한 FT는 1D 스펙트럼에서와 같이 real(R)과 imaginary(I) 스펙트럼들, 즉 absorption과 dispersion 피크들을 만들게 된다. 그리고 이들 각각을 다시 FT(F1축에 대한) 하면 각각이

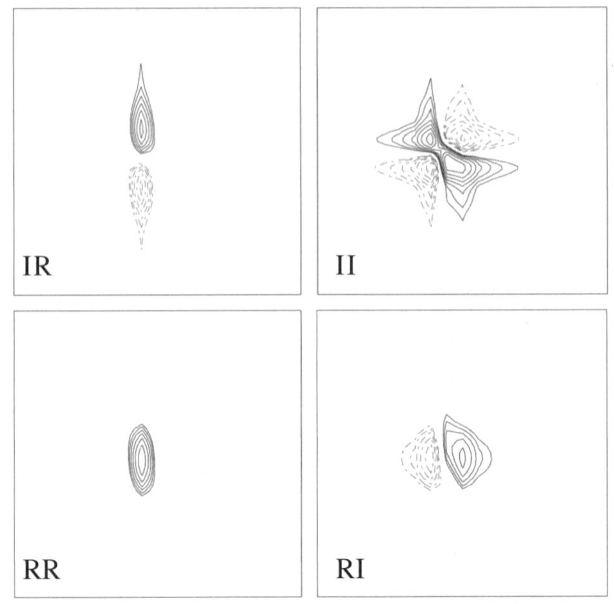

그림 6-18 Phase-sensitive 실험에서 TMS의 메틸 양성자의 4가지 성분의 스펙트럼들. 피크의 진한 색과 점선은 anti-phase absorption 피크의 모습인 음과 양의 표시임.

real과 imaginary 스펙트럼을 만들게 되므로 결국 4개의 위상의 종류, RR, RI, IR, 그리고 II의 성분의 스펙트럼들을 얻게 된다. 그림 6-18이 2D-FT로 만들어진 이들 4개의 피크 모습을 보여주고 있다. 이들 중 우리는 그림 6-5와 같은 RR 부분의 스펙트럼만을 1D 스펙트럼에서와 같은 위상 수정을 거쳐서 2D 스펙트럼으로 보게 되는 것이다. RR 스펙트럼이 가장 좋은 분해능을 줄 수 있으므로 그림 6-5와 같이 때로는 가능한 한 양축에 모두 absorption 모습을 보여주는 것이 일반적이지만 phase-sensitive COSY 실험에서와 같이 특별한 경우에는 이것은 가능하지 않은 경우도 있게 된다. 비록 COSY 실험에서 얻은 cross 피크는 anti-phase absorption 모습을 보여주지만 이것이 많은 정보를 주게 된다.

이제 COSY 실험에서 많은 정보를 제공하는 cross 피크들의 phase 정보가 어떻게 얻어지는지를 살펴보도록 하자. 우리는 앞에서 간단하지만 COSY 실험을 설명하면서 AX 스핀 시스템에서 coherence라는 개념을 보았다. 이제 이들의 transfer, 즉 coherence transfer가 커플링하는 시스템에서 cross 피크를 만들어 내는 것에 대하여 먼저 정성적으로 살펴보기로 하자. 왜냐하면 phase-sensitive 실험은 일반적으로 magnitude 실험의 cross 피크로부터는 얻을 수 없는 정보를 이들 cross 피크로부터 얻으려고 하는 것이 목적이기 때문이다.

Coherence, 즉 첫 번째 펄스로 생긴 성분들은 각각의 스핀들의 주파수를 주는 것으로 더 이상 설명이 필요 없으며 우리는 t_1 시간 다음의 펄스가 만들어 내는 현상에 대해서 알아보도록 하자. 두 번째 펄스는 하나의 스핀에 연관되어 있는 magnetization을 스칼라 커플링(J)하고 있는 다른 스핀에 옮겨 놓는 역할을 하게 되고 이것을 coherence transfer라고 한다. 이 현상은 조금 다른 의미이지만 이미 polarization transfer라는 현상, 양성자의 스핀 population(magnetization)을 탄소에 옮겨 놓는 *heteronuclear coherence transfer*라는 개념과 같다고 생각할 수 있다(5장 참조). Heteronuclear 경우(INEPT)에는 펄스의 영향이 양성자와 탄소에 독립적으로 작용하기 때문에 벡터 모델로 설명이 될 수 있었다. 그러나 COSY 실험의 경우에는 같은 펄스가 커플링하는 모든 스핀에 동시에 영향을 주기 때문에 좀 더 복잡해지고 벡터 모델로는 설명이 불가능한 것뿐이지 비슷한 transfer 과정인 homonuclear coherence transfer가 일어난다고 생각할 수 있다(이것은 INEPT 펄스 순서에서 refocusing 180° 펄스를 제거하고 COSY 펄스 순서와 비교, 즉 t_1 시간 후 커플링하는 두 spin에 모두 90° 펄스를 주는 것으로도 비교할 수 있다). 이들 설명의 결론은 COSY 실험에서는 스칼라 커플링(J_{AX})하며

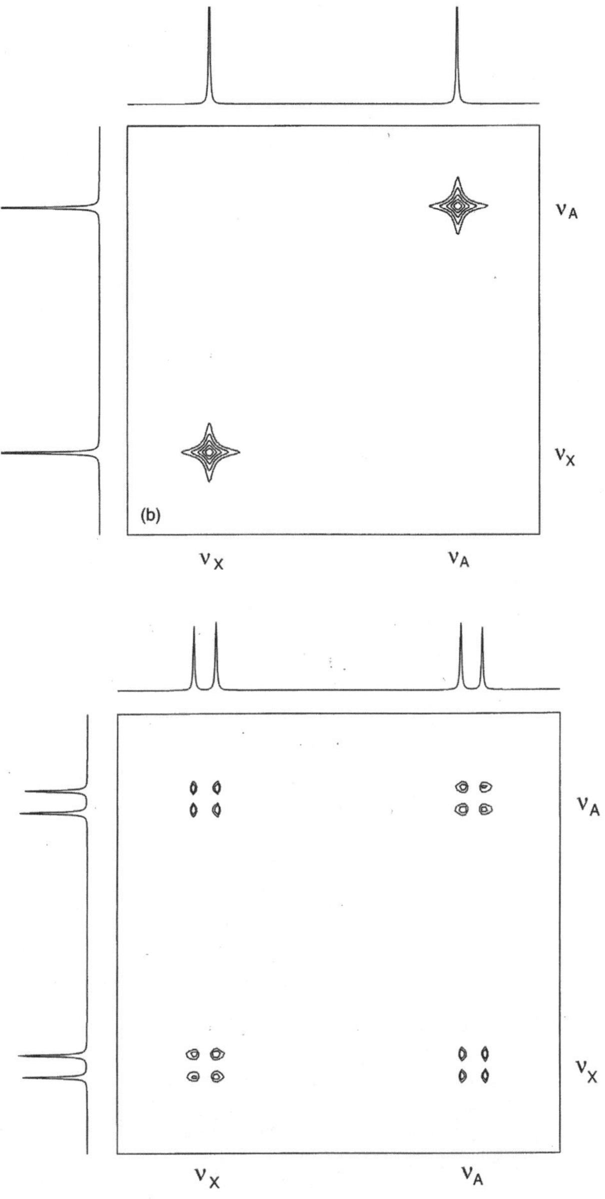

그림 6-18-1 커플링하지 않는 AX 스핀의 2D COSY 스펙트럼.

그림 6-18-2 1D 스펙트럼의 커플링 모습을 보여 주는 AX 스핀의 2D COSY 스펙트럼.

주파수(화학 이동) ν_A와 ν_X를 가지고 있는 두 스핀, AX 사이에서는 magnetization transfer가 일어난다는 것이고 이들이 스펙트럼에 어떻게 나타나는지를 차례로 보도록 하자.

먼저 A 스핀의 magnetization은 90° 펄스로 t_1 동안에 주파수 ν_A로 xy 평면에서 움직일 것이다. 이 magnetization은 다음에 주어지는 90° 펄스 영향으로 일부는 X 스핀으로 이동하고 일부는 A 스핀에 남아 있을 것이다. A 스핀에 남아 있는 magnetization은 t_2 시간 동안에 t_1에서와 같은 주파수 ν_A로 움직이면서 두 축에 모두 ν_A 주파수(ν_A, ν_A)의 피크를 만들게 된다. X 스핀의 magnetization도 A 스핀의 것과 같은 과정을 거치면서 diagonal 피크(ν_X, ν_X)를 만들어서 그림 6-18-1에 보여준 커플링하지 않는 AX 시스템에서 두 축에 같은 주파수로 나타난 diagonal 피크들이다. 반면 이들 두 스핀이 커플링을 한다면 A 스핀에서 X 스핀으로 이동한 일부의 magnetization 성분은 t_2 시간 동안에 X 스핀의 주파수를 따라서 움직이면서 두 축에 다른 화학 이동(ν_A, ν_X)의 피크를 만들게 된다. 이것은 off-diagonal축에 놓이게 되며 두 스핀 AX가 커플링하고 있다는 증거가 되는 cross 피크가 되는 것이다. X 스핀의 magnetization도 A 스핀의 것과 같은 과정을 거치면서 cross 피크(ν_X, ν_A)를 만들게 되고 그림 6-18-2가 보여

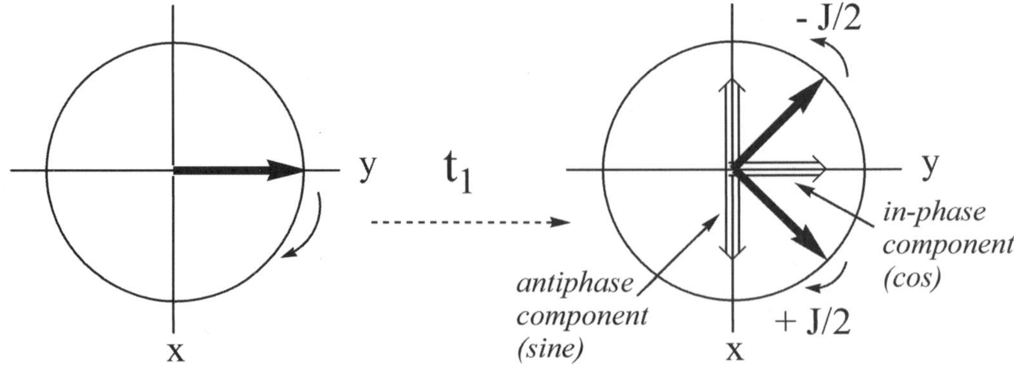

그림 6-18-3 Evolution 시간 t_1 동안에 커플링 때문에 생겨난 anti-phase와 in-phase의 벡터의 성분. 이들 중 anti-phase 성분이 magnetization transfer 과정에 기여한다.

주는 것 같이 diagonal축에 대칭인 스펙트럼을 보여주게 된다.

이미 보여준 그림 6-10에서는 1D 스펙트럼에서 볼 수 있는 커플링된 피크들을 볼 수 없지만 그림 6-18-2에서 보여주고 있는 피크들은 diagonal과 cross 피크 모두들 1D 스펙트럼에서 볼 수 있는 커플링된 모든 피크들의 모습을 F2와 F1축에 보여주고 있다. 아주 중요한 정보를 줄 수 있는 이러한 2D 스펙트럼은 데이터를 얻을 때 모든 파라미터를 올바로 적용하면 (high digital resolution, 즉 실험 시간의 문제) 항시 얻을 수 있으며 이 현상은 앞에서는 커플링하는 스핀들 사이의 magnetization transfer로 정성적으로 설명하였다. 그러나 더 정확하게는 이들은 커플링하는 스핀들 사이에서 일어나는 전이(transition) 때문에 생겨나는 것이라고 할 수 있다. 즉, 그림 6-13에 보여준 AX 스핀 시스템의 에너지 준위에서 A 스핀의 2중선(doublet) 피크의 하나에 해당하는 A_1의 전이에 해당하는 magnetization은 두 번째 펄스로 세 개의 다른 전이 A_2, X_1, X_2로 재분배되게 된다. 이들 중 A_2에 분배된 magnetization은 획득 시간 t_2 동안에 diagonal 피크의 2중선을 만들게 되고 X_1과 X_2에 분배된 것들은 cross 피크들을 만들게 된다. 그러나 이러한 t_1과 t_2 동안에 만들어지는 것은 화학 이동의 변조(modulation) 이외에 커플링(J_{AX})으로 만들어지는 변조도 있게 되며 이들이 양축 F1과 F2에 cross 피크의 2중선 모습을 만들게 된다.

위 과정에서 분배되고 남은 magnetization은 두 번째 펄스 후 어떻게 될 것인가? 이들의 설명은 다시 INEPT 실험을 생각해 보면 도움을 받을 수 있다. 이 실험에서 polarization transfer 의 기본조건은 polarization을 전해주는 스핀은 상대방과 커플링 후 스핀 에코 과정으로 만들어진 반대 위상(anti-phase)의 2중선 벡터가 되어야 하는 것이다. 이와 같은 개념을 COSY 실험에서 두 양성자 사이에 일어나는 magnetization transfer에 적용할 수 있다. 즉 그림 6-18-3에서 보여주는 하나의 양성자의 벡터는 90° 펄스 후 상대방 양성자와의 커플링으로 결국 이 벡터를 반대 위상의 성분을 가지게 만들고 이들 anti-phase 벡터는 두 번째 펄스로 상대방 양성자에 magnetization transfer(이들 벡터 성분만큼의 양이 transfer 되었다고 할 수 있음)를 일으키게 될 것이다. 그리고 남아 있는 magnetization(in-phase)은 이들 transfer에 기여할 수 없게 된다.

이 COSY 펄스 과정에서 각각의 t_1 시간 동안에 커플링으로 만들어져서 생겨난 magnetization transfer를 시킬 수 있는 벡터의 변조된 양은 t_2 동안에 얻게 되며 이들은 결국 t_1의 함수(sin 180Jt_1)가 되고 F1축에 2중선의 cross 피크를 만들게 된다. 또한 transfer 되지 않고 남아 있는 in-phase magnetization도 결국은 커플링에 의한 t_1의 함수(cos 180Jt_1)가 되어 F1축에 2중선의 diagonal 피크를 만들게 된다.

이제 이들 diagonal과 cross 피크의 phase에 대한 정보를 알아보도록 하자. 위에서 보여준 것과 같이 diagonal 피크는 커플링의 진행으로 생겨난 벡터의 in-phase 성분으로 만들어졌으

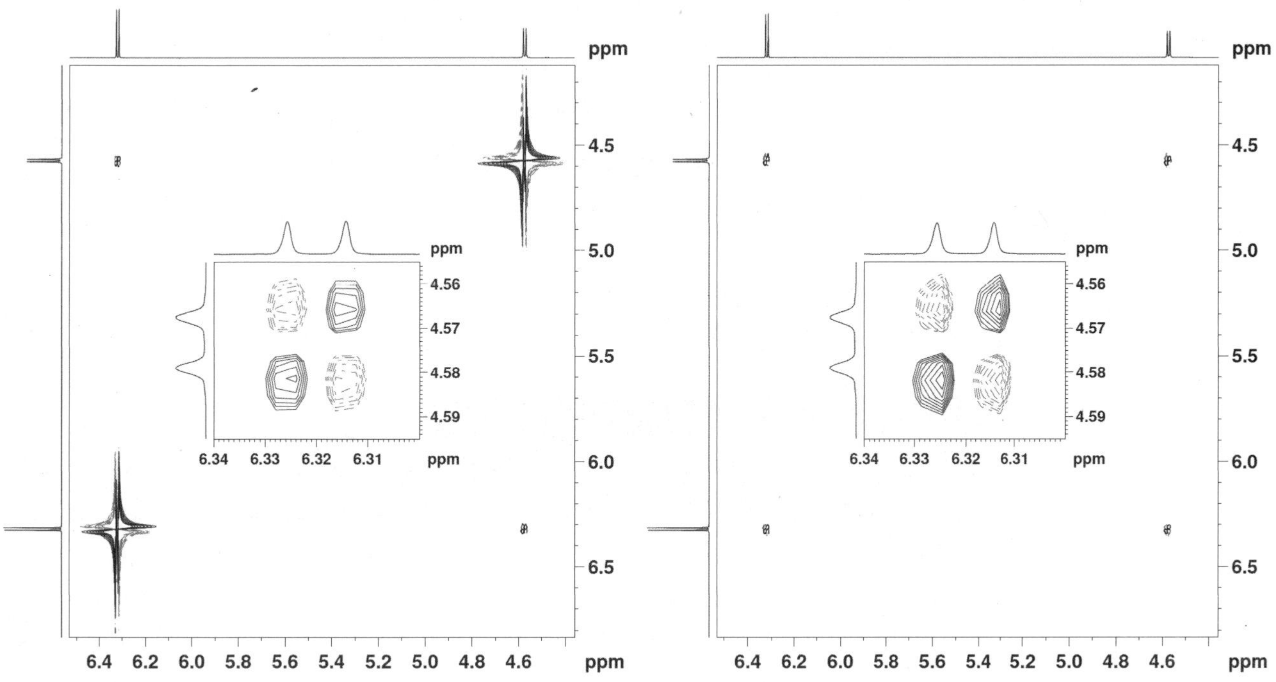

그림 6-18-4 커플링하는 AX 스핀 시스템의 phase-sensitive COSY 스펙트럼(좌측)과 DQF-COSY 스펙트럼(우측).

므로 두 축(F2와 F1)에 in-phase 2중선을 보여주게 된다. 그리고 cross 피크는 anti-phase 성분의 transfer로 만들어졌기에 두 축에 anti-phase 2중선이 나타나게 된다. 이들 두 종류의 피크들은 그림 6-18-3이 보여주는 것 같이 diagonal 피크는 cosine 그리고 cross 피크는 sine의 함수로부터 유도되었으므로 위상이 90° 차이가 나게 되며, 마지막 위상 조정에서는 cross 피크의 정보가 중요하므로 이들 cross 피크들을 먼저 두 축에 모두 anti-phase absorption 상태로 조정하게 된다. 이에 따라 diagonal 피크들은 (in-phase) double dispersion 피크들을 가지게 된다. 이들 AX 스핀 시스템의 커플링하고 있는 모습을 phase-sensitive COSY 스펙트럼인 그림 6-18-4의 좌측 그림이 잘 보여주고 있다. 확대하여 그려놓은 anti-phase absorption의 cross 피크 모습은 두 축(F2와 F1) 모두에서 상대방 핵과의 커플링 상수를 잘 보여주고 있다. 이러한 이유로 여러 피크들의 겹침 등으로 1D 스펙트럼에서 커플링 상수 등을 얻는 데 어려움이 있을 때 많은 경우 이 phase-sensitive 실험을 사용하게 된다. 이 스펙트럼에서 diagonal 피크의 넓은 dispersion 모습은 이 시료의 경우에는 cross 피크의 정보를 얻는 데 전혀 문제를 일으키지 않고 있다. 그러나 분자가 커플링하고 있는 양성자들을 조금만 더 가지고 있으면서 이들 cross 피크들이 diagonal 피크들의 주변에 있게 되면 cross 피크들은 커다란 diagonal 피크들의 방해로 아무런 정보도 줄 수 없게 되며 이것은 이 펄스 실험 방법의 피할 수 없는 단점이 된다. 이러한 단점은 아래에서 공부할 DQF-COSY[7]라는 실험 방법으로 상당히 제거할 수 있게 되는데 이들의 효과는 그림 6-18-4의 우측에 보여주고 있는 것과 같이 diagonal 피크들의 크기를 거의 cross 피크들의 크기 정도까지 줄여줄 수 있는 아주 좋은 실험 방법이다.

그러나 phase-sensitive 실험은 cross 피크가 anit-phase 성질을 가지고 있는 것이 때로는 문제가 되는 경우가 있다. 즉 실험의 파라미터가 올바로 사용이 되지 않을 때는 피크의 넓이가 커플링들 보다 더 넓어지면서 커플링을 분해시킬 수 없게 되고 anti-phase의 피크들이 서로 상쇄가 되어 cross 피크들이 사라지게 될 수도 있고 분리된 피크라도 작은 커플링 상수의 경우에는 이들로부터 얻은 값이 실제보다 큰 값일 수 있다. 그러므로 무엇보다도 이 실험의 첫째 조건은 충분한 digitization이 이루어져야 한다는 것이다(즉 많은 실험 시간을 필요로 하게 된다). 일반적으로 이들을 충족시키는 조건은 적어도 J/2 Hz/pt이거나 그 이상이어야 한다는 것

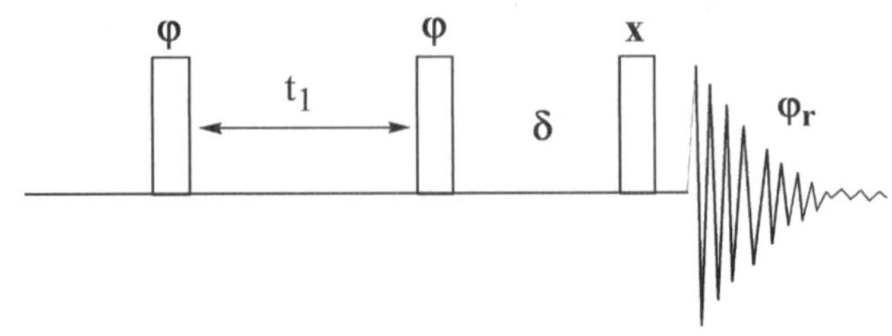

그림 6-18-5 DQF-COSY 실험의 펄스 순서.

이다(위 **2D 실험에서 분해능** 참조).

Double-quantum filtered COSY(DQF-COSY)

앞에서 보여준 것 같이 phase-sensitive COSY는 그들이 cross 피크에서 보여주는 anti-phase absorption 때문에 여러 가지 장점이 있는 반면 거대한 diagonal 피크의 dispersion 때문에 이들 피크 주위의 다른 피크들의 정보를 얻을 수 없는 심각한 결점을 가지고 있다. 그림 6-18-5가 DQF-COSY 펄스 순서를 보여주고 있다. 이 그림으로는 다만 기본 COSY 펄스에 하나의 펄스가 더 있을 뿐이다(이때 고정된 시간 δ는 기기에 따라서 다른 10-25 μs이다). 이미 알고 있는 두 번째 펄스가 만들어 놓은 여러 종류의 coherence 중에서 우리는 이제까지 quantum mechanical selection rule이 말하고 있는 single quantum coherence만이 detection coil에 시그널을 일으킬 수 있고 이들 이외의 multiple quantum coherence는 직접 detection 할 수 없음을 알고 있다. 때로는 그림 6-18-6에서와 같이 간단한 벡터 모델로는 이들 multiple quantum coherence들은 xy 평면에서 항시 anti-phase로 움직이고 있어서 net-magnetization이 없다고도 하고 double quantum의 경우에는 두 spin의 화학 이동의 합($\nu_A + \nu_X$)이 그리고 zero quantum은 두 스핀의 화학 이동의 차이($\nu_A - \nu_X$)로 움직이고 있다고 설명하지만(물론 3 spin 커플링에서는 triple quantum이 그리고 그 이상의 커플링 시스템에서는 그 이상의 quantum coherence가 만들어진다) 여기서는 불행하게도 볼 수 없는 신비스럽다는 현상으로 설명할 수밖에 없다.

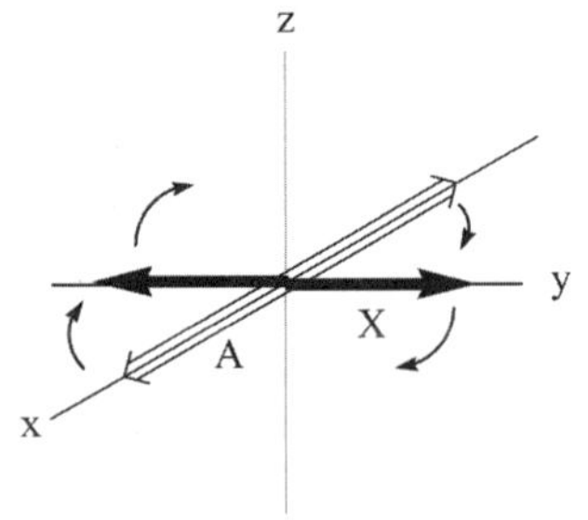

그림 6-18-6 AX 스핀 시스템에서 multiple quantum coherence를 설명하는 간단한 벡터 모델.

그러나 이들 볼 수 없는 magnetization을 다시 single quantum coherence로 변형시키면 이들을 detection할 수 있게 되고 이 첫 번째 역할을 3번째 펄스가 하게 된다. 그리고 이들 multiple quantum을 선택적(여기에서 filtered라는 용어가 사용됨)으로 얻기 위하여 위상 순환(phase cycle)의 방법을 사용하게 된다. 즉 p-quantum coherence를 3번째 펄스를 사용하여 single quantum으로 다시 만들면 이 magnetization의 위상은 이들을 만든 펄스의 위상 변화에 처음에 p-quantum coherence와 같이 만들어진 single quantum의 위상보다 p배 만큼 더 빠르게 변화한다는 사실에 따라서 펄스와 리시버의 위상을 변화시키면 얻으려고 하는 여러 종류의 coherence를 선택적으로 얻을 수 있게 된다. 그러므로 double-quantum coherence의 경우에는 이들을 single quantum으로 변화시키면 이들 위상은 펄스의 위상 변화에 먼저 만들어진 single quantum 위상보다 두 배 빠르게 변화하게 된다. 이것에 따라서 COSY 펄스의 처음 두 펄스의 위상을 90° 증가시키면 double quantum coherence를 거쳐서 만들어진 피크의 위상은 음의 피크를 가지게 된다. 그리고 이들 피크를 받아들이는 리시버의 위상을 180°로 바꾸면(이것은 펄스의 위상을 0°에서 얻은 스펙트럼에서 90°로 얻은 스펙트럼을 빼는 것과 같은 의미다) 얻어지는 피크는 double quantum coherence를 거쳐서 나타나는 피크만을 얻게 된다.

즉 p-quantum coherence를 얻기 위해서는 COSY 실험의 첫 두 펄스의 위상을 0, 180/p, 2×(180/p), ... (2p−1)×(180/p)로 하고 이에 따라서 리시버의 위상을 변화시키면 된다.[7] 이에 따르는 DQF−COSY의 위상 순환을 표 6−2에서 볼 수 있다.

표 6-2 DQF−COSY 실험의 위상 순환.

ϕ	ϕ_r
x	x
y	−x
−x	x
−y	−x

이와 같은 multiple quantum filtered 실험을 사용하려고 하는 것은 분명한 두 가지 이유

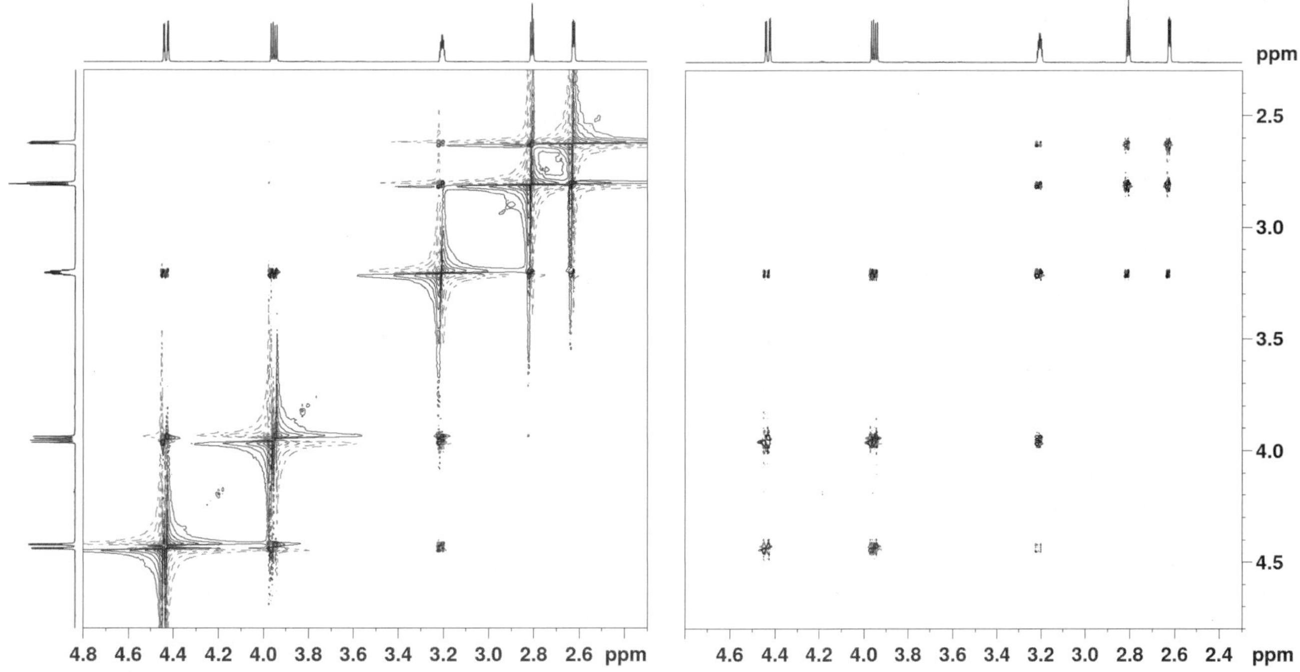

그림 6-18-7 (**1**)의 DQF-COSY 스펙트럼(우측: 4K × 512)은 phase-sensitivity COSY (2K × 512) 스펙트럼에서 보여주던 거대한 diagonal의 dispersive 피크들을 제거한다.

가 있다. 하나는 앞의 그림 6-18-4에서 언급한 것 같이 그림 6-18-7에서 보여준 glycidyl metacrylate(**1**)의 phase-sensitive COSY 스펙트럼에서 나타난 거대한 diagonal의 dispersion 피크들이 DQF-COSY 스펙트럼에서는 anti-phase absorption으로 바뀌면서 dispersion 모습이 사라지게 만드는 것이다. 즉 이들 diagonal 피크들의 크기를 줄이면서 diagonal 피크의 주변의 피크들을 더 확인할 수 있는 것이다(두 스핀 이상의 커플링 시스템에서는 diagonal 피크의 dispersion 모습이 완전히 사라지는 것은 아니다).

두 번째는 스펙트럼의 단순화로 더 좋은 질의 스펙트럼을 얻을 수 있다는 것이다. 즉 multiple quantum coherence는 커플링하는 스핀 시스템에서만 생겨나기 때문에 시료에서 커플링하지 않는 단일 피크나 시료를 아주 미량으로 사용할 때 흔히 용매에서 나타나는 deuterium으로 완전히 치환되지 않고 남은 양성자의 단일 피크는 제거할 수 있다. 예를 들어 D_2O를 용매로 사용하는 일반적인 실험이라도 미량 남아있는 HOD의 피크는 phase-sensitive COSY에서는 상당한 크기의 diagonal 피크로 주변의 피크들의 해석을 어렵게 만들 수 있지만 DQF-COSY 실험은 이 피크를 제거할 수 있게 된다. 그러나 biomolecule들의 연구에서는 사용하는 millimolar의 시료에 있는 모든 양성자들 특히 deuterium과 교환이 일어날 수 있는 매우 불안정한(labile) 양성자들의 스펙트럼들도 얻기 위해서 흔히들 90% H_2O와 10% D_2O(기기의 lock을 위해서)를 용매로 사용하게 된다. 그림 6-18-8은 90%의 H_2O와 10% D_2O의 용매에 녹아있는 2 mM sucrose와 0.5 mM DSS 용액의 phase-sensitive COSY와 phase-sensitive DQF-COSY 스펙트럼을 보여주고 있다.

이 스펙트럼들에 사용된 펄스 순서에는 H_2O 피크를 presaturation시키는 방법들이 사용되었으며 좌측의 단순한 phase-sensitive 실험에서는 거대한 diagonal 피크들로 3~4 ppm 영역에서의 스펙트럼 해석은 불가능하다. 그러나 예상대로 이들 diagonal 피크들은 DQF 스펙트럼에서는 anti-phase absorption으로 바뀌면서 dispersion 모습이 사라져서 이 영역의 해석이 가능하다는 것을 알 수 있다. 또한 DQF 실험의 장점인 단일 피크들의 제거는 3.5 ppm 영

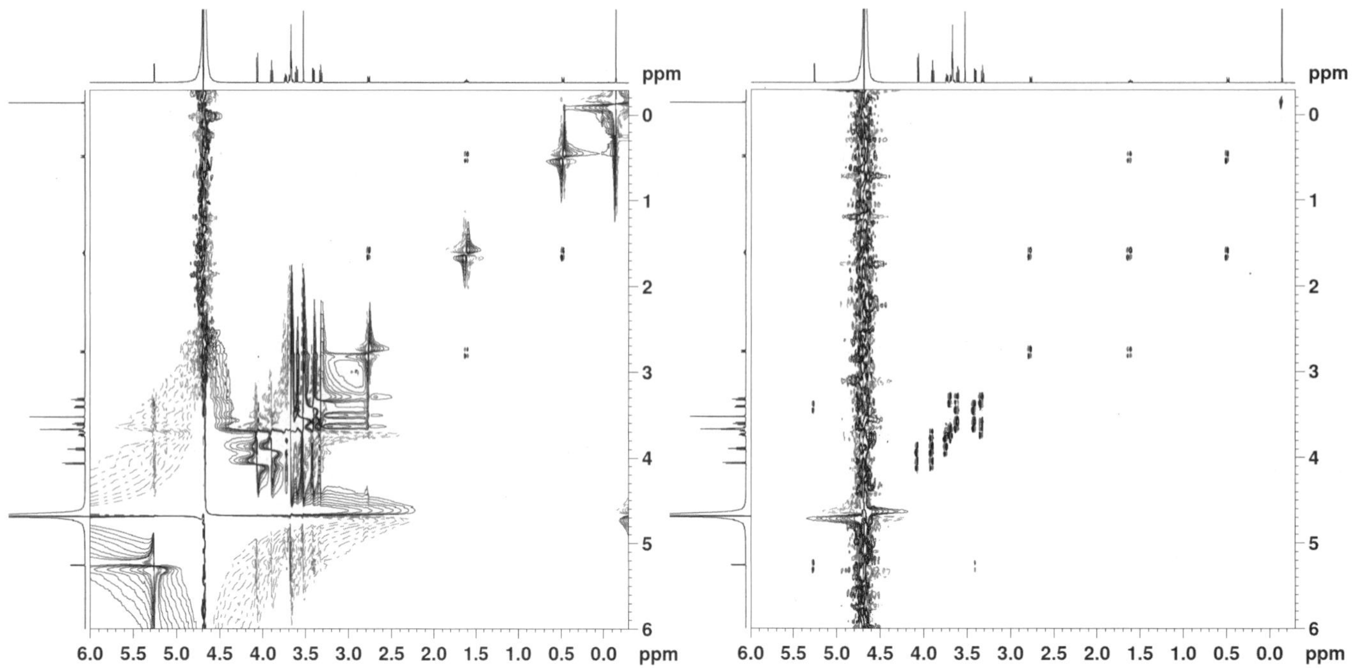

그림 6-18-8 2 mM sucrose와 0.5 mM DSS가 90% H_2O와 10% D_2O의 용매에 있을 때의 phase-sensitive-COSY(좌측)와 phase-sensitive DQF-COSY 스펙트럼(두 스펙트럼 모두 presaturation을 사용).

역에서 나타나던 singlet의 diagonal 피크를 완전히 사라지게 하였고 −0.2 ppm에서 보여주던 DSS의 3×CH_3의 거대한 단일 피크도 거의 사라지게 한 것을 우측의 DQF-COSY 스펙트럼에서는 볼 수 있다. DQF 실험은 위상 순환에서 본 것 같이 두 개의 스펙트럼들을 빼는 과정으로(DQF에서는 이론적으로 겨우 2배의 감도 저하가 일어나지만 high orders, 즉 triple quantum filtered 등의 실험에서는 급격한 감도 저하가 일어나게 되며 감도의 문제가 실험의 어려움이 된다) 얻어지기 때문에 단점으로 감도의 저하가 문제가 되지만 실제 스펙트럼에서는 단일 피크들이 만드는 t_1-noise 등을 제거함으로 더 좋은 결과를 얻게 된다. 그러나 위의 경우와 같이 90%의 H_2O를 용매로 사용하는 경우에는 presaturation을 이용한 DQF 실험도 이들 H_2O의 피크를 제거할 수 없다는 것을 알 수 있다. 최근에는 이 실험은 더욱이 gradient를 사용하는 Pulsed Field Gradient(PFG) 실험의 응용으로 감도의 문제는 물론이고 H_2O의 피크도 효과적으로 제거할 수 있게 되어 t_1-noise 의 문제도 완전히 해결할 수 있는 아주 유용한 실험 방법이 되었으며 아래에서 공부하게 될 것이다(6.5.2절).

다중선 구조의 해석(Analysis of multiplet structure)

그러면 이제 1D 스펙트럼에서 여러 피크들의 겹침과 복잡한 커플링 때문에 얻을 수 없었던 커플링 상수들을 phase sensitive 2D COSY 스펙트럼의 cross 피크에서 어떻게 얻을 수 있는지 알아보도록 하자. 이 작업을 하기 위한 첫 번째 수순은 cross 피크에 있는 *active* coupling과 *passive* coupling을 구분하는 것이다. *Active* coupling은 커플링하는 두 스핀이 보여주는 cross 피크이다. 그러므로 커플링하는 AX 스핀 시스템에서 나타나는 cross 피크는 active coupling이다. 이들은 이미 앞에서 보여준 것 같이 anti-phase absorption을 가지고 있다. 이들 이외의 나머지 커플링들은 모두 *passive* coupling이며 in-phase의 모습으로 cross 피크에 나타난다. 이들의 명확한 이해를 위해서 먼저 computer program의 simulation으로 얻은 서로 커플링하는 AMX 스핀 시스템에서 얻은 cross 피크들을 이용하여 보도록 하자. 그림

6-18-9가 이들 3개의 스핀이 $J_{AM} > J_{AX} > J_{MX}$의 크기로 서로 커플링할 때 보여주는 cross 피크들이다.

먼저 M과 X 스핀을 연결하는 cross 피크를 보면 여기에서는 M과 X가 커플링으로 2중선을 만들어 놓은 것을 active coupling이라고 하고 이들은 다시 각각 F2축(X)에 J_{AX}로 2중선을 만들고 F1축(M)에 J_{AM}으로 2중선을 만들어 결국 4×4 구조를 만들게 되며 이 두 J_{AX}와 J_{AM}이 만들어 놓은 커플링들을 passive coupling이라고 한다. 그러므로 anti-phase의 커플링이 MX의 커플링이라는 것을 알 수 있고 F2축(X)에 나타나는 in-phase 커플링은 AX 커플링이고 F1축(M)에 나타나는 in-phase 커플링은 AM 커플링이라는 것을 알 수 있다. 이와 같은 방법으로 A와 X 스핀을 연결하는 cross 피크 그리고 A와 M 스핀을 연결하는 cross 피크들에서도 anti-phase와 in-phase의 모습들을 구분하여 각각의 커플링 상수들을 찾아낼 수 있다.

이들 cross 피크들은 digital resolution을 커플링 상수가 가장 작은 $J_{MX} = 6$의 J/2보다도 작은 2.3 Hz를 사용하였으므로 J_{MX} 커플링도 잘 분리되어 나타나고 있지만(phase-sensitive 실험에서는 적어도 J/2 Hz/pt보다는 더 좋아야 한다는....: 2D NMR에서 분해능 참조) AM의 cross 피크에 있는 passive J_{AX} 커플링은 겨우 분리되어 나타나고 있다. 이것은 일반적으로 cross 피크들은 옆의 피크가 같은 위상(+ 또는 −)을 가지고 있을 때 간단한 pattern으로 나타나려고 하는 경향에서 기인하는 것이다. 실제 스펙트럼에서 cross 피크들은 여러 커플링들의 복합체이므로 특히 두 축(F2와 F1)의 digital resolution을 다르게 사용하는 경우 diagonal 피크의 양쪽의 cross 피크들의 모습이 서로 다를 수 있으므로 정확한 정보를 얻기 위해서는 두 개의 cross 피크들을 모두 조사하는 것이 유리하다.

이제 실제 스펙트럼에서 나타나는 cross 피크들을 이용하여 해석에 응용하여 보도록 하자. 위에서 보여준 그림 6-18-7의 DQF-COSY 스펙트럼의 digital resolution은 F2축은 2 Hz, F1축은 14.8 Hz의 조건(4K×512)으로 획득(AQ)한 후 F1축은 zero-filling으로 2 Hz로 만든 것이다. 이 스펙트럼에서 (**1**)의 $-O-\mathbf{CH_2}-CH-$에 있는 methylene 양성자들의 cross 피크들을 확대한 것을 그림 6-18-10에 보여주고 있다. 이들 cross 피크들은 이미 각각 같은 크기의 active coupling(J = 12.3 Hz)과 다른 크기의 passive coupling(J = 6.2, 3.0 Hz)을 가지고 있는 것을 알고 있다(3.6절, 그림 3-27).

먼저 그림 6-18-10의 우측의 cross 피크에서 F2축의 모든 피크들은 잘 분리되어 나타나고 있다. 이곳에서 antiphase를 보여주고 있는 active coupling은 12.3 Hz, in-phase를 보여주고 있는 passive coupling은 6.2 Hz이므로 이들의 J/2보다 작은 2 Hz의 digital resolution

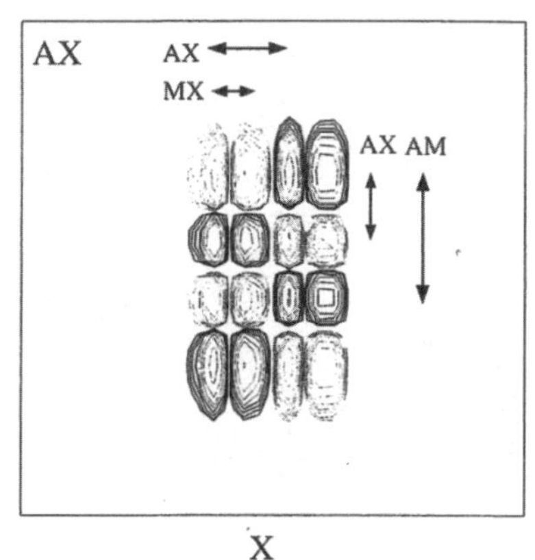

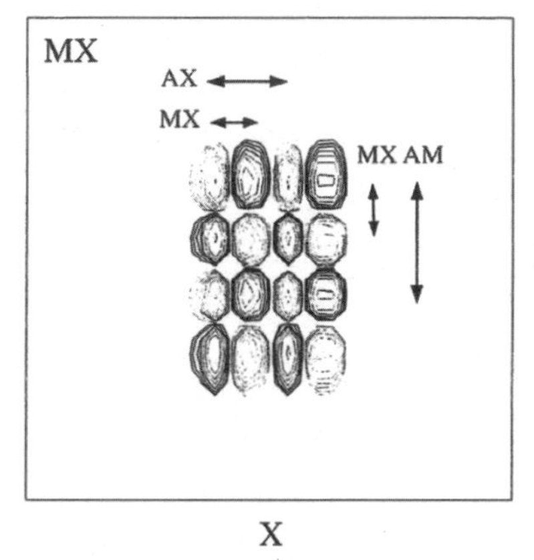

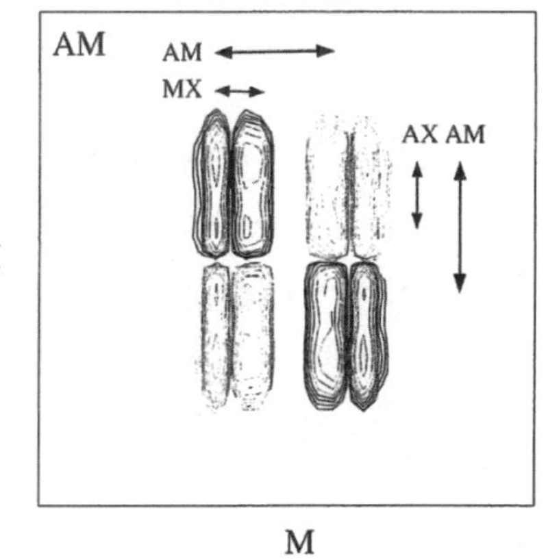

그림 6-18-9 서로 커플링하는 AMX 스핀 시스템에서 얻은 phase sensitive COSY 스펙트럼의 cross 피크들. 화살표는 각 스핀들 사이의 커플링을 나타내는 것이고 스펙트럼은 $J_{AM} = 18$, $J_{AX} = 12$, $J_{MX} = 6$ 그리고 두 축 모두 2.3 Hz의 digital resolution으로 얻은 컴퓨터 simulated 스펙트럼이다(진한 색과 흐린 색이 양과 음의 피크를 표시).

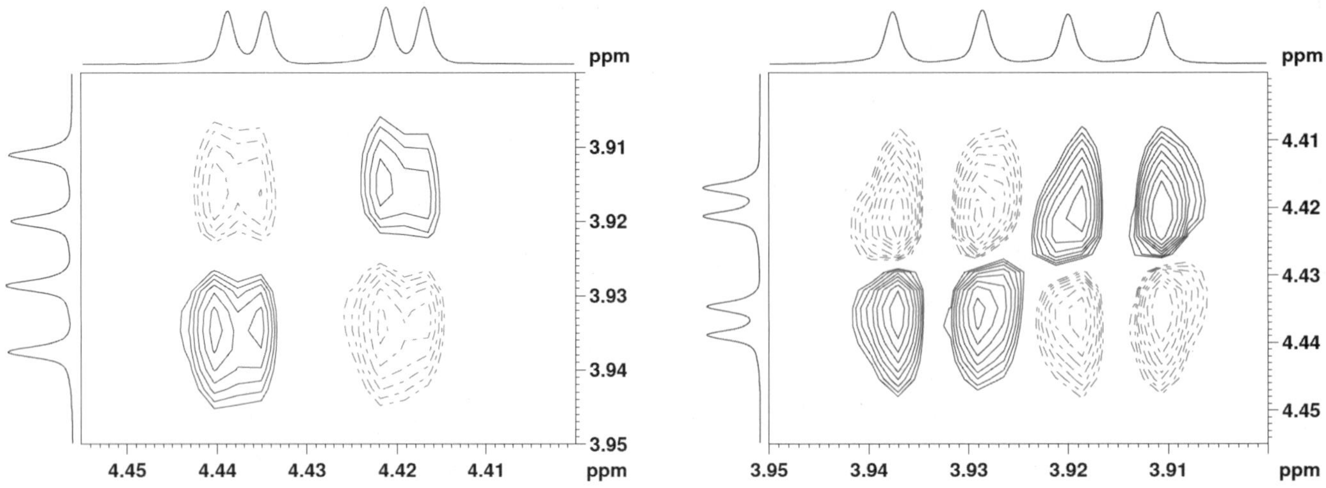

그림 6-18-10 (1)의 —O—CH_2—CH—의 methylene 양성자들의 cross 피크들(그림 6-18-7의 DQF-COSY 스펙트럼에서).

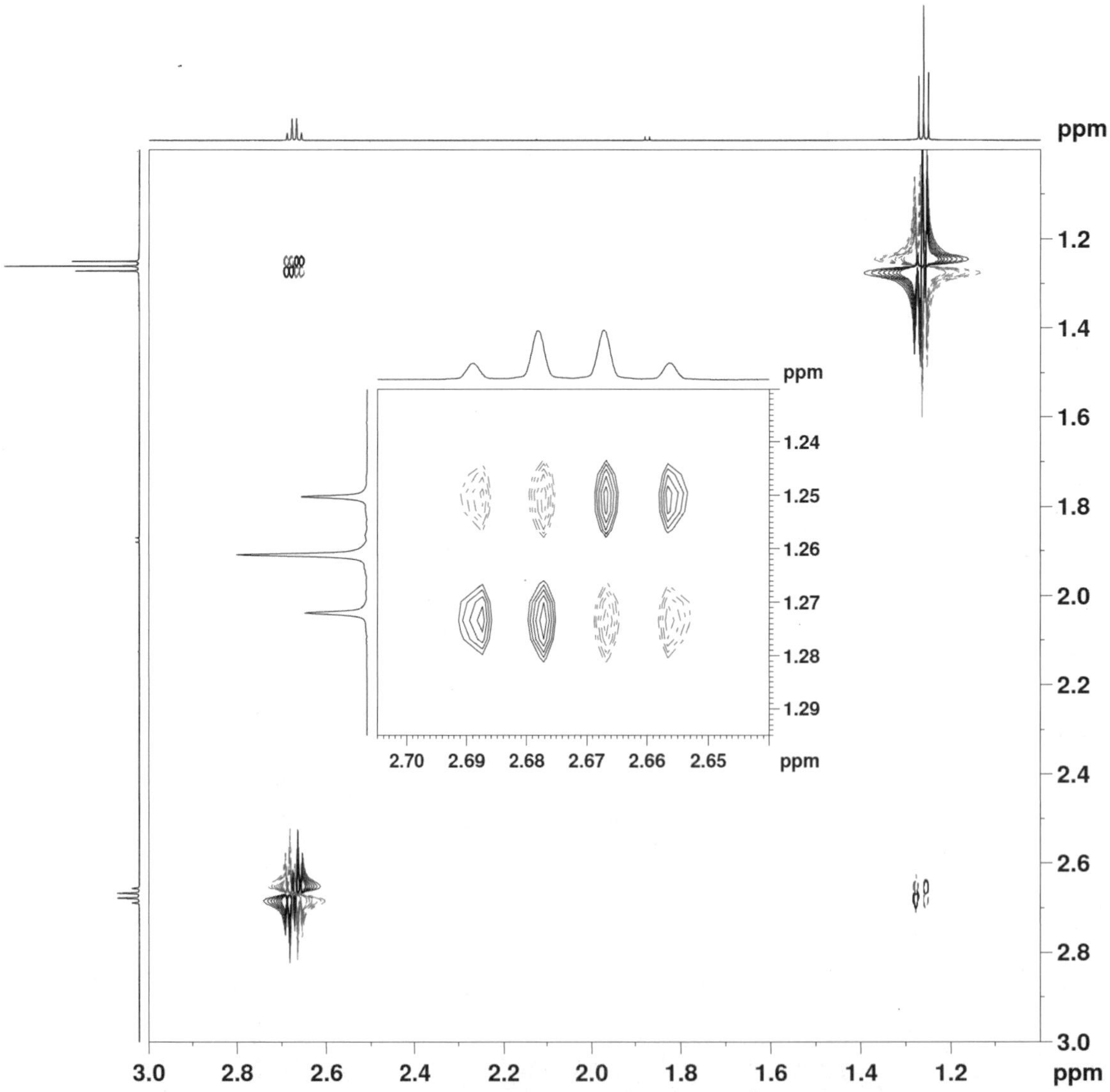

그림 6-18-11 Ethylbenzene의 phase sensitive COSY에서 ethyl-의 cross 피크 위상 모습.

을 사용한 스펙트럼이기 때문에 잘 분리되어 나타난 것이다. F1축은 14.8 Hz의 조건에서 acquisition 후 zero-filling으로 F2축과 같은 2 Hz의 조건으로 얻은 스펙트럼이지만 큰 12.3 Hz의 antiphase의 active coupling은 분리되어 나타났지만 작은 3 Hz인 passive coupling은 분리가 되지 못하고 나타났다. 좌측의 cross 피크에서는 F2축의 active coupling인 12.3 Hz antiphase coupling은 잘 분리되었지만 예상대로 2 Hz의 digital resolution은 3 Hz의 passive coupling을 겨우 분리시키고 있으며 F1축에서는 6.2 Hz의 passive coupling도 분리시키지 못하고 있다. 즉 비록 zero-filling으로(특히 F1축) 스펙트럼의 digital resolution을 증가시킬 수는 있지만 기본적인 피크의 분해와 linewidth의 한계는 time domain, 즉 t_2의 시간(F2축 digital resolution)과 그리고 t_1 increment(F1축의 resolution)에 달려있다는 것을 잘 보여주고 있다.

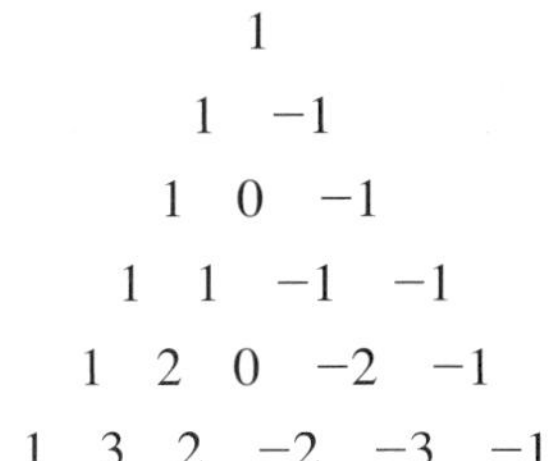

그림 6-18-12 동등한 여러 개의 스핀 커플링이 만드는 phase sensitive COSY의 cross 피크의 intensity와 위상의 모습.

결국 이들 cross 피크들의 커플링 pattern을 해석하는 것도 active coupling과 passive coupling을 구분하는 것을 제외하면 1D 스펙트럼의 다중선을 해석하는 것과 동일하다. 만약 하나의 스핀이 동일한 n개의 스핀과 커플링한다면 이들 사이의 cross 피크 위상 모습은 하나의 스핀과는 active coupling을 하고 나머지 스핀들과는 passive coupling을 하는 모양으로 나타나게 된다. 그러므로 A_3X_2 스핀 시스템인 ethyl에서 CH_3는 CH_2의 양성자 하나로 active coupling을 하고 다른 하나로는 passive coupling을 하여 + 0 − 의 모습을 가질 것이고 CH_2는 CH_3의 하나의 양성자로 active coupling을, 그리고 두 개의 양성자로는 passive coupling을 하여 + + − − 모습의 사중선(q)으로 나타나게 될 것이다(그림 6-18-11). 이들과 같이 하나의 스핀에 동등한 여러 개의 스핀이 커플링할 때 예상되는 피크들의 모습은 1차 스펙트럼에서 피크들의 크기를 예상하는 파스칼의 삼각형(그림 3-13a)과 유사한 방법으로 얻을 수 있다(그림 6-18-12).

그러나 high digital resolution으로 얻은 스펙트럼에서도 여러 개의 스핀들이 서로 커플링 하여 나타나는 실제의 cross 피크에서는 예상되는 분해가 일어나게 할 수 없을 수도 있으며 이들은 결국 피크들 사이의 상쇄나 겹침으로 나타나게 된다. 일반적으로 anti-phase의 겹침으로 나타나는 피크들에서는 없어지는 피크들 때문에 해석에 오류를 범할 수 있고 가까운 곳에 같은 위상의 피크들은 통합되어 나타나는 경향은 작은 커플링들을 분해시킬 수 없게 되어 해석을 더욱 어렵게 만들 수도 있다. 특히 작은 커플링들의 분해는 때로는 두 축의 digital resolution이 다르게 사용되었기 때문에 두 개의 cross 피크들에서 다르게 나타날 수도 있다. 그러므로 아래에서 언급될 magnitude 실험에서 자주 사용되는 symmetrization은 phase-sensitive data에서는 적용을 할 수 없을 수도 있다.

COSY 스펙트럼에서는 digitization의 한계 때문에 실제적으로 피크의 넓이(linewidth)가 매우 넓을 수 있다. 그러므로 예측되는 분해의 모습을 가지고 얻어진 cross 피크들이 피크의 넓이보다 더 넓게 분해되었다면 커플링 상수를 얻는 것은 문제가 없지만 가깝게 나타난 anti-phase에서는 이들의 거리가 실제의 커플링 상수보다는 크게 나타나게 된다(그림 6-18-13). 즉 1D 스펙트럼에서와 같이 모든 피크가 같은 위상을 가지고 있을 때는 넓이보다 적게 분해되어 있는 피크들은 분해가 일어나지 않지만 anti-phase의 경우에는 두 피크가 완전하게 겹쳐서 없어지기 전까지는 그들의 피크 크기(intensity)만 줄어들 뿐이고 분해는 되어 나타나기 때문이다. 그러므로 측정되는 피크 넓이보다 적은 커플링 상수는 그들의 값을 정확하게 얻을 수 없다. 여러 가지 실험에서 얻은 경험으로는 정확하게 얻을 수 있는 커플링 상수는 digital resolution보다 1.5배 이상 되어야 한다고 알려져 있다. 결국 cross 피크는 피크의 넓이가 넓거나 active 커플링 상수와 비교하여 digital resolution이 충분하지 않으면 없어질 수 있다는 것이고 이러한 현상은 원천적으로 broad한 피크를 가지고 있는 고분자 물질 등에서 흔히 나타난다.

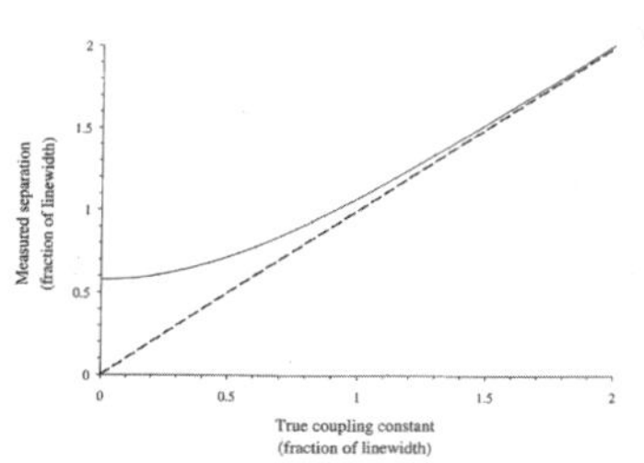

그림 6-18-13 작은 anti-phase의 커플링에서 얻어진 값(선)과 실제 값(점선)의 차이.

Symmetrization

2D 실험을 할 때 스펙트럼에 나타나는 또 다른 결함은 1D 실험과는 다르게 시간이 오래 걸리면서 나타나는 여러 가지 noise라고 할 수 있다. 이러한 noise는 특히 F1축을 형성하는 interferogram이 오랜 시간 동안에 걸쳐서 얻어지므로 여러 가지의 기기적인 불안정이 interferogram에 영향을 주면서 나타나게 되고 온도의 변화도 중요한 요인이 된다. 이들 기기적인 불안정이란 펄스의 문제일 수도 있고, field/frequency를 조절하는 lock의 불안정 문제일 수도 있고 또는 외부의 진동의 문제일 수도 있다. 이러한 모든 것들이 t_1*-noise*라고 하는 현상을 일으키게 된다. 이 noise는 t_1 interferogram으로부터 만들어지므로 다른 noise와는 다르게 F1축에 평행하게 나타나게 된다. 더욱이 기기적인 불안정이 noise를 만들어내기 위해서는 모체가 있어야 하므로 이 noise는 피크를 가로지르면서 나타나며 그 크기는 관련되는 모체의 피크의 크기와 비례하여 나타난다. 그러므로 실제적으로 스펙트럼에 커다란 diagonal 피크를 가지는 메틸기나 용매의 피크가 있을 때 이 현상은 F1축을 따라서 더욱 두드러지게 나타나게 되며 이들이 2D 스펙트럼의 해석을 매우 어렵게 만든다. 더욱이 cross 피크가 작을 때는 이 문제는 매우 심각해진다.

그러나 다행히도 대부분의 FT-NMR 기기들은 이 t_1-noise를 컴퓨터 소프트웨어를 이용하

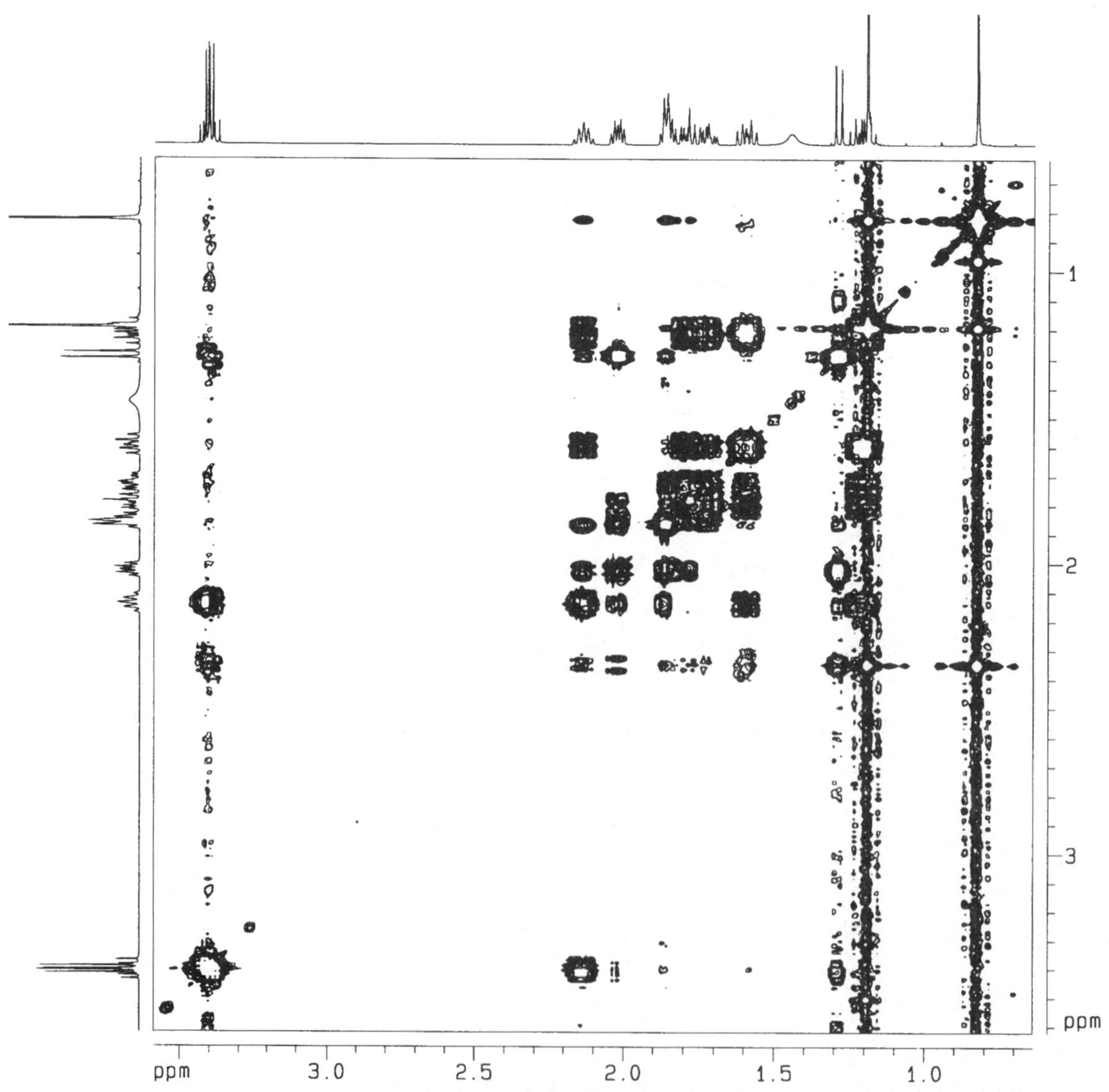

그림 6-19 Symmetrization을 하기 전의 *trans*-myrtanol(**4**)의 COSY-90 스펙트럼.

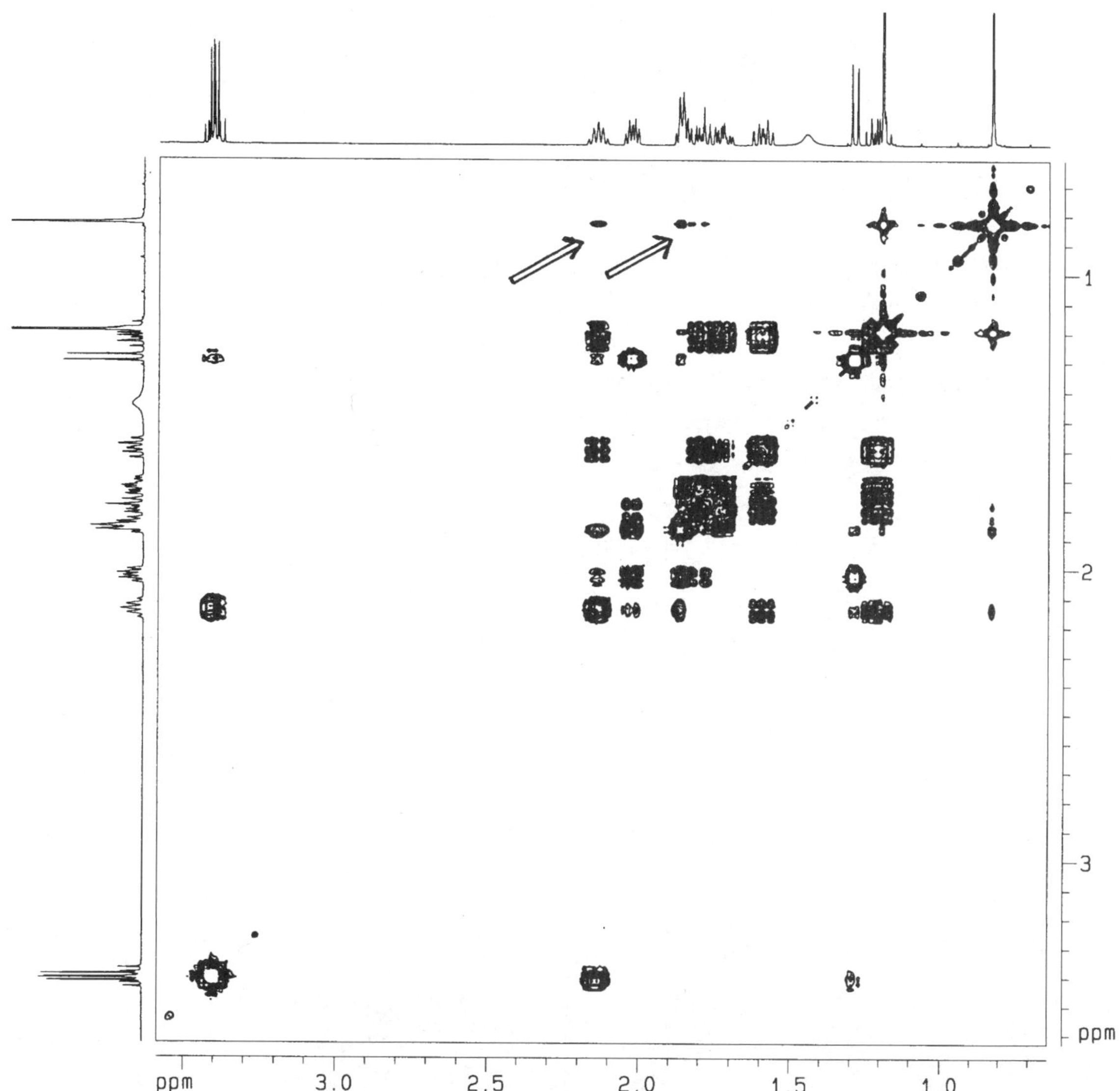

그림 6-20 Symmetrization을 하고 난 후의 *trans*-myrtanol(**4**)의 COSY-90 스펙트럼.

여 제거할 수 있는 매우 유용한 방법이 있으며 이것을 symmetrization이라고 한다. 이 원리는 cross 피크의 경우는 diagonal축을 기준으로 하여 대칭을 가지고 나타나지만 t_1-noise는 이러한 대칭성이 존재하지 않는다는 것을 이용하게 된다. 즉 symmetrization의 과정은 diagonal축을 기준으로 하여 대칭성이 없는 모든 피크들을 제거하는 것이다. 결국 이 방법은 앞에서 보았던 axial 피크도 diagonal축에 대하여 대칭성이 없으므로 제거할 수 있는 방법이 되는 것이다(결국 axial 피크를 제거하기 위한 위상 순환이 필요하지 않게 됨). 이 symmetrization 방법이 스펙트럼에서 noise를 제거하는 매우 좋은 방법이기는 하지만 사용할 때는 주의가 요구된다. 먼저 그림 6-19(그림 6-12와 비교)를 보면 메틸기들의 피크를 따라서 생긴 t_1-noise가 얼마나 심각한 것인지를 잘 알 수 있다. 다음 그림 6-20은 그림 6-19를 symmetrization하여서 얻은 결과이며 거대한 메틸기의 t_1-noise가 모두 사라진 것을 볼 수 있다. 그러나 그림 6-20을 6-12와 비교하여 보면 그림 6-12에서는 나타나 있지 않은 또 다른 cross 피크(화살표로 표시)들이 나타나 있는 것을 볼 수 있다. 이 피크들 중 하나는 long range 커플링 때문에 나타나는 cross 피크이며 다른 하나는 cross 피크가 아니고(뒤에서 보여주는 long range COSY 실험방법으로 증명이 됨) 여러 가지 noise와 거대한 t_1-noise가 공교롭게도 diagonal

축으로 대칭의 위치에 놓여 있게 됨으로써 나타난 것이다. 이러한 현상은 거대한 t_1 noise가 있는 스펙트럼을 symmetrization할 때 쉽게 나타날 수 있는 것이므로 주의가 요구된다. 그림 6-12는 이러한 위험을 피하기 위하여 먼저 어느 정도의 t_1-noise를 제거한 후(이 방법은 전체 스펙트럼에서 피크들이 없는 부분에 있는 t_1-noise의 부분을 빼는 방법임) symmetrization을 수행한 것으로 작은 long range 커플링 하나를 보여주지 못한 것이다. 이것은 symmetrization 방법이 두 개의 대칭 cross 피크들 중 적은 피크를 선택하여 diagonal축의 반대편의 결과를 주게 되는데 그림 6-12에서는 t_1-noise의 일부분을 빼는 과정에서 t_1-noise와 같은 곳에 놓여 있던 한쪽의 cross 피크가 없어진 것을 symmetrization하여서 생긴 결과이다. 특히 두 축의 digital resolution이 매우 다른 스펙트럼에서는 한쪽의 cross 피크는 매우 작게 나타나므로 symmetrization을 응용할 때 더욱 더 주의가 요구된다. 이러한 단점들을 극복하는 방법은 무엇보다도 먼저 얻어진 스펙트럼을 symmetrization하기 전에 반드시 잘 살펴보는 것이다.

마지막으로 위에서 언급된 실험을 할 때 주의하여야 할 점들을 고려하고 난 후 이 실험의 결과를 해석할 때 주의할 점들을 살펴보기로 하자. 먼저 두 핵 사이에 cross 피크가 얻어졌다는 것은 분명히 두 핵은 서로 커플링하고 있다는 증거이다. 그러나 cross 피크가 없다고 할 때

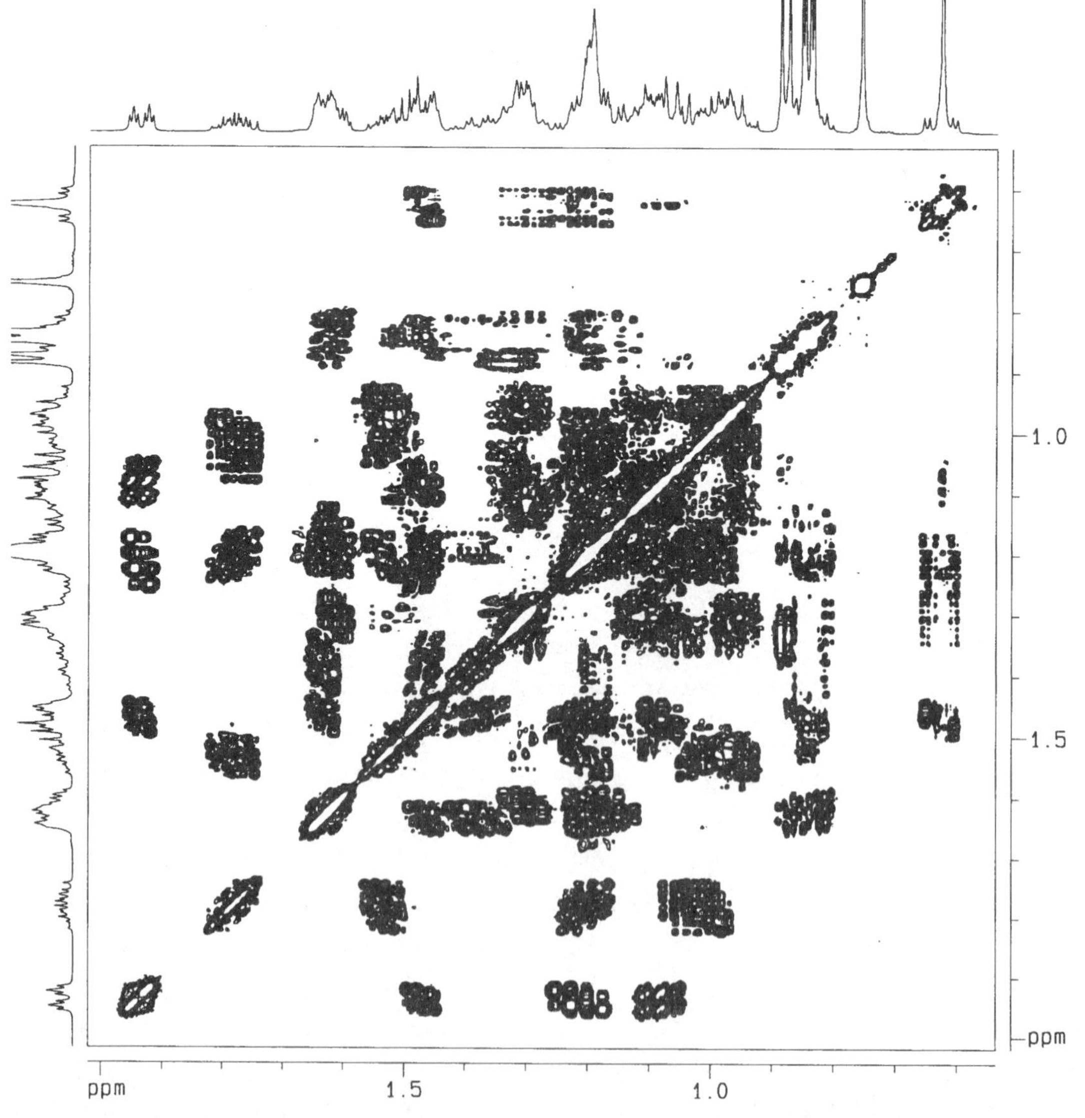

그림 6-21 Cholestane(**5**)의 COSY 스펙트럼.

물론 가능성이 가장 많은 사실은 두 핵 사이에 커플링이 없는 것이지만 몇 가지 다른 가능성을 고려해 보아야 한다. 두 핵이 J라는 상수를 가지고 커플링할 때 cross 피크의 크기는 e^{-t_1/T_2} $\sin\pi Jt_1$에 비례하므로 작은 커플링을 가진 피크들의 cross 피크들은 T_2, 즉 다른 말로 커플링하는 피크들의 넓이에 매우 민감하다. 그러므로 이때 스펙트럼의 분해능을 높이기 위해서 사용되는 window function들은 더더욱 이들 피크들을 얻을 수 없게 크기를 적게 만들게 되며, 때때로 엉뚱한 스펙트럼의 해석을 유도할 수도 있다.

이제까지 본 몇 개의 예와 같이 양성자들끼리의 커플링을 이용한 위의 COSY 실험 방법은 분자의 구조 규명에 매우 유용하다. 그러나 분자가 복잡해지면 이 방법도 제한적으로 사용될 수밖에 없다. 모든 양성자들이 매우 좁은 영역에서 겹쳐 나왔던(그림 3-33) cholestane(**5**)의 COSY 스펙트럼을 그림 6-21에 보여주었다. 이 복잡한 그림에서 볼 수 있듯이 커플링 상대들을 이용하여 구조를 밝혀낸다는 것은 쉬운 일이 아니며 거의 불가능하다는 것을 알 수 있다. 그러나 이러한 어려움들도 차례로 공부하게 될 또 다른 2D 실험으로 극복할 수 있게 된다.

6.2.1.2 COSY 실험과 연관된 실험들

COSY-45

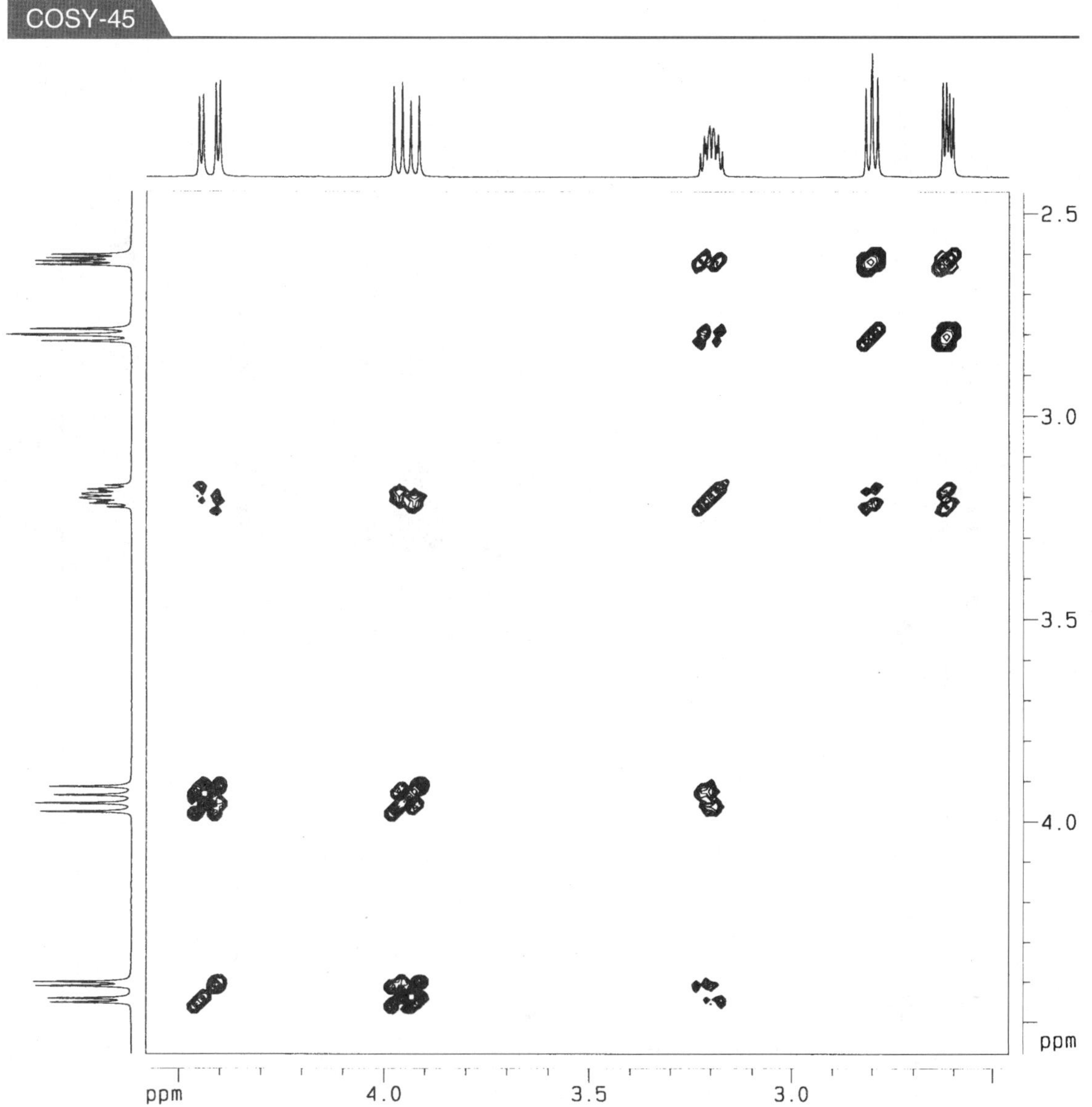

그림 6-22 Glycidyl methacrylate(**1**)의 COSY-45 스펙트럼.

COSY-45는 두 번째 펄스가 90° 대신 45°로 주어진다고 했는데 이 결과는 그림 6-22에 보여 주고 있다.

COSY-90의 펄스 순서로 얻어진 스펙트럼과의 비교를 위하여 그림 6-10a(그림 6-10을 4.6에서 2.4 ppm까지만 확대한 것임)를 보자. 그림 6-10a에서 diagonal 피크들은 정사각형 비슷한 모양을 가지고 있고, 그림 6-22에서 즉 COSY-45로 얻은 스펙트럼에서는 diagonal 피크들이 사선의 양끝으로 찌그러진 모양으로 나타나 있다. 여기에서 예로 든 간단한 분자의 화합물에서는 COSY-45가 더 좋은 결과를 보이지는 않지만 분자량이 큰 화합물들, 즉 양성자 스펙트럼들이 매우 복잡할 때 이 diagonal 피크들을 줄이는 것은 스펙트럼의 해석에 많은 도움을 주게 된다. 그러나 COSY-45 스펙트럼에서는 diagonal 피크를 줄이는 반면 cross 피크들의 크기도 작아지게 된다.

trans-Myrtanol(**4**)을 COSY-45 실험으로 얻은 그림 6-23을 그림 6-12(같은 화합물의 COSY-90)와 비교해 보면 cross 피크들의 크기가 얼마나 작아졌는지를 잘 볼 수 있다. 그러므로 이 실험은 감도를 증가시키기 위해서 실험 시간이 좀 더 길어지게 된다. 때로는 이 실험은

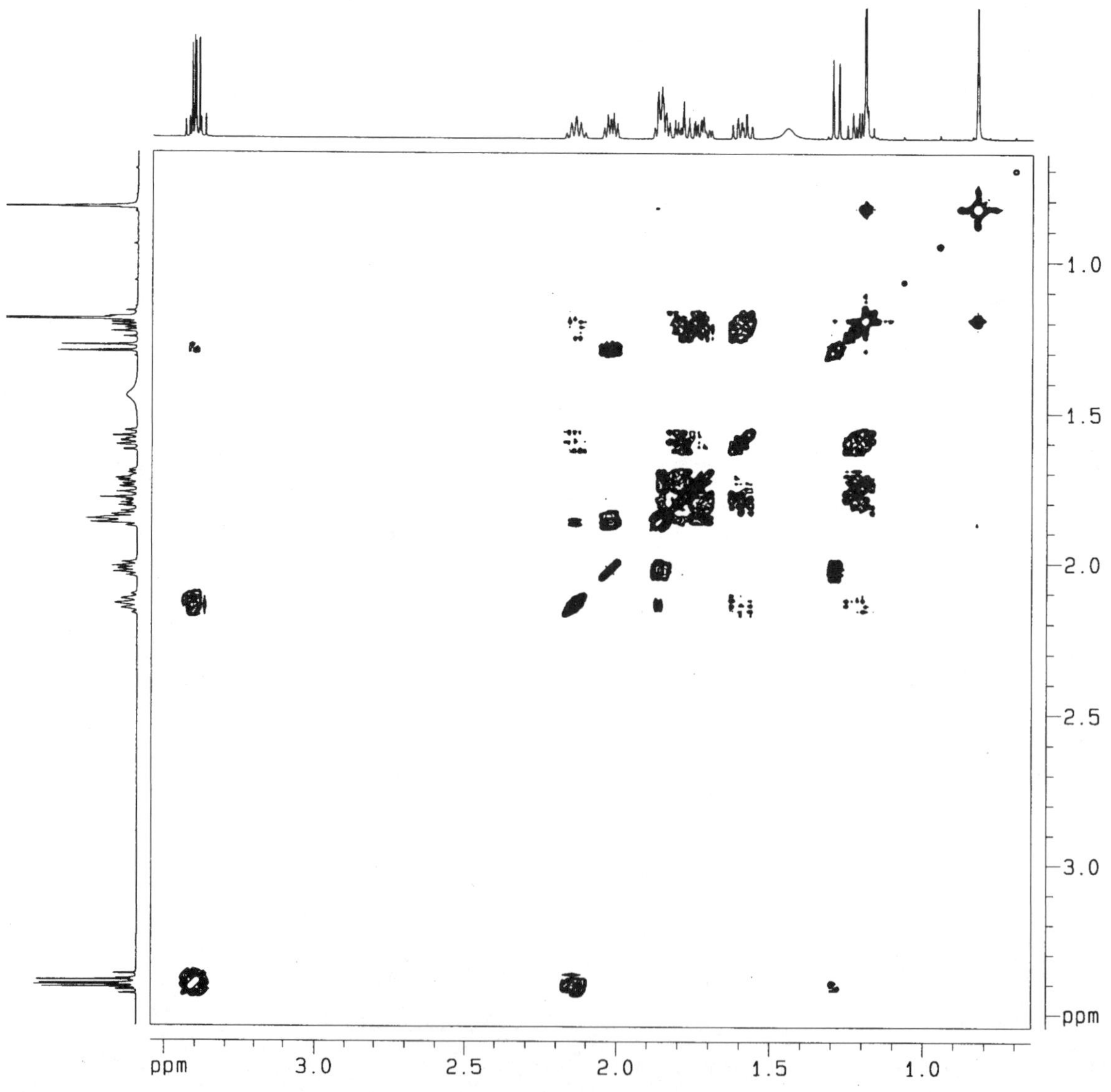

그림 6-23 *trans*-Myrtanol(**4**)의 COSY-45 스펙트럼.

45° 대신 60°를 사용할 때도 있고 cross 피크들의 기울기가 diagonal 피크의 기울기와 같은 + 기울기의 방향(active coupling)인지 다른 − 기울기의 방향(passive coupling)인지에 따라서 geminal과 vicinal 커플링을 구분하는 방법으로도 사용된다. 위의 그림 6−22에서도 geminal 커플링인 cross 피크들은 diagonal 피크들과 같은 + 기울기의 방향(active coupling)을 보여주고 있고 vicinal 커플링들의 cross 피크들은 − 기울기의 방향(passive coupling)을 보여주고 있다.

Long-range COSY

그림 6−24는 glycidyl methacrylate(**1**)를 사용하여 COSY의 펄스 순서에서 t_1 delay 다음 그리고 두 번째 펄스 뒤 FID를 얻기 전에 각각 고정된 시간(이 실험에서는 150 ms이 주어졌음)을 주어서 얻어진 스펙트럼이다. 즉 펄스 순서는 $90°-t_1-\Delta-90°-\Delta-t_2$가 된다. 이 실험은 커플링 상수가 1D NMR 스펙트럼에서 피크의 넓이보다 적어서 splitting을 보이지 않는 것들(이들은 4-bond나 5-bond의 커플링에 해당하며 대략 0.1~0.5 Hz 정도의 크기를 가진다)의 cross 피크들을 얻을 수 있는 실험 방법으로서 long-range COSY라고 불린다.[8] 이때 △는 보

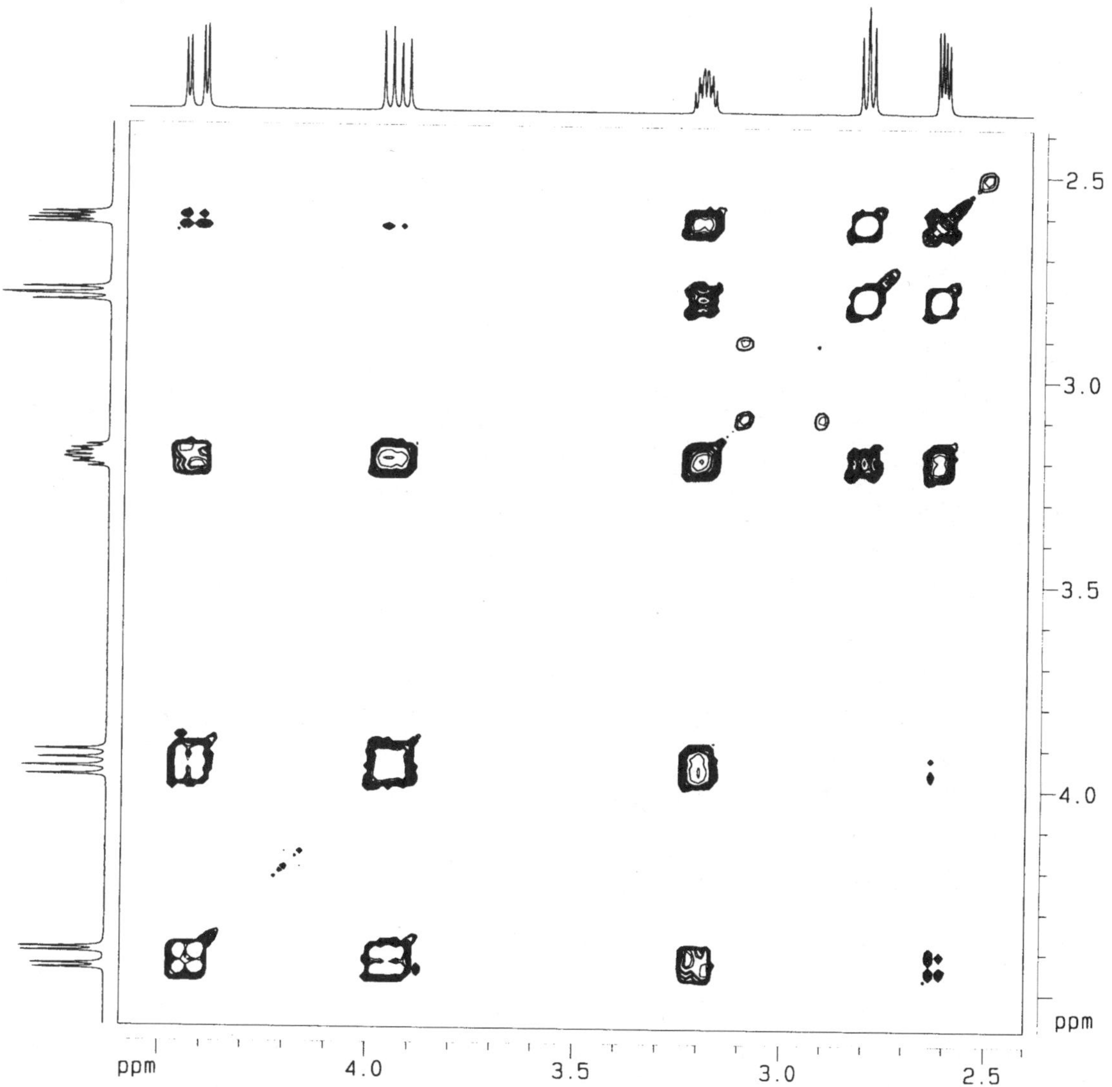

그림 6−24 Glycidyl methacrylate(**1**)의 long range COSY 스펙트럼.

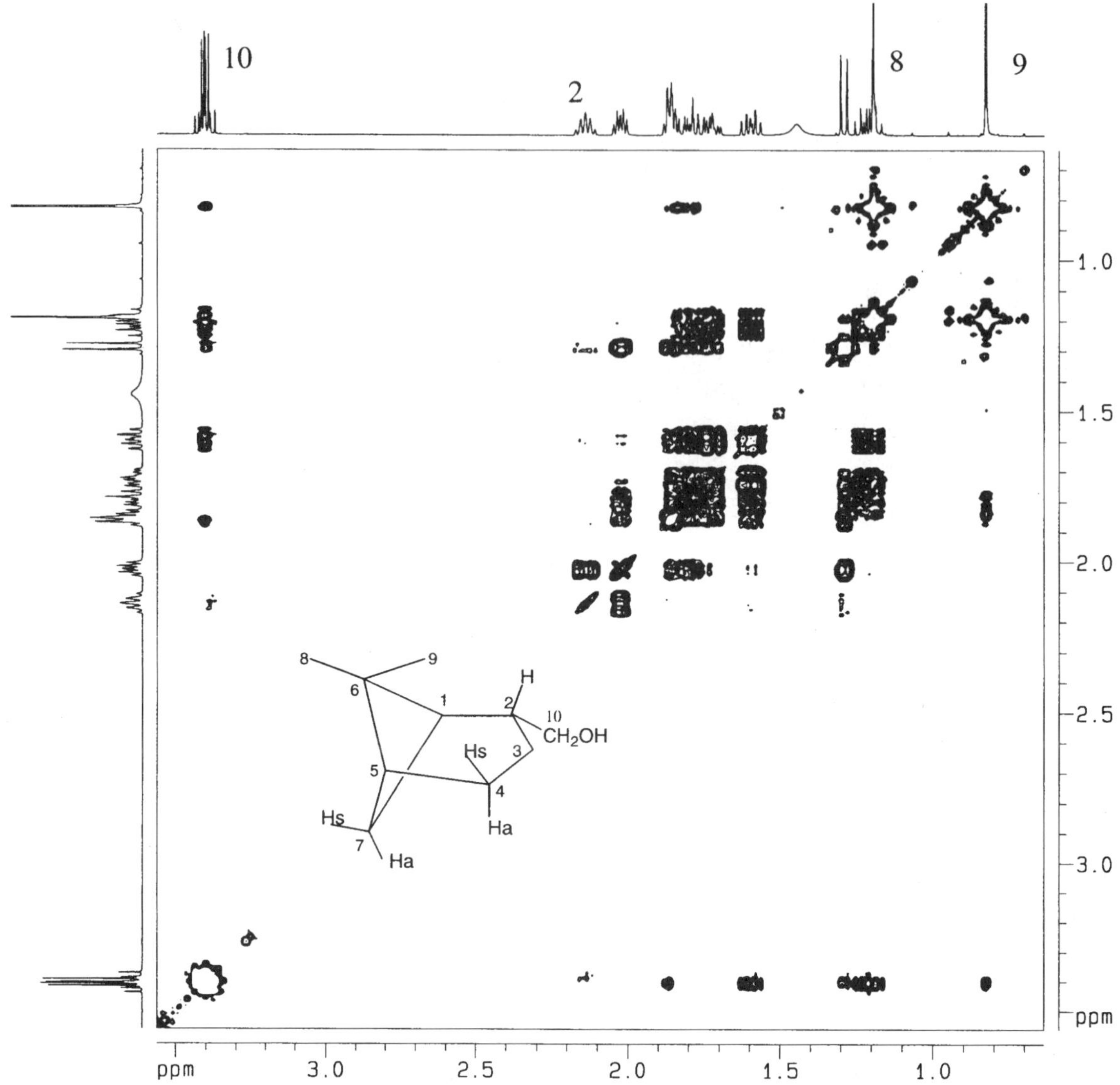

그림 6-25 *trans*-Myrtanol(**4**)의 long range COSY 스펙트럼.

통 유기화합물의 양성자의 T_2 값이 0.2~0.6초로 간주할 때 약 0.05~0.5초 정도의 시간이 주어질 수 있다.

그림 6-24를 그림 6-10a와 비교해 볼 때 2.6 ppm에 없던 cross 피크들이 나타났다. 이 피크들은 1D NMR에서는 볼 수 없는 커플링들이다. 즉 이 실험 방법은 glycidyl methacrylate(**1**)에 있는 ethylene oxide group에서의 methylene의 양성자들이 4개의 결합(bond)으로 떨어져 있는 다른 methylene의 양성자들과의 아주 작은 커플링을 보여주는 것이다.

그림 6-25는 고정된 시간 △를 0.4초를 사용하여 얻은 *trans*-myrtanol(**4**)의 long range COSY 스펙트럼이며 그림 6-12와 비교해 볼 때 큰 커플링을 나타내던 cross 피크(2-H와 10-H 사이의 피크)들은 거의 사라져 버렸고 작았던 피크들은 커지면서 없었던 피크들이 많이 나타나 있다. 이들 새로 나타난 cross 피크들이 4- 나 5-bond 떨어진 양성자들 사이에서 일어나는 작은 커플링을 보여주는 것이다(이 경우 6-bond 떨어진 메틸기들의 양성자와 10-H 사이에 커플링도 보여주고 있음).

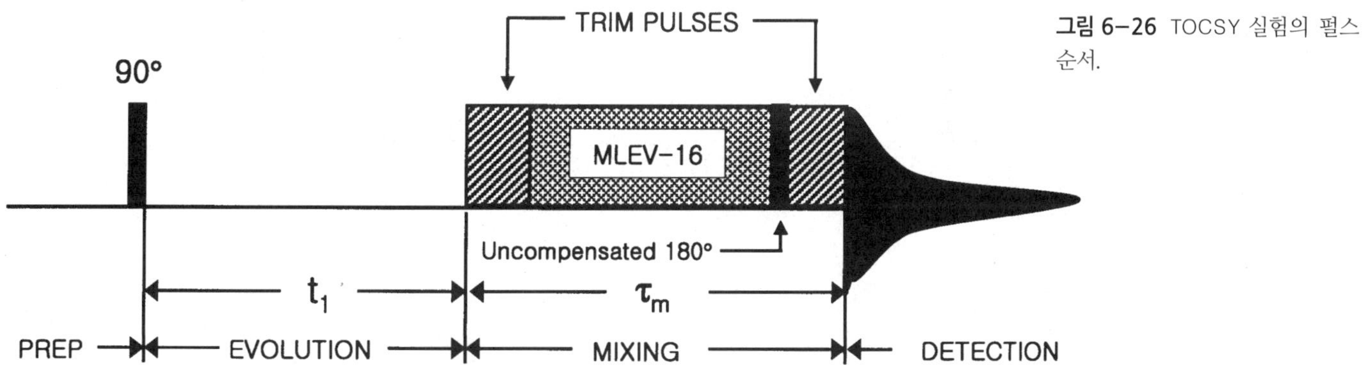

그림 6-26 TOCSY 실험의 펄스 순서.

TOCSY

그림 6-26에 보여준 펄스 순서는 TOCSY(TOtal Correlation SpectroscopY)[9]이며 이 실험은 HOHAHA(HOmonuclear HArtman-HAhn)라고도 한다. 펄스 순서에서 볼 수 있듯이 COSY 실험에서 두 번째 펄스를 MLEV-16이라는 펄스로 대치시킨 것이다. 여기에서 MLEV-16 펄스는 4장에서 본 여러 가지의 펄스가 합쳐진 composite pulse의 한 종류이다(M. Levitt이라는 사람의 이름을 딴 것임). 이 composite 펄스의 뒤에 180° 펄스가 합쳐진 것을 MLEV-17이라고 하며 이 펄스는 mixing 시간이라고 하는 동안 xy 평면에서 움직이고 있는 벡터들이 이완하여 z축에 만드는 벡터들을 만들지 못하게 하는 작용을 하며(이때를 화학 이동 term, 즉 Zeeman effect를 제거하였다고 한다) 이것을 spin-locking이라고 한다. 이 시간 동안 스칼라 커플링(J)을 하는 스핀들 사이에 서로 교환이 일어나면서 coherence transfer가 일어나게 된다. 이때 이들 현상이 핵들 사이에 전파되는 정도는 mixing 시간의 길이에 따르게 되며 대략 1/10J의 시간이 하나의 transfer가 일어날 수 있는 시간으로 알려져 있다(스펙트럼의 위상을 조절하는 역할을 하는 trim 펄스는 보통 수 ms을 주게 되는데 이것은 180° 펄스를 수십 개를 연속으로 주는 것으로 생각할 수 있다). 즉 나란히 연결되어 있는 탄소에 결합하고 있는 양성자들이 바로 옆의 양성자와 커플링하고 그 다음 양성자들과는 커플링을 하지 않더라도 mixing 시간의 조절로 TOCSY 실험에서는 모든 양성자들이 서로 커플링하게 만들 수 있는 실험이다. 결국 이 실험은 하나의 양성자를 기준으로 할 때 다른 양성자들이 위치하고 있는 순서를 결정할 수 있는 것이다. 이 실험은 phase-sensitive 실험이므로 2D-FT에서 window function을 F2와 F1 축 모두 $\pi/2$ shifted된 squared sine-bell을 사용하며 diagonal 피크를 포함하여 coherence transfer가 일어나 생긴 cross 피크들은 모두 양(positive)으로 나타나게 된다.

그림 6-27은 mixing 시간을 100 ms으로 주고 얻은 *trans*-myrtanol(**4**)의 TOCSY 스펙트럼이다. 이 스펙트럼은 phase-sensitive 스펙트럼이므로 먼저 magnitude 스펙트럼인 COSY(그림 6-12) 스펙트럼과 비교하여 보면 resolution이 매우 좋은 것을 알 수 있으며 10-H 양성자는 8과 9의 메틸기의 양성자들을 제외하고는 모든 양성자들과 cross 피크들을 보여주고 있다. 이 결과에서 10-H가 왜 8과 9의 메틸기와 cross 피크를 보여주지 않았는지는 mixing 시간을 통해서 알아보도록 하자. 위에서 한 개의 coherence transfer가 일어나기 위해서는 약 1/10J의 mixing 시간이 필요하다고 하였으니 양성자 간에 vicinal 커플링 상수 7 Hz를 고려한다면(물론 이 물질에서는 각각의 vicinal 커플링 상수는 8.9~0 Hz까지 다양하다) 약 14 ms이 되며 이 스펙트럼에서 주어진 100 ms의 시간으로는 약 7개의 coherence transfer가 일어날 것이라고 기대할 수 있다. 즉 10-H에서 시작하여 메틸기까지는 4개의 transfer만 일어나면 되는데 cross 피크가 없는 이유는 첫째는 6번의 탄소에 양성자가 없기 때문이다. 비록 메틸기의 양성자들이 1번의 탄소에 있는 양성자와 커플링은 하지만(그림 6-25의 long range COSY에서)

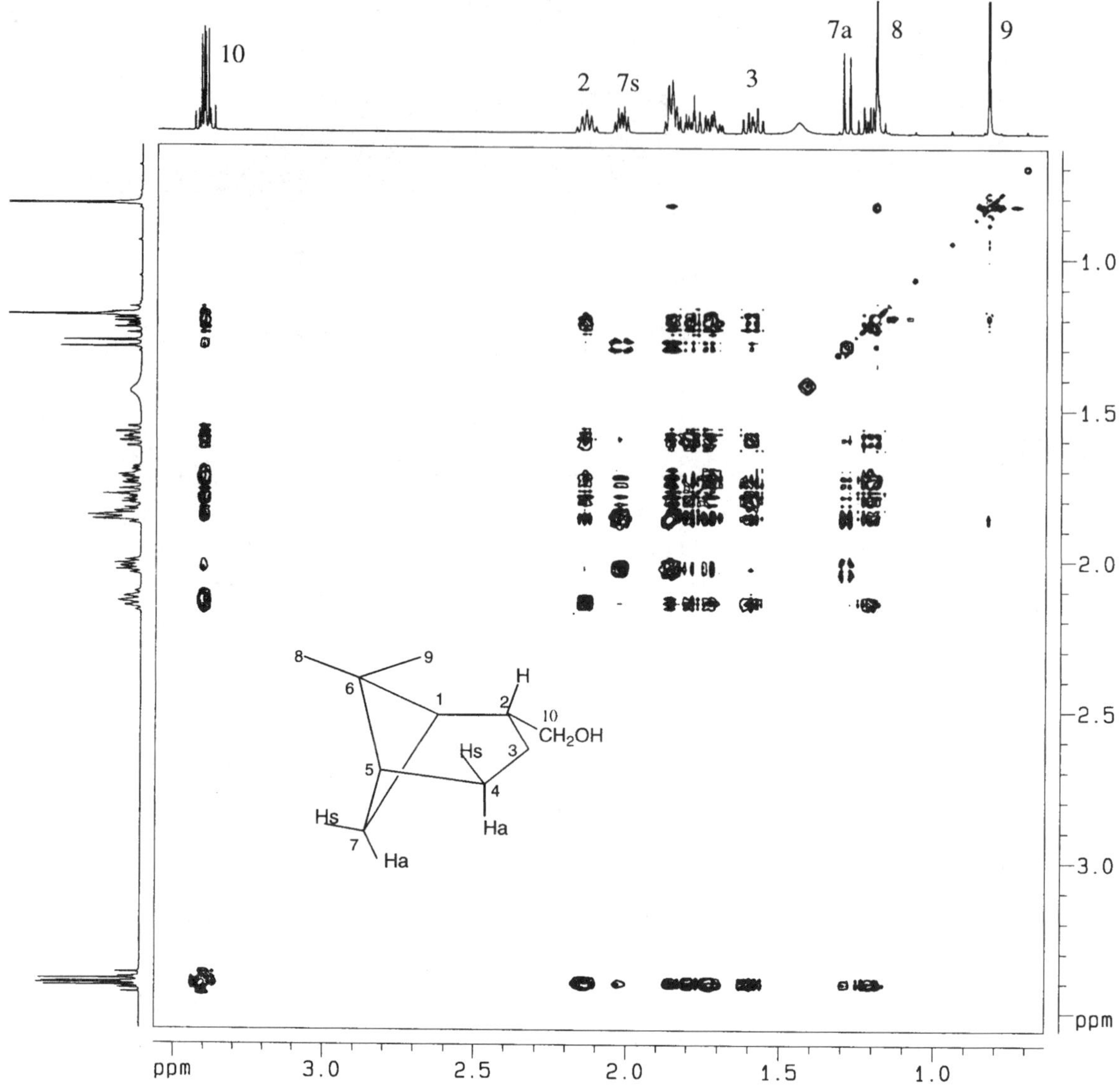

그림 6-27 *trans*-Myrtanol(**4**)의 TOCSY 스펙트럼(mixing 시간은 100 ms).

이 값은 1 Hz보다 작은 커플링 상수이므로 이들 두 양성자 간에 coherence가 일어나기에 필요한 mixing 시간만도 100 ms보다도 더 길어야 하므로 주어진 파라미터가 완전히 범위를 벗어났기 때문이다.

그러므로 일반적으로 TOSCY 스펙트럼은(mixing 시간을 10~150 ms을 사용한다) vicinal 커플링을 가질 수 없는 구조, 즉 quaternary 탄소가 중간에 놓여 있을 때는 더 이상 coherence transfer가 일어나지 않게 된다. 그림 6-28은 mixing 시간을 변화시킴으로써 TOCSY 스펙트럼을 분자 구조 규명에 어떻게 사용할 수 있는지를 잘 보여주고 있다. 먼저 4개의 부분 스펙트럼은 *trans*-myrtanol(**4**)의 10-H가 mixing 시간이 변함으로써 coherence transfer의 정도가 실제로 변해 가는 것을 잘 보여주고 있다. 그림 6-28의 (a)는 그림 6-27(100 ms mixing 시간)의 일부분이며 (b), (c), (d)는 각각 75, 30, 20 ms의 mixing 시간을 주어서 얻어진 스펙트럼들의 같은 일부분을 보여준 것이다. 스펙트럼 (d)에서 주어진 20 ms은 1 또는 2의 coherence transfer가 일어나기 위한 시간이다. 즉 10-H는 2-H를 거쳐서 3-H(geminal protons)까지 transfer가 일어났다. 이때 1-H가 cross 피크를 보이지 않고 있는 것은 커플링 상수 때문이다. 실제로 양성자 2와 3의 두 양성자들은 8.9와 8.6 Hz이지만 양성자 2와 양성자 1은 1.2 Hz 이다. 그러므로 더 긴 mixing 시간이 주어져야 이들의 cross 피크가 나타날 것으로 기대할 수 있다. 스펙트럼 (c)는 30 ms의 시간이 주어졌으며 양성자 3을 거쳐서 양성자 4까지 transfer가 일어난 것을 보여주고 있지만 양성자 1은 아직도 cross 피크를 보이지 않고 있는 것은 coherence transfer에서 커플링 상수의 역할을 잘 보여주고 있다. 보통의 경우 5 transfer에 해당하는 75 ms의 mixing 시간에서 얻어진 스펙트럼 (b)에서는 양성자 1과 5를 포함하여 작지만 양성자 7들까지 transfer가 일어나고 있다. 즉 이들 mixing 시간 변화로 얻어지

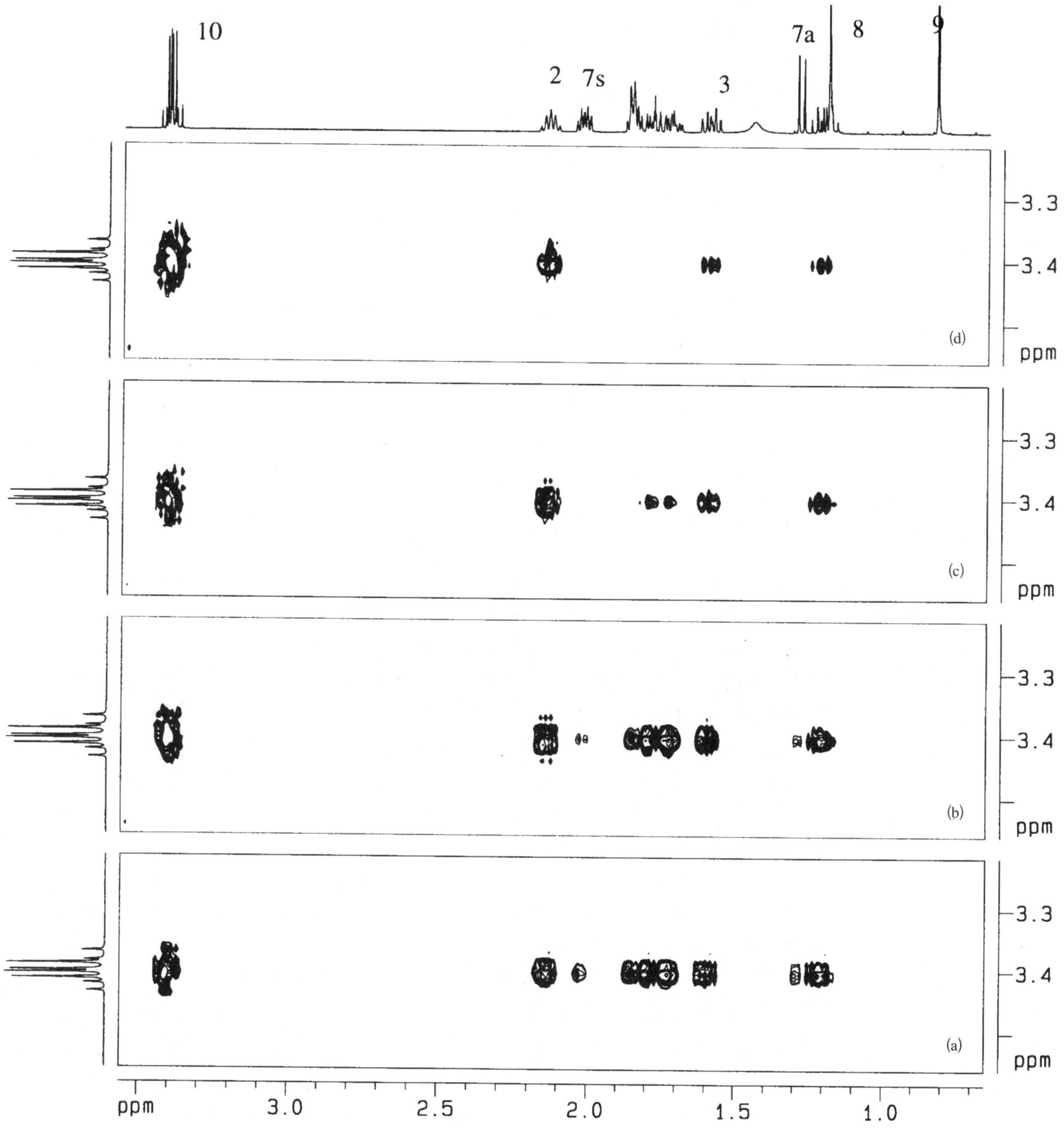

그림 6-28 Mixing 시간을 변화시켜가면서 얻은 *trans*-myrtanol(**4**)의 TOCSY 스펙트럼들의 일부분. (a) 그림 6-27(100 ms)의 일부분, (b) 75 ms, (c) 30 ms, (d) 20 ms의 mixing 시간.

는 스펙트럼들은 어느 시작점을 기준으로 하여 차례로 분자들의 부분들을 연결시켜 나갈 수 있게 해준다. 이 방법은 특히 peptide나 작은 protein들의 구조를 연구할 때 매우 유용하게 사용될 수 있다.

위에서 보여준 장점들 이외에도 2D NMR에서는 실험을 하는 사람이 무엇을 원하느냐에 따라서 파라미터들을 달리할 수 있기 때문에 1D NMR 실험으로는 도저히 얻을 수 없는 많은 실험방법들을 가능하게 한다. 위에서 예를 든 방법들 외에 많이 사용되는 실험들로는 multiple quantum COSY,[9] SECSY(Spin-Echo Correlated Spectroscopy),[10] 그리고 scalar coupling(J)을 이용하지 않고 dipolar coupling을 사용하는, 즉 NOE를 볼 수 있는 NOESY (2D NOE), 그리고 ROESY(Rotating frame 2D NOE, 때로는 CAMELSPIN이라고도 함) 등을 예로 들 수 있으며 NOESY와 ROESY의 실험은 NOE를 다루는 7장에서 공부하기로 한다.

6.2.2 타 핵종의 화학 이동 상호관계

6.2.2.1 One-bond XH correlation 실험

한편으로 HETCOR라고도 하는 이 실험은 F2축과 F1축에 서로 다른 핵들의 화학 이동(chemical shift)을 나타나게 함으로써 두 핵 사이의 결합(bonding)의 관계를 서로 보완적으로 보여 주는 아주 유용한 실험이다.[11] 비록 핵에 따라서 커플링 상수의 크기가 다르지만 어떤 종류의 핵들이라도 그들이 서로 커플링을 한다면 그들의 관계를 관찰할 수 있는 실험이다. 이 실험은 대부분 양성자와 다른 핵들을 가장 일반적으로 사용하고 있으며 그 중에서도 양성자와 탄소의 관계를 가장 많이 사용하므로 여기에서는 탄소와 양성자의 상호관계 실험에 관해서 살펴보기로 한다. 펄스 순서(pulse sequence) 및 각각의 펄스 다음 회전 좌표계(rotating frame of reference)에서 일어나는 벡터의 운동 모양(앞의 polarization transfer 실험에서와 같이 CH 스핀 시스템으로 표시하여 설명하였음)을 그림 6–29에 보여주었다.

양성자에 주어진 90°(x) 펄스는 양성자의 벡터를 xy 평면으로 이동시키고(a′) 이 벡터 α와 β는 chemical shift의 주파수를 가지고 탄소와 커플링하면서 xy 평면 위를 $t_1/2$ 시간 동안 움직이기 시작한다. 이곳에서는 두 벡터가 모두 rotating frame의 주파수보다 더 빠르게 움직이는 것으로 표시하였다. 즉 β의 주파수가 rotating frame의 주파수와 비슷하게 표시하였으므로 α보다 더 천천히 움직이게 된다(b). 다음 탄소에 주어지는 180°(x) 펄스는 탄소의 스핀 상태를 바꾸어 놓게 되고 이것은 결국 양성자의 스핀 상태를 바꾸어 놓게 된다(b′). 그런 다음 기다리는 시간 $t_1/2$ 동안 탄소와의 커플링으로 벌어져 있던 이들 양성자들의 벡터는 y축으로부터 화학 이동 만큼 움직인 xy 평면 위에 다시 모이게 된다(c). 여기에서 시간 $\triangle_1$을 기다리면 이들 두 벡터는 화학 이동과 커플링 때문에 다시 xy 평면 위에서 벌어지기 시작하며 $\triangle_1$이 1/2J일 때 양성자의 두 벡터 α와 β는 서로 180°의 위상을 만들게 된다(d). 이들 벡터에 양성자 90°(y) 펄스를 주면 z와 −z축에 벡터의 성분을 만들 수 있게 된다(d'). 이와 같은 상황은 앞에서 공부한 INEPT 실험에서(5장) 양성자가 polarization transfer를 일으키던 것과 같다. 그러나 이때 90°(y) 펄스를 주어서 일어나는 polarization transfer의 양은 이들 두 벡터가 xy 평면에 놓여 있는 위치에 따라서 달라지게 된다. 즉 양성자의 두 벡터가 x와 −x축에 놓여 있다면 polarization transfer는 최대가 될 것이며 두 벡터가 y와 −y축에 놓여 있다면 polarization transfer는 전혀 일어나지 않게 된다. 결국 180° 위상이 틀린 두 벡터들의 x 성분에 의해서 polarization transfer가 일어나게 되는데 이 x 성분은 벡터들이 y축에서 얼마나 떨어져 있느냐와 같은 것이며 이것은 양성자의 화학 이동의 주파수의 성분이 만들어내는 것이다. 즉 이들 양성자의 x 성분의 벡터는 주어진 t_1 시간과 $\triangle_1$ 시간에 의해서 변하게 되는데 $\triangle_1$ 은 1/2J라는 시간으로 고정되었으므로 t_1의 시간이 탄소 피크의 크기를 조절(modulation)하게 된다. 그

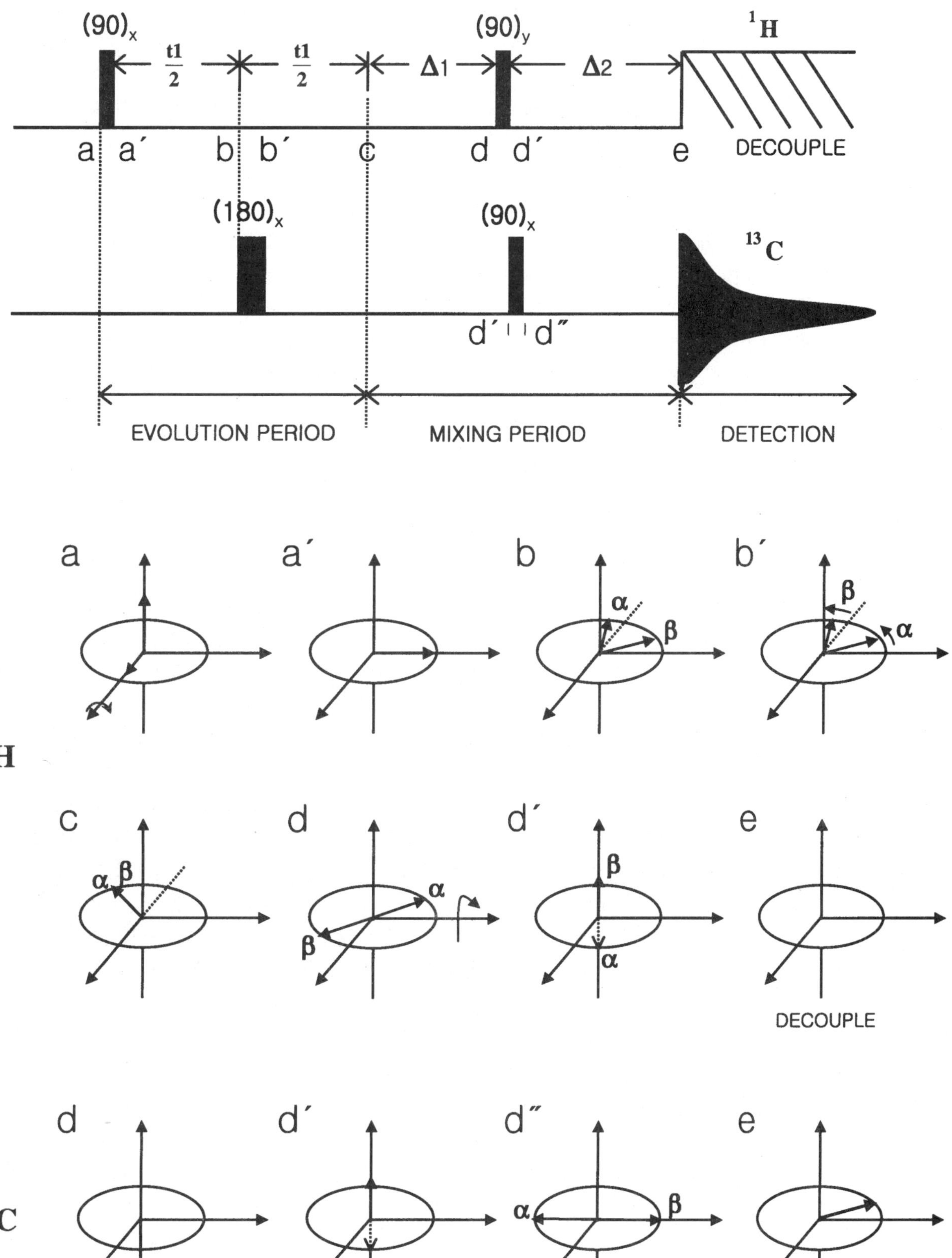

그림 6-29 탄소와 양성자의 화학 이동 상호관계(CH-correlation) 실험의 펄스 순서와 벡터들의 운동 모양.

러므로 여기에서 t_1 시간의 변화에 따른 탄소 피크의 크기는 탄소에 직접 연결되어 있는 양성자와의 커플링을 수단으로 이용해서 이루어지는 것이므로 양성자와의 커플링 상수의 크기와는 무관한 것이며 단지 양성자의 화학 이동의 값에 의존하는 것이다.

양성자의 스핀 상태를 바꾸어 놓은 탄소의 180°(x) 펄스(이 펄스는 결국 t_1 시간 동안에 양성자와 탄소가 커플링이 일어나는 것을 제거하는 역할을 하였으며 그러므로 얻어지는 2D 스펙트럼에서 F1축에 나타나는 양성자는 탄소와 디커플링이 된 것이다)는 탄소의 벡터를 −z축에 놓아두게 되며(d) 양성자의 polarization transfer 과정을 거치면서 이들 벡터는 z와 −z축에 놓이게 된다(d′). 이들 벡터에 가해진 탄소의 90°(x) 펄스는 y와 −y축에 벡터를 만들게 되며(d″) 이들 180° 위상이 틀린 두 벡터는 주어진 시간 Δ_2 동안에 xy 평면 위에 다시 모아지게 된다(e). 이때 주어지는 시간 Δ_2에 따른 탄소 벡터들의 운동은 5장에서 Ernst 실험이라고 하는 refocused INEPT를 공부하면서 이미 보았다. 즉 1/3J의 시간이 주어지면 여기에서 예를 든 CH뿐만 아니라 CH_2와 CH_3의 탄소들 모두의 벡터들을 얻을 수 있게 된다. 이후 양성자를 디커플링하면 탄소는 단일 피크로 나타나게 되며 t_2 시간 동안 탄소의 화학 이동만 얻을 수 있게 된다. 즉 전체적으로 t_1 시간 동안은 양성자의 화학 이동의 정보가 있고 t_2 시간 동안에는 탄소의 화학 이동의 정보가 있는 시간의 함수인 $S(t_1, t_2)$를 얻게 되며 이것을 2D FT하여 F1축에는 양성자의 화학 이동 그리고 F2축에는 탄소의 화학 이동을 나타내는 주파수의 함수 S(F1, F2)를 얻게 된다.

이 실험에서도 펄스 순서는 양성자에서부터 탄소로 polarization transfer가 일어나는 방법을 택하고 있으므로 preparation 기간 동안에 보통의 1D carbon−13 NMR 실험을 할 때처럼 긴 relaxation delay를 필요로 하지 않는 것이 이 실험의 시간을 단축시킬 수 있게 한다. 이때 주어지는 시간 Δ_1(1/2J)은 주어진 시료에 따라 달라지게 되는데 대부분 절충된 것을 사용하게 된다. 시료가 완전히 aliphatic 화합물이라면 커플링 상수가 대략 125 Hz부터 hydroxyl 기를 가진 탄소의 145 Hz까지가 대부분이므로 이들 값의 평균인 135 Hz를 사용한다면 Δ_1은 3.7 ms 정도의 시간이 된다. 그러나 시료가 이중 결합을 가지고 있다면 이들의 커플링 상수는 보통 165 Hz 정도 되므로 Δ_1은 aliphatic 화합물의 경우보다는 조금 적은 3.45 ms 정도의 시간을 사용하면 된다. 만약 주어진 시료에 대한 정보가 전혀 없다면 Δ_1은 125 Hz와 185 Hz의 중간값인 155 Hz에 해당하는 3.2 ms 정도의 값을 사용하는 것이 바람직하다. 그리고 1/3J에 해당하는 Δ_2는 사용되는 커플링 상수가 155 Hz라면 약 2.2 ms이 된다.

F1축의 분해능(resolution)은 이미 공부한 대로 1D 스펙트럼을 몇 개 얻었느냐와 관계가 된다. 그러므로 우리가 알고 있는 carbon−13 NMR 스펙트럼을 얻을 때 필요한 시간을 생각하면 수백 개의 1D NMR을 얻는 것은 그 시간이 엄청나므로 2D 실험은 불가능하다고 생각할 수 있다. 그러나 carbon−13 NMR은 넓은 화학 이동 영역을(200 ppm) 가지고 있으므로 각 피크들이 수 Hz의 line width를 가진다 해도 스펙트럼의 해석에 지장이 없으므로, 첫째로 F2축에 data point의 수를 줄여서 획득 시간(acquisition time)을 1D NMR을 얻을 때보다 훨씬 줄일 수 있다. 결국 하나의 FID를 얻기 위해서 1D NMR 실험에서 걸리는 전체 시간을 2D에서는 훨씬 줄일 수가 있으므로 2D NMR 실험을 가능하게 하는 것이다. 이러한 실험들을 위해서는 시료의 분자량과 양에 따라 그리고 주어진 data matrix에 따라서 다르지만 수십 분에서 수십 시간까지의 시간들이 필요하게 된다. 그림 6−30은 glycidyl methacrylate(**1**)를 1K×128 data matrix로 얻은 탄소와 양성자의 화학 이동 상호관계 스펙트럼(CH correlation spectrum)이다(이 실험의 데이터들은 2D-FT를 할 때 일반적으로 F2축은 exponential function을 F1축은 이동되지 않은 sine-bell이나 squared sine-bell window function을 사용한다).

그림 6−30에는 2D 스펙트럼의 plot과 함께 F2축에는 carbon−13의 1D 스펙트럼이 그리고 F1축에는 양성자의 1D 스펙트럼이 주어졌다. 여기에서 2D contour plot의 피크는 X(F2)축에

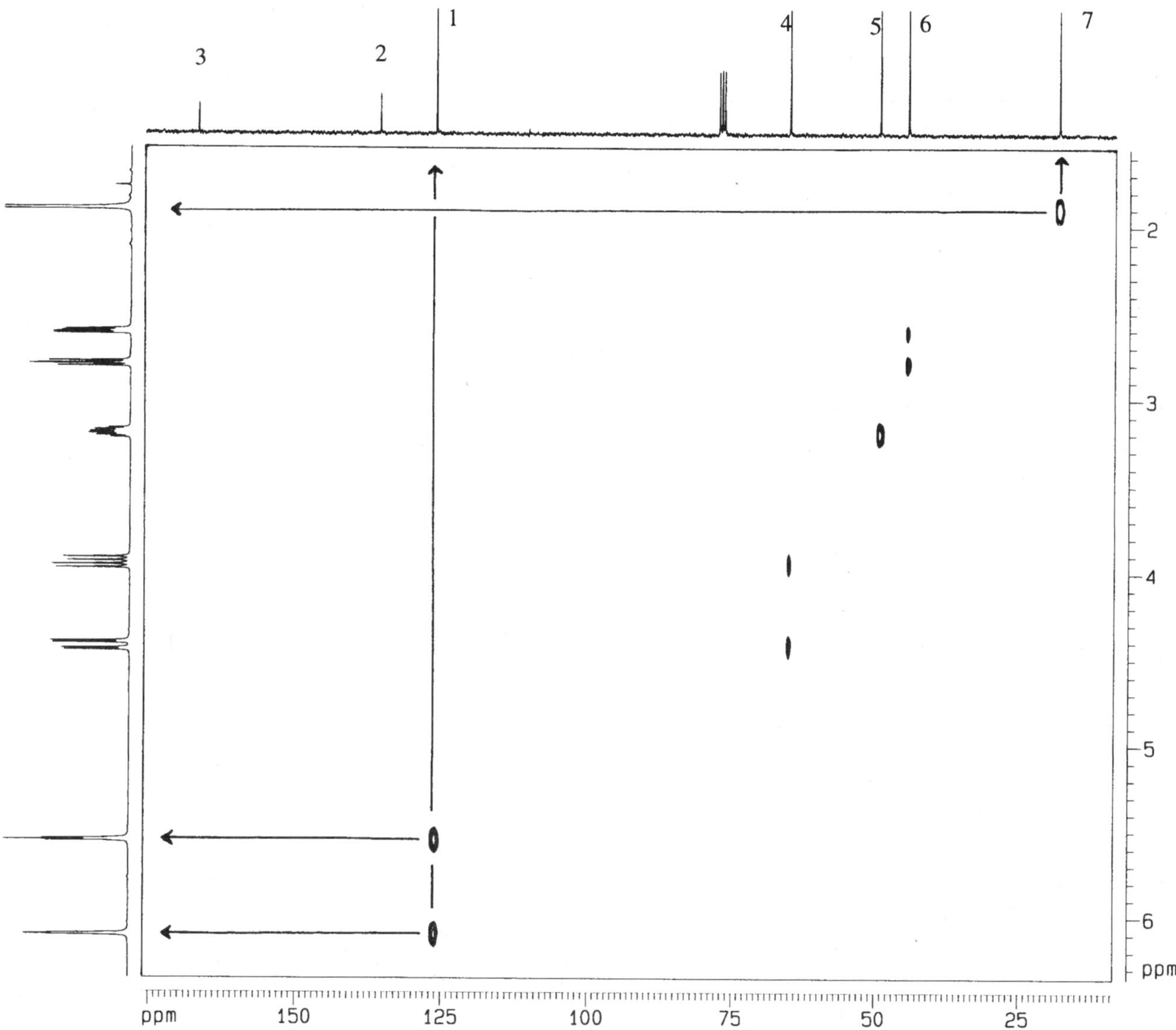

그림 6-30 Glycidyl methacrylate(**1**)의 탄소와 양성자의 화학 이동 상호관계(CH-correlation) 스펙트럼.

평행하게 그리고 Y(F1)축에 평행하게 선을 연결하였을 때 Y축에서 만나는 양성자 1D 스펙트럼과 X축에서 만나는 carbon-13의 스펙트럼의 피크들이 서로 correlation을 가진다는 것을 의미한다. 이들을 그림 6-30에 화살표로 표시하였다. 즉 F1축의 1.9 ppm에서 나온 양성자의 피크와 carbon-13의 18.2 ppm에서 나온 피크는 correlation 피크를 가지며 이것은 glycidyl methacrylate(**1**)의 methyl group이 되는 것이다. 다른 예로 carbon-13의 126.1 ppm에서 나온 1D 피크를 x축에 수직으로 연장하면 양성자의 스펙트럼에서 5.55와 6.1 ppm 피크들과 만나는 점에서 2D correlation 피크들을 보여주고 있다. 이때는 하나의 carbon-13 피크에 두 개의 다른 화학 이동을 나타내는 양성자가 있다는 것을 의미한다. 즉 glycidyl methacrylate(**1**)에서 olefin의 methylene group에 있는 두 개의 양성자가 되는 것이다. 그리고 이 2D 스펙트럼에서 두 개의 다른 화학 이동을 가지는 양성자들을 가진 탄소가 두 개가 더 있다는 것을(44.5 ppm 과 65.1 ppm) 쉽게 찾아볼 수 있다. 즉 이들 두 탄소들은 sp^3의 결합을 가지고 있으므로 이들에 결합되어 있는 두 양성자들이 다른 화학 이동값을 가지고 나타나기 위해서는 주위에 chiral center가 있어야 한다. 이것은 이미 3장에서 이 물질의 1D 양성자 스펙트럼

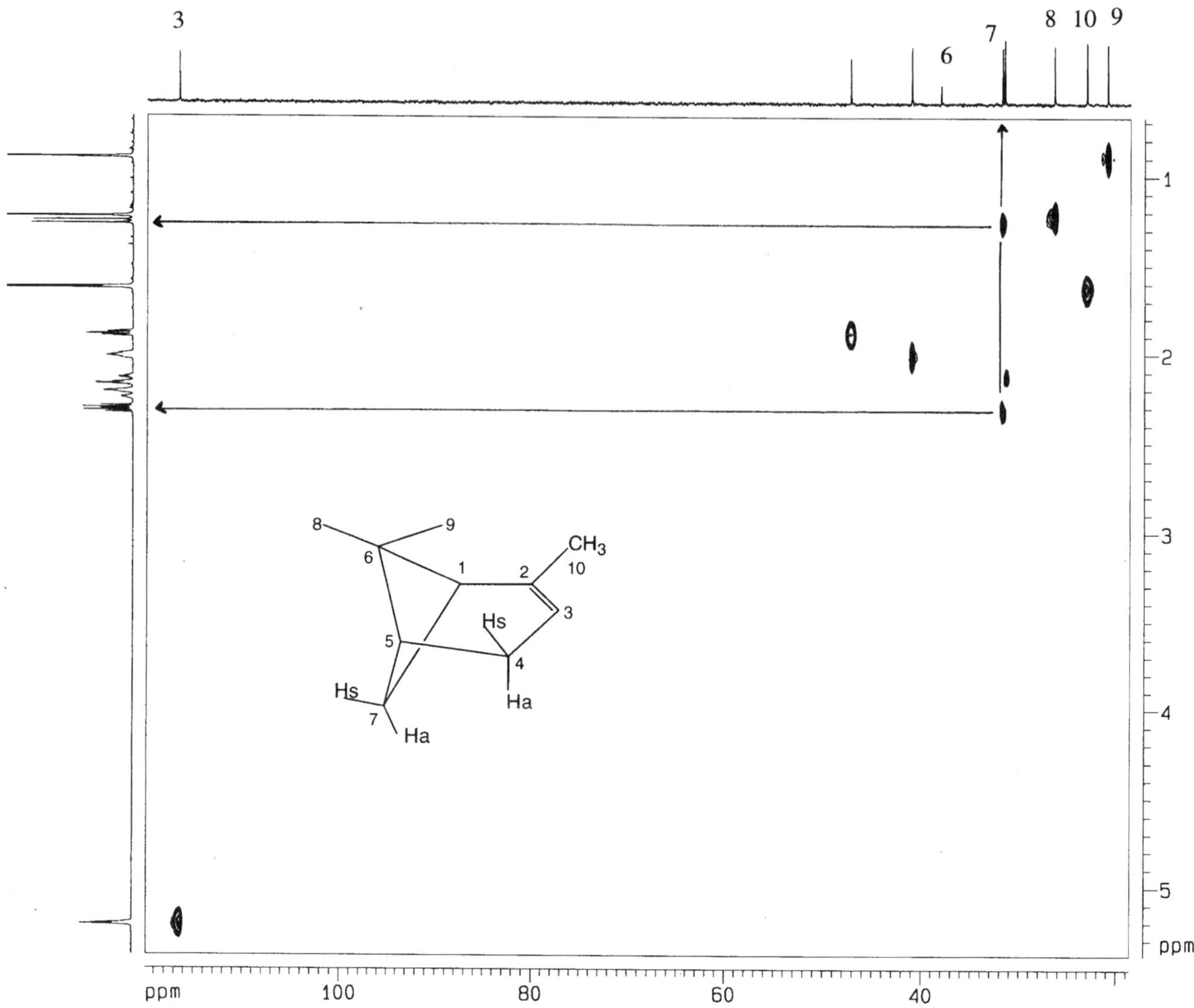

그림 6-31 α-pinene(**2**)의 탄소와 양성자의 화학 이동 상호관계(CH-correlation) 스펙트럼.

을 공부할 때 4.43과 3.95 ppm에 나타나는 양성자들의 커다란 12.3 Hz의 커플링 상수로부터 예측되었다. 그러나 2.8과 2.62 ppm에 나타난 양성자들은 서로 커플링은 하지만 제일 큰 커플링 상수가 4.8 Hz이므로 이들이 같은 탄소에 결합하여 geminal 커플링을 한다고 예측하기에는 어려웠다. 이제 그림 6-30의 CH correlation 스펙트럼은 이들 두 양성자는 같은 탄소에 결합하여 있고 주위의 chiral center 때문에 화학 이동값이 틀리며 커플링 상수가 작지만 geminal 커플링을 하고 있다는 것이 확실하게 되었다. 또한 135.7 ppm과 166.9 ppm 탄소들은 correlation 피크를 보이지 않으므로 양성자가 붙어 있지 않은 carbon이라는 것을 명확하게 보여주고 있다. 이와 같이 CH correlation 스펙트럼은 상호적으로 다른 핵의 화학 이동 해석을 도와주며 특히 분자가 조금만 커져도 양성자의 스펙트럼은 서로 겹쳐 나오는 반면 탄소의 피크는 넓게 퍼져서 나타나므로 양성자 스펙트럼의 해석에 매우 유용하게 사용될 수 있다.

그림 6-31은 α-pinene(**2**)의 CH correlation 스펙트럼이다. 이 화합물은 3장에서 디커플링 방법과 분자 모델을 사용한 커플링 상수의 관계로 7-Ha와 7-Hs를 간접적으로 규명하였지만 이 스펙트럼에서는 두 개의 양성자가 하나의 탄소에 연결되어 있다는 명확한 증거를 보여주고 있다(그림에 화살표로 표시되었음). 그리고 양성자 스펙트럼에서 알려진 8, 9, 10의 피

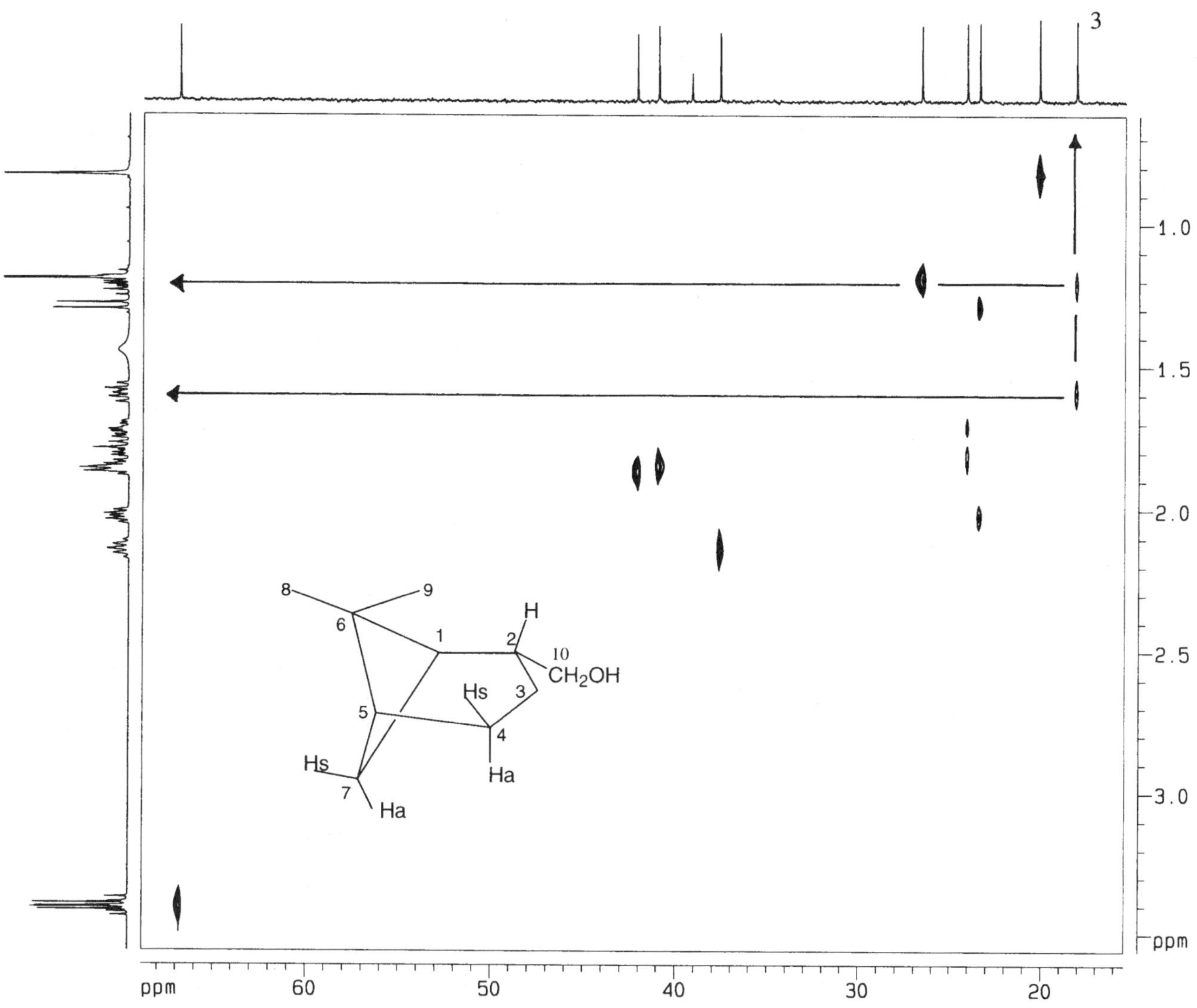

그림 6-32 *trans*-Myrtanol(**4**)의 탄소와 양성자의 상호관계(CH-correlation) 스펙트럼.

크를 이용하여 탄소의 피크들을 쉽게 구분할 수도 있게 되었다. 또한 DEPT 실험 결과(그림 5-19 참조)를 이용하면 1.8∼2.3 ppm 사이에 나타난 피크들 중 어느 양성자가 CH_2와 CH에 해당하는지를 명확하게 보여주고 있다.

그림 6-32는 *trans*-myrtanol(**4**)의 CH correlation 스펙트럼이다. 이 물질의 양성자 스펙트럼은 작은 분자임에도 불구하고 구조의 특성 때문에 여러 개의 양성자가 서로 커플링하므로 스펙트럼이 매우 복잡하게 나타난 것을 이미 보았다. 그러나 carbon-13 스펙트럼은 매우 잘 분해되어 나온 것을 볼 수 있다. 그러므로 이들의 CH correlation 스펙트럼(그림 6-32)을 이용하면 각 탄소에 연결되어있는 양성자들의 구분을 쉽게 할 수 있다. 예를 들면 COSY(그림 6-12) 스펙트럼에서 cross 피크를 보인 두 양성자(1.6과 1.2 ppm)는 이들이 각각 다른 탄소에 결합되어 있으면서 서로 vicinal 커플링을 한다고 생각할 수도 있다. 그러나 그림 6-32에서는 화살표로 표시된 것 같이 18.8 ppm의 탄소에 같이 결합되어 있는 것으로 이들은 geminal 커플링을 하는 것이며 1.2 ppm의 양성자가 메틸기와 겹쳐 나온다는 것을 쉽게 알 수 있다. 물론 이때 메틸기의 피크는 단일 피크이므로 쉽게 인식이 되지만 1.65부터 1.87 ppm의 사이에 나타난 복잡하게 겹친 양성자 피크들의 구분은 쉬운 일이 아니다. 그러나 CH

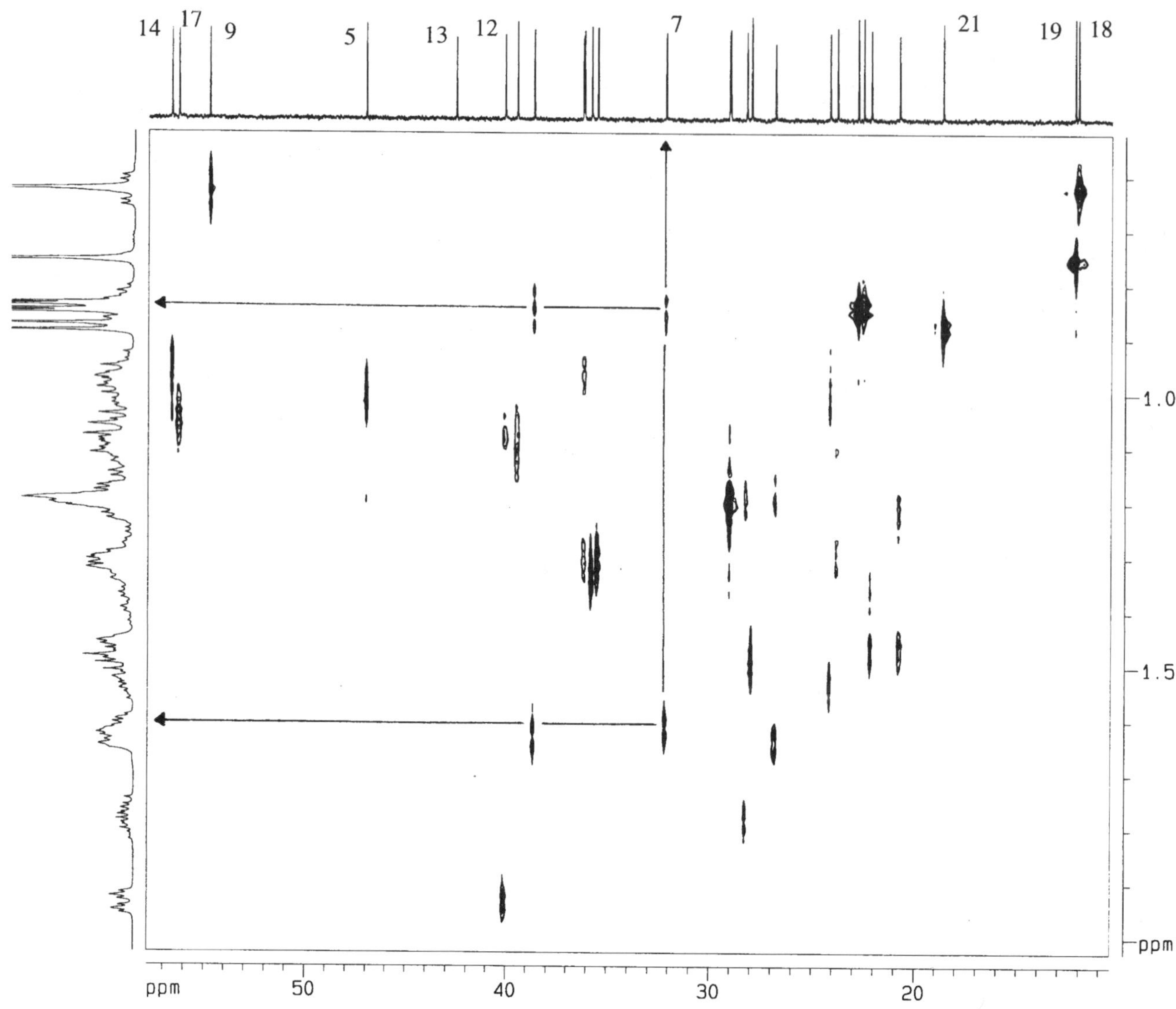

그림 6-33 Cholestane(**5**)의 탄소와 양성자의 화학 이동 상호관계(CH-correlation) 스펙트럼.

correlation의 피크들로부터 이곳에는 두 개의 CH(1과 5)와 하나의 CH_2(4)에 있는 4개의 양성자가 겹쳐 있다는 것을 쉽게 알 수 있다.

위에서 예로 든 두 개의 CH correlation 스펙트럼은 t_1 increment가 128이므로 F1축의 digital resolution이 수십 Hz씩 된다. 이 결과 correlation 피크들은 F1축의 1D 양성자 스펙트럼에서처럼 미세한 커플링의 분해능을 보이지 못하고 하나의 뭉치로 보이고 있다. 그렇다면 실험 시간을 더 할애하여 t_1 increment의 수를 증가시키면 즉 F1축의 digital resolution을 증가시켜서 얻은 스펙트럼으로는 어떠한 정보를 얻을 수 있는지 알아보도록 하자.

그림 6-33은 0.1 M 용액인 cholestane(**5**)(3장, 5장 참조)의 CH correlation 스펙트럼이다(실험 시간은 약 3시간). 이 스펙트럼은 2K×256의 data matrix를, 즉 F1축에 256개의 increment를 주었지만 양성자의 화학 이동 범위가 약 1.5 ppm(750 Hz) 정도이므로 F1축의 양성자 스펙트럼에 나타나는 digital resolution은 약 6 Hz가 된다. 실제로 이 2D 스펙트럼 자체로는 몇 개의 양성자를 제외하고는 모든 양성자들이 겹쳐서 매우 복잡하게 나오는 양성자들의 정확한 화학 이동과 이들의 커플링 pattern을 알 수가 없다. 그러나 2D 스펙트럼은 여러 개의 1D 스펙트럼의 복합체이므로 이들 스펙트럼으로부터 각각의 row(F2축에 평행)나

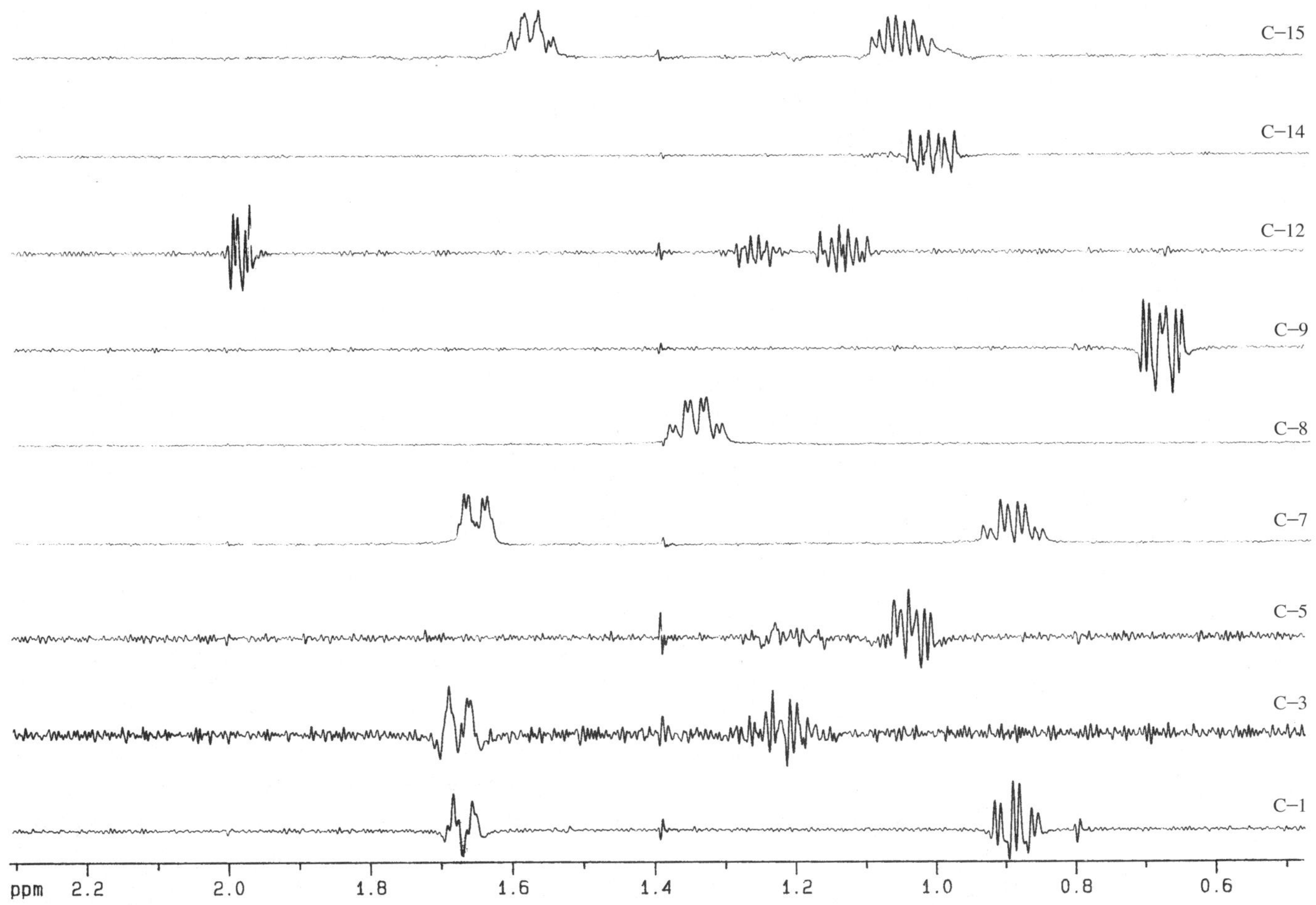

그림 6–34 Cholestane(**5**) 1 M 용액의 CH–correlation 스펙트럼으로부터 얻은 각각의 탄소에 결합되어 있는 양성자들을 보여주는 column으로부터 얻은 slice 스펙트럼.

column(F1축에 평행)의 스펙트럼을 불러낼 수 있다(이들을 일반적으로 slice 스펙트럼이라고 함).

그림 6–34는 cholestane(**5**)의 CH correlation 스펙트럼으로부터 뽑아낸 9개의 탄소에 해당하는 column의 slice 스펙트럼들을 보여주고 있다(이 스펙트럼들은 0.1 M 용액인 그림 6–33에서 얻은 것이 아니고 좋은 signal-to-noise 비를 위하여 1 M 용액의 스펙트럼으로부터 얻었으므로 양성자의 화학 이동이 약 0.04 ppm 정도 down-field 이동하였고 각 스펙트럼들은 먼저 각 column에 해당하는 interferogram을 얻어낸 후 이들을 zero-filling을 하고 FT를 수행한 스펙트럼들이다). 먼저 그림 6–33에서는 해석이 불가능한 매우 복잡하게 겹쳐있는 양성자 스펙트럼에서 각 탄소에 결합되어 있는 양성자들의 스펙트럼을 분리하여 그들의 커플링 pattern을 볼 수 있다는 것은 이 물질의 구조 분석에 엄청난 정보를 제공하는 것이다. 한 가지 예를 들어 그림 6–33에 화살표로 correlation을 표시한 탄소 7(32.2 ppm)을 보도록 하자. 이 탄소에 결합되어 있는 두 개의 양성자는 그림 6–33에서는 약 0.85와 1.6 ppm의 부근에 여러 개의 다른 양성자들과 겹쳐 나오고 있는 것을 쉽게 알 수는 있지만 이들의 정확한 화학 이동 그리고 커플링 pattern들을 아는 것은 불가능하다. 그러나 그림 6–34에서 보여준 slice 스펙트럼은 이들 두 양성자의 정확한 화학 이동값은 물론이고 이들이 주위의 양성자와 커플링하는 pattern까지 정확히 보여주고 있다. 즉 0.88 ppm에서 나타난 7α 양성자(일반적으로 cyclohexane ring에서 axial 양성자가 equatorial 양성자보다 up-field에서 나타나는 것으로

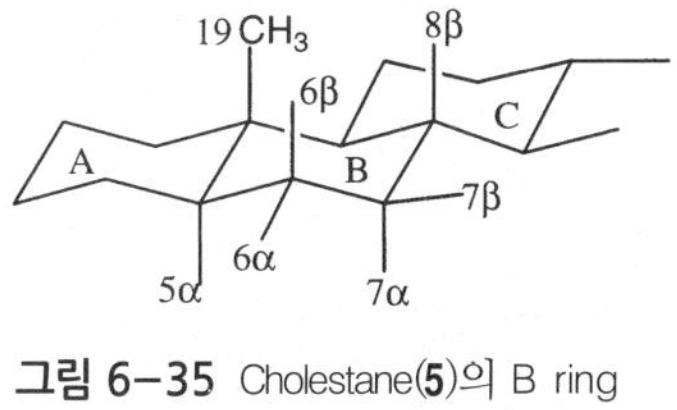

19 CH_3 8β 6β A B C 7β 5α 6α 7α

그림 6–35 Cholestane(**5**)의 B ring에서 양성자들의 conformation.

알려져 있음)는 7β 양성자와 geminal 커플링을 하고 난 다음 6β와 8β의 양성자들과 커다란 vicinal 커플링(거의 180° dihedral angle을 가진 conformation)을 할 것으로 예상되며 마지막으로 다시 6α 양성자와 작은 vicinal 커플링을 할 것으로 예상된다(그림 6-35). 그러나 0.88 ppm의 7α 피크에서 나타난 결과는 double quartet(dq)으로 나타나고 있다. 즉 7β 양성자의 geminal 커플링 상수와 6β와 8β와의 두 개의 vicinal 커플링 상수가 거의 비슷하여 quartet으로 splitting 된 후 이들 피크들이 6α와 다시 커플링하여 각각 doublet으로 나타나고 있다. 그리고 1.65 ppm에서 나오는 7β 양성자는 7α와 geminal 커플링 후 6β와 8β와의 거의 같은 커플링 상수로 splitting한 후 6α와 다시 splitting이 기대되는 double quartet 비슷한 pattern을 잘 보여주고 있다.

위에서 보여준 2D correlation 스펙트럼으로부터 row나 column의 slice 스펙트럼을 분리해 내는 방법이 거대 화합물의 복잡한 양성자 NMR 스펙트럼을 해석하는 데 얼마나 많은 도움이 되겠는가는 cholestane(**5**)의 경우만을 예로 들더라도 더 이상의 말이 필요 없어 보인다.

6.2.2.2 Long range CH correlation과 relay 실험

지금까지 보여 준 heteronuclear correlation 실험은 탄소에 직접 연결되어 있는 양성자들과 커플링하는 성질을 이용하여 $\Delta_1(1/2J)$과 $\Delta_2(1/3J)$라는 시간을 사용함으로써 두 핵 사이에 상호 관계를 보여주었다. 즉 어떤 분자에 존재하는 CH_3, CH_2, CH들의 group들에서 각각의 탄소와 양성자들이 서로 correlation을 가짐으로써 상호 보완적으로 스펙트럼의 해석을 도와줄 수 있는 것을 보았다. 그러나 양성자를 가지고 있지 않은 탄소들, 즉 carbonyl 이나 quaternary의 탄소들은 그들의 해석을 위해서 양성자의 도움을 직접 받을 수가 없었다. 그렇다면 우리는 곧 어떤 분자 내에서 그들의 위치를 해석하는 데 양성자의 도움을 받을 수 없을 것이라고 생각하겠지만 앞에서 공부한 INEPT나 디커플링하지 않은 carbon-13 스펙트럼을 돌이켜 보면서 이 생각을 바꾸게 된다(이들 스펙트럼에서는 커다란 커플링 상수를 가지고 splitting된 피크들이 다시 아주 작은 여러 개의 피크로 분리된 것을 볼 수 있다). 즉, 탄소는 양성자와 125~250 Hz 정도의 매우 큰 one-bond coupling(^1J)을 하지만 또한 적은 1~12 Hz 정도의 커플링 상수를 보여주는 two-bond(^2J) 또는 three-bond(^3J)의 coupling도 한다. 바로 이들 작은 커플링 상수를 이용하면 우리는 양성자를 가지고 있지 않은 탄소들도 2-bond나 3-bond 떨어져 있는 양성자들을 이용하여 그들의 위치를 해석할 수 있다. 이 방법을 long range heteronuclear correlation 실험이라고 한다(일반적으로 탄소와 양성자 사이에 3-bond의 커플링 상수가 2-bond의 상수보다 더 크다. 2-bond의 상수는 약 1~5 Hz이고 3-bond의 상수는 약 4~12 Hz를 가진다.).

이 실험을 위한 가장 간단한 방법은 이미 사용하였던 펄스 순서 그림 6-29에서 1-bond 커플링 상수와 관계되는 시간 $\Delta_1(1/2J)$과 $\Delta_2(1/3J)$를 long range 커플링 상수에 해당하는 시간으로 대치시키는 것이다. 이렇게 함으로써 long range에 해당하는 벡터들은 그림 6-29에서 1-bond 커플링으로 나타나 있는 벡터들의 모습과 같은 운동 모양을 보여주게 되며 결국 스펙트럼에서 correlation 피크로 나타나게 된다. 그러면 이 조건에서 1-bond 커플링에 해당하는 벡터들은 어떻게 되는지를 살펴보자. 아주 쉽게 생각하면 1-bond의 조건에서는 long range에 해당하는 피크들이 나오지 않았으니 long range의 조건에서는 1-bond에 해당하는 피크들이 똑같은 이유로 나오지 않는다고 생각할 수 있다. 먼저 1-bond 커플링이 polarization transfer를 일으키는 그림 6-29에서 long range 커플링에 의하여 생길 수 있는 벡터들을 생각해 보자. 이때 생기는 벡터들은 polarization transfer 조건을 충족시키려면 1-bond 커플링에서 일어나는 시간보다 훨씬 더 긴 시간이 필요하며 결국은 충분한 polarization transfer가 일어날 수 없게 된다. 그러므로 스펙트럼에서는 충분히 polarization transfer가 일어난 피크들보다 매우 작게 나타날 것이며 결국은 피크를 볼 수 없게 되는 것이다. 이 상황에서는 엄밀히 말하면 long range에 해당하는 피크들도 스펙트럼에 나타나는 것이지만, 상대적으로 적어서 noise 속에 묻혀있다고 생각할 수 있다. 그러나 반대로 long range의 조건하에서의 1-bond에 해당하는 벡터들은 long range에 의해서 생긴 벡터들이 polarization transfer를 일으키기에 필요한 긴 시간 동안에(일반적으로 10 Hz에 해당하는 50 ms) polarization transfer가 충분히 일어날 수 있는 조건을 여러 번 만들게 될 것이며, 우연하게도 어떤 경우는 long range 조건으로 주어진 시간이 이들과 일치할 수도 있을 것이다. 그러므로 이렇게 생겨난 벡터 성분들은 또 다시 우연하게 $\triangle_2(1/3J)$의 시간을 거치면서 없어지지 않고 피크로 나타날 수 있게 된다.

그림 6−36은 J값을 10 Hz($\triangle_1 = 50$ ms, $\triangle_2 = 33$ ms)로 하여 얻은 glycidyl methacrylate (**1**)의 탄소와 양성자의 long range correlation 스펙트럼이다. 이 스펙트럼을 그림 6−30과 비교하여 보면 1-bond CH correlation 피크들은 사라진 것도 있고 그대로 남아 있는 것도 있다. 이들 남아 있는 피크들은 위에서 설명한 대로 long range 조건하에서 우연하게 polarization transfer가 일어나면서 남아있는 피크들이다. 이들 피크들과 함께 여러 개의 다른 피크들이 나온 것이 멀리 떨어져 있는(2-bond나 3-bond) 양성자들과 일어나는 작은 커플링에 기인하는

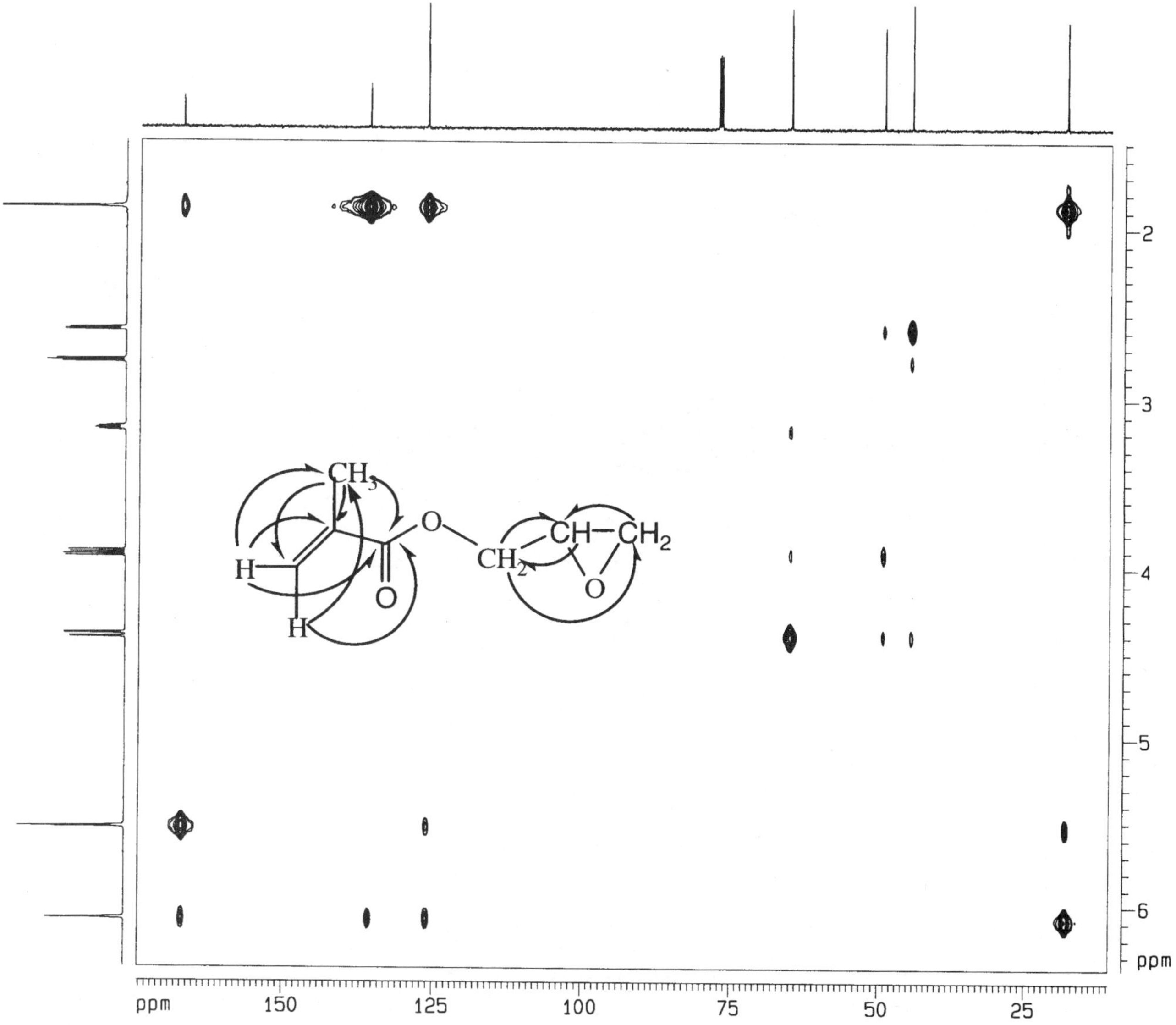

그림 6−36 Glycidyl methacrylate(**1**)의 탄소와 양성자의 long range correlation 스펙트럼(J = 10 Hz).

피크들이다. 즉, 메틸기에 있는 양성자는 비록 1-bond의 커플링으로 생기는 피크가 남아 있지만 이것 이외에 166.9, 135.7, 126.1 ppm에 나타나는 3개의 탄소들과 correlation 피크를 더 보이고 있다. 이들 피크들이 메틸기가 어떤 다른 화합물에 있는 것이 아니고 carbonyl과 vinyl에 2-bond나 3-bond의 결합으로 떨어져서 연결(bonding)되어 있다는 증거가 되는 것이다. 166.9 ppm에서 나오는 에스터(ester)의 카보닐(carbonyl) 탄소가 6.1과 5.55 ppm에서 나오는 두 개의 양성자와도 correlation 피크들을 보이는 것은 3-bond로 떨어져 있는 구조를 잘 설명해 주고 있다. 그림 6−36에 나타난 correlation 피크들을 모두 정리하면 그림 6−36 안에 구조와 함께 화살표를 이용하여 그려놓은 관계들을 증명하게 된다. 바로 이 방법이 미지 물질의 탄소와 탄소를 연결하여 분자의 구조를 알아낼 수 있는 하나의 방법이 되는 것이다. 그러나 그림 6−36은 ethylene oxide를 가지고 있는 group이 ester group에 연결되어 있다는 증거를 보여주지 못하고 있다. 이때 주어진 10 Hz의 파라미터가 산소에 연결되어 있는 메틸렌(CH_2)의 양성자와 carbonyl의 탄소가 가지는 커플링 상수와 너무 차이가 큰 부적절한 값이기 때문이다(대부분 탄소와 양성자가 heteroatom을 사이에 두고 있을 때 보통 2~5 Hz 정도의 작은 커플링 상수값을 가진다). 그러므로 이 결합을 증명하기 위해서는 더 작은 커플링 상수값에

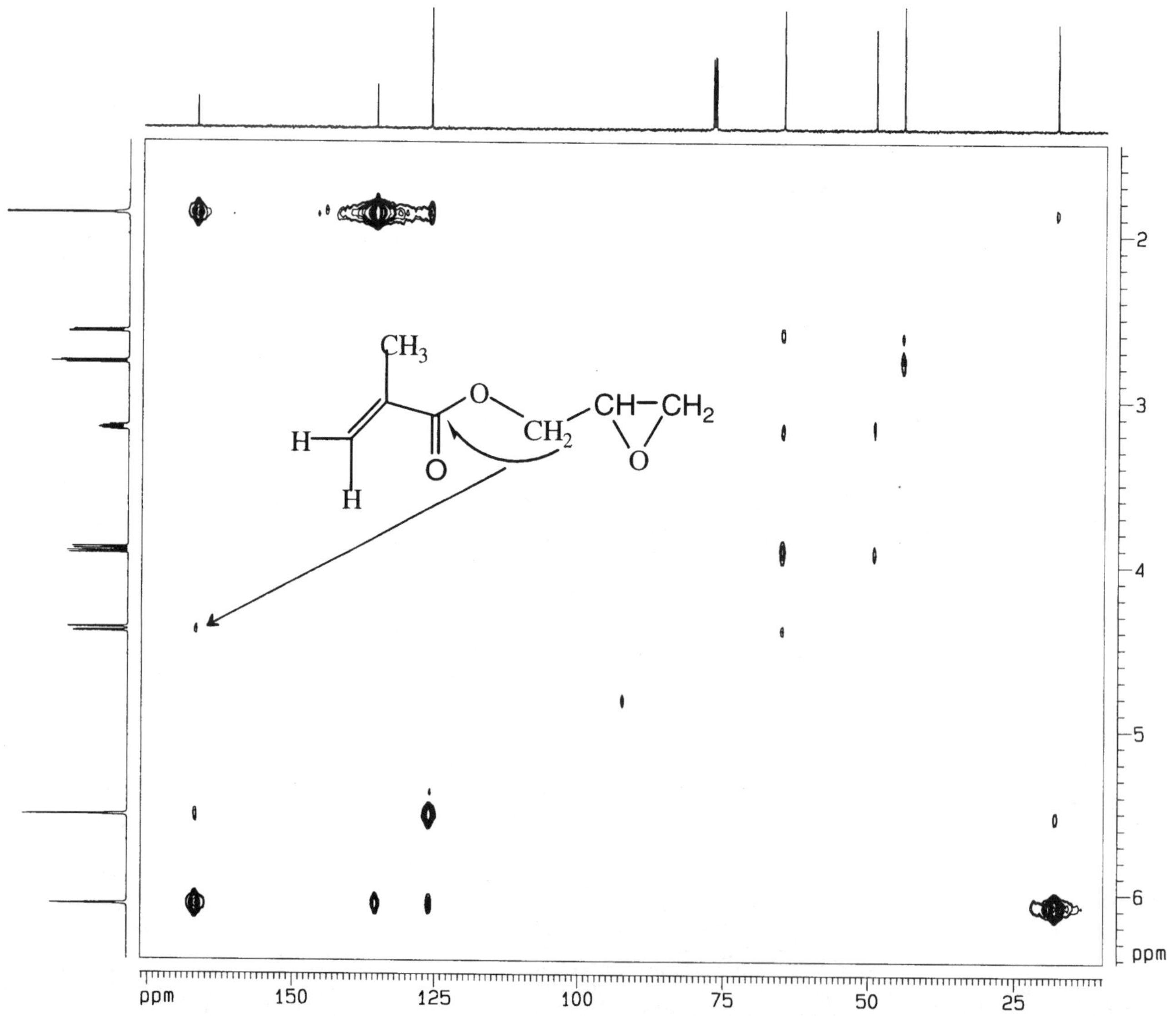

그림 6−37 Glycidyl methacrylate(**1**)의 탄소와 양성자의 long range correlation 스펙트럼(J = 7 Hz).

해당하는 파라미터를 적용하여 스펙트럼을 얻어야 한다. 그림 6-37이 J값을 7 Hz로 하여 얻은 스펙트럼이며 그림 6-36과 비교하면 피크들의 크기가 서로 뒤바뀌고 없던 피크들도 나타난 것을 볼 수 있으며 특히 4.43 ppm에서 나타나는 메틸렌의 하나의 양성자가 carbonyl 피크와 작지만 correlation 피크를 보여주고 있는 것을 알 수 있다. 즉 이 correlation 피크(그림에 표시하였음)가 ethylene oxide를 가지고 있는 group이 carbonyl에 연결되어 있다는 증거가 되는 것이다.

이 두 스펙트럼 6-36과 37에서는 $\triangle_1$(1/2J)과 $\triangle_2$(1/3J)를 각각 10 Hz(50과 33 ms)와 7 Hz(71과 48 ms)의 커플링 값에 해당하는 긴 delay 시간 동안 일어나는 T_2 때문에 피크들의 감도가 매우 낮게 된다. 그러므로 각각의 1-bond CH correlation 스펙트럼(그림 6-30)과 같은 정도의 signal-to-noise 비를 얻으려면 훨씬 더 긴 시간이 소요되게 된다. 일반적으로 long range 스펙트럼에서의 피크의 크기는 1-bond correlation 스펙트럼의 약 25% 정도로 알려져 있으므로 같은 정도의 signal-to-noise 비를 얻으려면 약 4배의 더 긴 시간 동안 데이터를 얻게 된다. 또한 여러 종류의 커플링 상수(1~12 Hz)가 존재하므로 최적의 $\triangle_1$과 $\triangle_2$의 값을 사용하였다고 하더라도 이들 값과 큰 차이가 있는 커플링들의 correlation 피크들은 얻을 수 없는 현상이 흔히 나타날 뿐만 아니라 여러 가지 복합적인 요인 때문에 적은 커플링의 경우는 정확한 파라미터의 값에도 불구하고 나타나지 않는 경우를 흔히 볼 수 있다. 일반적으로 하나의 quaternary 탄소가 long range 커플링하는 양성자와 나타내는 피크의 크기 I는 식 6-4로 나타낸다.[12]

$$I = \sin[\pi\triangle_1{}^{LR}J_{CH}]\sin[\pi\triangle_2{}^{LR}J_{CH}] \qquad \text{(식 6-4)}$$

식 6-4에서 $^{LR}J_{CH}$는 CH의 long range 커플링 상수를 의미하며 이 식을 이용하여 10 Hz의 커플링을 가지는 경우를 이완(relaxation)을 고려하지 않고 $\triangle_1$과 $\triangle_2$의 변형에 따라서 나타나는 피크의 크기를 계산하면 그림 6-38로 나타난다. 이 그림의 결과는 반대로 여러 종류의 커플링을 가지는 경우에 10 Hz의 파라미터를 사용하였을 때 나타나는 피크의 크기들을 보여주

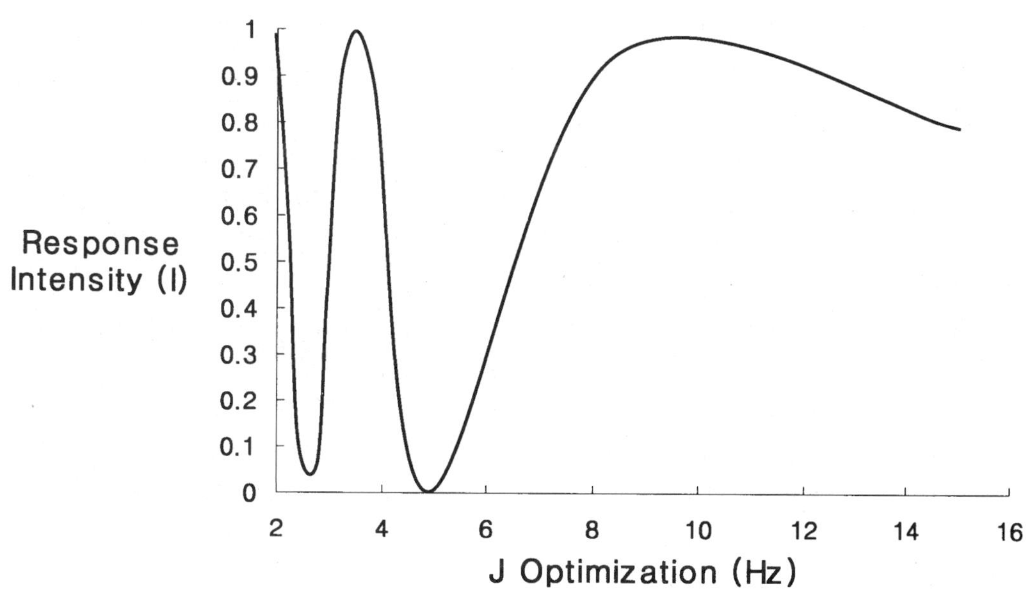

그림 6-38 탄소와 양성자 사이에 10 Hz의 long range 커플링을 가지는 경우를 $\triangle_1$과 $\triangle_2$를 변형하여 계산한 피크들 크기의 변화.

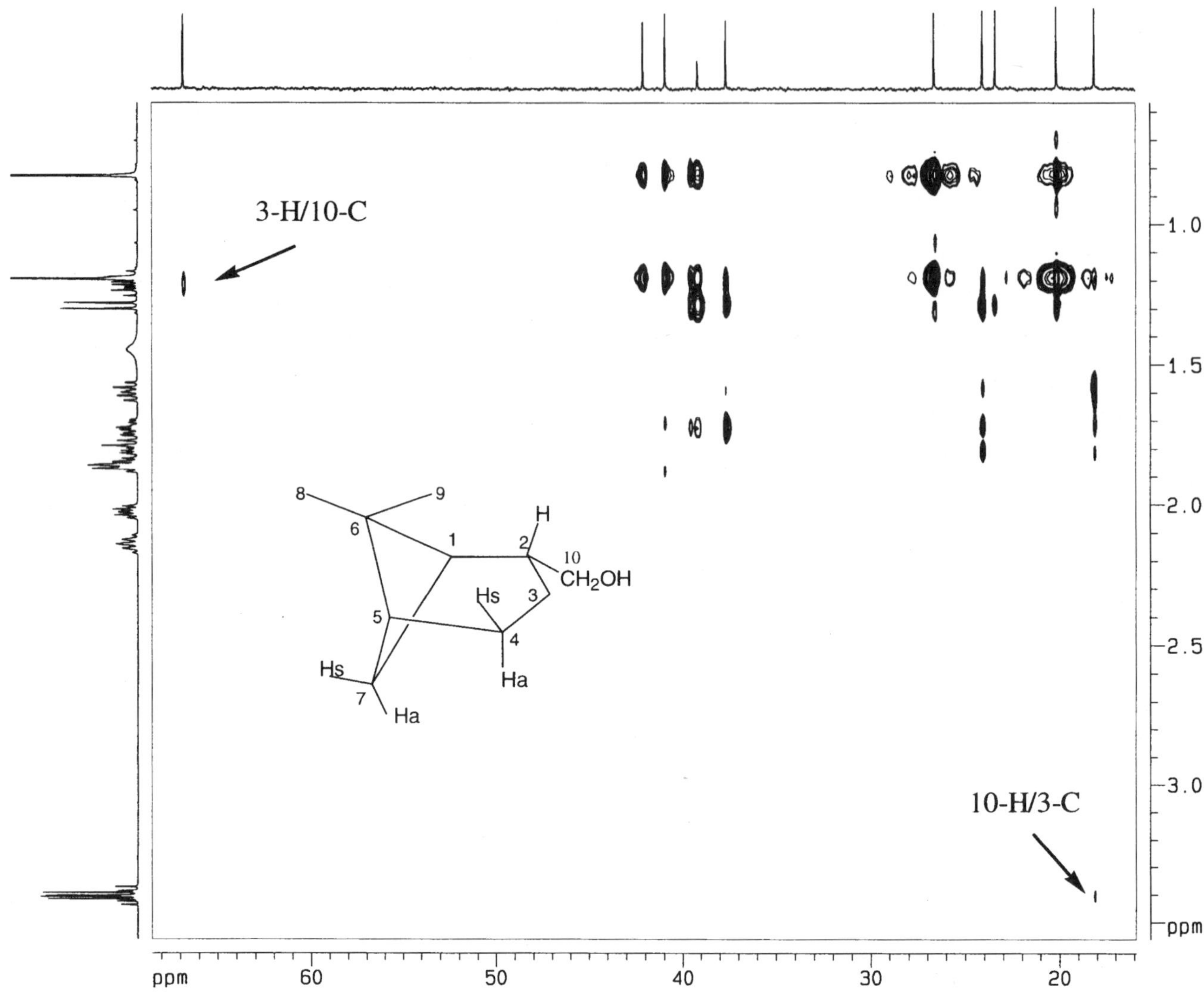

그림 6-39 *trans*-Myrtanol(**4**)의 탄소와 양성자의 long range correlation 스펙트럼(J = 10 Hz).

는 그림으로 생각할 수도 있다. 이 결과는 10 Hz에서 멀어지는 커플링들은 예상대로 점점 피크의 크기가 줄어드는 경향을 잘 보여주고 있으며 5 Hz에서는 완전히 피크의 크기가 나타나지 않은 후 더 작은 커플링들은 매우 불규칙한 경향을 보여주고 있다. 이 그림에서 작은 커플링들의 피크들이 잘 나타나고 있다고 실제로 작은 커플링의 파라미터를 사용하는 것은 긴 $\triangle_1$과 $\triangle_2$ 시간 동안에 일어나는 T_2 때문에 피크들의 FID가 줄어들어서 오히려 비효율적이 된다. 예외는 있지만 일반적으로 long range 커플링을 이용한 스펙트럼을 얻을 때 5–6 Hz(약 100 ms) 보다 긴 시간을 사용하는 것은 유용하지 못하다.

그림 6–39는 J = 10 Hz의 파라미터로 얻은 *trans*-myrtanol(**4**)의 long range CH correlation 스펙트럼이다. 이 스펙트럼은 그림 6–36이나 37에서 보여준 것보다 조금 더 복잡한 스펙트럼이지만 6–32에 보여준 1-bond CH correlation 스펙트럼을 이용하면 상당히 많은 피크들을 확인할 수 있다. 그러나 10–H_2는 적어도 두 개의 탄소(1과 3)와 피크를 보여줄 것으로 예상되지만 탄소 3과 작은 하나의 피크만을 보이고 있고 COSY(그림 6–12)와 CH correlation(그림 6–32) 스펙트럼에서 쉽게 구분이 되었던 3–H_2도 오직 탄소 10과 하나의 피크만 보여주고 있다. 즉, 이 화합물에서 J = 10 Hz의 파라미터는 다른 correlation 피크들을 관찰하기에 부적

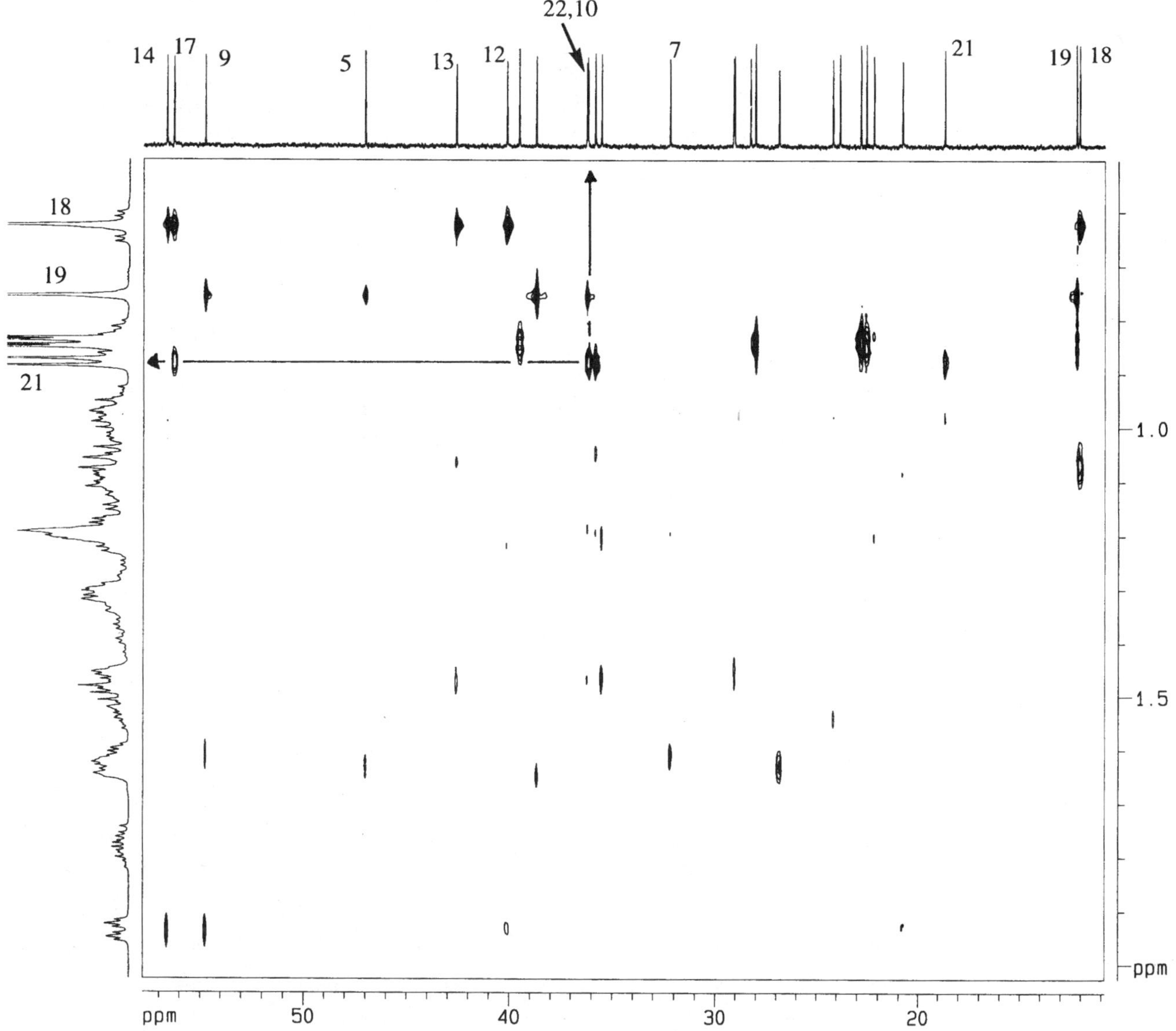

그림 6-40 Cholestane(**5**)의 탄소와 양성자의 long range correlation 스펙트럼(J = 10 Hz).

당하다는 것을 의미한다. 그러므로 long range correlation 실험에서는 하나의 파라미터를 사용하여 예상되는 모든 피크들을 다 얻을 수 없으며 한 실험에서 얻지 못한 다른 종류의 커플링들을 얻으려면 다른 파라미터로 또 다른 실험을 해야만 한다(이러한 단점은 아래에서 공부할 inverse 실험이라는 다른 실험들로 극복할 수 있다).

다른 한편으로는, 이 실험은 우선은 모든 양성자들이 정확히 구별된 후에 사용이 가능하기 때문에 여러 종류의 커플링 상수로 실험하여 모든 correlation 피크를 얻었다고 하더라도 양성자 스펙트럼이 심하게 겹쳐서 나오는 시료에서는 그 사용이 매우 제한적일 수밖에 없다. 그러나 때로는 다른 어떤 실험으로도 불가능한 것을 증명할 수도 있다. 양성자 스펙트럼이 복잡한 cholestane(**5**)의 long range CH correlation 스펙트럼(그림 6-40)을 보도록 하자.

Cholestane(**5**)의 구조에서 탄소 20과 연결되어 있는 탄소 22는 양성자의 화학 이동들이 매우 복잡하게 겹쳐 나오기 때문에 COSY(그림 6-21)와 같은 실험 방법으로 이들이 연결이 되어있는지가 확인 불가능한 것은 당연하다. 그리고 탄소들 사이의 결합을 증명할 수 있는 마지

5α: **5**
5β: **6**

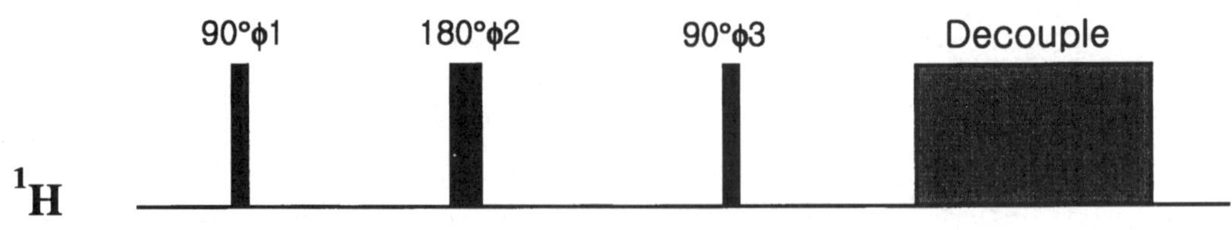

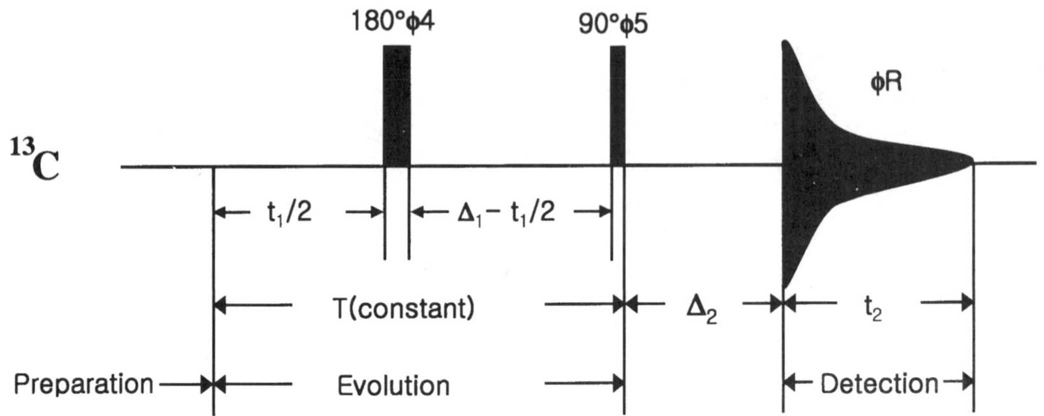

그림 6-41 COLOC 실험의 펄스 순서.

막 방법인 뒤에서 공부할 INADEQUATE 실험에서도 두 탄소의 화학 이동이 매우 가까우므로(이것은 양성자 NMR에서 AB pattern의 스펙트럼이 나타내는 것과 같은 현상이다) 확인이 불가능하게 된다. 그러므로 이때 21의 메틸기의 양성자들이 탄소 22와 3-bond long range 커플링을 하는 것을 이용하면 탄소 20이 탄소 22와 연결되어 있다는 것을 증명할 수 있게 된다. 그림 6-40은 J = 10 Hz로 얻은 long range CH correlation 스펙트럼이며 화살표로 표시한 것 같이(그림 6-33을 보면 이 부근에는 어떠한 피크도 나타나 있지 않으므로 이 피크들은 long range 피크들이며 비록 탄소 22 피크가 탄소 10의 피크와 매우 가깝게 나타나 있지만 탄소 10은 양성자 21과는 너무 멀리 떨어져 있으므로 탄소 22와의 correlation 피크임이 명확하다) 21의 양성자들이 탄소 22와 correlation 피크를 잘 보여주고 있으므로 탄소 20과 22가 연결되어 있는 것을 확인해 주고 있다. 또한 이 화합물에서 두 개의 quaternary 탄소인 10과 13이 탄소 5와 14에 각각 연결되어서 ring을 형성하고 있다는 것은 19-CH_3와 18-CH_3의 양성자들이 각각 3-bond로 떨어져 있는 탄소 5와 14와 correlation 피크들을 보여주는 것으로 명확하게 증명이 된다.

분자의 구조 문제들을 해결하기 위하여 long range 커플링을 이용하는 실험으로는 COLOC(COrrelated spectroscopy for LOng range Couplings)[13]이라고 하는 또 다른 실험 방법이 있다. 이 실험의 펄스 순서는 그림 6-41에 보여주었고, 그림 6-42는 glycidyl methacrylate(**1**)의 COLOC 스펙트럼이다. 이 실험은 그림 6-36과 같이 J = 10 Hz를 이용하여 얻어진 스펙트럼이며 결과도 6-36과 비슷하게 나타나고 있다. 그러나 이 실험은 펄스 순서에서 볼 수 있듯이 $t_1/2$의 시간이 $\triangle_1$이라는 시간보다는 작을 수 없으므로 일단 주어지는 커플링 상수가 정해지면 F1축의 분해능을 정하는 increment는 제한을 받게 된다. 그러므로 이 실험 방법은 여러 개의 탄소들이 매우 좁은 화학 이동값에서 나오므로 고분해능을 요구하는 polynuclear aromatic나 oligosaccharides와 같은 물질에서는 부적당한 실험 방법이 될 수 있다.

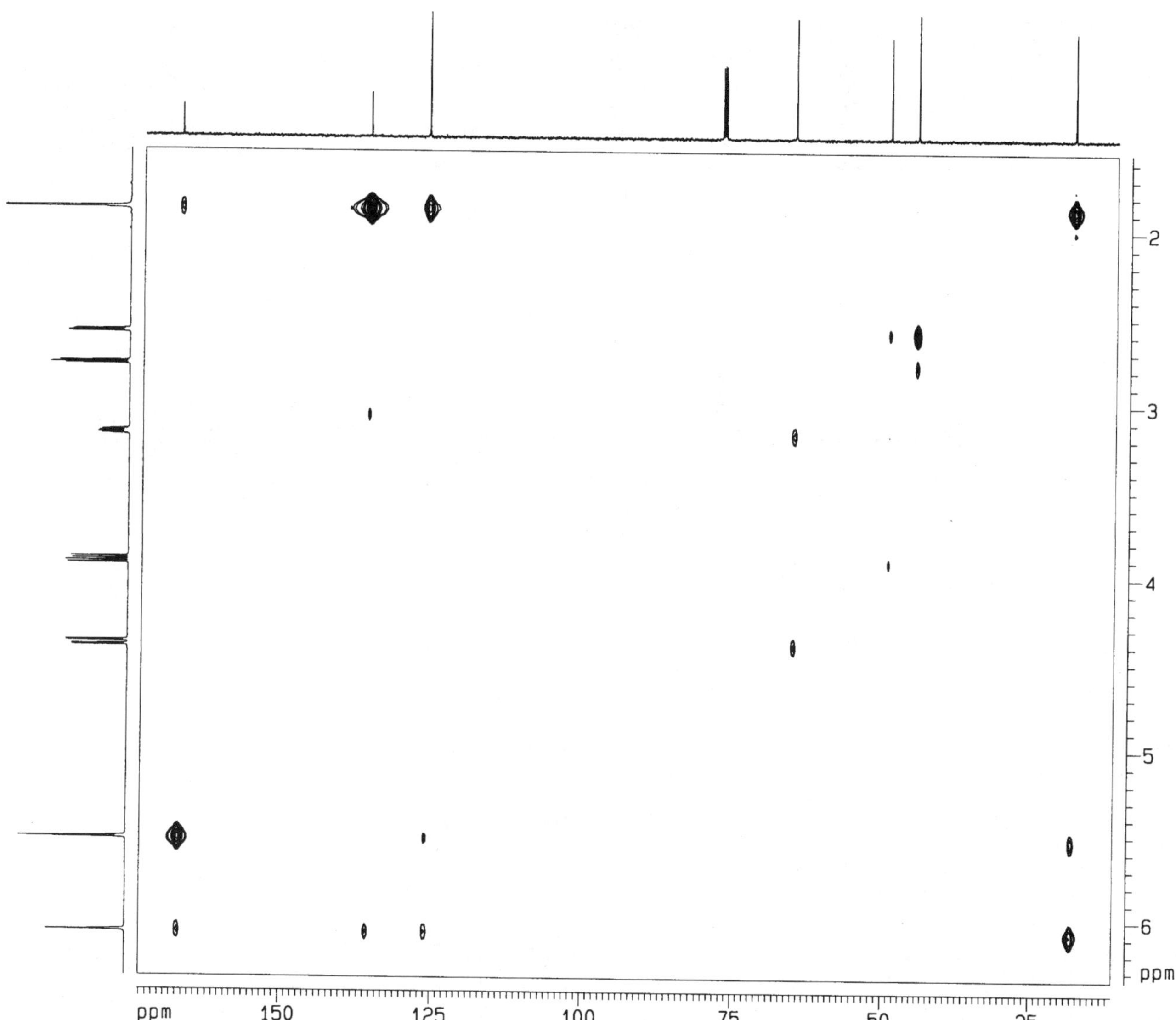

그림 6-42 Glycidyl methacrylate(**1**)의 COLOC 스펙트럼.

그림 6-29에서 보여준 기본의 CH correlation pulse sequence의 변형으로 RCT(Relay Coherence Transfer)[14]라고 하는 실험을 할 수 있는데 이 실험이 어떻게 쓰이는가를 보자. Pulse sequence는 그림 6-43에 보여주고 있으며 이 실험의 결과를 그림 6-44로 설명해 보도록 하자.

Ortho 위치로 치환되어서 8 heteronuclear system을 가진 aromatic 화합물의 양성자와 탄소는 위에서 언급한 CH correlation 실험으로는 탄소의 화학 이동과 양성자의 화학 이동이 마주치는 점에서 각각 correlation의 피크를 나타낼 것이다. 이 4개의 correlation 피크는 그림 6-44에 검은색으로 나타나 있다. RCT 실험은 이 검은색의 피크들 이외에도 여러 개의 피크를 더 보이고 있다. 즉, H_A-C_A를 나타내는 correlation 피크에서부터 세 개의 다른 correlation 피크(H_B-C_B, H_C-C_C, H_D-C_D)를 연결해 보면 H_B-C_B의 correlation 피크가 COSY 스펙트럼에서 cross 피크를 보이는 것과 같이 H_A-C_A correlation 피크와 또 다른 correlation 피크를 보여주고 있고, H_B-C_B는 H_C-C_C와 H_C-C_C는 다시 H_D-C_D의 correlation 피크와 각각 또 다른 correlation 피크들을 보여주고 있다. 이것은 결국 양성자와 양성자의 비

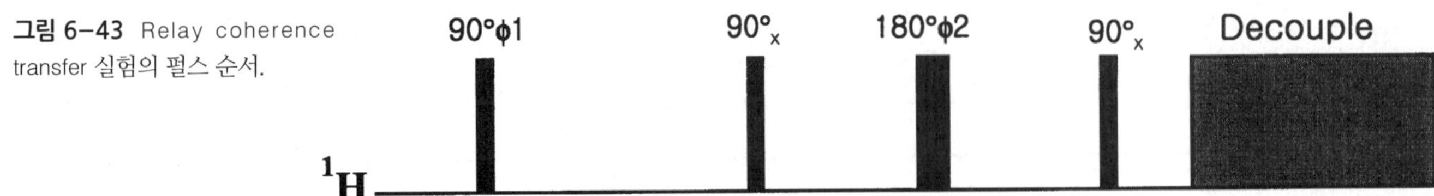

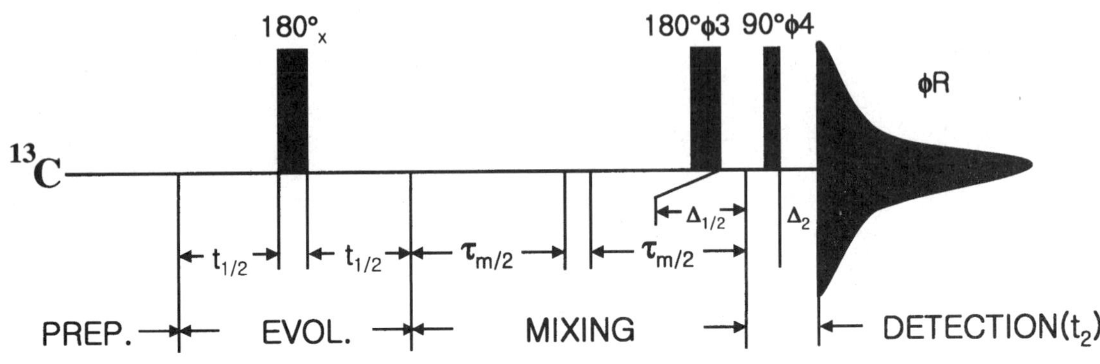

그림 6-43 Relay coherence transfer 실험의 펄스 순서.

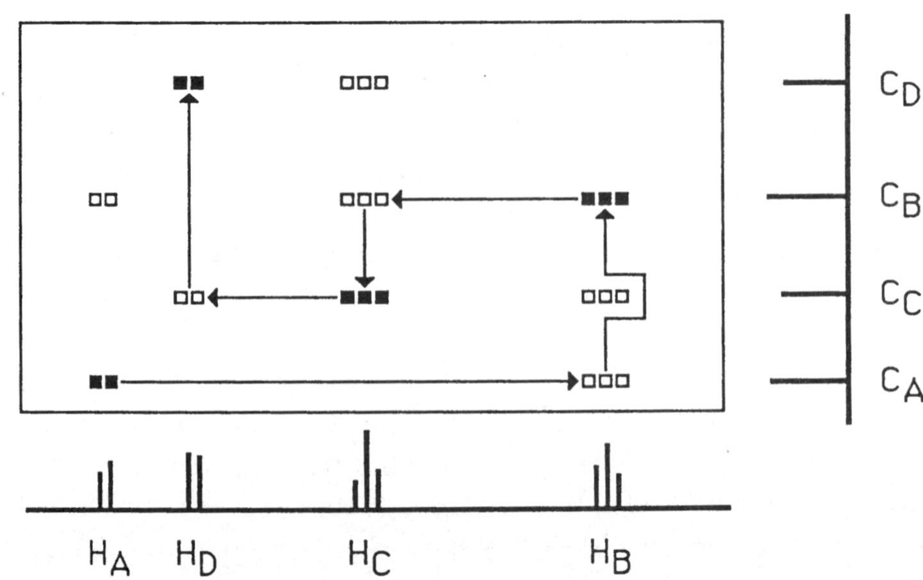

그림 6-44 Relay coherence transfer의 설명을 위해 예를 든 aromatic의 8개의 스핀 시스템. 검은색의 피크는 one-bond 커플링의 피크이다(본문 참조).

시널 커플링(vicinal coupling)을 이용하여 각각의 양성자에 붙어 있는 탄소들을 서로 연결시킬 수 있는 방법이 되는 것이다. 즉 양성자 A를 가지고 있는 탄소가 양성자 B를 가지고 있는 탄소와 그리고 B 탄소는 다시 C 탄소와 C 탄소는 D 탄소로 연결되어 있는 것을 알 수 있다. 비록 정성적인 설명이지만 이 실험의 결과는 결국 양성자를 가지고 있는 탄소와 탄소를 연결시킬 수 있다는 것을 쉽게 알 수 있다. 그림 6–45는 glycidyl methacrylate(**1**)의 RCT 스펙트럼이다.

우리는 이미 그림 6–30에서의 결과로 그림 6–45에서의 one–bond CH correlation 피크는 쉽게 찾아낼 수 있으며 확인된 correlation peak들을 이용하여 탄소들의 결합을 그려 나갈 수 있다. 그림 6–30에서 나타나지 않았던 피크들을 이용하면 그림 6–45에서 한 탄소에 두 개의 다른 화학 이동을 나타내는 양성자를 가진 43 ppm의 탄소는(ethylene oxide group의 methylene) 49 ppm에 있는 CH 탄소 그리고 이 CH 탄소는 65 ppm의 CH_2 탄소와 연결되어 있음을 쉽게 예측할 수 있다. 그림 6–43의 펄스 순서에서 mixing time 동안의 변형은

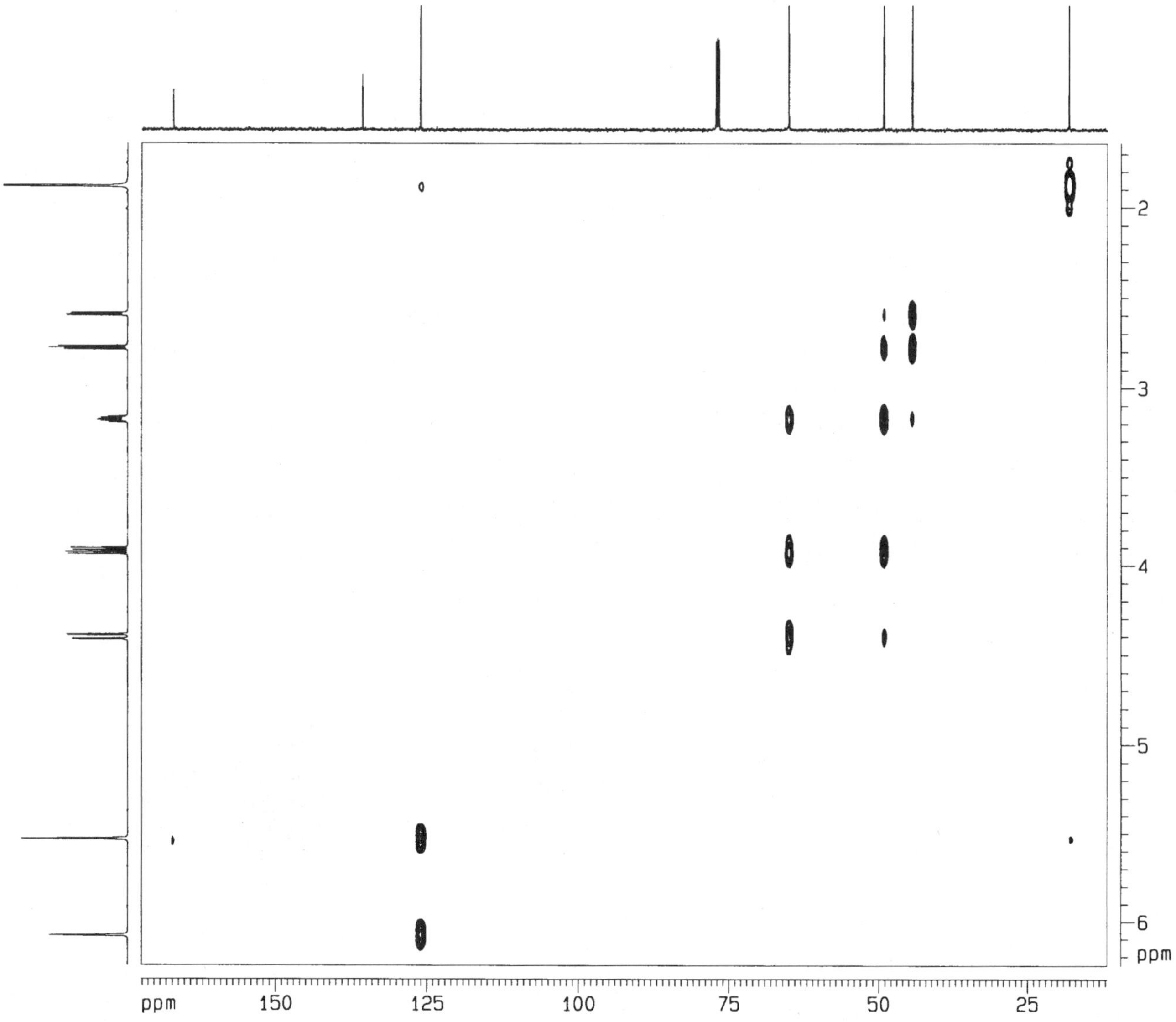

그림 6–45 Glycidyl methacrylate(**1**)의 양성자를 이용한 탄소의 relay coherence transfer 스펙트럼(1–bond 커플링으로 나타나는 피크들은 그림 6–30 참조).

여러 가지가 있다. 그림 6−45는 mixing time 동안 carbon−13에는 180° 펄스가 주어지지 않았으며 양성자에 180° 펄스가 주어지기 전에 16 ms 그리고 180° 펄스가 주어진 후 16 ms과 1/2J(CH)의 시간이 주어졌다. 이때의 16 ms은 양성자들 사이의 비시널 커플링 상수(vicinal coupling constant)들을 약 7 Hz라고 가정하여 주어진 시간이다(평균 C−H의 coupling을 140 Hz로 가정하였음). Glycidyl methacrylate(**1**)의 olefin group에서 methyl group과 olefin의 양성자들은 약 1∼2 Hz의 커플링 상수를 가지지만 그림 6−45에서 작으나마 RCT의 피크를 나타냈다(methyl group에서 *cis*인 양성자만 RCT의 피크를 보였음). 이것은 비시널 커플링 상수(vicinal coupling constant)로부터 얻어지는 mixing time의 적용이 이 실험에서는 매우 중요하다는 것을 의미한다. 즉 mixing time이라는 파라미터에 따라 RCT의 피크가 나타날 수도 없어질 수도 있는 것이다(이때 one−bond CH correlation peak들은 없어지는 것도 자주 볼 수 있음).

6.3 J−분별 실험

6.3.1 동 핵종의 J−분별 실험[1]

양성자 NMR 스펙트럼은 화학 이동의 범위가 약 10 ppm 정도이므로 특히 steroid 또는 oligosaccharide 등 분자가 조금 커지면서 양성자의 화학 이동값이 비슷한 많은 양성자들을 포함하고 있는 분자들은 고자장의 기기에서도 스펙트럼이 매우 심하게 겹쳐 나오게 된다. 이들의 해석은 3장에서 공부한 양성자 스펙트럼의 해석 방법과 COSY 실험의 방법을 동원한다고 하더라도 심하게 겹쳐서 나오는 이들의 스펙트럼을 완전히 해석하는 것은 거의 불가능하다. 이런 경우에 CH correlation 실험의 slice 스펙트럼(그림 6−34)이 하나의 방법이 될 수 있다고 공부하였으며 이 실험 대신 사용될 수 있는 또 다른 방법이 동 핵종의 J-분별 실험(homonuclear J−resolved experiment)이다.

이 실험은 F2축에는 화학 이동을 그리고 F1축에는 커플링을 나타나게끔 하여 두 가지의 정보를 분리하는 것이다. 이때 F1축에 나타나는 커플링을 같은 핵들 간의 커플링으로 나타나게 하면 이 실험을 동 핵종의 J-분별 실험이라고 한다. 그리고 다른 핵들 간에 커플링을 나타나게도 할 수 있으며 이 실험은 타 핵종의 J-분별 실험이라고 한다.

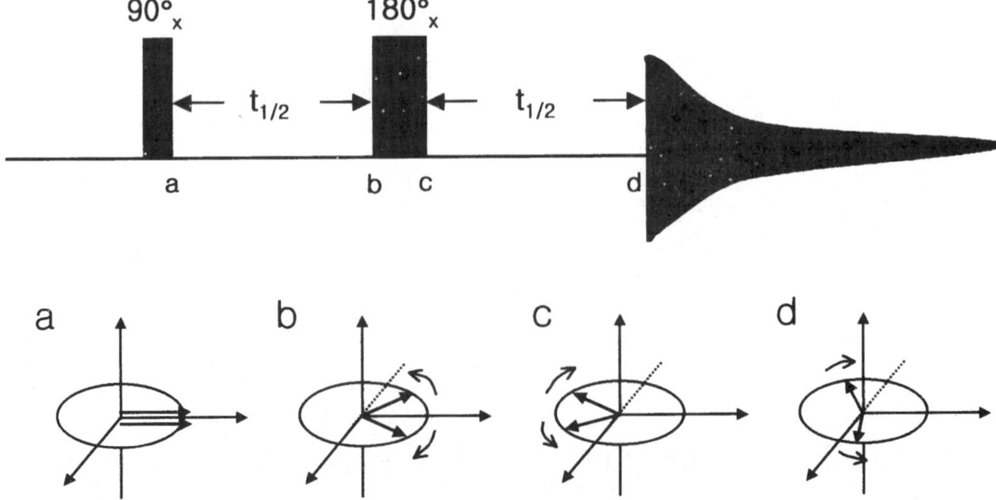

그림 6−46 동 핵종 J-분별 실험의 펄스 순서와 벡터들의 운동 모양.

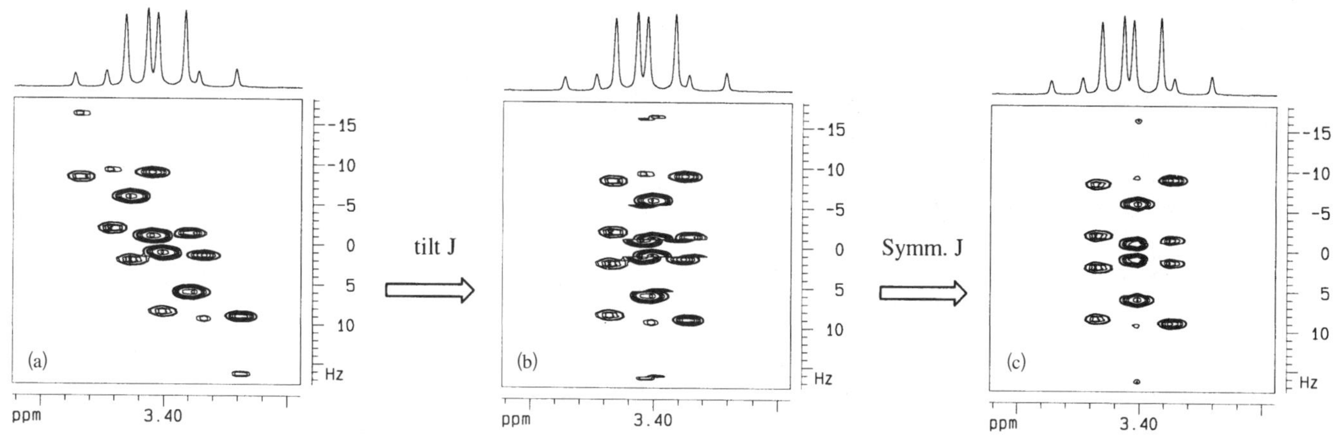

그림 6-48-1 J-분별 실험의 스펙트럼을 얻는 과정을 보여주는 그림. (a) 얻어진 데이터를 FT하였을 때의 스펙트럼. (b) tilt라는 과정을 거친 후의 스펙트럼. (c) symmetrization을 한 후의 스펙트럼.

동 핵종의 J-분별 실험의 펄스 순서(pulse sequence)와 이들 펄스에 따라 움직이는 벡터의 운동 모양이 그림 6-46에 나타나 있다.

이 펄스 순서는 앞에서 공부한(4장 참조) 스핀 에코(spin-echo)의 펄스 순서와 같다. 다만 스핀 에코의 경우는 커플링을 고려하지 않고 벡터의 모델을 보았고 여기에서는 두 양성자 사이에 커플링을 고려한 것이다. 서로 커플링하는 두 양성자 중 하나의 양성자의 벡터를 그림 6-46에서 보여주고 있다. 첫 번째 주어지는 90° 펄스로 xy 평면 위에 놓인 벡터는 주어지는 시간 $t_{1/2}$ 동안에 화학 이동을 나타내는 라모어 주파수(Larmor frequeney, ω_o)와 커플링하는 상대방 양성자에 의해서 두 개의 벡터 성분으로 분해된다. 그리고 y축을 회전 좌표계로 생각할 때 y축보다 빠른 주파수를 가지는 벡터들은 시계 방향으로, y축보다 느린 주파수를 가지는 벡터들은 시계 반대 방향으로 움직이는 것으로 생각할 수 있다(b). 여기에 주어지는 두 번째의 180° 펄스는 이들 두 벡터를 x축에 대칭인 −y들의 성분을 가지게 변형시킨다. 또한 180° 펄스는 커플링하는 상대의 양성자의 스핀의 상태를 바꾸어 놓으므로 이들 두 벡터의 방향도 바꾸어 놓게 된다(c). 결국 이들 두 벡터는 후반의 주어지는 시간 $t_{1/2}$ 동안에 첫 번에 벌어진 각도의 두 배만큼 벌어지게 된다(d). 이때 두 벡터의 벌어짐의 크기는 상대방 양성자와의 커플링의 크기(J)에 따라서 달라지며 결국 피크의 크기로 나타나는 두 벡터의 합은 주어지는 시간 t의 함수가 되는 것이다. 그러므로 여러 개의 다른 시간으로 얻어진 2D의 데이터를 FT하면 F2축(t_2)에는 화학 이동 그리고 F1축(t_1)에는 커플링 상수의 정보를 가지게 된다. 이때 나타나는 다중도(multiplicity)는 F2와 F1 양축의 규모(scale)가 같다면 F2축에 45°의 각도를 가지고 나타나게 되지만 컴퓨터 프로그램을 이용하여 각각의 양성자에 해당하는 다중도는 F2축에 직각(90°)으로 나타나게 만들 수 있다. 그림 6-48-1에 이 과정을 그림으로 보여주고 있다. 먼저 그림 (a)는 45°로 나타난 다중도들을 보여주고 있고 그림 (b)는 *tilt*라는 과정을 거친 후 다중도가 F2축에 직각으로 만들어진 것을 보여주고 있으며 마지막 그림 (c)는 COSY 스펙트럼에서와 비슷한 symmetrization 과정을 거친 후의 스펙트럼을 보여주고 있다[이 스펙트럼은 두 개의 양성자가 dd 모양을 보여주게 되어 있으며 J-분별 스펙트럼에서 가운데에 나타나 있는 다중도의 피크는 실제의 피크가 아니다(artefact). 이 설명은 뒤에서 다시 보기로 한다]. 그러므로 이 2D 스펙트럼에 F2축에 나타나는 양성자의 피크의 각각은 분자에 있는 각기 다른 양성자의 화학 이동값에 해당된다. 분자의 각각의 양성자들이 F2축에 단일 피크로 나타나는 이 스펙트럼은 양성자를 디커플링한 탄소 스펙트럼과 같이 양성자를 디커플링한 양성자 스펙트

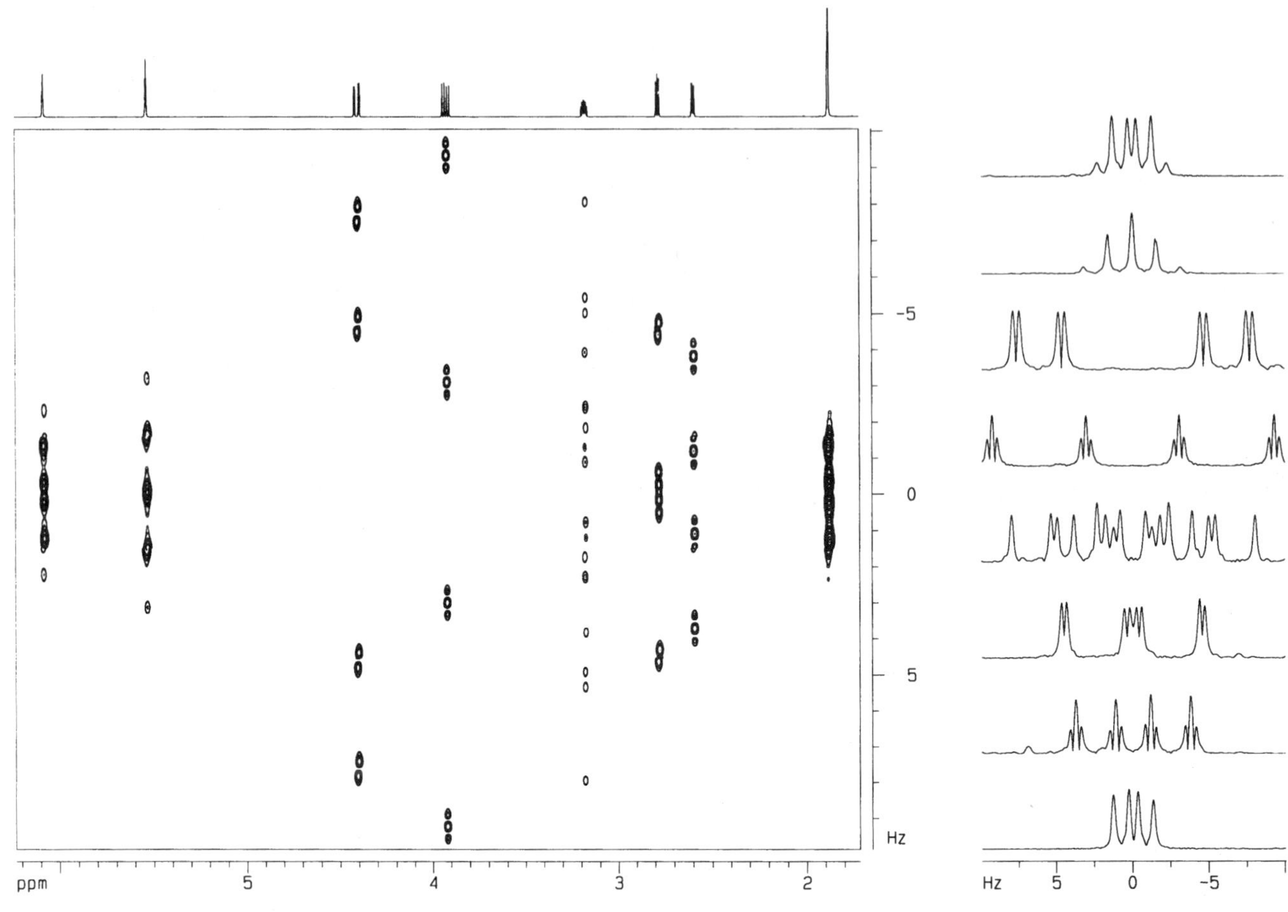

그림 6-47 Glycidyl methacrylate(**1**)의 동 핵종 J-분별 스펙트럼과 slice 스펙트럼들.

럼이라고 생각할 수 있다. 일반적으로 J-분별 실험 데이터의 2D-FT에서는 window function을 F2축은 squared sine-bell, 그리고 F1축은 sine-bell을 사용한다.

그림 6-47에는 glycidyl methacrylate(**1**)를 시료로 사용하여 얻은 동 핵종의 J-분별 실험 스펙트럼과 각 피크의 column의 slice 스펙트럼을 같이 보여주고 있다. F2축은 각각의 다중도(multiplet)들의 화학 이동이 나타나 있고, 2D contour plot 위에 같이 보여준 1D 스펙트럼과 2D 스펙트럼의 F1축에서 볼 수 있는 다중도(multiplicity)를 비교해 보면 2D J-분별 스펙트럼에서는 1D 스펙트럼에서 보여준 다중도보다도 더 많은 splitting을 보여준다(즉 예를 들어 1D 스펙트럼에서 4.43 ppm의 dd 모양의 피크는 2D 스펙트럼에서는 그들 각각이 다시 2중선으로 분리되어 있다). 이들 다중도의 각각을 같이 보여준 column의 1D slice 스펙트럼에서 더욱 명확하게 볼 수 있다(slice 스펙트럼들은 제일 아래에 메틸 피크부터 화학 이동의 크기에 따라 차례로 그렸음). 즉 2D J-분별 실험에서는 보통의 1D 스펙트럼에서 볼 수 없는 아주 작은 커플링들을 볼 수 있다는 것을 알 수 있다.

양성자의 피크들이 복잡하지 않은 시료에서는 이 실험의 중요도는 그렇게 큰 것 같지 않지만 복잡한 양성자 NMR 스펙트럼에서는 매우 유용한 실험이다. 그림 6-48은 *trans*-myrtanol(**4**)의 J-분별 스펙트럼이다. 우리는 이 물질의 양성자 스펙트럼은 1.65~1.87 ppm 부근의 피크들이 4개의 양성자들의 피크라는 것을 CH correlation 스펙트럼(그림 6-32)으로부터 이미 알고 있다. 그림 6-48에서 이 부분이 확대되어 있는 스펙트럼을 보면 4개의 양성자가 겹쳐있다는 사실을 명확하게 증명할 뿐만 아니라 이들 양성자들의 정확한 화학 이동값을 알 수 있다.

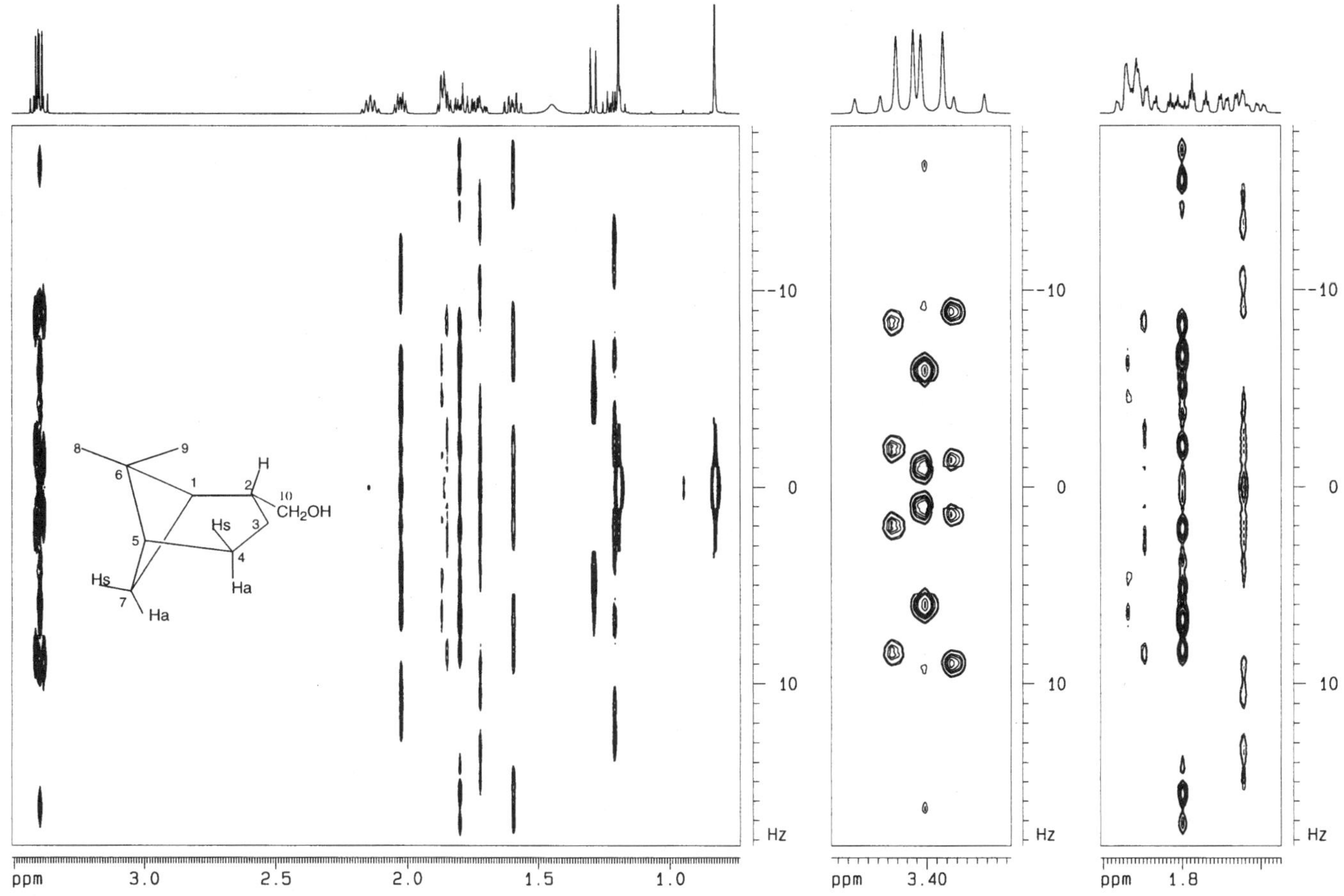

그림 6-48 *trans*-Myrtanol(**4**)의 동 핵종의 J-분별 실험 스펙트럼과 이들의 확대(3.4 ppm과 1.65~1.87 ppm) 스펙트럼.

이 그림에서 3.4 ppm 부근의 확대 스펙트럼은 그림 6-48-1에 이미 보여 주었다. 앞에서 언급하였지만 3.4 ppm의 양성자 피크는 *trans*-myrtanol(**4**)의 10-CH_2에 기인하는 dd의 splitting 모습을 가지는 피크다. 이 피크는 탄소 2가 chiral center이기 때문에 자기들끼리의 geminal 커플링과 양성자 2와의 커플링으로 dd의 모습을 가지고 나타나게 되어 있다. 하지만 두 양성자의 화학 이동값의 차이(△δ)가 커플링 상수값에 비해 매우 크지 못하므로 1차 스펙트럼에서 기대되는 피크의 크기를 가지지 못하는 변형된(distorted) dd의 splitting 모습을 가지고 있다. 그러나 이 피크의 J-분별 스펙트럼은 dd의 피크들 이외의 피크를 보여주고 있다. 이 실제의 피크가 아닌 피크(artefact)는 강한 커플링을 가지면서(geminal 커플링이 대표적인 예임) 그들의 화학 이동값의 차이(△δ)가 크지 않은, 1차 스펙트럼의 조건을 벗어나는 피크들의 모습을 보여주는 스핀 system에서는 항시 커플링하는 두 피크들의 가운데 지점에서 나타나게 된다. 다행히 이들의 artefact 피크가 그림 6-48에서는 다른 피크들과 겹치지 않기 때문에 문제를 일으키지 않았지만 복잡한 양성자 스펙트럼에서는 이 실험은 그 응용에 한계를 가질 수밖에 없다. 또한 그림 6-48에서 2.1 ppm 부근에서 나타난 양성자 2의 피크는 다중도를 보여주지 않고 있는데 이것은 이들의 피크의 크기가 매우 작게 나타났기 때문이다. 이 설명은 COSY 실험의 cross 피크를 설명할 때 이미 언급되었지만 2D 실험에서 t_1의 increment 수를 정하는 것은 실험의 목적에 따라 달라지게 된다. 즉, t_1의 수를 늘리게 되면 F1축의 분해능을 증가시키는 반면, 늘어난 t_1에서는 시간이 길어지므로 길어진 시간 동안 T_2 때문에 벡터의 크기가 줄어들게 되고 결국 signal-to-noise 비가 줄어들게 된다. 그림 6-48에서 나타난 양성자

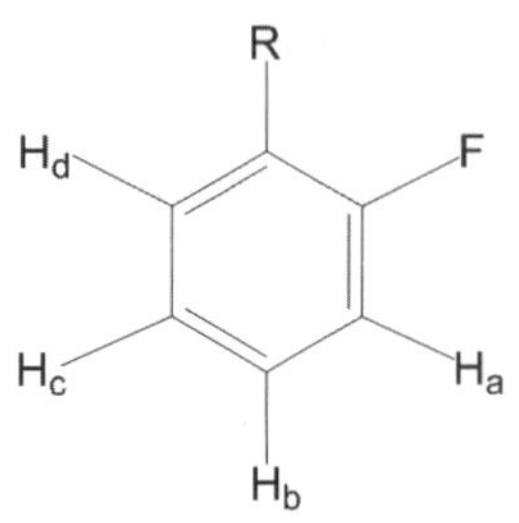

H_a: δ, 7.01($J_{F\text{-}Ha}$ = 10.0 Hz)
H_b: δ, 7.19($J_{F\text{-}Hb}$ = 5.4 Hz)
H_c: δ, 7.06
H_d: δ, 7.22($J_{F\text{-}Hd}$ = 7.7 Hz)
$J_{Ha\text{-}Hb}$ = 8.3 Hz, $J_{Ha\text{-}Hc}$ = 1.2 Hz
$J_{Hd\text{-}Hb}$ = 1.8 Hz, $J_{Hd\text{-}Hc}$ = 7.4 Hz

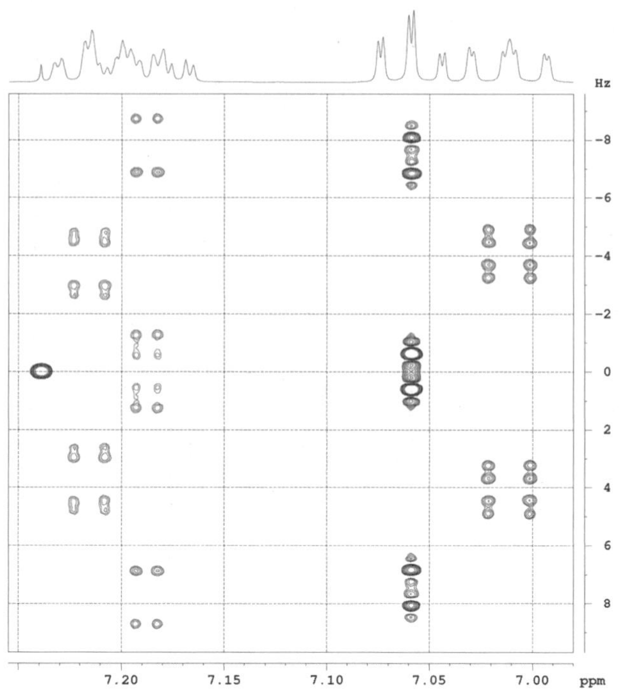

그림 6-49 F-$PhCH_2CH_2OH$의 aromatic ring 부분의 J-resolved 스펙트럼과 커플링 상수들.

2의 피크는 다른 피크들과의 상대적인 넓이로 예측할 수 있듯이 이완 시간이 짧으므로 긴 t_1 시간 동안에 다른 피크들에 비해 피크들의 크기를 많이 잃어 버렸기 때문에 나타난 현상이다. 반대로 이 피크를 얻으려면 increment 수를 줄여야 하며 이때의 결과는 F1축의 분해능을 잃어버리면서 다른 모든 피크들의 splitting을 볼 수 있는 분해능을 희생하는 것을 감수해야 한다.

양성자의 1D 스펙트럼들의 완전한 해석을 불가능하게 하는 것은 비슷한 화학 이동값과 이들 사이에서 일어나는 커플링으로 만들어지는 스펙트럼의 겹침뿐만 아니라 때로는 분자들이 포함하고 있는 heteronucleus들이 양성자와 커플링을 할 때도 볼 수 있다. 이러한 경우를 aromatic ring에 fluorine이 치환되어 있는 F−$PhCH_2CH_2OH$를 예로 들어 보도록 하자. Aromatic ring에 치환되어 있는 fluorine은 양성자들과의 커플링 상수가 양성자들 사이에서 일어나는 커플링 상수와 비슷하다. Aromatic ring에 있는 양성자들의 피크만을 그려놓은 그림 6−49의 J-resolved 스펙트럼과 같이 보여주고 있는 1D 양성자 스펙트럼에서 볼 수 있는 것과 같이 각 양성자들의 해석이 불가능하며 fluorine의 위치 해석도 불가능하다는 것을 알 수 있다. 그러나 J-resolved 스펙트럼에서는 각각의 양성자의 화학 이동과 양성자들의 커플링 상수 그리고 fluorine의 위치와 양성자들과 fluorine 사이의 커플링 상수들을 모두 정확하게 규명할 수가 있다. F2축에는 양성자들의 화학 이동과 이들 중 3개의 양성자들이 fluorine과 커플링하는 것을 보여주고 있고 F1축에는 양성자들 사이에서 일어나는 커플링들을 보여주고 있으므로, F2축에서 가장 큰 J=10 Hz로 화학 이동 7.01 ppm에서 나타난 양성자가 fluorine과 *ortho*로 위치한 양성자(Ha)다. 이 양성자가 다른 양성자와의 커플링을 하고 있는 F1축에서는 *ortho*(8.3 Hz), *meta*(1.2 Hz), *para*(0.4 Hz) 커플링들을 모두 가지고 있으므로 나머지 3개의 양성자들의 위치를 예측할 수 있다. 즉 fluorine과 *meta* 커플링하며 양성자들과 7.4와 1.8 Hz 커플링으로 7.22 ppm에서 나타나는 양성자가 Hd이므로 Hb는 7.19 ppm, Hc는 7.06 ppm에서 나타나는 피크들이다(F와 Hc가 커플링을 보여주지 않은 것은 F2축의 digital resolution이 충분하게 주어지지 못했기 때문이다).

6.3.2 타 핵종의 J-분별 실험[15]

이 실험 또한 위에서 공부한 동 핵종의 J-분별 실험과 마찬가지로 F2축(t_2)에는 화학 이동 그리고 F1축(t_1)에는 커플링 상수의 정보를 가지는 것은 동일하지만, 다른 점은 F1축에 나타나는 커플링 상수가 동일한 핵의 것이 아니고 타 핵종 사이의 커플링 상수라는 것이다. 이 실험은 2D 실험을 이해하는 데 가장 유용하게 사용되고 있으며 실제로 가장 먼저 사용된 2D 실험 방법 중 하나이다. 그림 6-50은 타 핵종의 J-분별 실험(heteronuclear J-resolved experiment)을 위한 펄스 순서이다.

이 펄스 순서는 스핀 에코의 실험에서 사용된 펄스 순서에서 두 번째 펄스가 180°(y) 펄스로 주어진다는 것과 디커플러를 사용한다는 것이 다를 뿐이다. 처음 주어지는 90°(x) 펄스는 ^{13}C의 벡터를 xy 평면에 놓이게 하며 이들은 $t_1/2$ 동안에 화학 이동을 나타내는 라모어 주파

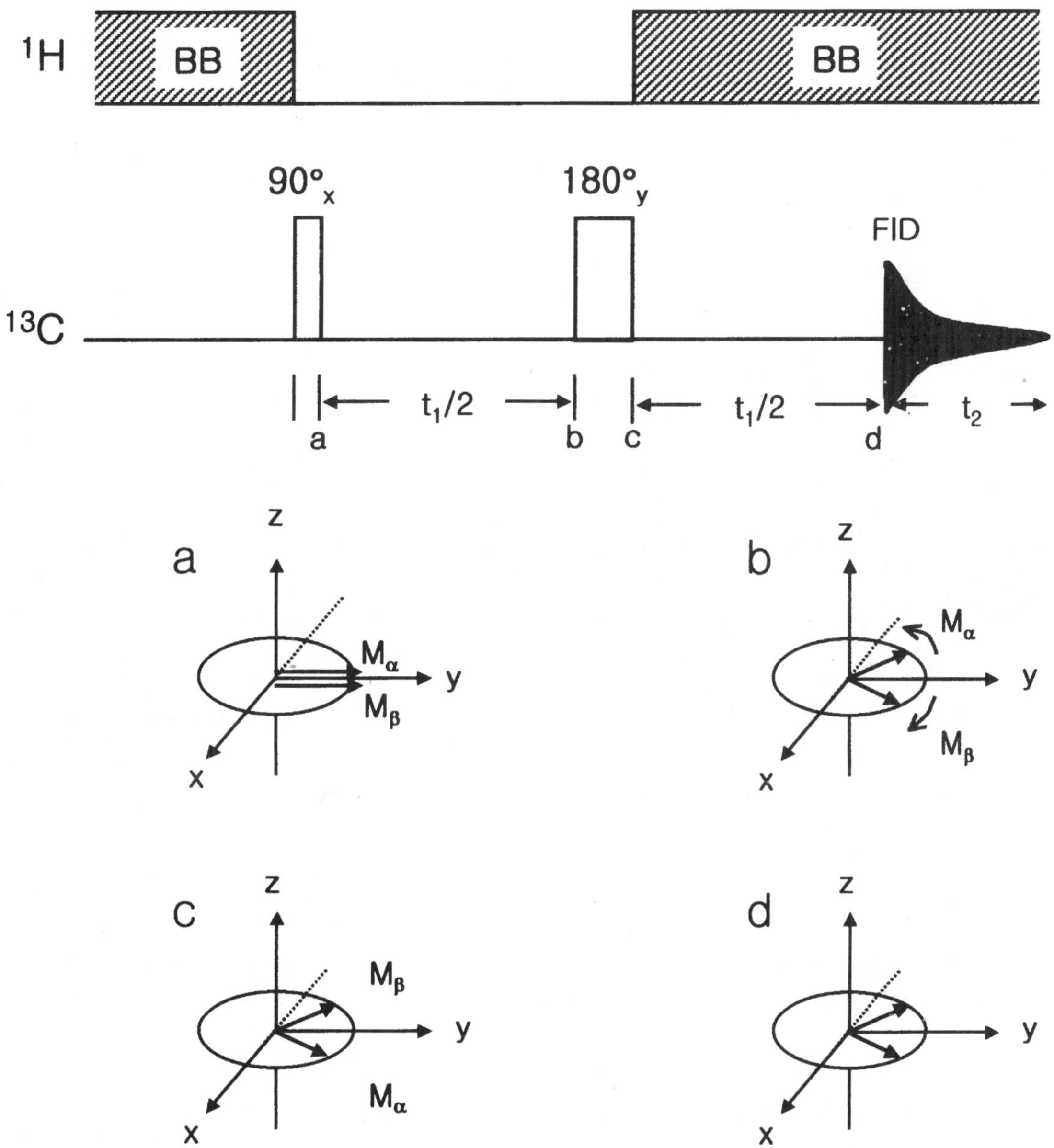

그림 6-50 타 핵종 J-분별 실험의 펄스 순서.

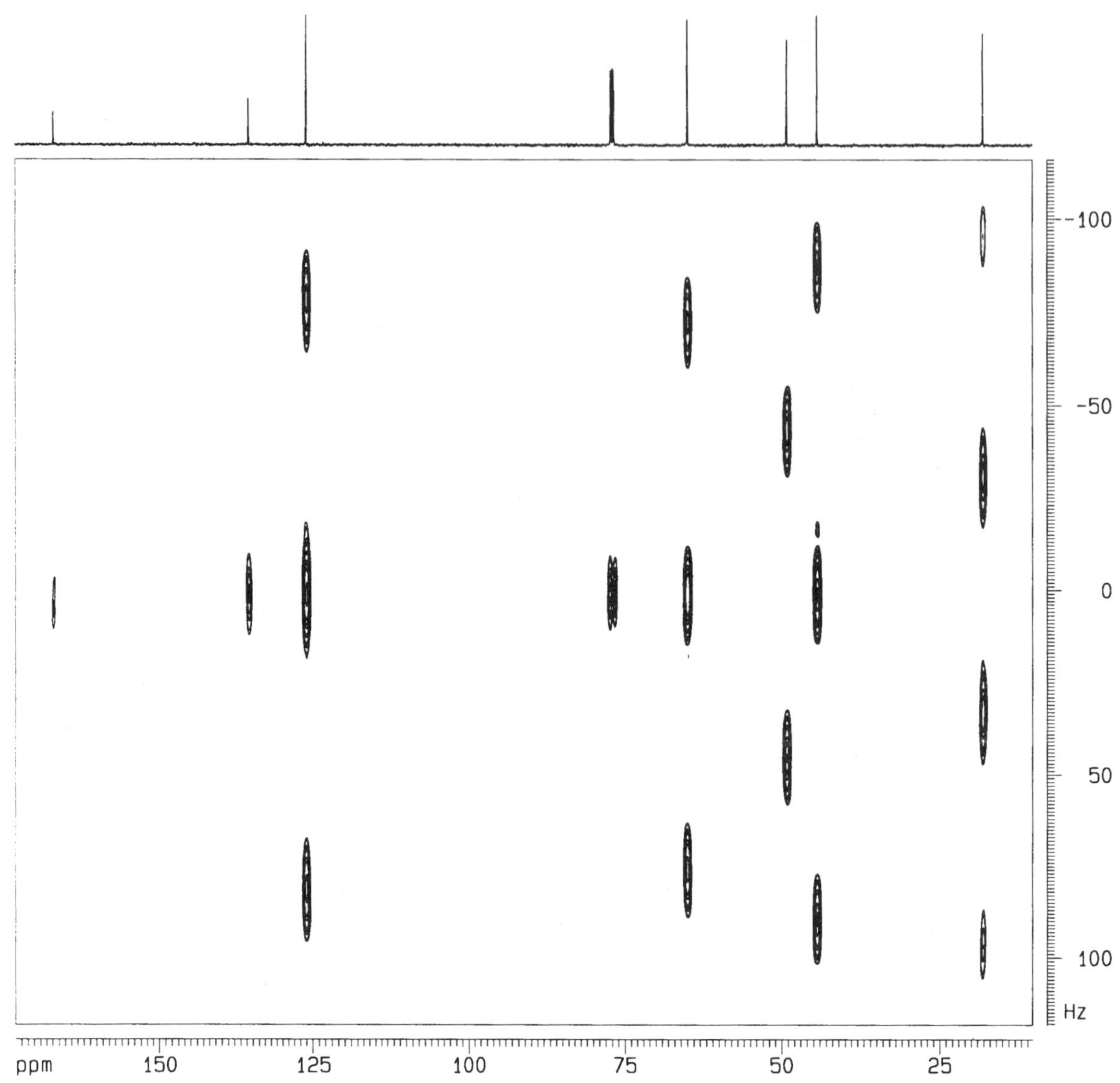

그림 6-51 Glycidyl methacrylate(**1**)의 타 핵종 J-분별 스펙트럼.

수(Larmor frequency, ω_o)와 커플링하는 상대방 양성자에 의해서(CH 스핀 시스템으로 설명) 두 개의 벡터 성분으로 분해된다. 그리고 y축을 회전 좌표계로 생각할 때 y축보다 빠른 주파수를 가지는 벡터들은 시계 방향으로, y축보다 느린 주파수를 가지는 벡터들은 시계 반대 방향으로 움직이는 것처럼 생각할 수 있다(b). 여기에 주어지는 두 번째의 180°(y) 펄스는 이들 두 벡터를 y축을 대칭으로 서로 바꾸어 놓게 된다(c). 이후 주어진 다른 $t_1/2$ 시간 동안 양성자를 디커플링을 하지 않는다면 ^{13}C의 두 개의 벡터는 다시 y축에 모이게 될 것이다(echo). 그러나 양성자를 디커플링하므로 두 벡터 사이의 간격은 더 이상 변화가 없게 된다(d). 이때 ^{13}C의 두 벡터의 벌어짐의 크기는 상대방 양성자와의 커플링의 크기(J)에 따라서 달라지게 된다. 그리고 interferogram을 만드는 ^{13}C 피크의 크기는 이들 두 벡터의 합으로 나타나므로 결국 주어지는 시간 $t_1/2$의 함수가 되는 것이다. 이때 후반 $t_1/2$에 사용되는 디커플링을 전반 시간에 사용하여도 얻어지는 결과는 같게 된다. 이렇게 얻어진 데이터는 F2축에 화학 이동의 값을 보여주고 F1축에는 탄소와 양성자의 커플링 상수값을 보여준다. 그러나 F1축에 보여주는 커플링 상수값은 펄스 순서에서 전체의 t_1 시간에서 반은 양성자와 커플링을 하지 못하도록 디커플링을 하였으므로 실제의 커플링 값의 반으로 나타나게 된다(실제의 커플링 상수를 F1축에 나타나게 전체 t_1 시간 동안 커플링하도록 펄스 순서를 변경하여 스펙트럼을 얻을 수도 있음[16]).

그림 6−51은 glycidyl methacrylate(**1**)를 시료로 사용한 타 핵종의 J-분별 실험 스펙트럼이다. 이곳에서의 J-분별 실험으로 나타난 다중도는 위에서 보여준 동 핵종의 J-분별 실험과는 다르게 F2축에 수직으로 나타나게 되며 스펙트럼을 plot할 때는 tilt를 시키지 않고 plot하게 된다. 이때 사용된 펄스 순서 그림 6−50은 amplitude modulated 펄스 순서이고 이 펄스 순서에서 acquisition time, t_2 동안도 디커플링을 하지 않게 되면 phase modulated 펄스 순서가 된다. 이 펄스 순서로 얻어지는 스펙트럼은 동 핵종 J-분별 스펙트럼 같이 기울어지게 되고 tilt의 과정을 거쳐서 plot하게 된다. 이들 스펙트럼의 2D−FT에서 사용되는 window function은 F2축은 squared sine-bell을 F1축은 sine-bell을 사용하게 된다.

그림 6−51에서 F2축은 같이 그려놓은 1D 스펙트럼으로 알 수 있듯이 탄소의 화학 이동이 나타났으며 F1축은 탄소와 양성자의 one-bond 커플링 값의 반에 해당하는 값이 나타나 있다(전체 커플링이 나타나게 펄스 순서를 변경할 수도 있지만 커플링의 전체를 나타나게 하는 실험은 실험 시간을 길게 잡지 않으면 F1축의 분해능만 잃게 된다). F1축에서 각 피크들의 다중도(multiplet)를 살펴보면 우리는 1D NMR에 나타난 ^{13}C의 피크들이 C, CH, CH_2 또는 CH_3인지를 즉시 분별할 수 있게 된다. 예를 들면 18.2 ppm에서 나타난 탄소는 4중선(quartet)의 다중도를 가지므로 CH_3의 탄소이고 126.1 ppm에 나타난 탄소는 3중선(triplet)의 다중도를 나타내므로 CH_2의 탄소 그리고 155.7 ppm에 나타난 탄소는 다중도를 가지고 있지 않으므로 양성자를 가지지 않은 quaternary 탄소라는 것을 쉽게 구분할 수 있게 된다. 즉, 이 실험은 탄소의 다중도를 구분하는 DEPT 실험의 대용으로 쓸 수 있을 뿐만 아니라 동시에 탄소와 양성자간의 커플링 상수도 구할 수 있는 실험이다.

6.4 ^{13}C–^{13}C 연결 실험

우리가 3장에서 배운 양성자의 커플링 상수는 똑같은 크기의 상수를 가지는 상대방의 양성자를 찾아냄으로써 분자의 구조를 밝히는 데 사용하였다. 만약 우리가 탄소를 골격으로 하고 있는 물질에서 ^{13}C–^{13}C의 커플링 상수를 모두 알 수 있다면 분자의 구조를 알아내는 데 이보다 더 좋은 정보는 없게 된다. Multiple quantum 실험으로 분류되는 NMR 실험 중 가장 대표적인 실험이 INADEQUATE (Incredible Natural Abundance DoublE QUAntum Transfer Experiment)[17]이라고 하는 실험이다. 이 실험은 탄소와 탄소 간의 커플링 상수를 알아냄으로써 분자의 탄소 골격을 연결시켜 구조를 알아낼 수 있는 1D 실험 방법과 이들을 응용한 2D 실험 방법이 있다(가장 많이 사용하는 핵이 탄소이며 다른 종류의 핵들도 이 실험 방법을 이용할 수 있다). 그러나 불행히도 이 실험을 고안해 낸 사람들이 만들어낸 실험의 이름 약자인 inadequate가 의미하는 것과 같이 탄소와 탄소의 커플링 상수를 구하기란 여러 가지 이유로 매우 어려운 일이며 또한 이들 커플링 상수를 이용한 2D 실험은 더욱더 많은 시간을 필요로 하는 실험이다. 이미 기초적인 지식으로 알고 있는 것과 같이 탄소의 대부분은 자연 속에 ^{12}C로 존재하며 ^{13}C은 단지 1.1%만이 존재한다. 그러므로 양성자를 디커플링한 ^{13}C 스펙트럼을 얻게 되면 각 탄소는 하나의 피크만을 나타내게 된다. 이 현상은 인접한 탄소가 ^{13}C을 가질 확률이 매우 적기 때문이다. 즉, 탄소를 골격으로 분자를 이루고 있는 어떤 화합물에서 하나의 탄소에 ^{13}C이 존재할 확률은 1:100이다. 그리고 이 탄소와 커플링을 할 수 있는 ^{13}C이 바로 인접한 위치에 존재할 확률은 1:10000이 되는 것이다. 그러므로 커플링한 탄소의 피크는 단일 ^{13}C에서 나타나는 매우 큰 주(main)피크 주위에 $^{1}J_{c-c}$의 커플링 상수를 가지는 매우 작은

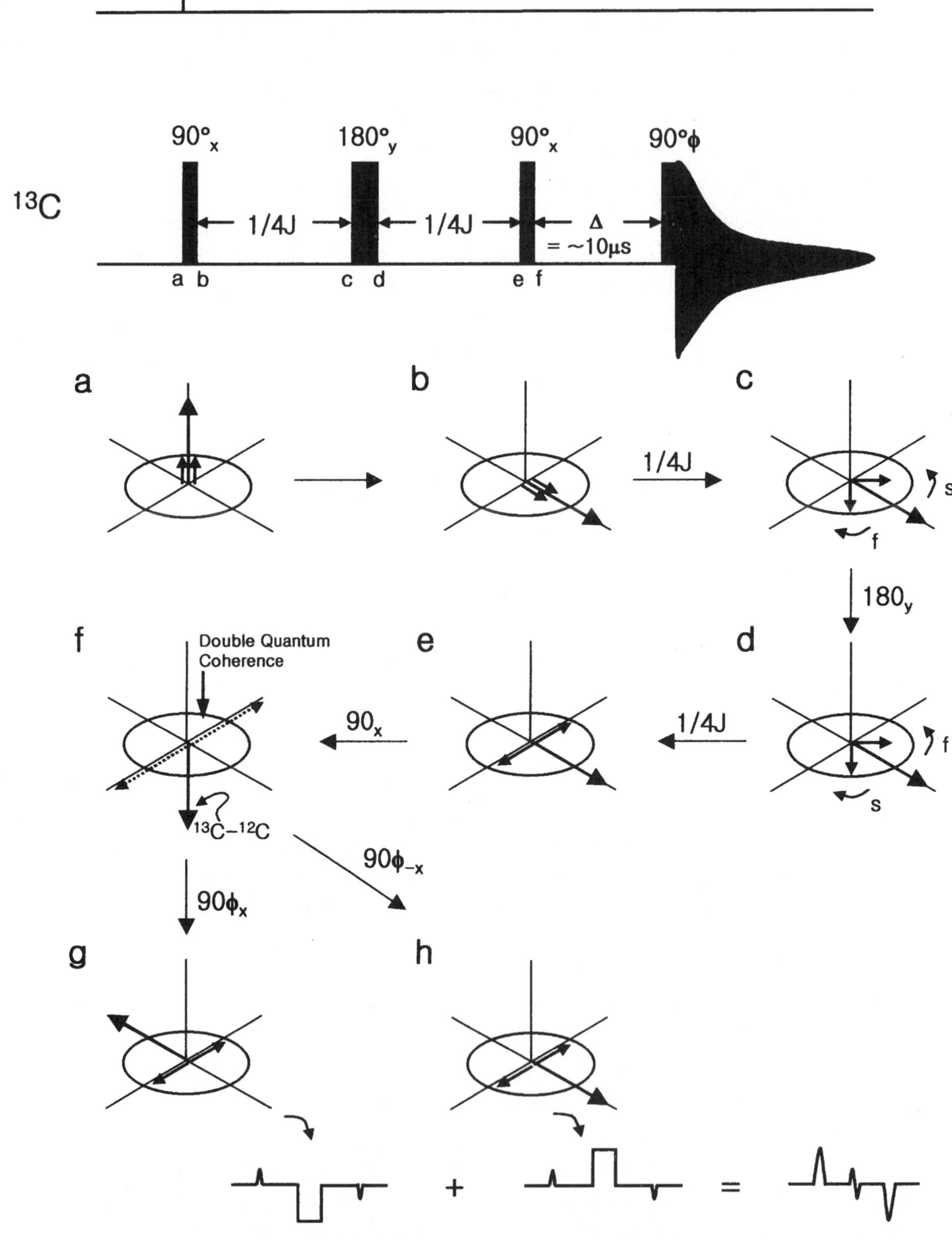

그림 6−52 INADEQUATE 실험의 펄스 순서와 벡터들의 운동 모양.

위성(satellite) 피크로 나타나게 될 것이다. 단 두 탄소만이 연결되어 있는 경우를 생각해 보면 이 위성 피크는 2중선(doublet)으로, 주(main)피크의 0.5%(total 1%)의 세기(intensity)를 가지고 나타나게 된다.

두 개의 다른 탄소로 연결되어 있는 ^{13}C 스펙트럼을 생각해 보기로 하자. 3개의 탄소가 연결되어 있는 2 번째의 탄소는 1번과 3번의 탄소가 대부분 ^{12}C로 되어 있는($^{12}C_1-^{13}C_2-^{12}C_3$) 영향 때문에 약 98% 피크의 세기를 가지는 단일(singlet) 피크가 나올 것이며, 이 주위에 각각 약 1%의 피크 세기를 가지는 $^{13}C_1-^{13}C_2-^{12}C_3$와 $^{12}C_1-^{13}C_2-^{13}C_3$에 기인하는 두 개의 2중선이 나타나게 될 것이다(두 개의 커플링 상수 $^1J_{C1-C2}$와 $^1J_{C2-C3}$가 같지 않을 때). 더욱이 탄소는 4개의 다른 탄소와 결합되어 있을 수 있으므로 어떤 탄소는 4개의 2중선을 가지게 되며 이들 피크의 크기를 증가시키는 어려움뿐만 아니라 4개의 커플링 상수가 비슷할 때는 그들의 겹침 때문에 정확한 커플링 상수를 얻는 것은 더욱더 어렵게 된다.

인접한 탄소와 연결되어서 커플링하는 탄소의 커플링 상수인 $^1J_{c-c}$는 sp^3, sp^2, sp 결합에 따라서 달라지게 되며(물론 같은 단일 결합의 커플링 상수도 그들의 주위의 환경이 다르면 차이가 나지만 헤테로 핵들과 연결되어 있지 않고 탄소로만 되어 있을 때의 그 차이는 아주 작다) 대략 30~50, 50~80, 150~190 Hz 정도의 커플링 상수를 각각 가지고 있다. 그러므로 $^1J_{c-c}$는 고자장 NMR 스펙트럼에서는 주 피크와는 비교적 잘 분리될 수 있을 것으로 생각되지만 주 피크 자체의 바닥의 넓이가 10 Hz 이상이므로 단지 수 Hz의 커플링 상수를 가지는 ^2J나 ^3J는 주 피크와 거의 겹쳐서 나타나게 될 것이다. 실제로 양성자를 디커플링 한 보통 ^{13}C 스펙트럼에서는 ^2J나 ^3J는 물론이려니와 ^1J 마저도 찾아보기가 매우 어렵다. 그러나 매우 큰 주 피크를 제거하고 커플링된 피크들만의 스펙트럼을 얻는다면 쉽게 탄소들 사이에서 일어나는 커플링 상수를 구할 수 있을 것이며 이들을 이용하여 분자 구조의 골격이 되는 탄소들 사이의 결합을 밝혀낼 수 있을 것이다(단, 간단한 분자에서만 가능). 이 실험이 바로 INADEQUATE 실험의 목적이다. 그림 6-52에 INADEQUATE 펄스 순서와 하나의 탄소와 결합하여 커플링하고 있는 탄소의 벡터들이 각각의 펄스의 영향으로 회전 좌표계(rotating frame of reference)에서 일어나는 운동 모양을 보여 주었다.

이 실험의 펄스 순서에서 세 번째에 주어지는 90° 펄스 이후의 시간인 △를 고정하면 1D의 스펙트럼을 얻을 수 있으며 △를 evolution 시간인 t_1으로 사용하면 2D 스펙트럼을 위한 펄스 순서가 된다.

이 펄스 순서에서 양성자를 디커플링시키는 디커플러의 power는 항시 일정하게 유지시킬 수도 있지만 시료의 온도 상승을 막기 위하여 RD(relaxation delay) 시간 동안은 NOE만을 유지할 수 있을 정도의 낮은 power를 사용할 수도 있다. 다음으로 주어지는 90°(x) 펄스는 큰 벡터로 그려놓은 $^{13}C_1-^{12}C_2$에 해당하는 벡터와 $^{13}C_1-^{13}C_2$에 해당하는 작은 두 벡터들 모두를 xy 평면에 놓이게 한다(b). 이들 xy 평면에 놓여 있는 벡터들은 주어지는 시간 1/4J 시간(이 시간은 예를 들어 시료가 단일 결합만 가지고 있다고 가정하여 40 Hz의 값을 사용한다면 6.25 ms의 시간이 된다) 동안 xy 평면 위에서 회전하게 된다. 그리고 커플링하지 않는 주(main) 피크를 회전 좌표계와 같은 주파수를 가진다고 가정하면 큰 벡터는 y축에 머무르게 되며 옆 탄소와 커플링하는 작은 두 벡터는 90°의 각도로 벌어지면서 각각 시계 방향과 그 반대 방향으로 각각 운동하게 된다(c). 다음에 이들 벡터에 주어지는 180°(y) 펄스는 큰 벡터의 경우 제자리에 머무르게 하지만 작은 두 벡터들은 y축을 대칭으로 하여 서로 그들의 자리를 바꾸게 한다. 이때 주어진 펄스는 이들 두 벡터와 커플링하고 있는 벡터에도 주어졌기 때문에 운동 방향이 바뀌게 되며 그런 다음 다시 주어지는 1/4J 시간 동안 작은 두 벡터들은 각각 x와 −x축에 자리 잡게 된다(e). 이들의 벡터에 90°(x) 펄스를 주면 단일 피크인 큰 벡터는 −z축으로 자리를 옮겨가고 작은 두 벡터들은 제자리에 남아 있게 된다. 이때 x와 −x축에 생성된 것

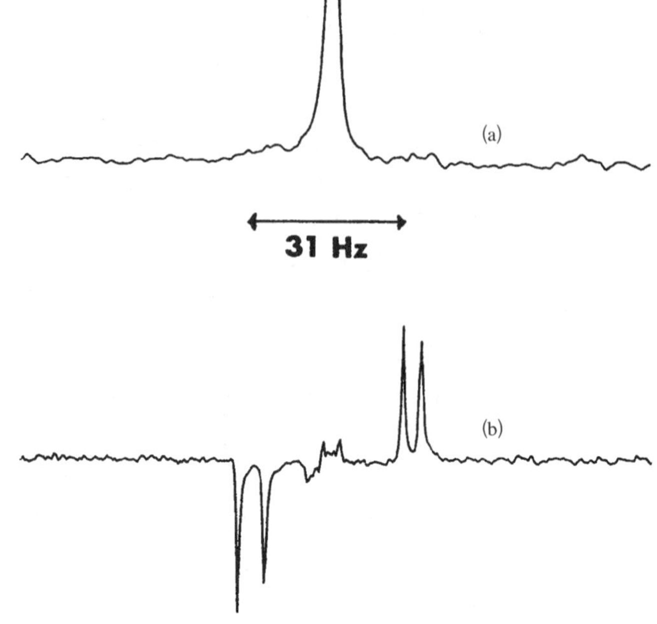

그림 6-53 $C_1-C_2-C_3$에서 C_2 탄소의 1D 스펙트럼 (a)와 1D INADEQUATE 스펙트럼 (b).

을 double quantum coherence(이 벡터들의 정확한 묘사는 density matrix의 사용으로만 가능하다)라고 하며 벡터로는 표시할 수 없는 것이 된다(f). (이러한 이유로 점선으로 표시하였음). 그런 다음 △(1D 스펙트럼에서는 수십 μs의 시간이며 2D 스펙트럼에서는 t_1 increment가 된다)라는 시간 후에 주어지는 90° 펄스는 이들을 다시 리시버 코일에 전기적 시그널(signal)을 일으키게 할 수 있는 벡터들로 만들게 된다. 그리고 이 마지막 90° 펄스의 위상(x와 −x 펄스)에 따라서 커플링하지 않는 주 피크는 위상이 180° 다른 음과 양의 피크로 각각 나타나게 된다(g, h). 바로 이들 두 데이터들을 더하면 커플링을 하지 않고 나타나는 거대한 단일 피크는 사라지게 되고 이 실험에서 찾으려고 하는 커플링하는 피크들만 남게 되며 그들의 크기는 점점 더 커져서 나타나게 된다.

그림 6-53은 실제로 2개의 다른 ^{13}C과 연결되어 있으며 서로 커플링 상수가 틀린 경우의 스펙트럼을 비교를 위하여 보통 ^{13}C 스펙트럼과 1D INADEQUATE 실험을 같은 범위에서 plot하여 보여 주었다. 보통 ^{13}C 스펙트럼인 그림 6-53 (a)에서는 찾아보기 어려운 탄소와 탄소의 두 개의 커플링이, INADEQUATE 스펙트럼인 6-53 (b)에서는 커플링하지 않는 ^{13}C의 주 피크가 사라지면서 아주 쉽게 볼 수 있도록 나타나 있다.

이 실험에서 2D 스펙트럼은 다른 예들과 똑같이 여러 개의 1D 스펙트럼들을 얻은 결과이지만 이 실험의 1D 스펙트럼은 다른 실험들과는 조금 다르게 여러 개의 펄스를 사용하였으므로 먼저 이 실험의 1D 스펙트럼을 보도록 하자. 그림 6-54는 4.17 ms(J=60 Hz)의 delay를 사용하여 얻은 glycidyl methacrylate(**1**)의 ^{13}C 1D INADEQUATE 스펙트럼이다(이 스펙트럼은 5 M 용액을 사용하였으므로 앞장에서 보여준 화학 이동값들과 조금씩 차이가 남). 양성자를 디커플링한 1D ^{13}C과 같이 보여 준 이 스펙트럼에서는 커플링을 하지 않는 ^{13}C 피크가 많이 남아있는 것을 볼 수 있지만 166 ppm에서 나타나는 carbonyl 피크를 제외하고는 모두 커플링 상수를 쉽게 구할 수 있도록 커플링 피크들이 잘 나타나 있다. 이들의 스펙트럼을 확대한 부분(66~50 ppm)을 보면 48.3 ppm 부근의 피크가 50.9와 28.1 Hz의 두 개의 커플링 상수를 가지고 있고 이들 상수들을 64.5와 43.2 ppm의 피크가 각각 가지고 있으므로 이들 3개의 탄소가 가운데 48.3 ppm 부근에 나타난 탄소를 중심으로 연결되어 있다는 것을 쉽게 알 수 있다.

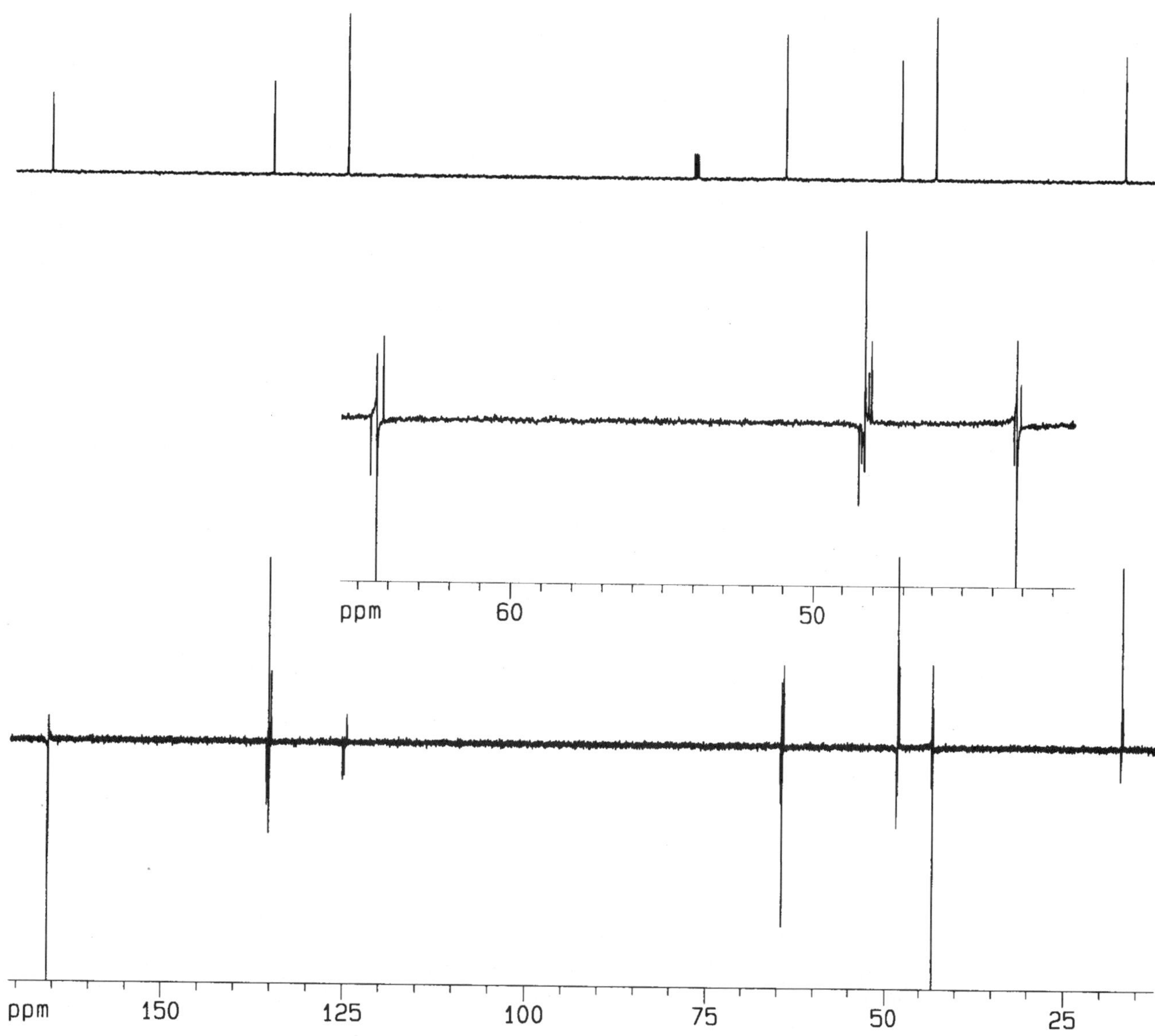

그림 6-54 Glycidyl methacrylate (**1**)의 ^{13}C 1D INADEQUATE 스펙트럼.

위에서 보여준 glycidyl methacrylate(**1**)의 분자의 경우 같이 ^{13}C 스펙트럼이 넓게 퍼져 나오고 각각의 탄소들의 커플링 상수들이 서로 많이 다른 간단한 분자에서는 1D INADEQUATE 실험은 그들의 ^{13}C 커플링 상수의 응용으로 아주 쉽게 탄소의 골격을 알아낼 수 있다. 그러나 간단한 분자라도 ^{13}C 스펙트럼에서 피크들의 화학 이동이 매우 가깝고 커플링 상수값이 비슷한 경우, 다시 말해 탄소와 탄소의 커플링 피크들이 서로 겹치게 되면 스펙트럼의 해석을 위한 커플링 상수를 얻는 것은 거의 불가능하게 된다.

그림 6-55는 *trans*-myrtanol(**4**)의 ^{13}C 1D INADEQUATE 스펙트럼에서 10개의 탄소들을 제일 아래에 10-C의 피크를 시작으로 똑같이 모두 3 ppm의 영역으로 확대하여 그려놓은 것이다(그림 5-18과 6-32 참조). 이 스펙트럼에서 10-C는 2-C와 커플링하여 하나의 2중선(doublet)을 가지고 나타나 있고(J=38.0 Hz) 이것과 똑같은 커플링 상수를 가지는 피크가 2-C가 되는데 이 스펙트럼에서는 다행히 38.0 Hz의 커플링 상수를 가지는 피크가 하나만 있으므로 2-C를 쉽게 찾을 수 있다. 그러나 6-C에서 37.6 Hz(9-C와의 커플링)의 커플링 상수를 가지고 있으므로 이 실험을 할 때 digital resolution이 충분하지 않았더라면 이들 피크

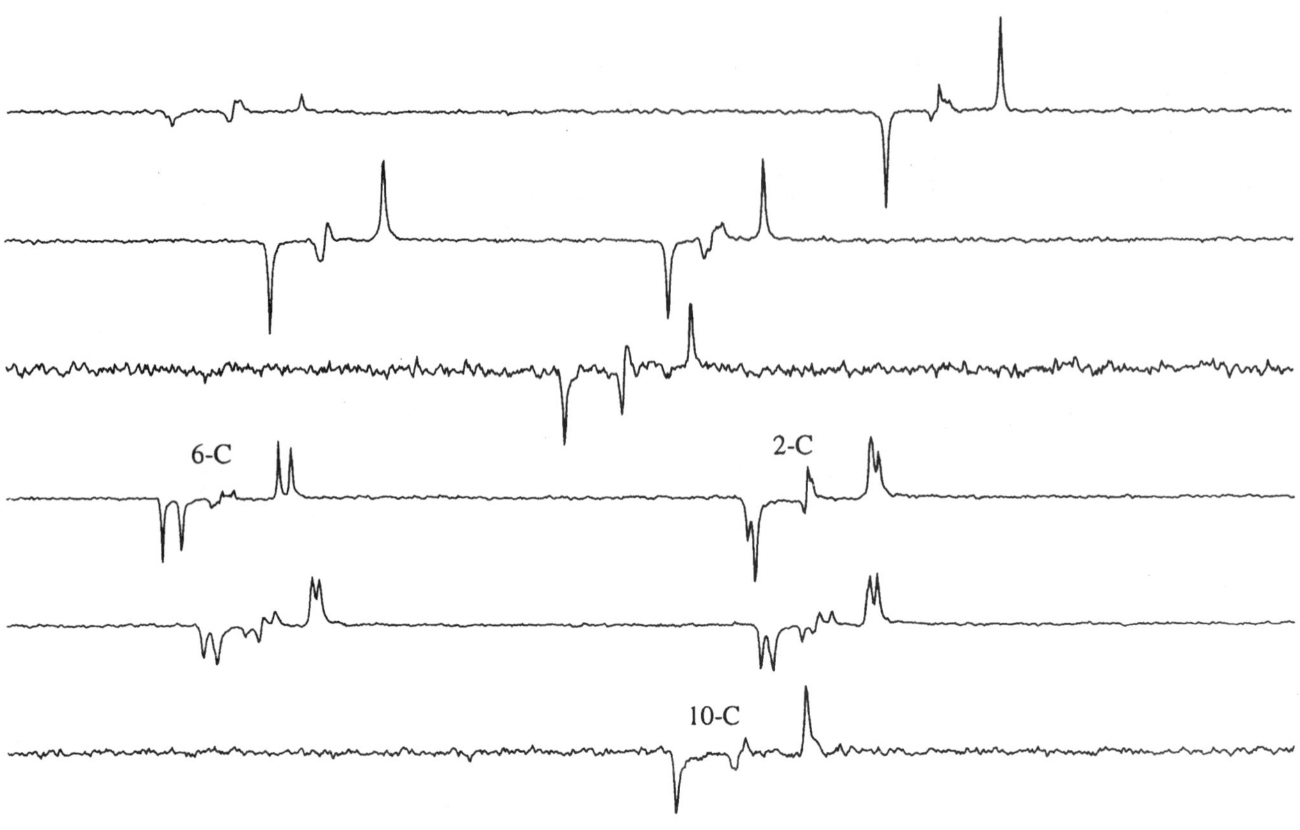

그림 6-55 *trans*-Myrtanol(**4**)의 ^{13}C 1D INADEQUATE 스펙트럼. 스펙트럼은 제일 아래에 down-field 피크인 10-C부터 차례로 모두 3 ppm의 영역으로 확대하여 그렸음.

들의 구분은 불가능하였을 것이다. 더욱이 2-C와 6-C는 각각 3개와 4개의 2중선(doublet)을 가질 것으로 예상할 수 있지만 비슷한 탄소의 커플링 상수들 때문에 2개의 2중선들만 가지고 있다. 바로 이러한 현상이 10개의 탄소를 가지고 있는 간단한 이 화합물에서 조차도 서로의 커플링 상수를 정확히 얻는 것을 불가능하게 하며 결국은 구조를 밝힐 수 없게 만드는 것이다.

1D 스펙트럼에서 보여주는 이와 같은 어려움은 충분한 양의 시료로 피크의 signal-to-noise 비를 좋게 얻을 수 있다면 2D INADEQUATE 실험으로 아주 쉽게 해결할 수 있다. 이 실험의 정확한 묘사는 단순 벡터 모델로 설명될 수 없고 density matrix를 사용하여야 하므로 여기에서는 실험의 방법과 해석에 대하여 알아보도록 한다.

먼저 이 실험을 위하여 그림 6-52의 펄스 순서에서 시간 △를 increment로 사용하여 2D 데이터를 얻으면 F1축은 서로 커플링하는 핵들의 주파수의 합으로 나타나게 되므로 F1축의 SW(spectrum width)는 F2축의 두 배를 사용하여야 한다[18](F1축의 digital resolution을 증가시키기 위해서 SW를 줄여서 실험하는 방법도 있으며 이들은 뒤에서 다시 보기로 함). 다음으로 고려하여야 할 점은 double quantum의 피크가 최대로 나타나게 하는 1/4J의 시간의 조절이다. 예를 들어 시료의 모든 탄소가 단일 결합으로 이루어져 있다면 약 40 Hz에 해당하는 6.25 ms을 사용하면 되지만 이중결합들이 공존한다면 이들 두 커플링 상수의 중간값(4~5 ms, J≃60 Hz)을 사용하여야 한다. Relaxation delay는 모든 2D 실험을 할 때 가장 많은 시간을 차지하는 부분이지만 특히 이 실험에서는 ^{13}C의 T_1을 고려하여야 하므로 실험을 하는 데 걸리는 시간에 중요한 요인이 된다. 이 파라미터는 모든 가능한 결합의 커플링을 나타나게 하기 위해서 대부분 시료의 분자에 있는 탄소들 중 가장 긴 T_1의 값의 1.5배가 주어져야 한다고 알려져 있다. 그러나 양성자를 가지고 있지 않은 quaternary 탄소나 carbonyl 탄소 또는 방향족 화합물들의 탄소들의 T_1은 때로는 수십 초씩의 시간이 되므로 어떠한 절충이 필요함이 분명하며, 또한 T_1은 시료의 농도와 용매에 따라서도 달라지므로 이 부분은 뒤에서 실제의 스펙트럼들을 공부하면서 다시 다루기로 한다.

그림 6−56은 4.17 ms(J=60 Hz)의 delay와 3 s의 relaxation delay를 사용하였고 t_1 increment 수는 64로 하여서 각 t_1에서 128 scan을 하여 얻은 5 M 용액인 glycidyl methacrylate(**1**)를 500 MHz NMR 기기에서 125 MHz로 얻은 ^{13}C 2D INADEQUATE 스펙트럼이다(약 7시간이 소요되었음). 이 실험들의 데이터를 2D−FT를 할 때 일반적으로 F2축은 exponential function 그리고 F1축은 이동되지 않은 sine-bell window function을 사용한다.

이 스펙트럼의 F2축은 각 탄소의 화학 이동을 나타내고 F1축은 double quantum frequency를 나타내고 있다. 그림 6−56은 F2축을 F1축보다 규모(scale)를 크게 그렸지만(커플링의 2중선을 명확히 하기 위하여) 실제로 F1축이 F2축의 2배의 크기가 된다. 이 F1축은 실제로 스펙트럼의 해석에 아무런 영향을 주지 않으므로 더 이상 언급하지 않기로 한다. 다만 서로 커플링하는 탄소의 2중선은 같은 F1값을 가진다는 것만으로 스펙트럼의 해석은 충분히 이루어질 수 있으며, 1D 스펙트럼에서는 필수적인 정확한 커플링 상수도 2D INADEQUATE 스펙트럼에서는 스펙트럼 해석에 필요하지 않게 된다.

그림 6−56은 1D INADEQUATE 스펙트럼(그림 6−54)에서 본 바와 같이 비록 커플링하지 않은 ^{13}C의 피크가 많이 남아 있어 t_1−noise 피크로 나타나고 있지만 contour plot 위에 같이 그려진 1D−스펙트럼 각각의 피크로부터 F2축 상에 직각으로 따라 내려가면 각 피크들이 가지는 2중선(doublet)들을 찾을 수 있다. 이미 앞의 DEPT 실험과 타 핵종 J-분별 실험 그리고 1D INADEQUATE 실험에서 알 수 있듯이 64.5 ppm의 피크는 에스터(ester)의 산소에 연결되어 있는 CH_2의 탄소이다. 이것은 2D INADEQUATE 스펙트럼에서도 한 개의 2중선을 나타내는 것으로 쉽게 알 수 있다. 즉 2D INADEQUATE 스펙트럼에서는 탄소와 탄소의 결합수가 2중선의 수와 일치하게 나타난다. 64.5 ppm의 CH_2의 경우는 하나의 탄소와 결합하여 있기 때문에 하나의 2중선이 나타나 있고 이 CH_2와 커플링하는 탄소는 같은 F1값을 가지므로 F2축에 평행한 선상에 2중선의 피크를 나타내는 탄소, 즉 48.3 ppm에 나타난 CH 피크이다. 이 48.3 ppm의 피크는 또 다른 2중선을 가지고 있으며 이것은 43.2 ppm에서 나오는 2중선 CH_2 탄소와 결합하여 있다는 것을 알 수 있으며 위에서 보여준 1D INADEQUATE 실험 결과와 잘 일치하고 있다. 그리고 126 ppm에서의 2중선은 136 ppm의 것과 연결되어 있다(이들을 F2축에 평행한 선으로 그려 놓았음).

2D INADEQUATE 스펙트럼을 해석할 때 때때로 매우 유용하게 쓰이는 다른 한 방법은 전체를 plot하여 놓은 스펙트럼의 좌측 하단 모서리에서 우측 상단 모서리로 대각선을 그으면(그림 6−56) 각각의 커플링하는 탄소들의 2중선이 이 대각선을 중심으로 똑같은 거리에서 나타나게 되어 있다. 그러므로 때로는 커플링하는 두 탄소의 2중선 중에 한 탄소의 2중선이 나타나지 않았다 하더라도 커플링하는 상대를 쉽게 찾을 수 있다. 즉, 이 스펙트럼에서 18 ppm의 메틸기와 결합하고 있는 탄소가 2중선의 피크를 보이고 있지 않지만 대각선을 중심으로 메틸기에서 나타난 2중선의 피크와 같은 거리에 있는 탄소를 쉽게 알아 낼 수 있다. 이 스펙트럼에서 나타나지 않은 또 다른 피크는 에스터의 carbonyl 피크와 그 상대방의 피크이다. 이들 두 탄소의 피크가 나타나지 않은 이유는 여러 가지가 있을 수 있다. 이들 두 탄소는 양성자를 가지고 있지 않으므로 다른 탄소들과 비교하여 T_1도 길 것이고 NOE가 없으므로 피크의 상대적인 크기가 작을 것이며 최적의 double quantum coherence를 일으키게 할 J값의 파라미터(60 Hz를 사용)도 많은 차이가 난 이 스펙트럼의 조건에서는 나타나지 못한 것이다(그림 6−54의

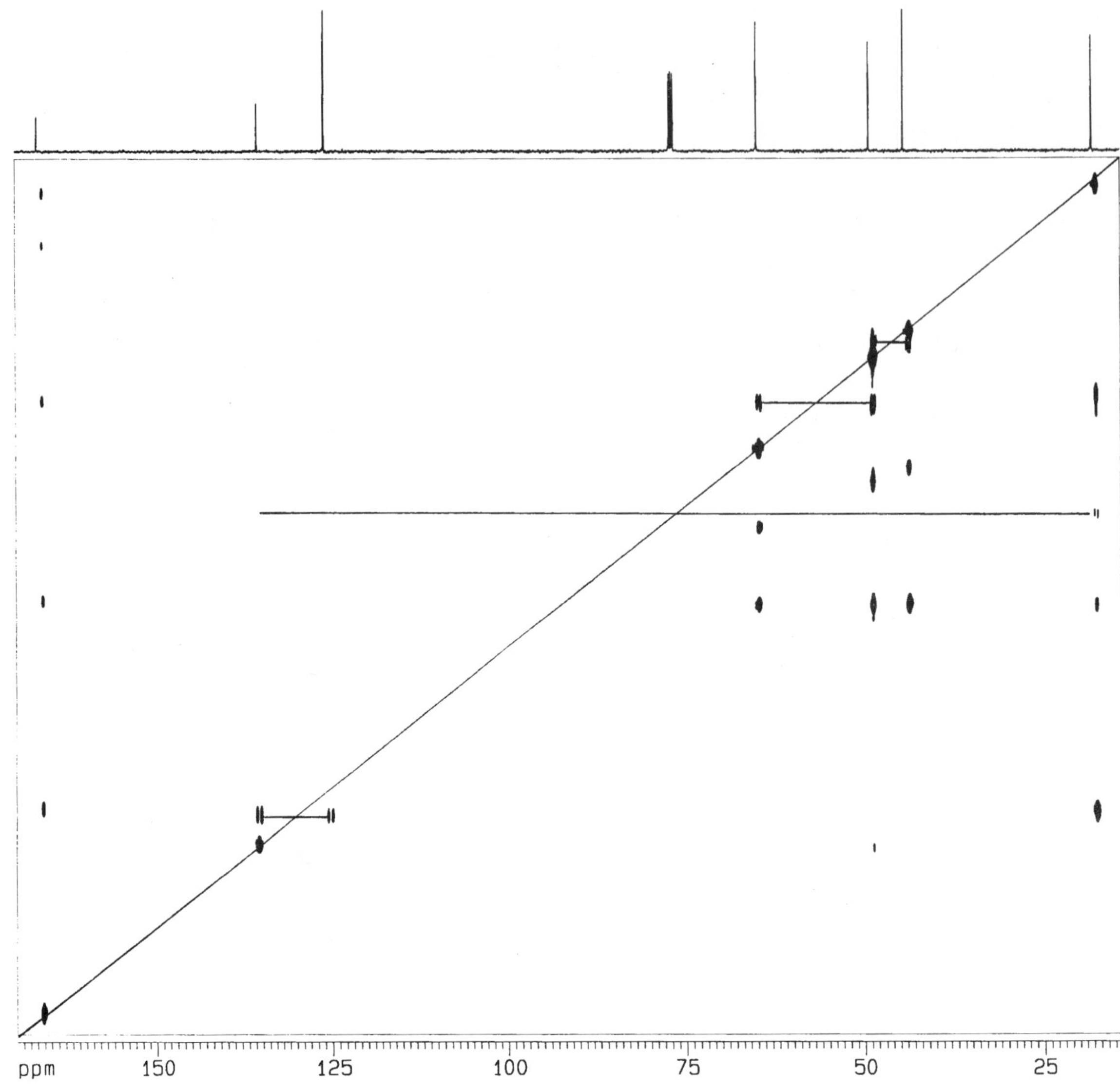

그림 6-56 Glycidyl methacrylate(**1**)의 ^{13}C 2D INADEQUATE 스펙트럼(125 MHz).

1D INADEQUATE 스펙트럼으로부터 이중 결합의 커플링 상수는 69.6 Hz, carbonyl과 탄소의 커플링 상수는 70.9 Hz, 그리고 메틸은 44.2 Hz임을 알 수 있다). 이 스펙트럼에서 알 수 있듯이 이 실험은 단일 결합과 이중 결합이 공존하는, 다시 말해 J값의 차이가 많이 있는 경우는 모든 가능한 피크들을 얻는 것은 매우 어렵다. 특히 carbonyl 피크들이 존재할 때는 이들의 피크를 얻는 것은 매우 어려울 뿐만 아니라 스펙트럼의 SW도 넓어지므로 결국 F1축의 digital resolution을 좋게 하려면 엄청나게 많은 실험 시간을 필요로 하게 된다. 이러한 이유로 이 실험을 할 때는 carbonyl의 피크들은 고려하지 않은 SW를 선택하여 실험하는 것이 바람직하다. 즉 이들 carbonyl 피크들의 연결은 이미 배운 long-range CH correlation 실험을 사용할 수 있다. 이 그림 6-56의 화합물과 같이 탄소와 탄소 사이에 산소(다른 hetero 핵도 같은 영향을 줌)가 결합되어 있으면 이 실험만으로는 탄소 골격을 그릴 수 없으며 다른 보조의 실험들을 사용하여야 한다.

그림 6-57은 *trans*-myrtanol(**4**)의 5 M 용액을 6.25 ms(J=40 Hz)의 delay와 3 s의 relaxation delay를 사용하였고 t_1 increment는 128로 하여 각 t_1에서 32 스캔을 하여 얻은 ^{13}C

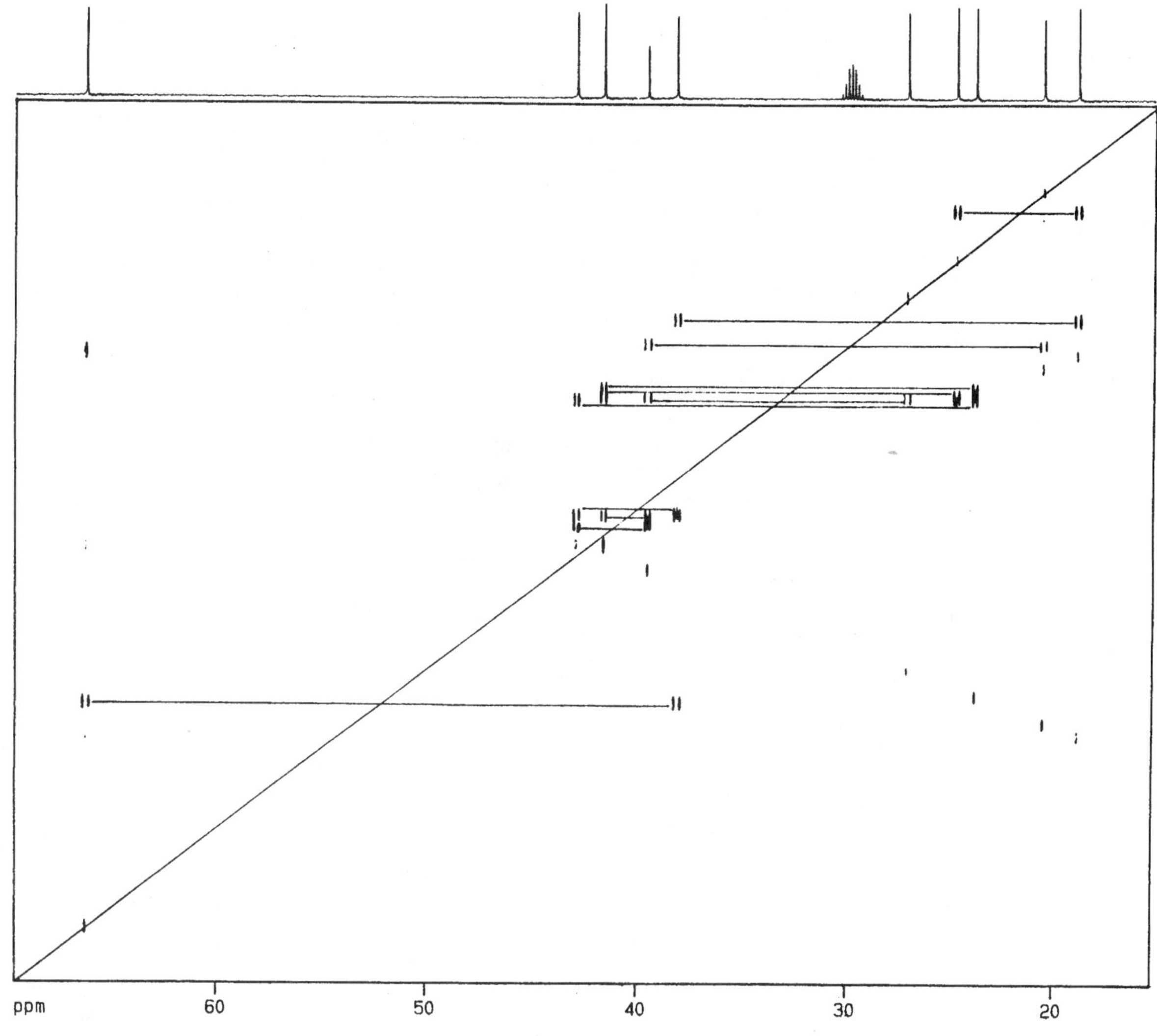

그림 6-57 *trans*-Myrtanol(**4**)의 ^{13}C 2D-INADEQUATE 실험 스펙트럼. t_1 increment는 128, RD=3 s, NS = 32로 실험 시간은 3.5 시간(125 MHz).

2D INADEQUATE 스펙트럼이다(약 3.5시간이 소요되었음). 이 스펙트럼에서는 비록 F1축의 digital resolution이 충분하지 못하여 피크들이 겹쳐서 나온 것이 있지만 양성자를 가지고 있지 않은 39.5 ppm의 quaternary 탄소도 커플링하는 4개의 2중선을 모두 보여주고 있다. 이 화합물에서 quaternary 탄소의 T_1은 그림 6-58에 보여준 inversion-recovery 실험 결과를 이용하여 null method 방법으로 계산하면(식 4-18) 적어도 20s 이상의 값을 가진다는 것을 쉽게 알 수 있다. 결국 그림 6-57은 relaxation delay를 3s을 주었으므로 제일 긴 T_1 값의 약 1/7보다도 적은 값이 주어졌음에도 불구하고 quaternary 탄소의 모든 피크들을 보여주었다. 이 결과를 그림 6-56의 결과와 비교할 때 이 실험의 중요한 파라미터는 double quantum coherence가 일어나는 delay 시간의 조정이 매우 중요하다는 것을 알 수 있다. 실제로 저자의 경험으로는 이 실험을 할 때 relaxation delay의 선정을 긴 시간으로 하고 적은 수의 스캔을 얻는 것보다는 제일 긴 T_1 값의 1/4 정도의 relaxation delay 값을 주고 더 많은 스캔을 얻는 것이 더 효율적이었다.

그림 6-57에서 F1축의 digital resolution이 충분하지 못하여 나타난 피크들의 겹침 현상은 그림 6-59와 같이 각 F1에 대한 row 스펙트럼들을 읽어냄으로써 그들을 분별할 수 있다. 이

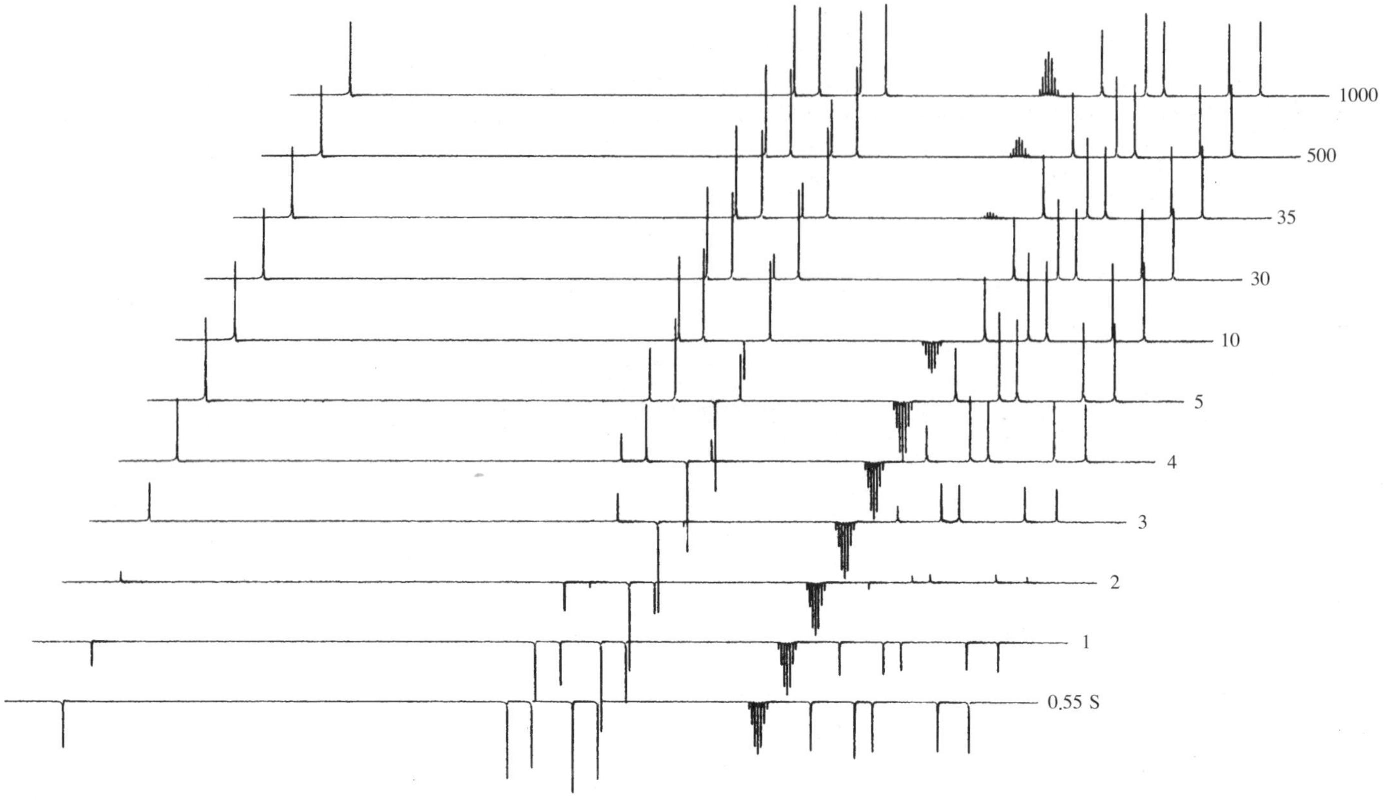

그림 6-58 *trans*-Myrtanol(**4**)의 ^{13}C inversion-recovery 실험 스펙트럼들.

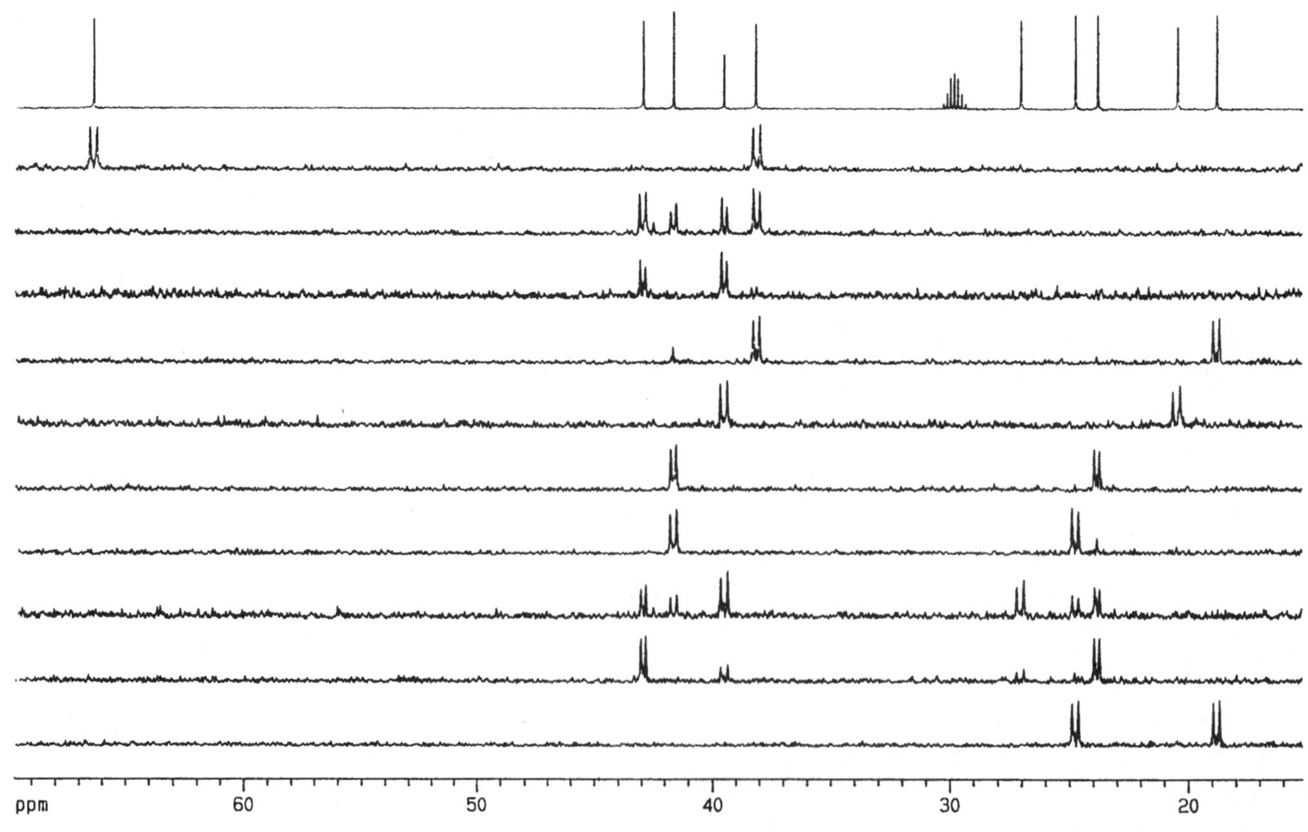

그림 6-59 2D-INADEQUATE 스펙트럼(그림 6-57)의 row로부터 얻은 slice 스펙트럼들.

방법은 스펙트럼이 매우 복잡하며 signal–to–noise 비가 좋지 않아서 noise가 많을 때 유용하게 쓰일 수 있다.

F1축의 resolution을 더 좋게 하는 다른 방법으로는 그림 6–52의 펄스 순서에서 제일 마지막 펄스 후에 사용하는 t_1 후 90° 펄스와 t_1을 또 다시 사용한 후 FID를 얻는 Autocorrelated 2D INADEQUATE라는 방법이다.[19] 이 실험에서는 하나의 t_1을 더 사용함으로써 F1축의 SW를 그림 6–57에서 필요로 했던 것의 반으로 줄일 수 있다. 그러므로 같은 t_1의 increment 수로 데이터를 얻는다면 Autocorrelated 실험에서의 digital resolution은 두 배로 증가하게 된다. 또한 이 실험에서 커플링하는 2중선들은 그림 6–60에서 볼 수 있는 것처럼 diagonal축에 대칭으로 나타나므로 피크들을 더욱 더 분산시키게 된다. 그러나 이 실험은 하나의 t_1을 더 사용함으로써 피크가 더 작아지게 되며 더욱이 slice 스펙트럼을 사용할 수 없는 단점을 가지고 있다.

F1축의 digital resolution을 증가시킬 수 있는 또 다른 방법은 그림 6–52의 펄스 순서를 사용하면서 F1축의 SW를 줄여서 데이터를 얻는 것이다. 우리는 4장에서 folding과 aliasing을 공부하였다(그림 4–16). 이 folding이나 aliasing은 2D 스펙트럼에서도 똑같은 현상으로 나타난다. F2축은 digital filter를 사용하게 되면 SW의 범위를 벗어나는 피크들을 모두 제거시킬 수 있다. 그러나 F1축은 interferogram으로 이루어지므로 이러한 하드웨어적인 장치를 할 수 없게 되며 folding이나 aliasing 된 피크는 반드시 나타나게 되어 있다. 이 현상을 그림 6–61로 설명하도록 하자. 그림 (a)는 보통의 2D INADEQUATE 실험 조건인 F1축의 SW가 F2축의 SW에 2배로 주어진 그림이다(이 실험은 결국 F1축에 quadrature detection을 사용한 것이므로 이후는 aliasing 피크만을 설명하도록 한다). 새로운 실험 (b)에서 F1축의 offset인 O2는 동일하게 두고 SW를 (a) 실험의 1/2로 바꾼 후[그림 (a)에 점선으로 표시한 부분이 실험 (b)의 SW가 됨] 그림 (a)의 모든 조건들을 동일하게 사용한다면 (a)의 실험에서 점선의 바깥쪽에서 나타났던 피크들은 실험 (b)에서는 aliasing된 피크들로 나타나게 된다. 이때 그림 (a)에서 점선의 위쪽의 부분에 나타났던 피크들은 실제 스펙트럼의 영역의 아래의 반쪽 부분에 나타나게 되고 점선의 아래쪽에 나타났던 피크들은 실제 스펙트럼의 위의 반쪽의 영역에 aliasing 되어 나타나게 된다. 이것은 그림 (a)에서 각각의 점선의 부분을 자른 후 나머지 부분의 아래쪽에는 위에서 자른 부분을 놓아두고 위쪽에는 아래쪽에서 자른 부분을 옮겨놓은 것으로 생각할 수 있다. 이 현상은 (a)에서 그려져 있던 diagonal 선이 잘려진 후 (b)의 그림에서 놓여있는 위치의 파악으로 잘 설명될 수 있다. 이 실험 (b)에서 다시 F1축의 SW를 반으로 줄여서 실험하면 (b)에서 나타난 aliasing 피크들 중 어떤 것들은 또 다시 (c)에서 aliasing된 피크로 나타날 수도 있을 것이다. 이러한 현상이 스펙트럼의 해석을 매우 어렵게 만들 것으로 생각할 수도 있지만 실제로 스펙트럼에서는 F2축에 화학 이동은 변함이 없으며 새로 만들어지는 diagonal 축은 (b)와 (c)에서와 같이 쉽게 예상될 수 있으므로 F1축의 SW를 F2축의 2배로 하여 얻은 스펙트럼, 즉 aliasing을 시키지 않고 얻은 스펙트럼의 해석과 다를 바가 없다. 다시 말해 커플링하는 2중선들의 짝은 항시 이들 여러 개의 diagonal 축들 중의 어느 하나에 대하여 반드시 대칭으로 나타나게 되어 있다.

그림 6–62는 *trans*-myrtanol(**4**)을 그림 6–57에서 사용한 F1축의 SW를 반으로 줄여서, 즉 두 축의 SW가 같게 하여 실험한 결과이며(한 번 aliasing 시켰음)[20] 그림 6–63은 그림 6–62의 F1을 다시 반으로 줄여서 실험한 결과이다(두 번 aliasing 시켰음). 이들 3개의 스펙트럼을 비교해 보면 F1축의 resolution이 차례로 증가되었으므로 피크들의 겹침이 해소되었고 해석이 더 쉬워진 것을 알 수 있다. 결국 이 실험 방법에서는 F1축의 SW를 고의적으로 줄임으로써 F1축의 digital resolution을 증가시키는 것이다(이것을 정확하게는 aliasing 방법이라고 할 수 있지만 대부분 folding과 구분하지 않고 folding 방법이라고 한다).

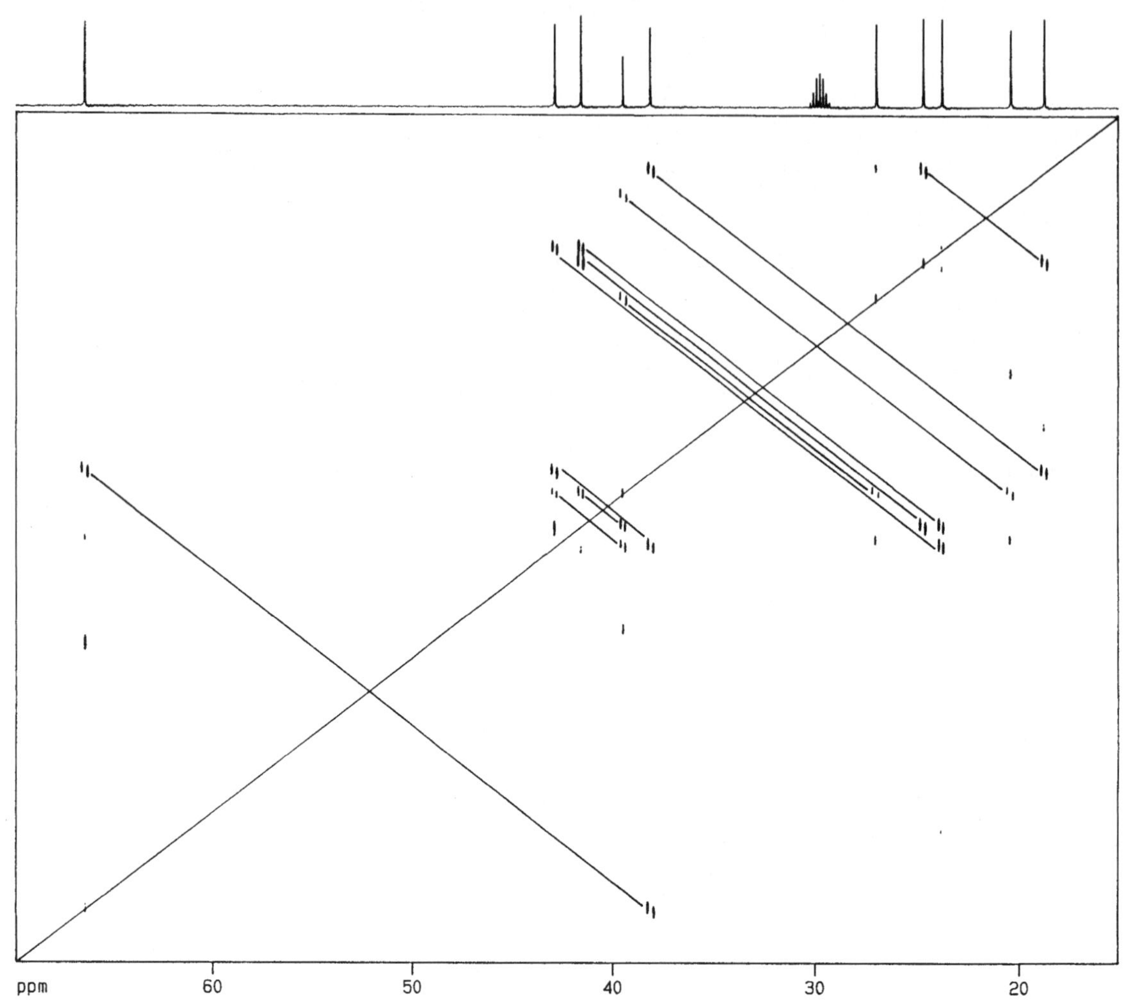

그림 6-60 *trans*-Myrtanol(**4**)의 Autocorrelated ^{13}C 2D- INADEQUATE 실험 스펙트럼.

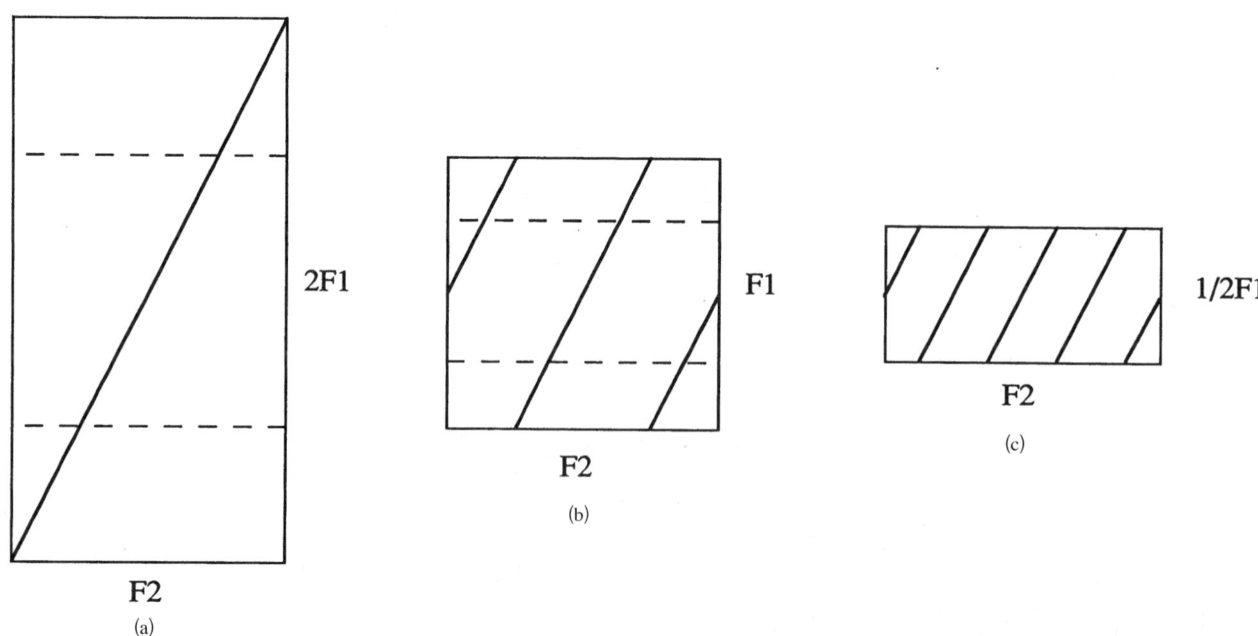

그림 6-61 2D-INADEQUATE 실험에서 F1축의 digital resolution을 증가시키기 위해서 F1축의 SW를 줄였을 때 diagonal축이 나타나는 모습들. (a) 정상적인 모습, (b) 한 번 aliasing시켰을 때, (c) 두 번 aliasing시켰을 때.

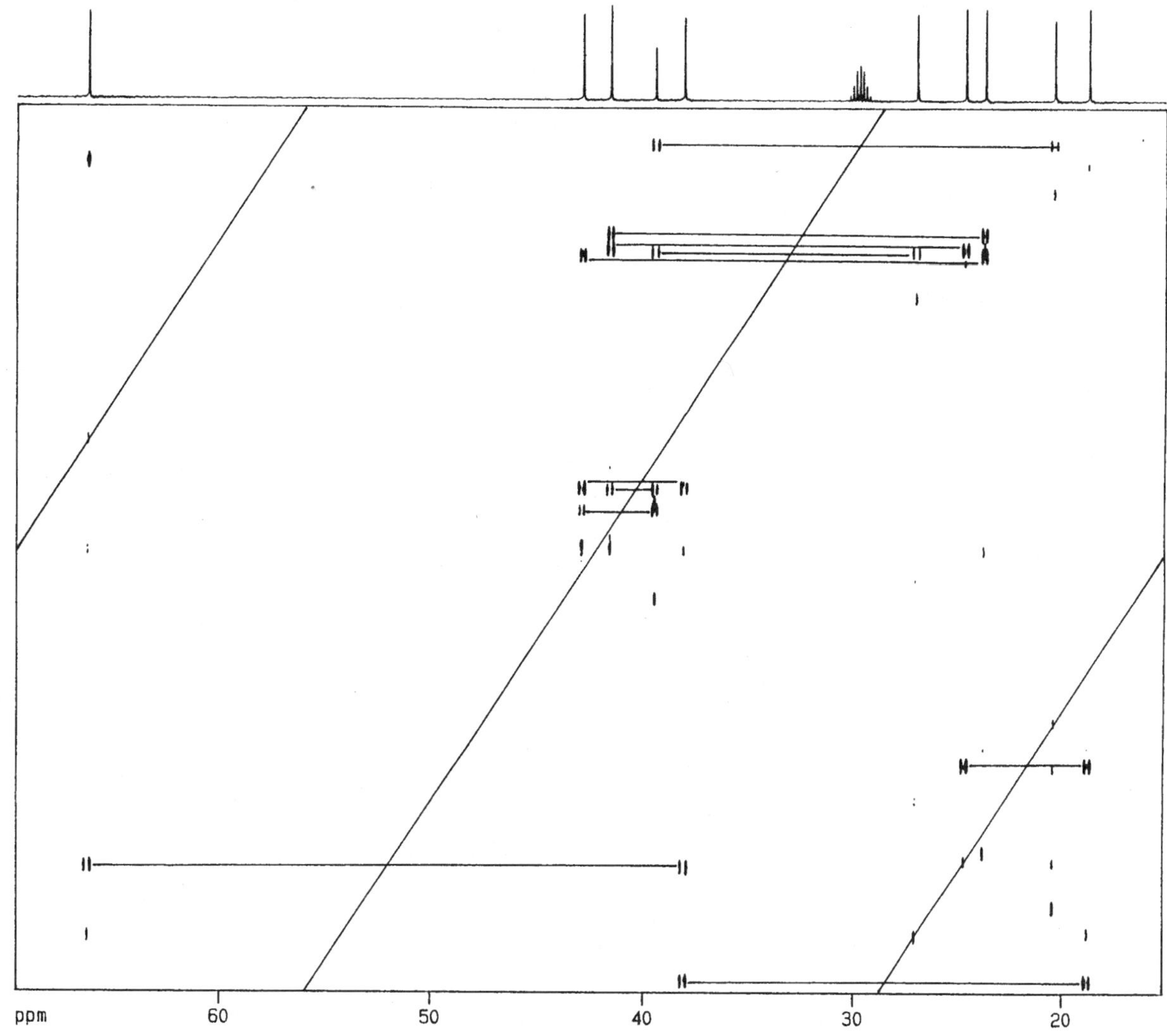

그림 6-62 *trans*-Myrtanol(**4**)의 2D-INADEQUATE 스펙트럼(그림 6-57)을 한 번 aliasing 시켜서 얻은 스펙트럼(125 MHz).

이 F1축의 digital resolution의 증가는 결국 t_1 increment의 수를 줄일 수 있게 하여 실험시간을 단축시키는 결과를 가져올 수 있다. 그림 6-64는 그림 6-63에서 사용한 F1축의 SW를 다시 반으로 줄여서 실험한 결과이며(세 번 aliasing 시켰음), 이 스펙트럼에서 보여 주는 digital resolution은 매우 좋으므로 앞의 실험들에서 사용된 128의 t_1 increment를 사용할 이유가 없었다는 것을 보여 준다. 실제로 t_1 increment를 64로 하여 실험한 결과를 그림 6-65에 보여 주었다. 결국 그림 6-65의 스펙트럼은 시간이 반밖에 걸리지 않은 실험의 결과임에도 불구하고 모든 피크들의 resolution이 일어난 것을 알 수 있다. 물론 이와 같이 F1축의 SW를축소하는 방법으로 여러 번의 aliasing을 일어나게 하면서 실험하면 실험 시간을 단축할 수 있지만 어떤 피크들은 오히려 겹침이 더 일어날 수도 있다. 그러나 실험 자체가 가지는 단점과 대부분 시료의 양이 적어서 signal-to-noise 비가 이 실험의 열쇠라는 것을 고려할 때 주어진 시간에 실험의 성공을 위해서는 가능하면 이 실험에서 걸리는 시간의 대부분을 차지하는 t_1 increment의 수를 줄이고 각 t_1에서 많은 수의 스캔을 하여야 한다. 바로 이 t_1의 수를 줄임으로써 나타날 수 있는 결점을 aliasing 방법으로 극복할 수 있는 것이다.

이 실험의 결과로(그림 6-63을 사용) *trans*-myrtanol(**4**)의 구조를 모른다고 가정하고 탄소의 골격을 그려보도록 하자. 먼저 제일 down-field 66.2 ppm(10-C)에서 나온 탄소에서 시

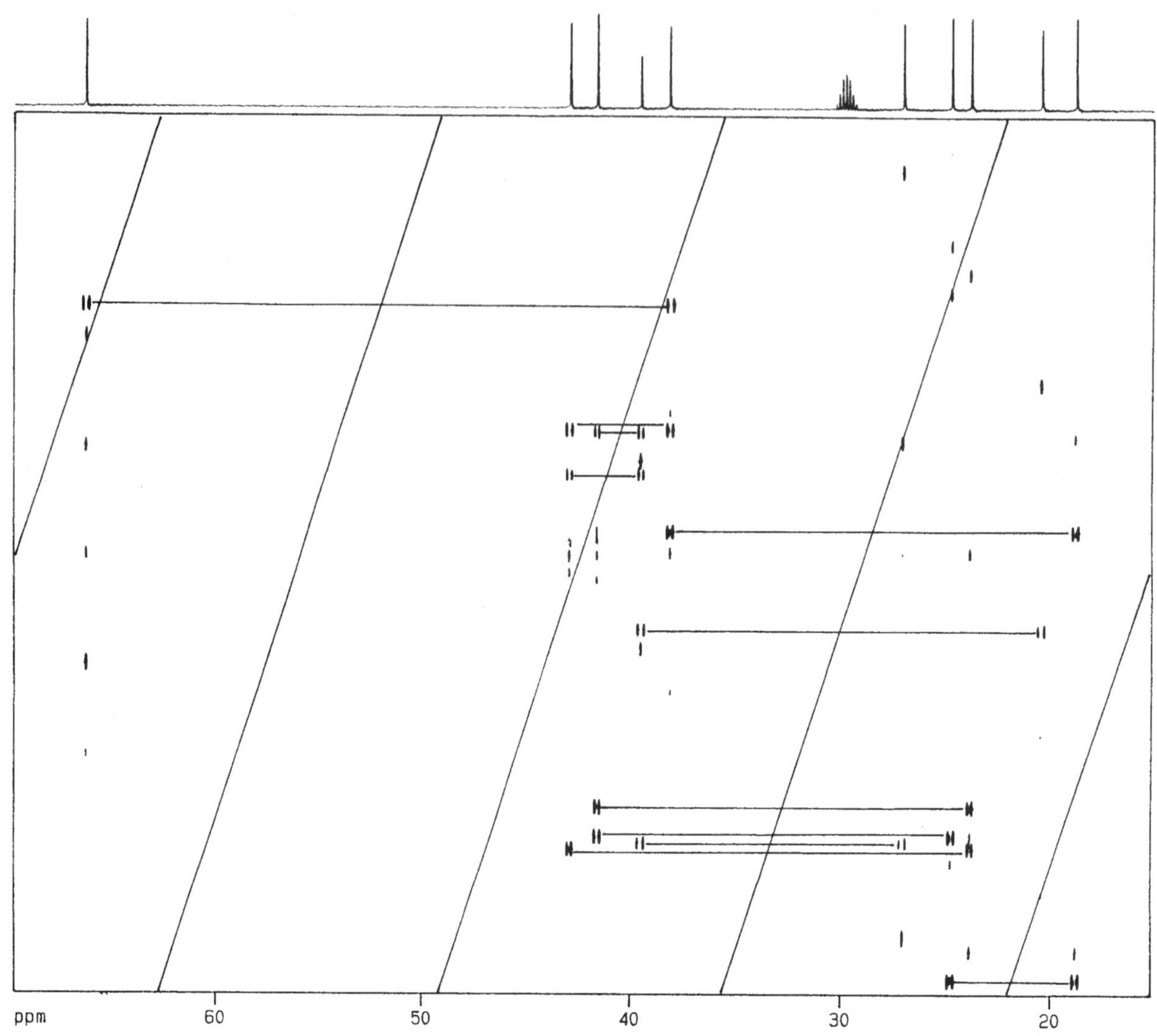

그림 6-63 *trans*-Myrtanol(**4**)의 2D-INADEQUATE 스펙트럼(그림 6-57)을 두 번 aliasing 시켜서 얻은 스펙트럼(125 MHz).

작하자. 이 탄소와는 38.1 ppm에서 나오는 하나의 탄소가 결합되어 있다. 이 38.1 ppm에서 나오는 탄소는 18.8과 42.9 ppm에서 나오는 두 개의 다른 탄소와 연결되어 있는 피크를 보여주고 있다. 이들 두 개 중에 먼저 18.8 ppm의 피크와 다른 탄소와의 연결을 보면 이 탄소는 24.7 ppm의 피크와 연결되어 있고 이 피크는 다시 41.6 ppm의 탄소와 연결된 것을 알 수 있다. 여기까지의 탄소들의 연결들을 그려보면 그림 6-65 (a)와 같은 탄소의 골격을 그릴 수 있다(이 그림에서 그려진 양성자의 수는 DEPT 실험으로 쉽게 알 수 있다). 그림 (a)의 41.6 ppm의 피크부터 다시 시작하면 이 탄소는 23.8과 39.5 ppm의 두 개의 탄소와 연결된 피크를 보여주고 있다. 그리고 23.8 ppm의 피크와 연결되어 있는 또 다른 탄소는 이미 다른 탄소와 연결되어 있는 42.9 ppm의 탄소와 연결된 것을 보여주고 있으므로 그림 (b)를 그릴 수 있다. 다시 41.6 ppm과 연결되어 있는 39.5 ppm의 탄소를 보면 이 탄소는 3개의 2중선을 더 가지고 있으므로 quaternary 탄소임을 알 수 있고 이들 중 하나의 결합은 42.9 ppm의 탄소와 연결되어 있음을 (c)를 통해 알 수 있으며 나머지 두 개의 결합은 27.0 과 20.5 ppm에서 나오는 탄소들과 연결되어 있는 것을 보여준다. 그리고 이 마지막 두 개의 탄소는 더 이상의 결합들이 없는 것을 알 수 있으므로 모든 탄소의 골격을 그림 (d)와 같이 만들어 낼 수 있다. 여기에

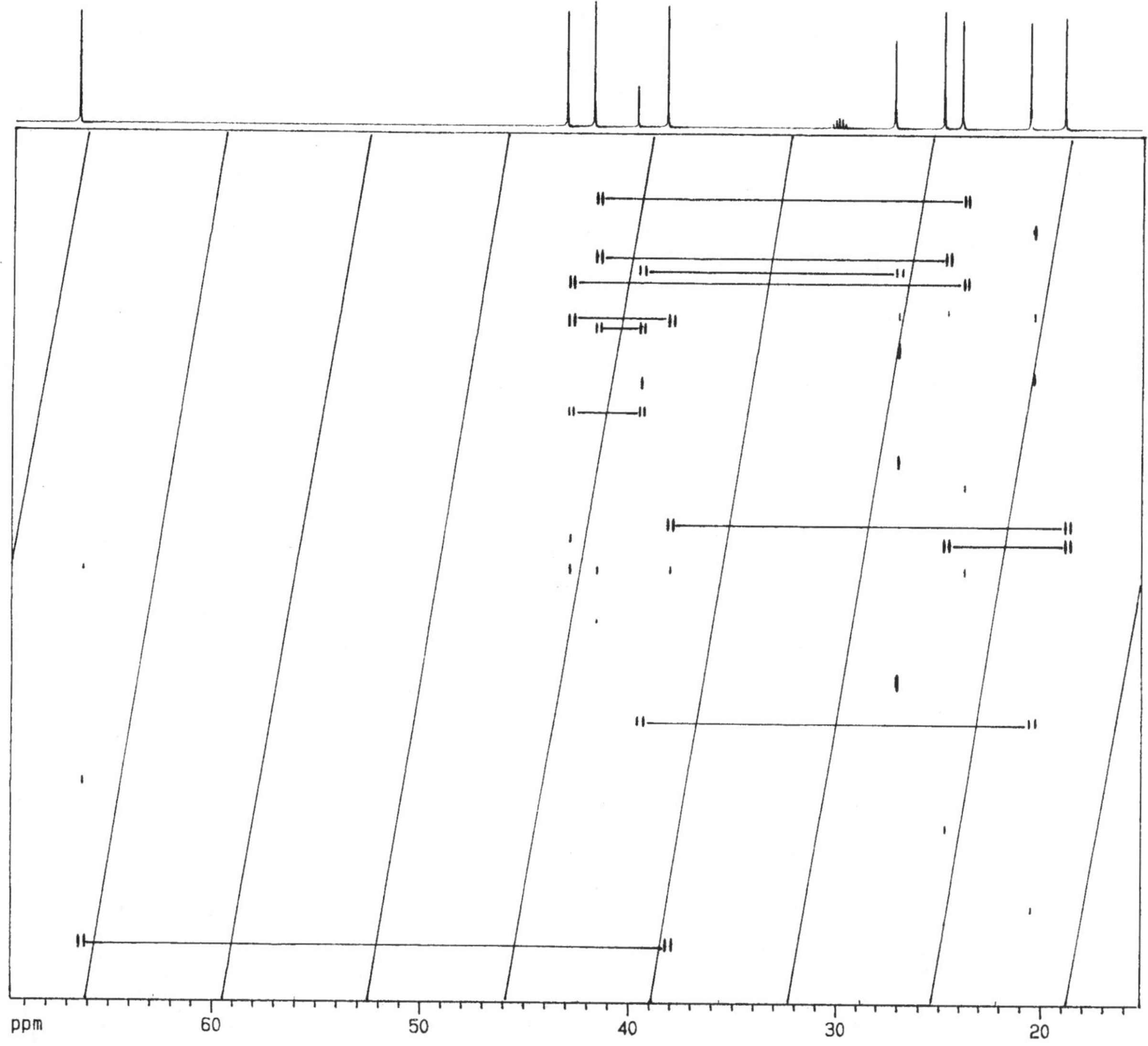

그림 6-64 *trans*-Myrtanol(**4**)의 2D-INADEQUATE 스펙트럼(그림 6-57)을 세 번 aliasing 시켜서 얻은 스펙트럼(125 MHz).

DEPT 실험의 결과를 적용하면 *trans*-myrtanol(**4**)의 10-C에 있는 OH를 제외한 완전한 구조를 알 수 있게 된다.

이제까지의 설명으로 보여 준 2D-INADEQUATE 실험은 모든 다른 어떤 실험보다도 분자의 구조를 밝히는 데 매우 유용하다. 즉 이 실험이 만들어낸 결과는 시료의 탄소의 골격을 다른 어떤 실험의 도움 없이도 명백하게 얻을 수 있게 하여 준다. 그러나 이 실험은 여러 가지의 단점들을 가지고 있다. 즉 이 실험을 위해서는 많은 양의 시료와 시간을 필요로 한다. 실제로 이 실험이 실용적으로 사용될 수 있는 시료의 양과 시간들을 살펴보도록 하자.

그림 6-67은 cholestane(**5**) 그리고 그림 6-68은 coprostane(**6**)의 2D-INADEQUATE 스펙트럼으로 F1축을 두 번 folding시켜서 얻은 것들이다.[21,22] 이 물질들은 앞에서 양성자와 탄소의 스펙트럼들이 매우 복잡하여 이들 스펙트럼의 완전한 해석은 불가능한 것을 보았으며 실제로 이들의 ^{13}C 스펙트럼들의 해석은 최근까지 여러 번 수정되었다. 이들의 2D INADEQUATE 스펙트럼에 앞에서 본 *trans*-myrtanol(**4**)의 탄소의 골격을 그려나가는 방법을 사용하면 cholestane(**5**)의 경우는 20과 22 탄소 사이의 연결을 볼 수 없고(이들 사이의 결합은 long range CH 실험에서 언급되었음) coprostane(**6**)의 경우는 3과 4 탄소와 20과

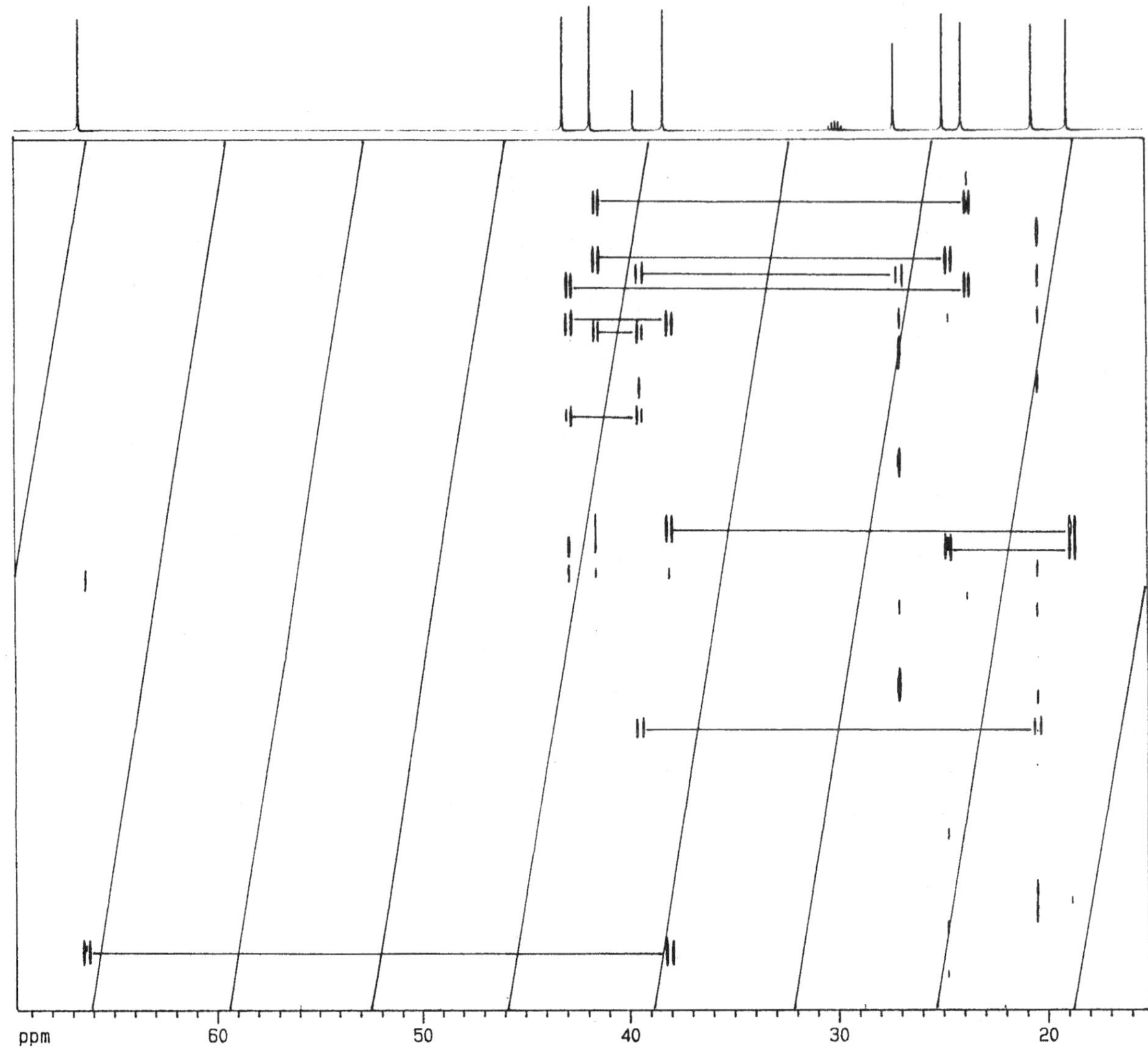

그림 6-65 *trans*-Myrtanol(**4**)의 2D-INADEQUATE 스펙트럼(그림 6-57)을 세 번 aliasing 시키고 t_1 increment 수는 64로 하여 얻은 스펙트럼. 실험 시간은 약 1.7 시간으로 그림 6-57의 1/2이지만 F1축의 digital resolution은 더 좋은 것을 볼 수 있다.

22 탄소 사이의 연결을 볼 수 없을 뿐(이들 탄소들의 사이에 커플링의 2중선 피크가 존재하지 않는 것도 감도의 문제가 아닌 AB pattern이 이유이다) 모든 탄소들의 골격을 그릴 수 있다. 이 스펙트럼들은 1 M의 용액을 사용하였으며 J=40 Hz, relaxation delay는 T_1이 제일 긴 quaternary 탄소의 값(약 8.7 s)의 1/4 보다 적은 2 s, 그리고 64개의 t_1 increment를 사용하여 약 20시간 동안에 얻은 결과들이다. 이 물질들(M.W. 372)의 1 M이란 5 mm 튜브에서 사용하는 0.5 ml의 용매에서는 약 180 mg이다. 이 스펙트럼의 데이터를 얻기 위하여 기기를 주말의 48시간을 사용한다면 분자량이 약 500 정도 되는 물질들은 100 mg 정도의 시료가 필요하다고 생각할 수 있다. 비록 100 mg이라는 시료의 양은 전공 분야에 따라서 엄청나게 많은 것일 수도 있지만 이 실험이 주는 결과는 그만큼 더 엄청난 것이다.

최근 이 실험은 용매의 양을 줄여서 상대적으로 시료의 양을 수 mg까지도 줄일 수 있는 micro 프로브들의 개발과 고자장의 NMR의 출현, 그리고 아래에서 보여주고 있는 gradient 실험과 inverse 실험 등으로 더욱 가능한 실험이 되어가고 있다. 특히 gradient 실험의 경우에는 t_1-noise의 제거와 특정 coherence(이 경우에는 double quantum coherence)를 선택적으

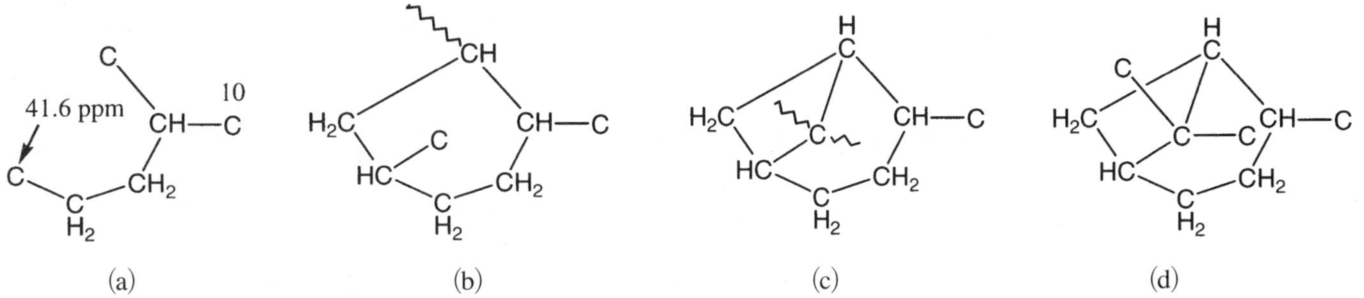

(a) (b) (c) (d)

그림 6-66 2D-INADEQUATE 스펙트럼(그림 6-63)을 이용하여 *trans*-myrtanol(**4**)의 구조를 그려나가는 과정.

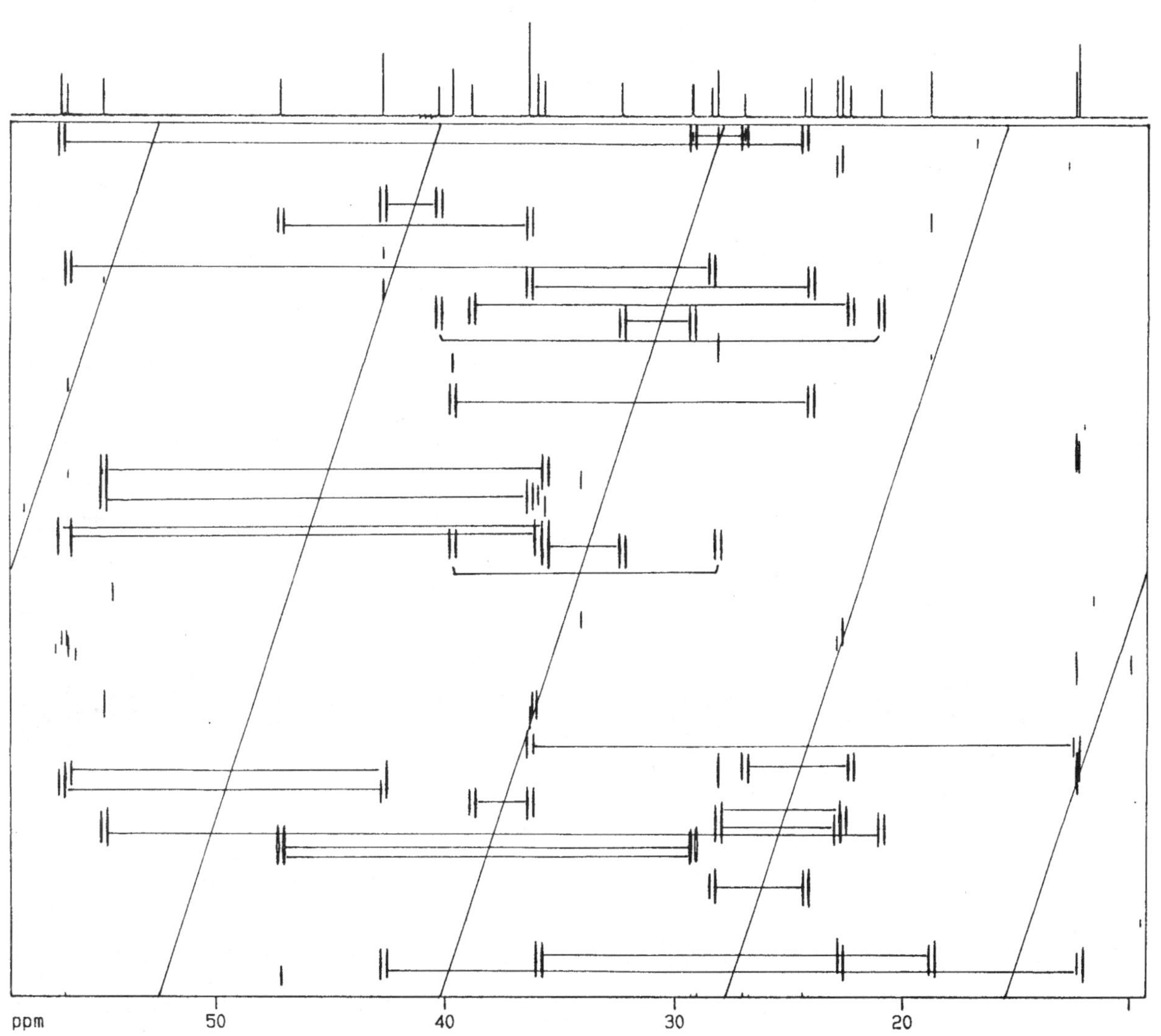

그림 6-67 Cholestane(**5**) 1 M 용액을 사용하여 얻은 ^{13}C 2D-INADEQUATE 스펙트럼(125 MHz, 실험시간은 약 20시간).

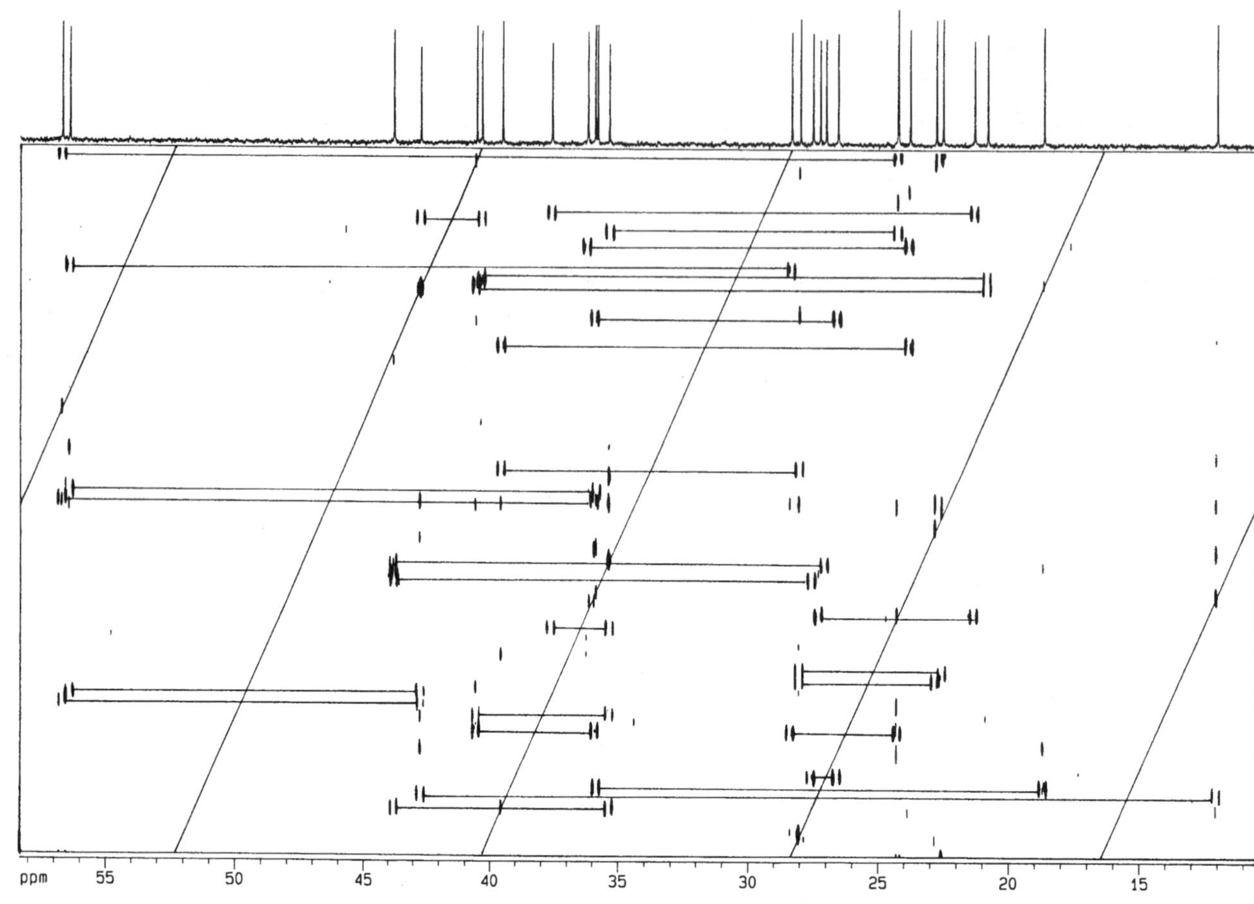

그림 6-68 Coprostane(**6**) 1 M 용액을 사용하여 얻은 ^{13}C 2D-INADEQUATE 스펙트럼(125 MHz, 실험시간은 약 20시간).

로 얻을 수 있다는 장점이 이 실험을 더더욱 routine하게 사용할 수 있는 실험으로 만들어 가고 있다.

6.5 Indirect Detection과 Pulsed Field Gradient 실험

6.5.1 Indirect Detection(Inverse) 실험[23-26]

앞에서 공부한 타 핵종의 화학 이동 상호관계(heteronuclear chemical shift correlation) 실험을 돌이켜보자. CH correlation 스펙트럼은 양성자와 커플링하는 탄소(^{13}C)가 만들어내는 피크의 크기가 커플링의 전개(evolution) 시간에 따라서 달라지는 현상을 이용한 실험이다. 그러므로 이 실험에서는 전개 시간(t_1 increment)이 틀린 여러 개의 ^{13}C 스펙트럼을 얻어야 한다. 이 실험의 유용성을 생각하지 않고 기기 분광학적으로 생각해보면 양성자보다 감도가 100배 정도나 낮은 탄소의 스펙트럼을 여러 개 얻어서 양성자의 화학 이동을 알아내는 아주 비효율적인 실험이다. 즉, 이 실험은 기술적인 문제는 없지만 감도 문제 때문에 시료의 양이 적을 때는 불가능한 실험이 되기도 한다. 감도문제만을 생각한다면 우리는 곧 양성자를 생각할 수 있을 것이다. 단순하게 생각하여 두 핵의 커플링의 전개 시간에 따라서 달라지는 양성자 스펙트럼을 여러 개를 얻으면 결국은 양성자를 이용한 ^{13}C의 화학 이동을 알아낼 수 있는 실험이 될 것이다. 바로 이 기존의 방법인 탄소를 측정하는 것을 반대로 양성자를 측정하는 실험이라는 점에서 이 실험에 indirect(inverse)라는 이름이 붙여진 것이다. 이 실험은 CH correlation 에서만 적용되는 것이 아니고 다른 모든 hetero 핵에 사용될 수 있으며 특히 감도가 낮은 ^{15}N 핵에 매우 유용하게 사용되고 있다.

6.5.1.1 HMQC

이들 실험 중 대표적이며 기존의 CH correlation 스펙트럼이 주는 정보와 정확히 같은 정보를 주는 HMQC(Heteronuclear Multiple Quantum Correlation) 실험의 펄스 순서를 그림 6-69에 보여 주었다. 이 펄스 순서에서 기존의 HETCOR 펄스 순서(그림 6-29)와 가장 다른 점은 바로 t_2 시간 동안 양성자의 FID를 얻으면서 ^{13}C을 디커플링하는 것이다. 처음 이 실험이 효과적이지 못 하였던 하나의 이유는 ^{13}C을 디커플링하는 데 문제가 있었기 때문이다. 양성자와는 달리 ^{13}C의 SW는 매우 넓으므로 양성자를 디커플링하는 CPD 방법(일반적으로 WALTZ)은 넓은 영역에서 나타나는 탄소를 완전히 디커플링시키기에는 효과적이지 못 하였으며 이 방법은 GARP(Globally optimized Alternating phase Rectangular Pulse)라는 새로운 CPD 방법으로 대치되었다. 두 번째로 이 inverse 실험이 효과적이지 못하였던 다른 이유는 탄소와 커플링하지 않는 양성자, 즉 ^{12}C–H 양성자의 거대한 피크 때문이었다(^{15}N–H의 경우는 ^{14}N–H의 양성자의 피크). 이 ^{12}C에 연결되어 있는 양성자 피크는 실제로 이 2D 실험에 사용되는 커플링하는 ^{13}C–H 양성자 피크의 198(99배로 크지만 커플링하는 피크는 다시 2중선으로 나타나면서 피크의 크기는 반으로 줄어서 나타나므로)배에 달하는 크기이므로 이 피크를 제거하지 않으면 dynamic range 문제를 포함한 2D 실험에서 artefact로 나타날 수 있는 많은 문제들을 일으키게 된다. 현재까지 phase cycle을 포함한 여러 가지 방법들이 이 ^{12}C에 결합되어 있는 양성자의 피크를 제거하기 위하여 만들어졌으며 그림 6-69에도 첫 부분의 펄스들은(양성자의 90° − 1/2J − 180° − 1/2J − 90° 펄스와 탄소의 180° 디커플러 펄스) 이 목적을 위하여 사용되는 펄스들이다. 이 첫 부분의 펄스 순서는 특별히 BIRD(Bilinear Rotational Decoupling)라는 이름을 가진 펄스 순서로 여러 가지 실험의 응용에 사용되고 있다. 여기에서 BIRD 펄스 순서는 ^{13}C과 커플링하는 양성자의 벡터는 z축에 있게 하고 ^{12}C에 연결되어 있는 양성자의 벡터만 −z축으로 옮겨 놓게 되므로 이들 펄스 뒤에 τ라고 표시한 적당한 시간, $0.5T_1$을 주게 되면 이 −z축의 벡터가 서서히 줄어들게 되어 결국 z 벡터를 가질 수 없게(saturation) 할 수 있으며 결국 문제가 되는 ^{12}C에 연결되어 있는 양성자의 피크를 제거할 수 있게 된다(그림 6-69-1).

이들 BIRD 펄스 후 주어지는 양성자의 90° 펄스는 양성자의 벡터를 xy 평면에 놓이게 하고

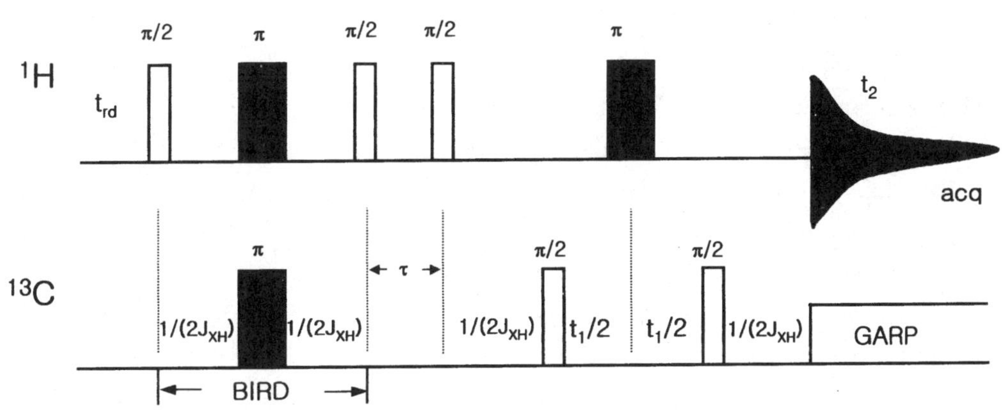

그림 6-69 HMQC 실험의 펄스 순서.

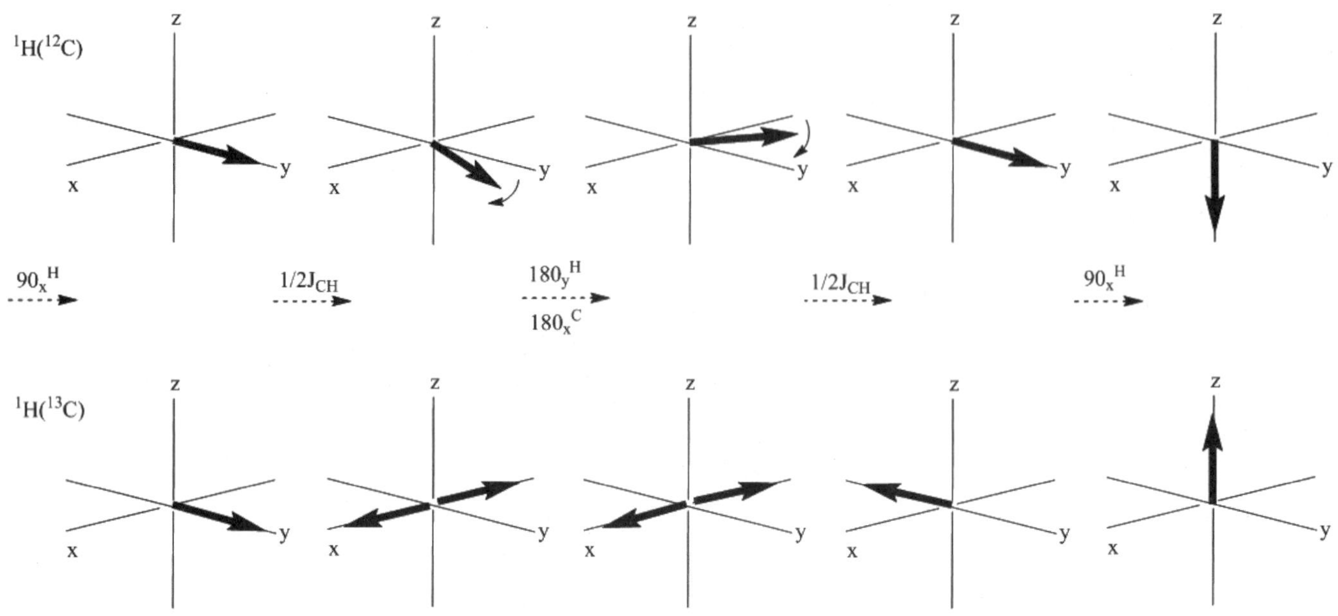

그림 6-69-1 BIRD 펄스가 만드는 H-^{12}C와 H-^{13}C에서의 양성자들의 벡터 운동 모양.

이들은 1/2J(3.5 ms) 시간 동안 탄소와의 커플링으로 anti-phase 벡터를 만들게 되고 COSY에서와 같이 이들 magnetization은 커플링하는 상대방에게 전해질 수 있다. 이 역할로 주어지는 탄소의 펄스는 양성자-탄소의 multiple quantum coherence를 만들게 된다(여기에서 이 실험의 이름이 붙여진 것). 이미 아는 바와 같이 이들 multiple quantum(double- 과 zero-) 피크들은 탄소의 펄스 후 직접 검출(detection) 할 수 없고 t_1의 시간 동안 이들 transverse 벡터는 양성자와 탄소의 화학 이동의 영향으로 전개(evolve)될 것이다(multiple quantum coherence의 전개는 active coupling에 영향을 받지 않는다). 이 실험에서 우리가 얻으려고 하는 것은 결국 F1축에 탄소의 화학 이동을 얻으려고 하는 것이므로 t_1 시간 동안 벡터의 전개는 탄소의 화학 이동에만 영향을 받아야 할 것이다. 이 목적을 위하여 t_1 시간의 중간에 양성자의 화학 이동 영향을 제거하는 180° spin-echo 펄스를 주게 되고 마지막 탄소 펄스는 multiple quantum을 검출할 수 있는 single quantum으로 바꾸어 놓게 된다. 이 양성자의 FID를 얻을 때 탄소를 디커플링하게 되는데 이때의 anti-phase single quantum 벡터가 상쇄되는 것을 피하기 위해서 FID를 얻기 시작하기 전에 다시 1/2J 시간을 주게 된다. 첫 번째 탄소 펄스(t_1 전에 주는)의 phase를 증가 시키는 방법으로 F1축에 quadrature detection을 하게 된다(6.2절, 2D NMR 피크의 모습 참조). 그러므로 이 실험은 phase-sensitive 실험이며 State나 TPPI 방법에 따라서 데이터가 얻어진다. 결과의 2D 스펙트럼은 F2축에는 양성자 그리고 F1축에는 탄소의 화학 이동을 얻게 되며 cross 피크는 탄소와 양성자의 1-bond 커플링의 관계를 보여 주게 된다(때로는 >50 Hz의 2-bond 커플링이 있다면 나타나게 된다).

이 실험에서 우리는 양성자들 사이에서 일어나는 커플링(passive)은 무시하고 있었다. 실제로 BIRD 펄스 이후 첫 번째의 양성자 펄스 후와 FID를 얻기 전에 주어지는 시간 1/2J 시간 동안은 spin-echo가 일어나기 때문에 전혀 문제가 없고 F2축에 위상의 변형을 일으키지 않는다(여기에서 1/2J 시간 동안이란 것은 탄소와 양성자 사이의 커플링이 전개되는 시간이므로 이들보다 매우 작은 양성자와 양성자 사이의 커플링의 전개는 일어나지 않는다고도 볼 수 있다. 아래의 HMBC 실험에서는 양성자와 탄소 사이의 long-range 커플링과 양성자 사이의 커플링이 비슷하기 때문에 문제를 일으키게 된다). 그러나 양성자와 탄소의 화학 이동의 전개가 같이 일어나고 있는 t_1 시간 동안에는 양성자들 사이의 passive 커플링은 t_1 시간 동안에 주어지는 양성자의 180° 펄스(화학 이동 echo)에도 echo가 일어나지 않고 전개가 일어나며 이들 passive 커플링과 함께 전개된 multiple quantum에 F1축의 탄소의 피크가 영향을 받게 만든다[a little odd! 그러나 이것이 t_1 시간 동안에 탄소와 양성자의 벡터(magnetization)가 동시에 전개되는 곳에서 얻어지는 결과이다]. 이들 passive 커플링의 영향이 2D 스펙트럼에서는 F1축의 digital resolution이 충분하지 못하기 때문에 피크들의 분리로 나타나지는 않지만 F1축의 피크의 넓이를 증가(broadening)시키는 결과를 만들게 된다. 이와 같은 양성자들 사이의 커플링이 F1축에 일으키는 영향을 아래의 HSQC 스펙트럼에서는(t_1시간 동안에 X 핵의 벡터만 전개가 일어나게 되므로 양성자들 사이의 커플링에 의한 영향을 받지 않게 된다) 제거할 수 있게 되며 이것이 두 실험에서 얻는 스펙트럼의 차이가 된다.

이 실험의 성공적인 수행은 BIRD 펄스 후에 주어지는 정확한 τ와 양성자의 T_1을 고려한 repetition time에 달려 있다고 알려져 있다. 우리는 이들의 정확한 값은 알 수 없고 여러 실험으로 얻어진 결론은 주어진 시료에서 가장 짧은 T_1을 가지고 있는 양성자를 기준으로 $t_2 + RD + \tau = 1.3T_1$의 조건에서 가장 좋은 결과를 얻는 것으로 알려져 있다. 이 조건에서 τ는 약 $0.5T_1$을 사용하면 되므로 결국 $t_2 + RD \simeq 0.8T_1$의 값을 가지게 될 것이다. 일반적으로 주어지는 2D의 F2 digital resolution이 5 Hz/pt라면 t_2는 200 ms이 될 것이고 일반적인 small molecule에서 가장 짧은 T_1이 500 ms 정도라면 결국 $\tau = 250$ ms 그리고 RD = 200 ms을 사용하면 될 것이다. H$-^{12}$C의 양성자를 완전하게 제거하기 위해서는 결국 정확한 T_1 값을 선정하여야 하는 데 실제로 실험을 할 때 이 시간을 정하기 위하여 시료의 T_1 시간을 null method 방법 등으로 간단히 측정할 수도 있다. 그러나 이 실험에서 나타나는 FID의 크기는 대부분 ^{12}C$-$H의 양성자에서 나타나는 것이므로 일반적으로 펄스 순서에서 τ의 시간을 변화시키면서 FID가 가장 작게 나오는 시간을 취하게 된다(FID의 크기를 측정하는 방법은 대부분의 기기에서 컴퓨터의 소프트웨어로 쉽게 측정할 수 있게 되어 있다). 위의 예에서 보여준 RD = 200 ms의 시간으로 펄스의 repetition time이 비록 매우 짧게 느껴지겠지만 일반적으로 우리가 알고 있는 양성자의 T_1 값은 H$-^{12}$C에 있는 양성자의 값이고 이 실험에서 사용되는 H$-^{13}$C의 양성자들은 탄소와의 dipolar relaxation으로 빠른 T_1 값을 가지게 되므로 빠른 repetition을 할 수 있다.

그림 6-69의 펄스 순서에서 볼 수 있는 것과 같이 이와 같은 inverse 실험을 고려하기 전에 반드시 먼저 하여야 하는 것은 바로 ^{13}C의 디커플러의 90° 펄스 넓이(pulse width)를 측정하여야 한다. 이것을 얻는 방법과 설명은 5장 INEPT 실험에서 양성자의 디커플러의 펄스 넓이를 측정하던 것과 같다. 펄스 순서(pulse sequence)는 그림 5-6과 같지만 이 실험에서는 양성자가 transmitter 펄스가 되고 ^{13}C이 디커플러 펄스가 된다. 즉 양성자 채널이 FID를 얻는 곳이기 때문에 양성자의 피크가 탄소와 커플링하고 있는 시료를 사용하여야 한다. 그림 6-70은 클로로포름($CHCl_3$)의 ^{13}C 위성 피크를 이용하여 ^{13}C의 디커플러 펄스 넓이를 측정한 스펙트럼들이다. 215 Hz의 커플링 상수를 가지고 나타난 $CHCl_3$의 위성 피크는 양성자의 90° 펄스 후 1/2J의 시간 후 다음으로 주어지는 탄소의 디커플러 펄스 넓이가 이 양성자 스펙트럼의 모습을 바꾸게 한다. 215 Hz로 벌어진 두 피크는 디커플러 채널의 탄소 펄스가 90°보다 적으면 +와 −의 피크의 모습을 보이다가(a) 정확히 90° 펄스가 될 때 두 피크 모두 0의 피크 크기를 가지게 된다(b). 그런 다음 펄스의 넓이가 90°보다 커지게 되면 다시 피크가 나타나기 시작하지만 피크의 위상은 90°보다 적을 때의 반대의 위상인 −와 +의 피크 모습을 보이게 된다(c). 이때 시료가 위의 예와 같이 자연 존재비로 존재하는 ^{13}C 물질보다는 ^{13}C이 enrich 된 것을 사용하면 더욱 편리하게 되고 그림 6-70-1이 $^{13}CH_3OH$을 이용하여 디커플러 펄스의 넓이를 측정하는 모습을 보여주고 있다.

그림 6-70 $CHCl_3$의 위성 피크를 사용하여 ^{13}C의 디커플러 펄스의 넓이를 측정하는 스펙트럼들. (a) 90°보다 적을 때. (b) 90°일 때. (c) 90° 보다 클 때 나타나는 모습.

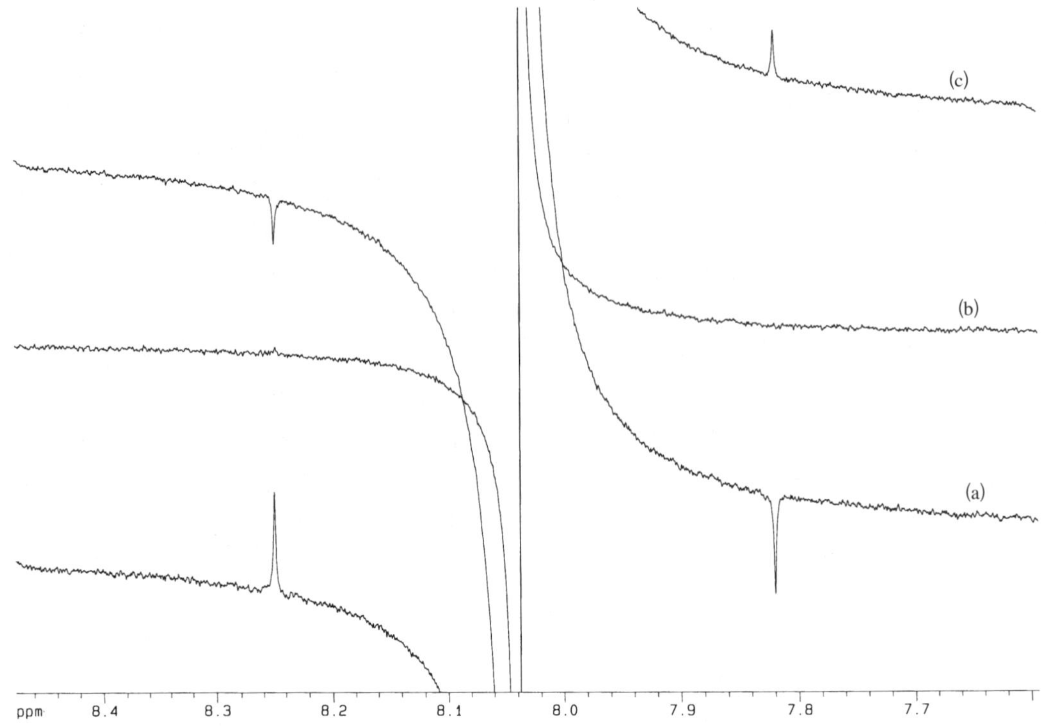

이 inverse detection 실험은 기존의 HETCOR 방법과 비교하여 양성자의 FID를 얻게 되므로 relaxation delay는 양성자의 T_1 시간을 고려하면 된다. 그러므로 같은 실험 시간에 기존의 방법에서 보다 훨씬 많은 스캔을 할 수 있고 더욱더 피크의 signal-to-noise 비를 증가시킬 수 있게 된다. 이 실험은 phase-sensitive 실험이므로 2D−FT를 할 때 F2와 F1 두 축 모두 π/2

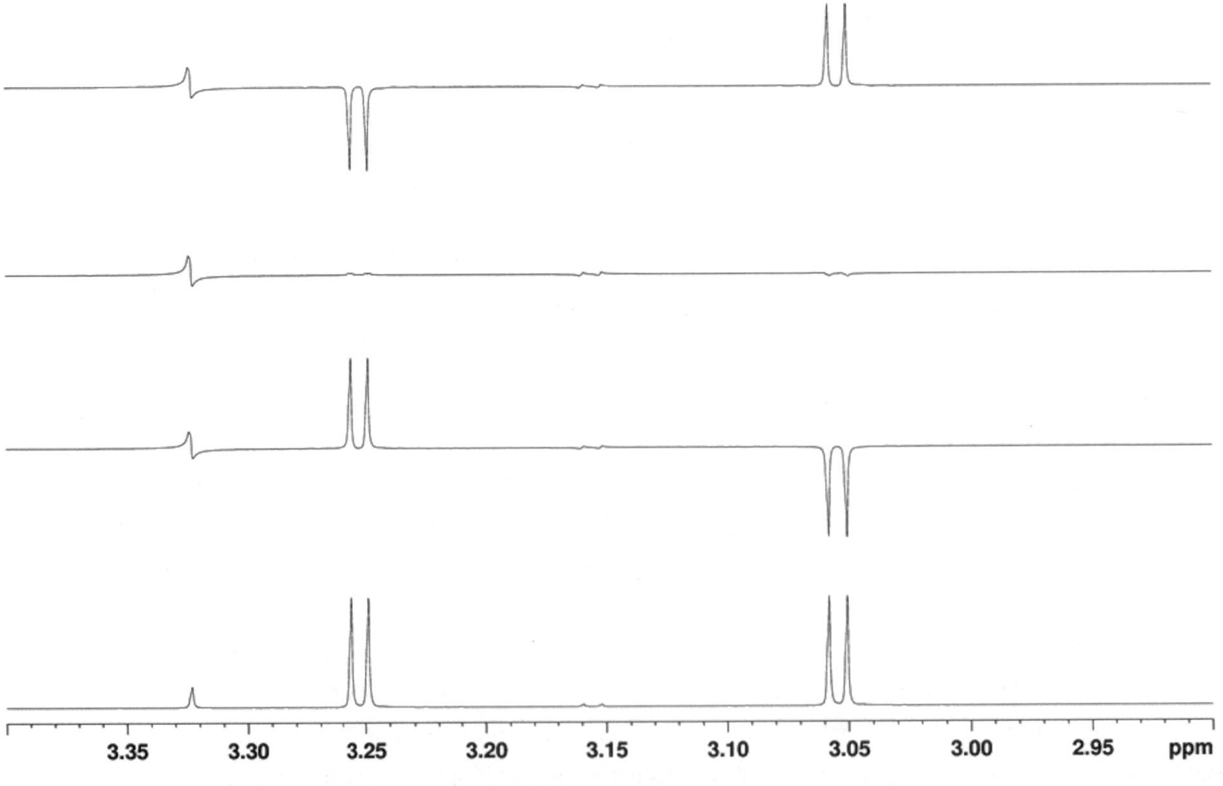

그림 6-70-1 ^{13}C이 enrich된 $^{13}CH_3OH$를 사용한 디커플러 펄스의 넓이 측정.

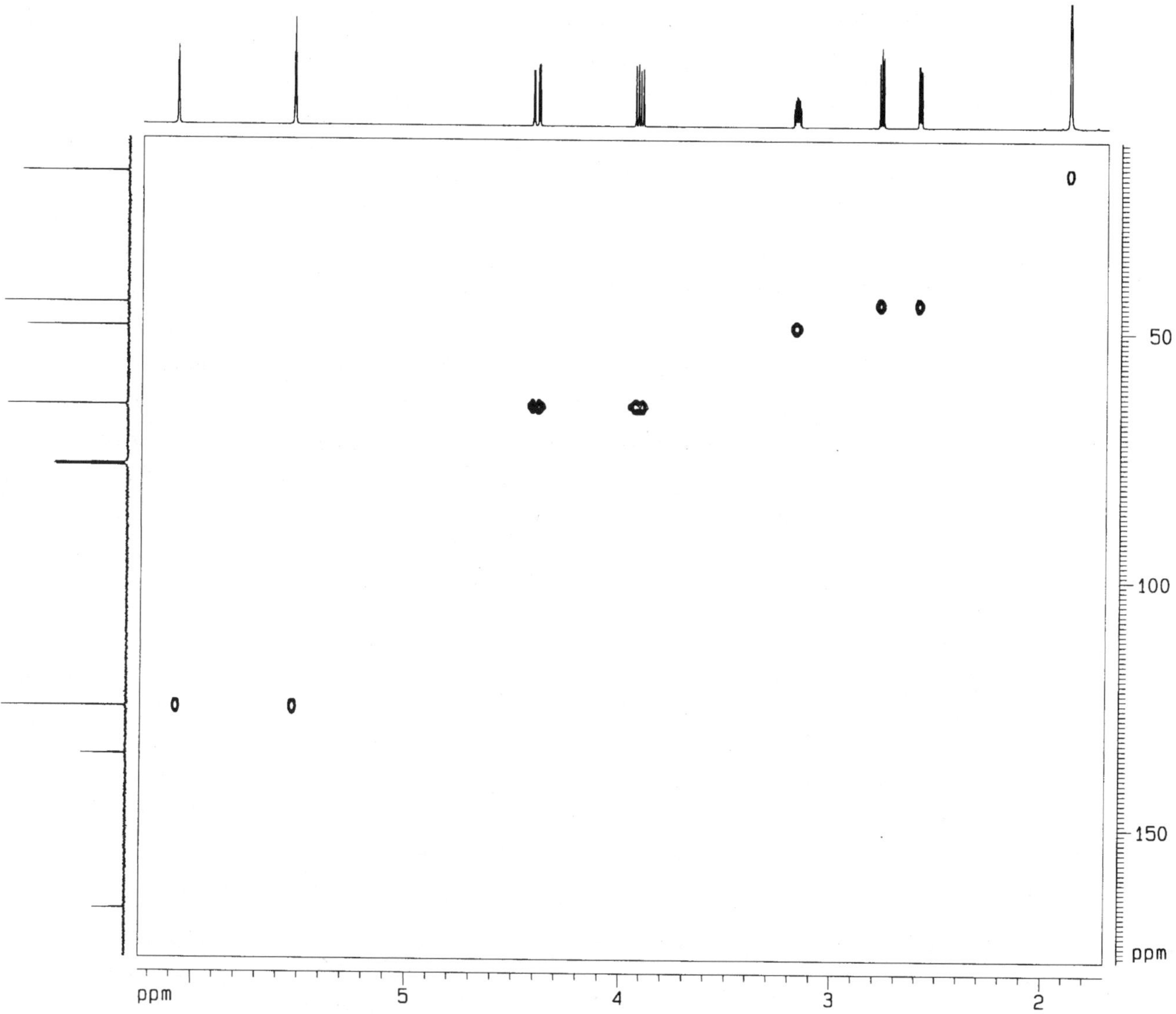

그림 6-71 Glycidyl methacrylate(**1**)의 HMQC 실험 스펙트럼.

이동된 sine-bell squared window function을 사용하게 되며 모든 피크들은 absorption 피크로 나타난다.

그림 6-71은 glycidyl methacrylate(**1**)의 HMQC 실험 스펙트럼이다. 이미 앞에서 본 일반적인 CH correlation 실험인 그림 6-30과 비교하여 볼 때 X축(F2)에는 양성자 스펙트럼을 그리고 Y축(F1)에는 ^{13}C 스펙트럼으로 바꾸어져 있는 것을 먼저 알 수 있다. 그러나 이들 두 스펙트럼의 해석 방법은 같으며 하나의 결합으로 결합된 양성자와 탄소를 서로 연결시킬 수 있는 똑같은 결과를 주고 있다. 보여준 두 스펙트럼의 비교로는 확인할 수 없지만 실제로 HMQC 스펙트럼의 감도는 일반적인 correlation 실험보다 하나의 양성자가 결합하여 있는 경우일 때 여러 가지 factor들을 고려해서 16~100배까지 증가한다고 알려져 있다(두 개나 세 개의 양성자를 가지는 핵의 경우 이들의 2배와 3배로 각각 증가한다).

이와 같이 감도가 좋은 방법인 HMQC 실험도 단점은 가지고 있다. 여기에서 디커플러의 펄스가 탄소이므로 펄스는 양성자의 디커플러 펄스와 비교하여 상대적으로 길어지며, 더욱이 넓은 영역의 ^{13}C 스펙트럼의 off-resonance effect 때문에 주어지는 펄스는 효과적으로 벡터들을 정확한 위치에 놓이게 할 수 없게 한다. 이 결과는 이 실험의 multiple quantum이 효과적으로 일어나는 것을 방해하게 되며 2D 스펙트럼에서 여러 가지의 artefact를 만들어낸다.

^{13}C 핵이 F1축에 놓이게 됨으로써 나타나는 다른 단점으로는 F1축의 분해능(digital resolution)의 문제이다. 이미 알고 있듯이 F1축의 분해능은 t_1 increment의 수가 결정하며 이 수는 전체 실험 시간을 결정한다. 그림 6-71과 같이 탄소의 화학 이동이 넓게 떨어져 나오는 경우는 아무런 문제가 없어 보이지만 여러 개의 탄소의 피크들이 조금만 가까이 겹쳐 나오는 경우에도 탄소의 피크들을 구분할 수 있도록 많은 t_1 increment 수를 사용하여야 한다. 그림 6-72는 t_1 increment 수를 256을 사용하여 얻은 *trans*-myrtanol(**4**)의 HMQC 실험 스펙트럼이다. 이 실험은 2D 실험에서 피크의 넓이를 최소로 할 수 있는 phase-sensitive 스펙트럼임에도 불구하고 1.3 ppm이나 차이가 나는 ^{13}C의 41~42 ppm 부근의 두 피크를 겨우 구분할 수 있음을 보여주고 있다(이 스펙트럼은 뒤에서 공부할 phase-sensitive 실험을 하지 않은 gradient-HMQC 스펙트럼과 비교를 위하여 보여주었다). 그러므로 이 실험에서는 비록 감도의 문제가 없다고 하더라도 시간이 허락하는 한 많은 t_1 increment를 사용하는 것이 좋다. 이러한 이유를 512개의 t_1 increment로 cholestane(**5**)의 HMQC를 실험한 그림 6-73이

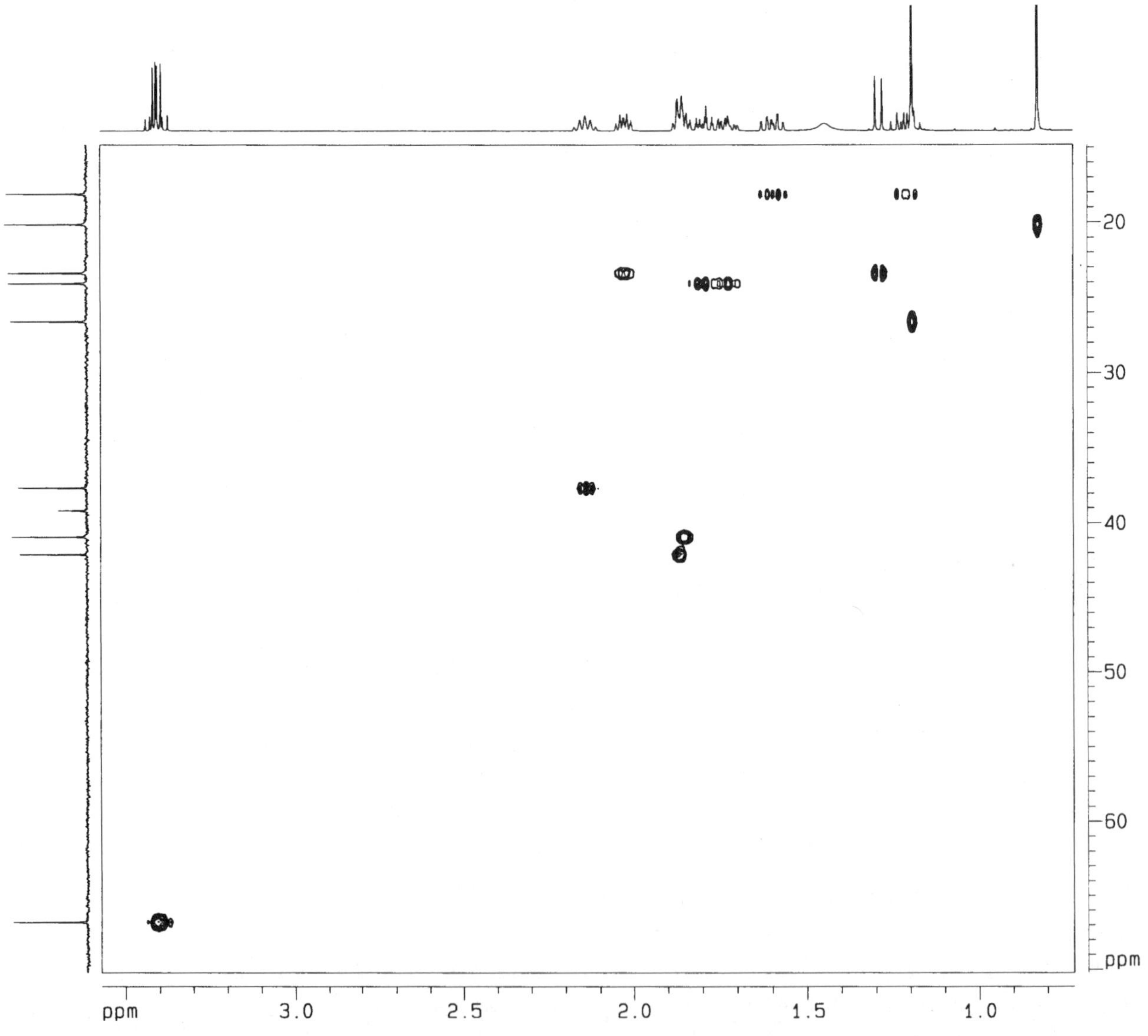

그림 6-72 *trans*-Myrtanol(**4**)의 HMQC 실험 스펙트럼.

잘 보여주고 있다. 탄소의 화학 이동값의 범위가 60 ppm인 탄소 27개를 가진 0.1M 용액의 cholestane(**5**)의 이 HMQC 스펙트럼을 기존의 CH correlation 스펙트럼(그림 6-33)과 비교하면 실험의 총 시간은 약 1/3 정도 걸렸지만 화학 이동이 매우 비슷하게 나타나는 탄소들의 피크의 구분은 거의 불가능함을 볼 수 있다. ^{13}C의 화학 이동 범위가 이중 결합들의 범위를 포함한다면 약 120 ppm 이상이다. 그러므로 얻으려고 하는 스펙트럼에서 그림 6-73에서 보여준 정도의 F1축의 resolution을 달성하려고 한다면 1k 정도의 t_1 increment는 사용하여야 한다는 결론을 쉽게 얻을 수 있다.

이 실험은 양성자의 피크를 획득하므로 단일 피크로 나타나는 메틸기나 매우 큰 용매의 피크가 있을 때는 COSY 스펙트럼에서 나타났던 것과 같은 t_1-noise 피크가 나타나게 되며 이들을 제거하는 과정에서 실제의 피크도 제거될 수 있는 가능성이 있으므로 주의가 요구된다. 그림 6-73은 뒤에서 공부할 gradient 실험과의 비교를 위하여 t_1-noise를 제거하지 않은 것으로 이 실험의 단점의 하나인 심한 t_1-noise가 나타난 것을 쉽게 볼 수 있다.

마지막으로 이 펄스 순서(그림 6-69)는 $\omega\tau_c > 1$의 조건에 있는 분자에는 적용할 수 없다

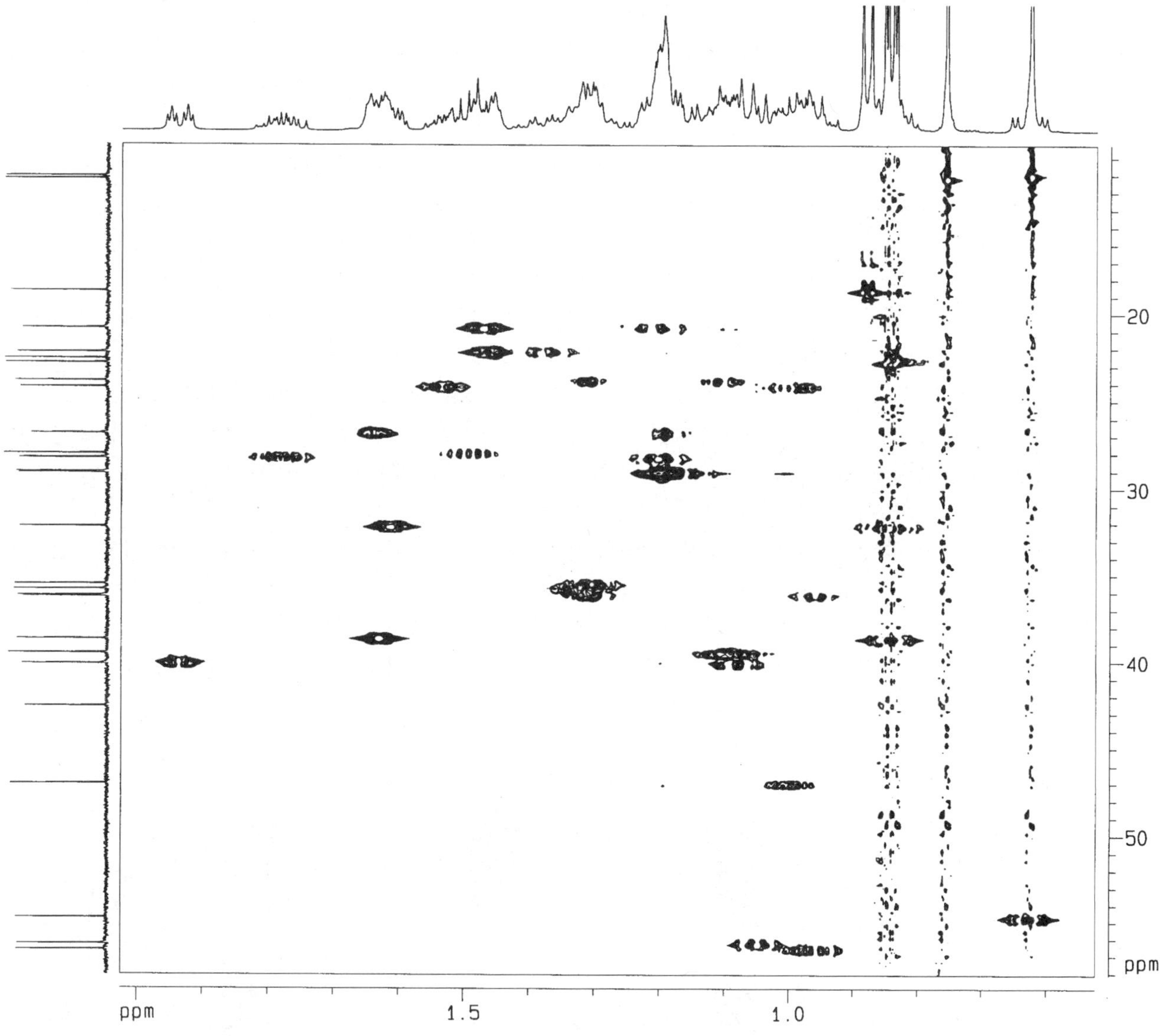

그림 6-73 0.1 M 용액의 cholestane (**5**)의 HMQC 실험 스펙트럼. 이 스펙트럼은 t_1-noise를 제거하여 더 보기 좋은 스펙트럼을 얻을 수 있지만 차후의 실험들과 비교를 위하여 t_1-noise를 포함시켰음.

(이 조건은 NOE에 대한 7장에서 자세히 공부하기로 한다). 이 조건은 대부분 생체 고분자(biopolymer)나 거대 분자(macro molecule)들이 가지고 있지만 때로는 그리 크지 않은 분자들도 용매와 온도에 따라서 이 조건에 속할 수 있으므로 주의가 요구된다. 즉 이 조건이란 음(negative)의 NOE를 가진다는 것을 의미한다. BIRD 펄스는(이들은 일종의 presaturation 방법이다) 그들이 적용되는 시간과 후에 기다리는 시간이 NOE를 일으키기에 충분한 시간이므로 ^{13}C에 결합하여 있는 양성자에 NOE를 나타나게 한다. 그리고 이들은 음의 NOE를 주게 되므로 결국은 얻으려고 하는 양성자 피크의 크기를 줄어들게 한다. 그러므로 거대 분자에 inverse 방법을 사용하려면 그림 6−69의 펄스 순서에서 BIRD 펄스 부분을 제거하고 사용하여야 한다. 이러한 문제는 아래의 HSQC 실험이나 pulsed field gradients(PFGs)의 사용으로 해결할 수 있게 된다.

6.5.1.2 HSQC

앞의 HMQC와 같은 용도로 사용되는 HSQC(Heteronuclear Single Quantum Correlation) 실험은 t_1 시간 동안 H−X의 multiple quantum coherence가 일어나던 HMQC와 달리 single quantum coherence가 일어난다. 그림 6−74에서 보여준 HSQC 실험의 펄스 순서는 처음 INEPT 펄스 순서(그림 5−5)로 양성자의 polarization transfer가 일어나는 것을 보여주고 있다. 다음으로 주어지는 탄소의 90° 펄스는 탄소의 벡터를 xy 평면에 놓이게 하고 이 탄소의 single quantum coherence는 t_1 시간 동안 양성자와의 커플링과 탄소의 화학 이동으로 전개(evolution)가 되지만 t_1 시간의 중간에 양성자의 180° 펄스는 탄소와 양성자 사이의 커플링을 echo로 만들어 제거하게 된다. 이어지는 펄스들(INEPT)의 역할은 탄소의 벡터 성분을 양성자로 되돌려 놓게 되고 탄소를 디커플링하면서 양성자의 FID를 얻게 된다. 결국 탄소의 벡터는 t_1 시간 동안 탄소의 화학 이동으로만 전개되는 결과를 만들게 되고 스펙트럼의 F1축에 탄소의 화학 이동만 남겨두게 된다. 이 실험은 위의 HMQC 실험과 같이 ^{13}C−H의 correlation의 결과를 만들고 있지만 t_1 시간 동안에 탄소의 벡터만 전개가 일어나게 된다. 그러므로 탄소의 피크는 양성자들 사이의 커플링에 영향을 받지 않게 되며 F1축에 나타나는 탄소의 correlation 피크는 양성자들 사이의 커플링을 포함하지 않게 된다. 그림 6−74−1에 HSQC 실험이 HMQC보다 F1축의 correlation 피크들의 분해능을 월등하게 증가시킨 모습을 보여주고 있다.

HSQC 실험에서는 HMQC에서 사용하던 H−^{12}C의 양성자 피크를 제거하기 위한 BIRD 펄스를 사용하지 않고 있는 이유는 H−^{12}C의 양성자는 탄소의 펄스에 영향을 받지 않기 때문에 HSQC 펄스 순서에서 주어지는 양성자들의 펄스만을 적용해 보면 결국 마지막에 NMR의 피크를 보여주는 성분인 xy 평면에 어떠한 벡터도 만들지 않는다는 것을 알 수 있다.

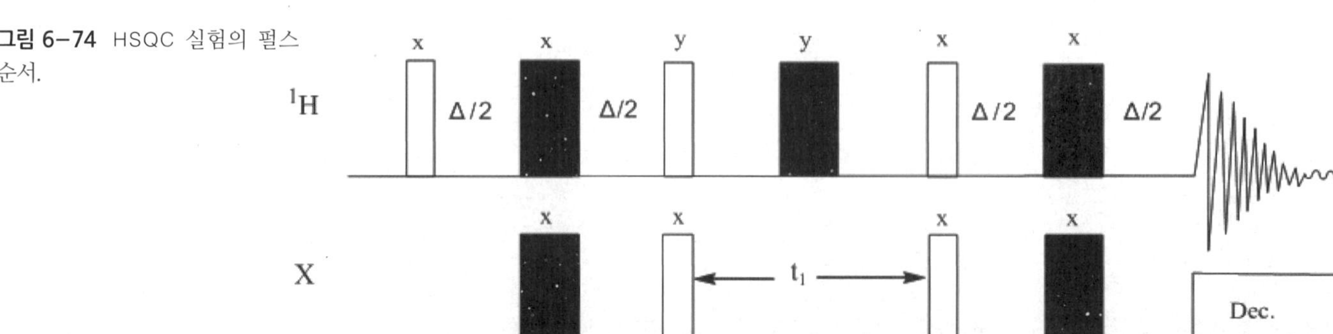

그림 6−74 HSQC 실험의 펄스 순서.

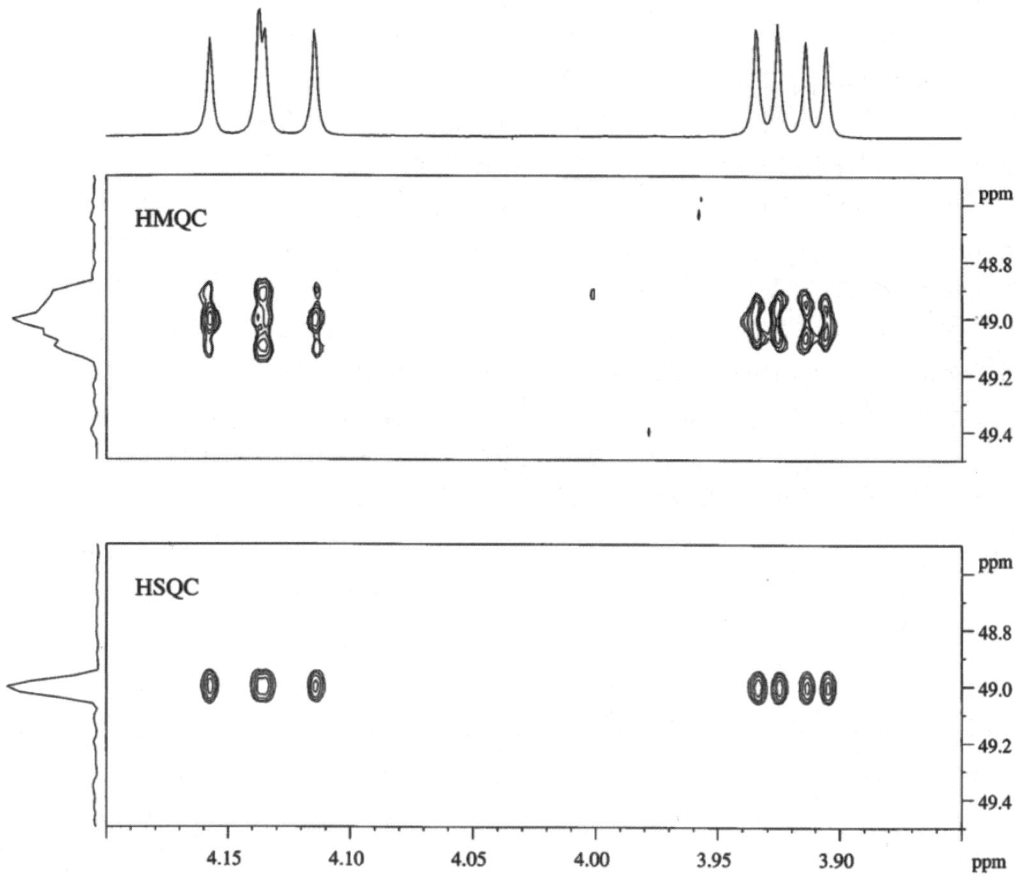

HMQC

HSQC

그림 6-74-1 HMQC와 HSQC 실험으로 얻어진 F1축에 나타나는 피크들의 모습.

6.5.1.3 HMBC

위에서 보여준 inverse 방법은 long-range correlation 실험에도 적용할 수 있다. 그림 6-75는 inverse 방법으로 long-range correlation 실험을 할 수 있는 HMBC(Heteronuclear Multiple Bond Correlation) 펄스 순서를 보여주고 있다. 이 펄스 순서에서 양성자에 주어진 90° 펄스와 $1/(2^1J_{CH})$ 시간 후에 주어지는 탄소의 90° 펄스는 low-pass J-filter라고 부르는 것으로 relay coherence transfer 스펙트럼(그림 6-45)과 같은 실험에서 1-bond로 연결되어 있는 탄

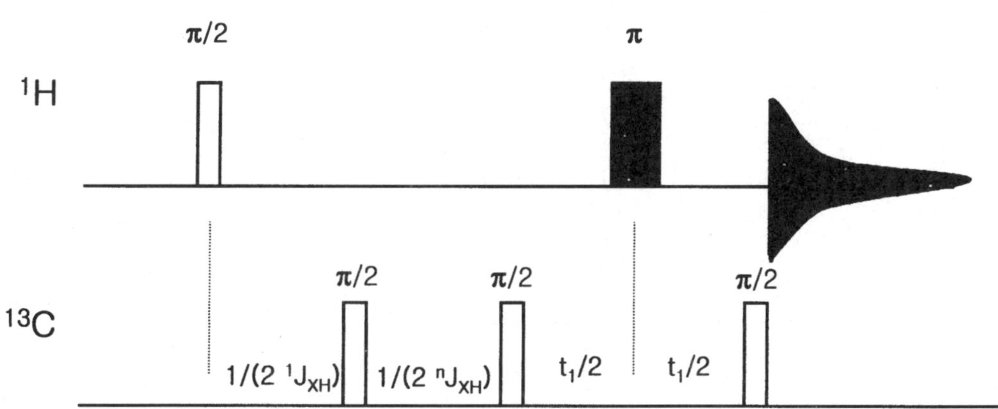

그림 6-75 HMBC 실험의 펄스 순서.

소와 양성자 사이에서 나타나는 피크(direct response)들을 줄이는 데 사용할 수 있는 방법들 중 가장 기본적인 것이다. 이들의 응용은 long-range correlation 실험인 COLOC 펄스 순서에도 연결되어 사용되고 있다. 여기에서도 이 펄스 순서는 90° 탄소 펄스의 위상 순환과 리시버의 위상을 고정함으로써 1-bond에서 나오는 correlation의 피크들을 줄여주게 된다. 이 펄스 순서 후 주어지는 $1/(2^nJ_{CH})$ 시간은 양성자와 탄소의 매우 작은 커플링(< 5 Hz) 경우에 적어도 100 ms 정도의 시간이 필요하지만 긴 시간 동안 벡터의 손실을 피하기 위하여 일반적으로 약 10 Hz에 해당하는 시간(50~60 ms)이 주어지게 되며, 뒤따라 주어지는 90° 탄소의 펄스는 long-range CH 커플링의 multiple quantum coherence를 일으킨다. 이 긴 시간 동안 long-range CH 커플링 크기와 비슷한 H-H 커플링도 전개가 일어나게 되며 얻어지는 cross 피크에 위상의 변형(distortion)을 일으키게 된다. 그러므로 HMBC 스펙트럼은 cross 피크의 위상의 오류를 수정하기 위해서 magnitude mode(N-type selection)로 얻게 된다. 이어지는 양성자의 180° 펄스는 t_1 동안의 양성자의 화학 이동의 영향을 제거하고 마지막 탄소의 90° 펄스 후와 t_2 시간 전에 양성자의 벡터는 anti-phase를 가지게 된다. 하지만 감도의 문제 때문에 앞

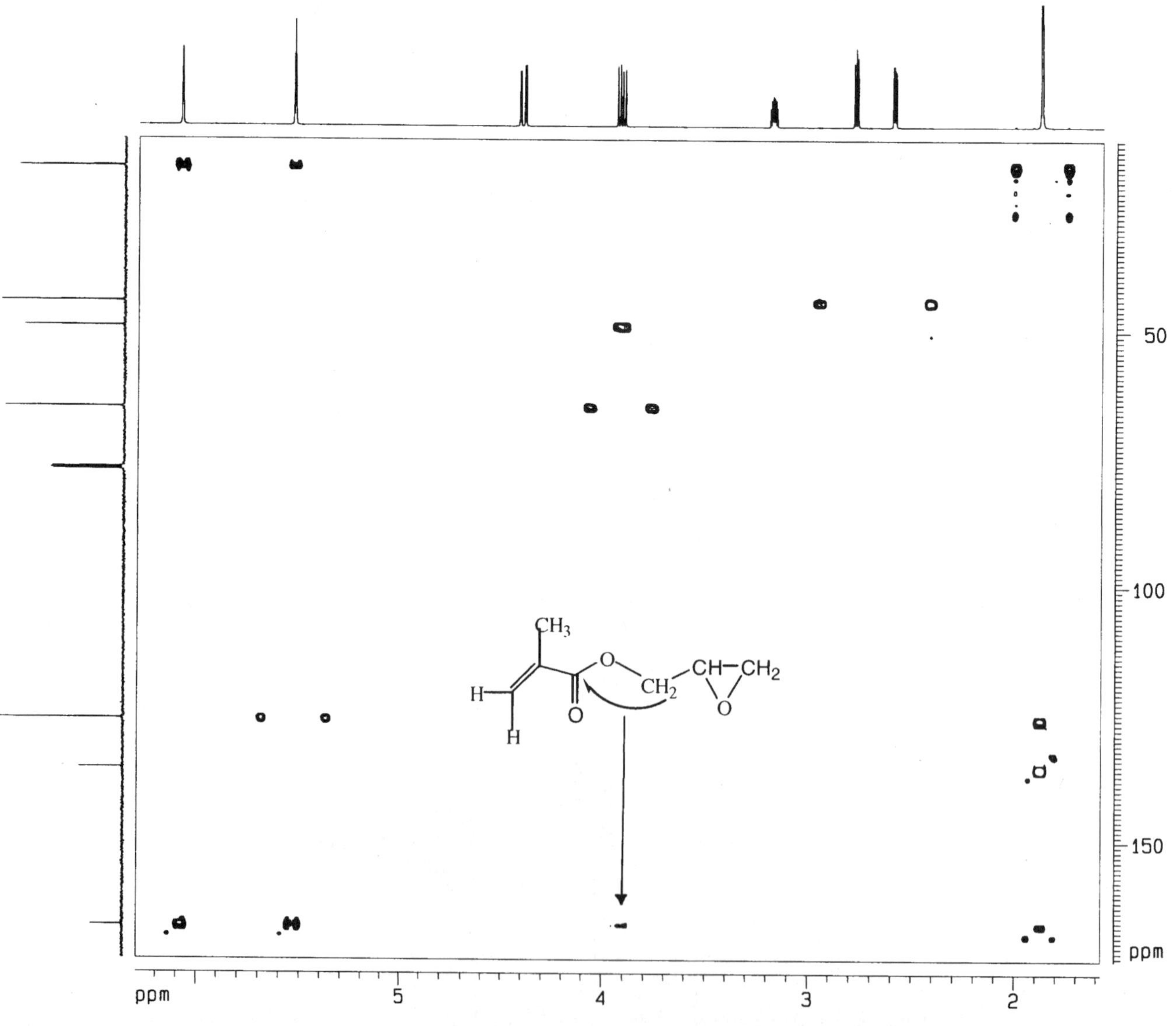

그림 6-75-1 Glycidyl methacrylate(**1**)의 HMBC 실험 스펙트럼.

의 HMQC나 HSQC 실험들 같이 벡터들의 refocusing을 기다리지 않고 양성자의 FID를 탄소의 디커플링 없이 얻게 된다.

이 실험에서도 H−^{12}C의 양성자를 완전히 제거하는 것은 아주 중요하지만 BIRD 펄스를 사용하지 않는 것은 이들이 long-range 피크들의 크기도 줄일 수 있기 때문이다. 그러므로 처음 이 실험에서는 H−^{12}C의 양성자 피크를 제거하기 위해 위상 순환에만 의존하게 되었으며 완전히 제거되지 않은 피크들이 심한 t_1−noise를 만들게 되어 스펙트럼의 해석을 어렵게 만들고 많은 실험시간이 필요하게 되므로 routine한 실험에 사용되기 어려웠다. 이러한 문제는 다시 아래의 pulsed field gradients(PFGs)의 사용으로 해결할 수 있게 되었다.

그림 6−75−1은 $1/(2^nJ_{CH})$의 시간에 50 ms(J = 10 Hz)을 주어서 얻은 glycidyl methacrylate(**1**)의 HMBC 실험 스펙트럼이다. 이 스펙트럼을 direct(^{13}C) detection을 한 그림 6−36과 비교하여 제일 먼저 다른 점은 감도가 증가되므로 실험 시간이 짧다는 것과 완전히 제거되지 못한 1-bond 커플링 때문에 나타나는 피크들이 탄소를 디커플링하지 않음으로서 2중선으로 나타난다는 것이다(이들의 피크가 각 양성자의 ^{13}C satellite 피크의 위치에 나타난 것을 볼 수 있다). 그리고 위상 순환으로는 완전히 제거되지 못한 H−^{12}C의 양성자가 만들어 놓은 심한 t_1−noise가 나타난다는 것이다(이 스펙트럼도 t_1−noise의 일부를 제거한 후 plot한

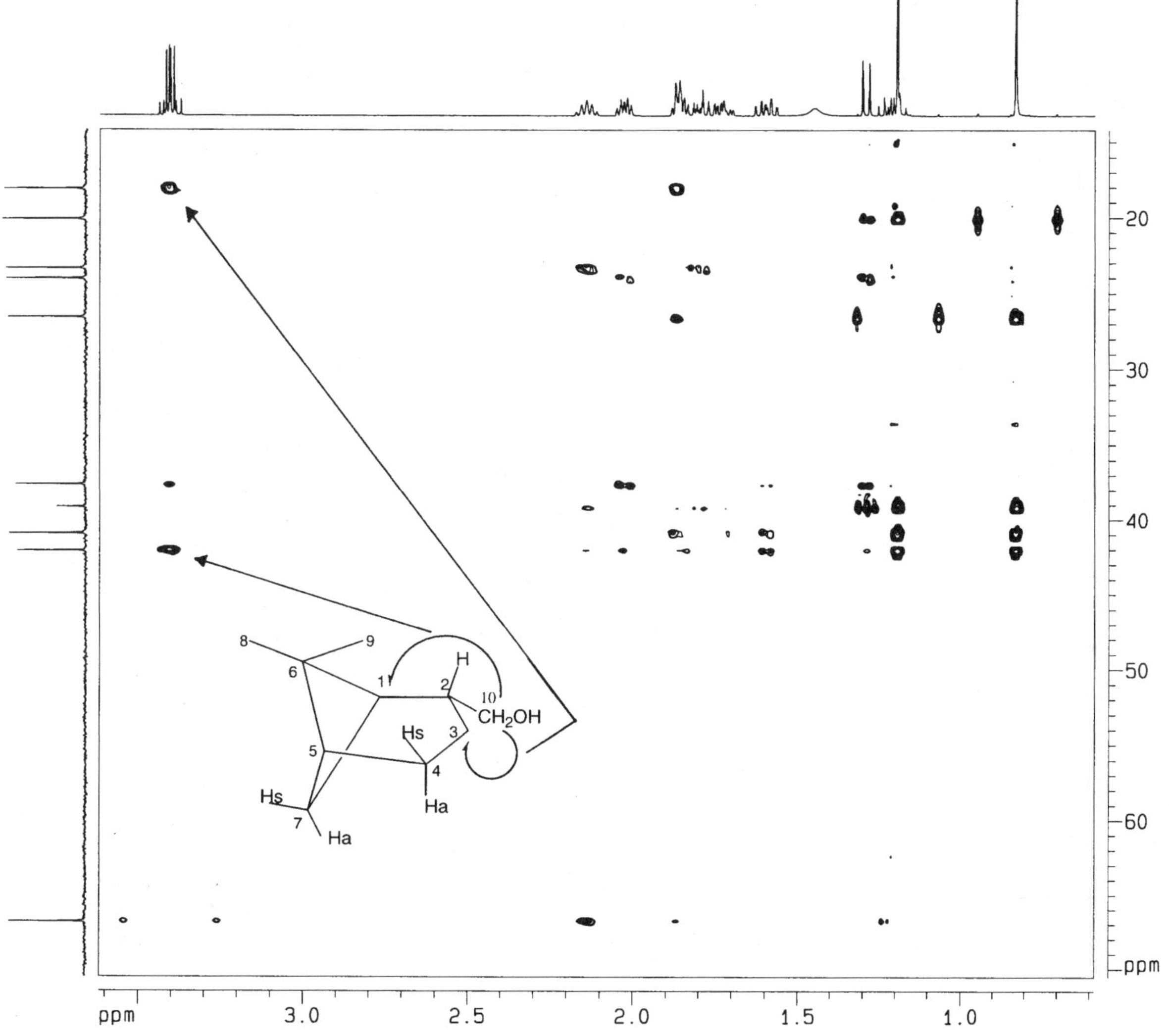

그림 6−76 *trans*−Myrtanol(**4**)의 HMBC 실험 스펙트럼.

것임). 또한 그림 6-36에서 나타났던 2-bond의 CH correlation에 해당하는 피크들이 많이 없어진 것을 볼 수 있는 반면 나타나지 않던 3-bond correlation은 나타난 것을 볼 수 있다(화살표로 표시하였음).

이 실험이 일반적으로 direct detection보다 더 좋은 결과를 주는 실험이라는 것은 다음 그림 6-76의 *trans*-myrtanol(**4**)의 HMBC 실험 스펙트럼에서 볼 수 있다. Inverse 실험인 그림 6-76은 direct detection 실험인 그림 6-39에서보다 더 많은 correlation 피크들을 보여주고 있다. 특히 그림 6-76에 화살표로 표시한 3-bond correlation들은 direct detection 실험인 그림 6-39에서는 거의 찾을 수 없을 정도로 아주 작거나 나타나지 않았던 피크들이었지만 여기에서는 잘 보여주고 있다.

그림 6-77은 이 실험의 감도를 direct detection과 비교하기 위하여 그림 6-40에서 보여준 0.1 M cholestane(**5**)의 시료를 사용하여 얻은 HMBC 실험 스펙트럼이다. 이 실험 스펙트럼은 direct detection 실험 스펙트럼(그림 6-40)과 비교하여 실험 시간이 약 1/3이었다. 비록 많은 t_1-noise가 스펙트럼에 남아 있지만(일부를 제거한 후 plot한 것임) F2축의 resolution이 매우 좋을 뿐만 아니라 correlation 피크들도 더 많이 나타난 것을 볼 수 있다.

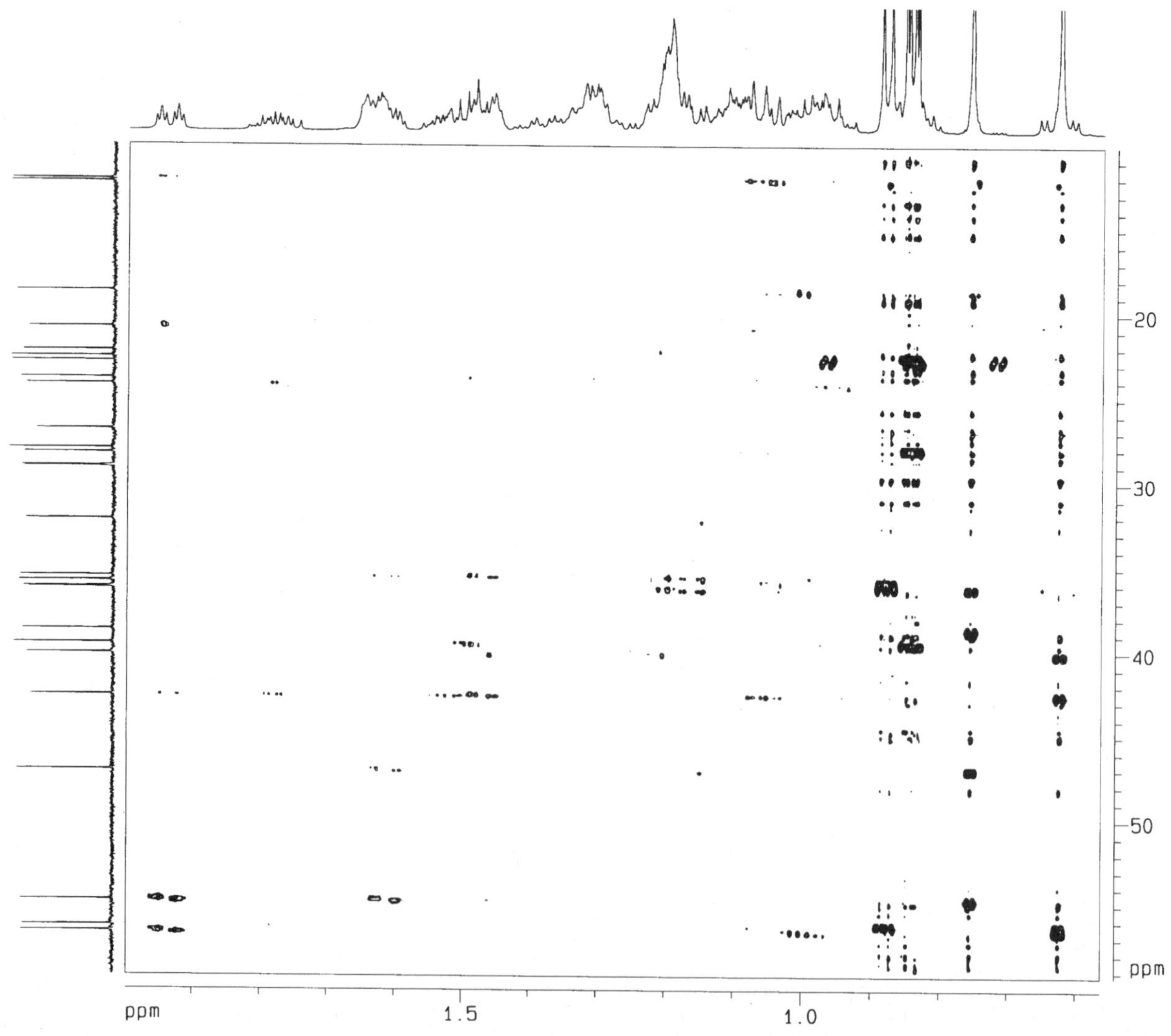

그림 6-77 0.1 M Cholestane(**5**)의 시료를 사용하여 얻은 HMBC 실험 스펙트럼.

6.5.2 Pulsed Field Gradient 실험(Gradient Enhanced Spectroscopy)[27–32]

이 실험의 이론은 이미 1950년대에 물리학자들에 의해서 이미 그 가능성이 증명되었지만, 프로브의 shielding이나 eddy currents 등과 같은 hardware의 제한 때문에 아주 미미하게 사용되어오다가 1970년대 중반부터 물리 화학 분야에서 diffusion에 관한 연구들에 응용되기 시작하였다. 그리고 1990년대에 NMR 실험의 발전에 획기적인 기여를 한 것은 pulsed field gradients(PFGs)의 도입이라고들 하며 이제는 여러 가지 2D 실험에서 아주 일반적으로 사용되고 있는 실험이다. 특히 이들 PFGs를 적용하고 있는 대부분의 실험들이 기존의 방법(펄스 순서)에 이들을 단순하게 첨가하여 사용하고 있으므로 *gradient-enhanced* 또는 *gradient-accelerated* 실험이라고 한다. 특히 이들의 응용은 실제로 기존의 실험방법과 비교하여 짧은 시간에 data를 얻을 수 있고 좋은 스펙트럼을 얻을 수 있다는 것이고 스펙트럼의 해석은 다르지 않기 때문이다.

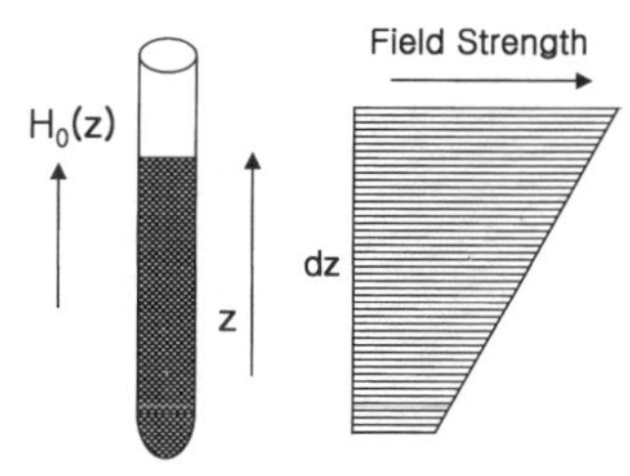

그림 6-78 시료에 z축으로 주어지는 Gradient의 모습.

여기에서 펄스 그리고 자기장의 의미인 field라는 것은 이미 알고 있지만 gradient는 새로운 개념이므로 우리말로는 경사나 기울기의 의미를 가진 gradient가 무엇인지를 먼저 알아보도록 하자. 그림 6-78에 보여준 것 같이 우리는 NMR 시료를 자기장의 z축 방향으로 놓여 있게 하고 이 튜브 속에 있는 시료는 그들의 위치에 상관없이 거의 균일하게 외부의 자기장(Ho)의 영향을 받게 되도록 기기를 조정한다. 이 그림에는 시료에 또 다른 제2의 자장이 z축으로 주어지고 이때 주어지는 자장의 세기가 튜브의 위치에 따라서 다른 것으로 나타나 있다. 즉 튜브 속에 있는 시료들은 제2의 자장의 크기를 위치에 따라서 다르게 받게 된다. 바로 이 제2의 자장의 크기가 위치에 따라서 다른 것을 gradient라고 한다. 이 제2의 자장은 프로브 속에 transmitter의 펄스를 주는 코일이 아닌 특수하게 설치된 새로운 코일을 통해서 펄스로 주어질 수 있고, z축 방향뿐만 아니라 x와 y축 방향으로도 주어질 수 있다. 이 3차원의 gradient 실험은 병원에서 사용하는 MRI(Magnetic Resonance Imaging)의 기본 원리이다.

Defocusing and refocusing with PFGs

이제 이러한 gradient를 NMR 시료에 사용함으로써 실제로 실험에 어떠한 영향을 주는지 알아보도록 하자. 우리는 좋은 NMR 스펙트럼의 기본인 피크의 넓이를 좁게 얻으려면 시료가 느끼는 자장이 균일성을 가져야 하고 실제로 기기 장치에도 이 목적을 달성하기 위하여 여러 가지 기술들이 적용된 것을 이미 알고 있다. 즉 펄스에 의해서 xy 평면상에 만들어진 벡터들(transverse magnetization)은 균일한 자기장 속에서는 그들 고유의 성질들(이때를 coherence가 만들어졌다고도 하고 또는 가지고 있다고도 함)을 가지고 있다. 그리고 이 coherence들은 서로의 상호작용에 의해서만 이완이 일어나게 되며 이들을 시간 t_2 동안 얻어서 FT를 하면 NMR 스펙트럼을 얻게 된다. 그러나 이들 벡터들이 불균일한 자기장 속에 놓이게 되면 각각의 벡터들은 조금씩 다른 라모어(Lamor) 주파수를 가지게 되며 이에 따라 벡터들은 그들이 xy 평면상에서 가지는 고유의 운동보다 빠르게 또는 느리게 움직이게 된다. 이 때문에 각각의 벡터들이 시종 일관(coherent)하지 못하고 일정치 않게(random) 되므로 그들의 위상(phase)을 잃고 xy 평면상에서 그들의 벡터 성분을 매우 빠르게 잃어버리게 된다. 그렇다면 이 실험에서 시료에 주어지는 gradient는 바로 우리가 좋은 스펙트럼을 얻으려고 할 때 자장을 shimming을 하는 것과는 반대로 시료들이 불균일한 자장을 느끼게 하여 그들의 transverse relaxation(T_2)을 빠르게 일어나게 함으로써 스펙트럼을 나쁘게 만드는 실험이 되는 것이나 다름이 없다. 물론 이런 목적으로 gradient를 이용하는 것이 아닌 것은 분명하므로 이 gradient가 또 다른 어떤 효과가 있을 것이라고 쉽게 예측할 수 있다.

먼저 그림 6-78-1에서 (a)를 보면 이 상태가 우리가 바른 스펙트럼을 얻는 조건이 되

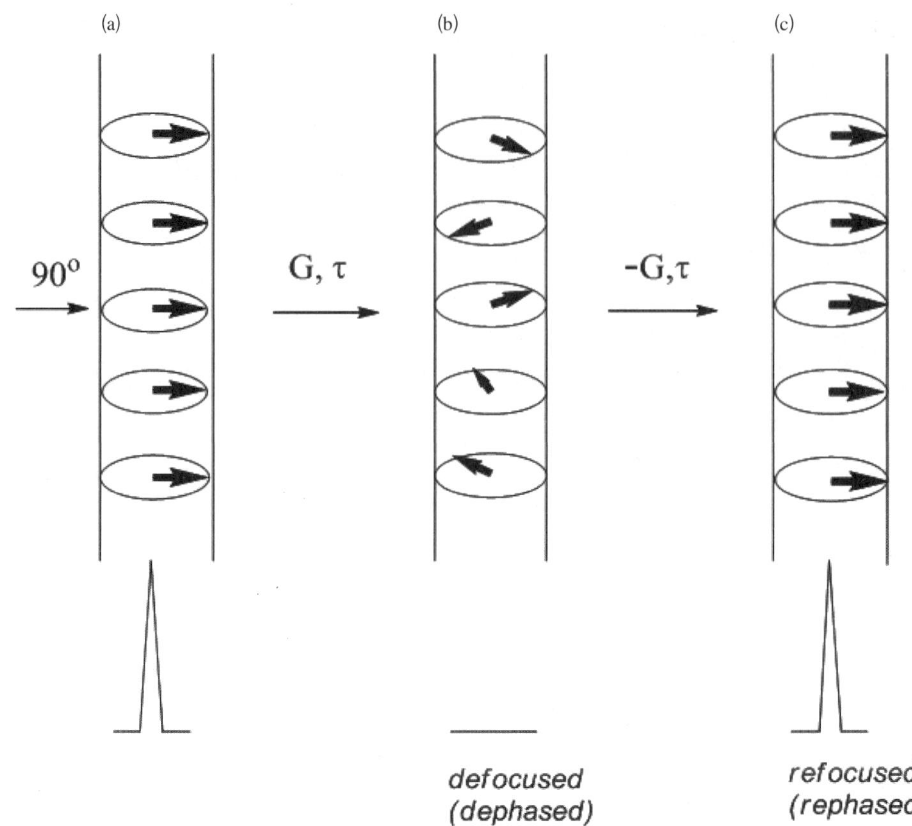

그림 6-78-1 Transverse magnetization에 gradient pulse가 미치는 영향.

는 것이다. 이 상태에 제2의 gradient 자장 G를 시간 τ 동안(gradient pulse) z축에 주게 되면 모든 위치에서 동등하던 벡터들이 그들의 위치에 따라서 다른 크기의 자장(different local magnetic field)을 느끼게 될 것이며 각각 다른 주파수를 가지고 움직이게 될 것이다(b). 이때 주어지는 gradient pulse가 충분한 강도와 시간으로 주어진다면 이들 벡터들의 합(net magnetization)은 0이 될 것이고 NMR 피크를 잡을 수 없게 될 것이다. 이때를 transverse magnetization들이 defocused(또는 dephased) 되었다고 하고 이들 펄스 과정을 나타내는 방법은 그림 6-78-2 (a)와 같이 표시한다. 즉 이때의 gradient의 영향은 불균형한 외부의 자장이 스핀에 미치는 영향과 같은 그림 6-78-3과 같이 표시할 수 있고 이들 과정에서 gradient

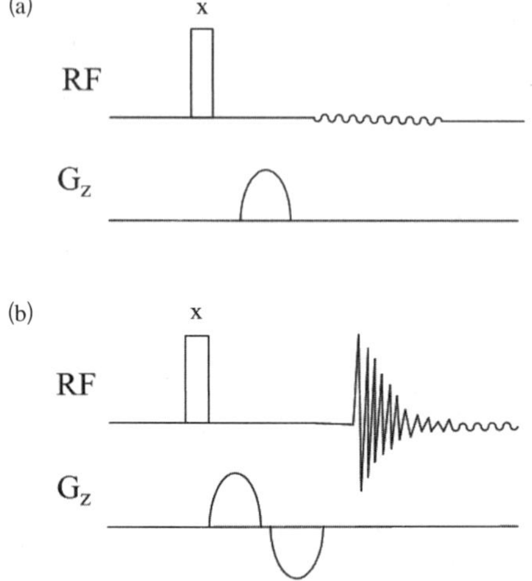

그림 6-78-2 펄스 순서에 삽입되는 gradient pulse를 표시하는 방법.

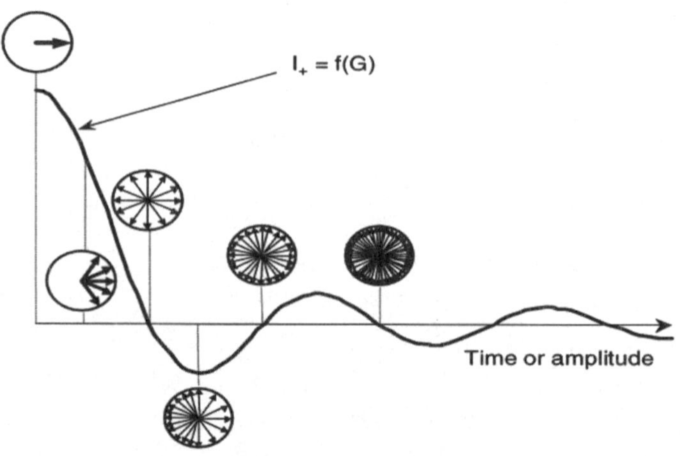

그림 6-78-3 Gradient의 시간이나 강도가 transverse magnetization에 미치는 영향.

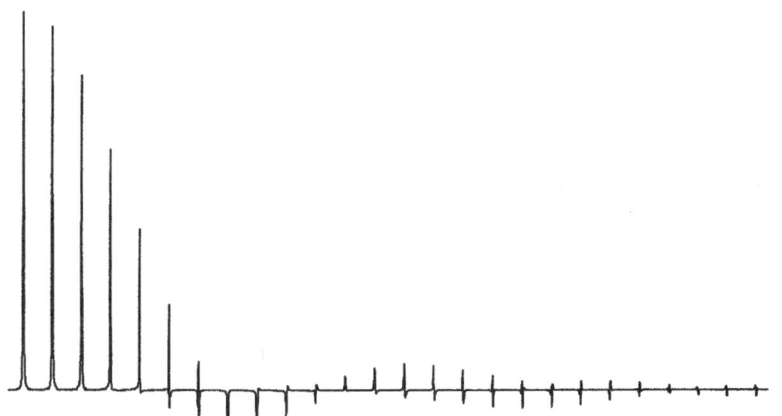

그림 6-78-4 Gradient pulse의 강도를 증가시킬 때 사라지는 NMR 피크의 모습들. 그림 6-78-2 (a)의 펄스 순서를 사용하여 얻었다.

pulse의 강도를 점진적으로 증가시키면서 얻은 NMR 피크들을 그림 6-78-4에 보여주고 있다.

Transverse magnetization을 빠르게 dephasing시키는 이 방법은 특정한 실험에서는 아주 유용하게 사용된다. 즉 2D 실험에서는 펄스 순서를 반복하는 동안 180° 펄스의 오차로 xy 평면에 만들어진 벡터들은 스펙트럼에 여러 가지 artefact로 나타나게 된다. 결국 펄스 순서에 gradient를 적용하면 이러한 문제를 제거할 수 있다.

다음으로 이 실험의 장점은 gradient pulse(G)는 그 크기가 같고 반대의 효과를 주는 gradient(−G)에 의해서 완전히 상쇄될 수 있다는 것이다. 즉 gradient G에 의해서 coherence를 잃어버렸던 벡터들이 −z축으로 주어지는 gradient −G에 의해서 그들 원래의 coherence를 다시 찾을 수 있다는 것이다. 그림 6-78-1 (c)가 이것을 보여주고 있고 이때 벡터들이 refocused(또는 refaced)되었다고 하며(또는 gradient echo가 만들어졌다고 함) NMR 피크들을 잡을 수 있게 된다. 이 상태를 그림 6-78-5와 같이 표시하기도 하며 이들의 펄스 표시방법이 그림 6-72-2 (b)에 나타나 있다.

이때 주어진 두 gradient의 시간(ms)이 상당히 길다면 스핀들의 화학 이동이 전개되면서 얻어지는 스펙트럼은 위상에 일그러짐이 나타나게 될 것이다. 이 화학 이동의 전개를 refocus시키기 위해서 두 gradient 사이에 180° 펄스를 사용하게 되고 이것은 gradient echo를 처음과 같은 두 번째 gradient(G)로 spin echo(τ−180°−τ)를 만들게 되며(그림 6-78-6) phase-sensitive 실험에 반드시 사용된다. 또한 이때 사용되는 180° 펄스를 shape 펄스로 대치하여 water suppression이나 selective excitation 등의 실험에서도 사용하고 있으며 이 펄스 방법을 excitation sculpting이라고도 한다.

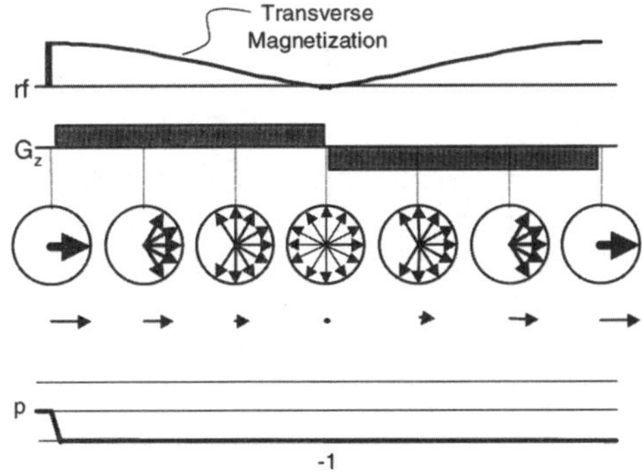

그림 6-78-5 크기가 같고 부호가 다른 두 gradient가 transverse magnetization에 미치는 영향 (gradient echo). 아래에 있는 coherence transfer pathway는 아래에서 설명.

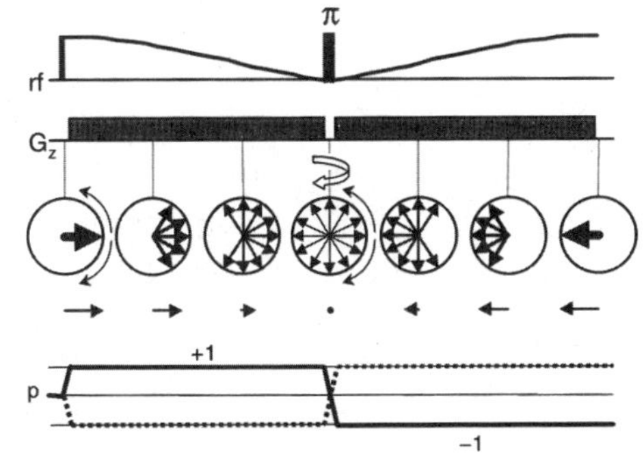

그림 6-78-6 크기와 부호가 같은 두 gradient와 180° 펄스가 transverse magnetization에 미치 는 영향(gradient echo with spin echo).

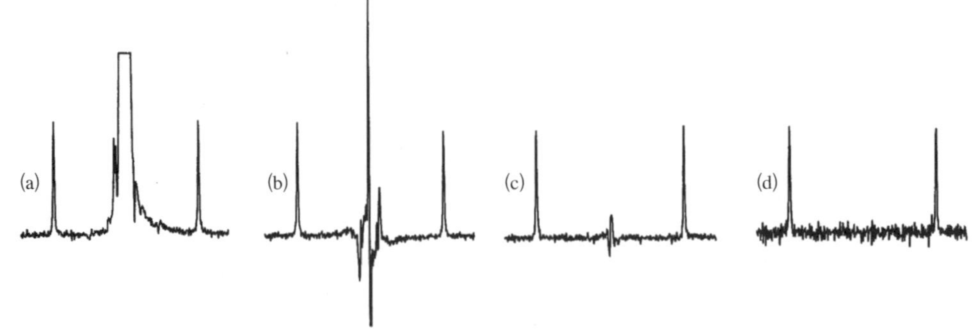

그림 6-78-7 HMQC 실험에서 H-^{12}C 양성자 피크 제거의 비교 실험. (a) 1D ^{1}H 스펙트럼, (b) phase cycling 사용, (c) BIRD 펄스 사용, (d) PFGs 사용으로 얻은 1D-HMQC.

또한 이 gradient는 transverse magnetization에만 영향을 줄 뿐 longitudinal이나 zero quantum magnetization에는 영향을 주지 않는다. 그리고 이들이 transverse magnetization이 만들어 내는 single이나 multiple quantum magnetization에 주는 영향은 quantum level에 비례하게 되므로(즉 벡터를 dephase시킬 때 double quantum magnetization을 single quantum magnetization을 시키는 것보다 두 배 빠르게 시킨다는 의미이다) 이들의 성질을 이용하여 실험을 하게 된다. 위의 성질들을 다른 말로 한다면, gradient를 사용하면 어떤 특정한 coherence만을 얻을 수 있다는 것을 의미한다. 우리는 어떤 특정한 coherence를 선택적으로 얻으려면 위상 순환(phase cycling)을 해야 한다는 것을 앞에서 이미 공부하였다. 위상 순환의 방법은 시료가 충분하다고 해도 반드시 여러 번의 스캔을 해야 하는 것인데 결국 gradient는 한번의 스캔으로도 이들 실험들을 할 수 있게 하는 것이다. 이러한 장점 이외에도 coherence를 선택적으로 할 수 있음으로써(결국 phase cycling을 하지 않으므로) 스펙트럼에서 t_1-noise를 매우 축소시킬 수 있다. 또한 FID를 얻기 전에 원하지 않는 피크들을 줄여 버릴 수 있기 때문에 dynamic range 문제도 해결할 수 있게 되어 리시버의 최적 조건을 사용할 수 있게 되고 gradient selection으로 잃어버린 감도를 보충할 수 있다. 이와 같이 원치 않는 피크는 defocused시키고 원하는 피크는 refocused를 시킬 수 있다는 개념이 gradient 실험의 핵심이다.

이 PFGs 실험의 장점 중 하나인 원하지 않는 피크들을 줄일 수 있는 효과를 다른 실험들과 비교하여 보도록 하자. 앞에서 다룬 HMQC나 HSQC 실험에서는 H-^{12}C의 양성자 피크를 제거하는 것은 이들 스펙트럼을 성공적으로 얻기 위한 전제 조건이다. 이들 피크의 제거방법은 phase cycle과 BIRD 펄스 순서를 이용하였다. 그림 6-78-7에 이들 두 방법과 PFGs 방법으로 얻은 H-^{12}C의 양성자 피크를 제거한 결과들을 보여주고 있다. 그림 (a)는 제거해야 할 H-^{12}C와 위성 피크인 H-^{13}C를 보여주고 있고 (b), (c), (d)는 각각 phase cycle, BIRD 펄스, 그리고 PFGs를 사용하여 H-^{12}C 피크를 제거한 모습을 보여주고 있다. 이 실험은 $t_1 = 0$의 HMQC 펄스 순서와 함께 탄소를 디커플링하지 않고 2 스캔을 하여 얻은 것이다. 이들의 효과는 PFGs > BIRD 펄스 > phase cycle로 나타나 있지만 PFGs 방법은 ±p coherence order 중 하나만이 refocused 시켜서 얻었기 때문에 감도가 약 2배 낮은 것을 볼 수 있다.

위 실험의 결과는 PFGs 실험이 확실히 H-^{12}C의 피크를 제거할 수 있음을 보여주고 있고 이들의 효율은 약 1000:1 이상으로 알려져 있으므로 H-^{15}N correlation 실험을 위한 H-^{14}N의 피크도 완전하게 제거할 수 있게 된다. 이와 같이 원하지 않는 피크에서 나타나는 t_1-noise 피크를 줄이고 또 다른 장점인 특정한 coherence도 선택적으로 얻을 수 있는 예는 앞에서 본 INADEQUATE 실험에서 gradient를 사용할 때 볼 수 있다. 우리는 이미 앞에서 INADEQUATE 실험에서는 완전히 제거하지 못한 ^{13}C-^{12}C의 피크로부터 나타나는 t_1-noise를 가능한 많이 제거하고 ^{13}C-^{13}C으로부터 생겨나는 double quantum coherence를 선택적으로 얻어야 하는 것이 이 실험의 성공을 좌우한다는 것을 알고 있다. 이 목적을 위해서 오랜 시간 동안의 데이터 획득과 위상 순환을 하게 되는데 gradient의 사용은 이들을, 즉 t_1-noise의

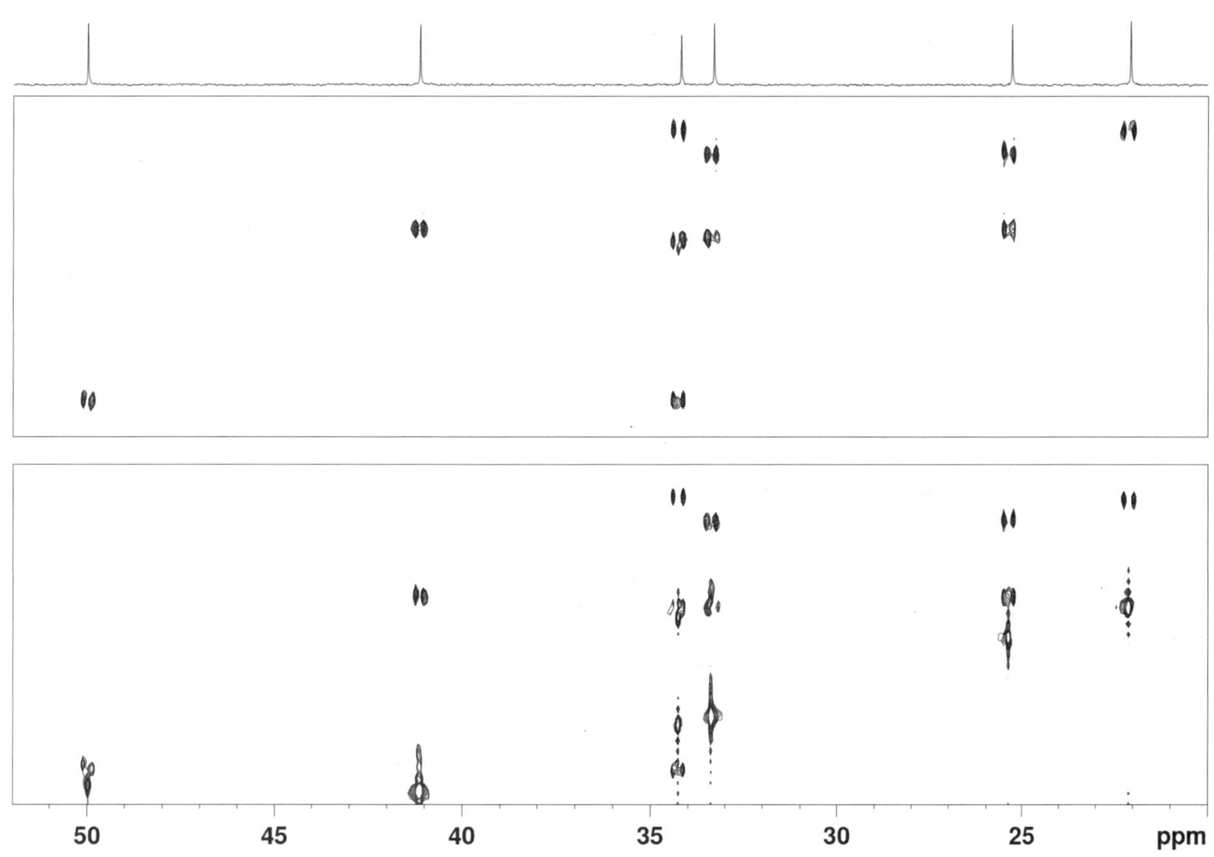

그림 6-78-8 2D-INADEQUATE 실험에서 gradient를 사용하였을 때와 사용하지 않았을 때 스펙트럼의 t_1-noise에 미치는 영향.

제거와 double quantum coherence의 선택을 모두 얻을 수 있게 하는 실험이 되는 것이다. 그림 6-78-8의 2D-INADEQUATE 실험 스펙트럼은 gradient를 제외하고는 똑같은 실험 조건으로 얻은 스펙트럼들이다. 결과는 gradient를 사용하지 않았을 때 많이 나타나 있는 t_1-noise가 gradient를 사용하였을 때 제거된 것을 잘 보여주고 있다.

이들 PFGs 실험을 자세히 설명하는 데는 이 책의 범위를 벗어나는 여러 가지 수학적인 방법이 있지만 여기에서는 일반적으로 많이 사용하는 coherence pathway diagram 만을 사용하여 gradient의 영향을 알아보도록 한다.

Coherence-transfer pathways

펄스들로 만들어진 zero-, single-, double-quantum 등 여러 종류의 coherence level은 coherence level diagram이라는 것으로 표시할 수 있다. 처음 이 그림은 펄스 순서에 적용되는 위상 순환(phase cycle)을 만들기 위하여 도입되었으며 이것은 연속적인 펄스들로 만들어지는 벡터들의 순차적인 움직임을 묘사하기에 매우 유용한 방법이 되었다. 이 형식적인 그림은 특히 2D 실험에서 처음 만들어진 벡터가 펄스 순서에 따라서 마지막 리시버에 도달할 때까지의 과정을 보여주기 위한 도구로 매우 잘 사용되고 있다. 더욱이 단순 벡터 모델로는 표시할 수 없는 multiple quantum coherence를 표시할 수 있으므로 수학적인 설명으로 하여야만 하는 한계를 극복할 수 있다고 하여 매우 유용하게 사용되고 있다.

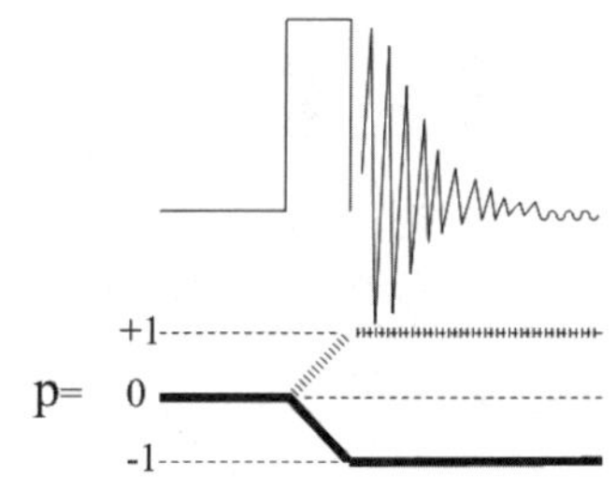

그림 6-78-9 Single pulse 1D 실험으로 만들어진 coherence level diagram.

단순한 1D 펄스 후에 만들어지는 coherence level diagram을 그림 6-78-9에 보여주고 있다. 하나의 펄스는 single quantum coherence, $p = \pm 1$만 만들고 있다. 이들이 그림에서 점선과 굵은선으로 표시되어 있다. 그리고 우리는 이미 1D 스펙트럼에서 quadrature detection이라는

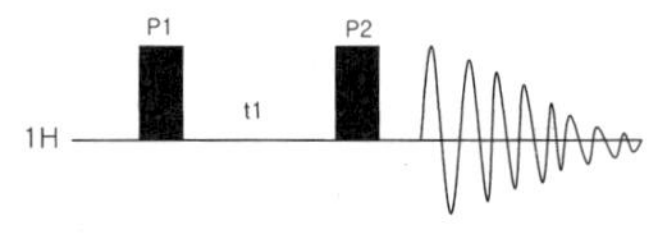

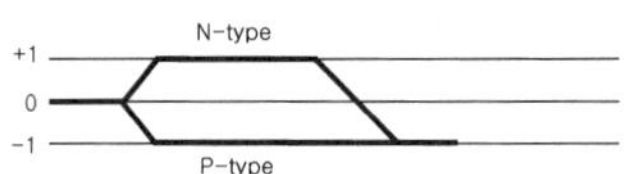

그림 6-79 COSY 펄스 순서와 이때 생기는 coherence들을 보여주는 coherence pathway.

방법으로 이들 중 하나만을 선택하여 스펙트럼으로 사용하고 다른 것은 제거한다고 알고 있다. 그러므로 이 coherence level diagram은 phase cycle이나 PFGs를 사용하여 얻을 수 있는 원하는 피크가 진행하는 과정을 표시하는 방법으로 사용한다. 그리고 일어날 수 있는 다른 모든 진행 과정은 제거되었다고 가정하고 일반적으로 표시하지 않는다(그림 6-78-9의 점선).

이 coherence transfer pathway 개념을 2D에 적용하기 위하여 COSY 실험을 다시 보도록 하자. 우리는 COSY 실험을 공부하면서 위상 순환을 이용하여 phase-sensitive 실험도 할 수 있고 magnitude 실험인 N-type 피크나 P-type 피크를 선택할 수 있다는 것은 이미 보았다. COSY 펄스 순서로부터 생긴 이들 coherence를 그림 6-79에 보여주고 있는 coherence pathway diagram로 표시한다. 이 그림에서 보여준 COSY 실험은 두 펄스로 여러 번의 스캔을 이용한 위상 순환으로 이들 $p = \pm 1$ coherence 두 개 모두를 얻으면 phase-sensitive 실험이 되고 두 종류의 피크들 중에 하나만을 얻으면 magnitude 실험이 된다. 그림 6-80에 보여준 gradient-COSY에서는 두 개의 gradient를 동일한 크기로 주면 위상 순환이 없이 단 한 번의 스캔으로 N-type 피크를 얻을 수 있게 된다.

이때 P-type의 피크를 얻으려면 두 번째 주어진 gradient는 크기는 같지만 부호가 틀린 것을 주면 된다. 즉, 어떤 특정의 coherence를 선택하기 위해서는 gradient들에 의해서 만들어진 transverse magnetization의 위상의 factor들의 합이 0이 되어야 한다. 이때 위상의 factor(Φ)는 식 6-5로 주어진다.

$$\Phi = \gamma\, p\, G\, z\, t_p \qquad \text{(식 6-5)}$$

여기에서 p는 coherence order, G는 gradient의 크기, z는 스핀의 위치, 그리고 t_p는 gradient 펄스의 시간(duration)이다. 이 식은 p-quantum coherence의 dephase는 coherence order p에 비례한다는 것을 말한다. 위에서 언급한 double quantum coherence는 single quantum coherence보다 두 배 빠르게 dephase가 일어나고 zero quantum coherence는 gradient에 영향을 받지 않는다는 것이다. 그리고 다른 종류의 핵 사이에서 coherence가 일어난다면, 이들의 deface는 두 핵의 magnetogyric ratio(γ)에도 영향을 받게 된다는 것이다.

PFGs들 자신은 coherence order를 바꾸지 못하지만 rf 펄스는 이들을 바꿀 수 있으므로 그림 6-80의 펄스 순서에서 single quantum coherence 피크를 얻으려면 주어지는 두 개의 gradient가 만드는 위상의 변화가 0이 되어야 한다. 즉 식 6-6의 조건이 이루어져야 한다.

$$\gamma\, p\, G_1\, z\, t_p + \gamma\, p\, G_2\, z\, t_p = 0 \qquad \text{(식 6-6)}$$

위의 식 6-6이 0 값을 가지기 위해서는 두 가지의 방법이 있다. 즉 COSY 실험에서는 같은 핵들 사이에서 일어나는 coherence이므로 γ는 같고 N-type의 피크는 coherence order가 1에서 −1로 바뀌므로 G_1과 G_2는 같은 부호를 가져야 하고 P-type 피크에서는 coherence order가 −1로 같으므로 G_1과 G_2가 부호가 틀려야만 한다. 여기에서 마지막 변수인 t_p, 즉 PFGs의 시간(duration)을 PFGs의 크기(amplitude)와 연관시켜서 식 6-6의 조건을 맞출 수도 있지만 일반적으로 모든 gradient 실험들은 시간은 고정하고 크기의 변화로 얻어진다. 그러므로 만약 double quantum coherence 피크를 얻으려면 두 번째 gradient의 크기는 첫 번째 gradient의 두 배가 되어야 한다. 이와 같은 방법으로 기존의 2D 실험에 gradient를 적용할 수 있으며 실험의 목적에 맞는 coherence를 선택적으로 얻을 수 있게 된다.

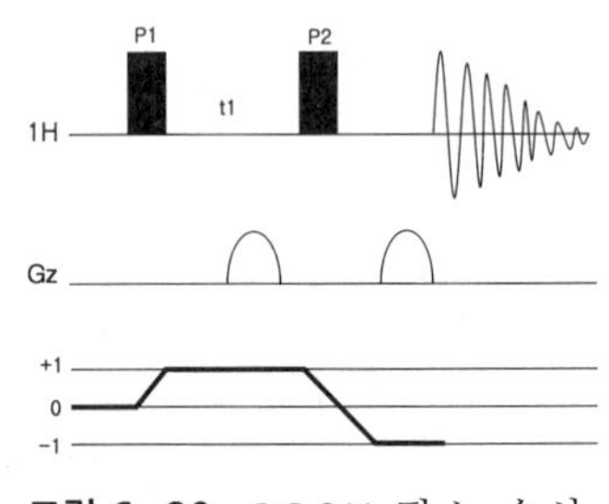

그림 6-80 COSY 펄스 순서와 gradient 펄스가 만들어내는 N-type coherence pathway.

그림 6-81은 glycidyl methacrylate(**1**)의 COSY-90 실험과 gradient-COSY 실험을 비교

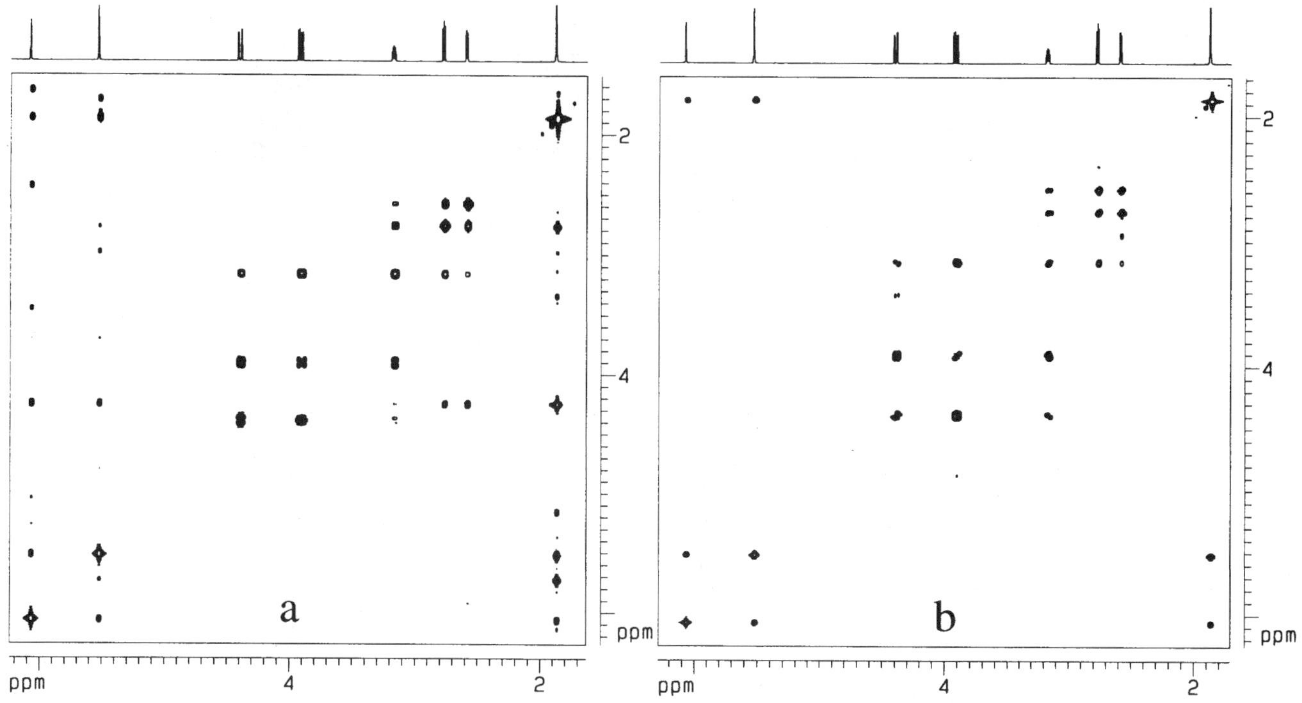

그림 6-81 Glycidyl methacrylate(**1**)의 (a) COSY-90 실험과 (b) Gradient-COSY 실험으로 얻은 N-type 스펙트럼들 [(a) 스펙트럼은 4번의 스캔을, (b) 스펙트럼은 1번의 스캔을 하여 얻은 것임].

한 스펙트럼을 보여주고 있다(Bruker 기기는 N-type의 피크를 선택한다). (a)의 COSY-90 스펙트럼은 4번의 스캔을 하여 얻은 스펙트럼이고 (b)의 gradient-COSY 스펙트럼은 1번의 스캔을 하여 얻은 스펙트럼이다. 두 스펙트럼의 비교에서 가장 먼저 알 수 있는 차이는 t_1-noise이다. 위상 순환을 이용한 COSY-90 스펙트럼에서는 많은 t_1-noise를 볼 수 있지만 1번의 스캔만으로 얻은 gradient-COSY에서는 이들 t_1-noise가 거의 사라진 것을 쉽게 볼 수 있다.

Phase-sensitive experiments

위에서 설명한 magnitude-COSY에 적용되는 gradient 실험 방법은 t_1 동안에 하나(+1이나 −1)의 coherence order를 얻기 때문에 phase-sensitive 스펙트럼을 얻을 수 없다. Phase-sensitive 실험을 위해서는 다른 방법도 있지만 가장 일반적인 방법으로는 t_1 시간 동안에는 모든 PFGs의 적용을 하지 않고 States나 TPPI 방법으로 quadrature detection을 사용하게 된다. 이들 이외의 과정에 PFGs를 적용하게 되고 마지막 refocusing gradient의 부호를 바꾸어서 각각의 t_1에 대한 P-type과 N-type의 데이터를 얻은 후 이들을 따로 저장하게 된다. 이 데이터는 이미 위 magnitude-COSY 스펙트럼에서 본 것과 마찬가지로 두 가지 type의 데이터를 가지고 있으므로 일반적인 데이터 처리를 거친다면 두 가지 스펙트럼이 합쳐져서 F1 = 0축에 대칭인 복잡한 스펙트럼의 모습을 보여줄 것이다. 그러므로 이들 데이터의 처리 방법은 기존의 방법과는 다르게 하나의 데이터를 먼저 F1 = 0축에 대칭인 스펙트럼으로 만든 후, 다른 데이터의 스펙트럼을 이것과 합치는 과정을 거치게 된다. 이것은 F1축에 quadrature detection과 각각의 스펙트럼이 가지고 있는 dispersion 성질의 피크들도 상쇄하게 되는 효과를 주게 되어 순수 absorption 피크 모습의 스펙트럼을 만들게 된다. 이 방법은 echo-antiecho라고 하며 phase-sensitive 실험 방법으로 사용되고 있다.

그림 6-82 Gradient phase-sensitive DQF-COSY 실험의 펄스 순서.

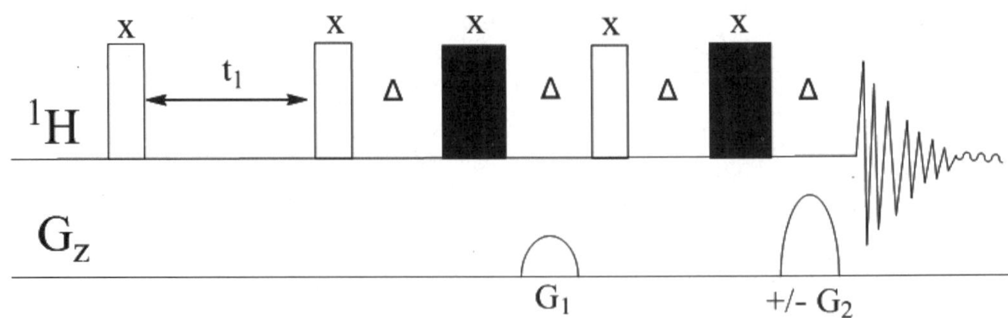

또한 phase-sensitive 실험에서 PFGs를 사용할 때 반드시 고려되어야 하는 것은 PFGs를 사용하는 동안(ms) 전개되는 화학 이동이 만들어내는 frequency-dependent의 위상의 오류다. 이 오류는 magnitude 스펙트럼에서는 문제가 되지 않지만 phase-sensitive 스펙트럼에서는 반드시 제거되어야 하는 것이기에 화학 이동의 전개를 refocus 시키기 위한 spin-echo(180°)의 방법을 같이 사용하여야 한다. 앞의 DQF-COSY 펄스 순서인 그림 6-18-5에서는 위상순환으로 스펙트럼을 얻었지만 이 실험에서 gradient를 사용하게 되면 더 효율적으로 스펙트럼을 얻을 수 있다. 즉 coherence order가 +2인 스펙트럼을 얻으려고 할 때는 마지막 90° 펄스 전과 후에 +1과 +2의 비율을 가지고 있는 크기의 gradient를 사용하면 될 것이고, coherence order가 −2인 스펙트럼을 얻으려면 +1과 −2의 비율을 가지는 크기의 gradient를 사용하면 될 것이다. 그러나 이들 둘을 동시에 얻을 수는 없다. 그러므로 감도는 위상 순환 방법의 반이되는 단점을 가지게 되지만 원치 않는 피크를 완전히 제거할 수 있으므로 단점을 극복할 수 있게 된다. 그러나 이 DQF-COSY 실험에서는 gradient들이 t_1 시간 동안에 위치하지 않게 되므로 quadrature detection(States나 TPPI)을 사용하면 phase-sensitive 실험을 할 수 있다. 위에서 언급한 대로 PFGs 동안에 전개되는 화학 이동이 만들어내는 위상의 오류를 수정하기 위하여 spin-echo의 방법과 함께 사용되어야 하고 그림 6-82가 gradient를 사용한 phase-

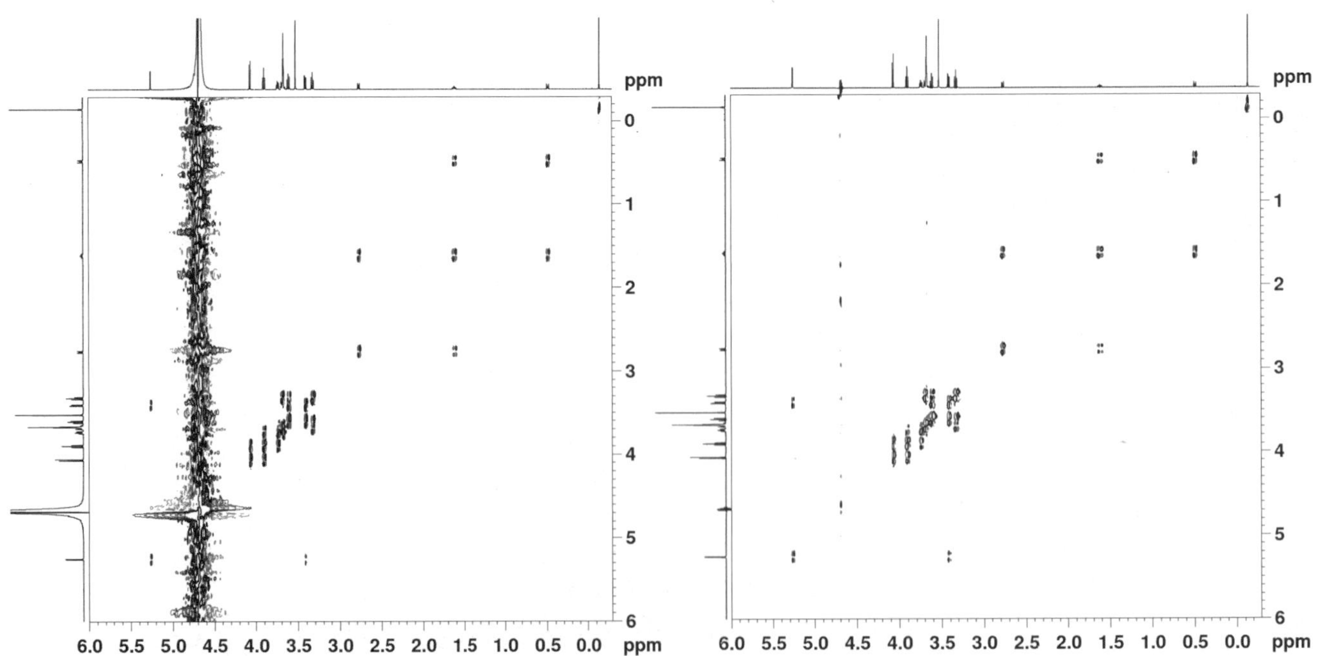

그림 6-82-1 90%의 H_2O와 10% D_2O의 용매에 녹아 있는 2 mM sucrose와 0.5 mM DSS 용액의 phase-sensitive DQF-COSY(좌측)와 gradient-DQF-COSY(우측) 스펙트럼.

sensitive DQF-COSY 실험을 위한 펄스 순서가 되는 것이다. 그리고 각각의 t_1에 대한 p-type과 N-type의 피크를 얻기 위하여 마지막 gradient의 부호를 바꾸어 주면 두 가지의 coherence를 모두 얻을 수 있는 gradient phase-sensitive echo-antiecho DQF-COSY 스펙트럼을 얻을 수 있게 된다.

우리는 앞에서 넓은 dispersion 모습의 diagonal 피크들을 줄이고 용매들의 단일 피크들을 제거할 수 있는 DQF-COSY 실험을 공부하면서 이들의 장점에도 불구하고 biomolecule들의 연구에서 사용하는 90% H_2O와 10% D_2O 용매의 H_2O를 제거할 수 있는 방법으로는 한계가 있음을 볼 수 있었다(그림 6-18-8). 그러나 이 방법에 gradient를 적용한 펄스 순서(그림 6-82)를 사용할 때 H_2O 피크를 제거할 수 있는 gradient의 유용함을 잘 보여주는 결과를 그림 6-82-1이 보여주고 있다.

6.5.2.1 Gradient-HMQC

이 gradient 실험은 특히 타 핵종의 화학 이동 상호관계에서 사용되는 inverse 실험인 HMQC, HSQC, HMBC 방법에서 매우 잘 사용되고 있으며 일반적으로 GRASP(GRAdient SPectroscopy)라는 접두사를 붙여서 이들 실험 방법을 GRASP-HMQC 등으로 부르기도 한다. 그리고 이 실험의 결과는 gradient를 사용하지 않은 단순 inverse 실험과 비교하여 매우 월등하다. 그림 6-83은 gradient-HMQC 실험의 펄스 순서들과 각각에서 일어나는 coherence transfer pathway를 보여주고 있다.

이 그림을 단순 HMQC 실험의 펄스 순서인 그림 6-69와 비교해 보면 먼저 BIRD 펄스가 사용되지 않는 것을 알 수 있다. 즉 이 실험에서는 여러 가지 문제를 일으키는 $H-{}^{12}C$의 양성자의 피크들을 제거하기 위하여 필요한 BIRD 펄스가 없으며, 또한 BIRD 펄스가 완전하게 ${}^{12}C-H$의 양성자의 피크들을 제거할 수 없으므로 같이 사용되던 위상 순환도 이 실험에서는 필요하지 않게 되었다. 그림 (a)에서는 세 개의 gradient G_1, G_2, G_3 중 t_1 시간 동안에 놓여 있는 것도 있으므로 이것은 magnitude 실험이며 N-type 피크의 선택이다. 이들 피크 선택의 과정을 이해하기 위해서 coherence transfer pathway에 나타나 있는 coherence order p와 참여하는 핵의 magnetogyric ratio 그리고 세 개의 gradient가 어떠한 coherence에 영향을 주는지를 고려해야 한다. 이곳에서 첫 번째 gradient는 양성자와 탄소 모두에 coherence order $p=+1$에서 작동하고 있으므로 이것의 영향(heteronuclear double quantum coherence)은 $G_1(\gamma_H+\gamma_C)$라고 표시할 수 있다. 그리고 두 번째 gradient는 $G_2(-\gamma_H+\gamma_C)$ 세 번째는 $G_3(-\gamma_H)$가 된다. 즉 앞에서 언급한 대로 어떤 특정의 coherence를 선택하기 위해서는 gradient들에 의해서 만들어진 transverse magnetization 위상의 factor들의 합이 0이 되어야 한다(식 6-7).

$$G_1(\gamma_H+\gamma_C)+G_2(-\gamma_H+\gamma_C)+G_3(-\gamma_H)=0 \qquad (식\ 6\text{-}7)$$

Heteronuclear 실험에서 중요한 두 핵 양성자와 탄소의 γ의 비는 4이므로 위의 식 6-7은 식 6-8로 간소화시킬 수 있다.

$$G_1(5)+G_2(-3)+G_3(-4)=0 \qquad (식\ 6\text{-}8)$$

위의 식 6-8을 만족시킬 수 있는 조건의 gradient는 여러 가지의 비율들, 2:2:1, 5:3:4, 3:5:0의 각각 모두가 적용될 수 있다. 여러 종류의 비율로 얻어진 스펙트럼들이 발표되고 실

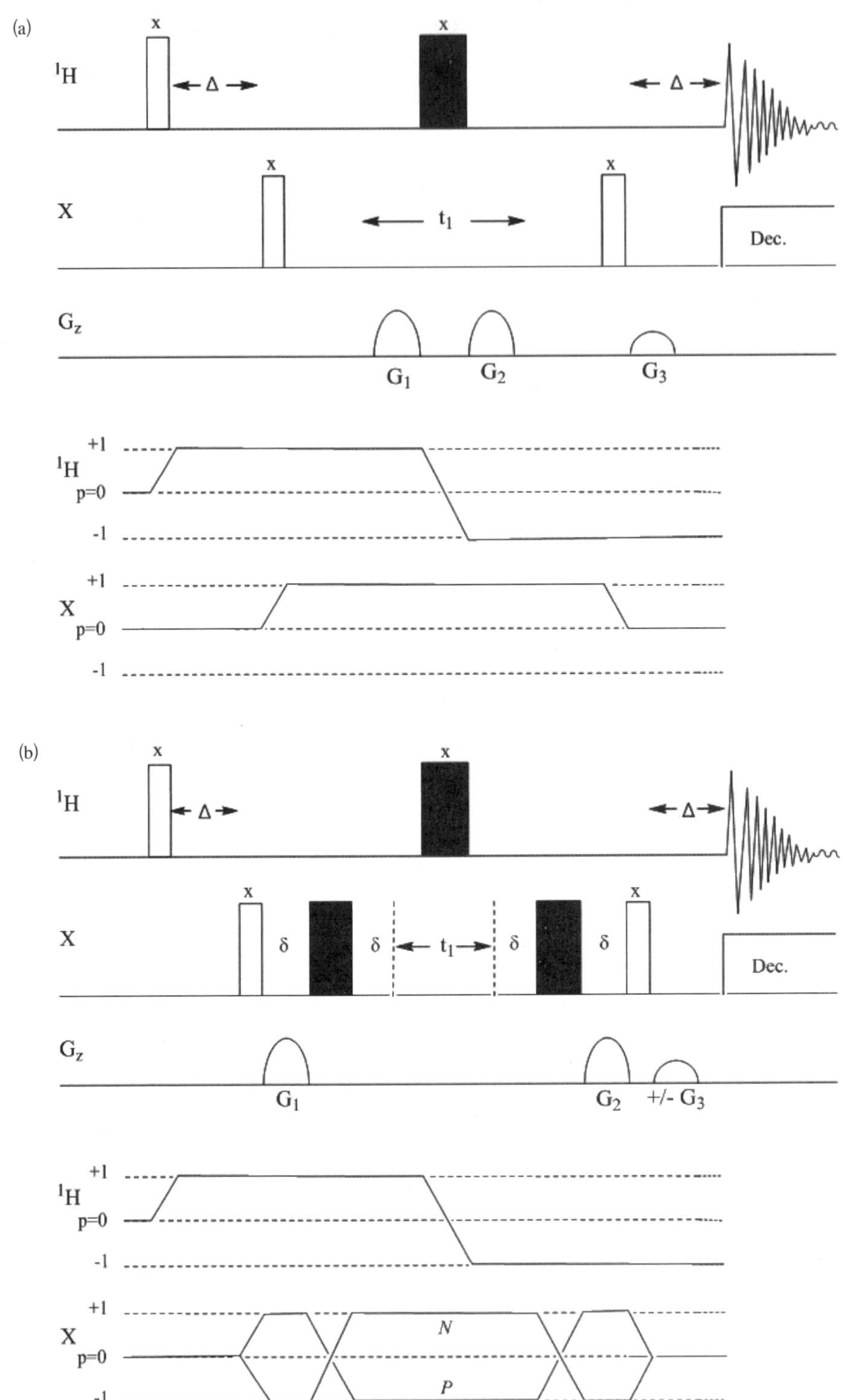

그림 6-83 Gradient-HMQC 실험의 펄스 순서와 coherence transfer pathway. (a) magnitude, (b) phase-sensitive.

제로 기기들마다 gradient의 세기와 기기의 성능이 다르므로 각각의 기기들에는 그들 고유의 gradient 비율들이 사용되고 있다.

그림 6-84는 G_1, G_2, G_3를 5:3:4의 비율로 하여 얻은 *trans*-myrtanol(**4**)의 gradient-HMQC 실험 스펙트럼이다. 이 스펙트럼은 모든 조건이 같고 각 t_1 increment에서 스캔의 수만 4배로 하여 얻은 단순 HMQC 스펙트럼인 그림 6-72와 비교해 보면 분해능(resolution)이 매우 나쁜 것을 알 수 있다. 즉 이 실험은 phase-sensitive 실험이 아닌 magnitude 스펙트럼을

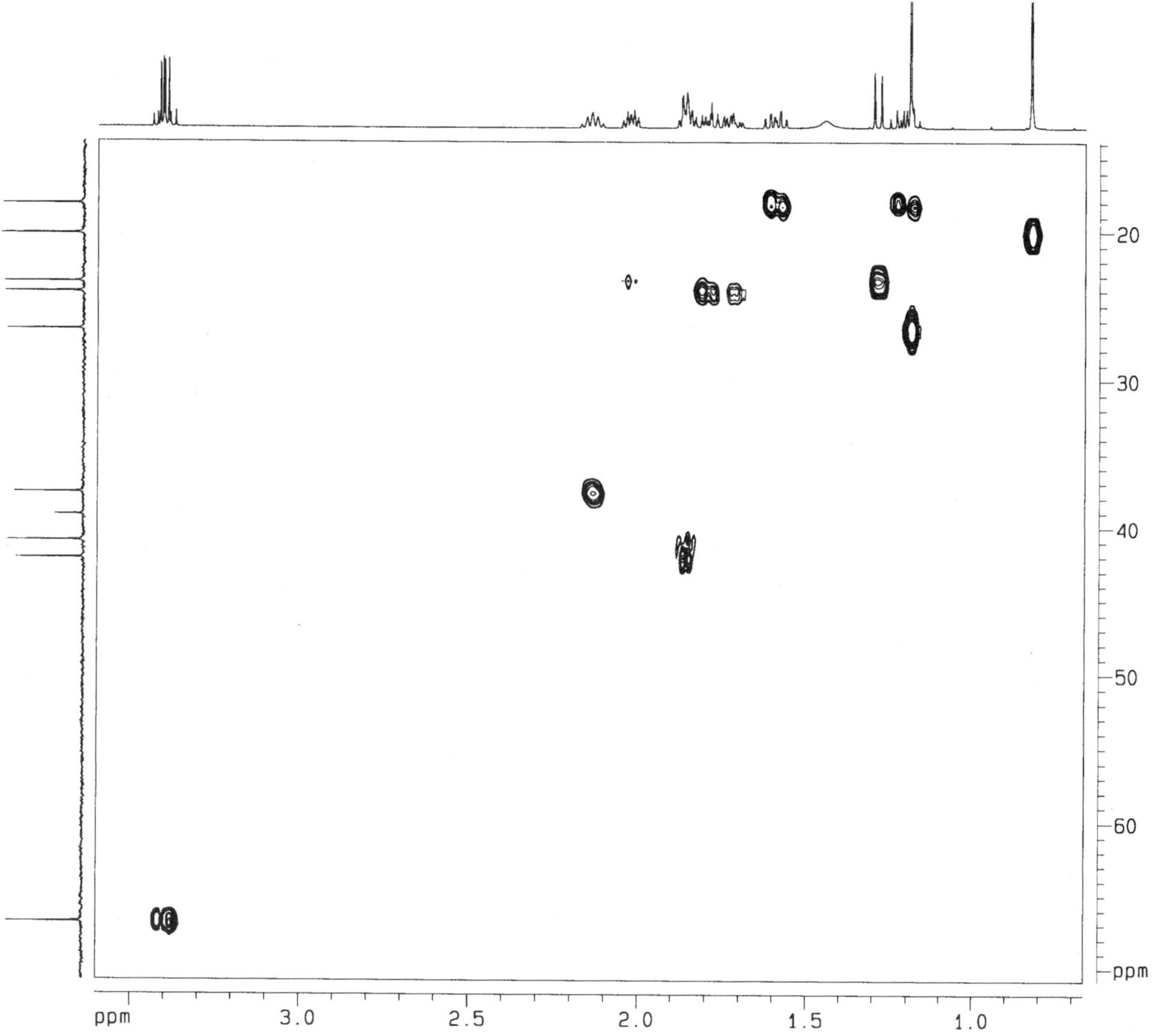

그림 6-84 *trans*-Myrtanol(**4**)의 gradient-HMQC 실험 스펙트럼.

얻는 것이므로 분해능이 상대적으로 나쁘게 나타난 것이다.

그림 6-85는 단순 HMQC 스펙트럼인 그림 6-73과 감도와 t_1-noise를 비교하기 위하여 보여준 0.1M 용액의 cholestane(**5**)의 gradient-HMQC 실험 스펙트럼이다. 먼저 gradient 실험인 그림 6-85에서는 이 실험의 장점인 t_1-noise가 완전히 사라진 것을 볼 수 있지만 magnitude 스펙트럼의 단점인 분해능이 매우 나쁘다는 것을 커다랗게 나타난 메틸 피크들의 크기에서 확실히 알 수 있다. 일반적으로 magnitude gradient 실험은 하나의 coherence order 만을 선택하기 때문에 phase-sensitive 실험 감도의 1/2이지만 리시버의 최적 조건을 사용할 수 있게 되어 gradient selection으로 잃어버린 감도를 보충할 수 있다고 알려져 있다. 그러나 위의 두 실험으로 보여준 cholestane의 스펙트럼에서는 어느 실험의 감도가 더 좋다는 것을 확실하게 알 수는 없다. 비록 phase-sensitive 실험이 감도가 좋다고는 하지만 t_1-noise를 완전히 제거할 수 있는 gradient 실험의 스펙트럼은 피크의 강도를 높일 수 있으므로 상대적으로 더 좋은 감도의 스펙트럼으로 보일 수도 있다. 그러면 gradient 실험에서 t_1-noise를 제거할 수 있는 장점이 스펙트럼에 얼마나 큰 영향을 미치는지를 cyclosporin A(그림 3-1)를 사

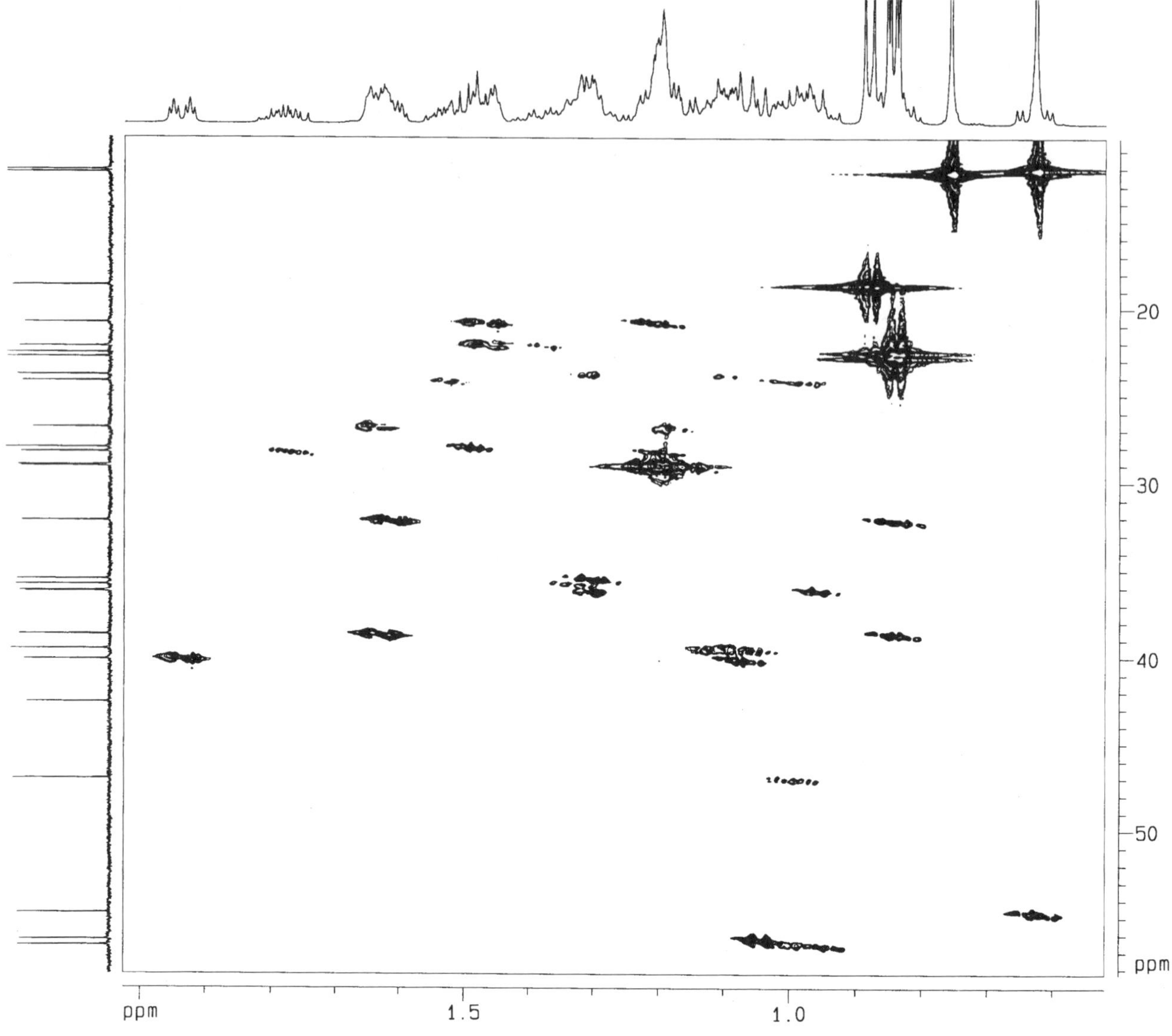

그림 6-85 0.1 M 용액의 cholestane(**5**)의 gradient-HMQC 실험 스펙트럼.

용하여 얻은 비교 스펙트럼으로 보도록 하자. 그림 6-86에 보여주고 있는 두 스펙트럼은 스펙트럼을 얻은 모든 조건이 같고 다만 한 스펙트럼은 gradient를 사용한 것이고 다른 하나는 사용하지 않았다. 스펙트럼을 거의 알아 볼 수 없을 정도의 t_1-noise가 gradient를 사용한 스펙트럼에서는 완전하게 제거된 것을 볼 수 있다. 이와 같이 gradient 실험의 감도가 더 좋은 것은 아래의 gradient-HMBC 실험에서도 쉽게 볼 수 있다.

그러므로 이 magnitude gradient-HMQC 스펙트럼은 감도와 분해능의 필요가 절대적이지 않은 routine한 스펙트럼의 용도로는 매우 유용하게 사용되고 있다. 물론 gradient-HMQC 스펙트럼도 t_1 시간 동안에 gradient를 적용하지 않고 spin-echo와 같이 사용하여 echo-antiecho 방법을 사용하면 phase-sensitive 실험을 할 수 있다. 즉 phase-sensitive 실험을 하기 위해서는 t_1 동안에 생겨나는 탄소의 N-type과 P-type 피크들을 모두 얻어야 한다. 그러나 gradient가 t_1 동안에 작동을 하게 되면 한 번의 스캔으로 이들 두 type의 피크들을 동시에 refocus를 시킬 수 있는 gradient 조합은 있을 수 없다. 예를 들어 앞에서 N-type의 피크를 얻을 때(식 6-7) 사용한 2:2:1의 gradient의 비율을 P-type의 피크(t_1 동안에 coherence order = −1)에 적용하면 식 6-7-1에 볼 수 있는 것과 같이 피크들은 dephase 상태로 있게 된다.

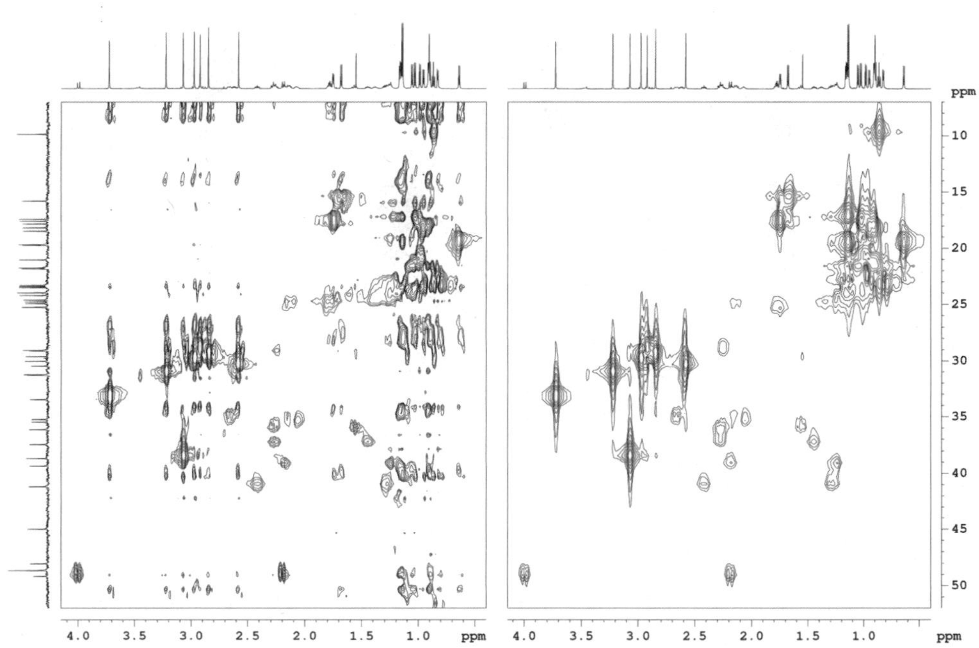

그림 6-86 Cyclosporin A의 HMQC(좌측)와 gradient-HMQC의 일부분 스펙트럼.

$$G_1(\gamma_H - \gamma_C) + G_2(-\gamma_H - \gamma_C) + G_3(-\gamma_H)$$
$$= (2\times3) + (2\times-5) + (1\times-4) = -8 \qquad \text{(식 6-7-1)}$$

그러므로 phase-sensitive 실험을 위한 두 종류의 피크를 모두 얻기 위해서는 t_1 동안에 gradient를 사용하지 않고 States나 TPPI 방법으로 quadrature detection을 하면서 마지막 gradient의 부호를 바꾸면서 번갈아 하는 스캔으로 N-과 P-type 피크를 얻는 echo-antiecho 방법을 사용하는 것이다. 그림 6-83의 (b)가 phase-sensitive echo-antiecho 실험의 펄스 순서를 보여주고 있다. 이 펄스 순서에서 gradient 펄스 동안에 전개되는 탄소의 화학 이동을 refocus 시키기 위해서 필요한 스핀 에코의 과정을 제외하면 magnitude 펄스 순서인 (a)의 펄스 순서와 같다는 것을 알 수 있다. 이곳에서는 gradient 비율을 2:2:1을 사용할 때 magnitude 방법과는 다르게 P-type 피크의 선택이 되고 N-type의 피크가 2:2:−1의 gradient 비율에서 얻어지게 된다(이것은 coherence transfer pathway에서 볼 수 있듯이 스핀 에코 펄스 때문이다).

6.5.2.2 Gradient-HSQC

위의 논리와 똑같은 gradient selection 논리를 HSQC 실험에 적용할 수 있고 이 실험의 펄스 순서를 그림 6-87에 보여주고 있다. 여기에서는 gradient들 각각이 하나의 핵의 single quantum에서만 작동을 하기 때문에 두 핵의 γ에 비례하는 2개의 gradient만 사용하게 된다. 즉, 탄소와 양성자의 correlation 실험에서는 4:1(질소의 경우는 10:1)과 4:−1(10:−1)의 gradient 비를 번갈아 사용하여서 N-과 P-type 피크들을 얻는 echo-antiecho 방법으로 phase-sensitive 실험을 할 수 있다.

비록 이 펄스 순서는 매우 복잡해 보이지만 t_1 increment의 앞부분은 이미 앞에서 본 HSQC 실험에서의 INEPT 펄스 순서이다. 그리고 이들 펄스 순서 다음에 주어지는 ^{13}C(또는 다른 X 핵)의 펄스가 single quantum의 magnetization을 생성하게 하므로 이 실험은 single quantum을 이용하게 되는 것이다. 이 실험은 앞에서 공부한 gradient-HMQC와 같은 결과를 주는 실험이지만, gradient-HMQC 실험보다는 여러 가지 장점을 가지고 있으므로 대부분 phase-

그림 6-87 gradient-HSQC 실험의 펄스 순서와 coherence transfer pathway.

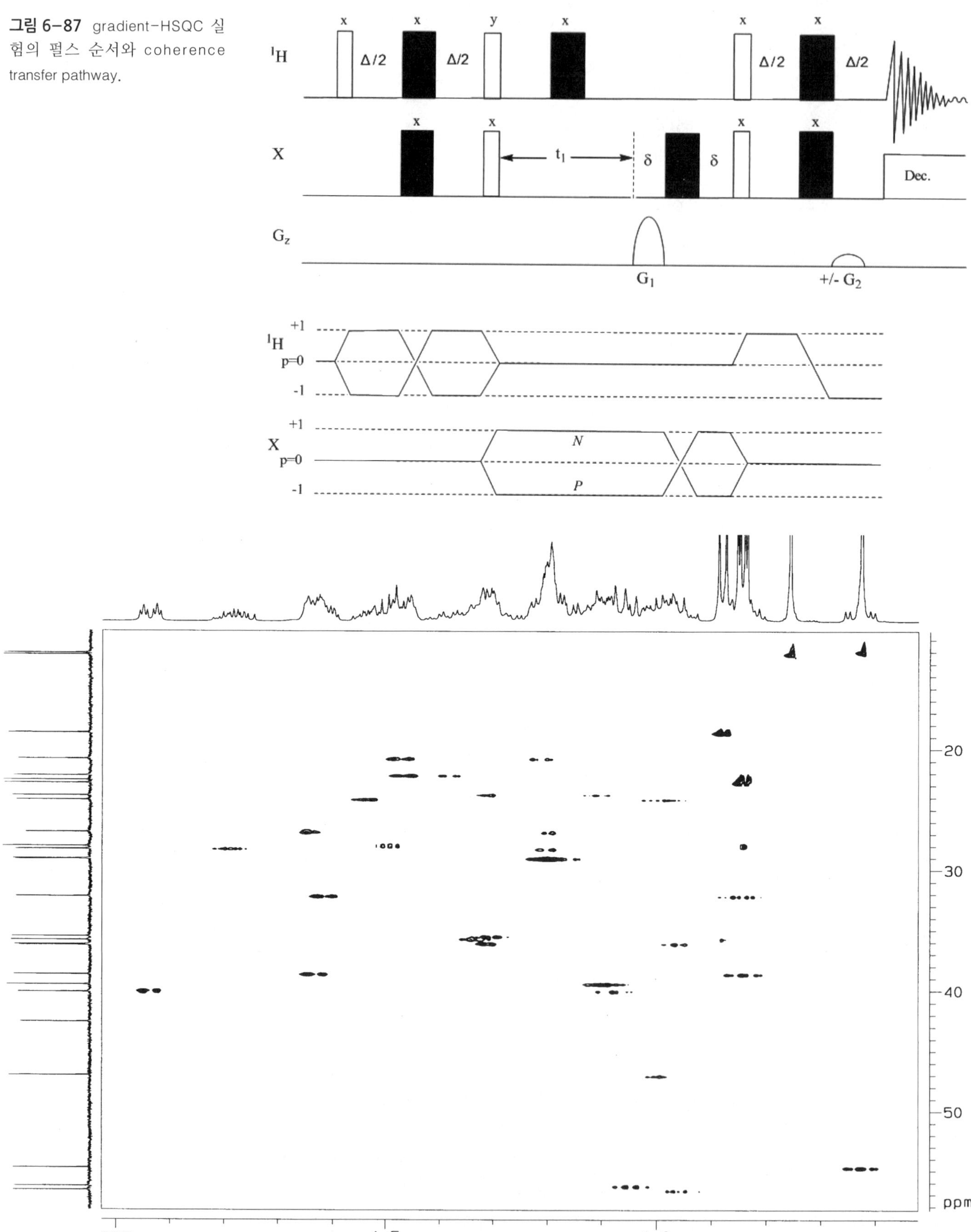

그림 6-88 0.1 M 용액의 cholestane(5)의 gradient-HSQC 실험 스펙트럼.

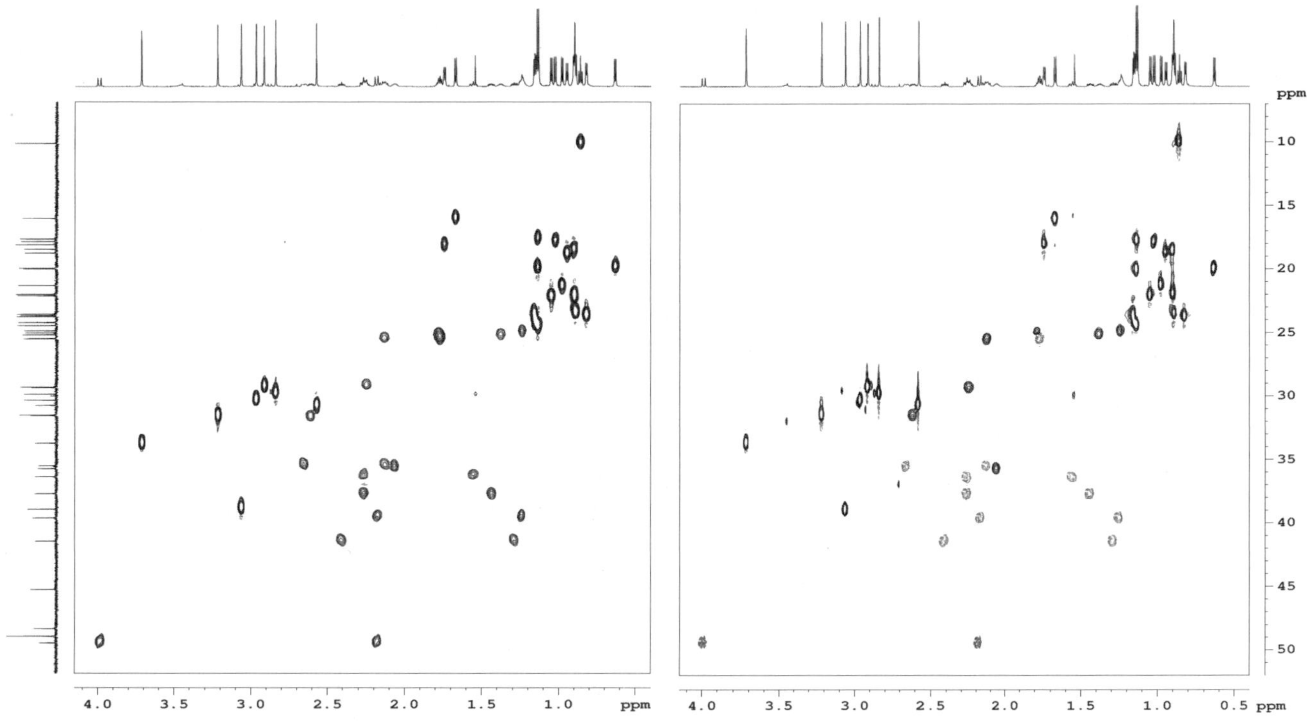

그림 6-89 Gradient-HSQC와 edited-gradient-HSQC 스펙트럼 비교. 스펙트럼에서 점선으로 나타난 피크들이 음의 CH_2 피크들이다.

sensitive 스펙트럼을 얻으려 할 때는 gradient-HSQC 실험 방법을 사용하고 있다. 그림 6-88은 0.1 M 용액의 cholestane의 gradient-HSQC 스펙트럼이다. 이 스펙트럼을 gradient를 이용한 magnitude-HMQC 스펙트럼인 그림 6-85와 비교하여 보면 다른 피크들의 분해능은 물론이고 제일 먼저 작아진 메틸 피크들의 모습으로부터 gradient-HSQC 실험으로 얻어진 phase-sensitive 스펙트럼의 분해능의 우월성을 쉽게 알 수 있다.

특히 gradient-HSQC 실험은 phase-sensitive 이면서 single quantum coherence를 이용하게 되므로 펄스 순서에 DEPT와 같은 펄스 순서를 쉽게 연결하여서 사용할 수 있게 되고 피크들을 editing할 수 있다. 이들 중 가장 유용하게 사용되는 방법은 이 펄스 순서의 t_1 이후에 단순히 스핀 에코[$\Delta-180°(^1H,X)-\Delta$, $\Delta=1/2J$]를 첨가하면 헤테로 핵 사이의 커플링(J_{H-C})으로 전개되는 CH_2는 음의 피크로, CH와 CH_3 피크들은 양의 피크로 나타나게 되어 스펙트럼의 해석을 더욱 용이하게 할 수 있다. 이 editing 방법을 사용한 스펙트럼을 그림 6-89에 cyclosporin A를 사용하여 얻은 것으로 보여주고 있다. 같은 영역을 보여주고 있는 HSQC 스펙트럼을 magnitude HMQC 스펙트럼인 6-86과 비교하면 첫째로 탄소 15~25 ppm 부근에서 모두 겹쳐서 나타나던 피크들이 완전히 분리되는 분해능을 보여주는 것으로 이들 스펙트럼의 장점이 무엇인지를 확실하게 보여주고 있다. 그리고 edited-HSQC 스펙트럼은 diastereotopic CH_2 양성자와 탄소를 다른 것들과 구분할 수 있다는 또 다른 장점을 보여주고 있다.

6.5.2.3 Gradient-HMBC

그림 6-90은 gradient-HMBC 실험의 펄스 순서이다. 이 펄스 순서는 그림 6-75의 HMBC 실험의 펄스 순서에 gradient만 추가되었다. 여기에서의 gradient들의 비율도 위의 gradient-HMQC의 경우와 같게 여러 종류의 gradient 비율을 사용할 수 있다. 앞의 gradient를 사용하지 않는 HMBC 실험에서 가장 문제가 되었던 것은 BIRD 펄스를 사용하지 못하고 low-pass

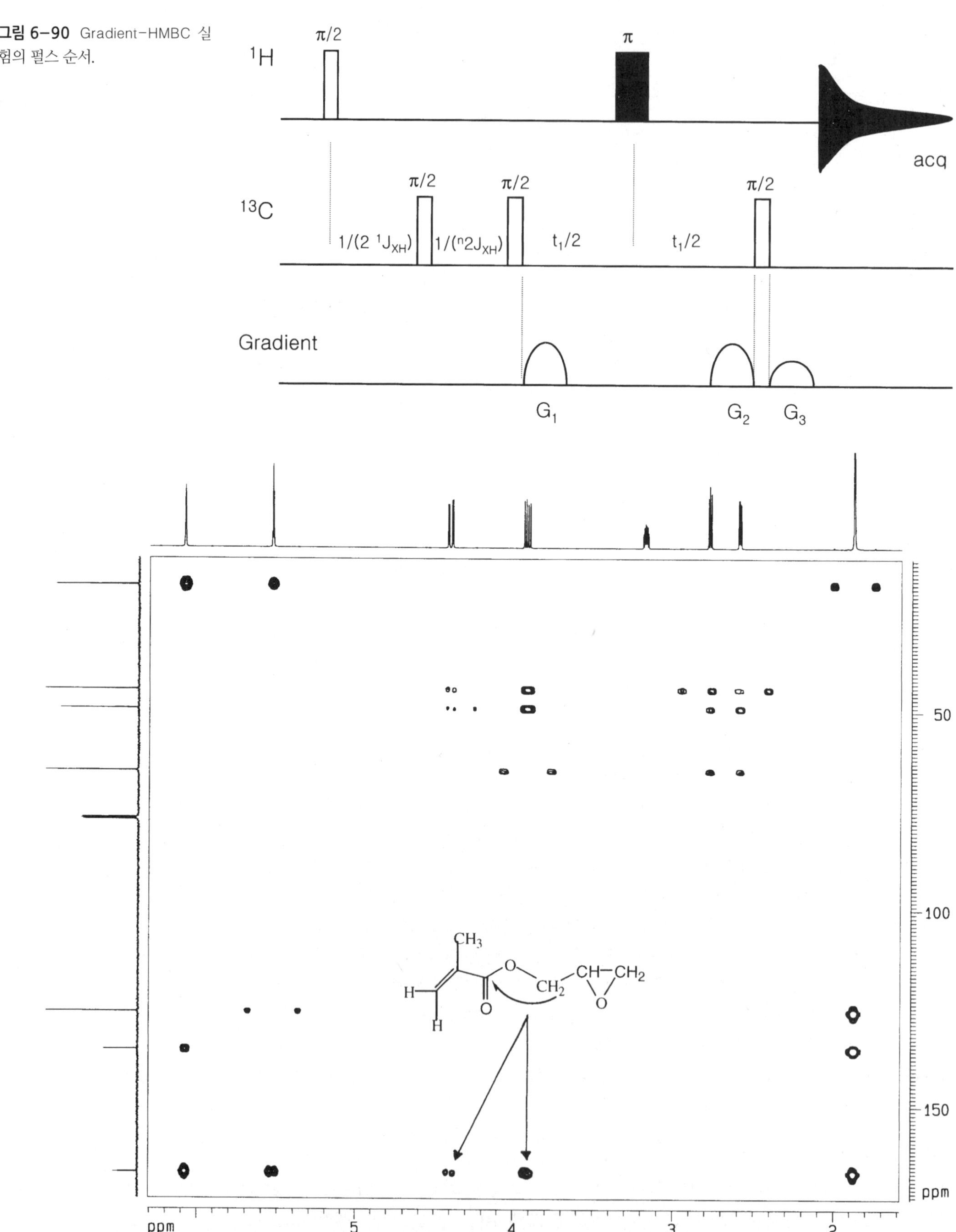

그림 6-90 Gradient-HMBC 실험의 펄스 순서.

그림 6-91 Glycidyl methacrylate(**1**)의 gradient-HMBC 실험 스펙트럼.

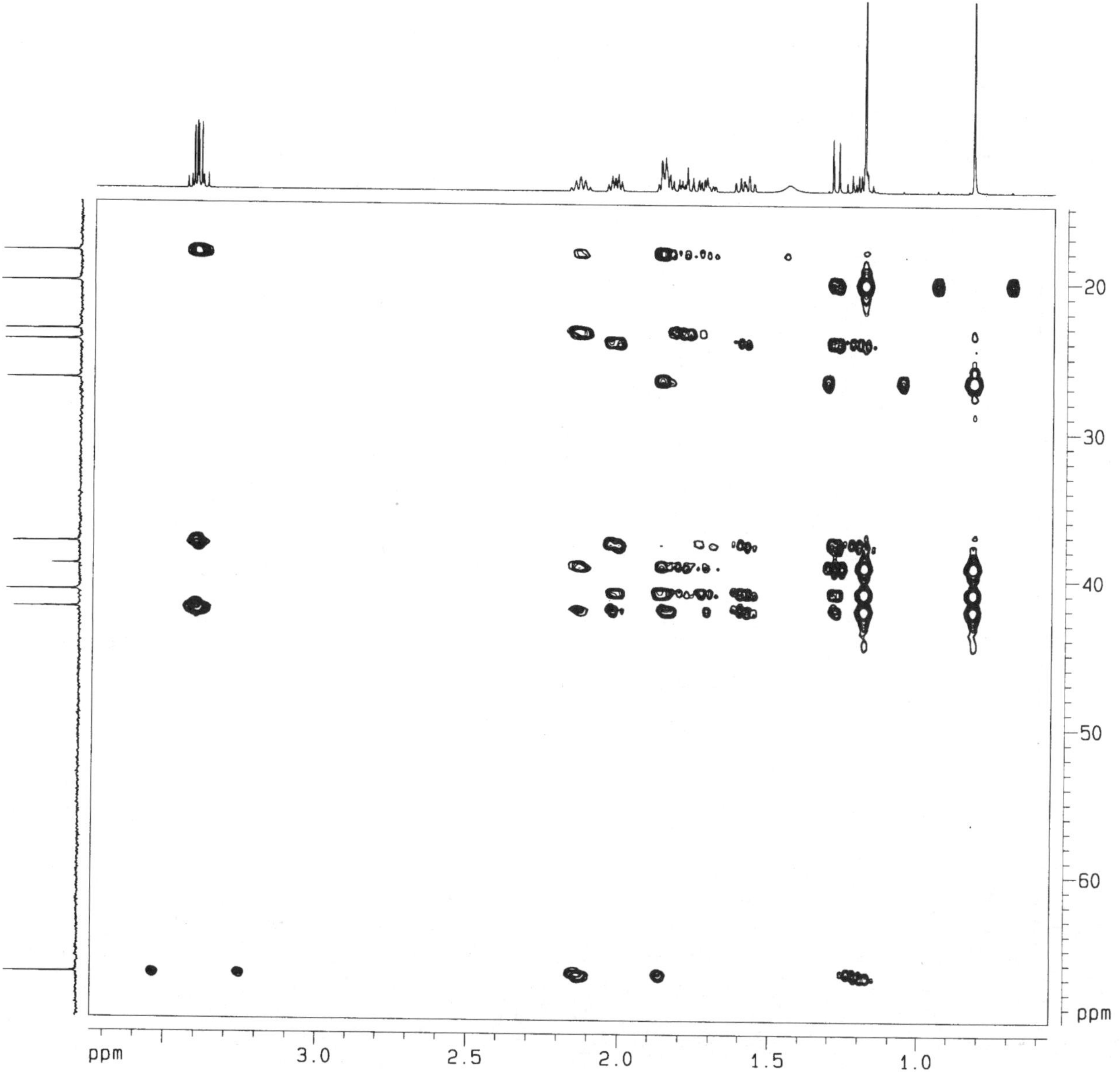

그림 6-92 *trans*-Myrtanol(**4**)의 gradient-HMBC 실험 스펙트럼.

J-filter를 사용하여 ^{1}H-^{12}C 피크를 완전히 제거할 수 없어서 나타나는 t_1-noise가 스펙트럼의 해석을 어렵게 하고 이들을 극복하기 위하여 많은 시간이 소요되므로 이 실험을 routine한 실험 방법으로 사용할 수 없었다는 것이다.

펄스 순서에서 t_1 시간 동안에 gradient가 사용되었기 때문에 magnitude 방법이며 N-type 피크를 선택하는 실험이다. 그림 6-91은 glycidyl methacrylate(**1**)의 gradient-HMBC 실험 스펙트럼이다. 이 스펙트럼을 HMBC 스펙트럼인 그림 6-75-1과 비교해 보면 첫 번째로는 t_1-noise가 없다는 것과 두 번째로는 볼 수 없었던 새로운 correlation 피크들이 나타났다는 것이다. 예를 들면 그림 6-75-1에서는 화살표로 표시한 것과 같이 메틸렌의 두 개의 양성자들 중 하나의 양성자만이 carbonyl에 ^{3}J long-range correlation 피크를 보이고 있는 반면 그림 6-91에서는 두 양성자 모두가 long-range correlation 피크를 보여주고 있다. 더욱이 그림 6-75-1은 각 t_1 increment마다 64 스캔을 하였지만 그림 6-91의 실험은 8 스캔을 한 스펙트럼이므로 gradient 실험이 훨씬 더감도가 좋다는 것을 쉽게 알 수 있다.

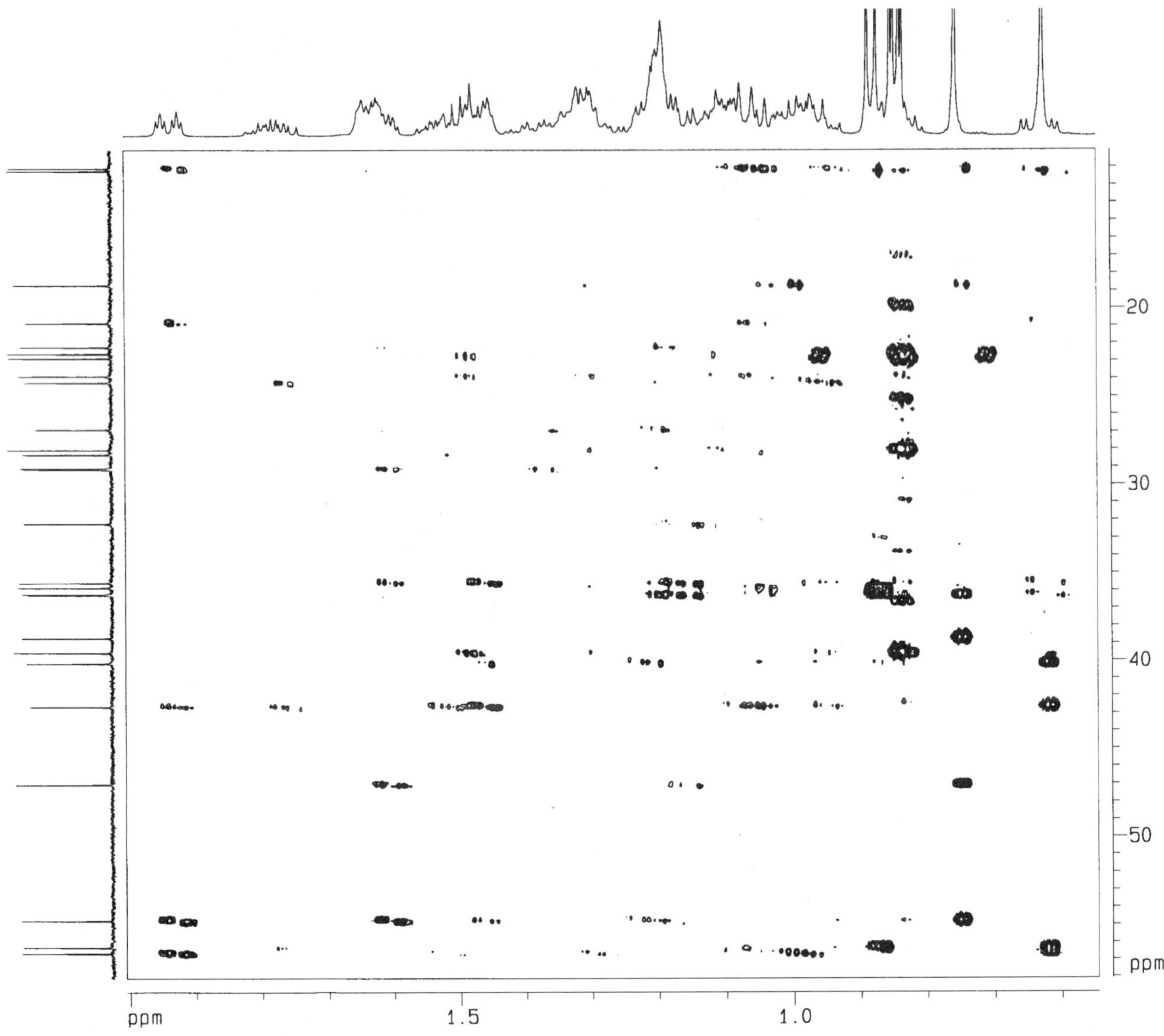

그림 6-93 0.1 M 용액의 cholestane(**5**)의 gradient-HMBC 실험 스펙트럼.

이와 같은 감도의 차이는 *trans*-myrtanol(**4**)의 HMBC 실험 스펙트럼인 그림 6-76(64 스캔)과 gradient-HMBC 실험 스펙트럼인 그림 6-92(8 스캔)의 비교에서도 스캔 수의 차이로 쉽게 알 수 있다. 더욱이 0.1 M 용액의 cholestane(**5**)의 HMBC 실험 스펙트럼인 그림 6-77(16 스캔과 t_1-noise의 제거 과정을 거친 스펙트럼)과 gradient-HMBC 실험 스펙트럼인 그림 6-93(16 스캔)의 두 실험 결과를 단순 비교하더라도 t_1-noise가 제거된 gradient 실험의 스펙트럼이 얼마나 더 큰 장점을 가지고 있는 것인지를 더욱 더 명확하게 보여준다.

앞에서 우리는 inverse 실험과 gradient를 사용하는 실험들의 원리와 실험 방법에 대하여 공부하였고 또한 실제로 몇 가지 화합물로 이들 방법을 적용하여 얻은 스펙트럼들을 통해서 장점과 단점에 관해서 알아보았다. 이들 실험들은 기존의 direct detection 실험으로는 불가능하던 실험들을 단지 수 시간 또는 수 분만에 가능하게 함으로써 NMR 실험에 새로운 전기를 마련하였다. 비록 이제까지는 inverse 실험과 gradient 실험을 가장 일반적인 CH correlation에 관해서만 보았지만, 실제로 이들 실험은 감도가 좋지 않은 여러 가지 다른 핵들에 사용되고 있으며 이들 중 가장 대표적인 것은 ^{15}N 핵의 detection을 위해서 사용되는 $^{1}H-^{15}N$의 gradient-HMQC, gradient-HMBC, gradient-HSQC 실험들이다.

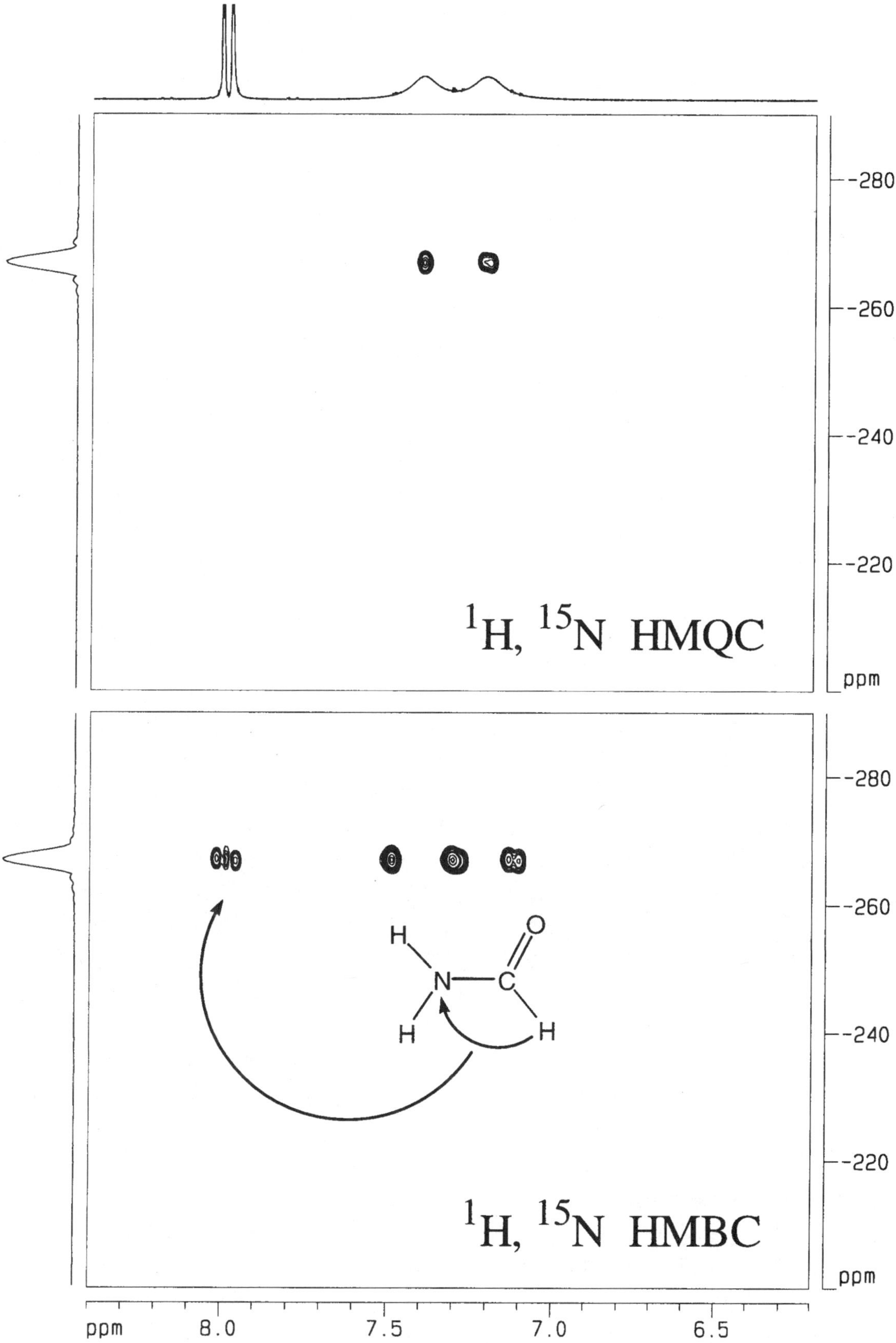

그림 6-94 50.68 MHz에서 얻은 formamide의 ^{1}H, ^{15}N gradient-HMQC와 HMBC 스펙트럼들 (^{15}N 기준: nitromethane).

3.7절에서 formamide를 이용하여 ^{15}N 핵의 direct detection에 관해서 보았지만 이 시료는 90%의 농도를 사용하였으므로 가능하였다. 우리들이 보통 사용하는 수십 mmole 용액으로는 이 실험은 불가능하게 되고, 0.1 mole 정도의 시료를 사용하더라도 수십 시간의 시간이 필요하게 된다. 그러나 gradient를 이용한 inverse 실험을 사용하면 이러한 문제들을 극복할 수 있을 뿐만 아니라 NH long-range correlation 실험도 가능하게 함으로써 질소를 포함한 분자들의 구조 규명을 매우 용이하게 할 수 있다. 그림 6-94는 50.68 MHz에서 얻은 formamide의 ^{1}H,^{15}N gradient-HMQC와 gradient-HMBC 스펙트럼들이다. 커플링 상수값을 88 Hz(1/2J = 5.7 ms)로 사용하여 얻은 HMQC 스펙트럼은 F2축의 화학 이동값이 다른 두 개의 양성자가 F1축의 −267 ppm에서 나타나는 하나의 질소에 1-bond로 결합되어 있다는 것을 잘 보여주고 있다. 커플링 상수값을 8.3 Hz(1/2J = 60 ms)로 사용하여 얻은 HMBC 스펙트럼에서는 F2축의 7.96 ppm에서 나타나는 양성자가 F1축의 −267 ppm에서 나타나는 질소에 2-bond 또는 3-bond로 결합되어 있다는 것을 잘 보여주고 있다(일반적으로 $^{2}J_{NH}$나 $^{3}J_{NH}$는 1~15 Hz로 비슷한 값들을 가지고 있으므로 실험에서는 1/2J 값으로 보통 중간값에 해당하는 60 ms으로 사용하며 이때 얻어지는 NH의 long range 피크만으로는 2-bond인지 3-bond인지를 구분할 수 없다). HMBC 스펙트럼에서 또 다른 피크들은 획득 시간 동안 ^{15}N을 디커플링시키지 않았으므로 질소에 1-bond로 결합되어 있는 양성자들의 피크가 완전히 없어지지 않고 ^{15}N과 커플링되어서 나타난 것이다(이미 알고 있는 이 현상이 CH의 HMBC 스펙트럼인 그림 6-91과 6-92에서보다도 크게 나타난 것은 1-bond 커플링을 줄일 수 있는 low-pass J-filter의 방법을 사용하지 않았기 때문이다).

그림 6-95는 ^{15}N NMR 스펙트럼을 얻기 위해서 과연 어느 정도의 시료와 시간이 필요한가를 보여주기 위해서 DMSO를 용매로 10 mmole의 guanosine을 사용하여 얻은 50.68 MHz의 gradient HMQC와 HMBC 스펙트럼들이다. 먼저 1시간 50분 동안에 얻은 HMQC 스펙트럼(1/2J = 5.7 ms, 1K × 128, NS = 32)에서는 6.5 ppm의 양성자가 −305.7 ppm(NH_2)의 질소를 보여주고 있고, 10.6 ppm의 양성자는 −231.9 ppm(N−1)의 질소를 detection할 수 있게 하였다. 그리고 7시간 동안에 얻은 HMBC 스펙트럼(1/2J = 62 ms, 1K × 128, NS = 128)에서는 완전히 없어지지 않고 남아 있는 1-bond의 correlation peak들과 함께 7.9 ppm의 양성자가 −209.3과 −130.0 ppm의 화학 이동값을 가지는 두 개의 질소를 보여주고 있다. 즉 이들은 양성자 8-H가 질소 9와 7과 커플링함으로써 나타난 것이다[여기에서 질소 3은 비록 질소 1과 NH_2에 있는 양성자들과 3-bond 결합을 하고 있지만 correlation peak를 보여주지 못하였다. 즉 이들 사이의 커플링은 62 ms(J = 8 Hz)으로 주어진 조건에 매우 벗어나는 매우 작은 커플링 상수를 가지고 있다는 것을 의미한다]. 위의 스펙트럼들에서 질소의 화학 이동은 nitromethane을 기준으로 사용한 것이다. 앞의 3장에서 보여준 예들에서도 같은 기준을 사용하였지만 표 3-7에서 보여주고 있는 질소의 화학 이동값들은 liquid NH_3를 기준으로 사용한 것이다. 최근에는 많은 ^{15}N 화학 이동값들이 liquid NH_3를 기준으로 발표되고 있으므로 이들의 다른 기준에 따르는 상호 변환은 nitromethane이 liquid NH_3에서 380.2 ppm의 값을 가지고 있다는 것을 적용하면 된다.

그림 3-1에서 보여주고 있는 cyclosporin A는 11개의 amino acid가 만들고 있는 cyclic peptide로 4개의 NH와 7개의 tertiary N을 가지고 있으므로 이 물질의 gradient-HSQC 실험은 4개의 NH를 보여줄 수 있을 것이다. 그리고 long-range 커플링을 사용하는 gradient-HMBC 실험은 양성자를 가지고 있지 않은 나머지 7개의 질소들도 보여줄 수 있을 것이다. 그림 6-96은 700 MHz NMR(^{15}N; 70.96 MHz)에서 얻은 cyclosporin A의 ^{1}H-^{15}N gradient-HSQC 스펙트럼이다. 시료는 25 mmole의 농도이며 각 t_1에 2 스캔으로 단지 약 8분 동안에 얻은 스펙트럼이다. 이 스펙트럼에서 약 7~8 ppm 영역에서 나타나는 amide의 질소가 가지

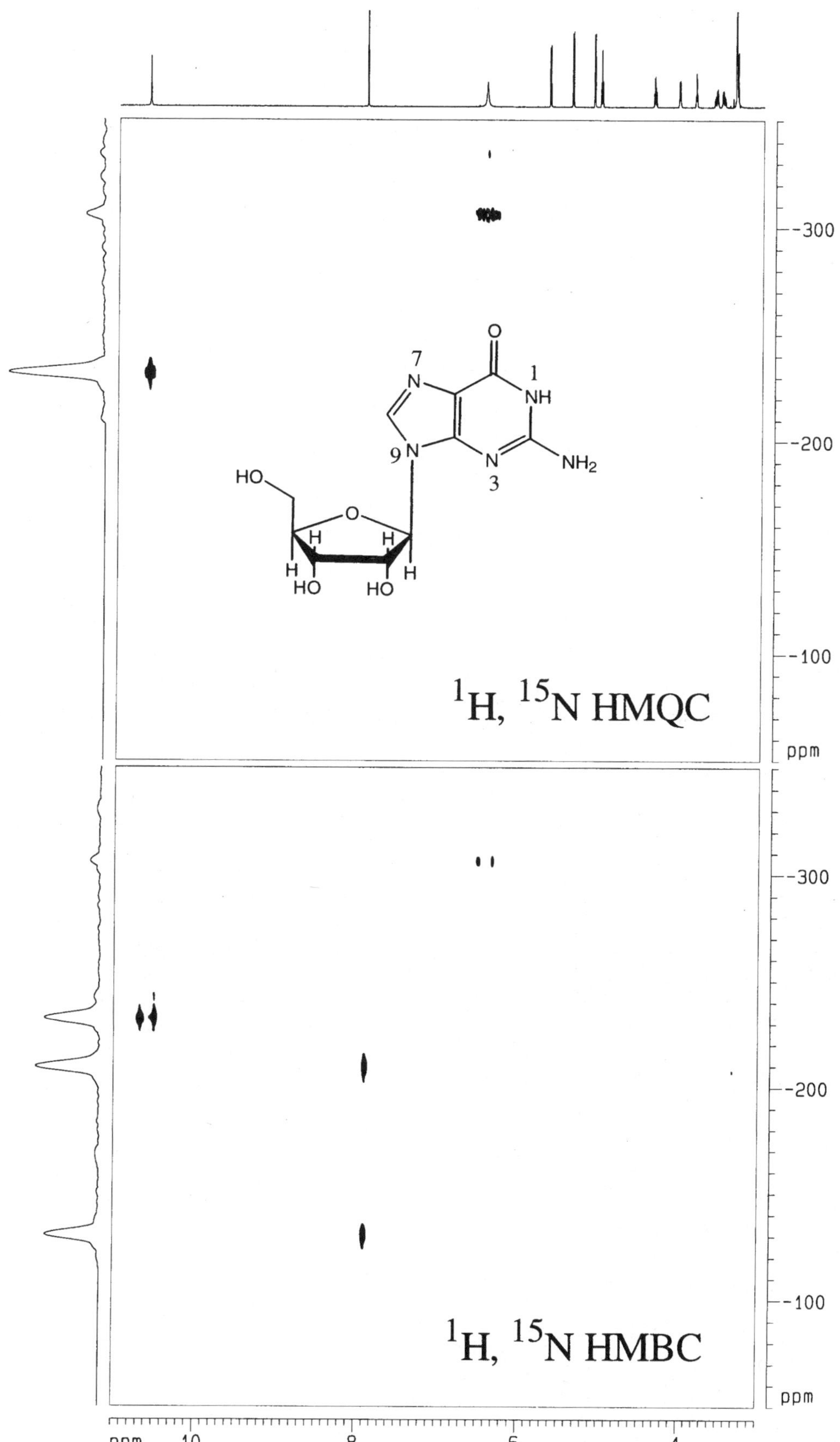

그림 6-95 50.68 MHz에서 얻은 10 mmole guanosine 용액의 $^{1}H-^{15}N$ gradient-HMQC (1/2J = 5.7 ms, 1K × 128, NS = 32, 1시간 50분 소요)와 HMBC(1/2J = 62 ms, 1K × 128, NS = 128, 7시간 소요) 스펙트럼들(^{15}N 기준: nitromethane).

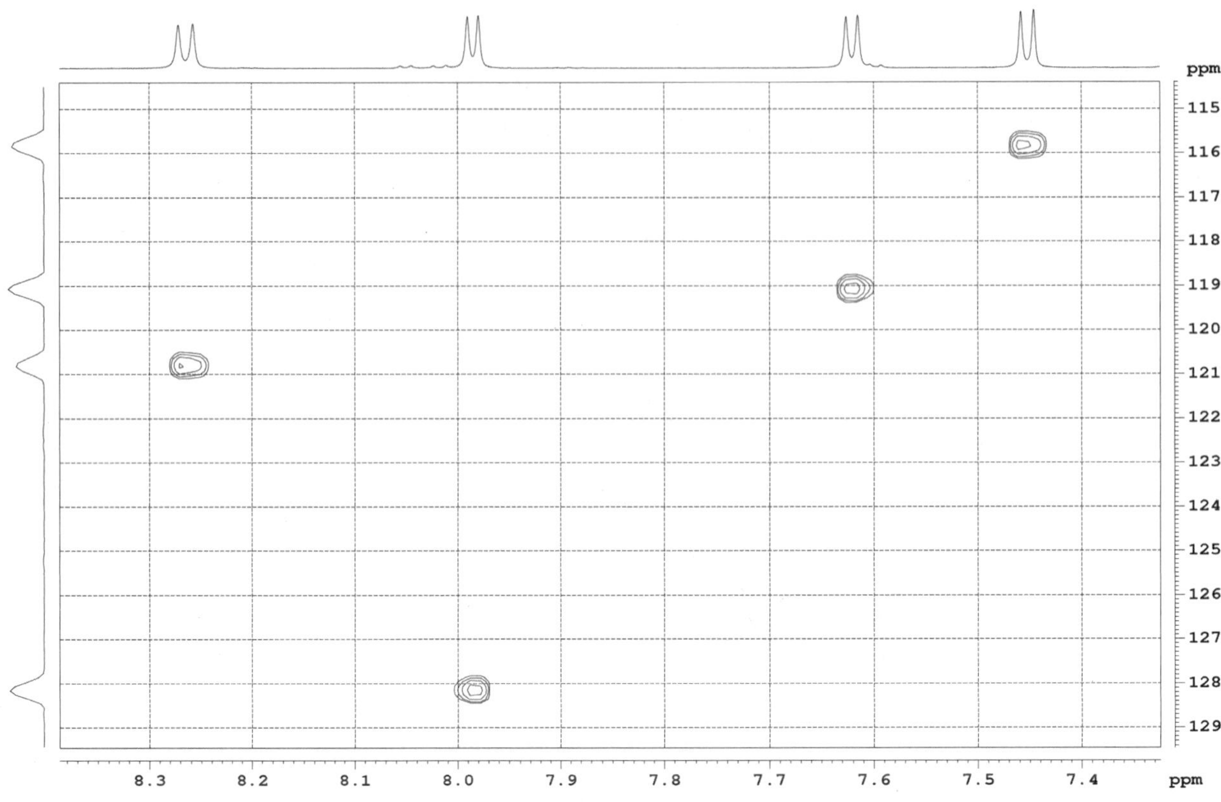

그림 6-96 70.96 MHz에서 얻은 25 mmole cyclosporin A 용액의 $^{1}H-^{15}N$ gradient-HSQC 스펙트럼(1/2 J = 5.7 ms, 2 K × 128, NS = 2, 약 8분 소요, ^{15}N 기준: liquid NH_3).

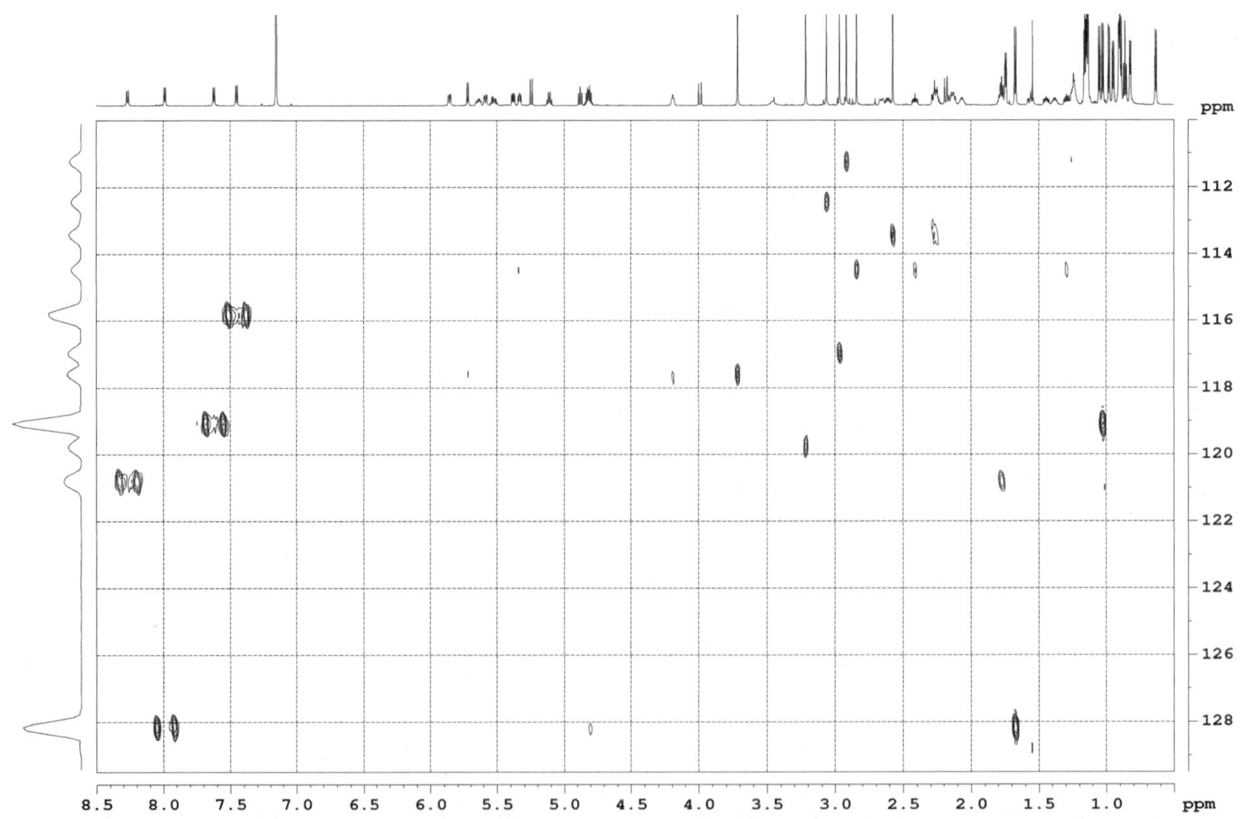

그림 6-97 70.96 MHz에서 얻은 25 mmole cyclosporin A 용액의 $^{1}H-^{15}N$ gradient-HMBC 스펙트럼(1/2 J = 62 ms, 2 K × 128, NS = 32, 2시간 소요, ^{15}N 기준: liquid NH_3).

고 있는 4개의 양성자들은 각각 1-bond로 연결되어 있는 4개의 질소들과 correlation 피크들을 liquid NH_3를 기준으로 사용할 때 예상되는 질소의 화학 이동값인 100~150 ppm 영역에서 보여주고 있다.

이 peptide에 있는 나머지 7개의 tertiary 질소를 찾아줄 수 있는 gradient-HMBC 스펙트럼은 그림 6-97에 보여주고 있다. 예상되는 양성자와 질소의 2-, 3-bond에 해당하는 8 Hz의 long-range 커플링 상수와 각 t_1에 32 스캔으로 약 2시간의 실험시간이 보여준 결과는 놀랍도록 명확하게 나머지 7개의 질소를 모두 보여주고 있다. 펄스 순서에 low-pass J-filter를 사용하지 않은 것으로 얻은 이 스펙트럼에서는 데이터를 획득하는 동안 ^{15}N을 디커플링하지 않기 때문에 위의 HSQC 스펙트럼에서 보여주던 1-bond 단일 피크들이 커플링을 한 2중선의 큰 correlation 피크들로 나타난 것이다. 이 시료의 경우에는 다른 correlation 피크들이 이들 1-bond 피크들의 영역에 나타나지 않기 때문에 문제가 되지 않지만 일반적으로 많은 경우 이들 1-bond 커플링들을 제거하기 위하여 low-pass J-filter가 포함되어 있는 펄스 프로그램을 사용한다(Bruker program: hmbcgplpndqf). 물론 이들 방법이 완전히 1-bond correlation 피크들을 제거하지는 못하지만 이들의 결과는 위상 순환으로 이루어지기 때문에 기기의 안전성과 관계가 있다.

위에서 보여 준 ^{1}H-^{15}N의 gradient를 포함한 inverse 실험들의 결과는 결국 질소를 포함한 분자들에서 양성자가 질소와 1-, 2-, 3-bond로 결합되어 있으며 커플링을 하고 있으면 어떤 종류의 양성자라고 하더라도 이 양성자를 이용하여 질소를 detection할 수 있다는 것을 보여주었다. 그리고 이들 방법들은 현재 peptide나 protein 등을 포함한 생체고분자(biopolymer)에서 아주 유용하게 사용되고 있다.

6.5.2.4 TROSY

비록 앞의 실험들이 자연에 존재하는 미량의 질소, ^{15}N들의 스펙트럼을 양성자를 이용하여 얻을 수 있지만 이들 화합물들이 거대한 protein일 때는 여러 가지 어려움이 따르게 된다. 여러 가지 어려움 중에서도 거대 분자가 가지고 있는 빠른 transverse relaxation(T_2) 때문에 일어나는 피크의 넓은 linewidth로 나타나는 피크들의 겹침은 이들 거대 분자의 연구에 가장 어려운 문제 중 하나이다. 이러한 문제를 해결하여 현재 100 kDa 정도의 화합물의 연구도 가능하게 한 것이 TROSY(Transverse Relaxation Optimized Spectroscopy)[33]라고 하는 실험이다(K. Wuthrich: 2002년 노벨 화학상).

기술적으로 TROSY 실험은 두 개의 다른 핵(^{1}H-^{15}N이나 aromatic의 ^{1}H-^{13}C)이 스칼라 커플링으로 2중선으로 나타나는 시스템을 기반으로 한다. 우리는 이들 커플링하는 핵들은 2D-NMR 실험에서는 4개의 선의 pattern으로 얻을 수 있다는 것을 알고 있으며 이 현상을 그림 6-98의 좌측에 ^{1}H-^{15}N의 핵들이 2D 스펙트럼에서 커플링하는 4개의 피크 모습으로 보여주고 있다(그림 6-96에서 양성자 8 ppm과 질소 128 ppm에서 나타난 피크를 디커플링하지 않았을 때 얻은 피크). 우리는 일반적으로 스펙트럼의 단순화와 감도의 증가를 위해서 t_1과 t_2 시간 동안에 디커플링하여 이들의 중앙에 하나의 피크를 얻어 사용하게 되며 그림 6-96 스펙트럼이 디커플링하여 얻은 스펙트럼이다.

변형된 ^{1}H-^{15}N HSQC의 실험인 TROSY의 핵심은 두 축 F2와 F1에 디커플링을 하지 않고 얻은 4개의 피크들 중 하나만을 얻음으로써 4개의 피크를 디커플링할 때 얻는 피크보다 sharp한 피크를 얻어서 스펙트럼의 겹침을 제거하려는 것이다. 좀 더 자세하게 말하면, F2축의 경우는 ^{1}H의 FID를 획득하는 t_2 동안 ^{15}N의 디커플링을 사용하지 않고 F1축의 경우는 t_1 시간의 중간에 ^{1}H의 180° 펄스를 제거하여 얻은 4개의 피크 중 polarization의 과정과 phase cycle 그리고 PFGs를 포함한 펄스 순서를 이용하여 가장 늦은 relaxation을 가지고 있는, 즉 가장

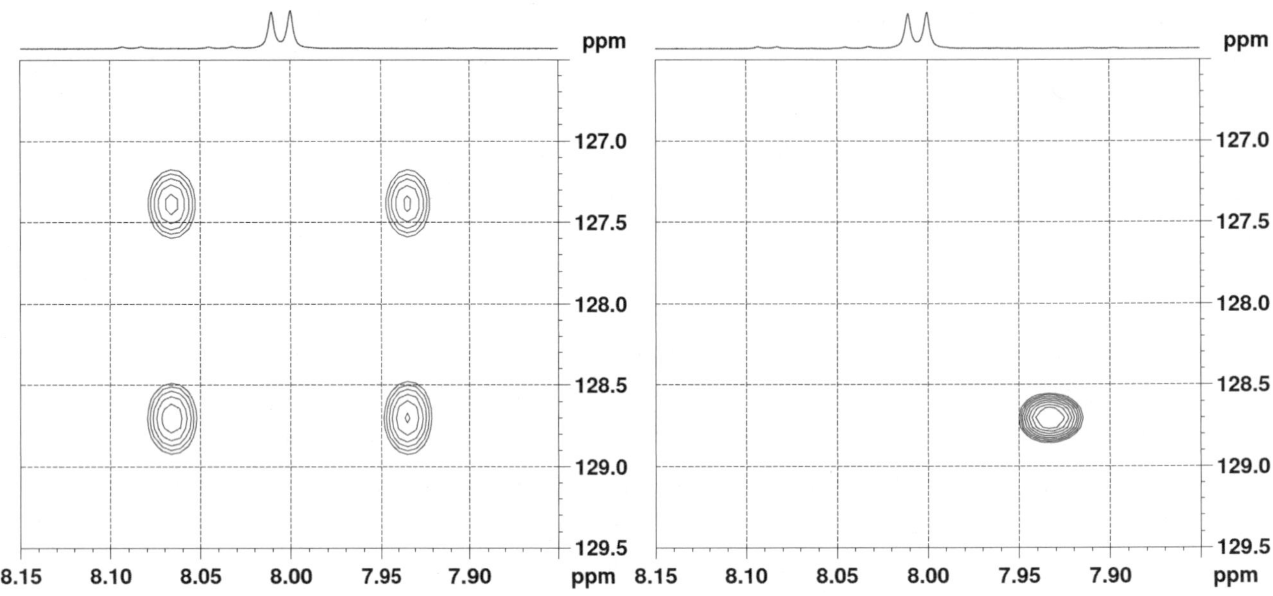

그림 6-98 $^1H-^{15}N$의 coupled HSQC 스펙트럼(좌측)과 TROSY 스펙트럼(cyclosporin A의 HSQC 스펙트럼인 그림 6-96에서 양성자 8 ppm과 질소 128 ppm의 영역에서 나타난 피크).

sharp한 피크만을 얻게 된다. 그림 6-98 우측에 바로 이 피크 하나만을 얻은 TROSY 스펙트럼을 보여주고 있다.

분자량 1,100 정도의 cyclosporin A의 TROSY 스펙트럼인 그림 6-98(우측)만으로는 TROSY 스펙트럼이 HSQC 스펙트럼(그림 6-96)보다 장점을 가지고 있다고 할 수 없다. 왜냐하면 비록 TROSY 스펙트럼에서의 피크가 HSQC인 그림 6-96에서 보다 대략 더 sharp하기는 하지만 HSQC의 $^1H-^{15}N$의 correlation 피크들이 아무런 겹침이 없게 나타나서 이 스펙트럼의 해석에 문제가 없기 때문이다. 즉 correlation 피크들의 겹침이 일어나지 않는 거대 분

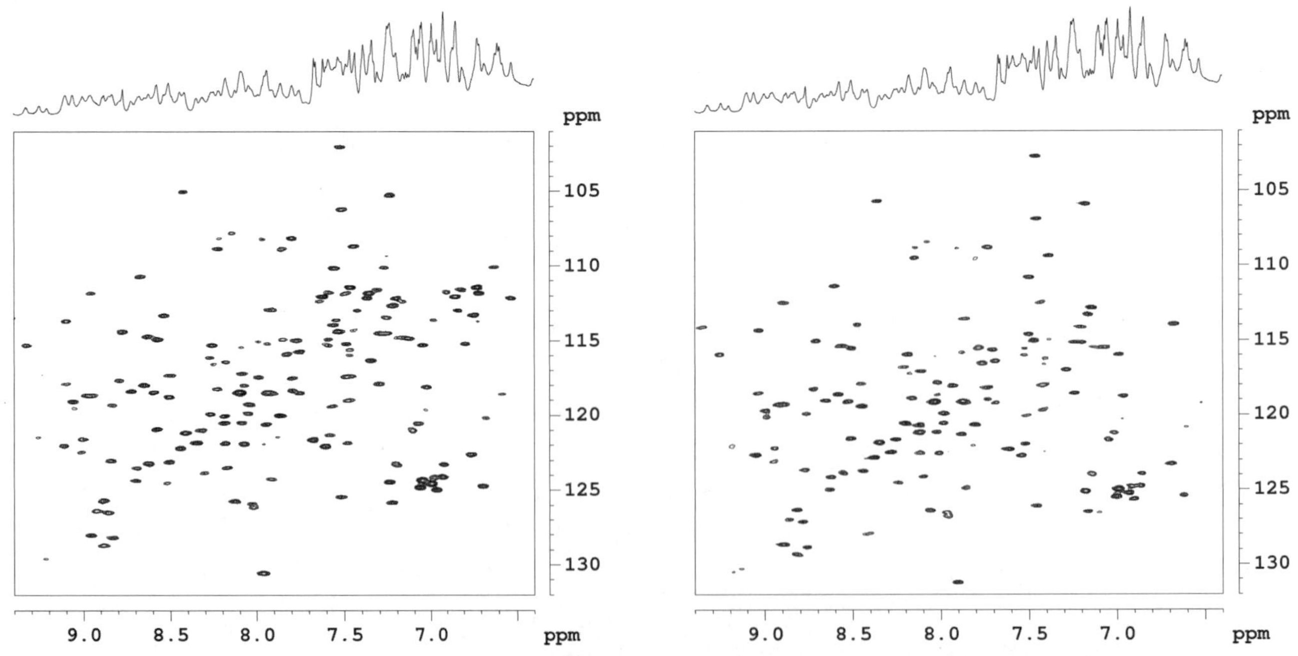

그림 6-99 90% H_2O와 10% D_2O 용매에 있는 2 mM lysozyme의 $^1H-^{15}N$ HSQC(좌측)와 TROSY(우측) 스펙트럼.

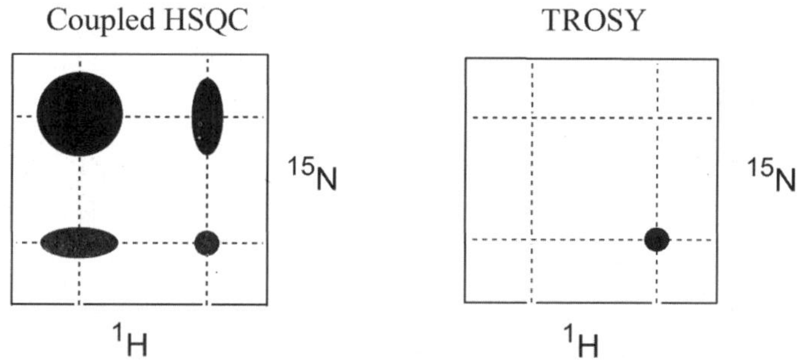

그림 6-100 거대 분자에서 예상되는 $^1H-^{15}N$ coupled HSQC 스펙트럼과 TROSY 스펙트럼 모습의 비교.

자가 아닌 protein에서는 TROSY 실험은 의미가 없다. 그림 6-99는 129 amino acid units을 가지고 있는 lysozyme(분자량 14,307)을 700 MHz NMR에서 얻은 HSQC과 TROSY 스펙트럼을 보여주고 있다. 이들 스펙트럼에서 볼 수 있듯이 이 정도의 크기를 가지고 있는 protein에서도 이들 두 실험의 차이점은 크게 다르게 나타나지 않고 있다.

그러나 수많은 $^1H-^{15}N$을 가지고 있는 거대한 protein의 경우에는 많은 피크들의 겹침이 일어나고 TROSY 실험은 이들 피크들의 겹침을 해소할 수 있는 방법이다. 더욱이 큰 protein의 분자는 작은 분자에서는 보여주지 않는 DD-CSA의 cross-corelated relaxation이라는 현상으로 4개의 커플링 피크들의 넓이가 그림 6-100에서와 같이 예상되는 매우 커다란 차이를 보여주게 되므로 TROSY 실험은 이들 거대 protein 연구에 매우 중요한 방법이다.

그림 6-100의 contour로 그려진 커플링된 스펙트럼에는 4개의 피크들이 작은 분자의 스펙트럼인 그림 6-98과는 매우 다른 모습(실제로 얻어지는 피크들 모습을 비슷하게 그렸음)으로 나타나 있다. 이것은 각각의 피크들이 다른 transverse relaxation time(T_2)을 가지고 있기 때문에 피크 넓이가 다르게 나타난 것이다. 즉 이들 피크들은 커플링하고 있는 AX($^1H-^{15}N$) 스핀 시스템에서 만들어진 4개의 에너지 준위에서 일어나는 전이(transition)로 피크의 넓이가 가장 넓은 피크는 4개의 피크들 중 T_2가 가장 빠르게 일어나서 생긴 것이고 피크의 넓이가 가장 좁은 피크는 T_2가 가장 긴 것으로부터 만들어진 것이다. 이러한 T_2의 차이는 transverse relaxation의 주요 메커니즘인 dipole-dipole(DD)과 chemical shift anisotropy(CSA) relaxation(1.4절 참조)의 상호 간섭 때문에 나타나는 현상으로 이들을 DD-CSA의 cross-correlated relaxation이라고 한다.

이 DD-CSA cross-correlated relaxation의 자세한 이론의 설명은 이 책의 범위를 넘어서는 density operator 등을 사용하여야 하므로 여기에서는 정성적인 설명으로 이 현상을 알아보도록 하자. 결합을 이루고 있는 두 핵 $^1H-^{15}N$에서 relaxation은 다른 메커니즘들도 있겠지만 주요 메커니즘은 DD와 CSA로 일어난다. DD relaxation은 용매 속에서 운동(tumbling)하고 있는 분자 속에 있는 두 개의 연결되어 있는 핵인 양성자와 질소가 가지고 있는 조그만 자장은 서로 영향을 미치게 되고 이것이 이완을 일으키게 된다. CSA relaxation은 용매 속에서 운동하고 있는 분자에 있는 질소가 핵 주위에서 돌고 있는 전자들의 영향으로 이완이 일어나게 된다. 즉, H-N의 결합을 이루고 있는 질소의 이완은 두 가지의 간섭을 받게 된다. 하나는 양성자와의 DD relaxation이고 다른 하나는 주위의 전자들에 의한 질소 자신의 CSA relaxation이다. 양성자에 의한 DD relaxation 크기는 결합 때문에 일정하지만 방향(sign)은 양성자의 spin state(α 또는 β)에 따르게 되며 CSA의 크기는 외부의 자장의 세기의 제곱에 비례하며 방향은 양성자의 spin state와는 관계가 없다. 질소의 relaxation에 영향을 주는 이 두 가지 간섭은 용매 속에서 분자가 하는 운동(tumbling)으로부터 나타나는 결과다. 그러므로 이들 운동으로부터 생겨나는 두 개의 DD relaxation 중 하나($^1H = \beta$ component)는 부호가 다른 CSA의 크기와 서로 상쇄되어 T_2가 느리게 일어나게 되어 sharp한 피크를 만들게 되고 다른 하나($^1H = \alpha$

component)는 CSA의 크기와 합해져서 T_2를 빠르게 하게 되어 broad한 피크를 만들게 된다. 이 현상은 양성자의 이완에도 똑같이 일어나게 되어 하나의 피크는 sharp하고 다른 하나는 broad하게 나타나게 된다. CSA relaxation은 외부의 자장의 세기의 제곱에 비례하므로 어떤 특정한 세기의 자장에서 반대 방향의 DD relaxation과 동일한 크기가 만들어질 때도 있을 것이며 이때 가장 느린 T_2를 만들게 될 것이고 이에 해당하는 하나의 피크는 가장 sharp한 피크를 만들게 될 것이다. 이 최적의 조건이 약 1000 MHz(23.5 T)에서 나타나는 것으로 알려져 있다. 매우 큰 protein은 600~800 MHz에서도 4개의 피크 중 하나는 좋은 signal-to-noise를 가지고 있는 sharp한 피크를 얻을 수 있는 것으로 알려져 있다. 그림 6-101은 110 kDa의 protein을 750 MHz NMR에서 얻은 HSQC와 TROSY 실험의 비교 스펙트럼을 보여주고 있다. 비록 750 MHz의 스펙트럼이지만 DD-CSA cross-correlated relaxation이 일어나고 있는 것을 HSQC 스펙트럼에서는 4개의 피크를 디커플링하여 얻은 각 피크들이 TROSY 피크와 비교하여 상대적으로 매우 broad한 것으로 알 수 있다.

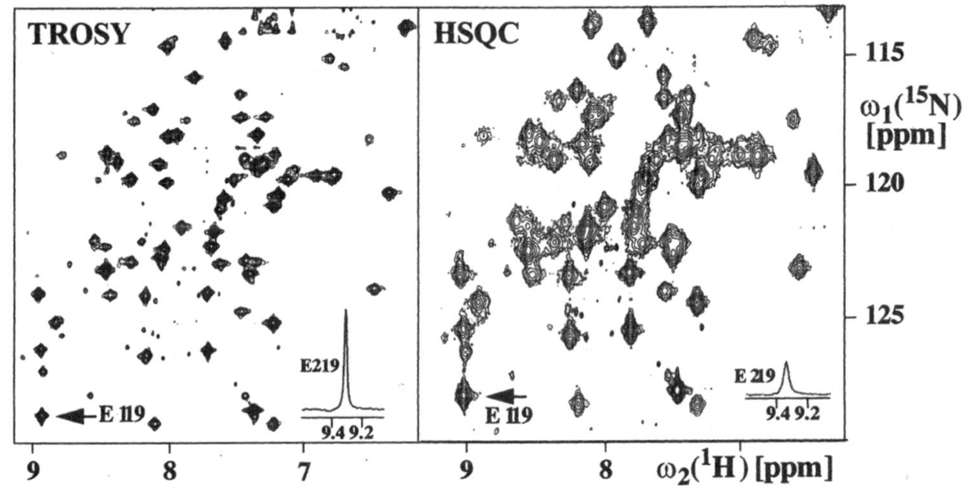

그림 6-101 750 MHz에서 얻은 110 kDa의 protein의 $^1H-^{15}N$ HSQC와 TROSY 스펙트럼.

6.5.2.5 DOSY

용액 속에서 분자들은 rotation(tumbling)과 translation 운동을 한다. 때로는 Brownian 운동이라고 하는 translation 운동은 단순히 확산(diffusion)이라고 한다. 이 확산 연구는 분자의 크기, 모양, 집합 등에 관한 많은 정보를 제공하게 되고 이들 연구에는 오래전부터 NMR이 사용되어 왔다. 이들 분자들의 다른 이동성(mobility), diffusion coefficient는 용액 속에 있는 혼합물들의 스펙트럼을 분리하는 데도 사용될 수 있으며 이 실험을 DOSY(Diffusion-Ordered SpectroscopY)라고 한다.[34]

우리는 이미 앞에서(6.5.2절) PFGs가 xy 평면에 있는 magnetization vector들을 defocusing과 refocusing 시킬 수 있는 장점 때문에 여러 가지 실험에 유용하게 사용되는 것을 보았다. 분자의 diffusion은 적용되는 PFG의 방향에 따라 정의된다. 이들의 방향은 일반적으로 gradient 프로브의 z축에 해당한다. Diffusion 실험에서는 일정한 시간과 gradient parameter들(G, δ)에 의해서 이들 magnetization vector들이 얼마나 줄어들었는지를 정확하게 측정하는 실험이라고 할 수 있다. 즉 이러한 변화된 피크의 크기는 아래의 식 6-9로 표시된다.

$$I = I_o e^{-D \gamma^2 G^2 \delta^2 (\Delta - \delta/3)} \quad (식\ 6-9)$$

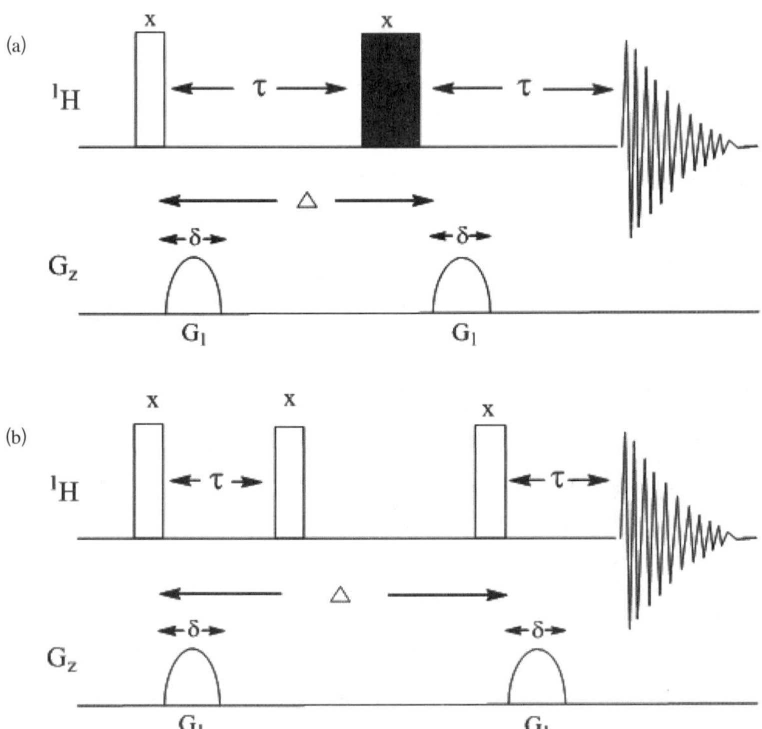

그림 6-102 분자의 diffusion constant를 측정하는 기본 펄스 순서 (a) PFG spin-echo(SE), (b) PFG stimulated-echo(STE).

식 6-9에서 I는 주어진 조건에서 얻은 피크의 크기, I_o는 기준 피크의 크기(gradient strength가 0일 때), D는 diffusion coefficient, γ는 gyromagnetic ratio, G는 gradient strength, δ는 gradient length, △는 diffusion time이다.

기본적인 이 실험은 그림 6-102 (a)에서 보여주고 있는 gradient spin-echo라는 펄스 순서를 사용한다. 이 펄스 순서에서 gradient 펄스가 없다면 spin-echo로 만들어진 피크의 크기는 2τ 시간 동안에 일어난 transverse relaxation(T_2)으로만 피크가 줄어들게 될 것이다. 이곳에 PFGs가 사용되게 되면 피크의 완전한 refocusing은 두 개의 PFGs가 작동하는 동안에 스핀들이 동일한 국부 자장(local field)을 받을 때만 일어나게 된다. 이 조건을 만족하기 위해서는 스핀들이 두 개의 PFGs가 작동하는 동안에 물리적으로 같은 장소에 있어야 한다는 것이다. 스핀이 주어진 시간 △ 동안에 원래의 위치에서 벗어난다면 두 번째 PFG가 작동하는 동안에 이들 스핀이 느끼는 국부자장은 처음 것과 다르게 될 것이고 피크는 완전한 refocusing을 만들지 못하여 크기가 줄어들게 될 것이다. 그러므로 줄어든 피크의 크기는 △ 시간 동안 스핀이 얼마나 멀리 벗어났는지, 다시 말해 duffusion constant에 따라서 달라진다. 그림 6-103이 이 현상을 설명하고 있다. 분자 A(검은색)가 처음 위치에서 첫 번째 gradient 펄스로 받은 영향은 △ 시간 동안 원래의 위치에서 벗어나서 두 번째 gradient 펄스로 받는 영향과는 다르게 되어 피크 A의 크기는 완전하게 refocusing이 일어나지 않아 줄어들게 된다. 그리고 B의 피크 크기는 더 빠르게 멀리 움직였기 때문에 A 피크보다 더 많이 줄어들게 된다.

실제로 diffusion 속도를 측정하기 위해서는 △, δ, 또는 G를 점진적으로 변화시켜가면서 이때 얻어지는 피크 크기의 감소를 측정하는 것으로도 가능하다. 그러나 스핀 에코의 전체적인 시간을 늘리게 하는 변화는 결국 T_2로 인한 피크 크기의 손실만을 일으키게 되므로 일반적으로 시간의 변수는 고정시키고 gradient strength(G)를 증가시키는 방법을 사용하는 것이 보편적이다. 이때 T_2로 인한 피크 크기의 감소는 일어나지만 이들은 모든 실험에서 일정하므로 점진적인 피크 감소에 영향을 미치지 않는다. 이와 같은 방법으로 피크 크기의 감소를 측정한 양성자 스펙트럼을 그림 6-104에 보여 주었다.

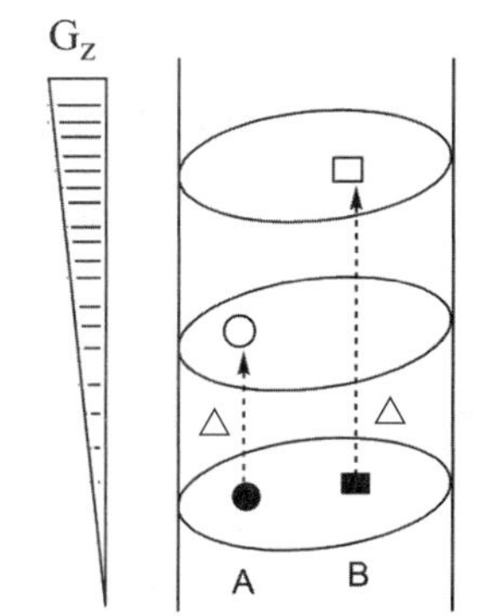

그림 6-103 분자의 diffusion으로 생겨나는 피크의 크기 변화를 거시적으로 표시한 그림.

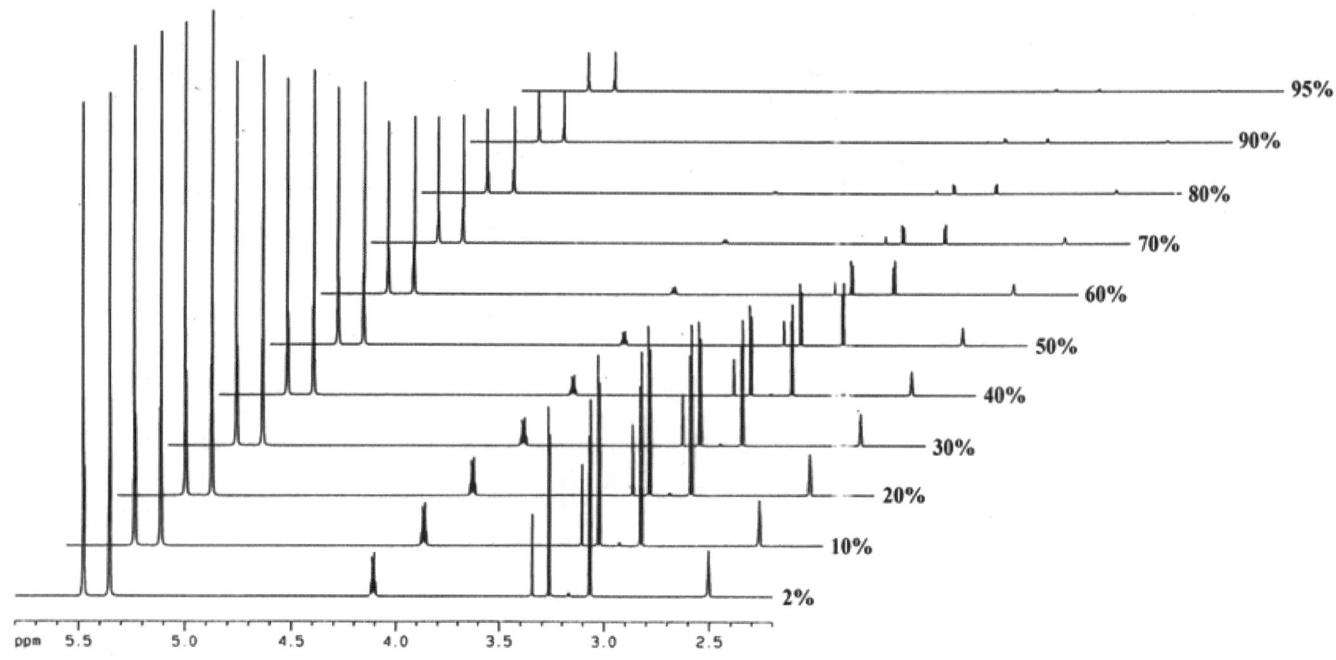

그림 6-104 Diffusion strength을 증가시켜 가면서 얻은 $^{13}CH_3OH$, H_2O, urea(in DMSO-d_6) 혼합물의 ^1H 스펙트럼들(STE, △: 50 ms, δ: 2 ms).

비록 diffusion 측정은 2D 데이터로 얻지만 근본적으로 이들은 1D 스펙트럼으로 이루어진 것이다. 즉 그림 6-104의 데이터를 식 6-9를 이용하여 $\ln(I/I_o)$를 y축으로 그리고 G^2를 x축으로 한 그래프를 만들면 D에 비례하는 기울기를 가지고 있는 직선을 만들게 되고 다른 상수인 γ, δ 그리고 △는 알고 있으므로 diffusion coefficient를 계산할 수 있게 된다.

최근 diffusion 측정으로 사용되는 모든 PFG 실험은 단순 SE 방법을 사용하지 않고 그림 6-104의 데이터를 얻은 STE 방법[그림 6-102 (b)]을 기초로 하여 변형된 여러 가지 방법들을 사용한다. 앞에서 이미 언급한 T_2 때문에 잃어버리는 피크의 크기는 단순 SE 방법에서는 diffusion 시간인 △ 동안에 magnetization이 xy 평면에 놓여 있으므로 피크 크기는 T_2의 영향을 받게 되고 분자들이 커지게 되면 증가하는 T_2로 인한 피크 크기의 손실은 더욱 증가하게 된다. 더욱이 큰 분자들은 상당한 거리로 움직이기 위해서는 긴 시간을 필요로 하기 때문에 긴 △ 시간(10 ms ~ 1 s)의 사용은 magnetization의 relaxation으로 인한 심각하게 나빠지는 signal-to-noise ratio를 가져오는 결과를 만들게 된다. 그러나 STE 방법에서는 △ 시간 동안 magnetization은 두 번째 펄스로 transverse(T_2)가 아닌 긴 longitudinal relaxation(T_1)의 영향을 받게 되기 때문이다.

STE 방법으로 얻어진 피크 크기 감소의 데이터인 그림 6-104와 비슷한 pseudo-2D 데이터에서 diffusion coefficient를 얻기 위해서는 일반적으로 소프트웨어를 사용하게 된다. 현재 이 데이터 fitting 처리 방법은 문헌에 여러 가지가 보고되어 있다. 이들의 사용은 기기회사들에 따라서 다르며 일반적으로 표준 exponential fitting algorithm과 비슷한 방법들을 많이 사용한다. 일단 적당한 데이터 fitting을 사용하여 diffusion coefficient를 구하게 되면 2D 스펙트럼과 비슷한 구조로 diffusion의 축을 형성하는 것이 가능하게 된다. F2축에서는 화학 이동값을 보여주고 F1축에서는 diffusion coefficient 값을 보여주는 DOSY 스펙트럼을 얻을 수 있게 된다. 그림 6-105에 그림 6-104에서 사용한 혼합물의 pseudo-2D 데이터를 Bruker 기기에서 사용하는 방법으로 처리하여 얻은 DOSY 스펙트럼을 보여주고 있다.

그림 6-105의 DOSY 스펙트럼에서는 DMSO 용매 속에 녹아 있는 3개의 물질이 diffusion coefficient를 보여주고 있는 F1축에서 완전히 분리되어 나타난 것을 볼 수 있다. 즉, DMSO

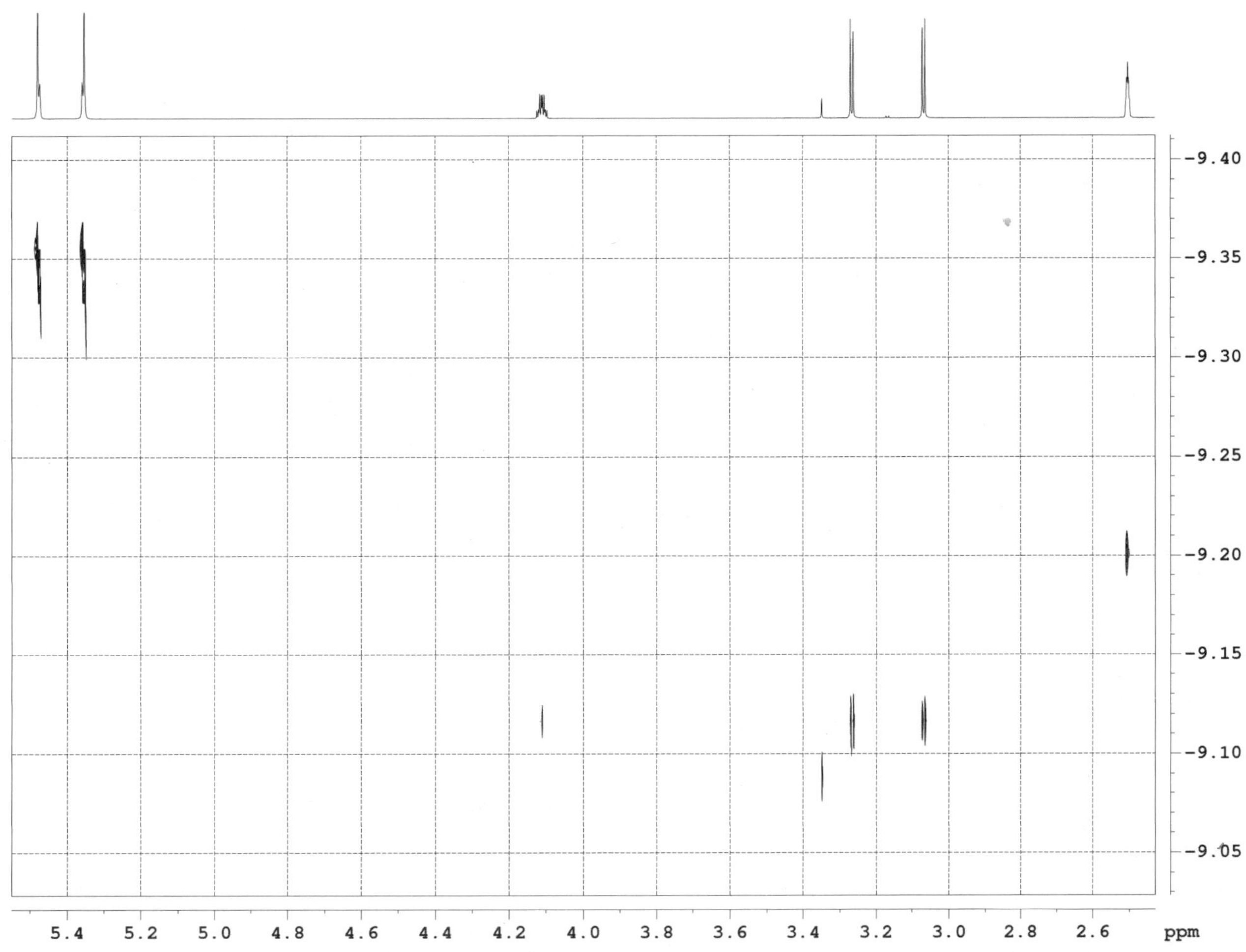

그림 6-105 혼합물 $^{13}CH_3OH$, H_2O, urea(in DMSO-d_6)의 분리를 보여주는 DOSY 스펙트럼 (Bruker pulse program: stebpgp1s, 16K×8, Δ: 50 ms, δ: 2 ms).

에 미량 녹아있는 H_2O가 가장 빠르게 diffusion되면서 −9.08에서 methanol은 −9.12에서 용매인 DMSO는 −9.2에서 그리고 가장 늦게 urea가 −9.34에서 나타난 것을 볼 수 있다. 여기에서 F1축은 logarithm scale로 보여주었기 때문에 diffusion coefficient는 log D 값으로 그리고 단위는 m^2/s로 읽으면 된다. 다시 말해, −9.2는 $10^{-9.2} = 6.31 \times 10^{-10}$ [m^2/s]을 의미한다. DOSY 실험의 모든 parameter를 올바르게 사용하였다면 small molecule들은 −8에서 −10(10^{-8}에서 10^{-10}) [m^2/s] 범위에서 나타나게 된다.

비록 타 실험 방법과 비교하여 DOSY 실험은 혼합물의 종류에 따라서 기기에서 여러 조건들을 찾아야 하는 어려움이 있다. 그러나 이 실험이 여러 종류의 혼합물들의 스펙트럼을 분리할 수 있다는 장점으로 현재 여러 분야에서 사용되고 있으며 앞으로도 특정 분야에서는 어떠한 다른 실험 방법보다도 더 유용하게 사용될 것이다. 실제로 최근 이 실험의 응용은 고분자 분야에서 고분자와 혼합되어 있는 분자량이 작은 첨가제들의 연구에 많이 사용되는 것을 볼 수 있는데 이들 분자량의 차이로 큰 물질들에서 나타나는 diffusion coefficient의 차이가 이 실험을 용이하게 하는 당연한 이유일 것이다. 그러나 이 실험은 작은 분자들의 혼합물에서도 사용될 수 있다는 것을 그림 6-105-1이 보여주고 있다.

즉 6개의 acetate들 혼합물의 DOSY 스펙트럼은 이들 각각이 단지 분자량이 14인 $-CH_2-$ unit이 하나씩 증가한 분자들이지만 methy-, ethyl-, propylacetate들은 diffusion coefficient의 F1축에 완전하게 분리되어 나타난 것을 볼 수 있다. 이와 같이 물질의 성질이 비슷하면서

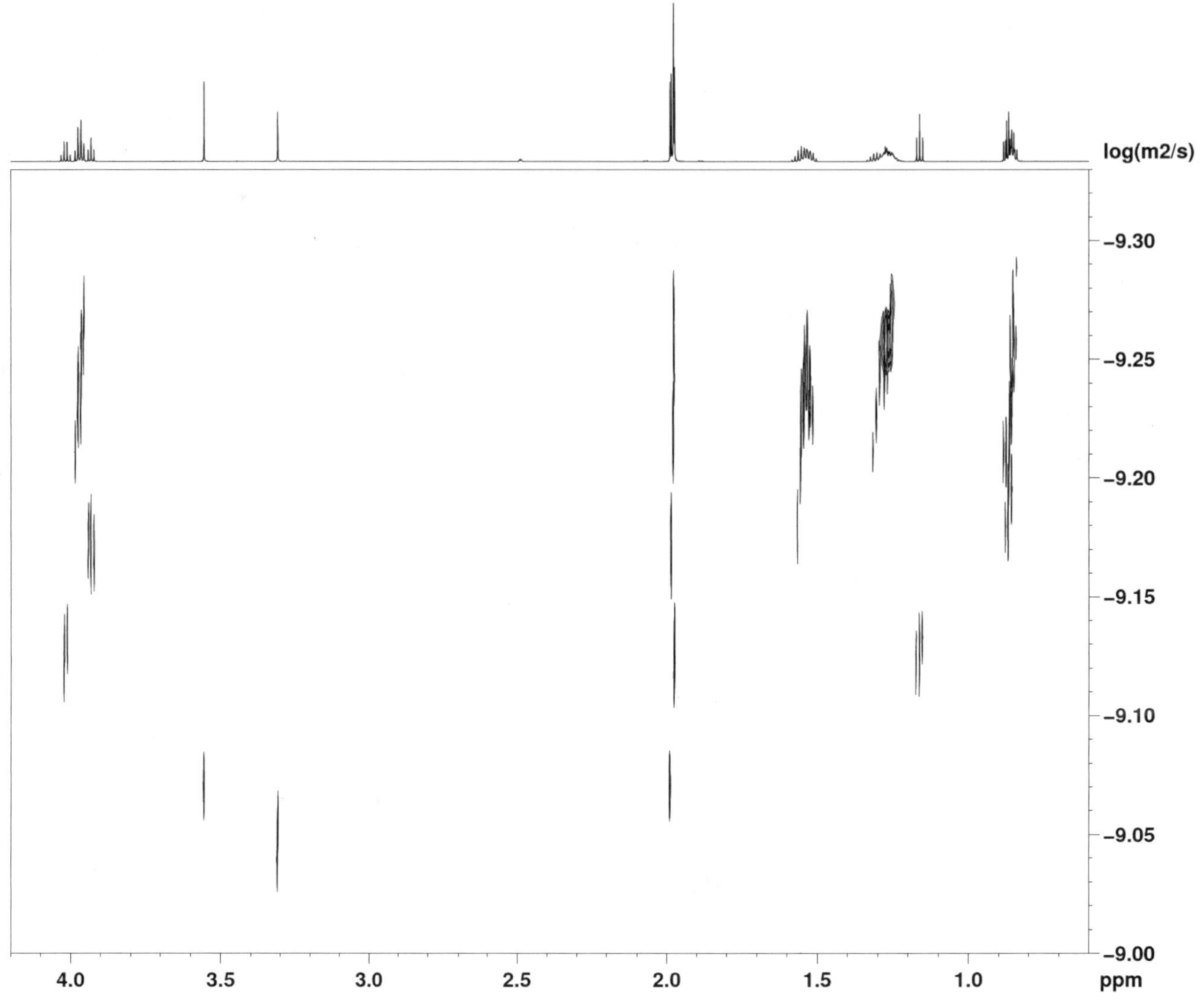

그림 6-105-1 혼합물 methyl-, ethyl-, propyl-, butyl-, pentyl-, hexylacetate(in DMSO-d_6)의 분리를 보여주는 DOSY 스펙트럼(Bruker pulse program: ledbpgp2s, 16K ×16, Δ: 50 ms, δ: 2 ms).

분자량이 단지 14 정도의 차이에도 분리가 가능하다는 것은 이 실험이 분자량이 작은 물질의 응용에도 유용하게 사용될 수 있음을 보여주고 있다.

그림 6-105와 6-105-1의 DOSY 실험 스펙트럼들에서 사용된 펄스 프로그램은 단순한 STE 방법이 아니고 STE 방법으로부터 유도된 것들로 bp의 의미는 bipolar라는 의미로 부호가 다른 두 개의 gradient의 사이에 180° 펄스를 사용하는 일종의 스핀 에코와 같은 gradient-echo 방법이다. 1s와 2s의 의미는 한 개나 두 개의 spoil gradient를 사용하였다는 것이다. 때로는 homospoil 펄스라고도 하는 이 gradient는 불완전한 실험으로부터 생기는 피크들을 제거하기 위해서 사용되는 것으로 예를 들면 +z magnetization에 주어진 정확하지 않은 180° 펄스는 xy 평면에 원하지 않는 magnetization을 만들게 되는데 이와 같은 것들을 제거하기 위해서 사용되며 이때를 purging이라는 단어를 사용하여 묘사하기도 한다. led라는 것은 gradient 때문에 생겨나는 current를 제거하기 위해서 5 ms 정도의 delay를 사용하는 longitudinal eddy current delay를 말한다.

6.6 Selective Excitation 실험

이 실험은 2D 실험은 아니지만 이 실험의 응용이 2D 실험에서 많이 이루어지므로 여기에서 살펴보기로 한다. 이 실험은 오래전 컴퓨터의 저장 및 digitizer의 능력이 충분하지 못할 때에 스펙트럼의 특정 부분의 digital resolution을 증가시키기 위해서 사용되었던 방법이다. 예를 들어 100 MHz NMR 기기에서 10 ppm의 스펙트럼 영역을 2K의 data point를 사용하여 스펙트럼을 얻었다면 이 스펙트럼에서는 약 1 Hz(1000/1024)의 최대의 digital resolution을 가지게 된다. 즉 이 스펙트럼에서는 약 1 Hz보다 적은 커플링들은 분해시킬 수 없게 된다. 이러한 경우에는 스펙트럼의 넓이(spectrum width)를 줄여서 스펙트럼을 얻으면 될 것으로 생각할 수 있지만 이때에는 다시 folding이 일어나면서 또 다른 문제를 일으키게 된다. 바로 이러한 문제를 해결하는 방법으로 이 실험이 탄생하게 된 것이다. 이 실험을 한마디로 말한다면 바로 얻으려고 하는 피크만을 특정하게 전이(transition)시키는 방법이다. 얻으려고 하는 피크만이 나타나므로 스펙트럼의 넓이를 마음대로 줄여도 folding이 일어날 피크가 없으며 얻으려고 하는 피크의 digital resolution을 증가시킬 수 있었던 것이다. 그러나 이제는 컴퓨터의 발전으로 이 실험의 원래의 목적인 digital resolution의 증가는 쓸모가 없을 것으로 생각되겠지만 전체의 스펙트럼에서 특정 피크만을 전이시킬 수 있는 이 방법은 현재 여러 가지 다른 실험에서 매우 유용하게 사용되고 있다.[35–37]

이제 이 실험이 어떻게 가능한가를 살펴보도록 하자. 우리는 4장에서 펄스 NMR을 공부하면서 rf 펄스 또는 hard 펄스가 어떻게 얻어지는지 공부하였다. 라디오파 발생기를 매우 짧은 시간 t_p 동안 켜면 이때 얻어지는 주파수는 ν_1뿐만 아니라 ν_1과 비슷한 주파수와 진폭(amplitude)을 가진 펄스라고 하는 여러 종류의 라디오파가 발생한다는 것을 알고 있다. 이때 생성되는 라디오파들의 분포는 시간 t_p에 의해서 결정되며 대략 ν_1-1/t_p에서부터 ν_1+1/t_p까지의 분포를 가지고 나타나게 되고 펄스 생성의 시간이 짧으면 짧을수록 라디오파의 분포 범위는 넓어지며 이때 라디오파들의 진폭은 ν_1에서부터 멀어지면 멀어질수록 감소한다는 것을 알고 있다. 그러므로 공명주파수가 틀린 모든 핵들을[이때 공명주파수가 틀린 것은 예를 들면 탄소(^{13}C)와 양성자(^{1}H)를 의미하는 것이 아니라 양성자 중에서 화학 이동이 틀린 양성자를 의미한다] 전이시킬 때 가능한 한 같은 조건으로 있게 하기 위해서는 진폭이 고른, 즉 라디오파의 분포가 넓은 펄스를 이용하여야 한다고 하였다. 이러한 펄스를 rf 펄스 또는 hard 펄스라고 하며 이것은 양성자의 경우는 수십 와트(watts)에서 다른 핵들의 경우 수백 와트까지의 고전력(high power)이 필요하게 된다. 이때의 t_p는 보통 수 μs 정도의 시간을 사용하게 된다는 것을 다시 상기시키면 우리는 곧 어떻게 특정한 위치의 피크들만 전이시킬 수 있는지를 쉽게 추측할 수 있게 된다. 따라서 적은 power로 긴 시간의 t_p를 사용하게 되면 펄스를 구성하는 라디오파의 분포 범위는 좁아지게 될 것이며 이들은 어떤 특정 부분의 피크들만 전이시킬 수 있게 될 것이다. 바로 이들 펄스들을 selective 펄스 또는 soft나 shape 펄스(일반적으로 Gaussian shape의 펄스를 사용함)라고 하며 이들 펄스들은 라디오파 발생기의 power와 t_p의 정도에 따라서 주위의 다른 피크들에 어떠한 영향도 주지 않고 넓고 혹은 좁은 특정 피크 또는 피크들(다중도의 피크)만을 전이시킬 수 있게 되며 이 실험을 selective excitation 실험이라고 한다. 이들의 서술적인 설명을 이해를 돕기 위해서 시간의 함수(time domain)와 주파수(frequency domain)의 관계를 그림으로 표시한다면 그림 6-106으로 표시할 수 있다. 짧은 시간으로 표시한 hard 펄스는 넓은 영역의 주파수를 만들어 냄으로써 각각의 핵들의 고유의 공명 주파수에 관계없이 전 범위를 전이시킬 수 있고, 긴 시간의 shape 펄스는 단지 어떤 일정한 영역의 주파수만을 만들어 냄으로써 특정 핵의 특정 공명 주파수만이 전이시킬 수 있게 된다.

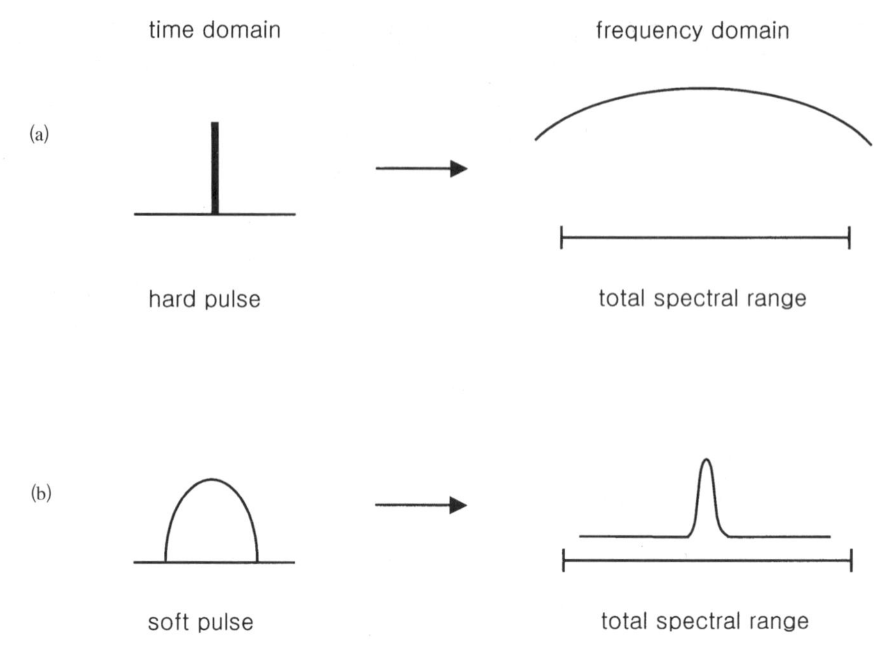

그림 6-106 펄스의 시간의 함수에 따르는 주파수 영역의 관계의 그림. (a) hard 펄스는 넓은 주 파수 영역을 고르게 전이시킬 수 있고, (b) soft 펄스는 offset-dependent한 선택적인 주파수 영역만을 전이시킬 수 있다.

일반적으로 selective 펄스의 넓이(width)를 구하는 일은 hard 펄스를 구하는 작업(4장 참조)과 다를 바 없지만 다만 t_p가 선택성(selectivity)에 영향을 미치므로 전이시키려고 하는 피크(또는 피크들)의 넓이에 따라서 먼저 펄스의 시간을 선택한 후 펄스의 power를 조절하여 90° 펄스를 구하게 된다. 이때의 펄스의 시간 t_p는 우리가 보통 사용하던 hard 펄스의 수 μs 시간과는 매우 다른 보통 수십 ms의 값을 가지게 된다. 이렇게 구하여진 펄스는 offset frequency(O1)를 전이시키려고 하는 피크에 위치시켜서 사용하게 된다.

그림 6-107은 단순 selective 1D 스펙트럼을 얻는 펄스 순서를 보여준 그림이다. 달라진 것은 단순 1D 펄스 순서에서 주어지던 hard 펄스 대신 selective 펄스인 shape 펄스가 대치되었을 뿐이다. 이 펄스 순서를 이용하여 얻은 glycidyl methacrylate(**1**)의 selective excitation 스펙트럼들을 단순 1D 스펙트럼과 함께 그림 6-108에 보여주었다. 대부분 selective excitation 실험에서는 피크(피크들)의 넓이에 따라서 얻어지는 transmitter의 power와 펄스들의 넓이(width)가 다르기 때문에 전이시키려고 하는 피크에 따라서 다른 펄스들을 사용하게 되며 이들 각각을 사용하여 얻은 스펙트럼은 그림 6-108에서 볼 수 있듯이 실험자가 원하는 하나의 피크만을 얻을 수 있다.

이제 이러한 단일 피크만을 excitation시키는 실험 방법을 사용하여 실제로 어떠한 실험을 할 수 있는지를 보도록 하자. 그림 6-109는 selective 1D-COSY 실험의 펄스 순서이다. 여

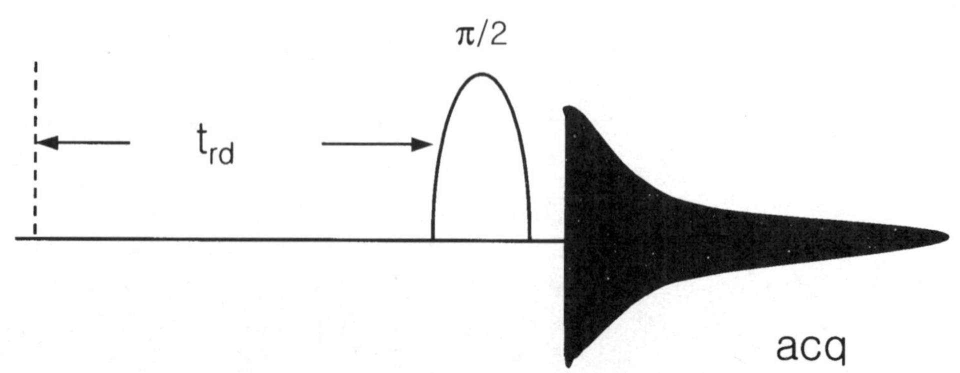

그림 6-107 Hard 펄스가 soft 펄스로 대치된 selective 1D 스펙트럼을 얻는 펄스 순서.

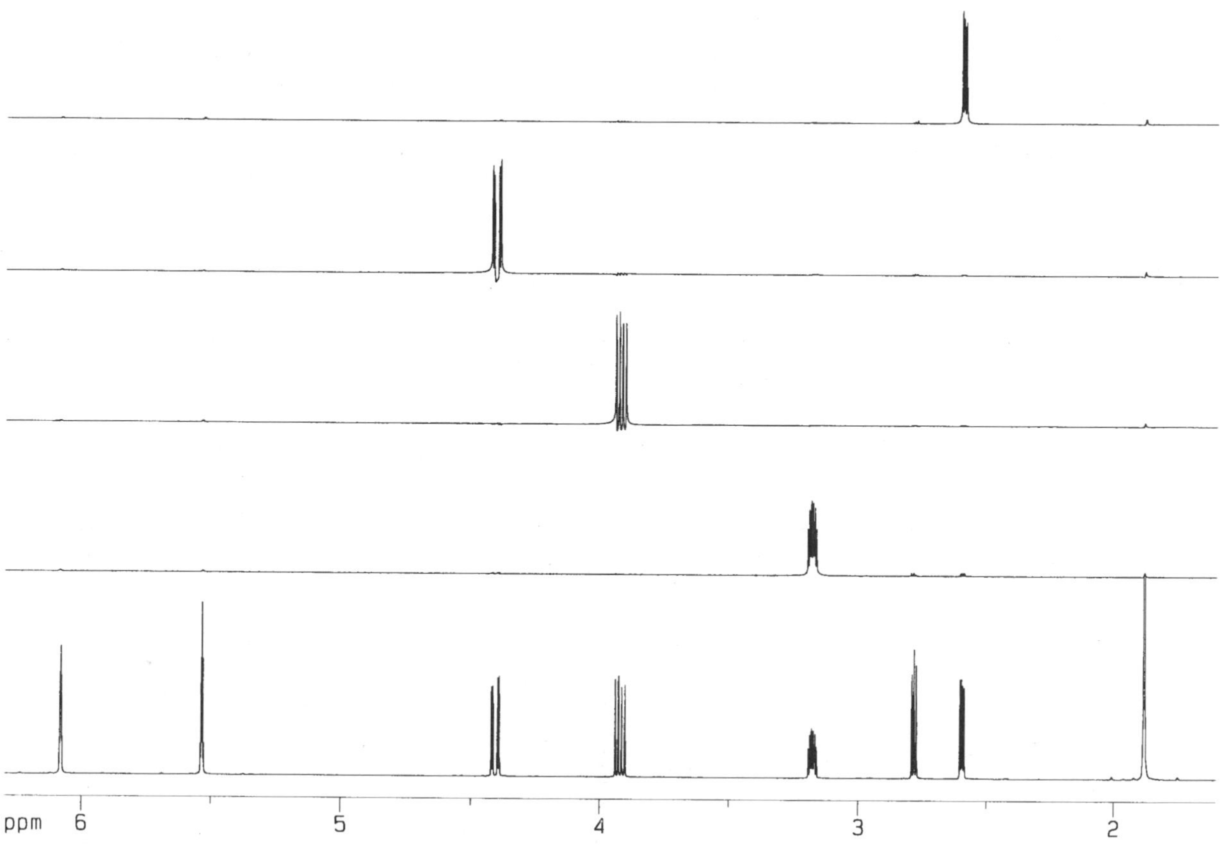

그림 6-108 Glycidyl methacrylate(**1**)의 양성자 스펙트럼과 selective excitation을 사용하여 얻은 스펙트럼들.

기에서 변형된 것은 기존의 COSY 펄스 순서에서 첫 번째 주어지는 hard 펄스가 shape 펄스로 대치되었으며 두 펄스 사이에서 주어지는 t_1의 시간이 변하지 않으므로 1D 실험이 되는 것이다. 이 펄스 순서에서 두 번째 90° hard 펄스는 앞의 shape 펄스에 의해서 전이된 피크에 커플링하는 스핀들에 coherence transfer를 일으키게 되며 이들은 2D-COSY 실험에서 cross 피크에 해당하는 피크를 만들어 내게 되는데 이들의 다중도 피크는 dispersion(때로는 antiphase라고도 함) 피크로 나타나게 된다. 그리고 또한 두 번째의 90° hard 펄스는 커플링하는 피크들 이외에 모든 longitudinal 벡터들을 스펙트럼에 나타나는 transverse magnetization 들로 바꾸어 놓게 되므로 이들의 피크를 제거하기 위해서 2D 실험에서 사용한 위상 순환의 방법을 사용하게 된다.

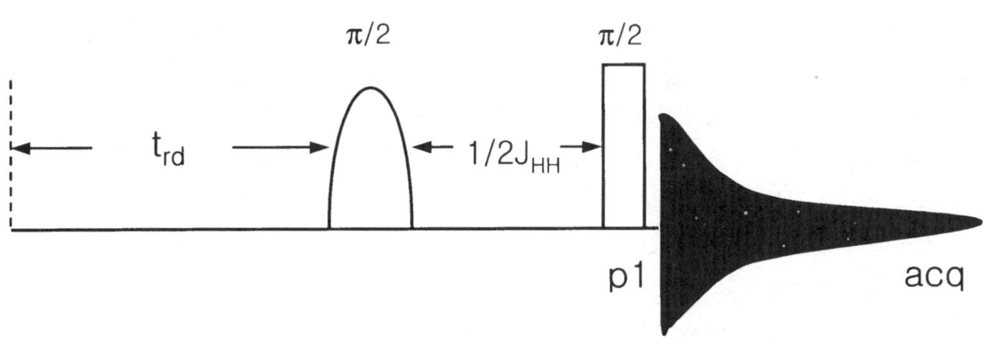

그림 6-109 Selective 1D-COSY 실험의 펄스 순서.

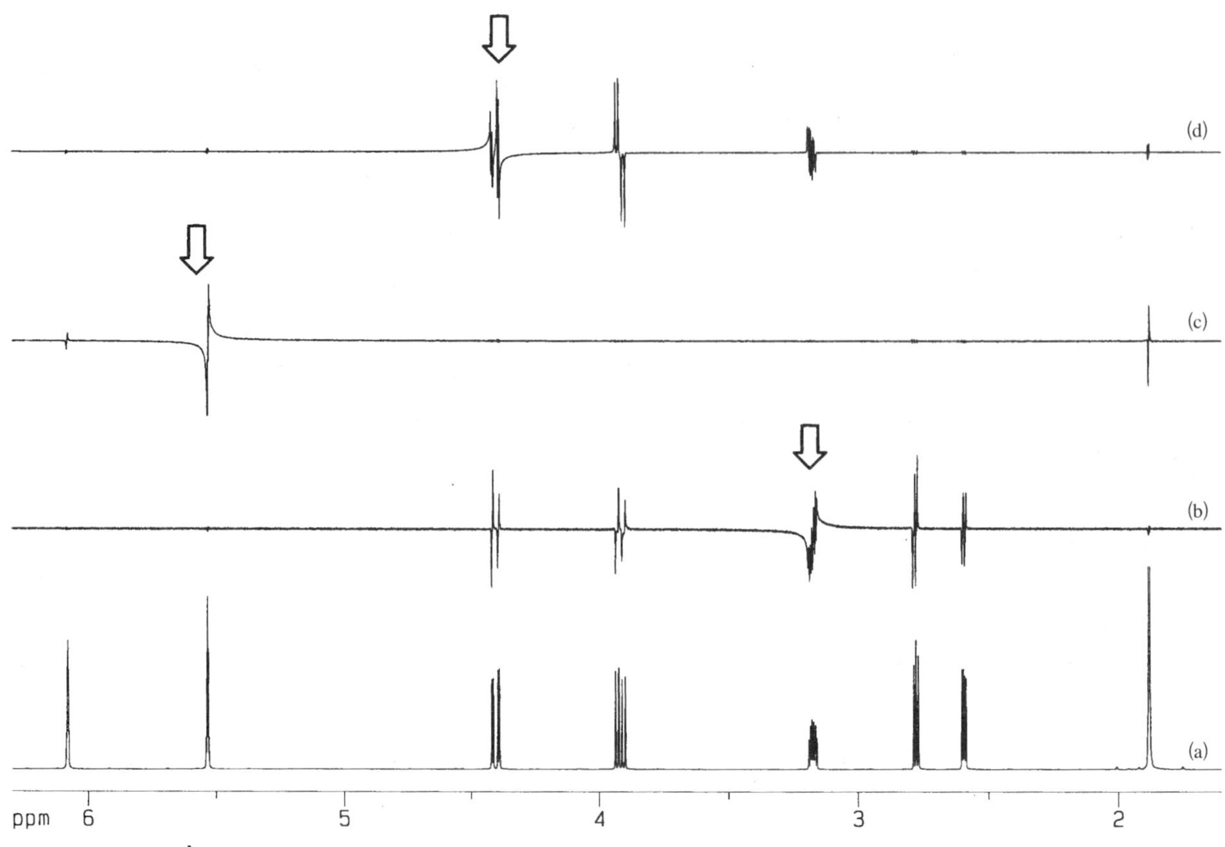

그림 6–110 Glycidyl methacrylate(**1**)의 양성자 스펙트럼(a)과 selective 1D–COSY 실험의 스펙트럼들. 화살표를 위치시킨 곳이 selective 하게 excitation시킨 피크들임.

그림 6–110은 glycidyl methacrylate(**1**)의 selective 1D–COSY 실험의 스펙트럼들이다. 이 스펙트럼들에서 selective excitation시킨 피크들은 각각 화살표로 표시하였다. 이 결과를 앞의 2D–COSY 실험(그림 6–10)과 비교하면 먼저 그림 (b)에서 3.2 ppm에서의 다중도(multiplet)로 나타난 ethylene oxide의 methine(CH)의 양성자는 ester group의 산소와 연결되어 있는 methylene의 2개의 양성자(4.43과 3.95 ppm)와 ethylene oxide group에 있는 2개의 methylene 양성자(2.8과 2.62 ppm) 등 모두 4개의 화학 이동(chemical shift)이 다른 양성자들과 커플링을 하고 있는 것을 잘 보여주고 있다. 다음 그림 (c)에서는 5.55 ppm의 olefin의 methylene의 하나의 양성자를 excitation시켰을 때 약 1~2 Hz 정도의 커플링 상수를 가지는 6.1 ppm에서 나오는 다른 하나의 olefin 양성자와 그리고 1.9 ppm에서 나타나는 methyl group의 양성자와 커플링하는 것을 잘 보여주고 있다. 그리고 그림 (d)에서 보여준 4.43 ppm의 양성자를 excitation시켰을 때의 결과는 제미널 양성자(3.95 ppm)와 비시널 양성자(3.2 ppm)와의 커플링만을 보여주는 2D 실험 결과에 잘 일치함을 보여주고 있다.

그림 6–111은 selective 1D–TOCSY 실험의 펄스 순서이다. 이 펄스 순서도 기존의 2D–TOCSY 펄스 순서에서 처음의 hard 펄스가 shape 펄스로 대치되었고 t_1 시간이 변화하지 않고 $1/J_{H-H}$의 시간으로 고정되어 있다. 이 실험의 결과는 2D 결과에서와 같이 MLEV–17 펄스로 만들어지는 spin-lock 시간 동안에 서로의 커플링 때문에 만들어진 coherence transfer는 in-phase로 나타나 모두 absorption 피크로 나타나게 되며 spin–lock 시간의 길이가 coherence transfer가 일어나는 정도를 결정하게 된다.

그림 6–112의 (b)는 glycidyl methacrylate(**1**)의 selective 1D–TOCSY 실험의 스펙트럼이

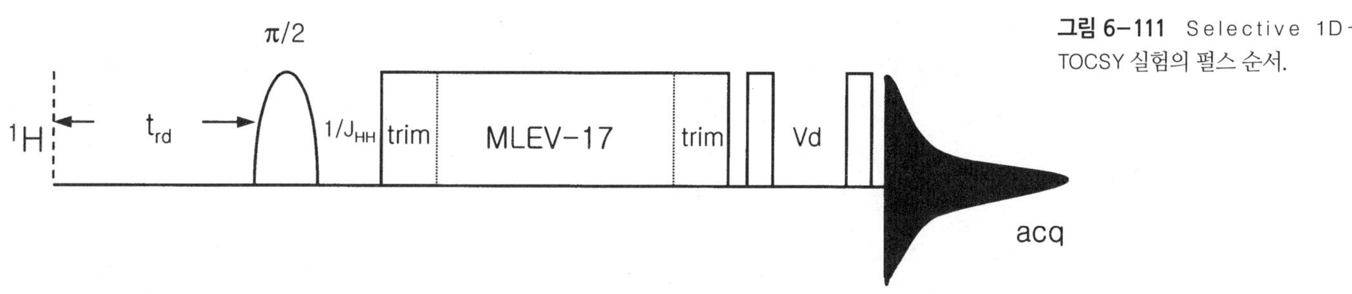

그림 6-111 Selective 1D-TOCSY 실험의 펄스 순서.

다. 이 스펙트럼에서 화살표로 표시한 4.43 ppm의 하나의 양성자를 selective excitation 시켰을 때 4 개의 양성자들이 피크를 보여주고 있다. 이 스펙트럼을 selective 1D-COSY 스펙트럼인 그림 6-110 (d)와 비교하여 보면 그 차이를 분명하게 알 수 있다. 즉 1D-COSY 실험에서는 비시널 커플링을 하는 피크들만이 피크를 보여주고 있지만 1D-TOCSY 실험에서는 비시널 커플링을 하는 양성자와 이들과 커플링하는 다른 양성자들의 피크들도 나타나게 하는 차이를 보여주고 있다. 결국 1D selective excitation 실험은 그들에 해당하는 2D의 실험 결과에서 주는 한 부분(slice 스펙트럼)을 얻는 것과 같은 실험이 되는 것이다.

지금까지 보여준 간단한 분자의 실험 결과에서는 이들 selective excitation 실험의 장점이 그들의 2D 실험 상대와 비교하여 나을 것이 없어 보인다. 그러나 복잡한 분자의 경우에는 이 실험의 방법이 제한적인 data point만을 사용하는 2D 실험에서 복잡하게 겹쳐 나오는 cross 피크들의 분해능을 매우 좋게 분리해 낼 수 있으므로 서론에서 언급한 selective excitation의 처음의 목적처럼 매우 유용하게 사용될 수 있다.

그림 6-113은 매우 복잡한 COSY 스펙트럼(그림 6-21)을 보여주었던 cholestane(**5**)의 selective 1D-COSY(b)와 1D-TOCSY(c) 실험 스펙트럼을 보여주고 있다. 두 스펙트럼 모두 1.94 ppm의 피크를 selective excitation시켜서 실험한 것이다. 우리는 이미 앞에서 공부하면서 보여준 2D 스펙트럼들로(CH correlation 스펙트럼과 2D-INADEQUATE 스펙트럼)부터 1.94 ppm의 피크가 cholestane(**5**)의 C ring의 12 탄소에 연결되어 있는 두 양성자 중에 하나라는 것을 알고 있다. 이 양성자는 특히 cyclohexane ring에서 일반적으로 응용되는 화학

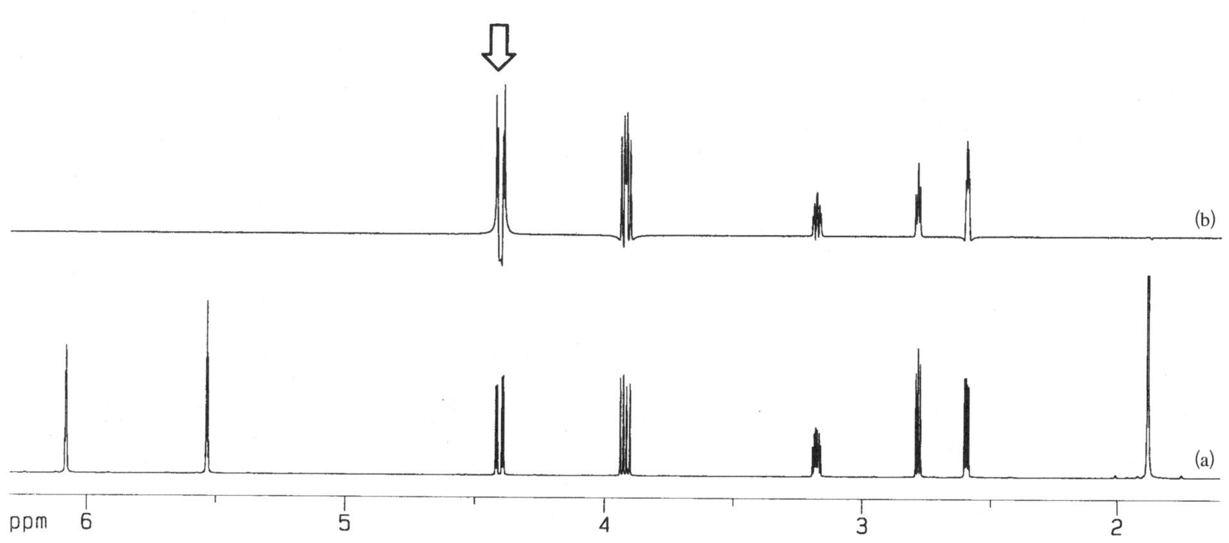

그림 6-112 Glycidyl methacrylate(**1**)의 양성자 스펙트럼(a)과 selective 1D-TOCSY 실험의 스펙트럼(b). 화살표를 위치시킨 곳이 selective 하게 excitation시킨 피크임.

이동값으로(예외는 있지만[20] 일반적으로 equatorial 양성자가 axial 양성자보다 down-field에서 나타난다) 예측할 때 12β라고 할 수 있다(이 예측이 옳다는 것은 뒤의 7장 NOE를 공부하면서 알 수 있다). 이 양성자를 selective excitation 시켜서 나타난 (b) 스펙트럼의 피크들은 12α와 11 탄소에 있는 두 양성자들의 피크일 것이다. 이 스펙트럼을 이용하여 1D-TOCSY 스펙트럼(c)을 보면 0.62 ppm 부근에서 메틸 피크와 겹쳐서 나오는 피크는 양성자 9라는 것을 쉽게 알 수 있다. 그리고 이들 selective 실험 스펙트럼들은 결국 복잡한 단순 1D 스펙트럼 (a)으로부터 많은 각각의 양성자들의 피크를 알아낼 수 있으며 그들의 커플링 상수도 쉽게 구할 수 있게 해 준다.

위에서 보여준 이러한 장점들 때문에 실제로 현재 selective 1D-NOESY(7장), 1D-HMQC, 1D-HMBC 실험 등을 포함한 많은 2D 실험들이 이와 같이 selective 펄스를 이용하여 1D 실험 방법으로 변경되어 사용되고 있으며 또한 이러한 shape 펄스를 2D 실험에서도 사용하고 있다. 그리고 이들 selective excitation 펄스 순서에는 위에서 공부한 gradient를 첨가하여 함께 사용함으로써 더욱 좋은 결과의 스펙트럼들을 얻을 수 있게 되었다.

위의 실험들을 성공적으로 수행하기 위해서는 무엇보다도 중요한 것은 shape 펄스를 정확하게 구하는 것이며 이 작업은 수년 전까지만 하더라도 NMR 기기를 상당한 수준 정도에서 사용하지 않는 사람들에게는 매우 어렵고 복잡한 일이었다. 그러나 이제는 거의 모든 기기들이 이들 작업을 양성자를 이용하는 경우에는 소프트웨어 프로그램을 사용하고 있으므로 아주 쉽게 원하는 shape 펄스를 얻어 사용할 수 있다. 즉 excitation시키려고 하는 양성자의 피크를 적분하는 단순한 과정을 거치면서 shape 펄스를 구할 수 있다.그러나 양성자 이외의 다른 핵들을 이용하려고 할 때는 아직도 어려운 복잡한 과정을 거쳐서 shape 펄스를 구하여야 한다.

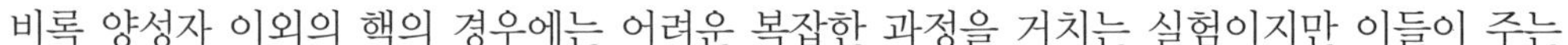

비록 양성자 이외의 핵의 경우에는 어려운 복잡한 과정을 거치는 실험이지만 이들이 주는

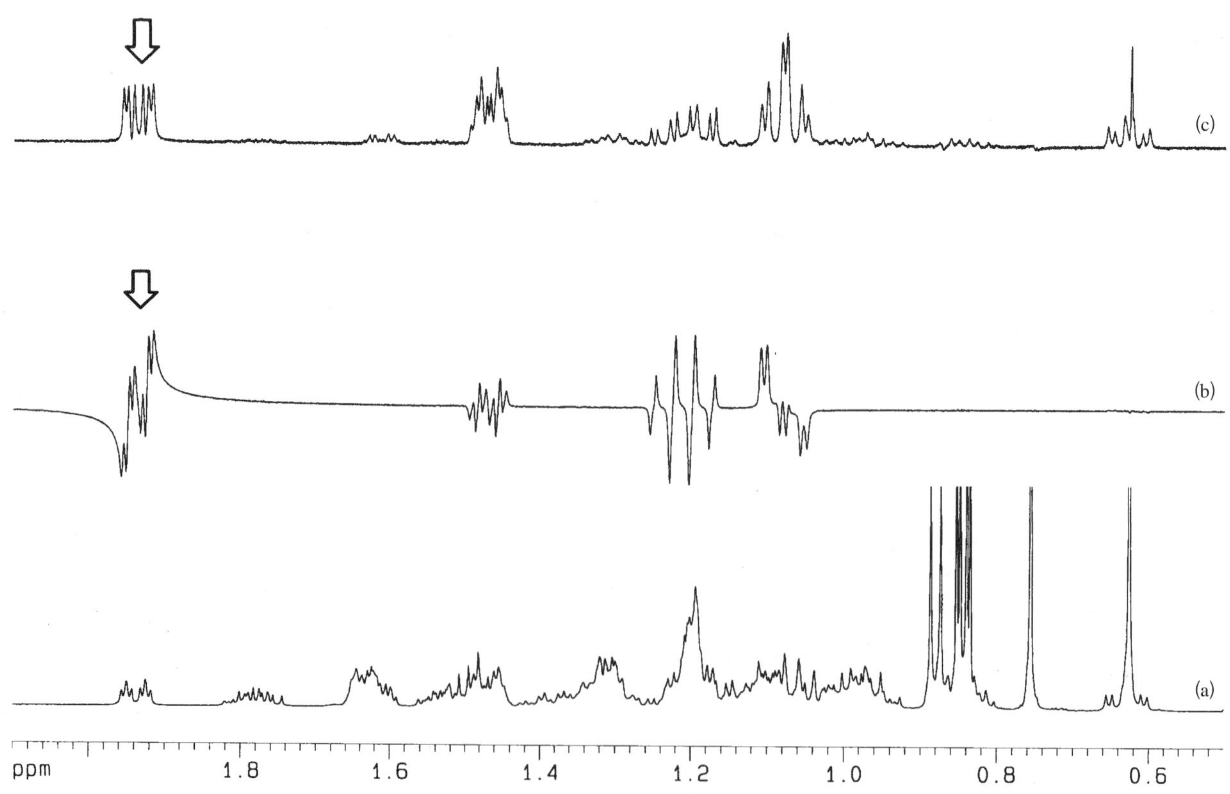

그림 6-113 Cholestane(**5**)의 양성자 스펙트럼(a)과 selective 1D-COSY(b), selective 1D- TOCSY(c) 실험 스펙트럼들. 화살표를 위치시킨 곳이 selective하게 excitation시킨 피크들임.

결과는 그 과정을 충분히 보상하고도 남는다고 할 수 있다. 그 예로 탄소의 실험을 보기로 한다. 그림 6-114는 glycidyl methacrylate(**1**)의 selective 1D-INADEQUATE 실험 스펙트럼과 1D-^{13}C 스펙트럼이다.

이미 우리는 앞의 그림 6-54와 56에서 화합물 **1**의 1D와 2D INADEQUATE 스펙트럼을 보았으며 이들 실험들이 가지고 있는 단점들이 무엇인지를 알고 있다. 1D 스펙트럼에서는 그림 6-55에서 보여준 것과 같이 비슷한 커플링 상수를 가지고 있는 상대방을 찾아내는 어려움이 있다. 그리고 2D 스펙트럼을 얻기 위해서는 많은 시간이 필요하며, 많은 경우 커플링 상수의 차이와 T_1의 문제로 특정 탄소의 피크들은 얻을 수 없음을 알 수 있다. 그러므로 이 실험은 때로는 이러한 문제들을 고려하여 특정 피크들은 얻는 것을 포기하는 실험 조건을 사용하게 된다. 또한 물질의 구조 규명에서 많은 경우에 간단한 다른 실험으로 대부분의 탄소들을 규명할 수 있으므로 때로는 일부의 탄소의 규명만이 필요한 경우가 있을 수 있다. 이러한 점들을 모두 고려한다면 selective INADEQUATE 실험은 아주 유용한 실험이라고 할 수 있다. 즉 원하는 일부의 탄소들만의 connection을 빠르고 정확하게 알아낼 수 있기 때문이다. 그림 6-114에서 135.9 ppm의 피크는 화합물 **1**에서 quaternary sp^2 탄소로 이것에 selective 펄스를 사용하였을 때(이때 사용되는 shape 펄스의 넓이는 135.9 ppm의 탄소 피크가 아니고 이 피크의 양쪽에 나타날 커플링된 피크들을 포함하여야 한다. 즉 sp^2 탄소의 커플링 상수는 60~80 Hz 정도를 가질 수 있으므로 안전한 방법으로는 135.9 ppm의 피크의 양쪽으로 각각 적어도 40 Hz, 즉 80 Hz 정도의 넓이를 excitation시킬 수 있는 shape 펄스를 구하여 사용하여야 한다). 이것과 연결되어 있는 166.3 ppm의 carbonyl 탄소, 125.5 ppm의 sp^2 탄소, 그리고 17.7 ppm의 메틸 탄소가 각각 커플링 상수를 71, 72, 45 Hz(확대한 그림)를 가지고 나타난 것을 볼 수 있다. 이 실험은 약 1시간의 시간으로 얻은 스펙트럼으로 앞의 1D나 2D 실험으로 얻을 수 없었던 carbonyl 탄소와의 커플링도 잘 나타난 것을 볼 수 있다. 위의 모든 selective excitation 실험들도 최신 장비에서는 gradient 방법과 연결되어 사용되고 있다.

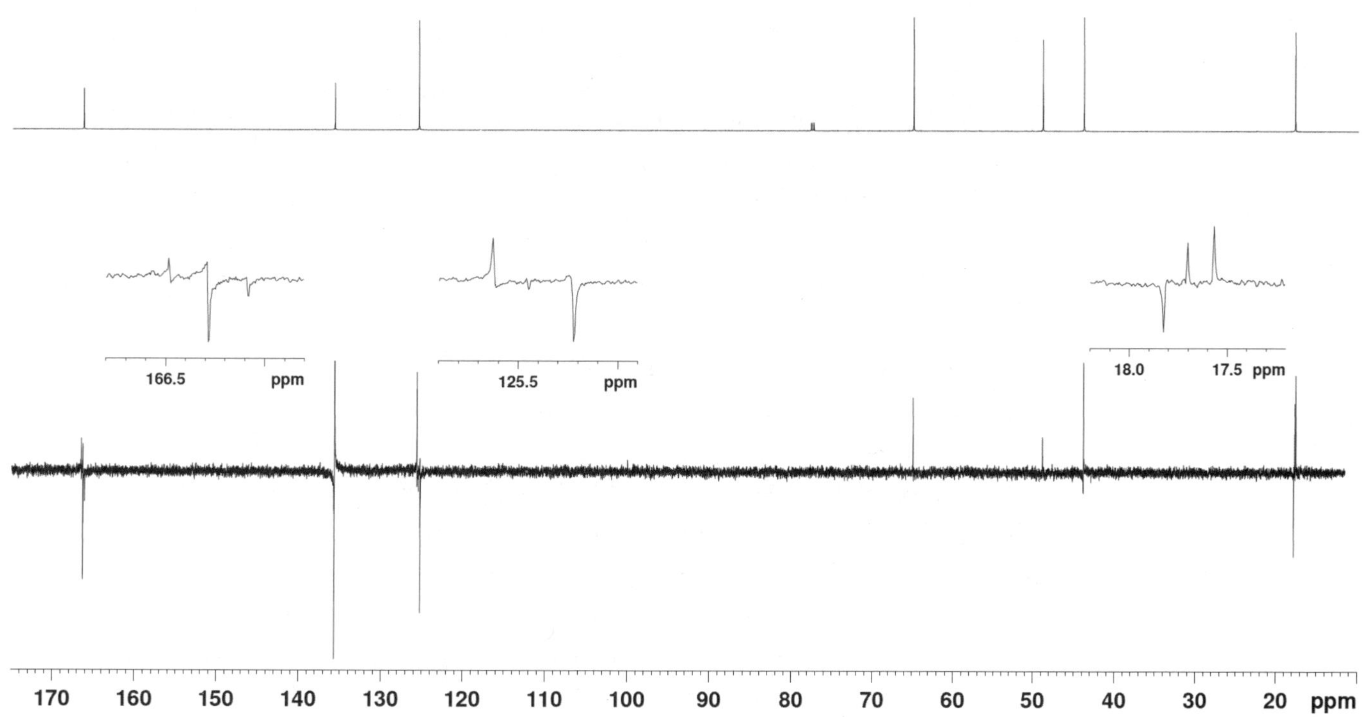

그림 6-114 Glycidyl methacrylate(**1**)의 selective 1D-INADEQUATE 실험 스펙트럼(176 MHz, NS = 1024, RD = 3 s, total AQ = 1 h)

참고문헌

1. W. P. Aue, E. Bartholdi, and R. R. Ernst, *J. Chem. Phys.*, **64**. 2226 (1976), R. R. Ernst, Nobel Lecture, *Angew. Chem. Int. Ed. Engl.*, **31**, 805 (1992).
2. A. E. Derome, Modern NMR Techniques for Chemistry Research, Pergamon Press, Oxford,1987.
3. G. E. Martin and A. S. Zektzer, Two-Dimensional NMR Methods for Establishing Molecular Connectivity, VCH Publisher, New York, 1988.
4. R. Benn and H. Gunther, *Angew. Chem. Int. Ed. Engl.*, **22**, 350 (1983), H. Kessler, M. Gehrke, and C. Griesinger, *Angew. Chem. Int. Ed. Engl.*, **27**, 490 (1988)
5. R. R. Ernst, G. Bodenhausen, and A. Wokaun, Principles of Nuclear Magnetic Resonance in One and Two Dimensions, Clarendon Press, Oxford, 1987.
6. A. Bax, Two-Dimensional Nuclear Magnetic Resonance in Liquids, Delft University Press, Dordrecht, 1985.
7. U. Piantini, O. W. Sorensen, and R. R. Ernst, J. Am. Chem. Soc., **104**, 6800 (1982).
8. A. Bax and R. Freeman, *J. Magn. Reson.*, **44**, 542 (1981).
9. L. Braunschweiler and R. R. Ernst, *J. Magn. Reson.*, **53**, 521 (1983).
10. K. Nagayama, A. Kumar, K. Wuthrich, and R. R. Ernst, *J. Magn. Reson.*, **40**, 321 (1980).
11. G. Bodenhausen and R. Freeman, *J. Magn. Reson.*, **28**, 471 (1977).
12. A. S. Zektzer, B. K. John, and G. E. Martin, *Magn. Reson. Chem.*, **25**, 752 (1987).
13. H. Kessler, C. Griesinger, J. Zarbock, and H. R. Loosli, *J. Magn. Reson.*, **57**, 331 (1984).
14. A. Bax, *J. Magn. Reson.*, **53**, 149 (1983).
15. G. Bodenhausen, R. Freeman, and D. L. Turner, *J. Chem. Phys.*, **65**, 839 (1976).
16. G. Bodenhausen, R. Freeman, R. Niedermeyer, and D. L. Turner, *J. Magn. Reson.*, **26**, 133 (1977).
17. A. Bax, R. Freeman, and S. P. Kempsell, *J. Am. Chem. Soc.*, **102**, 4849 (1980).
18. A. Bax, R. Freeman, T. A. Frenkiel, and M. H. Levitt, *J. Magn. Reson.*, **43**, 478 (1981).
19. D. L. Turner, *J. Magn. Reson.*, **49**, 175 (1982).
20. K.-Y. Kim and S.-G. Lee, *Magn. Reson. Chem.*, **35**, 451 (1997).
21. S.-G. Lee, *Bull. Korean Chem. Soc.*, **14**, 156 (1993).
22. S.-G. Lee, *Bull. Korean Chem. Soc.*, **22**, 429 (2001).
23. G. Bodenhausen and D. J. Ruben, *Chem. Phys. Lett.*, **69**, 185 (1979).
24. A. Bax, R. G. Griffey, and B. L. Hawkins, *J. Magn. Reson.*, **55**, 301 (1983).
25. A. Bax and S. Subramanian, *J. Magn. Reson.*, **67**, 565 (1986).
26. A. Bax and M. F. Summers, *J. Am. Chem. Soc.*, **108**, 2093 (1986).
27. H. Y. Carr and E. M. Purcell, *Phys. Rev.*, **94**, 630 (1954).
28. E. O. Stejskal and J. E. Tanner, *J. Chem. Phys.*, **42**, 288 (1965).
29. P. Barker and R. Freeman, *J. Magn. Reson.*, **64**, 334 (1985).
30. (a) R. E. Hurd, *J. Magn. Reson.*, **87**, 422 (1990). (b) J.Ruiz-Cabello and et. al. *J. Magn. Reson.*, **100**, 282 (1992).
31. J. R. Tolman and J. H. Prestegard, *Concepts Magn. Reson.*, **7**, 247 (1995).

32. T. Parella, *Magn. Reson. Chem.*, **36**, 467 (1998).
33. (a) K. Wuthrich, *Nat. Struct. Biol.*, **5**, 492 (1998). (b) R. Riek, G. Wider, K. Pervushin, K. Wuthrich, **96**, 4918 (1999).
34. C. S. Johnson, Jr., Prog. *NMR Spectrosc.*, **34**, 203 (1999) and references cited therein.
35. (a) C. J. Bauer, R. Freeman, T. Frenkiel, J. Keeler, and A. J. Shaka, *J. Magn. Reson.*, **58**, 442 (1984). (b) H. Kessler, H. Oschkinat, C. Griesinger, and W. Bermel, *J. Magn. Reson.*, **70**, 106 (1986).
36. H. Kessler, U. Anders, G. Gemmecker, and S. Steuernagel, *J. Magn. Reson.*, **85**, 1 (1989).
37. H. Kessler, S. Mronga, and G. Gemmecker, *Magn. Reson. Chem.*, **29**, 527 (1991).

연습문제

아래에 주어진 스펙트럼들은 3장과 5장에서 문제로 주어진 화합물들의 2D 스펙트럼들이다. 문제 3-5 화합물부터 2D 스펙트럼이 주어졌다. 이들 2D 스펙트럼들을 이용하여 완전히 알 수 없었던 화합물의 구조를 그리고 피크들을 지정(assign)하시오.

문제 6-1 그림 6-114 a와 b는 문제 3-5 화합물의 2D COSY와 CH-correlation 실험 스펙트럼들이다.

문제 6-2 그림 6-115 a, b, c는 문제 3-6 화합물의 2D COSY와 CH-correlation 그리고 HMBC 실험 스펙트럼들이다.

문제 6-3 그림 6-116 a, b, c는 문제 3-7 화합물의 2D COSY와 CH-correlation 그리고 long-range CH-correlation 실험 스펙트럼들이다.

문제 6-4 그림 6-117 a, b는 문제 3-8 화합물의 2D COSY와 CH-correlation 실험 스펙트럼들이다.

문제 6-5 그림 6-118 a, b, c는 문제 3-9 화합물의 2D COSY CH-correlation 그리고 long-range CH-correlation 실험 스펙트럼들이다.

문제 6-6 그림 6-119 a, b, c는 문제 3-10 화합물의 2D COSY와 CH-correlation 그리고 long-range CH-correlation 실험 스펙트럼들이다.

문제 6-7 그림 6-120 a, b, c, d는 문제 3-11 화합물의 2D COSY와 long-range COSY 그리고 CH-correlation과 long-range CH-correlation 실험 스펙트럼들이다.

문제 6-8 그림 6-121 a, b, c는 문제 3-12 화합물의 2D COSY와 CH-correlation 그리고 long-range CH-correlation 실험 스펙트럼들이다.

문제 6-9 그림 6-122 a, b, c, d는 문제 3-13 화합물의 2D COSY와 long-range COSY 그리고 gradient-HMQC와 HMBC 스펙트럼이다.

문제 6-10 그림 6-123 a, b, c, d는 문제 3-14 화합물의 2D COSY와 long-range COSY 그리고 TOCSY와 CH-correlation 실험 스펙트럼들이다.

문제 6-11 그림 6-124 a, b, c는 문제 3-15 화합물의 2D COSY와 CH-correlation 그리고 long-range CH-correlation 실험 스펙트럼들이다.

문제 6-12 그림 6-125 a, b는 문제 3-16 화합물(문제 3-15의 화합물의 isomer)의 2D COSY와 CH-correlation 실험 스펙트럼들이다.

문제 6-13 그림 6-126 a, b, c, d, e는 문제 3-17 화합물의 2D COSY와 TOCSY 그리고 CH-correlation 과 long-range CH-correlation 그리고 2D INADEQUATE 실험 스펙트럼들이다.

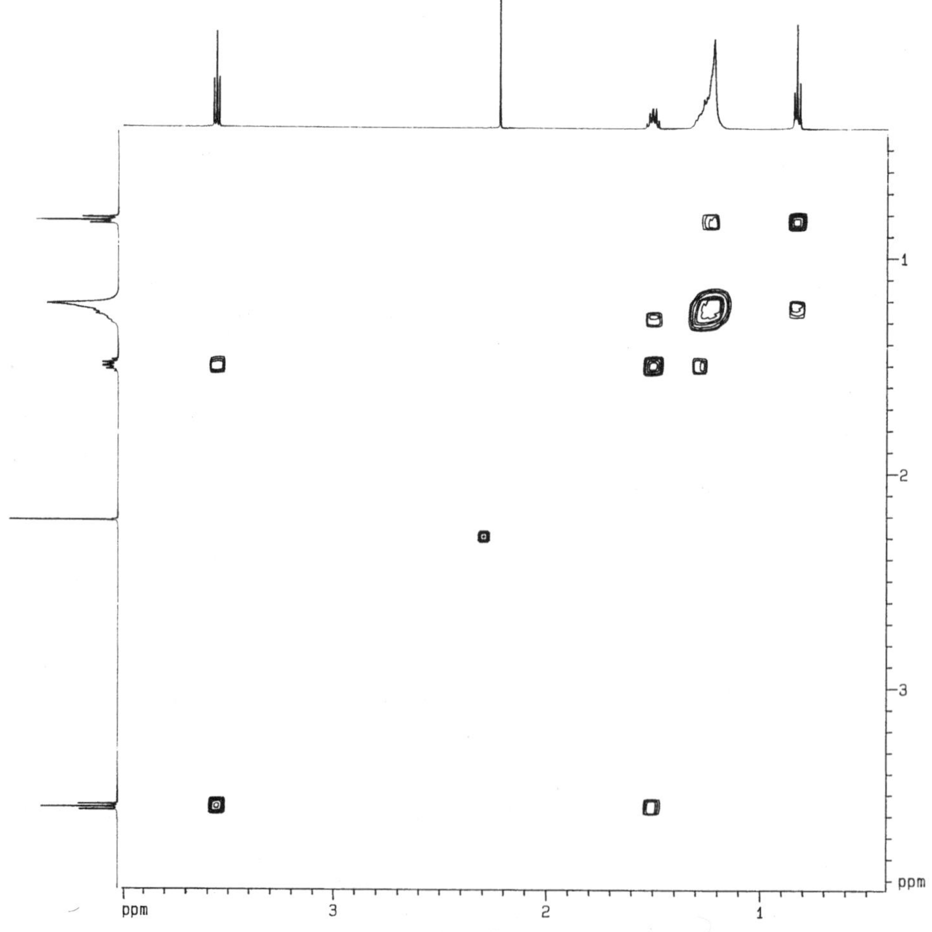

그림 6-114a 문제 6-1

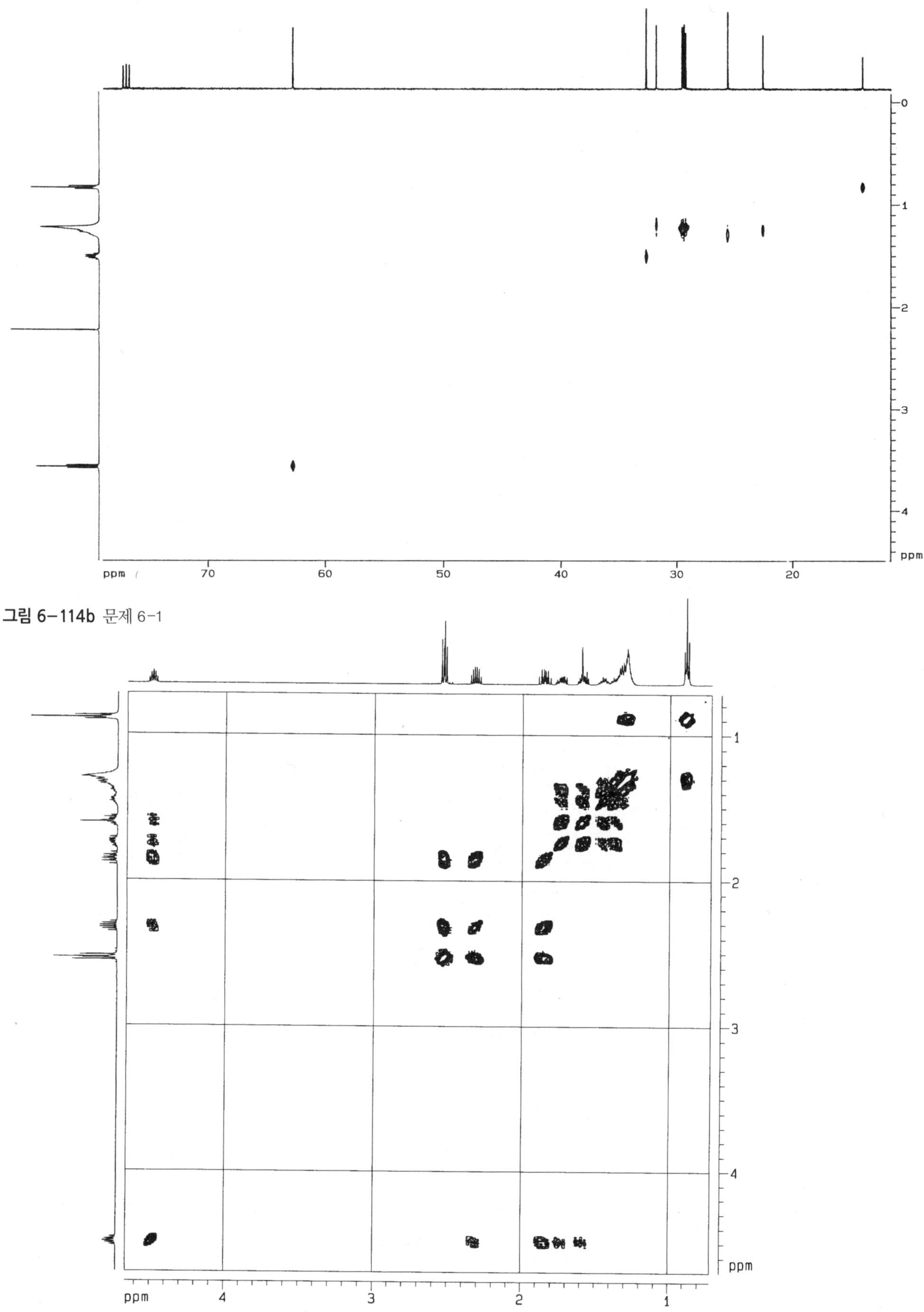

그림 6-114b 문제 6-1

그림 6-115a 문제 6-2

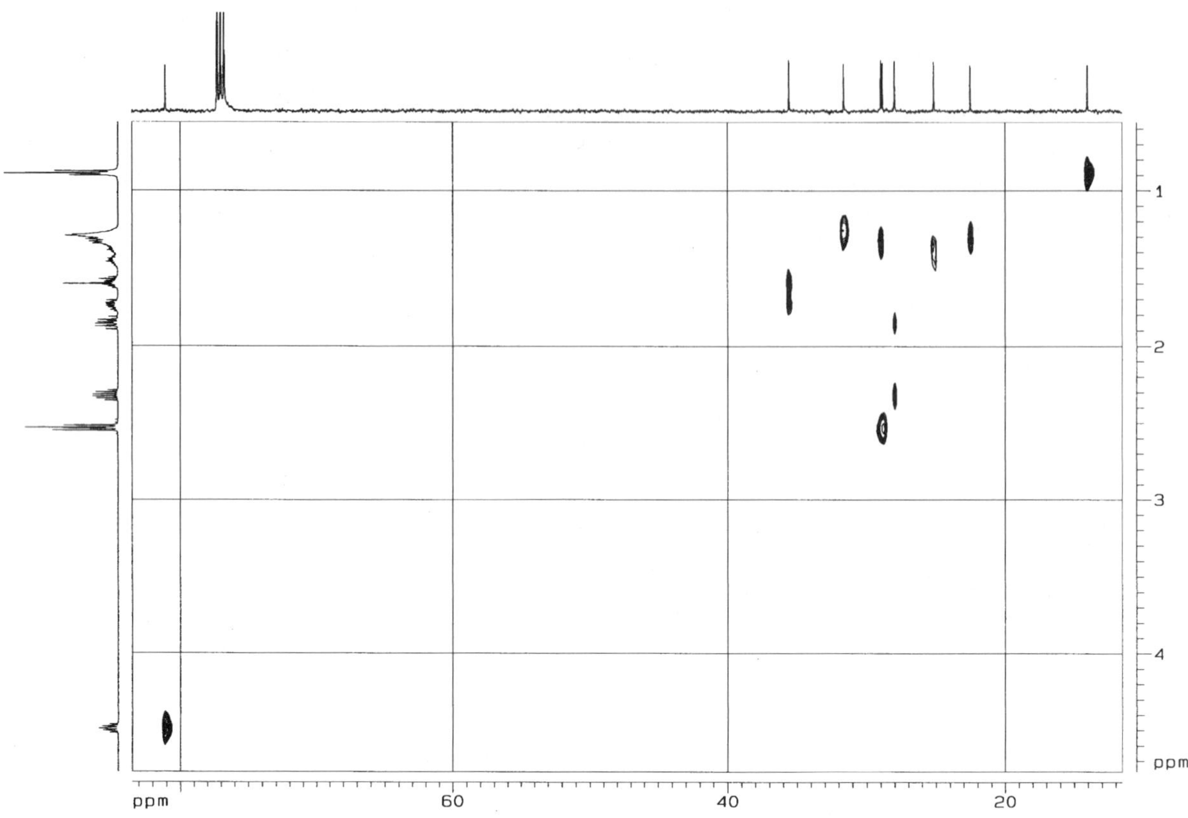

그림 6-115b 문제 6-2

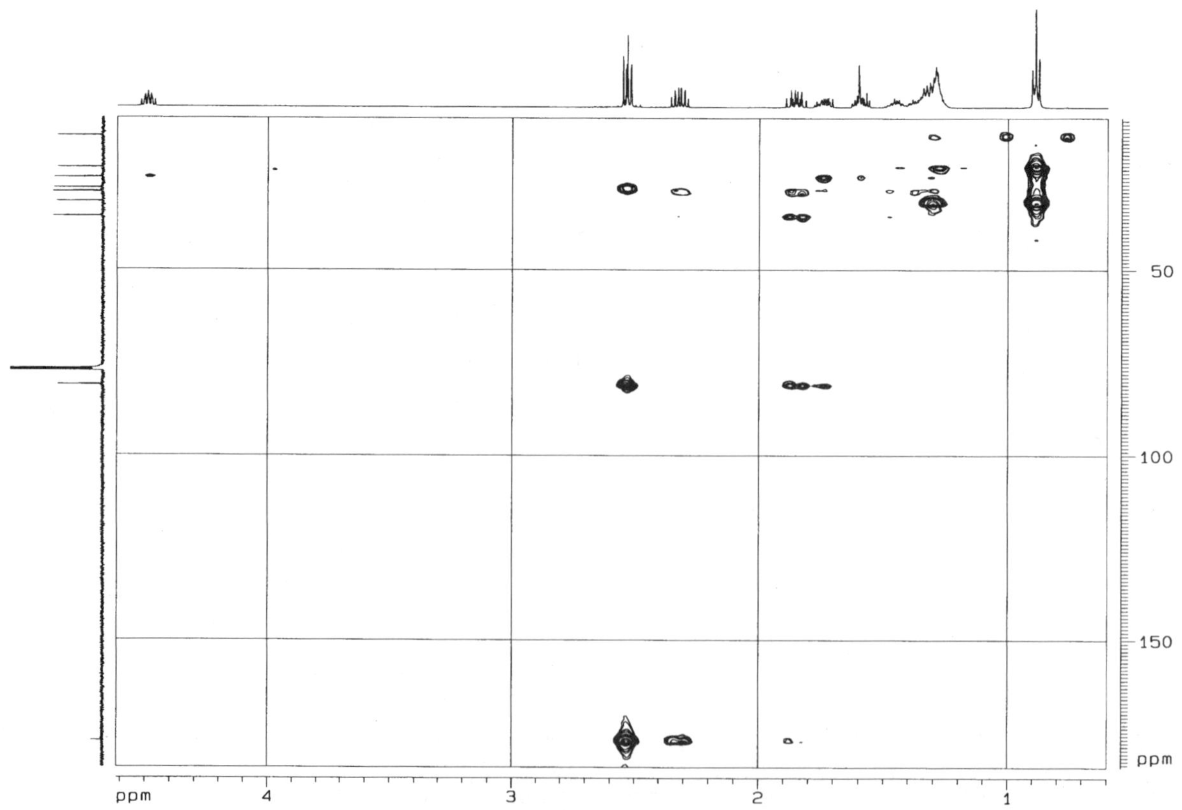

그림 6-115c 문제 6-2

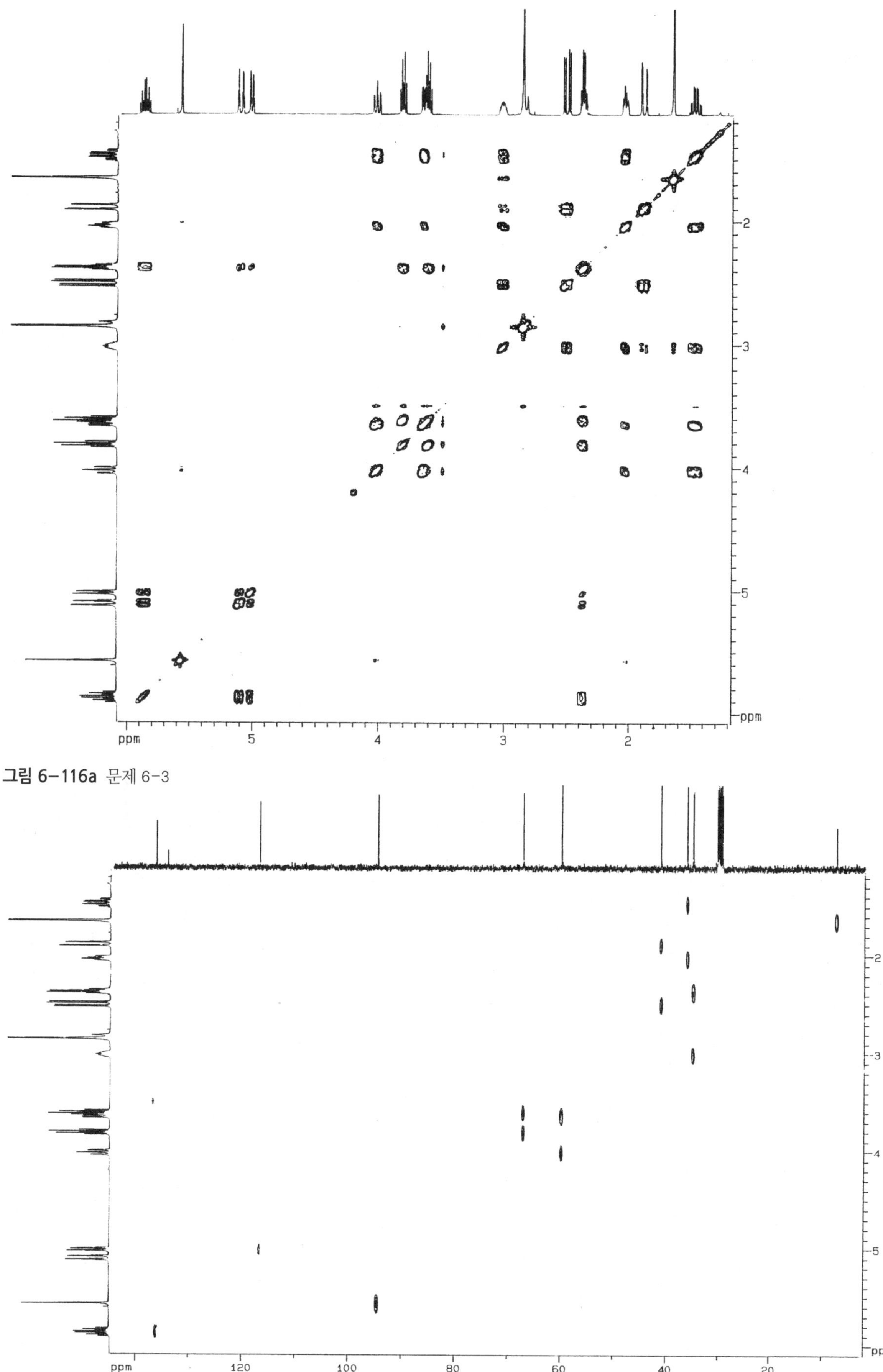

그림 6-116a 문제 6-3

그림 6-116b 문제 6-3

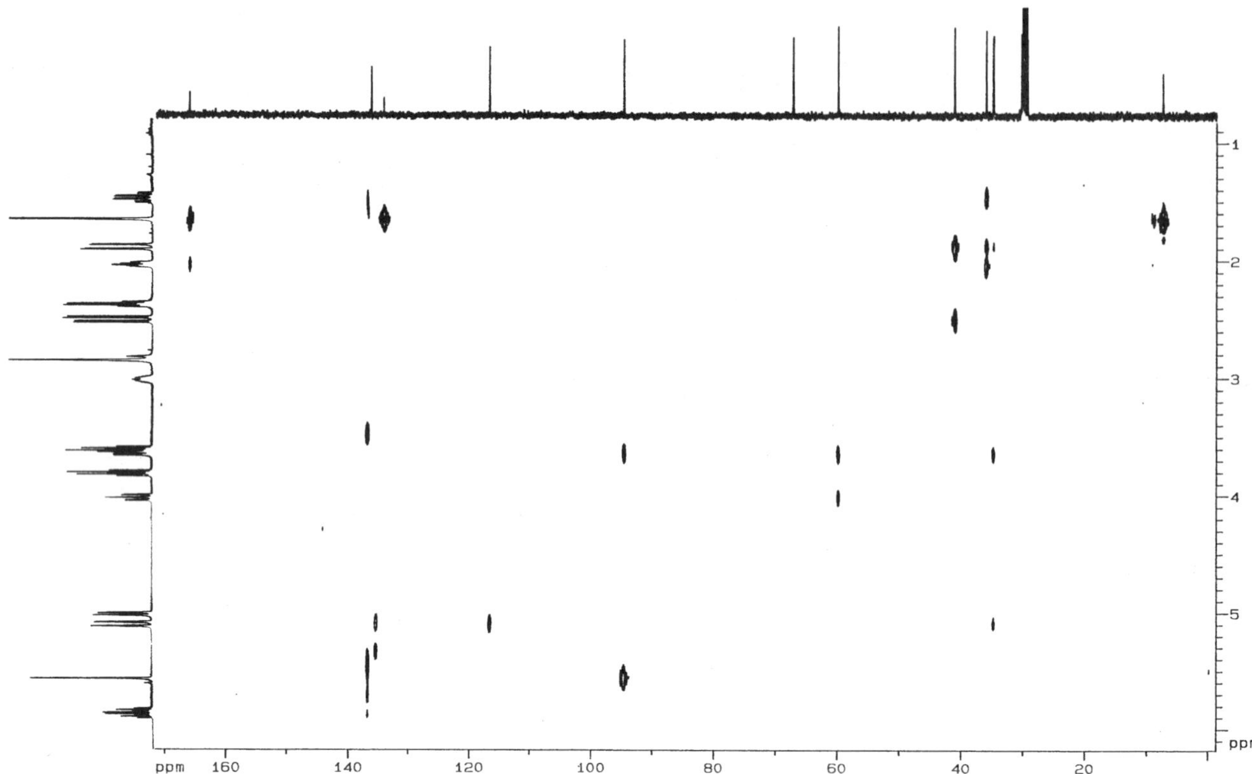

그림 6-116c 문제 6-3

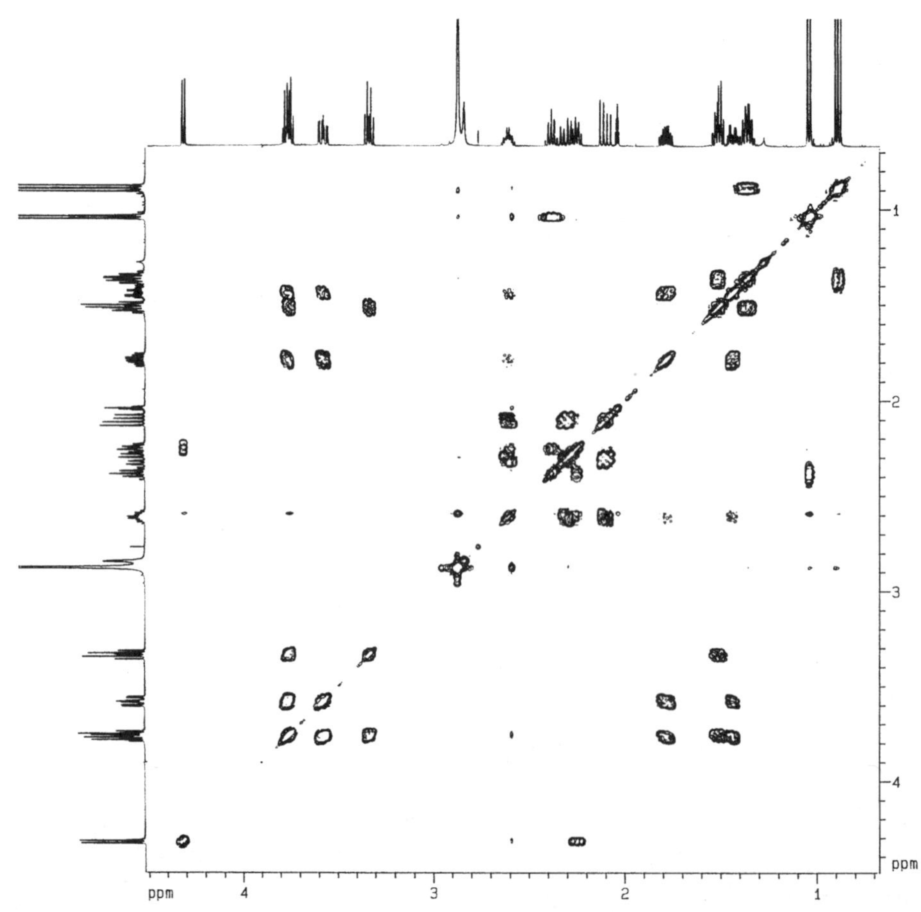

그림 6-117a 문제 6-4

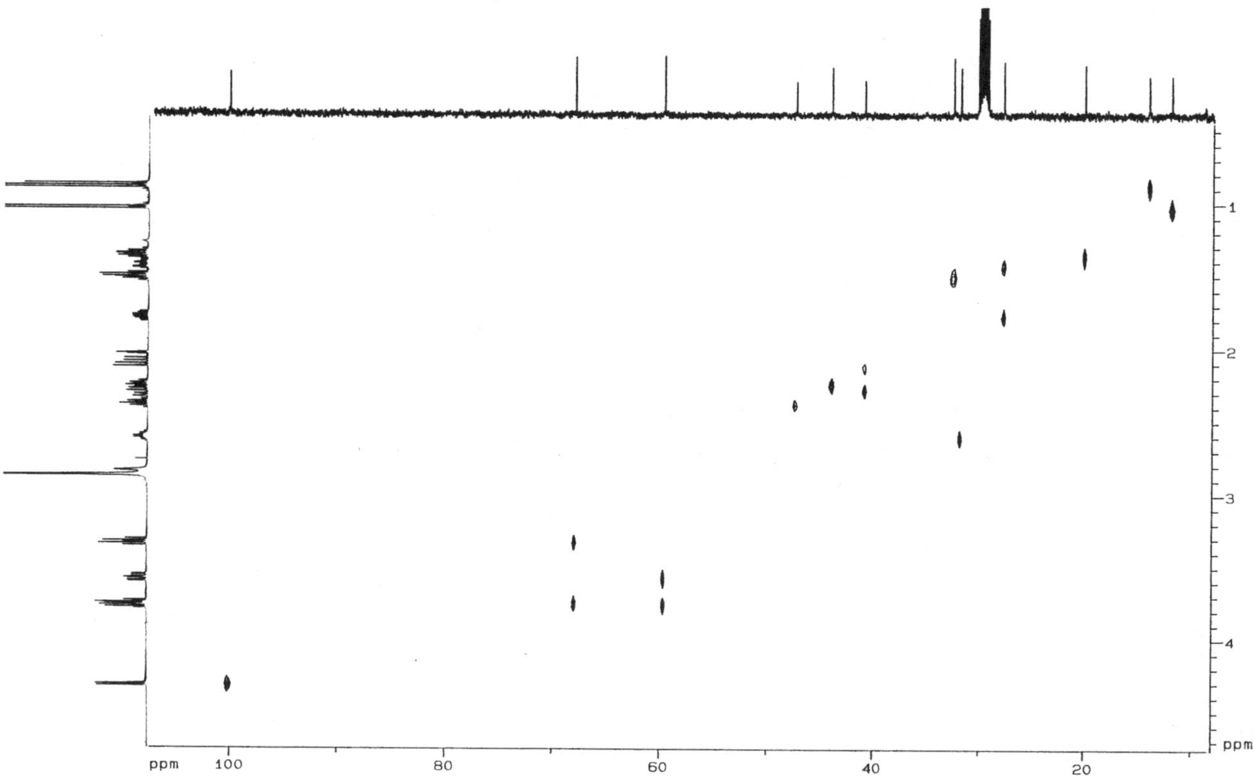

그림 6-117b 문제 6-4

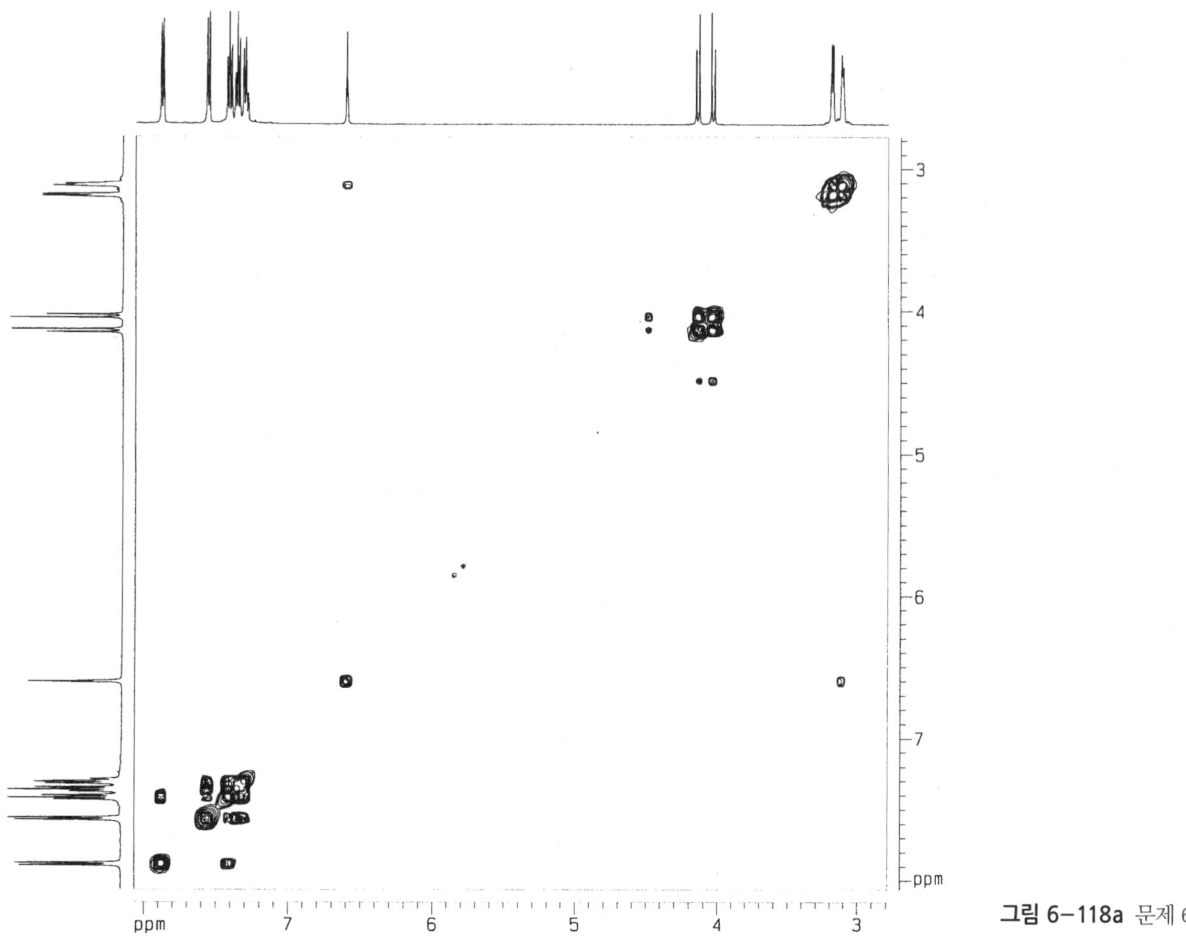

그림 6-118a 문제 6-5

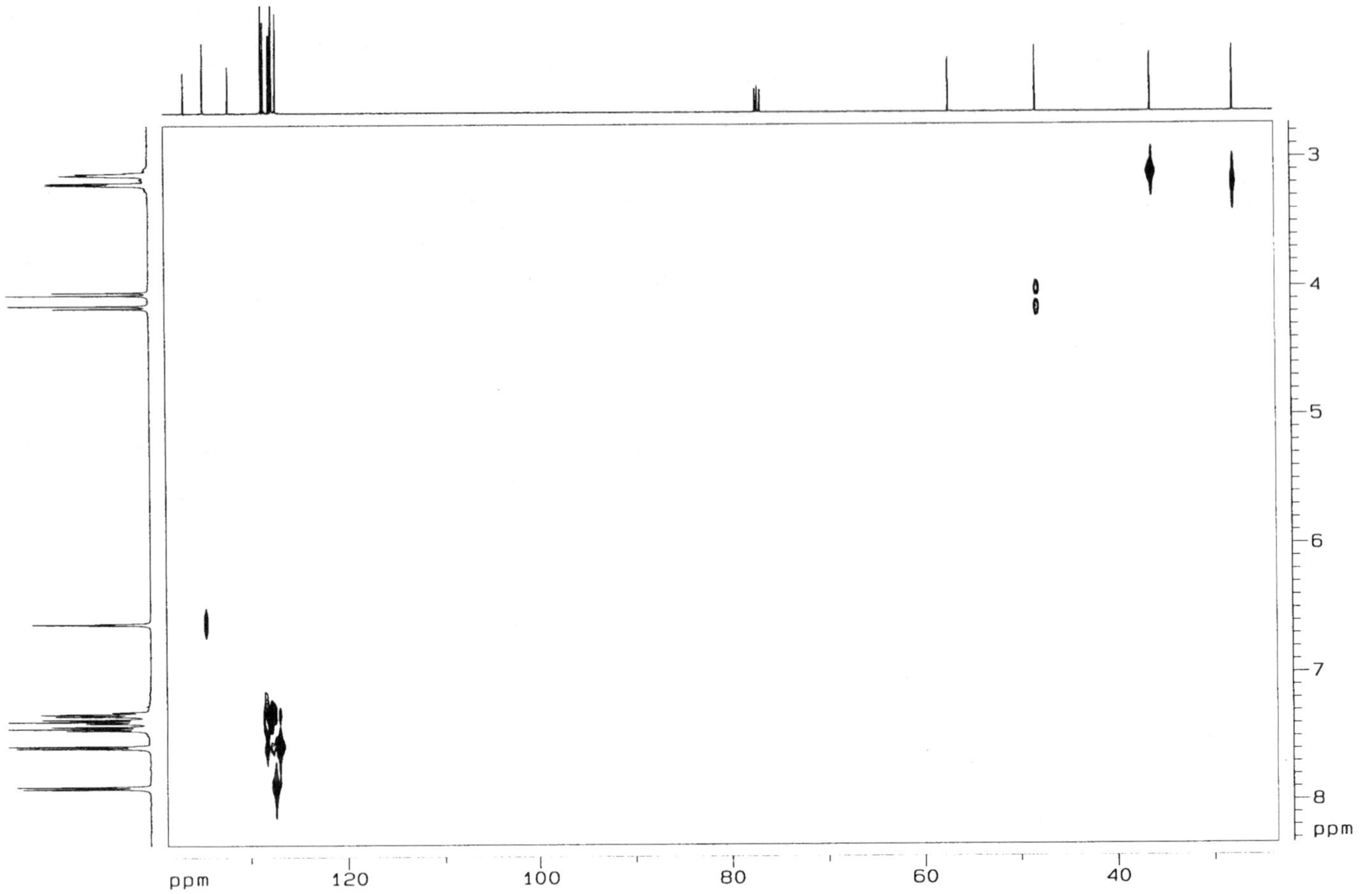

그림 6-118b 문제 6-5

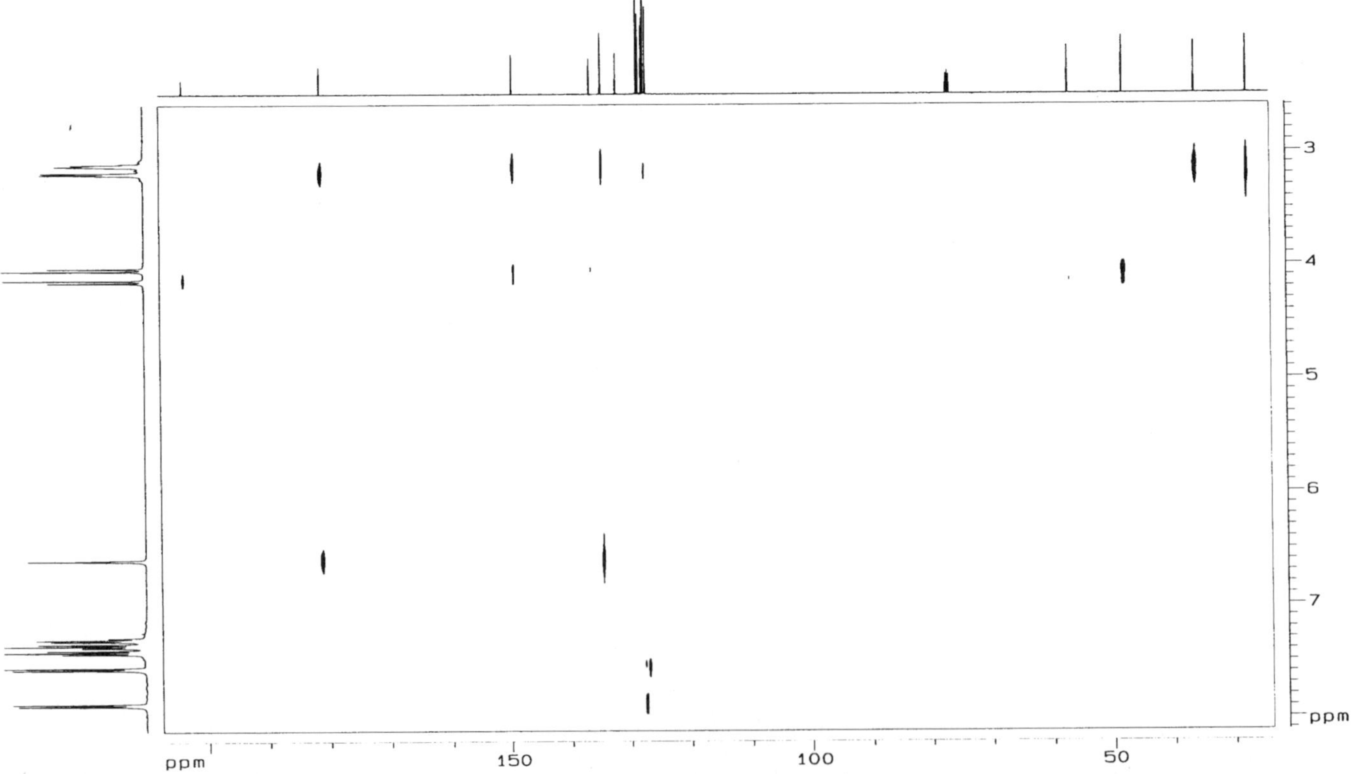

그림 6-118c 문제 6-5

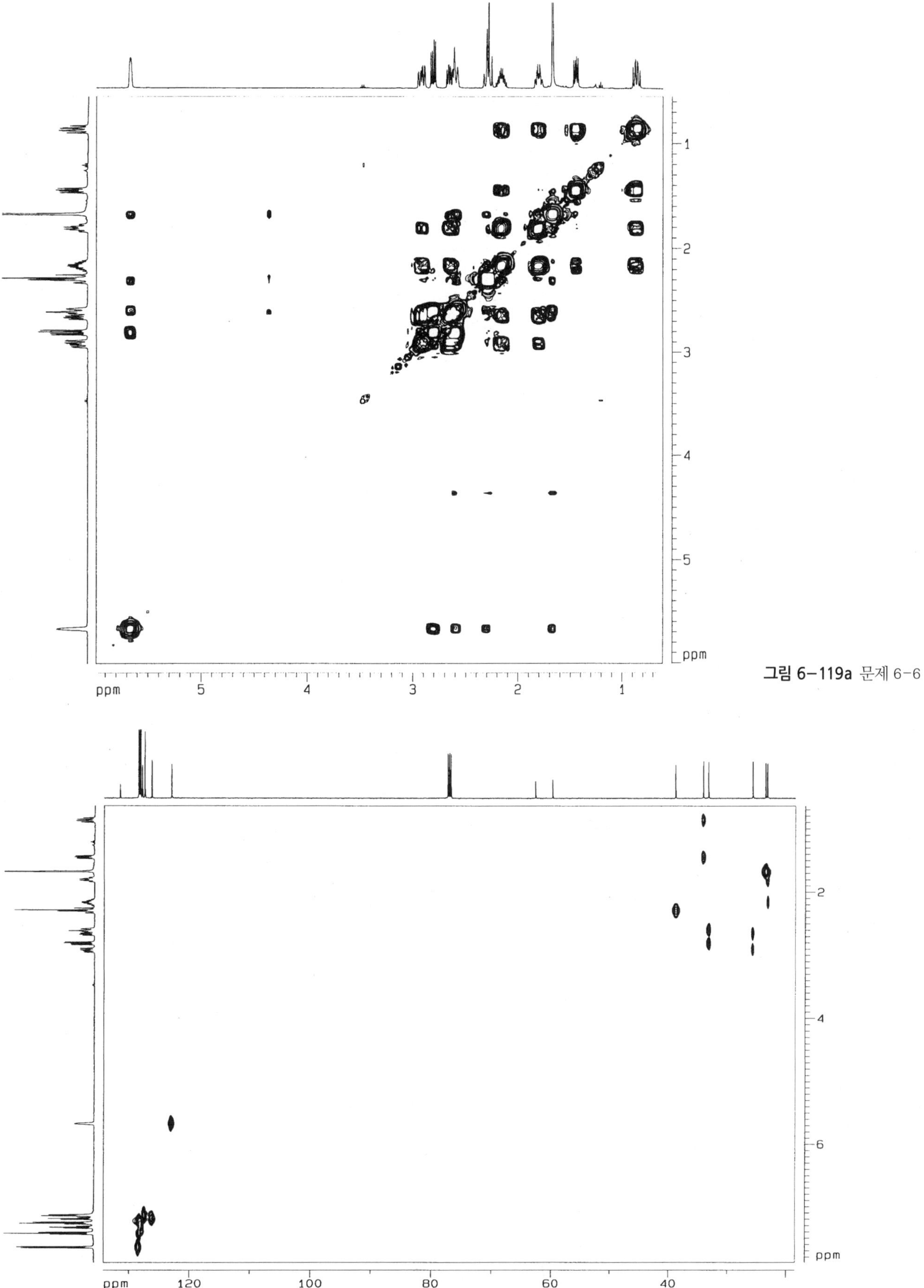

그림 6-119a 문제 6-6

그림 6-119b 문제 6-6

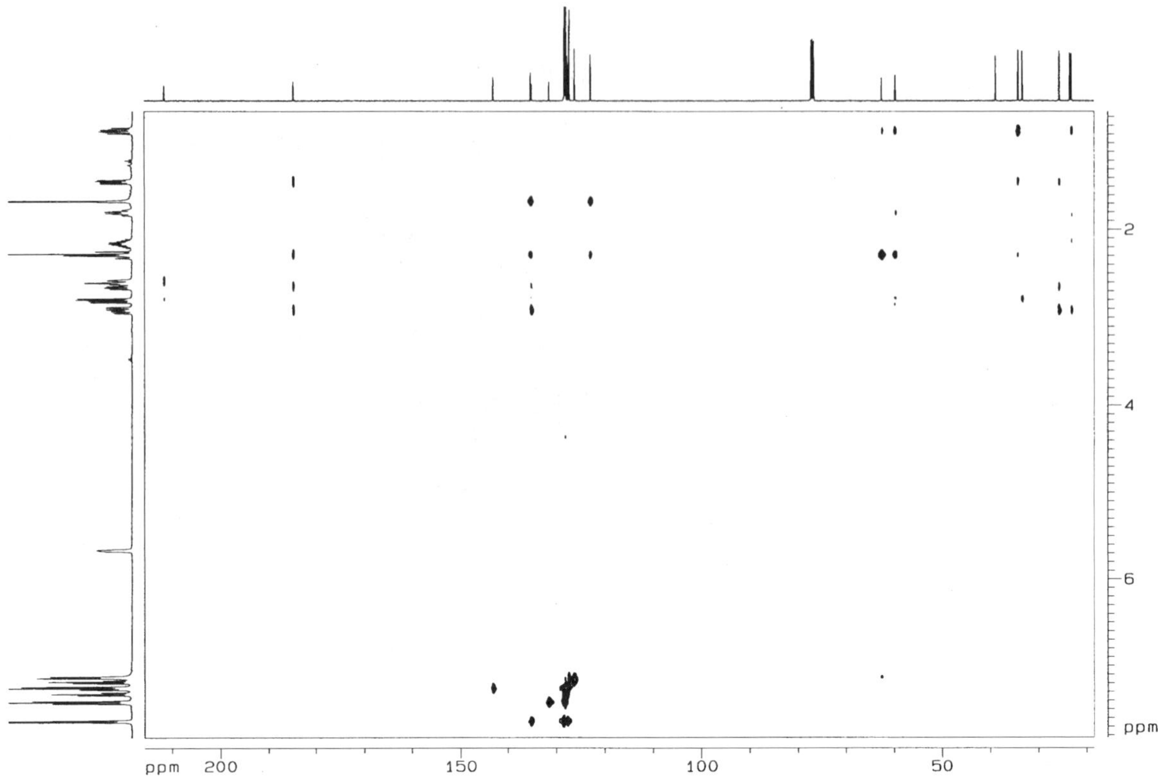

그림 6–119c 문제 6–6

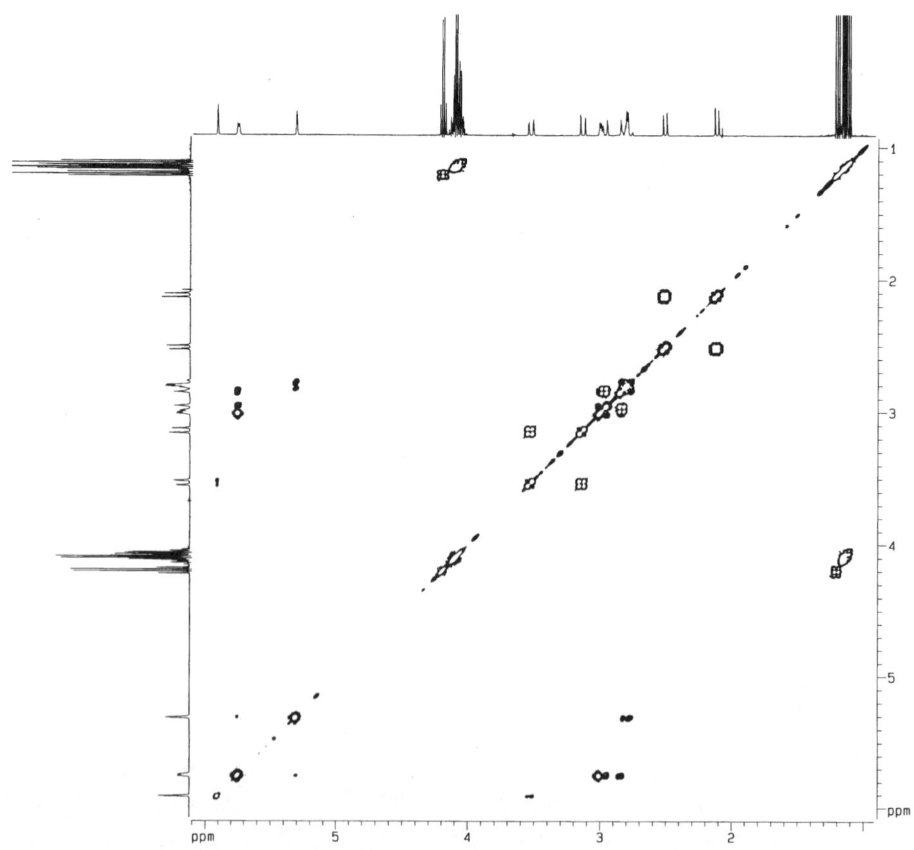

그림 6–120a 문제 6–7

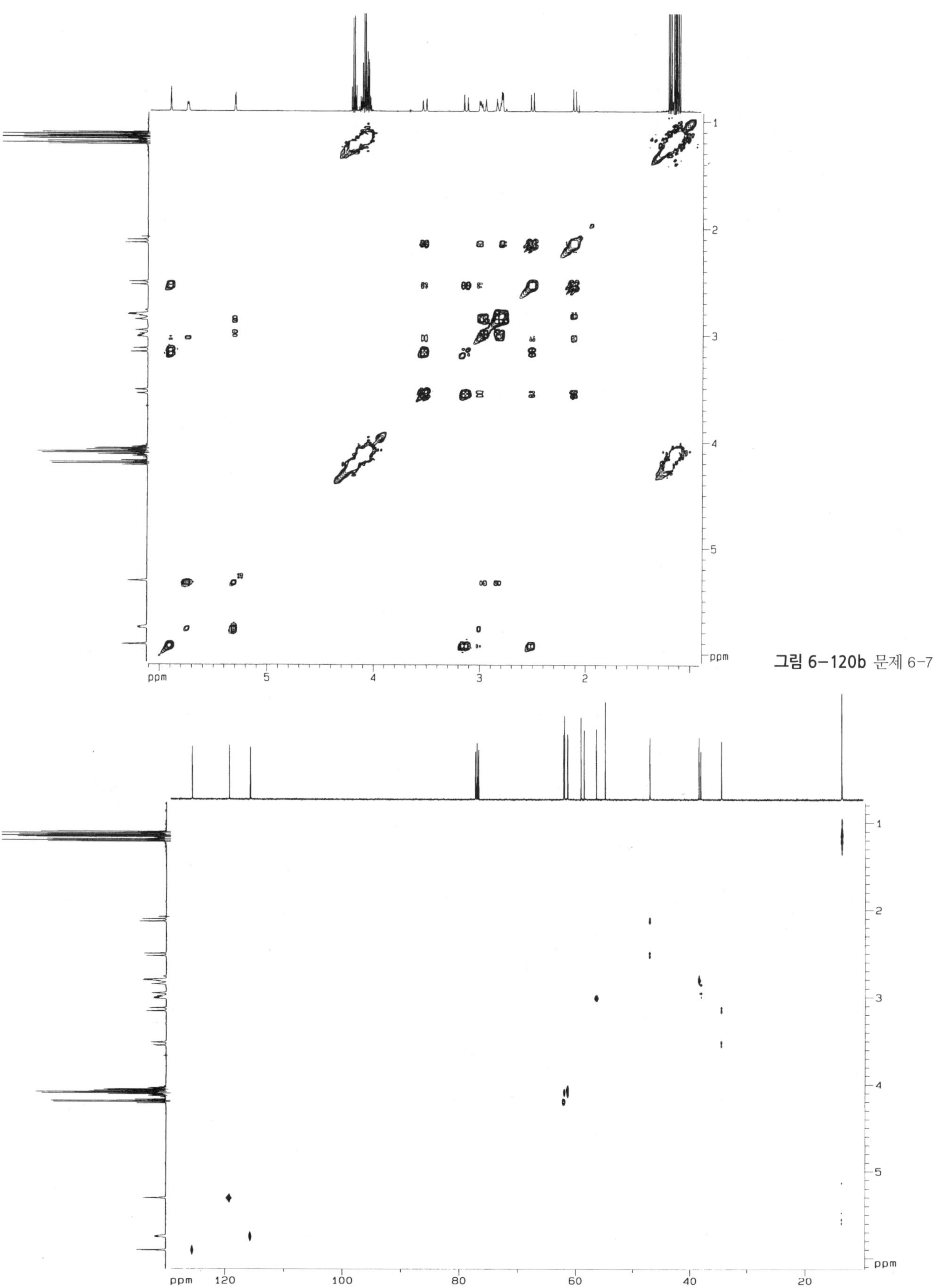

그림 6-120b 문제 6-7

그림 6-120c 문제 6-7

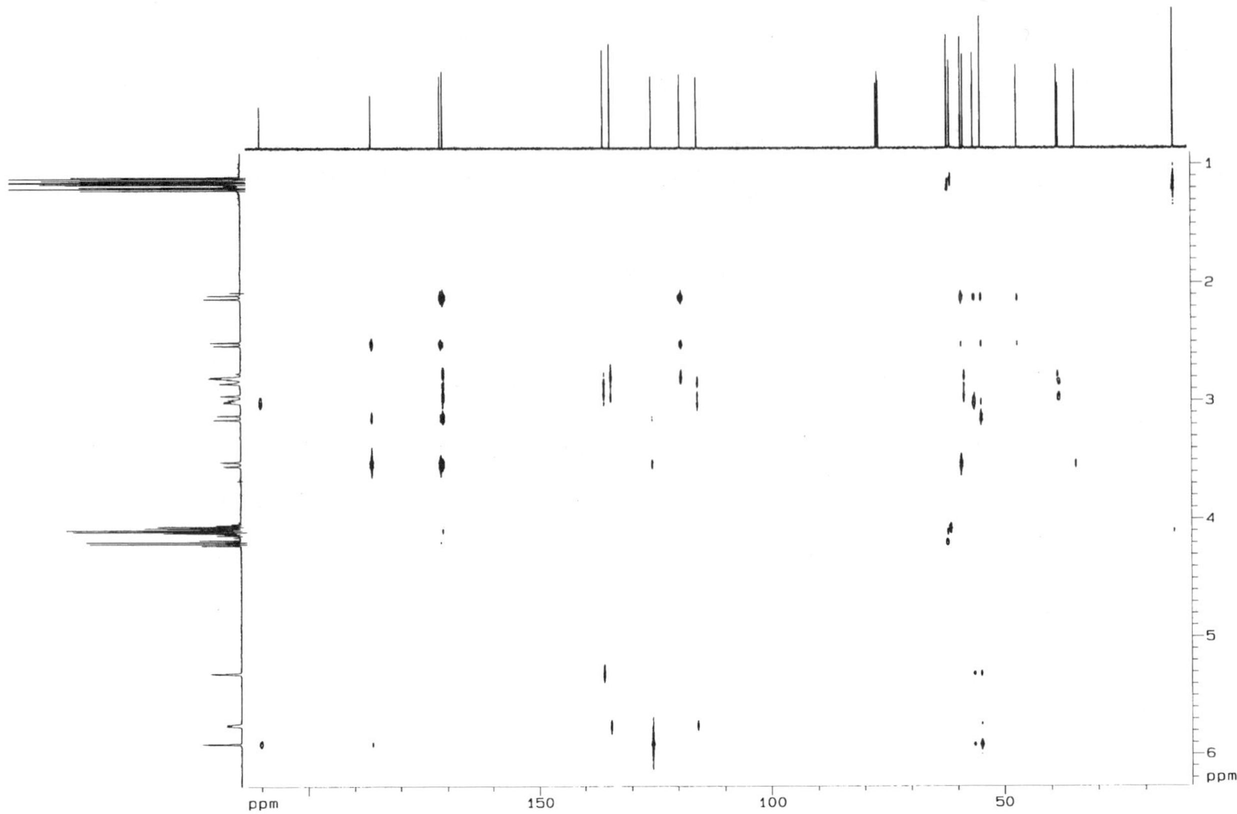

그림 6–120d 문제 6-7

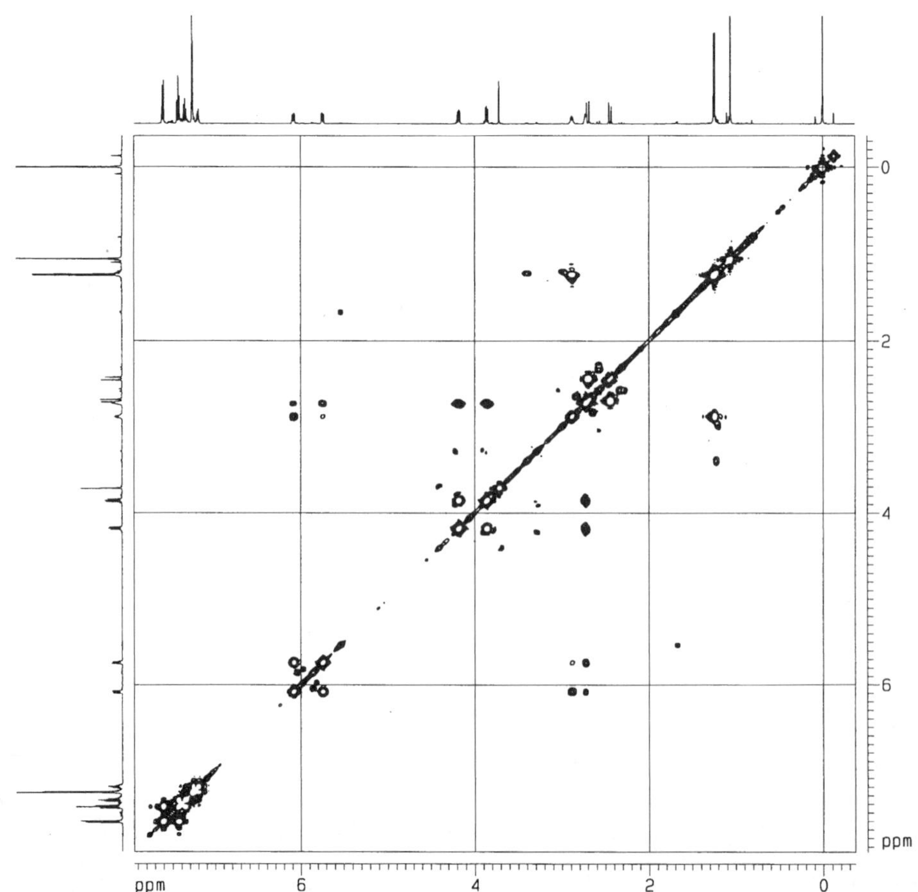

그림 6–121a 문제 6-8

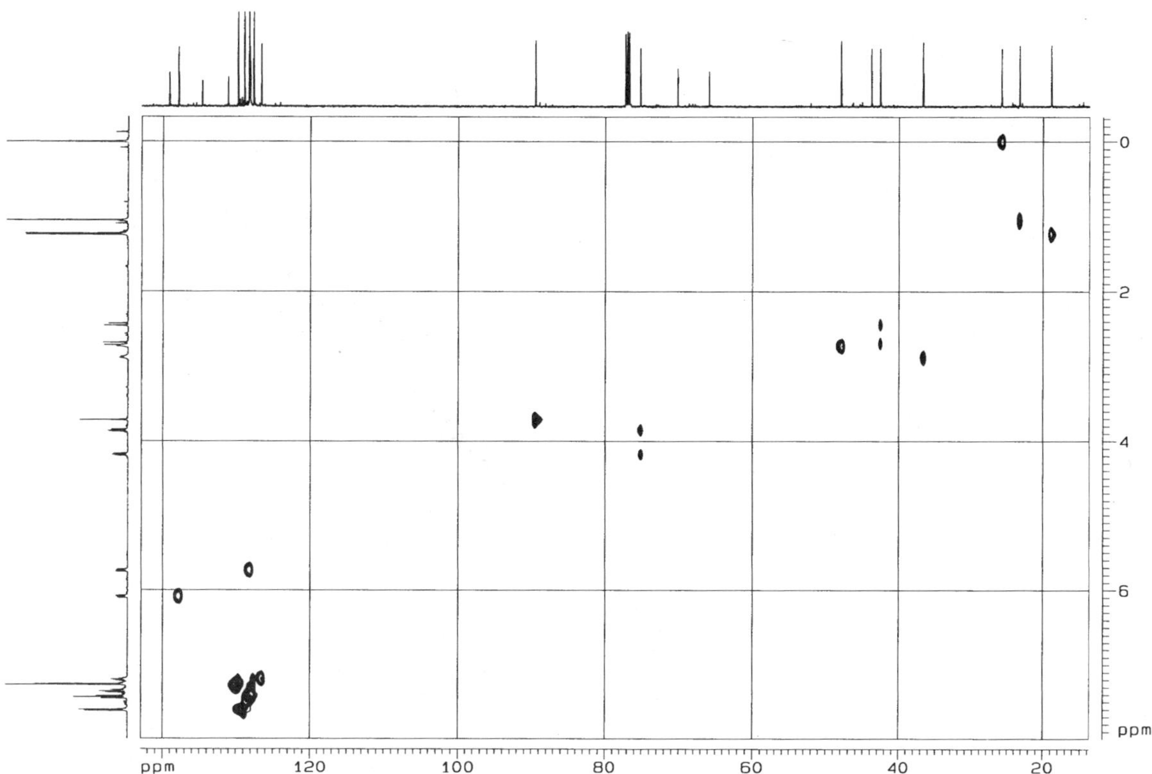

그림 6-121b 문제 6-8

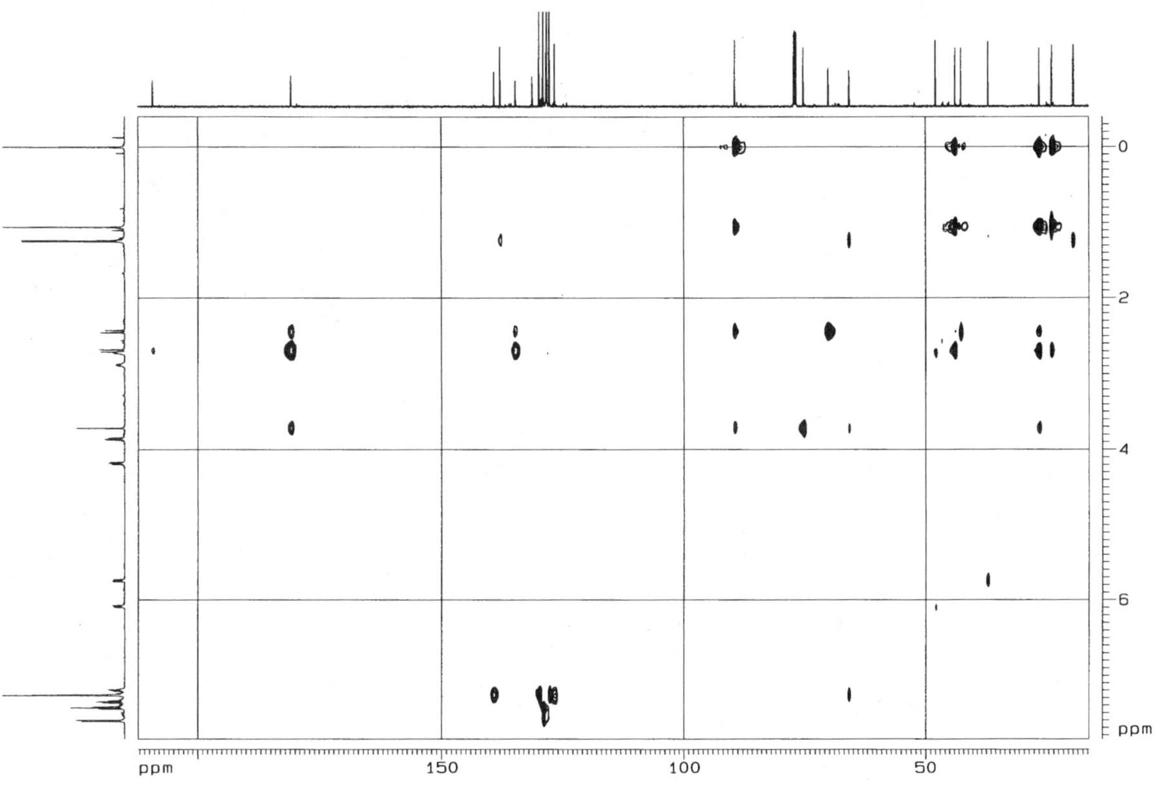

그림 6-121c 문제 6-8

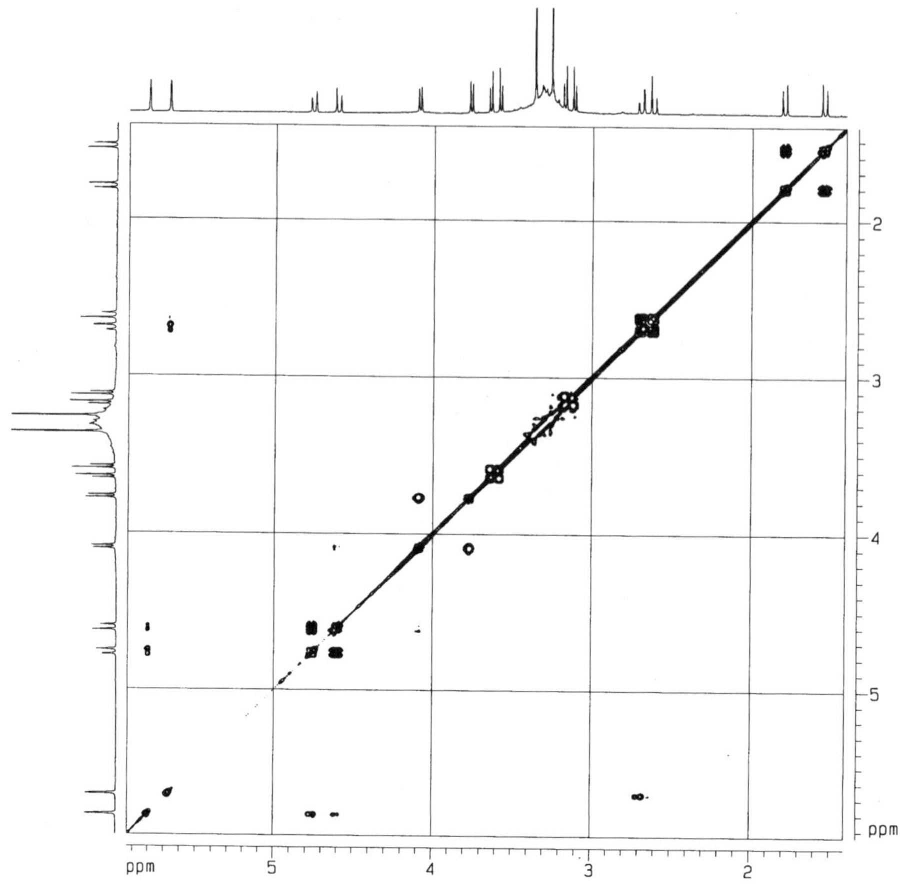

그림 6-122a 문제 6-9

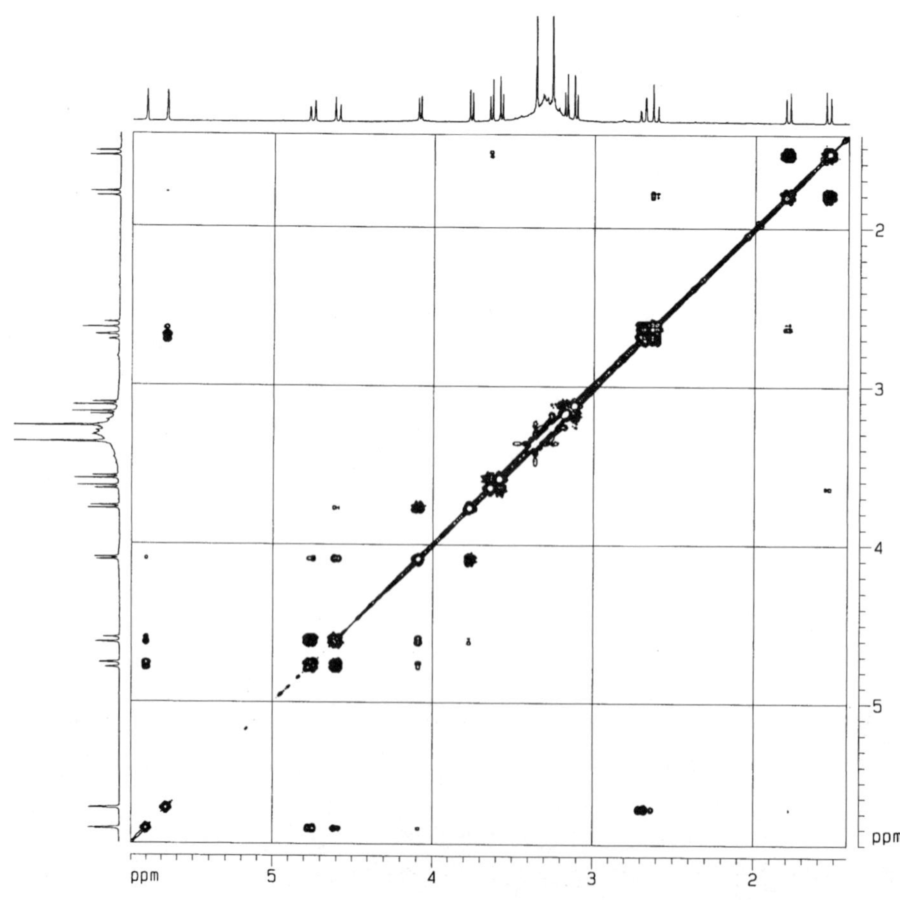

그림 6-122b 문제 6-9

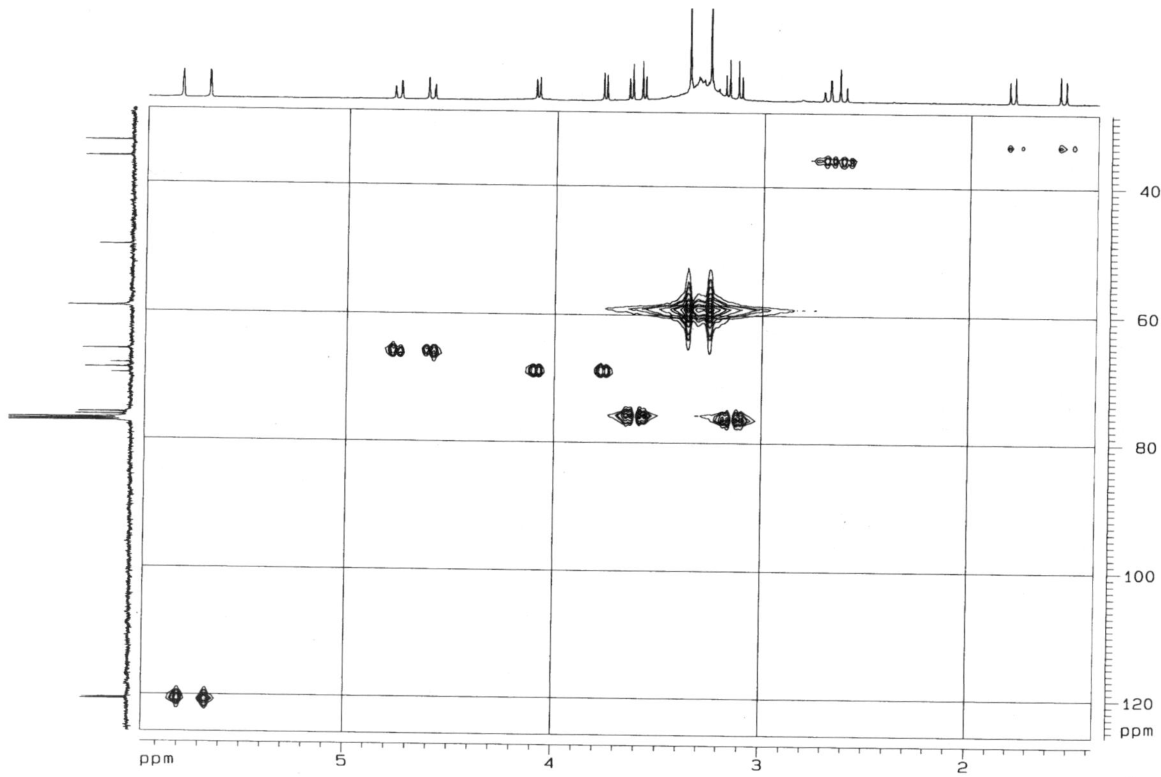

그림 6-122c 문제 6-9

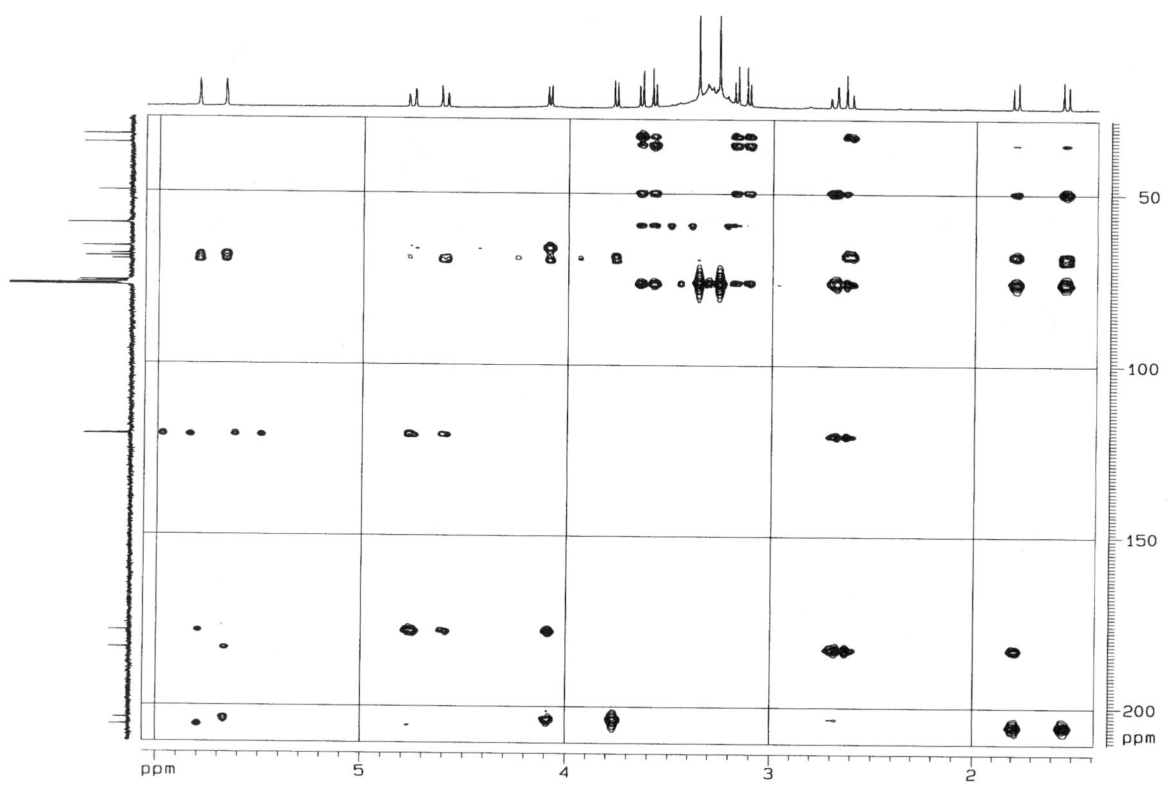

그림 6-122d 문제 6-9

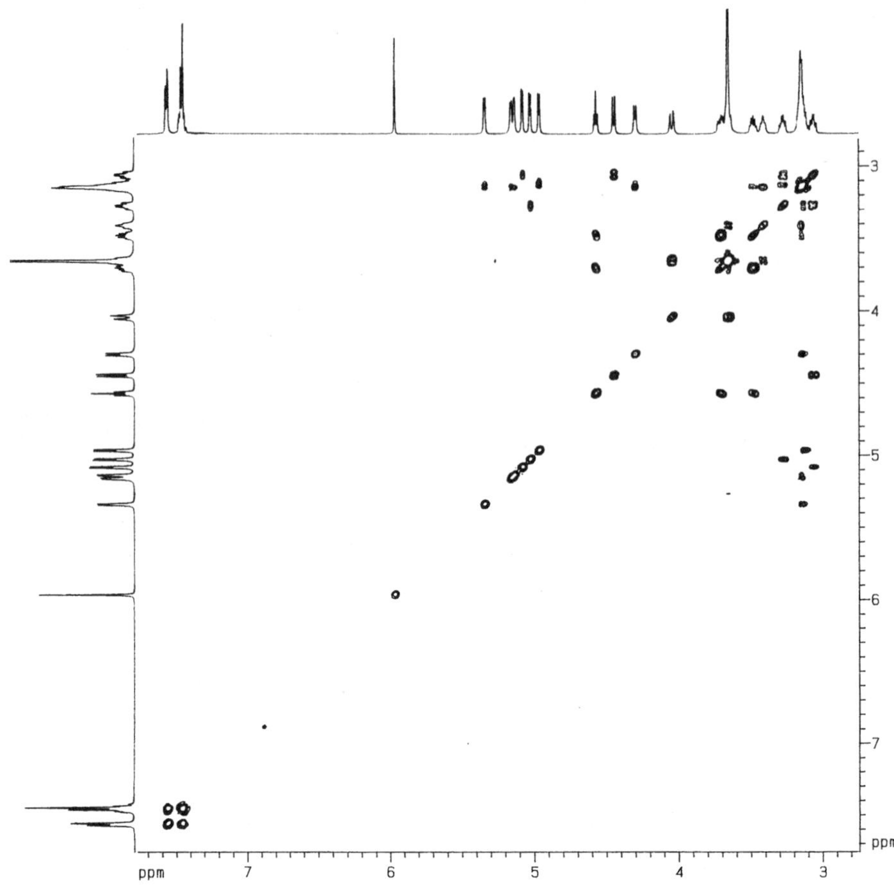

그림 6-123a 문제 6-10

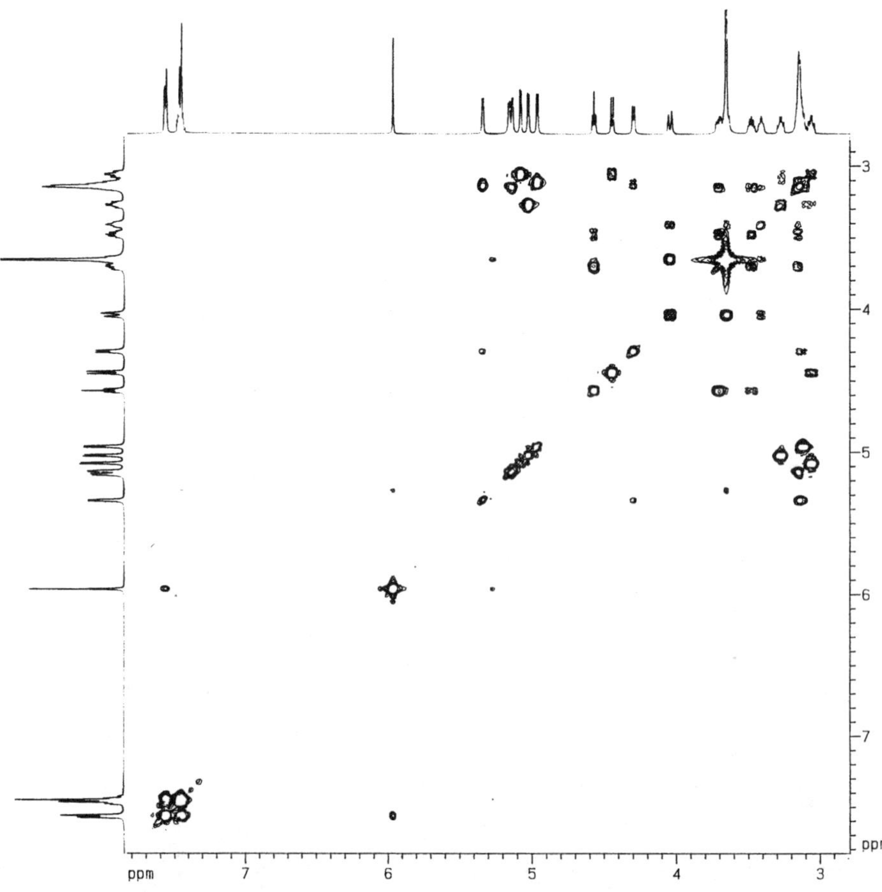

그림 6-123b 문제 6-10

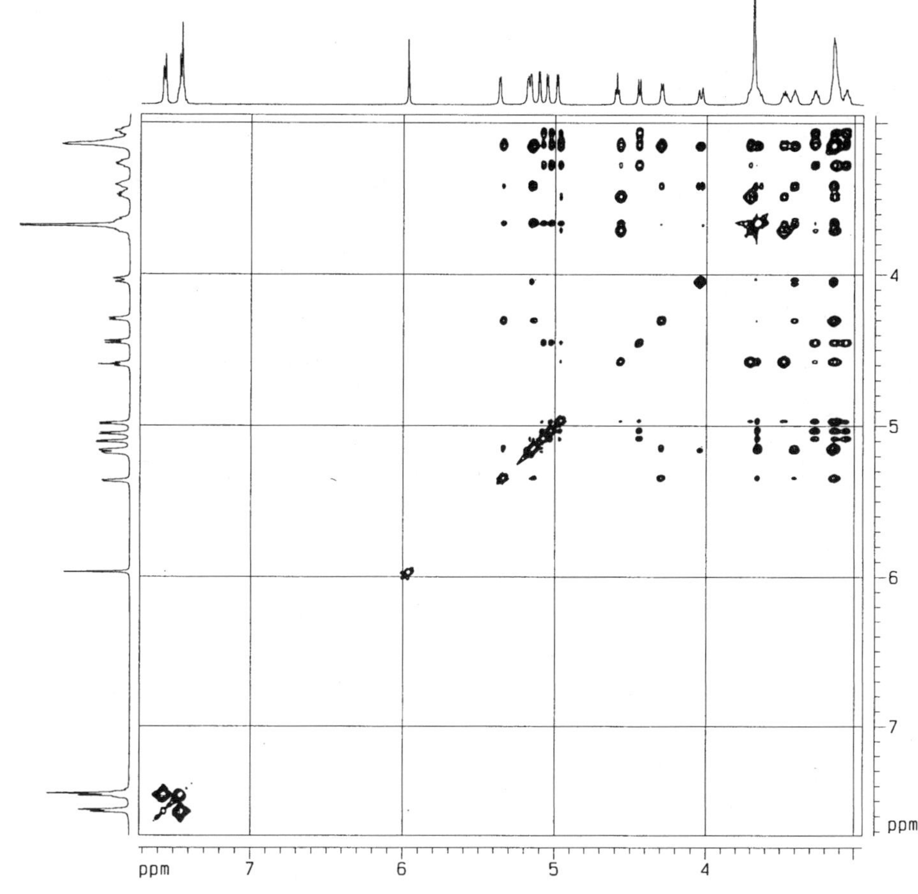

그림 6-123c 문제 6-10

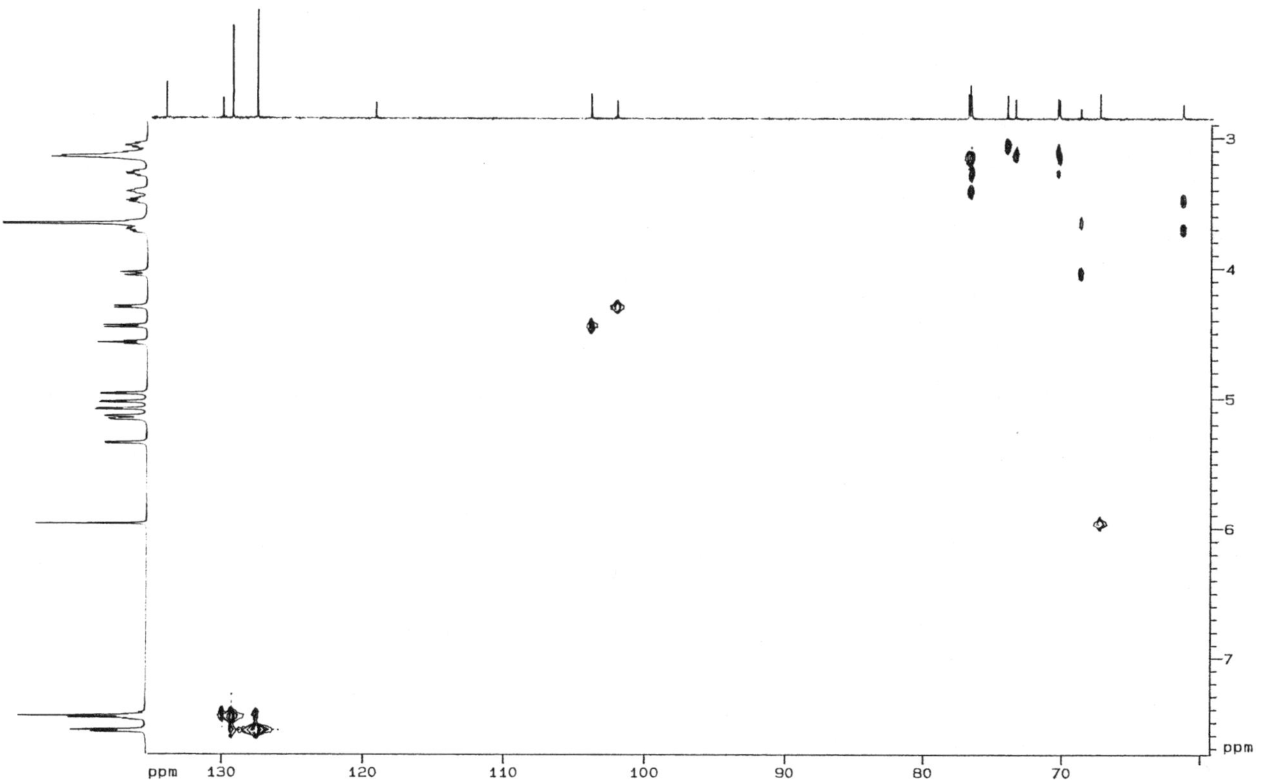

그림 6-123d 문제 6-10

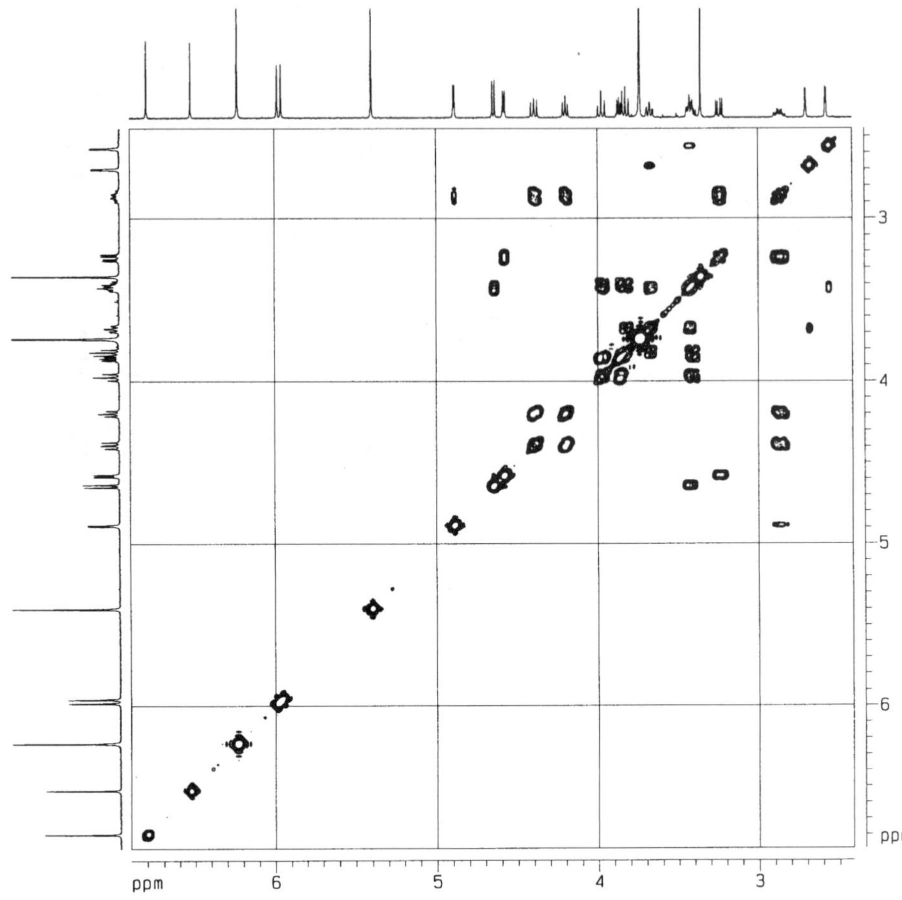

그림 6-124a 문제 6-11

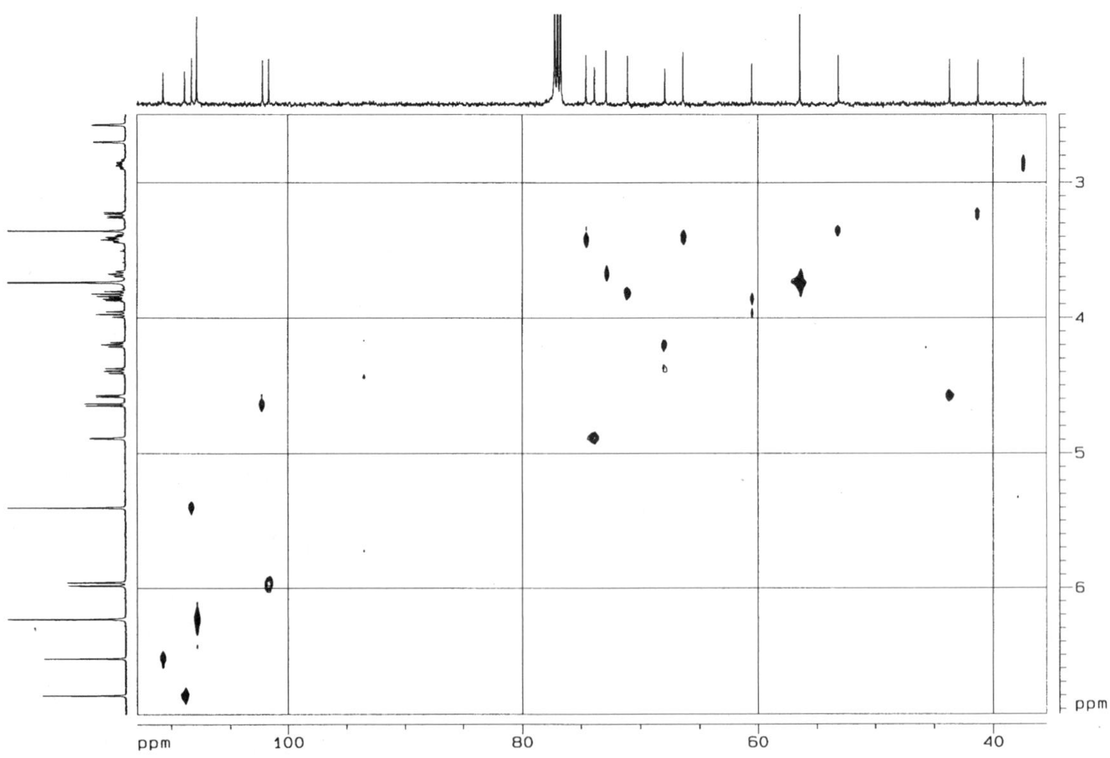

그림 6-124b 문제 6-11

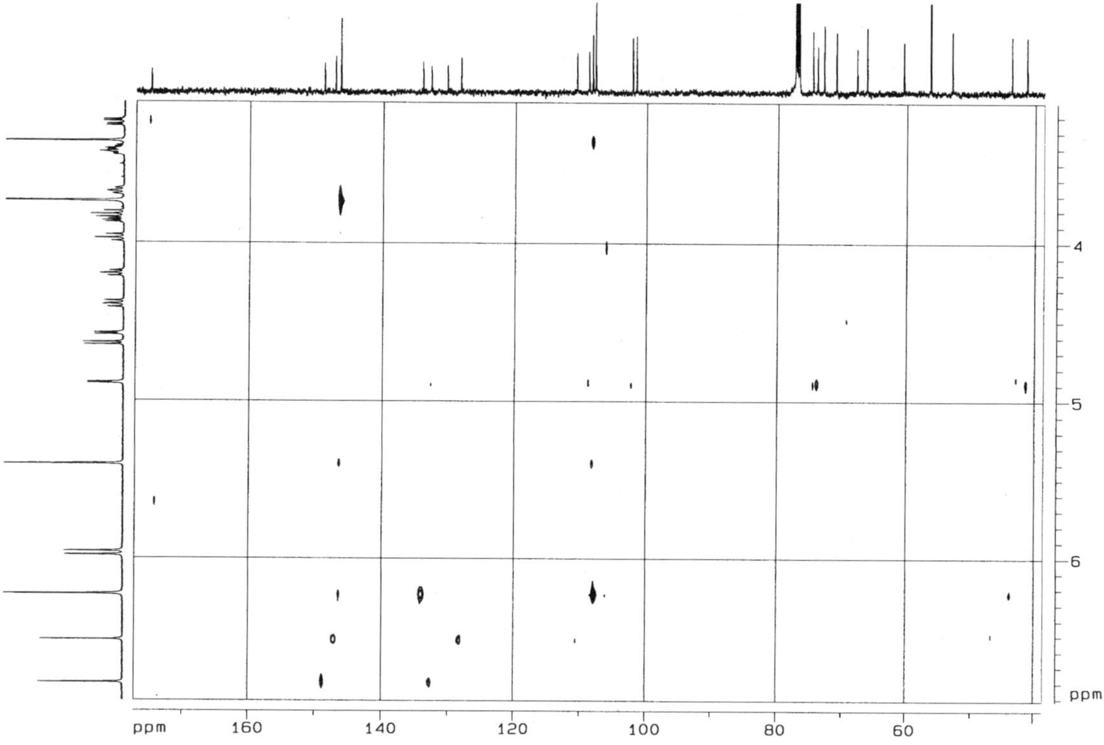

그림 6–124c 문제 6–11

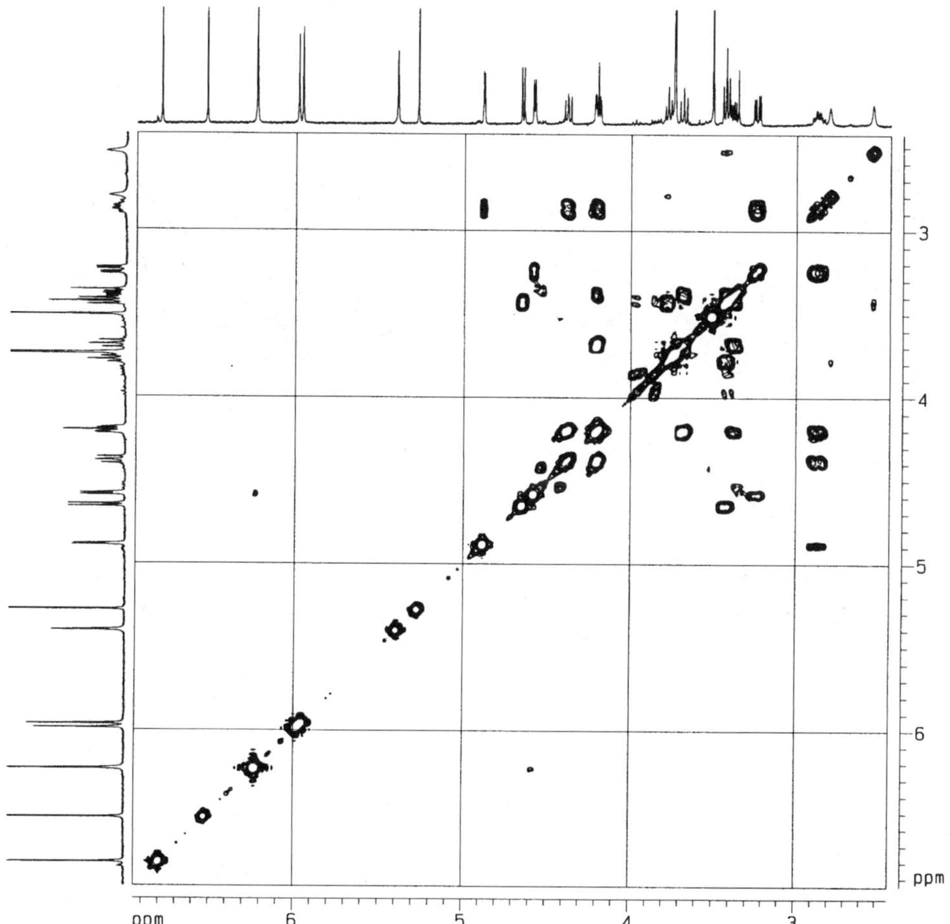

그림 6–125a 문제 6–12

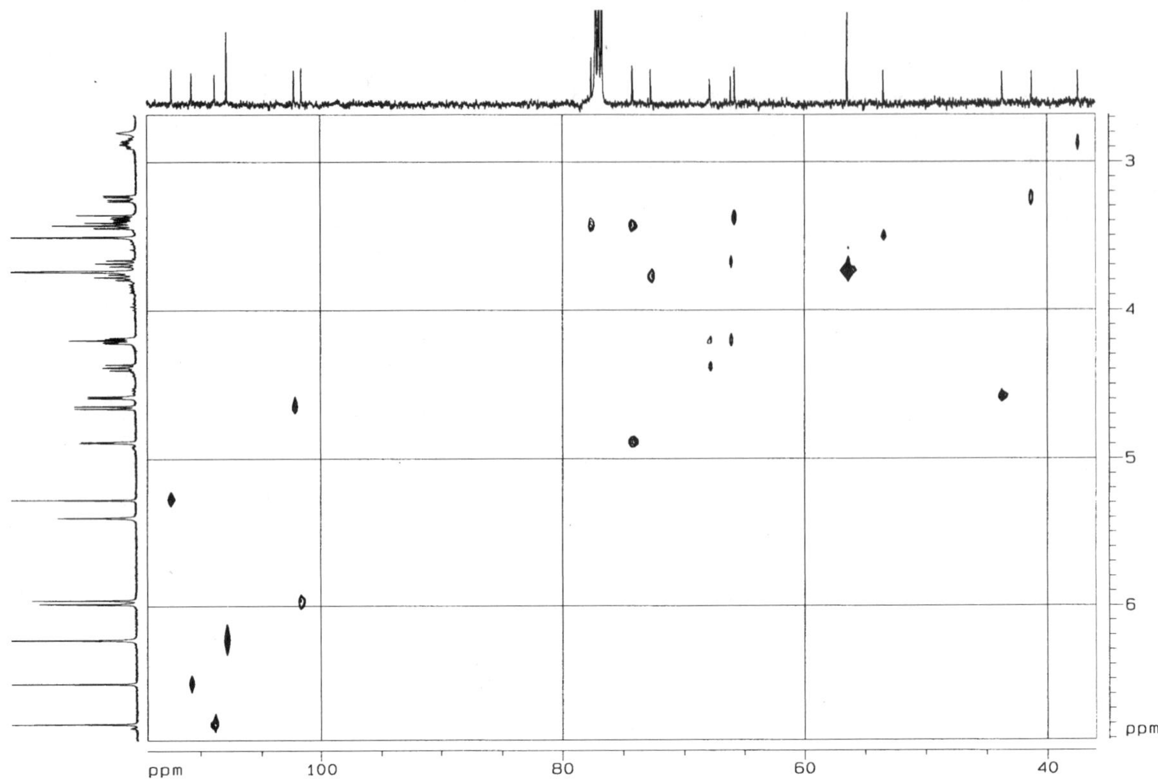

그림 6-125b 문제 6-12

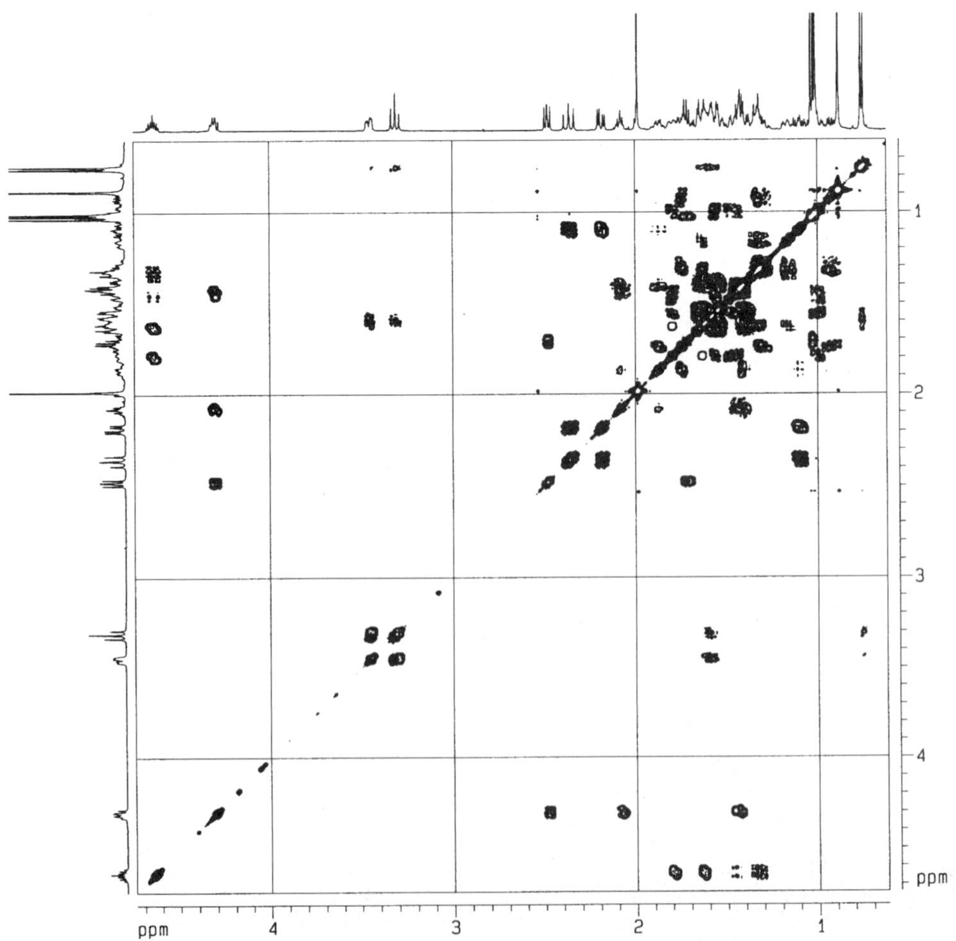

그림 6-126a 문제 6-13

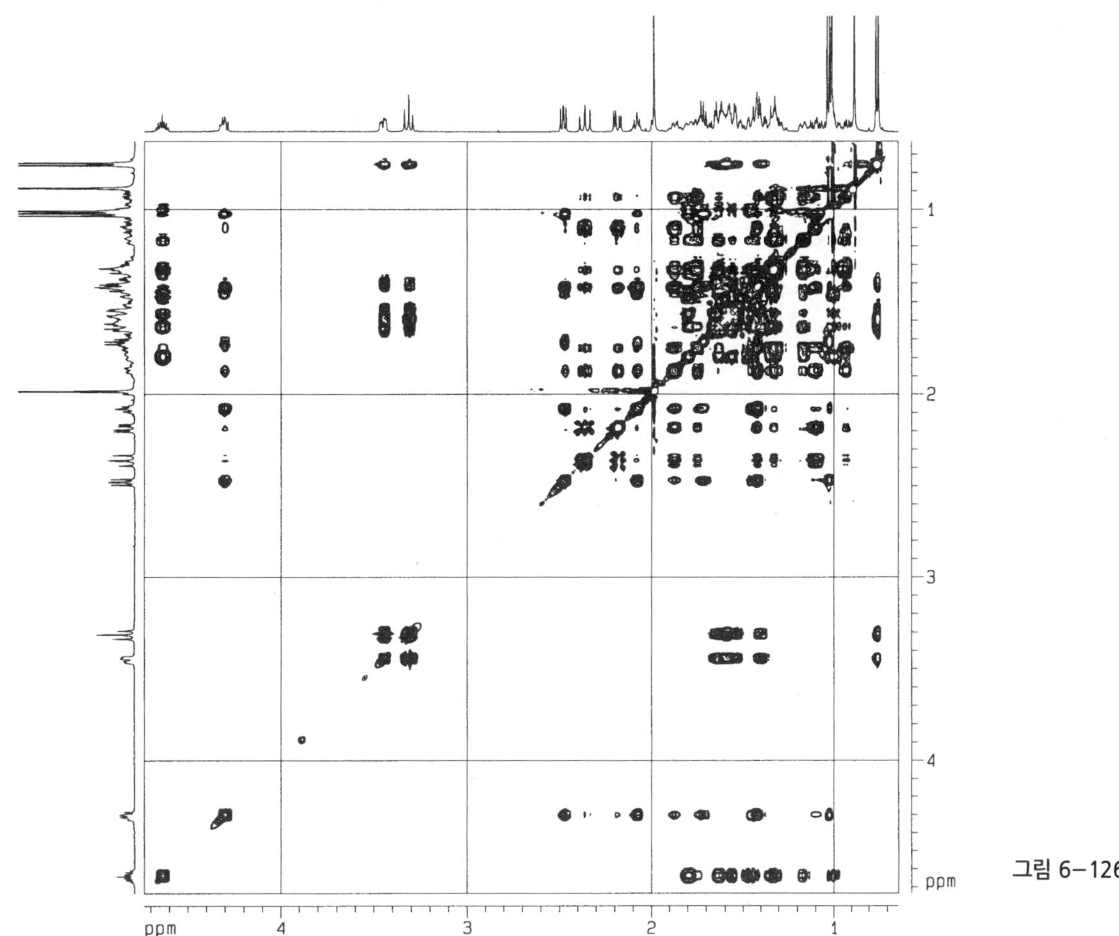

그림 6–126b 문제 6–13

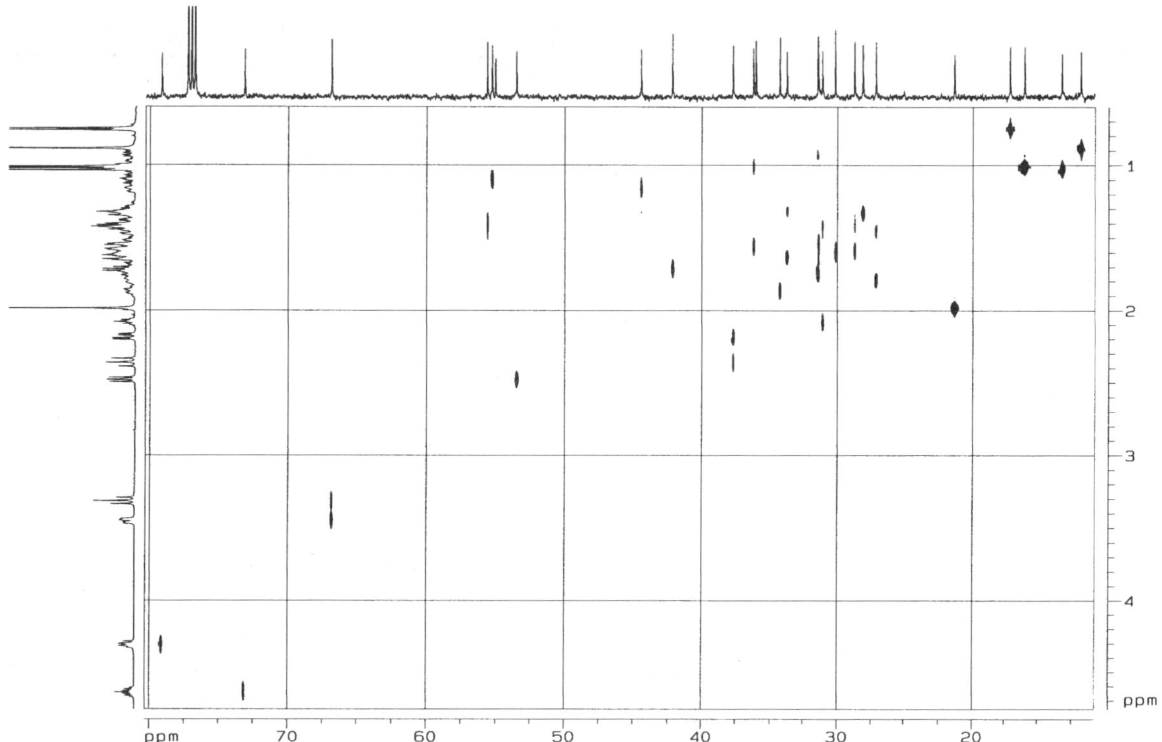

그림 6–126c 문제 6–13

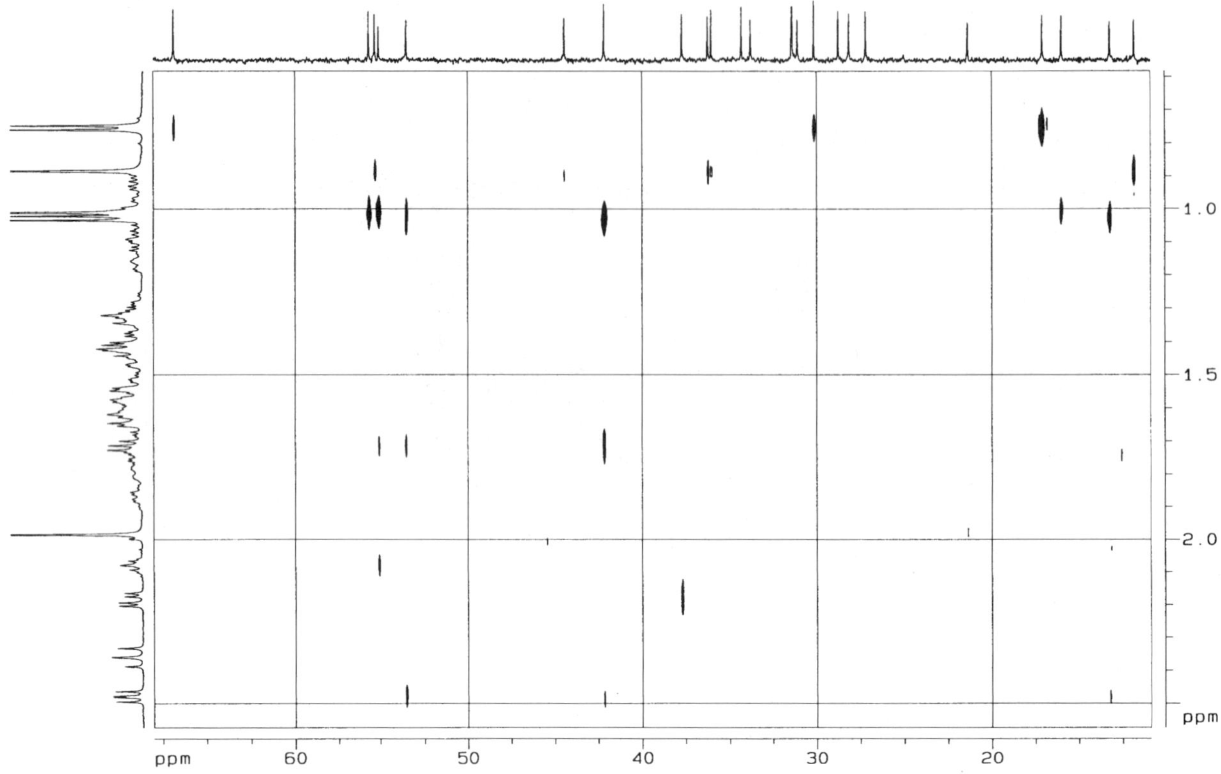

그림 6-126d 문제 6-13

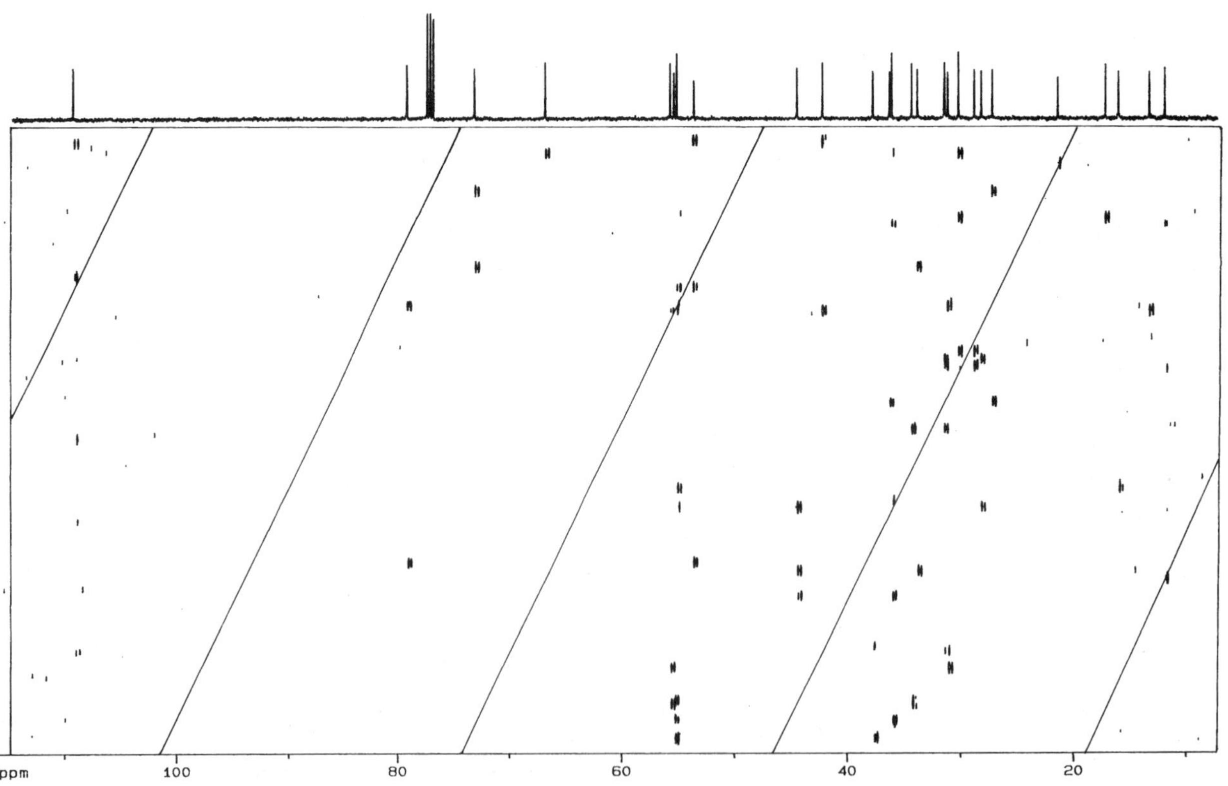

그림 6-126e 문제 6-13

제7장

핵 오버하우저 효과

앞 장(3.4절)에서 스핀 디커플링(spin-decoupling)을 공부하면서 간단하나마 우리는 NOE라는 현상을 아무런 이론 없이 현상 그 자체로 보았다. 이 실험의 기본은 우리가 지금까지 살펴본 실험들과는 매우 다른 개념에서부터 출발하며 물질의 구조 분석에 매우 중요하게 사용된다. 앞 장에서 우리는 커플링하는 두 핵 중 한 핵에 제2의 주파수를 조사(irradiation)시키면 커플링이 사라지는 것 이외에 피크의 세기가 달라질 수도 있다는 것을 알았다. 이때 피크의 세기가 달라지는 것을 NOE 현상이라 하고 변한 피크의 세기는 식 3-6으로 주어진다고 언급되었다.

이 현상은 두 핵 간의 직접적인 쌍극자 간 커플링(dipolar coupling)에 의한 핵의 이완(relaxation) 때문에 일어나는 현상이므로 분자 속에서 핵들의 공간적 배치를 연구하기에 매우 적합하다. 쌍극자 간 커플링이란 고체 NMR에서는 여러 가지 문제를 일으키지만 보통 용액 NMR에서는 핵의 이완 시간을 짧아지게 함으로써 피크의 넓이에 조금 영향을 미치는 것 이외에는 스펙트럼에 어떠한 영향도 주지 않는다. 즉 핵 간의 거리와 분자의 운동에 따라 달라지는 이 현상의 크기는 어떠한 다른 방법으로도 얻기 어려우므로 최근 NMR에 많은 지식을 가지지 않은 비전문가들도 기기 사용의 편리함과 물질의 구조 분석 때문에 이 실험을 급격히 많이 사용하게 되었다. 결국 물질의 여러 가지 현상을 규명하는 데 매우 중요한 역할을 수행하게 된다.

이 실험은 1955년 Solomon이[1] 다른 에너지 준위에 존재하는 전자들의 수를 같게 하는 포화(saturation) 실험을 할 때 금속의 핵들의 피크가 비정상적으로 커질(polarization) 것이라는 Overhauser의 예측[2]을 관찰하여 핵 오버하우저 효과(Nuclear Overhauser Effect: NOE)의 기본을 발표하는 것으로 시작되었다. 이후 Kaiser는 양성자의 NOE를 이용하여 핵 간의 거리를 측정하였으며,[3] Lauterbur는 양성자를 디커플링함으로써 ^{13}C의 피크의 크기가 커지는 것을 보고하였다.[4] NOE를 이용한 유기화합물의 구조 분석은 Anet이 처음 발표하였으며[5] 이후 CW-NMR을 이용한 5% 이상 정도만의 NOE 측정이 80년대부터는 고자장의 NMR 발전으로 1%보다 적은 정도의 NOE들도 측정이 가능하게 되었다(일반적으로 약 4.5Å까지 떨어져 있는 양성자들의 NOE를 측정할 수 있다). 80년대 특히 Ernst의 2D NOE(NOESY)[6] 실험의 발표는 이 현상이 물질의 동역학(dynamics)을 연구하는 데 결정적인 역할을 하게 되었다. 유기 화합물에 적용되는 이 실험의 이론은 초기 이후 아직까지도 별로 변한 것이 없지만 이 실험의 응용은 고자장과 컴퓨터의 발달로 엄청나게 변화하였다.

우리는 앞으로 양성자(proton) NMR을 이용하여 물질의 구조를 밝힐 때, 특히 입체구조(sterochemistry)를 밝히려 할 때 간단한 1D 양성자 NMR 스펙트럼과 함께 제일 먼저 그리고 가장 쉽게 사용하는 방법으로 NOE 실험을 사용하게 될 것이다. 그러나 물질의 여러 가지 현상을 규명하는 데 매우 중요한 역할을 하게 되는 이 현상의 결과 해석은 때때로 이 현상 자체가 본질적으로 가지고 있는 여러 가지 함정들 때문에 잘못된 해석과 응용으로 연구에 치명적인 오류를 유도할 수도 있다. 그러므로 이러한 오류에서 벗어나 성공적인 실험과 이들의 해석을 응용하려면 최소한 이 이론의 기본 개념을 이해하여야 할 것이다. 물론 핵의 이완으로부터 일어나는 이 현상을 자세히 알기란 매우 어려운 일이지만 기본 개념을 이해하기란 그렇게 어려운 일만은 아니다. 이러한 이유로 여기에서는 NOE의 기본 개념을 이해하고 이것으로 물질의 구조를 해결하려는 비전문가들도 쉽게 이해할 수 있도록 간단한 최소한의 수학적인 방법을 이용하여 NOE가 어떻게 일어나는 현상이며, 어떻게 이것을 물질의 구조와 동역학에 사용할 수 있으며, 어떤 것이 이들의 한계인지를, 그리고 어떻게 이 실험을 수행할 수 있는지 등을 공부하도록 한다.

7.1 기본 개념

NOE는 쌍극자 간 커플링(dipolar coupling)을 하고 있는 두 핵 중 다른 한 핵의 피크를 섭동(perturbation)시키면 다른 핵의 피크 세기가 변하는 것이다. 이때 섭동이라는 것은 라디오파를 이용하여 섭동을 시키려고 하는 핵 사이에서 일어날 수 있는 전이를 일으키는 핵의 분포(population)를 같게 하는 실험으로 포화를 의미하며 앞장에서 배운 스칼라 커플링을 하고 있는 스핀을 디커플링하는 실험과 같은 의미이다.

첫째 어떠한 섭동도 없는 상태, 즉 열 평형(thermal equilibrium) 상태에서 얻은 피크의 세기를 I_o라고 하고 섭동이 있은 후 얻은 피크의 세기를 I라고 한다면 NOE는 식 7-1로 표현한다.

$$\eta_i(S) = (I - I_o)/I_o \qquad \text{(식 7-1)}$$

$\eta_i(S)$의 의미는 핵 S를 포화시켰을 때 핵 i에서 일어나는 NOE를 나타낸다. 대부분 이 식을 백분율로 나타내기 위해서 100을 곱한 값을 사용한다. 이때 위의 식에서 NOE는 양으로 또는 음으로 나타날 수도 있게 된다. 그리고 일반적으로 실제 실험에서는 정성적으로 작은 분자들은 양의 NOE를 보여주고 거대 분자들은 음의 NOE를 보여 준다.

이러한 NOE 현상을 쉽게 설명하기 위하여 두 개의 핵이 상호작용하는 모델이 주로 사용된다. 즉 스핀 1/2을 가지는 두 핵이(가장 쉬운 예는 두 개의 양성자를 예로 들 수 있다) 한 분자 안에 있으면서 서로 스칼라 커플링(J)을 하지 않는다고 가정하자. 그러면 우리는 쉽게 이 두 핵이 가지는 에너지 준위를 그릴 수 있다. 즉 그림 7-1과 같이 $\alpha\alpha$, $\alpha\beta$, $\beta\alpha$, $\beta\beta$가 이들이 가지고 있는 에너지 준위(level)가 된다.

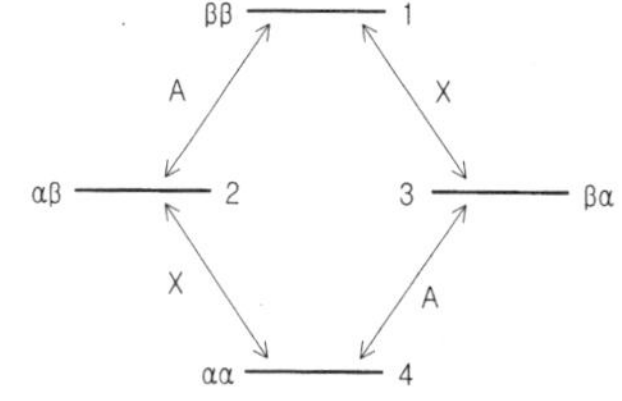

그림 7-1 동종 두 핵 AX 시스템에서 에너지 준위.

비록 그림에서는 $\alpha\beta$와 $\beta\alpha$가 에너지 준위가 다른 것으로 그려졌지만, 이들 핵 간에 J 커플링을 하지 않는 것으로 가정했기 때문에 핵 A에 해당되는 두 개의 전이는 정확히 같은 에너지를 가진다. 즉 두 개의 X 전이도 같은 에너지를 가지게 되므로 섭동(perturbed)이 되지 않는 스펙트럼은 같은 크기를 가지는 두 개의 단일 피크로 각각 나타나게 된다.

먼저 각 에너지 준위에 있는 핵들의 총 수를 4C라고 가정해 보자. 이들 각 에너지 준위가 같은 에너지라면 각 준위에는 같은 수의 핵들이 존재하게 될 것이다. 그러나 이들의 에너지 준위가 다르므로 볼츠만(Boltzmann)의 분포 법칙에 의해서 핵들의 분포는 다르게 나타날 것이다. 준위 $\alpha\beta$와 $\beta\alpha$의 에너지가 같다고 가정하면 이들은 같은 핵의 수를 갖게 될 것이며, $\alpha\alpha$ 상태가 $\beta\beta$ 상태보다 에너지가 낮으므로 $\alpha\alpha$ 상태는 어느 정도의 숫자만큼 핵의 수를 더 가지게 될 것이다. 이것의 차이의 양을 △라고 표시하면 각 에너지 준위에서의 핵의 수(P)는 다음과 같이 표시할 수 있다.

$$P_1 = C - \triangle,\ P_2 = C,\ P_3 = C,\ P_4 = C + \triangle$$

X의 피크에 해당하는 전이는 P_4-P_2와 P_3-P_1이며 똑같이 A의 피크에 해당하는 전이는 P_4-P_3와 P_2-P_1이다. 이들을 우리는 단일 양자 전이(Single Quantum Transition)라고 하며 이것에 해당하는 전이가 NMR의 피크를 나타내는 것이다. 이들 전이 이외에 양자 수(Quantum Number)가 다른 두 개의 다른 전이 P_3-P_2(0)와 P_4-P_1(2)가 있지만 이들은 양자 역학의 선택 규칙(selection rule)에 의해서 보통의 조건으로는 관찰할 수 없다.

이와 같은 평행 상태에서 NOE를 측정하기 위해서 한 쪽의 핵을 섭동시켜 보도록 하자. 즉 X 핵을 섭동시킴으로써(다른 용어로 포화를 의미) 준위 1과 3 그리고 2와 4에 존재하는 X의 핵들의 수를 같게 만들었다고 가정하자. 그러면 X 핵에 해당하는 피크가 나타나지 않게 될 것이며 이때 P_1, P_2, P_3, P_4에 존재하는 핵들의 수는 다음과 같이 변하게 된다.

$$P_1 = C - \frac{\triangle}{2},\ P_2 = C + \frac{\triangle}{2},\ P_3 = C - \frac{\triangle}{2},\ P_4 = C + \frac{\triangle}{2}$$

즉 이들 각 준위에 있는 핵들의 수는 섭동을 하기 전의 상태와는 분명하게 다른 상황이 되었다. 이렇게 평형의 상태에서 벗어나게 된 시스템은 자연히 그들의 원래 상황으로 돌아가려고 할 것이며 이때 돌아가는 과정들을 이완(relaxation)이라고 한다. 먼저 X 핵들의 이완은 섭동으로 포화를 시켰으므로 고려의 대상이 되지 않으며 A 핵의 피크에 해당하는 에너지 준위의 핵들 수의 차이인 P_4-P_3와 P_2-P_1은 섭동을 하기 전이나 후가 변함이 없다. 그러므로 A 핵의 단일(1) 양자 전이에 해당하는 이완의 과정은 원래의 상황으로 돌아가는 데 필요한 과정이 되지 못한다. 즉 섭동이 된 AX 스핀 시스템에서 이완 과정으로 단일 양자 전이만이 일어난다면 X 핵을 포화시켜도 A핵의 NOE는 나타나지 않게 된다. 그렇다면 분명 다른 이완 과정이 있게 될 것이다. 이들이 소위 제로(0) 양자 전이(Zero Quantum Transition)와 더블(2) 양자 전이(Double Quantum Transition)라고 하는 $\beta\alpha$와 $\alpha\beta$ 그리고 $\alpha\alpha$와 $\beta\beta$ 에너지 준위 사이에 각각 일어나는 이완 과정이다.[7]

먼저 제로 양자 전이를 살펴보자. 이들 즉 $\alpha\beta$와 $\beta\alpha$의 에너지 준위 사이에서 핵들 수의 차이는 평형 상태에서는 0이었다. 그러나 섭동이 된 후의 핵의 수 차이는 △(P_2-P_3)가 된다. 이 상태에서 원래의 상태로 가기 위해 이완 과정이 일어난다면 A의 피크의 한 부분에 해당되는 높은 준위 P_3에 있는 핵의 수를 증가시키고 다른 한편으로는 A의 피크의 다른 한 부분에 해당하는 낮은 준위 P_2에 있는 핵의 수를 줄이게 될 것이다. 즉 이 제로(0) 양자 전이가 주로 일어나는 AX 스핀 시스템에서는 X 핵을 섭동시키면 A 핵의 피크 크기를 줄이는 결과가 나타나게 된다. 즉 음의 NOE가 생성되는 것이다.

나머지 다른 하나의 과정은 더블 양자 전이이며 이것은 양의 NOE를 생성시킨다. 즉 섭동을 하기 이전은 P_4-P_1이 2△이던 것이 섭동을 한 후 △로 줄어들게 된다. 이들의 원상 복구를 위한 이완은 결국 $\beta\beta$의 에너지 준위에 있는 핵들이 $\alpha\alpha$의 에너지 준위로 내려오게 되므로 제로

(0) 양자 전이의 과정과는 반대로 A의 피크의 크기에 관하여는 낮은 에너지 준위에 있는 핵들의 수를 늘리게 되며 높은 에너지 준위에 있는 핵의 수는 줄이게 됨으로써 핵 A의 피크의 크기를 증가시키게 되는 결과를 만들게 된다. 즉 이것은 양의 NOE를 관찰할 수 있게 한다. 위의 설명을 이완 속도 방정식을 이용한 수식으로 표시한다면 (식 7–2)로 나타낼 수 있다.[1]

$$\eta_A(X) = \frac{\gamma_X}{\gamma_A}\left(\frac{W_2 - W_0}{2W_{1A} + W_2 + W_0}\right) \qquad \text{(식 7–2)}$$

식 7–2에서 W는 이완 속도이며 아라비아 숫자의 첨자들은 각각 에너지 준위에서 일어나는 양자 전이를 나타낸다. 실제로 NOE가 일어난다고 하면 우리는 실험으로 이것을 관측할 수 있으며 식 7–2는 우리가 관측한 NOE가 음이냐 양이냐에 따라서 우리가 관찰하는 분자 내에서 어떤 이완 과정이 일어났는지를 말해준다. 즉 우리가 관찰한 NOE가 양(+)이라면 W_2가 주된 이완 과정이며 NOE가 음(−)이라면 W_0가 주된 이완 과정이어야만 한다. 만약 W_2와 W_0가 어떤 시스템에서 동시에 그리고 같은 양이 일어난다면 식 7–2는 0의 값을 가지게 될 것이다. 즉 NOE가 전혀 관측되지 않을 것이다. 위의 세 가지 현상은 분자들이 용액 속에 있을 때 실제로 모두 일어나는 것이며 실험으로 입증되었다.[1,8,9] 낮은 점성(viscosity)을 가진 용액에서 작은 분자들은 대부분 양의 NOE를 나타내며 거대 분자 또는 점성이 높은 용액에서 분자들은 음의 NOE를 나타내게 된다. 이와 같은 현상은 NOE가 분자들의 운동과 관련이 있다는 것을 쉽게 짐작할 수 있게 한다. 실제 NOE는 분자들의 운동과 밀접한 관계가 있으며 이들은 뒤에서 더 살펴보기로 하자.

7.2 솔로몬 방정식

이제까지 살펴보았던 NOE의 정성적인 개념들을 더 구체적으로 살펴보기로 하자. 즉 여러 가지 이완 과정의 연립 속도 방정식을 사용함으로써 식 7–2를 유도해 낼 수 있다. 먼저 이 속도 방정식을 세우기 위해서 몇 가지를 가정해야 한다. 첫째 각각의 전이에 해당되는 이완 속도는 1차 진행 속도로 표시할 수 있으며, 둘째 주어진 핵의 두 개의 전이에 해당하는 이완 속도는 같다고 가정하는 것이다(각각의 핵의 두 개의 전이가 같지 않다면 AX 핵 시스템에서 6개의 속도 상수가 나오게 된다). 이들 각각의 속도 상수를 W[이것을 전이 확률(transition probability)이라고 함]로 표시하고 아래 첨자를 양자 전이와 각 전이에 해당하는 핵으로 표시하자. 예를 들면 W_{1X}는 $\alpha\alpha-\alpha\beta$, 즉 X 핵의 단일 양자 전이의 이완 속도가 된다. 위의 가정과 명명 방법을 그림 7–2로 표시하여 정리할 수 있다.

위의 가정 중 각 이완 과정을 1차 속도 방정식으로 표시할 수 있다는 것은 전이의 이완 속도는 각각의 전이 사이 핵들의 수와 그들 각각의 평형 상태에서 핵들의 수 차이에 비례한다는 것이다. 이와 같은 기본적인 속도론의 이론과 그림 7–2의 이완 과정을 이용하여 우리는 각각의 에너지 준위에서 존재하는 핵들의 수의 시간에 따른 변화를 쉽게 정의할 수 있다. 예를 들면 $\alpha\alpha$ 에너지 준위에 있는 핵들의 수($n_{\alpha\alpha}$), 그리고 다른 준위에 있는 핵들의 수 $n_{\beta\alpha}$, $n_{\alpha\beta}$, $n_{\beta\beta}$ 들의 시간에 따른 변화는 다음과 같이 식 7–3으로 표시될 것이다.

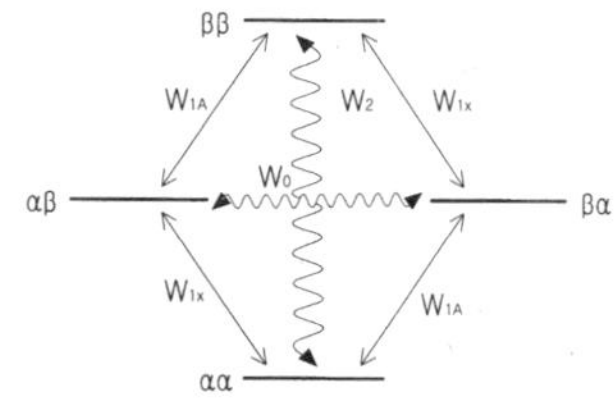

그림 7–2 동종 두 핵 AX 시스템에서 이완이 일어나는 에너지 준위.

$$\begin{aligned} dn_{\alpha\alpha}/dt = &-(W_{1X} + W_2 + W_{1A})\,(n_{\alpha\alpha} - n^{\circ}_{\alpha\alpha}) + W_2(n_{\beta\beta} - n^{\circ}_{\beta\beta}\}) \\ &+ W_{1A}(n_{\beta\alpha} - n^{\circ}_{\beta\alpha}) + W_{1X}(n_{\alpha\beta} - n^{\circ}_{\alpha\beta}) \end{aligned}$$

$$
\begin{aligned}
dn_{\beta\alpha}/dt &= -(W_{1X}+W_0+W_{1A})(n_{\beta\alpha}-n^{\circ}_{\beta\alpha})+W_{1X}(n_{\beta\beta}-n^{\circ}_{\beta\beta}) \\
&\quad +W_0(n_{\alpha\beta}-n^{\circ}_{\alpha\beta})+W_{1A}(n_{\alpha\alpha}-n^{\circ}_{\alpha\alpha}) \\
dn_{\alpha\beta}/dt &= -(W_{1A}+W_0+W_{1X})(n_{\alpha\beta}-n^{\circ}_{\alpha\beta})+W_{1A}(n_{\beta\beta}-n^{\circ}_{\beta\beta}) \\
&\quad +W_0(n_{\beta\alpha}-n^{\circ}_{\beta\alpha})+W_{1X}(n_{\alpha\alpha}-n^{\circ}_{\alpha\alpha}) \\
dn_{\beta\beta}/dt &= -(W_{1A}+W_2+W_{1X})(n_{\beta\beta}-n^{\circ}_{\beta\beta})+W_{1A}(n_{\alpha\beta}-n^{\circ}_{\alpha\beta}) \\
&\quad +W_2(n_{\alpha\alpha}-n_{\alpha\alpha})+W_{1X}(n_{\beta\alpha}-n_{\beta\alpha})
\end{aligned} \qquad \text{(식 7-3)}
$$

위의 식에서 위 첨자 o의 의미는 라디오파가 없는 상태(섭동이 되지 않은 상태)에서, 즉 볼츠만 분포가 평형 상태에 놓여 있을 때 존재하는 핵들의 수를 나타내는 것이다.

라디오파로 섭동을 시켰을 때 얻어지는 NMR의 피크라는 것은 결국 섭동으로 인한 각 에너지 준위에서의 핵들의 수의 변화를 관찰하는 것이나 다름이 없다. 그러므로 핵 A와 X의 피크의 크기는 각각의 전이에 해당하는 핵들의 수의 차이를 나타내는 N_A와 N_X에 비례하게 되며 식 7-4와 식 7-5로 각각 표기할 수 있게 된다.

$$N_A = (n_{\alpha\alpha}-n_{\beta\alpha})+(n_{\alpha\beta}-n_{\beta\beta}) \qquad \text{(식 7-4)}$$

$$N_X = (n_{\alpha\alpha}-n_{\alpha\beta})+(n_{\beta\alpha}-n_{\beta\beta}) \qquad \text{(식 7-5)}$$

식 7-4와 식 7-5에 식 7-3과 같은 각각의 에너지 준위에 핵들의 수의 변화를 대입하여 정리하면 식 7-6과 식 7-7을 얻을 수 있다. 이것이 솔로몬 방정식(Solomon equations)이다.[1]

$$dN_A/dt = -(W_0+2W_{1A}+W_2)(N_A-N^{\circ}_A)-(W_2-W_0)(N_X-N^{\circ}_X) \qquad \text{(식 7-6)}$$

$$dN_X/dt = -(W_2-W_0)(N_A-N^{\circ}_A)-(W_0+2W_{1X}+W_2)(N_X-N^{\circ}_X) \qquad \text{(식 7-7)}$$

AX 핵의 시스템에 강한 라디오파를 조사하여 X 스핀의 피크를 포화시킨다면 $n_{\alpha\alpha}=n_{\alpha\beta}$, $n_{\beta\alpha}=n_{\beta\beta}$이므로 $N_X=0$가 되며 정류 상태(steady state)에서 $dN_A/dt=0$이므로 식 7-6은 식 7-8이 된다.

$$0 = (W_2-W_0)\,N^{\circ}_X-(W_0+2W_{1A}+W_2)(N_A-N^{\circ}_A) \qquad \text{(식 7-8)}$$

그리고 식 7-8을 정리하면 식 7-9를 얻을 수 있다.

$$\frac{N_A}{N^{\circ}_A} = 1+\frac{N^{\circ}_X}{N^{\circ}_A}\left(\frac{W_2-W_0}{W_0+2W_{1A}+W_2}\right) \qquad \text{(식 7-9)}$$

평형 상태에서 핵들 수의 차이란 그 핵들이 가지는 고유의 자기 회전 비율 γ(magnetogyric ratio)에 비례하므로 이완 속도의 항에 관계되는 N°_X와 N°_A는 γ_x와 γ_A로 각각 대치될 수 있으며 또한 핵들의 수의 차이란 피크의 크기이므로 N_A와 N°_A를 각각 섭동되었을 때와 평행에서의 A 핵의 피크의 크기 I와 I_o로 표시하면 식 7-10을 얻을 수 있다.

$$\frac{I}{I_0} = 1+\frac{\gamma_x}{\gamma_A}\left(\frac{W_2-W_0}{W_0+2W_{1A}+W_2}\right) \qquad \text{(식 7-10)}$$

이 피크의 변화가 핵 오버하우저 효과(Nuclear Overhauser Effect, NOE)이다.

7.3 쌍극자 간 커플링과 이완 그리고 NOE

서론에서 말했듯이 핵들 사이의 쌍극자 커플링이 NOE를 일으킨다. 그러면 이완에 관계되는 이 쌍극자 커플링에 관해서 살펴보자. 비록 자기극(magnetic dipole)이라는 것은 자기장(magnetic field)을 설명하기 위해서 도입된 추상적인 것이지만, 이것은 전기장(electric field)을 설명할 때 전기극(electric dipole)에 해당되는 것으로 비유되면서 잘 설명되고 있다. 즉 전하(charge)와 각 운동량(angular momentum)을 가지고 있는 핵은 쉽게 자기극과 이것이 만드는 자기장으로 비유하여 설명할 수 있다. 분자 내에는 이들 각각의 자기극들이 주위의 다른 자기극들 때문에 만드는 여러 가지의 국부 장(local field)이 있게 되며 이들 국부 장은 외부의 자장에 따라 그 방향이 달라지게 되므로 결국 이 국부 장들의 크기와 방향이 분자들에 따라 달라지게 된다. 이들 국부 장들의 상호작용을 쌍극자 커플링(dipolar coupling)이라고 하며 고체 상태의 분자에서는 우리가 잘 알고 있는 스칼라 커플링(scalar coupling)보다 훨씬 크고 때때로 수 KHz가 되기도 한다. 그러나 용액 속에서는 분자들의 빠른 운동 때문에 여러 가지의 국부장이 외부의 자장에 대해서 모든 가능한 방향을 가질 수 있으므로 쌍극자 커플링은 0의 값을 가지게 된다. 비록 이때 쌍극자 커플링 값은 0이 되지만, 이 쌍극자들 커플링의 빠른 방향 전환은 여러 가지의 다른 주파수의 국부 장을 만들게 되며 이들이 핵의 이완을 일으키게 하는 것이다. NOE는 이완에 관계되므로 결국 분자 운동과 관계되는 것이다. 그러면 분자의 운동이 어떻게 이완과 관계가 있는지를 살펴보기로 하자. 용액 속에 분자의 운동은 여러 가지의 병진운동(translation)과 회전운동(rotation) 등을 가질 것이다. 그리고 이들 운동들은 무작정 운동(random motion)일 것이다. 그러나 이들 무작정 운동들은 대체적으로 분자의 상관 시간(correlation time: τ_c) 이라는 것으로 묘사된다. 즉 분자는 때때로 용액 속에 한 기준의 상대에 대해서 다른 방향을 취할 수 있게 되는데 이것은 동시적으로 일어난다고 생각할 수 있으며 이때 분자가 원래의 위치에서 근 평균 제곱(root-mean-square) 만큼의 방향전환이 일어날 때까지 걸리는 시간을 분자의 상관 시간이라고 정의한다(아주 간단하게는 분자가 1 radian으로 되돌아오는 데 걸리는 평균 시간으로 정의한다). 그러므로 τ_c보다 짧은 시간에는 대부분의 분자들은 그들이 원래의 위치에 매우 가깝게 되돌아 올 것이며 τ_c보다 훨씬 긴 시간 후에는 모든 분자들의 방향들은 완전히 다른 위치에 있게 될 것이며 모든 원래의 위치의 기억은 없어지게 된다. 작은 분자들의 경우 이들이 상온의 낮은 점성(viscosity)의 용액에 존재할 때 대략 100 피코초(ps: 10^{-12}) 범위의 τ_c를 가지게 된다. 이 τ_c는 결국 분자의 복잡한 운동을 하나의 파라미터로 구체화한 것이며 온도와 용액의 점성 이외에 수소 결합이나 pH 등에도 영향을 받는다. 구체적으로 한 분자가 다른 분자보다 더 큰 τ_c를 가질 것이라는 등의 판단은 상식과 화학적인 통찰력으로 판단되어야 한다. 예를 들면 큰 분자량을 가진 분자는 용액 속에서 상대적으로 적은 분자량을 가진 분자보다 천천히 움직일 것이며 따라서 더 긴 τ_c를 가질 것이다. 이제 이 τ_c의 변화가 어떻게 이완 시간에 그리고 각기 다른 이완의 경로에 영향을 주는지를 살펴보자. 먼저 자기극의 상호작용 때문에 생겨나는 진동 국부 장(oscillating local field)의 진동수의 분포가 τ_c에 의해서 어떻게 변하는지를 살펴보고 W_0, W_1, W_2를 일으키는 데 필요한 진동수와 비교해 보도록 하자. 여러 가지 이론과 실험은 분자가 운동하면서 분자 내의 자기적 상호작용에 의해서 생성시키는 진동수의 분포는 그림 7-3으로 표시될 수 있음을 보여주었다.[10]

그림 7-3에서 J(W)는 스펙트럼 밀도(spectral density)로서 어떤 특정한 진동수에서 분자의 무작정 진동(random motion)으로 생성되는 구성 성분을 발견할 수 있는 확률을 나타낸다.

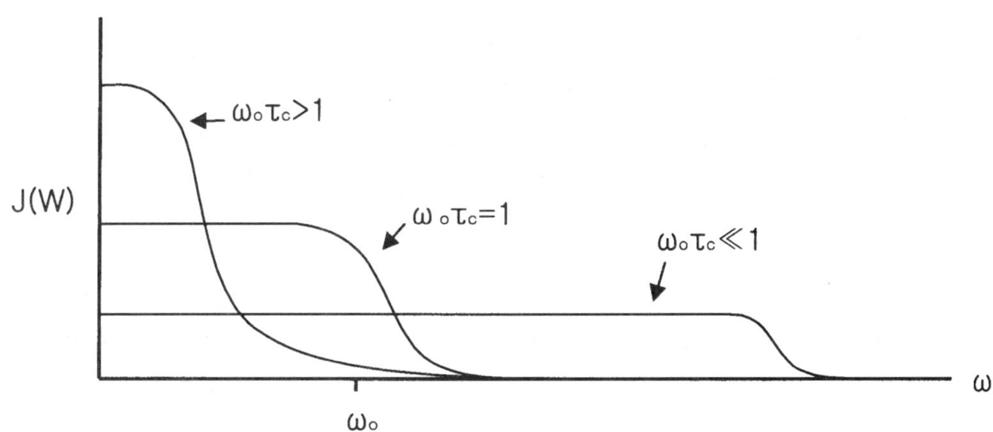

그림 7-3 라모어 진동수(ω_o)와 스펙트럼 밀도함수 J(W)의 세 개의 다른 분자의 상관 시간(τ_c)에 대한 상관관계의 그림.

J(W)의 전체 합은 τ_c에 관계없이 항시 일정하지만, J(W)의 진동수는 분자의 τ_c에 의해서 영향 받게 된다. 이것은 정성적이지만 분자의 τ_c에 따른 이완 시간들을 예측할 수 있게 해준다. 즉 τ_c가 길다면 낮은 분자 운동의 진동수를 가질 확률은 매우 높은 반면 높은 분자 운동 진동수를 가질 확률은 매우 적다. 반대로 τ_c가 짧다면 분자 운동은 여러 가지의 진동수를 가지는 범위로 확대되지만, 확률은 매우 적게 된다. 위의 두 경우 모두 라모어 진동수(Larmor frequency) ω_o를 가질 확률이 적게 되므로 이완 시간은 매우 길게 될 것이다. 그러나 중간의 경우 ($\omega_o\tau_c \simeq 1$)에는 ω_o에 가까운 분자 운동의 진동수들이 많게 되며 이완 시간은 짧아지게 된다. 그러면 이들 τ_c가 각기 다른 이완의 과정인 W_0, W_1, W_2에 얼마만큼씩 영향을 미치는지를 보도록 하자.

이것은 정량적으로 시간에 종속된 섭동 이론(time-dependent perturbation theory)으로 설명될 수 있다.[10] 이 이론은 이 책의 범위를 넘어서는 것으로 우리는 여기에서 그 결과를 이용하기로 한다. 거리가 r로 떨어져 있는 두 핵 간에 쌍극자 간 커플링에 의해서 일어나는 W_1, W_0, W_2의 이완 속도는 식 7-11로 주어진다.

$$
\begin{aligned}
W_{1A} &= \frac{3}{20}K^2\frac{\tau_c}{(1+\omega_A{}^2\tau_c{}^2)} \\
W_{1X} &= \frac{3}{20}K^2\frac{\tau_c}{(1+\omega_x{}^2\tau_c{}^2)} \\
W_0 &= \frac{1}{10}K^2\frac{\tau_c}{1+(\omega_A-\omega_x)^2\tau_c{}^2} \\
W_2 &= \frac{3}{5}K^2\frac{\tau_c}{1+(\omega_A+\omega_x)^2\tau_c{}^2}
\end{aligned}
\qquad \text{(식 7-11)}
$$

여기에서 K는 $\gamma_A\gamma_x r^{-3}$을 포함한 상수이며 ω_A와 ω_x는 각 핵의 라모어 진동수이다. 단일 양자 전이 W_{1A}와 W_{1X}는 A와 X의 전이의 진동수에만 각각 영향을 받는 대신 W_0와 W_2는 두 핵의 진동수의 차이와 합의 항이 존재하는 것을 볼 수 있다. 또한 식 7-11에서 W_{1A}, W_0, W_2가 분자의 상관 시간 τ_c의 함수이므로 결국 NOE의 함수 식 7-10은 τ_c에 영향을 받게 된다는 것을 알 수 있다. 식 7-11은 τ_c가 매우 적은 조건, 즉 $1/\tau_c \gg \omega_o$의 조건에서는 (이때는 이완 시간이 길어지는 영역임) $\omega_o{}^2\tau_c{}^2 \ll 1$이라는 개념을 분모에 대입하면 식 7-12로 다시 표현할 수 있다.

$$W_{1A} \propto \frac{3\tau_c}{r^6}$$

$$W_{1X} \propto \frac{3\tau_c}{r^6}$$
$$W_0 \propto \frac{2\tau_c}{r^6} \qquad \text{(식 7-12)}$$
$$W_2 \propto \frac{12\tau_c}{r^6}$$

즉 이 조건 $(\omega_o^2\tau_c^2 \ll 1)$이 극 협소 한계(extreme narrowing limit)로 알려져 있다. 이것은 다시 말해 피크가 자기적 커플링 때문에 생기는 넓어짐 현상이 완전히 제거되어 최소로 좁아질 수 있는 조건이란 뜻이 된다. 이 조건이 사용되는 곳은 대부분 작은 유기 분자들을 낮은 점성의 용액 속에 녹여 측정할 때이다.

결국 분자의 운동, 즉 분자의 상관 시간 τ_c가 NOE를 제어하는 것이 명백하게 되었다. 이제 이 τ_c와 NOE의 정량적인 관계를 살펴보자. 이완의 식 7-11의 각각을 식 7-10의 NOE의 부분에 대입하면 분자의 운동에 관련되는 식 7-13으로 표시할 수 있다.

$$\eta_A(X) = \frac{\gamma_X}{\gamma_A}\left[\frac{6}{1+(\omega_A+\omega_X)^2\tau_c^2} - \frac{1}{1+(\omega_A-\omega_X)^2\tau_c^2}\right] \Big/ \left[\frac{1}{1+(\omega_A-\omega_X)^2\tau_c^2} + \frac{3}{1+\omega_A^2\tau_c^2} + \frac{1}{1+(\omega_A+\omega_X)^2\tau_c^2}\right] \qquad \text{(식 7-13)}$$

위의 (식 7-13)은 두 핵 간의 모든 이완이 쌍극자 간 커플링에 의해서 일어날 때 생길 수 있는 NOE의 최대한의 이론값(η_{max})이 되는 것이다.

우리가 가장 흔히 접하는 동 핵종 사이에 NOE에 대해서 식 7-13을 살펴보기로 하자. 동 핵종이기에 $\gamma_X = \gamma_A$가 되며 진동수는 $\omega_A \simeq \omega_X \simeq \omega(\omega_o)$로 하나만이 있게 되므로 $(\omega_A - \omega_X)\tau_c$는 항시 1보다 적게 될 것이다. 이 개념을 식 7-13에 대입하면 식 7-14가 얻어진다.

$$\eta_A(X) = \eta_{max} = \frac{5+\omega^2\tau_c^2 - 4\omega^4\tau_c^4}{10+23\omega^2\tau_c^2+4\omega^4\tau_c^4} \qquad \text{(식 7-14)}$$

식 7-14의 함수에서 η_{max}(NOE)를 Y축으로 하고 $\omega\tau_c$를 X축으로 하는 도표를 그리면 그림 7-4가 된다.

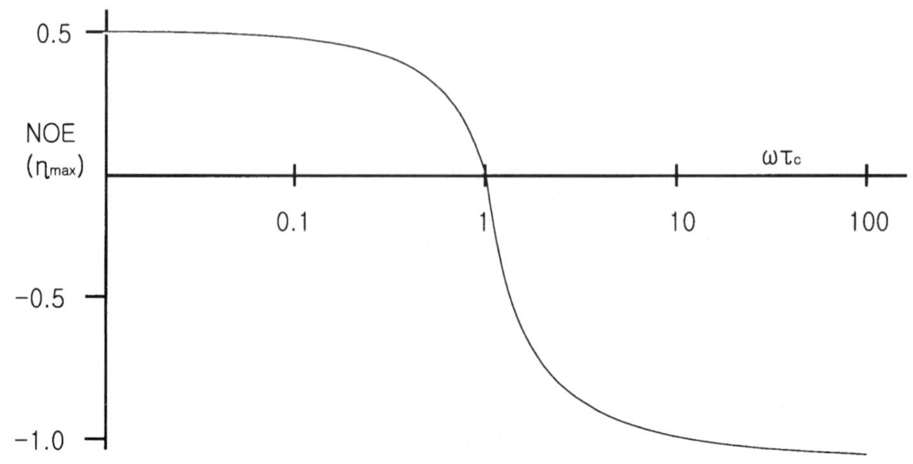

그림 7-4 $\omega\tau_c$에 의해 동종 핵 간에 나타날 수 있는 최대 NOE (식 7-14를 그림으로 plot 한 것).

그림 7-4에서 보듯이 τ_c가 짧은, 즉 작은 분자들일 경우 이론적으로 가능한 최대한의 NOE는 +50%가 되는 것이다. 즉 극 협소 한계($\omega_o^2\tau_c^2 \ll 1$)에서는 작은 분자들의 이완은 대부분 쌍극자 간 커플링의 메커니즘으로 일어나며 양의 NOE를 보이고 최대 +50%의 값을 가진다는 것이다. 그러나 실제로 이러한 최대한의 NOE를 보이는 경우는 극히 드물다. 그러나 반면 분자 상관 시간인 τ_c가 긴 거대 분자의 경우는 최대한으로 측정할 수 있는 NOE의 크기가 작은 분자보다 배가 클 뿐만 아니라 부호도 음이다(−100%). 이런 경우는 실제로 생체 거대 물질(biomolecule)이나 또는 작은 분자라도 매우 점성이 높은 용액 속에 있을 때 볼 수 있다(그림 7-21, 22 참조). 중간 부분일 경우 측정될 수 있는 NOE는 $\omega\tau_c$, 즉 분자의 운동 속도와 기기의 주파수에 따라 급격하게 변한다.[11,12,13] 만약 우리가 500 MHz NMR을 사용한다면 대략적으로 분자량이 1000~2000 정도 되는 분자들이 이러한 현상을 보이게 된다. NOE가 0이 되는 지점은 식 7-14에서 분자의 항이 0이 될 때이다.

$$5 + \omega^2\tau_c^2 - 4\omega^4\tau_c^4 = 0$$
$$\omega\tau_c = (5/4)^{1/2} \simeq 1.12$$

즉 $\omega\tau_c \simeq 1.12$가 될 때 NOE는 전혀 측정될 수 없는 것이다. 이것을 극복하는 방법으로는 분자의 운동 속도를 변화시키거나 기기의 주파수를 변화시키면 될 것이다. 즉 분자의 운동 속도를 변화시키기 위해서는 용매를 바꾼다거나 온도를 변화시킬 수도 있을 것이고 기기의 주파수를 변화시킨다는 것은 예를 들면 200 MHz NMR 대신 500 MHz NMR을 사용하는 것이다.

식 7-11 대신 극 협소 한계의 조건에서 얻은 식 7-12에서 각각의 이완 속도의 비(W_0 : W_1 : W_2 = 2 : 3 : 12) 값을 식 7-10에 대입하면 식 7-15를 유도해 낼 수 있으며 이 식은 두 핵 간의 거리 r에 NOE는 무관하다고 예상된다.

$$\frac{I}{I_0} = 1 + \frac{\gamma_X}{\gamma_A}\left(\frac{(12-2)\,\tau_c/r^6}{(12+6+2)\tau_c/r^6}\right) = 1 + \frac{\gamma_X}{\gamma_A}\left(\frac{1}{2}\right) \qquad \text{(식 7-15)}$$

식 7-15는 이미 앞에서 살펴본 이론들과는 너무나 먼 결론이다. 그러나 이것이 틀린 것은 아니다. 왜냐하면 만약 두 핵이 우리가 살고 있는 우주에 둘만이 존재하여 완전히 극 협소 한계($\omega_o^2\tau_c^2 \ll 1$)를 전적으로 충족시킨다면 그들은 어떠한 거리에 떨어져 존재하더라도 위의 식 7-15는 성립되는 것이다. 실제는 그렇지 않으니 좀 비현실적으로 (식 7-15)가 보일 수 있으나 이 식은 많은 정성적인 정보들을 줄 수 있으므로 실제로 많이 사용되고 있는 것이다.

식 7-15를 이용하면 동종의 핵을 이용한 NOE는 +50%라는 것을 쉽게 알려주며 다른 핵 간의 최대의 NOE는 $(\gamma_X/\gamma_A)(1/2)$이다. 예를 들어 탄소와 양성자를 비교하면 양성자를 디커플링하여 얻을 수 있는 탄소의 NOE는 약 (4/1)(1/2)이므로 200%의 NOE를 얻을 수 있다는 것을 쉽게 알 수 있다. 반대로 음의 자기 회전 비율 ($-\gamma$)을 가진 핵들(보통 ^{29}Si 이나 ^{15}N 등을 들 수 있다)은 양성자를 디커플링하면 오히려 피크의 크기를 줄일 수도 있으며 때로는 음으로 바꾸어 놓을 수도 있다는 것을 쉽게 예측할 수 있다(^{15}N의 경우는 그림 3-45 참조). 즉 $\gamma_H/\gamma_{Si} \simeq -5$이므로 양성자를 디커플링시킬 때 ^{29}Si 핵이 가질 수 있는 최대의 NOE는 −250%이므로 피크는 음으로 나타날 것이며 이 분자에서 만약 NOE가 −100%만이 일어난다면 ^{29}Si의 피크는 완전히 0이 되어 측정이 불가능하게 될 것이다(^{29}Si 스펙트럼은 그림 3-49 참조).

7.4 NOE 실험

7.4.1 시료 처리

이제 실제 실험하는 방법을 살펴보기로 하자. NOE 실험에서 때로는 1% 정도보다도 적은 피크의 변화를 관측해야 하기 때문에 어떤 다른 NMR 실험을 할 때보다도 주의를 기울여야 한다. 먼저 기기의 조건을 최적으로 만드는 것은 말할 것도 없지만, 시료를 만들 때도 많은 주의가 요구된다. 첫째 앞 장에서 언급된 것과 마찬가지로 일반적인 실험을 위해서도 필요한 상자성 물질의 유입에 주의하여야 하며, 특히 아주 적은 NOE 효과를 보기 위해서는 용매 속에 녹아 있는 산소도 완전히 제거하여야 한다. 이때 산소를 제거하기 위해서 결빙-펌프-해동(freeze-pump-thaw) 방법을 사용하게 된다(그림 2-17 참조). 이 방법은 먼저 용액 속에 녹아 있는 시료를 담은 NMR 튜브를 액체 질소로 얼린 다음 진공 펌프를 사용하여 공기를 제거한다. 그 다음 질소로 진공을 깨트리며 다시 이 과정을 반복하게 된다(이 방법은 용액이 물일 때는 사용할 수 없다. 용액이 물일 때는 용액의 얼림 없이 낮은 상태의 진공과 그리고 질소로 진공을 깨트리는 방법을 사용할 수 있다). 그러나 대부분의 실험을 위해서는 긴 유리모세관을 사용하여 용액 속에 질소를 불어넣어(bubbling) 산소를 제거하는 방법이 매우 유용하게 사용된다. 위에서 설명한 주의 할 점들이 모두 상자성 물질 때문에 이완이 일어나는 것을 막고 분자 내에서 핵들 간에 쌍극자 간 커플링이 일어나도록 유도하려 한다는 것을 고려할 때 우리는 곧 시료의 농도를 생각할 수 있다. 쌍극자 간 커플링은 분자 내(intramolecular)에서뿐만 아니라, 분자 간(intermolecular)에도 일어날 수 있는 것이다. 그러므로 시료의 농도는 될 수 있으면 묽게 만들어서 분자 간에 일어나는 쌍극자 커플링을 줄여야 할 것이다.

7.4.2 NOE 측정

NOE를 측정하기 위해서 우리는 한 핵의 피크를 섭동을 하게 되고 이때 상대방 다른 핵에 해당하는 피크의 크기 변화를 측정하게 되는데 이 실험은 같은 종류의 핵 사이에서도 일어날 수 있고 다른 핵 사이에서도 일어날 수 있다. 다른 핵들 사이에서 일어나는 경우의 대표적인 것이 탄소와 양성자 사이의 현상이며 이들은 대부분 피크의 크기를 증가시키기 위해서 많이 사용되며 정량적인 실험을 하지는 않는다. 이 타 핵종(heteronuclear)들 사이의 NOE 실험은 우리가 앞장에서 이미 많이 보아 온 디커플링(decoupling)된 ^{13}C 스펙트럼을 얻는 방법, 즉 피크를 단순화시키고 크기를 증가시키기 위해서 디커플러의 power를 계속 켜놓는 실험뿐만 아니라 디커플러의 시간을 조절하면서 NOE를 선택적으로 일으킬 수 있게 하는 게이티드(gated)와 인버스-게이티드(inverse-gated) 디커플링이라는 두 가지 다른 실험을 할 수 있다.

그림 7-5에 보여준 이들의 펄스 순서를 이용하여 이 실험들을 설명해 보기로 하자. 그림 a는 양성자를 디커플링하는 디커플러를 작동시키지 않는 그림이고 b는 RD(relaxation delay) 시간 동안은 디커플러를 작동시키고 FID(free induction decay)를 얻는 AT(acquisition time) 시간 동안은 디커플러를 작동시키지 않은 것이다. 이 방법을 게이티드(gated) 디커플링이라고 한다. 그림 c는 그림 b와는 반대로 RD 동안은 디커플러를 작동시키지 않고 AT 동안은 디커플러를 작동시키는 것을 보여주고 있다. 이 방법을 인버스-게이티드 디커플링이라고 한다. 그리고 비교하기 위하여 마지막으로 우리가 보통 많이 사용하는 방법인 피크를 디커플링시켜서 크기를 증가시키는 펄스 방법을 그림 d에 보여주었다.

그림 7-6에는 그림 7-5에서 보여준 각각의 펄스 순서들로 얻은 glycidyl methacrylate(**1**)의 ^{13}C 스펙트럼들을 보여주고 있다. 먼저 펄스 순서 (a)로 얻은 스펙트럼 (a)와 펄스 순서 (b)

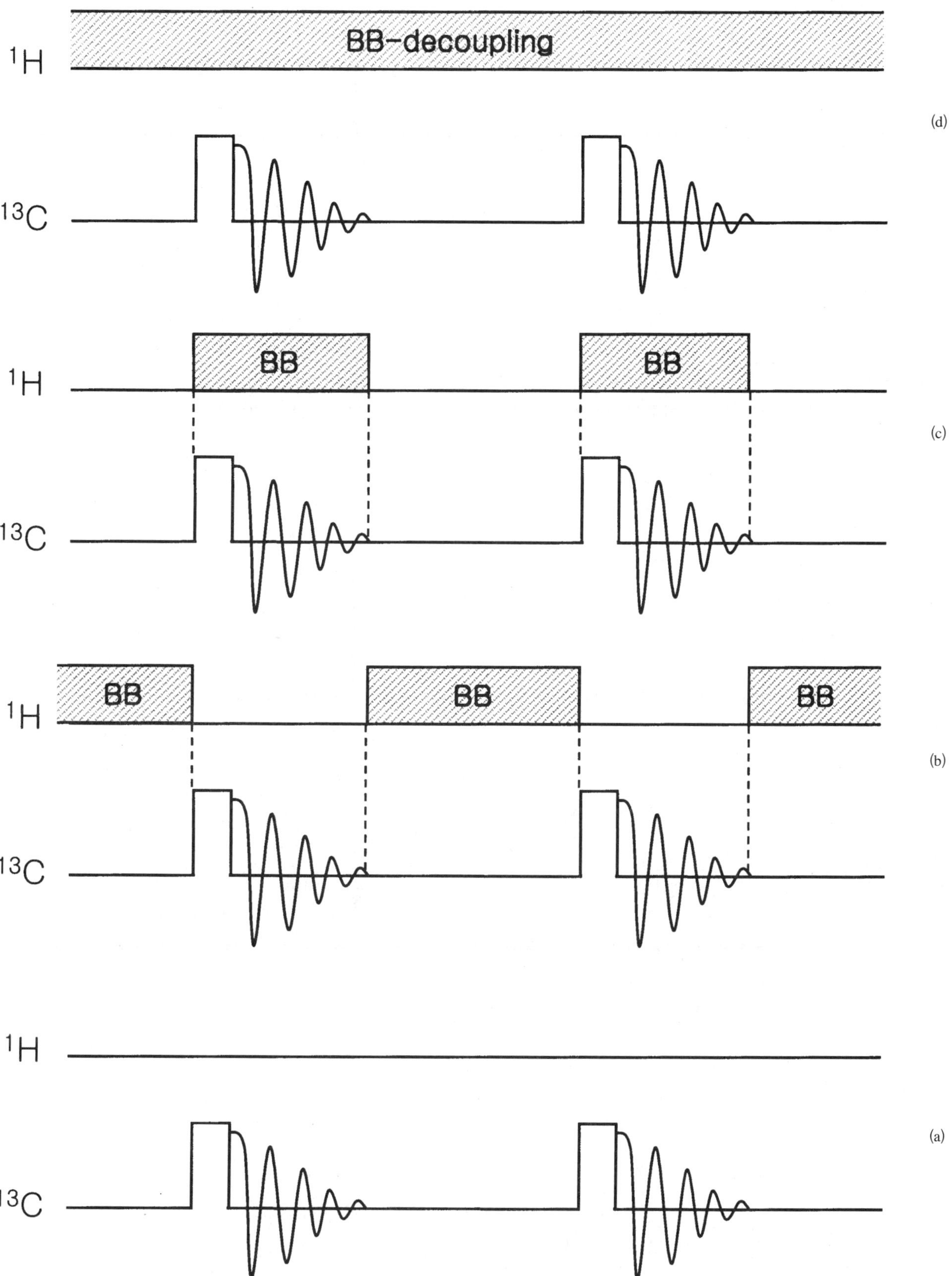

그림 7-5 탄소(^{13}C) 스펙트럼을 얻을 때 사용할 수 있는 여러 가지 펄스 순서들. (a) 양성자와 커플링된 스펙트럼을 얻는 방법, (b) 게이티드 디커플링 방법, (c) 인버스-게이티드 디커플링 방법, (d) 디커플링된 스펙트럼을 얻는 방법.

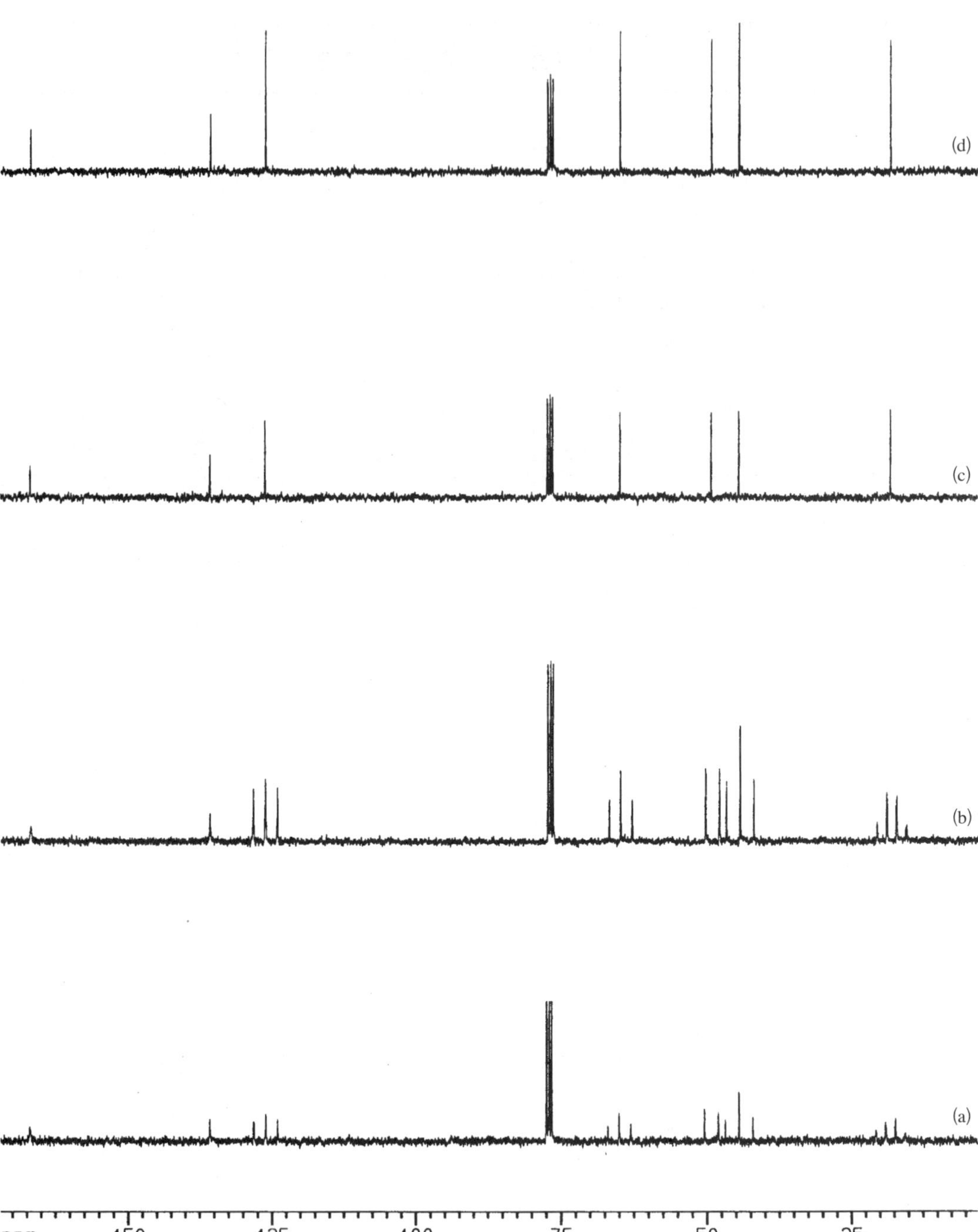

그림 7–6 그림 7–5에서 보여 준 각각의 펄스 순서들을 이용하여 얻은 glycidyl methacrylate(**1**)의 스펙트럼들(설명은 본문 참조).

CH_3–C(=CH_2)–C(=O)–O–CH_2–CH–CH_2 (epoxide, O)

1

로 얻은 스펙트럼 (b)를 비교하여 보자. 두 스펙트럼은 같은 조건으로 모두 256개의 FID를 스캔하여 얻었지만 스펙트럼 (b)의 signal-to-noise 비가 (a)의 것보다 더 좋은 것을 쉽게 알 수 있다. 특히 양성자를 가지고 있지 않은 탄소(166.9와 135.7 ppm)들보다는 양성자를 가지고 있는 탄소들의 피크 크기의 변화가 큰 것을 쉽게 볼 수 있다. 바로 이 현상이 heteronuclear NOE이며 펄스 그림 7–5 (b)에서 주어진 양성자의 디커플러 power가 이 현상을 만들어 낸 것이다. 다음 인버스–게이티드 펄스 순서 (c)에서는 AT 동안 디커플러를 작동시키므로 이때 얻어진 스펙트럼 (c)는 디커플링된 스펙트럼을 보여주고 있다. 이 스펙트럼은 (b)에서 얻은 것보다는 매우 적은 16개의 FID를 스캔하여 얻은 스펙트럼이지만 다중도의 피크들의 합을 고려하더라도 스펙트럼 (b) 보다 signal-to-noise 비가 더 좋은 것을 알 수 있다. 이 현상은 물론 AT 동안에 작동하는 양성자의 디커플러의 power가 NOE를 만들었다고 생각할 수도 있지만 가장 큰 요인은 스펙트럼 (b)에서 long-range CH 커플링 때문에 나타났던 넓은(broad) 피크들이 스펙트럼 (c)에서는 디커플링에 의해서 좁게(sharp) 나타났기 때문이다. 이 현상은 스펙트럼 (b)와 (c)에서 나타난 단일 피크 166.9와 135.7 ppm의 피크들을 비교해 보면 쉽게 알 수 있다. 다른 한편으로 스펙트럼 (c)에서 166.9와 135.7 ppm의 탄소들의 피크가 양성자들을 가지고 있는 다른 피크들보다 크기가 작게 나타났다는 사실로 NOE가 생성되었다고 할 수도 있지만 이것은 NOE 때문이라기보다는 양성자를 가지고 있지 않은 탄소들의 T_1이 길어서 주어진 RD 시간 동안에 충분한 이완이 일어나지 않아서 나타난 현상이다. 실제로 인버스-게이티드 스펙트럼 (c)에서 충분한 NOE가 나타나지 않았다는 사실은 충분한 NOE를 일어나게 하여 얻은 스펙트럼 (d)를 비교해 보면 알 수 있다. 같은 수의 FID를 스캔하여 얻은 스펙트럼 (d)는 (c) 보다 signal-to-noise 비가 더 좋다(용매 피크와의 상대적인 크기의 비로 쉽게 알 수 있다).

위의 실험 결과에 근거하여 정성적으로 말한다면 인버스-게이티드 펄스 순서를 이용하면 NOE가 생성되지 않게 하면서 피크들을 디커플링시킬 수 있는 실험을 할 수 있다는 것이다. 정량적으로 말한다면 물론 AT 시간 동안에 주어지는 디커플러의 power는 NOE를 일으키게 된다. 그러나 NOE는 앞의 이론 부분에서 공부한 것과 같이 핵들 간에 쌍극자 커플링에 의해서 일어나는 이완으로 생겨나는 현상이므로 AT 시간이 이들 이완 시간보다 짧다면 NOE는 생겨날 수 없는 것이다. 이때 물론 AT 시간을 짧게 하려면 FID의 data point의 수를 줄여야 하는데(4장 참조) 이 결과는 피크의 분해능을 나쁘게 만들게 된다. 즉 얻으려고 하는 피크들의 분해능을 고려한 후 AT의 시간을 최소한으로 하는 것이 주어진 시료에서 NOE가 일어나는 것을 최소한으로 할 수 있는 방법이다. 또한 양성자를 가지고 있지 않은 탄소의 긴 T_1 문제로 일어나는 피크의 크기의 차이는 $Cr(AcAc)_3$와 같은 상자성 물질(paramagnetic relaxation agent)을 시료에 첨가하는 것으로 해결할 수 있다. 이러한 이론에 근거하여 인버스-게이티드 방법은 제한적이기는 하지만 탄소를 포함한 heteronuclei를 이용하여 정량 분석을 하기 위한 실험에 응용될 수 있다.[14]

일반적으로 ^{13}C 스펙트럼은 피크의 적분(integration)을 사용하지 않는 것을 이미 잘 알고 있다. 실제로 양성자의 스펙트럼이 매우 복잡하여 정량 분석을 위한 적분법을 사용할 수 없을 때 디커플링한 ^{13}C의 단일 피크의 적분값을 사용한다면 매우 유용할 것 같지만 이들 피크들은 주위의 양성자들이 이들 각각에 주는 NOE가 모두 다르기 때문에 정량 분석을 위하여 사용될 수 없다. 양성자의 스펙트럼의 피크들이 매우 넓고 복잡하여 적분을 사용할 수 없는 경우는 대부분 고분자 물질에서 흔히들 나타나는 현상이다. 이러한 이유 때문에 이들 고분자의 정량 분석은 비록 Infrared spectroscopy를 포함한 다른 종류의 분광학의 피크가 주위의 functional group이 다를 때 그들의 absorption coefficients나 extinction coefficients가 다르므로 많은 오차를 수반하는 분석법임에도 불구하고 이들을 이용한 경우를 종종 볼 수 있다. 이러한 경우의 시료를 인버스-게이티드 스펙트럼을 이용하면 비록 시간은 더 걸리지만 때로는 다른 분광학의 실험보다 더 좋은 실험 결과를 얻을 수 있다.[14]

같은 종류의 핵 사이에서 일어나는 NOE의 측정은 양성자 사이에서 일어나는 것을 가장 많이 사용하게 되는데 하나의 핵이 섭동이 되었을 때 얻어지는 피크의 크기를 평형 상태에서 얻는 피크와 비교하게 된다. 오래 전 CW-NMR만이 사용될 때는 이 측정은 두 개의 다른 조건으로 얻은 피크들을 각각 적분(integration)하여 그 값을 비교했기 때문에 이 방법은 아주 적은 NOE 값을 가지는 분자에서는 정확한 방법이 될 수 없었다. 그러나 최근 컴퓨터로 작동되는 FT-NMR에서는 NOE 차이 스펙트럼(difference spectrum)이라는 방법을 사용하게 된다. 이 방법은 그림 7–7에서 보는 바와 같이 두 개의 다른 실험을 하여 얻은 스펙트럼들을 컴퓨터상에서 빼셈을 하여 제3의 스펙트럼을 얻는 것이다.

위의 그림 7–7의 두 실험에서 섭동을 하기 위해서 양성자의 주파수를 낼 수 있는 디커플러 코일을 사용하게 된다. 이 실험 방법에서는 위에서 공부한 게이티드 디커플링(gated decoupling)이라고 하는 방법과 같이, 즉 디커플러가 처음 일정 기간 작동한 다음 펄스가 주어지고 FID를 획득하는 시간 동안은 이 디커플러가 작동하지 않게 된다. A의 실험에서는 섭동을 하려고 하는 피크의 위치에서 정확히 디커플러가 피크를 섭동을 시킨 후 FID를 얻게 된다. B 실험에서는 평형 상태에서의 스펙트럼을 얻으면 되는데 디커플러를 작동시키는 이유는 혹시 있을 수도 있는 기기적인 어떤 영향을 제거하고 가능하면 두 실험의 조건을 같게 하기 위해서이다. 단 B 실험에서의 디커플러는 어떤 피크의 위치에서 작동하는 것이 아니고 스펙트럼들의 위치에서 멀리 떨어진 위치에서 작동을 하게 되며 여기에서 얻어진 것을 흔히 off-resonance 스펙트럼이라고 한다(양성자 스펙트럼은 대개 0~10 ppm 정도에서 나타나게 되는데 보통 −2 ppm 정도에 디커플러의 위치를 고정시키게 된다).

일단 두 실험이 끝나면 NOE 차이 스펙트럼을 위해서 두 가지 방법을 수행할 수 있다. 그림 7–7의 A의 조건으로 얻은 FID에서 B의 FID를 빼셈을 한 후 푸리에 변환(FT)을 할 수도 있고 각각의 FID를 푸리에 변환을 한 스펙트럼을 가지고 NOE 차이 스펙트럼을 얻을 수도 있

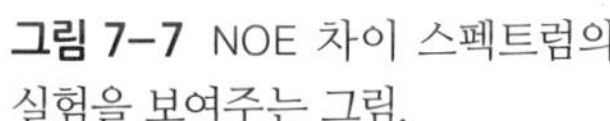
그림 7–7 NOE 차이 스펙트럼의 실험을 보여주는 그림.

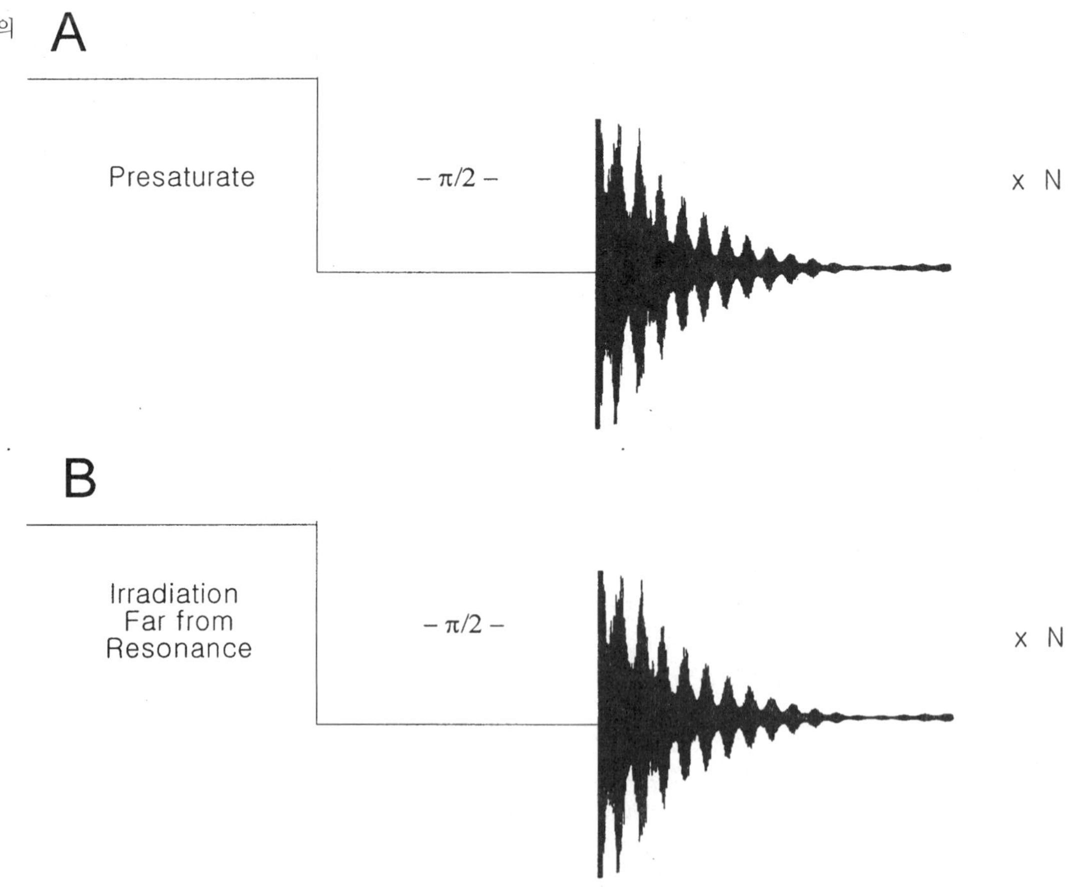

다. 그림 7−8은 glycidyl methacrylate(**1**)의 NOE 차이 실험을 보여주고 있다. 그림 7−8의 (a)는 CH_3(δ, 1.9)의 양성자를 섭동하여 얻은 스펙트럼이다.

그림 7−8의 (a)에서 보듯이 CH_3의 양성자들은 섭동으로 인하여 포화가 이루어졌기 때문에 피크가 거의 나타나지 않고 있다. 그림 7−8의 (b)는 디커플러의 위치를 −2 ppm에 위치시킨 후 똑같은 조건으로 얻은 off-resonance 스펙트럼이다. 위의 그림 (a)와는 달리 CH_3의 양성자의 피크가 그대로 보이고 있다. 세 번째 (c)의 스펙트럼은 위의 두 스펙트럼을 컴퓨터상에서 뺄셈을 하여 얻은 스펙트럼이다. 바로 이 스펙트럼을 NOE 차이 스펙트럼이라고 하며 너무나 명백한 것은 섭동으로 포화시킨 CH_3의 양성자에 해당하는 부분은 거꾸로 피크를 보이고 있다는 것이다. 이 커다란 음의 피크 이외에 5.55 ppm에서 비닐(vinyl) 그룹에 속하는 하나의 양성자가 NOE의 피크를 보이고 있다. 이 NOE 피크에 해당하는 양성자가 CH_3의 그룹과 *cis*의 방향으로 위치한 비닐기에 있는 양성자이다.

이 시료는 $CDCl_3$에 녹였고, 산소도 제거하지 않은 것으로 NOE 차이 스펙트럼에 적분값이 보이는 것과 같이 약 0.7%의 적은 양의 값 NOE를 보여주고 있다. 이때 0.7%라는 값은 포화된 피크(−100%)에 대한 상대적인 값이다. 그러나 이 0.7% 값이 우리가 얻으려고 하는 숫자가 되지 못한다. 왜냐하면 NOE 값은 1개의 핵을 섭동시켰을 때 이 핵에 의해서 쌍극자 간 커플링을 통해서 이완되는 다른 1개의 핵에서 나타나는 값을 보고하는 것으로 정의되어 있기 때문이다. 그러므로 이 시료에서는 CH_3의 3개의 양성자를 섭동을 하여 얻은 NOE 값이므로 얻어진 0.7이 3으로 나누어진 값 0.23%가 실제로 사용되는 NOE의 값이 된다.

위에서는 섭동을 시킨 핵이 CH_3의 양성자였는데 반대로 비닐 그룹에 있는 양성자를 섭동을 하여 CH_3의 NOE를 보는 것도 가능하다. 그러나 CH_3의 양성자들은 거리가 상대적으로 가까운 그들끼리 쌍극자 간 작용에 의한 이완(relaxation)이 주로 일어나므로 비닐 그룹에 있는 양성자와는 상호작용을 많이 할 수 없게 된다. 즉 NOE를 일으키는 이완이 비닐기의 양성자와는 많이 일어날 수 없으므로 메틸기는 비닐기에 있는 양성자에 대하여 NOE를 상대적으로 적게 일으킬 수 있으므로 바람직한 방법이 되지 못한다. 즉 NOE 차이 실험을 할 때 섭동을 시키는 양성자의 선택은 가능하면 CH_2보다는 CH_3를 그리고 CH보다는 CH_2를 선택하는 것이 유리하다. 또한 이때 얻어지는 NOE의 결과의 양에 대해서는 너무 확신하지 말아야 한다. 왜냐하면 단지 몇 % 되는 NOE 값을 그것도 두 스펙트럼의 차이 때문에 signal-to-noise의 비가 매우 낮은 스펙트럼을 적분하여 얻은 값을 소수점 이하 몇째 자리까지 인용하는 것은 아무런 의미가 없기 때문이다.

스펙트럼 (c)에서 나머지 조그마한 dispersion 피크들은 소위 로렌찌안(Lorentzian) 피크의 뺄셈에서 오차로 나타나는 것들이며 이들 피크의 크기는 때로는 기기를 다루는 사람에 의해서가 아니라 기기의 안정성에 의해서 좌우된다. 그러므로 이 NOE 차이 스펙트럼이 때로는 기기의 성능을 알아보는 좋은 수단이 될 수도 있다. 이러한 오차에서 나타난 피크들의 출현을 최소로 하고 좋은 NOE 차이 스펙트럼을 얻기 위해서는 여러 가지 주의하여야 할 점들이 있지만, 기기를 다루는 사람이 먼저 쉽게 할 수 있는 몇 가지는 다음과 같다.[15]

첫째로 온도를 항시 일정하게 유지하는 것이다. 물질의 화학 이동(chemical shift)은 온도에 매우 민감하므로 실험 중 시료의 온도를 항시 일정하게 유지하여야 한다. 이것을 하기 위해서는 시료가 놓여 있는 프로브 속의 온도를 온도 조절 장치를 이용하여 실내 온도보다 높여서 유지하는 것이 보통이다.

둘째로 시료를 녹이는 용매는 중수소(deuterium)의 피크의 넓이가 좁은 것을 선택하는 것이다. 예를 들면 acetone−d_6가 $CDCl_3$ 보다 중수소의 피크가 좁으므로 기기의 자동 제어 장치(feedback)를 더 빠르게 일어나게 하므로 기기의 안정성에 기여하게 된다(2장 참조).

셋째로 특히 고자장의 기기를 사용할 때는 기기 주위에 오가는 사람이나 물건들을 없게 하

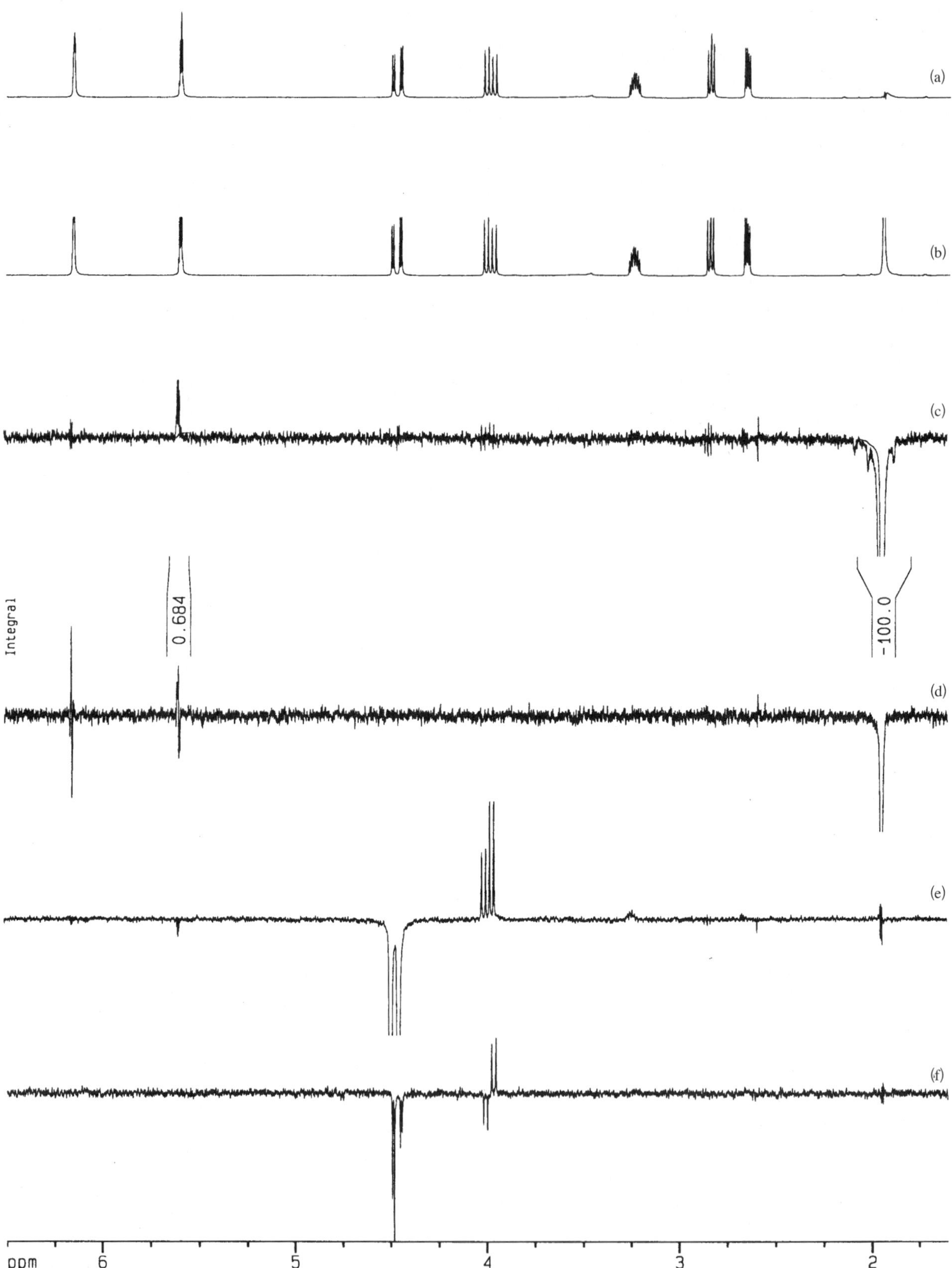

그림 7-8 (a) Glycidyl methacrylate(**1**)의 메틸 피크를 포화시킨 스펙트럼, (b) off-resonance 스펙트럼, (c) 스펙트럼 a에서 b를 뺄셈하여 얻은 NOE 차이 스펙트럼, (d) 45° 펄스를 사용하여 얻은 NOE 차이 스펙트럼, (e) 메틸렌의 하나의 양성자를 포화시켜 얻은 NOE 차이 스펙트럼, (f) 하나의 양성자에서 나타나는 다중도 피크를 불균등하게 포화시켜서 얻은 NOE 차이 스펙트럼.

여 기기의 안정성을 높이는 것이다.

넷째로는 그림 7-7의 펄스 순서에서 $\pi/2$ 펄스를 사용하는 것이 있는데 이 90° 펄스를 정확히 측정하여 사용해야 한다는 것이다. 펄스의 길이는 용매에 따라서 달라질 수 있으므로 가능하면 측정하려고 하는 시료를 사용하여 90° 펄스를 반드시 구하여 사용해야 한다.

그림 7-8의 (d) NOE 차이 스펙트럼에서 보여주고 있는 dispersion 피크가 왜 정확한 90° 펄스를 반드시 사용하여야 하는지를 보여주고 있다. FID를 얻으려고 주어지는 90° 펄스가 정확하지 않으면 완전히 섭동을 시키지 못한 핵의 Z-벡터가 SPT(Selective Population Transfer)[16]의 현상을 나타나게 한다(실제로 완전히 섭동을 시켜서 포화 상태를 이루는 것은 이론 상태로만 가능하다).

여러 피크가 매우 가까이 있는 스펙트럼에서 다른 피크에 어떤 영향도 주지 않고 하나의 피크만을 완전히 섭동을 시켜서 포화시킨다는 것은 불가능하며 이것이 NOE 차이 스펙트럼의 한계가 되는 것이다. 이러한 이유 때문에 이 실험은 시행착오(trial and error)적으로 밖에 할 수 없다. 즉 주어지는 디커플러의 힘의 세기(field strength)와 그때 주어지는 시간, 즉 선택성(selectivity)을 조절하여 얻은 결과를 관찰하여 달성하려는 목적을 얻었는지를 찾을 수밖에 없는 실험이다. 이때 너무 강한 디커플러의 power가 주어지게 되면 주위의 피크도 포화시키게 되므로 NOE 차이 스펙트럼에는 섭동을 시킨 피크의 주위에 또 다른 음의 피크와 이 피크들과 NOE를 나타내는 또 다른 NOE 피크들이 나타나게 되며 스펙트럼의 해석은 불가능하게 된다. 그러므로 가까이에 있는 중요한 다른 피크가 섭동이 되는 것을 피하기 위하여 때로는 완전한 섭동과 포화를 포기하여야만 하며 이로 인해 얻어지는 NOE 양의 감소도 감수하여야만 하고 남아있는 Z-벡터는 SPT 현상을 만들어 내는 것이다.

이론적으로 비록 이 SPT 현상에서 오는 dispersion 피크의 적분값은 0을 가지므로 NOE의 양을 측정하는 데는 오차를 주지 않는다고 하지만, 커다란 dispersion 피크가 작은 NOE 피크와 겹쳐 나타나는 것은 여러 가지 측정 오차를 일으키기에 충분한 현상이다. 특히 이와 같은 SPT 현상은 서로 스칼라 커플링하는 핵 사이에서 잘 일어날 수 있다. 이상적인 경우(다중선의 주위에 어떠한 다른 피크가 없을 때) 다중선(multiplet)의 각각을 골고루 모두 잘 섭동을 시켜서 모두 포화 상태를 이루었다면 우리는 어떠한 SPT 현상도 관찰하지 않게 될 것이다. 그러나 이러한 다중선을 고르게 완전히 섭동을 시킨다는 것은 매우 어렵고 불가능한 일이므로 흔히 다중선을 나타내는 스칼라 커플링을 하는 복잡한 분자 내에서 NOE의 실험은 이 SPT 현상을 조금씩 수반하게 될 것이다. 그림 7-8의 (e) NOE 차이 스펙트럼은 glycidyl methacrylate (**1**)의 δ, 4.4 부근의 methylene의 하나의 양성자가 주위에 다른 피크가 없으므로 충분히 섭동을 시켜서 포화시킬 수 있는데도 불구하고 제미널(geminal) 커플링을 하고 있는 δ, 3.9 부근의 4중선의 피크가 섭동을 시키지 않는 (b) 스펙트럼의 피크의 모양과 다른 세기를 보여주고 있는 것은 얼마간의 SPT 현상이 이 NOE 차이 스펙트럼에 수반되어 있다는 것을 보여주는 것이다. NOE 차이 스펙트럼 (f)는 δ, 4.4의 양성자의 4중선을 불균등 그리고 불완전하게 포화시켰을 때 스칼라 커플링하고 있는 다른 양성에서 SPT 현상이 일어나는 것을 보여주기 위한 스펙트럼이며 이 현상을 명확하게 잘 보여주고 있다.

마지막으로 섭동을 시키는 시간은 최소한 $3T_1$ 만큼의 시간은 주어져야 한다는 것이다. 간접적인 NOE는 직접적인 NOE가 형성된 다음 일어나게 되므로 때로는 이보다 더 긴 시간을 사용하여야 할 때도 있다. 이 시간의 파라미터인 T_1의 시간을 정확히 주기 위해서 시료의 완전한 T_1을 측정한다는 것은 매우 많은 시간이 필요하므로 불가능하며 정성적인 T_1 값을(inversion-recovery의 null method)[14] 구하여 사용하는 것은 이 실험의 목적을 위해서 충분하다.

7.5 NOE 실험 결과의 해석

이제까지 우리는 NOE를 이해하기 위해서 아주 이상적인 두 핵의 상호작용만을 고려하였다. 그러나 실제 우리가 다루는 대부분의 분자들은 이들과는 너무나 거리가 먼 복잡한 여러 핵의 상호작용으로 이루어진다. NOE의 결과의 해석에서 제일 먼저 고려하여야 할 사항은 식 7-15를 설명하면서 얻은 결론이다. 즉 아주 이상적인 경우 두 핵 사이의 NOE는 거리와 무관하다는 것이다. 다시 말해 이것은 다음의 일반적인 원칙을 유도해 낼 수 있다.

"어떤 두 핵 사이에서 NOE를 관찰하였다는 사실이 두 핵이 가까이 서로 인접해 있다는 것을 증명하는 충분한 증거는 될 수 없다."

다음 우리는 복잡한 분자들의 구성 중에서도 가장 간단한 세 개의 핵(양성자 A, B, C)이 상호작용을 할 때 NOE의 결과가 어떻게 나올 수 있는지를 살펴보도록 하자. 그리고 이들로부터 우리들이 실험하여 얻은 NOE의 결과를 해석할 때 주의해서 고려하여야 하는 다른 사실들을 알아보도록 하자.

핵들이 분자 속에서 정렬할 수 있는 가능한 위치를 세 개의 양성자 핵을 이용하여 그림 7-9의 A와 같이 나란히 놓여 있을 때와 B와 같이 삼각형의 꼭짓점에 위치한 모습으로 정렬되어 있는 것으로 가정하여 생각해 보도록 하자. 먼저 세 개의 양성자 핵이 대략적으로 서로 4.5Å 거리 보다 가까운 거리에 일직선상으로 나란히 놓여 있을 때 H_A를 섭동시키면 H_B의 피크는 NOE를 보일 것이다. 그리고 H_C를 섭동시키면 다시 H_B가 NOE를 보일 것이다.

이때 이들 두 실험의 NOE의 크기를 비교하면 이들 각 양성자 간의 거리에 관한 정보를 얻을 수 있을 것이다. 여기에서 H_A와 H_B의 거리가 H_B와 H_C의 거리보다 가깝기 때문에 H_A를 섭동시킬 때 H_B에서 나타나는 NOE가 H_C를 섭동시킬 때 H_B에서 나타나는 NOE보다 크게 나타날 것이라는 예측을 쉽게 할 수 있다. 그러나 H_B를 섭동시켰을 때는 H_A와 H_C는 둘 다 NOE 현상을 보일 것이다. 왜냐하면 H_A와 H_C는 각기 다른 방향으로 H_B에 유일한 양성자이기 때문이다. 그러나 다른 방향으로 놓여 있는 이들 두 양성자는 그들 각각의 주위의 어떤 다른 종류의 이완에 영향을 받을 수 있으므로 각 양성자의 NOE의 크기는 거리와 비례하지 않을 수도 있다. 즉 이 실험의 결과는 거리에 관한 정보를 잘못 유도해 낼 수도 있는 것이다. 일직선상에서 H_A를 섭동을 할 때 H_C에서는 어떤 현상이 일어나는가를 보자. H_C는 H_A에서 멀리 떨어져서 직접적인 영향은 받지 않지만, H_A의 섭동에 의해서 영향을 받은 H_B에 의해서 영향을 받게 된다. 즉, H_B의 에너지 준위에 있는 핵의 수의 차이의 증가는 주위의 핵 H_C의 에너지 준위에 있는 핵의 수의 차이에 영향을 주게 될 것이다. 즉 이때 핵 H_B의 에너지 준위의 핵의 수 차이의 증가만큼 H_C의 에너지 준위에서는 핵의 수 차이가 줄어들게 되며 음의 성분의 NOE를 보이게 된다. 이것이 세 개의 스핀 효과(three-spin effect)로 알려져 있으며 NOE 실험을 해석할 때 고려하여야 하는 가장 중요한 사실 중에 하나이다. 극 협소 한계의 조건에서 음의 NOE 결과를 볼 수 있는 것은 세 개의 핵이 나란히 놓여 있을 때 볼 수 있는 독특한 결과이다. 우리는 위에서 언급된 세 개의 스핀 효과 때문에 핵들이 나란히 길게 놓여 있다면 NOE의 결과가 번갈아 양과 음이 나타나는 것을 예측할 수 있겠지만, 실제로는 이와 같은 간접적인 NOE 결과는 두 핵 이상의 거리로 떨어진 핵들 사이에서 그 효과가 매우 적어 직접 관찰할 수는 없다.

이제 3개의 양성자 H_A, H_B, H_C가 그림 7-9 B와 같이 삼각형의 형태를 갖추고 있을 때 세 개의 스핀 효과를 보도록 하자. 그림 B에서는 H_A-H_C 간의 거리가 그림 A에서 보다 가까이 위치하고 있어서 직접적인 NOE 효과가 나타날 수 있다고 생각하자. 이러한 상황에서 H_A를 섭동시키면 H_C는 직접적인 양의 NOE 효과를 나타내면서 또 다른 한편으로 H_B의 영향 때문

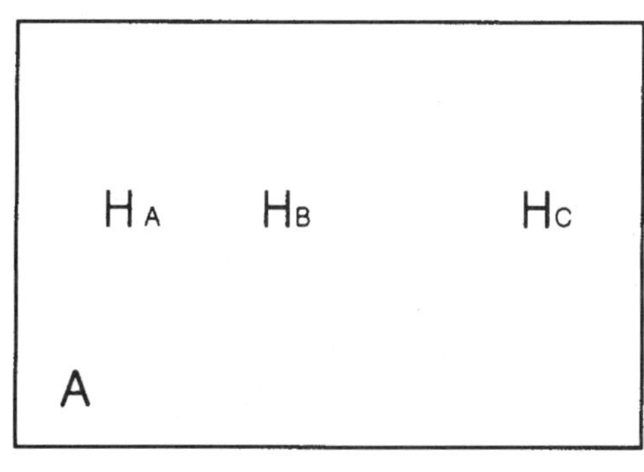

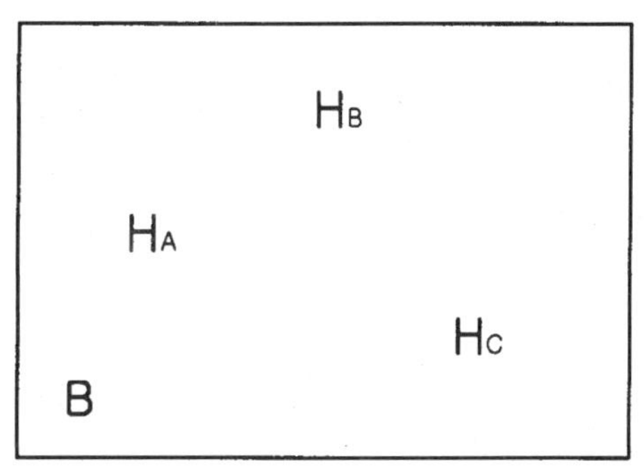

그림 7–9 세 개의 H_A, H_B, H_C가 분자에서 존재할 수 있는 두 개의 다른 배열.

에 음의 NOE 효과도 나타낼 것이다. 즉 어느 쪽의 영향이 더 크느냐에 따라서 H_C의 NOE 결과는 음 또는 양으로 나타날 수 있으며 때로는 두 영향이 비슷하여 0의 NOE 효과도 보일 수 있을 것이다. 그림 7–10에 이 세 개의 스핀 효과를 세 개의 스핀이 위치한 각도와 각각의 거리에 따라 핵 $H_A(1)$를 섭동시켰을 때 핵 $H_C(2)$의 NOE 효과를 나타내었다.

즉 $H_C(2)$의 NOE의 효과가 음과 양 그리고 0이 되는 지점은 거리와 각도에 따라서 각기 다름을 잘 보여주고 있다. 이러한 세 개의 스핀 효과의 실제의 예를 acrylic acid(**7**)에 있는 세 개의 양성자의 NOE 실험 결과가 잘 보여주고 있다(표 7–1).

양성자 A를 섭동시켰을 때는 두 양성자 M과 X가 그들의 거리에 비례하여 양의 NOE 값을 보이고, M의 양성자를 섭동시켰을 때는 A는 양의 NOE를 보인 반면 X는 음의 NOE를 보여주고 있다. 똑같이 X의 양성자를 섭동시켰을 때는 A는 양의 NOE를 보여주고 있지만, M은 음의 NOE를 보여주고 있다. 이와 같은 결과로부터 우리는 다음과 같은 두 번째의 원칙을 유도해 낼 수 있다.

“두 핵 간에 NOE의 효과가 존재하지 않는다는 것이 그들이 멀리 떨어져 있다는 충분한 증

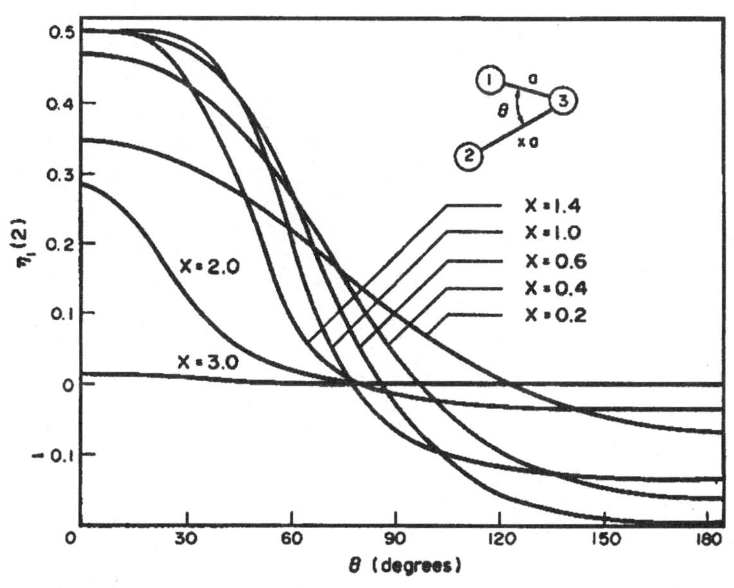

그림 7–10 세 개의 스핀 시스템에서 위치와 각도에 따라서 변화하는 NOE의 값들.

표 7–1 Acrylic acid(**7**)에서 양성자들의 NOE(%)

Irradiate	A	M	X
η_A	–	0.34	0.07
η_M	0.36		−0.02
η_X	0.14	− 0.04	–

H_X H_A HO_2C H_M

7

거일 수는 없다."

NOE의 효과는 위에서 언급된 것과 같이 여러 가지 이유 때문에 아주 작거나 때로는 관찰될 수 없을 때도 있으므로 이 두 번째 정의는 앞서서 얻은 첫 번째 정의보다 더 엄격히 NOE 결과를 해석할 때 사용되어야 한다.

이들 이외에도 strong coupling을 하는 AB splitting pattern의 스핀들에 관하여 NOE 차이(difference) 실험을 할 때는 용매를 바꾸어가면서 실험을 하여야 하는 등의 번거러움이 있을 때도 있지만 이들의 NOE 현상은 이들 스핀들의 stereochemistry를 알려주는 좋은 정보가 될 때도 있다. 그림 7-11은 peptide 화합물의 일부분인 벤질(benzyl) group에 있는 AB pattern의 splitting을 보여주는 두 양성자의 스펙트럼이 용매에 따라서 변하는 모습과 이들 용매에서 peptide의 $\alpha-CH_3$를 섭동시켜 얻은 NOE 차이 스펙트럼이다. DMSO-d_6 용매에서 얻은 스펙트럼 (c)는 $CDCl_3$ 용매에서 얻은 스펙트럼 (a)보다 strong coupling의 정도(이때의 의미는 1차 스펙트럼의 모습과 비교하여 생각하면 됨)가 적으며 NOE의 결과 (d)는 스펙트럼과 함께 그려져 있는 이 화합물의 구조로부터 B 양성자에 양의 NOE를 보여줄 것이라는 예측과 잘 일치하고 있다. 이 스펙트럼 (d)에서 나타난 다른 피크는 용매 속에 미량으로 존재하는 물이 NOE를 보인 것으로 $\alpha-CH_3$와 NOE를 보여주는 NH의 양성자가 물의 양성자와 교환이 일어나면서 생긴 것이며 이것을 transfer NOE라고 한다. 반면 이 peptide에서 두 양성자는 $CDCl_3$ 용매에서 first-order 스펙트럼에서 많이 벗어나는 스펙트럼의 모습을 (a)에서 보여주고 있으며 NOE의 결과는 매우 모호한 3중선과 비슷한 피크의 모습을 (b)에서 보여주고 있다. 즉 B 양성자의 2중선과 A 양성자의 2중선 중 한 피크가 NOE를 보여주고 있다. 이와 같은 현상은 strong coupling의 pattern을 가지는 피크에서 NOE 차이 스펙트럼을 얻을 때 나타나는 전형

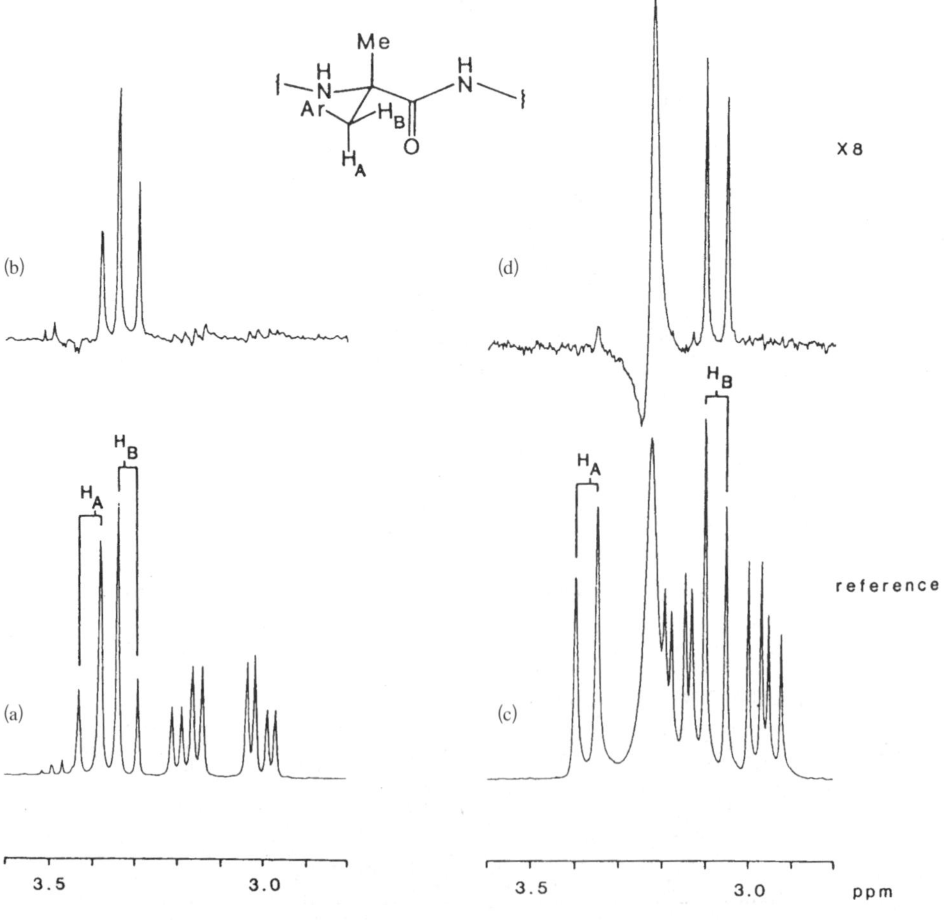

그림 7-11 Strong coupling하는 양성자들의 시스템에서 나타나는 NOE의 모습들.

적인 현상이다. NOE 차이 스펙트럼은 때로는 아주 복잡한 피크들 속에서 NOE를 보여주는 하나의 양성자에 대한 피크들만을 얻을 수도 있는데 strong coupling 현상을 고려하지 않는다면 그림 (b)와 같은 스펙트럼의 결과만으로는 엉뚱한 해석을 만들어 낼 수도 있을 것이다.

위의 예에서 보여 준 strong coupling의 pattern을 이용한 NOE 실험은 때로는 복잡한 스펙트럼에서 커플링하는 상대를 찾아내서 그들의 stereochemistry를 알아낼 수 있는 방법이 되기도 한다. 그림 7−12는 1-dehydrotestosterone의 탄소 6에 있는 두 개의 양성자를 $19-CH_3$와 양성자 4를 이용한 NOE 차이 스펙트럼들을 보여주고 있다. 이 실험의 결과에서는 스펙트럼

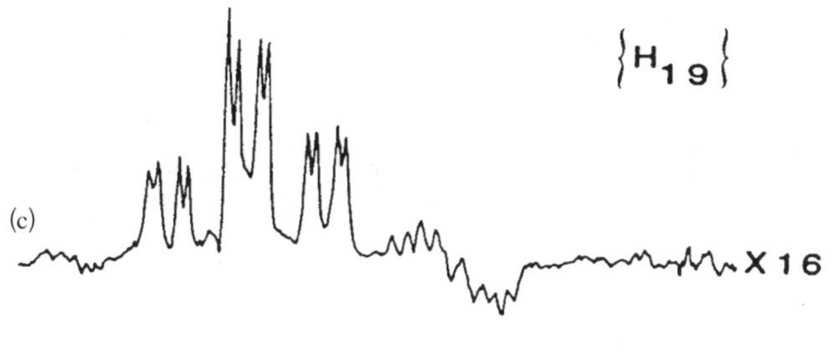

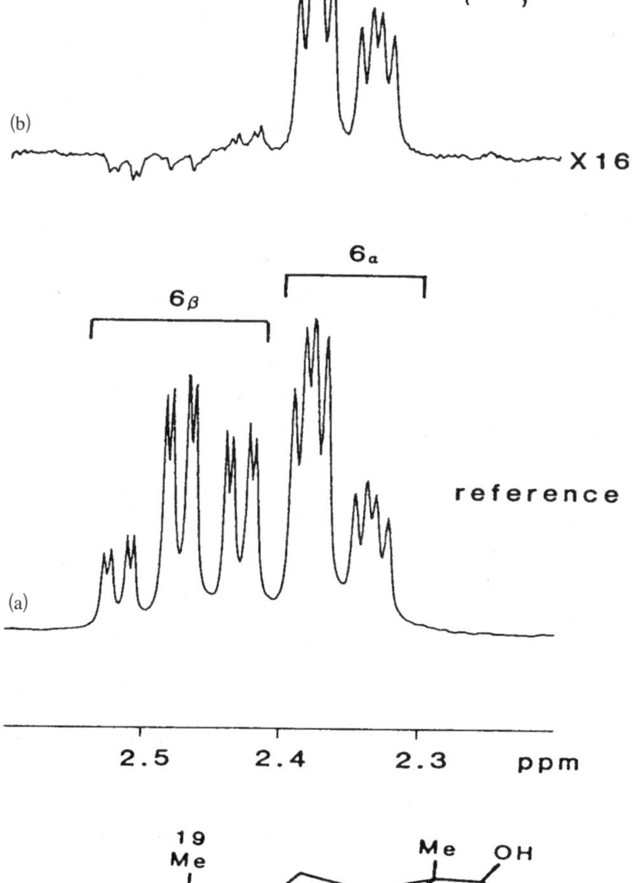

그림 7−12 1-dehydrotestosterone에서 strong coupling하는 두 양성자가 보여주는 NOE 피크들의 모습들(roof effect).

(b)나 (c) 어느 것을 살펴보더라도 NOE를 보이는 양성자와 strong coupling하는 양성자의 피크들 중 커플링하는 상대 피크에 가까운 피크는 작지만 양의 NOE를 보여주고 먼 쪽의 피크는 작지만 음의 NOE를 명확하게 보여주고 있다[이 현상은 그림 7-11(b)에서와 같이 상대 피크의 먼 쪽의 피크는 나타나지 않는 경우가 많이 있고 AB splitting pattern에서 관찰되는 roof effect로 생각할 수 있다]. 이것이 두 양성자 사이에 strong coupling pattern이 존재한다는 증거가 되는 것이며 탄소 6의 α와 β의 양성자를 명확하게 구분할 수 있게 한다.

이제까지 살펴본 위의 예들이 말해 주듯이 NOE에 대한 한 가지 실험이 어떠한 결론을 내릴 수 없으며 NOE 결과의 해석은 NMR의 다른 어떤 실험보다도 오류를 일으킬 수 있는 여러 가지 가능성들을 내포하고 있으므로 가능한 여러 가지 변수를 모두 따져서 실험해 보아야 한다.

7.6 2D NOE 실험

7.6.1 NOESY(EXSY) 실험

이제까지 공부한 1D NOE 차이 스펙트럼(difference spectrum)은 각각의 양성자 하나(또는 한 group)에 대한 피크를 섭동을 시키면서 여러 번 실험을 하게 된다. 그러나 이차원(2D) 실험은 한 번에 모든 스핀들 사이에서 일어나는 NOE를 관찰할 수 있게 한다. 비록 2D 실험이 1D 실험 보다 감도가 낮고 실험 시간이 길지만 한 실험으로 1D 실험에서는 때로는 불가능한 모든 NOE를 관찰할 수 있다는 것이 장점이다. 특히 1D 실험에서 감도(selectivity)를 조절하기 위해서 각 피크 또는 피크들의 넓이에 따라서 디커플러의 power를 조절하여야 하는 단점을 극복할 수 있다.

그림 7-13은 2D NOE 실험을 할 수 있는 NOESY(Nuclear Overhauser Effect SpectroscopY) 실험의 펄스 순서이다.[6] 이 펄스 순서의 앞의 두 개의 펄스는 COSY 펄스 순서(그림 6-6)에서 만들어 내는 벡터들(그림 6-7)과 똑같은 벡터들을 만들어 내게 된다. 그러므로 세 번째 주어지는 펄스는 NOESY의 피크뿐만 아니라 커플링하는 상대들 사이에서 만들어 놓은 single quantum을 포함한 모든 다른 종류의 multiple quantum coherence들을 측정 가능한 벡터들로 만들게 된다. 그러므로 이들 벡터들을 모두 NOESY 스펙트럼에 나타나게 한다면 여러 종류의 다른 피크들이 겹쳐 나오게 될 것이며 스펙트럼의 해석을 어렵게 만들게 될 것이다. 비록 이들 여러 종류의 다른 피크들이 순수한 양(absorption)의 NOESY 피크와 위상이 다른 dispersion 피크의 모양을 가지고 나타나기 때문에 구분이 가능할 수도 있겠지만 작은 NOESY 피크가 dispersion 피크들과 겹쳐 나오기 때문에 실제 실험에서는 위상 순환(phase cycling)을 사용하여 가능한 한 많은 다른 피크들을 제거하고 NOESY의 피크만을 선택한 스펙트럼을 얻게 된다(실제의 스펙트럼에서는 다른 피크들이 완전히 제거되지 못하고 나타나는 경우를 많이 볼 수 있다).

이제 이들 NOESY 피크가 어디에서 생겨나는지를 정성적으로 살펴보도록 하자. 이제까지 우리는 COSY 실험에서는(그림 6-7) xy 평면에 있는 벡터인 M sin $2\pi\nu t_1$의 성분들만이 cross 피크를 만들어 내기 때문에 z축에 있는 M cos $2\pi\nu t_1$의 성분은 전혀 고려하지 않았었다. 그러나 이 벡터의 성분도 결국은 처음 펄스에 의해서 만들어진 transverse magnetization의 일부분이 두 번째 펄스에 의해서 −z축에 놓여진 것은 분명하므로 결국 이 벡터도 시간 t_1에 대한 함수가 분명하다. 즉 이 −z축의 벡터도 xy 평면에 있는 벡터들이 만들어 내는 것과 똑같이 시간 t_1 동안에 다른 주파수를 가지는 핵들의 −z축의 벡터들과 상호작용으로 어떠한 현상을

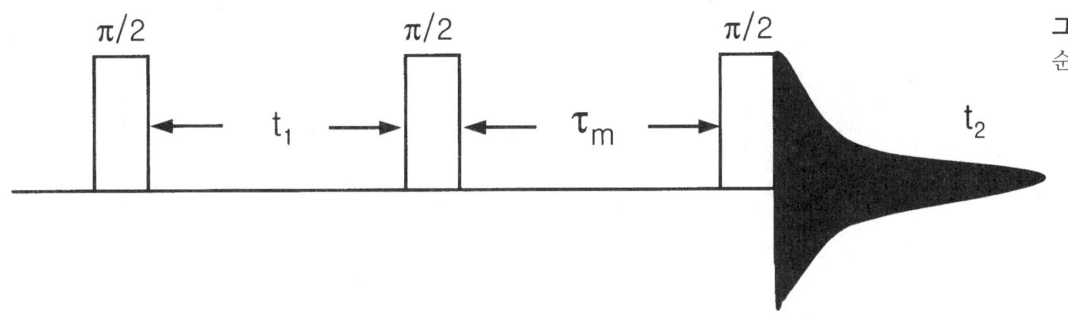

그림 7-13 NOESY 실험의 펄스 순서.

만들어 낸다면 우리는 이 벡터를 xy 평면의 벡터로 다시 만든 후 그 현상을 2D 스펙트럼으로 만들어서 피크들을 얻을 수 있을 것이라고 쉽게 예측할 수 있다. 실제로 이들 서로 다른 핵의 −z축의 벡터들이 서로 상호작용을 일으키게 하는 것 중의 하나가 NOE 현상이다. 결국 두 핵 사이에 NOE 현상이 있다면 이들의 −z축의 벡터들은 서로 상호작용을 하게 되고 이 현상을 시간 t_1에 대한 함수로 나타낼 수 있게 되며 그림 7-13에서 mixing 시간(τ_m)이라고 하는 시간 후 제3의 펄스로 NOESY 스펙트럼을 만들어 이들을 관찰할 수 있게 된다.

스펙트럼의 모습은 시간 t_1 동안에 화학 이동이 다른 핵의 영향을 받은 −z축의 벡터가 mixing time 동안 영향을 준 핵의 화학 이동과 혼합될 수 있게 되므로 시간 t_2 동안에 다른 화학 이동값을 가지게 되며 결국 COSY 스펙트럼과 같은 모양을 가지게 된다. 즉 NOE 차이 스펙트럼에서 보인 두 핵 사이의 NOE 피크가 COSY 스펙트럼에서 나타나는 cross 피크의 모습처럼 나타나게 된다.

또한 이들 핵들의 −z축 벡터들의 상호작용은 NOE 이외에 화학 교환(chemical exchange)이 일어나는 핵들 사이에서도 일어나게 된다. 화학 교환이 일어나는 핵들도 t_1 동안 서로 다른 핵의 −z축의 벡터에 영향을 주게 되고 mixing time 동안에 다른 핵의 화학 이동 위치로 움직일 수 있게 되어 t_2의 시간 동안 다른 화학 이동값을 가지게 되므로 NOE 피크와 같은 모습으로 나타나게 된다. 그러므로 이 실험은 분자의 공간적인 구조의 정보를 줄 뿐만 아니라 화학 교환의 정보도 제공하게 된다. 화학 교환의 실험도 똑같은 펄스 순서를 사용하지만 흔히 EXSY(EXchange SpectroscopY) 스펙트럼이라고 한다.

그림 7-14는 0.8초의 mixing time을 사용하여 얻은 glycidyl methacrylate(**1**)의 NOESY(phase sensitive) 실험 스펙트럼이다. 이 스펙트럼은 COSY 스펙트럼인 그림 6-10과 비교하여 보면 cross 피크들이 diagonal 피크에 대하여 상대적으로 매우 작은 것을 알 수 있다.

일반적으로 두 핵 사이에서 일어나는 NOE의 생성 속도는 스핀의 이완 시간 T_1의 범위에 있기 때문에 각각의 스핀들의 최대의 cross 피크는 mixing time에 따라서 다르게 나타난다. 그러므로 매우 작은 mixing time을 주게 되면 cross 피크들이 나오지 않게 되고 매우 긴 mixing time을 주게 되면 NOESY의 펄스 순서에서 두 번째 펄스와 세 번째 펄스 사이에 스핀들의 평형이 이루어지게 되어 2D 스펙트럼에서 피크로 나타나게 될 벡터들의 성분을 모두 잃어버리게 되므로 cross 피크들이 제일 먼저 사라지게 된다. 결국 T_1이 긴 양(+)의 NOE를 나타내는 작은 분자(MW $\leq$ 200)들의 NOESY 스펙트럼에서는 cross 피크를 얻기 위해서는 mixing time을 길게 주어야 하는데 바로 이 긴 시간은 감도를 감소시키게 된다. 이러한 이유로 작은 분자들의 NOESY 실험에서는 때로는 1D NOE 차이 스펙트럼보다 signal-to-noise 비가 좋지 못한 결과를 얻을 수도 있다. 그러나 이미 언급한 대로 2D 실험이 1D 실험에 대하여 여러 가지 장점을 가지고 있으므로 먼저 NOESY 스펙트럼인 그림 7-14를 1D NOE 차이 스펙트럼(그림 7-8)과 비교하여 보도록 하자. 그림 7-8 (c)에서 메틸의 양성자를 포화시켰을 때 5.55

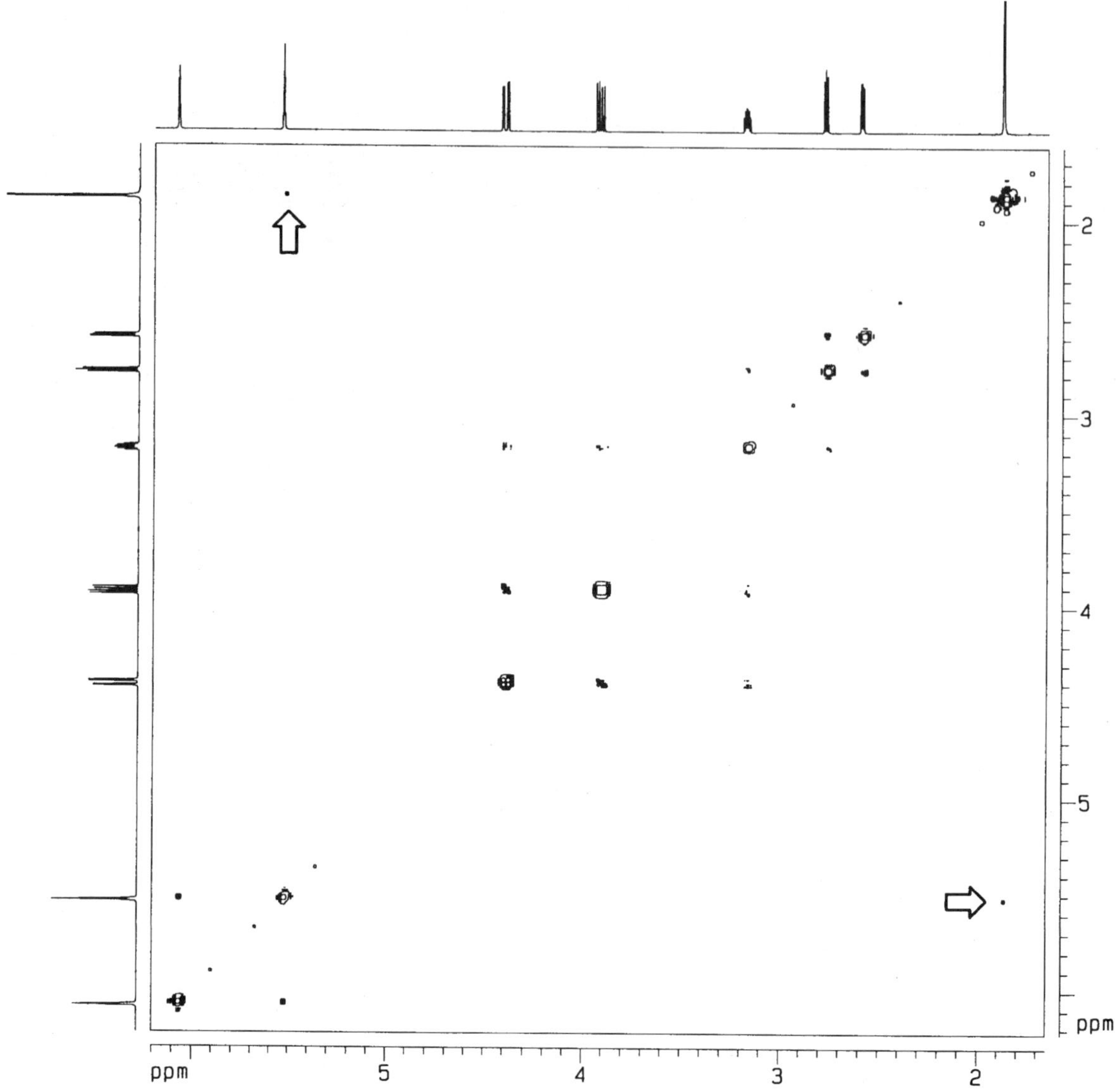

그림 7-14 Glycidyl methacrylate(**1**)의 NOESY 스펙트럼. 0.8초의 mixing time을 사용하였다.

ppm에서 비닐(vinyl) 그룹에 속하는 하나의 양성자가 NOE의 피크를 보이고 있으며 이 피크가 그림 7-14의 2D(NOESY) 스펙트럼에서는 cross 피크로 작지만 잘 나타나 있다(화살표로 표시되어 있음). 이 cross 피크 이외에도 분자의 구조로부터 예상되는 여러 개의 cross 피크들이 작지만 잘 나타나 있다. 특히 epoxide ring에서 methine의 양성자(3.2 ppm)가 methylene의 두 개의 양성자 중(2.8과 2.62 ppm) 2.8 ppm의 양성자와 만 cross 피크를 보이고 있으므로 이들의 위치를 쉽게 구분할 수 있게 하여 준다. 비록 작은 분자에서 NOESY 실험이 여러 가지 단점을 가지고 있다고 하지만 그림 7-14와 같이 한 번의 실험으로 여러 개의 정보를 동시에 얻을 수 있는 장점이 있다.

작은 분자에서 NOESY 실험의 단점인 cross 피크들의 감도 문제는 분자가 조금 커지게 되면 자연히 해결되게 된다. 그림 7-15는 이미 앞에서 1D와 2D의 여러 가지 실험 스펙트럼들을 보여 준 0.1 M cholestane(**5**)의 NOESY 스펙트럼이다. 이 스펙트럼은 0.5초의 mixing time을 사용하였다. 이 스펙트럼은 그림 7-14와는 다르게 cross 피크들의 크기가 COSY 스펙트럼(그림 6-21)에서의 cross 피크들 만큼이나 크게 나타나 있다. 또 다른 점은 앞의 그림 7-14에서는 작은 cross 피크 때문에 diagonal 피크와 cross 피크의 그림의 차이를 볼 수 없었지만(diagonal 피크는 low contour로 그렸고 cross 피크는 high contour로 그렸음) 그림 7-15에서는 이들 두 종류의 피크들의 그림의 차이를 확실하게 볼 수 있다. 즉 실제의 스펙트럼에서 low contour로 그린 diagonal 피크는 음(negative)의 피크이고 high contour로 그린 cross 피크는 양(positive)의 피크이다(그러므로 그림 7-14에서 slice 스펙트럼을 얻으면 음과 양의 피크인 이들을 쉽게 구분할 수 있다). 비록 NOE를 보여주는 cross 피크들이 매우 크게는 나타났지만 이 스펙트럼에도 1D 스펙트럼의 복잡성 때문에 COSY 스펙트럼(그림 6-21)에서와 같이 그 해석이 용이하지 않음을 알 수 있다. 물론 이 스펙트럼을 매우 오랜 시간이 걸리는 높은 digital resolution을 사용하여 얻은 후 각 slice 스펙트럼을 구하여 사용하면 이 스펙트럼의 해석이 더 쉬워질 것이다. 그러나 이런 긴 시간을 요구하게 되는 실험의 대용으로 사용될 수 있는 1D-NOESY 실험이 따로 있으며 이것에 대해서는 아래 응용 부분에서 다시 보기로 하자.

Phase-sensitive NOESY 실험에서 작은 분자의 NOE를 나타내는 cross 피크는 diagonal 피크와 위상(phase)이 180° 다르게 나타나게 된다. 그러나 이 실험에서 화학 교환(chemical

그림 7-15 0.1 M cholestane(**5**)의 NOESY 스펙트럼. 0.5초의 mixing time을 사용하였음.

exchange)에 의해서 나타나는 cross 피크는 diagonal 피크와 같은 위상을 가지게 된다. 이들 피크들의 위상의 성질이 NOESY 스펙트럼으로 한 분자에서 양(positive)으로 나타나는 NOE와 음(negative)으로 나타나는 화학 교환의 현상을 구분할 수 있게 하여 준다(그러므로 NOE가 음으로 나타나는 분자에서 화학 교환의 피크를 구분하기 위해서는 ROESY 실험을 이용하게 되며 아래에서 공부하기로 한다).

그림 7-16은 TTHA-La complex(이 화합물의 구조 언급은 그림 3-39 참조)를 330 K에서 mixing time 0.4초를 주어서 얻은 NOESY(EXSY) 실험 스펙트럼이다.[17] 이 그림에서 high contour로 그린 cross 피크들은 양성자들 사이에서 나타나는 NOE를 보여주고 있고 또한 이들 NOE 피크와는 다른 위상을 가지고 나타나 있는 cross 피크를 볼 수 있다. 양성자 1B와 2B 사이에서 나타난 이 음의 cross 피크는 이들 양성자들이 서로 가까이 위치하여 NOE를 보인 것이 아니고 이 화합물의 구조에서 거울상 이성질성(enantiomeric)을 가지는 5-carboxyl 그룹들이 서로 그들의 위치를 바꾸는 평형(equilibrium) 상태로 존재하기 때문에 양성자 1B와 2B는 화학 교환이 일어나게 되었고 이 현상이 음의 cross 피크로 나타나게 된 것이다(양성자 1A와 2A도 화학 교환이 일어나지만 이들의 양성자 피크는 2.9 ppm에서 겹쳐 나오기 때문에 이들 사이에서 나타나는 cross 피크는 diagonal 피크와 겹쳐 나오므로 볼 수 없으며 5A와 5B의 양성자의 화학 교환의 cross 피크는 이들 두 양성자의 강한 양의 NOE 피크와 겹쳐 나오므로 볼 수 없다). 이 음의 cross 피크가 실제로 화학 교환 때문에 나타나는지를 확인하는 방법은 온도를 변화시켜서 실험하면 된다. 보통의 화학 반응과 같이 이들 화학 교환의 속도도 온도에 따라서 변하게 되며 결국 화학 교환 속도에 따라 변하는 cross 피크도 따라서 변하게 될 것이다. 그림 7-17은 mixing time을 0.4초로 고정하고 시료의 온도를 295, 310, 320, 330 K에서 실험한 NOESY(EXSY) 스펙트럼들로부터 얻은 1B 양성자의 diagonal 과 cross 피크를 포함한 slice 스펙트럼들을 보여주고 있다. 이들 스펙트럼들은 화학 교환의 cross 피크는 NOE 피크와는 다른 위상을 가지고 있다는 것을 2D 스펙트럼보다 더 명확하게 보여줄 뿐만 아니라 이들의 크기가 온도에 따라서 증가한다는 것을 명확하게 보여주고 있다.

또한 이들 음의 cross 피크가 화학 교환으로부터 생겨나는 피크라면 이 피크의 크기는 NOE

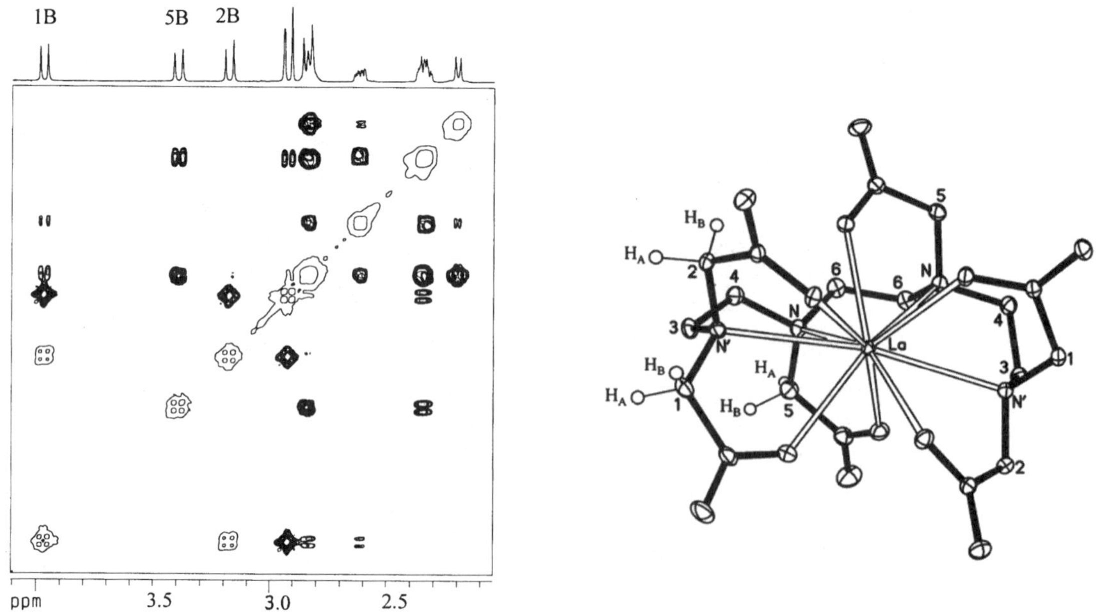

그림 7-16 TTHA-La complex를 330 K에서 mixing time 0.4초를 주어서 얻은 NOESY(EXSY) 스펙트럼. High contour는 양의 피크이고 low contour는 음의 피크이다.

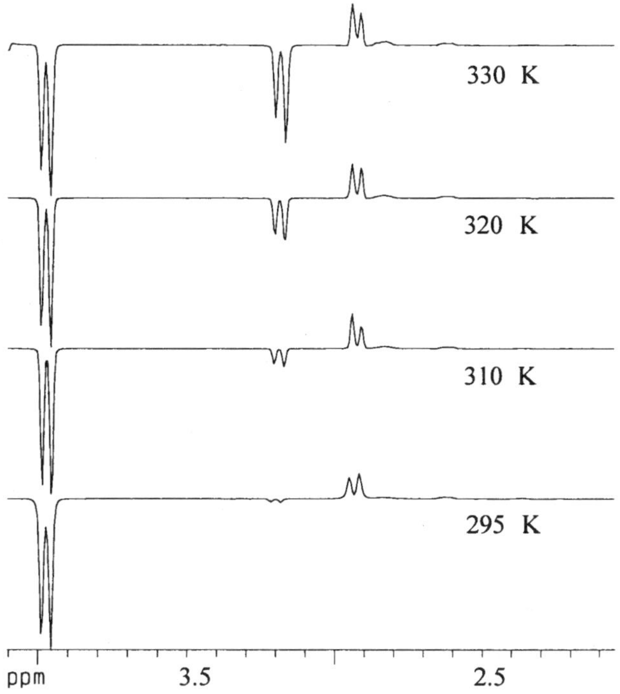

그림 7–17 그림 7-16을 포함한 온도가 다른 조건에서 실험한 NOESY(EXSY) 스펙트럼들로부터 얻은 slice(row) 스펙트럼들.

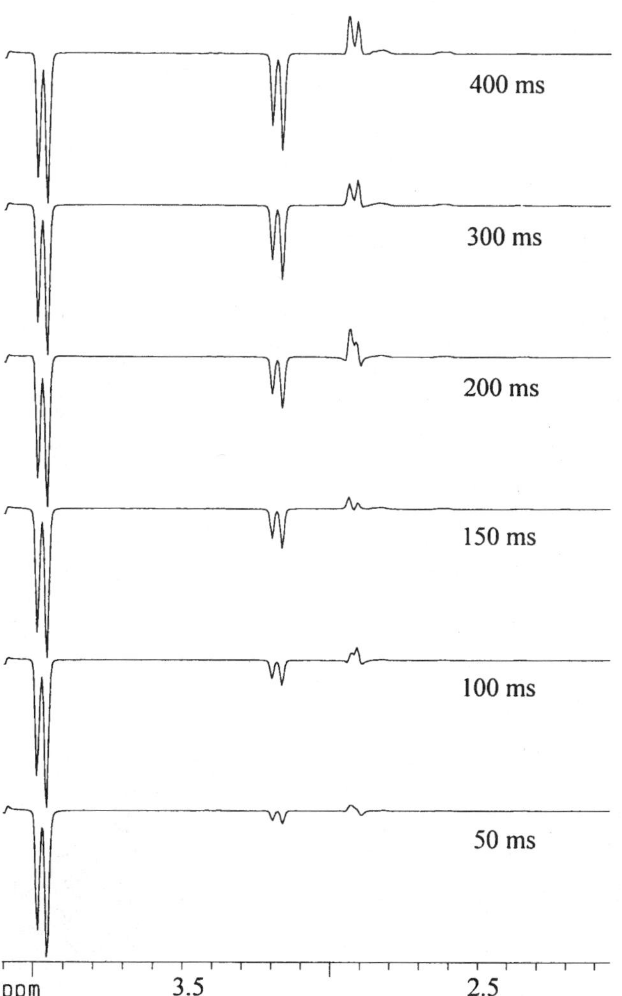

그림 7–18 그림 7-16을 포함한 mixing time이 다르게 하여 실험한 NOESY(EXSY) 스펙트럼들로부터 얻은 slice(row) 스펙트럼들.

의 피크와 같이 mixing time이 길어지면 spin-lattice relaxation이 일어나기 전까지는 피크의 크기가 계속 커지게 될 것이다. 시료의 온도를 330 K로 하여 mixing time을 변화시켜서 실험한 NOESY(EXSY) 스펙트럼들로부터 얻은 slice 스펙트럼들을 보여주는 그림 7-18이 이들 음의 cross 피크의 증가를 잘 보여주고 있다. 이들 실험들은 화학 교환이 일어난다는 증거를 제공할 뿐만 아니라 또한 이때 얻어지는 diagonal 피크와 cross 피크들의 상대적인 크기를 이용하면 화학 교환의 속도는 물론이고 Activation energy, Enthalpy, 그리고 Entropy 등의 파라미터들도 얻을 수 있게 된다.[17,18]

7.6.2 ROESY 실험

이 실험은 NOESY 실험의 경우처럼 NOE가 −z축의 벡터(longitudinal magnetization)들 사이의 상호작용에 의해서 나타나지 않고 rotating frame에 있는 transverse magnetization들 사이의 상호작용으로 나타나게 된다. 이 현상은 ROESY 실험의 펄스 순서인 그림 7-19에서 볼 수 있는 것처럼 처음의 90° 펄스에 의해서 y축에 만들어진 벡터들을 spin-locking 펄스로 오랫동안 y축에 머물게 함으로써 만들어지게 된다. 이때 오랫동안의 시간은 일반적으로 NOESY 실험에서 사용하는 mixing time과 비슷한 T_1의 시간을 의미한다. 먼저 rotating frame을 사용한다고 하여 ROESY(Rotating-frame Overhauser Effect SpectroscopY) 실험이라고 하며 이때 생기는 NOE를 transverse NOE라고 하고 아직도 이 실험은 이론적으로도 완전히 정립이 되지 않았고 많은 연구들이 진행되고 있으므로 곧 더 좋은 새로운 실험 방법들이 발표될 것이다. 그러므로 여기에서는 자세한 설명보다는 지금까지 알려진 사실들을 실제의 스펙트럼들의 예를 보면서 이 실험이 필요한 이유와 사용 방법 그리고 스펙트럼의 해석에서 주의할 점 등을 살펴보기로 하자(이 실험은 처음 CAMELSPIN: Cross-relaxation Appropriate for Minimolecules EmuLated by SPIN-locking이라고 하였음).[19,20] 특히 이 실험이 필요하게 된 이유를 NOE 차이(difference)와 NOESY 실험의 단점들을 통해서 구체적으로 자세히 살펴보도록 하자.

우리는 이미 두 핵 사이에서 나타나는 NOE는 분자의 상관 시간(correlation time: τ_c)과 라모어(Larmor) 주파수 ω_o에 따라서 그 크기가 달라진다는 것을 보았다(식 7-14와 그림 7-4). 이 관계를 그림 7-4로 보여주면서 NOE는 양(+)의 값에서부터 0의 값 그리고 음(−)의 값을 분자의 크기뿐만 아니라 용매와 NMR 기기의 자장의 크기에 따라서도 달라진다는 것을 언급하였다. 그러므로 NOE 차이 스펙트럼이나 NOESY 실험을 사용할 때 어떠한 시료에서는 우리는 NOE 결과를 전혀 측정할 수 없는 경우를 볼 수 있을 것이다. 이러한 경우는 유기 화학을 공부하는 사람들이 다루는 크지 않은 분자에서도 일어날 수 있다. 그러므로 우리는 실험을 하기 전에 어떠한 실험조건을 선택할 것인지를 고려하여야 한다.

이제 여러 현상들 중에서 특히 NOE 결과를 측정할 수 없는 현상이 대략 어떠한 분자량의 물질에서 일어날 수 있는지를 알아보도록 하자. 이러한 현상은 이미 앞에서 서술한 것과 같이 여러 가지 변수가 있으므로 먼저 라모어 주파수 ω_o는 고정되어 있는 것으로 가정하자. 현

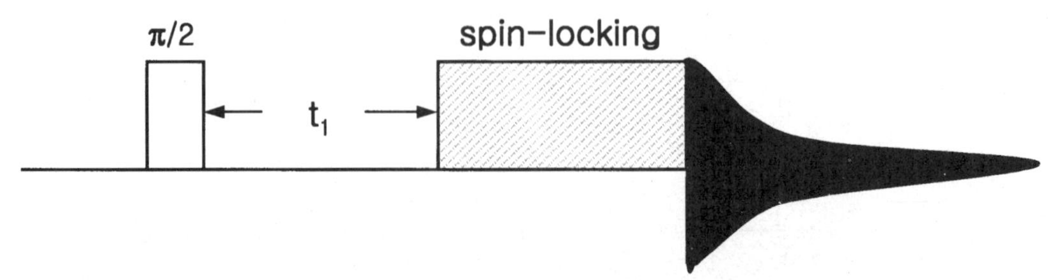

그림 7-19 ROESY 실험의 펄스 순서.

재 대부분의 대학이나 연구소에서 사용되고 있는 NMR들 중에서 500 MHz 정도의 NMR은 중간 정도이며 보편적으로 사용되고 있다. 그러므로 이것을 라모어 주파수로 한다면 용매의 점성(viscosity)은 잘 알려져 있으므로 NOE 결과를 나타내지 않는 분자의 대략적인 분자량의 범위를 분자의 상관 시간(τ_c)과 회전(tumbling)의 관계를 알려주는 아래 Debye의 식 7−16으로 쉽게 예측할 수 있다.[21]

$$\tau_c = 4\pi\xi a^3 / 3\ kT \qquad \text{(식 7−16)}$$

이 식에서 ξ는 용매의 점성이고 a는 대상물질 분자의 반경(radius)이다. 이 식을 더욱 단순화하면 분자의 상관 시간(τ_c)과 용매의 점성은 분자량(M.W.)을 포함하는 대략적인 식 7−17로 간소화 할 수 있게 된다.

$$\tau_c = \xi\ 10^{-12}\ \text{M.W.} \qquad \text{(식 7−17)}$$

여기에 식 7−14에서 유도된 NOE가 나타나지 않는 조건인 $\omega\tau_c \simeq 1.12$를 이용하여 500 MHz NMR을 사용할 때 얻은 τ_c는 $[\tau_c = 1.12/(\omega = 2\pi\nu = 2 \times 3.14 \times 500 \times 10^6 \simeq 3 \times 10^9)]$ 약 3×10^{-10}의 값을 가지게 되고 이 값을 식 7−17에 대입하면 분자량, M.W. $\simeq (3 \times 10^{-10})/\xi\ 10^{-12} \simeq (3/\xi) \times 10^2$의 관계를 가질 수 있게 된다. 즉 사용한 용매의 점성을 알면 500 MHz NMR에서 NOE 실험을 할 때 NOE를 관찰할 수 없는 물질의 대략적인 분자량을 쉽게 얻을 수 있다. 용매는 유기화학을 하는 사람들이 일반적으로 많이 사용하는 클로로포름($CDCl_3$)을 대상으로 하여 고려하여 보자. 표 7−2는 NMR 실험에서 자주 사용하는 대표적인 용매들의 점성을 포함한 기본적인 성질들을 보여주고 있다. 클로로포름은 0.58의 점성 값을 가지고 있으므로 이 값을 이용하면 NOE를 보여 줄 수 없는 분자는 약 517이라는 분자량 값을 가지게 된다. 즉 500 MHz NMR을 사용하여 클로로포름 속에 녹아있는 물질의 입체 구조를 밝히기 위해서 NOE 차이(difference)나 NOESY의 실험을 20 °C에서 하게 되면 분자량이 약 500 정도 되는 물질에서는 기기 앞에서 아무리 많은 시간과 노력을 기울여도 NOE의 좋은 결과를 결코 얻지 못할 수도 있을 것이다. 물론 위의 식 7−17이 너무 많은 가정을 사용하여 유도되었기(NOE는 τ_c의 함수이므로 이와 연관되는 분자의 shape이나 hydrogen bonding 등에도 영향을 받게 된다) 때문에 매우 대략적이지만 이러한 기본적인 지식이 없이 NOE 실험을 하려고 한다면 얼마나 무모한 일이 되겠는가!

위에서 본 경우와 같이 NOE 결과를 얻을 수 없을 때 우리가 할 수 있는 일이 무엇이 있는지를 살펴보도록 하자. NOE 결과를 얻기 위하여 두 가지의 변수 중 첫째로 ω의 변화, 즉 300 MHz나 700 MHz NMR 등 다른 MHz의 NMR을 사용할 수 있다. 이론적으로 우리는 ω를 변화시킴으로써 $\omega\tau_c \simeq 1.12$의 조건을 쉽게 피해갈 수 있다. 실제로 400 MHz에서 NOE가 0 인 경우 500 MHz에서는 −12%의 NOE를 얻을 수 있다. 그러나 다른 변수인 τ_c, 즉 상관 시간을 변화시키는 점성이 다른 용매를 사용하는 것이 더 효과적일 수도 있다. 용매의 점성의 차이뿐만아니라 용매의 점성과 온도는 서로 상관관계를 가지므로 분자의 상관 시간을 변화시키는 다른 변수로 온도의 변화도 또 다른 선택이 될 수 있기 때문이다. 실제로 물(H_2O)의 경우 0와 100 °C의 온도에서 점성은 6배의 차이가 나는 것으로 알려져 있다. 용매의 점성 자체만을 고려하더라도 500 MHz에서 클로로포름을 점성이 2.0(표 7−2)인 DMSO로 바꾸면 분자량이 약 500이던 조건이 150으로 변화하는 것을 쉽게 알 수 있다.

이제 실제 실험결과들의 스펙트럼들을 보면서 라모어(Larmor) 주파수 ω_o와 상관 시간 τ_c를

표 7-2 NMR 실험에서 자주 사용하는 용매들의 성질

	Polarity index	Eluent strength	Refractive index	UV cut-off (nm)	Viscosity at 20 °C (mN sm^{-2})	Boiling point(°C)
Fluoroalkanes	<−2	−0.25	1.27−1.29	200	0.4−2.0	50−174
Cyclohexane	0.04	−0.2	1.473	200	0.90	81
n−Hexace	0.1	0.01	1.372	195	0.33	69
1−Chlorobutane	1.0	0.26	1.400	220	0.42	78
Carbon tetrachioride	1.6	0.18	1.459	265	0.97	76.8
2−Propyiether	2.4	0.28	1.367	210	0.38	68
Methylbenzene	2.4	0.29	1.494	280	0.59	110
Chlorobenzene	2.7	0.30	1.523	290	0.80	132
Diethylether	2.8	0.38	1.352	205	0.23	35
Dichloromethane	3.1	0.42	1.421	233	0.44	40
Tetrahydirofuran	4.0	0.45	1.404	238	0.55	66
Chloroform	4.1	0.40	1.444	245	0.58	61.2
Ethanol	4.3	0.88	1.359	207	1.20	78.5
Ethylethanoate	4.4	0.58	1.370	255	0.45	77
1,4-Dioxane	4.8	0.56	1.420	216	1.54	101.3
Methanol	5.1	0.95	1.326	210	0.60	64.7
2-propanone	5.1	0.56	1.357	330	0.33	56.2
Acetonitrile	5.8	0.65	1.342	190	0.37	82.0
Nitromethane	6.0	0.64	1.380	380	0.70	101
Ethanoic acid	6.0	high	1.370	230	1.28	117.9
Ethyiene glycol	6.9	1.11	1.429	235	19.9	182
Dimethyisulphoxide	7.2	0.62	1.476	270	2.0	189
Water	10.2	high	1.333	190	1.002	100

변화시키는 용매가 NOE에 미치는 영향을 살펴보도록 하자.

그림 7-20은 DMSO−d_6 용매에 녹아있는 0.1M의 pamoic acid(**8**)를 300.13 MHz NMR을 이용하여 얻은 NOE 차이 스펙트럼을 보여주고 있다.

일반적인 생각으로는 이 분자는 분자량이 388이고 큰 분자가 아니므로 양성자 H_A(8.47 ppm)를 섭동을 시키면 양성자 H_B가 양(+)의 NOE를 보일 것이고 양성자 CH_2 (4.8 ppm)를 섭동시키면 양성자 H_C가 양의 NOE를 보일 것이라고 예상할 수 있다. 실제로 300 MHz NMR에서 섭동이 된 음(−)의 피크에 대하여 양의 NOE를 보여주고 있는 그림 7−20의 스펙트럼은 예측한 것과 잘 일치하고 있다. 즉 이 분자는 300 MHz NMR에서는 $\omega_0\tau_c < 1$의 상태에서 운동하고 있으며 그러나 500 MHz NMR에서 실험한 결과를 보여주는 그림 7−21에서는 이들 NOE가 모두 음의 값을 보여주고 있다. 즉 이 분자는 500 MHz NMR에서는 DMSO 용매 속에서 $\omega_0\tau_c > 1$의 조건에 존재하여 음의 NOE 결과를 준다는 것을 잘 보여주고 있다(더욱이 이 실험을 400 MHz NMR에서 하게 되면 거의 NOE 현상을 얻을 수 없게 된다). 그림 7−22는 500 MHz NMR을 사용하여 얻은 pamoic acid의 NOESY 스펙트럼이다. 즉 NOESY 실험의 스펙트럼에서도 1D NOE 차이(difference) 스펙트럼과 같이 NOE를 나타내는 cross 피크가 diagonal 피크와 같은 위상인 음의 위상을 가지고 나타나 있다. 이와 같이 우리가 어떤 시료에 NOESY 실험의 방법을 사용하면 NOE 차이 스펙트럼 실험과 똑같이 때로는 NOE를 전혀 얻을 수 없을 수도 있고 양의 NOE는 양으로 그리고 음의 NOE를 보이는 시료에서는 음으로 나타나게 된다. NOE가 음으로 나타나는 경우에는 이미 앞의 NOESY 실험의 설명에서 언급하였던 것과 같이 화학 교환의 피크와 NOE의 피크를 구분할 수 없게 되는 결과를 얻게 된다. 바로 이러한 불가능한 문제들을 해결할 수 있는 것이 ROESY 실험 방법이다.

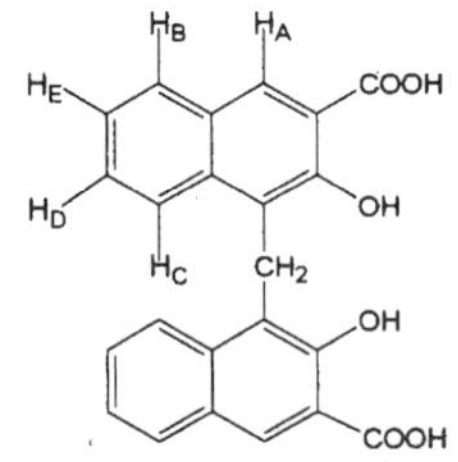

Pamoic Acid (**8**)

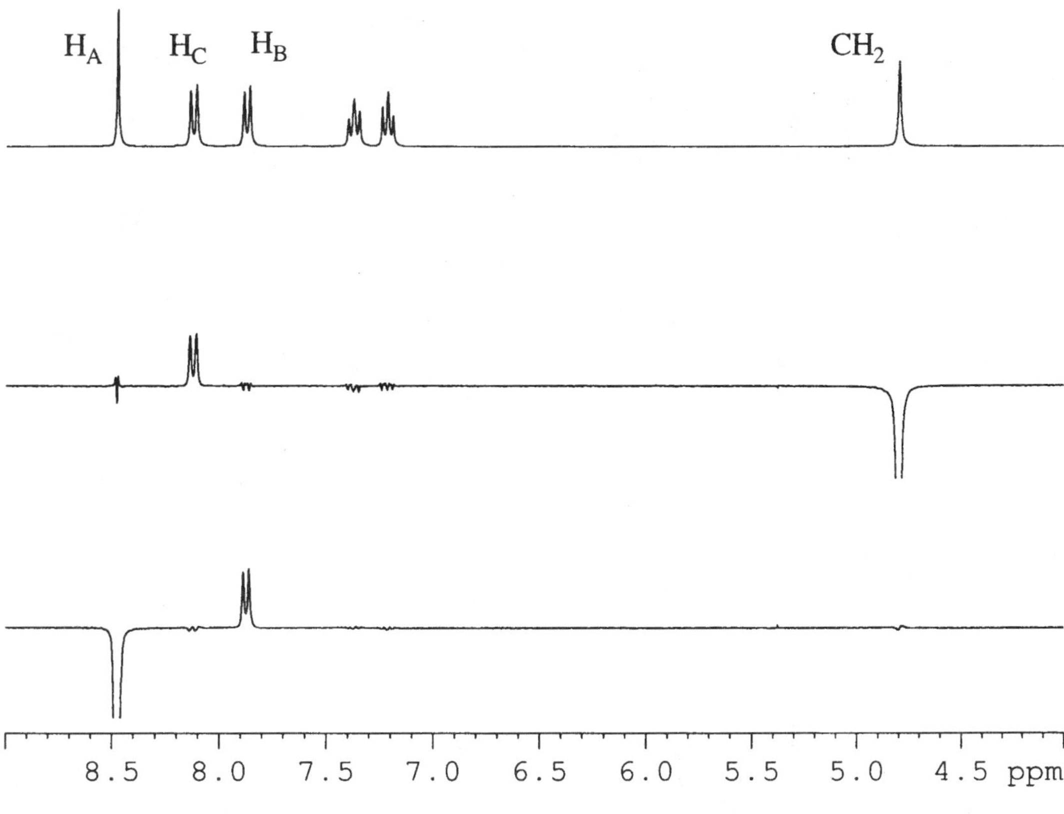

그림 7-20 300.13 MHz NMR에서 얻은 DMSO-d_6 용매에 녹아있는 pamoic acid(**8**)의 NOE 차이 스펙트럼.

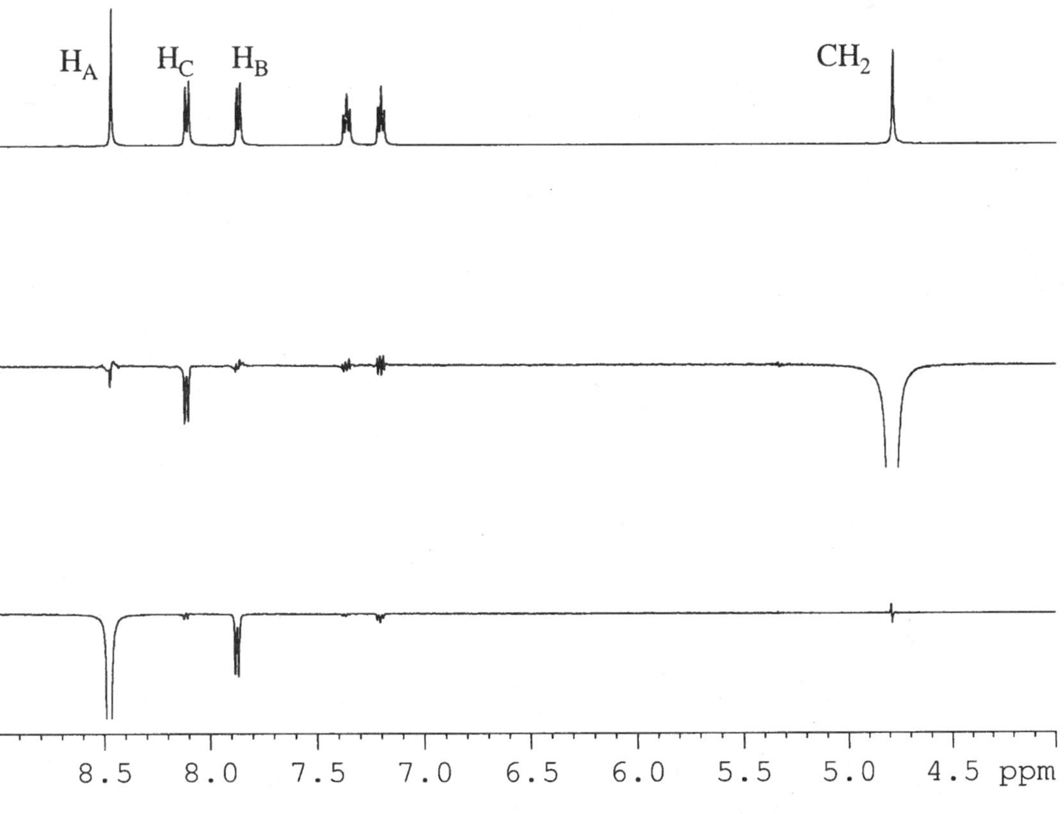

그림 7-21 500.23 MHz NMR에서 얻은 DMSO-d_6 용매에 녹아있는 pamoic acid(**8**)의 NOE 차이 스펙트럼.

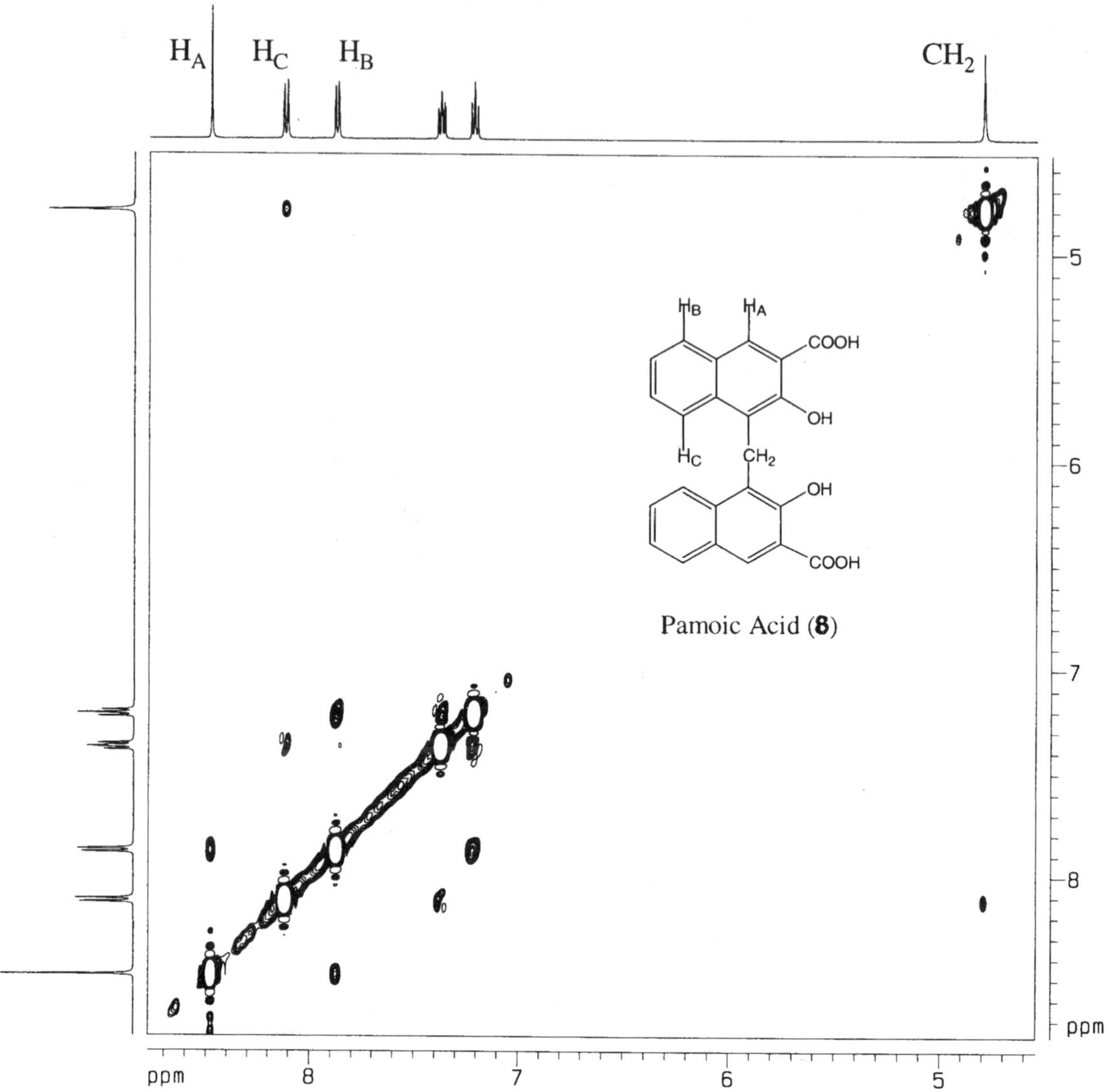

그림 7-22 500.23 MHz NMR에서 mixing time 0.4초를 주고 얻은 DMSO-d_6 용매에 녹아있는 pamoic acid(**8**)의 NOESY 스펙트럼. 그림 7-21의 1D NOE 차이 스펙트럼처럼 diagonal 피크와 cross 피크의 상이 같은 음의 피크(같은 high contour)를 보여주고 있다.

ROESY 실험 방법에서는 펄스 순서(그림 7-19)에서 spin-locking 펄스를 사용하므로 우리가 얻으려고 하는 transverse NOE 피크와 함께 coherence transfer로 생기는 COSY의 피크, 6장에서 공부한 TOCSY 실험에서 나타나는 HOHAHA의 피크 등이 나타날 수도 있고 spin-locking 펄스 자체의 효력(off-resonance effect) 때문에 생겨나는 여러 가지 artefact 피크들이 나타날 수 있는데 이러한 문제들은 아직은 해결하여야 할 숙제로 남아있다. 그러나 이 실험이 NOESY 실험보다 좋은 장점은 이론적으로 두 개의 핵 사이에서 나타날 수 있는 최대의 NOE를 계산으로 얻은 그림 7-23에서 볼 수 있듯이 분자의 상관 시간(τ_c)과 라모어 주파수, ω_o에 관계없이 NOE는 항시 양의 값을 가진다는 것이며 특히 NOESY 실험에서와 같이 NOE가 0의 값을 주는 경우가 없다는 것이다.

그림 7-24는 500 MHz NMR을 사용하여 얻은 pamoic acid의 ROESY 스펙트럼을 보여주고 있다. 여기에서는 예상대로 NOESY 스펙트럼에서 음으로 나오던 transverse NOE의 cross

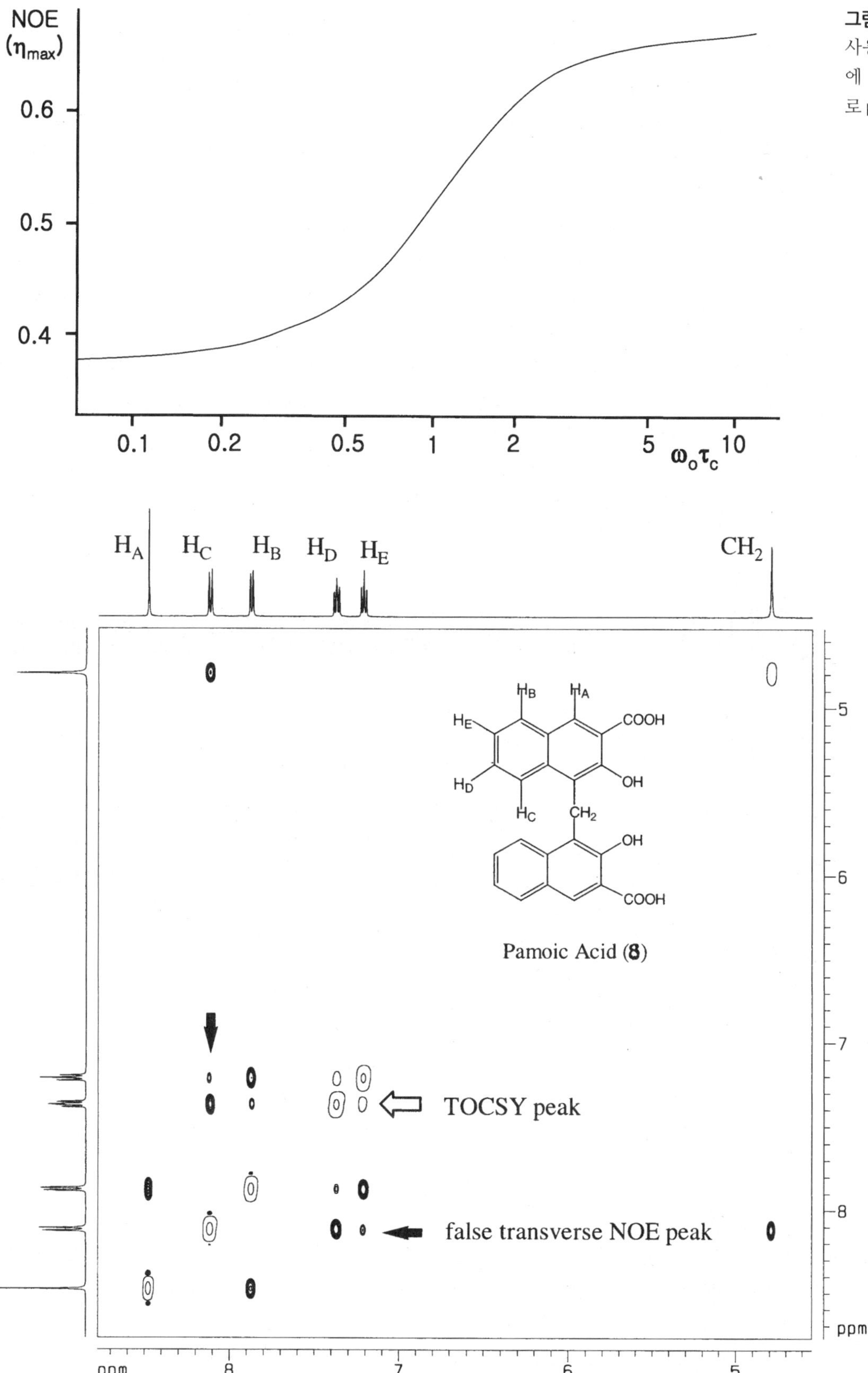

그림 7-23 ROESY 펄스 순서를 사용할 때 $\omega_o\tau_c$에 의해 동종 핵 간에 나타날 수 있는 NOE를 그림으로 plot 한 것.

그림 7-24 500.23 MHz에서 spin-locking time 0.4초를 주고 얻은 DMSO-d_6 용매에 녹아 있 는 pamoic acid(**8**)의 ROESY 스펙트럼. 그림 7-22와는 다르게 diagonal 피크(low contour)를 음으로 하였을 때 NOE 피크인 cross 피크(high contour)들은 양의 피크를 보여주고 있다. 이들 이외의 피크들은 ROESY 실험의 artefact 피크들이다.

피크들이 diagonal 피크들과 다른 위상인 양으로 나오는 것을 잘 보여주고 있다. 이 스펙트럼에서는 또한 spin-locking 때문에 생겨나는 TOCSY 피크[이들은 diagonal 피크와 같은 위상을 가지며 특히 두 스핀이 transmitter의 offset(O1)을 기준으로 양쪽에 같은 거리로 떨어져 있거나 또는 화학 이동이 매우 가까울 때 잘 나타난다]와 false transverse NOE 피크들(이것들은 transverse NOE 피크와 같은 위상을 가지고 나타나며 커플링하고 있는 스핀들 사이에서 HOHAHA의 과정과 transverse NOE의 두 과정이 만들어 낸 피크들이다)이 같이 나타나 있다. 이 실험의 목적이 아닌 이들 artefact 피크들이 ROESY 실험의 스펙트럼에 나타나는 것은 지금 까지는 피할 수 없는 일이지만 transmitter의 offset의 위치를 바꾸거나 spin-locking의 power를 바꾸어 실험함으로써 이들 artefact 피크들이 NOE 피크가 아닌 것을 확인할 수 있으며 또한 이들 피크들이 나타나는 것을 최소한으로 할 수 있다.

이들 NOESY와 ROESY 실험은 모두 phase-sensitive 실험이므로 이들의 데이터를 2D-FT를 할 때 F2와 F1 두축 모두 $\pi/2$ 이동된 sine-bell 또는 sine-bell squared window function을 사용하여 스펙트럼을 얻게 된다.

또한 지금까지 본 NOESY와 ROESY 실험은 모두 펄스 순서에서 첫 번째 hard 펄스를 soft 펄스로 대치하고 t_1을 고정하여 사용하면 selective excitation 실험인 1D-NOESY와 1D-ROESY 실험들을 할 수 있으며 이들을 gradient와 함께 사용하는 것도 가능하다.[22]

7.7 NOE의 응용

이제 앞에서 유도된 주의할 점들을 고려하면서 실제의 문제들을 NOE를 이용하여 어떻게 해결할 수 있는가를 예를 통하여 보도록 하자. 화합물 **9a**와 **9b**는 진통의 효과를 가지는 capsaicin 계통의 화합물을 만드는 중간체로서 두 화합물을 MPLC로 분리한 후 이들의 구조를 확인하는 것은 양성자(^{1}H) NMR 스펙트럼의 화학 이동만으로는 불가능하다.[23] 다른 방법으로는 벤젠의 탄소 3과 4의 화학 이동을 정확하게 알게 되면 탄소와 양성자를 이용한 이차원 화학 이동 상호관계(chemical shift correlation) NMR 스펙트럼을 이용하여 두 화합물을 구분할 수 있다.

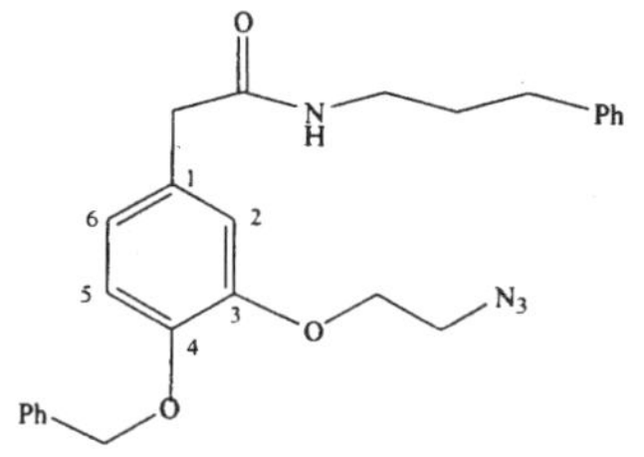

9a 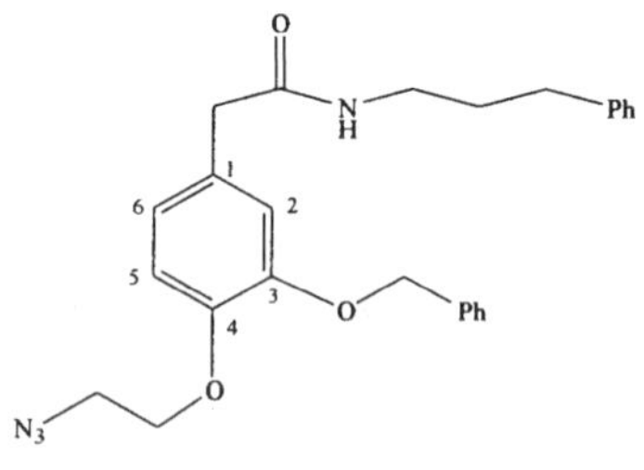　　　　9b

때로는 잘 알려진 치환체 효과를 이용한 벤젠화합물의 탄소(^{13}C) NMR의 화학 이동의 예측이 가능할 때도 있다. 그러나 이 경우는 alkoxy 그룹의 비슷한 치환 효과 때문에 탄소 3과 4의 정확한 ^{13}C의 화학 이동을 예측하는 것은 불가능하다.

그림 7-25와 그림 7-26은 화합물 **9a**와 **9b**의 각각의 NOE 차이 스펙트럼 실험 결과를 보여주고 있다. 먼저 그림 7-25를 보면 양성자(^{1}H) NMR 스펙트럼에서 화합물 **9a**에서 탄소 4의 위치에 있는 벤질의 $-OCH_2-$와 탄소 3 위치에 있는 $-OCH_2-$를 그들의 커플링 모양 때문에 쉽게 구분할 수 있다. 즉 벤질의 $-OCH_2-(\delta, 5.1)$는 단일 피크이며 δ, 4.17에 있는 3중선

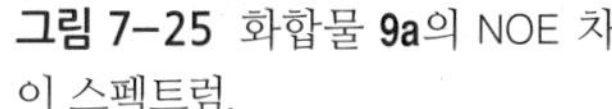

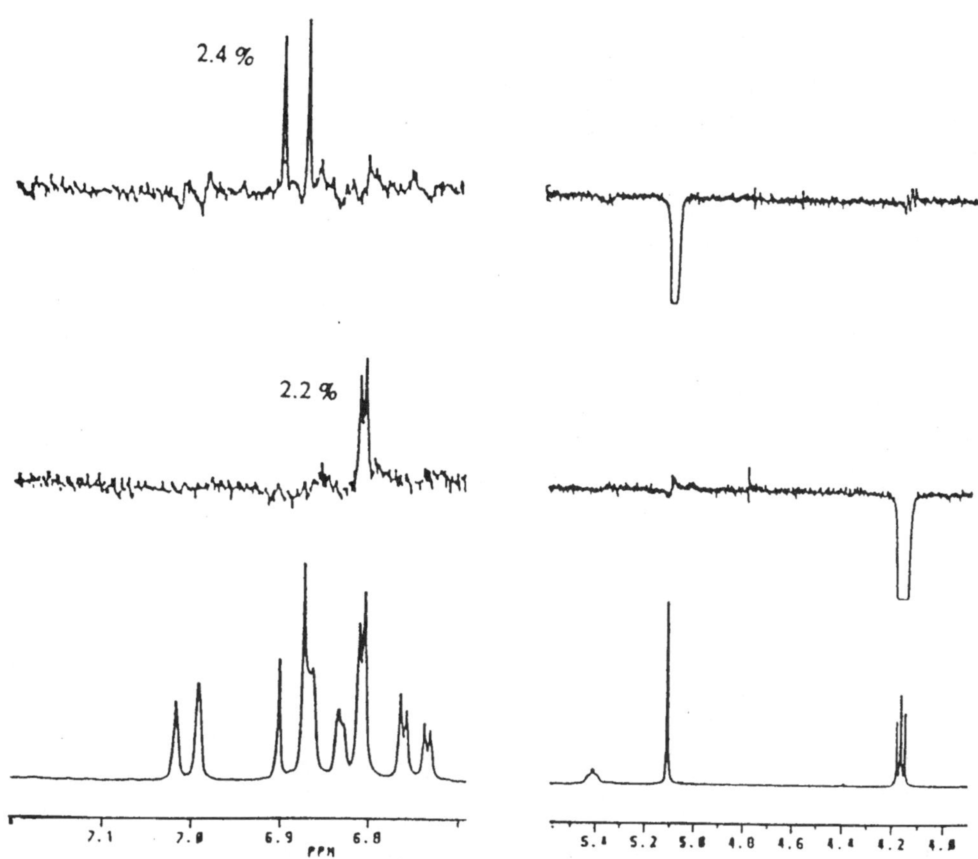

그림 7–25 화합물 **9a**의 NOE 차이 스펙트럼.

(triplet)의 피크는 탄소 3 위치에 있는 $-OCH_2-$에 해당한다. 그림 7–25에 있는 두 NOE 차이 스펙트럼은 탄소 3과 4의 위치에 있는 $-OCH_2-$를 각각 섭동을 시켜서 얻은 결과이다. 탄소 3 위치에 있는 $-OCH_2-$의 양성자의 3중선을 포화시켰을 때는 예상대로 1.8 Hz의 커플링 상수를 가진 2중선이 2.2%의 NOE를 보여주었고 탄소 4 위치에 있는 벤질 그룹의 $-OCH_2-$의 단일 피크를 섭동시켰을 때는 8.2 Hz의 커플링 상수를 가지는 2중선이 2.4%의 NOE 현상을 보여주고 있다. 이 1.8 Hz와 8.2 Hz의 커플링 상수는 벤젠화합물에서 양성자들이 나타내는 각각의 *ortho*와 *meta* 커플링 상수에 잘 일치하므로 화합물 **9a**의 구조와 잘 일치함을 쉽게 유추할 수 있다. 즉 1.8 Hz는 탄소 3 위치에 있는 $-OCH_2-$의 양성자의 3중선이 섭동이 되었을 때 NOE 결과를 나타내는 양성자 2가 양성자 6과 *meta*–커플링하여 나타나는 것이고, 8.2 Hz는 탄소 4 위치에 있는 벤질 $-OCH_2-$와 NOE 결과를 나타내는 양성자 5가 양성자 6과 *ortho*–커플링을 한 것을 보여주는 것이다. 이제 탄소 3과 4의 위치에 치환체가 바뀐 화합물 **9b**에서는 NOE 차이 스펙트럼의 결과가 화합물 **9a**에서의 결과와 반대로 얻어져야 한다는 것을 쉽게 기대할 수 있다. 그림 7–26은 이 예측된 결과를 잘 보여주고 있다. 탄소 4 위치에 있는 3중선의 $-OCH_2-$의 섭동으로 얻은 NOE 차이 스펙트럼은 8.2 Hz의 *ortho*–커플링의 피크만 보여주고 있고(3.0% NOE) 3 위치에 있는 벤질 $-OCH_2-$의 피크의 섭동으로 얻은 스펙트럼은 1.8 Hz의 *meta*–커플링 상수를 나타내는 피크만 보여주고 있다(2.6% NOE). 그러므로 NOE의 실험 결과로 쉽게 두 화합물의 구분을 할 수 있게 되었다. 이 과정에서 우리는 또 다른 하나의 중요한 결론을 유추해 낼 수 있다. 위 실험에서 우리는 벤젠 구조에 위치한 2, 5, 6의 양성자의 정확한 화학 이동을 알지 못하였지만, 커플링 상수를 이용하여 구조를 알아낼 수 있었으며 결국 이들 양성자들의 정확한 화학 이동을 찾아낼 수 있게 되었다. 이들은 결국 이차원 NMR 실험을 이용하여 탄소(^{13}C)의 화학 이동을 결정하는데도 이용할 수 있다.

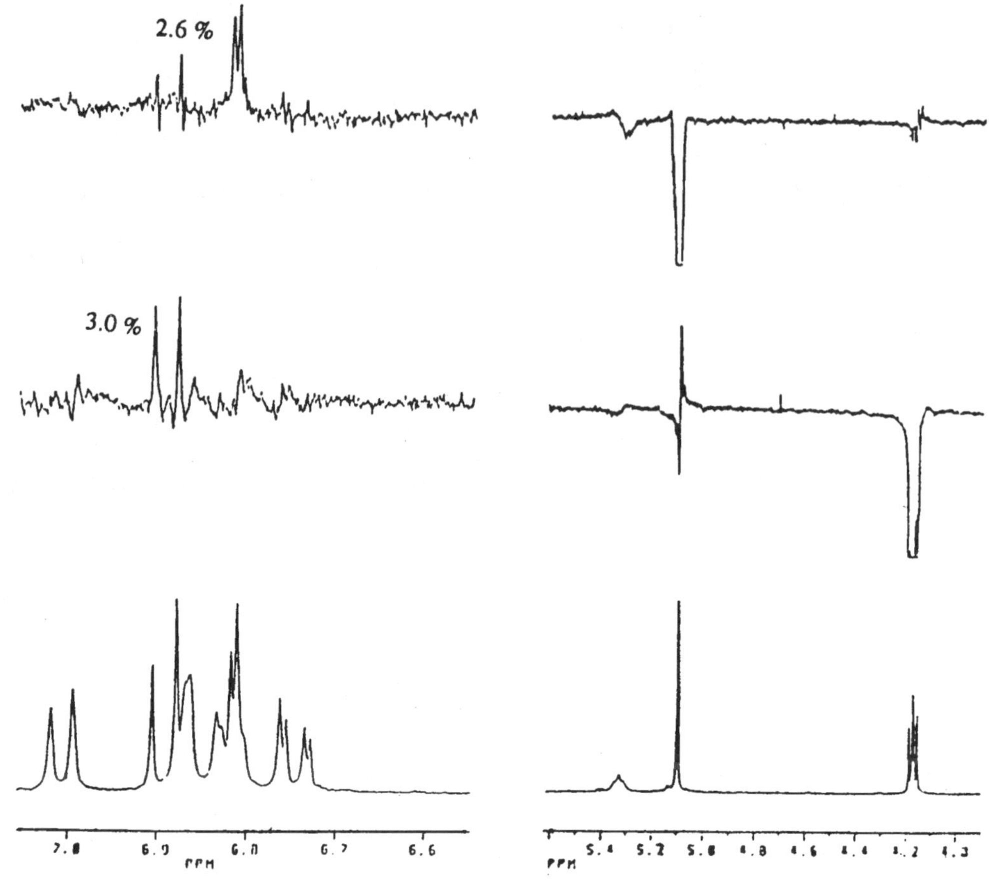

그림 7-26 화합물 **9b**의 NOE 차이 스펙트럼.

그림 7-27은 3장(3.6절 스펙트럼의 해석)에서 양성자 스펙트럼을 해석하기 위하여 여러 가지 방법을 사용하였지만 양성자 4-Ha와 4-Hs를 구분할 수 없었던 α-pinene(**2**)의 양성자 스펙트럼을 gradient 1D-NOESY 스펙트럼과 같이 보여주었다. 이 1D-NOESY 스펙트럼은 1D NOE 차이 스펙트럼과 같은 모습으로 나타나고 해석의 방법도 같지만 그림 7-25나 26과 같은 1D NOE 차이 스펙트럼과 크게 다른 점은 두 스펙트럼을 뺄셈하는 것으로부터 생겨나는 dispersion 모양의 피크들이 없기 때문에 아주 적은 NOE 까지도 명확하게 구분해 낼 수 있는 장점이 있다. 그림 7-27은 0.9 ppm의 9-CH_3의 양성자를 섭동을 시킨 스펙트럼으로 큰 NOE 피크를 보이고 있는 1.23 ppm의 피크는 8-CH_3이며 가장 먼저 예상되었던 피크이다. 또한 작지만 1.63 ppm에 나타난 10-CH_3도 다른 피크들이 나타나지 않은 것과 비교할 때 분명히 NOE를 가지고 나타난 것을 알 수 있다. 그리고 이제까지 구분이 불가능하였던 2.12-2.27 ppm 부근에서 나타난 4-Ha와 4-Hs는 up-field 쪽에서 나온 두 개의 다중도 피크가 NOE를 보여주고 down-field 쪽에서 나온 두 개의 다중도 피크는 그림 7-11과 12에서 보여준 strong coupling의 현상을 명확하게 보여주고 있다(roof effect). 그러므로 α-pinene(**2**)의 4-Hs가 up-field에서 나타나고 4-Ha가 down-field에서 나타난다는 것을 분명하게 확인할 수 있다(그림 7-27에 화살표로 표시하였음).[24] 이 α-pinene 구조에서 4-Ha는 pseudo-axial의 위치에 있고 4-Hs는 pseudo-equatorial의 위치에 있기 때문에 일반적으로 cyclohexane의 유도체들의 스핀 시스템에서 axial 양성자가 equatorial 양성자보다 up-field에서 나타난다는 사실로 4-Ha가 4-Hs보다 up-field에 나타날 것으로 예상할 수 있지만 NOE 실험은 반대의 결과를 명확히 보여주고 있다.

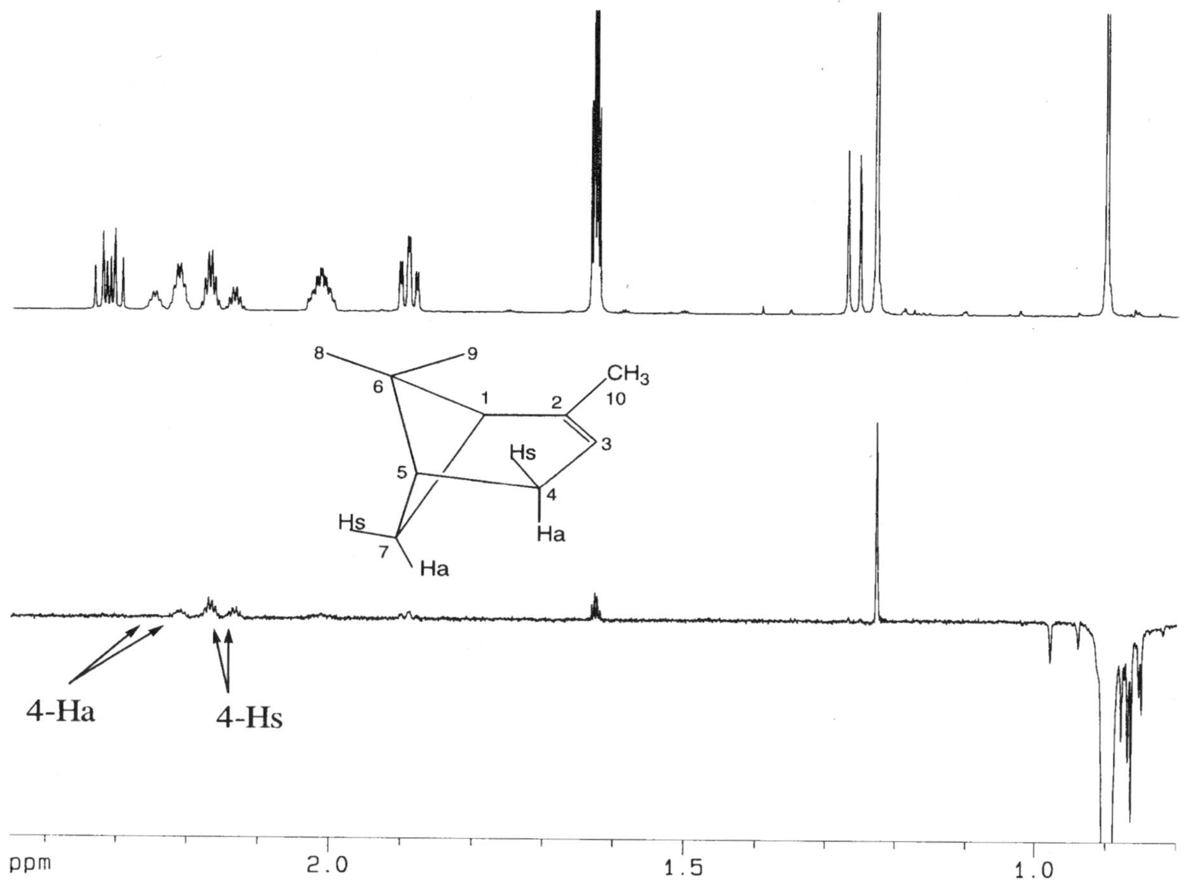

그림 7-27 α-pinene(**2**)의 양성자 스펙트럼과 1D-NOESY 스펙트럼.

우리는 6장의 selective excitation 부분에서 cholestane(**5**)의 구조를 공부하면서 NOE를 공부할 때까지 미루어 두었던 부분이 있었다. 이제 NOE 실험을 이용하여 이 문제를 해결하도록 하자. 즉 그림 6-113에서 1D-COSY와 1D-TOCSY를 설명하기 전에 일반적으로 equatorial 양성자가 axial 양성자보다 down-field에서 나타난다는 예측으로 1.94 ppm의 피크를 12β 양성자로 가정하였다. 이 가정을 해결할 수 있는 하나의 스펙트럼인 2D-NOESY 스펙트럼은 이미 그림 7-15에서 보았으며 양성자의 1D 스펙트럼이 매우 복잡하기 때문에 이 스펙트럼의 명확한 해석은 2D 스펙트럼으로부터 얻을 수 있는 1D slice 스펙트럼으로 할 수 있다고 언급하였다.

그림 7-28은 cholestane(**5**)의 양성자 스펙트럼과 1D-NOESY 실험의 스펙트럼들을 보여주고 있다. 이 스펙트럼은 보통의 2D 스펙트럼(그림 7-15)에서 얻을 수 있는 slice 스펙트럼보다 digital resolution이 매우 좋게 얻을 수 있는 selective excitation 실험의 장점을 보여주고 있다.

5

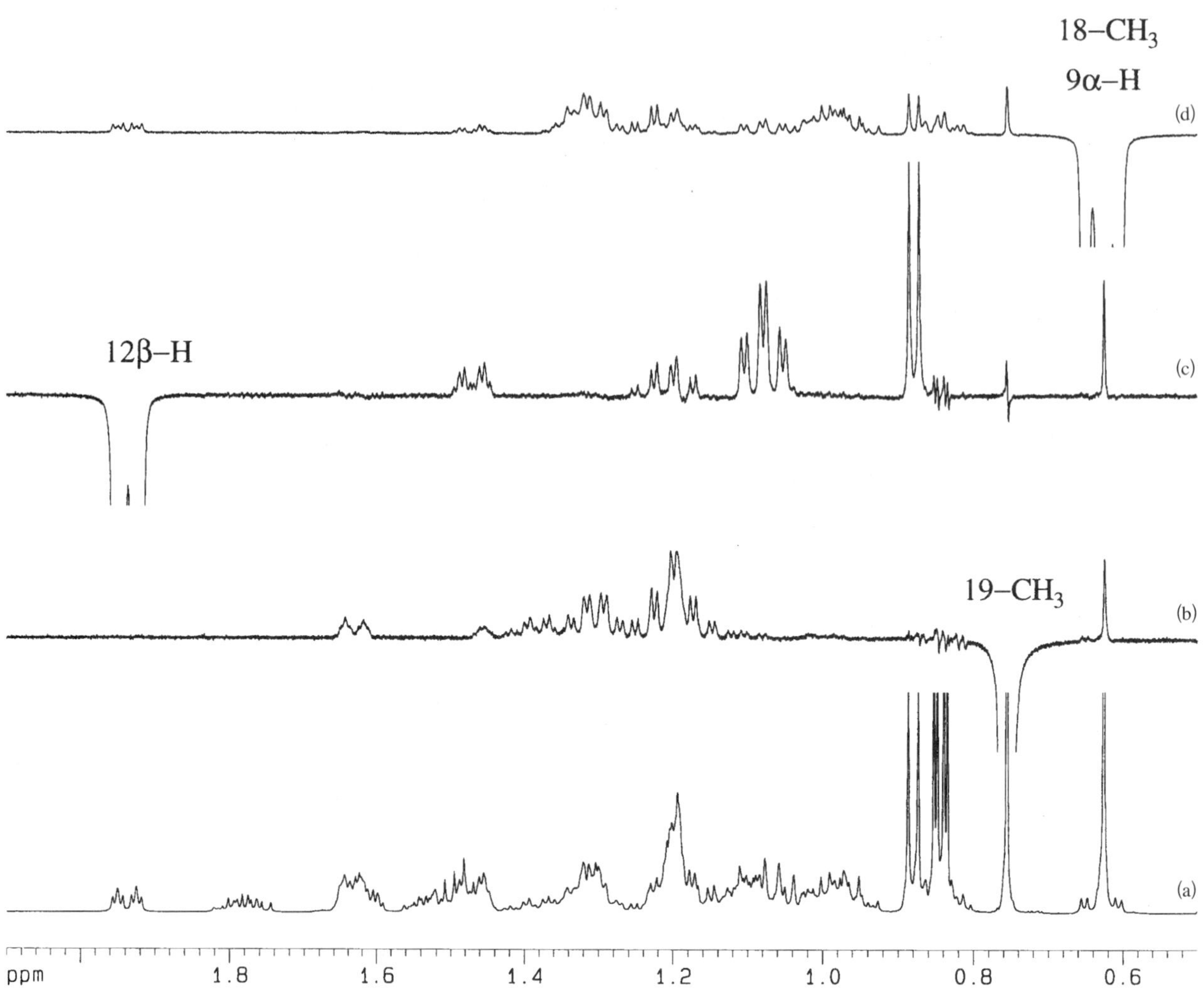

그림 7–28 0.1 M cholestane(**5**)의 양성자 스펙트럼과 1D–NOESY 스펙트럼들.

이 스펙트럼을 해석하기 위하여 먼저 cholestane(**5**)의 구조에서 18–CH_3를 섭동을 시키면 equatorial 위치를 차지하고 있는 양성자 12β만 NOE를 보여 줄 것으로 예측할 수 있다. 그러나 스펙트럼 (d)에서 볼 수 있듯이 양성자 12β뿐만 아니라 1.08 ppm 부근에 나타나는 dt 모습의 양성자 12α도 NOE를 보여주고 있는데 이것은 18–CH_3가 12α–H와 NOE를 보인 것이 아니라 18–CH_3를 섭동을 하였을 때 화학 이동이 겹쳐 있는 9α–H가 같이 섭동이 되면서 12α–H와 NOE를 보여 준 것이다. 스펙트럼 (c)에서는 12β–H를 섭동을 하였을 때 스펙트럼 (d)에서 작게 나오던 1.08 ppm의 dt 모습의 피크가 매우 큰 NOE를 보여주고 있으므로 이 피크가 geminal 양성자라는 것은 확실하게 되었다. 이 스펙트럼 (c)에서 12β–H를 확인시켜주는 사실은 18–CH_3와 화학 이동이 같이 나타나는 9α–H가 NOE를 보여주지 않는다는 것이다. 즉 스펙트럼 (c)에서 1.94 ppm의 피크가 12α–H라면 9α–H와는 물론이고 14α–H(이 양성자의 화학 이동은 2D–CH correlation 스펙트럼(그림 6–33)으로부터 1 ppm의 부근에 있다는 것을 알 수 있지만 스펙트럼 (c)에서는 이 부근에 어떠한 NOE 피크도 보여주고 있지 않다)와도 NOE를 보여주었을 것이다. 또한 12β–H를 섭동을 하여 나타난 또 다른 NOE는 1.2 ppm의 dt 모습의 피크와 1.48 ppm의 dq 모습의 피크인 11β와 11α의 두 개의 양성자 피크들이다. 이들 두 피크들 중 1.2 ppm의 피크가 11β 양성자라는 것은 19–CH_3를 섭동을 하여 얻은 스펙트럼 (b)에서 1.2 ppm의 피크는 NOE를 보여주었고 1.48 ppm의 피크가 NOE를 보여주지 않은 것으로 알 수 있다. 또한 스펙트럼 (b)에서는 19−CH_3가 1.64 ppm 부근에서 나타나는 equatorial 위치의 1β−H와는 NOE 피크를 보여주고 있지만[다른 하나의 양성자는 0.85 ppm(그림 6−33) 부근에서 나타나는데 19−CH_3와 NOE가 없으므로 1α−H 피크라고 해석할 수 있음] 1 ppm 부근에서 나타나는 5−H와는 NOE를 보여주지 않고 있다(그림 6−33,34 참조).

위의 1D−NOESY 실험으로 얻은 이러한 사실이 그림 7−15의 2D−NOESY 스펙트럼에서는 어떻게 나타나는가를 알아보도록 하자. 1.94 ppm의 12β−H의 diagonal 피크에서 F2축으로 평행하게 따라가면서 나타나는 cross 피크들을 1D−NOESY 스펙트럼인 그림 7−28의 (c)와 비교해 보면 2D−NOESY 스펙트럼이 resolution은 나쁘지만 하나의 cross 피크를 제외하고 대부분 같은 결과를 보여주고 있음을 알 수 있다. 2D−NOESY 스펙트럼에서 하나의 다른 점은 12β−H가 9α−H와 cross 피크를 보여주고 있다는 것이다. 그러나 이 부분을 확대하여 보여 준 그림 7−29를 보면 12β−H가 18−CH_3와 보여주는 피크는 순수한 양(high contour

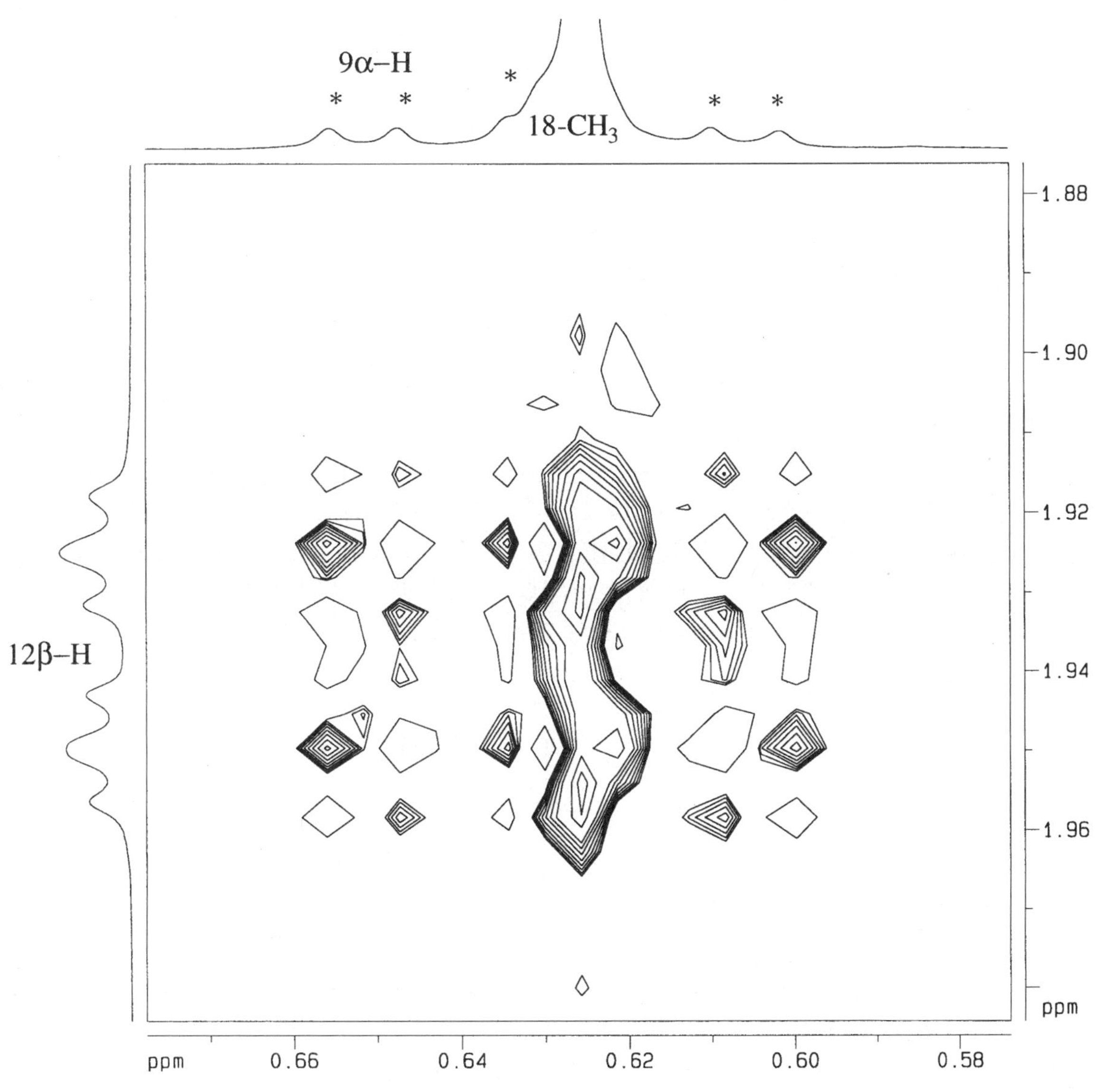

그림 7−29 0.1 M cholestane(**5**)의 양성자 스펙트럼과 NOESY 스펙트럼인 그림 7−15의 일부분을 확대한 그림. High contour는 양의 피크이며 low contour는 음의 피크이다. 즉 cholestane의 12β−H와 9α−H 사이에 보여 준 cross peak는 NOESY 펄스 순서가 만들어 낸 dispersion peak로 NOE가 아님을 보여주고 있다.

로 표시)의 absorption 피크이고 9α–H(그림에 *로 표시하였음)와 보여 준 피크들은 양과 음(low contour로 표시)을 보여주는 dispersion 피크임을 확실히 알 수 있다. 그러므로 이들은 NOESY 실험의 서두에서 언급한 것 같이 NOE의 피크가 아니고 위상 순환으로 완전하게 제거하지 못하고 남아 있는 NOESY 펄스 순서에서 만들어 낸 artefact 피크임을 알 수 있다. 비록 이 경우 2D–NOESY 스펙트럼의 해석이 1D–NOESY 스펙트럼보다 더 복잡하였지만 결국 1D–NOESY 실험이나 2D–NOESY 실험이 같은 결과를 보여주었다.

1D–NOESY 스펙트럼[그림 7–28(b)]에서 19–CH_3와 5–H가 NOE를 보여주지 않는다는 것은 그림 7–15의 2D–NOESY 스펙트럼에서 F1축의 19–CH_3의 0.75 ppm과 F2축의 5–H가 나타나는 1 ppm 부근에 cross 피크(상대방 위치에는 나타난 피크는 t_1 noise 때문에 생긴 것 임)가 나타나지 않은 것으로도 확인할 수 있다. 그러므로 cholestane의 구조에서는 19–CH_3와 5–H가 서로 *trans* 구조를 가지고 있다는 가능성을 얻게 된다. 여기에서 가능성이란 말의 사용은 위의 NOE 결과의 해석에서 언급한 "두 핵 간에 NOE의 효과가 존재하지 않는다는 것이 그들이 멀리 떨어져 있다는 충분한 증거일 수는 없다."라는 것을 고려한 것이다. 그러나 반대로 *cis* 화합물에서 NOE를 관찰하게 되면 그 화합물은 *cis*의 구조를 가졌다고 말하는 것은 *trans* 화합물에서 NOE가 나타나지 않았기 때문에 그 구조를 *trans*라고 하는 것보다는 일반적으로 더 안전하다. 이러한 사실들이 NOE 실험 결과의 한계이다. 그러므로 이 가능성이라는 말을 사용하지 않고 cholestane이 *trans*의 구조를 가졌다고 말할 수 있기 위해서는 반드시 *cis* 구조를 가진 화합물(coprostane)에서 NOE를 얻은 증거를 제시하여야 한다.

그림 7–30은 탄소 5의 양성자가 β의 위치, 즉 19–CH_3와 *cis*의 구조를 가지고 있는 coprostane(**6**)의 양성자 스펙트럼과 1D–NOESY 실험의 스펙트럼들을 보여주고 있다. 먼저 구조 **6**을 **5**와 비교하면 18–CH_3와 12β–H를 각각 섭동을 하였을 때 얻어지는 스펙트럼들은 cholestane(**5**)에서 얻어진 스펙트럼들의 결과와 같을 것이라는 예상을 할 수 있다. 즉 18–CH_3를 섭동하였을 때 얻어진 스펙트럼 (d)에서 12β–H로 예상하는 피크가 NOE를 보이고 있지만 12α–H가 1.1 ppm 부근에서 다른 피크들과 겹쳐서 나오므로 구분이 불가능하다. 그렇지만 12β–H를 섭동하여 얻은 스펙트럼 (c)는 예상한 것 같이 그림 7–28 (c)와 화학 이동값이 조금 다를 뿐 똑같은 모습의 결과를 보여주고 있다. 이 스펙트럼 (c)에서 1.4 ppm 부근에서 다른 피크들과 겹쳐서 나타나는 9–H(이 양성자의 화학 이동은 그림 7–31에 보여 준 **6**의 CH correlation 스펙트럼으로부터 알 수 있다)의 NOE 유무를 정확히 확인할 수는 없지만 나타난 다른 피크들의 NOE가 cholestane(**5**)의 경우[그림 7–28(c)]와 같으므로 12β–H의 확인은 확실하다.

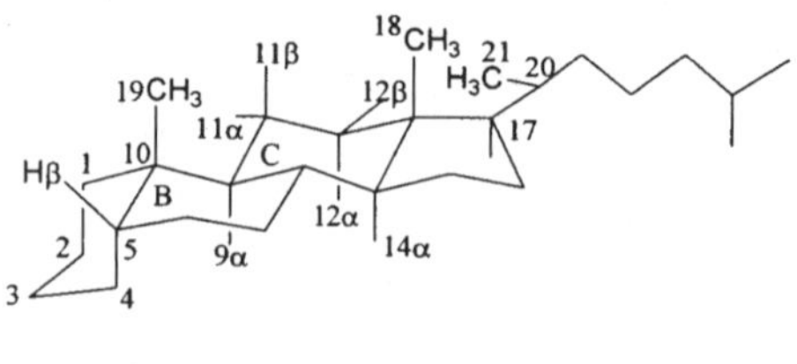

6

그림 7–30(b)에 비록 19–CH_3의 피크를 섭동한 1D–NOESY 스펙트럼을 보여주었지만 이 스펙트럼으로는 탄소 5의 양성자의 stereochemistry를 말할 수는 없다. 이것은 1.25 ppm 부근에서 나타나는 양성자 5(이 피크의 확인은 그림 7–31에 보여 준 **6**의 CH correlation 스펙트럼으로부터 알 수 있음)가 다른 피크들과 겹쳐서 나오기 때문이 아니고 19–CH_3의 피크만을 선택적으로 섭동시킬 수 없기 때문이다. 그림 (a)에서 알 수 있듯이 19–CH_3 피크에는 21–CH_3의 피크의 일부가 있으며 그림 (a)에서는 알 수 없지만 그림 7–31에 보여준 **6**의 CH

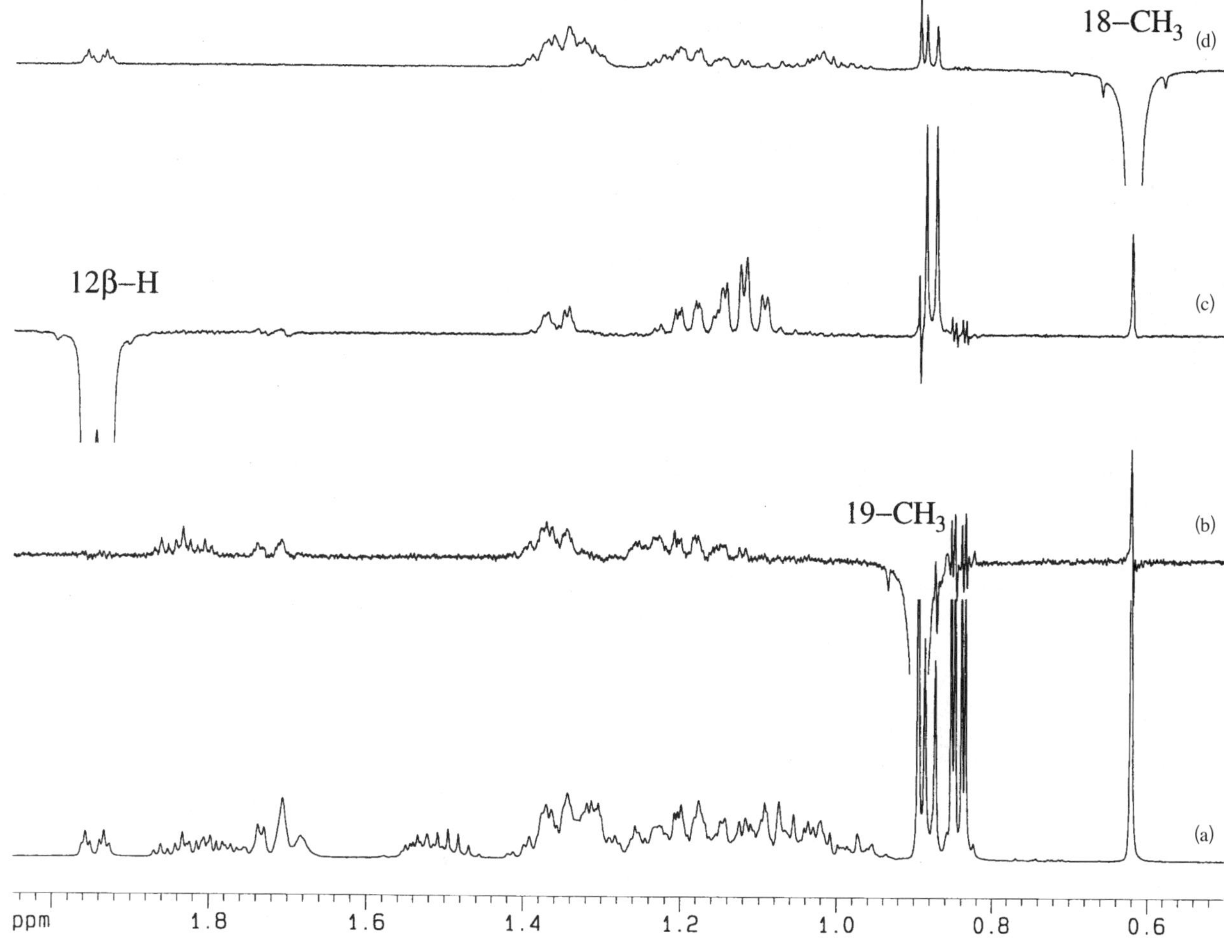

그림 7–30 0.1 M coprostane(**6**)의 양성자 스펙트럼과 1D–NOESY 스펙트럼들.

correlation 스펙트럼에서는 1의 양성자의 일부도 포함되어 있다는 것을 확실히 알 수 있다. 그러므로 그림 7–30(b)는 결국 이들 양성자 모두를 섭동한 것이나 다름이 없으므로 우리가 얻으려고 하는 결과를 줄 수 없는 스펙트럼이다.

2D 실험은 NOE를 일으키게 하는데 선택적인 섭동이 필요하지 않으므로 coprostane(**6**)의 NOE 실험은 2D–NOESY를 사용할 수밖에 없다. 그림 7–32는 coprostane의 2D–NOESY 스펙트럼을 보여주고 있으며 그림 7–33은 그림 7–32로부터 19–CH_3가 5–H와 NOE를 보여 주는 영역을 확대한 그림이다. 먼저 그림 7–32를 보면 1D 실험에서 12β라고 결론지은 1.94 ppm 부근의 diagonal 피크는 F2축을 따라가면서 1D에서 나타난 결과들을 똑같이 잘 보여 주고 있다(이들은 cholestane(**5**)의 2D–NOESY 스펙트럼인 그림 7–15와도 같은 결과를 보여주고 있다). 이제 마지막으로 우리가 얻으려고 하는 19–CH_3와 5–H의 NOE 결과를 보여 줄 수 있는 영역을 확대하여 놓은 그림 7–33을 보도록 하자. F1축에 확대되어 그려져 있는 19–CH_3 피크로부터 F2축을 평행하게 따라가면 F2축의 1.25~1.15 ppm 부근에서 다중도의 cross 피크가 나타난다(화살표로 표시하였음). 이 영역은 coprostane(**6**)의 CH correlation 스펙트럼(그림 7–31)에서 5–H와 16–H가 나타나는 영역이라는 것을 알 수 있다. 그러나 다행히 **6**의 구조에서는 16–H는 19–CH_3와 NOE를 보여 줄 수 없게 멀리 떨어져 있음으로 이 영역에서 나타난 cross 피크는 5–H가 보여 준 것이라고 안전하게 결론을 내릴 수 있다.

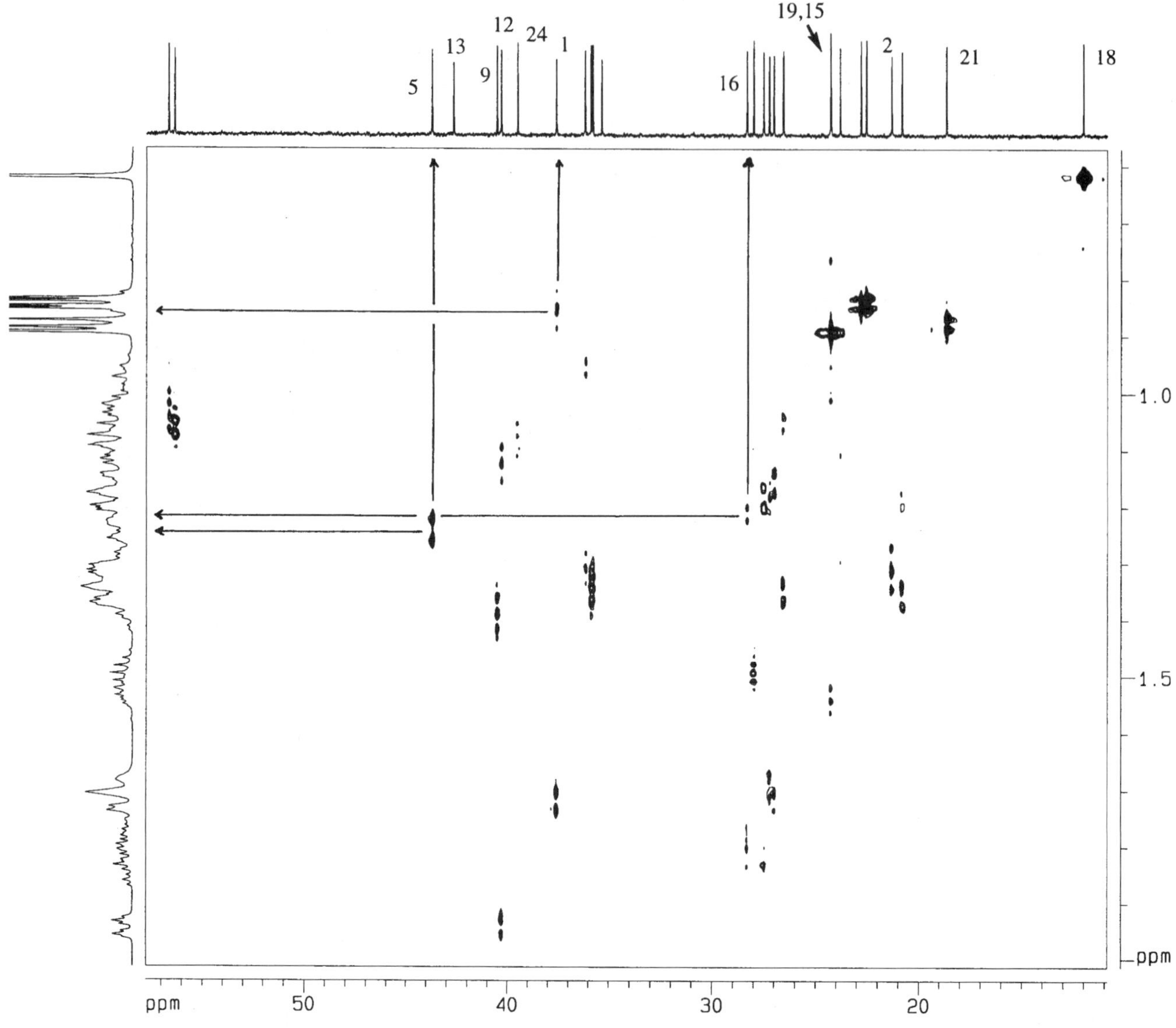

그림 7-31 0.1 M coprostane(**6**)의 CH-correlation 스펙트럼.

즉 위에서 보여준 이러한 실험들을 종합하여 coprostane(**6**)의 5-H는 β의 위치에서 19-CH_3와 *cis*의 구조를 가지고 있으며 따라서 cholestane(**5**)의 5-H는 19-CH_3와 *trans*의 위치에 있다는 결론을 얻을 수 있게 된다.

지금까지 cholestane(**5**)과 coprostane(**6**)의 19-CH_3와 5-H의 stereochemistry를 규명하기 위하여 사용한 1D-NOESY 실험과 2D-NOESY 실험의 결과를 보면 cholestane(**5**)의 경우에는 두 방법 모두 피크들의 겹침이 없어서 사용이 가능함으로 1D-NOESY 실험 방법이 시간과 분해능 등의 장점을 고려하여 더 좋은 방법이라고 할 수 있다. 그러나 coprostane(**6**)의 경우에는 19-CH_3의 피크가 다른 피크들과 매우 가깝게 나타나므로 선택적인 섭동이 필요한 1D-NOESY 실험보다는 2D-NOESY 실험이 더 좋은 방법임을 알 수 있다. 이와 같이 이들 1D와 2D의 실험들 중 어떠한 실험을 선택하느냐 하는 것은 대상 시료의 종류에 따라서 달라지 게 된다.

때로는 NOE 실험은 stereochemistry뿐만 아니라 형태(conformation)를 알아낼 수 있는 방

그림 7-32 0.1 M coprostane(**6**)의 2D-NOESY 스펙트럼. 0.5초의 mixing time을 사용하였음.

법이 되기도 한다.[25,26] 두 화합물 **5**와 **6**의 NOE 실험의 스펙트럼을 설명하면서 이제까지 언급하지 않은 것은 1D와 2D 실험 모두에서 12β-H와 분명하게 NOE 현상으로 잘 나타난 0.88 ppm 부근에서 2중선으로 나타난 21-CH_3의 피크이다. 용액 속에 녹아 있는 분자에서 21-CH_3는 탄소 17과 20이 단일 결합(single bond)으로 연결되어 있으므로 자유롭게 회전할 수 있으며 여러 가지의 형태를 가질 수 있게 된다. 이 실험에서 12β-H가 21-CH_3와 NOE를 보여 준 것은 21-CH_3가 가질 수 있는 여러 가지 형태들 중 **5**와 **6**에서 보여준 것 같이 12β-H와 가까이 인접해 있는 형태로 가장 많이 존재한다는 증거를 제공하는 것이다.

그림 7-34는 500.23 MHz에서 2D-ROESY 스펙트럼(그림 7-24)을 얻을 때와 같은 spin-locking time을 주어서 얻은 pamoic acid(**8**)의 1D-ROESY 실험 결과들을 보여주고 있다. 이 결과를 1D NOE 차이 스펙트럼인 그림 7-21과 2D-ROESY 스펙트럼인 그림 7-24와 비교하여 보자. 먼저 NOE 차이 스펙트럼에서 보여주었던 음(−)의 NOE는 양(+)의 NOE로 나타난 것(위에서 두 번째와 세 번째 스펙트럼)을 볼 수 있고 나머지 스펙트럼들에서는 2D-ROESY 스펙트럼에서 나타난 false transverse NOE 피크와 TOCSY 피크들이 모두 나

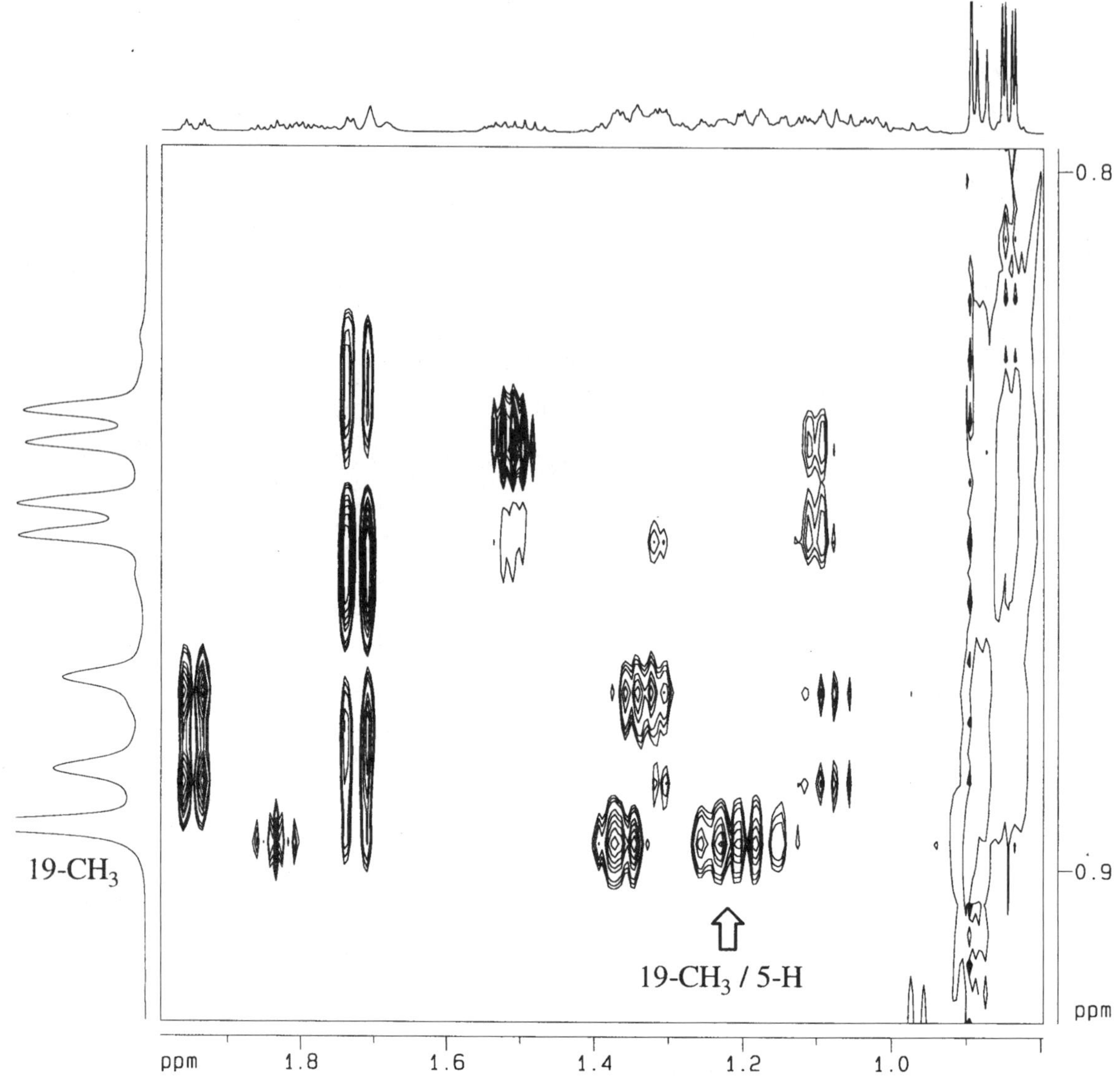

그림 7-33 그림 7-32에서 19-CH_3가 보여주는 NOE의 부분을 확대한 그림.

타난 것을 볼 수 있다. 이와 같이 1D-ROESY 실험도 1D-NOESY 실험이 2D-NOESY 실험의 대용으로 사용되는 것처럼 같은 목적으로 사용될 수 있다.

그림 7-35와 그림 7-36은 3장에서 문제 3-14(6장의 문제 6-10)로 주어진 화합물의 NOESY와 ROESY 스펙트럼들이다. 그림 7-35의 NOESY 스펙트럼에서는 diagonal 피크와 cross 피크들 모두가 음(−)의 피크로 같은 위상(phase)을 가지고 나타나 있다. 그러나 그림 7-36의 ROESY 스펙트럼에서는 diagonal 피크를 음의 피크(low contour로 표시)로 조정하였을 때 cross 피크들은 음(−)의 피크를 가지는 것도 있고 반대로 양(+)의 피크(high contour로 표시)를 가지는 피크들도 나타나 있다. 그림 7-36의 ROESY 스펙트럼에서 양(+)으로 나타난 cross 피크들은 NOE 피크이고 음(−)으로 나타난 cross 피크들은 양성자들의 화학 교환 때문에 나타난 피크들이다. 즉 NOESY 스펙트럼에서는 불가능하던 NOE 피크와 화학 교환의 피크들을 ROESY 스펙트럼에서는 매우 쉽게 구분할 수 있게 되었다.

지금까지 공부한 NOE 실험은 핵들 사이의 거리에 의존하는 현상을 이용하여 분자의 구조와 함께 입체화학(stereochemistry)의 규명뿐만 아니라 분자의 형태 그리고 분자의 동역학

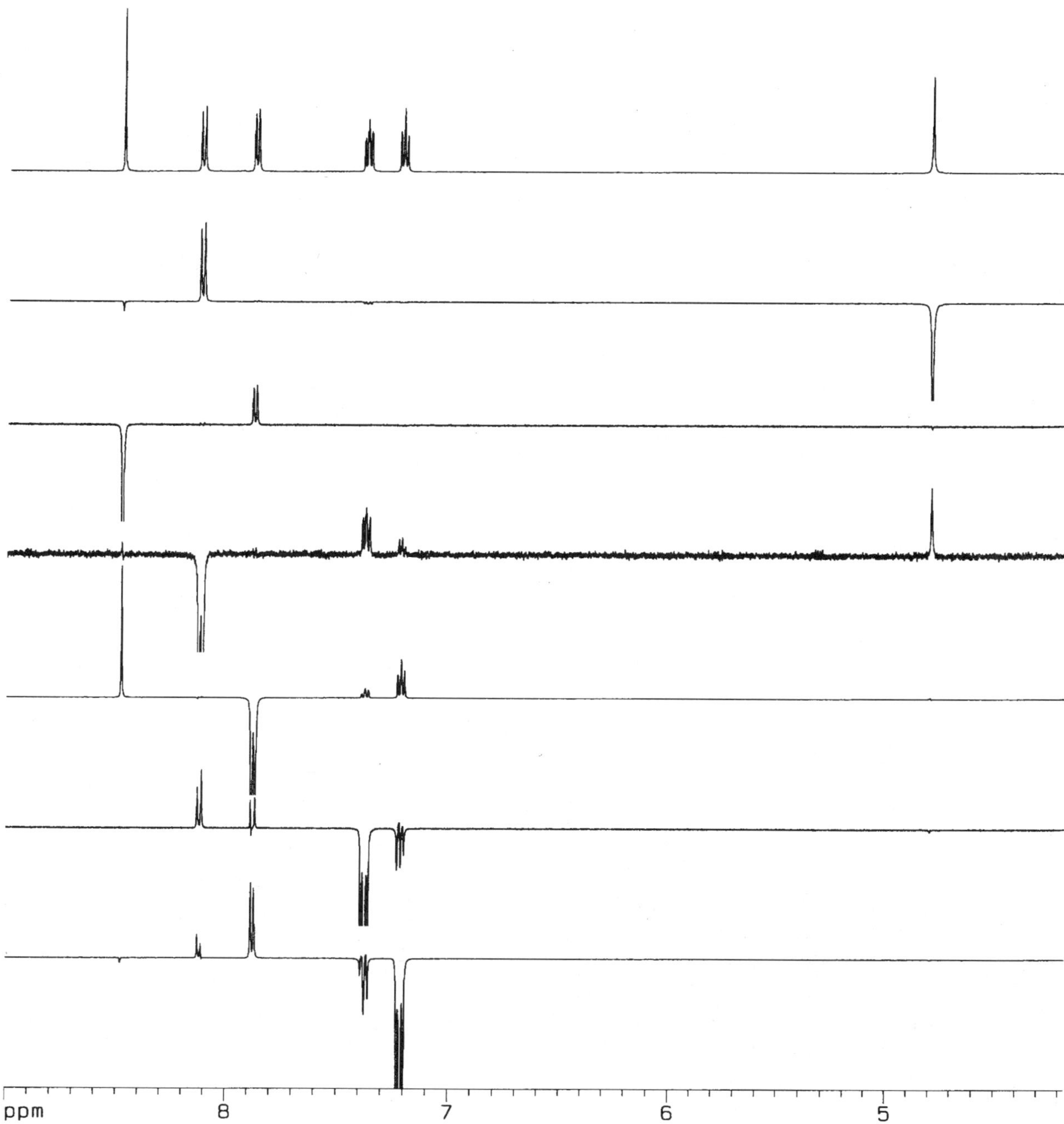

그림 7-34 500.23 MHz에서 얻은 DMSO-d_6 용매에 녹아 있는 pamoic acid(**8**)의 1D-ROESY 스펙트럼들. 그림 7-21의 NOE 차이 스펙트럼과는 다르게 양의 NOE를 보여주고 있으며 그림 7-24에서 보여 준 2D-ROESY 스펙트럼과 똑같은 결과들을 보여주고 있다.

(dynamics) 연구에도 사용될 수 있음을 보았다. 또한 이 실험 방법은 때로는 스펙트럼이 매우 복잡하게 겹쳐서 양성자들의 정확한 화학 이동을 구분할 수 없을 때 스펙트럼을 단순화시켜 스펙트럼의 해석을 쉽게 할 수도 있게 한다. 이 실험은 최근에 peptide나 protein 등을 포함한 생체고분자(biopolymer)의 구조 분석에 필수적으로 사용되는 방법이 되었다. 특히 이 실험들은 시료가 액체일 때는 그들의 입체 구조 분석을 어떤 다른 방법으로도 할 수 없으므로 물질의 구조분석에 필수적인 방법이다. 비록 2D-ROESY 실험에서 볼 수 있었듯이 아직도 해결하여야 할 여러 가지 문제점들이 남아있지만 그림 7-37에서 보여준 것과 같이 NOSEY 실

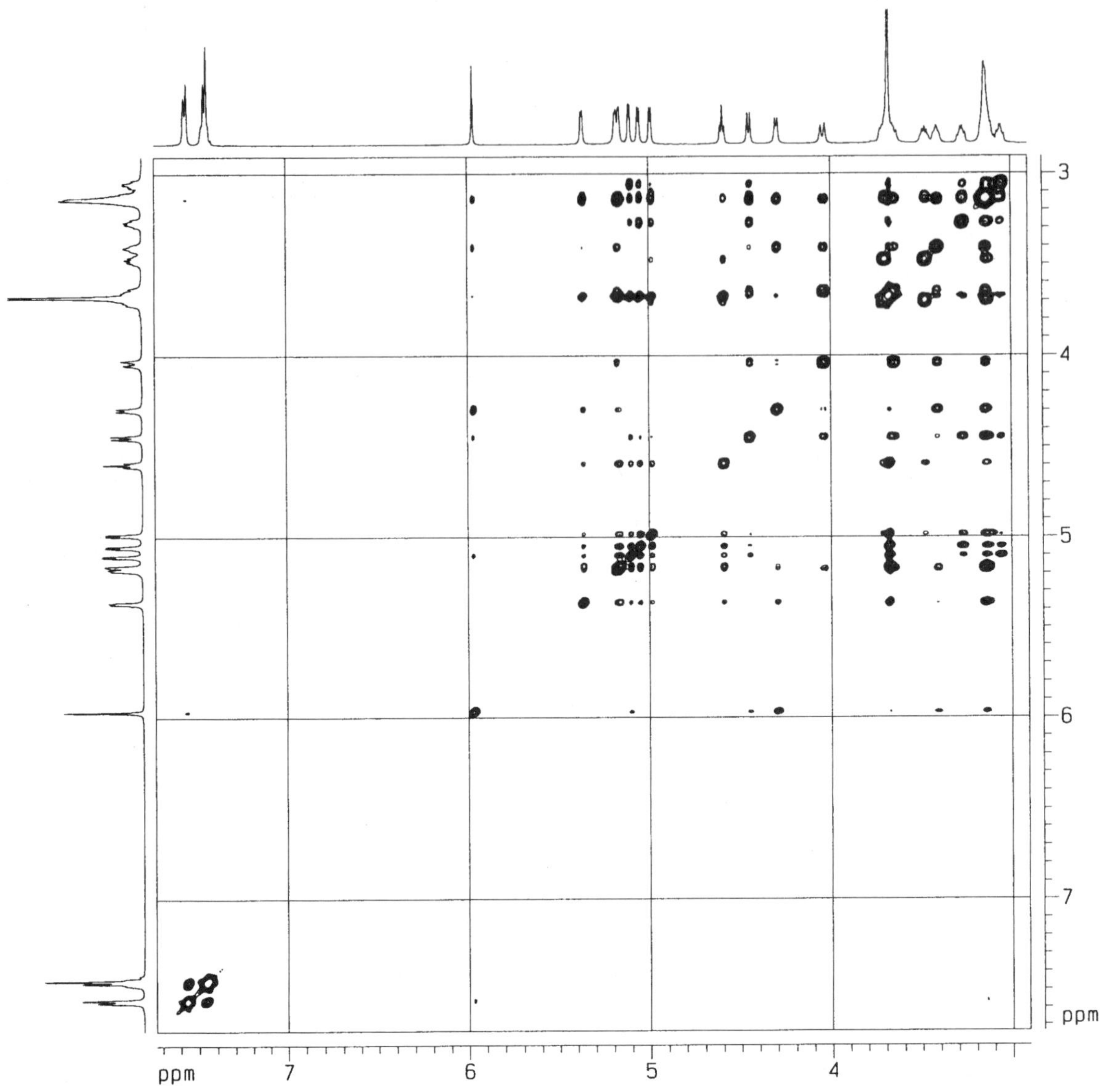

그림 7-35 문제 3-14의 화합물의 NOESY 스펙트럼(mixing time은 0.4초로 주었다). 이 스펙트럼에서 diagonal 피크와 cross 피크가 모두 동일한 위상을 가지고 있다.

험에서는 전혀 얻을 수 없는 데이터를 똑같은 조건으로 얻은 ROESY 실험으로 얻을 수 있다는 것만으로도 이 실험의 중요성을 잘 증명해 주고 있다. 즉 벤젠 용매 속에 있는 cyclosporin A는 700 MHz NMR에서는 $\omega\tau_c \simeq 1.12$ 주변 영역에 놓여 있기 때문에 NOESY 실험에서는 NOE 현상이 거의 나타나고 있지 않지만 이 영역을 벗어 날 수 있게 하는 ROESY 실험에서는 NOE 피크들을 잘 보여주고 있다.

NOE 실험은 고자장의 NMR 기기의 출현으로 생체고분자 연구에서는 필수적인 실험이 되었고 이 실험에 대한 수요들은 이 실험에 대한 연구들을 더욱 가속시킬 것이며 기존의 실험 방법들은 더 좋은 새로운 실험 방법들로 빠르게 대치될 것이다.

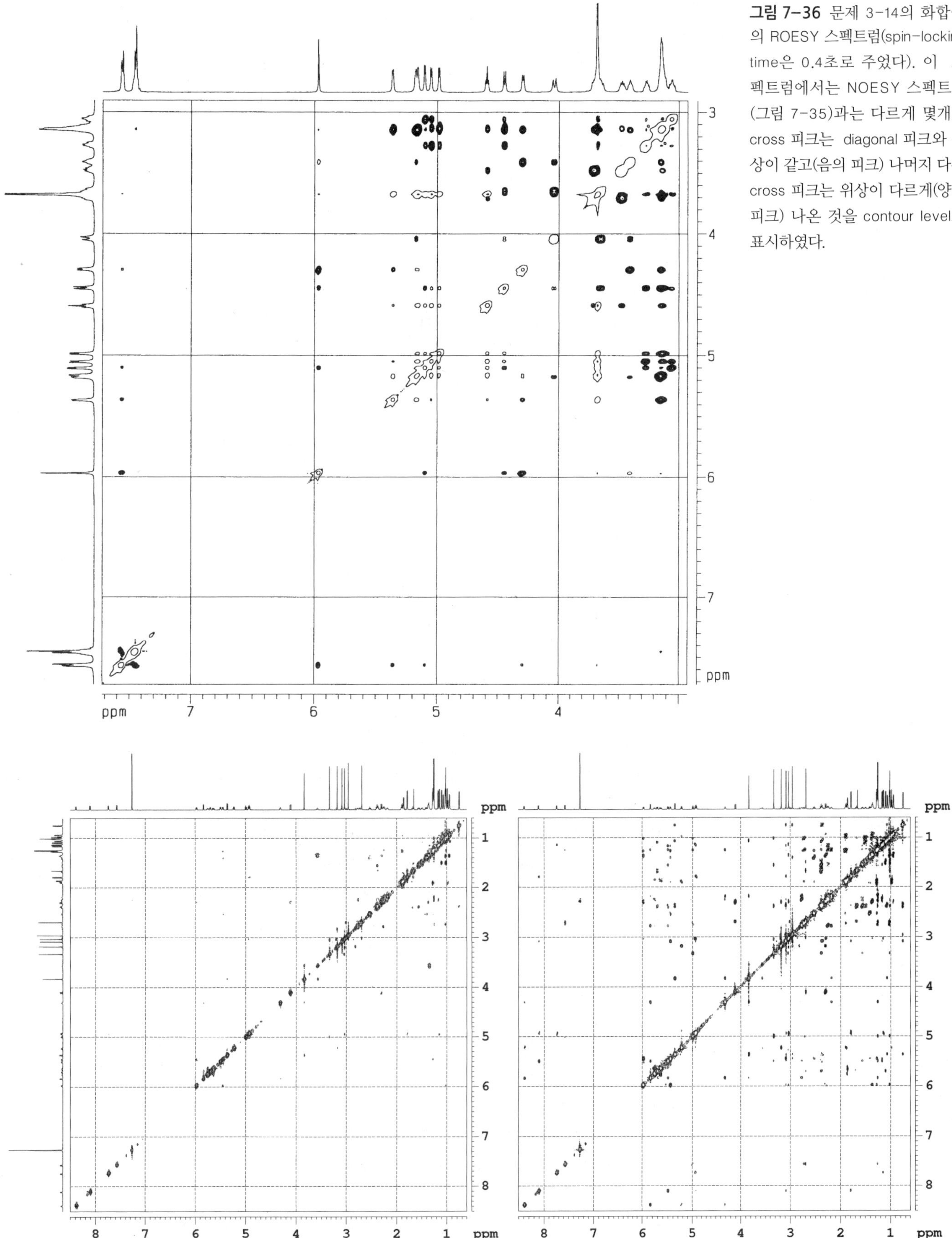

그림 7-36 문제 3-14의 화합물의 ROESY 스펙트럼(spin-locking time은 0.4초로 주었다). 이 스펙트럼에서는 NOESY 스펙트럼(그림 7-35)과는 다르게 몇개의 cross 피크는 diagonal 피크와 위상이 같고(음의 피크) 나머지 다른 cross 피크는 위상이 다르게(양의 피크) 나온 것을 contour level로 표시하였다.

그림 7-37 Cyclosporin A(in C_6D_6)의 NOESY(좌측)와 ROESY 스펙트럼(mixing time=0.3 s).

참고문헌

1. I. Solomon, *Phys. Rev.*, **99**, 559 (1955).
2. A. W. Overhauser, *Phys. Rev.*, **89**, 689 (1953).
3. R. J. Kaiser, *Chem. Phys.* **39**, 2435 (1963).
4. P. C. Lauterbur in the paper of J. D.Baldeschweiler and E. W. Randall, *Chem. Rev.* **63**, 81 (1963).
5. F. A. L. Anet and A. J. R. Bourn, *J. Am. Chem. Soc.*, **87**, 5250 (1965).
6. S. Macura and R. R. Ernst, *Mol. Phys.*, **41**, 95 (1980).
7. N. Bloembergen, E. M. Purcell and R. V. Pound, *Phys. Rev.*, **73**, 697 (1948).
8. J. H. Noggle and R. E. Schirmer, The Nuclear Overhauser Effect, Academic Press, New York, 1971.
9. O. Jardetzky and G. C. K. Roberts, NMR in Molecular Biology, Academic Press, New York, 1981.
10. R. M. Lynden−Bell and R. K. Harris, Nuclear Magnetic Resonance, Nelson, London, 1969.
11. J. D. Glickson, S. L. Gordon, T. P. Pitner, D. G. Agresti and R. Walter, *Biochemistry*, **15**, 5721 (1976).
12. M. P. Williamson and D. H. Williams, *J. Chem. Soc., Chem. Commun.*, 165 (1981).
13. S. V. Ley, D. Neuhaus and D. J. Williams, *Tetrahedron Lett.*, **23**, 1207 (1982).

14. E. D. Becker, High Resolution NMR, Theory and Chemical Applications, Academic Press, New York, 1980.
15. D. Neuhaus and M. P. Williamson, The Nuclear Overhauser Effect in Structural and Conformational Analysis, VCH Publishers, New York, 1989.
16. J. K. M. Sanders and J. D. Mersh, *Prog. Nucl. Magn. Reson. Spectrosc.*, **15**, 353 (1982).
17. S.−G. Lee, *Magn. Reson. Chem.*, **38**, 820 (2000).
18. R. R. Ernst, G. Bodenhausen, and A. Wokaun, Principles of Nuclear Magnetic Resonance in One and Two Dimensions, Clarendon Press, Oxford, 1987.
19. A. A. Bothner−By, R. L. Stephens, J. M. Lee, C. D. Warren, and R. W. Jeanloz, *J. Am. Chem. Soc.*, **106**, 811 (1984).
20. A. Bax and D. G. Davis, *J. Magn. Reson.*, **63**, 207 (1985).
21. P. Debye, Polar Molecules, Chemical Catalog Co., New York, 1929.
22. (a) H. Kessler, S. Mronga and G. Gemmecker, *Magn. Reson. Chem.*, **29**, 527 (1991) and references cited therein. (b) T. Parella, *Magn. Reson. Chem.*, **36**, 467 (1998).
23. S.−G. Lee, J. K. Choi, N. S. Park, M. S. Hong and D. C. Ha, *Bull. Korean. Chem. Soc.*, **13**, 87 (1992).
24. S.−G. Lee, *Magn Reson. Chem.*, **40**, 311 (2002).
25. R. E. Schirmer, J. P. Davis, J. H. Noggle, and P. A. Hart, *J. Am. Chem. Soc.*, **94**, 2561 (1972).
26. J. M. Neumann, J. M. Bernassau, M. Gueron, and S. Tran−Dinh, Eur. *J. Biochem.*, **108**, 475 (1980).

연습문제

3장, 5장, 6장에서 주어진 스펙트럼들만으로는 주어진 물질들의 양성자들의 stereochemistry의 구분이 불가능하며 이들의 확인을 위하여 아래에 NOE 실험의 스펙트럼들이 주어졌다. 이들을 이용하여 스펙트럼의 해석과 물질들의 구조를 완결하시오.

문제 7-1 그림 7-38은 문제 3-7 물질의 NOE 차이(difference) 스펙트럼이다.

문제 7-2 그림 7-39는 문제 3-8 물질의 NOE 차이(difference) 스펙트럼이다.

문제 7-3 그림 7-40은 문제 3-10 물질의 2D-NOESY 스펙트럼이다.

문제 7-4 그림 7-41은 문제 3-11 물질의 2D-NOESY 스펙트럼이다.

문제 7-5 그림 7-42는 문제 3-12 물질의 2D-NOESY 스펙트럼이다.

문제 7-6 그림 7-43은 문제 3-13 물질의 2D-NOESY 스펙트럼이다.

문제 7-7 이미 본문에서 보여 준 그림 7-35와 그림 7-36은 문제 3-14 물질의 2D-NOESY와 2D-ROESY 스펙트럼들이다.

문제 7-8 그림 7-44는 문제 3-15 물질의 2D-NOESY 스펙트럼이다.

문제 7-9 그림 7-45은 문제 3-16 물질의 2D-NOESY 스펙트럼이다.

문제 7-10 그림 7-46은 문제 3-17 물질의 2D-NOESY 스펙트럼이다.

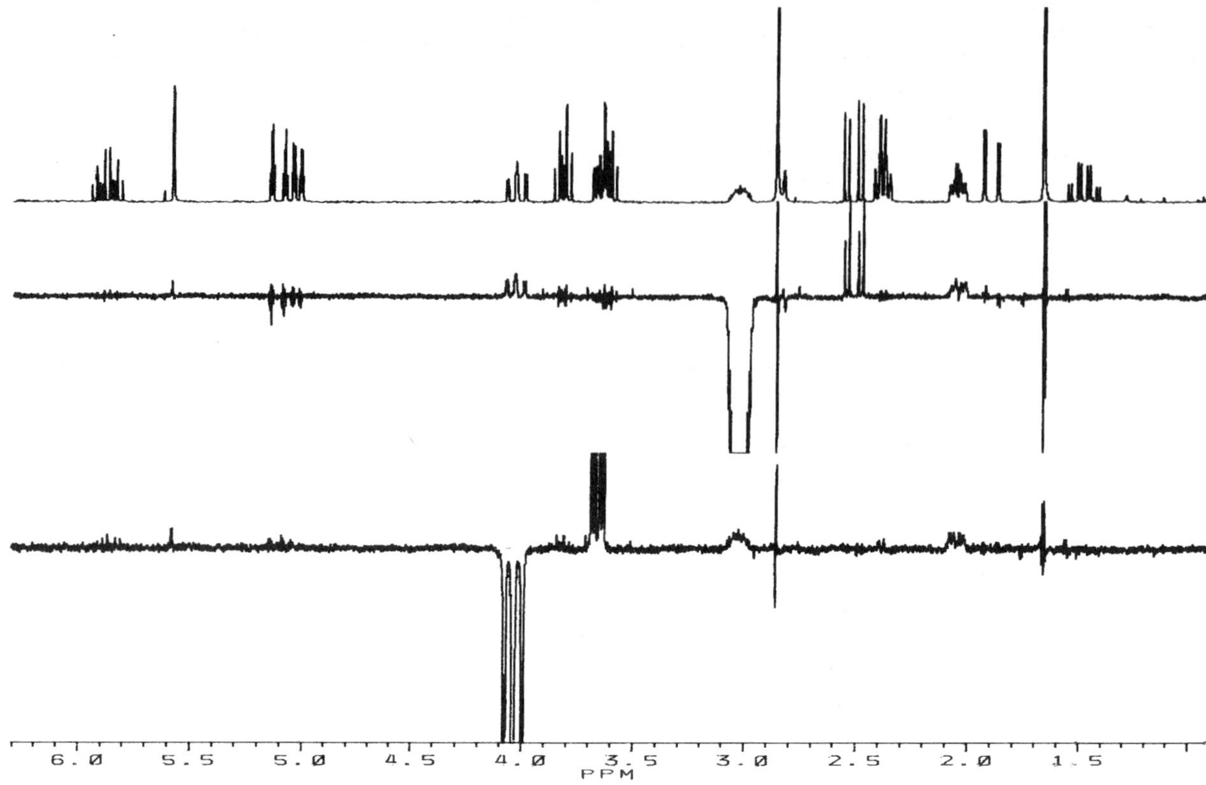

그림 7-38 문제 7-1

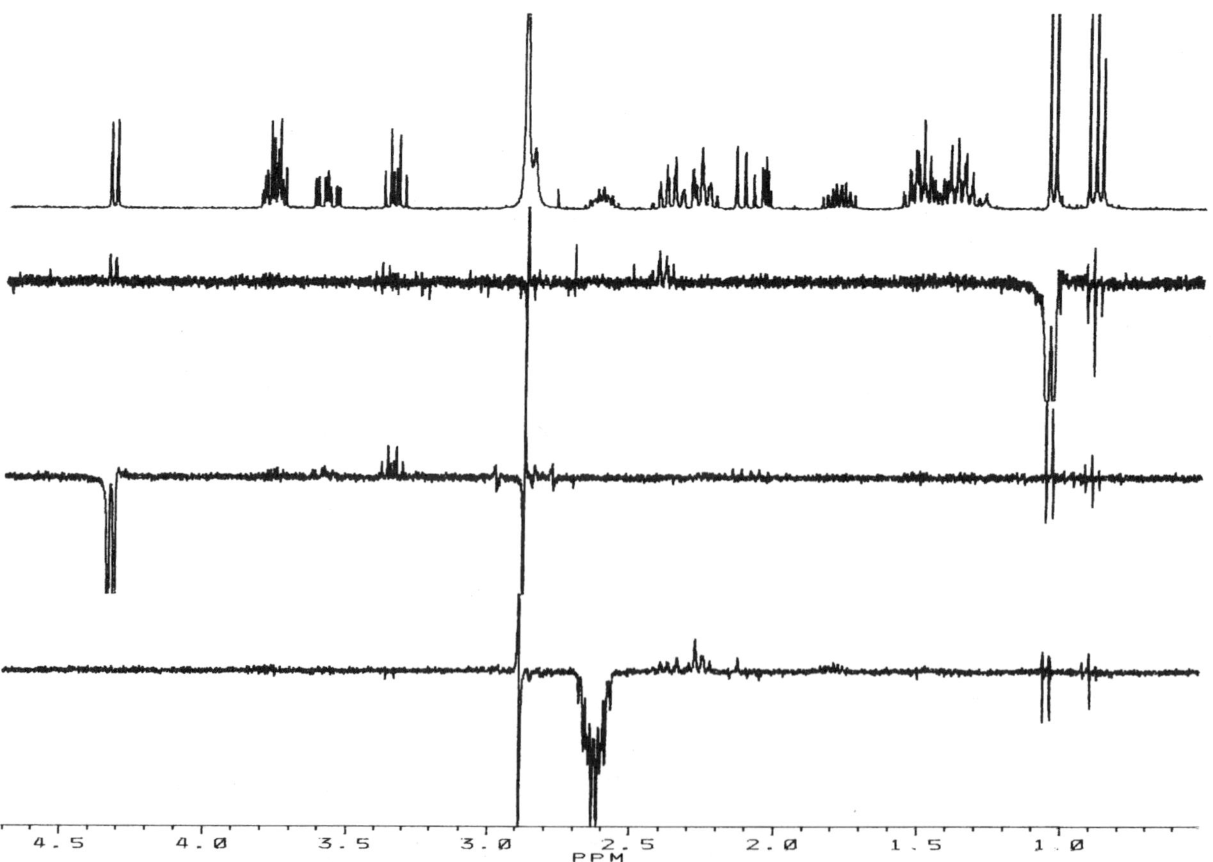

그림 7-39 문제 7-2

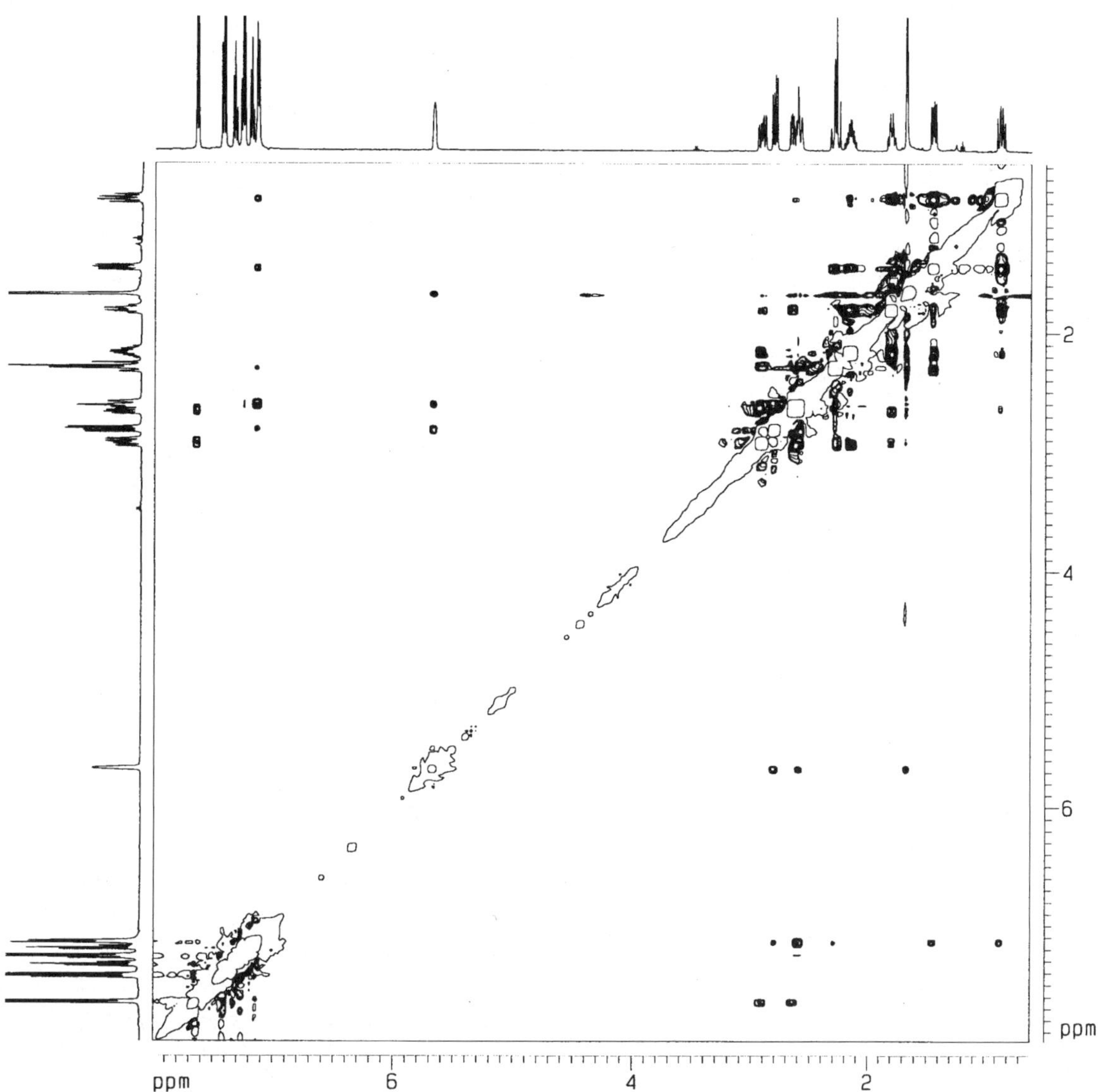

그림 7-40 문제 7-3

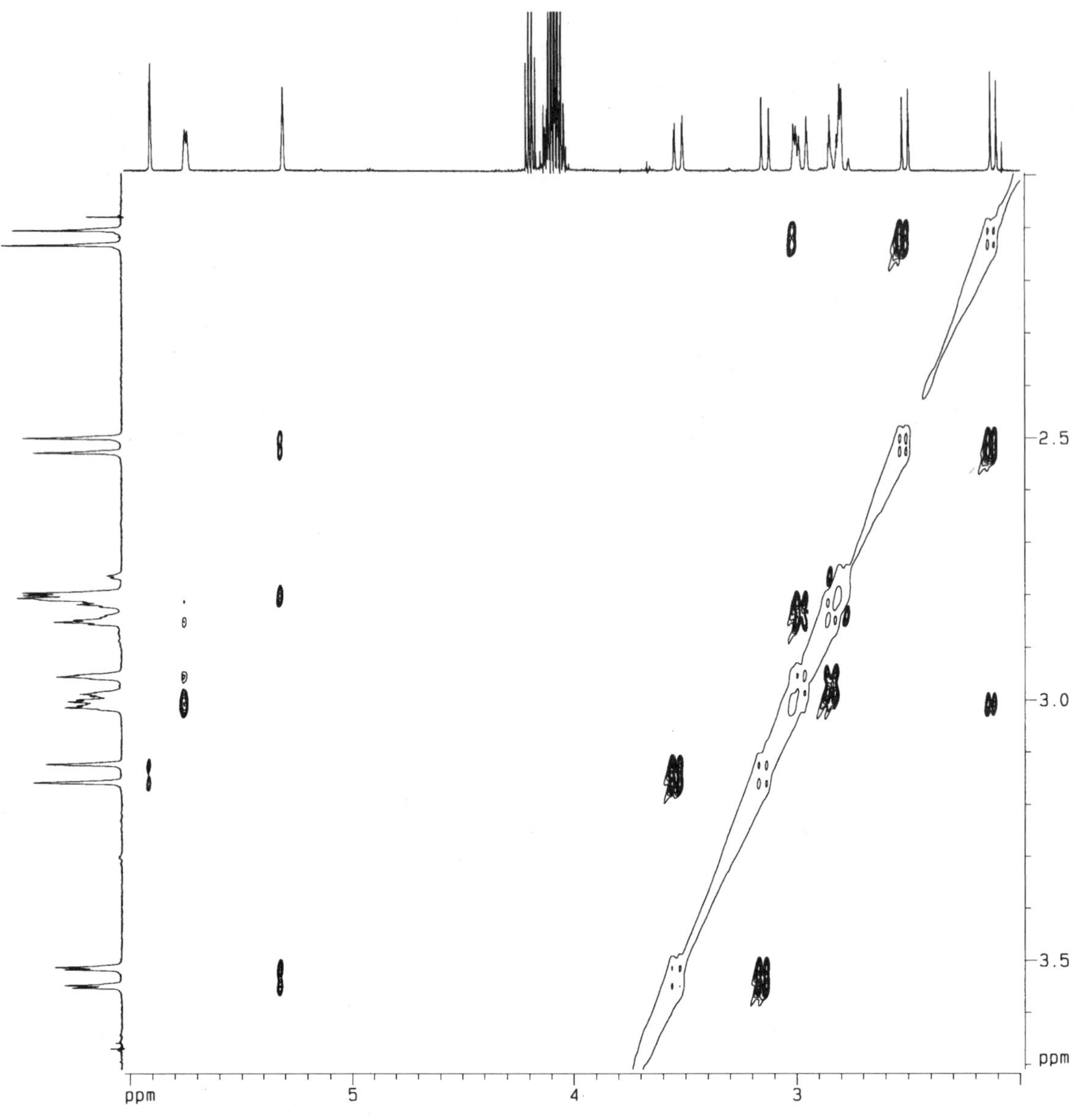

그림 7-41 문제 7-4

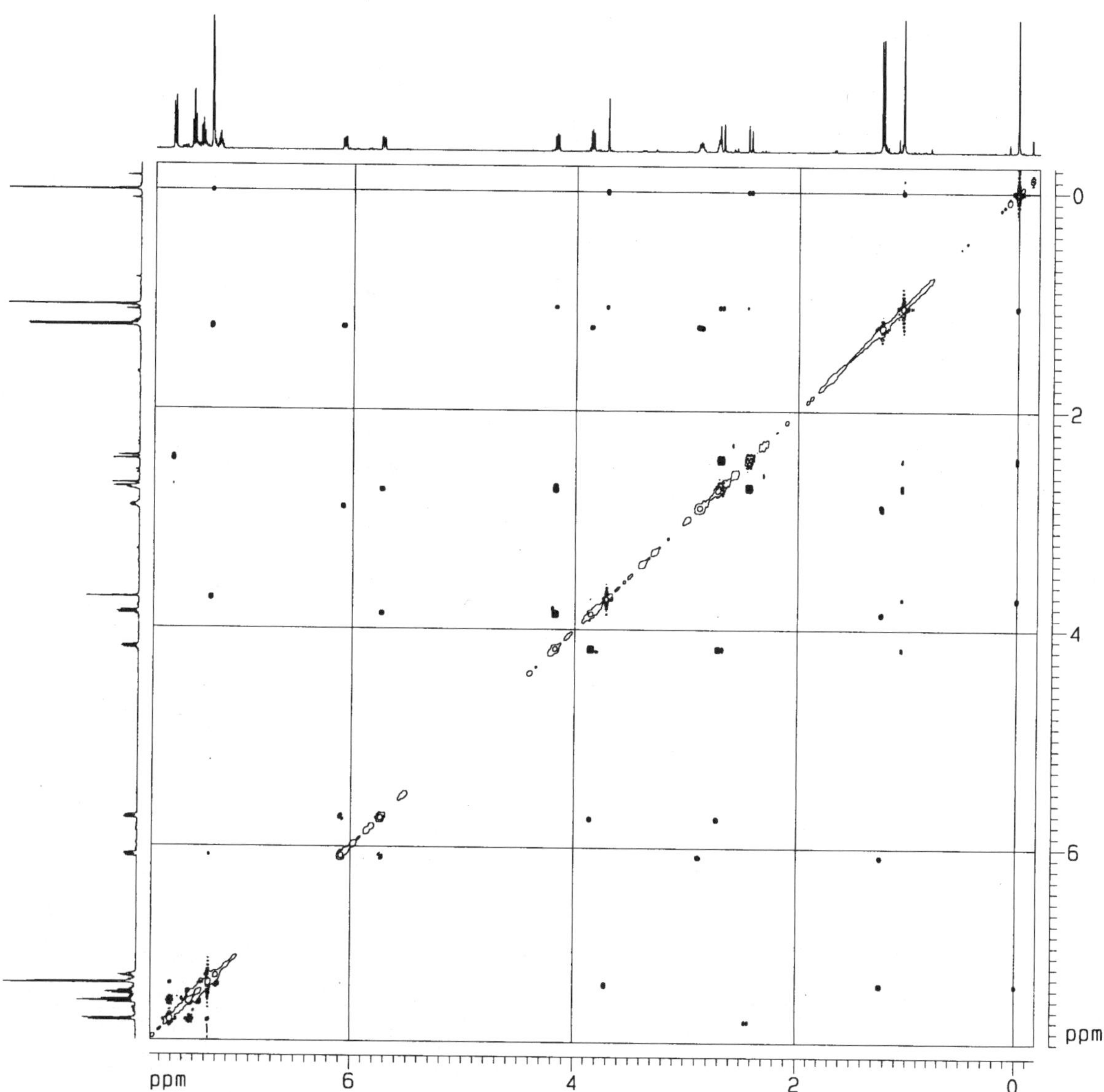

그림 7-42 문제 7-5

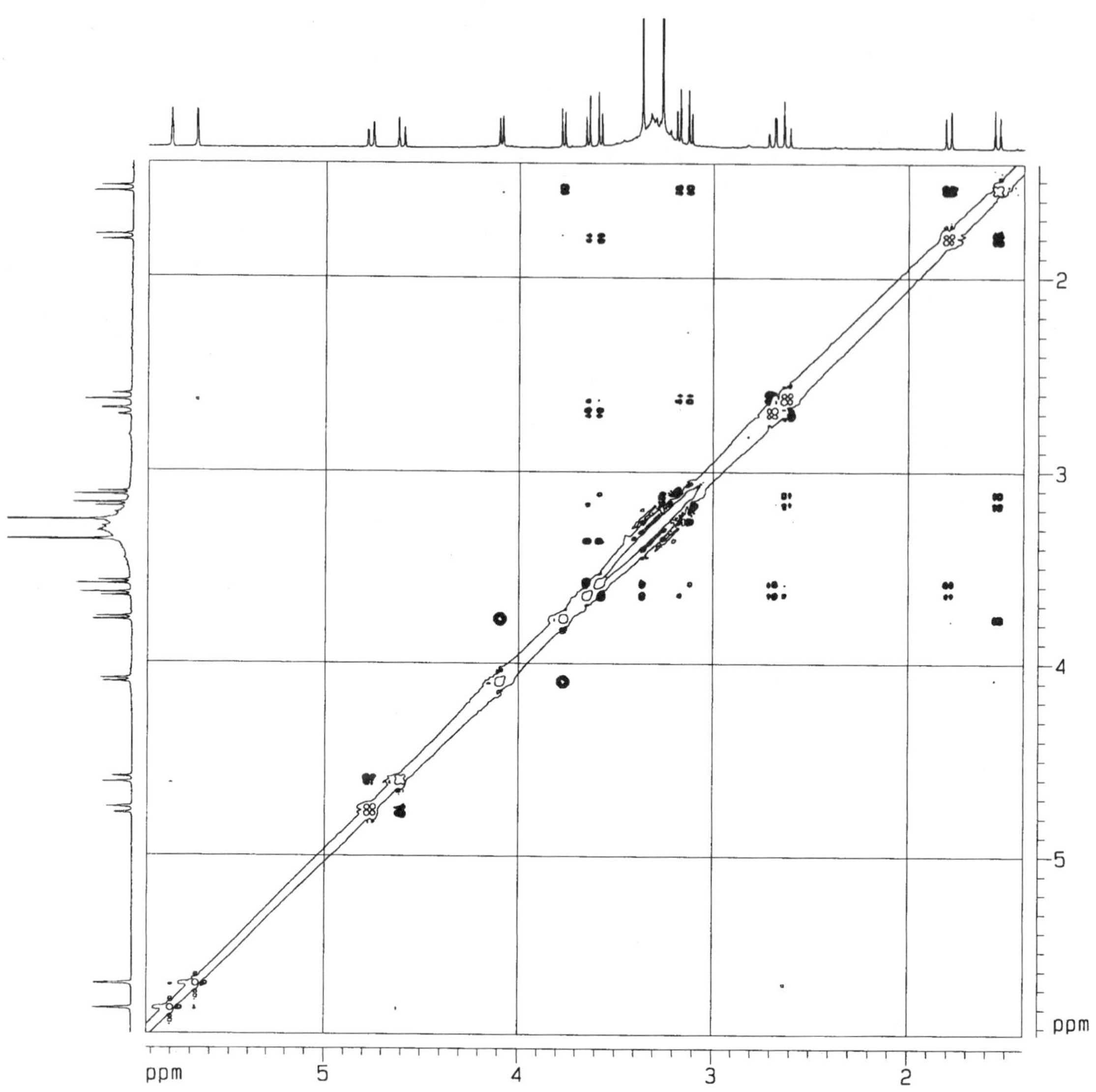

그림 7-43 문제 7-6

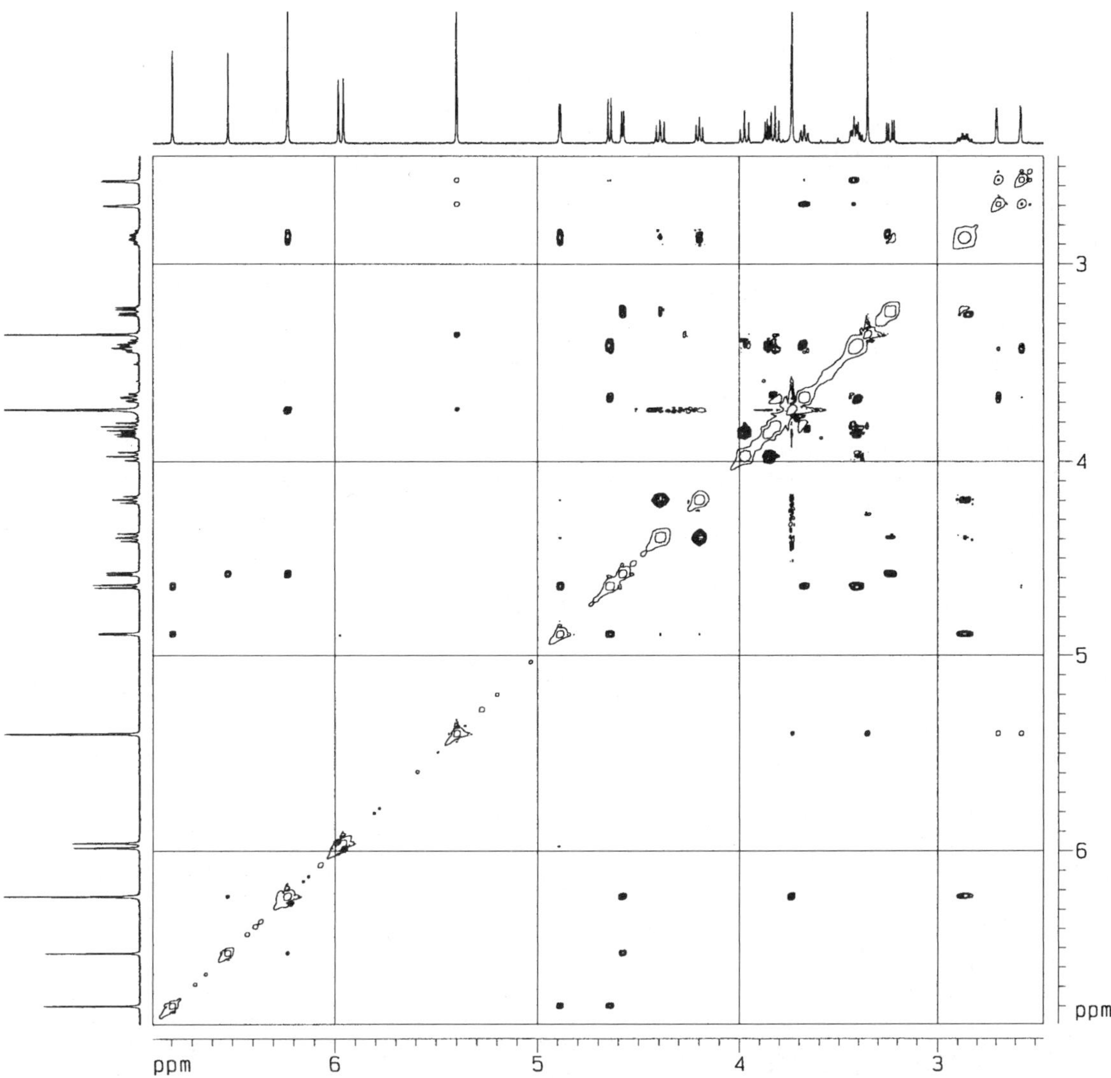

그림 7-44 문제 7-8

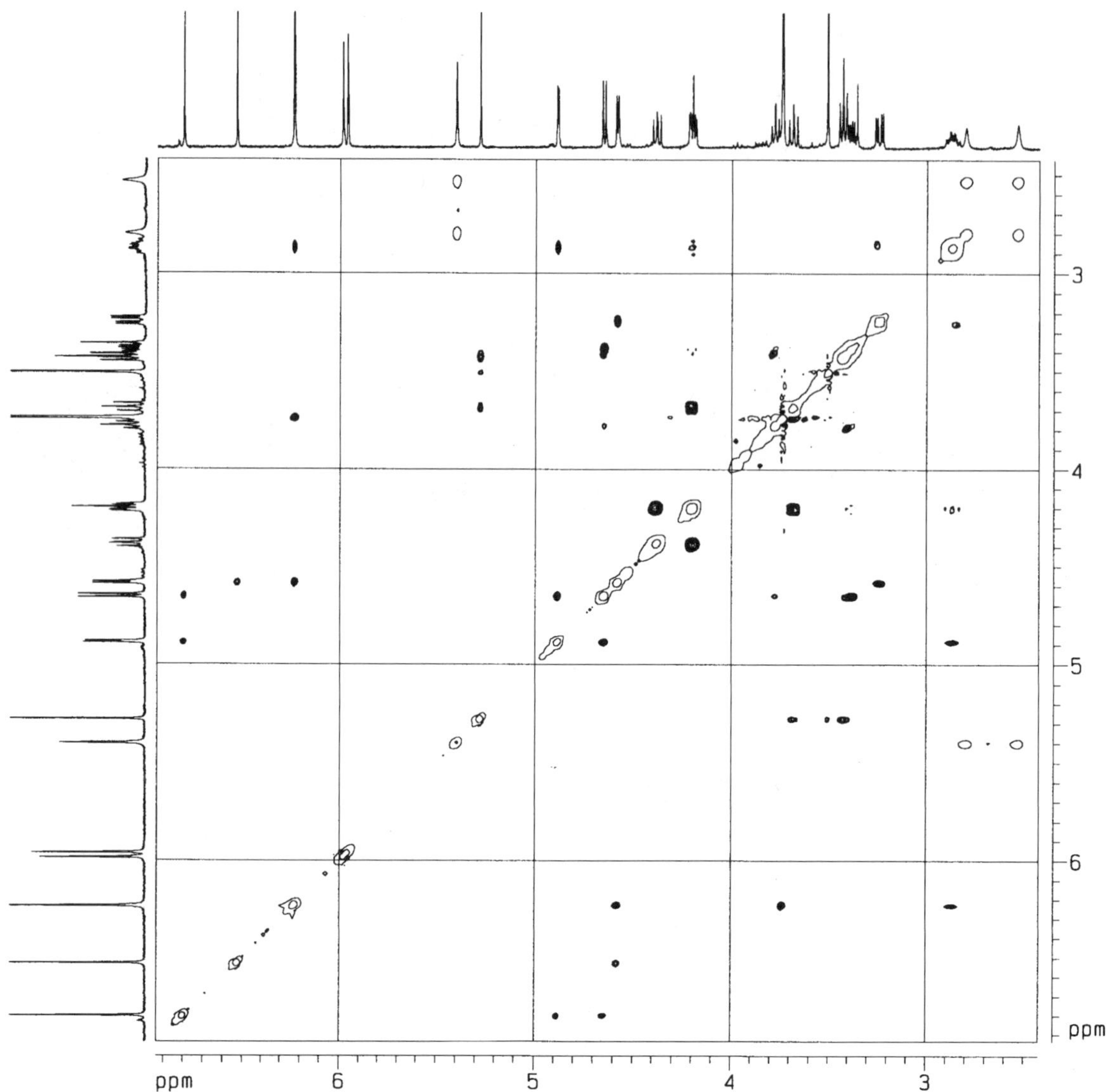

그림 7-45 문제 7-9

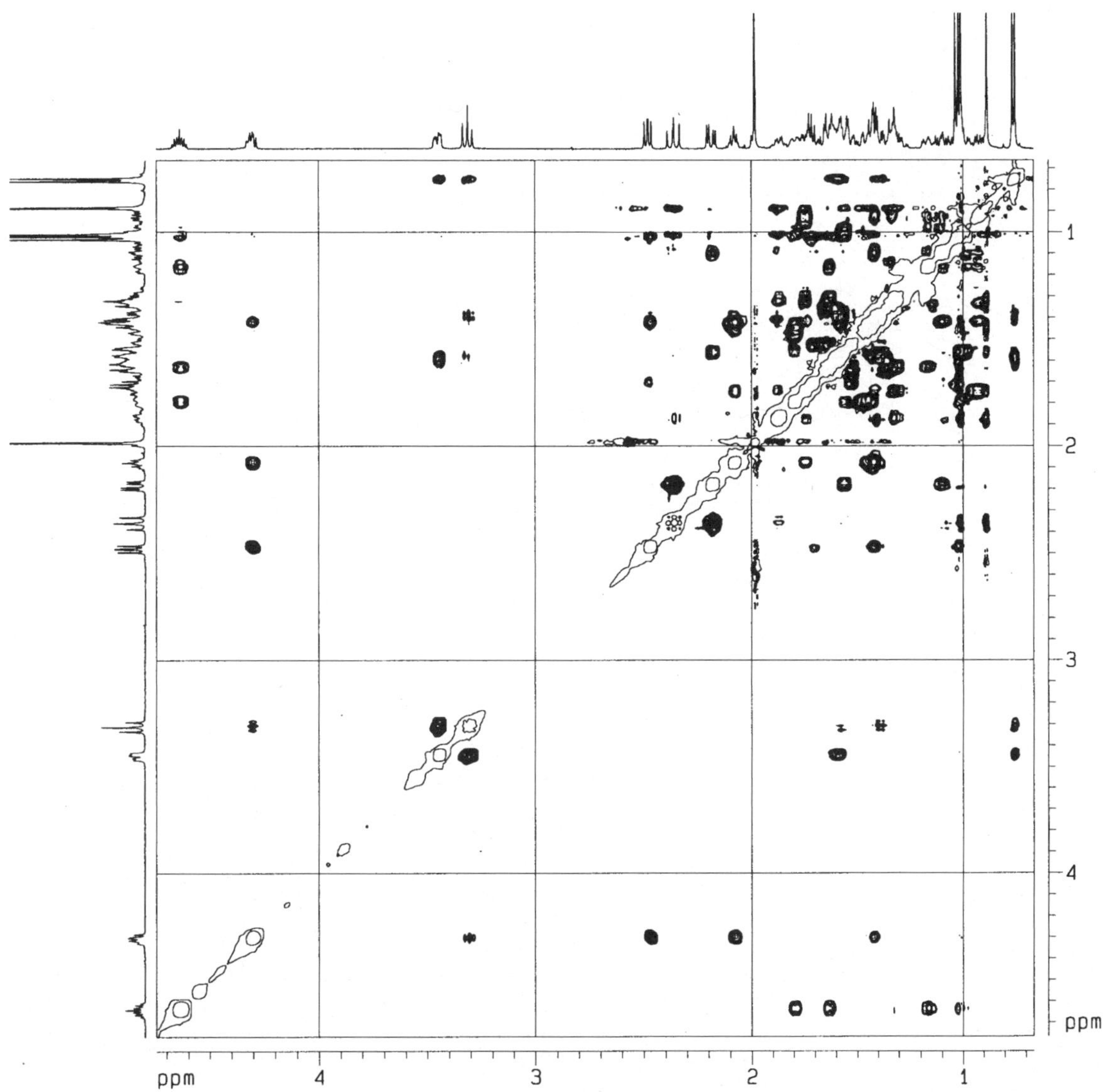

그림 7-46 문제 7-10

1. Test 문제

이 곳에서는 앞의 연습문제들로 읽힌 지식들을 이용하여 구조를 알아 낼 수 있는 능력을 스스로 test하여 보도록 추가적으로 문제를 제시하였다. 모든 문제에 분자식을 제공하였고 구조를 밝힐 수 있는 최소한의 스펙트럼들만 제공하였으므로 각 문제들은 똑같은 종류의 스펙트럼을 보여 주지는 않았다.

문제 1 그림 A−1a~c는 분자식 $C_{14}H_{22}O$를 가지고 있는 물질의 ^{1}H, ^{13}C(DEPT), HSQC, HMBC 스펙트럼들이다.

문제 2 그림 A−2a~c는 분자식 $C_{14}H_{22}O$를 가지고 있는 물질의 ^{1}H, ^{13}C(DEPT), HSQC, HMBC 스펙트럼들이다.

문제 3 그림 A−3a~f는 분자식 $C_{15}H_{21}NO_3$를 가지고 있는 물질의 ^{1}H, ^{13}C(DEPT), 1D−NOESY, COSY, HSQC, HMBC 스펙트럼들이다.

문제 4 그림 A−4a~c는 분자식 $C_{15}H_{21}NO_3$를 가지고 있는 물질의 ^{1}H, ^{13}C(DEPT), 1D−NOESY, 스펙트럼들이며 문제 3의 stereoisomer이다.

문제 5 그림 A−5a~j는 분자식 $C_{20}H_{24}O_4$를 가지고 있는 물질의 ^{1}H, ^{13}C(DEPT), COSY, HSQC, HMBC, NOESY, 2D−INADEQUATE 스펙트럼들이다.

문제 6 그림 A−6a~e는 분자식 $C_{24}H_{22}NOCl$를 가지고 있는 물질의 ^{1}H, ^{13}C(DEPT), 1D−NOESY, HSQC, HMBC 스펙트럼들이다.

문제 7 그림 A−7a~e는 분자식 $C_{24}H_{22}NOCl$를 가지고 있는 물질의 ^{1}H, ^{13}C(DEPT), 1D−NOESY, HSQC, HMBC 스펙트럼들이다.

문제 8 그림 A−8a~f는 분자식 $C_{18}H_{23}NO_2S$를 가지고 있는 물질의 ^{1}H, ^{13}C, 1D−NOESY, COSY, HSQC, HMBC 스펙트럼들이다.

문제 9 그림 A−9a~e는 분자식 $C_{23}H_{25}NO_2S$를 가지고 있는 물질의 ^{1}H, ^{13}C, 1D−NOESY, COSY, HSQC 스펙트럼들이다.

문제 10 그림 A−10a~g는 분자식 $C_{30}H_{31}NO_5$를 가지고 있는 물질의 ^{1}H, ^{13}C(DEPT), COSY, TOCSY, HSQC, HMBC, NOESY 스펙트럼들이다.

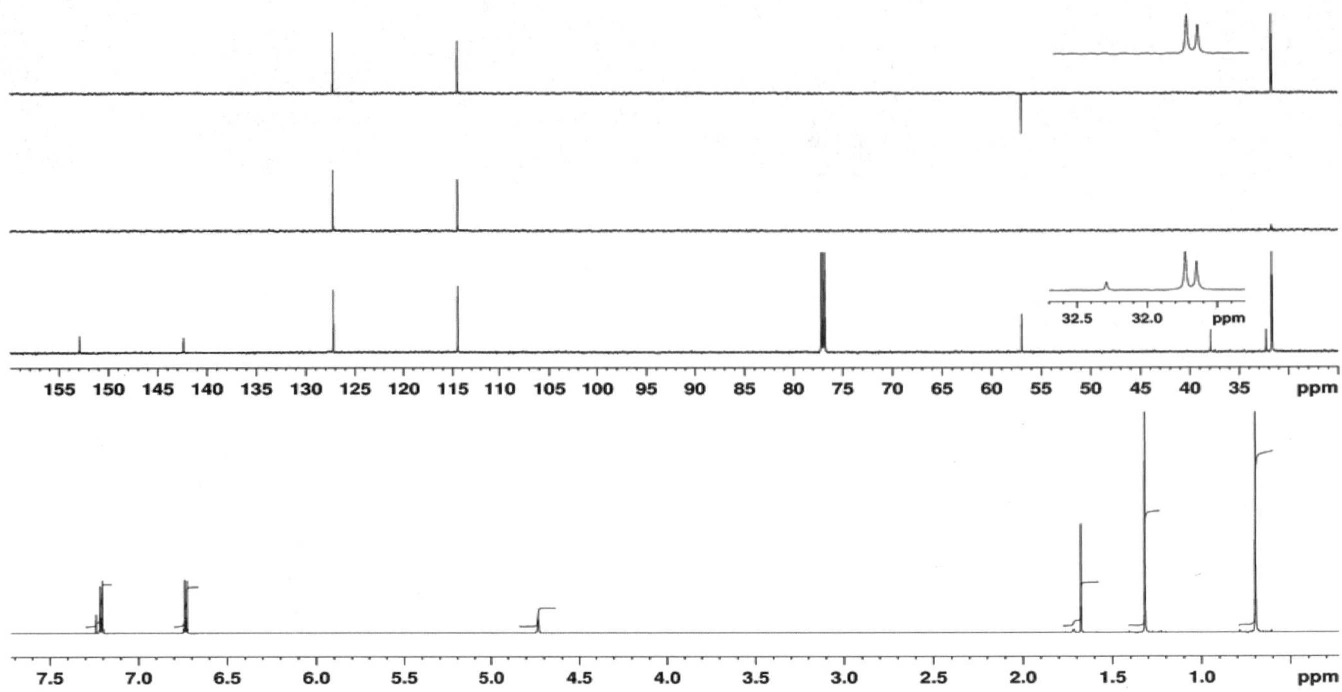

그림 A−1a 문제 1

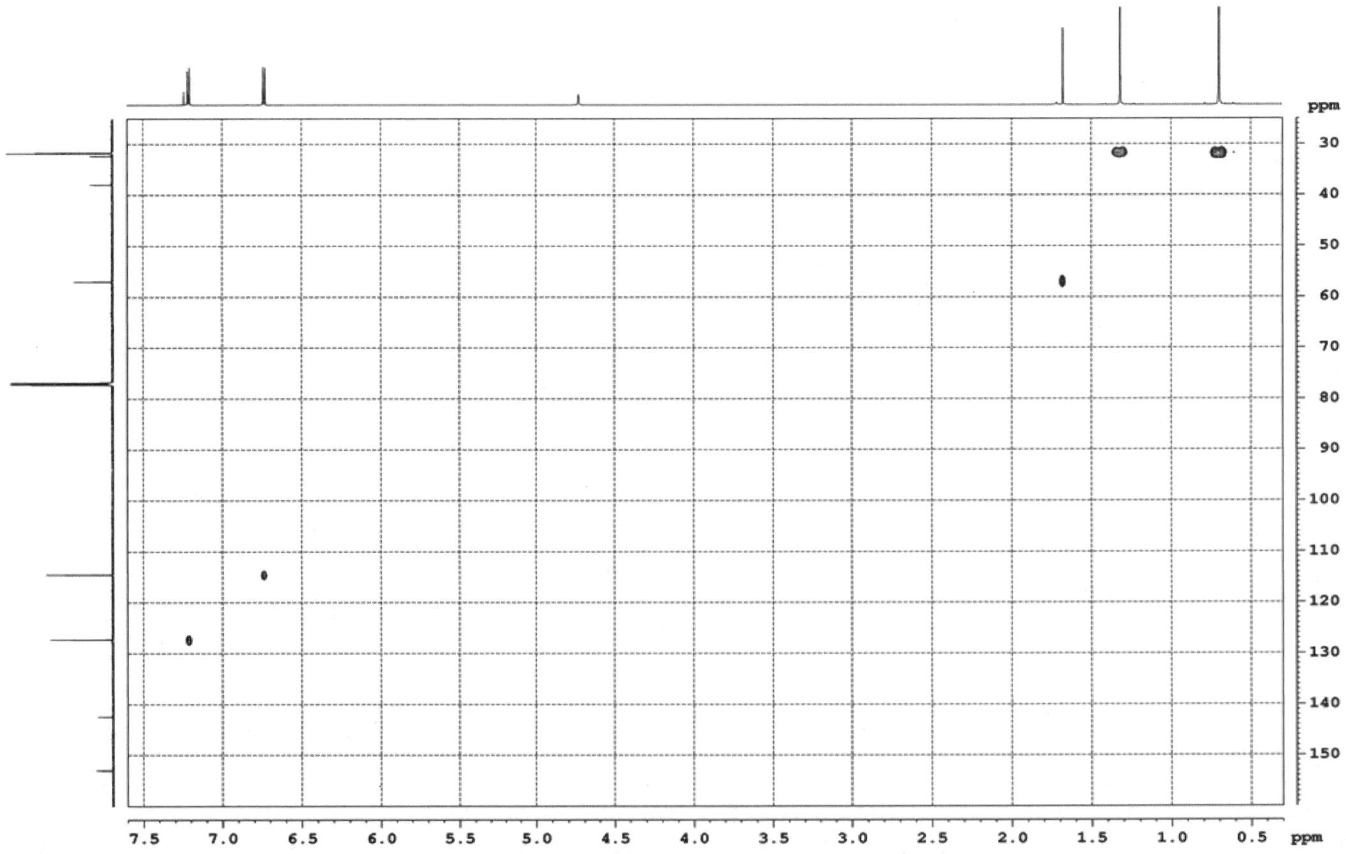

그림 A−1b 문제 1

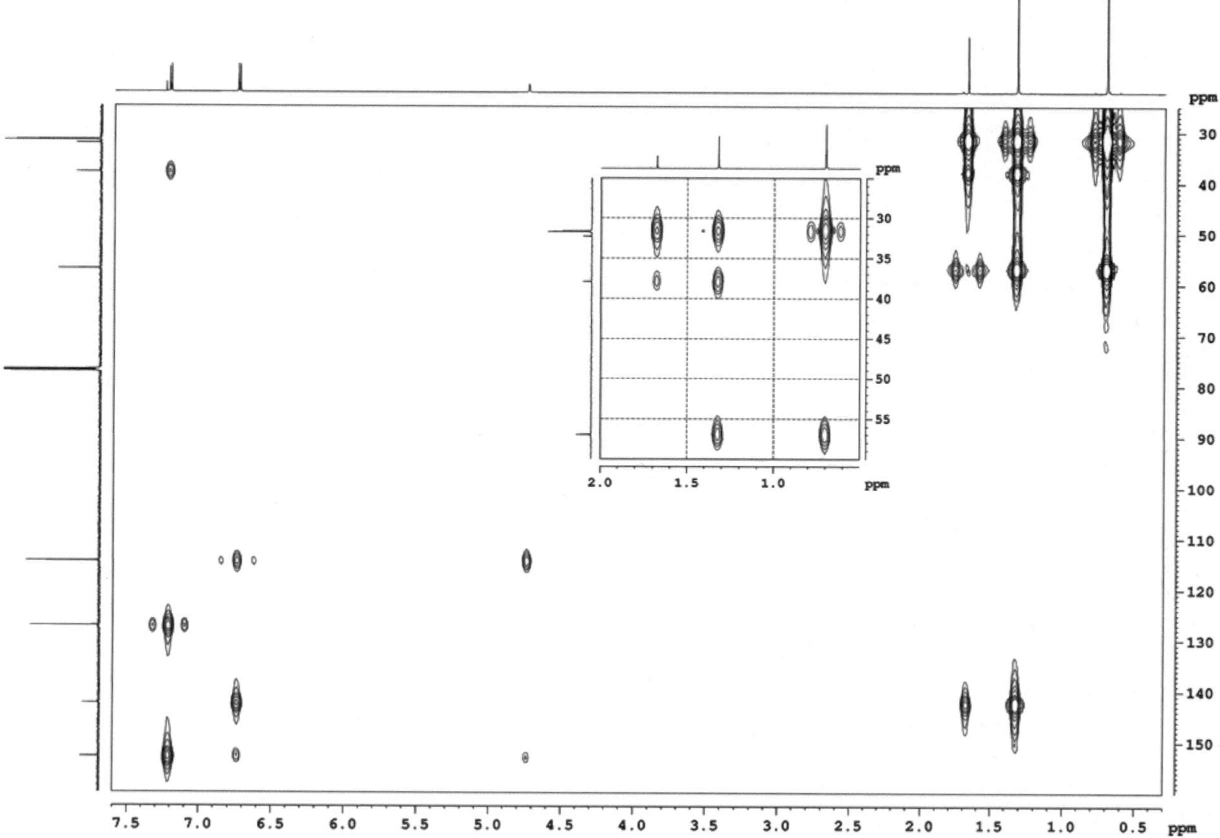

그림 A-1c 문제 1

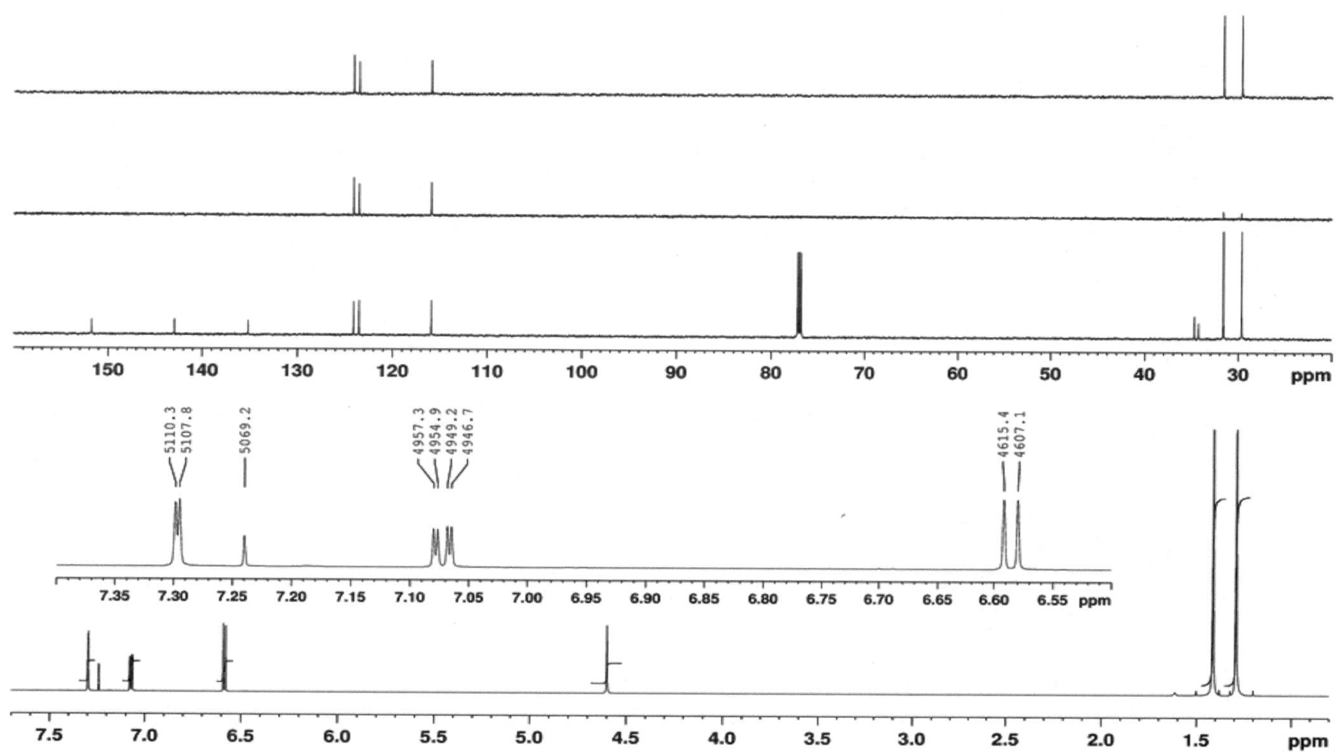

그림 A-2a 문제 2

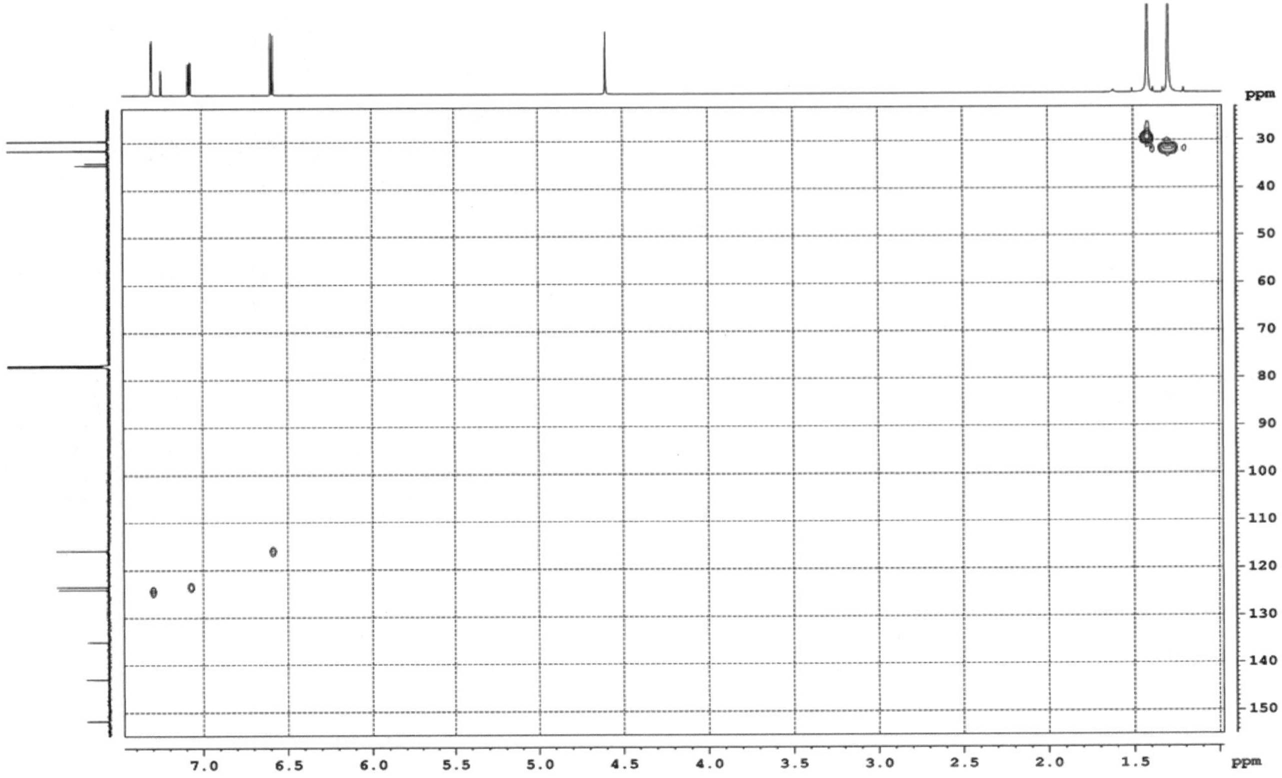

그림 A-2b 문제 2

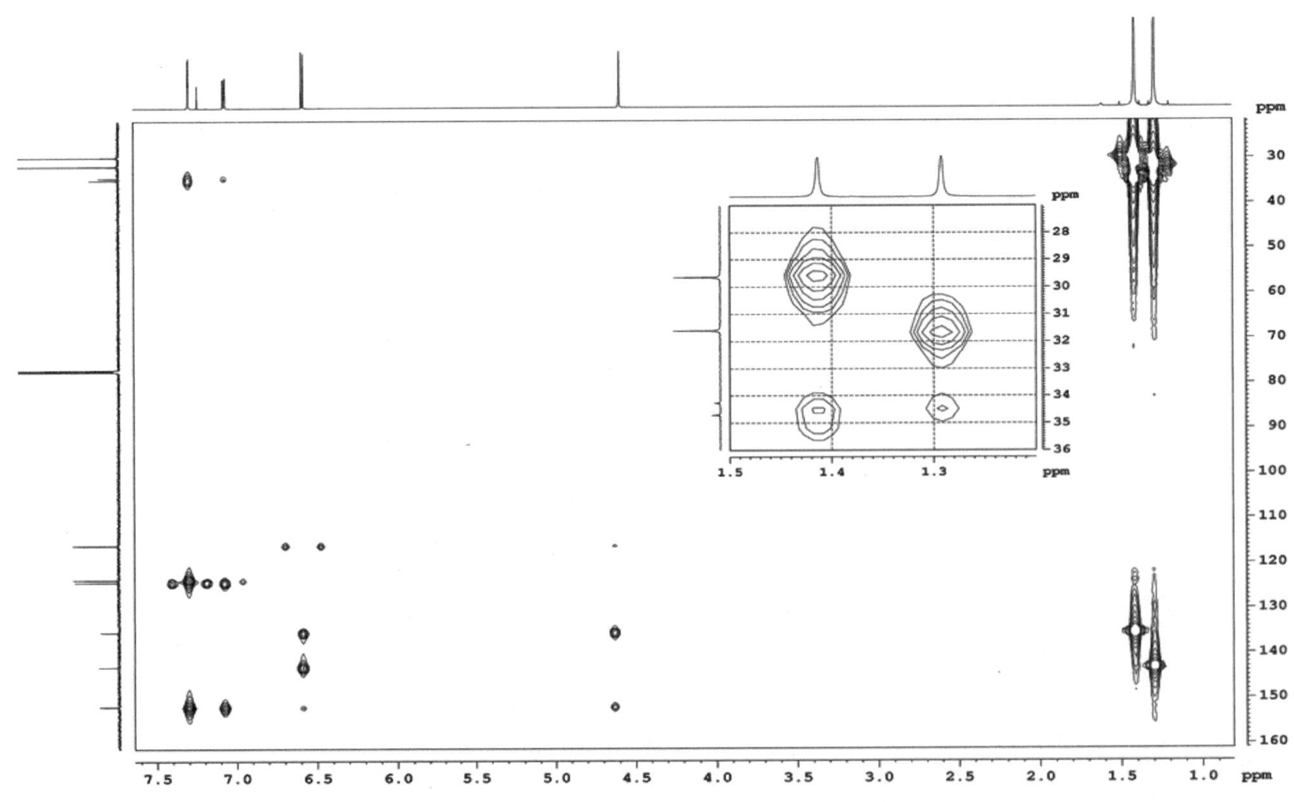

그림 A-2c 문제 2

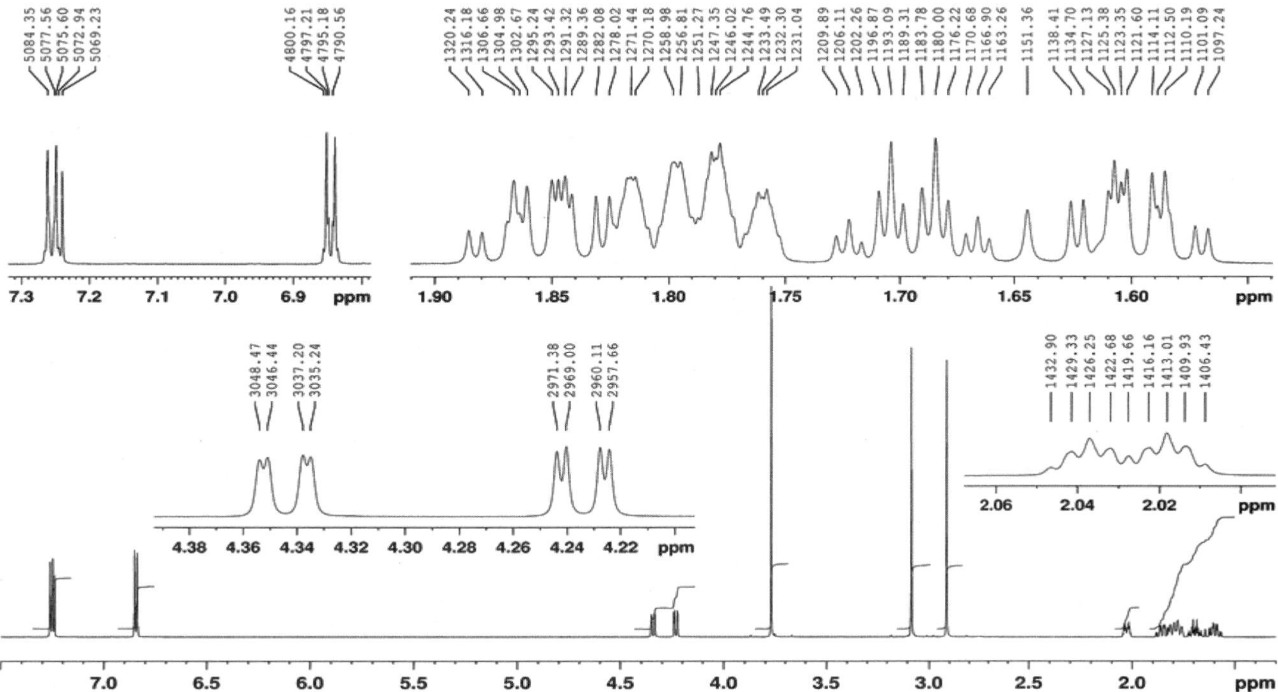

그림 A-3a 문제 3

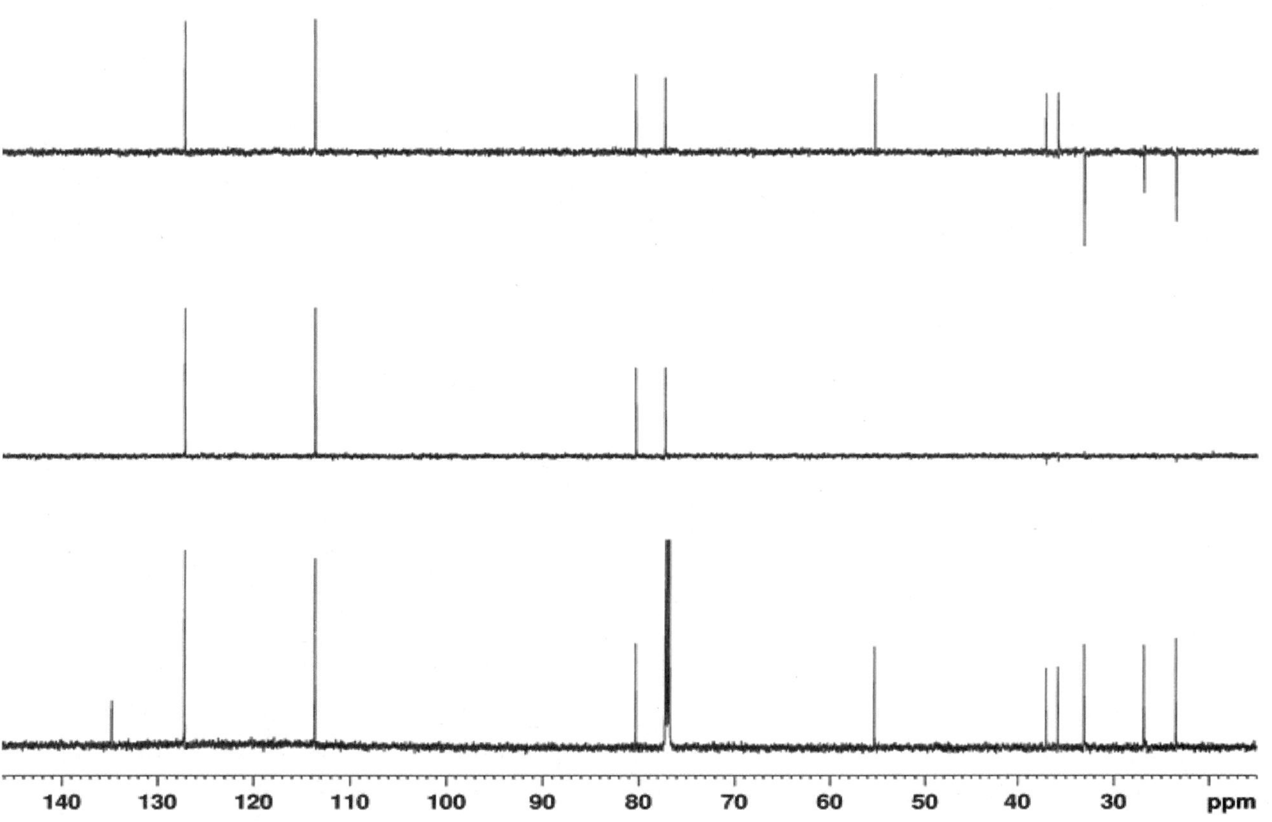

그림 A-3b 문제 3

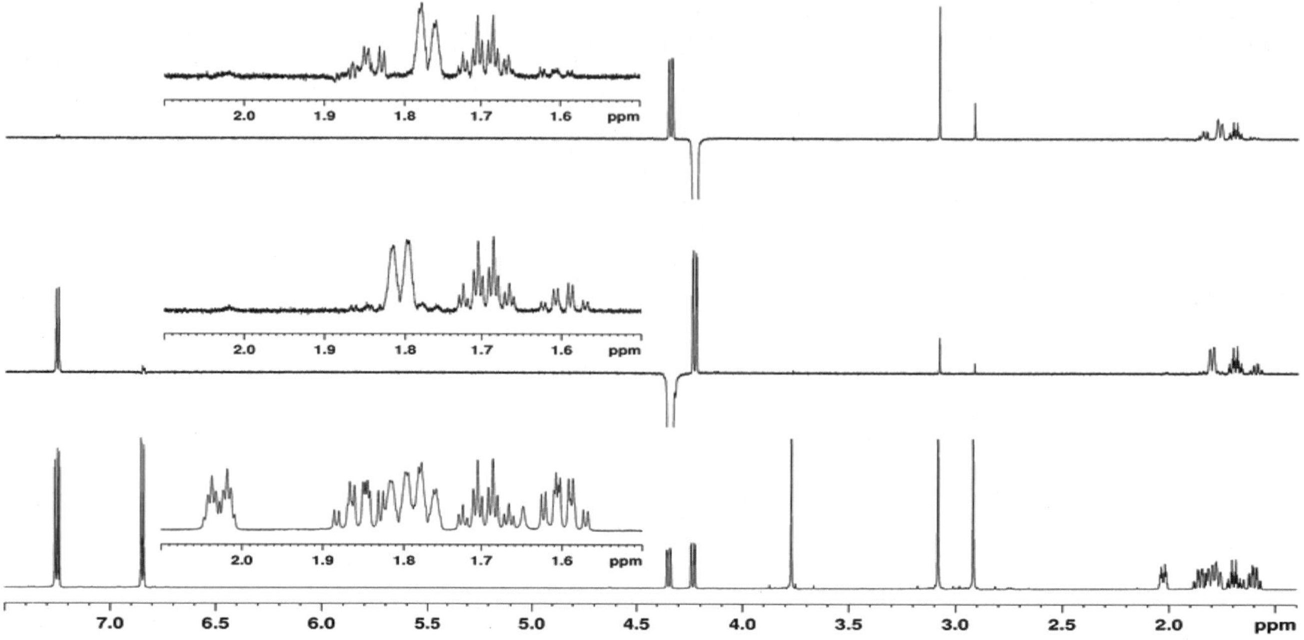

그림 A-3c 문제 3

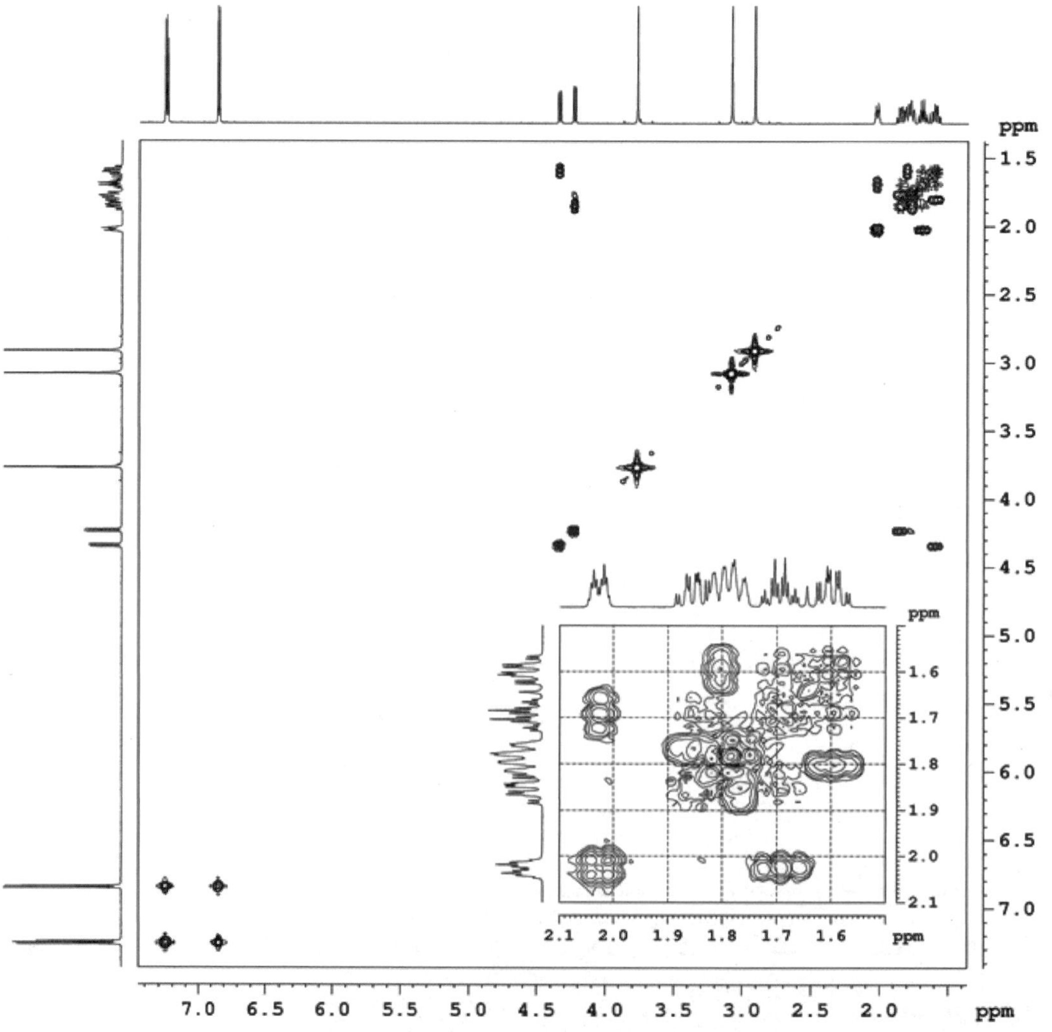

그림 A-3d 문제 3

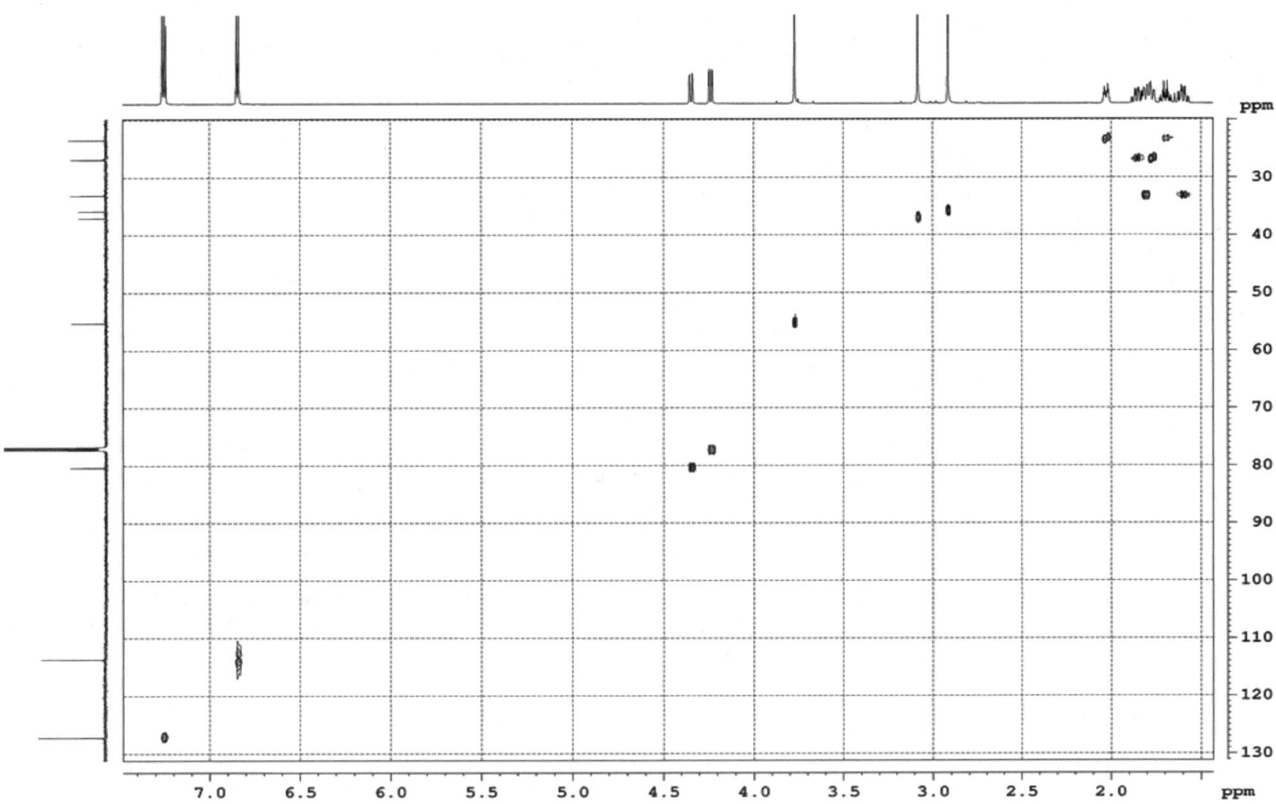

그림 A-3e 문제 3

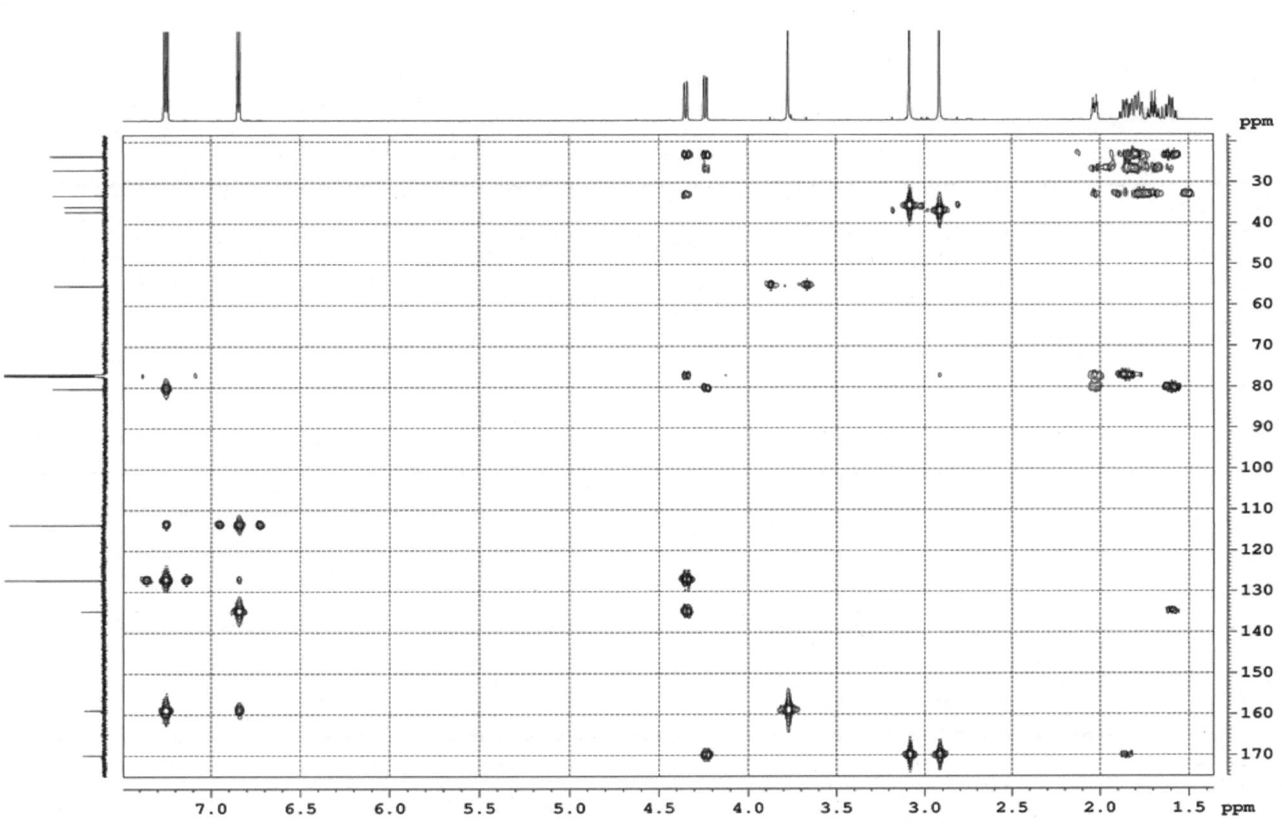

그림 A-3f 문제 3

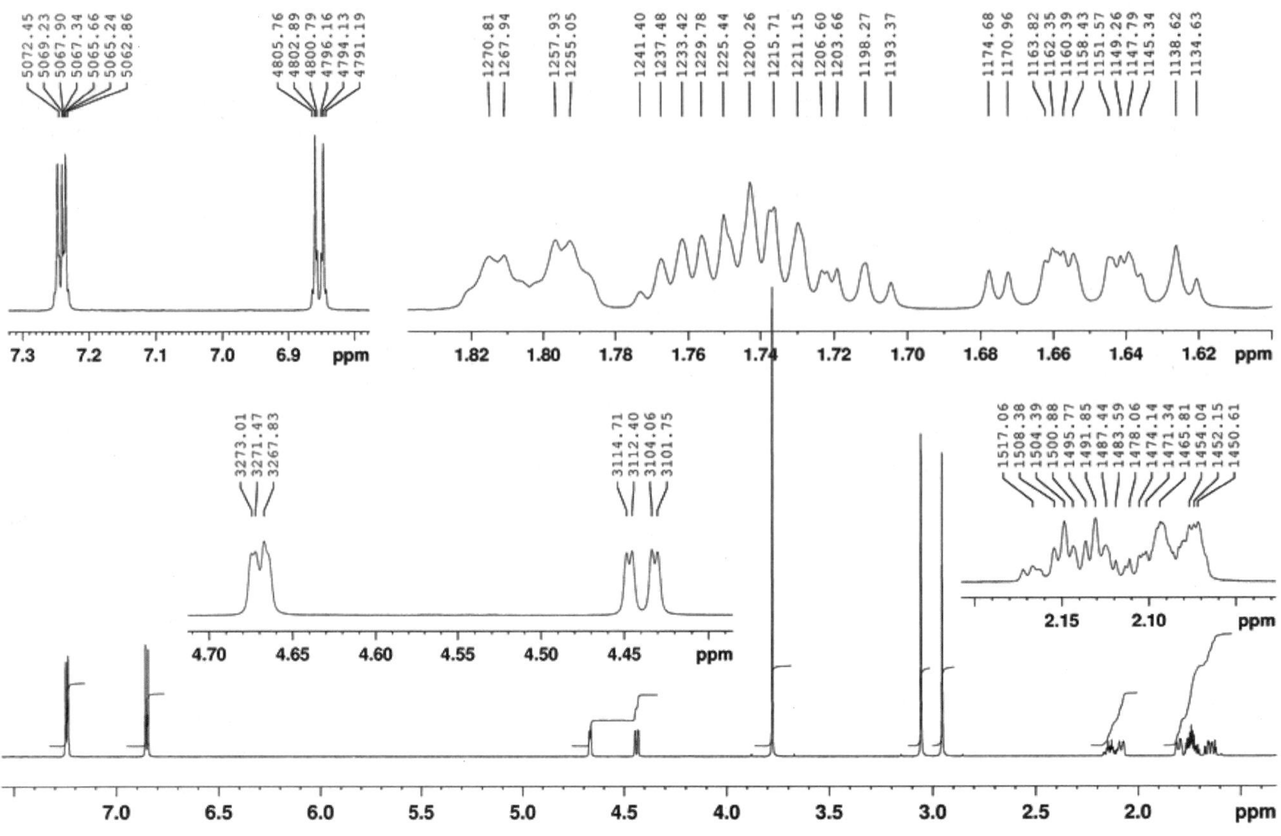

그림 A-4a 문제 4

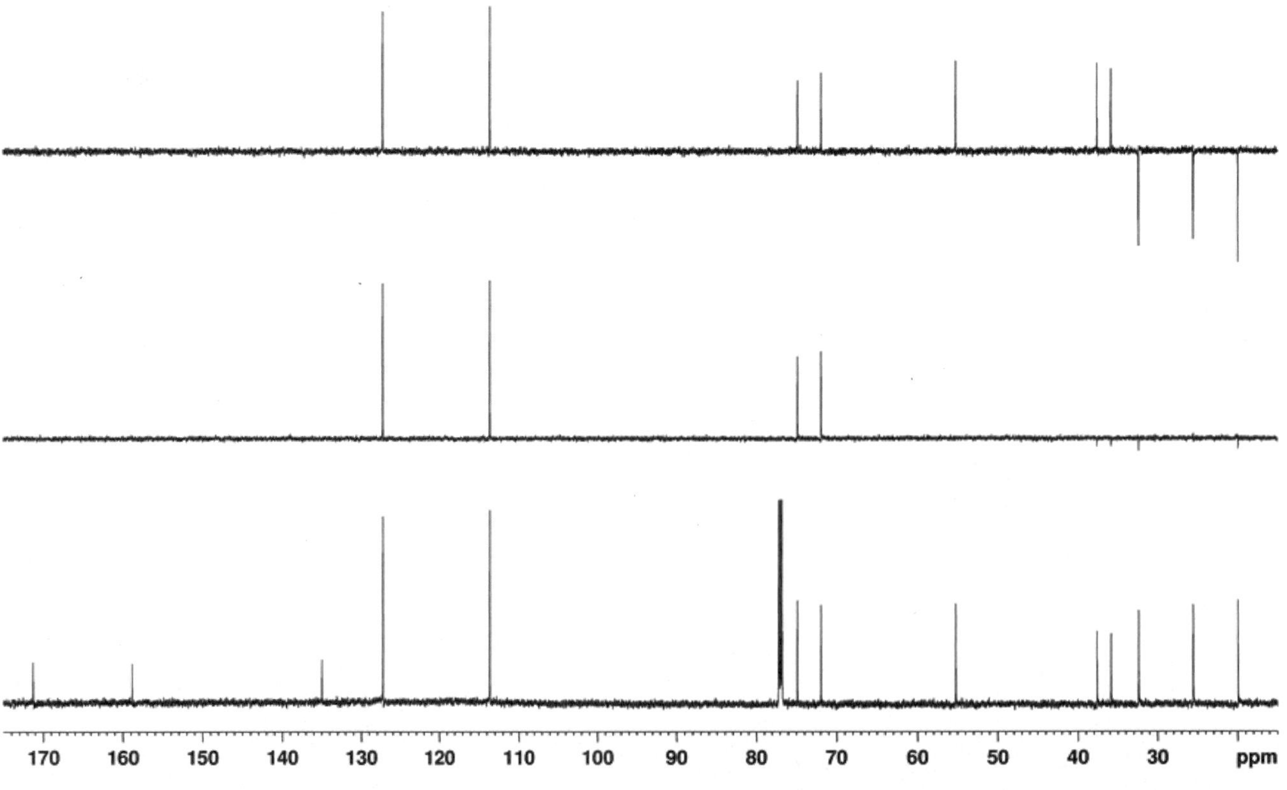

그림 A-4b 문제 4

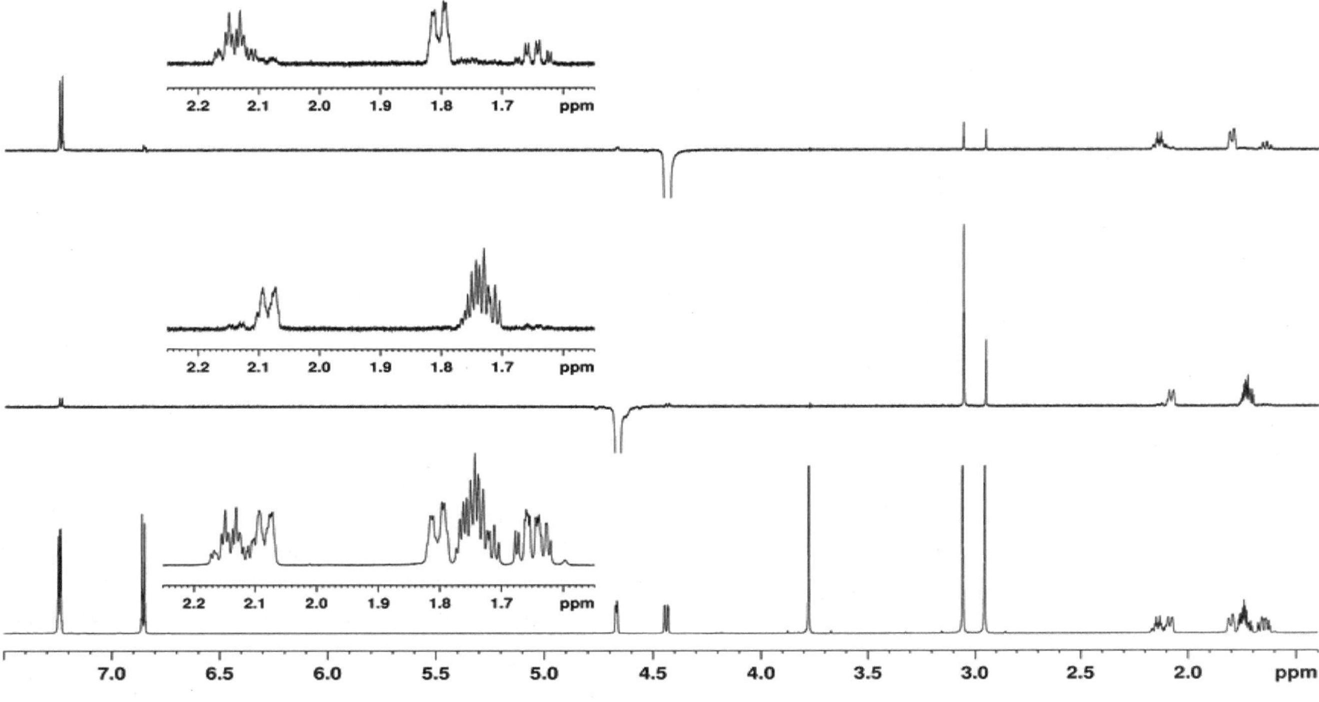

그림 A–4c 문제 4

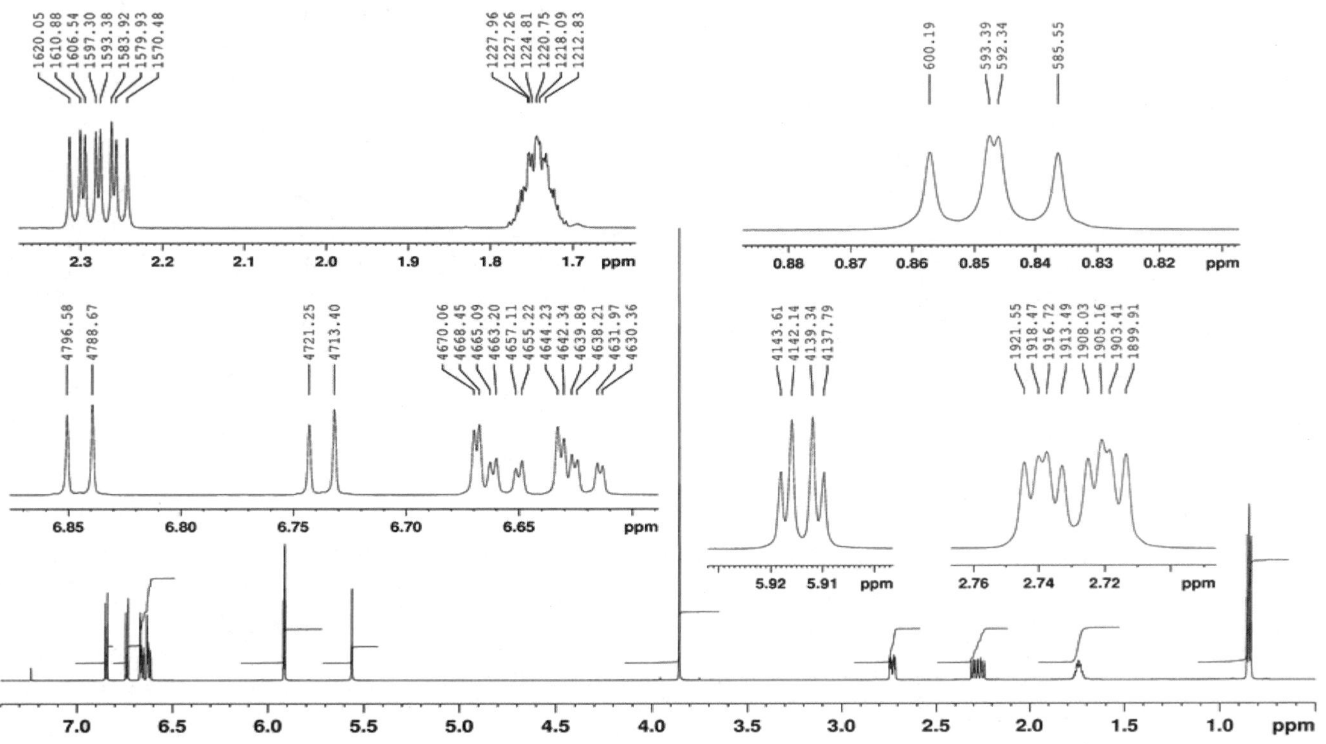

그림 A–5a 문제 5

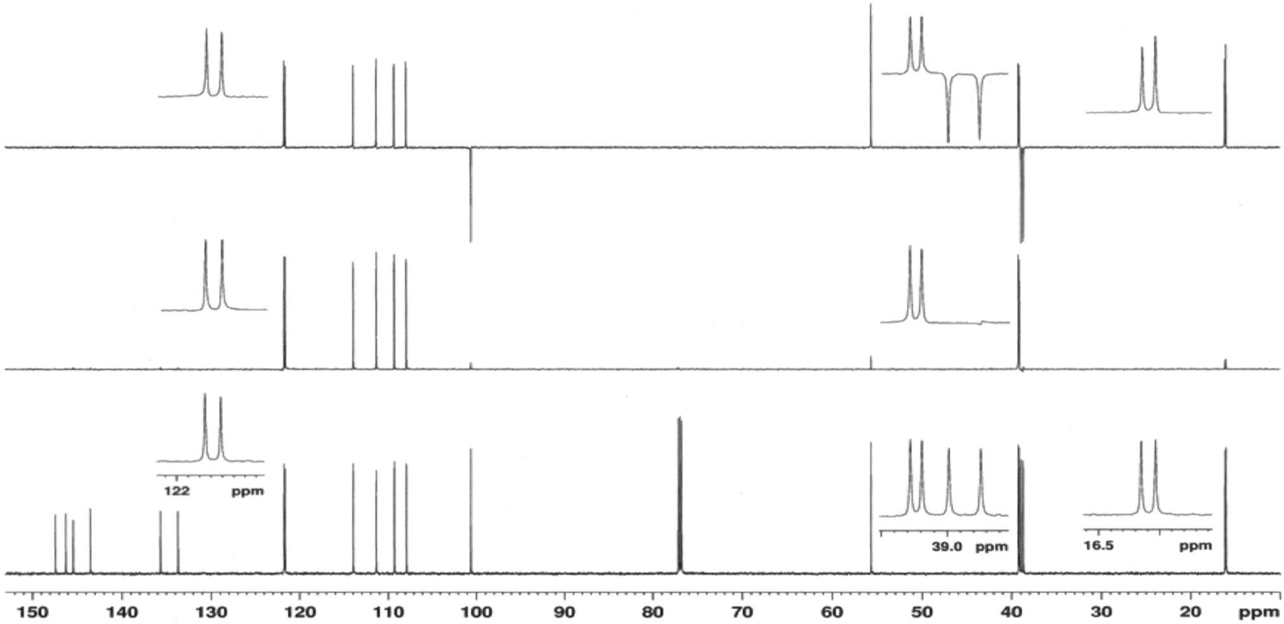

그림 A-5b 문제 5

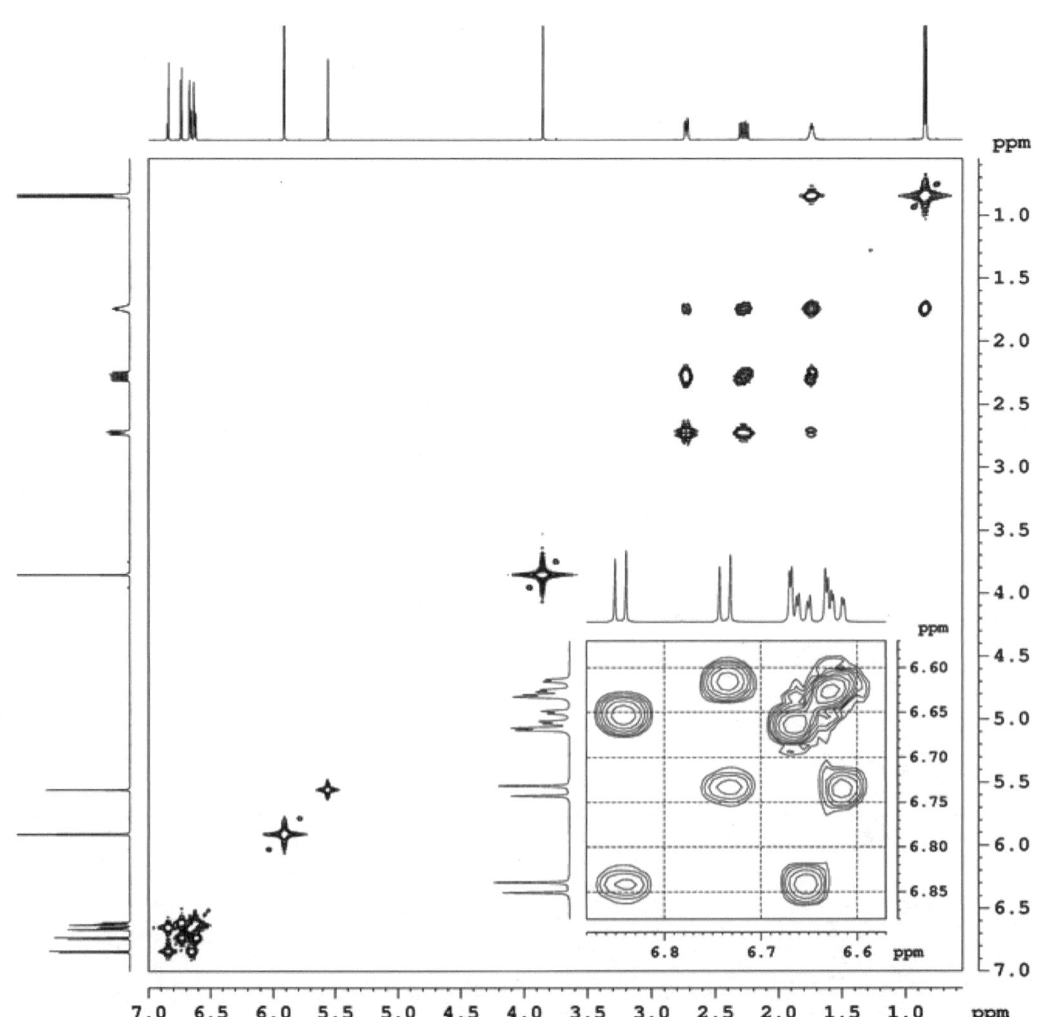

그림 A-5c 문제 5

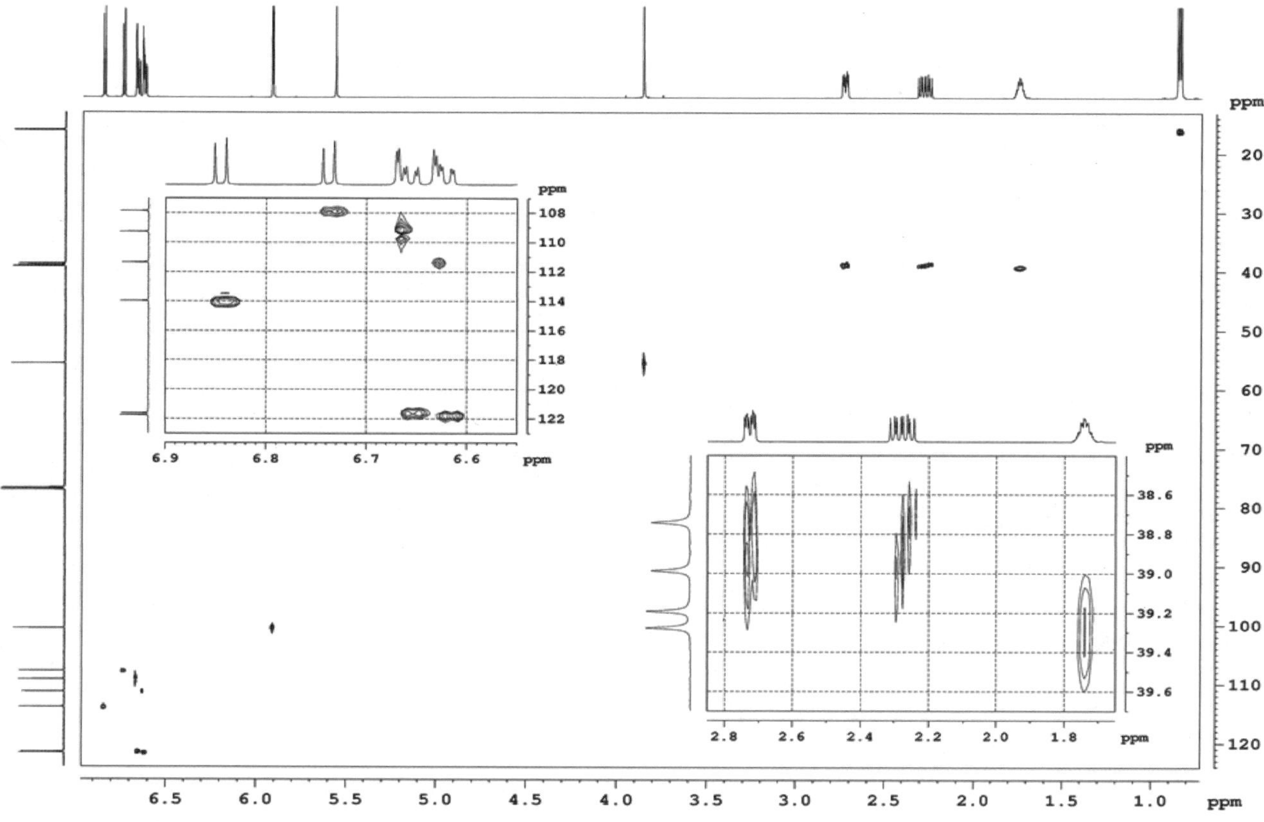

그림 A-5d 문제 5

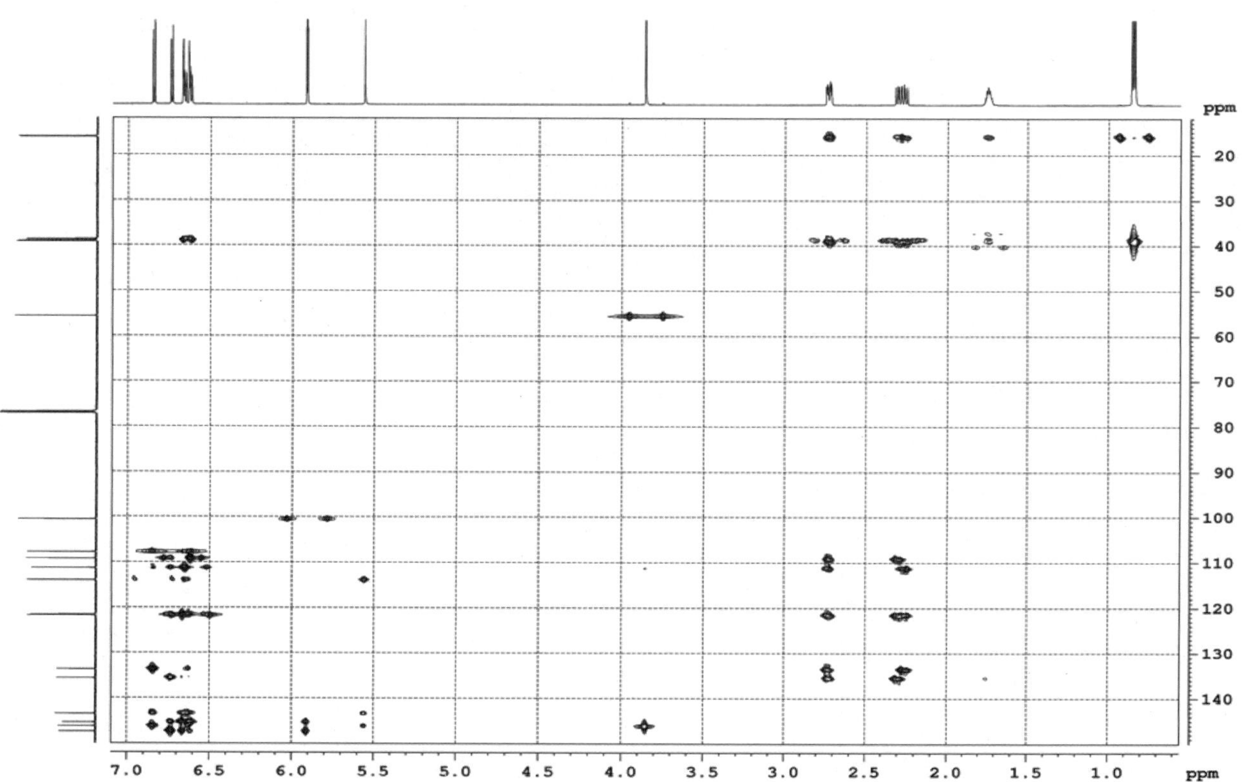

그림 A-5e 문제 5

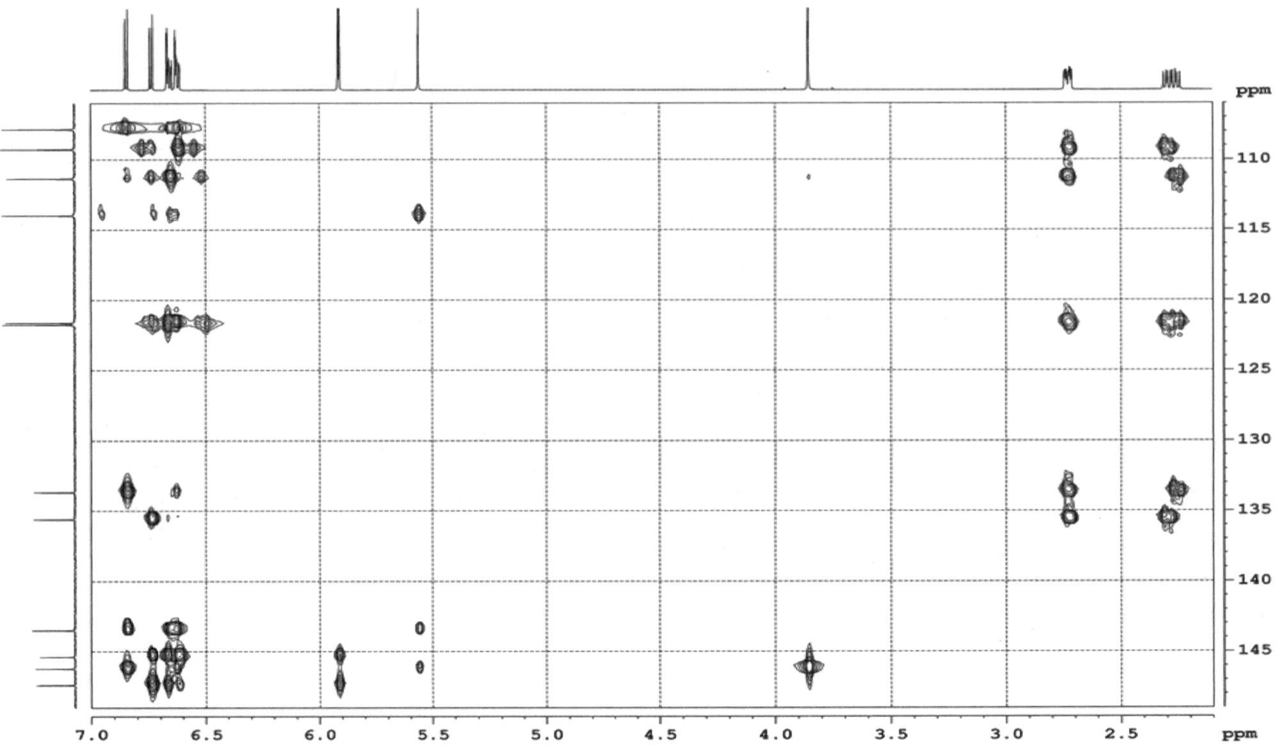

그림 A-5f 문제 5

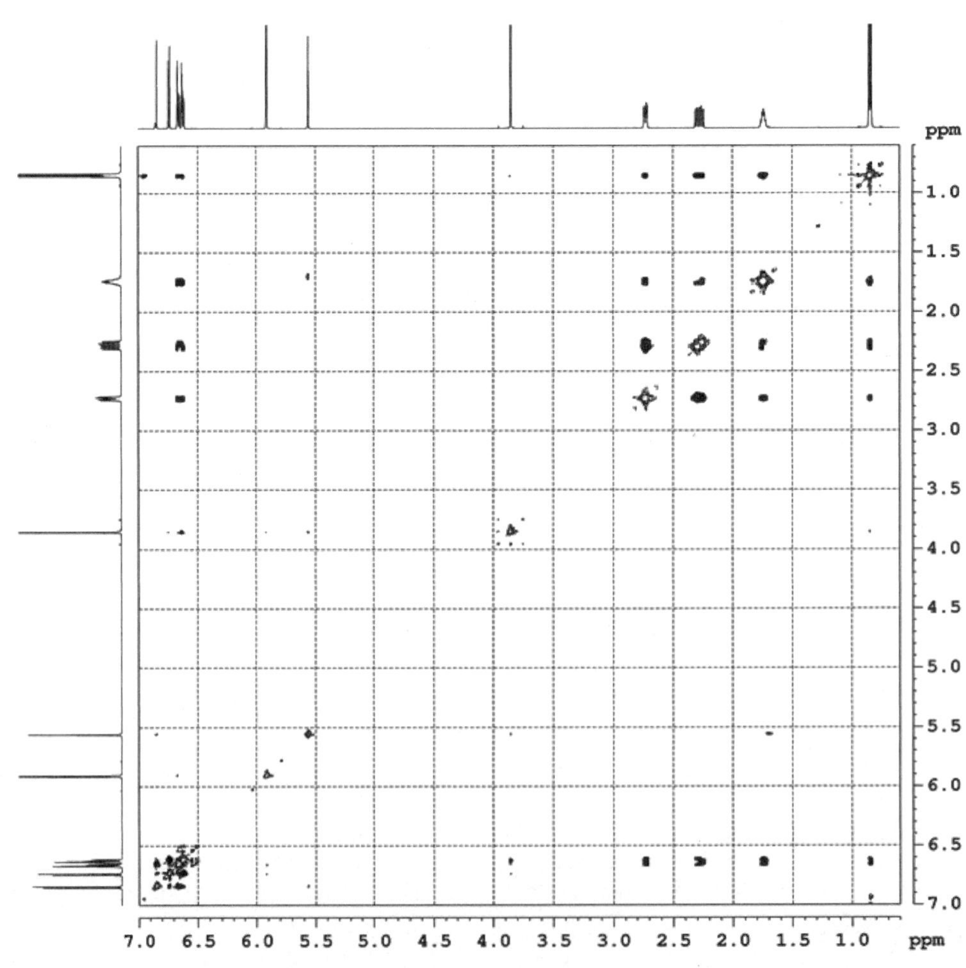

그림 A-5g 문제 5

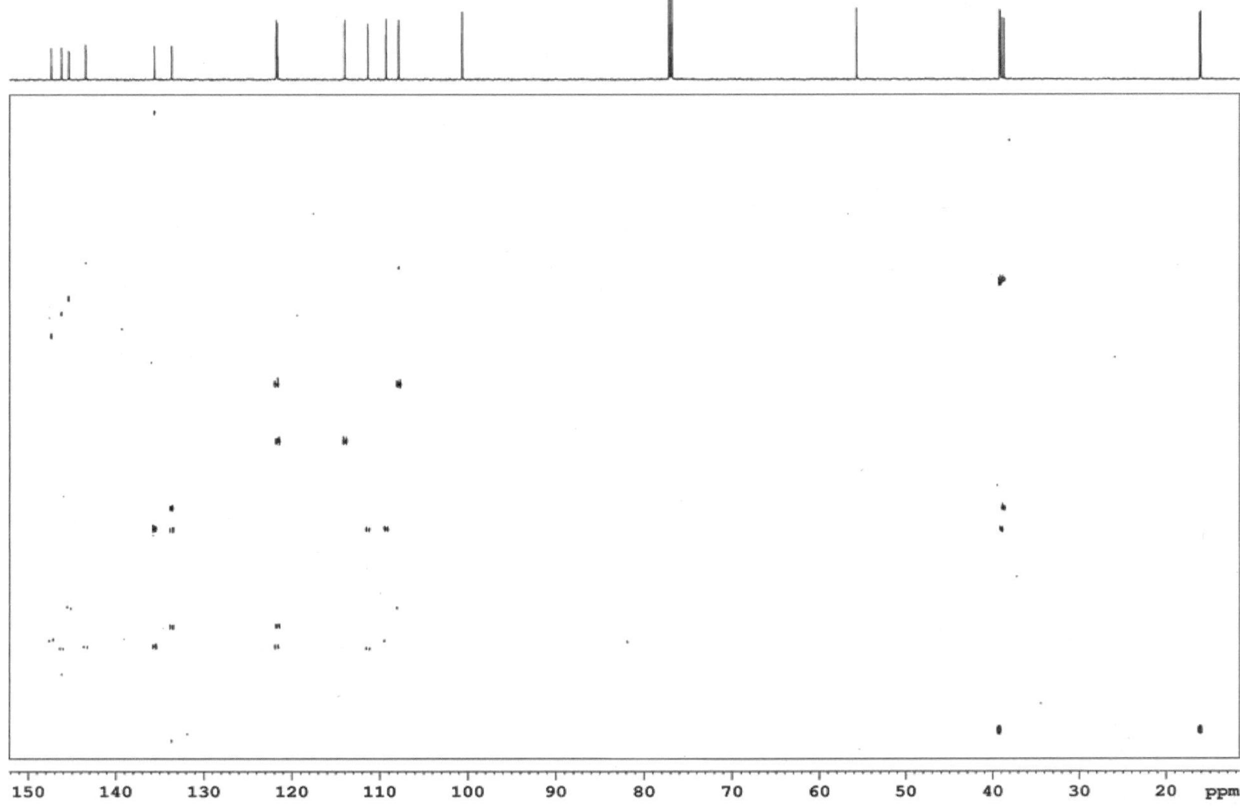

그림 A-5h 문제 5

그림 A-5i 문제 5

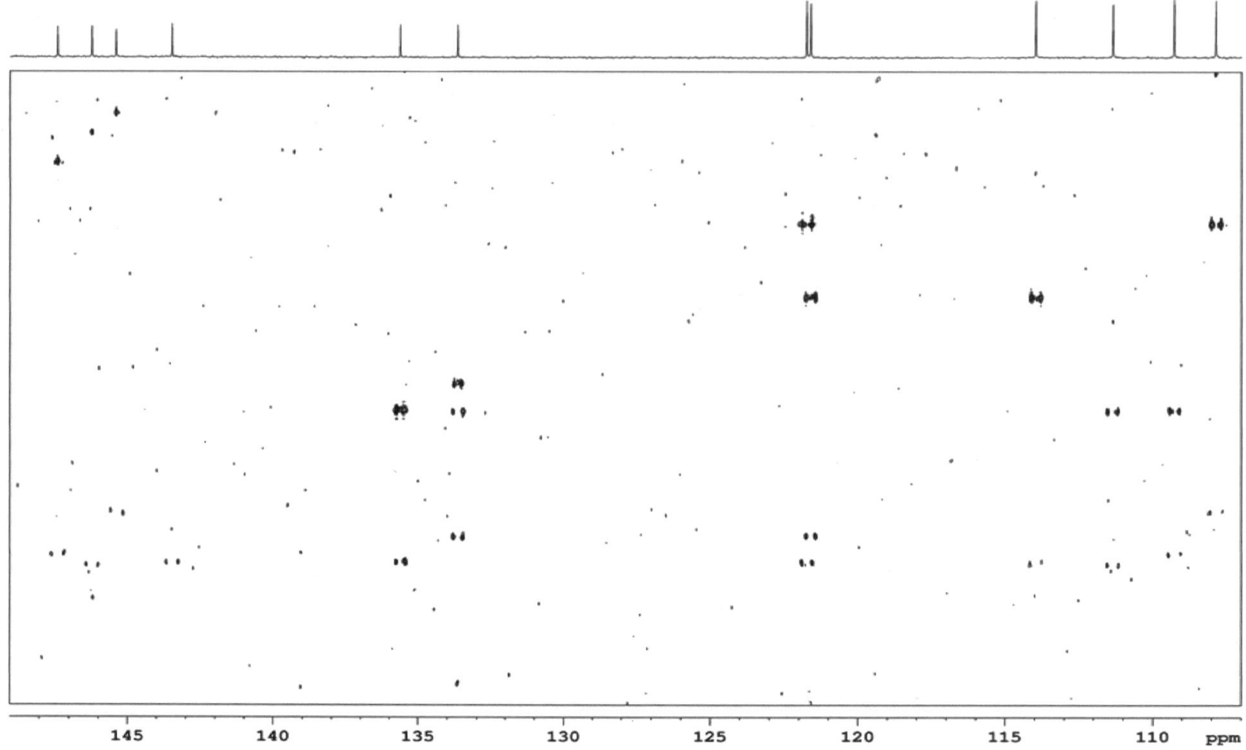

그림 A-5j 문제 5

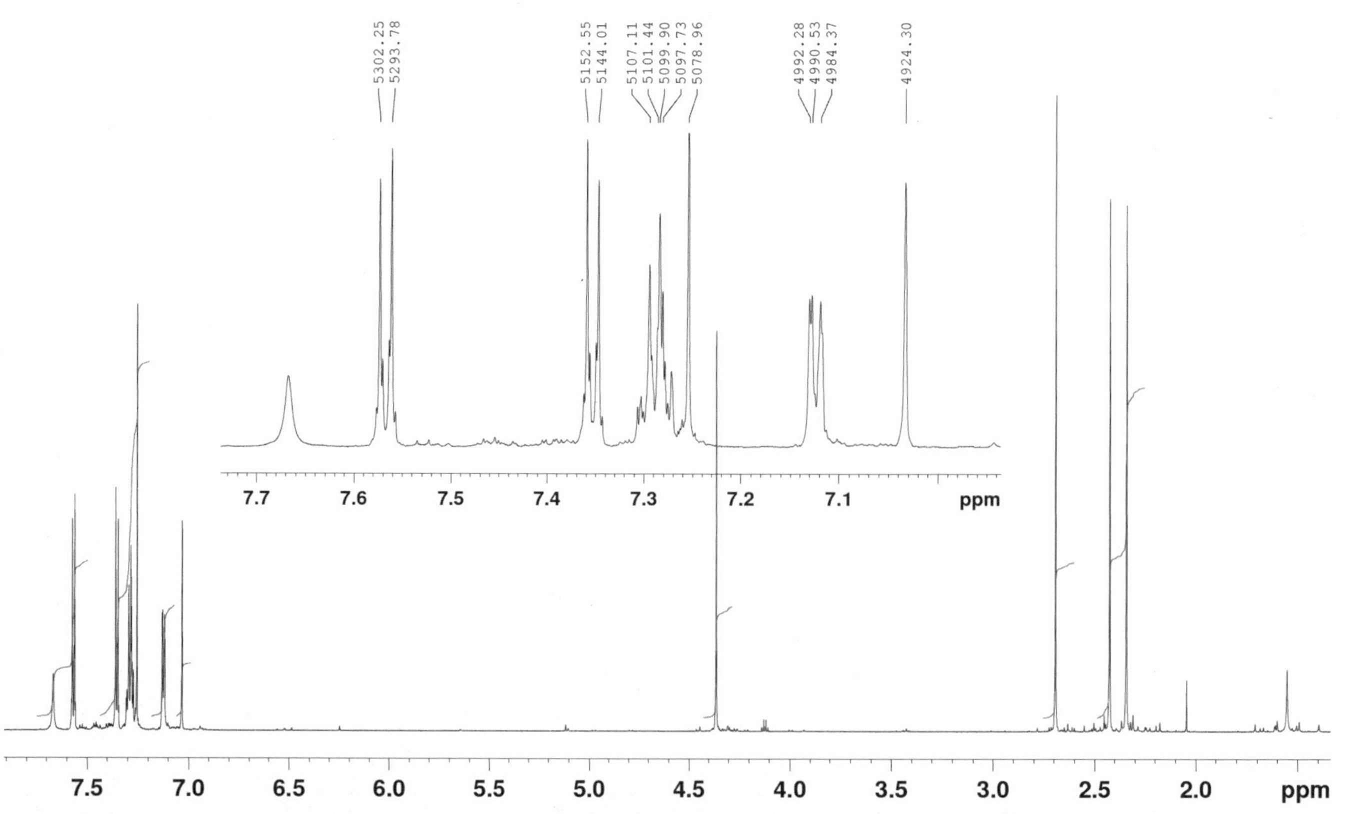

그림 A-6a 문제 6

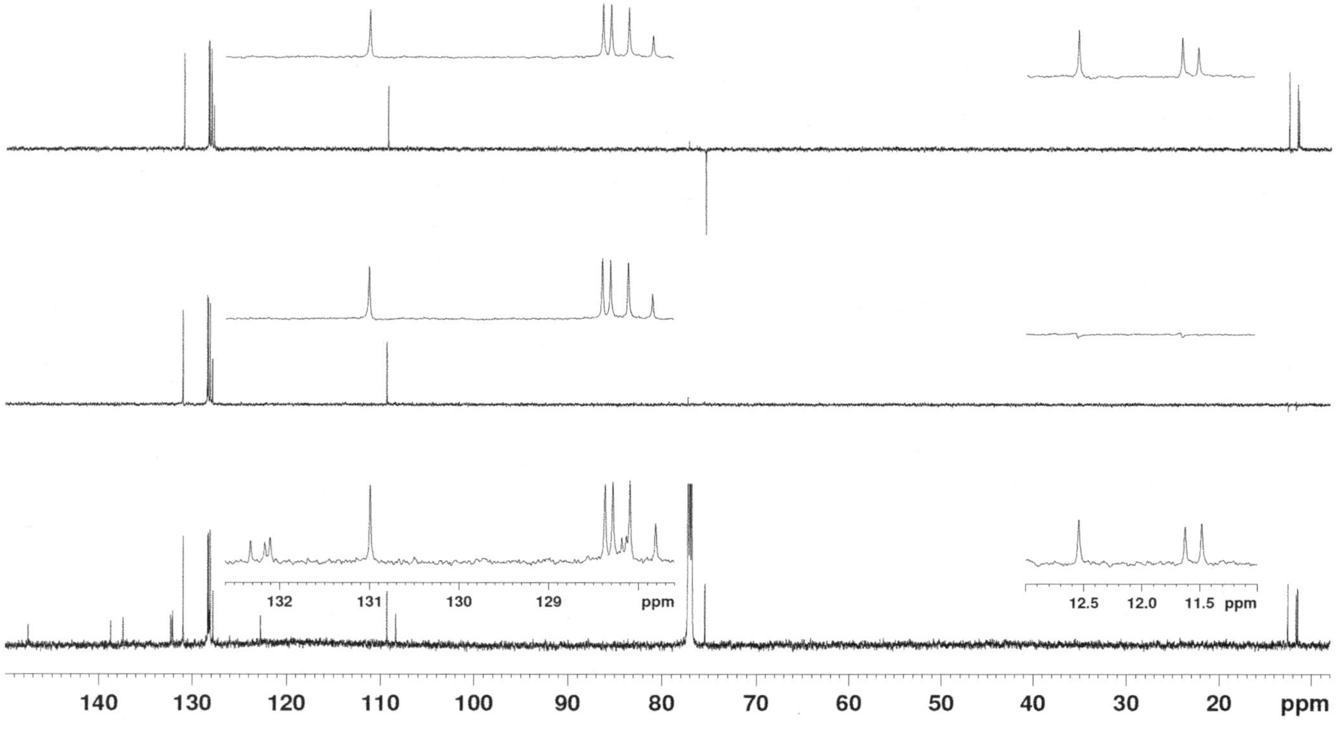

그림 A-6b 문제 6

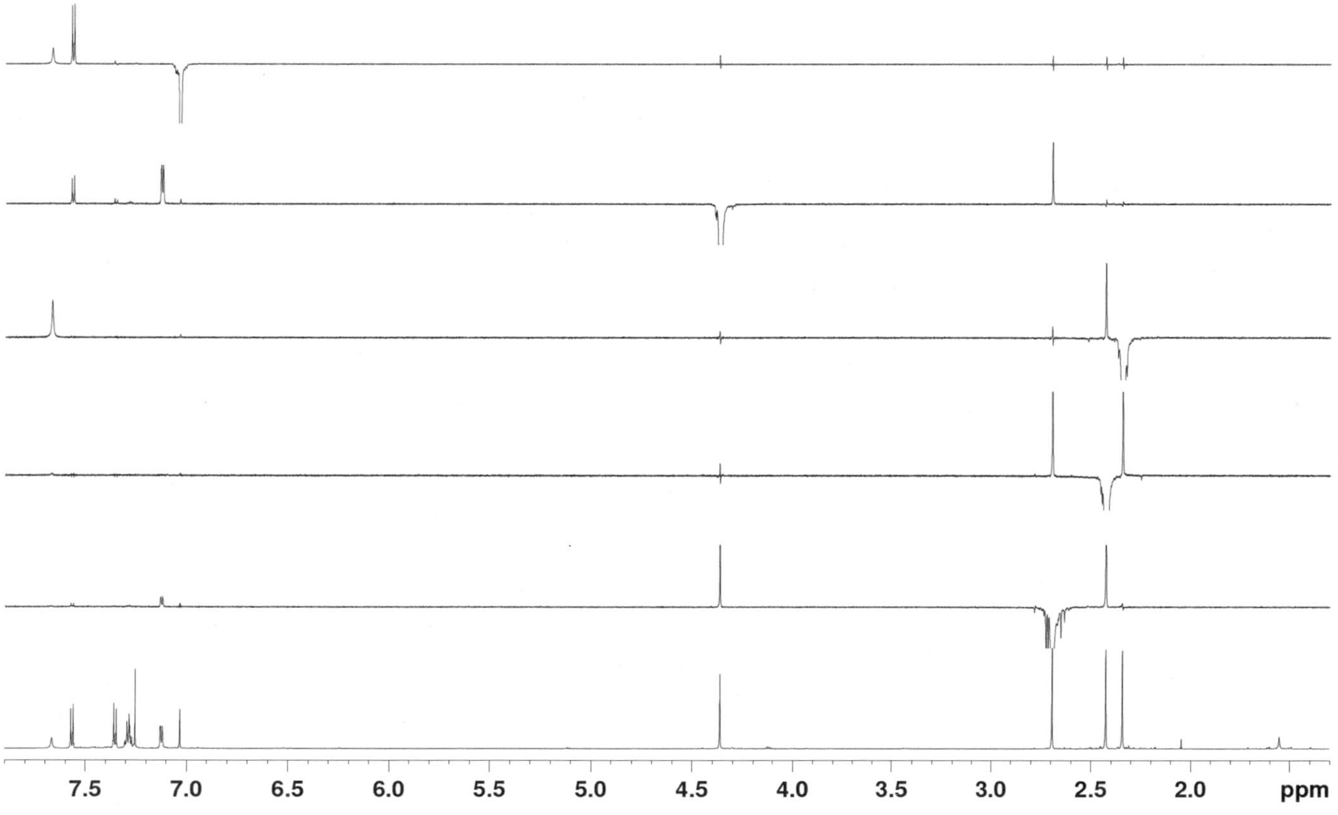

그림 A-6c 문제 6

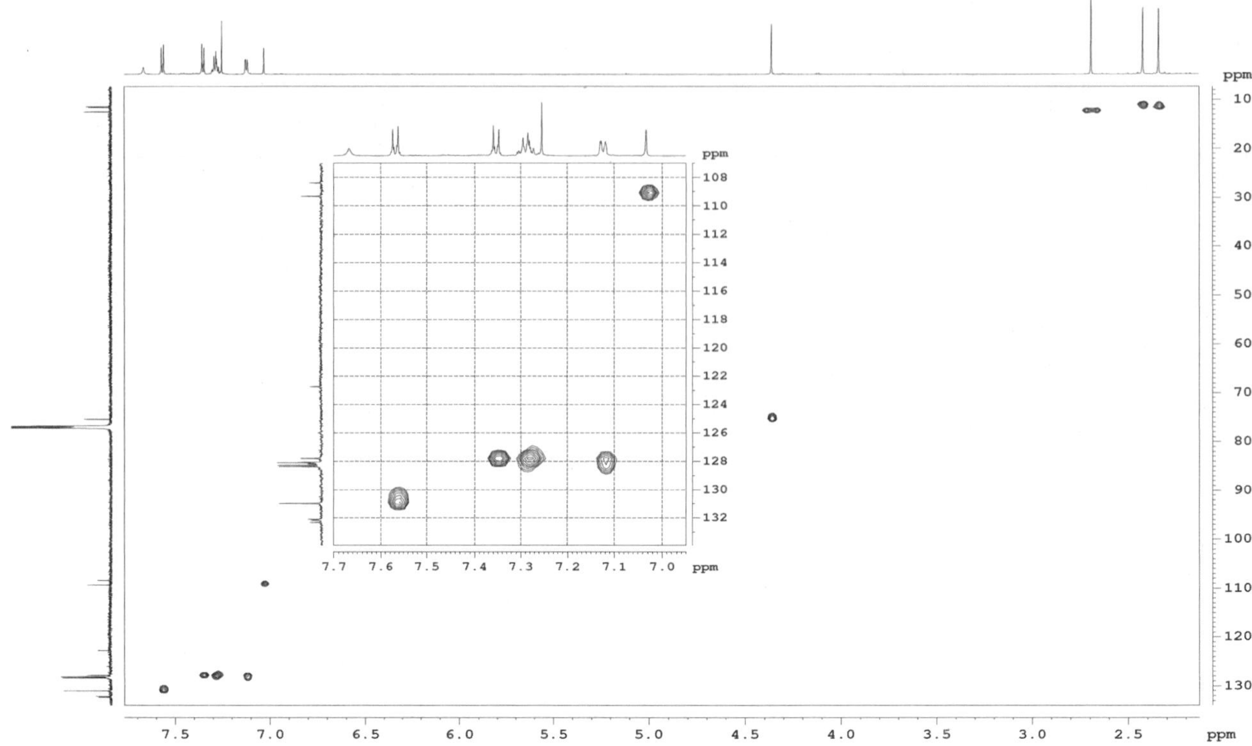

그림 A-6d 문제 6

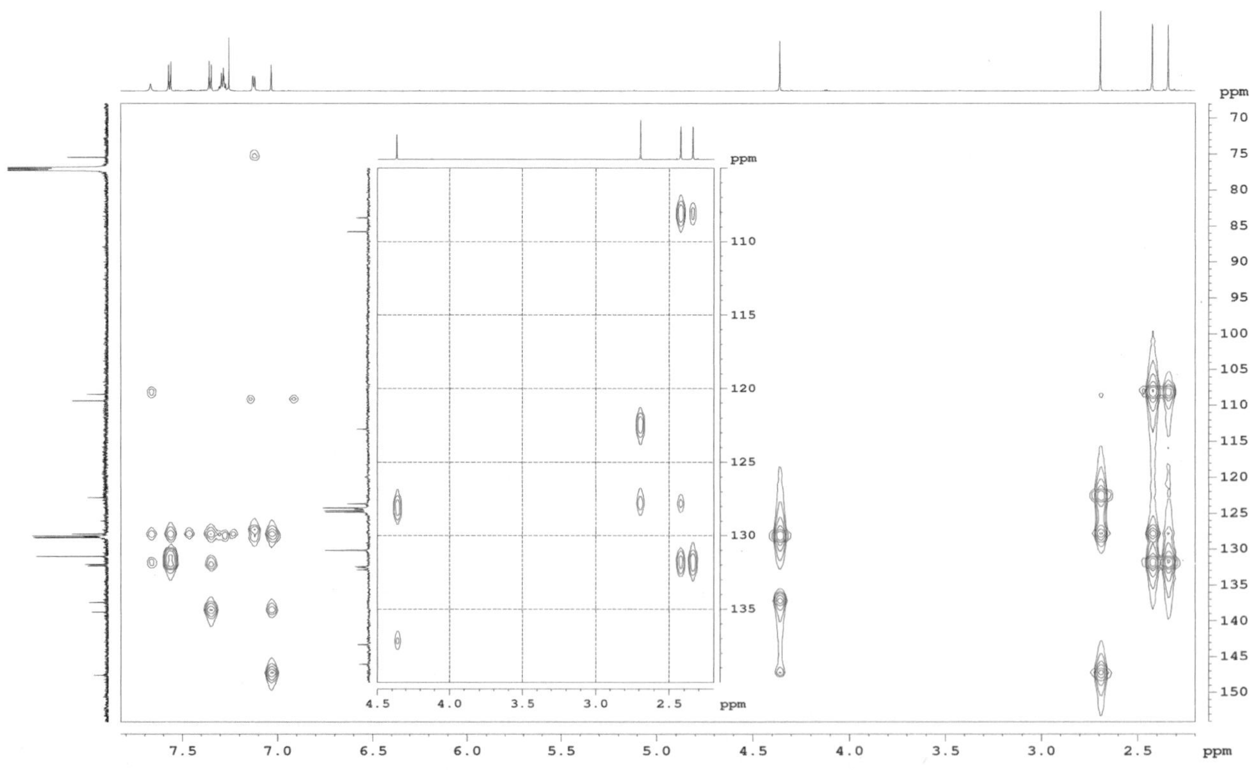

그림 A-6e 문제 6

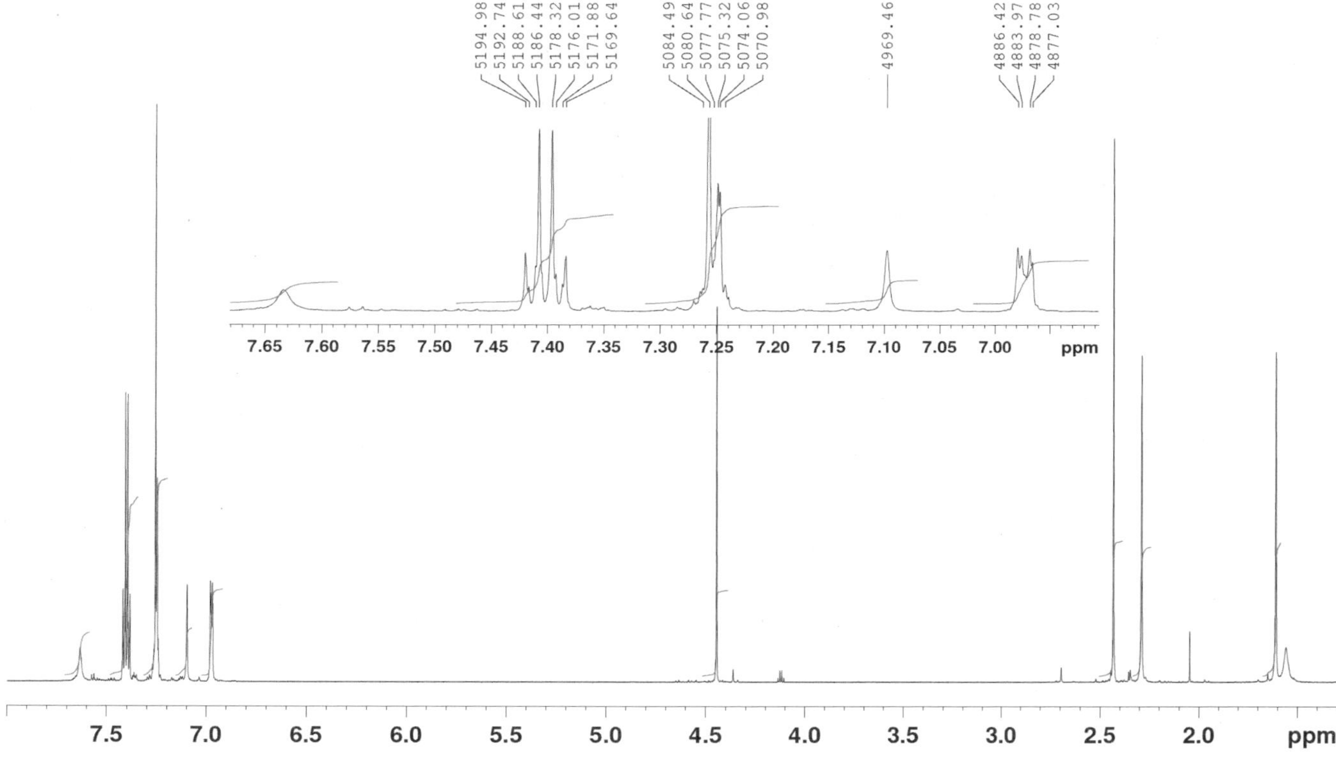

그림 A-7a 문제 7

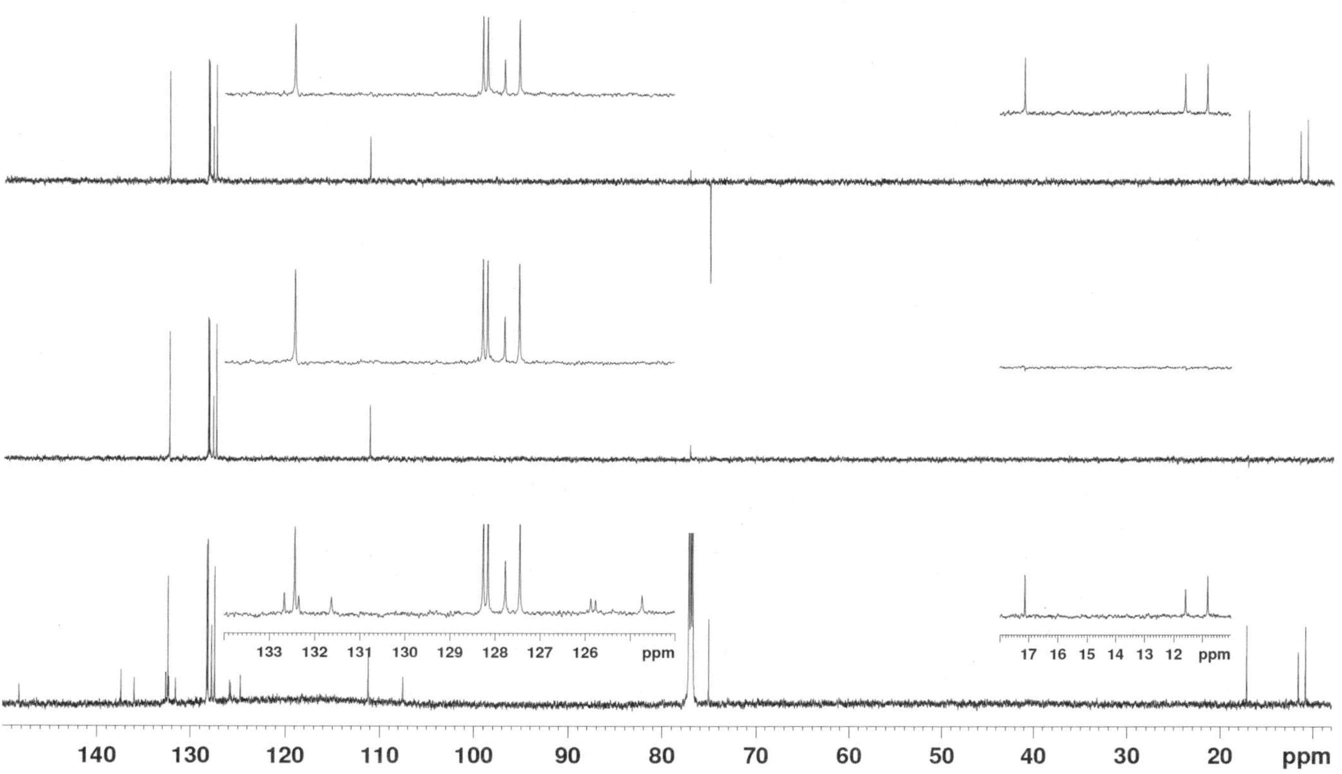

그림 A-7b 문제 7

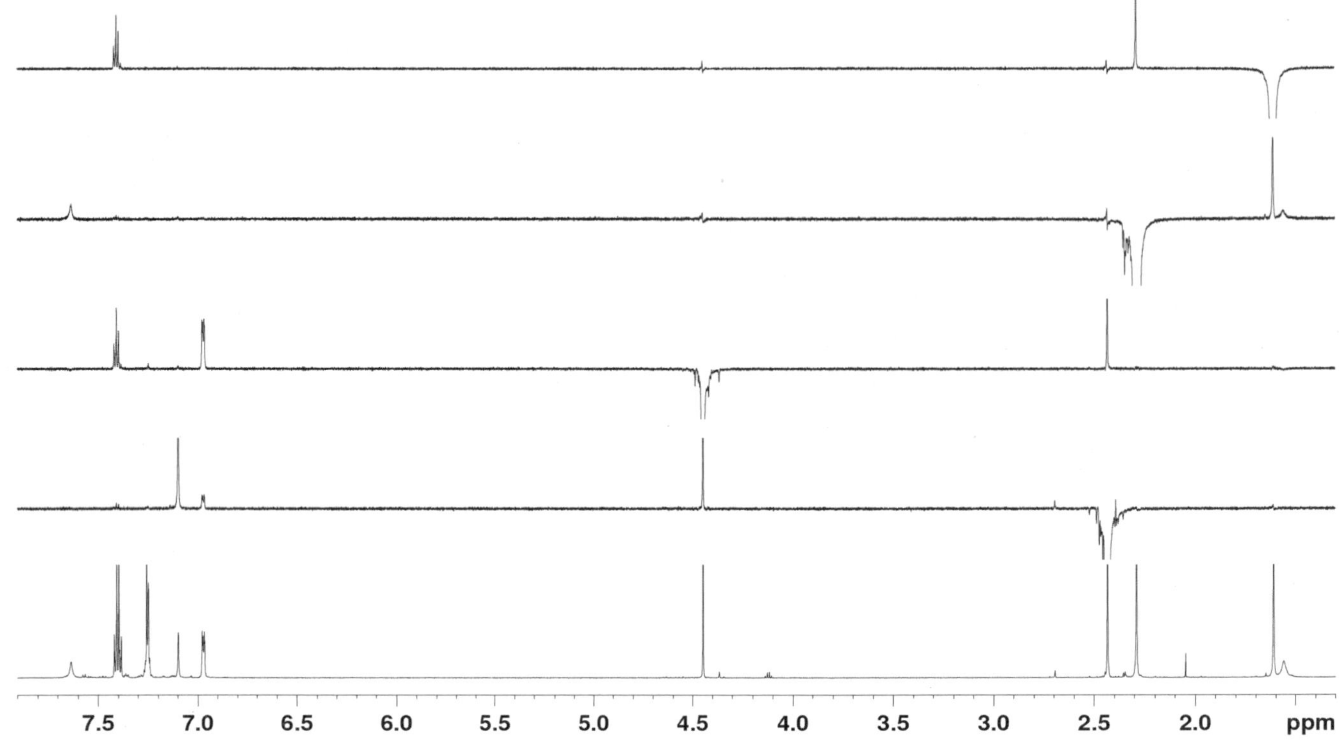

그림 A-7c 문제 7

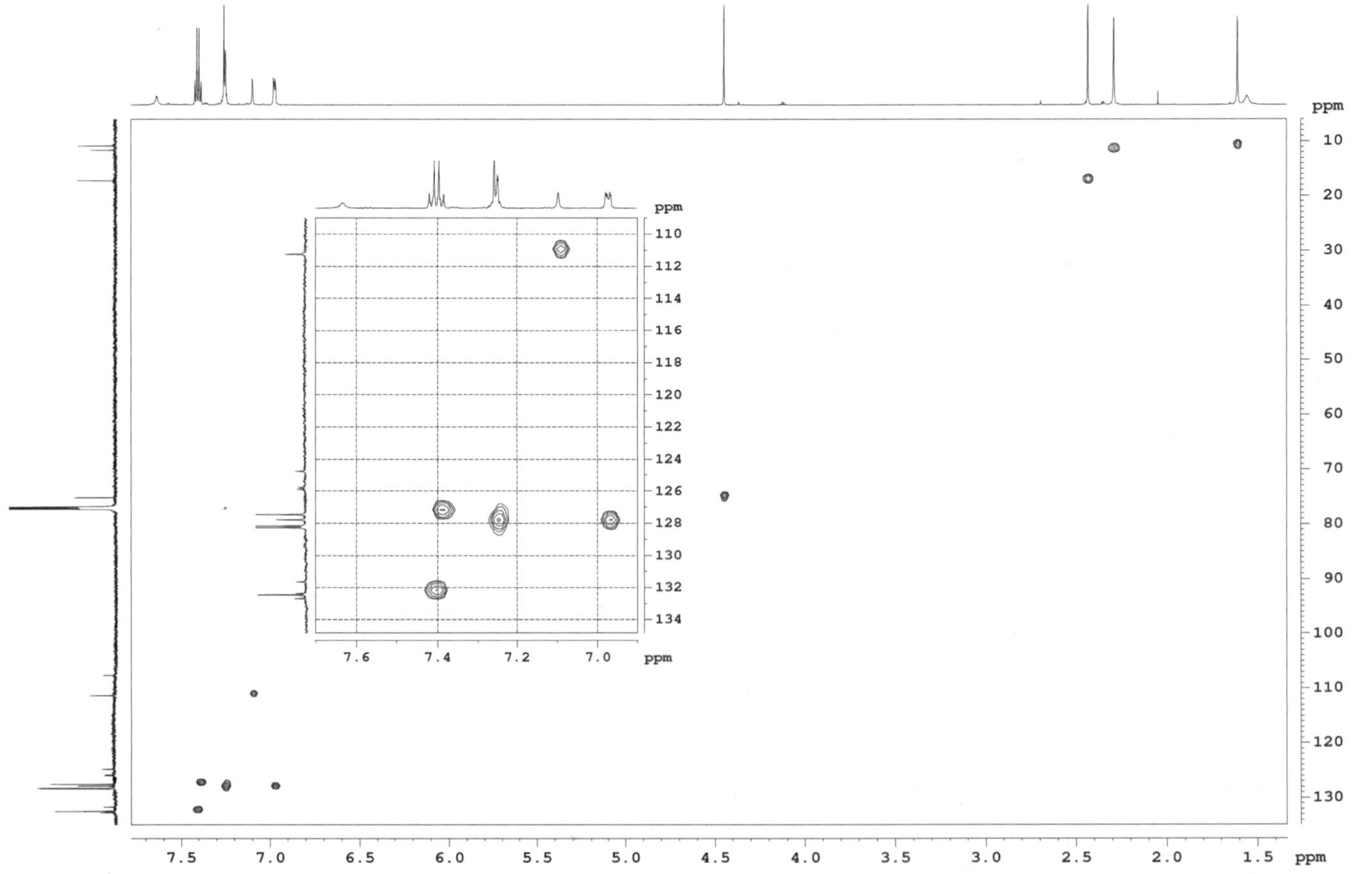

그림 A-7d 문제 7

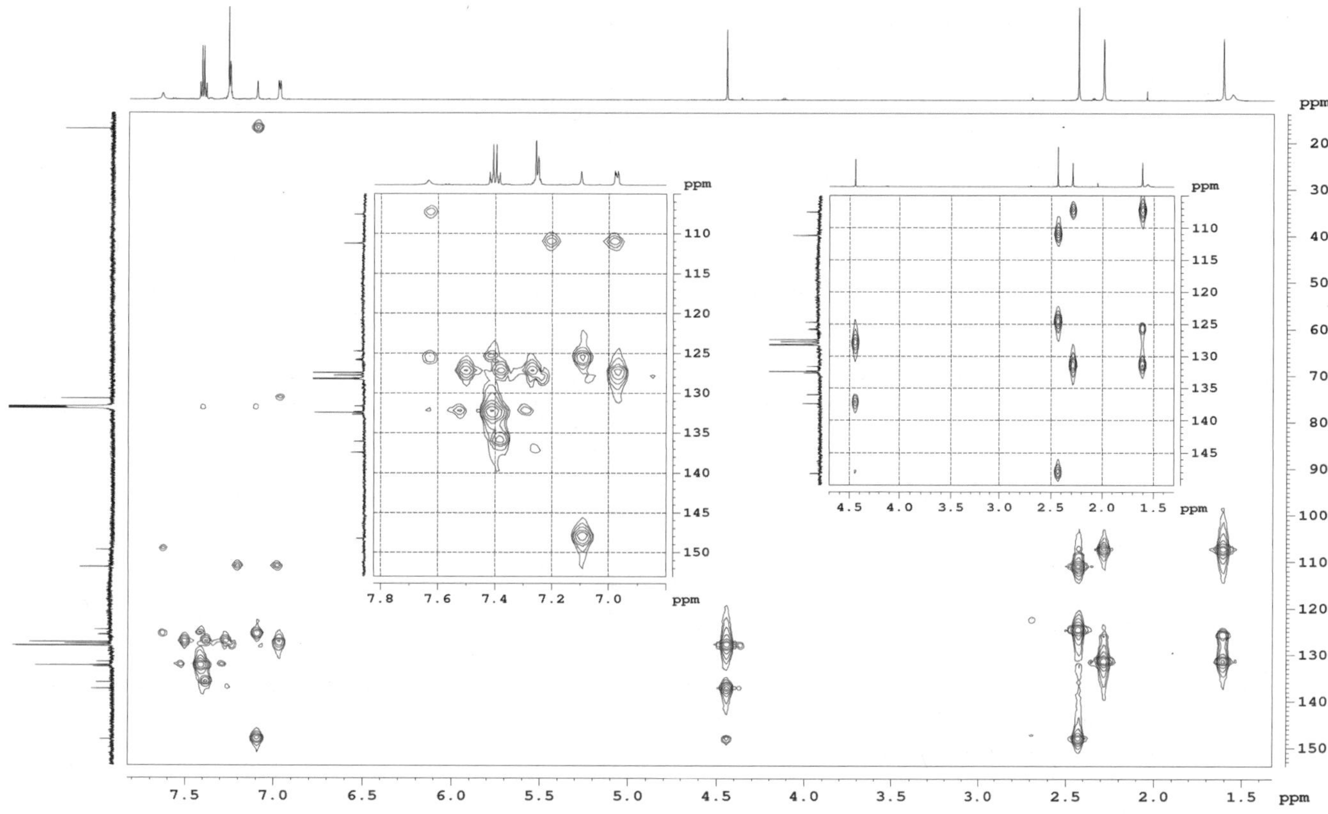

그림 A-7e 문제 7

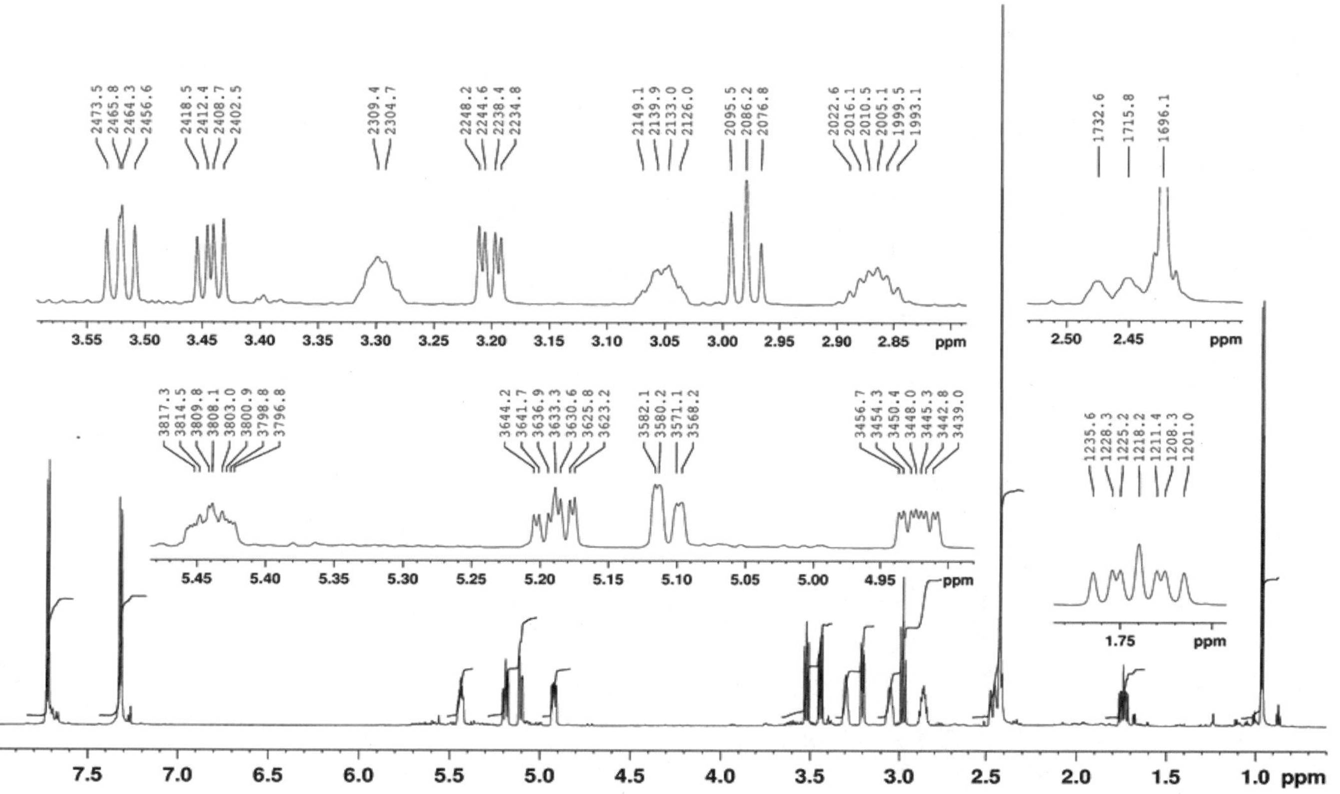

그림 A-8a 문제 8

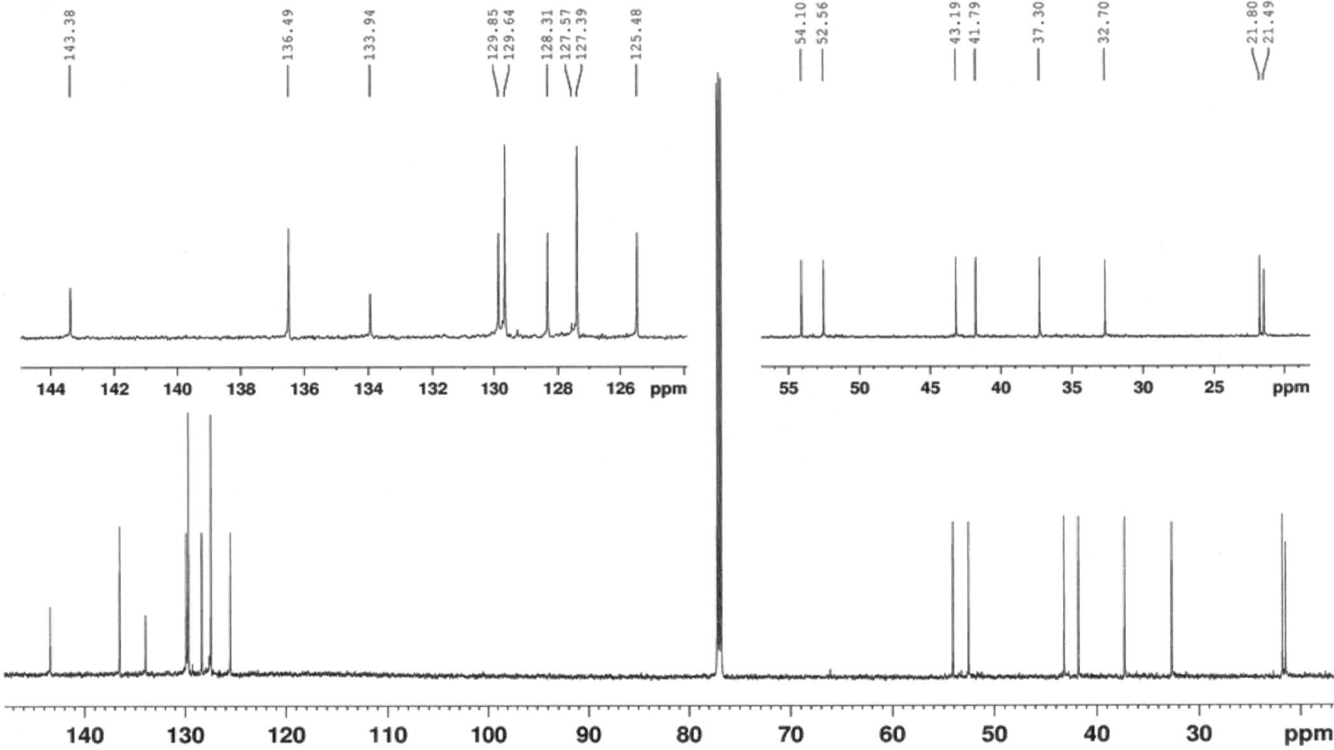

그림 A-8b 문제 8

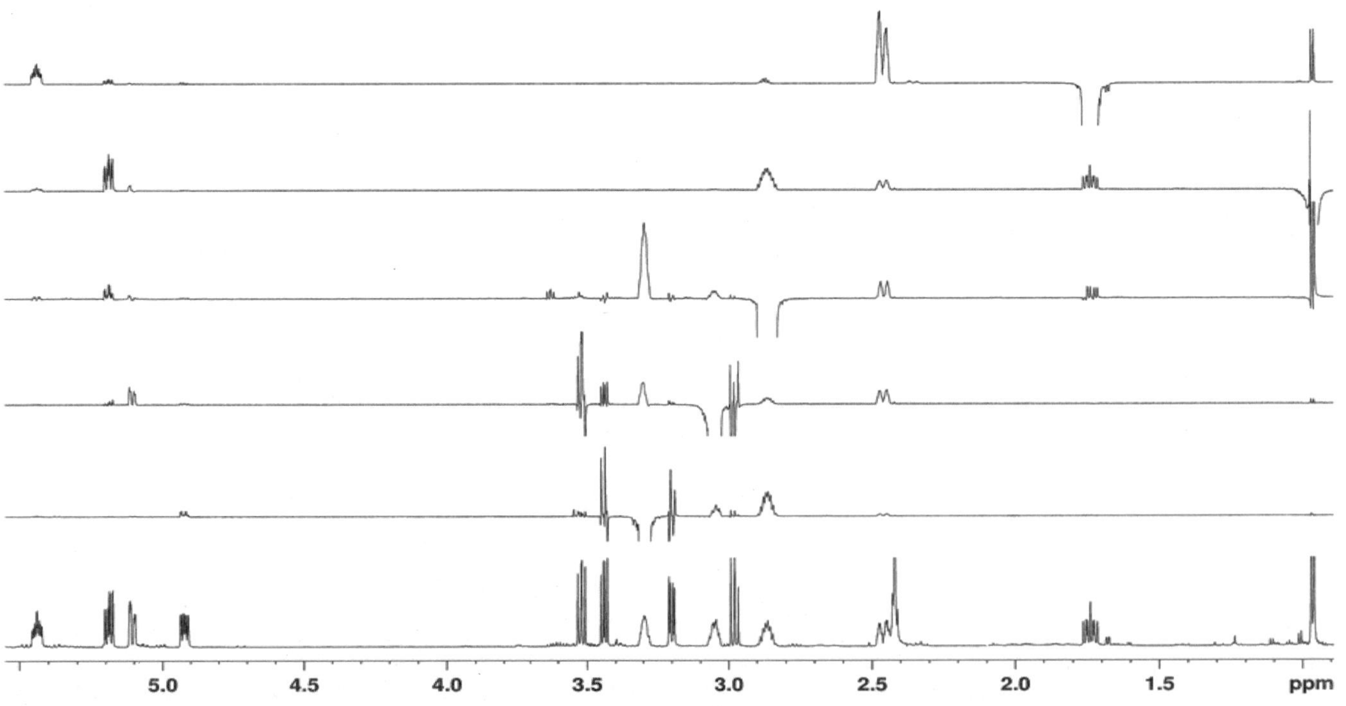

그림 A-8c 문제 8

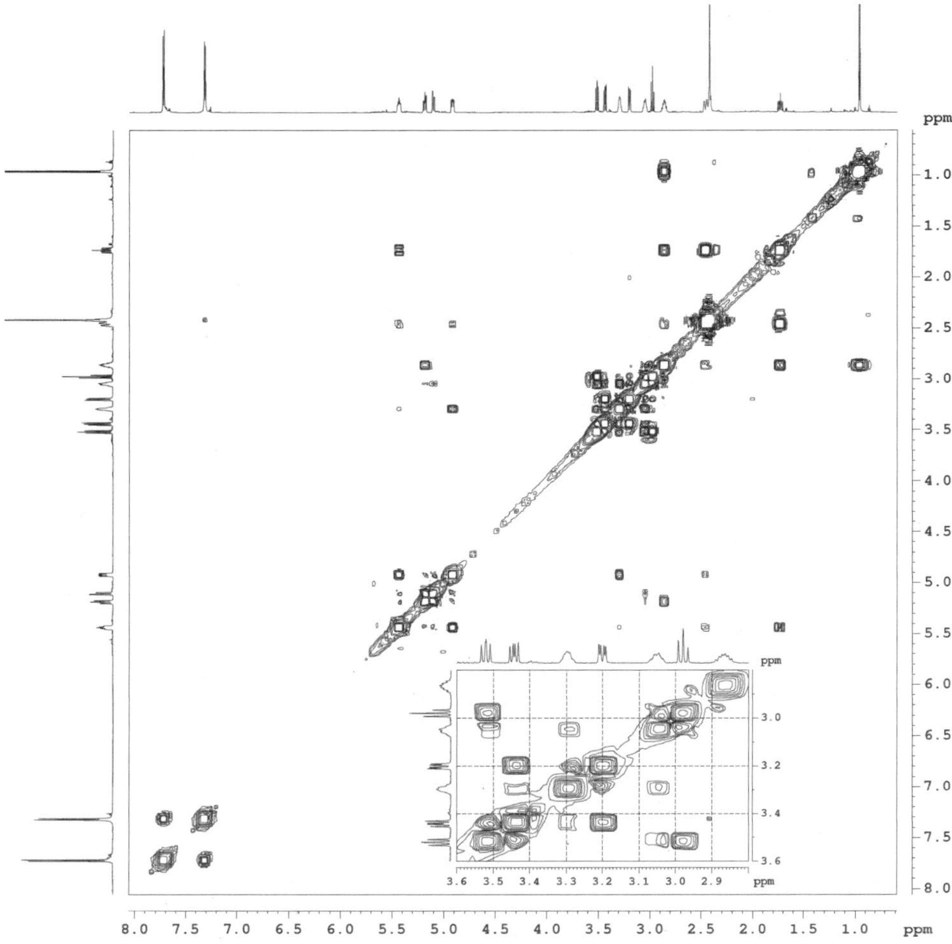

그림 A-8d 문제 8

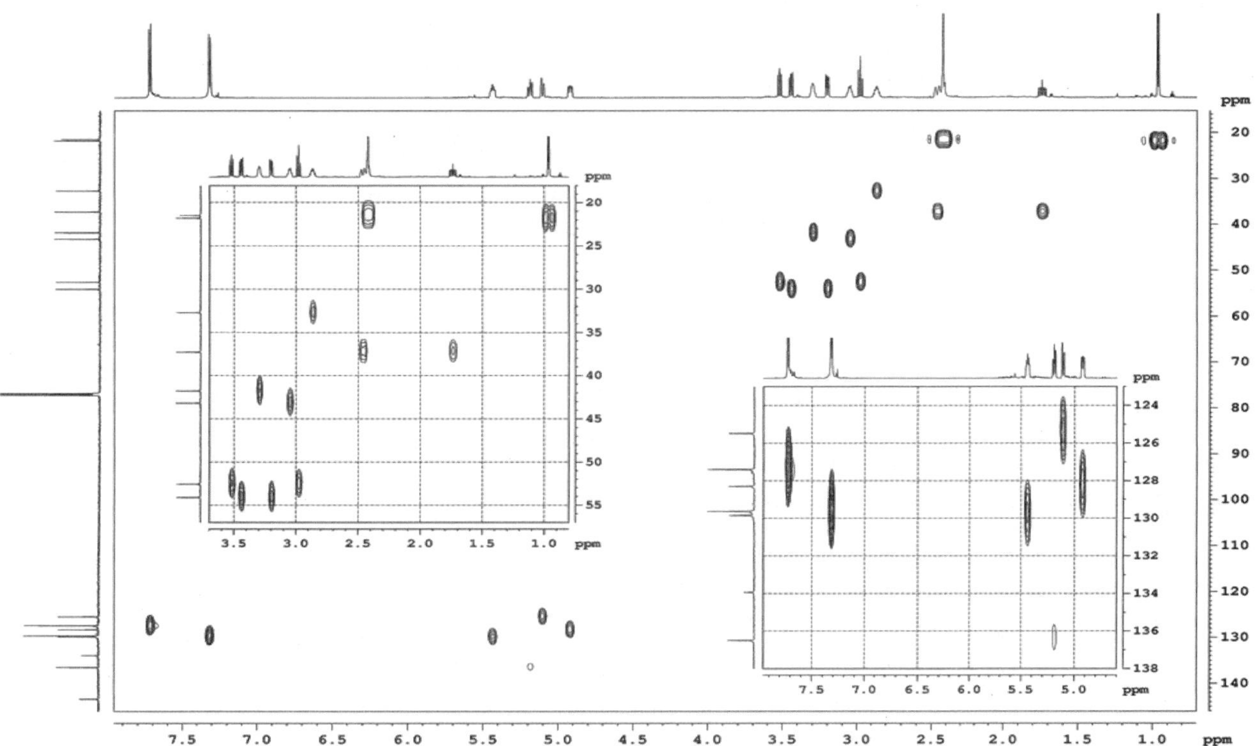

그림 A-8e 문제 8

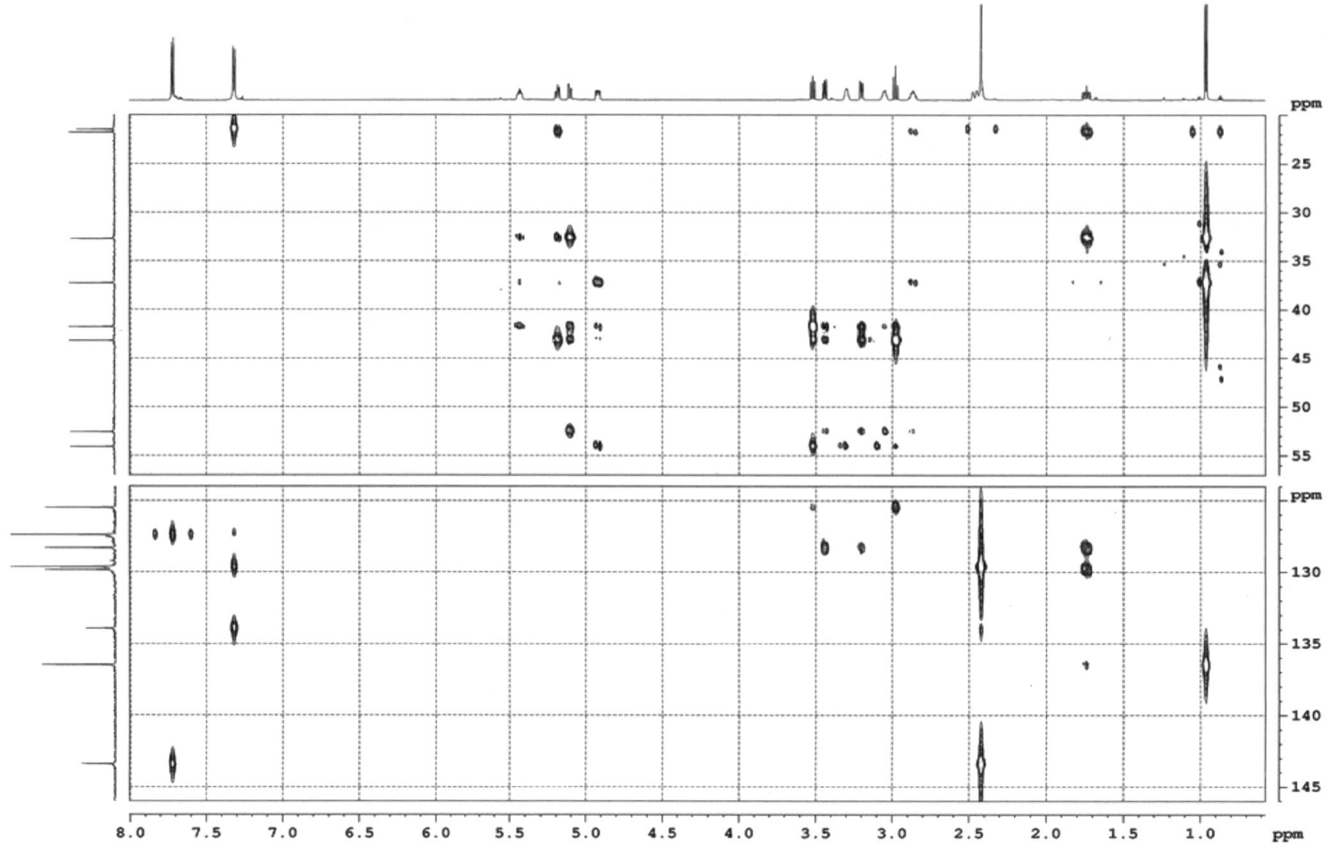

그림 A–8f 문제 8

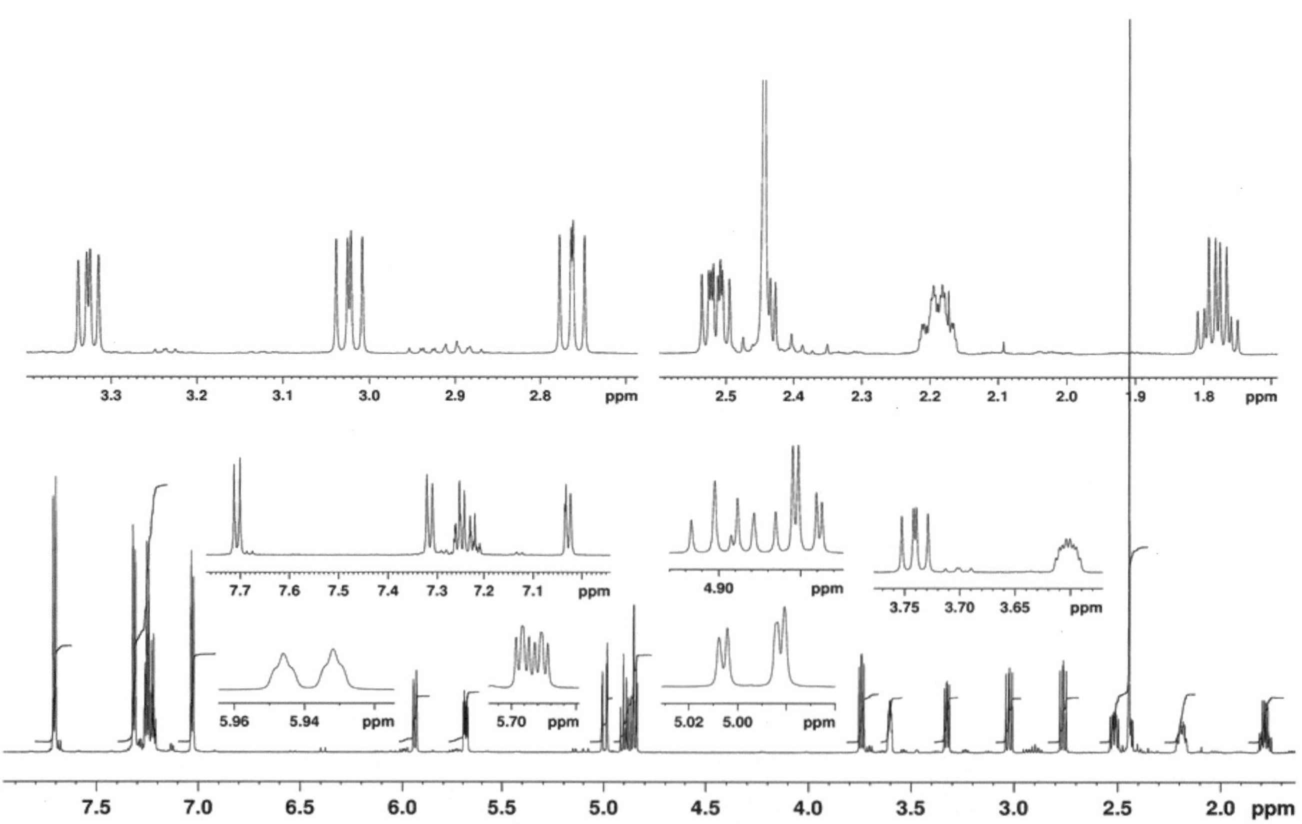

그림 A–9a 문제 9

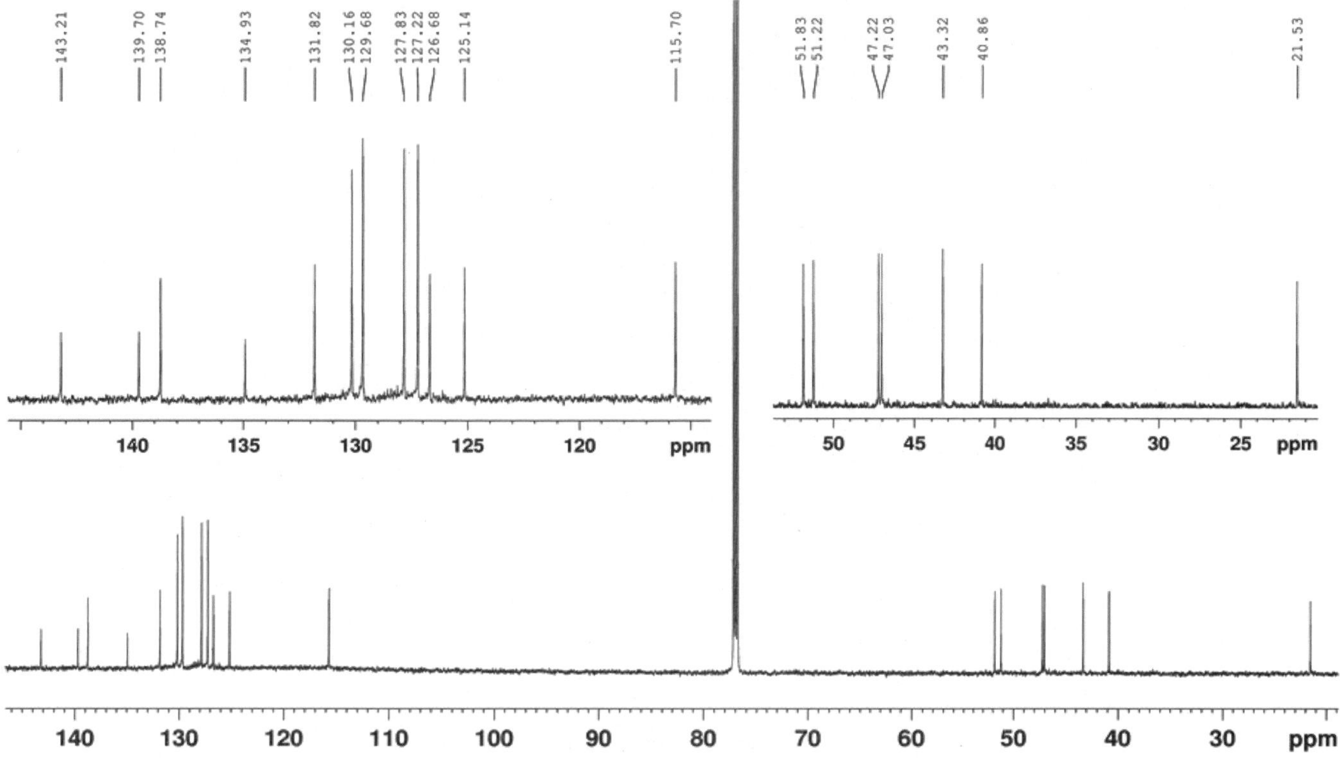

그림 A-9b 문제 9

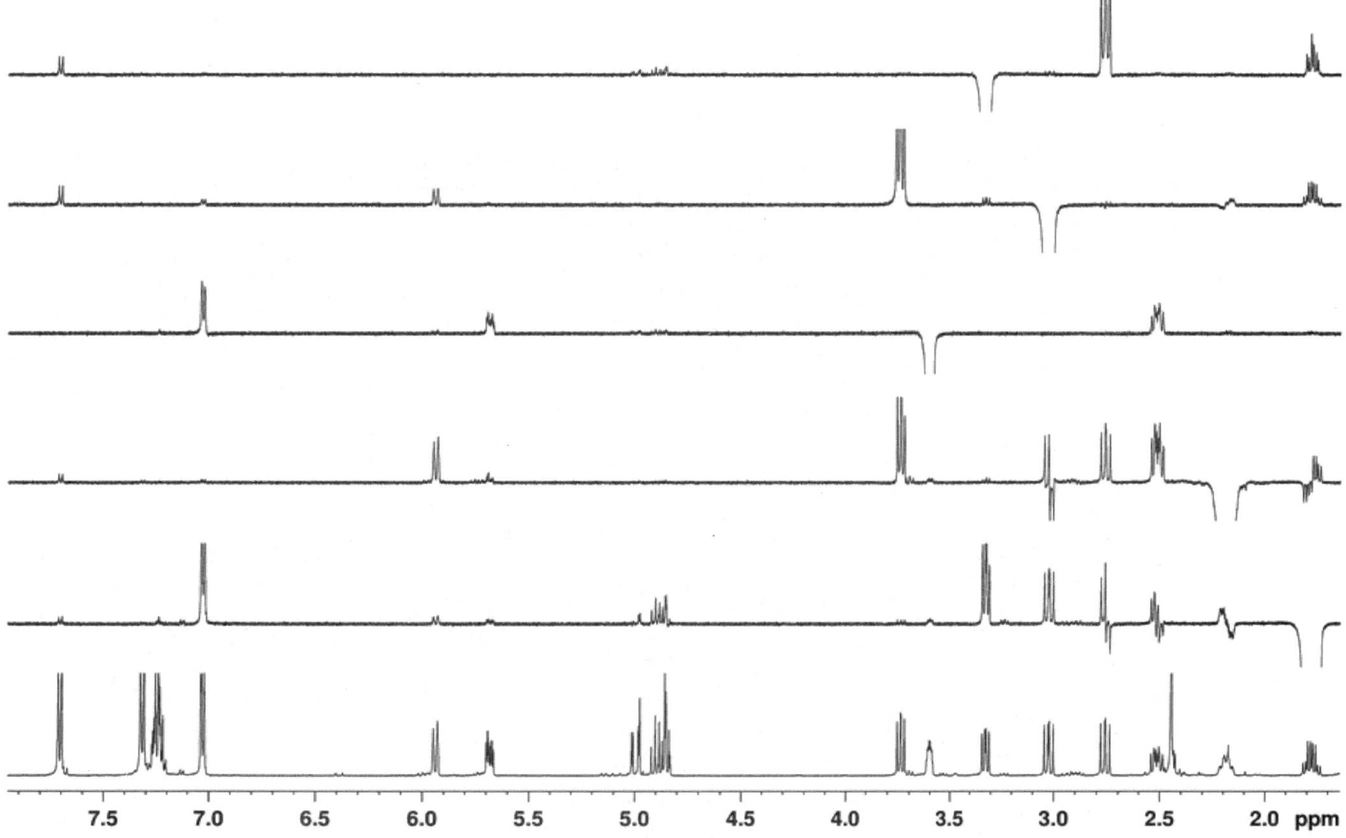

그림 A-9c 문제 9

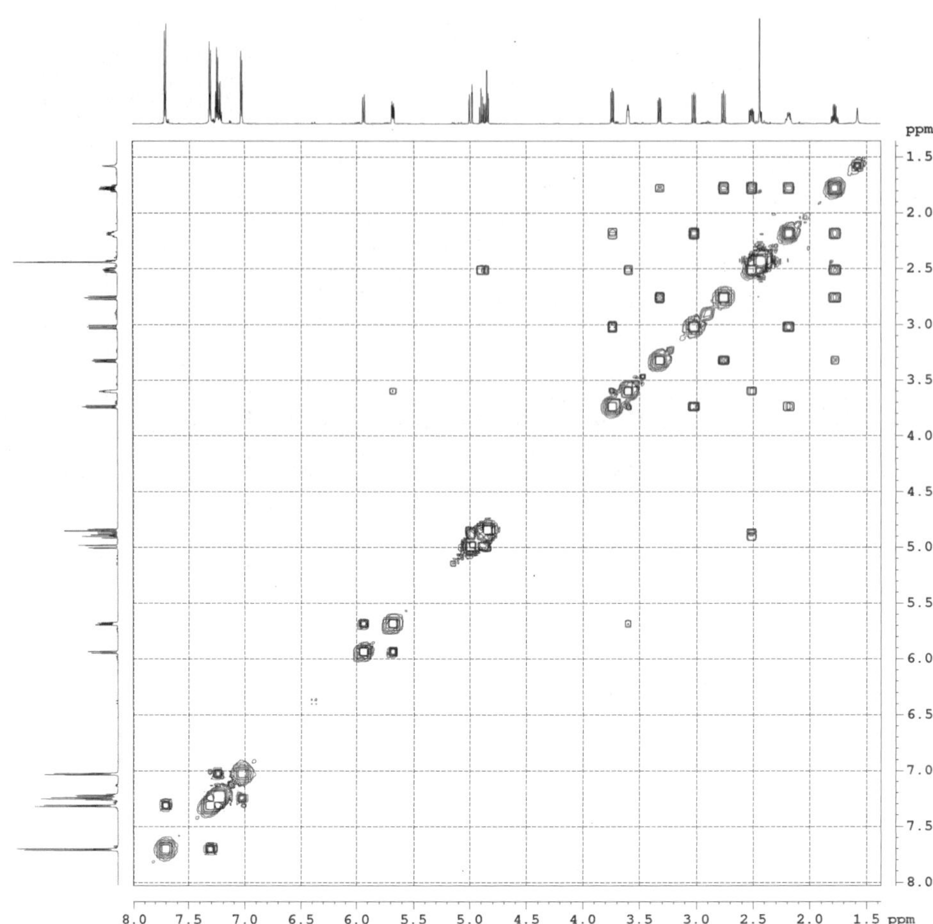

그림 A-9d 문제 9

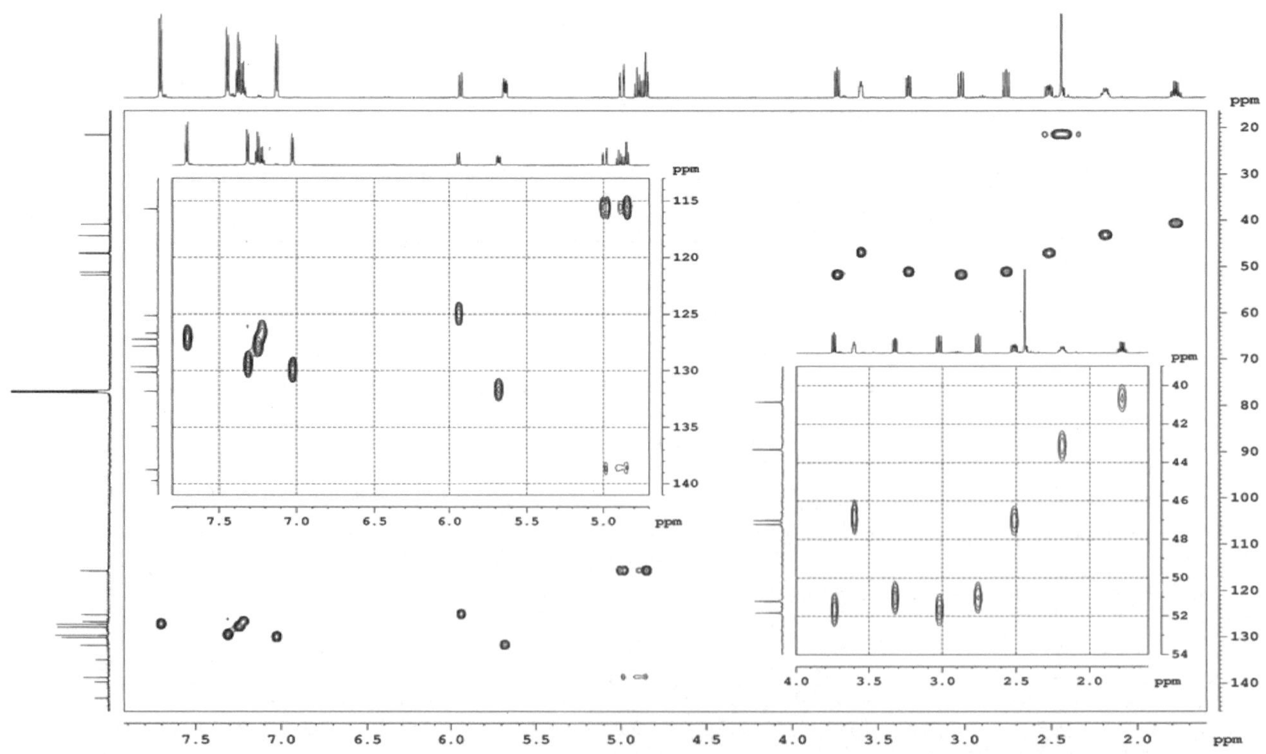

그림 A-9e 문제 9

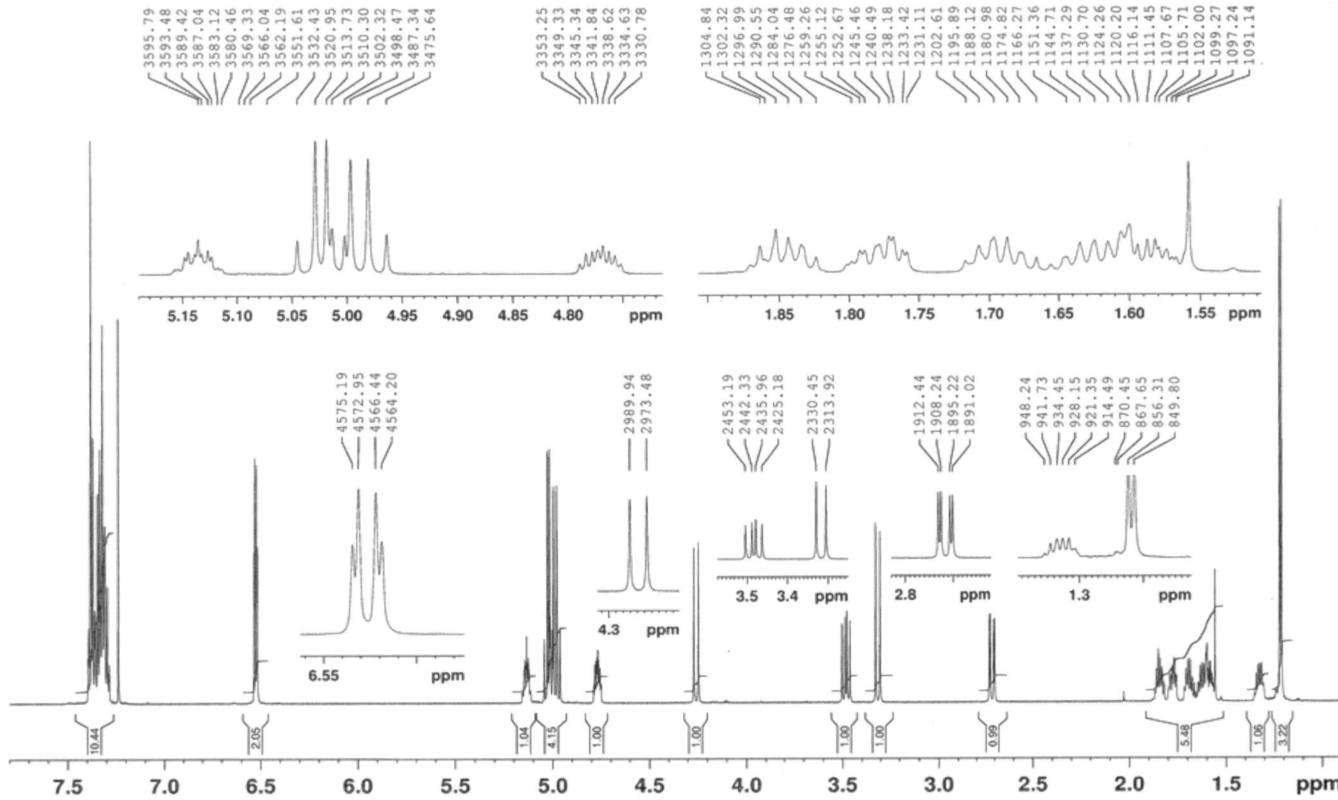

그림 A-10a 문제 10

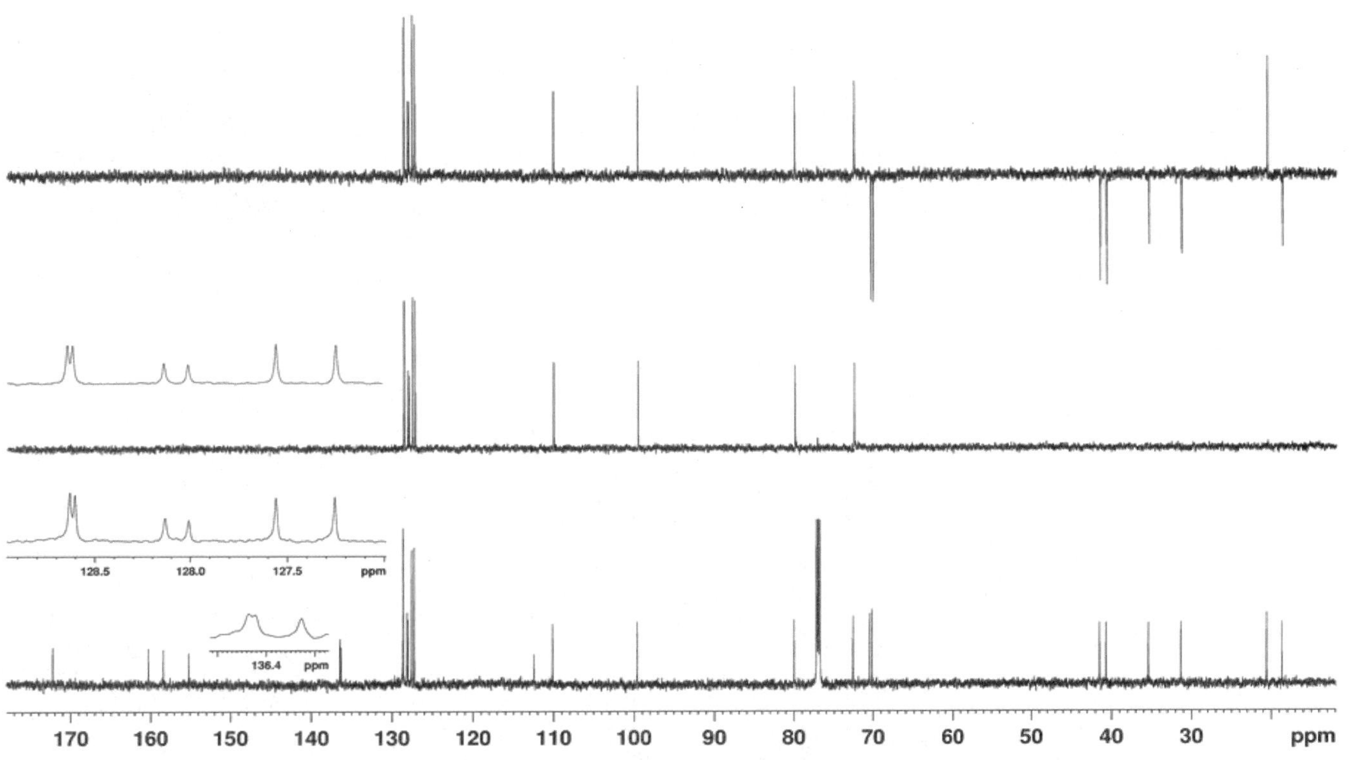

그림 A-10b 문제 10

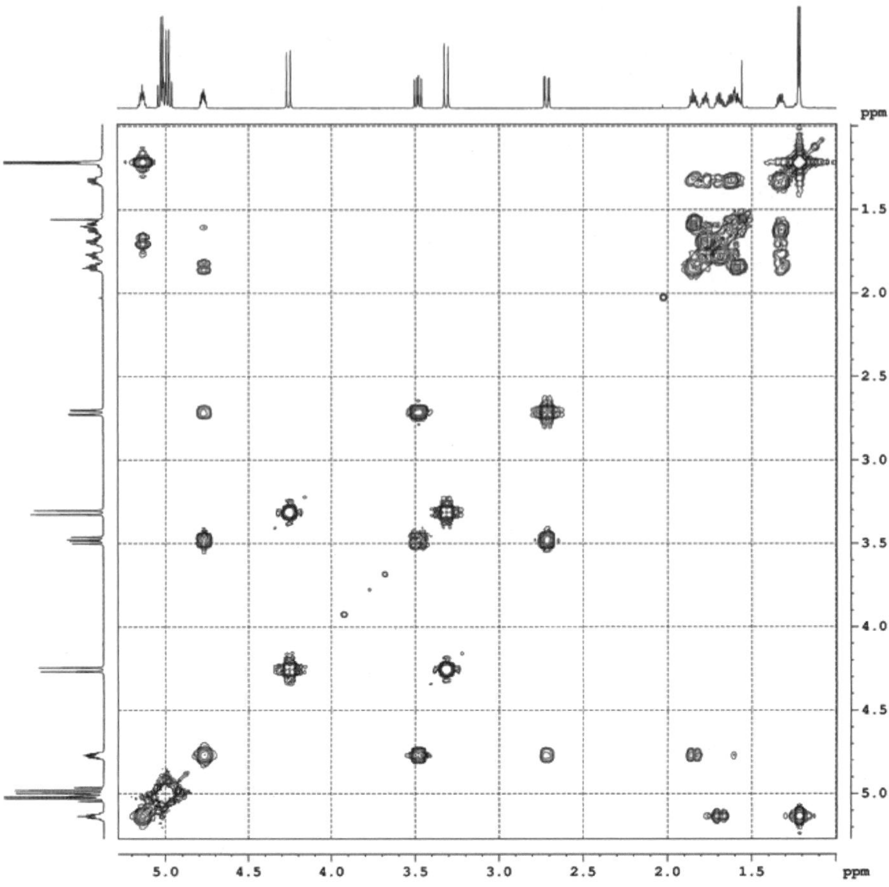

그림 A-10c 문제 10

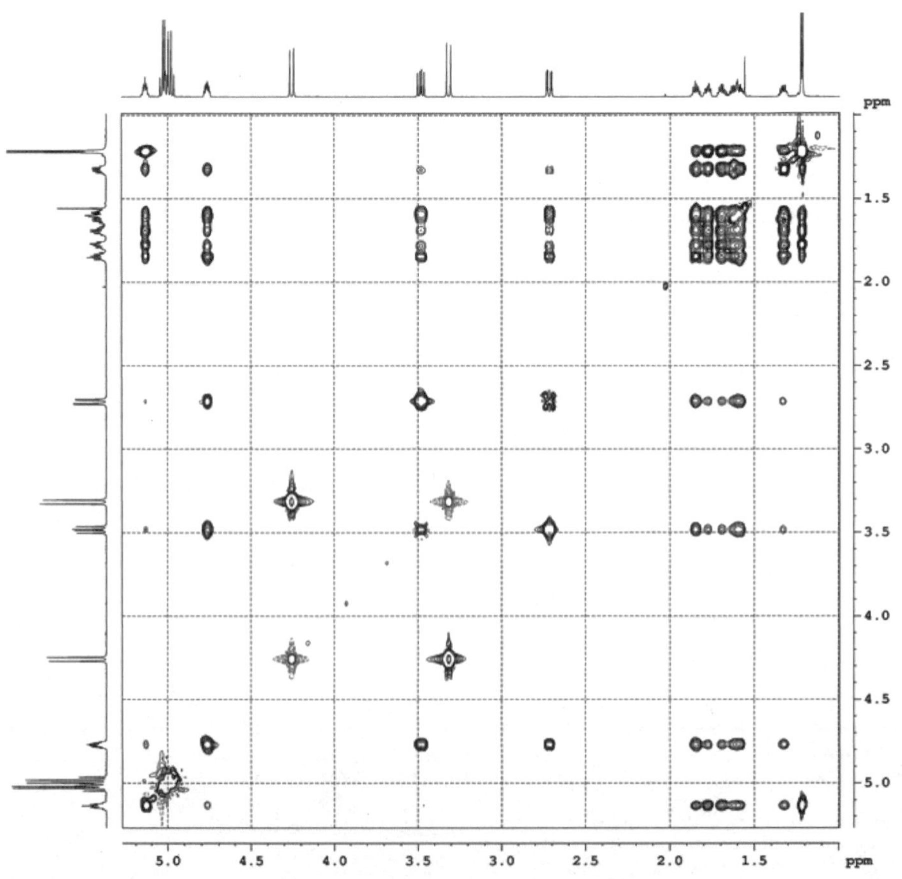

그림 A-10d 문제 10

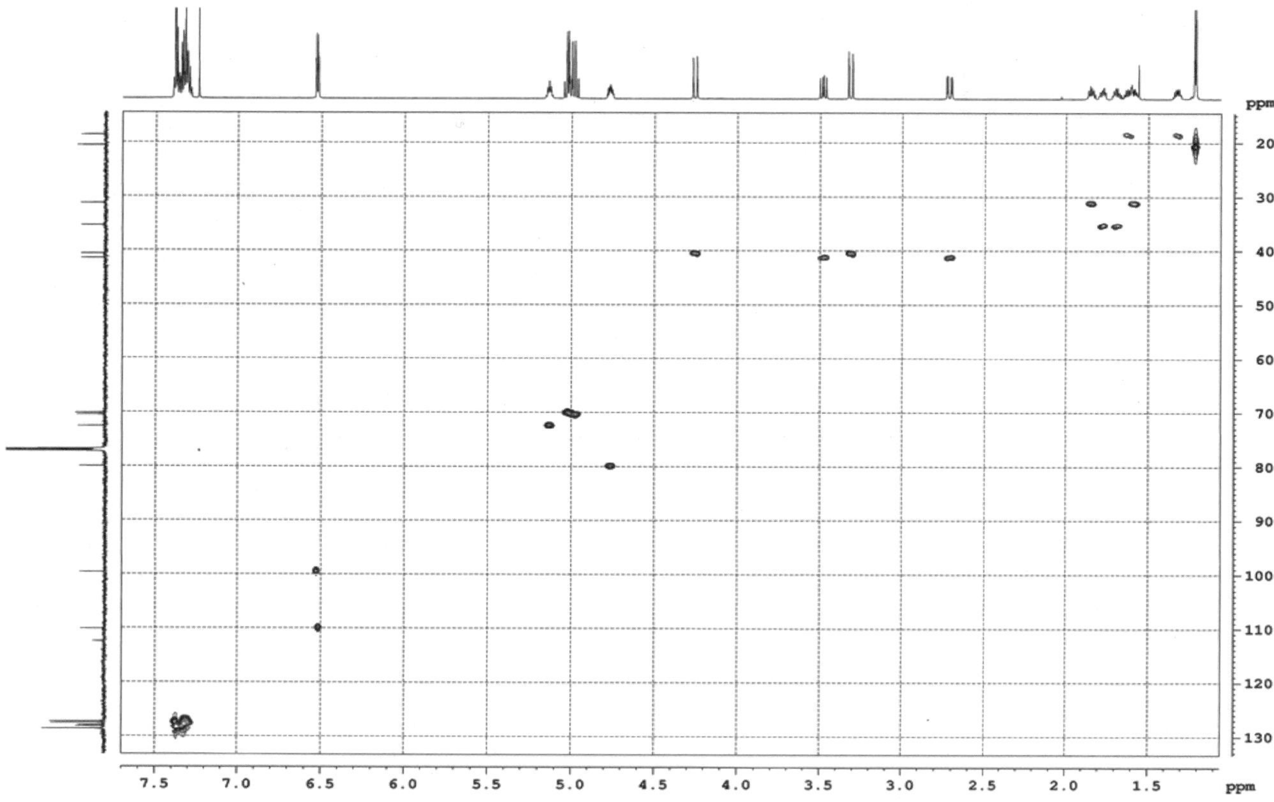

그림 A-10e 문제 10

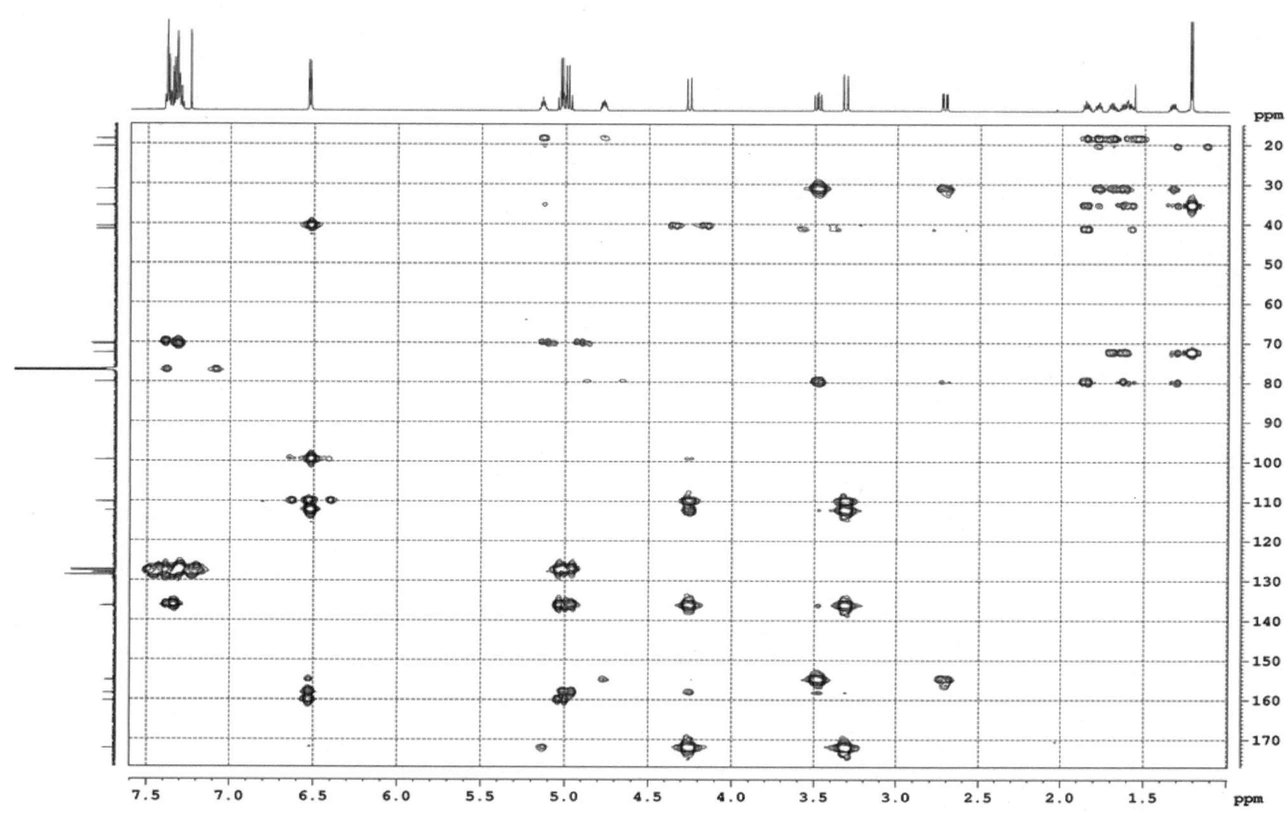

그림 A-10f 문제 10

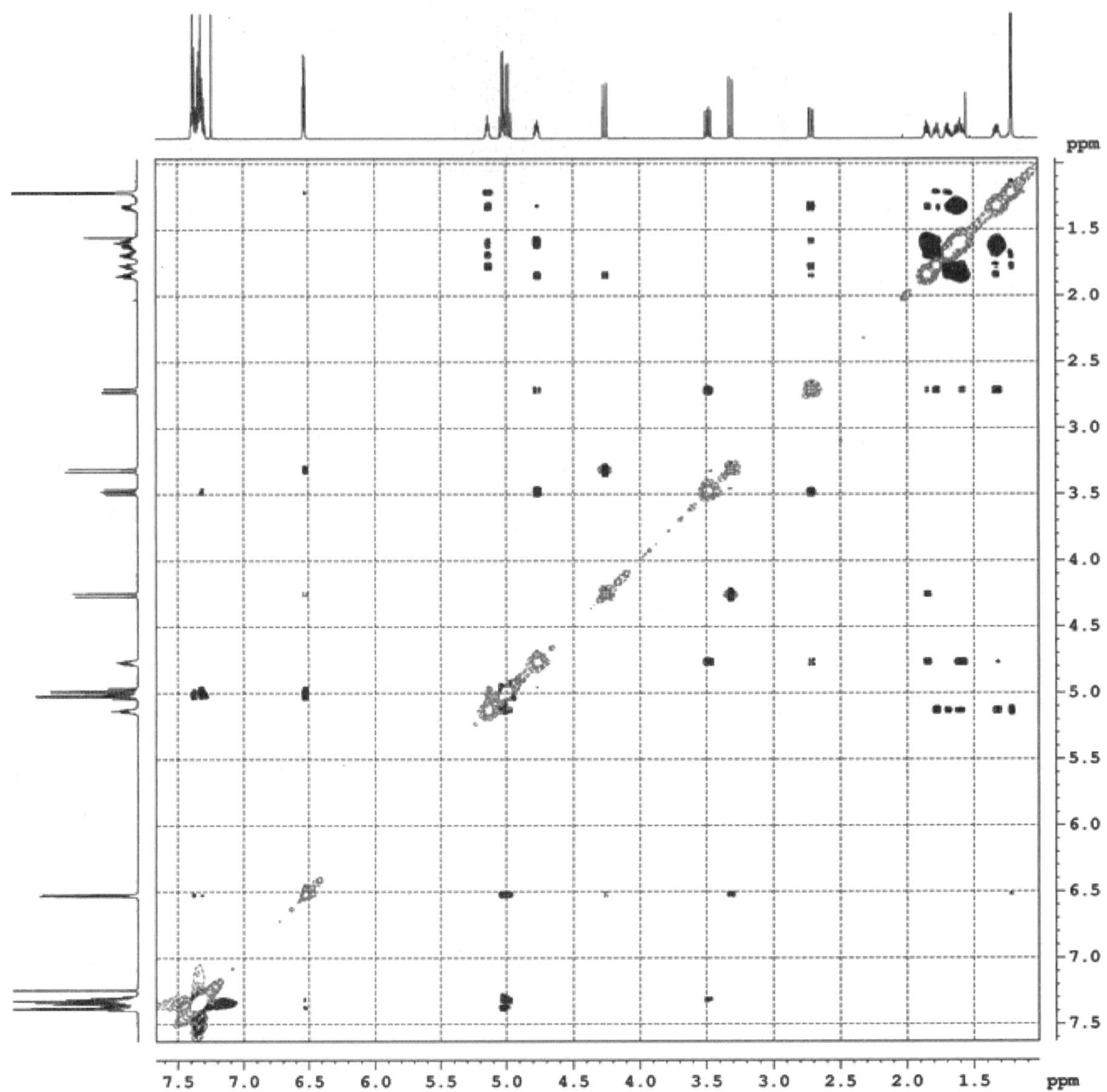
ppm
1.5
2.0
2.5
3.0
3.5
4.0
4.5
5.0
5.5
6.0
6.5
7.0
7.5
7.5 7.0 6.5 6.0 5.5 5.0 4.5 4.0 3.5 3.0 2.5 2.0 1.5
ppm

그림 A-10g 문제 10

부 록

2. 연습문제와 Test 문제 해답

1 연습문제 해답

문제 3–1 Allylalcohol (J_{trans} = 17.2, J_{cis} = 10.4, $H_{vicinal}$ = 5.1, $J_{gem.}$ = $J_{allylic}$ = 1.7 Hz)

문제 3–2 1-Butanol

문제 3–3 2-Butanol

문제 3–4 α-Cyclopropylbenzyl alcohol

문제 3–5 1-Decanol

문제 3–6 γ-Decanolactone

문제 3–7

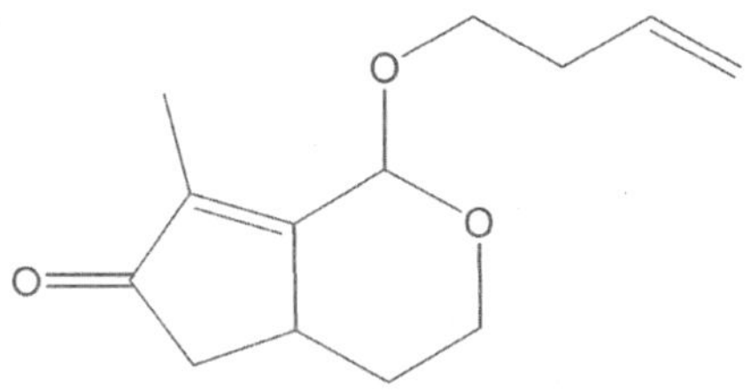

문제 3–8

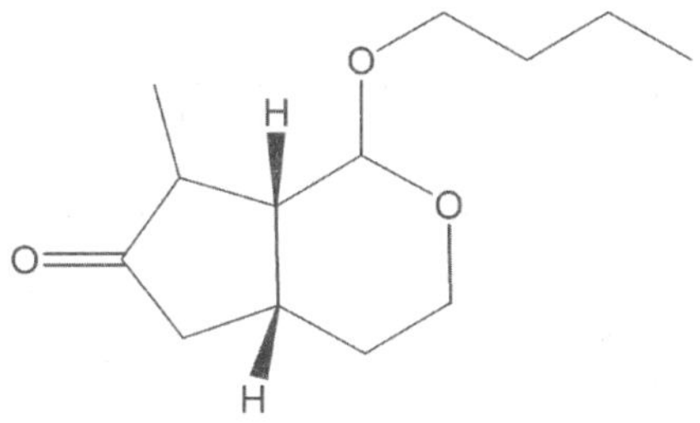

문제 3–9

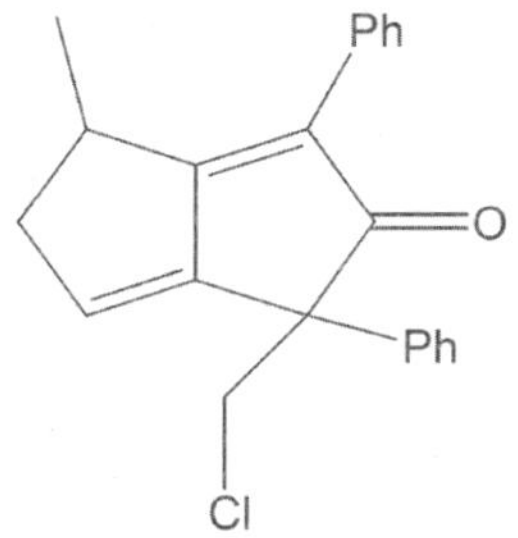

문제 3–10

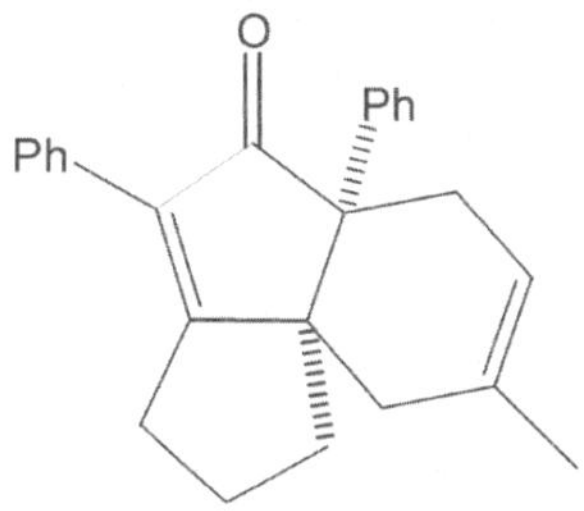

문제 3-11

문제 3-12

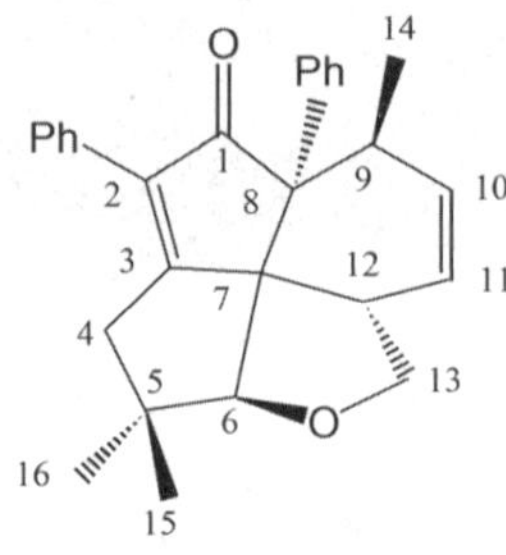

문제 3-13

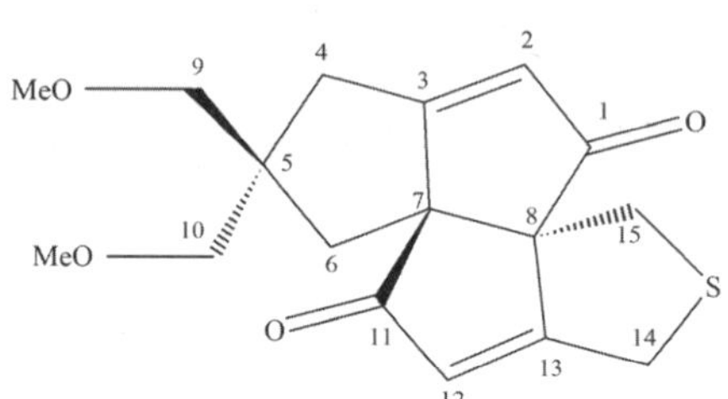

문제 3-14

Amygdalin

문제 3-15

문제 3-16

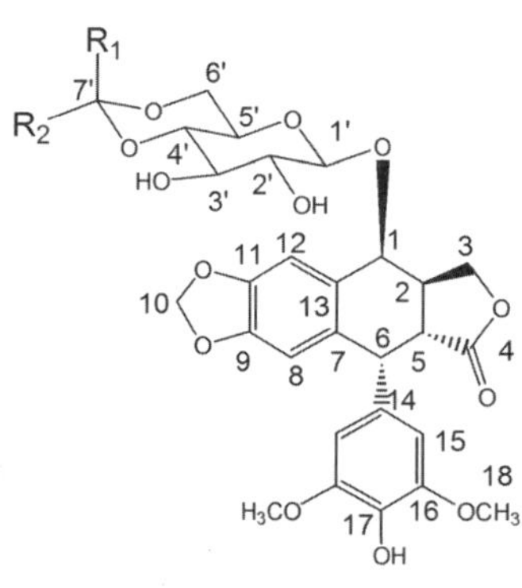

15: R_1=OCH_3, R_2=H

16: R_1=H, R_2=OCH_3

문제 3-17 Hecogenin acetate

2 Test 문제 해답

문제 1.

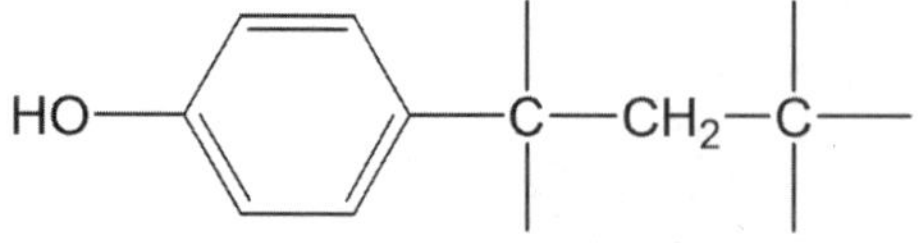

문제 2.

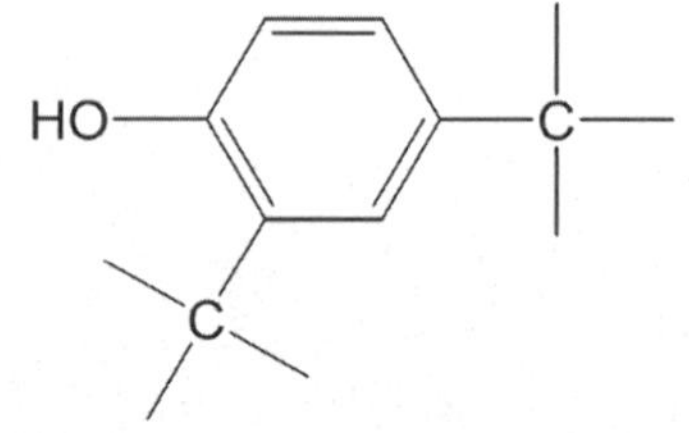

문제 3.

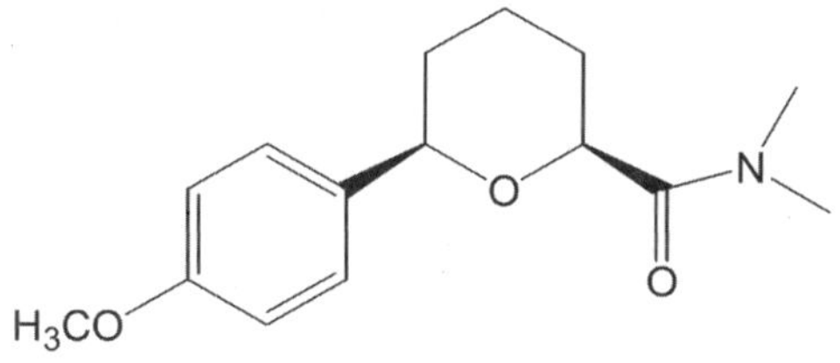

H3CO, O, N, O

문제 4.

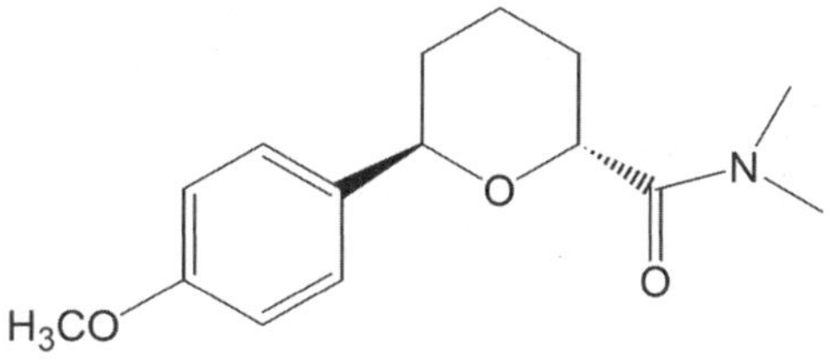

H3CO, O, N, O

문제 5.

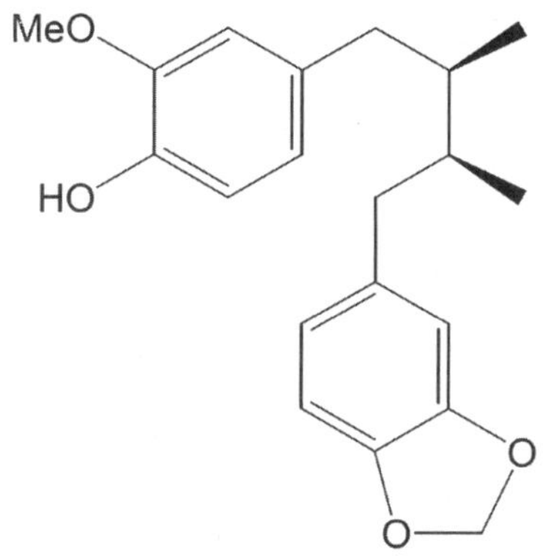

MeO, HO, O, O

문제 6.

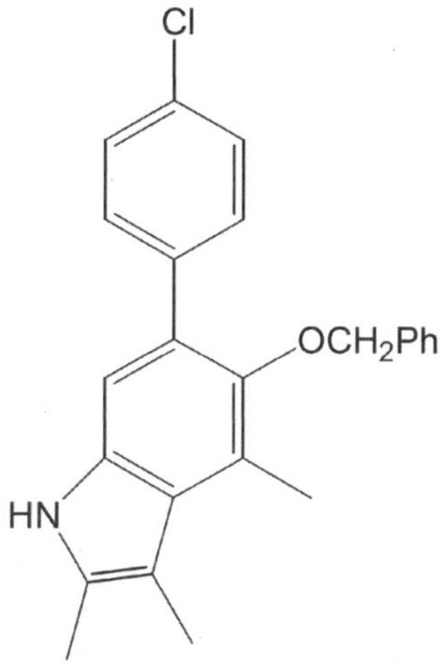

Cl, OCH2Ph, HN

문제 7.

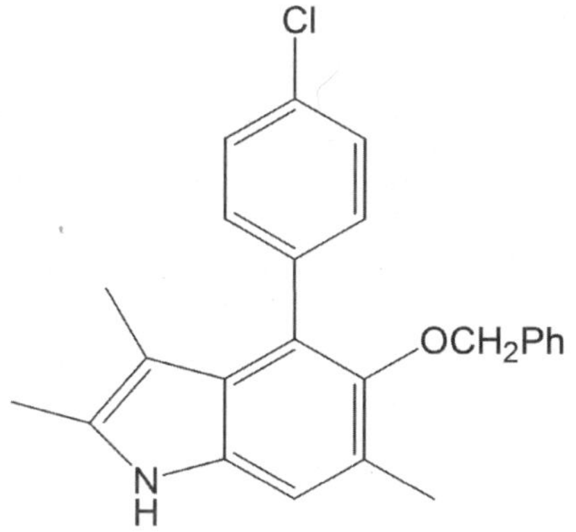

Cl, OCH2Ph, N, H

문제 8.

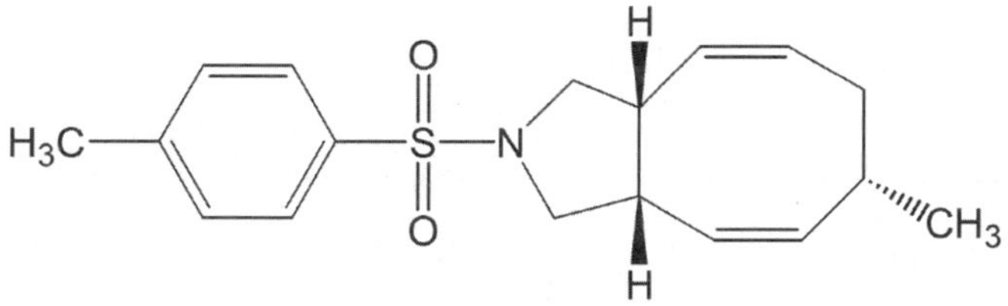

H3C, O, S, O, N, H, H, CH3

문제 9.

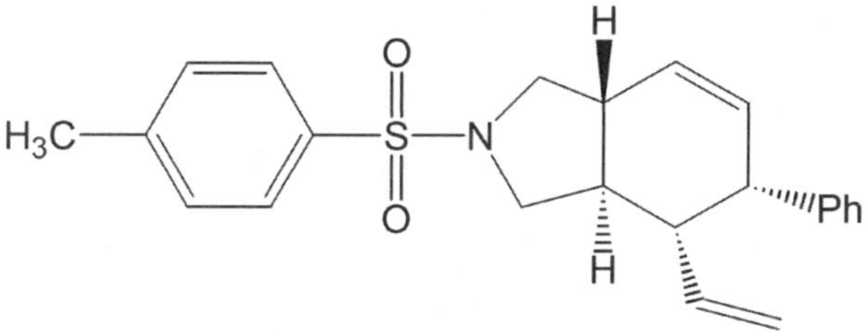

H3C, O, S, O, N, H, H, Ph

문제 10.

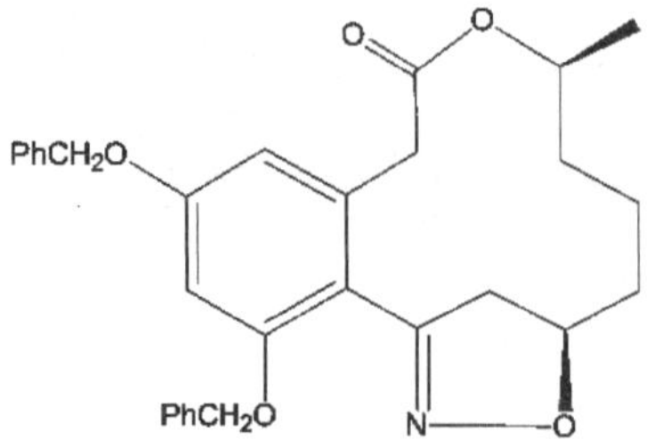

O
O
PhCH$_2$O
PhCH$_2$O
N
O

찾아보기

영문

A

B

C

D

E

ㅈ

ㅊ

ㅋ

ㅌ

ㅍ

ㅎ

| 저자 약력 |

이 석 근

연세대학교 화학과 졸업(학사 1976)
연세대학교 화학과 대학원 졸업(석사 1978)
미국 Brown University 대학원 졸업(박사 1985)
미국 University of Utah 박사 후 연구원(1985 ~ 1987)
한국화학연구원 선임연구원(1987 ~ 1990)
한국화학연구원 책임연구원, 분석실장(1990 ~ 2012)
미국 Brown University 방문교수(1994 ~ 1995)
IUPAC Fellow(2002 ~ 현재)
한국분석과학회지 편집장(2002 ~ 2005)
한국자기공명학회 회장(2006 ~ 2007)
한국분석과학회 회장(2009)
KAIST 화학과 초빙교수(2012 ~ 2015)
한양대학교 화학과 초빙교수(2015 ~ 현재)
115편의 연구논문과 5편의 review 논문 발표
저서: NMR 스펙트럼의 해석, 한림원 출판사, 2014

NMR 핵자기공명 분광학 (개정판)

| 저 자 이석근
| 발 행 인 주정희
| 발 행 처 자유아카데미
| 주 소 경기도 파주시 회동길 37-42
파주출판도시
| 전 화 031-955-1321
| 팩 스 031-955-1322
| 홈페이지 www.freeaca.com
| 전자우편 main@freeaca.com(대표)
editor@freeaca.com(편집)
crm@freeaca.com(영업)
| 등 록 제406-2003-017호, 1980. 7. 12
| 제2판1쇄 2016년 9월 30일 발행
| 정 가 37,000원

ISBN 979-11-5808-095-2 93430